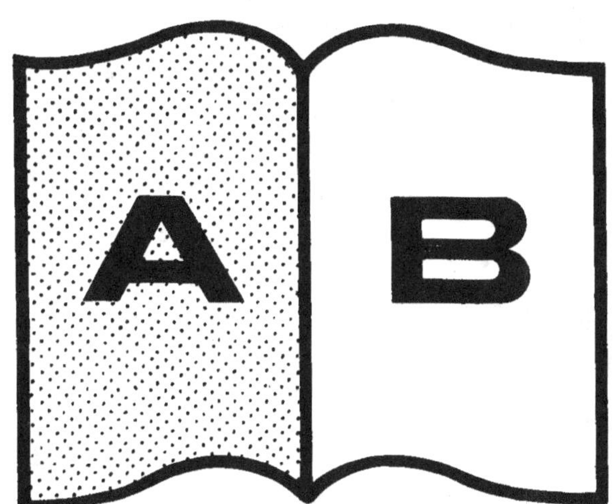

Contraste insuffisant

NF Z 43-120-14

DICTIONNAIRE

UNIVERSEL

DE MATHEMATIQUE

ET

DE PHYSIQUE.

DICTIONNAIRE
UNIVERSEL
DE MATHEMATIQUE
ET
DE PHYSIQUE,

OÙ L'ON TRAITE DE L'ORIGINE, DU PROGRÈS
de ces deux Sciences & des Arts qui en dépendent, & des diverses révolutions
qui leur sont arrivées jusqu'à notre tems ; avec l'exposition de leurs Principes,
& l'analyse des sentimens des plus célèbres Auteurs sur chaque matiere.

Par Monsieur SAVERIEN, de la Société Royale de Lyon, &c.

Hæc inspicere, hæc discere, his incumbere, nonne transilire est mortalitatem suam,
& in meliorem transcribi sortem ? SENEC.

TOME PREMIER.

V. 850.
A

A PARIS,

Chez {
JACQUES ROLLIN, Quai des Augustins, à Saint Athanase & au Palmier.
CHARLES-ANTOINE JOMBERT, Libraire du Roi pour l'Artillerie & le Génie,
rue Dauphine, à l'Image Notre-Dame.

M. DCC LIII.
AVEC APPROBATION ET PRIVILEGE DU ROI.

PLAN
DE
CET OUVRAGE.

E ne penfe pas qu'il y ait dans l'homme rien de plus naturel ni de plus vif que le defir de favoir (*a*). C'eft un aiguillon qui le pique dès qu'il peut appercevoir ce qui eft autour de lui. Les objets, dont il eft environné, commencent à l'étonner ; ils excitent enfuite fa curiofité, fixent enfin fon attention. L'efprit travaille alors. Il femble croître en cherchant à fe fatisfaire. Les organes de l'entendement s'ébranlent, s'ouvrent, & la raifon fe développe. Eclairée par elle, l'ame eft en état d'écarter l'illufion de la vraifemblance. Elle parcourt fans obftacle ce qui lui avoit fait impreffion. Delà naiffent de nouveaux motifs de curiofité. Les chofes, qu'elle connoît, deviennent en quelque forte foumifes à fon empire ; & l'amour-propre qui la porte à l'accroître, la détermine à faire d'autres découvertes. C'eft là l'origine de cette fatisfaction fi grande que l'ame trouve à dévoiler la vérité (*b*). Tout ce qui peut fortifier fes puiffances, leur donner l'habitude de penfer & de raifonner jufte, doit lui être donc d'autant plus précieux, que c'eft l'aliment qui lui eft feul néceffaire & par lequel elle peut acquerir toute fa pureté, tout fon éclat, fe dépouiller en un mot de ce qu'elle a d'étranger.

Voila les refforts cachés qui font agir chaque être raifonnable, & principalement ces Hommes rares dont le fentiment intérieur eft plus délicat & qui y font plus d'attention. Voilà ce qui a donné lieu au développement des Arts & des Sciences qui renferment toutes les vérités. Ainfi jufques à ce que ces Arts & ces Sciences foient parvenus à leur dernier dégré de perfection, ils feront cultivés par les hommes. Un des plus grands fcru-

---

(a) *Ex quatuor autem locis, in quos honefti naturam vimque divifimus, primus ille, qui in veri conditione confiftit, maximè naturam attingit humanam. Omnes enim trahimur & ducimur ad cognitionis & fcientiæ cupiditatem, in quâ excellere pulchrum putamus.* Cicero.

(b) *Eft autem delectatio hæc multo major delectationibus fenfualibus.* Tfchirnhaufen, (*Medicina Mentis.*)

Tome I.   a tateurs du cœur humaïn, avoit, fans doute, cette vérité en vûe, lorf-qu'il a dit, que les Sciences font les alimens de l'efprit, qu'elles le nourriffent & le confument (*a*). Tant qu'il y aura des chofes à découvrir, des difficultés à vaincre, des problêmes à réfoudre, l'ame fera liée fans être en état de juger ni de la grandeur de fon pouvoir, ni des limites de fes facultés. Ce n'eft en effet qu'en comptant les découvertes qui ont été faites & celles qui reftent à faire, qu'on peut apprécier l'efprit humain. Moins ces dernieres feront en grand nombre, moins il paroîtra impénétrable. Qu'on examine l'objet de tous les Arts, de toutes les Sciences & leur but ; qu'on parcoure le chemin qu'on a fait pour parvenir à ce but, & celui qu'on a encore à faire, & on aura une idée exacte de fa valeur intrinfeque, de l'étendue de fa domination. L'efprit jugera lui-même de fes forces par fes conquêtes, & de fa foibleffe par les vérités à découvrir. Le feul moïen de nous connoître, c'eft de rappeller ces deux extrêmes dans les genres d'étude qui nous ont occupés. La fécondité, le feu de l'imagination, la jufteffe, la profondeur du jugement feront déterminés, fi l'on fait quelle eft la nature des Arts qui leur appartiennent & les progrès qu'ils y ont faits ; & cette forte de fcience fervira d'étalon ou de mefure générale pour évaluer le mérite des grands Hommes en tout genre. Tirons de-là une conclufion. Puifque la connoiffance de nous-mêmes eft la premiere des connoiffances, rien ne nous importe plus que d'examiner l'horifon de chaque objet de l'efprit humain ; de déterminer le cercle actuel de fa vûe, & ce qui refte au-delà de celui qui le termine. A ce précieux avantage fe joint une utilité entiérement relative aux Arts. Tenant en main les richeffes dont nous fommes en poffeffion, la collection de nos découvertes facilitera l'acquifition de celles que nous pourfuivons, par le rapport que nous pourrons remarquer alors des unes aux autres, & même par celui qu'elles auront avec celles dont nous cherchons à nous rendre maîtres. Eh ! qui fait fi de l'union, de l'affemblage de ces vérités, il n'en réfultera pas de nouvelles ? On l'a dit : Plufieurs vérités féparées, dès qu'elles font en affez grand nombre, offrent fi vivement à l'efprit leur rapport & leur mutuelle dépendance, qu'il femble qu'après avoir été détachées avec une efpece de violence les unes d'avec les autres, elles cherchent naturellement à fe réunir (*b*).

Telles font les raifons qui m'ont fait entreprendre cet Ouvrage, dans lequel je me fuis propofé de mettre fous un même point de vûe les découvertes qui ont été faites jufqu'à ce jour dans la Mathématique & dans la Phyfique. Le champ de ces découvertes eft très étendu. On diroit que la vérité en occupe le centre, tant il renferme de chofes folides. J'en fixe ici & l'époque & le nombre, & je fais entrevoir quelquefois le crépufcule de celles qui font encore à naître. Que ces objets font beaux ! Qu'il eft glorieux pour l'efprit humain d'avoir fçu y atteindre ! L'homme n'eft nulle part fi grand, fi fuperieur à lui-même. L'Entendement eft là à découvert, & le fujet de fon attention paroit fort au-deffus de fa portée.

(*a*) *M. La Bruïere. Mœurs de ce fiécle.*
(*b*) *M. De Fontenelle.* Preface de l'*Hiftoire du Renouvellement de l'Académie.*

Ne prévenons pas le Lecteur par un éloge prématuré. Préſentons lui un Tableau des Mathématiques. Que les beautés de ce Tableau parlent à ſon eſprit ; qu'elles le déterminent, en attendant qu'il puiſſe ſe raſſurer par l'examen particulier des parties qui le compoſent, détachées & ſéparément examinées dans cet Ouvrage.

TABLEAU OU SYSTEME RAISONNÉ
DES SCIENCES MATHÉMATIQUES.

TOUTES les connoiſſances de l'homme ſe réduiſent à deux. La premiere a pour objet d'étendre l'eſprit, de développer la raiſon, & de le mettre en état d'en faire uſage. La ſeconde concerne les Phénomenes de la Nature, la découverte de leur cauſe & de leur rapport, & en général celle de la conſtitution de l'Univers. Or ces deux connoiſſances forment le fond des Mathématiques. L'art de découvrir des choſes inconnues eſt ſa principale partie : celui d'obſerver & d'étudier la nature, la ſeconde ; & la troiſiéme, celui de développer la cauſe des effets qu'elle produit. Les Mathématiques ſont ainſi diviſées en trois Parties, qui ſont, la Science du Calcul, de l'Analyſe & de la Géométrie, la Phyſique, & les Sciences Phyſico-Mathématique. Développons ces trois objets, dont les vérités naiſſent les unes des autres.

CE qui eſt inconnu ne peut être ſoumis à nos lumieres que par le rapport qu'il a avec ce qui eſt connu. Notre adreſſe eſt donc bornée à chercher à connoître ces rapports. Mais pour cela il faut évaluer les nombres par leſquels on peut en déterminer la quantité. La Science des Nombres eſt donc la premiere Science. Selon qu'on conſidere ces nombres pris ſéparément ou en total, formés les uns par les autres, ou comme aïant des parties, on la ſous-diviſe ; & cette ſous-diviſion renferme les regles de l'Arithmétique & celle des Fractions. Enviſageant ces nombres pris ſéparément, mais relativement les uns par rapport aux autres, on découvre le rapport de ces nombres, la reſſemblance de ces rapports, leur ſuite & la maniere de trouver la ſomme de cette ſuite, même infinie. Ici on apprend déja l'Art de découvrir des Nombres inconnus par le rapport qu'ils ont avec ceux qu'on connoît : ce qui ſe fait en pluſieurs manieres, ſoit en cherchant un quatriéme nombre, qui ſoit proportionnel à trois autres, ſoit en réduiſant deux nombres égaux à un moïen qui les compenſe, ſoit en diviſant un nombre proportionnellement à pluſieurs autres, en un mot, ſoit en cherchant comment on peut varier les regles fondamentales de l'Arithmétique. Enfin curieux de ſavoir quels ſont ces nombres qui ont pu former un autre nombre, on apperçoit les regles pour réduire les uns & l'impoſſibilité de décompoſer les autres.

LA théorie & l'uſage des nombres étant ainſi approfondis, on eſt en état d'évaluer les rapports & des choſes inconnues & des choſes connues. Comme il ne s'agit point ici ſeulement de nombres, mais de quantités en général, on eſt obligé d'exprimer ces quantités autrement que par des chiffres, qui n'en indiquent que la valeur numérique. Et cette expreſſion, pour laquelle on a emploïé les lettres de l'Alphabet, eſt

L'Algebre. un nouvel art qui doit renfermer les regles du calcul de ces quantités dont l'union eſt toute différente de celle des nombres, toûjours fondus alors en quelque ſorte les uns dans les autres. C'eſt donc ici une Arithmétique des quantités dont la ſomme, la différence, & la diviſion ſont exprimées par des caracteres particuliers. Ces obſtacles levés, les rapports ſont comparables.

Les Equations. On examine parmi les quantités connues & les quantités inconnues ce qui manque à leur parfaite convenance, & on égale les premieres avec les dernieres, mêlées les unes dans les autres, conformément à la condition que preſcrivent les regles générales de la découverte qu'on pourſuit.

L'Analyſe. Comparant enfin, ſubſtituant des quantités connues aux quantités inconnues, ſuivant les égalités formées, on change les choſes de telle ſorte que des quantités inconnues ſe trouvent égales à des quantités connues.

LA GEOMETRIE. JUSQU'ICI nous avons conſidéré les quantités en général. Pour les ſpécifier, on remarque trois ſortes de quantités : les unes n'ont qu'une dimenſion ; d'autres deux, & les dernieres trois. La ligne, ou la diſtance de deux points, eſt du genre des premieres. Les ſecondes ſont les ſurfaces des corps, qui ſont formées par le produit de deux lignes ; & les troiſiémes, appellées corps, proviennent de la multiplication de la ſurface par une ligne. La Science de ces quantités eſt la Géométrie, qui relativement à la nature des lignes, ſe diviſe en Elémentaire, Compoſée, & Tranſcendante.

La Géométrie élémentaire. DANS la premiere, on examine la ligne droite & la figure qu'elle produit en ſe mouvant autour d'un point. D'abord les lignes ſituées les unes contre les autres font des angles & des figures, dont la plus ſimple eſt formée par trois lignes. Le mouvement de ces lignes engendre des plans : & celui des plans, des corps. Les propriétés des figures ſont ſur le devant du Tableau. On cherche le rapport de leurs côtés. On donne

La Géodeſie.
L'Arpentage. des regles pour les diviſer, pour en connoître la ſuperficie. Par là on

La Trigonometrie rectiligne. apprend que toutes les figures ſe réſolvent en triangles. Ainſi la Science des Triangles renferme les principes de ces connoiſſances. D'où l'on tire

La Longimetrie.
L'Altimetrie. l'art de meſurer les longueurs & les hauteurs. On recherche encore dans cette Géométrie les propriétés du Cercle, & on en forme des triangles

La Trigonometrie ſpherique. dont la théorie s'applique aux figures circulaires, c'eſt-à-dire, à déterminer & leur grandeur & leur dimenſion.

La Planimetrie. Aïant ainſi examiné toutes les ſituations de la ligne, on la conſidere en mouvement. Alors elle produit les ſurfaces. La ſituation de ces ſur-

Le Nivellement. faces par rapport à l'horiſon, leur ſection & leur meſure ; voilà tout ce

Le Toiſé. qu'il y a à connoître dans ces quantités.

De même que la ligne produit par ſon mouvement des ſurfaces, les ſurfaces produiſent des corps. Ce ſont ici les dernieres quantités. Sur

La Stéréometrie. ces corps, il y a trois obſervations à faire. L'une regarde la meſure de leur ſurface ; l'autre celle de leur ſolidité, & la derniere le

Le Jaugeage. vuide qu'ils peuvent contenir en quelque ſorte dans cette ſolidité : ce qui termine la Géométrie Elémentaire.

La Géométrie compoſée. LES aſpects ſous leſquels on peut enviſager la ligne droite, ſont épuiſés. C'eſt donc maintenant la courbe que nous avons à connoître. Remontons à ſa génération. Comment & par quoi la ligne courbe eſt-elle formée ? En général, par le mouvement d'un corps qui change continuellement de direction, ou par la section d'un corps formé par le cercle ; car nous ne connoissons point encore de corps dont la surface ait d'autre courbure. Suivant que le corps se meut, la courbe est différente, & selon aussi qu'on coupe le corps formé par le cercle, on a diverses courbes, dont les propriétés font l'objet de notre étude. *La Theorie des Courbes. Les Sections Coniques.*

CE n'est point assez pour connoître les courbes de sçavoir les distinguer par leur caractere. Des lignes courbes font en elles-mêmes hors de toute mesure. Le feul moïen de déterminer leur longueur, c'est de connoître leur étendue en ligne droite. Il y a à cette fin deux voïes. La premiere est de fuppofer ces courbes toutes formées, compofées d'une infinité de petites lignes droites, différemment inclinées les unes à l'égard des autres, felon la convexité plus ou moins grande de la courbe, & à fommer toutes ces petites lignes. La feconde voïe confiste à confidérer les courbes comme formées par des lignes droites, qui ont cru ou décru par dégrés, & à mefurer les rapports refpectifs d'accroissement & de décroissement. Ces méthodes ont deux parties ; celle de prendre l'accroissement de la ligne qui a formé ou qui exprime la convexité de la courbe ; l'autre, de fommer les parties dont la courbe est compofée. Dans l'une on defcend de l'expression d'une quantité finie, ou confiderée comme telle, à l'expression de fon accroissement ou de fa diminution instantanée ; & dans l'autre on remonte de cette expression à la quantité finie même. *La Géometrie Transcendante. Le Calcul des infiniment petits. La Méthode des Fluxions. Le Calcul differentiel. Le Calcul intégral.*

Moïennant ces Méthodes, rien n'arrête plus dans la fpéculation des courbes. On peut connoître leur longueur, de-là leur furface, & du mouvement des furfaces les folides qu'elles produifent. Recherchant toutes les fituations des courbes, on détermine par l'accroissement & le décroissement des lignes qui ont formé leur convexité, on détermine, dis-je, le point de leur plus grande convexité & celui de leur moindre. Et comme ces expressions fe rapportent à des quantités, on connoît celles qui font capables de produire le plus grand effet poffible, & celles qui doivent produire le moindre. *La Rectification. La Quadrature. La Cubation. Les Points d'inflexion & de rebroussement. Les Questions de Maximis & Minimis.*

ON ne peut, ce femble, mieux décompofer les quantités. D'abord l'Arithmétique & l'Algebre comprennent l'art de les évaluer & de les découvrir. Enfuite la Géométrie est la Science des quantités prifes féparément & confiderées fous les afpects les plus intimes. L'efprit est maintenant en état de faifir toutes leurs formations, toutes leurs fituations. Point de figures, point de corps dont on ne puisse déterminer les dimensions. Quel doit être donc l'objet de notre étude ? Je n'en vois point d'autre que celui d'entrer dans l'examen de ces corps, par ce qu'ils manifestent à nos fens, puifque l'efprit a épuifé fes reffources fans leur ufage. Or cet examen est une nouvelle Science qu'on nomme *Physique*, & qui a autant de parties que les corps eux-mêmes ont de propriétés fensibles ; j'entends de propriétés découvertes par la vûe, par le tact, par l'ouie, par l'odorat, & par le goût. Quoiqu'il y ait cinq fens, nous n'appercevons que trois qualités dans les corps ; 1°, leur caractere, 2°, leur fituation, 3°, leur effet. La vûe juge des caracteres ou qualités extérieures du corps, telle que la couleur, la figure, & la fituation, c'est-à-dire, *LA PHYSIQUE.*

leur mouvement & leur repos ; le taĉt , de ces qualités qu'on nomme froideur , chaleur , moleſſe , dureté , élaſticité , fluidité ; l'ouie , de leur ſon ;
l'odorat , de leur odeur ; & le goût , de leur ſaveur. Enfin tous les ſens
réunis , de leur effet. De là naiſſent différentes queſtions dont la réponſe
eſt l'objet de la Phyſique. Commençons par la vûe.

La Lumiere. Les corps ne ſont viſibles qu'autant qu'ils ſont éclairés. Et comment
Les Phoſ- ſont-ils éclairés ? C'eſt la premiere queſtion qui s'offre à l'eſprit. Qu'eſt-
phores. ce que la lumiere ? La lumiere nous fait appercevoir des couleurs , c'eſt-
à-dire , des corps plus ou moins éclairés , les uns avec plus de vivacité ,
Les Cou- les autres avec plus de lenteur , &c. Pourquoi ? La couleur eſt-elle dans
leurs. les corps ? Eſt-elle dans la lumiere ? En eſt-elle une modification ? Enfin combien y a-t'il de couleurs , & quelle eſt la raiſon de cette variété ,
jaune , rouge , bleu , &c ?

 Nous diſtinguons encore par la vûe , deux états , dans le corps , le
repos & le mouvement. Le repos eſt la perſévérance d'un corps en
l'endroit où il eſt ; & nous voïons que le mouvement eſt le tranſport
d'un corps d'un lieu à un autre.

 Après avoir obſervé ainſi les corps avec les yeux , nous faiſons uſage
Le Froid. du taĉt , & nous commençons à éprouver le froid & le chaud. Cette
Le Chaud. différence de ſenſation parvenue à l'eſprit , nous nous demandons ce que
c'eſt que le froid , & ce que c'eſt que le chaud ? Nous ſentons enſuite
la moleſſe & la dureté. A nouvelle impreſſion , nouveau raiſonnement.
L'Elaſticité. D'où vient la molleſſe ? Qu'eſt-ce qui cauſe la dureté ? Occupés à nous
ſatisfaire là-deſſus , nous découvrons que des corps durs les uns repouſ-
ſent la main qui agit ſur eux avec violence , ou du moins qu'ils repren-
La Fluidité. nentleur figure lorſqu'on l'a changée , & que d'autres fuïent & ſe dérobent
L'Eau. en quelque maniere à l'impulſion , tandis que des troiſiémes s'échappent
& s'attachent en même-tems quand on les touche. Nous nous apperce-
L'Air. vons encore par le taĉt , ou par l'impreſſion étrangere ſur l'organe du
taĉt , que nous ſommes environnés d'un corps inviſible.

Le Son.   L'ouie nous apprend que les corps ont encore une autre qualité , celle
d'être ſonores. Enfin l'odorat & le goût diſtinguent une différence dans
les ſenſations des corps qui font impreſſion ſur ces organes.

 C E S objets ſont ceux qui s'offrent à la premiere vûe comme autour de
nous , & tels que les découvriroit un homme qui recevroit tout d'un coup
l'uſage de ſes ſens dans un âge raiſonnable. Portant plus loin nos regards
La Tranſpa- & parcourant la Nature , nous trouvons des corps à travers leſquels nous
rence. diſtinguons les objets , & d'autres opaques , qui ne laiſſent rien apper-
L'Opacité. cevoir. Les premiers ſont ou ſolides ou liquides , tels que l'eau , le verre ,
La Poroſité. la glace , &c. Les autres ſont fluides , comme le ſable ; & des troiſié-
LaD uĉtili- mes poreux & propres à s'étendre extraordinairement par la preſſion ,
té. comme l'or. Nous diſtribuons donc les corps en tranſparens , opaques ,
poreux , & duĉtiles ; & on juge bien que cette diſtribution eſt faite en
partie pour ſoulager l'eſprit dans la perquiſition des cauſes de cette différence. Malgré tout cela , nos recherches ne ſont point épuiſées. Mais
comme rien ne ſe préſente plus ſur cette partie de la Terre qui nous frappe , nous portons nos regards au-deſſus de notre tête.

 Là , notre eſprit admire de nouvelles variations. En premier lieu , c'eſt

un efpace immenfe, terminé en apparence par une voute azurée, parfe- *Les Météo-*
mée de corps brillans connus fous le nom d'Aftres. Ces Aftres nous font *res.*
cachés quelquefois par des corps appellés Nuées. Dans ce vafte lieu, la *Le Tonner-*
Nature déploie des effets qui étonnent notre imagination. Tantôt un bruit *re. L'Eclair.*
affreux vient affecter nos oreilles, pendant que le Ciel paroît éclairé & *La Foudre, &*
qu'il lance fur nous des traits de flamme. Une autre fois ces Nuages fe ré- *&c.*
folvent en pluie, & dans d'autres tems cette pluie prend diverfes formes qu'on nomme neige, grêle, giboulées. La fcene change. Au mi-
lieu d'un fpectacle auffi effraïant le Ciel fe découvre. Quelle agréable *L'arc-en-*
furprife! Un phénomene raviffant s'offre à nos regards : c'eft l'Arc-en- *ciel.*
Ciel. Mais ce plaifir dure peu, & nous appercevons de nouvelles mer- *L'Aurore*
veilles. Le Ciel paroît en feu aujourd'hui, croifé de traits de flammes *boréale.*
parfemées fur un rouge-brun. Demain le Soleil eft orné d'une couronne *Les Cou-*
peinte de brillantes couleurs. Près de lui fe diftingue une grande clarté. Et *ronnes.*
tel eft le fpectacle admirable qu'offre la Nature à nos fens étonnés. Décom- *Les Parhe-*
pofons ces grands objets & obfervons-les de plus près. *lies.*
La Lumiere
zodiacale.

Par le fimple ufage de nos fens, la Phyfique eft déja riche; & il
n'y a point de fi petit phénomene qui dévoilé, ne faffe l'éloge de cette
belle Science. Eh! que fera-ce fi nous étendons les facultés de nos organes? C'eft un examen qui doit nous occuper naturellement, avant
que de nous livrer ici-bas, à l'aventure, à de nouvelles découvertes.

J'ai toujours penfé que l'œil étoit le premier organe, parce que
c'eft fur lui que les premieres impreffions fe font. Un homme qui recouvre dans le même inftant la vûe & l'ouie, voit plutôt qu'il n'entend, parce que la propagation de la lumiere fe fait en moins de tems
que celle du fon. Voilà pourquoi j'ai toujours commencé par la vûe
dans l'examen des objets de la Nature. Voulant maintenant examiner
la conftruction des organes, je fuis obligé de fuivre le même plan.

Nous étudions donc la ftructure de l'œil, la caufe de la vifion, & *L'Optique.*
en quoi confifte la vûe. Cette étude donne lieu à la formation d'un *Les Cham-*
œil artificiel, où les objets fe peignent, fe repréfentent comme dans *bres obfcures.*
l'œil même. On reconnoît par-là que les objets les plus éloignés paroiffent plus foibles & moins prononcés dans le tableau, ainfi que *La Perfpec-*
nous les voïons; d'où nous tirons les regles de cette diminution réelle *tive.*
pour une diminution apparente. Cela remplit une partie de notre deffein. La feconde partie a pour objet d'étendre la portée de notre vûe.
A cette fin nous regardons à travers les corps diaphanes, qui ont dû
déja nous faire preffentir quelque découverte. En effet, un bâton eft *La Dioptri-*
vû brifé dans l'eau. Des corps diaphanes, taillés à plufieurs faces, mul- *que.*
tiplient les objets; d'autres formés d'une certaine maniere, les groffif-
fent, & coupés felon une certaine courbe & arrangés différemment,
les reproduifent. De-là naiffent les Verres à facettes, les Microfcopes, *Les Microf-*
les Telefcopes. Par l'ufage de ces deux derniers inftrumens, un Uni- *copes.*
vers nouveau fe découvre. Le Microfcope nous fait difcerner les plus
petits objets, & en quelque forte les élémens de la matiere. Le Telef- *Les Telefco-*
cope nous dévoile un nouvel horifon, & dirigé au Ciel nous fait ap- *pes.*
percevoir toute la forme des Aftres.

La vûe nous manifefte encore un autre phénomene : c'eft l'image *La Catoptri-*
que.

d'un objet apperçu fur un corps poli , quoique cet objet foit hors de fa portée. Notre image fe peint même fur ce corps , & , fuivant fa figure, augmentée ou diminuée, gracieufe ou défagréable. De façon que des objets affreux vûs dans ces corps polis taillés d'une certaine maniere , y paroiffent dans de juftes proportions & fous une forme naturelle , tandis que d'autres bien deffinés s'y trouvent entierement défigurés.

Les Anamorphofes.

Paffant de la vûe à d'autres fens , nous remarquons avec chagrin , que le tact, l'odorat , & le goût , ne peuvent être aidés par aucun moïen ; que le tact même fi délicat & fi profond, perd à être examiné de près. L'oreille , plus compliquée par fa ftructure, offre une mécanique qui tient plus à l'art. Tout nous y intéreffe. Avec une étude réfléchie de cet organe, nous trouvons des moïens de la perfectionner. Nous obfervons les impreffions qu'elle reffent & ce qui les occafionne , & nous découvrons quatre fortes de fenfations. Les unes nous étonnent ; les autres font agréables ; les troifiémes voluptueufes , & les dernieres choquantes. Les premieres font caufées par le bruit ; les agréables par le chant ou la modulation des tons, qui devient ou naturelle , ou fiere , ou tendre ; naturelle , quand elle procede par des tons entiers ; fiere ou tendre , lorfqu'elle fe fait par demi-tons. J'appelle fenfations voluptueufes , celles qui proviennent de l'union de deux ou de plufieurs fons ; & on éprouve les fenfations choquantes, fi cet uniffon eft faux.

L'Acoustique.

La Mufique.
La Mélodie.
Le Genre Diatonique.
Le Genre Chromatique.
L'Harmonie.

ARRETONS-nous ici un moment. Laiffons au Lecteur le tems de faifir ces objets. Attendons qu'il fe foit écrié : Que de merveilles dans la Nature ! Et avertiffons-le que nous ne fommes cependant qu'au milieu de notre courfe. Mais n'oublions pas de le prévenir auffi que rien ne nous conduit plus dans notre route. Les organes nous quittent , pour ainfi dire. Le chemin eft parfemé , il eft vrai , de mille objets de recherches qui nous laiffent incertains fur le choix. Notre embarras augmente quand il s'agit de trouver les moïens que nous devons y emploïer. Les fleurs nous frappent , & les épines qui les couvrent nous inquiétent. Nous conjecturons que tel corps, auquel nous remarquons quelque propriété , pourroit en avoir quelqu'autre que nous ne connoiffons pas ; & de-là telle autre fi nous le difpofions d'une certaine façon , ou que nous le décompofions autrement. Cela nous porte à travailler à nous affurer de notre doute, en mettant notre projet à exécution : c'eft-à-dire, que nous nous hafardons à être piqués par des épines pour decouvrir quelques fleurs. C'eft ainfi que de l'attraction connue de l'Aiman , nous parvenons aux autres qualités de cette pierre ; que nous connoiffons ces propriétés que l'ambre , le verre , le fouffre , ont d'attirer , de repouffer les autres corps qu'on leur oppofe ; que nous découvrons de la péfanteur de l'air le reffort & les loix du mouvement de ce fluide ; que nous décompofons le feu, & que nous inventons des inftrumens propres à tenir compte de leur effet, & pour connoître & pour être affurés du changement du poids de l'air , de celui de fon reffort & de fon humidité. Enhardis par ces fuccès, le changement & les effets des corps réveillent notre attention. La congellation, la cohéfion, les changemens de couleurs , les fermentations deviennent des phénomenes dûs à notre induftrie & à nos effais. L'art du feu développé de la même

La Physique Experimentale.

L'Aiman.
L'Electricité.
L'Aërometrie.
La Pneumatique.
La Pyrotechnie.
Le Pyrometre.
Le Barometre.
Le Thermometre.
L'Hygrometre.
La Congellation.

maniere ,

maniere, brille de mille couleurs & eſt ſuſceptible d'autant de variations.

TERMINONS nos obſervations & nos experiences. Comptons nos
découvertes, & formons de nouveaux fonds. Par les effets que nous
avons dévoilé, ſondons la profondeur des cauſes. Rappellons nos connoiſſances pour les mettre en uſage. Aſſez de phénomenes tiennent notre imagination en ſuſpens pour que nous ne cherchions pas à la raſſurer, en la ſatisfaiſant autant qu'il eſt en nous. Comme la lumiere a
été le premier ſujet de notre appréhenſion, ſa cauſe doit l'être auſſi de
notre inquiétude ; & par conſéquent les Aſtres dont elle émane ſont
en droit de fixer notre attention.

LES ASTRES paroiſſent en mouvement, & nous en découvrons de
quatre eſpeces. Les uns gardent une ſituation conſtante à leur égard :
ce ſont les Etoiles. Les autres, appellés Planetes, ſe meuvent ſans ſortir de certaines bornes. Quelques-uns, connus ſous le nom de Satellites, qu'on ne découvre qu'à l'aide des lunettes, paroiſſent & diſparoiſ-
ſent après un certain tems ; & les derniers ſe montrent ſous une forme particuliere, ornés d'une queue de flamme, après un grand nombre d'années. Le mouvement de ces grands corps eſt tout ce que nous
y remarquons d'abord. Nous cherchons donc à en déterminer les limites. A cette fin, nous marquons dans le Ciel les points où un Aſtre
parvenu rétrograde. Cela nous donne lieu à diviſer la Sphère céleſte
en pluſieurs parties, qui en renfermant ces mouvemens, contribuent à fixer une poſition de chaque Aſtre en particulier. Le point ou le centre
du mouvement des Aſtres eſt le ſecond objet de nos recherches. Le Soleil ſemble tourner autour de nous, & les Planetes autour du Soleil.
La différence apparente de ces deux mouvemens, nous fait ſoupçon-
ner une illuſion de la part des ſens. Nous nous demandons, pourquoi
la Terre ne tourneroit pas comme les autres corps autour du Soleil ?
Dans cette hypotheſe, nous cherchons ſi les Phénomenes céleſtes s'ac-
corderoient avec elle, & ſi nous pouvons en rendre raiſon en ſuppoſant le mouvement du Soleil autour de la Terre. Cette recherche nous
fait faire une remarque : c'eſt que les Planetes paroiſſent quelquefois
ſans lumiere. Les Satellites même en ſont privés ; & nous voions la lumiere de la Lune tantôt diminuer, enſuite croître, quelquefois diſpa-
roître entiérement, & dans d'autres tems nous priver de la preſence du
Soleil. Une ſuite d'obſervations nous apprend que ces Phénomenes arrivent & reviennent dans des tems reglés. Voilà le ſujet d'une étude
ſérieuſe pour déterminer la durée de ces périodes, & nous ne tardons
pas à retirer un fruit de notre travail.

CES Périodes apprennent à diviſer le tems. La ſucceſſion révolue
de la lumiere & des ténebres, donne le jour. C'eſt le mouvement ou
du Soleil autour de la Terre, ou de la Terre autour du Soleil. Or ce
mouvement ſe ſubdiviſe en parties égales par la diminution de l'ombre
à chaque inſtant du Soleil ſur le corps qu'il éclaire. Cette diminution
marquée ſur un plan, ſuivant le progrès de ſon mouvement, devient
un moien aiſé de connoître les parties du jour. On trouve encore une
diviſion du tems par la période des Phaſes de la Lune : celle des Mois

Le Feu.
LesFermenta-
tions.Les feux
d'Artifice.
SCIENCES
PHYSICO-
MATHEMA-
TIQUES.

L'ASTRONO-
MIE.

Les Etoiles.
LesPlanetes.
Les Satelli-
tes.
Les Cometes.

LA COSMO-
GRAPHIE.

La Sphere
armillaire.
Les Globes.

Les Syſtê-
mes Aſtrono-
miques.

Les Con-
jonctions.
Les Phaſes
de la Lune.
Les Eclipſes.

LA GNOMO-
NIQUE.

Les Cadrans.

LA CHRO-
NOLOGIE.

Le jour.
Le Mois.

L'Année. Les Ages. Les Eres. Les Epoques, &c.

& la révolution entiere du Soleil ou de la Terre , fournit les **Années.** Il n'en faut pas d'avantage pour partager le tems dans un ordre tel que nous puiffions déterminer les événemens les plus mémorables.

T O U R N A N T ces vûes du côté de la Réligion , nous nous fervons de nos divifions pour marquer le tems des Myfteres de la Rédemption. Là-deffus tout nous devient un fujet d'examen , & le mouvement du Soleil & celui de la Lune , qui , relativement à ces Myfteres , doivent être comparés pour déterminer la Fête de Pâques & de - là les Fêtes mobiles.

Le Comput ou Chronologie Ecclefiaftique.

L'Epaête. Le Nombre d'or, &c.

E N F I N une derniere obfervation que nous faifons fur les Aftres , fert à fixer la fituation de tous les endroits du Monde. Cette obfervation eft que les Aftres font différemment fitués à notre égard , & que divers Phénomenes qu'ils manifeftent , arrivent à divers tems dans tous les lieux. Nous nous en affurons par les opérations ou obfervations que nous faifons dans chaque lieu. Sur Terre , tout favorife. Les inftrumens découverts par la Phyfique & ceux que donne la Géométrie , font là d'un merveilleux fecours.

Observations Astronomiques.

La Latitude.
La Longitude.
La Méridienne.
Les Quarts Aftronomiques.
Les Oêtans.
Les Micrometres, &c.

I L n'en feroit pas de même fur les Eaux , fi nous voulions nous y livrer & nous y reconnoître. Ici ces obfervations font la plûpart impraticables. Nous fommes forcés d'y fuppléer en partie en tenant compte du chemin que nous y faifons. Occupé de l'eftime de ce chemin , on s'apperçoit que la connoiffance de la route eft à cette fin abfolument néceffaire. La vertu que l'aiman a de fe diriger au Nord , nous procure cette connoiffance. En l'ajuftant d'une façon où cette vertu puiffe s'exercer en toute liberté , il indique le point de l'horifon vers lequel nous marchons.

Le Pilotage.
L'Eftime.
La Bouffole.

Il y auroit bien des connoiffances à acquerir en fuivant la fuite de cet enchaînement. Mais ces Sciences , qu'on doit à l'Aftronomie , font ici dans le lointain du Tableau des Mathématiques ; & cet éloignement renferme des détails trop décompofés , pour que je puiffe en faire l'énumération. Je peins à grands traits. Les points de vûe , les parties acceffoires , font détachés dans ce Dictionnaire. Je me borne à ce qui fait le fond & du deffein & du coloris. Je tâche de grouper les parties de la Mathématique & de la Phyfique , telles qu'elles doivent l'être , pour faire un enfemble. Je forme une Mappe-Monde Mathématique , & non des Cartes particulieres. D'ailleurs , quand je pourrois faire fentir les demi-teintes , c'eft-à-dire , dans ce cas , les parties du Pilotage , l'Aftronomie n'eft point encore développée. Nous favons que les Aftres fe meuvent , & nous ignorons la caufe de leur mouvement. Rien affurément n'eft plus digne de notre curiofité. Connoître les refforts qui animent les corps céleftes ; c'eft avoir en quelque forte en main les rênes de la Nature , c'eft la mettre entiérement à découvert. Que ne devons-nous pas faire pour parvenir jufques-là ! Comme il s'agit ici de la caufe d'un mouvement , le mouvement & ce qui peut le produire , devient donc une étude qui peut feule nous éclairer là-deffus.

La Mécanique.

N O U S favons déja , & c'eft la vûe qui nous l'a appris , que le mouvement eft le tranfport d'un corps d'un lieu à un autre. Ce tranf-

port peut fe faire de plufieurs façons. Un corps peut parcourir des efpaces égaux en tems égaux, ou en tems inégaux, en augmentant toujours ou en fe rallentiffant. Les derniers font les mouvemens les plus
ordinaires. Lorfqu'on laiffe tomber un corps, le premier mouvement
a lieu : fi on le fait mouvoir horifontalement, c'eft le fecond. Ce qui forme
ce dernier mouvement c'eft la réfiftance qu'il éprouve en frottant toujours contre un autre corps. D'où il fuit que pour le connoître, il
faut évaluer cette réfiftance. Le mouvement accéléré fe manifefte (ainfi
que je l'ai dit) par la chûte. La caufe de cette accélération devient
naturellement un fujet d'examen. Dans cette vûe, nous cherchons fi
elle eft affectée à une direction particuliere. Nous jettons donc les
corps fuivant différentes directions, de haut en bas, horifontalement,
& obliquement. Ces effais nous font voir que de bas en haut un corps
retarde en même proportion qu'il augmente de haut en bas ; que ce corps
jetté horifontalement décrit la moitié d'une courbe par un mouvement uniforme & un mouvement accéléré, & qu'il trace en l'air une
courbe entiere de la même façon, quand on le jette felon une direction oblique. Nos expériences deviennent ainfi de véritables connoiffances. Nous apprenons à lancer les corps & à les diriger de telle forte,
qu'ils parviennent au but que nous nous propofons.

Il refte à examiner le mouvement uniforme. C'eft un mouvement qui
eft toujours tel qu'il le feroit fi le corps mû ne trouvoit point d'obftacles, ou qu'il ne fut pas animé à chaque inftant par une nouvelle
force. Une conféquence fuit de là, & cette conféquence eft, qu'un
corps une fois en mouvement, doit perfifter dans l'état de mouvement,
& par une raifon contraire dans l'état de repos.

Voilà les mouvemens généraux. En les confidérant dans les corps,
nous remarquons des mouvemens particuliers. Des corps qui tournent,
ont un mouvement de rotation. Ceux qui après avoir commencé à
tourner reviennent fur eux-mêmes, ont un mouvement d'ofcillation, &c.
Ce dernier a l'avantage de fe faire toujours dans le même-tems. Tous
ces mouvemens que nous cherchons à découvrir, ont des loix, & ces
loix fe compliquent lorfqu'il s'agit du mouvement de plufieurs corps
joints enfemble. Cependant un effet eft en droit de nous occuper au
milieu de cette recherche. Des corps en mouvement fe choquent &
changent ces loix établies. Un corps qui en choque un fecond, a plus
de force que lorfqu'il preffe fur lui. Nous obfervons en même tems une
autre force, produite par le mouvement. En mouvant un corps avec
une certaine viteffe, nous fommes furpris de voir qu'il ne quitte pas
le point où il a été placé, de forte que le mouvement l'emporte fur
fon poids, qui tend à le faire parvenir au centre de ce même mouvement. Et tels font les divers mouvemens & leurs effets. Comme dans
cette étude notre deffein a été d'expliquer la caufe du mouvement des
Corps céleftes, ces connoiffances acquifes, nous fommes en état d'ef-
fayer nos forces.

A cette fin, nous obfervons la direction du mouvement de ces corps ;
& aïant découvert la courbe que chacun d'eux décrit, nous cherchons
quelle eft la loi qui les retient dans cette courbe. Cette loi connue,

b ij

Notes marginales :

Le Mouvement uniforme
Le Mouvement accéléré.
Le Mouvement retardé.
Le Frottement.

LA BALLIS-TIQUE.

Les Projec-tiles.

La Force d'inertie.

LA DYNAMI-QUE.

Les Pendu-les.

Le Choc.

Les Forces mortes & les Forces vives.

Les Forces centrales.

Les Syftê-mes du Mon-de.

l'Univers eſt à nous. Nous tenons la cauſe de la péſanteur, nous connoiſſons la figure des Aſtres; nous calculons leur cours, nous rendons
compte de leur effet, & nous ſommes en poſſeſſion des plus grands
événemens de la Nature. Que de belles connoiſſances la théorie du
mouvement nous procure! Cette théorie n'eſt pas encore cependant
approfondie.

Nous avons vû que les corps en mouvement ont plus de force que
quand ils agiſſent par leur propre poids. Ceci nous fait voir que par
le mouvement on peut augmenter l'effort d'une puiſſance. Ainſi plus
une puiſſance agira avec viteſſe, plus elle ſera grande, plus elle produira d'effet. Et cet avantage aura lieu de quelque maniere qu'on lui
procure cette viteſſe, ſoit avec un ſimple bâton, ou à l'aide d'un corps
mobile ſur lequel ſera ſuſpendu le poids qu'elle aura à lever. Nous
concluons de-là qu'il n'y a point d'efforts que nous ne puiſſions faire
en rendant la viteſſe de la puiſſance beaucoup plus grande que celle du
poids. Une connoiſſance ſi utile cultivée avec ſoin, nous ouvre une
infinité de moïens par leſquels tout cela nous devient facile. Mais on
apperçoit bientôt un inconvénient : c'eſt que ce qu'on gagne en force
on le perd en tems.

Examinant cet inconvénient, nous trouvons qu'un corps pourroit
faire peu de chemin, tandis qu'un autre ſeroit dans un grand mouvement. Là-deſſus nous raiſonnons, & notre raiſonnement nous porte à
diriger ce mouvement de telle ſorte que n'étant pas interrompu, nous
puiſſions obſerver la viteſſe du premier corps & celle du ſecond. Le fruit de
notre travail eſt l'idée d'une belle invention. Ce premier corps d'un
mouvement lent paroît décrire des eſpaces égaux dans des tems ſenſiblement égaux, ou du moins nous voïons une diviſion du tems marquée. Nous ſuivons cette idée ; & laiſſant opérer l'eſprit, ſans le fati-
guer, il eſt naturel d'inférer de-là, qu'en trouvant le moïen de rendre
ce mouvement uniforme, la diviſion du tems, dont je viens de parler,
eſt exactement réglée. Il faut convenir cependant que ce moïen n'eſt
pas aiſé à trouver, à moins que les connoiſſances que nous avons acquiſes ne nous le fourniſſent. Cela s'y trouve heureuſement, tant il eſt
vrai que toutes les Sciences ſe prêtent de mutuels ſecours, & ſe tiennent, pour ainſi dire, par la main. Nous avons appris ci-devant qu'un
corps qui balance, fait ſes vibrations en tems égaux, quelles que ſoient
ces vibrations. Diſpoſant donc le mouvement rapide d'un corps léger
qui en meut un autre péſant de telle maniere qu'il ſe balance, nous
ſommes certains après cela que le mouvement eſt uniforme.

C'eſt-là le fond d'une machine qui duement conſtruite, ſert à meſurer le tems : machine toutefois d'un difficile tranſport. Car ce balancement qui la rend telle, eſt un mouvement libre très-ſuſceptible d'un
dérangement lors d'un changement de lieu. Pour avoir donc une machine ſemblable, qu'on puiſſe porter, il faut imaginer quelqu'autre régulateur qui rende ſon mouvement uniforme. Il y a plus. Comme ici
un poids ſuſpendu fait l'effet de la puiſſance, il faut encore en trouver
une aſſujettie. Ces deux difficultés, qui ſont aſſurément difficiles à lever, dépendent des découvertes précédentes. En étudiant la Phyſi-

que, nous avons vû qu'il y a des corps qui ont une force pour se remettre dans l'état d'où on les a tirés, c'est-à-dire, élastique. Ces corps sont ici d'un merveilleux secours. Nous les substituons aux poids, en les contraignant de maniere qu'ils puissent se remettre insensiblement. *Le Ressort.* Ils font ainsi l'effet d'une puissance, à laquelle le mouvement ne sauroit nuire. A l'égard du Régulateur, nous tâchons d'assujettir le corps *L'Echappe-* qui balance entre deux pivots. Moïennant quoi nous avons une ma- *ment.* chine pour mesurer le tems, très-portative.

CES machines si utiles ne sont, comme on voit, que l'effet du mouvement qui est causé par l'excès d'action d'un poids sur un autre. Cet excès est le mobile de toutes les machines. Et suivant qu'il est plus ou moins grand, on en retire plus ou moins d'avantages. Concluons de-là *LA STATI-* que pour arrêter le jeu d'une machine, il n'y a qu'à détruire cet excès *QUE.* en ajoutant un poids ou une vitesse de plus à celui qui est emporté, *L'Equilibre.* de façon que le produit du poids & de la puissance, composés de leur vitesse, soient égaux. La chose paroît simple. Malgré cette apparence, c'est une science que de compenser ainsi les actions de deux & de plu- *Les Balan-* sieurs forces, & de comparer la masse des corps. *ces.*

C'EST ainsi que nous découvrons dans des Sciences particulieres les germes d'autres qui leur sont opposées. La connoissance réfléchie du mouvement a conduit au repos, comme un terme à nos recherches. Mais si le terrain dans les solides nous manque à cet égard, le mouvement de l'eau n'est point encore connu. Nous voïons une onde claire *L'Hydro-* s'écouler, & chargée de différens corps. La raison de cet écoulement *DINAMIQUE.* n'a pas besoin d'explication. L'eau suit la pente des plans sur lequel elle est portée. Elle tombe, & cette chûte est l'effet de son poids. Tandis *L'Hydrau-* que notre esprit se tranquillise & qu'il se plaît à suivre la fuite continuelle *lique.* de cette eau, des obstacles vincibles & invincibles se trouvent à son passage. Elle chasse les uns par son choc, & elle est interrompue par les autres. Ici tout nous arrête, & la résistance de ces obstacles par rapport à eux-mêmes, & l'effort de l'eau contre eux. Des expériences sur cet élément peuvent seules nous éclairer sur son effet. Occupés à tenir l'eau en nos mains soumise au jugement de nos organes, elle s'échappe, & en se vuidant elle nous manifeste une sorte de phénomene sur la façon dont elle s'écoule, bien plus difficile à assujettir que celui que *La Catarac-* nous cherchions. Nous découvrons néanmoins que l'eau monte tou- *te.* jours à égale hauteur; & un beau jet nous avertit de cette propriété *Les Jets* de l'eau. Ce jet mis en œuvre, nous donne des Fontaines artificielles *d'eau.* qui nous réjouissent. A ce divertissement nous apprenons une découverte : *Les Fontai-* c'est que l'eau parvenue à un point plus bas que celui d'où elle est *nes artificiel-* montée, se vuide entiérement. Ainsi nous avons un moïen de vuider *les, de com-* un vaisseau rempli d'eau sans l'incliner. L'avantage que nous tirons de- *pression, inter-* là nous porte à différentes recherches en ce genre pour l'épuisement *mittentes, &c.* général des eaux. *Les Siphons.* / *Les Diabetes, &c.*

TOUTES ces opérations ne peuvent gueres se faire sans plonger *Les Pompes,* des corps dans l'eau. Or ces solides plongés, déplacent l'eau & la font *les Chapelets,* monter. Nous jugeons sans beaucoup de peine que les corps occupent *les Vis sans* la place de cet élément : l'eau gagne en hauteur ce que le corps oc- *fin, les Tym-* *pans, &c.* *L'Hydrosta-* *tique.*

cupe en folidité. Tant que le corps s'enfonce notre efprit eft tranquille à cet égard. Il fort de cet état quand le corps furnage. Qui eft-ce qui le foutient ? L'eau, fans doute. Mais pourquoi un corps flotte-t'il fur l'onde & qu'un autre s'y précipite ? Cela vient apparemment de ce que la pref-fion de l'eau fur le premier corps eft plus grande que celle du corps fur cette eau ; & que dans le fecond cas celle-ci l'emporte fur l'autre. Ainfi plus celle de la péfanteur fera grande, mieux le corps furnagera. Différentes eaux fupporteront donc différemment les folides dont elles feront chargées.

L'Aréometre. La Balance hydroftatique.

L'ARCHITEC-TURE NAVA-LE.

APRE'S nous être affurés de cette vérité, nous nous rappellons que l'eau foutient les corps, & qu'en nous plaçant fur ces corps nous pou-vons nous hafarder fur les eaux. Nous en difpofons donc de maniere à pouvoir nous y placer commodément ; & la chofe eft fort aifée. Il y a plus de difficulté à les faire mouvoir du côté que l'on veut. Le vent qui agit fur ces corps librement livrés à fon action, nous fuggere un moien très-facile de faire marcher cette nouvelle habitation. Il fuffit pour cela d'y expofer un autre corps qui foit attaché à celui fur lequel nous fommes portés, de telle forte que nous puiffions le diriger à notre gré, fuivant le befoin. Nous préparons donc notre voiture pour re-cevoir ce corps. Mais nous remarquons que fuivant qu'elle eft difpo-fée elle plonge plus ou moins dans l'eau & fait route en balançant. Notre premier foin doit donc avoir pour objet d'éviter ces balance-mens, foit en difpofant la charge de ce corps propre actuellement à nous tranfporter fur les eaux, foit en arrangeant différemment la caufe de fon mouvement ; & le fecond, de nous mettre en état de lui faire recevoir l'impulfion la plus avantageufe du vent, & de le faire tour-ner. Ceci dépend des difpofitions différentes du corps que choque le vent.

La Mâture.

L'Arrimage.

La Manœu-vre.

TOUT cela nous conduit à la conftruction d'un bâtiment mobile dans lequel nous nous tranfportons commodément dans tous les Pays du Monde pour profiter des richeffes qu'étale la Nature, & acquérir de nouvelles connoiffances. Mais fi les Mathématiques nous mettent en état de faire des Maifons flottantes, de quelle utilité ne feront-elles pas fi nous les appliquons à des Edifices que nous habitons fur la Terre ? Dans cette vûe, nous apprenons de la Géométrie à les élever avec folidité, à les divifer avec économie, & en leur donnant de juf-tes proportions, à les rendre agréables & de bon goût.

L'ARCHITEC-TURE CIVILE.

Les Ordres.

Il ne reftera plus pour jouir tranquillement du fruit de nos travaux, que de nous mettre à couvert de l'infulte de ces Hommes qui enne-mis des Sciences, pourroient être affez touchés de la douceur de no-tre fituation & de l'aménité de nos plaifirs, pour vouloir nous en priver. Nous fortifions donc nos habitations, c'eft-à-dire, que nous les en-tourons de maniere que nous puiffions leur en interdire l'approche. Et pour les en écarter, faifant ufage de la fcience de jetter les corps, & de celle du feu pour les lancer, nous formons un art capable d'intimi-der les plus Téméraires ; de détruire les Légions les plus nombreufes ; de nous conferver les biens dont on auroit pû fe rendre maître ; & enfin un art trop terrible, pour ne pas faire gémir la Nature de fa décou-

L'ARCHITEC-TURE MILI-TAIRE.

L'ouvrage à Corne, à Cou-ronne, &c.

La Défenfe & l'Attaque des Places.

L'ARTILLE-RIE.

Les Bombes.

verte, & de la production des hommes barbares & injustes qui y ont *Les Canons.*
donné lieu. *Les Mines, &c.*

VOILA LES OBJETS des Mathématiques réunis sous le même point de
vûe que les découvriroit un homme instruit de l'usage de son esprit, de ses
sens & de sa raison. Si cette gradation est juste, les vérités purement
intellectuelles, celles qui ne dépendent que de l'imagination, sont celles
qui nous touchent d'abord. En effet, nous ne pouvons juger des choses que par les lumieres de l'Entendement, & ces lumieres ne peuvent
se manifester que par la réflexion.

La premiere appréhension émanée des sens, est une lueur qui s'augmente à mesure que nous la développons. Les connoissances que nous
acquerons par-là, donnent une vigueur supérieure à nos lumieres. L'Entendement examine avec ce secours l'objet de son attention; & les rapports que ces connoissances ont les unes aux autres, lui en fournissent
bientôt de nouvelles. La clarté se propage & s'étend, jusques à ce que
par cette progression de connoissances, nous soïons parvenus au point
où nous ne trouvions plus de combinaisons à faire, ni de liaisons à
suivre dans le même sujet. C'est alors que nous tâchons d'acquérir par
les sens d'autres idées, & que faisant usage de notre raison, c'est-à-
dire de la science que nous avons acquise des rapports, nous compa-
rons ces nouvelles connoissances avec celles que nous possedons.

Nous procédons donc de la même maniere à un nouvel examen.
Car l'esprit se reposant mieux sur sa raison que sur les sens, & cette
raison le conduisant toujours par gradation, il a un double sujet pour
se procurer lui-même des lumieres toujours plus promptes & plus abondantes que celles qu'il peut retirer d'ailleurs. Aussi les objets susceptibles de combinaisons, je veux dire, qui dépendent davantage du raisonnement que de l'expérience, sont-ils moins difficiles à approfondir.
Voilà pourquoi les Sciences de raisonnement touchent presque à leur
terme. La Science de l'Analyse, l'art des Combinaisons, la théorie des
Figures rectilignes & curvilignes, &c. sont poussés dans l'extrêmité de
leur objet, tandis que la Physique n'est encore qu'à demi dévoilée.

Les premiers Mathématiciens étoient grands Géometres. *Thalès*, *Pythagore*, *Euclide*, *Archimede*, &c. ont fait des efforts en ce genre qui
seront admirés dans tous les tems : mais la Science des effets naturels
& de leur cause, étoit un mystere incompréhensible qu'ils n'expliquoient que par des mots & des qualités occultes. Depuis *Thalès* jusques à *Descartes*, c'est-à-dire, pendant plus de deux mille ans, que les
Mathématiques ont été cultivées, les Physiciens ont eu les yeux bandés & n'ont fait que bégayer sur les causes. *Aristote* avoit imaginé un
jargon qu'il appelloit la Physique, dont il ne rougissoit pas de se servir, & son disciple *Théophraste*, qui le suivoit dans cette science obscure, ne se permettoit pas les moindres licences en Géométrie. *Descartes* même, à qui l'on doit l'art de faire usage de son esprit & de sa
raison, qui a connu tous les plis & replis du cœur humain, a creusé
la Géométrie dans le vif, & n'a fait qu'effleurer la Physique. Pour tout
dire, *Newton* & *Leibnitz*, sont plus grands par leurs découvertes géo-

métriques que par celles qu'ils ont faites dans cette Science.

De ces exemples on peut conclure que la Logique de la Nature, s'il est permis de parler ainsi, n'est point celle de l'esprit humain. Ce n'est pas toujours une vérité d'un certain ordre qui conduit à une autre du même genre. La Nature a des écarts qui mettent hors de garde. D'ailleurs, il n'y a ordinairement qu'un point qui décide d'une découverte Physique ; & les ressources sont abondantes pour celles que produit la Géométrie. Une voïe seule est ouverte au succès d'une expérience. Le moindre écart est un mur de séparation. Au contraire, un Problême de Géométrie est presque toujours susceptible de plusieurs solutions. On remarque encore que les Physiciens, qui travaillent à la même fin, n'y réussissent que par la même voïe, & que les Géométres parviennent le plus souvent à la même vérité par différens chemins.

Il est satisfaisant sans doute de reconnoître dans l'esprit humain la source de tant de vérités. Celles que nos sens peuvent nous rendre sensibles, paroissent moins nous appartenir, & c'est une forte raison de négliger ces dernieres. De-là ce plaisir si dangereux de descendre si profondément en soi-même. Nous sommes composés de deux substances, & c'est leur union qui forme l'homme. L'esprit, quelque supérieur qu'il soit au corps, ne tient la voïe étroite de la vérité que par son secours. Livré à lui-même, il s'égare. La Géométrie nous en fournit un bel exemple. Tant que cette Science a été resserrée dans ses bornes sans aucune abstraction ; qu'on n'y a admis que peu de principes évidens par eux-mêmes, & qu'on a tiré les démonstrations directement de ces principes, elle a eu une certitude à l'abri de toute atteinte. Mais à peine les Géométres se sont abandonnés à leur imagination qu'on l'a dégradée de cette lumineuse simplicité. Aux principes sensibles ont succedé les connoissances abstraites. La Ligne courbe, toujours comparée sagement par des divisions & des subdivisions aux figures rectilignes, dans les premiers développemens de l'imagination, a été supposée ensuite composée d'un nombre infini de côtés infiniment petits. Pleine de cette vaste idée, l'imagination devenue féconde, s'est donnée carriere. Elle a vû de ses yeux des infinis & des infiniment petits d'un infinité d'ordres. L'Univers a été composé de ces quantités idéales. La matiere est divisible à l'infini. Les fluides sont un amas de particules infiniment petites. Et pour expliquer les Phénomenes de la Nature, on a inventé des tourbillons d'une infinité de dégrés. En vain le jugement a voulu parler aux *Fermat*, aux *Newton*, aux *Leibnitz* ; l'imagination échauffée a étouffé impitoïablement cette voix intérieure de la raison (*a*).

(*a*) M. *Fermat* se plaignoit de ce qu'on négligeoit trop de son tems la façon de démontrer d'*Euclide*, & qu'on laissoit périr insensiblement l'élégance des Constructions & des Démonstrations dont les Anciens étoient si jaloux. (*Wallis, Opera, Tom. II. pag.* 859.) M. *Pemberton* rapporte que *Newton* s'est souvent repenti d'avoir passé trop tôt à la Géométrie de *Descartes*, & à la lecture des Traités analytiques des Modernes dans ses premieres études des Mathématiques. Et rien ne prouve mieux combien ce grand Homme estimoit la méthode des Anciens, que l'usage qu'il en a fait dans ses *Principes Mathématiques de la Philosophie naturelle*. Enfin *Leibnitz* après avoir désapprouvé qu'on s'embarrassât dans les séries des Nombres qui vont à l'infini, ne vouloit point admettre un dernier terme à un nombre infini, ou infiniment petit, & soutenoit que ce n'étoient là que des fictions. Tout nombre, dit-il, est fini & assignable, toute ligne l'est de même, (*Essai de Théodicée.* Discours prélimin. p. 70.)

CELA

CELA fait voir que l'imagination a chez nous le plus fort afcendant, & que nous commençons à l'écouter au préjudice des impreffions des fens & de notre jugement. Peut-être que l'art de fe fervir de nos organes eft un art plus difficile que celui de réunir, fuivre, combiner, ou décompofer des idées. Il faut là un efprit libre, entiérement foumis aux opérations de la Nature, & que cet efprit ait un empire abfolu fur lui-même & fur les mouvemens intérieurs; enforte qu'il n'arrive de changement dans l'ame que par l'impreffion des objets extérieurs, fans que ces mouvemens alterent ou interrompent ces impreffions. Ici l'imagination doit fe taire; parce que cette ardeur, qui la porte à analyfer le premier objet qui fe préfente, détruit cette liberté. Or il n'eft pas facile d'être ainfi maître de foi-même. Quelle force n'eft-il pas néceffaire d'avoir pour étendre fon ame fur tous les fens, afin qu'elle préfide également à ce qui peut les affecter! L'ame doit tenir en quelque forte les petits filets qui compofent les organes de nos fens, dont l'origine eft au cerveau : femblable à une araignée placée tellement au centre de fa toile, qu'elle juge des mouvemens aufquels les parties les plus éloignées peuvent être expofées.

De ce que la Phyfique a moins fait de progrès que la Géométrie, eft-on en droit de conclure que l'efprit de combinaifon précede l'efprit d'obfervation? Je le crois; & je comparerois volontiers un homme qui voudroit faire dominer le dernier fur l'autre, à ces Philofophes anciens qui favoient réprimer leurs paffions. Nous voïons rarement des génies qui aïent naturellement celui-ci plutôt que celui-là. La Nature eft avare des préfens de cette forte. C'eft un de fes miracles que la production des *Ctefibius*, des *Lewenhoek*, des *Drebel*, des *Rannequin*, des *Roëmer* (a), qui ont fait de fi belles obfervations, fans être troublés par des diftractions involontaires. Soïons cependant équitables envers cette fage mere de toutes chofes. On voit fouvent des efprits propres à des obfervations, & qui fe font mal comportés dans l'ufage qu'ils ont fait de ce don précieux. La plûpart, dont le fentiment étoit fin & délicat, l'ont énervé par des méditations. L'ame accoutumée à penfer, à graver dans le cerveau des images, eft ordinairement plus occupée de ces repréfentations idéales que des impreffions qui agiffent actuellement fur les fens. Un homme qui va à la découverte de la Nature, ne doit point être divifé entre fon efprit & fon corps. L'un

---

(a) Le premier, *Ctefibius* d'Alexandrie, étoit fils d'un Barbier, qui ne lui avoit fait faire aucune étude. Cependant avec l'efprit d'obfervation dont il étoit doué, il inventa plufieurs Machines ingénieufes, découvrit les loix de l'Hydraulique, conftruifit les premieres pompes, &c. (*Architecture de Vitruve*, *Liv. IX. Ch. VIII.*) Tout le monde connoît les découvertes du fecond, qui a inventé les Microfcopes fimples, & qui a dévoilé les fecrets de la Nature dans fes productions les plus cachées. Or ce fecond, M. *Lewenhoek*, étoit un fimple Artifte. Cela étonnoit fi fort les Mathématiciens, que M. *Hudde*, l'un des plus célébres de ce tems, témoignoit fouvent à M. *Hartzoeker* fa furprife. Il ne pouvoit, difoit-il, concevoir comment des découvertes qui avoient échappé » à » tous tant qu'ils étoient de Géometres & de » Philofophes, euffent été réfervées à un homme » fans lettres tel que *Lewenhoek* «. (*Hift. des Eloges des Académiciens. Eloge de M. Hartzoeker*, *pag.* 87.) On attribue l'invention des Microfcopes doubles & des Thermometres au troifiéme, qui étoit un fimple Païfan de Hollande. Et on fait que *Rannequin*, Païfan de Liege, a inventé la Machine de Marly. Enfin *Roëmer*, fi célebre par fes travaux aftronomiques, tant fur la propagation de la lumiere que fur les Planifpheres, &c. ne fut d'abord qu'un aide de M. *Picart*, qui ne l'occupoit qu'à nétoïer fes verres de lunette.

Tome I. c

doit attendre avec patience & fans contention, ce que l'autre peut lui préfenter. L'efprit d'Analyfe & de Calcul eft donc nuifible à celui d'obfervation. *Hartzoeker*, qui en fentoit les conféquences, évitoit avec grand foin l'étude de la haute Géométrie, dans la crainte qu'elle ne l'attachât trop fortement, & qu'elle ne détruisît cet épiderme (qu'on me permette cette expreffion) de l'efprit dont il connoiffoit les avantages (*a*). Aujourd'hui nous avons fous les yeux un grand Aftronome qui voit dans les Cieux les mouvemens les plus imperceptibles, & qui ne doit le fuccès de ces belles découvertes qu'à cette fage attention.

Je pourrois citer d'autres exemples : mais je ne prouverois pas que l'art de l'ufage des fens paffe avant celui de l'efprit. Je crois qu'il feroit dangereux que cela fût. Je fouhaiterois cependant que la fuperiorité fût moins grande. Il faudroit pour y parvenir qu'on accoutumât l'ame à marcher de concert avec les fens, afin qu'elle vît la Nature telle qu'elle eft & qu'elle ne vît que ce qui y eft. J'ignore fi cette étude eft plus recommandable qu'une étude purement intérieure : mais je fuis bien certain que celle-ci n'y conduit pas. Si la grande contention qu'exigent les vérités intellectuelles demande un génie ferme & vigoureux, l'art de le faire defcendre fous la domination des fens me paroît encore plus pénible. Et tous les deux font affurément très-oppofés.

Il fuit de là, qu'un grand Géometre ne peut être un grand Phyficien : j'entends un Obfervateur de la Nature, & non un homme qui étudie les effets & qui recherche les caufes des phénomenes qu'elle nous préfente. Ceci eft le fruit d'une troifiéme qualité qui tient un milieu entre celle que j'ai fait dépendre de l'imagination, & celle que j'ai attribuée au fens. L'efprit n'y eft pas tout-à-fait à lui-même. Les effets le commandent & le lient. Tout ce que l'imagination peut produire doit répondre, fe rapporter, concourir aux expériences connues. Plus d'ufage des fens. Les faits fervent d'axiomes aux propofitions qu'on doit établir. Il faut ramaffer les effets comme autant de raïons de cercles dont on cherche à découvrir le centre. L'analyfe, l'art des combinaifons, les connoiffances géometriques font à cette fin très-néceffaires. Une attention en reftraint néanmoins l'ufage : c'eft de ne pas paffer les bornes des effets connus ; c'eft de ne pas jetter les fondemens d'un château pour n'élever qu'une fimple maifon. La connoiffance des effets, celle de leur rapport ; l'art de comparer ces rapports pour les ramener à l'objet commun d'où ils dépendent, eft la fcience des caufes naturelles. Le fecours de la Géometrie devient par conféquent indifpenfable. Mais un homme qui cherche à dévoiler ces caufes, ne doit être ni Phyficien ni Géometre, & favoir & la Géometrie & la Phyfique. C'eft un Ouvrier intelligent, qui muni d'inftrumens qu'on lui a fournis, n'eft occupé que de leur ufage. Je charge ici la mémoire du foin de

---

(*a*) Voici ce que dit à ce fujet M. *De Fontenelle* dans fon éloge, page 108 de l'Ouvrage ci-devant cité. » Le P. *Mallebranche* & M. le Marquis de » l'*Hôpital*. qui reconnurent qu'il (M. *Hartzoeker*) étoit bon Géometre, voulurent le ga- » gner à la nouvelle Géometrie des Infiniment » petits, dont ils étoient pleins ; mais il la ju- » geoit peu utile pour la Phyfique, à laquelle il » s'étoit dévoué. Il dédaignoit affez, par la même » raifon, les profondeurs de l'Algébre «.

rappeller ces inſtrumens dans le beſoin, afin que le jugement les mette en œuvre.

Une vérité d'expérience confirme celle-ci qui eſt de raiſonnement. Il eſt connu que *Newton* ne doit ſes découvertes des cauſes Phyſiques qu'à cette méthode. Ce grand Homme conſulta d'abord la Nature ; ſuivit les expériences & les obſervations qu'on avoit faites, & s'en aſſura. Les effets connus, il emploïa la Géometrie pour découvrir les cauſes. Procédant d'abord par la méthode d'analyſe, *Newton* commença à chercher par les effets les cauſes particulieres & remonta de celles-ci à d'autres plus générales : ainſi de ſuite juſques à la cauſe premiere. Il ſuppoſa enſuite les cauſes connues, conſiderées comme autant de principes établis, d'où il déduiſit tous les phénomenes & les effets comme autant de corollaires. Par ces deux méthodes, dont la ſeconde eſt la la ſyntheſe, cet Homme immortel ſoumettant la Phyſique à la démonſtration, découvrit la clef de l'Univers. Et voilà l'objet de la troiſiéme partie de la diviſion mathématique juſtifié.

Trois ſortes d'eſprits ſont donc néceſſaires pour poſſeder les Mathématiques. Premierement, un eſprit qui ne voit rien par les ſens, & qui livré à lui-même, ſuit la chaîne des vérités que la Nature renferme dans ſon ſein : en ſecond lieu, un eſprit ſenſible qui gravite en quelque ſorte ſur les organes ; & enfin un eſprit de juſteſſe capable de diſcerner ce qui convient à un ſujet, & quels ſont les objets qui s'y rapportent. Je ne crois pas après cela, qu'un homme puiſſe ſe flater de devenir Mathématicien en prenant ce mot dans toute ſon étendue ; parce qu'il eſt impoſſible de poſſeder ces trois qualités qui ſe détruiſent les unes les autres. C'eſt bien aſſez d'être ou Géometre ou Phyſicien, ou Phyſico-Mathématicien. Le judicieux *Pope* a dit (a) que l'eſprit eſt un océan, qu'il ne gagne rien d'un côté qu'il ne perde de l'autre. Ce parallele eſt d'autant plus juſte que de même que l'Océan, l'eſprit a ſes bornes, ſon étendue déterminée, dont tout homme ſage doit ſavoir tirer parti, la ménager & ne la pas emploïer à pure perte.

Tel eſt le point de vûe ſous lequel j'ai conſideré les Mathématiques pour les décompoſer dans ce Dictionnaire. Rapportant les parties à chaque diviſion, j'ai ſuivi les branches de ces diviſions, & il m'a été facile de parvenir aux rameaux de chaque branche ſans les confondre avec celles d'une branche voiſine. Les Mathématiques ont donc été pour moi un bel arbre formé de trois branches ſeules, qui quoique d'une nature toute differente prennent leur nourriture du tronc & ſe tiennent enſemble. J'ai bien étudié le caractere ou la nature propre des branches ; ce qu'elles ont de commun entre elles & de particulier, & j'ai compté leurs rameaux : ce qui m'a fourni la nomenclature de mes articles. J'ai enſuite analyſé, dépouillé, diſſequé en quelque ſorte chaque rameau pour voir ce qui conſtitue ſes qualités, le nombre de ſes tiges, de ſes feuilles, la beauté & la bonté de ſes fruits, ſon enchaînement avec les autres rameaux, la ſource de ſa nourriture : & dans cette eſpece d'anatomie, j'ai trouvé l'expoſition de mon ſujet, ſon caractere, les productions, les efforts, les tentatives de differens Savans, conſiderés

(a) *Eſſai ſur la critique.*

comme autant de tiges, de fleurs, de cicatrices même dont ils ont augmenté la branche, ou dont ils l'ont endommagée; son histoire, & enfin les renvois que je devois faire pour mettre mon rameau & ses tiges entierement à découvert, & pour faire connoître son enchaînement & sa dépendance des autres rameaux. C'est la somme des rameaux de l'*Arbre Mathématique* qui forme mon Dictionnaire. •

Je me suis donc premierement attaché à donner des définitions exactes des termes, définitions que j'ai prises autant qu'il m'a été possible dans leur source. Ainsi c'est aux Ouvrages propres des Mathématiciens que j'ai eu recours plutôt qu'aux Dictionnaires, quoiqu'on y trouve un assez grand nombre de termes exactement définis.

Mon second soin a eu pour objet les caracteres des sujets compris sous les termes. Ce caractere dans le calcul est les regles; dans les courbes, la nature, le genre & l'équation; dans les instrumens, la construction & l'usage, &c. Le sujet ainsi développé, j'ai exposé le sentiment des Savans sur chaque matiere, leurs découvertes sur les effets & leurs conjectures sur les causes. Tout cela m'a mis en état d'apprécier ces matieres, & de spécifier le dégré d'utilité dont elles pouvoient être. Une fois bien convaincu qu'on ne pouvoit mieux analyser & rendre les articles plus instructifs, je me suis élevé à leur origine; j'ai suivi le fil de leur progrès; j'ai nommé les inventeurs; en un mot, j'ai donné quelquefois une histoire·assez complette de ces matieres. Dans tout ce travail, une attention m'a toujours paru extrêmement importante : ç'a été de renvoïer exactement aux articles qui rentroient dans celui dont j'étois occupé, & de ne point faire d'autres renvois; afin que le sujet de l'article fût tout isolé sans qu'il perdît du nécessaire ou qu'il n'eût pas de superflu. Outre cet avantage j'en devois avoir un autre en vûe aussi essentiel. Comme toutes les parties des Mathématiques se tiennent les unes les autres, il falloit faire connoître cette liaison, l'indiquer, ramener les rameaux aux branches, celles-ci à d'autres, ainsi jusques au tronc. En suivant cet enchaînement, j'ai eu la satisfaction de voir renaître l'arbre, quoique entierement découpé.

Il me reste à rendre compte de la maniere dont tout ceci a été exécuté.

Un Plan aussi étendu & aussi varié a dû exiger beaucoup de lecture; & j'avoue que ce Dictionnaire est le fruit de mes travaux continuels sur les Mathématiques, commencés dès l'âge le plus tendre. Un Cours de cette Science que j'avois composé pour ma propre instruction; la solution nouvelle de differens problêmes; quelques découvertes que j'avois faites en m'exerçant, & les anedoctes historiques dont j'avois toujours été curieux de faire un recueil, forment le fond de cet Ouvrage. Lorsque j'en ai conçu le dessein, j'ai remis sous mes yeux tous ces Livres si estimables qui contiennent les productions des plus grands Mathématiciens : les *Mémoires de l'Académie des Sciences de Paris*, ceux de l'Académie de Berlin, de celle de Petersbourg; les *Transactions Philosophiques* de la Société Roïale de Londres; les *Actes des Savans* de Leipsic; les Journaux d'Allemagne; les *Journaux des Scavans*, &c. Les Ouvrages particuliers ont été ensuite consultés. J'ai puisé mes sources pour l'Arithmétique dans ceux de *Lucas de Burgo*, de *Stifel*, de *Wallis*, de *Taquet*, de *Preſtet*, de *Newton*, de *Reyneau*, de *Parent*, *&c.* pour l'Algébre dans *Diophante*, *Lucas de Burgo*, *Clavius*, *Fermat*, *Wallis*, *Deſcartes*, *Preſtet*, *Oʒanam*, *Rolle*, *Newton*, *s'Graveſande*, *De Lagni*, *Reyneau*, *Sanderſon*, *Maclaurin*, *Clairaut*, *&c.* pour la Géometrie en général dans *Euclide*, *Clavius*, *Barrow*, *Taquet*, *Arnaud*, *Maleʒieu*, *&c. Apollonius* de *Perge*, *Archimede*, *Gregoire de Saint Vincent*, *Viviani*, *Fermat*, *Deſcartes*, *Leibnitʒ*, *Newton*, *Bernoulli* (*Jean & Jacques*) le Marquis de l'*Hôpital*, *Côtes*, *Varignon*, *Reyneau*, *Maclaurin*, *Stirling*, *Steward*, *Simpſon*, *Euler*, *&c.* ainſi des autres matieres *(a)*. A l'égard de l'hiſtoire, outre les ſecours que j'ai retirés de tous ces Auteurs, j'ai profité particulierement de l'*Hiſtoria Algebræ* de *Wallis*, des *Collectiones Mathematicæ* de *Pappus*, de l'*Almageſtum vetus & novum* de *Riccioli*, de l'*Hiſtoire de l'Aſtronomie* de M. *De Caſſini*, de l'*Hiſtoria Aſtronomiæ* de *Weidler*, de *Specimen Hiſtoriæ aeris* du même Auteur; de *Voſſius*, *De ſcientiis Mathematicis*. *De vita & moribus Philoſophorum*, de *Diogene de Laerce*, *De placitis Philoſophorum* de *Plutarque*, de l'*Hiſtoria matheſeos univerſæ* d'*Elbroner*, *&c.* Enfin, j'oſe dire que j'ai compoſé ce Dictionnaire avec tout le zele poſſible, dans le deſſein de le rendre utile & agréable au Public.

A cette expoſition, quoiqu'abregée, du travail auquel j'ai été obligé de me livrer pour remplir mon Plan, on pourra peut-être croire que ce Plan eſt au-deſſus de mes forces. C'eſt aux Savans à prononcer ſi le fruit de mes veilles mérite le ſuffrage du Public, & ſi mon Ouvrage répond à la grandeur de l'entrepriſe. Je puis les aſſurer que chaque article eſt une Diſſertation diviſée en pararagraphes traitée avec tant d'application, qu'il y en a peu qui ne contienne quelque nouveauté de ma part. Murement attentif à ſaiſir dans toutes les matieres le principe, j'ai parcouru ſans peine les conſéquences. Car les Mathématiques ont un tel enchaînement, que quand on connoît les vérités les plus générales, on parvient avec un peu d'application à celles qui ſont les plus éloignées. Qu'on garde l'ordre, diſoit le grand *Deſcartes*, qu'il faut pour les déduire les unes des autres; il ne peut y en avoir de ſi éloignées auſquelles enfin on ne parvienne, ni de ſi cachées qu'on ne découvre *(b)*. Au reſte on a vû ci-devant l'idée que j'ai de la Mathématique & de la Phyſique, & ſous quel aſpect j'ai conſideré ces deux Sciences. Ainſi, ſi l'ordre que j'ai ſuivi; les ſoins que je me ſuis donnés; les peines que j'ai priſes ne m'aſſurent pas un ſuccès; j'aurai du moins la ſatisfaction intérieure de n'avoir rien oublié pour me le procurer.

Mon deſſein étoit de terminer ici ce Diſcours préliminaire; & je ſuis ſincerement fâché d'être obligé de le prolonger. Mais par malheur il y a encore de ces hommes à paradoxes qui oſeront demander quel ſera après tout le fruit de mon travail, & de quelle utilité pourront être toutes ces connoiſſances réunies dans cet Ouvrage. Quoique cette queſtion n'ait encore été formée que par des gens frivoles à tous égards, cependant on l'a preſentée ſous tant de faces qu'elle a paru mériter

(a) On trouvera à la fin de ce Dictionnaire le nom des Auteurs dont j'ai conſulté les Ouvrages.
(b) *Diſcours ſur la Methode.*

attention à des perſonnes très-ſenſées. Comme on diſtingue en nous &
l'eſprit & le cœur ; que les ſciences paroiſſent n'être que les alimens de
l'eſprit, & que les mœurs dépendent du cœur même, on a craint qu'en
cultivant l'un on négligeât l'autre, ou qu'on n'éclairât celui-là qu'en
voilant les devoirs de celui-ci. Le Sage a fremi à la vûe de ce danger,
que des hommes moins éclairés ont cru réel. Cette croïance eſt-elle
fondée ? Je crois devoir répondre à cette queſtion en publiant un Ouvrage étendu qui ne ſemble fait que pour l'eſprit. Je vais donc examiner
ſi les Mathématiques ſervent à épurer les mœurs, en établiſſant mon
raiſonnement ſur des principes inconteſtables, & qui démaſquent l'erreur
de quelque côté qu'elle ſe trouve.

C'eſt une vérité univerſellement reconnue de tous les Peuples du
monde que l'homme eſt compoſé de deux ſubſtances, l'une ſpirituelle,
l'autre corporelle, unies & dépendantes l'une de l'autre. La premiere
eſt tellement aſſujettie à la derniere, que ſes opérations ſe reſſentent
preſque toujours de la qualité de ſes organes. L'ame connoît, apperçoit,
juge par eux, & les impreſſions qu'ils font ſur elle, lui communiquent
un ſentiment, qui tient d'autant plus de la conſtitution propre de ces
organes que cette impreſſion a été plus forte. De-là naiſſent ces mouvemens déreglés de l'ame tels que la peur, la timidité, la colere, la
joïe & la triſteſſe. Ces déreglemens ſont vifs & durables ſelon que
l'ame ſe reſſent de l'impreſſion des organes. Pendant tout ce tems elle
eſt captivée par les ſens & étouffée en quelque ſorte par la matiere.
Ce n'eſt qu'à meſure que cette impreſſion ſe rallentit qu'elle connoît
ſon trouble. Si elle profite de cette inſtant, où elle agit ſeule pour ſe
replier ſur elle-même, elle commence à diſtinguer l'objet pur & ſimple
qui lui a fait impreſſion, des mouvemens étrangers des ſens qui en
ont alteré le caractere. C'eſt-à-dire, que par l'attention une perception
qui a été d'abord obſcure & imparfaite, devient claire & diſtincte.
Ainſi une ſeconde perception ſemblable ſera plus épurée, parçe que
l'ame, qui a déja lieu de ſe défier de ſes premiers mouvemens, a plus
de force & ſe dégage plus aiſément de ſes ſenſations. Elle ſera donc
en état de redoubler ſon attention & d'écarter entierement l'illuſion.
Et une fois qu'elle ſera parvenue à regler ainſi toutes ſes perceptions,
les paſſions auront peu de priſe ſur elle. L'Entendement ſera perpétuellement éclairé. Il ne craindra plus ces mouvemens involontaires de l'a-
me ; & comme l'Entendement ne ſauroit ſe tromper, l'homme, qui
l'aura mis ainſi entierement à découvert, tiendra dans ſa conduite le
chemin de la vérité.

Au contraire, celui qui d'une émotion paſſera dans une autre en
franchiſſant l'intervalle où l'ame pouvoit jouir d'elle-même, ſera en
proïe à toutes les imperfections & les viciſſitudes de la matiere. Une
impreſſion légère, la naiſſance d'un beſoin le tyranniſeront ; & juſques
à ce que ſon ame accablée par ces ſenſations ſoit ſatisfaite, elle ſe
portera à toutes les extrêmités, à toutes les actions qui pourront lui
procurer cette ſatisfaction. Quelle affreuſe ſervitude & dans quels égaremens cette malheureuſe néceſſité, qui n'en étoit pas une dans ſon
principe, jettera-t-elle celui à qui elle ſe manifeſtera ! Tout tumul-

tueux qu'eſt cet état, il ſera le plus ſupportable. L'ame accoutumée à n'agir qu'avec ſes ſens, ne ſe ſentira en quelque ſorte que lors de leur action ſur elle. Mais lorſque les ſens affoiblis, ou les beſoins ſatisfaits ne l'éveilleront point, l'homme tombera dans un anéantiſſement, dans une langueur remplie d'inquiétude, parce que l'ame aïant perdu l'habitude de s'élever elle-même, & ſe reconnoiſſant dans la profondeur de ſon abbaiſſement, elle ſentira tout le poids de ſa ſervitude & de ſon embarras dans la matiere. Alors elle ne diſtinguera plus la vérité de l'erreur, l'incrédulité de la ſuperſtition, la ſincerité de l'impoſture; & ſuivant qu'on lui peindra ſes derniers égaremens, vile eſclave des ſens, elle donnera dans l'un & l'autre excès.

Concluons donc que la réflexion, le retour ſur nous-mêmes & une attention ſcrupuleuſe à écouter la voix intérieure de la raiſon peuvent ſeules nous faire connoître la vérité, dont la lumiere éclairera toujours purement & notre cœur & notre eſprit. Toute occupation, qui fortifiera ces puiſſances de l'ame, pour revenir ſur elle-même & qui lui apprendra à reflechir, eſt la principale à laquelle l'homme doive ſe livrer. La queſtion ſe réduit donc à ſavoir quelle eſt la plus propre à cette fin. Je l'ai dit : c'eſt celle qui rend l'eſprit attentif & qui lui apprend à appercevoir clairement & diſtinctement les objets. Or tel eſt l'avantage qu'on retire de l'étude des Mathématiques. Cette ſcience contribue donc à épurer les mœurs. Je dois dire plus : elle eſt la premiere étude de l'homme; parce qu'elle éclaire l'eſprit, qu'elle le purifie : *Quia animam præparat & defecat*, dit *Melanchton*, & que l'eſprit, ſelon un grand Métaphyſicien (a), doit être purifié avant que d'être éclairé. Les Mathématiques n'ont-elles que cet avantage ? C'eſt ce que je laiſſe à décider. Seulement je demande la permiſſion de m'écrier avec M. *Wolf* : Eh ! plut à Dieu que les perſonnes prépoſées au gouvernement de l'Egliſe & des Etats, veillaſſent à ce que perſonne ne fût admis à acquerir aucune connoiſſance qu'il ne fût inſtruit des Mathématiques ! (b) Les préjugés ne ſubjugueroient plus la raiſon. La vérité ſeroit plus cherie. Et la vertu éclairée par ſon flambeau, brillant avec tout ſon éclat, ſeroit mieux reconnue & plus reſpectée.

(a) Le P. *Mallebranche*. Recherche de la vérité, Liv. I. Ch. 3.

(b) *Utinam tandem qui Eccleſiæ at Reipublicæ præſunt caverent ne ad cætera ſtudia tractanda animum appellerent, niſi Mathematica cognitione imbuti : neque ullius dubito fore ut aliam Eccleſiæ aliam Reipublicæ faciem contueremur.* (Ch. Wolfii Elementa Matheſeos univerſæ, Tom. I. Præf. pag. xiij.)

AVERTISSEMENT
DES LIBRAIRES.

DANS le Prospectus de ce Dictionnaire, que nous distribuâmes en 1749, nous avions promis de le publier en 1750. Si nous n'avons pas satisfait à notre engagement, cela vient de l'accueil que le Public fit alors & au projet & au dessein de l'Auteur, accueil qui lui a valu des avis, des conseils, des Mémoires tendant à rendre l'Ouvrage plus digne encore de l'estime que les Savans paroissoient en faire. C'est ce qui l'engagea à retravailler la plupart de ses articles, & c'est ce qui est cause de ce retardement. On verra, en comparant la promesse avec l'exécution, (nous voulons dire, & la forme des caracteres des articles qu'on avoit donnés pour essais, & la grandeur des pages qu'on avoit fixées, & la difference dont ces mêmes articles sont remplis dans le Dictionnaire,) à quel nouveau travail l'Auteur s'est livré, & avec quel soin il a tâché de ne rien omettre de ce qui pouvoit contribuer à la perfection de ce grand Ouvrage. Comme nous croïons que l'attention qu'il a eue de ramener toujours le Lecteur à son plan, & de rappeller souvent le Prospectus, en est une preuve, nous joignons ici ce Prospectus, avec les changemens qu'on y a jugés nécessaires.

Depuis qu'on reconnoît l'utilité des Dictionnaires, il est peu de
parties de la Littérature, peu de Sciences, peu d'Arts, qu'on
n'ait traité sous cette forme. Il semble qu'il suffit aujourd'hui, pour
être docte, de connoître l'ordre des vingt-quatre Lettres de l'Alphabet.
Ainsi plaisantoit un Auteur célebre *(a)*, & avec lui quelques Savans,
lorsque s'accredita en France l'usage des Dictionnaires. De sérieuses réflexions, ausquelles cet usage donna lieu, désillerent dans la suite les
yeux des plus severes Critiques. Convaincus que le fond de cette méthode d'instruction étoit très-propre pour le développement des Belles-
Lettres, des Sciences & des Arts, ils furent forcés de convenir, qu'il
devoit contribuer infiniment à hâter le progrès des unes & des autres,
& à leur faire des Prosélytes. L'estime générale que toutes les Nations
de l'Europe en font; les noms fameux des Personnages qui se sont
occupés à ce genre de travail, enfin le suffrage particulier des Savans
en faveur des Dictionnaires, sont des témoignages bien authentiques
de la solidité du goût du Public. La Littérature n'est peut-être aujour-
d'hui tant cultivée, que parce qu'on ne s'est point lassé de la lui présenter ainsi. Et on doit le croire : Si l'on avoit fait connoître, par un
Dictionnaire, la Mathématique & la Physique, on verroit plus de Partisans de ces deux nobles Sciences, & moins d'Ecrits imbéciles contre
elles *(b)*.

M. *Conrad Dasidope* Professeur de Mathématique à Strasbourg, a
donné le premier un Dictionnaire de Mathématique intitulé : *Dictio-
narium Mathematicum.* in-*octavo*. 1573, accompagné de 12 planches.
Cet Ouvrage contient les définitions & les divisions de l'Arithmétique,
de la Géometrie, de la Géodesie, de l'Astronomie & de l'Harmonie,
& elles se trouvent par ordre de matiere. En 1668 *Hierome Vital*,
Théatin, publia un second Dictionnaire de Mathématique avec ce titre,
Lexicon Mathematicum. in-*octavo*, planches 18 ; mais il n'y est question
que de la Géometrie, de l'Astronomie & de l'Astrologie. L'Auteur le
refondit à Rome en 1690, & l'augmenta de plusieurs connoissances de
Mathématique & de beaucoup de choses inutiles. Ces deux Ouvrages
n'ont de recommandable que le titre. Ils ont eu si peu de succès, que
M. *Ozanam* les regardoit comme non avenus. Aussi dit-il dans la
Préface de son *Dictionnaire Mathématique* (publié en 1691), qu'il étoit
surprenant qu'on n'eût point encore donné de son tems un Dictionnaire
où l'on expliquât les termes des Mathématiques. Cependant à le bien prendre, celui de M. *Ozanam* n'est pas un Dictionnaire. C'est, comme le
dit cet Auteur, une *idée générale des Mathématiques*, où l'on indique
les articles par un ordre alphabétique des termes des matieres. De cette
façon, ces articles sont remplis selon que la suite naturelle du discours
a pû le permettre dans le corps de l'Ouvrage. Quelquefois même les
Définitions étant passageres ne le font que d'une partie du Défini.

Les Mathématiciens sentirent bien que M. *Ozanam* avoit manqué le
but, ainsi que le plan d'un Dictionnaire, & que d'ailleurs les Mathé-

<hr>

(a) M. l'Abbé *Desfontaines.*   (b) *Voïez* l'article MATHEMATIQUE.

matiques aïant presque changé de face depuis la publication de son Livre, il falloit faire un Ouvrage, dans lequel les nouvelles découvertes ne fussent pas oubliées.

M. *Wolf*, connu par sa grande capacité dans les Mathématiques & par sa vaste érudition, pouvoit mieux que personne l'entreprendre. On le crut ; & les Allemands le solliciterent à composer un Dictionnaire de Mathématique ; mais leurs sollicitations, toutes séduisantes qu'elles étoient, n'eurent pas d'abord de succès. M. *Wolf* opposa la difficulté de l'entreprise, qu'il étoit bien en état d'apprécier, & ne condescendit à leur desir, que sous cette condition expresse, qu'il en instruiroit le Public. Son Livre parut en 1716, imprimé en Allemand avec ce titre : MATHEMATISCHES LEXICON, DARINNEM ALLÉ, &c. c'est-à-dire, *Dictionnaire de Mathématique, où l'on explique les termes les plus usités des Mathématiques, où l'on donne des avis utiles pour l'Histoire des Mathématiques, & où l'on produit des Ecrits pour trouver chaque matiere. Donné par priere au Public, par Ch. Wolf.* A Leipsic. Volume *in-8°* orné de cinq Planches.

Il y a quelques années, que M. *Stone*, de la Société Roïale de Londres, publia un *Nouveau Dictionnaire de Mathématique, in* 8°. sans planches, qui a eu en Angleterre deux Editions. L'Ouvrage est en Anglois. L'Auteur s'y est attaché, comme M. *Wolf*, à définir les termes, & à les expliquer assez souvent avec quelque détail. Sans servitude, il en a orné quelques-uns de traits historiques, qui y ont rapport. Il est néanmoins une difference entre le Dictionnaire de M. *Wolf* & celui de M. *Stone*. Les articles qui composent celui-ci, sont plus serrés & plus dépendans en quelque sorte des Mathématiques ; & l'érudition est plus prodiguée dans celui-là.

Si ces deux Ouvrages ne forment, pris séparément, qu'un volume *in-octavo*, c'est que la fin que leurs Auteurs s'étoient proposée, ne leur permettoit pas de les étendre davantage. On auroit même pû diminuer dans cette vûe celui de M. *Wolf*, sans qu'il eût rien perdu de son mérite ; & cela en négligeant les articles mécaniques des Arts que ce Savant y a fait entrer. Quoiqu'il en soit, cette fin ne forme qu'une partie d'un Dictionnaire des Mathématiques. Les Sciences Physico-Mathématiques en font, sans contredit, le plus bel ornement, & la Physique est ici presque négligée. Cette Science si curieuse & à tant de titres si estimée méritoit bien une attention particuliere. Elle est assez vaste, pour fournir les matériaux d'un Dictionnaire ; & quoiqu'elle soit généralement goutée, on peut dire avec vérité, qu'elle auroit encore gagné à paroître sous cette forme. Mais on doit convenir aussi que la Mathématique en rehausse extrêmement le prix. La solidité de l'une appuïe & rend plus utiles les agrémens de l'autre. Que de richesses dans ces Sciences unies, & en quelque façon alliées ! Quel étonnant point de vûe, que celui d'où on les découvre dans leur beau & dans leur véritable jour !

Tel est le Tableau d'un Dictionnaire des Mathématiques, dont on ne devoit plus differer l'exécution. Il est tems de fixer le nombre de ces découvertes, par lesquelles, on ose le dire, l'Esprit humain a consumé les trois quarts de ses forces. Un Dictionnaire des Mathématiques, tel qu'il doit être, eft un tréfor précieux, où fe trouvent confervées ces Productions admirables, qui font tant d'honneur à l'humanité. Combien déja de ces Productions, combien de Machines merveilleufes, font enfevelies dans la nuit des tems, qui féroient échappées à fon trifte & funefte pouvoir ! Combien de belles Inventions oubliées dans des Livres, qui, pour n'avoir rien en eux-mêmes de recommandable, occupent à regret quelque coin ignoré d'une Biblioteque ! Un Livre dans lequel on préfente, fous un même langage, le principe de ces Productions, de ces Inventions, de ces Machines fi difperfées, & publiées en tant de langues, eft donc un Livre utile, & aux Perfonnes non initiées dans les Mathématiques, & aux plus expérimentées en cette Science : *Multa renafcentur quæ jam cecidere*. Ce n'eft là qu'un coup d'œil de ce Dictionnaire.

Après avoir défini exactement les termes, on remonte (quelquefois après les avoir auffi expliqués) à l'origine des parties de Mathématique & de Phyfique comprifes fous ces termes ; & l'on rend juftice, chemin faifant, à leurs Inventeurs, qui méritoient bien tôt ou tard quelque marque de notre fouvenir & de notre gratitude. De ces parties, c'eft toujours le principe qu'on expofe, au lieu de ces idées qui ne difent fouvent rien, ou qui ne difent pas affez, ou enfin qui difent trop. Ici le Lecteur eft introduit avec ménagement au centre de chaque queftion & de la difficulté, d'où il peut découvrir toute la circonférence, c'eft-à-dire, fon étendue & fa portée. Il y a plus. Sur ces queftions, on analyfe les fentimens des Auteurs qui les ont traitées, & l'on rend compte des difputes qu'elles ont occafionnées. Cet avantage de trouver dans un article les opinions des Savans les plus célebres paroît de quelque conféquence, quand on confidere la peine qu'on eft obligé de prendre pour chercher dans plufieurs volumes ce qu'a penfé tel Auteur fur telle matiere, fuppofé encore qu'on fe fouvienne & qu'on fache que tel Auteur en a écrit.

Les Problêmes non réfolus paroîtront hériffés de leurs plus cruelles épines ; & ceux dont on a la folution, deviendront par là plus faciles à faifir, ou à comprendre. A cette occafion, on fe permet même des réflexions, des éclairciffemens, & fuivant les cas, des folutions fuccintes, de nouvelles vûes, le tout entierement détaché des opinions des Auteurs, qu'on a grand foin de ne point alterer. Enfin on termine les articles, en faifant connoître & les meilleurs Ouvrages de Mathématique & de Phyfique & les Perfonnes qui ont écrit fur la matiere qui en eft l'objet (a).

(a) Cette connoiffance fera expofée plus en grand dans un Traité, dont elle méritoit bien de faire le fond : c'eft une *Bibliotheque choifie de Mathématique & de Phyfique, où l'on analyfe les meilleurs Livres de ces deux Sciences & des Arts qui en dépendent ; où l'on indique les bonnes Editions, & où l'on rend compte des jugemens qu'on en a porté, &c. Précedée de la maniere d'étudier, d'enfeigner & de traiter les Sciences Mathématiques, &c.* Voilà le titre de l'Ouvrage que l'Auteur fe propofe de publier à la fuite de ce Dictionnaire, fi celui-ci eft favorablement reçu du Public. Son fuccès le déterminera à cet égard. Il ne promet rien. Il annonce feulement l'idée d'une production utile qui eft commencée depuis long-tems, & qui par conféquent fera bien-tôt terminée, quand les Savans auront parlé. Car, comme le dit *Horace : Dimidium facti, qui cœpit habet...... Lib.* 1. Ep. 2.

SYSTÊME FIGURÉ
DES SCIENCES MATHEMATIQUES.

MATHEMATIQUES PURES.

CALCUL. { Arithmétique. Analyse. Algébre. Infinim. Petits. } { Rabdologie. Toifé. Calcul differentiel. Calcul intégral. Calcul exponentiel. Méthode des Flüxions.

GEOMETRIE. { Altimétrie. Longimetrie. Planimetrie. Géodéfie. Trigonométrie, rectil. & fpher. Stéréométrie. Sections coniques. Théorie des Courbes. } { Arpentage. Nivellement. } { Jaugeage.

PHYSIQUE.

PHYSIQUE. { Expétimentale. Systématique. Occulte. } { Aftrologie.

MATHEMATIQUES MIXTES.

ASTRONOMIE. { Cofmographie. Gnomonique. Chronologie, Polit. & Ecclef. Pilotage.

MECHANIQUE. { Statique. Dynamique, Balliftique. } { Architecture, Mâture & Manœuvre des Vaiffeaux. Horlogerie.

HYDRODYNAMIQUE. { Hydraulique. Hydroftatique. } { Théorie des Pompes & des Machines Hydrauliques.

OPTIQUE. { Dioptrique. Catoptrique. Perspective. } { Anamorphofe.

AEROMETRIE. { Pneumatique.

ACOUSTIQUE. { Mufique. } { Mélodie. Harmonie.

PYROTECHNIE. { Artillerie. Feux d'Artifice.

ARCHITECTURE CIVILE. { Ancienne. Moderne.

ARCHITECTURE MILITAIRE. { Fortification. Attaque & défenfe des Places.

DICTIONNAIRE

DICTIONNAIRE

DE

MATHÉMATIQUE

ET

DE PHYSIQUE.

A B

B. Terme de Chronologie. Nom du onziéme mois de l'année, dans le Calendrier Syriaque & Judaïque. Ce mois a 31 jours chez les Syriens.

A B A

ABAQUE. Ce mot, dans son origine, signifie une simple planche quarrée; & comme c'est sur une pareille planche que les premiers Arithméticiens faisoient leurs calculs, on a appellé ainsi la Table de *Pythagore*, qui renferme le fondement de ces calculs sous une forme quarrée. De sorte que l'*Abaque*, en Arithmétique, est la Table ordinaire de la Multiplication, par laquelle les nombres 1, 2, 3, &c. jusques à 9, se trouvent tous multipliés par les mêmes nombres. Veut-on savoir le produit de 8 par 8? Un coup d'œil en décide. La Table

de *Pythagore* marque, dans deux colonnes, 64. Est-on en peine du quotient de 64 par 8? L'*Abaque* Pythagoricien donne 8; ainsi des autres. L'inspection seule des deux *Abaques* suivans justifiera ce que j'avance. Le quarré CB est divisé en 81 petits quarrés égaux, qui renferment 81 nombres ainsi rangés. Dans les deux colonnes AB, AC sont distribués les neuf caractères de l'Arithmétique. Les autres quarrés ou cases se remplissent sur celles-ci. Les nombres, qui y sont contenus, sont proportionnels à la suite naturelle des Nombres. Je m'explique, 1 est à 2, à 3, à 4, &c. comme 2 de la seconde colonne est à 4, à 6, à 8, &c. comme 3 de la troisiéme à 6, à 9, à 12, &c. Par cet arrangement, les nombres, qui expriment le produit de ceux de la colonne AC par ceux de la colonne AB, répondent à ces deux nombres multipliés. C'est pourquoi, pour trouver ce produit de deux

A

nombres 4 par 4, par exemple, on cherche, dans les deux colonnes de ces deux Nombres, le point de réunion. A ce point eſt écrit 16,

A									B
1	2	3	4	5	6	7	8	9	
2	4	6	8	10	12	14	16	18	
3	6	9	12	15	18	21	24	27	
4	8	12	16	20	24	28	32	36	
5	10	15	20	25	30	35	40	45	
6	12	18	24	30	36	42	48	54	
7	14	21	28	5	42	49	56	63	
8	16	24	32	40	48	56	64	72	
C 9	18	27	36	45	54	63	72	81	C

2. Depuis l'invention de *Pythagore*, les Mathématiciens ſe ſont appliqués à faciliter la pratique des Calculs, par des *Abaques* plus étendus & plus travaillés. *Neper*, *Perrault* en ont publiés de plus curieux, mais de plus compliqués. Les chiffres ne ſont pas fixes, comme dans la Table de *Pythagore*. Il faut ici faire uſage de la main & de l'œil. Ce n'eſt qu'à l'aide de petits bâtons ajuſtés & concertés, pour ainſi-dire, qu'on peut en tirer parti. En faveur de cette addition, qui rend l'*Abaque* moins ſimple, on lui a donné l'épithéte de Rabdologique. Cette épithéte, même dans *Neper*, a pris le deſſus; de ſorte que ſon invention, ſans en exclure celle de M. *Perrault* moins célèbre, n'eſt connue que ſous le nom de *Rabdologie*. *Voïez* RABDOLOGIE.

Les Chinois ſe ſervent d'un *Abaque* qui approche plus de la Table de *Pythagore*. Ils enfilent neuf petites boules avec un fil de métal, & ils fixent, à des diſtances égales, au moins ſept de ces fils, par leſquels on peut faire deſcendre & monter ces boules. Au bas de chaque colonne on marque la valeur de la place qu'elles tiennent, comme I. II. III. IV. &c. Les Chinois, en commençant à calculer, deſcendent toutes les boules, & enſuite ils en pouſſent d'autres de haut en-bas, par un ſtyle, avec une viteſſe extrême, tantôt ſur cette ligne, tantôt ſur une autre. L'opération étant achevée, ils prononcent le réſultat de leur calcul, ſuivant la diſpoſition des boules ſur la Table.

Le P. *Claude du Moulinet*, dans le *Cabinet de la Bibliothéque de Sainte Genevieve*, décrit une autre façon d'*Abaque*, tel qu'il a été en uſage chez les Romains. Comme il differe fort peu de celui de *Pythagore*, il ne mérite pas une attention particuliere.

Produit de 4 par 4. Retournant la regle, le quotient de 16 par 4 eſt le Nombre qui répond au-deſſus de 16 : Ce nombre eſt 4, &c.

A									
B 1	2								
2	4	3							
3	6	9	4						
4	8	12	16	5					
5	10	15	20	25	6				
6	12	18	24	30	36	7			
7	14	21	28	35	42	49	8		B
8	16	24	32	40	48	56	64	9	
C 9	18	27	36	45	54	63	72	81	

ABAQUE. Terme d'Architecture civile. C'eſt la partie ſupérieure du couronnement du Chapiteau des Colonnes. Selon les Ordres d'Architecture, ce couronnement prend différentes formes. A l'Ordre Toſcan, au Dotique, à l'Ionique-Antique il eſt quarré; & échancré ſur les faces au Corinthien & au Compoſite. *Vitruve* appelle l'*Abaque* de l'Ordre Toſcan *Plinthe*, parce qu'il eſt quarré comme les *Plinthes*. Pour l'origine de ce membre d'Architecture, *voïez* CHAPITEAU & COLONNE.

A B C

ABCISSE. Partie d'une ligne interceptée dans une courbe, ou entre l'*origine* de la courbe & l'ordonnée, comme dans la parabole; ou entre les ordonnées, comme dans l'ellipſe.

Soit dans la ligne courbe (*Planche I. Figure* 213.) A M, l'Axe O R l'Ordonnée; alors A B ſera l'*Abciſſe*. Cette ligne ſert, dans la Géométrie, à diſtinguer les Lignes courbes, par la raiſon dans laquelle elle eſt avec la demi-ordonnée O B. Parmi toutes les lignes courbes, qu'on peut imaginer, il n'y a que le cercle qui ait cette propriété particuliere, que le quarré de la demi-ordonnée O B eſt égal au Rectangle de l'*Abciſſe* A B, & du reſte du Diamétre B X. Conſéquemment dans un cercle, la demi-ordonnée eſt toujours la moïenne proportionnelle entre l'*Abciſſe* A B & le reſte du diamétre B X.

Les Géométres diviſent les *Abciſſes* à leur fantaiſie. Les unes ſont une Progreſſion arithmétique, & ont une différence conſtante. D'autres ont toute autre Progreſſion. Les premieres ſont plus commodes, & par conſéquent les plus communes. Suivant les cas, les *Abciſſes* deviennent des ordonnées, & les ordonnees des *Abciffes*. On peut prendre les *Ab-ciffes* fur une ligne droite, ou fur un cercle, ou fur toute autre courbe. Le mot de *coupée* eft quelquefois emploïé pour *Abciffe*. L'un & l'autre terme ont la même fignification.

A B E

ABEILLE, ou *Mouche*. Conftellation Méridionale de quatre Etoiles, qui eft dans la voïe de lait, entre le Triangle Auftral & le chêne de *Charles*. *Hévélius* a marqué les Longitudes & les Latitudes de ces Etoiles, d'après les Obfervations de M. *Halley* (*Prodrom. Aftronom*. pag. 319.) & il a donné la figure de la Conftellation même dans fon *Firmamentum Sobiefcianum*, Fig. ff.

ABERRATION. Nouveau Terme d'Aftronomie. C'eft ainfi qu'on appelle un Mouvement apparent des Etoiles fixes du Midi au Nord & du Nord au Midi, que M. *Bradley*, en cherchant à s'affurer de la Parallaxe des Etoiles, reconnut en 1725. Comme il faifoit fes Obfervations fur une des plus brillantes du Dragon, défignée dans les Tables de *Bayer* par ce caractere grec γ, il apperçut qu'elle s'approchoit du Midi, & quelques mois après qu'elle s'en éloignoit. Il remarqua auffi que toutes les Etoiles avoient une *Aberration* particuliere. Cette vérité reconnue, M. *Bradley* fut embarraffé, pour en deviner la caufe. On comprend aifément, qu'il fallut faire bien des conjectures, bien des calculs. Car ce n'eft qu'en comparant, qu'en combinant, qu'on paffe une Hypothefe au creufet; & cette comparaifon, & cette combinaifon demandent un travail qui coûte. Il y a apparence que M. *Bradley* en effuïa la peine. Il en fut, en tout cas, amplement dédommagé par la connoiffance qu'elle lui procura. Quelque cachée que fût la caufe de l'*Aberration* des Etoiles, il la faifit, & eut affez de générofité pour la rendre publique.

L'Etoile ne fe meut point, quelle qu'elle foit, quoiqu'elle paroiffe fe mouvoir. Cette apparence eft un effet du Mouvement de la Lumiere, comparé au Mouvement annuel de la Terre. Cela fe conçoit-il bien ? Il faut y faire mûrement attention. Un Spectateur, qui, fans remuer, regarde un objet lumineux fixe, le voit toujours dans le même point qu'il marche. Plus fon Mouvement fera grand, plus cet objet doit lui paroître parcourir des points différens. Pourquoi? Notre Spectateur eft fur la Terre emportée autour de fon orbe. Pendant ce tems-là il obferve une Etoile. Mais le raïon de lumiere, qui la rend vifible, doit la lui rendre lors du Mouvement de la Terre, jufques à ce qu'un autre

Raïon foit venu la frapper dans l'endroit où il fe trouve actuellement. Il la voit donc, en quelque forte, par deux différens Raïons: il doit donc la voir en deux différens endroits. Et comme il fe meut fuivant une ligne courbe, & que ce n'eft que par fon propre mouvement réfléchi, qu'il juge de celui des Etoiles, il eft certain qu'elles doivent lui paroître fe mouvoir fuivant une pareille ligne. Si la viteffe de la lumiere étoit infinie, par rapport à celle de la Terre, cette différence feroit infiniment petite; & de-là l'*Aberration* ne feroit plus fenfible.

M. de *Roëmer* a foumis au calcul le mouvement de la lumiere; & on voit, par ce calcul, qu'il eft très-comparable à celui de la Terre. (*Voïez* LUMIERE.)

M. *Clairaut* eft le premier, en France, qui ait écrit fur cette matiere. Il a démontré les méthodes indiquées par M. *Bradley*. Son mémoire, à ce fujet, qui eft imprimé dans ceux de l'Académie des Sciences de 1737. a été fuivi d'un autre inféré dans les Mémoires, de la même Académie, de 1739. où cet illuftre Auteur fait voir quelle eft la courbe qu'une Etoile paroît décrire autour de fon lieu.

M. le *Monnier* a donné à la fuite d'un Livre intitulé *Degré du Méridien*, & dans fa Traduction des *Inftitutions Aftronomiques de Keil*, des Obfervations importantes fur l'*Aberration* des Etoiles. M. *Fontaines de Crutes* en a compofé un *Traité complet*. On trouve dans les *Tranfactions Philofophiques*, N° 406. une efpece d'Hiftoire de cette découverte.

A C A

ACADEMIE. Salle d'Affemblée de Gens de Lettres, de Sçavans, ou d'autres perfonnes qui font profeffion d'Arts libéraux, tels que la Peinture, la Sculpture, &c. Le mot *Académie*, ou *Echédémie*, comme veut *Plutarque*, vient d'*Academus*, ou *Echedemus*, nom d'un Homme qui laiffa, en mourant, une Maifon à *Platon* dans un Fauxbourg d'Athenes. Celui-ci en fit un ufage conforme à la nobleffe de fes fentimens. Il y admit toutes les perfonnes qui aimoient la vérité, & qui la cherchoient. *Platon* leur enfeigna la Philofophie. Et comme dans ce tems, on ne faifoit guéres cas que des Amateurs du vrai, le nombre de fes Difciples augmenta fi fort, que *Simon* crut qu'on devoit embellir décemment ce philofophique lieu. Bien-tôt, par fes foins, des allées furent formées dans fon intérieur, des bofquets ménagés, & des fontaines difperfées qui répandoient, dans cette aimable verdure, une fraîcheur agréable, fans être trop recherchée.

L'*Académie* ainfi ornée, il parut convenable qu'on décorât ceux dont elle faifoit les délices. Ils prirent le titre d'*Académiciens*. Après *Platon*, *Speufius* fon neveu, *Xénocrate*, *Polemon*, *Crates* & *Crantor*, tranfmirent fucceffivement, au Public Académicien, la Doctrine de leur Fondateur. Mais foit qu'on commençât à s'en dégoûter, foit que réellement il y eût quelque chofe à dire, *Arfecilas*, qui vint enfuite, la réforma, & fonda, par cette réforme, la feconde *Académie*. Par la même raifon qu'*Arfecilas* avoit fixé l'Epoque d'une feconde *Académie*, *Carneades*, moins inquiet que lui, ou pour mieux conjecturer auffi intelligent, ne le ménagea pas plus qu'*Arfecilas* lui-même avoit ménagé *Platon*. Il rappella les Principes de ce *Divin Maître*. Au moïen de ce rappel, il s'érigea chef d'une troifiéme *Académie*.

Selon quelques Auteurs, *Philon* & *Antiochus* fonderent chacun une *Académie*. Cependant on ne peut rien affurer là-deffus. Ce qu'il y a de certain, c'eft que depuis *Platon*, l'endroit, où s'affemblent les gens de Lettres, fe nomme *Académie*. Pour me conformer ici aux vûes de ce Dictionnaire, je me contente de faire mention de celles qui ont les Sciences pour objet. En ce genre, les plus célébres, font celles de *Paris*, de *Lyon*, de *Montpellier*, de *Bordeaux*, de *Londres*, de *Pétersbourg*, de *Berlin*, d'*Edimbourg*, & de l'*Inftitut* de Pologne, &c.

ACAMI'TES. Epithéte qu'on donne à des figures, qui, quoique opaques & d'une furface polie, ne réfléchiffent néanmoins point de Raïons de Lumiere. Il eft, fans doute, étonnant qu'il y ait de femblables figures, & encore plus furprenant qu'on ait ofé en foupçonner. Il falloit un Homme tel que *Leibnitz* pour avoir des idées fi merveilleufes, & un génie comme le fien pour les mettre à exécution. Il eft dommage que ces *Figures Acamptes* n'aïent aucune propriété. J'avoue, que ce qui leur manque de ce côté-là eft caufe que je ne m'attache pas à les faire plus particuliérement connoître. *V. Acta Eruditorum.* 1692 page 445.

ACANTHE. C'eft ainfi que *Vitruve* appelle la plante, dont les feuilles font les ornemens du chapiteau Corinthien. *Voïez* CHAPITEAU.

A C C

ACCELERE'. Ce qui s'accroît par degré. Un Mouvement, une Viteffe *s'accélerent* dans un corps par une chûte. *Voïez* CHÛTE, MOUVEMENT & VITESSE.

ACCORD. Rapport de deux Sons, dont l'un eft grave, & l'autre aigu. Les principaux *Ac-*

cords font l'*Octave*, la *Quinte*, la *Quarte*, & furtout la *Tierce*. On diftingue les *Accords* en trois Claffes, en fimples, compofés, & parfaits.

Les *Accords fimples*, font ceux dans lefquels on ne veut que deux confonnances, comme la Tierce & la Quinte. Bien entendu qu'il y a ici trois Parties. Une régle, qui n'eft point à négliger dans les *Accords*, c'eft de les approcher le plus qu'il eft poffible, furtout dans l'accompagnement : l'effet de la Tierce y eft admirable. En général, la Tierce, excepté celle qui eft compofée de deux femi-tons majeurs, eft excellente dans la mélodie, & fait le plus grand ornement de l'harmonie.

Les *Accords compofés* font formés par la multiplication des Sons, & compofés de trois Sons radicaux ; ce qui fe fait en doublant un des trois fons radicaux ; d'où réfulte un *Quatuor*, ou quatre parties. Si l'on double deux de ces fons, on aura cinq parties, & fix, fi on les double tous les trois. Et au cas qu'on en demande davantage, il faudra ajoûter à tous ces doubles, celui de deux octaves.

Le principe de tous les *Accords* réfide dans un fon unique, qui fait réfonner en mêmetems la tierce & la quinte. Je dis la quinte ; car il n'y a point d'*Accords* complets fans la quinte, ni par conféquent fans l'union des deux Tierces ; parce que c'eft de l'*Accord* parfait, qui fe forme de leur uniffon, que tous les *Accords* doivent tirer leur origine. Deforte que fi la quinte ne fe fait point entendre dans un *Accord*, le fondement en eft pour lors renverfé, fuppofé, ou emprunté, ou bien l'*Accord* n'eft pas complet.

Le renverfement des *Accords* eft le nœud de toute la diverfité de l'harmonie. Ce renverfement, qui n'a été connu que par fucceffion, fe découvre de plus en plus, à mefure qu'on veut pénétrer dans le fecret de l'harmonie.

ACCORDS PARFAITS. Ces *Accords* comprennent tous les bons *Accords* qu'on peut faire dans l'étendue de l'octave.

ACCORDS DISSONANS, ou *de feptiéme*. *Accords* compofés par trois Tierces, une majeure & deux mineures.

Pour l'origine des *Accords*, *Voïez* CONSONNANCE.

A C H

ACHRONIQUE. *Lever Achronique*, & *Coucher Achronique* d'une Etoile. Une Etoile eft dite fe lever, ou fe coucher *Achroniquement*, lorfqu'elle fe leve, ou fe couche, dans le tems que le Soleil fe couche. Tous les Aftronomes ne définiffent pas ainfi le mot *Achronique*. *Kepler* prétend qu'il ne doit avoir lieu, que lorsqu'une Etoile se leve, ou se couche en Opposition au Soleil. Ensorte que, selon *Kepler*, le lever & le coucher d'une Etoile, font *Achroniques*, si cette Etoile se leve quand le Soleil se couche, ou si elle se couche quand le Soleil se leve.

ACL

ACLASTES. Nom de figures, qui font passer les raïons de lumiere sans réfraction, quoique la matiere, dont elles font composées, en soit susceptible. On trouve dans les *Acta Eruditorum de l'an* 1692. *pag.* 445. de quelle maniere M. *Leibnitz* a découvert qu'il y a des figures douées de cette propriété : mais on ignore l'utilité de cette découverte. C'est une curiosité de Physique très-ingénieuse, qui n'a percé, dans le monde savant, que par le nom de son Auteur.

ACO

ACOUSTIQUE. La Science de l'ouïe & du son. Cette Science fait une partie de la Physique, de même que l'Optique; mais si l'on en excepte la seule partie qui comprend la Musique, il s'en faut bien qu'elle soit réduite à des régles aussi sûres que la Science de l'Optique, puisque la doctrine de la nature & des propriés du son, sur laquelle elle est établie, est encore très-incertaine, & qu'elle demande plusieurs expériences. *L. C. Sturmius*, dans ses *Elémens de toutes les Mathématiques*, imprimés en Allemand, *Part. II.* en traitant cette Science, décrit en premier lieu la nature & la propriété du son, ensuite la figure & l'usage de l'oreille, & de quelle maniere se fait l'ouïe. Il explique, après cela, les loix des tons, & finit par un Traité, où il examine de quelle maniere on peut fortifier la voix, ou le son, aussi-bien que l'ouïe même. Si, comme il a été dit ci-dessus, nous avions une notion complete, & une connoissance Mathématique du son, nous pourrions réduire à des loix & des régles certaines les propriétés des tubes & des voutes *Acoustiques*; la nature de l'écho, & plusieurs autres choses, qui regardent l'ouïe; & nous ferions, par-là, en état de les appliquer à des circonstances données.

A bien confidérer l'*Acoustique*, cette Science est divisée en trois parties. La premiere a pour objet l'oreille, qui est l'organe de l'ouïe, (*Voïez* OREILLE); la seconde, le Mouvement de l'Air qui produit le son (*Voïez* SON); la troisiéme, la mélodie & l'harmonie; c'est-à-dire, les sons confidérés seuls, puis réunis ensemble par les *Accords*. (*Voïez* MELODIE & HARMONIE.)

ACR

ACRONYCHES. On exprime ainsi en Astronomie les tems, où les trois Planetes supérieures, Mars, Jupiter & Saturne, se trouvent dans le Méridien à minuit. Elles paroissent alors beaucoup plus grandes qu'à l'ordinaire. Par exemple, Mars paroît huit fois plus grand quand il se leve ou se couche d'abord, avant ou après le Soleil levé, ou couché. On comprend aisément la raison de cette apparence, en admettant le Système de *Copernic*, puisqu'alors la Terre se trouve entre le Soleil & les Planetes supérieures, & que par conséquent elle est plus près de celles-ci de toute la distance qui est entre le Soleil & la Terre.

ACU

ACUTANGLE. Epithéte que l'on donne à une figure de Géométrie, pour exprimer qu'elle est formée par des Angles aigus. Triangle *Acutangle*, c'est un Triangle qui a tous les Angles aigus. (*Voïez* TRIANGLE.)

Cone *Acutangle*. Les anciens Géométres appelloient ainsi un cone, dont l'axe formoit, avec sa base, un Angle aigu.

ADA

ADALOR. Nom Arabe, que quelques-uns donnent au Vent de l'Ouest; d'autres au Sud-Ouest, & des troisiémes au Nord-Ouest.

ADAR. C'est dans le Calendrier Judaïque & Syriaque, le sixiéme mois de l'année. Il a 31 jours chez les Syriens.

ADD

ADDITION. Opération par laquelle on ajoûte plusieurs Quantités ensemble, pour en avoir la Somme. Dans cette somme, toutes les quantités, ou tous les nombres qui les expriment, se trouvent fondus & réunis sous un seul & même nombre. Ainsi 4. 2. 8. *additionnés*, font exprimés par le nombre 14.

Les Regles de l'*Addition* font : 1°. de disposer les nombres qu'on veut ajoûter, en rang, & les rangs en colonne : 2°. d'*additionner* ces colonnes en particulier, en commençant de droite à gauche : 3°. de n'écrire que l'excès des dixaines, que contiennent chaque colonne, & de porter ces dixaines, dans la colonne qui est à côté; car chaque colonne à gauche contient les dixaines qui font à droite : la seconde renferme celles de la premiere : la troisiéme celles de la seconde,

&c. Si l'on a des parties des nombres à ajoûter avec ces mêmes nombres, comme fi l'on veut *additionner* des livres & des fols, on prend garde combien il faut de ces parties, pour faire un de ces nombres; combien des fols pour une livre; & on porte dans la premiere colonne, ces parties réduites en autant de touts ou d'entiers, qu'elles en renferment. Ce qui refte de ces parties, après la réduction, s'écrit féparément fous leur colonne.

Pour l'*Addition* des *parties* de *parties*, on fait la même opération.

2. La maniere la plus aifée de faire comprendre cette efpece de calcul, fur-tout aux Commençans, eft, fans contredit, celle où l'on fe fert de jettons fur un Abaque. (*Voïez* ARITHMETIQUE CALCULATOIRE.)

M. *Defaguliers*, Profeffeur en Mathématiques à Amfterdam, a fait voir dans fon Traité, *De Scientia numerorum*, que l'*Addition* fe peut faire tout de même de la gauche vers la droite. Il avoue, toutefois, que l'opération eft un peu plus longue.

Quoiqu'on *additionne*, par ces regles, les Lignes, les Angles, les Figures & les Corps, & qu'on les réduife géométriquement dans une fomme, cependant les perfonnes, qui veulent s'appliquer plus particulierement à cette forte d'*Addition*, doivent recourir aux *Heures perdues Mathématiques* de B. *Hedrich*; & aux *Elémens de toutes les Mathématiques* de L. Ch. Sturm. *Part. I. pag.* 65.

ADDITION ALGEBRIQUE. C'eft l'*Addition* des quantités, repréfentées par les lettres de l'Alphabet, de même efpece, ou d'efpeces différentes. Lorfqu'elles font de même efpece, on les ajoûte comme les nombres ordinaires. Ainfi la fomme $a + a + a$ eft $3a$; celle de $2b + b + b + 4b$ eft $8b$, &c. S'agit-il de quantités d'efpeces différentes? chaque quantité fe conferve toujours. Et une Somme de ces quantités n'eft autre chofe que ces quantités féparées & précédées par le figne $+$ (plus), qui eft le figne de l'*Addition*, c'eft-à-dire, qui les unit & qui les lie. En effet, les Algébriftes *additionnant*, fans diftinction, toutes fortes de quantités, un Louis avec un Ecu, un Ecu avec un Jetton, &c. il eft bien naturel qu'on les diftingue en les ajoûtant, & qu'on dife fimplement, un Louis, *plus* un Ecu, *plus* un Jetton, &c. La Somme de $a + b + 5d + c$ eft donc $a + b + 5d +$ &c. C'eft ici la Théorie générale de l'*Addition Algébrique*. En voici les regles particulieres.

1. *Premiere Regle.* Lorfqu'on veut ajoûter enfemble plufieurs quantités exprimées par une ou plufieurs lettres, il fuffit de les écrire de fuite, fans rien changer à leurs fignes. Par exem-

ple, la fomme de $+a - b + 5d - c$ eft $+a - b + 5d - c$.

Deuxiéme Regle. Lorfque les quantités, qu'on veut ajoûter enfemble, font exprimées par la même lettre & le même figne, il eft bon d'écrire une feule fois cette lettre, & de marquer au-devant le Nombre, qui exprime combien de foifelle eft ajoûtée. Ainfi la fomme des quantités $a + a + a$ eft $+ 3a$. Celle des quantités $- b - b - b$ eft $- 3b$.

Troifiéme Regle. Si les quantités exprimées par les mêmes lettres, & précédées du même figne, font jointes à quelques nombres, on ajoûte ces nombres enfemble, & on les joint à cette lettre.

Quatriéme Regle. Quand les quantités, exprimées par les mêmes lettres, font précédées de fignes contraires de deux nombres inégaux, on fouftrait les petits nombres du plus grand; & l'on écrit le refte avec le figne du plus grand nombre. Exemple, pour ajoûter $+ 5a - 3a$, on écrit $+ 2a$, & pour ajoûter $+ 3a - 5a$, on écrit $- 2a$.

Ces quatre Regles s'obfervent pour les *Additions* des nombres, & pour les *Additions* compofées de plufieurs quantités différentes, comme on peut voir dans cet exemple.

EXEMPLE GÉNÉRAL.

$$-a + 10b - 3c - d - 15 + f + 2g + 2l - n + gg$$
$$-2a - 12b + 6c \quad + 20 \quad\quad + 3g - 5l - 3n$$
$$\overline{}$$
$$-3a - 2b + 3c - d + 5 + f + 5g - 3l - 4n + gg$$

On voit ici qu'on a rangé, dans la même colonne, les quantités de même efpece, ou exprimées par la même lettre, & qu'on les a ajoûtées féparément.

A D E

ADEGIGE, ADIGEGE, ADIGEGI. Noms Arabes qu'on donne à la Conftellation du Cigne.

ADERAIMIN, ou ALDERAMIN. Etoile qui eft fur l'épaule gauche de Céphée.

A D H

ADHIL. Etoile de la fixiéme Grandeur, fituée à la drapperie d'Andromede, fous la brillante, au pied.

A E R

AEROMETRIE. Science de l'air. *Wolf* & *Weidler* définiffent l'*Aerométrie* : *Scientia metiendi aerem*. Elle a pour objet les propriétés de l'air; je veux dire fon *poids*, fon *élasticité*, sa *condensation*, sa *raréfaction*, ses *accidens*, son *repos*, son *mouvement*, sa *froidure* même, sa *chaleur*, son *humidité* & sa *sécheresse*. Ici il est confondu avec l'Atmosphere. (*Voïez* AIR & ATMOSPHERE.)

M. *Wolf* est le premier, qui a formé des propriétés de l'Air la Science d'*Aerometrie*.

A G E

AGE. Terme de Chronologie. Division du tems qui vaut communément trente siécles, ou trois tems, chaque tems valant dix siécles. Les Chronologistes divisent le tems, qui s'est écoulé depuis la création du Monde, en six *Ages*, sans s'en tenir cependant à cette définition générale. Ils appellent *Age du Monde*, qui est le premier, le tems écoulé depuis la création du Monde jusqu'au Déluge. Ce tems comprend 1656 années. Le second *Age* commence au Déluge; finit à la naissance d'*Abraham*, & comprend 293 années. Depuis la naissance d'*Abraham* jusques à la premiere année du Roi *David*, successeur de *Saül*, premier Roi d'Israel, on compte 940 ans, qui forment le troisiéme *Age*. Le quatriéme, commence à l'onction du Roi *David*, & finit à la premiere année de la captivité de Babylone. Cet *Age* est de 340 années. Depuis ce tems jusques à la naissance de JESUS-CHRIST, dont la durée a été 721 ans, est compris le cinquiéme *Age*. Enfin le dernier *Age* commence à ce tems, & finira à la fin du Monde.

Plus généralement des Chronologistes divisent le tems en moins de parties. Ils se contentent de trois *Ages*. Le premier est appellé *Age de Nature*. Cet *Age* a commencé avant la Loi. Pour le second, ils prennent le tems qui a été sous la Loi jusques à la naissance de JESUS-CHRIST. Et le troisiéme, sous la Grace jusques à la fin du Monde.

AGE DE LA LUNE. C'est le nombre des jours écoulés depuis que la Lune étoit nouvelle. Pour trouver ce tems, il faut ajoûter trois choses, 1°. L'Epacte, (*Voïez* EPACTE). 2°. Le quantiéme du Mois où l'on est. 3°. Le nombre des mois écoulés depuis Mars inclusivement jusques au Mois proposé. Si la Somme de ces trois nombres n'excede pas 29, elle est l'*Age de la Lune*. Excede-t-elle ce nombre? On retranche de cette somme 29 jours dans les mois qui n'ont que 30 jours, parce qu'alors le mois de la Lune est de 29 jours, & 30 dans les mois qui ont 31 jours, le mois lunaire étant ici de 30. Le reste de cette soustraction est l'*Age de la Lune*.

A I G

AIGLE. Constellation Septentrionale, qui a

au-dessus d'elle la Fleche, & au-dessous Antinoé. Elle est entre le Serpentaire & le Dauphin, & sa plus grande partie dans la voie de Lait. C'est une chose curieuse que l'Histoire de l'*Aigle*. A propos de quoi s'est-on avisé de donner le nom d'un oiseau à une Constellation? A l'Article de Constellation, je justifie les Astronomes. Ecoutons ici les Poëtes, qui ne s'accordent pas entre-eux.

Il en est, qui disent sérieusement que c'est cet *Aigle* qui transporta *Ganimede* à *Jupiter*, lorsqu'il en fut amoureux; d'autres, que c'est le Vautour qui a mangé les entrailles de *Promethée* au Mont-Caucase. Quoiqu'il en soit, *Schiller* en forme Sainte Catherine, *Scrickard* en fait l'*Aigle* Romaine. *Weigel*, en y ajoûtant Antinoé & le Dauphin, compose de ces Constellations l'*Aigle de Brandebourg*, avec le Sceptre. *Hévélius* représente la figure de cette Constellation dans son *Firmamentum Sobiescianum*, Fig. R. On la trouve encore dans l'*Uranométrie* de *Bayer*, Tab. 3. *Hévélius* y compte vingt-trois Etoiles, dont il y en a onze qu'il a le premier réduit en ordre. Il rapporte dans son *Prodrom. Astron.* la Longitude & la Latitude de ces Etoiles, & comment elles ont été trouvées, soit par lui-même, ou par *Ptolomée*, *Ulugh-Beigh* & *Riccioli*. Cette Constellation est appellée encore *Alcair*, *Alcar*, *Althair*, *Ganimedis raptor*, *Jovis*, *Ales*, *Servans*, *Antinoum*, *Vultur volans*.

AIGRETTES. Terme de Physique. Amas de raïons en forme d'*Aigrettes*, qui paroissent sortir d'un corps électrisé. Des Physiciens célèbres pensent que les *Aigrettes*, qu'on remarque surtout à une barre de fer fortement électrisée, sont des émanations d'une matiere enflammée, qui s'élance réellement du *sein* (s'il est permis de s'exprimer ainsi) de cette barre. M. *Waitz* prétend que ces raïons lumineux, qui forment les *Aigrettes*, au lieu d'être autant d'émanations divergentes, sont au contraire, formées par les raïons d'une matiere enflammée, qui est portée de l'Air environnant au corps électrique.

(*V. Dissertation sur l'Electricité*, en Allemand, qui a remporté le prix de l'Académie de Berlin; par M. *Waitz*. *Essai sur l'Electricité des Corps*, par M. l'Abbé *Nollet*.) *Voïez* plus au long sur les *Aigrettes*, ELECTRICITE'.

AIGUILLE AIMANTE'E. Morceau de fer trempé, long & étroit, qu'on frote contre un bon Aiman. Lorsqu'on veut aimanter une *Aiguille*, on fait glisser doucement l'extrémité, qui a une fleur de lys, & qui doit être dirigée au Nord sur le Pole-Sud de l'Aiman, en allant du Sud au Nord; & son extrémité opposée, ou le Pole-Nord en allant du Nord au Sud. Car c'eſt une proprieté re-marquable qu'une *Aiguille* touchée au Pole-Nord d'un Aiman, tourne au Sud, & que celle qu'on a touchée au Pole-Sud, tourne au Nord. Il ne ſuffit pas toujours de frotter ainſi l'*Aiguille* ſur une pierre d'Aiman, pour qu'elle ſoit ſuffiſamment aimantée, on re-commence juſques à ſix fois l'opération, en aïant une attention ſcrupuleuſe de lever l'*Ai-guille*, lorſqu'on l'a touchée une fois, & de ne la pas tirer dans un ſens contraire à ce-lui où elle aura été paſſée : ce ſeroit tout gâ-ter. Un mouvement de cette nature détruit la vertu que l'*Aiguille* auroit acquiſe. Com-me il eſt néceſſaire de connoître les *Poles* d'un Aiman, pour aimanter une *Aiguille*, voici la façon dont il faut s'y prendre, pour ſe procurer cette connoiſſance.

On met ſur l'eau, dans une petite boete de bois, une pierre d'aiman; le *Pole-Nord* fera tour-ner la boete, juſques à ce qu'il ſoit dirigé vers ce point du Ciel, & on ſera certain que le côté de l'Aiman, qui le regarde, eſt le *Pole-Nord*, & que ſon oppoſé eſt le *Pole-Sud*.

Je n'oſe point hazarder de conjectures ſur la façon dont l'Aiman communique à l'*Aiguille* ſa vertu. Je ne ſache pas qu'on ait rien dit de ſolide là-deſſus. Au reſte, je n'empêche pas qu'on conſulte l'*Ars Magnetica* de *Kirker*, & les *Inſtitutiones Geometriæ ſubterraneæ* de *Weidler*.

Une choſe plus eſſentielle, & dont la con-noiſſance nous touche davantage, c'eſt celle de la figure de l'*Aiguille*. Perſonne n'a mieux écrit là-deſſus que le célèbre *Muſmenbroeck*. Aidé de deux habiles Ouvriers *Jacob Dyk-graaf*, & *Jacob Lommers*, il a fait pluſieurs Expériences, dont voici le réſultat.

Suivant l'opinion commune une bonne *Aiguille aimantée* doit être plus large, & plus épaiſſe dans le milieu : erreur. La meilleure figure d'une *Aiguille* eſt celle, où à compter du petit bouton du milieu nommé *Chape*, par lequel elle eſt ſuſpendue, elle va en s'élar-giſſant vers les extrémités, qui doivent être terminées par un large bout, formant toute-fois à ces endroits une pointe obtuſe. (*Eſſay de Phyſique*, Tom. I, pag. 310 & 311).

Quelques Auteurs attribuent l'invention d'aimanter les *Aiguilles* à *Paulus Venetus*. Plus ſûrement on en fait honneur à *Jean Giogia*. Sur le tout, *Voïez* BOUSSOLE.

AIGUILLE HYGROMETRIQUE. M. *Wolf* nomme ainſi une ſorte d'Hygrometre, qui ſert à dé-terminer, moïennant une *Aiguille*, la varia-tion de l'humidité & de la ſéchereſſe de l'Air. Celle dont il s'agit ici eſt une des plus ingénieuſes qu'on ait inventées juſques à pré-ſent. C'eſt pourquoi j'en donnerai la deſcrip-tion & la Figure (*Planche* XXVII. *Fig.* 214) A B eſt un tuïau percé en pluſieurs endroits, pour que l'Air y puiſſe paſſer librement; il a un bouchon en D, où pend la corde C B. Cette corde, longue d'un demi pied, ſortant un peu du tuïau en E, y ſoutient un diſque de plomb E T G, dont la maſſe eſt proportionnée à la corde. Ce diſque porte la piece F, à laquelle ſe trouve l'*Ai-guille* H K mobile ſur ſon axe. La boule *a* tient le bras le plus court de l'*Aiguille* à peu près en Equilibre avec le plus long H I. Le tuïau A B eſt garni depuis B juſques en E d'une vis d'yvoire, qui reçoit le bout du bras, ou le plus court de l'*Aiguille* I K, ce qui fait monter, ou deſcendre la pointe de l'*Ai-guille* à meſure que la vis tourne d'un côté ou d'autre, & qui, par-là, fait décrire dans le parois oppoſé L M N O une ſpirale, qu'on peut diviſer en pluſieurs parties, com-me on voit dans la Figure. Au-deſſus du diſ-que de plomb, on affermit un Hémiſphere M O, mais de telle façon, qu'il ne gêne point le jeu de la machine, que l'on redouble en dehors pour la garantir de la pouſſiere, ſans cependant empêcher l'accès de l'Air.

Cet Hygrometre étant conſtruit dans ſa perfection, doit être mis dans un endroit tempéré. On tourne la corde E C, moïen-nant le bouchon D, juſqu'à ce que l'*Aiguille* touche la ligne ponctuée Z, qui diviſe la Ta-ble en deux parties égales, & qui indique l'état tempéré de l'Air. Les parties, qui ſe trouvent au-deſſus de cette ligne, en mar-quent la ſéchereſſe; & celles de deſſous l'hu-midité. Tout l'artifice de la Machine conſiſ-te, en ce qu'en tournant le bouchon, on ſça-che donner à la corde la longueur préciſe, pour qu'elle ne faſſe ni plus, ni moins de ré-volutions qu'il ne faut. Celle d'un bon inſtru-ment en fait cinq; & elle eſt ſi ſenſible, qu'el-le tourne lorſqu'on y porte l'haleine.

L'Auteur de cet Hygrometre eſt M. *Teu-bert*, Chapelain du *Duc de Saxe*, qui s'eſt rendu fort célèbre par pluſieurs inventions curieuſes dans les Mathématiques, & ſur-tout dans la Méchanique, & qui a publié celle-ci dans les *Acta Erudit.* de l'an 1683. Je donne au mot HYGROMETRE la deſcription de pluſieurs autres *Aiguilles hygrometriques*.

A I M.

AIMAN. Pierre métallique trouvée dans les Mines de fer ou de cuivre, & qui a cinq pro-priétés : ſavoir, celles de l'*Attraction*, de la *Direction*, de la *Déclinaiſon*, de l'*Inclinaiſon* & de la *Communication*.

L'*Aiman* n'a d'abord été connu que par l'At-traction.

traction. Si l'on en croit *Pline*, ce fut à un Berger qu'elle se manifesta. En marchant sur une roche, il sentit les cloux de ses souliers, & le fer de sa houlette s'attacher contre la pierre. Depuis cette découverte, on a cherché à tirer parti de cette propriété, & à en rendre raison. Jusques ici les Physiciens n'ont pas été heureux dans l'un & dans l'autre travail. Ce n'est pas qu'on n'ait découvert des pierres très-propres à de grandes Expériences. Dans un *Journal des Savans* on lit, qu'en Angleterre, dans le Cabinet de curiosités de la Société Roïale de Londres, il est une Pierre d'*Aiman*, qui attire une Aiguille à neuf pieds de distance, & dans les *Mémoires de l'Académie des Sciences*, qu'on en a vû une en Hollande qui pesoit onze onces, & qui enlevoit vingt-huit livres. (*Journal des Savans*, Mars 1683. & *Mém. de l'Acad. des Sciences*, 1702. pag. 28.)

2. Ces effets sont brillans, curieux, dignes de l'attention d'un Physicien, mais je viens de l'insinuer, ils ne sont que cela. La direction de l'*Aiman* au Nord, outre ces qualités estimables, a encore celle d'être utile. C'est par elle que le Pilote se conduit sur mer. C'est elle qui est son seul guide, sa *Boussole*, pour tout dire, quoique malheureusement cette direction varie, & que l'*Aiman* s'écarte quelquefois du vrai Nord. On appelle cet écart *Déclinaison*: j'entends par-là que l'*Aiman* s'éloigne du Nord, c'est-à-dire, de la Ligne Méridienne du lieu où l'on est. Cet éloignement se mesure par les dégrés d'un cercle parallele à l'horison; dégrés qui sont compris entre cette ligne & la direction de l'*Aiman*. La déclinaison est différente dans tous les lieux & dans tous les tems. On prétend que c'est *Roger Bacon* Anglois, qui a découvert la Direction au Nord, & que *Sebastien Schot* a reconnu le premier la différente déclinaison de l'*Aiman* sous différens Méridiens.

Mais je ne voudrois pas garantir ces prétentions. Ce qu'il y a de certain, c'est qu'un Pilote de Dieppe, nommé *Crignon*, publia un Traité sur cette déclinaison en l'an 1532. (*Voyez l'Histoire de l'Academie*, année 1712.) que *Hartman* la trouva en Allemagne de 10 dégrés 15 minutes l'an 1536. (*Muschenbroeck. Dissertatio de Magnete*.) qu'on découvrit après cela que la déclinaison varioit, & que c'est en partie à *Gassendi* qu'on doit cette découverte.

Afin de pouvoir mieux remarquer les variations qui pourroient arriver dans la suite des tems, M. *Halley* a construit une Carte dans laquelle sont marquées les déclinaisons telles qu'elles ont été en 1701, dans toutes les grandes Mers, depuis 60 dégrés de Latitude

Septentrionale, jusques au 60 dégré de Lat. Méridionale. Ces lignes de déclinaison, sur la grande Mer du Sud, furent changées en lignes courbes dans une seconde Carte publiée depuis par le même Savant dans les *Remarques Physiques d'après les Transactions Philosoph. Amst.* 1734. Il se trouvoit alors deux ou trois lignes sur la Terre, où il n'y avoit point de déclinaison. La première de ces lignes passoit par la Chine, par l'isle de Luçon, & par la nouvelle Hollande; la seconde, par la Mer Atlantique, & la troisiéme dans la Mer du Sud, au Sud de la Californie. On remarque dans la Carte de M. *Halley*, que ces lignes font de grands détours. Pourquoi cela ? c'est une question que M. *Struick* se fait à lui-même, & à laquelle il répond ainsi: 1°. On ne peut connoître exactement la Longitude par Mer. 2°. Il n'est pas possible que toutes les Observations soient également exactes. En faut-il davantage pour altérer la Direction ou la route de ces lignes? M. *Struick* dit que non. Il pense même, que si l'on trouvoit d'assez près & dans un ordre proportionné les lignes courbes de déclinaison sur Mer, ces lignes ne pourroient se continuer sur Terre. En effet, l'expérience a fait voir que dans les hautes montagnes de la Boheme, & près du vieux Brisac, la déclinaison étoit de 10, 20, 50, & même 90 dégrés plus grande sur le sommet de ces montagnes qu'à leur pied. (*Collegium Experimentale*, pag. 237. apud *Muschenbroeck. Dissertatio de Magnete.*)

Pour mieux s'assurer de la Carte de M. *Halley*, M. *Struick*, en se servant des navigations faites à la Baye de Hudson, depuis l'année 1721 jusques à l'année 1725, afin de connoître combien la déclinaison avoit changé dans 20 ans; M. *Struick*, dis-je, a construit une nouvelle Carte de déclinaison. En la comparant avec celle de M. *Halley*, on trouve que les lignes courbes de déclinaison ne s'étendent pas seulement vers l'Est, mais qu'elles descendent de même en quelque façon au Sud. Encore tout cela varie-t'il. La ligne courbe de déclinaison, qui s'étendit en 1701, au plus bas, à environ 48 dégrés de Latitude boreale, fut 20 ans après bien au-dessus de 50. En l'an 1737 la déclinaison à Tornea étoit de 5 dégrés 5 minutes, suivant la remarque qu'en fit M. de *Maupertuis*. M. *Frezier* dessine les lignes de déclinaison du côté du Pole Méridional comme une espece de spirale. De toutes ces Observations on peut conclure qu'en général il n'arrive pas tant de changement dans cette déclinaison au Pole Méridional qu'au Pole Septentrional. L'*Aiman* déclinoit en 1550 de 8 dégrés à l'Est, en l'an

1580, de 11 dégrés 30 minutes; & il revint à 8 dégrés en 1610. Il eſt curieux de lire ſur tout cela les *Mémoires de l'Académie Royale des Sciences* de 1731; la *Connoiſſance des Tems* de 1737, 1738 & 1739; les *Tranſactions Philoſophiques*, Nº. 383 & 425, & les *Traités choiſis de Phyſique*, Part. I. (*Nota:* Les Obſervations ont été faites avec une *Aiguille aimantée*. Comme les *Aiguilles* tiennent à la vertu de l'*Aiman* que j'examine, j'ai cru devoir rapporter ces Obſervations à cet article.) Parmi toutes ces remarques il en eſt une qui eſt trop importante pour être omiſe: c'eſt qu'un grand coup de tonnerre & de foudre, qui donne dans un vaiſſeau, fait tourner au Sud les Points des *Aimans* qui regardoient au Nord. Les Points reviennent à ce dernier Pole lorſqu'on veut les en tirer. On en a vû même dirigés à l'Oueſt après cet accident, (*Tranſactions Philoſophiques*, Nº. 127, & Nº. 157.) Il eſt arrivé encore quelque choſe de plus étonnant. Une *Aiguille aimantée* de M. *Muſchenbroeck* perdit tout d'un coup ſa vertu le 19 Mai 1730, par de grands éclairs qui embraſſoient tout l'Hemiſphere. (*Vöiez les Traités choiſis de Phyſique*, Part. I. an. 1735.)

On comprend aſſez, que ſur des faits ſi extraordinaires, nulle hypotheſe n'a pû expliquer la cauſe de déclinaiſon de l'*Aiman*. En vain *Lavutus*, *Nautonnier*, (*Mecometrie de l'Aiman*,) & *Guill. Whiſton* ont forgé des ſyſtêmes. Tout cela blanchit contre des variations ſi conſidérables; (*Long. aud Latitud. Fend. by the Dippiagneedler*.) Diſons en terminant l'examen de la ſeconde propriété de l'*Aiman*, que *Philips* fixe la période du mouvement des Poles de cette Pierre à 370 années; *Bond* à 600; *Halley* à 700, & *Whiſton* à 1920.

3. La ſeconde propriété ou défectuoſité de l'*Aiman* eſt l'*Inclinaiſon*; c'eſt un mouvement vertical de l'*Aiman*. L'*Aiman* ne fait pas ſeulement un angle avec la Ligne Méridienne; on a auſſi reconnu qu'il en fait un autre avec l'Horiſon. Les Phyſiciens ne regardent pas plus favorablement l'inclinaiſon que la déclinaiſon. Ils ſont fâchés que l'*Aiman* ſoit ſi riche en propriétés. Ces deux-ci ſont deux *impropriétés* réelles. Les Pilotes, qui le penſent, tâchent d'y remédier. Les Anglois colent ſous la roſe des vents, où eſt attachée une aiguille, qui par la communication a la même propriété que l'*Aiman*, colent, dis-je, une feuille de talc très-mince, qui ſoutient parfaitement une aiguille droite de ſept ou huit pouces. En France, pour maintenir l'aiguille dans ſa ſituation horiſontale, on ajoûte, au côté oppoſé à celui où elle dé-

cline, deux ou trois goutes de cire d'Eſpagne.

Cependant, malgré ce ſentiment unanime des Phyſiciens & des Marins, quelques Modernes ont prétendu & prétendent que ce défaut eſt le plus bel appanage de l'*Aiman*, & qu'il renferme les longitudes.

Mais cela ſuppoſe bien des choſes. Et d'abord cela ſuppoſe que les inclinaiſons de l'*Aiguille aimantée*, ſont proportionnelles aux élevations du Pole. Ce que M. *Halley* a reconnu faux. (*Vöiez* auſſi les Expériences du P. *Souciet* ſur l'*Aiman*, dans ſon Livre intitulé: *Obſervations Mathématiques & Aſtronomiques*, Tom. I. pag. 213 & *ſuiv*.) En ſecond lieu, qu'on pouvoit avoir les *Poles Magnetiques*; que le même M. *Halley* croit être en grand nombre. Sur l'Inclinaiſon, *Robert Noman* a fait une découverte: c'eſt l'Inclinaiſon vers le Pole, dont l'*Aiman* eſt le plus proche. Cet Obſervateur apprend que la variation de la déclinaiſon, qui n'eſt pas toujours dans un ſeul & même endroit, a été découverte par *Hévélius*, *Auzout*, *Petit*, *Volckamer*, &c.

4. Enfin la *Communication*, qui eſt la derniere propriété de l'*Aiman*, découverte par les Italiens, conſiſte à faire part de toutes les autres à un fer qu'il touche. Un fer aimanté eſt un *Aiman* lui-même. Il attire, il ſe dirige, il décline. Toute l'attention qu'on doit avoir c'eſt de l'*Aimanter* comme il faut. Les aiguilles des Bouſſoles ſurtout, demandent quelque précaution. (*Vöiez* AIGUILLE AIMANTE'E.)

5. Quoique les Phyſiciens penſent différemment ſur la cauſe de tous ces effets, ils admettent néanmoins preſque tous, les ſuppoſitions ſuivantes:

1º. Des Corpuſcules magnétiques.

2º. Un Tourbillon de cette matiere circulant autour & au travers de la Terre.

3º. Un autre Tourbillon ſemblable à celui-là, autour & au travers de chaque *Aiman*.

Je ne crois pas que le Lecteur perde à ne pas voir ces ſentimens. Ils ne ſont, en vérité, ni aſſez ſaillans, ni aſſez ridicules, & avec cela trop uniformes pour mériter ſon attention. Je préfere de mettre ſous ſes yeux un choix d'Expériences, qu'on a faites ſur cette Pierre.

1º. Si l'on touche, avec le même Pole, la tête de deux aiguilles; & qu'on approche ces deux aiguilles l'une de l'autre, parallelement entre-elles, la tête près de la tête, la pointe près de la pointe, ces deux aiguilles s'écartent l'une de l'autre quand elles peuvent, ou du moins ſe tiennent paralleles ſans s'attirer. Lorſqu'au contraire, on met la tête de l'une vers la pointe de l'autre, elles s'attirent

& se joignent promptement.

2°. Le Pole-Nord d'une pierre d'*Aiman* attire le Pole-Sud d'une autre pierre, & le Pole-Sud attire le Pole-Nord. De maniere, que si l'on présente au Pole d'un *Aiman* quelque fer qui ait été touché d'un Pole contraire, l'*Aiman* bien loin d'attirer ce fer le fera fuir.

3°. Lorsqu'on jette de la poussiere de fer sur le Pole-Nord d'un *Aiman*, cette poussiere s'y tient toute hérissée. Qu'on en approche le Pole-Nord d'un autre *Aiman*, la poussiere se couche, & cette barbe, qu'avoit en quelque sorte ce Pole, disparoît. En approchant le Pole-Sud, la barbe revient comme auparavant.

4°. Quand on coupe un *Aiman* par l'axe, les parties ou les segmens de la pierre, qui étoient unies auparavant, s'enfuient l'un de l'autre.

5°. Si l'on coupe un *Aiman* par une section perpendiculaire à son axe, les deux points, qui étoient ci-devant unis, deviennent des Poles contraires.

6°. Lorsque deux *Aimans* sont sphériques, l'un se tourne vers l'autre, ainsi qu'ils se dirigent seuls par rapport à la Terre. Et après qu'ils sont ainsi disposés, ils tâchent de s'approcher pour s'unir l'un à l'autre. Mais si on leur donne une position contraire, ils se fuient.

7°. Aïant mis dans un creuset exposé à des charbons ardens de la limaille de fer ou de l'*Aiman* réduit en poudre, on la laisse rougir & réfroidir après qu'elle est rougie. Cette limaille ou cette poudre acquierent cette propriété. Le côté du creuset, qui étoit tourné dans le feu du côté du Nord, gagne la vertu du Pole Septentrional. Et alors si l'on présente le Pole Septentrional à côté du creuset, il en sera repoussé, & le Pole Méridional en sera attiré.

Cette expérience, qui est de M. *Muschenbroeck*, m'a paru assez singuliere pour que j'y fisse attention. Il y a encore plusieurs expériences sur l'*Aiman*, mais la plûpart sont ou fabuleuses ou foibles ; & c'est-là une bonne raison de les supprimer.

La Sphere d'activité des *Aimans*, est plus ou moins grande en certains tems qu'en d'autres. M. *Stone*, dit, dans son *Dictionnaire de Mathématique*, que l'*Aiman*, sur lequel on fait cette expérience à Londres, enleve quelquefois un morceau de fer à la distance de huit ou dix pieds, & quelquefois à la distance de quatre seulement.

6. Les *Aimans* de la *Chine* à *Bengale* & des pays du Nord, sont couleur de feu. Cette Pierre est noirâtre en *Béotie*, & rougeâtre

en *Arabie*.

On trouve l'*Aiman* dans les Mines de fer & de cuivre de *Bengala* en Arabie, des Isles du *Pont-Euxin*, de l'Isle de *Serfo*, à l'embouchure de la *Loire*, mais les bons viennent de la *Norwege*. Pour connoître si un *Aiman* est bon, il faut remarquer s'il a les qualités suivantes : peu poreux, fort solide, homogene, & d'un noir luisant. Ceux, qui sont d'un noir un peu roux, sont encore, au rapport du P. *Fournier*, très-généreux. Un trait, qu'on avoit regardé comme fabuleux, est celui d'un *Aiman* blanc.

Veschius, dans ses *Observations de Physi. Med.* parle d'un *Aiman* de cette couleur, si le blanc en est une, qui avoit la même force & la même vertu que le meilleur *Aiman* noir.

Si l'on en croit les Chimistes, l'*Aiman* est composé d'huile, de sel & de fer, ou de la matrice de fer. On augmente la force de cette fameuse Pierre en la bordant du côté des Poles de lames de fer. (*Voyez* ARMURE.)

Les premiers Auteurs, qui ont écrit sur l'*Aiman*, sont *Quiot de Provines*, *Berti*, *Albert le Grand*, *Vincent de Beauvais*, & les principaux, *Gilbert*, le P. *Cabée*, le P. *Grandami*, le P. *Kircher*, le P. *Leoteaud*, *Descartes*, *Rohaut*, *Regis*, le P. *Fournier*, le P. *Dechalles*, *Vanhelmont*, *Hartsoëker*, *Dacier*, *Halley*, *Muschenbroeck*, & en dernier lieu M. *Bernoulli*, dans une Piece qui a remporté le prix de l'Académie des Sciences de l'année 1744. A cette Piece deux autres sont jointes, qui méritent aussi d'être lues, & qui ont été couronnées.

AIMAN ARTIFICIEL. Assemblage de lames d'acier, qui ont la même propriété que les *Aimans* ordinaires. Afin que ces lames aïent cette propriété, on les aimante séparément avec une bonne pierre, & on les joint après ensemble. *Bion* enseigne, dans son *Traité de la Construction des Instrumens de Mathématique*, deux manieres de faire des *Aimans artificiels*, suivant la méthode de M. *Joblot*, Physicien ingénieux, qui s'est principalement distingué dans cette invention.

La nature fait quand on veut des *Aimans artificiels*, qui different peu des *Aimans* véritables. On n'a qu'à laisser une barre de fer dirigée Nord & Sud : avec le tems elle s'aimante toute seule.

M. de la *Hire* enferma dans une pierre des fils-de-fer assez déliés, placés dans le plan du Méridien. Dix ans après, il trouva que ces fils étoient entierement changés en rouille, & qu'ils étoient devenus des *Aimans*. (*Mem. de l'Acad.* 1705. p. 7.) M. *Du Fai* a remarqué une transformation plus frappante. C'est une barre de fer qu'on voit à Marseille fur une tour, qui a non-feulement acquis toute la vertu d'un bon *Aiman*, mais qui a encore la couleur & la figure de cette Pierre. (*Mem. de l'Academ.* 1731.)

A I R

AIR. Fluide élaftique, qui environne & qui pefe fur la Terre, ainfi que fur les autres corps dont elle eft couverte, & fans lequel nulle Créature vivante ne peut exifter. M. *Hales* a calculé la quantité d'*Air* que nous refpirons par heure. Fondé fur l'eftime du Docteur *Jurin*, qui évalue chaque infpiration 40 pouces cubiques, & eftimant lui-même 20 infpirations par minute, il en trouve 4800, quantité d'*Air* que nous avalons pendant ce tems.

2. Avant *Galilée*, prefque toutes les fonctions de l'*Air* fe réduifoient à animer les corps. Parmi fes effets, les uns étoient attribués par les Difciples d'*Ariftote* à l'horreur du vuide; les autres avoient quelques autres principes de cette force. Lorfqu'on leur demandoit pourquoi l'eau monte dans une feringue quand on en tire le pifton, ils répondoient, qu'en tirant le pifton on formoit un vuide dont la Nature avoit horreur. C'étoit pour lui épargner cette *horreur* que l'eau montoit & fuivoit le pifton, car elle n'avoit garde, felon eux, de fe trouver en défaut. Cette réponfe étoit appuyée fur une preuve fondée fur une Expérience. Qu'on perce, difoient-ils, la feringue afin que l'*Air* puiffe paffer lors de l'afcenfion du pifton, l'eau ne s'élevera plus: preuve inconteftable que l'eau ne monte, que lorfqu'il fe fait un vuide qu'elle eft obligée de réparer. Sur mille autres effets de cet efpece, l'*horreur du vuide* rendoit raifon de tout : ce mot plaifoit, & comme dans ce tems l'on fe payoit volontiers de mots, il fatisfaifoit tout le monde.

Un Jardinier de *Florence* embarraffa un jour fi fort les Phyficiens, qu'il porta un coup au principe de l'*horreur du vuide*, fous lequel il a heureufement fuccombé. Employé à faire monter l'eau dans une pompe ordinaire, il s'apperçut que l'eau ne montoit qu'à une certaine hauteur, paffé laquelle la Nature par le vuide qui s'y trouvoit, étoit réconciliée avec lui, ou fouffroit, fans fe plaindre, cette défectuofité. Ce caprice, de la part de la Nature, fut communiqué par le Jardinier à *Galilée*, qui l'ignoroit & qui y fit attention. Après plufieurs Expériences, celui-ci reconnut que l'eau ne montoit plus paffé 32 pieds ou environ. *Toricelli*, fucceffeur de *Galilée*, fe fervit du mercure au lieu de l'eau, &

trouva qu'il reftoit fufpendu à la hauteur de 28 pouces près. *Harris, Otto Guerick, Volder, Boyle, Pafcal*, qui vinrent enfuite, répandirent un plus grand jour fur cette propriété de l'*Air*. *Volder*, qui fit le premier après *Otto Guerick* des Expériences là-deffus, avoit imaginé pour cela des balances fi juftes & fi fines, qu'un grain de plus mis dans les baffins chargés environ de 25 ou 30 livres, rompoit l'équilibre en faifant trébucher la balance d'une maniere très-fenfible.

Toutes ces recherches avoient pour but la péfanteur de l'*Air* qu'on vouloit faire toucher au doigt, & qu'on vouloit connoître rélativement à un volume déterminé.

M. *Boyle* trouva que l'*Air*, que contenoit une veffie d'agneau, dont la capacité étoit environ d'une pinte, péfoit 1 grain & $\frac{1}{8}$ de grain. Et M. *s'Grævefande*, qui répeta cette Expérience, en fe fervant d'une boule de verre, a fait voir que 283 pouces cubes d'*Air*, que renfermoit la boule, péfoient 100 grains.

La péfanteur étant une des principales propriétés de l'*Air*, & cette propriété étant un des grands refforts de la nature, je ne fçaurois trop m'attacher à la mettre dans tout fon jour. En toute autre matiere que celle de Phyfique, le nom des Auteurs célébres, qui certifient une vérité, vaut une démonftration : mais ici l'autorité n'a aucun poids. L'expérience feule décide; & fi nous ne la pouvons faire nous-mêmes cette expérience, il arrive fouvent qu'il nous refte des doutes étranges fur la vérité qu'on avance. Pour mettre le Lecteur à portée de s'affurer de celle-ci, je vais expofer le moïen que M. *Bernoulli* (*Jacques*) donne dans fes Oeuvres, (*Bernoul. Jacob. Opera*, Tom. I.) qui eft fans contredit le plus jufte qu'on ait imaginé fur ce fujet.

Quoique la Figure 280. (Planche XXI.) paroiffe offrir un grand attirail, cependant la Machine eft compofée de peu de pieces. Le grand vaiffeau A eft un récipient choifi parmi les plus grands qu'on a pû trouver. A fon goulot eft foudée une clef de robinet B avec fon tuïau C. Un cercle ou un anneau de fer D bien large entoure le récipient au-deffous de fon goulot. Les bords de cet anneau font retrouffés en haut, afin d'empêcher que ce qu'on y met puiffe tomber facilement. Aïant enfuite fait croifer au deffous du récipient des lames de fer affez épaiffes, & les aïant fortement attachées, on paffe dans ces lames un crochet F qui porte un baffin. L'ufage de ce baffin eft de tenir des poids qui doivent faire enfoncer le récipient dans l'eau où on va le plonger.

2. Le récipient ainsi préparé, on le plonge dans un tonneau G rempli d'eau, & on passe trois fils de soie dans les petites anses *a a*, qui sont au tour du tuiau du robinet, immédiatement au-dessous de la clef. Ces fils vont aboutir au bras d'un trébuchet bien juste, qui soutient à son autre bras un bassin H. Dans ce bassin on met un poids de 4 ou 6 dragmes pour contre-balancer l'*Air* du récipient. On charge le récipient avec du plomb qu'on met sur l'anneau D pour le faire enfoncer dans l'eau, jusques à ce qu'il en soit entierement couvert, & qu'il soit en équilibre avec le contre-poids du bassin H.

Cela fait, on leve doucement le récipient afin de faire sortir l'ouverture du tuiau C hors de l'eau jusques en C; on succe à travers un chalumeau l'eau contenue dans la concavité du robinet; & l'aïant bien essuié pardedans, crainte qu'il n'échappe en l'ouvrant quelque goute dans le récipient, on en tire l'*Air* par le moyen de la pompe I, en se servant du siphon recourbé K, attaché d'un côté avec de la cire au robinet du récipient, & de l'autre à celui de la pompe.

L'*Air* étant tiré ou pompé, il faut tourner la clef du robinet; le détacher du siphon K, & racler toute la cire du bout du robinet. Enfin on plonge le récipient sous l'eau du tonneau & on ôte des poids du bassin H, jusqu'à ce que le reste se mette derechef parfaitement en équilibre avec le récipient. Les poids qu'on a ôté sont le poids de l'*Air* contenu dans le récipient. Connoissant la capacité de ce récipient, on connoîtra donc le poids d'un volume d'*Air* déterminé. Cette Machine n'a pas ce seul avantage de faire connoître avec la derniere exactitude le poids d'un volume d'*Air*; on peut encore avoir par son moïen la juste proportion de la pésanteur spécifique de l'*Air* à celle de l'eau.

A cette fin, on doit tirer tout le récipient hors du tonneau, & après l'avoir délivré de l'embarras du cercle D, des lames E E, & du bassin F, on l'y replonge le goulot devant; aïant attention que la concavité du robinet C se remplisse d'eau. On tourne ensuite la clé pour laisser monter l'eau. Elle remplit l'espace qu'avoit occupé l'*Air* qu'on a pompé, & se met au-dessous de la surface extérieure du tonneau. C'est pourquoi il faut plonger plus bas le récipient, jusques à ce que l'eau vienne par-dedans à niveau avec celle du dehors: car sans cela l'eau qui entre ne pourroit exactement remplir l'espace qu'avoit occupé l'*Air* tiré, puisqu'elle en seroit empêchée par l'*Air* qui y est resté & rarefié, un peu plus que dans son état naturel.

L'eau du récipient ainsi de niveau avec celle du tonneau, il reste à faire trois choses, 1°. à tirer le récipient hors de l'eau & à le bien essuïer par dehors; 2°. à le péser, avec l'eau qu'il contient, dans une balance; 3°. à le péser encore vuide pour trouver le poids de l'eau qu'on aura jettée. En comparant cette eau avec ce qu'on avoit ôté du contre-poids H, on a l'exacte proportion de la pésanteur spécifique de l'*Air* à celle de l'eau.

Quelque soin que prit M. *Bernoulli* pour rendre sa machine parfaite, elle essuia des objections, & on opposa à sa justesse une difficulté très-sérieuse. Cette difficulté est que l'eau du tonneau résistant beaucoup au balancement du récipient, empêche que le trébuchet ne tourne assez librement, pour marquer les moindres différences des poids, quoiqu'il soit très-peu chargé d'ailleurs. A cela M. *Bernoulli* répond, qu'à la vérité en cet état pour faire perdre l'équilibre au trébuchet, on est obligé d'ajouter plus de poids au bassin H qu'il ne faudroit, si ce qui contre-pese à ce bassin étoit en l'*Air*: mais il croit aussi qu'il n'en faut pas tant pour vaincre la résistance de l'eau, & pour faire hausser & baisser sensiblement le récipient qu'il en seroit nécessaire, pour vaincre le frottement de l'axe que causeroit la pésanteur d'un tel récipient, si on le pésoit dans l'*Air* à une balance plus forte & capable de soutenir ce poids sans plier. D'où M. *Bernoulli* conclud, que cette maniere de péser l'*Air* du récipient, à un trébuchet dans l'eau, est toujours plus exacte que celle de le faire dans l'*Air* à une balance plus grossiere: donc, le Lecteur concluera sûrement, que ce moïen est parfait à tous égards autant qu'il peut l'être.

Afin de faire mieux sentir le prix de cette invention, il est bon d'exposer en peu de mots la Méthode de M. *Boyle* pour péser l'*Air*, qui avoit toujours passé pour la plus exacte. Ce Physicien n'a d'autres machines que des bouteilles de verre de la grosseur d'un œuf ou d'un balon, qui ont un col fort menu qu'il fait sceler hermétiquement, au moment que ces bouteilles sortent du feu. Les aïant laissées refroidir, il les pese avec une Balance très-juste. Ensuite il en rompt le bout donnant par-là le moïen à l'*Air* d'y entrer; les pese derechef avec le bout rompu, & trouve ainsi le poids de l'*Air* qui y est entré.

M. *Bernoulli* a remarqué trois défauts essentiels dans cette maniere de péser l'*Air*, dont le troisiéme est si grand, qu'il suffit seul pour la faire rejetter: c'est qu'on ne peut connoître par ce moïen quelle est la quantité d'*Air* qui a été chassé hors de la bouteille. Sans cette connoissance, comment trouver la juste proportion de la pésanteur de l'*Air* à celle des autres corps ?

3. Les premiers préjugés font difficiles à détruire : mais les a-t-on une fois fecoués ? les vérités les plus voilées frappent bien plus que celles qui l'étoient moins. Auffi la péfanteur de l'*Air* ne fut pas plutôt manifeftée, qu'on reconnut fans peine fon reffort. Cette feconde propriété n'eft pas cependant fi facile à faifir que l'autre : car, comment un fluide peut il être élaftique ? On eft obligé de fuppofer que l'*Air* eft formé par de petites lames élaftiques fort minces, foit fpirales, foit de tout autre figuré. Encore cette fuppofition ne répond-elle pas à tout. L'expérience fupplée ici au raifonnement. Les effets de la poudre à canon, ceux de l'arquebufe ou canne à vent, (*Voïez* ARQUEBUSE ;) d'une veffie enflée, & tout ce qui réfulte de la machine pneumatique, (*Voïez* PNEUMATIQUE,) prouvent inconteftablement l'élafticité de l'*Air* dans cet élément. Les enfans la connoiffent même cette élafticité, & en font l'objet de leurs amufemens. Ne leur voit-on pas faire danfer dans de longues bouteilles, de petits plongeons de verre qui ont des trous aux pieds, quelquefois des queues, & fouvent des petites boules creufes de verre fur la tête ? Or le mouvement de ces petits bons-hommes eft-il autre chofe qu'un effet de l'élafticité de l'*Air* ? La bouteille eft exactement pleine d'eau & bien couverte d'une veffie. (Planche XXI. Figure 10.) Lorfqu'on preffe les doigts fucceffivement fur cette veffie, l'eau dont on a occupé l'efpace, cherche à fe loger dans le corps de ces plongeons ou dans la tête & comprime l'*Air*. Par cette compreffion, fruit de l'élafticité, ces plongeons augmentent de poids & font obligés de tomber au fond. Un mouvement de trois doigts produit là danfe qui amufe les enfans, & qui inftruit les Phyficiéns.

4. Je l'ai dit : dans la Phyfique, c'eft l'expérience qui décide ; & c'eft à la raifon à fe taire lorfqu'elle a en quelque forte prononcé. Auffi les Phyficiens conviennent-ils généralement aujourd'hui, que l'élafticité de l'*Air* eft proportionnelle à fa denfité. De façon que le même *Air* dans un même.dégré de chaleur, eft d'autant plus élaftique qu'on le réduit à une plus grande denfité ; & les efforts qu'il fait pour fe dilater font en raifon de ces denfités. On juge de la denfité par la quantité d'*Air* contenue dans un volume donné, comparé à l'efpace que la même quantité d'*Air* occupe ordinairement. Un *Air*, par exemple, qui eft réduit par la compreffion dans un volume deux fois plus petit que dans fon état naturel, eft deux fois plus denfe. Il eft démontré dans les *Tranfactions Philofophiques*,

N° 182, que l'*Air* ne peut être condenfé artificiellement, que la foixantiéme partie de l'efpace qu'il occupoit auparavant fa condenfation. C'eft *Otto Guerick* qui a découvert, que plus l'*Air* eft comprimé, plus fa force élaftique augmente, *& vice versâ*.

Au nom d'*Otto Guerick* on juge bien que la propriété de l'*Air*, dont il eft ici queftion, eft une découverte ignorée totalement des Anciens. Cependant lorfqu'on lit qu'ils avoient imaginé des machines ingenieufes fondées fur l'élafticité de cet élément, on ne fait que penfer de leur connoiffance en ce genre. De ces machines, la plus admirable eft fans contredit la *Statue de Memnon*, qui, fi l'on en croit *Pline*, *Philoftrate*, *Lucianus*, *Paufanias*, *Strabon*, &c. chantoit au lever du Soleil. C'étoit une grande Statue repréfentant la figure d'un jeune homme faite de marbre gris-noir & placée dans le temple du *Bœuf Apis*, Dieu des Egyptiens. Cette figure fe relevoit & s'abbaiffoit à volonté, & elle paroiffoit prête à parler. Elle parloit en effet d'abord que le Soleil levant l'éclairoit de fes raïons, ou du moins elle rendoit un fon, à ce que dit *Paufanias*, femblable à celui d'une lyre ou d'une guitarre.

Bien des Auteurs ont douté de la vérité de ce fait, & lorfqu'ils n'ont pû le nier, ils ont rendu le Diable auteur des effets de cette Stàtue. Pour faire voir qu'il n'y avoit rien là que de très-naturel, le P. *Kirker* a donné la maniere de conftruire une femblable Machine : la voici.

La Statue qui repofe fur le piedeftal A B C D, (Planche XXI. Figure 263.) repréfente la *Statue de Memnon*. Ce Piedeftal eft divifé en deux cafes par une cloifon E F ; & on eft libre de la conftruire de telle matiere qu'on veut. Seulement le côté B D doit être couvert d'une table très-mince de métal, afin qu'étant tourné du côté du Soleil, il puiffe s'échauffer aifément.

Au milieu de la cafe A B F E, eft fufpendue dans un axe une roue T armée de dents, extrêmement legere & mobile. Les dents de cette roue entrent dans un trou fait à la cloifon E F d'un côté, & répondent de l'autre à des cordes de clavecin tendues verticalement à la roue. Un tuïau R eft adapté à ce trou. Et une ftatue S étant placée fur le piedeftal, la machine eft conftruite.

Lorfque le Soleil en fe levant vient frapper le côté F D du piedeftal, l'*Air*, qui avoit été condenfé la nuit par le froid, fe dilate & s'échappe par le tuïau R. Cela forme un vent qui fait tourner la roue. Comme cette roue ne peut tourner fans frapper fur les cordes qui font tendues au-deffus, on entend un fon assez semblable au son d'une lyre & d'une guitarre, ainsi que le rendoit la *Statue de Memnon* des Anciens.

On fait parler la statue, je veux dire, on varie le son & on le fait rendre par sa bouche, en prolongeant le tuïau jusques-là, & en plaçant une anche de hautbois ou de musette, construite selon qu'on veut entendre tel ou tel son.

Kirker, (*De Mechanica Egyptiorum*, Ch. 3.) *Salomon de Caux*, (*Les Raisons des Forces mouvantes* &c. Liv. II. Problême XXXV.) & *Scott*, (*Mechanica Hydraulico-Pneumatica*, Part. II. Classe. I.) ont donné des constructions différentes de la *Statue de Memnon*.

5. M. *Boyle* veut que le poids d'un certain volume d'*Air* proche la surface de la terre, soit à un poids d'un même volume d'*Air*, comme 1 à 1000 ; M. *Halley*, comme 1 à 800 ; M. *Hauksbée*, comme 1 à 885.

En finissant cet Article, je ne dois pas omettre deux découvertes toutes récentes par rapport à l'*Air* & qui méritent attention : c'est 1°. que tout *Air* n'est pas fluide. M. *Hâles* a découvert une autre sorte d'*Air massif*, (*Statique des Végétaux*.) 2°. Que cet élement perd son élasticité, lorsqu'il est mêlé avec de mauvaises vapeurs ou exhalaisons. (*Description d'un Ventilateur* &c.). *Galilée*, *Toricelli*, *Harris*, *Otto Guerick*, *Wolder*, *Pascal*, *Boyle*, *Hales*, *Arbuthnot*, *Mariette*, sont les principaux Physiciens qui ont écrit (*ex professo*) sur l'*Air*.

Vioez AIR DE VENT, ou *Rumb* de *vent*. RUMB.

AIRE. Terme de Géométrie. Espace d'une figure terminée par des lignes. Il y a trois manieres de trouver l'*Aire* d'une superficie plane. La Géométrie élementaire apprend, que pour avoir celle d'un parallelograme rectangle, il faut multiplier un côté par un autre ; pour celle d'un triangle, un côté par la moitié de la perpendiculaire abaissée sur ce côté. Ainsi le produit de BD par CD, (Planche VI. Figure 1.) donne la superficie du parallelograme rectangle ABCD ; parce que BD mesure la longueur des petites superficies quelconques, dont la superficie totale est couverte, & DC la largeur de ces mêmes superficies. Or pour avoir celle-là, ou la somme de celles-ci, il faut ajoûter le nombre des petites en longueur autant de fois à elles-mêmes que la largeur peut en renfermer, puisque cette somme compose la superficie totale : donc pour avoir la superficie d'un parallelograme rectangle, on doit multiplier la longueur par la largeur, c'est-à-dire, faire l'opération qu'on vient de prescrire. Et comme tout triangle est la moitié d'un parallelograme rectangle fait sur sa Base & sa hauteur perpendiculaire, il suit, qu'on aura sa superficie en prenant la moitié du produit de ces deux lignes.

Cette regle suffit pour mesurer toute sorte de figures planes, terminées par des lignes droites, car toutes les figures planes peuvent se diviser en des parallelogrames. *Voïez* GEODESIE.

2. Pour avoir l'*Aire* d'une figure, la Géométrie composée offre une autre méthode qui est plus brillante que celle de la Géométrie simple ou élémentaire, il s'agit ici de l'usage de l'Arithmétique des infinis. Je suppose qu'on propose de trouver l'*Aire* du triangle CAB, (Planche VI. Figure 2.) Après avoir abbaissé de l'*Angle* C la ligne CD, perpendiculaire sur la ligne AB, que cette perpendiculare soit divisée en un nombre de parties égales par les points ccc, &c. Les lignes droites, AB, ab, ab, &c. étant menées parallèles à la base AB, elles forment une suite de termes en progression Arithmétique en commençant au point C : je veux dire par zero. On aura donc 0, ab, $2ab$, $3ab$, où AB sera le dernier & le plus grand terme, que nous nommerons d ; & D la somme des termes, que nous exprimerons par n. Mais dans toute progression Arithmétique (*Voïez* PROGRESSION.) la somme des termes est égale à la moitié du produit du nombre des termes par le dernier terme ($\frac{1}{2}nd$). Donc la superficie du triangle $= \dfrac{AB \times CD}{2}$ comme auparavant.

3. La Géométrie sublime ou transcendante fournit la troisiéme maniere de connoître l'*Aire* d'une figure. De l'angle C du triangle ACB, (Planche VI. Figure 3.) on a abbaissé la perpendiculaire CD. Sur un point quelconque de cette ligne élevez la perpendiculaire PQ, & menez une autre ligne pq parallelement à cette ligne qui en est infiniment proche. La figure infiniment petite de ce parallelograme rectangle, que nous venons de former, sera l'élément du triangle. Cela fait, il n'y a qu'à connoître cet élément & prendre la somme de tous les élémens semblables, qui composent l'*Aire* du triangle, & le Problême sera résolu.

A cette fin, nommons CE, x, EQ, z, la Constante CD, a, & la Donnée AB, b. Maintenant à cause des paralleles PQ, AB, on aura $a : b :: x : z$: d'où il suit, que $za = bx$, & $z = \dfrac{bx}{a}$. Mais EI, qui est l'élément de CE, $= dx$: donc en multipliant CE, c'est-à-dire, dx par $\dfrac{bx}{a}$ on aura l'*Aire*

$\frac{b\,x \times d\,x}{4}$ pour l'expreſſion de l'*Aire* de l'élément $p\,q$ P Q du Triangle.

Puiſqu'une partie infiniment petite de ce triangle eſt connue, il n'y a plus qu'à prendre la ſomme de toutes ces parties infiniment petites; & c'eſt à quoi l'on parvient par le calcul intégral qui donne $\frac{b\,x^2}{24}$ pour l'intégrale de $\frac{b\,x^2 \times d\,x}{4}$. Qu'à la place de C E ($x$), C D ($a$) ſoit ſubſtitué, on aura $b\,a^2 = \frac{1}{4}\,a\,b$ pour l'*Aire* du triangle.

L'*Aire* d'un cercle, d'une parabole, d'une hyperbole, & généralement de toutes les figures terminées par des lignes courbes, ne ſont pas ſi aiſées à trouver. La Géométrie n'a pas tant de reſſource. Il faut quarrer la courbe, & cette quadrature eſt difficile. *Voïez* QUADRATURE.

A J U

AJUTAGE. Robinet ou petit tuïau adapté à l'ouverture d'un jet d'eau. L'expérience a appris qu'un réſervoir, aïant 12 pieds de hauteur au-deſſus de l'ouverture d'un *Ajutage* de trois lignes de diametre, donne un pouce d'eau, c'eſt-à-dire, 14 pintes en une minute. Cette regle ſert de fondement pour les jets d'eau, en faiſant uſage des principes ſuivans. Lorſque les réſervoirs ſont à même hauteur & que les *Ajutages* ſont différens, la dépenſe de l'eau eſt proportionnelle à l'ouverture par où l'eau ſort, ou aux quarrés de leur diametre. Cela poſé & reconnu, on calcule ainſi les dépenſes d'eau par différens *Ajutages* : Si 9, quarré de 3, donne par expérience 14 pintes, que donnera un *Ajutage* de 5 ou de 6 lignes de diametre ? la regle étant faite, on aura 39 pintes pour 5 & 56 pintes pour 6.

M. *Mariotte*, qui a répeté ces régles, a calculé par leur moïen la Table ſuivante.

TABLE des dépenſes d'eau pendant une minute, par différens Ajutages ronds, l'eau du Réſervoir étant à 12 pieds de hauteur.

AJUTAGE. Lignes.	Pintes.
1	$1\ \frac{1}{2}$
2	$6\ \frac{2}{9}$
3	14
4	25
5	39
6	56
7	$76\ \frac{1}{4}$
8	$110\ \frac{1}{5}$
9	126

2. On a ſuppoſé dans ce calcul, que les hauteurs des réſervoirs étoient égales. Lorſque cette condition n'a pas lieu on doit y avoir égard. Les plus grandes hauteurs donnent plus que les moindres; & cet excès de dépenſe eſt en raiſon ſoudoublée ou *comme les racines des hauteurs*, c'eſt-à-dire, comme la racine de 13 à la racine de la hauteur donnée.

Voici une ſeconde Table de M. *Mariotte*, pour la dépenſe d'eau des réſervoirs de différentes hauteurs, & aïant le même *Ajutage*.

TABLE des dépenſes d'eau à differentes élevations de Réſervoir, ſur 3 lignes d'Ajutage.

HAUTEUR. Pieds.	Pintes.
6	10
8	11
9	12
10	$13\ \frac{1}{6}$
12	14
15	$15\ \frac{2}{3}$
18	17
20	$18\ \frac{1}{2}$
25	$20\ \frac{1}{16}$
30	$22\ \frac{1}{16}$
35	24
40	$25\ \frac{2}{5}$
45	$27\ \frac{1}{6}$
48	28

Je ne dois pas omettre, que dans l'une & dans l'autre Table j'ai négligé les fractions des fractions, qui ne ſont point ſenſibles, & j'ajoûte que les dépenſes des eaux ſont calculées pour une minute de tems. Ces obſervations ſont importantes pour le Lecteur auquel ces Tables peuvent être utiles. En elles ſont renfermés les deux cas qui peuvent entrer dans la pratique. Si outre cela on veut encore ſavoir la dépenſe de deux réſervoirs inégaux en hauteur & avec des *Ajutages* différens, on prendra pour régle le principe ſuivant. Les dépenſes d'eau de deux réſervoirs, dont les hauteurs ſont différentes, & qui n'ont pas les mêmes *Ajutages*, ſont *en raiſon compoſée du quarré du diametre des Ajutages, & de la raiſon ſoudoublée des hauteurs*.

A L A

ALACHA, Ce mot dans la traduction Arabe de *Ptolomée* ſignifie une Etoile nébuleuſe.

ALALICHT. Nom de l'Etoile claire extérieure dans la queue de la grande Ourſe.

ALAMAK. Nom de l'Etoile claire de ſeconde grandeur

grandeur du pied d'Andromede. On la nomme aussi *Alhamech*, *Almacack*.

A L B

ALBUGINE'E. Membrane mince de l'œil, qui en couvre la sclerotique, & qui en forme le blanc. La cornée est aussi couverte par l'*Albuginée*, mais cette membrane est si mince à cet endroit, qu'on ne la découvre que très-difficilement.

A L C

ALCOR. Nom de l'Etoile très-petite, qui se trouve près de l'Etoile du milieu de la queue de la grande ourse, & qui ne peut guéres être apperçue que par ceux qui ont la vûe très-bonne. On l'appelle encore *Keuterlin*; & les Arabes ont là-dessus un proverbe contre les Critiques : *Tu as vû le Keuterlin, mais tu n'a pas vû la pleine lune.*

A L D

ALDEBARAN. Etoile de la premiere grandeur de la constellation du Taureau. Elle en est l'œil ; & elle est connue sous le nom de l'*œil du Taureau*.

A L E

ALEZET. C'est la constellation qu'on nomme communément *le grand Lion*.

A L G

ALGEBRE. Calcul, par le moïen duquel on résoud tout problême possible. Ce terme vient d'un autre terme Arabe *Algial Walmukabala*, qui signifie reparer, rétablir ; *restituere, reintegrare.* Quelques Auteurs prétendent que le mot *Algebre* tire son étimologie d'un mot hebreu, dont le sens est *force*, *puissance*, & qui exprime par là le pouvoir de cette Science.

On ne doute plus aujourd'hui que l'*Algébre* n'ait été connue des Anciens, ou du moins que les Anciens n'aient fait usage d'un art approchant, *arte aliquâ investigandi. Wallis* dit, que *Barrow* avoit composé une Dissertation qui n'avoit point été imprimée & dont le titre étoit tel : *De Archimedis methodo investigandi*, où il conclut, que l'*Algébre* avoit été pratiquée par eux. Ce qu'il y a de plus certain dans tout cela, c'est que l'*Algébre* vient des Arabes, & qu'ils en sont les inventeurs. Parmi ceux-là, on prétend qu'un nommé *Geber*, qui vivoit

vers le onziéme siécle, s'y étoit très-distingué. Cependant on ne connoît l'*Algébre* en Europe, que depuis 200 ans. Des Religieux de l'Ordre de S. François en apporterent les regles d'Orient.

Voilà l'origine de l'*Algébre*; origine assez obscure. Ses progrès sont plus connus, & l'histoire de cette Science ne commence que par-là. Pour ne pas interrompre le fil de cette histoire, je la ferai précéder par des définitions & des connoissances, qui la rendront plus intelligible & même plus agréable.

2. On distingue l'*Algébre* en *vulgaire* ou *nombreuse*, & en *spécieuse* ou *nouvelle*, nommée aussi *Logistique spécieuse*.

L'*Algébre nombreuse* est celle qui se pratique par nombres. Nous avons reçu les regles de cette *Algébre* des Arabes avec l'Arithmétique, dans laquelle elle fut comprise alors comme une regle de calcul. *Voïez* ARITHMETIQUE.

L'*Algébre spécieuse*, qui est l'*Algébre* proprement dite, n'a pas des bornes si étroites, que celles de la précédente. Les quantités y sont représentées par des lettres ; parce que leur forme & leur espece se trouvent ainsi désignées : d'où vient le mot *spécieuse.* Tout le secret de l'*Algébre* consiste à découvrir des quantités inconnues en les comparant à des quantités connues, en cherchant les rapports que celles-ci peuvent avoir avec celles-là : & c'est à quoi l'on parvient par l'art des *Equations*. (*Voïez* EQUATION.) Les élémens de l'*Algébre* sont l'addition, la soustraction, la multiplication & la division. (*Voïez* ADDITION, SOUSTRACTION, MULTIPLICATION & DIVISION.

3. La premiere connoissance que nous avons eue de l'*Algébre* est tirée de *Diophante*, qui vivoit à Alexandrie du tems de l'Empereur *Antonin*, & qui a composé treize Livres sur l'*Algébre* dont six nous restent que *Xylandre* a traduit du grec en latin & qui ont été imprimés l'an 1575. *Gaspard Bachet* en a fait une nouvelle édition, à laquelle il n'a pas seulement ajouté le texte grec, mais il l'a encore beaucoup mieux expliqué en plusieurs endroits, que *Xylandre* n'avoit pas bien compris ; & il a augmenté cette édition de ses remarques. Avant que les Livres de *Diophante* fussent publiés, un certain Italien *Lucas Paccioli*, ou, comme il se nomme lui-même selon son Ordre, *Lucas de Burgo sancti Sepulchri*, avoit fait imprimer un Livre à Venise (an. 1494) portant ce titre : *Summa Arithmetica & Geometria Proportionumque &*

Proportionalitatum, dans lequel il traite (Livre VIII.) en peu de mots de l'*Algébre* & de la maniere dont les Arabes l'enseignoient. Sur cela les Maîtres de calcul se sont appliqués avec beaucoup de soin à cette partie de l'Arithmétique, que *Michaël Stifel* a exposée en peu de mots, dans le troisiéme Livre de son *Arithmetica integra*.

Ces Auteurs poufferent l'*Algébre* jusques aux équations quarrées. *Scipio Ferreus*, Auteur Italien, alla plus loin. Il découvrit les regles des équations cubiques, qu'on appelle communément les *Regles de Cardan*, parce que *Cardan* a été le premier qui les a rendues publiques l'an 1545. (*Voïez Ars magna quam vulgo Cossam vocant.*) *Raphael Bombelli* a donné ensuite, d'après l'invention de *Louis de Ferrare*, la méthode de réduire les équations quarrées quarrées en deux quarrés moïennant les cubiques, dans son *Algébre* écrite en Italien. Cette Algébre, qui est la *nombreuse*, s'appelle encore la *Regle de Coss*.

A cette *Algébre* succeda l'*Algébre* spécieuse, cette *Algébre* où l'on se sert des lettres à la place des nombres. *François Viete* en est l'inventeur. La regle générale pour, tirer aussi exactement qu'on veut, la racine de toutes les équations Arithmétiques est de lui. *Guil. Oüghtred* a ensuite perfectionné ce calcul littéral dans son Livre intitulé *Clavis Mathematica*, & il a indiqué une autre maniere plus aisée de marquer les dignités. Cet Auteur applique les regles à plusieurs exemples. Il y donne la méthode d'inventer des theorémes & de résoudre des problèmes dans la Géométrie vulgaire par le moïen de cette *Algébre spécieuse*. Ce livre parut imprimé pour la cinquiéme fois à Oxfort l'an 1698, avec quelques autres Traités de ce Mathématicien Anglois. *Thomas Harriot*, dans un Livre intitulé *Artis Analyticæ Praxin, &c.* que *Walter Leamer* a publié à Londres l'an 1631, *in-folio*, a établi les regles de l'*Algébre* dans l'état où elles sont aujourd'hui. Il a introduit les petites lettres à la place des grandes ; la multiplication par la conjonction des lettres sans autre signe, & les caracteres des dignités a, aa, aaa, &c. que *Descartes* a ensuite changé avec beaucoup de raison en a, a^2, a^3, a^4, &c. Cet illustre Géomêtre est le premier qui ait appliqué cette *Algébre* à la Géométrie. Enfin cette Science a atteint le dégré de perfection où elle est actuellement par le travail de MM. *Newton* & *Leibnitz*. Ces grands hommes y ont introduit des exposans in-

déterminés des dignités.

Robert Hook, qui a passé une partie de sa vie dans les recherhes de la nature avec beaucoup de succès, s'étoit proposé de composer une *Algébre Philosophique*, ou une méthode pour découvrir des vérités cachées dans la nature ; mais il n'a pû l'achever. On en trouve quelques lambeaux dans ses Ouvrages, que *Richard Walles* a publiés à Londres après sa mort en l'an 1705.

Les Auteurs les plus célébres sur l'*Algébre* sont, *Diophante*, *Lucas de Burgo*, *Tartalea*, *Cardan*, *Scipio Ferreus*, *Stifel*, *Clavius*, *Pacciolus*, *Bombelli*, *Viete*, *Harriot*, *Oughtred*, *Hudde*, *Fermat*, *Wallis*, *Descartes*, le P. *Preslet*, le P. *Lamy*, *Céva*, *Ozanam*, *Rolle*, *Newton*, s'*Gravezande*, *De Lagni*, le P. *Reynau*, *Crouzas*, *Deidier*, *Saunderson*, *Maclaurin*, & *Clairaut*.

ALGENEB. Etoile fixe de la seconde grandeur, qui est à la droite de Persée.

ALGETHI. C'est cette Etoile notable audessus de la tête d'Hercule, qu'on appelle autrement *Tête d'Hercule*.

ALGOL. Etoile de la seconde grandeur, dans la constellation de Persée, qu'on nomme encore *Alove*, & *Lucida capitis Medusæ*, la *Claire de la tête de Meduse*. Les Astrologues la nomment *Cacodæmon*, *Diable*, ou, *mauvais Esprit* à cause de sa mauvaise influence. D'autres entendent sous ce nom toute la petite constellation Septentrionale, qui forme la tête de Meduse, & qu'on croit communément appartenir à celle de Persée ; *Schickard* fait de cette constellation la tête de *Goliath*. Les Poëtes racontent à ce sujet, que *Meduse* aïant couché avec *Neptune* dans le temple de *Minerve*, cette Déesse en fut si irritée, qu'elle changea les cheveux de *Meduse* en serpens ; & qu'elle fit changer en pierre tous ceux qui la regarderent. *Meduse* après avoir causé beaucoup de malheurs, eut enfin la tête tranchée par *Persée*, fils de *Jupiter* & de *Danaé*, qui n'avoit regardé la tête que dans un miroir. *Voïez* PERSE'E.

ALGORISME. On exprime par ce mot la pratique des différentes parties de l'Algébre.

ALGORITHME. L'art de supputer ou de calculer par les quatre premieres regles d'Arithmétique ; savoir l'addition, la soustraction, la multiplication, & la division.

A L H

ALHABOR. Etoile de la queue de la grande ourse, qu'on appelle autrement *Syrius*,

& qui eſt la plus grande de tout le Firmament.

ALHAJATH. Etoile de la ſeconde grandeur,
qui eſt la derniere de la queue de la grande
ourſe. *Bayer* l'appelle *Aliath*, & on la
nomme encore *Riſalioth*.

A L I

ALIDADE. Regle mobile armée de deux pinnules, quelquefois garnie d'une lunette &
appliquée au centre d'un graphometre, d'un
aſtrolabe, & généralement au centre de tous
les inſtrumens de cette ſorte, dont on fait
uſage en Géométrie & en Aſtronomie.

ALIQUANTE. On ſous-entend PARTIE. Partie d'un nombre, qui ne peut être contenu
exactement dans ce nombre un certain nombre de fois. 3 eſt la *partie Aliquante* de 8 ;
4 de 9 ; parce que ces deux nombres 3 & 4
ne peuvent meſurer 8 & 9 ſans qu'il en reſte
2 pour 3, & 1 pour 4.

ALIQUOTES. *Parties Aliquotes.* Parties d'un
nombre, qui y ſont contenues exactement
un certain nombre de fois. Les *parties Aliquotes* de 6 ſont 1, 2, 3 ; celles de 8, 1, 2, 4.
En conſiderant combien de fois un nombre
renferme de ces *parties*, les *parties Aliquotes*
reçoivent différens noms. On les appelle
moitiés, ſi elles ſont contenues deux fois
dans ce nombre. Elles ſont nommées *tiers*,
quand elles ſont contenues trois fois; *quarts*
quatre fois, &c. Et ſi le nombre de fois qu'elles ſont contenues eſt 10, 100, 1000, &c.
alors les *parties Aliquotes* ſont des *dixièmes*,
des *centièmes*, des *millièmes*, &c. Il n'y a point
de nombre qui n'ait des *Aliquotes* ; car tout
nombre eſt compoſé d'unités ; & il eſt évident, que les unités ſont des *parties Aliquotes* ; ces parties ſe ſoudiviſent & ſe diſtinguent ſuivant les cas ſuivans.

ALIQUOTE COMMUNE. Partie *Aliquote*, qui
l'eſt en même-tems de deux nombres. Le
ſeul nombre 4 eſt *Aliquote commune* de 12
& de 16, ce nombre étant le tiers de 12 & le
quart de 16.

ALIQUOTES PAREILLES. Parties *Aliquotes*, qui
ſont à leur tout en même proportion. Les
nombres 4 & 6 ſont des *Aliquotes pareilles*,
de 16 & de 24 ; parce que 4 eſt à 16 comme 6
eſt à 24.

2. Lorſque les *parties Aliquotes* en général
ajoutées enſemble ſont plus grandes que le
nombre dont elles ſont parties, le nombre
eſt dit *nombre abondant*. Tel eſt le nombre
20, dont la ſomme des *parties Aliquotes* eſt
22. Tel eſt encore le nombre 30, qui a pour
parties Aliquotes 1, + 2, + 3, + 5, + 6, +
10, + 15, = 42.

ALLIAGE. On ſous entend REGLE. C'eſt une
regle d'Arithmétique par laquelle on réduit
deux quantités égales à une quantité moïenne,
qui les compenſe & qui leur eſt équivalente.
Des quantités d'un certain prix avec d'autres
d'un moindre étant données, il faut, les *allier* enſemble, de façon que de cet *Alliage* il
en réſulte une valeur, qui ne ſoit ni celle de
la premiere quantité, ni celle de la ſeconde,
mais qui les comprenne toutes les deux. On
ſent bien qu'il ne s'agit, pour en venir à
bout, que de prendre un certain nombre de
ces quantités ; de les unir & de les incorporer enſemble pour avoir un compoſé des
deux, dont la valeur ſoit celle qu'on demande. C'eſt là tout le myſtere & tout l'artifice
de la *regle* d'*Alliage*. Reſte à ſavoir comment
on doit s'y prendre pour mettre cet artifice à
exécution. Rien n'eſt plus ſimple. Puiſque
les deux quantités données doivent être égales à une moïenne, il n'y a qu'à *multiplier
chaque quantité par leur différence en prix &
ajoûter ces produits, dont la ſomme ſera égale
au nombre de ces quantités mêlées enſemble :*
& on aura par cette ſomme la quantité
moïenne. *Clavius* explique cette regle dans
ſon *Epitome Arithmet. Pract. Ch. XXI*, de
même que *Taquet*, & preſque tous les Auteurs ſur l'Arithmétique.

A L M

ALMAGESTE. Nom que les Arabes donnerent à un ouvrage complet que *Ptolomée*
a écrit ſur l'Aſtronomie & qu'il nomme *Compoſitionem Magnam.* Ce nom eſt encore en
uſage, & on peut s'en ſervir pour donner
une idée d'un grand ouvrage aſtronomique.
C'eſt ainſi que *Riccioli* nomme le ſien *Almageſtum vetus & novum ;* parce qu'il y traite
de tout ce que les Aſtronomes anciens &
nouveaux juſqu'à ſon tems, ont inventé &
obſervé ſur le mouvement des Etoiles, &
principalement des Planetes.

ALMANACH. Diſtribution des tems accommodée à l'uſage des hommes, dans laquelle
ſont marqués le nombre d'or, l'épacte, l'âge
de la lune pour tous les mois ; les fêtes mobiles, les éclipſes qui doivent arriver, &c.
L'*Almanach* ne diffère du calendrier, qu'en
ce que outre ces choſes utiles, dont celui-ci
tient compte, celui-là renferme encore des
prédictions pour la pluie & le beau tems ; les
bonnes & les mauvaiſes ſaiſons ; le froid &
le chaud, & en général tout ce qui plaît à
ſon Auteur d'imaginer. Si l'on demande ſur

quoi ces prédictions sont fondées, on peut consulter les Faiseurs d'*Almanachs*; & au cas qu'ils ne satisfassent pas, je ne vois qu'une seule ressource : c'est de jetter l'*Almanach* au feu pour ne faire usage que d'un *Calendrier*. *Voïez* CALENDRIER. On assure que le mot *Almanach* vient de ce que les Arabes appelloient *Man* la lune ; & l'*Almanach* ne contenant dans son origine que des tables de conjonction de la lune & de Jupiter a conservé le mot *Man*, auquel dans la suite on a ajouté le mot *Al*, & celui qui le termine.

ALMICANTARACHS ou ALMUCANTA-RACHS. Petits cercles parallèles à l'horison & par conséquent perpendiculaires aux azimuts. Ces cercles servent à déterminer la hauteur des astres comptée sur les *Almicantarachs*. Ceux des peuples, qui ont le pole pour zenith, sont parallèles à l'équateur, tels que les tropiques, les cercles polaires, &c.

ALT

ALTERNE. *Raison Alterne.* Lorsque quatre quantités sont en proportion géométrique, si l'on compare l'antecedent du premier terme avec l'antecedent du second terme, & le conséquent du premier terme avec le conséquent du second, il y aura encore proportion, & elle sera changée en *raison Alterne*. A (4) : B (2) :: C (6) : D (3). En *raison Alterne*. A (4) : C (6) :: B (2) : D (3).

ALTIMETRIE. L'art de mesurer les hauteurs accessibles & inaccessibles. Cet art, qui est une partie de la Géométrie, renferme plusieurs méthodes. Pour commencer par les plus simples, voici comment on peut déterminer une hauteur accessible.

Je suppose qu'on demande la hauteur de la pyramide AC (Planche XI. Figure 4.) & qu'on n'ait pour tout instrument que le bâton DE. On commence à enfoncer d'abord le bâton dans la terre bien perpendiculairement à l'horison. Cela sera-t-il aisé ? Sans instrument comment connoîtra-t-on s'il est perpendiculaire ? Il n'y a ici qu'un bâton. On en convient. Aussi a-t-on besoin encore d'une ficelle ou d'une corde, & d'une pierre. Et bien, qu'on attache un bout de cette corde à l'extrémité du bâton, & à l'autre extrémité la pierre. Lorsque le bâton sera perpendiculaire, la pierre tombera le long du bâton ; s'il n'a pas été planté perpendiculairement, la pierre s'en écartera. Voilà une condition simple. Il en reste une autre à laquelle nous devons satisfaire. Il ne suffit pas que le bâton soit vertical ou perpendiculaire. Il doit être encore posé de façon, que celui qui observe, puisse, étant couché par

terre, découvrir l'extrémité A de la pyramide : je dis couché par terre, parce que c'est là sa position. Dans tout ceci, on ne cherche qu'à former un triangle rectangle FDE, Planche XI. Fig. 4,) dont l'Observateur forme un côté, semblable au triangle FAC, pour avoir FD : DE :: FC : CA. Or c'est ce qu'on vient de faire. Le côté ED n'est-il pas parallele au côté AC, l'un & l'autre étant perpendiculaires ? Les angles FDE & FCA étant droits sont égaux. Ceux FED : FAC, qui sont alternativement opposés le sont aussi, & le troisiéme EFD est commun aux deux triangles. On a donc raison de dire que FD : DE :: FC : CA. Ainsi aïant mesuré FD & DE, & enfin connoissant la longueur FC, on aura, par le moïen de la regle de trois ci-dessus, la hauteur de la pyramide, qui viendra au quatriéme terme.

2. Cette opération paroîtra génante, & elle l'est en effet. Mais auroit-on bonne grace de se plaindre ? Avec un seul bâton, il est bien difficile de faire quelque chose. Qu'on en prenne deux, & on résoudra le problême sans cette incommodité.

Le dôme AB, (Planche XI. Figure 5.) dont il faut connoître la hauteur AB, est proposé. Après avoir enfoncé perpendiculairement le bâton EF, on place le bâton GH ; ensorte que par les points G & E, on découvre le point A. En supposant qu'on ait porté la longueur HG sur le dôme, pour avoir le point C, on a, à cause des parallèles EI, AC, le triangle GEI semblable au triangle GAC. De-là il suit, que GI : IE :: GC : CA ; c'est-à-dire, à la hauteur du dôme moins CB, qu'on connoît & qu'on ajoûte.

Si cette hauteur étoit inaccessible, la même opération auroit lieu ; mais il faudroit chercher par les regles de la longimetrie la longueur GC. (*Voïez* LONGIMETRIE.)

3. Lorsqu'on est pourvû de quelques instrumens, on détermine les hauteurs & avec plus de facilité & avec plus de justesse. Il ne faut pas s'imaginer que ces instrumens soient compliqués & difficiles à trouver. Un simple demi-cercle de métal monté sur un pied & armé d'une alidade garnie de deux pinnules en fait l'affaire. Ce demi-cercle, ainsi orné, change son nom en celui de Graphometre. (*Voïez* GRAPHOMETRE.)

Pour déterminer la hauteur de la statue AS, (Planche XI. Figure 6.) on pose sur un point à volonté le graphometre GRC, & on tourne l'alidade TR mobile en C, jusques à ce qu'on puisse découvrir par les pinnules TR, le point S, ce qui donne l'angle RCA. La ligne CA étant mesurée, on forme sur du papier, ou mieux sur un carton

AMP

fin le triangle *c a s* semblable au triangle
CAS ; & cela en faisant l'angle *a c s* égal à
l'angle observé ACS. Ainsi après avoir divisé
c a en autant de parties qu'on en a trouvé en
CA, si c'est douze toises, par exemple, en
12 pouces ou 12 lignes, &c. on portera une
de ces petites divisions sur la ligne *a s*, &
autant elle contiendra de ces parties, autant
la hauteur de la tour contiendra de toises ;
parce que CA : AS : : *ca* : *as*.

Par le même instrument, on vient aisément à bout de déterminer une hauteur inaccessible. Il y a pour cela deux opérations à
faire, l'une en C, pour avoir l'angle SCG,
supplément de l'angle SCA, l'autre en un
endroit quelconque comme I, pour former
l'angle CIS, & à transporter le tout sur un
carton fin comme auparavant. (Planche XI.
Fig. 7.)

C'est ainsi qu'on pourra mesurer toutes les
hauteurs. J'ai fait mention des moïens que
l'*Altimetrie* fournit, & il ne me reste, pour
les avoir épuisés, que de résoudre les triangles,
non par des triangles semblables, mais par
le calcul qui est plus juste & plus expéditif.
Ceci est du ressort de la Trigonometrie.
Voïez TRIGONOMETRIE.

4. L'origine de l'*Altimetrie* est totalement obscure. On ignore les connoissances qu'avoient
dans la Géométrie les Prêtres de *Memphis*.
L'histoire apprend seulement qu'ils mettoient
en œuvre quelques pratiques de cette Science,
sans nous instruire du fond & de la forme de
ces pratiques. *Thales* le Milesien, qui avoit
étudié les Mathématiques sous ces Prêtres,
ne dit rien là-dessus. Il sembleroit même que
c'est à lui qu'on doit l'art que nous venons de
dépouiller. Du moins la célébrité de sa mesure pour la hauteur des pyramides est presque un préjugé en sa faveur. Ce fut en comparant les ombres qu'elles jettoient, avec
celle d'un corps exactement connu, que ce
docte Personnage détermina cette hauteur.
Proclus assure que cette méthode a donné
lieu à la quatriéme proposition du VI d'*Euclide*. (*Hist. Crit. de la Philosoph. Tome II*.

5. L'*Altimetrie* est expliquée dans presque
tous les Auteurs qui ont écrit sur la Géométrie Pratique; mais particuliérement *Mallet*, (*Geométrie Pratique, Liv. 1.*) Schwenter
(*Tract. II. Lib. 1.*) & *Abb. Treu* (*summa
Geom. Pract. Part. II.*) Ces deux derniers
Auteurs donnent la méthode de mesurer
exactement les hauteurs non-seulement par
l'ombre du soleil, mais encore en tout tems,
& sans se servir d'instrumens particuliers.
Jean Fred. Penther, dans sa *Geometriæ Praxis,
Chap. 6.* propose un instrument très-commode, & il y démontre son usage d'une maniere fort distincte.

AMP

AMPHICIRTOS. Nom qu'on donne à la lune,
lorsqu'elle est éclairée plus de la moitié, &
qu'elle n'est pas encore pleine.

AMPHISCIENS. Terme de Sphere. Nom
des Peuples qui demeurent entre les deux
Tropiques, & qui par cette raison jettent
leur ombre en un tems de l'année vers le
Midi, & en l'autre vers le Septentrion. On
trouve ceci expliqué plus au long dans *Varenii Geographia Generalis, Chap. 27. Prop. 3.*
Sous ce nom sont compris tous les habitans
de notre globe, qui demeurent dans la zone
brûlée, & qui n'ont pas 23°, 30' de latitude.
Le soleil passe sur eux tantôt perpendiculairement, tantôt déclinant vers le Septentrion,
& tantôt vers le Midi.

AMPLITUDE. Distance du vrai point du Levant & du Couchant d'un astre, à quelqu'autre point, où il se leve & où il se couche. On distingue deux sortes d'*Amplitudes*.
Lorsqu'il s'agit du lever d'un astre, l'*Amplitude* est appellée *Amplitude ortive*. Elle est
dite *occase*, si c'est du coucher de l'astre dont
il soit question. L'*Amplitude* se compte sur
l'horison ; on commence à la compter du
point d'*Est* pour le Levant, & de celui d'*Ouest*
pour le couchant, c'est-à-dire, des deux points
qui coupent l'équateur. Le jour des équinoxes le soleil n'a point d'*Amplitude*. Il se
leve & il se couche dans les points véritables
Est & *Ouest*. Ces jours-là exceptés, il a une
Amplitude tantôt Nord, tantôt Sud, selon
qu'il est de l'un ou de l'autre côté.

C'est une chose très-curieuse & en même-tems très-utile que de savoir comment
on détermine l'*Amplitude* du soleil soit ortive, soit occase. Car quelque simple que paroisse cette connoissance, elle en suppose
cependant d'autres qui ne laissent pas que de
la compliquer. D'abord il faut savoir la
hauteur du pole, ou la latitude du lieu où
l'on est. (*Voïez* LATITUDE). En second
lieu la déclinaison, (*Voïez* DECLINAISON
du soleil). Les Astronomes savent aisément
tout cela. Aussi le calcul des *Amplitudes* ne
leur coute-t'il pas beaucoup. Pour le faire, ils
ont recours à la regle suivante : *Le sinus de
complement de la latitude est au sinus total,
comme le sinus de la déclinaison, est au sinus
de l'Amplitude ortive ou occase.*

Supposons, qu'étant à *Paris*, on veuille
savoir l'*Amplitude* du soleil le 9 Juin ; la
déclinaison de cet astre est ce jour-là de 23°.
Je forme la regle en disant : le sinus du complement 49°, qui est 41° est au sinus total
(100000) comme le sinus de l'angle de 23°

(39073) eſt à 58648, qui eſt le quatriéme terme. Ce nombre, cherché dans la table des ſinus répond à 36° & 30' pour l'*Amplitude* du ſoleil. C'eſt en procédant ainſi qu'on a calculé une table des *Amplitudes*, pour toutes les hauteurs du pole, & pour toutes les déclinaiſons du ſoleil, telles qu'on en voit dans la plûpart des Livres d'Aſtronomie, & particuliérement dans celui de la *Connoiſſance des Tems*.

Cette table eſt très-utile ſur mer, pour connoître la déclinaiſon de la bouſſole. (*V.* COMPAS DE ROUTE): c'eſt-là un de ſes principaux uſages.

AMPLITUDE D'UN JET. Terme de Phyſique. On appelle ainſi la ligne qui coupe & qui termine la courbe qu'un corps jetté parcourt. M. s'*Gravezande*, dans ſes *Elémens de Phyſique*, prouve :

1°. Que les *Amplitudes ſont comme le quarré des viteſſes du corps jetté*, lorſque la direction de ſon mouvement ne change pas.

2°. Que l'*Amplitude du jet eſt la plus grande de toutes lorſque l'angle formé par la direction de la projection & par l'horiſon*, eſt de 45°. Ici on ſuppoſe la viteſſe, avec laquelle ſe fait la projection, toujours la même.

ANA

ANACHRONISME. Erreur dans la ſupputation des tems. C'eſt commettre une grande faute que de faire un *Anachroniſme* en chronologie.

ANACAMPTIQUE. On ſe ſert en optique de ce mot en parlant de la réflexion en général. Un écho n'eſt formé que par des ſons produits *Anacamptiquement*. L'*Anacamptique* n'eſt autre choſe que la *Catoptrique*. (*Voïez* CATOPTRIQUE.)

ANACLASTIQUE. Partie de l'optique, qui regarde les opérations de la refraction. (*Voïez* DIOPTRIQUE.

ANALEMME. Repréſentation du ciel ſur le plan du méridien, pour lequel on ſuppoſe que le colure des ſolſtices eſt dans le même plan, & que l'œil ſe trouve élevé à une diſtance infinie. Cette projection eſt de l'invention de *Jean de Royas*. La maniere de le conſtruire eſt expliquée par *Déchales* dans ſon *Mund. Mathem. Tom. IV. Liv. 2. De Aſtrolabiis*, & par *Taquet* (*Oper. Mathem. Optic. Liv. 3. Chap. 7. pag. 208*). Cette conſtruction eſt trop étendue pour avoir ici place. *Voïez* pour l'uſage de l'*Analemme* le *Traité de la Conſtruction & uſage des inſtrumens de Mathém. par M. Bion*.

ANALYSE. L'art de découvrir la vérité ou la fauſſeté, la poſſibilité ou l'impoſſibilité d'une propoſition par un ordre contraire à la compoſition, c'eſt-à-dire, à la méthode de la ſyntheze, (*Voïez* SYNTHEZE), en réſolvant, en décompoſant, ou comme on dit vulgairement en *Analyſant* (car ce mot parle tout ſeul) les parties d'une choſe qu'on veut connoître. Un Chimiſte *Analyſe* les parties des corps, pour en découvrir la nature. Un Machiniſte décompoſe, démonte, *Analyſe* encore une machine, pour en découvrir les principes. Et un Algebriſte, ou un Mathématicien en général *Analyſe* les quantités pour en ſavoir les propriétés. Or les quantités étant conſidérées ſous différens genres par les Géométres, ils ont diſtingué différentes *Analyſes*, dont voici les définitions particulieres.

ANALYSE DE DIOPHANTE. L'art de réſoudre des problêmes indéterminés en nombres, ſoit qu'ils ſoient marqués en chifres ou en lettres. Cet art tire ſon nom de *Diophante*, parce que ce grand Mathématicien d'Alexandrie a donné le premier dans ſes *Livres d'Arithmétique* la méthode de réſoudre ces ſortes de problêmes. Quelques Algebriſtes modernes ont tâché de l'expliquer plus diſtinctement & de l'étendre davantage. Ceux qui y ont mieux réuſſi ſont *Preſtet* dans ſes *Nouveaux Elémens de Mathématiques*, Tome II. & *Ozanam* dans ſes *Elémens d'Algebre*. Ce dernier l'a pouſſée fort loin ; & c'eſt pour cette raiſon que les Commençans trouvent quelque difficulté à le bien comprendre. Quoique cette *Analyſe* ne ſoit pas univerſellement eſtimée, M. *Leibnitz* a cependant démontré (*Acta Eruditorum an.* 1702), qu'elle eſt dans la Géométrie plus utile que toutes celles qui ont paru.

ANALYSE DES FINIS. L'art de trouver par l'algébre des quantités inconnues moïennant quelques quantités finies. Par exemple, voulant trouver par trois côtés d'un triangle ſa hauteur & par celle-ci ſon aire, cette *Analyſe* donne une regle certaine, par laquelle on calcule géométriquement la hauteur, & par le ſecours de celle-ci, l'aire de ce triangle.

ANALYSE DES INFINIS. L'art de trouver par quelques quantités infiniment petites, d'autres quantités finies inconnües, par le calcul différentiel & intégral.

ANALYSE TRANSCENDANTE, ainſi nommé par M. *Leibnitz*. Art qui n'a pour objet que des équations tranſcendantes & exponentielles, dont il eſt lui-même l'inventeur. Cet illuſtre Mathématicien en a donné les regles dans les *Acta Eruditorum de Leipſic de l'an* 1695, *page* 314 ; après les avoir déja indiquées en l'an 1682.

ANALYSE DES PUISSANCES. C'eſt ſelon quelques-uns un art d'inventer duquel on tire les racines prétendues des dignités données des nombres.

ANAMORPHOSE. L'art de deſſiner une image de façon qu'elle ne reſſemble guéres ou point du tout à ce qu'elle doit repréſenter ; mais où la parfaite reſſemblance ſe retrouve lorſqu'on regarde cette image d'une certaine diſtance ſoit avec les yeux nuds ou dans un miroir, ou armé d'un polyédre. *Gaſp. Schott* dans ſa *Magie univerſelle*, *Part. I. Liv. 3*, traite cette partie de la perſpective ſous le titre de *Magie Anamorphotique*. On trouve encore de bons éclairciſſemens ſur ce ſujet dans la *Perſpective Pratique*, *Tome III. Trait. 5. 6. 7*, publiée par un P. Jéſuite anonime, (le P. *Dubreuil*) & imprimée pour la ſeconde fois à Paris, *in-quarto*, en 3 vol.

Jacques Leopold, fameux Méchanicien, mérite encore d'être conſulté pour des machines *Anamorphotiques* qu'il a inventées, & moïennant leſquelles on deſſine les images, de ſorte qu'elles ſe préſentent droites dans un miroir. La premiere de ces machines ſert pour les miroirs cilindriques, & la ſeconde pour les coniques. L'Auteur en a publié lui-même une deſcription circonſtanciée ſous ce titre : *Anamorphoſis mechanica nova* 1714 *in-quarto*. Ces machines ſont ſi belles & ſi curieuſes, que le Public me ſaura gré aſſurément de lui en donner & la deſcription & la figure, d'autant mieux que M. *Leopold* a expliqué ſes machines un peu trop Laconiquement, pour être généralement entendu. Par l'étude particuliere que j'en ait faite, je me flatte que les Ingenieurs pour les inſtrumens de Mathématiques ſeront en état de les conſtruire. Je commence par la machine qui ſert pour les miroirs cilindriques.

La Figure 265 (Plan. XXXVIII) repréſente toute la machine.

1°. *a b c d g h*, eſt un cilindre (qui doit être de bois très-ſec) dont le diamétre a les deux tiers de celui du diamétre d'un miroir cilindrique; & *ab* eſt une eſpece de manche autour duquel tourne un anneau *i k*, qui porte une partie de la machine détaillée ci-après. Enfin un ſecond anneau *e f* reſſerré ſuivant le beſoin, lie l'extrémité de tout le cilindre *a b c d g h*.

2°. Au moïen de ces anneaux une caiſſe *l m n o*, tourne autour du cilindre. On met dans cette caiſſe tout l'attirail que préſente la figure 266, & qu'il faut abſolument connoître, pour entendre le reſte de la conſtruction de cette machine.

3°. Sur une planche PP eſt arrêté un morceau de bois en quarré *y r*. A ſon extrémité eſt attachée une corde CCCC, qui paſſe

d'abord ſur la poulie D, mobile ſur la planche PP, de-là ſur la poulie B juſques à la poulie A. Du point C où elle étoit deſcendue, elle remonte en entourant ces mêmes poulies ſuivant l'ordre des lettres EEEEE, & vient croiſer au point E ſur la baguette *y r* & aboutir en *r*. Là elle eſt arrêtée à une petite poulie, qui porte un index *r n*.

4°. Des trois poulies A, B, D deux D, B ſont mobiles, & la troiſiéme A eſt fixe à la poulie MN, qui eſt mobile comme les deux autres ſur la planche PP. Une corde MN paſſe ſur cette poulie & elle ſe croiſe au point Q. Les deux extrémités de cette corde ſont arrêtées, l'une à la partie *z* d'une regle *z Q u*, & l'autre paſſe dans un trou *u* de cette regle, pour être fixée en un index *q r* (.Fig. 265.)

Par cet arrangement, on conçoit, qu'on ne peut mouvoir l'extrémité *r* de la baguette *y r* ſans faire tourner toutes ces poulies, & par conſéquent ſans mettre la regle *z Q u* en mouvement; & ce mouvement ſera d'autant plus grand par rapport à celui de la baguette, que le diamètre de la poulie ou roue A eſt petit, eu égard à celui des autres.

5°. Les choſes ainſi diſpoſées, on place le tout dans la caiſſe *l m n o*, (.Figure 265), qui eſt ſuſpendue, comme j'ai dit, au cilindre, de façon qu'elle peut tourner tout autour. Deux lames élaſtiques λ λ compriment & reſſerent par le ſecours d'une vis, la baguette *y r* plus ou moins, ſuivant que le demande l'uſage.

6°. Deux index, un *r n* armé d'une pointe *n*, attaché à la corde EE, (Pl. XXXVIII. Fig. 266.) qui coule ſuivant le mouvement de la baguette, & un autre *r q* (même Plan. Figure 265.) étant attaché de même à la corde de la regle *z Q u*, portant un craïon ou une autre pointe; le tout ſuivant que la figure le repréſente, la machine eſt entiérement conſtruite.

Pour faire uſage de cette machine, il faut deſſiner la figure qu'on veut déformer ſur un papier, & arrêter ce papier ſur le cilindre avec de la cire ou autrement. Aïant enſuite préparé un papier avec de la ceruſe pour rendre l'impreſſion de la pointe S ſenſible, comme on le pratique dans l'uſage ordinaire du Singe ou pantographe, (*Voïez* PANTOGRAPHE.) Il ne reſte qu'à faire marcher toute la caiſſe *l m n o*, en conduiſant la regle *z Q u*; enſorte que la pointe *n* parcoure tous les traits de la figure collée ſur le cilindre. Alors la pointe S déformera ſur le papier PPPP, cette figure; déformation d'autant plus grande, comme je l'ai déja dit, que le diamètre de la roue A ſera petit.

2. La ſeconde *machine Anamorphoſique de*

M. *Leopold* est pour les miroirs coniques. Celle-ci est plus simple que l'autre, quoique dépendante du même principe.

1°. Sur le côté d'une caisse, dont on voit assez la construction & l'ornement par la figure 267 (Planche XXXVIII), est attachée une roue R mobile sur son essieu, qui porte à son axe une autre roue fixe, & une T au-dessous mobile.

2°. Une corde N passe sur la roue R; vient se croiser derriere la roue T, & aboutit par les bouts aux extrémités L, M d'une baguette L M; de maniere que cette corde soutient cette baguette ou bâton quarré d'ébene ou de noïer.

3°. La roue S porte aussi une autre corde, qui se croisant en X entoure l'autre roue T & vient se croiser sous elle en Y. Là les deux extrémités de cette corde passant l'une d'un côté, la seconde de l'autre, sont arrêtées en V & Z à une regle ou baguette, comme on voudra l'appeller.

4°. Aïant ajusté une lame P Q armée d'une pointe *m*, & ajusté aux deux regles deux index I i la machine est construite. Reste à en regler les dimensions.

Premiérement, le diamétre de la roue R doit être au diamétre de la roue S, comme le raïon du miroir à la largeur du craticule déterminé suivant les loix ordinaires de la perspective curieuse. Ces loix sont, que le côté du craticule dans lequel doit être renfermée le prototipe, est égal au diamétre du miroir conique. En second lieu, il faut que les index I I soient éloignés entre eux du demi-diamétre du miroir.

Tel est l'usage de cette machine. La figure 268 représente la machine fermée. Le prototipe P P étant arrêté sur une table, on fixe la machine au centre par le moïen de la pointe *m*, (Planche XXXVIII. Fig. 267.) Et tandis que la main gauche M fait mouvoir la machine, la main droite tire ou pousse les regles, en sorte que le stile I parcoure tous les points du prototipe. Alors la pointe en trace la déformation.

J'ai oublié de dire que λ λ est une lame élastique, dont l'action est moderée par une vis V, suivant l'usage ou le besoin de la machine.

ANAPHORE. Nom de la seconde maison céleste dont les Astrologues tirent leurs présages par rapport aux biens immobiles, soit qu'on les ait gagnés ou acquis par héritage. *Ranzou* (*de Geneth. Thematum judiciis*), traite fort au long cette matiere. Quand on veut, *Anaphore* signifie cette seconde maison, la cinquième, la huitiéme & l'onziéme prises ensemble, de même qu'on appelle

Cataphore la troisiéme, la sixiéme la neuviéme & la douziéme maison.

ANATOLAS. Terme d'Astronomie. Nom du vrai Orient, c'est-à-dire, du point de l'horison où il est coupé par l'équateur, & dans lequel le soleil se leve au commencement du printems & de l'automne. Ce point s'appelle encore *cardo Orientis.*

AND

ANDROMEDE. Constellation Septentrionale très-remarquable derriere le Pegaze, à côté de Cassiopée & de Persée. Les Poetes disent qu'elle représente *Androméde* qui fut attachée à un rocher. (*Voïez* CEPHE'E), *Schiller* fait le saint sépulchre de cette constellation. *Harrdorffer* la prend pour l'*Abigail* du 1 Liv. de *Samuel*, ch. 30. v. 5. *Weigel* en forme les armes de *Heidelberg*. On l'appelle encore *femme enchaînée*, *Persei virgo*, & *vitulus marinus catenatus.*

ANE

ANEMOMETRE. Nom d'une machine, qui marque les différens dégrés de force du vent. Plusieurs savans Méchaniciens, tels que MM. *Wolf*, *Poleni*, (*De la meilleure maniere de mesurer sur mer le chemin du vaisseau*,) & *Pitot*, ont donné chacun un *Anemometre* de leur façon. Le plus simple, c'est sans contredit celui de M. *Pitot* (*Théorie de la manœuvre réduite en pratique*): mais celui de M. *Wolf* est peut-être plus sûr. *Weidler* dans ses *Institutiones Mathematicæ* en fait usage, & M. d'*Ozembrai* l'a perfectionné. On le trouve décrit dans les *Mémoires de l'Académie* de 1734. Cet *Anemometre* marque bien les différens dégrés de force du vent; il en tient même un compte exact, & en quelque sorte un registre. Cependant cette machine ne donne que la vitesse relative du vent, & nullement sa vitesse absolue. Je m'explique: par son moïen on sait, que le vent a augmenté ou diminué de tant. Si l'on demande le chemin, que le vent fait actuellement par heure, la vitesse propre du vent, la machine ne l'indique pas.

Afin d'y avoir égard j'ai publié dans un Ouvrage intitulé: *Nouvelle Théorie de la manœuvre des vaisseaux à la portée des Pilotes*, la description d'une machine qui a ce second avantage. En sorte qu'on sait par une inspection (lorsqu'elle est exposée au vent) le chemin que le vent fait par heure. Le principal effet de ma machine est de tenir compte de ses efforts proportionnés à sa vitesse; & c'est par ces efforts qu'on connoît cette vitesse. Comme ce sont

ſont des poids qui font équilibre à ces efforts, j'ai appellé ma machine *Baroʒaneme*,
nom tiré de deux mots grecs qui ſignifient
poids & vent. Au reſte, ce ſurcroît de connoiſſance n'eſt point de ceux qui ſont purement curieux. Celui-ci eſt abſolument néceſſaire. Eh! comment ſans lui pourroit-on
calculer l'effort du vent ſur les aîles d'un moulin, ou ſur une machine quelconque? J'oſe
le dire: cet avantage doit lui mériter quelque
recommandation.

2. La façon dont M. *Mariotte* s'y prenoit pour
connoître les différens dégrés de force du
vent donneroit à penſer, que l'*Anemometre*
eſt une invention toute neuve. Dans le *Traité
du mouvement des eaux* de ce Savant on
lit, qu'il faut livrer au vent une plume legere, & compter le tems qu'elle met à parcourir une eſpace connu. Plus le tems qu'elle
emploïe à parcourir cet eſpace eſt de durée,
plus la viteſſe du vent eſt petite, *& vice verſâ*.
Il eſt ſurprenant qu'un homme comme M.
Mariotte ait pû ſe reſoudre à ſe ſervir d'un
pareil moïen; & qu'il n'ait pas fait attention
à l'eſpece d'*Anemometre* que *Barthelemi Creſ-
centius*, les PP. *Kirker* & *Fournier* ont décrit dans leurs Ouvrages. Les Marins s'en
étoient ſervi pour eſtimer le chemin du vaiſſeau. Si M. *Mariotte* avoit pû y penſer il auroit bien autrement accommodé cette machine; je veux dire cet *Anemometre*.

ANEMOSCOPE. Inſtrument qui annonce le
changement du tems. M. *Cormiers* le définit
le *Prophête Phyſique du tems*. C'eſt un petit
marmouzet de bois ou d'émail, qui s'éleve
& qui s'abaiſſe, ſuivant que le tems doit
changer & deux ou trois jours avant le changement. M. *Otto Guerick* Bourguemeſtre de
Magdebourg, Phyſicien très-célébre, eſt l'inventeur de cette machine. Lorſqu'il en fit
part au Public, il en cacha le principe, &
défia tous les Phyſiciens de le trouver. Dans
le tems qu'ils étoient occupés à le deviner,
il arriva un accident qui les étonna beaucoup.
Un jour le petit marmouzet tomba au fond
de la colonne, comme s'il eut perdu entiérement la vertu de ſe ſoutenir en l'air, choſe
qu'on n'avoit pas encore vûe. Cette chute
donna lieu à bien des conjectures peu favorables à M. *Otto Guerick*. Mais celui-ci ne ſe
déconcerta point. Il aſſura que rien n'étoit
plus naturel; qu'il falloit qu'il y eut ſur mer
une grande tempête, & qu'on ne tarderoit
pas à la reſſentir dans le lieu où ils étoient.
L'évenement juſtifia & ſon aſſertion & ſa
prophétie. Ce ſuccès redoubla l'inquiétude
des Phyſiciens; elle fut même pouſſée juſques
à ſon dernier période.

M. *Otto Guerick* le fils, perſuadé qu'une

fois qu'on ſe laiſſe un peu trop prévenir pour
le merveilleux, on eſt aiſément dupe d'une
ſupercherie, s'aviſa de démonter leurs recherches & de leur faire perdre entiérement
la carte. Il publia que le marmouzet annonçoit l'apparition d'une Comete. On ne ſait
point ſur quoi le jeune *Otto Guerick* fondoit
ſa prédiction qui ne dépendoit certainement
pas de l'*Anemoſcope*; mais la Comete parut.

Tant d'évenemens ſi extraordinaires commençoient à dérouter d'une façon toute humiliante les Phyſiciens de ce tems, ſi M. *Cormiers*
ne fut venu à leur ſecours. Peu inquiet ſur l'apparition de la Comete il s'attacha au principe;
&, coupant enfin le nœud-gordien de cette
énigme, fit voir que le marmouzet étoit mû,
tantôt par la péſanteur de l'air, tantôt par
ſa legereté, & qu'au fond cette machine n'é-
toit qu'un ſimple barometre. (*Voïez* BARO-
METRE.)

MM. *Oʒanam* & *Stone* ont défini autrement l'*Anemoſcope*. Selon le premier c'eſt
une machine dont l'uſage eſt de montrer le
vent qui ſouffle, au moïen d'une aiguille avec
ſon cadran, qui contient le nom des vents
comme les bouſſoles ordinaires, & d'une
girouette attachée à l'extrémité d'en haut
d'une aiſſieu perpendiculaire à l'horiſon. Si
l'on en croit M. *Stone*, l'*Anemoſcope* eſt un
pur hygrometre. Il convient en même-tems
que l'*Anemoſcope* eſt auſſi une machine telle
que le veut M. *Oʒanam*. Ce que je dis de
M. *Oʒanam* & de M. *Stone* eſt pris de leur
Dictionnaire de Mathématique. Dans celui
de M. *Wolf* il eſt défini comme dans le Dictionnaire de M. *Oʒanam*. Que peut-on, ou
que doit-on penſer de ces différens ſentimens? Y auroit-il deux ſortes, trois ſortes
d'*Anemoſcopes*? Eh pourquoi non? il faut
bien que cela ſoit, à moins que le Lecteur
veuille concilier autrement ſans bruit ces
différentes définitions. Pour vérifier ma définition, on peut conſulter le *Dictionnaire
univerſel de Trévoux*, qui eſt en françois; les
Actes de Leipſic en latin (an. 1684;) le
Mercure Galant du mois de Mars 1683; la
Phyſique occulte de Vanhelmont; l'*Ars Mag.
lucis & umbræ de Kirker*.

Les curieux verront ſans doute avec plaiſir
la figure de cet *Anemoſcope* gravée d'après
celle de M. *Otto Guerick*, (Planche XXVIII.
Figure 215.) Pour connoître le ſecond *Anemoſcope*, *Voïez* CADRAN ANEMONIQUE.
A l'égard du troiſiéme (*Voïez* HYGROME-
TRE.)

ANES. Nom de deux étoiles de la quatriéme
grandeur qui ſont dans l'écreviſſe, & dont
une eſt preſque dans l'écliptique. De ces étoiles, l'une eſt appellée l'*Ane boreal*, & l'autre

D

l'*Ane auftral*. *Manile* donne aux *Anes* le nom de *Jugulæ*. Il paroîtra fans doute étonnant qu'on ait été chercher le nom d'un animal tel que l'âne, pour en défigner deux aftres : j'avoue là-deffus & ma furprife & mon ignorance.

A N G

ANGETENAR. C'eft ainfi qu'on appelle neuf Etoiles de la quatriéme grandeur, qui fe fuivent dans la troifiéme courbure de l'Eridan. D'autres donnent ce nom à l'Etoile de la quatriéme grandeur qu'on découvre fur le corps de la baleine.

ANGLE. L'ouverture de deux lignes. Il y a trois fortes d'*Angles* ; l'Angle rectiligne, l'Angle curviligne, l'Angle mixtiligne. L'*Angle rectiligne* eft formé par deux lignes droites; l'*Angle curviligne* par deux courbes; l'*Angle mixtiligne* par une droite & une courbe. Selon que les lignes font fituées l'une par rapport à l'autre, on diftingue l'*Angle*. Si elles font perpendiculaires on l'appelle *Angle droit*. Il eft dit *aigu*, quand il eft moindre qu'un *droit;* & *obtus* lorfqu'il eft plus grand.

On fe fert de trois lettres pour défigner un *Angle*, dont celle du milieu marque la pointe. Ainfi pour nommer l'*Angle* de la figure 8 (Planche I.) on dit l'*Angle* B A C. Un *Angle* fe mefure par l'arc qu'on décrit par fa pointe : l'arc B C eft donc la mefure de l'*Angle* B A C. De-là il fuit, que la grandeur de l'*Angle* ne dépend nullement de la longueur des lignes qui le forment, mais feulement de leur ouverture.

Il eft aifé de divifer un *Angle* en deux, en décrivant avec la même ouverture du compas des points B & C, les arcs qui le coupent en quelque point comme E. De ce point au point A on tire une ligne, & elle divife l'*Angle* en deux parties égales. Cela fe fait & fe démontre avec tant de facilité, qu'on eft tenté de croire que la peine ne doit pas être bien grande pour le divifer en trois. Il femble qu'il n'y a en quelque forte qu'un dégré à monter. C'eft beaucoup en Géométrie. Un point, oui un point, eft quelquefois une barriere infurmontable à un Géométre.

Or la chofe eft de la nature de ce point & plus confidérable en apparence. Auffi les Géometres ont refté court jufqu'ici pour divifer un *Angle* en trois avec la regle ou compas, (on doit en excepter l'*Angle* droit). La Géométrie compofée & la tranfcendante en viennent bien à bout; & de quoi ne viennent-elles pas à bout, fur-tout la tranfcendante ? Le cercle n'eft-il pas quarré ? Mais ce problême ainfi que l'autre, n'eft pas pour cela refolu à

la rigueur, & fuivant fon fimple énoncé.

Defcartes eft le premier qui ait donné la trifection de l'*Angle* de cette façon par une méthode qu'il n'a dû qu'à lui-même. Il a trouvé deux moïennes proportionnelles qui renferment la folution de ce problême, qui eft folide ; car *Diocles* avoit paffé d'un point en cherchant à le refoudre par la ciffoide, (*Géométrie de Defcartes*); on divife l'*Angle* en trois par la quadratrice de *Dinoftrate*. (*Voïez* QUADRATRICE.) (*Voïez* encore fur cette trifection ARC).

Angles de suite. Ce font les *Angles* que forme une ligne tombant fur une autre de quelque façon qu'elle y tombe. Ces *Angles* font toujours fupplémens l'un de l'autre, c'eft-à-dire, ils valent toujours pris enfemble 180°.

Angles externes & internes. *Angles* qui font dehors & dedans un triangle. (*Voïez* TRIANGLE.) *Angles* externes & internes, alternativement oppofés. *Angles* formés par une ligne, qui coupe deux paralleles. (*Voïez* PARALLELES.)

Angles verticaux ou Angles opposés par la pointe. Deux lignes droites qui fe coupent forment ces Angles. Les *Angles* A E D, C E B (Planche I. Fig. 9.) font des *Angles* verticaux, de même que les *Angles* A E C, D E B; il eft démontré que ces *Angles* font toujours égaux *Euclide*, L. I.

Angle de contingence ou Angle de segment. C'eft une *Angle* formé par la portion d'une courbe d'un cercle & par une ligne droite. *Euclide* démontre que dans le cercle cet *Angle* eft plus petit qu'un *Angle* rectiligne quelconque. *Newton* prouve, que s'il eft à une parabole cubique, où l'ordonnée eft en raifon foutriplée de l'abciffe, l'*Angle* formé par la courbe & par la tangente à cette courbe, eft infiniment plus grand que l'*Angle* de contingence au cercle. *Elémens d'Euclide*, Propof. VI. *Principia Mathematica Philifophiæ Naturalis*. pag. 32.

La fingularité de cet *Angle* donna lieu jadis à une controverfe entre le célébre P. *Chrift. Clavius* & *Jacques Pelletier*. Le premier foutenoit avec raifon, que l'*Angle du contact*, étoit d'une autre efpece que l'*Angle* rectiligne, & que par conféquent ces deux *Angles* ne pouvoient être comparés enfemble, non plus qu'une ligne droite peut l'être avec une furface, ou celle-ci avec un corps par rapport à la grandeur. *Pelletier* prétendoit démontrer le contraire ; & *Jean Wallis*, célébre Mathématicien Anglois, a été de fon fentiment dans un Traité particulier qu'il a compofé : *De Angulo contactus*, qu'on trouve dans le fecond tome de fes

Oeuvres de Mathématique. *Taquet* a tâché de même d'expliquer les paradoxes de l'*Angle du contact* dans ses *Elementa Geometriæ L. III*, *Prop.* 16; mais s'étant écarté du sentiment de *Pelletier*, il établit un *Postulé* fort extraordinaire: c'est que les *Angles* n'ont point de grandeur, quoiqu'on puisse les diviser en deux ou plusieurs parties égales. Voilà ce qui s'appelle vouloir expliquer des paradoxes, par des paradoxes encore plus inintelligibles.

ANGLE DANS LE SEGMENT. On appelle ainsi l'*Angle* que font deux lignes droites tirées des extrémités du segment ou de la corde qui le forme, à quelque point de la circonférence. Tous les *Angles* dans le même segment sont égaux. *Elémens d'Euclide*, *Liv. III. Prop.* 31.

ANGLE DU DEMI-CERCLE. C'est celui qui est formé par la periphérie & le diametre d'un cercle. On avance à son égard ce fameux paradoxe de Géométrie qu'il est plus petit qu'un *Angle* droit, & pourtant plus grand qu'un *Angle* aigu rectiligne; ce qui appartient à la controverse sur l'*Angle* de contact ou de contingence. Cependant ni l'*Angle* ni le paradoxe ne sont d'aucune utilité.

ANGLE DU POLYGONE. *Angle de la circonférence, Angle de deux lignes du polygone.* Tous ces *Angles* n'en font qu'un. On en trouve la grandeur en divisant la periphérie du cercle entier 360°. par le nombre des côtés du polygone, & en ôtant le quotient, qui en résulte de 180°, le reste est l'*Angle du polygone.* Dans la fortification on donne souvent la ligne du polygone, pour y décrire un polygone qu'on demande : & c'est alors qu'on ne sauroit se dispenser de connoître cet *Angle* du poligone. L'*Angle* formé par le raïon & le polygone intérieur, a le nom d'*Angle de base.*

ANGLE PLAN. *Angle* formé par deux plans. C'est autrement cette partie de l'espace qui forme une pointe ou un coin sur une surface plane ; par conséquent il n'est que l'inclinaison de deux lignes droites sur un plan, & est l'opposé de l'*Angle* sphérique.

ANGLE SOLIDE. Concours de deux ou de plusieurs plans en un même point. *Euclide* dans ses *Elémens L. XI. Prop.* 20 & 21, démontre à l'égard de ces *Angles*, que tous les rectilignes qui concourent dans la pointe, sont plus petits que quatre *Angles* droits, c'est-à-dire, qu'ils contiennent moins de 360 dégrés, & que dans le cas où il y a trois rectilignes, comme dans l'exemple précédent, deux en sont toujours plus grands que le troisiéme, M. *Wolf* dans ses *Elementa Geometriæ*, (*Wolf. Op. Tom. I.*) démontre la

même chose d'une maniere plus facile. Et après avoir remarqué plusieurs propriétés singulieres de ces *Angles*, il fait voir qu'ils sont semblables entr'eux, lorsque les rectilignes dont ils sont formés sont égaux entr'eux en nombre & en grandeur, & qu'ils se suivent dans un certain ordre. Il faut connoître les propriétés de ces *Angles*, pour pouvoir démontrer qu'il n'y a pas plus de cinq corps réguliers, quoiqu'il y ait une infinité de plans réguliers.

ANGLE SPHÉRIQUE. C'est l'*Angle* que font deux grands cercles de la sphere. Cet *Angle* se mesure par l'arc d'un cercle, qui coupe à *Angles* droits les deux grands cercles qui le forment.

ANGLE D'INCIDENCE. *Angle* que fait la direction d'un corps avec le plan sur lequel il tombe.

ANGLE DE REFLEXION. *Angle* sous lequel il rébondit. Plusieurs Mathématiciens ont démontré que l'*Angle de réflexion* est égal à l'*Angle d'incidence* ; mais *Keill* & *Hughens* en ont donné chacun une Démonstration particuliere. (*Introductio ad Ver. Physicam. Hugenii Op. Posthuma*, *T. II.*)

ANGLE DE REFRACTION. *Angle* formé par la direction d'un raïon de lumiere qui passe d'un milieu rare, dans un milieu plus dense, & par la route qu'il suit lorsqu'il a pénétré ce dernier milieu. (*Voïez* REFRACTION.)

Descartes (*Voïez sa Dioptrique Liv. I.*) prétend, que la raison du sinus de l'*Angle* d'inclinaison, est au sinus de l'*Angle* de réfraction, comme 250 est à 187. M. *Hughens* dans sa *Dioptrique P. 5.* veut, que cette raison soit plus grande que 114 à 176, & plus petite que 115 à 176. Enfin le grand *Newton* pense qu'elle est comme 529 à 396. En supposant qu'un raïon de lumiere passe de l'air dans le verre, le P. *Kirker* & *Zahn*, soutiennent que si l'*Angle* d'inclinaison est de 70°, l'*Angle de réfraction* sera de 38°, 50'. Sur ce principe, ce dernier a calculé une table pour tous les *Angles* d'inclinaison & de réfraction, (*Ars magna Lucis & Umb. ocul. Artif. fund. C. 2. fol.* 228).

ANGLE VISUEL ou OPTIQUE. *Angle* sous lequel un œil voit un objet. Il est prouvé en optique, que le plus grand effort que peut faire un œil, c'est d'appercevoir un objet sous un *Angle* droit.

ANGLE LOXODROMIQUE. *Angle* formé par la ligne de la boussole, qui montre la plage vers laquelle on fait route, & la ligne méridienne. Autrement c'est un *Angle* formé par le méridien & par la ligne que décrit le vaisseau en mer.

ANGLE FLANQUANT, ANGLE FLANQUÉ, AN-

GLE DE L'ÉPAULE. Tous ces *Angles* font ceux que forme le baſtion.

ANGLE DE COURTINE. *Angle* formé par la courtine & le flanc d'un baſtion.

ANGLE DE LA CONTRESCARPE. C'eſt l'*Angle* que forment les deux côtés de la contrefcarpe en ſe rencontrant vers le milieu de la courtine.

ANGLE SAILLANT. *Angle* en général dans un ouvrage de fortification qui avance du côté de la campagne.

ANGLE DU FOSSÉ. *Angle* formé devant la courtine.

A N N

ANNEAU ASTRONOMIQUE. Inſtrument en forme d'un *Anneau* ou d'un cercle fait de cuivre jaune, (Planche XVII. Figure 216) qui ſert à meſurer la hauteur du Soleil. On le fait un peu maſſif afin qu'il ſoit plus perpendiculaire étant ſuſpendu. Son diamétre B A eſt de 8 à 10 pouces. En A eſt un petit *Anneau* qui ſert pour ſuſpendre l'inſtrument. Il y a en C un petit trou préciſément à 45 dégrés de A, & percé dans la direction de la ligne C D, qui forme un angle droit avec la ligne CE. Cette derniere ligne CE eſt parallele au diamétre vertical A B; & on décrit de C comme centre, avec une ouverture arbitraire du compas, un quart de cercle, qu'on diviſe très-exactement en 90°. En tirant de C des raïons ſur tous les dégrés du quart de cercle D E, & en remarquant les points dans leſquels ils touchent le plan intérieur de l'inſtrument, ce plan *concave* de l'*Anneau* eſt par-là diviſé en 90°. Pour l'uſage on ſuſpend l'inſtrument. La lumiere du Soleil en paſſant par le petit trou D, & en jettant un petit point lumineux ſur le plan concave, y marque très-diſtinctement la hauteur du Soleil par le dégré ſur lequel il tombe. (*Mund. Mathemat. Tom. III. De Navigat. Lib. II. Propoſ.* 24 par le P. *Deſchalles*; l'*Uſage des Inſtrumens*, par *Bion. Liv. VII. Ch.* 2.) Cependant cet inſtrument n'eſt pas aſſez exact pour les Obſervations Aſtronomiques, ſoit par terre ſoit par mer. *Gemma Friſius* a décrit encore un autre inſtrument, qu'on appelloit auſſi autrefois *Anneau Aſtronomique*, & avec lequel on meſuroit de même les hauteurs & les déclinaiſons des aſtres : il étoit compoſé de pluſieurs cercles comme une ſphére armillaire.

ANNEAU SOLAIRE UNIVERSEL. Sorte de cadran ſolaire qui marque les heures en tous lieux. Ce cadran eſt compoſé de deux cercles plats tournés en dedans comme en dehors. L'extérieur marque & repréſente le méridien

du lieu où l'on eſt. De haut en bas diagonalement le cercle eſt diviſé en deux fois 90 dégrés. L'une de ces diviſions ſert depuis le pole ſeptentrional juſques à l'équateur, & l'autre depuis l'équateur juſques au pole méridional. (Plan. XVII. Fig. 217.)

2°. Dans ce cercle en eſt un autre B qui y tourne juſte ſur deux pivots ou goupilles, qui traverſent les deux cercles par des trous diamétralement oppoſés. Ce cercle repréſente l'équateur.

3°. Au milieu de ces cercles eſt une regle ou lame mince avec un curſeur marqué C, compoſé de deux petites pieces, qui coulent dans une ouverture au milieu de cette lame, & qui ſont retenues par deux petites vis. Ce curſeur eſt percé au milieu pour l'uſage de l'inſtrument. La ligne, qui partage cette regle en deux étant perpendiculaire au cercle qui repréſente l'équateur, peut être conſiderée comme l'axe du monde. D'un côté on y marque les ſignes du zodiaque avec leurs caracteres, & de l'autre côté les quantiémes & les premieres lettres des noms des mois vis-à-vis des lignes auſquels ces mois répondent. Les intervalles des ſignes ſe diviſent de cinq en cinq ſuivant leur déclinaiſon, par le moïen d'un trigone, (*Voïez* TRIGONE.) dont le ſommet eſt placé au point E.

4°. On diviſe le cercle intérieur qui eſt l'équinoxial en 24 parties, & on marque les heures comme le montre la figure. Enfin une rainure étant faite des deux côtés du cercle méridional, dans laquelle le pendant G qui a un bouton paſſe, l'*Anneau* univerſel eſt conſtruit. Dans cette derniere opération il y a pourtant deux attentions à avoir : c'eſt que toutes ces 24 diviſions ſoient tracées ſur l'épaiſſeur concave dudit cercle; ce qui ſe fait, ſuivant M. *Bion*, par le moïen d'une piece d'acier, ploïée en équerre ſelon la courbure du cercle; la ſeconde, que l'*Anneau* de ſuſpenſion tourne aiſément dans le bouton afin que l'inſtrument puiſſe être ſuſpendu bien perpendiculairement.

Uſage de l'*Anneau univerſel*. Placez la petite ligne tracée au milieu du pendant G ſur le dégré de latitude du lieu où vous êtes. 2°. Mettez la ligne qui traverſe le petit trou du curſeur C, ſur le dégré du ſigne, ou ſur le jour du mois courant. 3°. Ouvrez l'inſtrument en ſorte que les deux cercles ſoient à angles droits. 4°. Tournez le plat de la regle D vis-à-vis du Soleil juſques à ce que le raïon de cet aſtre paſſant par l'ouverture du curſeur, tombe préciſément ſur la ligne tracée au milieu de l'épaiſſeur du cercle intérieur B, ſur leſquels les heures ſont marquées, & qui repréſente l'équateur. Alors le point lumineux marquera l'heure préſente ſur la concavité de ce cercle. Dans cette diſpoſition la ligne du milieu de la régle eſt parallele à l'axe du monde.

2. M. *Bion* donne dans ſon *Traité de la Conſt. & Uſ. des Inſtrum. de Mathématique*, la deſcription d'une ſorte d'*Anneau* aſſez curieux. Cet inſtrument eſt compoſé de trois cercles. Sa conſtruction ne differe de celle du précédent, que par le troiſiéme D (Planche XVII. Fig. 218,) qui tourne juſte dans l'équinoxial, & qui fait le même effet que la regle où ſont les diviſions du zodiaque. Dans l'*Anneau univerſel* à deux cercles, aux parties oppoſées D D, on marque un double trigone dans ſuite des ſignes ſur la circonférence de ce cercle, dont le centre eſt le ſommet, où ſe réuniſſent tous leurs raïons. Les arcs ſe diviſent de 10 en 10 ou de 5 en 5. On y joint communément au-deſſus les mois correſpondans , & une alidade E armée de deux pinnules, percée de deux petits trous & attachée au centre de ce cercle. Et moïennant ces additions, on a un nouvel *Anneau aſtronomique univerſel*. Tel en eſt l'uſage.

1º. Placez la petite ligne qui eſt au milieu du bouton ou pendant F, ſur le dégré de l'élévation du pole du lieu où vous faites l'obſervation, & la ligne de foi de l'alidade ſur le jour du mois, ou ſur le ſigne que le Soleil parcourt. 2º. Le cercle équinoxial, où les heures ſont marquées, étant ouvert à angle droit, hauſſez ou baiſſez le cercle inférieur, en ſorte que les raïons du Soleil paſſent par les trous de deux pinnules. Alors la ligne, qui eſt tracée au milieu de l'épaiſſeur convexe dudit cercle, montrera l'heure ſur le cercle équinoxial.

ANNEAU DE SATURNE. *Anneau* plat, qui entoure cette planete comme les horiſons de bois entourent les globes céleſtes & terreſtres artificiels. Cet *Anneau* eſt une découverte de M. *Huguens*. Ce Savant le décrit dans ſon *Syſtema Saturninum*. *Galilée* l'avoit déja apperçu en l'an 1620, & pluſieurs autres Aſtronomes après lui l'avoient obſervé aſſez fréquemment : mais ils ne ſavoient pourtant qu'en penſer; parce que leurs teleſcopes imparfaits ne le leur repréſentoient pas aſſez diſtinctement. M. *Huguens* (*Syſtema Saturninum*, pag. 78.) établit la proportion du diamétre de cet *Anneau* au diamétre du Soleil comme 11 à 37, & au diamétre de Saturne, comme 9 à 4 ; ou à peu après, comme 11 à 5. De ſorte que l'*Anneau* eſt de 2 ¼ fois plus grand en diamétre que Saturne, & au contraire du ſoleil 3 1/7 fois plus grand que l'*Anneau*. M. *Wolf* fait voir (*Elementa Aſtronomiæ*,) que ce même diamétre de l'*Anneau*

eſt 45 fois plus grand que le diamétre de la terre. Ce dernier contenant 1720 grands milles d'Allemagne, dont 15 font un dégré de l'équateur, il faut que le diamétre de l'*Anneau* en contienne 77400. Quant à l'uſage de cet *Anneau* que nous n'obſervons point autour des autres planetes, on n'en connoît aucun. Pour ſa forme , il eſt aſſez large & fort mince. Il eſt en tout également éloigné du corps de Saturne , & il incline vers l'écliptique. C'eſt cette inclinaiſon qui donne des figures ſi différentes à Saturne. (*Voïez* SATURNE).

ANNE'E. Tems que le Soleil emploïe à parcourir l'écliptique. On n'eſt pas parvenu d'abord à déterminer la meſure préciſe de ce tems. Les Egyptiens ne l'évaluoient que 365 jours. Par cette eſtimation, on reconnut dans la ſuite, que les équinoxes réculoient tous les 4 ans d'un jour. De-là il fut aiſé de conclure que les Egyptiens négligeoient 5 heures 45 minutes, que le Soleil emploïoit chaque *Année* de plus qu'on avoit cru. Pour remédier à cette eſpece de déſordre, *Jules-Céſar* ajoûta un jour de 4 en 4 ans, en ſorte que la quatriéme *Année* étoit de 366 jours. *Jules-Céſar* approchoit du but & ne le frappoit pas. Afin que ſon compte ſe trouvât juſte, il auroit fallu que le cours du Soleil fût de 365 jours, 5 heures 60 minutes, au lieu de 49. Ainſi ces 11 minutes d'excès firent dans 131 ans avancer les équinoxes d'un jour ; & cet avancement devint ſi conſidérable que l'équinoxe du printems ſe trouva le 10 Mars.

Gregoire XIII. qui comprit combien un pareil dérangement ſeroit préjudiciable à l'Office Eccléſiaſtique, ſi l'on ne ſe hâtoit d'y mettre ordre, conſulta là-deſſus les Aſtronomes. Aſſuré par les obſervations de *Copernic*, *Ticho-Brahe* & *Clavius*, que le cours du Soleil étoit véritablement de 365 jours, 5 heures 49 minutes, il ordonna de retrancher 10 jours de l'*Année* 1581. Cette *Année* fut nommée Julienne du nom de *Jules-Céſar*, pour marquer l'époque de la fin de ſon calcul. Et pour éviter qu'on retombât dans le même inconvénient, il fut reglé que tous les 300 ans on omettroit l'*Année* de 366 jours; & qu'on n'y auroit égard qu'à la 400. C'eſt à ce Réglement que ſe conforment toutes les Nations Catholiques. Elles appellent *Année commune* l'Année de 365 jours, 5 heures, 49 minutes, & *Année Biſſextile* celle de 366.

On connoît qu'une *Année* eſt *Biſſextile*, lorſqu'après avoir rejetté toutes les *Années* milliémes, centiémes, & vingtiémes, & avoir diviſé le reſte par 4, le quotient eſt nul. S'il y vient quelque nombre , ce nom-

bre fera celui des *Années* écoulées depuis
l'*Année Biſſextile*. Je rapporte à l'Article de
CHRONOLOGIE les ſentimens & les Obſervations des plus célébres Aſtronomes ſur la
grandeur de l'*Année* ; & je viens d'expoſer
en général la théorie & l'hiſtoire de cette
meſure de tems. Examinons-la ſous les dénominations particulieres qu'elle a reçues de
différentes Nations.

ANNÉE JUDAÏQUE. Suite de jours & de mois ,
qu'on trouve dans la maniere de compter des
Juifs. C'eſt réguliérement une *Année* lunaire
conſtante. La commune a 12 mois , & la
Biſſextile en a 13 , qui ont alternativement
30 & 29 jours. *Riccioli* , dans ſa *Chronologia
Reformata* , *Liv. I. Chap.* 10 , n'oublie rien
pour prouver que les anciens Hébreux ont
eu cette même maniere de compter : mais
Riccioli avoue que tous les Chronologiſtes
ne penſent pas ainſi. Il aſſure avec plus de
fermeté (Chap. II.) qu'avant la ſortie d'E-
gypte les Hébreux commencerent leur *Année* au printems , croïant que c'eſt dans cette
ſaiſon que le monde a été créé. C'eſt dommage en effet , que cette ancienne *Année Judaïque* ſoit encore ſujette à tant de difficultés
& à tant d'incertitude , tandis qu'on ne ſauroit ſe diſpenſer de s'en ſervir pour retirer
quelque utilité de la lecture des Livres de
Moyſe & de tout le vieux Teſtament.

L'*Année Judaïque* moderne eſt d'une toute
autre eſpece. Elle eſt auſſi *Année* lunaire
conſtante. La commune a de même 12 mois
& la biſſextile 13. Mais les Juifs établiſſent
dans leur façon de calculer d'aujourd'hui une
ſuite de 19 ans , ſuivant laquelle ils font leur
intercalation. De ſorte que la troiſiéme , la
ſixiéme , la huitiéme , l'onziéme , la quator-
ziéme , la dix-ſeptiéme & la dix-neuviéme
Années ſont *Années Biſſextiles*. Le commencement de cette ſuite d'*Années* tombe au 7
d'Octobre de l'an 953 de la période Julienne.

L'*Année commune Judaïque* , à compter ſelon la maniere des Aſtronomes , a 354 jours, 8
heures 876 *helakim* , & l'*Année* biſſextile
383 jours , 21 heures , 589 *helakim*. Dans la
vie civile l'*Année* commune a 354 jours , &
la biſſextile en a 384. Le commencement de
l'*Année* eſt à la nouvelle lune , qui eſt la plus
proche de l'équinoxe. Autrement les mois
qui ont alternativement 30 & 29 jours , ſe
ſuivent dans l'ordre que voici : *Thiſri , Marcheshvan , Caſleu , Tebeth , Sehebath , Adar ,
Niſan , Iſſar , Livan , Tamuz , Ab , Elul.*
Le mois qui tombe quelquefois par l'intercalation entre l'*Adar* & le *Niſan* , & qui a 30
jours , porte le nom de *Veadar*. Souvent le
mois *Caſleu* , qui a réguliérement 30 jours ,

en perd un , tant dans l'*Année* commune
que dans la biſſextile , & cette *Année* eſt appellée alors l'*Année Judaïque Civile racour-
cie* , qui , étant commune a 353 jours , en a
383. En d'autres tems le mois *Marcheshvan* ,
qui a réguliérement 29 jours lorſqu'elle eſt
biſſextile , eſt augmenté d'un jour , & on donne à cette *Année* le nom d'*Année augmentée*.
Lorſque cette *Année* eſt commune , elle a
355 jours , & 385 étant biſſextile. La raiſon
de cette différence conſidérable eſt , que ſuivant l'inſtitution des Anciens , les Juifs ne
célébrent jamais la nouvelle lune de *Thiſri* ,
au premier , au quatriéme , ni au ſixiéme
jour de la ſemaine c'eſt-à-dire , ni le Dimanche , ni le Mercredi , ni le Vendredi , & qu'ils
ne commencent jamais le nouvel *An* par ces
jours. Aïant la coutume de compoſer des
mots par des lettres qui ſignifient des nombres , ils diſent briévement : *Thiſri ne doit
jamais être en Adu ;* car chez eux , A eſt 1 ,
D eſt 4 , & V eſt 6. Suivant les mêmes inſtitutions le mois *Niſan ne doit jamais être
en Badu* , c'eſt-à-dire , B étant 2 , le mois *Niſan*
ne doit jamais commencer ni au premier ni au
ſecond , ni au quatriéme , ni au ſixiéme jour
de la ſemaine. Il eſt encore incertain , en quel
tems les Juifs ont commencé de ſe ſervir de
cette *Année*. Néanmoins parce qu'ils ont
tiré leurs hypothèſes aſtronomiques de *Ptolomée* , & que *Ptolomée* a vécu environ un
ſiécle & demi après la Naiſſance de J. C. on
peut conclure par-là que cela doit être arrivé
aſſez long-tems après la Naiſſance de J. C ;
& par conſéquent cet ére ne peut nullement
ſervir pour l'explication de la Sainte Ecriture.
Au reſte elle eſt néceſſaire pour entendre les
écrits des Juifs après la naiſſance de J. C. ,
& pour comprendre leur calendrier actuel.
Ceux , qui voudront s'inſtruire ſur cette
matiere , conſulteront le *Calendarium he-
braicum de Sebaſt. Munſter* ; le *Calendarium
Paleſtinorum & univerſorum Judaïcorum de
Rabbi Ori* , que *Jac. Chriſtman* , *Riccioli*
(*Chronologia reformata* , *Liv. I.*) & *Beveregii*
(*inſtitut. Chronolog. Liv. I.*) ont traduit en
latin.

En dernier lieu , on doit encore remarquer ici l'*Année ſolaire Judaïque* , qui n'eſt
autre choſe que l'*Année* Julienne , que les
Juifs adoptent entiérement , en la diviſant
en quatre parties égales ou *Tekuphes* , ſavoir
en *Tekuphe Thiſri* , *Teleth , Niſan & Tamuz* ,
qui marquent l'entrée du Soleil dans les quatre points ♈ , ♋ , ♎ , ♑ , & qu'ils célébrent comme très-ſacrés. Cependant ils ne
calculent pas leurs *Tekuphes* ſelon des tables aſtronomiques ; mais ils établiſſent de
chaque partie un certain jour , même l'heu-

re & la minute, tant dans l'*Année* bif-| après la biſſextile, comme l'on voit dans la
ſextile, que dans chaque *Année* commune | Table ſuivante.

MOIS DE L'ANNE'E JUDAIQUE.

TEKUPHES.	Dans l'Année Biſſextile.	I.	I I.	I I L.
THISRI . . .	24 Sept. 9 heur.	24 Sept. 15 heur.	24 Sept. 21 heur.	25 Sept. 3 heur.
TELETH . .	24 Déc. 16 heur. 30'	24 Déc. 22 heur. 30'	25 Dec. 4 heur. 30'	25 Déc. 10 heur. 30'
NISAN . . .	26 Mars	26 Mars, 6 heur.	26 Mars, 12 heur.	26 Mars, 18 heur.
TAMUZ . .	25 Juin 7 heur. 30'	25 Juin, 13 heu. 30'	25 Juin, 19 heu. 30'	26 Juin, 1 heur. 30'

ANNÉE GRECQUE. *Année* lunaire conſtante, qui conſiſte en 12 mois, étant *Année* commune, & en 13 étant *Année* biſſextile. Les mois ont alternativement 29 & 30 jours, auſquels les Athéniens donnent ces noms, *Hecatombaeon, Metagitrion, Boedromion, Moemaclerion, Pejanepſion, Poſideon, Gumelion, Antheſterion, Elaphebolion, Mungehion, Thargelion, Surrophorion* ; & les Macédoniens les appelloient ainſi : *Dius, Appellacus, Audynacus, Peritius, Dyſtrus, Xanthicus, Artemiſius, Daeſius, Panemus, Lous, Gorpiacus, Hyperberetacus.*

L'*Année Grecque* eſt peut-être de toutes les *Années* la plus confuſe; parce que les Grecs ne furent pas d'abord aſſez ſavans dans l'Aſtronomie, pour avoir pû regler l'*Année* lunaire, de façon qu'elle n'ait décliné avec le tems de l'*Année* ſolaire. Le P. *Petau* a beaucoup écrit ſur cette *Année* dans ſa *Doctrina Temporum Tom. I. Liv. I.*

ANNÉE ARABIENNE. *Année* lunaire civile de 12 mois, dont un a 30 jours & l'autre 29. Ainſi on compte communément 354 jours pour toute l'*Année*. L'*Année Arabienne* aſtronomique a 354 jours, 8 heures 48 minutes; & par conſéquent l'année biſſextile a 355 jours : les Arabes ont choiſi pour intercalation de leurs *Années* le tems de 30 ans, de ſorte que les *Années* 2, 5, 10, 13, 15, 18, 21, 24, 26 & 29, ſont toujours biſſextiles. La table ſuivante renferme le nombre des mois, & celui des jours de chaque mois.

MOIS DE L'ANNE'E ARABIENNE.

Mois.	Jours.	Mois.	Jours.
Muharram	30	Rojab	30
Saphar	29	Schaban	29
Rabia prior . . .	30	Ramadan	30
Rabia poſterior . .	29	Sehawall	29
Jamada prior . . .	30	Dulkandah	30
Jamada poſterior . .	29	Dulheggia	29

Ce dernier mois a 30 jours dans l'*Année* biſſextile. La premiere *Année* a commencé au 15 Juillet, ſelon la période Julienne. (*Voiez Guil. Beveregii, Inſtit. Chronolog. Liv. I. Chap.* 17. pag. 70 & *ſuiv.*) Cette *Année* eſt encore appellée l'*Année Turque* ou *Mahométane*, parce que les Turcs s'en ſervent. On la nomme auſſi *Année d'hegire*, de la fuite de *Mahomet.*

ANNÉE YERDEGERDIENNE. *Année* ſolaire variable de 365 jours, compoſée de 12 mois, de 30 jours chacun & de cinq jours ajoûtés. Les noms des mois ſont ſelon *Albruganus ; Afradimmah, Ardaiſchmah, Cardimah, Thimah, Mordadmah, Schahariſmah, Meharmah, Aleenmah, Adarmah, Dimah, Behenmah, Affireſmah.* D'autres Savans les ont un peu changés, comme on le voit dans la *Chronologia Reformata*, Liv. I. Chap. 18. pag. 34. de *Riccioli*, & dans l'*Inſtitutio Chronolog.* Liv. I. Chap. 11. pag. 43. de *Beveregius.* Ces Auteurs les rapportent tels qu'ils ſont ici : *Tervardinmach, Ardabaheshtmah, Chordadmah, Tyrmah, Mordadmah, Seharivarmaſht, Mehermah, Abanmah, Adarmah, Dimah, Behemenmah, Eſphardarmodmah.* Les cinq jours qu'on ajoûte s'appellent *Muſteraka.*

Les Perfes fe fervoient autrefois de l'*Année Yerdegerdienne*. Elle reffemble en tout à celle de *Nabonaffar*, excepté qu'elle commence le 16 Juillet. La mort de *Yerdegerd*, dernier Roi de Perfe, arrivée à la bataille qu'il livra aux Sarrafins, a donné naiffance à cette *Année*, que cette Nation a changé depuis fous Sultan *Gélal*. De forte qu'ils ont établi la grandeur de l'*Année* folaire de 365 jours, 5 heures 49′, 15″, 0‴, 48⁗, & qu'ils ont confervé les 12 mois de 30 jours chacun, & les 5 *Mufteraka* à la fin de l'*Année*. (*Voïez l'article fuivant*).

Après avoir fait fix ou fept fois l'intercalation d'un jour dans la quatriéme *Année*, ils ont établi une fois la cinquiéme pour une *Année* biffextile. Il eft facile de juger par-là que les Perfes ont été anciennement très favans dans l'Aftronomie, puifqu'ils ont non-feulement connu exactement la grandeur de l'*Année* folaire, mais qu'ils ont encore inventé une maniere extrêmement commode de faire les intercalations. Auffi leurs équinoxes & leurs folftices, furent toujours dans un même jour de l'*Année*.

ANNÉE DE GELAL. *Année* folaire conftante, dont les Perfes fe fervent depuis l'an 1079 après J.C. Elle a reçu fon nom du Sultan *Gélal* qui l'a introduite. Tous les mois de cette *Année* ont 30 jours; & dans les *Années* communes on ajoûte 5 jours à la fin, & 6 dans la biffextile qui ont le nom de *Mufteraka*. Cette intercalation n'arrive pas toujours dans la quatriéme *Année*; mais après cinq & fouvent fix fois qu'elle eft arrivée dans cette *Année*, on prend la fixiéme ou la feptiéme fois la cinquiéme *Année* pour *Année* biffextile. L'*Année de Gélal* eft auffi appellée *Année de Sultan*. Ses mois ont les mêmes noms que ceux de l'*Année de Yerdegerd*, dont les Perfes fe font fervis autrefois.

ANNÉE ACTIAQUE. *Année* des Egyptiens, qu'ils adopterent lorfqu'ils furent foumis à la domination des Romains. Elle reçut ce nom, parce que *Céfar* remporta la victoire par mer fur *Antoine* & *Cléopatre* au Promontoire d'Epire, qui portoit le nom d'*Actium*. On ne doit pas confondre cette *Année* avec celle que *Dion Caffien* compte du jour que cette action fe paffa fur mer : c'eft le fentiment de *Flave Jofephe*. Il eft important encore de la diftinguer de l'*Année* que *Clément d'Alexandrie* compte du tems de la prife d'Alexandrie (*Petavius de Doctrina Temporum*, Liv. X. chap. 73. pag. 157. & *fuiv.*). Pour tout dire cette *Année* differe de la Julienne, en ce qu'elle commence au 29 d'Août de cette même *Année*, & que tous les quatre ans le jour pour la biffextile eft placé entre le 28 & 29 d'Août à la fin de l'*Année*. Les mois de cette *Année* font les mêmes que ceux de l'*Année* Ethiopienne. (*Voïez* cette *Année* ci-après).

ANNÉE NABONASSARÉENNE. *Année* de 365 jours, dont chaque mois en a 30, & aufquels on ajoûte encore cinq. Le commencement de la premiere *Année Nabonaffaréenne* tombe au 26 Février du calendrier Julien. Les noms des mois de cette *Année* font dans la table de l'*Année Actiaque*. Il faut la connoître pour pouvoir fe fervir des obfervations de *Ptolomée*.

ANNÉE ETHIOPIENNE. Cette *Année* eft la même que l'*Année* Actiaque, à cela près que les mois portent des noms différens, comme l'on voit dans la table fuivante, où l'on trouve dans la premiere colonne les mois Egyptiens; dans la feconde les Ethiopiens; & dans la troifiéme les Juliens, avec les jours aufquels les mois Egyptiens & Ethiopiens commencent. Tous les mois de cette *Année* ont 30 jours, & à leur fin on ajoûte 5 jours refidus dans l'*Année* commune, & 6 dans la biffextile fous le nom de *Pagomen*.

MOIS DE L'ANNE'E EGYPTIENNE ET ETHIOPIENNE.

MOIS EGYPTIENS.	MOIS ETHIOPIENS.	MOIS JULIENS.
Thoth	Mafcaam	29 Août.
Paophi	Tykymt	28 Septembre.
Athyr	Aydar	28 Octobre.
Chojat	Tyfbas	27 Novembre.
Fybi	Tyr	27 Décembre.
Meicheir	Jacatit	26 Janvier.
Phamenoth	Magabit	25 Février.
Pharmuth	Magazia	27 Mars.
Pachon	Giubat	26 Avril.
Auni	Sine	26 Mai.
Epiphi	Hamte	25 Juin.
Mefori	Nahafe	25 Juillet.

ANNÉE MACÉDONIENNE. *Année* lunaire constante, qui ne diffère de l'Athénienne ou de la Grecque qu'en ce que les mois ont des noms différens, & qu'ils ne se suivent pas dans le même ordre : savoir *Andynacus, Peritius, Dystrus, Xanthicus,* &c. (V. *Riccioli, Chronologia Reformata*, Liv. I. Ch. 20) ; Ceci ne doit s'entendre cependant que de l'ancienne *Année Macédonienne.* Car après que les Macédoniens se furent rendus maîtres de l'Asie, ils introduisirent chez eux l'*Année* solaire, & nommément la Julienne, conservant cependant les noms de leurs mois.

ANNÉE ROMULÉENNE. *Année* variable de 10 mois, qui ne s'accorde ni avec l'*Année* solaire ni avec la lunaire. *Romulus*, le Fondateur de Rome, avoit introduit cette *Année* par ignorance ; ce qui fit qu'elle fut d'abord changée par *Numa Pompilius* son successeur. Les noms des mois, leur ordre & leur grandeur se voïent dans la table suivante.

MOIS DE L'ANNE'E ROMULE'ENNE.

Mars	. . .	31	Sextile	. .	30
Avril	. . .	30	Septembre	.	30
Mai	. . .	31	Octobre	. .	31
Juin	. . .	30	Novembre	.	30
Quintile	. .	31	Décembre	.	30

(*V. Riccioli, Chronolog. Reformat.* Liv. I. Ch. 21. pag. 42 & *Petau, de Doctrina Temporum,* Liv. II. Ch. 74. pag. 124.)

ANNÉE PLANETAIRE. Période d'une planete autour du Soleil (ou autour d'une autre planete.) Selon *Kepler*, une *Année Saturnine* est de 29 *Années* solaires de 174 jours, 4 heures, 58', 25", 30''' ; l'*Année Joviale* de 11 ans, 317 jours, 14 heures, 49', 31", 56''' ; l'*Année Martiale* de 1 an, 321 jours, 23 heures, 31', 56", 49''' ; l'*Année de Venus* de 224 jours, 17 heures, 44', 55", 14''' ; l'*Année Mercuriale* de 87 jours, 23 heures, 14', 24". Ces *Années* ne sont d'aucun usage dans notre chronologie. Bon pour les habitans de ces planetes, qui doivent s'en servir comme de fondement de leur chronologie. Car puisque le Soleil leur semble parcourir le zodiaque dans le même tems dans lequel ils tournent autour de lui, il s'ensuit, que la grandeur de l'*Année* solaire astronomique dans Saturne, est égale à l'*Année Saturnine* ; dans Jupiter à la *Joviale* ; dans Mars à la *Martiale* ; dans Venus à l'*Année de Venus* ; dans Mercure à la *Mercuriale.* On peut donc encore se servir utilement de cette sorte d'*Année* pour connoître la chronologie des

Tome I.

habitans des planetes ; d'où l'on peut même conclure plusieurs autres particularités touchant leur état. Les Partisans de la pluralité des mondes ne s'en tiendront pas seulement à cette possibilité de conclusion. Ils se donneront sans doute la peine de la chercher, & on ne sauroit nier que cette recherche ne soit curieuse, si elle n'est que cela.

ANNÉE LUNAIRE. C'est le tems qu'emploïe la Lune pour accomplir 12 mois synodiques ou de 29 jours 44 minutes. Lorsque ces mois finissent avec l'*Année* solaire, on appelle l'*Année lunaire année commune.* En faut-il 13 ? elle est dite *Embolismique.*

L'*Année lunaire astronomique* contient ou 354 jours, 8 heures, 48 minutes, 48 secondes, 12 tierces, ou 383 jours, 21 heures, 32 minutes, 51 secondes, 23 tierces. L'*Année lunaire civile* au contraire a 354 ou 384 jours, quelquefois même 385. Dans tous les deux cas l'*Année lunaire astronomique* est une *Année commune* ; mais l'*Année* civile doit quelquefois être de 385 jours, pour être une *Année* constante.

ANNÉE PLATONIQUE, qu'on nomme encore la grande *Année.* C'est un tems dans lequel les étoiles fixes font le tour du Firmament par leur mouvement propre. *Ptolomée* & les Anciens en général fixent la longueur de cette *Année* à 36000 ans solaires ; mais ils ont fait ce compte un peu libéralement. Puisqu'on a démontré que les étoiles fixes avancent dans un an de 90", par conséquent dans 72 ans d'un dégré, & que toute la circonférence en comprend 360, il s'ensuit, que l'*Année Platonique* ne sauroit être plus grande que de 25920 ans solaires. Or après le décours de cette *Année*, les corps totals du monde se retrouvant tous dans la même situation, dans laquelle ils se sont trouvés auparavant, & leurs mutations dépendant de la condition du systême, quelques Philosophes ont trouvé vraisemblable, qu'au bout d'une telle *Année* les corps totals du monde rentreront dans le même état, où ils se sont trouvés du commencement de cette *Année.* Ainsi en fixant le commencement de cette *Année* à la création du monde, où selon le sentiment de *Descartes* & de quelques autres Philosophes, la terre a été toute enflammée, c'est-à-dire, qu'elle a été une étoile fixe ; ces mêmes Philosophes croïent très-probable, qu'à la fin de l'*Année Platonique* la terre s'enflammera de nouveau, & que ce sera de cette façon que le monde périra par le feu, comme J. C. l'a fait prêcher par ses Apôtres. Ce n'est pas ici le lieu d'examiner, si ce sentiment convient à l'Ecriture sainte ou non. Il suffit d'avoir indiqué cet ufage de l'*Année Plato-nique*, qui feroit affurément très-confidéra-ble, fi l'on pouvoit en établir la vérité par des preuves affez folides.

ANNE'E DE CONFUSION. C'eft parmi les Chro-nologiftes l'*Année* dans laquelle *Jules-Céfar* a corrigé le Calendrier Romain.

ANNELETS. Les Architectes nomment ainfi les *filets* ou *lifteaux* qui découvrent le chapi-teaux d'une colonne. On en voit trois ordi-nairement au chapiteau Dorique.

A N O

ANOMALIE. Diftance d'une planete à fon aphelie ou à fon perihelie. Il y a deux fortes d'*Anomalie*, l'*Anomalie vraie* & l'*Anomalie moïenne*. L'*Anomalie vraie* eft l'angle fous lequel une planette paroît diftante de fon aphelie. Soit (Planche XIII. Figure 219.) L A la ligne des apfides ; S le foleil ; l'aphelie en A ; la planete en P. Alors l'angle A S P fera *Anomalie* véritable. Pour l'*Anomalie moïen-ne*, foit (Planche XIII. Figure 220.) S A la ligne des apfides ; T la terre, S le foleil, par conféquent le chemin du foleil autour de la terre, R S E ; l'écliptique A P I L. Alors l'an-gle L T I, ou encore l'arc L I fera l'*Anomalie moïenne* du foleil.

D'abord pour comprendre ce que c'eft que l'*Anomalie moïenne*, il faut favoir auparavant que *Kepler*, qui a fait cette diftinction, a prouvé que les planetes décrivent par leur propre mouvement des ellipfes, dont le foleil occupe un des foïers, & qu'après avoir conçu cette ellipfe divifée en 360 fecteurs égaux, il a découvert que fon aire étoit pro-portionnelle au tems qu'employe une planete à le décrire, depuis le point de fon aphelie, jufques à ce qu'elle y revienne. Il eft à pro-pos encore d'être averti que *Newton* dans fes *Principes* a démontré cette vérité. Cela pofé, on conçoit fans peine, que comme l'aire totale de l'ellipfe eft l'expreffion de la réduction entiere, l'aire de chaque fecteur prife de fuite, fera celle d'une partie du tems de la révolution moïenne. C'eft cette révo-lution, ou pour mieux dire cette aire qui la repréfente, qu'on nomme avec *Kepler l'A-nomalie moïenne*, & l'angle que forment les deux côtés de ce fecteur, l'*Anomalie vérita-ble* ; parce que cet angle donne pour cha-que lieu moïen de la Planete le vrai lieu de cette Planete.

Un problème difficile à refoudre dans le tems de *Kepler*, c'eft-à-dire, dans le tems où le calcul étoit dans l'enfance, étoit celui de trouver l'angle formé par les deux côtés de ce fecteur. *Kepler* l'avoit propofé à tous les

Géométres fans fuccès. Lui-même avec beau-coup de travail, ne put en donner qu'une folution indirecte ; mais ce problème inac-ceffible aux anciens Géométres, n'a pû refifter aux nouveaux Calculateurs. Le P. *Reinau* particuliérement l'a réfolu directement.(*Voïez Aftronomie Nouvelle de Kepler touchant le mouvement de Mars*, Ch. 59. *Principia Ma-thematic. Philof. Natur. Liv. I. Analyfe Démontrée par le P. Reinau, Liv. VIII.*) La connoiffance de l'*Anomalie* eft abfolu-ment néceffaire, pour trouver précifément le tems & le lieu de fa conjonction avec le foleil. Autrement, il feroit impoffible de calculer les ellipfes, & de déterminer les momens de la nouvelle lune.

ANOMALIE DU SOLEIL, ou *argument du foleil*. C'eft l'arc compris entre fon apogée & fon moïen mouvement.

ANOMALIE DE L'ORBE. Angle de commutation. C'eft la différence entre le lieu véritable du foleil où il eft vû de la terre & le lieu de la planete réduit à l'écliptique. Par exemple, (Planche XIII. Figure 316.) Le foleil eft en S, la terre en T, le lieu véritable du fo-leil en E, la planete en P, fon lieu réduit à l'écliptique en R : alors l'angle R S E fera l'*Anomalie de l'orbe*, ou l'angle au foleil. On le trouve par conféquent par la fouftraction mutuelle du lieu véritable du foleil & du lieu héliocentrique de la planete. C'eft de cet angle que dépend l'inégalité dans le mouve-ment de la planete, qui eft produite par le mouvement de la terre autour du foleil. Quel-ques Aftronomes donnent à cet angle le nom fimple de *Commutation*.

ANOMALIE COMPLETTE DE L'ORBE. Arc de l'é-cliptique, compris entre le lieu véritable de l'apogée, & le lieu véritable de la lune.

A N S

ANSES DE PANIER. Terme d'Architecture. Nom qu'on donne aux arcs & aux voutes fur-baiffées, qui font tantôt rampantes tantôt biaifées.

A N T

ANTARCTIQUE. Pole *Antarctique*. Pole du monde oppofé au pole *Arctique*, & qu'on nomme auffi *Pole-Sud*. Cercle *Antarctique* petit cercle fuppofé, qui termine la zone glaciale & la zone temperée. Il eft dif-tant du pole *Antarctique* de 23° 30'. C'eft un des principaux cercles de la fphere paral-leles à l'équateur.

ANTARES. Le *cœur du fcorpion*. Etoile fixe de la premiere grandeur dans la conftellation du scorpion. Son ascension droite, sa latitude & sa longitude, sont marquées dans *la connoissance des tems.*

ANTECEDENCE, *en Antecedence (in Antecedentia.)* Expression des Astronomes, pour dire qu'une planete paroît se mouvoir contre l'ordre des signes, comme celle *d'en-conséquence* pour désigner son mouvement dans le sens opposé. M. *s'Gravezande* dans ses *Elémens de Physique* se sert souvent de ce terme. C'est ainsi qu'il dit, que l'axe de la terre fait ses révolutions en *Antecedence*; que les premiers points du bélier & de la balance parcourent en 25920 ans toute la ligne écliptique *en Antecedence*, & que la sphere des étoiles fixe paroît tourner autour de l'axe des poles de l'écliptique *en conséquence.*

ANTECEDENT. Premier terme d'une raison ou d'un rapport. Dans le rapport de A à B, de 2 à 4, A & 2, qui sont comparés l'un à B, l'autre à 4, sont des *Antécedens.*

ANTES. Pilastres angulaires. On les nomme aussi pilastres cormiers. Ces pilastres se placent dans tous les ordres dans les encognures.

ANTITHESE. Transposition des termes de l'un des deux membres d'une équation dans l'autre membre. Cette opération ne change point l'équation, & elle la dégage. Toute l'attention qu'on doit avoir lorsqu'on la fait, c'est de changer les signes; en sorte qu'un terme qui auroit le signe $+$ dans un membre soit transposé avec le signe $-$ dans l'autre. En effet, il est bien évident que pour que l'égalité subsiste entre deux membres, il faut retrancher du second ce que l'on a ôté du premier. Car $15 + 5 = 20$, n'est autre chose que $20 - 5$.

Il ne suffit pas de faire passer simplement le terme de l'équation d'un membre dans un autre. Si dans cette transposition on a plusieurs termes il est un ordre à observer. D'abord on transporte le premier terme. Le second suit. Vient ensuite le troisième : ainsi de suite jusques au dernier. Equation donnée : $xx + 2axx + yy - zz + yz = cc$: équation dégagée par l'*Antithese* $xx + 2axx = cc - yy + zz - vz.$

ANTILOGARITHME. Complement d'un logarithme, d'un sinus, d'une tangente, d'une secante, à 90°.

ANTINOE'. Constellation Septentrionale au-dessus de la voie de lait, que l'aigle tient presque par les cheveux avec ses griffes. Les globes célestes représentent dans cette constellation, tantôt 12, tantôt 16, tantôt 19 étoiles. (*Voiez* CONSTELLATION.) On la trouve décrite dans l'*Uranometrie de Bayer*, & dépeinte dans sa *Planche XVI.* de même

que dans le *Firmament. Sobiescianum de Hevelius*, *fig. R.* Cet Astronome a calculé la longitude & la latitude de 19 étoiles dans son *Prodrom. Astron.* page 271, au lieu que *Tycho de Brahe* (*Progymnam*, *Tom. I. page 268*,) n'avoit calculé que trois étoiles.

ANTIPODES. Terme de sphere. Nom des habitans des pays diamétralement opposés les uns aux autres. Ils ont la même longitude & la même latitude. Quand ceux-ci comptent midi, il est minuit chez ceux-là. *Platon* est le premier qui ait soupçonné des *Antipodes.* Ses Disciples qui embrasserent son sentiment ne furent pas bien reçus. *Lucrece* & *Plutarque* les refuterent. *S. Augustin* se moqua d'eux. Les moins clair-voïans ne prirent pas tant de peine : ils les traiterent d'impies. On les regarda même hérétiques parmi les Chrétiens. Selon *Aventin*, *S. Boniface*, Légat du Pape *Zacharie*, déclara tel l'Evêque *Virgile* : Quiconque soutiendra *qu'il y a un autre monde*, (dit ce Pape, dans une Lettre écrite à *Saint Boniface*,) *d'autres hommes sous la terre, un autre soleil & une autre lune, chassez-le de l'Eglise.* Il semble par cette Lettre, ou qu'on n'avoit pas compris la pensée de *Platon*, ou qu'on l'avoit brodée. Quoiqu'il en soit, on a été un tems considérable sans prêter l'oreille aux Astronomes & aux Géographes, qui affirmoient les *Antipodes.* On peut voir dans l'histoire de la Géographie de M. de la *Martiniere* les contradictions qu'ils ont essuïées, & sur-tout de la part des Interprétes de l'Ecriture Sainte, qui paroissoient favoriser cette erreur. Il falloit que des hommes y allassent, & qu'ils certifiassent qu'ils avoient vû & des *Antipodes* & les habitans de ces *Antipodes.* Ce n'est guéres que depuis qu'on sait que *François Drach*, Anglois, *Olivier*, Hollandois, & plusieurs François ont fait le tour du monde, qu'on admet les *Antipodes.*

ANTŒCIENS. Terme de sphere. Nom des Peuples qui habitent des zones opposées. Ils ont la même longitude & la même latitude, bien entendu qu'elle est méridionale chez les uns & septentrionale chez les autres. Les *Antœciens* ont midi & minuit à la même heure, mais leurs saisons sont opposées.

A P E

APELLÆUS. Nom que les Macédoniens donnoient au deuxième mois de l'année lunaire. Dans l'année solaire c'étoit le dernier mois.

A P H

APHELIE. Point dans l'orbite d'une planete

de son plus grand éloignement au soleil. Plusieurs Astronomes pensent que les *Aphelies* des planetes sont mobiles , & que leur mouvement d'Occident en Orient, quoique très-lent , devient sensible après un grand nombre d'observations. Comme ces observations ne peuvent être assez fréquentes , pour faire connoître ce mouvement , on ignore encore celui qu'a l'*Aphelie* de chaque planete. *Newton*, fondé sur l'attraction réciproque des planetes, a calculé dans son grand Ouvrage des Principes , le progrès de leur mouvement suivant l'ordre des signes; & il y établit la proportion de ce mouvement en raison sespliquée des distances des planetes au soleil. Ainsi l'*Aphelie* de Mars en 100 années est de 33', 20". (d'où il suit, qu'il doit faire sa révolution en 648 siécles, ou 64800 années;) celui de Venus de 10', 53"; celui de Mercure de 4', 16", &c. M. *Bernoulli* pense , que c'est gratuitement que M. *Newton* admet cette raison sespliquée dans le mouvement des *Aphelies* des planetes. Il a recours aux tourbillons de *Descartes* , & les rend ingénieusement garans de ce mouvement, qu'il compare à celui d'un pendule. *Ber.Op.T. III.*

Si l'on en croit *Kepler*, l'*Aphelie* de Saturne étoit au commencement de ce siécle à 28°, 31', 44" du Sagittaire ; celle de Jupiter à 8°, 10', 40" de la Balance ; celle de Mars à 51', 29" de la Vierge ; celle de Venus à 3°, 24', 27" du Verseau , & celle de Mercure à 15°, 44', 29" du Sagittaire.

M. de la *Hire*, dans ses Tables Astronomiques, veut, que les *Aphelies* des planetes soient dans cet ordre : Saturne à 29°, 14', 41" du Sagittaire ; Jupiter à 10°, 17', 14" de la Balance ; Mars à 0°, 35', 25" de la Vierge ; Venus à 6°, 56', 10" du Verseau ; Mercure à 13°, 3', 14" du Sagittaire. *Kepler* & de la *Hire*, pensent aussi différenment sur le mouvement de l'*Aphelie* des planetes. Les Tables suivantes mettront sous les yeux du Lecteur cette différence.

TABLE *du mouvement de l'*Aphelie *des Planetes selon* Kepler.

♄ . . 1'. 11".
♃ . . 1'. 47".
♂ . . 0, 7".
♀ . . 1'. 18".
☿ . . 1'. 18".

TABLE *du mouvement de l'*Aphelie *des Planetes selon M. de la* Hire.

♄ . . 1'. 22".
♃ . . 1'. 34".
♂ . . 1'. 7".
♀ . . 1'. 26".
☿ . . 1'. 39".

M. *Halley*, dans les *Transactions Philosophiques* N° 128 , a donné une méthode géométrique pour trouver les *Aphelies* des planettes. *Riccioli* & *Gregori* en avoient déja fourni des particulieres. Mais M. *Wolf* surtout , dans ses Elémens d'Astronomie , a enseigné comment on pouvoit trouver l'*Aphelie*, tant des planetes supérieures , que des inférieures , & le mouvement de ces *Aphelies*. *Christ. Wolffii Elementa Matheseos, Tom. IV.*

A P O

APOCEMETRIE. L'art de mesurer la distance des objets éloignés. *Voïez* LONGIMETRIE & TRIGONOMETRIE.

APOGE'E. Point de l'orbite d'une planete le plus éloigné de la terre. *Ligne de l'Apogée.* C'est une ligne tirée du centre du monde par le point de l'*Apogée* qui se termine au zodiaque. La lune , lors de son *Apogée* , est éloignée de nous de 65 diamétres ⅔ de la terre.

L'*Apogée* du soleil est l'aphelie de la terre. Ainsi l'aphelie de la terre, que M. de la *Hire* trouva en l'an 1700 à 8°, 7', 3" en ♋, étoit en même-tems l'*Apogée* du soleil. L'*Apogée* de la lune étoit du même tems, selon cet Auteur, à 60, 53', 40". (*Voïez Riccioli Almag. Nov. Liv. III. Ch.* 24 pag. 152 , & *Thom. Street Astron. Carolina*, pag. 7.)

Dans l'ancienne Astronomie, où l'on croïoit que toutes les planetes tournoient autour de la terre, le nom d'*Apogée* étoit donné au point où le centre de l'épicycle étoit le plus éloigné de la terre.

APOPHYGE. Terme d'Architecture civile. Nom qu'on donne à l'endroit où une colonne semble fuir ou s'échapper, c'est-à-dire , qu'elle commence à monter. Cette partie a la forme d'un adoucissement en façon de cercle. L'origine de l'*Apophyge* est due à l'origine des colonnes. Comme on entouroit autrefois les extrémités des piliers de bois ou des premieres colonnes de cercles, pour les empêcher de se fendre, on en a tiré l'*Apophyge*, qui est devenu un ornement.

APORE. Problème très - difficile à resoudre,

mais dont la folution n'eſt pas impoſſible. Avant *Archimede*, la quadrature de la parabole étoit un *Apore*. Aujourd'hui celle du cercle, la duplication du cube, la trifection de l'Angle, &c. ſont autant d'*Apores*.

APOTÉME. Ligne abaiſſée du centre d'un poligone perpendiculairement ſur un de ſes côtés.

APOTOME. Les Géometres nomment ainſi la différence des nombres incommenſurables, qu'on a ajoûtés. Que de la ligne A C , $\underset{+}{\overset{B}{A}}$ C on retranche la ligne A B , enforte que A B & A C ſoient commenſurables , le reſte B C qu'*Euclide* L. 1. demontre être incommenſurable, eſt nommé *Apotome*. En un mot, un *Apotome* eſt un binome en nombre , qui a un monotome affecté du ſigne ——.

Voilà une notion générale des *Apotomes*. Donnons en une particuliere, & diſtinguons-les comme les ont diſtingués les anciens Géométres.

APOTOME PREMIER. *Apotome* dont le plus grand nombre eſt rationel , & la différence des quarrés des deux nombres eſt un nombre quarré , comme 3——$\sqrt{}$ 5, où la différence des quarrés 9 & 5 eſt le nombre quarré 4. Telle eſt encore 6——$\sqrt{}$ 20 , car la différence des quarrés 36 & 20 eſt le nombre quarré 16.

APOTOME SECOND. C'eſt l'*Apotome*, où le plus petit nombre eſt un nombre rationel, & où la racine quarrée de la différence des quarrés des deux nombres a une raiſon en nombre au plus grand. Tel eſt $\sqrt{}$ 18 —— 4; car la différence des quarrés 18 & 16 eſt 2; & $\sqrt{}$ 2 eſt à $\sqrt{}$ 18 comme 1 à 3 , parce que $\sqrt{}$ 18 eſt —— 3 $\sqrt{}$ 2. Tel eſt encore $\sqrt{}$ 48—— 6 ; car la différence des quarrés 48 & 36 eſt 12 ; & $\sqrt{}$ 12 eſt à $\sqrt{}$ 48 comme 1 à 2 ; car $\sqrt{}$ 12 = 2 $\sqrt{}$ 3 & $\sqrt{}$ 48 = 4 $\sqrt{}$ 3 , ou encore $\sqrt{}$ 48 = 2 $\sqrt{}$ 12.

APOTOME TROISIE'ME. Lorſque les nombres ſouſtraits l'un de l'autre ſont tous deux irrationels , & que la racine quarrée de la différence de leurs quarrés à une raiſon en nombre au plus grand nombre , l'*Apotome* eſt un *Apotome* troiſiéme. Tel eſt $\sqrt{}$ 24 —— $\sqrt{}$ 18 ; car la différence de leurs quarrés 24 & 18 eſt 6 , dont la racine quarrée $\sqrt{}$ 6 eſt à racine 24, comme 1 à 2 , $\sqrt{}$ 24 étant = 2 $\sqrt{}$ 6.

APOTOME QUATRIE'ME. *Apotome* où le plus grand nombre eſt rationel , & où la racine quarrée de la différence des quarrés des deux nombres n'a point de raiſon en nombre à ce même nombre. Ainſi 4 — $\sqrt{}$ 3 , eſt un *Apotome* quatriéme ; car la différence des quarrés 16 & 3 eſt 13 , & la racine quarrée de 13 n'a point de raiſon en nombre à 4.

APOTOME CINQUIE'ME. C'eſt celui où le plus petit nombre eſt rationel , & que la racine quarrée de la différence des quarrés des deux nombres , n'a point de raiſon en nombre au plus grand nombre. Tel eſt $\sqrt{}$ 6——2 ; car la différence des quarrés 6 & 4 eſt 2 , & $\sqrt{}$ 2 n'a à $\sqrt{}$ 6 aucune raiſon en nombre.

APOTOME SIXIE'ME. *Apotome* où les nombres ſont tous deux irrationels , & où la racine quarrée de la différence de leurs quarrés n'a point de raiſon en nombre au plus grand nombre. $\sqrt{}$ 6——$\sqrt{}$ 2 eſt donc un *Apotome* ſixiéme , la différence de quarré 6 & 2 étant 4 , dont la racine 2 n'a à $\sqrt{}$ 6 aucune raiſon en nombre.

Le P. *Ramus* croit fort inutile tout ce qu'*Euclide* a propoſé dans ſon *Elément X.* ſur les lignes irrationelles , & il dit que ce n'eſt qu'abuſer du tems & de l'eſprit, que de les emploïer. (Voïez *Schot. Mathémat. Liv. XXIV*, pag. 252 & 268.) Mais *Kepler* fait voir dans ſa Préface au premier Livre de ſon *Harmonices Mundi* , que c'eſt de cette doctrine que dépend le fondement d'une connoiſſance exacte de l'univers. Car , comme *Euclide* ſe ſert de la connoiſſance des lignes irrationelles , pour démontrer les propriétés des cinq corps reguliers, de même *Kepler* tâche (Voïez *Myſter. Coſmograph.*) de démontrer par ceux-ci le fondement du nombre des planetes , & de la grandeur du ſyſtême. Il s'en ſert encore (*Harmon. Mundi*,) pour développer les raiſons de la Proportion harmonique. Et dans ſon *Arith. integra. Liv. II. Chap.* 13, *page* 143 & ſuiv. il explique tout le dixiéme Livre d'*Euclide* , & la doctrine des *Apotomes* avec beaucoup de clarté. Il traite particuliérement de celle-ci dans le *Chap. XIII. page* 187 & ſuiv. (Voïez auſſi le *Chap. V. page* 111 & ſuiv.) On appelle encore les *Apotomes, Reſidus*, & quelquefois *Reſidus Binominales*.

APOTOME. Terme de muſique. C'eſt la partie d'un nombre , qui reſte d'un nombre entier après en avoir ôté le demi-ton majeur.

A P P

APPARENCE. Terme de perſpective. Repréſentation du point de quelqu'objet. C'eſt par ce point que paſſe une ligne droite , menée de l'objet propoſé à l'œil. Lorſque cette ligne ne ſouffre ni refraction , ni réflexion , & qu'elle eſt véritablement droite , l'*Apparence* eſt dite *ſimple ou directe*.

APPARENCE. On ſe ſert quelquefois de ce mot en Aſtronomie pour exprimer tout ce qu'on a découvert par les obſervations aſtronomiques tant anciennes que modernes. Les découvertes de ce genre ſont plus communément connues ſous le nom de *Phénomene*. (*Voïez* PHENOMENE.)

APPARENT. En perspective c'est la maniere dont on voit un objet. L'angle sous lequel on le voit en est la *grandeur Apparente*. Il est assez difficile de déterminer cette *grandeur Apparente*. Quand on voit un objet de près, les angles, sous lequel on le voit, sont dans une moindre raison, que la raison réciproque des distances si l'objet est éloigné ; c'est-à-dire, si les angles, sous lesquels l'objet est vû sont environ d'un dégré, alors la *grandeur Apparente* est presque dans la raison réciproque des distances.

APPARENT. On sous entend LIEU. C'est un lieu où un objet est vû quoiqu'il n'y soit pas. Cela arrive en regardant l'objet au travers d'un ou plusieurs verres, & en général à travers des corps refractans. En effet, les raïons par lesquels l'objet frappe nos yeux, étant rompus & refractés par la nature de la réfraction, il est bien évident, que l'objet doit paroître dans un lieu différent de celui où il est. C'est ainsi que nous voïons par la réfraction de l'athmosphore, le soleil sur l'horison quoiqu'il n'y soit pas encore.

LIEU APPARENT d'une planete. Point sous lequel une planete paroît. Ce point se détermine par une ligne tirée du centre de l'œil, placé sur la surface de la terre, par le centre de la planete. Il differe du *lieu vrai* ou *réel* en ce qu'en celui-ci la ligne, qui le marque, est menée du centre de la terre à celui de la planete. Par-là le *lieu vrai* est fixe tandis que le *lieu Apparent* est variable.

APPLIQUE'E. *Voïez* ORDONNE'E.

APPLIQUER. Transporter une ligne dans une figure quelconque, de façon que ses extrémités ne sortent point du perimetre de la figure. *Euclide* fait assez souvent usage de ce mot ; particuliérement dans son sixiéme Livre, lorsqu'il dit entre autres de faire ou d'*appliquer* sur une ligne donnée un parallelograme.

APPROCHES. C'est en terme de fortification tous les travaux que fait l'assiégeant pour se rendre maître d'une place, tels que la tranchée, les places d'armes, les galeries, &c. (*Voïez* TRANCHE'E, PLACE D'ARME, GALERIE.) Les *Approches* en général se font en creusant la terre, en l'élévant vers les endroits d'où les assiégés tirent, La maniere de conduire les approches est expliquée par les Auteurs qui ont écrit sur l'Art militaire, comme dans l'*Architecture Militaire de Treytags*, dans la *Peribologie de Dillich*, dans l'*Architecture Militaire de Dogen*, dans les *Mémoires sur l'attaque & sur la défense d'une place de Goulon*, &c.

Il faut, sans restriction cependant, que les *Approches* aïent la largeur de 10 à 12 pieds,

afin que non-seulement quelques hommes y puissent marcher côte à côte ; mais encore qu'on puisse y passer des canons de camp. Il est aussi nécessaire qu'elles soient assez profondes, pour que les soldats n'y soient pas vus de la place. On les distingue en *moitié profondes* & *toutes profondes*. Les premieres qui sont les plus fréquentes, sont creusées dans un bon terrein sabloneux 3 ou 4 pieds dans l'horison. On fait leur parapet en élévant la terre à 3 ou 4 pieds sur l'horison vers la place. L'épaisseur du parapet se forme suivant que la terre étant jettée s'écroule naturellement. Les *Approches toutes profondes* ont 6 pieds de profondeur dans la terre, pourvû qu'il n'y ait point d'eau qui y nuise. La terre se jette indifféremment des deux côtés ; & on la laisse tomber dans son sens naturel, parce que l'horison même forme en ce cas un parapet naturel. C'est de cette derniere espece d'*Approches* qu'on commence ordinairement à mettre en usage, à mesure qu'on s'approche de la place, pour se couvrir mieux contre le feu des assiégés. Dans des terreins marécageux & aqueux, ou encore dans des pierreux & dans les rochers où l'on ne peut construire des *Approches*, on les construits avec des gabions, des sacs-à-terre, des blindes, &c. On appelle ces *Approches* des *Approches horisontales*, & sur des terrains marécageux des *Approches élevées* ; celles où l'on se sert de toutes sortes de blindes, comme des grands coffres remplis de sable & de terre, sont nommées *Approches roulantes*.

LIGNES D'APPROCHES, nommées aussi *Ligne d'Attaques*. C'est la tranchée. *Voïez* TRANCHE'E.

CONTRE-APPROCHES. Travaux, manœuvres, & généralement quelconque tout ce que l'assiégé oppose à l'assiégeant, pour le tenir loin de la place.

LIGNE DE CONTRE-APPROCHES. Sorte de tranchée pratiquée par les assiégés depuis le chemin couvert, & poussée de façon qu'on puisse enfiler par cette ligne les travaux des ennemis. On fait son ouverture dans l'angle que forme la demi-lune non attaquée, & le bastion attaqué à côté de l'ouverture de cette ligne. On y place des pieces de canon pour empêcher les assiégeans de s'y loger. Et comme malgré le feu des batteries, ceux-ci pourroient les chasser ; ceux-là ont soin d'enfiler tellement cette ligne vers le chemin couvert, que ceux-ci n'en sauroient tirer avantage.

APPROXIMATION. Terme d'algébre. L'action d'approcher toujours de plus en plus d'une racine sourde, sans s'attendre de l'avoir jamais. On a donné plusieurs méthodes d'*Approximation* ; mais toutes ces méthodes se réduisent à une suite infinie convergente, c'est-à-dire, qui s'approche toujours plus de la quantité cherchée conformément à la nature des suites. Voici une formule générale pour extraire toutes les racines quelconques ; ou, ce qui revient au même, pour élever un binome ou un trinome ; en un mot, un polinome à une puissance indéterminée. Car extraire la racine d'une puissance m, c'est élever une quantité donnée à une puissance $\frac{1}{m}$. Pour avoir la racine cubique de $a^3 + 3aab + 3abb + b^3$, il suffit d'élever une quantité à la puissance $\frac{1}{3}$, pour $a^2 + 2ab + b^2$ à la puissance $\frac{1}{2}$, &c.

Soit donc $p + x$ le binome qu'on veut élever à la puissance m. Cette quantité $\overline{p + x}^m$ sera $= p^m + m\ p^{m-1}x, + m + \times \frac{m-1}{2}$ $p^{m-2}x^2, + m \times \frac{m-1}{2} \times \frac{m-2}{3} p^{m-3}x^3 + m$ $\times \frac{m-1}{2} \times \frac{m-2}{3} \times \frac{m-3}{4} p^{m-4}x^4 +, $ &c. Où l'on voit 1°. Que la premiere quantité p a m pour exposant dans le premier terme $m-1$; dans le second $m-2$; dans le troisiéme $m-3$; dans le quatriéme $m-4$; dans le cinquiéme, &c. 2°. Que la deuxiéme quantité x est à la premiere puissance dans le second terme, à la deuxiéme dans le troisiéme, à la troisiéme dans le quatriéme, &c. 3°. Que le coefficient du premier terme est 1 ; celui du second m ; celui du troisiéme $m \times \frac{m-1}{2}$; celui du quatriéme $m \times \frac{m-1}{2} \times \frac{m-2}{3}$; celui du cinquiéme $m \times \frac{m-1}{2} \times \frac{m-2}{3} \times \frac{m-3}{4}$. &c.

Cette formule sert pour extraire toutes les racines en général. Si l'on souhaite, par exemple la racine cubique de $a^3 - 3aab + 3abb - b^3$; on supposera $a^3 = p$, $3aab + 3abb - b^3 = x$ & $m = \frac{1}{3}$. Substituant les valeurs dans la formule générale, on aura $a^2 + \frac{1}{3} a^{-2} \times - 3aab + 3abb - b^3 = a - b$, racine cherchée. Dans cette racine l'on ne trouve que deux termes ; parce que l'exposant de p au second terme ($3aab$) $= o$, & que les termes où a & b se trouvent, doivent être rejettés. Quand il ne s'agit que des quarrés parfaits, on n'a besoin dans cette formule que des deux termes $p^m + m\ pm^{-1}x$: mais dans les racines sourdes ou irrationelles, on fait usage des autres ; & on peut par leur moïen continuer l'extraction à l'infini. C'est-là ce qu'on appelle *Approximation*. On connoît qu'une racine est irrationnelle, lorsque m exposant de p, ne se trouve dans aucun terme $= p^n$.

2. *Viéte*, est le premier qui a trouvé la racine d'une équation par *Approximation*, c'est-à-dire, la racine qui découvre la valeur de la quantité inconnue aussi proche que l'on veut. Sa méthode est décrite dans son Traité *De numerosa potestatum*, qu'on trouve parmi ses Oeuures de Mathématiques, page 165. M. *Ozanam* a rendu cette méthode claire par quelques exemples dans ses *Nouveaux Elémens d'Algébre*, Liv. II. chap. 8. *Vallis, Raphson, Ward, Halley, Bernoulli* & *Wolf*, ont donné différentes méthodes d'*Approximation*, parmi lesquelles se distingue surtout celle de M. *Newton*, qu'il a publiée dans son *Analisis per quantitatum series*, page 8., & que *Wallis* rapporte encore au 94 *Chapitre* de son *Algébre vol. II. Oper. Mathem.* p. 381. & *Guinée* dans son *Application de l'Algébre à la Géométrie*. On estime encore l'*Analisis Equationum universalis* de *Joseph Raphson*, & principalement la méthode de M. *Halley*, qu'on trouve dans les Transactions Philosophiques n°. 210, page 136. *Voïez* aussi *Miscellanea Curiosa*, *Vol. II. Lond.* 1700. *Philosoph. Transact. Vol. I.* & l'*Analys. finit.* de *Veise*.

Dans l'extraction des racines en nombre, on a recours aux fractions décimales, avec lesquelles on approche tant qu'on veut de la racine cherchée. *V.* FRACTION DÉCIMALE.

A P S

APSIDES. Points qui déterminent dans l'orbite d'une planete son aphelie & son perihelie. La *ligne des Apsides* est une ligne tirée de l'aphelie au perihelie. M. *Bernoulli* a fait voir que les *Apsides*, ou autrement, que le grand axe des orbites miptiques des planetes change de position par rapport aux étoiles fixes. M. *Newton* l'avoit déja pensé. *Voïez* APHELIE.

A P U

APUI. On appelle ainsi dans la statique un point fixe & inébranlable, capable de résister aux plus grands efforts. Ce point a lieu dans le treuil & dans le lévier, où il est appellé quelquefois *hypomoclion*. Suivant que le point d'*Apui* ou l'*hypomoclion* est placé, eu égard à la puissance, on distingue le lévier. *Voïez* LEVIER.

Lorsque les directions des puissances appliquées à un levier sont paralleles, & partagées par le point d'*Apui*, ce point est chargé du plus grand poids possible. Au contraire, la direction étant toujours parallele, si l'*Apui* est à une de ses extrémites, sa charge sera la moindre qu'il est possible. La charge de l'*Apui* dans le treuil n'eſt pas facile à dé-terminer. C'eſt une queſtion délicate, que la connoiſſance de la valeur préciſe de ſa charge. Les Mécaniciens ſont ici partagés. M. *Varignon*, qui auroit été peut-être le plus capable de la décider, ſuppoſe, que les directions donne de la puiſſance & du poids que ſoutient l'*Apui*, ſont dans le même plan. Mais il eſt des Mathématiciens qui n'admet-tent cette proportion que dans le ſeul cas où les directions ſont paralleles. (*V.* la *Nouvel-le Mécanique*, *Tom. I.* par M. *Varignon. Principes ſur le mouvement & l'Equilibre*, par M. *Trabaud.* (*Voïez* encore pour la charge de l'*Apui* FROTTEMENT).

A Q U

AQUEDUC. Ouvrage d'Architecture hydrau-lique. C'eſt un canal pour conduire les eaux, d'un lieu à un autre nonobſtant l'inégalité du terrain. De tous les *Aqueducs*, qui ont été conſtruits, ceux dont *Jules Frontin* avoit la direction ſont ſans contredit les plus conſi-dérables. Ils étoient au nombre de neuf. Treize mille cinq cens quatorze tuïaux, d'un pouce de diametre, diſtribuoient en 24 heu-res plus de 500000 muids d'eau dans la Ville de Rome.

2.   On connoît la quantité d'eau que fournit un *Aqueduc* en meſurant la viteſſe de l'eau, la largeur de l'*Aqueduc* & l'eſpace que l'eau y occupe en hauteur. Le produit de ces trois choſes donne le ſolide d'eau, ou autrement les pieds cubes d'eau qui paſſent par l'*Aque-duc* dans une minute, ou dans tout autre tems, ſi tout autre tems a ſervi à limiter la viteſſe de l'eau. Le tout ſe réduit en pintes en multipliant le tout par 35 ; parce que 35 eſt le nombre des pintes d'eau que contient un pied cube. Il n'y a dans cette opération rien qui ne ſoit bien aiſé à faire, ſi ce n'eſt cette viteſſe ſouhaitée, qu'il paroît difficile de connoître.

     M. *Mariotte* la déterminoit cette viteſſe à peu près de la même façon, qu'il venoit à bout de déterminer celle du vent. Une plu-me legere (*Voïez* ANEMOMETRE) faiſoit les frais pour celle-ci, comme une petite boule de cire les faiſoit pour celle-là. Après avoir chargé ou leſté, pour ainſi dire cette boule, afin qu'elle enfonçât dans l'eau, & qu'elle ne préſentât pas, y étant plongée, une trop grande ſurface au vent, il meſuroit une longueur de 15 ou 20 pieds, & tenoit exac-tement compte du tems que la boule em-ploïoit à parcourir cette longueur. M. *Ma-riotte* jugeoit par le tems de la viteſſe de l'eau. Mais un jugement fondé ſur un pareil moïen

devoit-il bien être exact & conforme à la vé-rité ? Je ne ſache point de meilleur moïen que celui qu'a imaginé M. *Pitot*, qui, outre qu'il eſt infiniment plus certain, a encore un avantage ineſtimable. La boule de M. *Ma-riotte* ne donnoit, en ſuppoſant qu'il la don-nât, que la viteſſe de l'eau ſur la ſuperficie. Et cette viteſſe n'étoit pas celle de toute l'eau écoulée par l'*Aqueduc*. L'on ſait que la viteſſe d'un courant eſt plus rapide au-deſſus qu'au fond. Par la machine de M. *Pitot* on a & la viteſſe de la ſuperficie & celle du fond, & enfin celle qui convient ici : je veux dire la moïenne. *Voïez* SILLAGE.

     Au reſte, la méthode que je viens d'expo-ſer eſt la même que celle dont M. *Mariotte* fit uſage, pour calculer la quantité de pintes d'eau qui paſſent en une minute ſous le pont rouge de la Seine à Paris, & pour laquelle il trouva 200000 pieds cubes d'eau. Cette quantité étant multipliée par 35, vaut 7000000 pintes d'eau que fournit la riviere de Seine en cet endroit. Ceux qui voudront réduire le tout en pouces, pourront ſe ſatisfaire en diviſant ce produit par 14 ; nombre des pin-tes, que donne un pouce d'eau. Je dois aver-tir que M. *Mariotte* a eu égard dans ce calcul à la viteſſe moïenne de l'eau, dont j'ai déja parlé, & qu'il n'a été fait que lorſque l'eau n'eſt dans la Seine ni trop haute ni trop baſſe. (*Oeuvres* de M. *Mariotte*, *Traité du mouve-ment des Eaux*).

AQUILON. *Vitruve* nomme ainſi le vent qui eſt diſtant du Nord à l'Eſt de 45 dégrés : c'eſt le *Nord-Eſt*, *Seneque* donne ce nom au vent qui eſt éloigné de 23°, 39' du même en-droit. C'eſt preſque le *Nord Nord-Eſt*. (*Voïez Riccioli Geograph. reform. L. X.* & *Varenii Geograph. Ch.* 20).

A R Æ

ARÆOSTYLES, ARÆOSTYLON. Noms qu'on donnoit dans l'ancienne Architecture à un bâtiment, dont les colonnes étoient éloignées de 10 modules les unes des autres. *Vitruve*, (*Liv. III. Ch.* 2,) partage les bâtimens ſelon la diſtance des colonnes en cinq eſpeces, dont celle-ci eſt la moindre qu'on appelle pour cela *Aræoſtyle*. *Blondel* remarque dans ſon *Cours d'Architecture*, *Part. III, Ch.* 2, que cette diſtance de colonnes ne ſauroit être miſe en uſage que dans des bâtimens de bois; puiſqu'en voulant couper un archi-trave de pierre ou de marbre qui y convint, il ſe fendroit trop aiſément. *Vitruve* ne compte que 4 modules, pour l'*Aræoſtyle* ; mais qui ſont 10 modules ſelon la maniere de compter d'aujourd'hui, attendu qu'il
prend

prend l'entre-colonne du bas de la colonne, & qu'il met pour module le diametre entier de la colonne ; au lieu que les Architectes modernes ne prennent pour module que le demi-diametre de la colonne, & qu'ils comprent l'entre-colonne depuis les axes des colonnes.

A R A

ARAIGNE'E. C'est ainsi qu'on appelle un disque, où sont dessinés les principaux cercles du globe, de même que les principales étoiles, selon leurs longitudes & latitudes. Ce disque est mobile sur le centre d'un astrolabe, & il sert pour démontrer dans l'Astronomie la nature du mouvement premier. *Eudoxe de Samos* a inventé cet instrument que les Arabes appelloient *Athacanbat :* mais il n'en reste que le nom. *Vitruve* (Liv. IX. Ch. 9,) fait mention d'une sorte d'*Araignée* inventée, dit-il par *Eudoxe* l'Astronome. M. *Perrault*, dans ses remarques sur cet Auteur, le décrit sous le titre d'horloge anaphorique. *Voïez* HORLOGE ANAPHORIQUE.

A R B

ARBALETRE ou ARBALETRILLE. Instrument dont se servent les Marins pour observer les astres. Il est composé de deux pieces principales, la fleche A B, (Pl. XIX. Fig. 221,) & le marteau C D. La *Fleche* est un bâton quarré communément d'ébene, bien poli & également épais. Sa longueur est de trois pieds & son épaisseur de six lignes, divisée dans toutes ses faces en dégrés & en minutes. Ces divisions sont différentes en grandeur ; parce qu'elles sont destinées à différens usages. Le *Marteau* est un autre bâton qui a la même forme que la fleche. Ce bâton est plus court qu'elle, & est percé en quarré dans son milieu. Au moïen de ce trou on ajuste le marteau à l'extrémité de la fléche perpendiculairement sur la face des plus grandes divisions. Comme ce marteau est assez long il sert à prendre les grandes hauteurs. Pour les moindres on a des marteaux de relais, qui conviennent aux petites divisions des autres faces. Tout le monde peut faire aisément des *Arbalêtres*, pourvû que tout le monde sache diviser la fléche. Cette division est difficile. Je donnerois ici volontiers la maniere de la faire si je croïois que cet instrument fût de quelque utilité, malgré les bornes que doit prescrire le plan de ce Dictionnaire. Les Marins le disent : son usage sur mer, qui est le seul endroit où il puisse être recommandable, ne peut qu'induire en erreur les plus fins Observateurs. La

façon de s'en servir le fait assez connoître, quoiqu'il y ait à choisir, & qu'on puisse prendre hauteur par devant & par derriere.

On prend hauteur *par-devant* avec l'*Arbalêtre* en regardant l'horison par une extrémité du grand marteau, en aïant préalablement passé un petit E F dans la fleche. On approche on l'on recule ensuite ce petit marteau jusques à ce qu'on découvre l'astre, dont les raïons passent par l'extrémité du grand marteau. Les dégrés de la hauteur de l'astre se trouvent alors marqués sur la face ; dégrés qui vont en augmentant vers le *bout de l'œil.* Cette observation est très-difficile. Elle demande de la part de celui qui la fait, une double attention de regarder tout à la fois & l'astre & l'horison. L'observation *par derriere* est beaucoup plus commode & moins défectueuse. On tourne le dos à l'astre ; on regarde par l'extrémité du grand marteau qu'on a garnie d'une pinnule, & on avance ou on recule le petit, tant qu'on n'apperçoit pas l'ombre de l'extrémité élevée du grand. Cette ombre détermine le point où le petit marteau doit être arrêté. Par-là il marque sur la fleche les dégrés d'élévation de l'astre comme ci-devant.

2. L'*Arbalêtre* a été nommé autrefois *Bâton de Jacob* par les Caldéens, & *Raïon astronomique* par les Astronomes. Car les Astronomes s'en sont servis. Le P. *Fournier* rapporte à cette occasion une histoire qui mérite d'être connue.

Un Savant de ses amis, voulant prendre pendant la nuit la hauteur de quelque astre avec l'*Arbalêtre*, fut observé par un Païsan à qui cet instrument & la façon de le tenir parurent également extraordinaires. Comme l'Observateur sembloit viser à l'étoile, ainsi que l'on vise à quelqu'endroit pour y tirer un coup de fusil, & qu'avec cela il remuoit le petit marteau le long de la fleche, ce pauvre homme ne douta plus que ce ne fût un fol, qui prétendoit atteindre à quelqu'astre par son instrument, & qu'il n'avoit d'autre dessein en le couchant en joue. Cette idée lui parut si plaisante, qu'il voulut en faire part à ses camarades, avec lesquels il croïoit mieux se réjouir. Il les appella ; mais quel fut leur étonnement ! Dans le tems qu'ils étoient occupés à regarder tantôt l'astre, tantôt l'Astronome, qui ne perdoit pas de son côté son opération de vûe, une exhalaison s'enflamma à peu près dans le point où il observoit, & forma ce qu'on appelle une étoile tombante, *Stellam cadentem.* (*Voïez* ETOILE TOMBANTE.)

Ce météore, inconnu à ces bons gens, fut pris par eux pour l'astre auquel l'Astronomie en vouloit , & cette chûte pour un effet de l'*Arbalête*. Au fond à quoi l'attribuer ? Auſſi coururent-ils à l'endroit , où ils jugerent que l'étoile devoit être tombée. Leurs comiques & inutiles recherches , ne les déſabuſe-rent point. Ils regarderent la choſe comme ſûre , l'*Arbalête* comme une machine mira-culeuſe , & l'Aſtronome comme un homme divin , qui préſidoit aux cieux. (*Hydrographie du P. Fournier, L. I.*) Ceux qui ont écrit ex-preſſément ſur l'*Arbalête* ſont *Gemma-Fri-ſius*, *Metius*, *André Garcia* , les PP. *Four-nier* & *Déchalles*. On en trouve auſſi la deſ-cription & la maniere de la graduer , dans preſque tous les Traités du Pilotage.

Demi-Arbalestre. C'eſt une *Arbalête* qui n'a qu'un demi-marteau , & dont les dégrés de la fleche ſont doubles de ceux des fleches ordinaires.

Arbalestre a glace. *Arbalête* dans les mar-teaux de laquelle on a placé une glace qui renvoie le raïons de l'aſtre à l'œil. *Aubin* dans ſon *Dictionnaire de Marine* en a donné la figure. Cette *Arbalêtr:* n'eſt ni plus ſûre ni plus commode que les autres. Pour les in-ſtrumens à glace de cette nature *Voïez* QUARTIER ANGLOIS.

ARC

'ARC. Portion quelconque d'une ligne courbe en général ; mais plus communément de la circonférence d'un cercle. *Arcs égaux* , *Arcs du même cercle*, qui contiennent le même nombre de dégrés. *Arcs ſemblables* , *Arcs de différens cercles* , meſurés cependant par autant de dégrés. (On a renvoïé mal à propos à cet article pour la triſection de l'angle.)

'Arc diurne. Terme de ſphere. C'eſt la partie de la circonférence de tout cercle au-deſſus de l'horiſon & parallele à l'équateur. On ap-pelle auſſi *Arc diurne* l'*Arc* qui meſure la durée du tems qu'emploïent les aſtres de-puis leur lever juſques à leur coucher. L'*Arc ſemi-diurne* détermine le tems néceſſaire à un aſtre , pour parvenir de l'horiſon au mé-ridien , & pour deſcendre du méridien à l'Occident.

Arc nocturne. Partie d'un cercle parallele à l'équateur au-deſſous de l'horiſon. *Arc ſemi-nocturne:* c'en eſt la moitié.

Arc d'elevation du pole. *Arc* qui renferme les dégrés compris depuis le pole juſques à l'horiſon.

Arc de l'equateur. Partie de l'équateur qu'interceptent les méridiens de deux lieux. On détermine ſur cet *Arc* la longitude d'un endroit à un autre.

Arc de direction ou de progression. *Arc* du zodiaque que parcourt en apparence une

planete lorſqu'elle ſe meut ſelon l'ordre des ſignes. *Arc de direction* , ſe dit encore de l'*Arc* de l'épicicle que paroît parcourir une planete , en ſe mouvant comme ci-devant ſelon l'ordre des ſignes.

Arc de station premiere, Arc de sta-tion seconde. L'un eſt l'*Arc* qui détermine le mouvement de la planete dans le premier demi-cercle de ſon épicicle ; le ſecond, celui qui détermine ce mouvement dans l'autre demi-cercle de ſon épicicle, lorſqu'elle eſt ſtationnaire.

Arc des signes. On appelle ainſi en gnomo-nique une ligne hyperbolique tracée ſur un cadran, ſoit horiſontal ſoit vertical. On mar-que ordinairement ſix *Arcs de ſignes* , ou autrement ſix lignes hyperboliques. De ces lignes trois ont leurs cornes tournées d'un côté , tandis que celles des autres ſont diri-gées dans un ſens oppoſé. Dans le cadran ho-riſontal, les *Arcs* des trois ſignes méridio-naux ſont tournés du côté du midi. Au con-traire dans les verticaux , ceux que l'on trace ſur les murailles, les *Arcs* ſeptentrionaux tendent au centre de la terre , & les méri-dionaux vers le ciel. Une ligne droite appellée équinoxiale, repréſente la ſection que feroit un plan ſur celui du cadran. Elle paſſe en-tre les ſix *Arcs des ſignes* , & ſert elle-même pour les premiers points du bélier & de la balance. De maniere que l'ombre du ſtile du cadran parcourt cette ligne dans le tems de l'équinoxe du printems & d'automne. De même les deux *Arcs* extrêmes , qui repréſen-tent les *Arcs* de l'écreviſſe & du capricorne , ſont parcourus par l'ombre du ſtile dans les ſolſtices d'été & d'hiver. Ces *Arcs de ſi-gnes* ou *paralleles de ſignes* , qu'on ne met guéres aux cadrans, ſi ce n'eſt par ornement, ſont connoître le lieu du ſoleil dans le zodia-que.

Arc entre les centres. C'eſt dans le calcul des éclipſes un *Arc* tiré perpendiculairement du centre du ſoleil, ou dans les éclipſes lu-naires du centre de l'ombre de la terre ſur l'orbite de la lune. Cet *Arc* n'étant que de très-peu de minutes , les aſtronomes y ſubſti-tuent communément une ligne droite , comme ils ont coutume de faire à l'égard d'autres petits *Arcs*. Soit (Planche XIII. Figure 234.) E L une portion de l'écliptï-que; C H une portion de l'orbite de la lune; K le nœud ou le point où l'orbite de la lu-ne coupe l'écliptique; en C le centre ou du ſoleil ou de l'ombre de la terre; en M la lune au commencement de l'éclipſe; en H, la même dans ſa fin. En tirant de C ſur M une ligne perpendiculaire IC, cette ligne eſt appellée l'*Arc entre les centres*. On a beſoin de cet

Arc pour calculer exactement la grandeur de l'éclipse & son milieu, ou le tems du plus grand obscurcissement.

Ptolomée n'a pas ignoré que le tems du plus grand obscurcissement n'étoit pas précisément le moment de la nouvelle ou de la pleine lune; puisque la lune se trouve alors en V, qui se détermine lorsqu'on élève une ligne perpendiculaire du centre du soleil ou de l'ombre de la terre, & qui divise en deux parties inégales l'*Arc* H I, que la lune parcourt pendant l'éclipse. Cependant il croit que la différence causée par l'*Arc entre les centres* C I, est si peu de chose qu'on peut le négliger impunément. *Regiomontan* est du même avis pour ne pas chicanner les habiles gens qui vivoient dans ce tems-là, puisque le mouvement du soleil & de la lune n'étoit pas encore déterminé avec tant d'exactitude qu'il l'est aujourd'hui. En négligeant cet *Arc entre les centres*, on sent qu'on commet une erreur de six minutes, erreur qui dans l'état où l'astronomie se trouve aujourd'hui, est d'assez grande conséquence, témoins *Kepler*, *Bouillaud*, qui y ont eu égard dans leurs calculs.

ARC DE VISION. Terme d'Astronomie. *Arc* d'abaissement du soleil au-dessous de l'horison, où il parvient, lorsqu'une étoile, qui jusques-là avoit été enveloppée dans ses raïons, devient visible sur l'horison après soleil couché; ou encore lorsqu'aïant été visible jusques-là, elle se cache des raïons du soleil dans l'horison. Par conséquent, quoiqu'une étoile se leve un peu plus tôt ou se couche un peu plus tard que le soleil, après s'être auparavant levée & couchée avec lui, elle ne peut cependant être d'abord apperçue. Il faut que le soleil soit baissé au-dessous de l'horison plus ou moins selon la grandeur apparente de l'étoile. D'où il suit que cet *Arc de vision* ne sauroit être en même-tems de la même grandeur en tous lieux, ni en tout tems dans le même lieu; parce que les raïons solaires ne sont pas en tout tems, ni par tout également rompus. Cependant on fixe en quelque façon sa grandeur qui s'accorde assez bien avec l'expérience. Plus la lumiere d'une étoile ou d'une planete est forte, plus aisément on la voit quoique l'air soit encore éclairé de quelques raïons du soleil. Ce qui fait que l'*Arc de vision* de Venus est le plus petit de tous; parce que cette planete a une lumiere plus forte que les autres étoiles, & qui est telle que dans son perigée on peut la voir en plein jour près du soleil. Donc les planetes & les étoiles n'ont pas des *Arcs de vision* égaux. *Ptolomée* en détermine les différences ainsi,

Grandeurs des Etoiles.	*Arc de vision.*
Etoiles de la Ire grandeur	12°
de la II.	13
de la III.	14
de la IV.	15
de la V.	16
de la VI.	17
Etoiles nebuleuses	18

Planetes.	*Arc de vision.*
♄	11°
♃	10
♂	11 30^{m}
♀	5
☿	10

Kepler & *Riccioli* ont observé les grandeurs de cet *Arc* telles que *Ptolomée* les avoit données. L'usage de cet *Arc* consiste en ce qu'on peut calculer, à quelle heure du soir on pourra revoir l'étoile qu'on n'a pû observer pendant quelque tems, parce qu'elle étoit trop proche du soleil. Cet *Arc* sert encore pour savoir quand l'étoile s'approche du soleil, en sorte qu'on ne peut plus la voir dans la nuit, ou en général pour déterminer quand & combien de tems une étoile est visible. On ne regarde pas dans ce calcul un jour de plus ou de moins, puisque l'horison est rarement assez serain pour qu'on y puisse voir une étoile immédiatement avant le lever du soleil, ou d'abord après son coucher.

ARC-EN-CIEL ou IRIS. Tissu de différentes couleurs disposées en arc dans les nuées. On apperçoit l'*Arc-en-ciel* lorsqu'une nuée se résolvant en pluie, est exposée aux raïons du soleil, & que l'œil du Spectateur se trouve entre l'astre & la nuée. Les couleurs, dont brille l'*Arc-en-ciel*, sont le *rouge*, le *jaune*, le *vert*, le *bleu*, & le *violet*. Elles sont produites par la refrangibilité des raïons de lumiere, qui traversent de la pluie dont l'atmosphere est rempli. De ce que chaque goûte d'eau refracte différemment les raïons de lumiere, il suit qu'elles doivent paroître de diverses couleurs. On sent que cela doit être; mais on ne voit pas trop comment cela est. Etendons cette vérité.

Les raïons du soleil passent de l'air à travers l'eau, & comme ils passent d'un milieu plus rare dans un milieu plus dense, ils doivent souffrir là des réfractions. Un raïon du soleil entrant dans une goûte d'eau s'y rompt & va frapper la partie concave de la goûte. Là il se réfléchit; sort de la goûte dans

l'air par une seconde réfraction, & vient
faire impreffion fur les yeux du Spectateur.
Les angles fous lequel il voit ces goûtes ont été
calculés. Par ce calcul on a trouvé que le plus
grand de ces angles eft de 42°. & le moindre
de 41. Ainfi puifqu'il ne vient point de
raïons au-deffus de 42°, & très-peu au-deffous de 41, cet efpace forme une bande où
doivent fe faire toutes les réfractions de la
lumiere. Qu'on regarde maintenant cette
goûte d'eau comme un prifme, elle produira
les mêmes couleurs. Le rouge, qui en eft la
plus vive, franchira la convexité de la courbure ; le violet qui eft la plus foible, tombera,
du côté de la concavité. Ces deux couleurs
doivent donc terminer exactement cette bande ; & entre deux doivent paroître les autres
couleurs comme dans le prifme. (*Voïez* COU-
LEURS.) On obferve que le foleil ne peut
pas être élevé audeffus de 42°. fur l'horifon , lorfque paroît un *Arc-en-ciel* ; parce
qu'alors l'axe de ce météore échappe à la vûe
du Spectateur & fe cache fous l'horifon. Or
il faut que cet axe foit dans fon œil pour
qu'on le voïe.

2.   On peut faire un *Arc-en-ciel* dans fa chambre, fi après avoir attaché un drap noir contre un mur expofé au foleil, on difperfe en
foufflant, ou autrement, de l'eau en petites
goûtes, entre le drap & le Spectateur, qui
doit voir & qui verra alors en effet un *Arc-
en-ciel* formé.

    Il en paroît fouvent au ciel ; on en voit ra-
rement de renverfés. Le P. *Pardies* en a cependant vû, & le P. *Pardies* n'eft pas encore
le feul. On ne peut pas dire de même de
celui qu'apperçut M. du *Rondel* à Maftrechr,
où il étoit Profeffeur, & dont il eft fait
mention dans les *Nouvelles de la République
des Lettres*. Il s'agit d'un *iris* qui n'eft ni
courbé vers la terre ni renverfé vers le ciel ;
mais d'un *Arc-en-ciel* formé par de longues
colonnes colorées fuivant cet ordre, *vert,
rouge*, *orangé*, *jaune*, arrangement tout oppofé à celui des couleurs de ce météore. Ce
n'eft pas tout. La tranfparence de ces colonnes laiffoit voir derriere elles les objets
qui y étoient, & lorfqu'elles difparurent, ce
fut l'*orangé* qui commença à s'évanouir,
puis le *rouge*.

3.   *Antonio de Dominis*, Archevêque de
Spaltro en Dalmatie, eft le premier qui ait
rendu raifon des couleurs de l'*Arc-en-ciel*,
& le premier qui en ait publié l'explication.
Après lui *Defcartes*, *Newton*, fur-tout *Bernoulli*, (*Jean*) ont parlé en Maîtres de ce
météore. Ce dernier, par un calcul fin & délié, a déterminé les *iris* de toutes les claffes.
Bernoulli Opera, *Tom. IV. Voïez* dans les

Tranfactions Philofophiques ; *n° 267 les Mémoires* de M. *Halley*.

ARCHITECTONIQUE. Partie de la Mécanique felon les Egyptiens, qui regardoit l'ouvrage des Coloffes, des Temples, des Sépul-
chres, des Labyrintes, &c. Mon deffein n'é-
tant pas de donner une définition particuliere
des autres parties de cette fcience des Egyptiens, qui eft en quelque forte étrangere aux
mathématiques préfentes, je faifirai cette occafion pour toucher légerement aux autres,
c'eft-à-dire, à l'organique & à la taumaturgique.
L'*Organique* confideroit les différens genres
de ftatues, de coloffes, &c. C'étoit une
efpece d'architecture ; & la *Taumaturgique*
la fabrique de certaines machines cachées,
& tirées des origines les plus fecretes & les
plus obfcures de la nature.

ARCHITECTONOGRAPHIE. Par ce mot on
entend la defcription des bâtimens, des
temples, des arcs de triomphe, des pyramides, des obélifques, des théâtres, &c. *Palladio*, *Pietro Bellori*, & *Sandrart* de *Nuremberg* ont traité de cet art.

ARCHITECTURE. L'art de bâtir. Cet art fe divife en quatre parce qu'il y a quatre différentes façons de bâtir. Dans la conftruction des
Temples, des Palais, des Hôtels, des maifons, on ne fuit pas les mêmes regles que
dans celles des Forts, des Citadelles, & des
divers ouvrages deftinés à défendre l'approche d'une Ville de guerre. Encore moins les
fuit-on, ou doit-on les fuivre dans la conftruction d'un Navire, des Eclufes, des Moulins, &c. Ces regles particulieres forment
différens arts, & ces arts par conféquent différentes architectures. Pour les diftinguer on
nomme *Architecture civile*, celle qui a pour
objet les temples, les palais, &c. *Architecture
militaire*, celle qui concerne la fortification
des places. *Architecture navale*, l'art de bâtir
des vaiffeaux, & l'*Architecture hydraulique*,
celui de bâtir dans l'eau & de rendre l'ufage
de cet élément plus aifé & plus commode.

ARCHITECTURE CIVILE. L'art de faire des bâtimens commodes & beaux. Cet art eft très-
ancien. Caïn bâtit le premier une ville :
Caïn eft donc le premier Architecte, (*Hiftoire de Jofephe* par M. *Arnauld*, *T. I*.) Mais
quelle étoit la forme des maifons de cette
ville ? c'eft ce qu'on ne fait pas.

    Les premieres habitations furent faites,
felon *Vitruve*, avec des fourches, dans lefquelles étoient entre-laffées des branches
d'arbre. Le tout étoit enduit de terre graffe,
pour en défendre l'intérieur du foleil & de
la pluïe. Le même Auteur ajoûte, qu'ils en
conftruifirent auffi avec des morceaux de
terre graffe defféchée, fur lefquelles ils po-

foient des pieces de bois en travers, & qu'ils couvroient de cannes & de feuilles d'arbre. Au Roïaume de Pont en la Colchide, les habitations ne differoient point de celles des Anciens, felon la conjecture des plus fameux Architectes. Or voici la conftruction de ces édifices tirée de *Vitruve*, qui peut être regardée comme une copie exacte des précédens. La 222e Figure (Plan. XLVIII.) reprefente les cabanes de Colchos. A B C D font les arbres couchés felon leur longueur de droite à gauche. Sur les extrémités de ces arbres font appuïés d'autres arbres, qui enferment l'efpace deftiné pour l'habitation. A une hauteur convenable, des poutres retirées infenfiblement forment le toît de cette cabane en pyramide. Le tout eft lié par des morceaux de bois qui traverfent ces poutres, & enfin eft enduit par de la terre graffe retenue par ces morceaux de bois.

On voit en la 223e Fig. (Plan. XLVIII.) une habitation *originele*, qui par fa fimplicité femble avoir dû précéder l'autre, & qui en cette qualité devoit ici la dévancer. Si je ne fuivois *Vitruve* fur l'origine de l'*Architecture civile*, j'aurois décrit l'autre après celle-ci, fans décider de fon droit d'aineffe. Mais j'ai cru qu'une attention fcrupuleufe à ne pas m'écarter des Auteurs, fur la foi defquels je me rapporte, étoit néceffaire dans une Hiftoire des Mathématiques, où les moindres libertés ne font point permifes. Telle eft donc la conftruction de cette deuxiéme habitation.

A A (Plan. XLVIII. Fig. 223.) font de petits tertres naturellement élevés, qu'on vuidoit en y creufant des chemins B, pour entrer dans l'efpace vuide. D D font des perches qu'ils mettoient fur les bords du creux. On les lioit par le haut en pointe, & ils étendoient deffus des cannes D, & du chaume E E, avec des gazons F F fur le tout. (*Architect. de Vitruve, L. II.*

2. L'*Architecture* étoit jufques-là bien paûvre. Je ne dis pas nulle regle, mais nulle vûe ne dirigeoit les Architectes. Le caprice décidoit de la conftruction de leur habitation. Auffi étoient-elles variées à l'infini. Les Grecs furent les premiers qui faifant ufage du fens commun, raifonnerent avec l'*Architecture*, & éleverent la premiere maifon.

Sur des troncs d'arbres plantés debout (Pl. XLVIII Fig. 224.) aux quatre coins d'un efpace quarré, étoient portées des poutres. Après avoir rempli ces entre-deux de ces troncs avec des pierres, du bois ou de toute autre matiere, ils mettoient des folives à diftances égales fur le travers des poutres, qu'ils couvroient d'ais ou de carreaux pour faire les planchers, fur quoi ils bâtiffoient un toît

en dos d'âne, élevant un faîte au milieu, où les chevrons étoient attachés. Ces chevrons defcendant de part & d'autre du toît s'avançoient fuffifamment en dehors, pour que l'eau s'écoulât loin des murs. La figure de cette premiere maifon, n'a pas befoin d'une defcription plus détaillée. (Cours d'Architecture de *Blondel*, Tom. I.)

Malgré les efforts des Grecs, l'*Architecture* ne commença à changer de face que fous *Augufte*. Elle fut négligée par *Tibere* & favorifée par *Neron*. Enfin *Trajan*, en protégeant *Apollodore*, contribua beaucoup aux progrès que celui-ci y fit, & qui répandirent un nouveau jour fur cet art.

3. Pour développer toute la théorie de l'*Architecture civile*, reprenons ce qui la caractérife. Je veux dire la folidité, la commodité, & la beauté; & tâchons de faire connoître comment on peut fatisfaire à chacune d'elles en particulier.

La folidité d'un bâtiment demande des précautions, prifes à l'égard des fondemens, un choix judicieux des bons matériaux, & un art de les joindre & de les mettre en œuvre. Pour la premiere partie on trouve beaucoup de remarques très-utiles dans le *Theatrum Machinarum Hydrotechnicarum*, & dans le *Theatrum Pontificiale* de *Leupold*. Quant à ce qui concerne les matériaux, tels que font les bois, les pierres, la chaux, le fable, le fer, &c. rien de mieux à confulter que les obfervations contenues dans les *Syftêmes d'œconomie* de *Florin*. Enfin pour la connexion, on peut fe fervir utilement à l'égard de la charpenterie de l'*Architecture civile* de *Jean Guillaume*; de l'*Art de Charpenterie* de *Jore Heimburg*; de celle de *Jean-Jacques Sihiebler*; à l'égard de la maçonnerie, de la coupe des pierres par *Defargues*, & la Théorie & la pratique de la coupe des pierres par M. *Frezier*, en 3 vol. *in-4°.*

La commodité d'un bâtiment demande non-feulement une diftribution bien entendue de la place intérieure; de façon qu'elle convienne en tout aux ouvrages qu'on y doit faire; mais encore pour la communication de cette place diftribuée, une ordonnance convenable des parties d'un ufage indifpenfable, comme des cuifines, des efcaliers, des cloaques, &c. afin qu'on puiffe parvenir d'un endroit à l'autre fans la moindre incommodité, & que chaque partie fatisfaffe à fon ufage particulier, fans empêcher celui des autres.

Les ouvrages *Architectoniques* apprennent la maniere de fe comporter dans cette feconde partie d'*Architecture civile*. Tels en font les titres: *Des ornemens Architectoni-*

ques. Distribution intérieure des Bâtimens. De la maniere d'ordonner toutes fortes de Maifons bourgeoifes ; des Eglifes, des Palais, des Maifons de campagne & des Métairies ; des portes des Villes, des Ponts & des Arfénaux ; des Maifons publiques de Charité & de Difcipline ; des Confeils & des Hôtels des Villes, des Magafins & des Bourfes, &c. des Arfenaux pour la Marine, &c. des Aqueducs, des Machines hydrauliques, des Fontaines, &c. Tous ces Traités ont été imprimés fucceffivement *in folio*, à Aufbourg chez *Jeremias Wolf*, qui en a formé enfuite un corps entier d'*Architecture*, en ajoutant une table générale des matieres. Refte à citer un dernier Ouvrage utile pour les perfonnes qui ne font point verfées daus l'*Architecture civile*. C'eft l'*Exercice des deux Architectures* de *Benjamin Hederih*, imprimé en l'an 1730, où l'Auteur traite ces matieres avec une clarté peu commune ; fans oublier l'*Architecture moderne* ou l'*Art de bien bâtir* pour toutes fortes de perfonnes, imprimé à Paris en 1728, en 2 vol. *in-4°*, avec 150 planches.

4. Il n'y a qu'une façon de bâtir folidement & commodément, mais il y en a plufieurs pour bâtir agréablement. L'agréable varie autant que les goûts, & les goûts font infinis. Les Architectes y mettent cependant des bornes. Ils ne connoiffent que cinq façons de décorer les bâtimens. Ces façons, qui fe nomment *Ordre*, font l'*ordre Tofcan*, l'*ordre Dorique*, l'*ordre Ionique*, l'*ordre Corinthien* & l'*ordre compofée* ou *compofite*. (*Voiez* ORDRE.) L'*Architecture civile* fe divife en Antique, Ancienne, Gothique, & Morifque.

ARCHITECTURE ANTIQUE. C'eft celle qui des Grecs, s'eft confervée chez les Romains jufques à la décadence de leur Empire. L'harmonie de fes proportions ; le bon goût de fes profils ; la jufte application & la richeffe de fes ornemens la diftinguent fur les autres.

ARCHITECTURE ANCIENNE, autrement dite la **GRECQUE MODERNE.** Elle eft péfante dans les proportions, & difforme par le mauvais goût de fes ornemens. Les bâtimens à l'*ancienne* ont encore un défaut : ils font mal éclairés. *Daviler* prétend que cette *Architecture* tire fon origine de l'Empire d'Orient ; que la *Solimanie*, la *Validée*, & les autres Mofquées de Conftantinople font conftruites de cette façon, & qu'on y bâtit de même encore aujourd'hui. *Dav. Cours d'Arc. T. II.*

ARCHITECTURE GOTHIQUE. Cette *Architecture* vient du Nord, & elle a été introduite en Europe par les Gots. Nul goût n'y regne. Les ornemens y font arbitraires & ridicules. Elle eft néanmoins admirée par l'artifice de fon travail & par fa folidité.

ARCHITECTURE MORISQUE. Quoiqu'avec auffi peu de goût que la Gothique, cette *Architecture* eft cependant agréable du côté des décorations, diftinguées par des compartimens en carreaux de diverfes couleurs. Outre cela fes portiques & fes galeries ont de l'élégance & de la délicateffe. Les bâtimens d'*Architecture Morifque* font toujours frais, parce que le jour qui les éclaire n'y eft reçu que par de petites fenêtres. Les Mores ont excellé dans cette *Architecture*. On voit à Grenade en Efpagne de très-beaux édifices qu'ils ont conftruits. Le Château de Madrid près de Paris eft imité de l'*Architecture Morifque*.

Le premier qui a écrit fur l'*Architecture civile* eft *Agathareus* d'Athenes. Il fut fuivi de *Démocrite*, *Archimede*, *Théophrafte*, *Vitruve*. Ce dernier a été commenté par *Philander* & *Daniel Barbaro*, & traduit en françois par M. *Perrault*. Les Auteurs fur l'*Architecture* font en très-grand nombre. *Daviler* dans fon *Cours d'Architecture*, Tome I. en rapporte la lifte. Voici les noms des plus fameux : *Leo Batifta Albert*, *Serlio*, *André Palladio*, *du Cerceau*, *Vignole*, *Vincent Scamozzy*, *Boëcler*, *Durerus*, *Chambray*, *Philibert de Lorme*, *Seiler*, *Blondel*, *le Pautre*, *Louis Savot*, *Cordemoi*, *le Blond*, & *le Müet*.

ARCHITECTURE MILITAIRE. L'art de fortifier des Places ou des Villes, pour les mettre à l'abri des infultes des ennemis. Une place eft bien fortifiée, lorfqu'avec un petit nombres d'hommes on tient tête à un autre beaucoup plus grand, & qu'on l'oblige d'y emploïer un tems confidérable pour s'en rendre maître. Quelquefois même la nature a tellement favorifé les places, qu'avec peu d'art on les rend imprenables.

L'origine de l'*Architecture Militaire* n'eft guéres connue que par les conjectures qu'ont fait les plus célèbres Auteurs fur la naiffance de l'art de fortifier. On préfume que dans les premiers fiécles la prudence & la néceffité mirent cet art en ufage.

Dans les premiers tems où les hommes n'eurent que des habitations champêtres, & pour toutes richeffes des troupeaux, ils formoient une enceinte, autour de ces habitations, de troncs d'arbres mêlés de terre, ainfi qu'on le voit par la fig. 225, (Pl. LI.) pour fe mettre en même-tems à couvert de l'avidité de leurs voifins. Telle fut la premiere fortification. Le même efprit d'avidité aïant fait du progrès dans le cœur humain y fema bien-tôt la difcorde. Les plus pacifiques fe réunirent & bâtirent des retraites capables de les garantir de la furprife des méchans,

A ce fujet l'Hiftoire nous apprend qu'ils fub-ftituerent des murailles à des haies, dont leurs maifons étoient ci-devant entourées. M. *Mallet* dit, que la fig. 226 (Pl. XLIV.) re-préfente la premiere Ville, ou la deuxiéme fortification. (Voïez les *Travaux de Mars* ou *l'Art de la Guerre*, Tom. I. Ch. I.)

Le même Auteur ajoûte, que pour réfifter aux efforts & aux furprifes des ennemis, ils éleverent de petites murailles ou parapets au deffus des plus groffes, afin de pouvoir nuire aux affiégeans avec leurs armes, c'eft-à-dire leurs fleches, fans être entiérement à découvert. Les raifonnemens venant à l'ap-pui des réflexions, on comprit qu'il étoit aifé de fe garantir entiérement des traits des ennemis en leur faifant reffentir les fiens. Il fuffifoit pour cela de pratiquer des ouvertu-res ou des *crenaux* de diftance en diftance, pour donner paffage aux fleches. Les méchans pâlirent, à ce qu'on dit, à la vûe de cette invention. En vain ils imaginerent des bou-cliers & des rondaches, au moïen defquels ils paroient les coups, & approchoient avec moins de rifque du pied de la mu-raille, les affiégeans leur étoient toujours fupérieurs. Ils convinrent qu'il n'y avoit pas d'autre parti à prendre que celui d'abattre les murailles. A cette fin de groffes poutres liées fortement furent lancées avec force contre ces murs qu'ils ébranlerent fort aifé-ment, jufques à ce que les affigeans pour rendre les coups de ces poutres ainfi liées & appellées béliers, (*Voïez* B E L I E R,) moins terribles, bâtirent le pied de leurs mu-railles en talut. De forte que le coup glif-fant fur cette pente étoit fouvent fans effet. Les affiégés ne fe bornerent pas là. Bien perfuadés, que les ennemis ne s'en tien-droient pas aux béliers, & qu'ils pourroient bien jetter les murailles bas avec des pieux, ils firent avancerent en faillie le parapet de la muraille, & pratiquerent dans cette fail-lie des ouvertures appellées *machicoulis*, afin de pouvoir en jettant des pierres ou des feux d'artifices écarter les affiégeans. L'inven-tion d'un *abri*, c'eft-à-dire, d'une forte de maifon roulante rendit les *machicoulis* inu-tiles. Cette maifon étoit compofée de gale-ries mobiles, de bois, montées fur des roues & couvertes en dos d'âne. Ils appro-choient cette maifon ou ce chariot couvert, & fous cet *abri*, ils faifoient mouvoir fort tranquillement leurs béliers. On ne fait pas le nom de celui qui s'avifa de faire un foffé autour de la place pour empêcher l'appro-che de ces chariots couverts : mais on fait que cet expédient nuifit parfaitement aux affiégeans. Ils eurent beau vouloir combler le

foffé : cette folle reffource ne faifoit point *paroli* à l'invention des affiégés, dont la fu-périorité étoit grande. Auffi les affiégeans virent bien qu'il falloit s'y prendre de plus loin. Ils le firent. Des machines pour lancer des pierres fur les défenfes de la place fu-rent inventées; & cette attaque donna lieu à une nouvelle maniere de fortifier.

Jufques alors l'enceinte des murs & du rempart avoit été circulaire. L'expérience avoit fait voir que cette forme défendoit mal le foffé, que les affiégeans venoient à bout de combler. Des angles rentrans & faillans (appellés depuis redans) parurent plus con-venables. Aïant reconnu par la fuite que ces avances & ces retraites laiffoient au pied de l'angle rentrant un efpace qui n'étoit pas défendu, on éleva des tours aux angles fail-lans pour défendre les angles rentrans. On dit que ces tours furent d'abord rondes, & que comme leur convexité ne pouvoit être vûe ni flanquée felon une longueur, on les rendit bien-tôt quarrées. Elles formoient ainfi des angles faillans vers la campagne. La diftance d'une tour à l'autre étoit la por-tée d'une fleche. Enfuite ces tours furent en-vironnées d'un petit chemin couvert, & d'une muraille, afin d'empêcher la defcente du foffé, (c'eft ce qu'on a nommé depuis fauffe braye. *Voïez* FAUSSE BRAYE.) A ces tours les affiégeans oppoferent d'autres tours plus hautes que celles des ennemis. De ces poin-tes élevées ils découvroient l'affiégé dans les fiennes; l'en chaffoient à coups de pierres, & de dards; tandis qu'ils efcaladoient d'autre part les murailles pour tâcher de s'en rendre maîtres.

Cette maniere de fortifier par les tours a duré fort long-tems. Les Vénitiens fatigués des attaques des Empereurs Ottomans, in-venterent enfin des baftions. (*Voïez* BAS-TION.) Ouvrages abfolument néceffaires pour réfifter aux effets de la poudre à canon découverte en 1380. (*Voïez* ARTILLERIE.) Ce tems peut être pris pour l'époque de la naiffance des baftions, & pour celui des re-gles de l'*Architecture militaire*. (*Voïez* FOR-TIFICATION.)

Il y a plufieurs méthodes de fortifier une Place. Les plus célébres qui font connues fous le nom de Syftêmes font celles d'*Errard de Barleduc*, *Marollois*, *Fritach*, *Dogens*, *Stevin*, les Chevaliers *de Ville* & *de S. Julien*, *Sturmius*, le Baron de *Coëhorn*, le Comte de *Pagan*, & le Maréchal de *Vauban*. (*Voïez* FORTIFICATION.) On comprend bien que ces favans Ingénieurs font les principaux Auteurs de l'*Architecture Militaire*. Voici les noms des autres : le P. *Fournier*, le P. *Def-*

challes, le Chevalier de *Cambrai*, l'Abbé *Dufai*, *Ozanam*, *Belidor*, le *Blond*, & l'Abbé *Deidier*.

ARCHITECTURE NAVALE. Art de faire des bâtimens les plus propres à une fure & parfaite navigation. L'origine de cet art eft fort reculée. Quelques Auteurs la croïent antérieure au déluge. D'autres la fixent à ce tems. La chofe n'eft pas décidée. On fait feulement qu'avant de conftruire des vaiffeaux on a fait des radeaux. Ces radeaux étoient compofés de troncs d'arbre liés fortement enfemble. C'eft fur des radeaux qu'on commença à tranfporter des denrées & des marchandifes d'un lieu à un autre, & à faire de courts & faciles trajets : mais ce ne fut que fur les fleuves & fur les rivieres, fans ofer encore avec un bâtiment fi informe & fi peu fûr, s'expofer aux vents & aux flots d'une mer agitée. On abandonnoit ces lourdes maffes au courant de l'eau; & les conducteurs, avec de longues perches qu'ils appuïoient fortement contre la terre, les contraignoient à tenir le lit de la riviere, lorfque par les courans ou par les vagues elles étoient jettées fur l'un ou l'autre bord.

Comme ces perches étoient inutiles quand on ne trouvoit point de fond, à caufe de la trop grande profondeur d'eau, on commença à s'en fervir comme d'une forte de rame, qui n'avoit pas de point d'appui, ainfi que les Sauvages le pratiquent encore aujourd'hui pour conduire leurs pirogues.

L'expérience fit voir qu'on pourroit par ce moïen un peu mieux diriger la *flotaifon*. On imagina auffi d'attacher de ces longues perches aux deux côtés des radeaux; & comme les chofes fe perfectionnent par la pratique & la réflexion, on comprit que fi ces perches par le bout qui entre dans l'eau, étoient plates & un peu plus larges, elles poufferoient un plus gros volume d'eau, & qu'elles feroient ainfi mouvoir les radeaux avec plus de viteffe. Cette confidération donna lieu à faire des rames telles à peu près que celles dont on fe fert à préfent.

Ces radeaux, qui n'étoient qu'une machine plate, n'avoient rien qui pût empêcher les flots de paffer par-deffus. Pour y remédier, on les borda tout autour de claïes d'ozier, de branchages & enfuite de planches. Les radeaux ainfi fermés, à la faveur des rames pofées aux deux côtés, par le fecours de ces longues perches dont nous venons de parler, que nos Mariniers appellent des gaffes, ou à l'aide des animaux qui les tiroient le long du rivage, étoient les feuls bâtimens, dont on fe fervit pendant longtems pour le tranfport des hommes ou des marchandifes, ou pour paffer d'un bord d'une riviere à l'autre bord. Parce que cette forte de bateau étoit fujet à un grand nombre d'inconvéniens, un Marin plus ingénieux imagina de creufer des troncs d'arbres.

Cette derniere invention parut fi heureufe & fi folide, qu'elle fut mife en ufage prefque parmi tous les peuples; & chaque Nation à l'envie l'une de l'autre, aïant tâché de la perfectionner, on en forma des efpeces de gondoles que les Grecs appellerent des *monoxiles* & qu'on nomma auffi des *auges*.

A cette fin, on chercha dans les forêts les plus gros troncs d'arbres & les plus faciles à être creufés; & l'on en trouva d'une groffeur fi furprenante, que felon *Pline* il y avoit de ces gondoles faites d'un feul tronc d'arbre creufé qui contenoit trente hommes.

Ces radeaux, ces monoxiles faits d'un feul tronc d'arbre, quoique garnis de leurs rames & de leur aviron, n'étoient point encore des bâtimens affez folides & affez fûrs pour s'y rifquer à affronter les périls des mers. La curiofité, l'avarice, la cupidité étoient néanmoins déja des paffions trop violentes dans l'homme pour qu'il ne cherchât pas à les fatisfaire. Cette vafte étendue d'eau, où l'œil ne trouvoit point de bornes, étoit un obftacle à fes defirs, & il vouloit les contenter.

Dans cette vûe on effaïa de conftruire avec des planches étroitement unies enfemble des bateaux plus grands que les monoxiles; & profitant peu à peu de ce que l'art & l'expérience pouvoient avoir appris, on en fit de toute grandeur & de toute figure, de ronds, d'ovales, d'une longueur proportionnée à la largeur & d'extrémément longs. Ces derniers reffembloient en quelque maniere à ce que nous nommons *galeres*, & les autres à ce qu'on appelle *barques*.

Tous ces bâtimens en grand nombre, qui furent alors conftruits, n'établiffoient qu'une navigation fort imparfaite, & ne permettoient tout au plus que de naviguer à vûe de terre. L'art de bâtir des vaiffeaux afin d'ofer prendre le large, paffer les mers, & faire de plus grands voïages étoit encore inconnu, lorfqu'il parut une forte de navire, fi l'on peut donner ce nom à un tas de planches affemblées, qui formoient un gros poiffon extrémément large par le ventre, & qui nageoit en laiffant paroître la moitié de fon corps fur l'eau. *Fabreti*, *Schefer*, & *Morifot* en ont donné la figure.

La tête de ce poiffon, avec deux grands yeux & la gueule béante, formoit la proue de ce navire; fon ventre en compofoit la capacité & la poupe; fa queue mouvante en étoit le gouvernail, & les rames, les nageoires. (*Voïez* Plan. XLVIII. figure 227.)

On descendoit dans le corps de ce poisson par une ouverture en forme de porte, qui étoit au-dessus. Cette ouverture étoit fermée en haut par un linteau qui avoit une saillie en dehors, afin d'empêcher que les eaux de la pluie n'entrassent dans le corps de ce poisson. Les rames sortoient par des trous ménagés au-dessus du ventre; & ces trous, ainsi que la porte & les ouvertures des yeux, servoient à donner de l'air & du jour à ceux qui y étoient enfermés.

Cette machine parut alors d'une si admirable invention, que non-seulement les différentes Nations en firent construire de semblables, mais chacune voulut aussi s'en attribuer la gloire.

Diodore donne l'invention des vaisseaux à *Neptune* ; *Tertullien* à *Minerve* ; *Eusebe* aux *Samothraces* ; *Clement Alexandrin* à *Atlas* ; *Ovide* & *Catulle* à *Jason* ; *Hésiode* aux *Mirmidons*, qui passerent dans l'Isle d'Egine ; *Tibulle* & *Pomponius Mela* aux *Phéniciens* ; *Pline* à *Danaüs*, & quelques autres aux *Argonautes* en général, qui firent la conquête de la Toison d'or. (Ce morceau historique est extrait d'un de mes Ouvrages intitulé : *Recherches historiques sur l'origine & les progrès de la construction des Navires des Anciens*, que j'ai publié en 1747, & auquel on peut recourir pour connoître plus en détail l'histoire de l'*Architecture navale*.)

2. L'*Architecture navale* n'est point assujettie à des regles. Celles que suivent les Constructeurs sont fort cachées : ils les transmettent sous le secret à leurs successeurs. Cependant le P. *Fournier* & *Dassier*, ont publié le gros de ces regles (*Hydrographie* du P. *Fournier* & *Architecture navale* de *Dassier*.) Un Anonyme a donné aussi un Traité intitulé l'*Art de bâtir les vaisseaux* ; & M. *Witsen* a composé un Ouvrage curieux sur cet art.

Le P. *Hoste* a établi le premier une théorie de l'*Architecture navale* sous le titre : de *Théorie de la construction des vaisseaux.* Cet Ouvrage, qui a été imprimé à la suite d'un autre intitulé : *Traité des Evolutions navales*, renferme de très-bonnes choses, & de grandes erreurs. M. *Wolf* recommande dans son *Dictionnaire de Mathématique* un Traité sur cette *Architecture* par *Joseph Furtenbach*, imprimé à Ulm l'an 1629 *in-folio*, que je n'ai pû découvrir. M. *Bouguer* a publié depuis peu un *Traité du navire, de sa construction & de ses mouvemens.*

ARCHITECTURE HYDRAULIQUE. L'art de bâtir dans l'eau même; de rendre l'usage des eaux

Tome I.

plus aisé & plus commode. La construction des Ponts, des Ecluses, des Digues, & des Quais; la disposition des Fontaines; la construction des Moulins, &c. sont des ouvrages construits par les regles de cet art. On y traite encore tout ce qui sert à retenir la force de l'eau, afin qu'elle ne puisse pas causer du dégât, de même que ce qui peut favoriser son cours naturel, comme pour rendre les eaux navigables & pour les conserver dans cet état.

L'*Architecture hydraulique* n'a pas encore été établie suivant ses propres regles. On a bien donné des Traités qui renferment la construction des ouvrages hydrauliques : mais cette construction n'est point fondée sur des principes généraux. M. *Belidor* a composé sans contredit le meilleur Ouvrage qui ait paru sur cette matiere, & il y a tout lieu de penser que quand il aura exécuté son plan & qu'il y aura mis la derniere main, son *Architecture hydraulique* sera l'*Architecture*, proprement dite, dont je parle, & telle qu'elle doit être, pour former un corps de science. Les autres Ouvrages publiés sur l'*Architecture hydraulique* sont : *Theatrum Pontificiale, Theatrum machinarum hydrotechnicarum. Fortification par Ecluses de Simon Stevin. Jean-Bapt. Baratteri, Architectura d'Acque. Dom. Guillelmini Trattato d'ella natura de'i fiumi. Cornelii Meger l'Arte di restituire à Roma la tralasciata Navigatione del suo Teuere & nuovi Ritrovamenti ;* par un anonyme, *Traité des mõiens de rendre les rivieres navigables.*

ARCHITRAVE. Terme d'Architecture civile. C'est la partie inférieure de l'entablement, (*Voïez* ENTABLEMENT,) qui représente une poutre qu'on place selon la largeur de la maison. Son membre essentiel est une grande bande, dont *Goldman* met la hauteur pour tous les Ordres à 1 $\frac{1}{2}$ module. L'*Architrave* est différent suivant les ordres. Au Toscan il n'a qu'une bande couronnée d'un filet; deux faces au Dorique & au Composite, & trois à l'Ionique & au Corinthien. On le nomme aussi *épistile*, du latin *epistylium*, fait du grec *épi*, & *stylos* colonne.

ARCHIVOLTE. Terme d'Architecture civile. Bandeau orné de voussoirs, d'une arcade, & qui porte sur les impostes. Il n'a qu'une simple face à l'ordre Toscan, deux avec ornemens au Dorique & à l'Ionique; & les mêmes moulures que l'architrave dans le Corinthien & le Composite.

ARCTAPELIOTES. C'est ainsi qu'on appelle le vent, qui souffle éloigné de 45 dégrés du Nord & de l'Est, c'est-à-dire, qui est au milieu du Nord & de l'Est, & qu'on nomme

G

communément *Nord-Eft*. Il caufe ordinairement un tems couvert, & il dure long-
tems.

ARCTURUS. Etoile brillante de la premiere
grandeur, qui eft au bas du bord de l'habit
de Bootes entre fes jambes. Les Arabes la
nomment, *Aramech, Alkameluz, Almarech,
Arimech, & Kolanzo.*

A R E

AREOMETRE. Inftrument par lequel on connoît la différence de la gravité fpécifique des
liqueurs. Il a paru de ces inftrumens de plufieurs façons. Dans les effais de l'Académie
de Florence, & dans les Mémoires de l'A-
cadémie Roïale des Sciences de 1699, on en
trouve de deux fortes. Le plus ordinaire,
le plus fimple, & j'ofe ajouter le meilleur,
confifte en une bouteille de verre A B (Plan.
XXII. Fig. 229.) affez mince, dont le col
eft fort long & fort étroit, divifé en parties
égales felon toute fa longueur. Au bas de
cette bouteille eft une autre bouteille ronde
C, dans laquelle on met des dragées de
plomb, ou du mercure, pour lui fervir de left.
L'*Aréometre* ainfi conftruit, on le plonge
dans les liqueurs qu'on veut comparer, & au
moïen du plomb, il s'y enfonce. Celle dans
laquelle il s'enfonce davantage eft la plus légere, & par conféquent la moins denfe.

   M. *Mufchenbroeck*, qui a donné la defcription de cette machine, ne la croit pas
malgré fa célébrité entièrement exacte. Et
il fupplée à fon ufage par un autre moïen
de l'invention de M. *Hauksbée.* (*Voïez*
DENSITE'.) *Effai de Phyfique, T. II.*

AREOSTYLE. *Vitruve* exprime par ce mot la
plus grande diftance entre les colonnes, qui
ne peut être que de 4 diametres ou de 8
modules.

AREOSISTYLE. Difpofition des colonnes, dont
les efpaces font aréoftyles & fiftyles. (*Voïez*
SISTYLES.)

AREOTECTONIQUE. Partie de l'Architecture militaire qui concerne l'attaque & le
combat.

A R G

ARGESTES. C'eft felon *Vitruve* (Liv. I. Ch. 6.)
le nom du vent qui fouffle d'une plage
qui décline de 75 dégrés du Sud vers l'Oueft.
Riccioli Aftronom. Reform. Liv. X. pag. 452.
donne ce nom à un vent qui décline de
l'Oueft vers le Nord de 22 dégrés, & que
nous nommons *Oueft-Nord-Oueft.* Ce vent
eft humide & froid dans nos climats, &
amene un tems défagréable.

ARGETENAR. Etoile de la quatriéme grandeur dans l'Eridan. *Bayer* marque cette étoile
par T.

ARGUMENT. Nom qu'on donne dans l'*Aftronomie* à un arc par lequel on parvient à
la connoiffance d'un autre arc. Il reçoit donc
plufieurs dénominations, felon les fujets
dont il s'agit.

ARGUMENT D'INCLINATION. Arc de l'orbite
d'une planete entre le nœud afcendant &
le lieu où elle eft vûe du foleil. C'eft par
cet arc qu'on trouve fon éloignement de l'é-
cliptique vû du foleil.

ARGUMENT DE LATITUDE. Arc compris entre
le lieu d'une planete & le nœud afcendant.
Soit (Pl. XIII. fig. 228) le foleil en S, le nœud
afcendant en N, la planete en P, l'inclination ou la latitude P L, l'*Argument d'inclination* ou de *latitude* eft l'arc P N.

ARGUMENT DE MOIS DE LATITUDE. Eloignement du lieu véritable du foleil, du lieu véritable de la lune.

ARGUMENT DE MOIS DE LONGITUDE. L'arc
du cercle excentrique de la lune entre le lieu
trouvé de la lune, & une ligne droite tirée
par le centre dudit cercle & parallele à la
ligne des apfides.

ARGUMENT MOIEN DE LA PLANETE. Terme
d'ancienne Aftronomie. Arc de l'épicicle
compris entre l'apogée moïen de la planete
& fon centre.

ARGUMENT VERITABLE. Arc de l'épicicle entre
l'apogée véritable & fon centre.

ARGUMENT DU SOLEIL. On appelloit ainfi dans
l'ancienne Aftronomie l'arc de l'écliptique
entre le lieu moïen du foleil & fon apogée,
qui refte quand on fouftrait le lieu de l'a-
pogée du lieu moïen du foleil; ce qui s'accorde tout-à-fait avec l'anomalie moïenne du
foleil.

A R I

ARITHMETIQUE. La fcience des nombres.
On peut divifer cette fcience en fix parties
qui compofent chacune une *Arithmétique*
particuliere. L'*Arithmétique* commune eft la
premiere, comme l'aînée. Viennent enfuite
l'Arithmétique décimale, l'Arithmétique
logarithme, l'Arithmétique des infinis, l'A-
rithmétique binaire, l'Arithmétique tetractique. A l'égard de l'*Arithmétique logiftique*
ou *fpécieufe* dont je ne fais pas mention, (*Voïez*
ALGEBRE.)

ARITHMETIQUE COMMUNE. *Arithmétique* où
l'on fait ufage des dix caracteres 1, 2, 3, 4,
5, 6, 7, 8, 9, 0. Elle n'a que quatre regles,
l'*Addition*, la *Souftraction*, la *Multiplication*, & la *Divifion.* Dans les autres, telles
que la regle de *Trois directe* ou *indirecte*, la
regle de *Fauffe pofition*, la regle d'*Alliage*,

l'extraction des *Racines*, les *Fractions*, il n'est question que de l'application variée de ces quatre regles, (*Voïez ces articles.*) On doit convenir cependant que les fractions méritent une attention particuliere. Quoiqu'elles ne soient qu'une division indiquée, elles peuvent faire néanmoins un corps à part subordonné, s'entend, au corps fondamental, c'est-à-dire, à l'*Arithmétique commune*.

Quelques Auteurs attribuent aux Arabes l'invention de cette *Arithmétique*, qui est l'*Arithmétique mere* & la vraie science des nombres. Les Musulmans en font honneur à *Enoch* qu'ils nomment *Edris*. *Wallis* pense, contre l'autorité de Boetius, qu'elle a été découverte par les Indiens. Que *Wallis* ou *Boëtius* ait raison, c'est ce que je me garderai bien de décider. J'affirmerai seulement que les caracteres de l'*Arithmétique commune* viennent des Arabes, & j'ajouterai, après *Wallis*, que les Sarrazins l'ont transmise aux Espagnols ; & que de ceux-ci elle est parvenue jusques à nous par le Pape *Silvestre II.* connu sous le nom de *Geber*.

Le nombre des Auteurs sur l'*Arithmétique* est infini ; mais pour ne parler ici que des Mathématiciens qui en ont écrit, *Planudes* (il a écrit en 1270,) *Nicomache*, *Severinus Boëtius*, *Xilander*, *Georgius Heinichius*, *Lucas de Burgo*, *Stifélius*, *Kirker*, *Yodocus*, *Willisius*, *Wel*, *Schot*, & *Wallis*, sont les Auteurs anciens ; *Tacquet*, le P. *Prestet*, le P. *Lami*, *Newton*, le P. *Reinau*, *s'Gravezande* & *Parent*, les modernes.

ARITHMÉTIQUE DÉCIMALE. Maniere de calculer très-commode, où l'on ne se sert que des fractions de 10, 100, 1000ème parties pour s'épargner l'inconvénient des autres fractions. (*Voïez* FRACTION DECIMALE.)

Jean Regiomontan est le premier qui a trouvé l'utilité de cette *Arithmétique* dans le calcul des Tables Logarithmiques. *Simon Stevin* en écrivit ensuite un petit Traité particulier, dans lequel il la recommanda beaucoup aux Astronomes, aux Géometres, aux Jaugeurs, aux Directeurs des Monnoïes, & aux Marchands. Cependant quelques difficultés inévitables ont rendu son application impossible tant dans la vie commune que dans la plupart des sciences Mathématiques, & elle n'a pû être reçue que pour la Géométrie. Ce qui fait que quelques-uns lui donnent le nom de *Calcul Mathématique*. *Stevin* l'a introduite le premier dans la Géométrie, ou plutôt dans la Géodesie. Son Traité se trouve parmi ses *Oeuvres Mathématiques* qu'*Albert Girard* a publiés en François. *Jean-Hartman Beyer*, Médecin à Francfort,

a traité à fond de cette *Arithmétique*, telle qu'elle est en usage aujourd'hui. (*Voïez* sa *Logistica Decimalis*, imprimée en l'an 1619).

ARITHMETIQUE LOGARITHMIQUE. Sorte d'*Arithmétique* dans laquelle on se sert de l'Addition à la place de la Multiplication & de la Soustraction à la place de la Division, & où pour l'extraction de la Racine quarrée on divise par 2 & par 3 pour l'extraction de la Racine cubique. Cette maniere de calculer est de l'invention de *Jean Neper*. Elle donne des avantages considérables, surtout dans le grand nombre où l'on est sans cela fort sujet à se tromper dans le calcul. L'*Arithmétique logarithmique* tire son nom des logarithmes, qui sont certains nombres proportionnels, dont on se sert à la place des autres. (*Voïez* LOGARITHME.) Ce calcul est d'un grand secours dans la trigonométrie. (*Voïez* TRIGONOMETRIE.)

ARITHMETIQUE SEXAGESIMALE. Espece de calcul mathématique, dans lequel on apprend à calculer avec des fractions sexagésimales. Les Anciens s'en sont servis sur-tout dans l'Astronomie, où l'on s'en sert encore, quoiqu'il seroit à souhaiter qu'on introduisît le calcul décimal dans l'Astronomie aussi-bien que dans la Chronologie. *Henischius* traite de cette *Arithmétique* dans son *Arithmetica Perfecta* ; *Stiefel* dans son *Arithmetica integra* ; *Barlaam le Moine* dans sa *Logistica, Liv. III.* que *Jean Chambers* a traduit du grec en latin par le conseil de *Henr. Savilius*, & qu'il a publié avec ses remarques en l'an 1609. *Samuel Reyher* a tâché de faciliter ce calcul par des vergettes ou de petits bâtons, comme *Nepper* a fait pour le calcul commun. (*Voïez* RABDOLOGIE.) Il en a publié une description en Allemand *in-octavo* & en Latin *in-quarto*, dans laquelle il fait voir très-clairement tous les avantages qu'on en peut tirer.

ARITHMETIQUE DES INFINIS. L'art de trouver la somme d'une suite de nombres composée d'une infinité de termes. C'est à proprement parler la science des progressions *Arithmétiques*. Par elle on trouve l'aire des surfaces, (*Voïez* AIRE.) les quadratures des courbes, la cubation des solides. L'*Arithmétique des infinis* est de l'invention de *Wallis*. Mais il faut tout dire : la doctrine des indivisibles de *Cavalieri* a beaucoup aidé à cette découverte ; & cette découverte si utile a bien perdu de sa valeur depuis celle du calcul différentiel & intégral. Car ce calcul est non seulement une *Arithmétique des infinis*, elle l'est encore de l'infini de l'infini, & d'une infinité d'infinis. (*Voïez* CALCUL DES INFINIMENT PETITS.

Voici le fondement & en quelque forte la théorie de cette *Arithmétique* telle que l'a donnée le P. *Bernard Lamy* de l'Oratoire, dans fes *Elémens de Mathématique, troifiéme édition, Liv. VIII. Ch. III.*

Dans la progreffion naturelle, l'unité eft la différence entre deux termes qui fe fuivent immédiatement. La différence entre 4 & 5, c'eft 1. Or fi on interpofoit entre ces deux nombres 4 & 5, mille autres termes qui fuffent auffi en progreffion *Arithmétique*, & qu'on fit la même chofe entre chacun des autres termes de la progreffion, alors la différence qui regneroit dans la progreffion, feroit encore 1, mais 1 milliéme : & fi on interpofoit de même entre les termes de cette nouvelle progreffion mille autres termes, alors cela feroit une nouvelle progreffion dont la différence feroit encore 1, mais 1 milliéme de milliéme. Continuant de même jufqu'à l'infini, on viendroit à une différence fi petite, qu'on la pourroit concevoir fans erreur comme nulle; c'eft-à-dire, égale à zero. Cela feroit toujours une progreffion naturelle, dont 1 feroit la différence, mais différence infiniment petite.

Quelque quantité qu'on propofe on y peut concevoir une infinité de parties. Soit par exemple la ligne A B, (Planche III. Figure 230.) dans laquelle on conçoit une infinité de parties telles que *b*, ou une infinité de lignes élevées fur ces parties *b*. Je fuppofe toutes ces lignes en progreffion Arithmétique, croiffant également depuis A jufqu'à B. La ligne B C eft la plus grande & le dernier terme de la progreffion que je nomme *x*. Je mene une ligne droite du point A au point C; & par les fommets de ces lignes *b* de petites lignes qui font les petits triangles *a a*. Maintenant il eft évident, que fi on conçoit un grand nombre de lignes telles que *b* qui couvrent la furface du triangle A B C, on pourra dire que la fomme des lignes *b* fera égale à la furface du triangle A B C, après en avoir ôté la fomme des petits triangles *a a*, &c. Si le nombre des lignes *b* eft infini ou innombrable, & qu'ainfi leur différence foit nulle ou égale à zero; en ce cas, comme tous ces petits triangles *a a*, &c. ne font que des zeros, l'on pourra dire que la fomme des lignes *b* fera précifément égale à la furface du triangle A B C.

La ligne A B, fur laquelle font élevées les lignes *b*, peut être confiderée comme le nombre des termes de la progreffion que font ces lignes, & B C, ou *x*, comme je l'ai dit, en eft le dernier terme. Le premier c'eft zero. Que A B, qui repréfente le nombre des termes foit nommé *z*. La fomme du dernier terme *x*, & du premier qui eft zero, c'eft-à-dire, *x* étant multiplié par *z*, le nombre des termes, le produit de cette multiplication qui eft *z x*, fera le double de toute la progreffion des lignes *b*. Cela fe voit à l'œil. En effet, *z* = A B & *x* = B C. Ainfi *z x* = A B × B C. Or il eft évident que la figure A B C D eft double du triangle A B C. On peut donc compter la valeur de ce nombre infini de lignes *b*, marquant précifément la fomme qu'elles font. Et c'eft pour cela qu'on appelle cette méthode l'*Arithmétique des infinis.*

ARITHMETIQUE BINAIRE OU DYADIQUE. Sorte d'*Arithmétique* dans laquelle on ne fait ufage que des deux caracteres 1 & 0. Le zero n'a ici de puiffance que de multiplier par 2, au lieu qu'il multiplie ailleurs par 10. Ainfi 1 eft 1, mais 10 eft deux, 11 trois, 100 quatre, 101 cinq, 110 fix, 111 fept, 1000 huit, 1001 neuf, &c. Toutes les opérations de cette *Arithmétique* font fondées fur celles de l'*Arithmétique* commune. Elles font feulement plus longues; parce que ce qui eft exprimé par un caractere dans celle-ci en demande plufieurs dans l'*Arithmétique binaire.* pour 7, par exemple, il en faut trois, pour 8 quatre, &c.

Si l'on veut favoir le but & la fin de cette *Arithmétique*, je répondrai après M. de *Lagni*, qu'elle eft d'un grand ufage pour rectifier les logarithmes; après M. d'*Angicourt* qu'elle fert à découvrir les loix des progreffions, & cela par la raifon qu'on n'y emploie que deux caracteres, & après M. *Leibnitz* je rapporterai une hiftoire courte qui la rendra peut-être plus recommandable.

Dans le tems que M. *Leibnitz* cherchoit l'utilité de l'*Arithmétique binaire* dont il eft l'inventeur, il apprit qu'elle renfermoit le fens d'une énigme Chinoife laiffée depuis plus de 4000 ans par l'Empereur *Fohi*, fondateur & des fciences de la Chine & de cet Empire. Depuis 1000 ans qu'on cherchoit à deviner ce fens, on avoit defefperé d'y parvenir, & en conféquence on n'y avoit plus penfé. Il falloit que la chofe fut difficile. Les Chinois font intelligens & âpres au travail. Ce travail étoit même foutenu par un avantage réel, puifqu'on favoit que cette énigme développée, ils recouvreroient la clef de leur ancienne fcience. L'*Arithmétique binaire* de M. *Leibnitz* coupa le nœud-gordien, & fi on aime mieux, le défit. Le P. *Bouvet*, Miffionnaire dans la Chine, à qui M. *Leibnitz* l'avoit communiquée, expliqua par fon moien les Tables des 8 *Cova* du Prince Philofophe *Fohi*, & crut qu'on pouvoit fe flater de trouver jour à l'origine de l'écriture

Chinoife. Sur une fi agréable nouvelle, dont le Millionnaire ne tarda pas à faire part à l'Auteur de la nouvelle *Arithmétique*, celui-ci fe détermina à la communiquer au Public. (*Mémoires de l'Académie des Sciences* 1703.) Je ne connois pas d'autres Savans qui aïent écrit fur l'*Arithmétique binaire*, que ceux que j'ai cités. La vérité m'oblige d'ajouter que M. de *Lagni*, fans connoître l'*Arithmétique binaire* de M. *Leibnitz*, en avoit imaginé une femblable.

ARITHMETIQUE TETRACTIQUE. Sorte d'*Arithmétique* dans laquelle on ne fe fert que des caractères 1, 2, 3, 0, & où l'on ne compte que jufqu'à 4, comme nous ne comptons communément que jufqu'à 10. M. *Weigel*, Profeffeur en Mathématique à Geneve, eft l'inventeur de cette *Arithmétique*, qu'il a donnée dans fon *Aretologiftica five Logiftica virtutum genitrix*, écrite en Allemand & publiée à Nuremberg l'an 1687 *in*-8°. Cependant elle ne fauroit fervir ni dans la vie commune, où nous fommes accoutumés de compter jufqu'à dix, ni dans les fciences, où l'*Arithmétique* binaire lui difputeroit le pas, puifqu'elle découvre mieux les loix des progreffions des nombres. Toutes ces raifons lui ont nui auprès des Mathématiciens qui ne lui ont pas fait un grand accueil. (*Voiez* encore la Differtation de *Weidler*, intitulée: *De Præftantia Arithmeticæ decadicæ qua tetracticam & dyadicam antecellit*.)

Malgré cela M. *Weidler* rapporte quelque chofe de fort fingulier fur cette *Arithmétique* pour la multiplication & la divifion. Un feul exemple de multiplication fuffira pour comprendre la valeur de cette invention. A la place des neuf chifres ordinaires, il fe fert des nombres fuivans : 9 = 10 — 1 ou 19 = 20 — 1 ou 99 = 100 — 1, &c. qu'il nomme *Vicaires*. Or le nombre 59687 étant à multiplier par 9, moïennant le *vicaire*, ou parce que 9 = 10 — 1, on n'a qu'à ajouter un o au multiplicande, & à fouftraire le multiplicande de lui - même augmenté d'un o. Alors la différence fera le produit en queftion ,

$$
\begin{aligned}
59687 \\
10 - 1 \\
\hline
596870 \\
59687 \\
\hline
537183
\end{aligned}
$$

ARITHMETIQUE DES INCOMMENSURABLES, DES IRRATIONAUX OU DES SOURDS. Art de calculer des irrationaux. On le trouve traité à la maniere des Anciens dans les *Elémens de l'Algébre d'Ozanam*, *Liv. I. Ch.* 5. Depuis que MM. *Leibnitz* & *Newton* ont donné

des Méthodes de regarder les quantités irrationelles comme des rationnelles, cette *Arithmétique* eft devenue très-facile. (*Voiez* INCOMMENSURABLES.)

ARITHMETIQUE CALCULATOIRE. L'art de calculer avec des jettons. *Adam Riefe* explique cet art dans fon *Arithmétique* ; *Erigone* dans fon *Cours de Mathmétique*, *Part. III.* & *Defchalles* dans fon *Mundus Mathematicus*, *Tom. I.* *Riefe* remarque dans la *Préface* de fon Traité, qu'il a obfervé en inftruifant la jeuneffe, que ceux qui commencent à calculer avec des jettons fe forment beaucoup mieux, & deviennent beaucoup plus habiles que ceux qui commencent par les chifres. On donne auffi à cette *Arithmétique* le nom de *Calcul fur lignes* ; parce les jettons ou globules prennent leur valeur des lignes abaiffées fur lefquelles ils font. Par conféquent les jettons ou globules rangés dans leur place, fignifient trois millions fept cens trente-neuf mille deux cens quatre-vingt-fix. On trouve plufieurs exemples de cette nature dans le *Theatrum Arithmetico-Geometricum* de *Leopold*, *Chap. V.* Par cette maniere de calculer fur des lignes avec des jettons, que nous tenons indubitablement des Chinois, on prend avec le compas les fommes, les différences, les produits, les quotiens, & on extrait les racines de toutes les dignités. (*Voiez Pes Mechanicus* de *Schefelt*, dont il a paru une defcription, à *Ulm* en l'an 1690). On a même inventé des inftrumens avec lefquels on peut faire les mêmes opérations avec une viteffe extrême, fans même fe fervir de compas ni de tables.

ARITHMETIQUE DIVINATOIRE. L'art de deviner par le calcul quelque nombre caché ; le nombre d'écus, par exemple, qu'on a fur foi. Pour fe former une idée de cette *Arithmétique*, fuppofons qu'on ait à deviner quel nombre une perfonne penfe. On prie cette perfonne de multiplier le nombre qu'elle penfe par 3 ; d'augmenter le produit de 1 ; s'il eft impair de le divifer par 2. On lui demande avant cela, combien de fois on peut ôter 9 du dernier produit & on la prie de multiplier enfin ce nombre par 2. Alors le nombre penfé eft trouvé. Exemple. On a penfé 8. En multipliant ce nombre par 3, & en divifant le produit qui eft pair par 2, on en aura la moitié 12. En multipliant 12 par 3, on aura 36, dont on peut ôter 9 quatre fois. Ainfi 4 pris deux fois donnera le nombre 8 qu'on a penfé.

Les problêmes par lefquels on trouve quelle carte on a penfé font encore des problêmes de cette *Arithmétique* : mais ils ne font d'aucun ufage. Cependant cette *Arithméti*-

que n'eſt pas abſolument ſans quelque utilité. C'eſt ce qu'on prouve communément par l'exemple ſuivant. Que 15 Turcs & autant de Chrétiens ſe trouvent dans un vaiſſeau ſur mer, & que dans une tempête qui ſurvient, on en doive jetter quelques-uns dans la mer pour décharger le vaiſſeau. On demande dans quel ordre il faut ranger les Chrétiens & les Turcs les uns parmi les autres, pour qu'en tirant toujours le neuviéme, on jette tous les Turcs avant que l'ordre tombe ſur les Chrétiens. On commence à compter par les Chrétiens, & on range autant de Turcs les uns auprès des autres, que le demande l'ordre des voïelles du vers ſuivant :

Populeam virgam mater regina tenebit.

O ſignifie ici quatre Chrétiens, V cinq Turcs, E deux Chrétiens, &c. (Voïez *Deſchales, Mundus Mathematicus, Tom. I.* & les *Récréations Mathématiques d'Ozanam, Tome I. & IV.*)

ARITHMETIQUE ARENAIRE. Invention profonde d'*Archimede* d'un nombre immenſe qu'on détermine avec une facilité merveilleuſe, & qui cependant, comme ce grand Géometre le démontre évidemment, eſt plus grand que le nombre de tous les grains de ſable, dont on pourroit remplir l'eſpace de tout l'Univers, juſqu'aux dernieres étoiles fixes. L'uſage de cette invention conſiſte à faire comprendre d'une maniere aiſée une ſuite preſqu'infinie de nombres. *Archimede* a écrit un Livre entier ſur cette *Arithmétique*, dans lequel il a démontré la poſſibilité de la choſe. *J. Ch. Sturm* a traduit ce Livre du Grec en Allemand avec les autres ouvrages d'*Archimede*, & il l'a publié augmenté de ſes Remarques. (*Voïez* GRAINS DE PAVOT.)

ARITHMOLOGIE. Nom qu'on donne quelquefois à l'arithmétique.

ARITHMONOMIE. Quelques Géométres appellent ainſi l'arithmétique élémentaire, ſpéculative & théoretique. (*Voïez* ARITHMETIQUE.)

ARM

ARMURE. Garniture d'un aiman qui en augmente la vertu ou la fixe & qui la conſerve. Tout aiman a régulierement deux points, par leſquels il attire le fer, & qu'on appelle ſes poles. On applanit ces points tellement, que deux platines de fer A B, (Planche XXII. Figure 231,) y répondent exactement; car plus exactement le fer s'y joint, plus l'aiman acquiert de la force. Chaque platine eſt revetue d'une piece C, C en forme de

parallélepipede. C'eſt à ces deux pieces, faites du meilleur acier, qu'on en applique une autre d'acier E où pend un crochet auquel on ſuſpend ce que l'aiman doit attirer. On les appelle alors les poles, puiſqu'en joignant étroitement les poles par leur fer, ils en font les fonctions. On ſerre ces platines avec deux bandes de cuivre F F, enſorte qu'elles ne puiſſent pas branler. Et pour mieux conſerver cette *armure*, & l'aiman même, on l'habille d'un cuir doux.

2. Une pierre d'aiman eſt *armée* lorſqu'elle eſt revêtue du côté de ſes poles de deux plaques d'acier, qui réuniſſent le concours de la matiere magnétique à deux têtes, ou deux bouts d'acier, ſur leſquels elle s'appuie. Cette *Armure* augmente conſidérablement ſa force. Elle en fait outre cela diſtinguer les poles avec plus de facilité. Afin qu'une pierre d'aiman ſoit bien *armée*, il faut que les plaques d'acier qui la couvrent, ne ſoient ni trop épaiſſes ni trop minces. Mais comment déterminer l'épaiſſeur convenable ? On eſt obligé d'y aller à tâtons. D'abord on commence à en donner trop, & on lime enſuite juſqu'à ce qu'on s'apperçoive que l'aiman, après avoir augmenté en force, vient à diminuer; ce qui avertit que l'épaiſſeur de l'*Armure* eſt ſuffiſante.

L'invention de l'*Armure* eſt une découverte toute neuve. Il eſt ſans doute ſurprenant qu'on ne ſache pas à qui on la doit. M. *Muſchenbroeck* qui parle ainſi de l'origine de l'*Armure*, réduit l'art d'armer un aiman à la ſolution de ce problème : *Quelle eſt la meilleure maniere avec laquelle l'aiman attire le plus fortement & leve le plus péſant fardeau.* Je ne connois point de Phyſiciens qui y ait travaillé avec plus de ſoin que ce ſavant homme.

3. Les Lecteurs apprendront avec plaiſir une découverte ſur l'aiman, qui vient d'être publiée depuis qu'on imprime cet Ouvrage. C'eſt une nouvelle maniere d'aimanter l'aiman, qu'on doit à un Médecin Anglois, & qui a été dépouillée & publiée en France par M. du *Hamel.* Voici le fait. Une lame d'acier de 12 pouces de long, étant aimantée à l'ordinaire avec un bon aiman, ſoit naturel, ſoit artificiel, enleve un certain poids. Mais ſi au lieu d'aimanter cette lame ſeule & immédiatement avec la pierre d'aiman on l'attache avec un fil de laiton ou une ficelle ſur l'extrémité d'une autre lame beaucoup plus longue, & qu'on les aimante en cette ſituation, alors la petite lame acquerrera un plus grand dégré de force. Une lame (de 12 pouces de long,) qui enlevoit 4 onces 2 gros étant aimantée à l'ordinaire, enleva en

l'aimantant de cette façon 7 onces 1 gros. (*Mémoires de l'Académie Roïale des Sciences,* année 1745.)

ARMILLAIRE. *Sphere Armillaire.* (*Voïez* SPHERE.)

A R P

ARPENTAGE. L'art de mesurer un terrain & d'en lever le plan. Pour mesurer un terrain il ne s'agit que de le diviser en parallelograme rectangle autant qu'il est possible. Ce qui reste en triangle, on prend l'aire de la superficie de chaque parallelograme & de chaque triangle, (*Voïez* AIRE,) & leur somme donne la valeur de la superficie cherchée. Cela n'est pas difficile. Le grand point est de tirer à l'œil les perpendiculaires convenables sur un terrain. Un graphometre en fait aisément l'affaire : mais les Arpenteurs ont un instrument qu'ils nomment *Equerre d'Arpenteur* encore plus commode. (*Voïez* E-QUERRE D'ARPENTEUR.)

Lorsqu'on veut lever un plan, on forme une échelle sur un papier qu'on divise en de petites parties qui représentent les toises, les pieds, les pouces, & l'on forme en rapportant les angles qui terminent le terrain, des parallelogrames & des triangles semblables de la grandeur que l'on veut. Le plan se trouve ainsi tout formé, (*Voïez* plus au long PLAN.)

La mesure des surfaces en général est encore du ressort de l'*Arpentage.* (*Voïez* SUR-FACE.) MM. de la *Hire* & *Ozanam* ont écrit particuliérement sur l'*Arpentage.* L'un & l'autre enseignent les parties de la Géométrie nécessaires à un Arpenteur ; je renvoïe à l'article de la GEOMETRIE *l'origine de l'Arpentage.*

A R Q

ARQUEBUSE , CANNE A VENT , ou **FUSIL d'AIR ,** car ces trois mots ne signifient que la même chose. C'est un instrument par lequel on démontre le ressort de l'air, dont l'usage s'étend à celui d'un fusil ordinaire. Il est composé de deux canons, entre lesquels on laisse un espace bien fermé où l'air est fortement condensé par une pompe foulante adhérente à ses canons. Les nouvelles *Arquebuses* ont la forme d'un fusil véritable, & on insere la pompe dans la crosse de façon qu'elle ne paroît pas. Deux soupapes, dont l'une au bout de la pompe empêche que l'air ne revienne quand on en tire le piston ; l'autre à l'extrémité du canon intérieur du côté de la culasse où l'on place une bale, concourent également à l'effet de l'*Arquebuse.* Une détente fait lever cette

derniere soupape, qui se referme aussi-tôt afin que l'air ne s'échappe pas entierement. Alors la bale part avec une telle force, qu'à 70 pas on ajuste parfaitement dans un cercle d'un pied de diametre. J'ai déja dit que les nouvelles *Arquebuses* étoient en tout semblables à un fusil. On y voit une platine, & par conséquent un *chien* & une gachete. Lorsque l'*Arquebuse* est chargée, c'est-à-dire, lorsque l'air y est condensé, on bande le chien, on couche en joue l'endroit auquel on veut viser & on tire la gachette. Dans ce moment la balle sort, mais sans bruit ou sans éclat. Seulement un doux sifflement se fait entendre, & avertit que le coup est lâché. On tire encore plusieurs coups, tant que l'air renfermé n'est pas parfaitement dilaté.

Je craindrois de manquer à ce que je dois pour la perfection de mon Ouvrage, autant que cette perfection peut dépendre de moi, si je négligeois de donner ici & la figure de l'*Arquebuse* & la description de cette figure. Car quelque claire que puisse être l'explication que je viens d'en faire, il faut avouer que la représentation d'un objet frappe bien plus que le détail le mieux circonstancié. On connoît le vers d'*Horace* :

Irritant animos demissa per aurem Segnius, &c.

L'intérieur de l'*Arquebuse* est représenté par la Figure 232 (Planche XXII.) A K est le canon dans lequel est une bale. Ce canon est entouré d'un autre canon CDRE. C'est dans ce canon que l'air est pressé & gardé. Un piston S agit dans une pompe M N. La pompe est placée dans la crosse du fusil ou de l'*Arquebuse.* Cette pompe sert à presser l'air dans le canon extérieur E C D R, & cet air y est retenu par la soupape P, près la base de la pompe. L'air qui est introduit, l'ouvre ; & celui qui est condensé la tient fermée. Proche de L est une autre soupape, dont l'usage est de fermer & d'ouvrir le trou de la lumiere qui est au fond du canon S, & dont le diametre est le même que celui du canon. Un ressort spiral pousse cette soupape en bas, dont la queue traverse une petite boete garnie de cuir gras, qui ne donne aucun passage à l'air. Après s'être recourbée elle vient, se jette proche du fusil dans un tuïau ou cannelure ; de sorte qu'on peut la mouvoir en devant & en arriere. Lorsqu'on tire la queue arriere, la soupape s'ouvre & laisse échapper l'air, qui sort alors par la lumiere située au fond du gros canon, & qui sortant chasse la bale. (*Voïez* l'*Essai de Physique* de M. *Muschenbroeck* , *Tom. II.*)

2. On attribue l'invention de l'arquebuse à vent à un nommé *Marin* , Bourgeois de Li-

fieux, qui en préfenta une à Henri IV. Les Hollandois, felon *Rivaut*, ont tort d'en faire honneur à l'un de leurs Compatriotes. (Voïez *les Elémens d'Artillerie* de *Rivaut*.) *Poliniere*, dans fes *Expériences Phyfiques*, & *Bion* dans la *Conftruction des inftrumens de Mathématique*, ont donné la defcription & la figure de l'ancienne *Arquebufe*. MM. *Mufchenbroeck* & *Nollet*, celle de la nouvelle. (*Effai de Phyf. Leçons de Phyfique expérimentale.*)

3. Après ce que je viens de dire de cet inftrument, tout le monde peut en conftruire. La chofe eft toute fimple, & chacun peut y mettre du fien, pourvû qu'on ne perde pas fon principe de vûe. On peut même aller plus loin & ajouter une condition à cet inftrument, qui contribuera beaucoup à le rendre plus parfait. M. *Bernoulli*, dans fon beau *Difcours fur les loix de la communication du mouvement*, a prouvé, qu'afin que la longueur du canon de l'*Arquebufe* donne le plus grand avantage à l'air pour pouffer loin la bale, il faut que *toute fa capacité foit à celle de l'efpace dans lequel l'air eft enfermé, comme le nombre de fois moins un que cet air eft plus denfe que l'air naturel eft à l'unité.* Ainfi fuppofant que la denfité, de l'air renfermé, foit 10 fois plus grande que la denfité de l'air dans fon état naturel, par l'art, le canon devra avoir neuf fois plus de capacité que l'efpace où l'air renfermé par la pompe eft contenu. Et cela afin que l'air condenfé foit après la dilatation, de même denfité que l'air extérieur, & que la bale ait acquis fa plus grande viteffe. (*Bernoulli Opera, Tom. III. p. 22.*)

On n'a pas de l'*Arquebufe* une figure plus ancienne que celle qu'*Otto Guerick* repréfente dans fes Expériences de Magdebourg, page 112. (*Ottonis de Guerick, Experimenta nova.*)

ART

ART CARACTERISTIQUE. Art qui apprend à repréfenter & exprimer diftinctement & de différentes manieres, moïennant quelques caracteres arbitraire, la nature, les proportions, & les propriétés des quantités; en forte qu'on puiffe fubftituer l'une à l'autre felon le befoin qu'on en a. Par ce moïen, on peut repréfenter en très-peu de termes ce qu'il faudroit autrement qu'on propofât par des définitions & des raifonnemens fort prolixes. C'eft pour cette raifon que cet art eft fi convenable aux inventions & aux démonftrations, & qu'il comprend feul les moïens de porter toutes les fciences au plus

haut degré. Je vais prouver par un exemple très-facile cet artifice d'abréger les expreffions. En écrivant 3 : 9 ═ 8 : 24, je dis autant de fois que le premier terme 3 eft contenu dans le fecond 9, autant de fois le troifiéme 8 eft compris dans le quatriéme 24. Ou en écrivant 11 ━ 5 ═ 24 ━ 18, je dis : d'autant d'unités que le nombre 11 furpaffe celui de 5, d'autant le nombre de 24 furpaffe celui de 18. Cet art eft la partie principale & tout le fondement de l'analyfe, dont *Viete* a ouvert la carriere; dont *Harriot* a applani le chemin, & dans lequel les modernes comme *Ozanam*, *Preftet*, *Newton*, *Wallis* & *Leibnitz* ont avancé fi confidérablement. (*Voïez* CARACTERES.)

ART DE CONJECTURER. Art de déterminer la probabilité d'une chofe ; par exemple, qui de deux a plus d'efperance de gagner dans le jeu ; combien on peut compter fur le fuccès d'un événement, &c. Cet art n'a point été cultivé jufqu'ici. M. *Jacques Bernoulli* eft le premier qui en a eu l'idée. Cependant il manque dans fon *Ars Conjectandi*, que fon coufin M. *Nicolas Bernoulli* a publié après fa mort, l'application à la morale & à la politique, & on n'y trouve d'exemples, que de plufieurs jeux tels que *Pafcal* & *Fermat* avoient donnés avant lui. M. *Hughens* eft le premier qui propofa d'une maniere folide & claire le fondement de cet art, que *Fr. Schooten* a publié avec fon confentement dans fes *Exercitationes Mathematicæ*, & dont M. *Bernoulli* a publié une nouvelle édition augmentée de fes favantes remarques pour fervir d'introduction à fon ouvrage.

Je ne donnerai point d'exemples fur ces *conjectures*, qui font purement mathématiques & entiérement fubordonnées à l'art des combinaifons. A l'article des JEUX DE HASARD on trouvera ce qu'on entend par cet art. Mais fur quoi les Mathématiciens ont véritablement *conjecturé*, c'eft fur l'état du genre humain. Rien de plus grand, de plus hardi, & de plus digne de leur attention. Il importe à tous les êtres raifonnables de favoir connoître cet état, parce qu'il intereffe tout le monde ; & je me perfuade que le réfultat d'un pareil travail ne peut que plaire à tous les Lecteurs, qui doivent attendre de cet Ouvrage les découvertes les plus importantes ou les plus curieufes.

La premiere *conjecture* qu'on a faite fur l'état des hommes, c'eft fur leur nombre. Plufieurs Savans fe font exercés là-deffus, & on voit par la différence de leur travail, qu'ils ont véritablement *conjecturé*. Voici leur calcul.

CALCUL

CALCUL OU CONJECTURE DU NOMBRE DES HOMMES
QUI SE TROUVENT SUR LA TERRE.

ROÏAUMES.	Nombre des hommes suiv. Riccioli.	Nombre des hommes suiv. Vossius.	Nombre des hommes suiv. Specht.	Nombre des hommes suiv. Rabus.
	Millions.	Millions.	Millions.	Millions.
L'Espagne	10	2	6	2
La France	19 ou 20	5	20	5
L'Italie, la Sicile, & autres Isles	11	2	11	5
La grande Bretagne	4	3	8	2
L'Allemagne, la haute partie	20	} 5	20	5
Les Païs-Bas, ou les 17 Provinces	4		5	2
La Suéde, le Dannemarck, & la Norwege	} 8	1	8	1
La Moscovie Européenne		4 $\frac{5}{6}$	16	3
La Turquie Européenne, la Grece, &c.	16 $\frac{1}{4}$	5 $\frac{2}{3}$	16	5 $\frac{1}{2}$
La Pologne & la Prusse	6	1 $\frac{1}{2}$	7	2 $\frac{1}{2}$
Somme du nombre des hommes en Europe	100	30	117	31
En Asie	500	300		
En Afrique	100	} 100		
En Amérique	200			
Sur toute la Terre	900	430		

De ces *conjectures*, la plus vraisemblable est celle de *Riccioli* tirée de *Botherus*, qu'on croit pourtant pêcher par excès. C'est ainsi qu'on vérifie le calcul de cet homme célèbre.

Par le calcul qu'on fit sous le regne de Louis XIV, à la réquisition du Duc de Bourgogne, on trouva dans la Généralité de Paris, sans y comprendre la Ville & son territoire, 856938 ames, parmi lesquelles étoient 239441 hommes au-dessus de 15 ans, c'est-à-dire, depuis 16 jusqu'à 56; dans la Généralité de Rouen environ 700000 personnes, dans celle d'Orléans 178571 hommes; dans Metz, Toul & Verdun 350700 personnes, non compris les domestiques étrangers, de l'un & de l'autre sexe; dans la Franche-Comté 336720 personnes, outre 400 Ecclé-

fiastiques; dans la Flandre Françoise 201012 personnes; en Bretagne 17000000; à Bourges 291232; dans le Bourbonnois 324232; dans la ville de Bourdeaux 34000 habitans; dans la Généralité de Pau 198000 hommes & femmes; dans le Lyonnois 363000 habitans, dont 69000 dans la Ville de Lyon; dans le Dauphiné 543585; en Provence 1006976; les nouveaux Convertis 94079; dans le Languedoc 1341487, suivant M. *Basville*, à 1441000, suivant M. *Boulainvilliers*, (Voïez *l'Etat de la France*, Tom. I. pag. 289;) dans Alençon 485817 personnes; dans Poitiers 612621; dans la Rochelle 360000; dans Tours 1066496.

Tous ces calculs réunis, en aïant égard aux à peu près, & sans perdre de vûe le plan de la *conjecture*, le nombre des habitans du

Roïaume de France montoit en 1700 à 19 millions, 385 mille, 378 perſonnes (*Mémoires* du Comte de *Boulainvilliers, page* 577.)

M. *Zing* compte en Angleterre 5 millions 500000 habitans. Quelques Auteurs ajoutent 500000 ſans y comprendre l'Irlande. *South* fait monter le nombre des habitans du Roïaume d'Irlande à 1034102. (*Tranſact. Philoſoph.* N°. 261.) D'où il ſuit, qu'on peut *conjecturer* avec aſſez de vraiſemblance qu'il y a 8 millions d'habitans dans toute la Grande Bretagne, au lieu de 3 ou 4 millions que lui comptent *Voſſius* ou *Botherus*.

Pour les autres Roïaumes, je ne ſache pas qu'on ſoit entré dans aucun détail. Il paroît qu'on évalue le nombre de leurs habitans en ſomme, tel qu'on l'a vû dans la table précédente. Seulement on ſait que ceux qui ont eu égard aux erreurs des différens Savans, qui ont évalué le nombre d'hommes qui étoient ſur la terre en 1700, penſent qu'alors le nombre ne pouvoit être que de 500 millions. Et voilà tout d'un coup 400 millions de moins qu'en avoient compté *Botherus* & *Riccioli*. Quoiqu'on ne faſſe ici que conjecturer, je croirois cette derniere eſtimatiom beaucoup plus juſte que celle de *Riccioli*. C'eſt le ſentiment le plus accrédité aujourd'hui.

Tout ceci n'eſt encore que la premiere partie de la connoiſſance de l'état du genre humain. Dans la ſeconde, il eſt queſtion de ſavoir ſi le nombre des hommes ſur la terre augmente ou diminue, ou s'il reſte le même. *Charles IX.* Roi de France, fit compter les habitans de ſon Roïaume il y a environ 160 ans, & on en trouva plus de 20 millions (*Voïez le Dictionnaire de Moreri* article *France.*) Or en comptant la différence, dont le nombre de 1701 fut trouvé moindre, on reconnoît que dans plus de 100 ans, le nombre des habitans ne s'y eſt pas augmenté ni diminué conſidérablement. Si de-là on peut tirer une concluſion pour tous les autres païs du monde, il ſuit, que le nombre des hommes ſur la terre ne varie pas. Il faut donc qu'il naiſſe autant de perſonnes par an qu'il en meurt. C'eſt un examen auquel pluſieurs Savans ſe ſont attachés, en faiſant conſerver les regiſtres mortuaires & ceux des naiſſances. A Londres on a été à ce ſujet aſſez exact. Et M. *Halley*, dont l'eſprit vaſte embraſſoit plus d'un objet, s'eſt ſervi des regiſtres tenus à Breſlau depuis l'an 1687 juſques à l'année 1691, pour calculer des tables des rentes viageres, en y repréſentant le nombre de chaque âge d'une année à l'autre. (*Tranſact. Philoſoph.* N°. 196.)

M. *Struiks*, qui a trouvé quelque choſe à redire aux tables de M. *Halley*, dit dans ſa *Géograhie Phyſique* écrite en Hollandois, Chap. VII. qu'il a conſtruit deux tables, dont la premiere ſert à ſavoir la proportion de pluſieurs âges de perſonnes qui vivoient en même-tems; la ſeconde eſt deſtinée pour l'uſage des rentes viageres. M. *Struiks* promet qu'il publiera ces tables. Son travail ſur le ſujet que j'examine eſt ſi bien entendu, qu'il ne peut que les faire deſirer. Ce ſavant Auteur prétend que tous les regiſtres qu'on a tenus juſques aujourd'hui ne ſont rien moins qu'exacts. Si on l'en croit, on n'a pas pris la bonne façon de les dreſſer. Voici la ſienne.

M. *Struiks* voudroit qu'on commençât à compter les perſonnes nées au-dehors & au-dedans d'un endroit chacun en particulier, & qu'on marquât enſuite d'une année à l'autre le nombre de ceux qui y naiſſent & qui y meurent, en diſtinguant les étrangers de ces derniers. Par exemple, ſuppoſons qu'on eut compté dans une ville 22000 perſonnes, parmi leſquelles il y en eut 2000 qui n'y fuſſent pas nées; que pendant 10 ans on y eut enterré 6340 perſonnes de la ville, & 1290 étrangeres, & qu'à leur place il y fut né 7872 enfans. Si après cela on comptoit les perſonnes une ſeconde fois, & qu'on en trouvât 18760 qui y fuſſent nées, & 1684 étrangers, il s'enſuivroit que le nombre de perſonnes y ſeroit diminué de 1556. Il y auroit donc 242 plus de nés que de morts; 974 étrangers y ſeroient venus, & 277 habitans de la ville auroient quitté leur patrie.

Paſcal (premier Auteur de l'*Art de conjecturer*,) le P. *Preſtet*, *Taquet*, *Wallis*, *Craige*, *Hugde*, *Hughens*, *Wit* grand Penſionnaire de Hollande, *Halley*, *Caramuc*, de *Montmort* (*Analyſe des jeux de hazards*, livre fort curieux qui mérite d'être lû, & qu'on lit avec plaiſir,) de *Moivre* & de *Mairan* ont réſolu différens problèmes ſur cet art. Avant tous ces Auteurs, *Jérome Cardan* avoit donné au Public un Ouvrage intitulé : *De ludo aleæ*, mais on n'y trouve que des réflexions morales, ſoutenues de beaucoup d'érudition.

ARTEMISIUS. Nom du ſeptiéme mois des Macédoniens dans la vieille année lunaire. Ils l'ont depuis réduit au cinquiéme de la nouvelle année ſolaire.

ARTICLE. Nombre réductible par 10 moïennant la diviſion, comme 50, 80, 100, &c. On l'appelle encore *Nombre rond*, *Numerus rotundus*.

ARTILLERIE. L'art de conſtruire des armes à feu & de s'en ſervir. Quelques Auteurs pensent que cet art a été inventé par *Constantin Anchtzen* en 1330, 50 ans après la découverte de la poudre à canon. Si l'on en croit d'autres, les Vénitiens en firent usage en 1366 à l'attaque de *Claudia Fossa*, où les Allemands leur porterent des bales, du plomb, & des petites pieces de canon formées avec de fortes toles de fer cerclées à peu près comme un tonneau; ceux-là les aïant trouvées utiles pour se défendre contre leurs ennemis, s'en servirent dans la suite. Telle est l'origine de l'*Artillerie* en général, & celle des canons en particulier. Pour la connoître plus en détail, il faut remonter à l'origine de la poudre, qui est l'ame de cet art.

On convient aujourd'hui que la poudre étoit usitée 70 ans avant *Barthold Schwart*, Cordelier, auquel on en attribue l'invention. *Roger Bacon* parle d'une composition fort connue de son tems semblable à celle que nous nommons poudre. D'ailleurs on sait surement que l'artillerie a été en usage long-tems avant 1380, tems où l'on prétend que les Vénitiens se servirent les premiers de la poudre dans la guerre qu'ils eurent avec les Genois. Mais enfin en quel tems & par qui la poudre a-t'elle été découverte? C'est ce qu'on ignore. Seulement on croit, que le salpêtre, qui forme le fond de la poudre, est dû aux Grecs ou aux Arabes, qui le découvrirent vers le milieu de l'ere Chrétienne. Cette croïance est fondée sur deux vérités : la premiere, que ces deux peuples cultivoient alors la Chimie & l'Alchimie ; la seconde, que le nom de salpêtre est tiré d'un mot arabe, qui exprime sa propriété explosive. Et sur ce que *Bacon* parle des compositions semblables à celle de la poudre, comme des choses fort communes & connues depuis long-tems, on en conclud, que l'invention de la poudre & la découverte du salpêtre sont du même âge. Moïennant quoi on frustre *Barthold Schwart* de l'honneur de cette invention. On lui fait celui de croire qu'il en a le premier introduit l'usage à la guerre.

Plus équitable que tous ces gens-là, je penserois volontiers que *Schwart*, & ceux qui vivoient de son tems, ne connoissoient pas la poudre, ou du moins ne la connoissoient pas telle que nous la tenons de ce Cordelier. On sait qu'une étincelle étant tombée sur une composition de salpêtre, de soufre, de charbon, faite au hazard & sans aucune vûe, le feu prit, & l'explosion jetta fort loin une pierre qui la couvroit. La nouvelle s'en répandit, & la poudre, proprement dite parut alors (en 1380) pour la premiere fois. D'abord on se hâta d'en faire usage sans au-

cune préparation, & on l'emploïa telle qu'elle étoit après l'avoir broïée. On mêloit le nitre, le soufre & le charbon en parties égales.

Les premieres pieces d'*Artillerie* furent des canons formés de plusieurs morceaux de fer joints l'un à l'autre en long, & fortement attachés avec des anneaux de cuivre. On jettoit avec ces canons des boulets de pierre extrémement gros & lourds, à l'imitation des anciennes machines, ausquelles ils venoient de succéder. Aussi le calibre de ces canons étoit énorme. L'histoire rapporte que *Mahomet II.* fit battre les murs de Constantinople en 1453 avec des pieces du calibre de 1200 livres. Ces pieces ne tiroient que quatre fois par jour. Aïant trouvé quelque tems après l'art de faire des boulets de fer, on travailla à diminuer & la grosseur des canons & leur forme. De-là vinrent les canons de bronze plus aisés à manœuvrer & plus forts de calibre. A ces machines de guerre succeda la bombe (*Voïez* BOMBE,) & l'*Artillerie* se perfectionna insensiblement au point où elle est aujourd'hui, sans qu'on puisse marquer ses progrès.

Quoique cet art n'ait point de bornes ; parce que les armes à feu, qui en font l'objet, peuvent être variées à l'infini, on doit cependant regarder la pirotechnie, la science du canon & de la bombe comme les élémens de cet art. (*Voïez* PIROTECHNIE, BOMBE, BATTERIE & CANON.) *Tartaglia* est est le premier qui a écrit du vol du canon, & après lui *Diego Usano*, *Galeus*, *Ulrick*, *Collado*, *Eldred*, *Anderson*, *Casimir Simienowitz*, *Joachim Braterius*, *Catherinot*, *Mallet*, *Belidor*, *Saint-Remi* se sont distingués sur l'*Artillerie*.

A S C

ASCENDANT. *Nœud ascendant*. Point où une planete coupe l'écliptique, en allant du Midi au Nord. Ce point par rapport à la lune, s'appelle *Tête du dragon*.

ASCENSION. Terme d'astronomie. C'est un point ou un arc de l'équateur, qui passe en même-tems avec une étoile ou autre point donné, soit par l'horison oriental ou par le méridien. On distingue l'*Ascension*, en *droite*, *apparente* & *oblique*.

ASCENSION DROITE. Arc de l'équateur ou d'un cercle parallele à l'équateur pris entre le premier point du bélier & le méridien, qui passe par le centre de l'astre. L'*Ascension droite* d'un astre se compte de l'Ouest à l'Est; de sorte qu'un astre peut avoir jusqu'à 360°. d'*Ascension droite*, comme un païs peut en avoir 360 de longitude. Aussi l'*Ascension droite* ne differe de la longitude d'un lieu , qu'en ce qu'on commence à compter les dégrés de celle-ci à l'Ifle de fer ou à l'Obfervatoire de *Paris* , & que ceux de l'*Afcenfion droite* fe comptent fur la fection du printems, qui eft le premier point du bélier. Tous les aftres qui font dans un même méridien , ont également l'*Afcenfion droite* , de même que tous les lieux qui font fous un même méridien ont la même longitude. Enfin, l'*Afcenfion droite* d'un aftre eft en tout conforme à la longitude d'un point fur la terre. Il faut fe garder cependant de confondre l'*Afcenfion droite* d'un aftre avec fa longitude. Car les aftres ont encore une longitude bien différente de leur *Afcenfion droite*. Les cercles, qui déterminent celle-ci , paffent par les poles du monde : ceux qui mefurent leur longitude paffent par les poles de l'écliptique. (*Voïez* LONGITUDE DES ASTRES.)

Le premier cercle d'*Afcenfion* eft le colure des équinoxes. D'où il fuit, qu'un aftre qui s'y trouve n'a point d'*Afcenfion droite*. On peut imaginer des cercles d'*Afcenfion droite*, autant qu'il y a d'aftres dans le ciel ; ou mieux, autant qu'il y a de dégrés dans l'écliptique. L'*Afcenfion droite* des étoiles ne change pas fenfiblement ; mais celles des planetes, qui font dans un mouvement continuel , varie. L'*Afcenfion droite* des étoiles fert à connoître l'heure de leur paffage au méridien. On en réduit les dégrés en tems folaire, en divifant 360°, 59', 8", 20''' par 24. Le quotient donne l'heure folaire. Les Aftronomes favent pourquoi l'on divife 360°, 59', &c. par 24 , & non 360 tout court. Les perfonnes , qui ne font point verfées dans l'Aftronomie feront bien aife, de l'apprendre : c'eft que le jour du premier mobile ou le jour des étoiles, eft plus grand que le jour folaire de 3', 56", & à peu près 33''', qui répondent aux dégrés 59', 8", 20''' d'excès fur 360°. Dans le livre de la *Connoiffance des Tems*, pour ne citer que celui-ci, on trouve des tables de l'*Afcenfion droite* des principales étoiles ; & celles du foleil. Telle eft la maniere de les calculer.

On commence d'abord à déterminer l'*Af-*

cenfion droite d'une étoile quelconque prife à volonté dans le ciel. Celle-là connue on en conclud aifément l'*Afcenfion droite* des autres étoiles. Or entre plufieurs méthodes que les Aftronomes ont imaginé pour la trouver, celle-ci eft la meilleure. 1°. Choififfez le tems où le foleil n'eft pas loin des équinoxes, & obfervez fa hauteur méridienne ou fa déclinaifon à midi. 2°. Obfervez l'*Afcenfion droite* de l'étoile choifie. 3°. Prenez par le moïen des hauteurs correfpondantes la différence d'*Afcenfion droite* de cette étoile , & le foleil au même inftant de midi.

Après le folftice fuivant, le foleil étant revenu vers le même parallele , obfervez pendant trois ou quatre jours de fuite fa hauteur méridienne & fa différence d'*Afcenfion droite* avec la même étoile (afin de pouvoir déterminer de ces obfervations l'inftant auquel le foleil a été précifément dans le même parallele que dans la premiere obfervation ,) & la différence d'*Afcenfion droite*, pour le même inftant. On aura ainfi , premierement deux inftans aufquels le foleil a été à égale diftance du tropique , (parce qu'à diftance égale de part & d'autre d'un tropique les déclinaifons font égales, & en même-tems les arcs de l'équateur font égaux ,) en fecond lieu par les différences d'*Afcenfion droite* , qui répondent à ces deux inftans, on aura encore l'arc de l'équateur, ou le mouvement du foleil en *Afcenfion droite* dans l'intervalle des deux inftans. Donc le tropique coupe cet arc en deux également , & le complement de la moitié de cet arc eft l'*Afcenfion droite* véritable du foleil au tems de la premiere obfervation.

L'*Afcenfion droite* du foleil étant ainfi déterminée , la différence l'eft auffi à caufe de la différence obfervée. Pour faciliter l'exécution de ces regles, dont le réfultat eft fi important en Aftronomie, je vais donner l'exemple que propofe M. l'Abbé *De la Caille*, après avoir prefcrit les regles précédentes. (*Leçons élémentaires d'Aftronomie , Art. IX.*)

Suppofons qu'on ait fait avec cet Aftronome les obfervations fuivantes.

	Hauteurs méridiennne du centre du Soleil.	Différence d'Afcenfion droite *entre le Soleil & l'étoile procyon à midi.*
Obfervées. {	Le 4 Avril à midi 4°, 58', 41",	97°, 52', 10", à l'Orient.
	Le 6 Septembre 47°, 29', 32",	53°, 39', 29", à l'Occident.
	Le 7 Septembre 47°, 7', 1",	54°, 33', 36", à l'Occident.
	Le 8 Septembre 46°, 44', 24",	55°, 27', 43", à l'Occident.

En interpolant ces Obfervations , on trouve que le foleil auroit eu la même hauteur méridienne 46°, 58', 41", que le 4 Avril, s'il avoit été dans le méridien le 7 Septembre à 8 heures 50' du soir, & qu'alors la différence d'*Ascension droite* avec l'étoile eut été de 54°, 53', 39", à l'Occident. Donc depuis le 4 Avril à midi jusques au 7 Septembre à 8 heures 50' du soir, le soleil a parcouru 152°. 45', 49" en *Ascension droite*. D'où il suit, que le 4 Avril à midi le soleil étoit éloigné en *Ascension droite* du tropique du cancer de 76°, 22', 54", 30''', & avoit 13°, 37', 5", 30''' d'*Ascension droite*. Par conséquent l'étoile procyon, qui étoit alors plus orientale de 97°, 52' 10", avoit 111°, 29', 15", 30''' d'*Ascension droite*.

Quand l'*Ascension droite* d'une étoile est connue, il est aisé de déterminer celle de toutes les autres en procédant ainsi.

Comme les étoiles font une révolution entiere en 23 heures 56' 4" de tems moïen, (parce qu'une révolution entiere d'une étoile répondant à 360° de l'équateur, tandis qu'un jour moïen répond à 36°, 59", 8", la différence 59', 8" étant réduite en tems, donne 3', 56". Ainsi les étoiles anticipent chaque jour sur le tems moïen de 3', 56".) Si à l'aide d'une horloge reglée au tems moïen on a observé qu'une étoile a passé au méridien une heure après une autre, on fera cette regle de trois : 23°, 56', 4", tems d'une révolution entiere, sont aux 360° de l'équateur, qui passent au méridien pendant ce tems, comme une heure de différence entre le passage des deux étoiles est à 15°, 2', 28" de différence entre leur *Ascension droite*. Cette Ascension d'une de ces étoiles étant donc connue, l'autre l'est aussi par cette regle. Connoissant l'*Ascension droite* d'une étoile & étant muni d'une bonne horloge, on est en état de déterminer l'*Ascension droite* de tous les astres : ce qui est un grand avantage en Astronomie.

L'*Ascension droite* des astres sert 1°. à connoître leur longitude & leur latitude, (*Voïez* LATITUDE DES ASTRES & LONGITUDE DES ASTRES;) 2°. à marquer l'ordre suivant lequel la révolution diurne des astres se fait; 3°. à déterminer l'intervalle de tems qu'ils emploïent à se succéder les uns aux autres sur-tout par rapport au méridien; 4°. à calculer l'heure du passage d'un astre par le méridien, par cette méthode: On prend la différence entre l'*Ascension droite* de l'étoile & celle du soleil pour le midi du jour dont il s'agit ; on convertit cette différence en tems, à raison d'une heure pour 15 dégrés : ce qui donne à peu près l'intervalle de tems entre midi & le passage de l'étoile par le méridien. Enfin le dernier usage de l'*Ascension droite* consiste à trouver à un instant donné la distance d'une étoile au méridien d'un lieu. A cette fin, on convertit en dégrés, comme auparavant, l'intervalle de tems entre midi & l'instant donné ; on les ajoute à l'*Ascension droite* qu'a le soleil dans ce même instant, & on retranche de la somme l'*Ascension droite* de l'étoile. (Quand la somme est plus petite que l'*Ascension droite*, on ajoute 360°. à cette somme.)

ASCENSION DROITE APPARENTE. Point de l'équateur avec lequel le lieu moïen du soleil ou de la planete arrive sous le méridien.

ASCENSION DROITE DU CIEL MOÏEN. Point de l'équateur qui se tient sous le méridien dans un tems fixe. *Wing*, dans son *Astronomia Britann. Liv. V. Prat.* 36. fait voir de quelle maniere on peut s'en servir pour le calcul des éclipses du soleil.

ASCENSION OBLIQUE. Arc compris entre le premier point du belier ou le colure des équinoxes & le point de l'équateur, qui se leve avec l'astre. De façon que si ce point de l'équateur est éloigné de 100° du commencement du bélier, l'astre aura 100° d'*Ascension oblique*.

ASCENSION DROITE DU SIGNE. Arc de l'équateur, qui passe avec un des signes célestes, c'est-à-dire, avec une des douze parties de l'écliptique par l'horison des peuples qui demeurent sous la Ligne. On a besoin de cet arc pour savoir le tems qu'emploïe un signe céleste, par exemple, la balance, à se lever entiérement sous l'équateur.

ASCENSION OBLIQUE DU SIGNE. Arc de l'équateur qui passe avec un des signes célestes par l'horison des peuples qui demeurent entre la Ligne équinoxiale & le pole. On a besoin de cet arc pour savoir le tems qui s'écoule pendant que le signe céleste se leve dans nos climats.

ASCENSIONNELLE. *Différence Ascensionnelle.* C'est la différence qu'il y a entre l'ascension droite & l'ascension oblique d'un astre ; ou ce qui revient au même, c'est l'arc de l'équateur compris entre la section du méridien, qui passe par le centre de l'astre & le point de l'équateur qui se leve avec l'astre. La *différence Ascensionnelle* du soleil est l'espace du tems du lever & du coucher du soleil avant ou après 6 heures. La connoissance de sa *différence Ascensionnelle* sert à déterminer l'heure de son lever & de son coucher. Et voici comment. Il faut d'abord prendre la *différence Ascensionnelle* du jour proposé. On la trouve après avoir connu la déclinaison du soleil & la hauteur du pole; l'un pour le jour, l'autre pour le lieu où l'on est, en faisant cette regle de trois : *la tangente du complement de la hauteur est à la tangente de la déclinaison du soleil* (ou de tout autre astre si on demandoit la *différence Ascension-nelle* d'un autre astre que le soleil,) *comme le sinus total est au sinus de la différence Ascensionnelle.* Cette *différence* connue, on la réduit en heures en divisant ses dégrés par 15. Si la division faite il reste quelque nombre on les multiplie par 4, afin de le réduire en minutes d'heures. Il ne faut plus qu'ajouter l'heure que donne la *différence Ascensionnelle* à 6 heures, pour avoir 6 heures du coucher du soleil, & l'ôter pour celle du lever. Cette regle suppose que le soleil & le pole sont du même côté du lieu où l'on est. Dans le cas où cette condition n'existe point, on fait tout le contraire; je veux dire ou souftrait de 6 heures pour le lever du soleil, & on ajoute pour le coucher.

ASCIENS. Terme de sphere. Nom qu'on donne aux peuples qui en un certain jour de l'année n'ont point d'ombre, savoir quand le soleil se trouve précisément dans leur zenith. Ce sont les peuples qui demeurent entre les tropiques dans les zones brûlées, avec cette différence, que ceux qui demeurent directement sous la ligne équinoxiale sont deux fois l'année *Asciens* ou *sans ombre*, ce qui arrive quand le soleil entre dans le ♈ & dans la ♎. Après ce tems ils jettent l'ombre une fois vers le Sud & l'autre fois vers le Nord; & c'est pour cette raison qu'ils sont appellés *Asciens-Amphisciens.* Ceux au contraire qui demeurent sous les tropiques ne sont *Asciens* qu'une fois l'an, quand le soleil entre dans le signe du cancer ou du capricorne. Dans tout autre tems ils jettent leur ombre une fois devant eux, & l'autre fois derriere; *Varenius* (*Geograph. univers. Liv. II. Ch.* 27.) les appelle *Asciens Heterosciens.* Si l'on en croit d'autres Géographes, il faut distinguer ces peuples des peuples seulement *Amphisciens,* c'est-à-dire, *Bin-ombres,* & *Heterosciens,* c'est-à-dire *Un-ombres* ; & remarquer que les Amphisciens, qui demeurent sous l'équaquateur, n'ont presque point d'ombre pendant deux jours; que ceux qui sont sous les tropiques n'en manquent presque qu'un jour.

A S P

ASPECT. Position respective ou situation des planetes dans le zodiaque, les unes à l'égard des autres. On distingue cinq sortes d'*Aspects*, le *Sextil*, le *Quadrat*, le *Trine*, l'*Opposition* & la *Conjonction.*

L'*Aspect sextil* est la distance de deux planetes de la sixiéme partie du zodiaque, ou de 60°. Cet *Aspect* est marqué par une étoi-le ✳. L'*Aspect quadrat* est la distance de la quatriém partie ou de trois signes qui valent 90°; on le désigne par cette figure ☐. L'*Aspect trine* est, comme son nom l'indique assez, la distance de la troisiéme partie du zodiaque ou de quatre signes, & par conséquent de 120. Cet *Aspect* se figure par le triangle △. *Opposition*, 4ᵉ *Aspect.* Eloignement des étoiles de la moitié du zodiaque ou de six signes, c'est-à-dire, de 180°; on connoît cet *Aspect* par cette marque ☍. Enfin dans la *conjonction*, dernier *Aspect*, ainsi designé ☌, la situation des planetes est la même dans le zodiaque en longitude. Afin de donner une figure de ces *Aspects*, les Astronomes placent dans deux cercles parallèles B A, (Plan. XII. Figure 11.) D C, qui forment une bande pour représenter le zodiaque, placent, dis-je, les 12 signes & divisent le cercle en différentes parties suivant les différens *Aspects.* Ces divisions sont caractérisées par la marque ordinaire de ces *Aspects.* Ainsi dans la figure le cercle est divisé pour le *Trine* en trois parties ♌, ♐, ♈; en quatre ♎, ♋, ♈, ♑ pour le *Quadrat* ; pour le *Sextile* en six ♎, ♌, ♊, ♈, ♒, ♐, & en deux ♎, ♈, pour l'*Opposition.* La conjonction se fait sur la même ligne que l'opposition. Chaque division est caractérisée par les différens signes qui ont été designés aux *Aspects* particuliers: celui du *Quadrat*, par exemple, par cette marque ☐, le *Trine* par celle-ci △, &c.

2. On comprend sans doute que les planetes, par leur mouvement, doivent changer leur *Aspect* réciproque; de sorte que deux planetes, qui auroient l'*Aspect sextil*, l'auront dans la suite *quadrat.* Lorsqu'on connoît les longitudes des planetes pour un méridien, pour un jour, & pour une heure donnés, rien n'est plus aisé que de trouver l'*Aspect* de deux planetes. Qu'on ôte la plus petite longitude de la plus grande, le reste sera la distance des deux planetes; & si cette distance est de 3 signes, l'*Aspect* sera *quadrat* ; de 4 l'*Aspect* sera trine; ainsi des autres, conformément à ce que je viens d'en dire.

A ces *Aspects*, *Kepler* en ajoûte neuf autres; le *demi-sextil* ou de 30°, le *decil* ou de 36°, l'*octil* de 45, le *quintil* de 72°, &c. Mais les Astronomes s'en tiennent aux 5 dont j'ai fait mention; parce qu'on pourroit les multiplier, si l'on vouloit, à l'infini; & qu'il ne doit être question que des situations remarquables des planetes.

ASPECT. En terme d'Astrologie, c'est la situation d'une planete par rapport à l'autre, à laquelle les Astrologues attribuent des vertus singulieres. Ils admettent les *Aspects* des Astronomes, qu'ils appellent *Configurations*, &

qu'ils divisent en deux classes. De la premiere est l'*Aspect partie*, qui se trouve lorsqu'il ne manque rien aux *Aspects*; & de la seconde est le *platique*, c'est-à-dire, un *Aspect* où il manque quelques dégrés, ou même quelques minutes. A ces *Aspects* on attribue des changemens desquels on fait dépendre les actions mêmes humaines. Voici un exemple ridicule tiré de *Schoner*, *Opuscul. Astrolog. Par. II. Canon 2*, où l'on voit quelles actions on doit ou ne doit pas entreprendre dans la vie commune pour chaque *Aspect* de la lune & des planetes. Il dit que ☽ ☍ ♄ fait un jour malheureux, auquel on ne doit ni voïager, ni avoir à faire à des gens de la campagne, ni parler avec des grands Seigneurs, ni avec des vieilles gens; que ♀ △ ☽ est très-favorable à ceux qui cherchent l'amour des femmes, & à la propagation; que ☽ ☍ ♀ est bon pour engager des domestiques, & pour conclure des mariages. C'est à cause de cette influence qu'on distingue encore les *Aspects* en *bons* & *mauvais*. Ils sont bons, quand les planetes s'entrevoïent d'un doux regard, comme dans le △ & dans le ✳; mais ils sont mauvais, s'ils se regardent de mauvais œil, comme dans le ☍ & le □. Celui de ☌ n'est ni bon ni mauvais.

ASS

ASSAUT. Terme de fortification. Attaque à force d'armés d'un poste d'une place, afin de s'en rendre maître. *Monter à l'Assaut*. C'est se loger sur la brêche. Un pareil logement est toujours difficile & toujours sanguinaire. Par-là il demande bien des précautions. La premiere chose qu'on fait est d'envoïer des sappeurs du côté de l'épaule, où ils sont ordinairement à couvert. Ces sappeurs commencent à tirer les décombres de la brêche, & font place à d'autres qui montent & qui se retirent, lorsque l'ennemi paroît. Sur celui-ci l'assiégeant ne manque pas à faire un feu très-vif. Cet accueil si dangereux chasse l'ennemi, & l'oblige de laisser en paix les sappeurs recommencer les ouvrages qui facilitent le passage du fossé & de la *montée*. Alors, après avoir redoublé le feu des batteries de toute sorte, sans oublier celui de la mousqueterie, les meilleures troupes de l'infanterie précédées de 160 grenadiers, qui montent à leur tête, & soûtenus de 200 soldats, se logent à plein saut sur la brêche, poussant de vive force tout ce qui se présente devant eux.

ASSYMETRIE. Terme d'Algébre. Nombre proposé dans lequel il n'est pas possible de trouver un autre nombre, tel qu'on le souhaiteroit, comme si l'on demandoit la racine quarrée ou cubique de 12. Lorsqu'une équation est affectée de pareils nombres, c'est-à-dire, qu'elle a une *Assymetrie*, on l'en délivre, en quarrant ou en cubant le membre de l'équation, qui n'a point de signe radical. On a cette équation $\sqrt{a b y y + a a - b y} = a + b$. Pour dégager le signe radical ou pour faire évanouir l'*Assymétrie*, on quarre $a + b$; ce qui donne $a b y y + a a - b y = a a + 2 a b + b b$.

ASSYMPTOTES. Lignes droites adhérantes à une courbe, & qui étant prolongées à l'infini, ne sauroient se rencontrer. Pour concevoir plus clairement la nature de ces lignes, on peut les regarder comme des tangentes à une courbe qui ne les touche qu'à une distance infinie. De toutes les courbes du 2e dégré, telles que les sections coniques, l'hyperbole est la seule qui ait deux *Assymptotes*. Les courbes du 3e dégré en ont trois; celles du 4e dégré peuvent en avoir quatre.

AST

ASTRAGALE. Petite moulure ronde, qui entoure le haut du fust d'une colonne, lorsqu'on y taille des grains ronds ou oblongs. On nomme l'*Astragale*, *Baguette*, & les ouvriers, *Chapelet*.

ASTRE. Corps lumineux par lui-même, ou par une lumiére empruntée. On en voit de deux sortes. Les uns se meuvent dans les Cieux; les autres y gardent une situation constante & réciproque. Les premiers sont appellés *Planetes*, ou *Astres errants*; les seconds *étoiles fixes*. (*Voiez* PLANETES & ETOILES FIXES.) Par les lunettes on a découvert plusieurs nouveaux *Astres* dans le Ciel. Mais cette découverte ne nous a pas plus instruit sur leur nature, que nous l'étions auparavant. M. de *Fontenelle*, qui prouve agréablement que les planetes sont autant de mondes, dit aussi que leurs habitans prennent notre terre pour un *Astre*. M. *Huguens* l'avoit déja pensé, & il étoit réservé à l'ingénieux Auteur de la *Pluralité des Mondes*, de rendre la chose probable. On pourroit étaïer cette pensée d'une opinion qui, quoique ancienne, n'en est pas pour cela moins de mise. *Pythagore*, Inventeur de la Musique, prétendoit que les *Astres* font par leur mouvement un concert mélodieux. Là-dessus *Censorin* à qui cette idée n'étoit point échappée, composa sur le champ un systême d'Acoustique céleste. Cet Auteur remarque que de la terre à la lune il y avoit un ton de Musique; de la lune à Venus un $\frac{1}{2}$ ton; de la terre au soleil trois tons: ainsi du reste. Le concert qui devoit & qui doit résulter de ces tons, eft fans doute gracieux. Heureux ceux qui l'ont entendu! M. *Pelisson* railloit un Profeffeur fort célebre, qui l'entendoit, au moins en partie. Mais cette raillerie prouve feulement qu'il avoit les oreilles moins fines que le Profeffeur. Je veux que le fait foit douteux, car je ne contefte point. Mon deffein feulement eft de chercher la caufe de ce concert. Et voici mon raifonnement. Si les *Aftres* font habités, les hommes doivent être différens, & felon la groffeur des *Aftres*, & de leur atmofphére, les effets naturels; tels que le tonnerre, le mouvement des eaux, le bruit même que font les hommes doivent l'être auffi. Or tous ces bruits particuliers de chaque *Aftre* étant variés, on doit entendre différens fons. C'eft fans doute ces fons que foupçonnoit *Pythagore*; que *Cenforin* avoit accordés, & dont le Profeffeur avoit été témoin auriculaire. La pluralité des mondes admife, l'idée de *Pythagore*, & le fyftème de *Cenforin* n'ont plus rien de chimérique.

On ne fait quelle eft la figure des *Aftres*. Celle de la terre à peine nous eft-elle connue. (*Voïez* TERRE.) A plus forte raifon devons-nous ignorer la figure des *Aftres*, qui font fi éloignés de nous. Si l'on fe contente cependant d'un fyftème ingénieux là-deffus, on le trouvera dans le Livre de M. *de Maupertuis*, fur la *Figure des Aftres*.

ASTROLABE. Inftrument d'Aftronomie plat, en forme de planifphére, ou d'une fphére décrite fur un plan armé d'une alidade mobile à fon centre, garni de deux pinnules. Le Lecteur juge bien qu'il s'agit ici d'une projection ftéréographique, où l'œil eft placé au centre de la projection. L'*Aftrolabe* repréfente les principaux cercles de la fphére célefte fur le plan d'un de fes plus grands cercles; tel qu'eft l'horizon & le méridien, de la même maniere qu'ils paroîtroient à l'œil élevé au-deffus de la fphére, jufqu'à une hauteur à pouvoir voir tout l'hémifphére. Selon qu'on prend ce lieu, ou ce point de l'œil, on donne des noms différens à cet *Aftrolabe*. On l'appelle *univerfel*, lorfqu'il eft difpofé de façon qu'on puiffe s'en fervir dans tous les lieux de la terre; & *particulier*, lorfqu'il eft conftruit felon une certaine hauteur du pôle, & que par conféquent il ne peut fervir que dans ces lieux qui ont la même hauteur du pôle. De cette efpece eft le célebre *Aftrolabe* de *Ptolomée*. Parmi les *Aftrolabes univerfels* on eftime beaucoup celui de *Gemma Frifius*, dont il a donné une defcription fort exacte, de même que de l'*Aftrolabe* que *Jean Stoefler*, décrit dans un ouvrage particulier, où l'on a oublié d'avertir que l'invention n'étoit pas de lui. C'eft à *Jean de Royas* qu'on doit l'*Aftrolabe*. (*Voïez l'ufage des Aftrolabes tant univerfels que particuliers*, & *Defchalles Mundus Mathematicus*, Tom. IV. *Tacquet Opera Math.* T. I. & le *Traité des Aftrolab.* par *Bion.*)

L'*Aftrolabe* fervoit autrefois à obferver les aftres, & à réfoudre mécaniquement prefque tous les problèmes de la Trigonométrie fphérique. *Ptolomée*, *Royas*, *Gemma Frifius* ont donné des conftructions particulieres de l'*Aftrolabe*; *Clavius*, *Stauler*, *Steller*, & *Henrion* en ont fait le fujet de Traités entiers.

2. Deux Médecins nommés *Rotheric* & *Jofeph*, reconnus pour des Mathématiciens habiles, ont appris les premiers aux Marins à fe fervir de l'*Aftrolabe*. Ce fut par ordre de *Jean II.* Roi de Portugal, qu'ils inftruifirent les Pilotes de la pratique de cet inftrument. Leurs leçons eurent tant de fuccés, que par fon moïen les Portugais avancerent au-delà de l'Equateur, & que *Jacques Canut* découvrit le Royaume de *Congo*. Cependant l'*Aftrolabe* en fortant des mains de l'Aftronome, n'étoit pas tel qu'il le falloit aux Marins. Ceux-ci le fimplifierent, & en changerent & la forme & la matiere dont il eft compofé. De forte que l'*Aftrolabe* des *Marins* eft un gros anneau de cuivre, A B C D, (Planche XVII. Fig. 242.) divifé en 4 parties. Ces 4 parties font divifées elles-mêmes en 90°. Une alidade P P, comme à celles des Aftronomes, mobile fur fon centre, porte deux pinnules à fes extrémités. Lorfqu'on veut s'en fervir, on fufpend l'*Aftrolabe* par une boucle A, qui y eft atachée, de façon qu'elle foit bien perpendiculaire à l'horifon, & on fait tourner l'alidade jufques à ce que les raïons de l'aftre paffent par les deux pinnules. L'angle formé par l'alidade & par le diamétre horizontal de l'*Aftrolabe* renferme les dégrés de hauteur de l'aftre fur l'horifon.

Cet inftrument paroît fimple, commode; il a mérité le fuffrage du P. *Fournier*. Malgré cela, on peut & on doit le dire; il eft impraticable fur mer. *André Garcia*, le P. *Fournier*, le P. *Defchalles* ont écrit particuliérement fur l'*Aftrolabe* de mer.

ASTROLOGIE. Idée d'un art par lequel on prétend, en connoiffant le cours & l'influence des aftres, prédire l'avenir. l'*Aftrologie* nous a été tranfmife des *Chaldéens* par les Arabes, & elle a été introduite dans les Indes par les Brames. Les Aftrologues, quoique fondés fur des principes *fpontanés* & *chimériques*, ont eu néanmoins l'effronterie d'emprunter des Aftronomes la divifion du Zodiaque en 12 fignes, & la figure de ces fignes. A cela près, tout le refte eft de leur art; ou de leur propre fonds & comiquement ridicule. De gaieté gaîeté de cœur, & par la seule raison que cela leur plaît, ils supposent que le printems est humide & sanguin ; que l'été est chaud, sec & colérique ; que l'automne est froid, sec & mélancolique ; & que l'hiver est froid, humide & flegmatique.

Outre ces belles choses, ils veulent encore que les planetes aïent des qualités, telles que l'humidité, la sécheresse, la bénignité, l'inconstance, &c. Mercure, par exemple, est changeant & inconstant ; la lune, froide & humide ; le soleil, chaud & sain, &c. Avec de pareilles suppositions les *Astrologues* s'érigent en Prophétes. Par la conjonction de la lune avec Saturne, ils prédisent le bon & le mauvais tems. Quelquefois, & selon que leur fantaisie le leur dicte, car ils n'ont pas d'autres regles, ils mettent à contribution Jupiter en conjonction avec Saturne pour le même sujet. Ce n'est pas encore là le plus merveilleux. Qu'on les instruise de l'année, du mois, du jour, & de l'heure de sa naissance, ils donneront, (ce qui est admirable,) la bonne ou la mauvaise fortune. Ils établissent plusieurs regles inutiles à l'égard du jardinage & de l'agriculture, dont on remplit encore aujourd'hui sans aucun discernement ces sortes de livres ; marquent les jours heureux ou malheureux dans les almanachs & dans les livres astrologiques ; indiquent les jours où il est bon de planter, de semer, de couper le bois pour bâtir, de se purger, de ventouser, de se baigner, de se saigner, de sevrer les enfans, de couper les cheveux, &c. & tâchent même de pousser cette doctrine des influences célestes jusqu'à vouloir deviner les événemens futurs, qui arriveront depuis la naissance jusqu'à la mort d'un homme ; ce qu'on appelle communément dresser les *nativités.* En un mot, un *Astrologue* est, comme l'ont dit agréablement des Auteurs célebres, le *Trucbement des Etoiles.* Tous ces arts pris ensemble font ce qu'on appelle *Astrologie,* qui a été fort estimée des anciens, & que les plus grands Astronomes ont défendu avec beaucoup de zéle jusques dans le siécle passé, comme nous voïons par les écrits du grand *Kepler,* qui étoit lui-même livré à ces rèveries. *J. B. Morin,* Professeur des Mathématiques à Paris, a tâché de la réduire en forme de science dans son *Astrologia Gallica ;* d'en donner des regles sures, & d'en prouver la certitude dans une longue Préface. Mais on peut dire qu'il y défend plûtôt les objections qu'on a toujours faites contre cet art, que donné des fondemens solides pour l'établir. Cet art est encore décrit dans quatre Livres de *Claude Ptolomée,* qu'*Erasme Oswald Schrekenfuchs* a publié avec son *Alma-*

geste, sous le titre de *Ptolomæi Opera. François Junctin* en traite encore dans son *Speculum Astrologiæ,* qu'il a publié en 2 *Tomes l'an 1581 ;* & il est exposé en abrégé par *Jean Schoner* dans ses *Opuscul. Astrolog.*

Quelques Auteurs qui ont confondu un peu trop l'*Astrologie* avec l'Astronomie, ont prétendu que *Ptolomée* & *Régio Montanus* ont été de grands *Astrologues,* si l'on peut être grand en professant des fariboles. Le célebre *Junctin, Argelus, Rantsau,* & surtout le subtil *Cardan* sont plus dignes de ce titre. L'Histoire rapporte que ce dernier s'avisa un peu témérairement de prédire le jour de sa mort. Comme il se sentit bien portant peu de tems avant que ce jour arrivât, il craignit que sa prédiction ne se trouvât fausse ; & eut recours à un stratagême inconnu à ses confreres, & qui lui réussit parfaitement : il se laissa mourir de faim.

ASTRONOMIE. Science des corps célestes ; de leur mouvement, de leur grandeur, de leur lumiere & de leur distance. L'origine de cette science est fort obscure. On ne peut pas douter, dit M. de *Cassini,* (*Recueil d'Observations faites en plusieurs voïages,* par ordre de Sa Majesté, & du progrès de l'*Astronomie,*) que l'*Astronomie* n'ait été inventée dés le commencement du monde. Comme il n'y a rien de plus surprenant que la régularité du mouvement de ces grands corps lumineux, qui paroissent tourner continuellement autour de la terre, on conjecture qu'une des premieres curiosités des hommes a été de considérer leurs cours, & d'en observer les périodes. Ce ne sont là que des conjectures, qui peuvent être des garants de l'antiquité des Observations Astronomiques ; mais non des regles de ces Observations. *Josephe* rapporte dans son *Histoire des Juifs* qu'on doit aux descendans de *Seth* la science des Astres, & la connoissance des corps célestes. Ceux-ci aïant appris d'*Adam,* (si l'on en croit cet Auteur,) que le monde périroit par l'eau & par le feu, craignirent que leurs découvertes dans l'*Astronomie* ne se perdissent. Pour les conserver, on dit qu'ils éleverent deux colonnes, l'une de brique, & l'autre de pierre, sur lesquelles ils graverent les connoissances qu'ils avoient acquises, afin de les conserver à la postérité, malgré l'eau & le feu. *Josephe* ajoûte que cette prévoïance leur réussit ; & que l'on voïoit de son tems l'une de ces colonnes.

Après le déluge, le premier qui se distingua dans l'*Astronomie,* fut *Uranus* Roi des premiers habitans de l'Océan Altantique. La connoissance particuliere du Ciel le fit passer pour un Dieu, ou du moins, pour un des parents des Dieux. *Zoroaſtre*, à qui on a attribué l'invention de la Magie, ſe fit admirer par ſon application à cette ſcience, & par les connoiſſances qu'il y avoit acquiſes. Les Chinois ont une vénération toute particuliere pour leurs premiers Rois (l'an 4000,) parce qu'ils avoient fait faire pluſieurs Obſervations Aſtronomiques que ces peuples conſervent. (*Voïez* l'*Hiſtoire de l'Aſtronomie* de M. de *Caſſini* dans le *Recueil d'Obſervations* ci-devant cité.)

Il eſt fâcheux qu'on ne connoiſſe point le travail de ces premiers Aſtronomes. Il y a tout lieu de croire que ſon fruit n'avoit pas été bien conſidérable. Auſſi quelques Savans penſent que l'*Aſtronomie* proprement dite, j'entends la ſcience des Aſtres, eſt dûe aux Hébreux en général; que ces peuples l'ont tranſmiſe aux Egyptiens, & que ceux-ci en ont fait part aux Chaldéens. Cette opinion n'eſt pas univerſellement reçue. Il eſt des Aſtronomes qui veulent que les Chaldéens l'aïent tranſmiſe aux Egyptiens. Quoiqu'on diſe que les Egyptiens ont donné les premiers les dimenſions de la terre, cependant la voix générale eſt que c'eſt aux Chaldéens qu'on doit ce glorieux travail; & que celui qui l'entreprit eſt nommé *Belus*. Pour appuïer ce ſentiment, *Diodore* de Sicile (Liv. 2. Ch. 8.) dit que cette nation n'a jamais été ſi ſavante, & pendant un ſi long eſpace de tems. Après les Chaldéens, les Hébreux & les Egyptiens ſe ſignalerent dans la ſcience des Aſtres; & on aſſure que les Pyramides, & les Obéliſques antiques, élevés dans l'Egypte, n'étoient pas pour l'ornement; mais pour prendre la hauteur du ſoleil par leur ombre. Trois cens ſoixante Prêtres étoient déſignés pour cela, qui avec des clepſidres meſuroient le cours du ſoleil.

Des Egyptiens, l'*Aſtronomie* parvint aux Grecs, ſuivant *Herodote* & *Theon*. Enfin *Anaximandre* le Miléſien inventa la ſphere qu'il avoit connue, dit-on, d'*Eunolpe*, & l'*Aſtronomie* changea de face.

Bornons là notre carriére. L'Hiſtoire de la nouvelle *Aſtronomie* eſt trop vaſte & trop peu ſuivie, pour pouvoir être reſſerrée dans un Article. Sans ordre & même ſans liaiſon la ſuite compoſe bien moins une Hiſtoire qu'un Recueil d'Obſervations nouvelles, qui n'ont entr'elles que peu de relation. Je m'en rapporte à l'*Hiſtoire* de l'*Aſtronomie* de M. de *Caſſini*, ci-devant citée; à la Diſſertation de M. l'Abbé *Renaudot*, imprimée dans le premier Volume des *Mémoires de l'Académie des Inſcriptions* & à la Préface de la Traduction des *Inſtitutions Aſtronomiques* de *Keil* par M. le *Mounier*. D'ailleurs toutes ces Obſervations ne ſont point oubliées dans le cours de ce Dictionnaire, & elles y ſont placées en leur lieu.

2. On diviſe l'*Aſtronomie* en trois parties, en *Sphérique*, en *Théorique*, & en *Comparative*.

Astronomie Sphérique. Partie de l'*Aſtronomie*, qui explique le mouvement commun des étoiles. Elle a reçu ſon nom de la ſuppoſition qu'on fait, que la figure du monde, qui tourne avec toutes les étoiles autour de la terre en 24 heures, eſt d'une figure ſphérique. Le but principal de cette ſcience eſt de faire voir de quelle maniére on peut trouver pour chaque tems donné la longueur du jour & de la nuit; le lever du jour; le crépuſcule du ſoir; le lever & le coucher du ſoleil, de la lune & des étoiles, de même que le lieu de chaque étoile au firmament. On a beſoin pour cette ſcience de la *Trigonométrie ſphérique*, & en quelque façon des *Sphériques de Théodoſe*. *Ptolomée* dans ſon *Almageſt, Liv. I I.* & *Regiomontan* dans ſon *Epitome, Liv. I I.* ont traité cette partie de l'*Aſtronomie*. *Adr. Metius* en a compoſé un ouvrage particulier, dont le titre eſt: *Primum mobile Aſtronomiæ, Sciographiæ, Geometriæ & Hydrographiæ, novâ methodo explicatum*. *Vincent Wing* en a illuſtré les principaux problêmes par des exemples. (*Voïez Sphærica Euclideâ methodo conſcripta de Weigel*; la doctrine ſphérique de *Flamſtéed* inſérée dans les *Opera poſthuma de Jean Moor*; le *Treatiſe of the ſphere de Jean Witti*; & le Traité de la *Sphere de Jean de Sacro Boſco*.)

Astronomie Théorique. Partie de l'*Aſtronomie*, qui n'explique que la théorie du mouvement des Aſtres, ſans y ajoûter les réſolutions des problêmes. Ceux qui ont écrit ſur cette *Aſtronomie*, ſont, quant au mouvement commun, *Erhard-Weigel* (*Sphærica Euclidæa*;) & quant au mouvement propre, *Georg. Purbach* (*Theoria Planetarum*.) Cette partie de l'*Aſtronomie* eſt traitée ordinairement avec l'*Aſtronomie Pratique*, qui comprend la partie de cette ſcience, dans laquelle on explique la maniere d'obſerver, & de calculer les mouvemens des Aſtres, ſelon les obſervations. Il n'y a point de livre particulier, qui traite de l'*Aſtronomie Théorique*, & dans lequel on trouve démontré, ſelon la maniere des anciens Géométres, tout ce dont on a beſoin pour la réſolution des problêmes.

Astronomie Comparative. L'art de déterminer le tems auquel tel phénomene doit arriver, ſelon que l'œil de l'Aſtronome porte dans telle ou telle planete. Cette *Aſtronomie* eſt traitée dans les *Elementa Aſtrono-*

miæ de *Gregori*, dans le *Somnium Astronomicum*, *seu Astronomia Lunaris* de *Kepler*, dans le *Cosmotheoros* de M. *Hughens*, dans *Sethwardi Astronomia Geometrica*, dans *Kircheri de Itinere Sciatico*, & dans *Weigelii Geoscopia Selenitarum*.

ASTRONOMIE PHYSIQUE. Partie de l'*Astronomie* où l'on recherche la nature des grands corps célestes, & les raisons naturelles de leur mouvement. La premiere partie de cette science est exposée dans les Livres suivans, *Systema Cosmicum* de *Galilée* ; l'*Almagestum* de *Riccioli* ; *Christ. Scheineri Rosa ursina*, (qui explique principalement les taches du soleil ;) les Livres *de Cometis* de *Kepler*, le *Somnium Lunare*, *Harmonia mundi*, la *Selenographie* & *Cometographie* de *Hevelius*, le *Systema Saturnin.* dans le *Cosmotheoreos* de M. *Hughens*. A l'égard des mouvemens des corps célestes & de leurs raisons naturelles, on doit consulter les *Principia Philosophiæ Naturalis Mathematica* de M. *Newton*, les *Elementa Astronomiæ* de *Gregori*, & l'*Astronomie Physique* de M. *de Gamaches*. On doit encore à M. *J. B. Duhamel* une *Astronomie Physique*, publiée en Latin dans le *Tom. I.* de ses *Oper. Philosophica* ; mais comme cet ouvrage est un peu vieux, les découvertes qu'on a faites depuis sont trop considérables, pour qu'il soit complet.

L'*Astronomie* est si utile qu'il ne faudroit rien moins qu'un volume entier, pour en développer les richesses. En deux mots, il suffit de dire que sans elle point de Géographie, point de Navigation. Elle est l'ame de ces deux Sciences si estimables & si connues. Tout le monde sait qu'on ne peut déterminer la position d'un lieu sur la terre, & d'un lieu sur la mer, qu'en aïant deux choses, la longitude & la latitude de ces lieux. Eh ! n'est-ce pas par l'observation des Astres qu'on obtient l'un & l'autre ? (*Voïez* LONGITUDE & LATITUDE.) *Josephe* étoit si persuadé de l'utilité de l'*Astronomie*, qu'il croïoit que Dieu n'avoit prolongé la vie des premiers hommes, que pour leur donner le moïen de perfectionner l'*Astronomie* & la Géométrie, (*Histoire des Juifs*, Tom. I.)

Le plus ancien Auteur sur l'*Astronomie* est *Eudoxe*, disciple de *Platon*, qui apprit cette science en Egypte, ou du moins qui s'y perfectionna. A son retour il composa plusieurs Livres d'*Astronomie*, & entre autres la description des constellations, qu'*Aratus* mit en vers quelque tems après, par ordre du Roi *Antigone*. Les plus célebres Auteurs sont *Hyparque*, *Ptolomée*, *Pecion*, *Viete*, *Morin*, *Bianchini*, *Albategnius*, *Regiomontanus*, *Copernic*, *Tycho Brahé*, *Gassendi*, *Bouillaud*, *Hévelius*, *Kepler*, *Riccioli*, *Keil*, *Pagan*, *Cassini*, *Flamstéed*, *Halley*, de *la Hire*, *Maraldi*, de l'*Isle*, &c.

ATH

ATHUR. Troisiéme mois de l'année des Egyptiens, qui commence le 28 Octobre, selon le Calendrier Julien.

ATM

ATMOSPHERE. Substance tout à la fois subtile & élastique, qui entoure un corps ; qui gravite sur son centre ; & qui participe de tous ses mouvemens. Si l'on en croit un Auteur moderne, l'*Atmosphere* de la terre n'est qu'un grand vaisseau de Chimie, dans lequel nagent tous les corps sublunaires. Le soleil, dit cet Auteur, est le fourneau & le feu, qui agite violemment & sans cesse tous les corps exposés à son action. Et de cette agitation proviennent les fermentations, les putrefactions, les digestions, les séparations, les sublimations, &c. Cette conjecture est ingénieuse sans doute, mais elle n'est que cela. L'invention des instrumens, tels que les Barometres, les Thermometres, les Hygrometres pout connoître l'état de l'*Atmosphere* est bien d'une autre considération. L'effet le plus simple soumis à nos lumieres est infiniment plus utile en Physique que les hypotheses les plus brillantes, qui émanent d'une belle imagination. Ici il faut des faits & la plûpart des faits qui regardent l'*Atmosphere*, sont constatés par ces instrumens.

Un des plus remarquables & des plus curieux, c'est de pouvoir évaluer par leur moïen le poids d'une colonne quelconque de cet *Atmosphere* & de déterminer sa pression sur nos corps. Un petit calcul, met sous les yeux le fardeau dont nous sommes chargés sans nous en appercevoir. Ce fardeau est égal à un cilindre d'air, qui a pour base la surface de nos corps ; & pour hauteur celle de l'*Atmosphere*. Or un cilindre d'air est en équilibre suivant l'expérience de *Galilée*, (*Voïez* AIR,) avec un cilindre d'eau de 32 pieds de hauteur. Cela posé, on sait que la surface de nos corps est pressée également par tout suivant la propriété du fluide qui l'environne. Donc chaque pied quarré de cette surface est chargé d'un poids équivalent à un cilindre d'air, qui a un pied quarré pour base. Il ne reste qu'à évaluer & notre surface & ce cilindre d'air ou d'eau qui lui correspond.

La surface du corps d'un homme ordinaire est de 10 pieds ; & un pied cubique d'eau eſt de 65 livres. Je multiplie 65 par 32, pour avoir un cilindre équivalent à un cilindre d'air de même baſe , & j'ai 2080 liv. valeur du poids dont un pied quarré de notre corps eſt chargé. Multipliant enſuite 2080 liv. par 10 , on trouvera la preſſion de l'*Atmoſphere* ſur notre corps de 20800 liv.

Veut-on connoître maintenant la différence de cette preſſion dans les différens tems? Rien n'eſt plus aiſé. La différence du poids de l'air en différens tems eſt meſurée par la hauteur à laquelle le mercure monte dans le barometre. Cette hauteur varie juſqu'à deux pouces. Mais qu'eſt-ce que valent deux pouces ? Vingt-ſept pouces cubiques de mercure ſont en équilibre avec 32 pieds cubiques d'eau, ou avec ſon poids 2080 liv. C'eſt *Toricelli* qui l'a dit le premier & qui l'a prouvé. Ainſi en comparant le poids de 27 pouces de mercure avec 2 pouces, on aura 154 liv. de différence, qui étant multipliée par 10, expreſſion de la ſurface de nos corps, donnera 1540 liv. pour celle du poids dont nous pouvons être chargé au-deſſus de 20800 liv. ſuivant les tems les plus extrêmes.

ATMOSPHERE DES ASTRES. Pluſieurs Aſtronomes penſent que les aſtres ont une *Atmoſphere* avec laquelle ils ſe meuvent. Le ſoleil a une *Atmoſphere* plate, particuliérement ſur le plan de ſon équateur.

M. *Bernoulli*, après avoir rendu raiſon de cet applatiſſement, penſe qu'elle produit cette lumiere zodiacale que M. *de Caſſini* obſerva pour la premiere fois en 1683, (*Journal des Savans*, du mois de Mai de la même année, & M. *Bernoulli Opera, T. IV.*)

Dans les *Actes de Leipſic* de l'année 1706, on lit que M. *Wolf* obſerva en 1706 lors de la grande éclipſe un anneau lumineux autour de la lune & parallele à ſon limbe, qu'il reconnut parfaitement n'être point un effet des raïons du ſoleil. L'Hiſtorien de l'Académie des Sciences, dans les Mémoires de cette Académie de l'année 1706, rapporte que pluſieurs Obſervateurs avoient apperçu la même choſe que M. *Wolf.* De fameux Aſtronomes tels que *Tſchirnhauſen, Kepler, Scheiner, Hévélius,* &c. ont fait d'autres obſervations de cette nature, parmi leſquelles on diſtingue celle de M. de *Caſſini* dans les occultations de Saturne, de Jupiter & des Etoiles fixes par la Lune. A meſure qu'elles s'approchoient du limbe éclairé ou obſcurci de cette planete, leur figure de circulaire paroiſſoit ovale. Et cela de même que le ſoleil & la lune paroiſſent elliptiques, lorſque l'air eſt chargé de vapeurs peu avant leur lever ou leur coucher. A ces obſervations on peut ajouter les éclipſes annulaires qui ſemblent

prouver d'une façon bien palpable que la lune eſt entourée d'une *Atmoſphere.* (*Voïez* ECLIPSE.) *De nova ſtella ſerpentari* par *Kepler. Roſa urſina* par *Scheiner*, & les *Mémoires de l'Académie des Sciences.*

Ce n'eſt pas tout. On lit dans les *Tranſactions Philoſophiques* N° 306, qu'un Anglois aïant vû le ſoleil totalement éclipſé en Suiſſe en 1706, & l'aïant obſervé, en conclud que la lune avoit un *Atmoſphere*, dont la hauteur étoit d'$\frac{1}{300}$ ou $\frac{1}{600}$ de ſon diametre. *Briger Vaſſenius* prétend que non-ſeulement la lune a un *Atmoſphere*, mais encore qu'on y découvre des taches, quand on l'obſerve dans une éclipſe totale de ſoleil avec un bon teleſcope. Lui-même en obſervant à Gottenbourg en Suede celle du 13 Mai l'an 1733, remarqua du côté du Sud-Oueſt trois ou quatre taches rougeâtres, parmi leſquelles il y en avoit une beaucoup plus grande que les autres, qui ſembloit être compoſée de trois parties ou nuées paralleles de longueur inégale & d'une ſituation un peu oblique à l'égard de la circonférence de la lune. L'Obſervateur eut le plaiſir de contempler ce phénomene pendant 40 ſecondes, & ajoute qu'il n'y avoit aucun défaut au teleſcope, (il étoit de 21 pieds de Suéde,) & que ſes yeux étoient très-ſains. (Voïez les *Tranſactions Philoſophiques* N° 429.)

Le P. *Feuillée* obſerva à Marſeille à 9 heures 30' du ſoir, qu'une étoile des hyades fut couverte par la lune. Or après que l'étoile eut touché la marge éclairée de la lune, elle auroit dû en être couverte. Néanmoins elle parut encore quelques ſecondes ſur le diſque éclairé de cette planete, & même elle y avança dans cette année le 10 Août. M. de la *Hire* obſerva l'étoile d'aldebaran ſur la ſurface éclairée de cette planete. (*Mémoires de l'Académie Roïale des Sciences* 1715.)

Ces obſervations faites, comment pourrat'on en rendre raiſon ſi l'on n'admet point à la lune un *Atmoſphere*? On a beau dire que tout cela dépend de la vigueur de la lumiere de la lune, qui quoiqu'éclipſée augmente dans l'œil ſon image. (*Mémoires de l'Académie Roïale des Sciences*, 1714 & 1718.) Si cela eſt, pourquoi ne voit-on pas le même phénomene lorſque le côté de la lune paſſe une étoile. Aïant admis un *Atmoſphere* qui refracte les raïons de la lumiere, point de phénomene dont on ne rende aiſément raiſon, & peu qu'on puiſſe expliquer ſans l'admettre.

ATMOSPHERE DES CORPS. Les hommes & les animaux ont un *Atmoſphere.* Le froid que nous éprouvons en agitant l'air avec un éventail, & la chaleur que nous ſentons, lorfque nos mains font dans un manchon, ne proviennent pas de l'agitation de l'air dans l'un, & de la fourrure dans l'autre. Un thermometre n'eft nullement alteré ni par le vent, que fait un éventail, ni par la fourrure du manchon. La feule raifon eft, que par l'éventail on renouvelle fouvent l'*Atmofphere* dont nous fommes environnés, & qui entretient notre chaleur, & que par la fourrure on la conferve. *Oeuvres de Phyfique* de *Perraut, Tom. II.* L'aiman, le verre, & généralement tous les corps électriques ont un *Atmofphere*. (*Voïez* AIMAN & ELECTRICITE'.)

A T O

ATOME. Petit corpufcule indivifible. *Mofchus* Phœnicien, *Leucippe, Démocrite,* & plufieurs autres Philofophes ont prétendu que les *Atomes* étoient les élémens du corps. *Empedocle, Héraclite,* & *Platon,* qui admettoient quatre élémens, en fuppofoient de quatre fortes. Celui-ci les divifoit en des parcelles indivifibles & incompréhenfibles, fi ce n'eft par l'entendement. *Epicure* & *Lucrece* ont renouvellé cette ancienne opinion & elle eft devenue en paffant par leurs mains le fond d'un fyftême affez original. Avant la création du monde, les *Atomes* étoient épars dans le vuide; & par un mouvement qui leur eft propre, s'étant heurtés les uns contre les autres fe lierent & formerent des corps. Les corps, aïant acquis par l'arrangement & la quantité des *Atomes* une certaine vertu que ces *Atomes* féparés n'avoient pas, engendrerent, par de nouveaux mouvemens & de nouvelles combinaifons infiniment variées, de nouveaux corps, qui, prémunis enfin d'une forte de confiftance & fur certain arrangement, fe fixerent. De-là ont réfulté un ciel, des étoiles, une terre, de l'eau, &c. en un mot, un monde tel que nous habitons. Tout cela n'eft pas bien clair. C'eft pourtant le fyftême d'*Epicure.* Après avoir lû *Diogene Laerce, Gaffendi, Lucrece,* en conçoit-on mieux le fond ? Il eft fans doute étonnant qu'un Phyficien auffi éclairé que *Lucrece,* n'ait point fenti tout le ridicule & tout l'abfurde de cette idée.

A T T

ATTAQUE. Terme de fortification. Travail que font les affiégeans pour emporter une place par des fappes, tranchées, galeries, bréches, &c. (*Voïez* chacun de ces mots en leur article.) *Fauffe Attaque. Attaque* fimulée pour favorifer les véritables.

ATTAQUE DROITE. *Attaque* faite dans toutes les regles, par le moïen de laquelle on emporte une place fans la brufquer.

ATTRACTION. Terme de Phyfique. L'action d'attirer. *Kepler* eft le premier qui a établi une loi d'*Attraction* dans tous les corps. M. *Frenicle* l'admettoit auffi, & *Roberval* la définiffoit : *Vim quandam corporibus infitam, quâ partes illorum in unum coïre affectent.* Suivant *Newton,* l'*Attraction* eft une propriété *infeparable* (Je juftifie ce terme qu'un Phyficien célébre a défapprouvé, à l'article de la PESANTEUR.) de la matiere, par laquelle elle eft unie, & tend à s'unir (*quâ corpora ad fe mutuo tendant.*) Pour concevoir cette *Attraction* mutuelle & réciproque dans les corps, il faut leur fuppofer une vertu ou faculté *attractive.* Cette vertu eft fans doute une qualité occulte. *Defcartes,* qui ne les vouloit pas reconnoître, avoit auffi banni de la Phyfique & l'*Attraction* & le vuide, & on les en croïoit bannis pour toujours, lorfque le grand *Newton* les rétablit d'une façon nouvelle, & armés, comme le dit agréablement M. de *Fontenelle,* d'une force dont on ne les croïoit pas capables. (*Suite des Eloges des Acad. Eloge de Newton.*)

Kepler avoit obfervé, que la force qui empêche que les corps céleftes fuivent dans leurs mouvemens la ligne droite, avoit une action variable felon les différentes diftances, & cela en raifon renverfée du quarré des diftances au centre de leur mouvement. En forte que fi un corps eft trois fois plus éloigné, la force centripete, force qui retire le corps vers fon centre, eft neuf fois moins forte.

2. *Newton* eft parti de-là. Abftraction faite de cette loi & de ce principe, il a cherché dans les phénomenes le principe. Au lieu de fuppofer que les planetes pefent ou font attirées par le foleil, en raifon renverfée du quarré de leurs diftances, pour expliquer le cours des planetes, le Philofophe Anglois a au contraire du cours déduit la loi. Ce grand homme a démontré, que les planetes ne peuvent décrire une ellipfe, dont le foleil occupe l'un des foïers, que leur *Attraction* ne varie dans la raifon inverfe du quarré des diftances. Cette loi a lieu dans tous les corps qui décrivent par leur mouvement cette courbe.

Cela une fois démontré, *Newton* en a en conclu que les corps pefent les uns fur les autres, & qu'ils s'attirent réciproquement en raifon de leur maffe. Et quand ils varient dans le même tems qu'ils tournent vers un centre commun, qu'ils font attirés & qu'ils s'attirent, leurs forces *attracti*···· varient dans la raison renversée des quarrés de leurs distances à ce centre. Tel est le fond de son système, celui de son grand Ouvrage des Principes ; & pour tout dire, tel est le triomphe de l'*Attraction*.

Un fameux disciple de *Newton*, M. de *Maupertuis*, a encore rencheri sur cette démonstration : il a osé fonder les vûes du Créateur. De toutes les loix générales qu'il a dû choisir, dit-il, la plus simple a sans doute été préférée. Or cette simplicité est renfermée dans la loi de l'*Attraction*. Celle-là seule, suivant le calcul du Président de l'Académie de Berlin, réunit l'avantage de la diminution des effets, avec l'éloignement des causes. C'est pousser loin ses recherches, & les pousser tout à la fois d'une façon bien hardie & bien ingénieuse. (*Mémoires de l'Académie 1732.*)

3. Quelque puissante que soit la démonstration de *Newton*, & quelque victorieux que puisse être le raisonnement de M. de *Maupertuis*, l'*Attraction* n'est point généralement admise. La cause de cette *Attraction* est bien moins sensible que l'effet qu'on lui attribue. Encore cet effet est-il contesté. M. *Bernoulli* prétend, 1°. Que les corps ne peuvent s'attirer réciproquement, c'est-à-dire, se mettre d'eux-mêmes en mouvement ; parce qu'on ne connoît aucune cause de ce mouvement, & qu'un effet sans cause, & une action sans principe d'agir, est une chimere ; 2°. Que si l'*Attraction* avoit lieu dans les corps, elle devroit y avoir lieu, non en raison de leur surface, mais en raison de leur masse. Il s'ensuivroit de-là une terrible conséquence. C'est que leur *Attraction* diminueroit en raison triplée, ou comme le cube de leurs distances, & nullement comme les quarrés dans ces distances. (*Bernoulli Opera*, Tom. III. *Nov. pens. sur le syst. de Descartes.*)

M. *Bernoulli* fortifie ces objections par le raisonnement. Rien selon lui ne décele la possibilité même de l'*Attraction* dans les corps. Il est bien évident qu'un corps en mouvement, qui en rencontre un autre en repos, doit aussi le mouvoir, non-seulement parce que les corps sont impénétrables, mais parce que le choc est une action, & que toute action doit avoir son effet, qui produit un changement dans l'état de celui qui le reçoit. Mais il n'y a point d'autre changement d'état dans le corps choqué, que celui de quitter l'état de repos où il étoit; pour se mouvoir, puisque selon la loi générale de la Mécanique, les corps pressés plus d'un côté que de l'autre, doivent céder vers l'endroit où ils sont le moins pressés. Or le choc se fait par pression : c'est donc une action, dont il résulte

un effet. M. *Bernoulli* conclud de-là, que le principe d'impression est de la derniere évidence.

Il n'en est pas de même de l'*Attraction*. Comme l'action d'un corps dépend uniquement de son mouvement ; un corps sans mouvement ne peut pas agir. Ainsi deux corps éloignés & en repos ne doivent pas s'attirer réciproquement.

Les Cartésiens ajoutent à cela une demande, par laquelle ils prétendent battre les Newtoniens avec leurs propres armes. Si tous les corps, disent-ils, sont *attirés* par le soleil, pourquoi la lumiere, qui émane de cet astre, bien loin d'éprouver le même sort, s'en écarte-t-elle ? Cela paroît contradictoire.

On lit dans le *Systême des petits Tourbillons*, par M. l'Abbé de *Launai*, *page 24*, un argument assez spécieux contre l'*Attraction*. Les corps pésent, dit-il, vers le soleil, mais le soleil pese aussi vers les planetes, parce que l'*Attraction* est réciproque. Il y a donc un centre de gravité auquel le soleil tend ainsi que chaque planete; & il est manifeste que si ce centre venoit à se mouvoir tant soit peu, ou en vertu d'une *Attraction* plus puissante de la part du soleil ou de celle des planetes, il faudroit nécessairement qu'il se mût toujours selon la même direction.

4. Que doit-on penser maintenant de l'*Attraction* ? Les corps célestes sont-ils doués d'une vertu *attractive* ? Il y a dans ce mot un je ne sai quel air de mistere qui fait peine. Si au lieu d'*Attraction* nous nous servions du mot de pésanteur ou de gravitation, peut-être nous entendroit-on mieux ; car tout le monde sait que les corps pesent, & le terme de pésanteur est plus connu, plus familier que l'autre, quoique son principe soit aussi caché que celui d'*Attraction*, & qu'il dépende peut-être de l'*Attraction* même. Lorsqu'on dit donc qu'une planete est attirée par le soleil, on entend que cette planete pese ou gravite sur le soleil. Qu'y a-t-il là d'étonnant ? On demandera peut-être pourquoi elle n'y tombe pas. Si les planetes n'étoient pas dans un mouvement très-rapide, qui l'emporte par sa vitesse sur la force de la masse, il est certain qu'elles ne tarderoient à pas ressentir les impressions ardentes de cet astre. Le mouvement auquel elles sont en proie, ne leur permet pas de suivre la loi de la pésanteur. C'est la force centrifuge qui les en éloigne. A l'égard de la loi de l'*Attraction* ou gravitation, elle doit être renfermée dans celle de la force centrifuge, & celle de la force centripete, c'est-à-dire, dans la loi de ces deux forces, selon lesquelles les corps tendent par leur mas-

se vers leur centre de pésanteur , & s'en éloignent par le mouvement. *Voïez* FORCES CENTRALES.

En attendant qu'on sache à quoi s'en tenir là-dessus , en consultant ces deux articles, voici le résultat des démonstrations de M. *Newton* sur l'*Attraction* des corps.

1°. Si deux corps s'attirent réciproquement par des forces proportionnelles à leurs distances, ils décriront des *ellipses concentriques* autour du centre commun de gravité , ainsi qu'autour l'un de l'autre. (*Phil. nat. P. Mat. P.* 58. *C.* 1.)

2°. Si deux corps s'attirent mutuellement avec des forces en raison inverse des quarrés de leurs distances , ils décriront autour du centre commun de gravité, ainsi qu'autour l'un de l'autre , des sections coniques , aïant leurs foïers au centre autour duquel les figures sont décrites (Prop. 58, col. 2.)

3°. Une particule quelconque de matiere dans la surface d'une sphere ou d'un globe quelconque est *attirée* par une force proportionnelle à la distance de cette particule au centre de la sphere. Hors de la surface de la sphere elle est *attirée* par une force qui est en raison inverse de sa distance au centre.

4°. Enfin , quand les corps sont de même nature , de même espece & de même vertu, plus ils sont petits plus est grande leur *Attraction* , eu égard à leur volume, de même que l'*Attraction* magnétique est plus forte dans une petite pierre d'aiman , à proportion de son poids que dans une plus grande. Cela posé , puisque les raïons de lumiere sont les plus petits corps que nous connoissions , il faut qu'ils soient doués de la plus grande force *attractive*. Or l'*Attraction* d'un raïon de lumiere, par rapport à sa quantité de matiere est à la pésanteur qui anime un corps jetté quelconque, rélativement à la quantité de matiere de ce corps, en raison composée de la vitesse d'un raïon de lumiere à la vitesse de ce corps jetté, & de la flexion ou courbure de la ligne que le raïon décrit à l'endroit de sa réfraction , à la courbure de la ligne que décrit le corps jetté. D'où M. *Newton* conclud par le calcul que l'*Attraction* des raïons de lumiere est plus de 1000, 000, 000, 000, 000, millions de millions de fois plus grande que la force de la pésanteur sur la surface de la terre, eu égard à la quantité de matiere contenue dans chaque raïon. Et en supposant que la lumiere emploïe 7 ou 8 minutes à venir du soleil sur la terre , point de contact des raïons, leur force *attractive* peut être beaucoup plus grande.

5. Ceci ne regarde que l'*Attraction* , quant aux corps célestes ; quant au systême du mon-de, les Newtoniens ne s'en tiennent pas-là. Ils veulent que l'*Attraction* ait lieu dans tous les corps ; qu'elle soit la cause de tous les phénomenes , comme de la cohésion, de l'ascension de l'eau dans les tuïaux capillaires, de la chute des corps , de la réfraction de la lumiere. Il est même des Newtoniens qui soutiennent que l'*Attraction* n'est pas moins essentielle aux corps que leur étenduë. (*Voïez* la Préface de l'édition de M. *Cotes* , des *Princ. Phil. natur.*) On tâche de prouver cela par différentes expériences. 1°. C'est une vérité reconnue de tous les Physiciens , que les parties d'un liquide quel qu'il soit , pourvû qu'il se divise par goutes , s'attirent réciproquement dans le plein comme dans le vuide. 2°. Que plusieurs corps solides ont une vertu *attractive* , dont on peut être témoin lorsqu'on veut. Qu'on mette deux miroirs l'un sur l'autre, on ne les séparera qu'avec peine, & cette peine sera très-sensible si on les a un peu pressés. M. *Desaguliers* a remarqué que deux spheres de cristal, qui se touchent par une surface de la dixiéme partie d'un pouce aïant été un peu pressées , font équilibre par leur vertu *attractive* avec une force de 19 onces. Ce n'est pas tout. Deux miroirs, qui ne se touchent point , ne laissent pas que de s'attirer , s'ils sont séparés par une soie. Un cone de verre , suivant les expériences de *Newton*, détourne la lumiere à une & même deux lignes de distance. Eh ! combien d'autres expériences n'a-t'on pas qui établissent une loi d'*Attraction* universelle ? (*Voïez* l'*Essai de Phys.* par M. *Muschenbroeck* , *T. I. L'Optique de Newton. Les Elem. de Phys. de s'Gravesande , & la Micrographie d'Hook.*) (*Voïez* encore GRAVITATION.)

Il y a des Savans, qui le disent comme ils le pensent. M. *Keil*, par exemple , veut que les effets de la secretion aïent l'*Attraction* pour cause. Et un Auteur, qu'on connoît bien, qu'on a même nommé dans cet article, a voulu prouver que c'est à l'*Attraction* que le fœtus doit sa formation. (Voïez *Animal secretions* par *Keil. Venus Physique , C. XVII.*) sans parler du Docteur *Mead* , qui fait de l'*Attraction* la clef de la *Médecine.*

Comme les Auteurs qui ont écrit sur l'*Attraction* ne l'ont fait que pour adopter ou réfuter le systême de *Newton*, je me réserve de les faire connoître à cet article. (*Voïez* SYSTEME DU MONDE.)

A V A

AVANT-FOSSE' , ou FOSSE' DE LA CONTRESCARPE. Terme d'Architecture militaire. Fossé plein d'eau qui entoure le glacis. Ces *Fossés* ont leurs avantages & leurs inconvéniens. Si l'assiégeant peut le *saigner* facile-

ment & le deffécher, c'eft une efpece de tranchée que l'affiégé a creufé pour lui ; & qui
le met à couvert des forties de celui-ci. Voilà
pour l'affiégé. Quant à l'affiégeant, il ne doit
jamais fe hazarder à fe rendre maître de l'*A-*
vant-foffé , que la troifiéme parallele ou place
d'armes ne foit bien établie, & en état de
foutenir par fon feu le paffage & tout ce qui
fe fera au-delà de l'*Avant-foffé*. (*V*. le Traité
De l'Attaque & de la Défenfe des *Places* par
M. de *Vauban*.

A U G

AUGE. *Voïez* APOGE'E.

AUGMENT ou DECREMENT. Augmentation
ou décroiffement d'une quantité. (*Voïez* CAL-
CUL DES ACCROISSEMENS.)

AUGMENTE'E DE LUMIERE. Cela fignifie
en Aftrologie qu'une planete s'éloigne du
foleil, ou que le foleil s'éloigne de la planete, en allant de la conjonction vers l'oppofition. Cette dénomination a été empruntée de la lune, comme on a vu qu'elle va de
la conjonction avec le foleil à l'oppofition en
croiffant. On attribue plus de vertu aux planetes, lorfqu'elles font croiffantes, que lorfqu'elles font décroiffantes. Les Aftrologues
leur donnent encore plus de vertu qu'autrement, fi elles font *augmentées en Nombres*,
c'eft-à-dire, fi leur mouvement véritable eft
plus grand que le moïen.

A V R

AVRIL. Quatriéme mois de l'année qui commence par celui de Janvier. Il a trente jours.
On lui donne encore plufieurs autres noms.
L'Empereur *Charlemagne* le nomma *Mois de*
Pâques, parce que cette Fête tombe réguliê-
rement dans ce mois. Quelques-uns le nomment *Mois de Fleurs*, les fleurs commençant
alors à paroître. Les Hollandois le nomment
Mois d'Herbe par la même raifon. Le foleil
entre dans le figne du Taureau le 20 de ce
mois.

A U R

AURORE. Lumiere qui paroît à l'Orient avant
le lever du foleil. C'eft le crépufcule du matin. (*Voïez* CREPUSCULE.)

AURORE BORÉALE. Lumiere qui paroît ordinairement du côté du Nord, ou de la partie
boréale du Ciel. Elle eft nommée *Aurore Bo-*
réale, parce que tout proche de l'horifon,
elle reffemble à celle du commencement du
jour, ou à l'*Aurore*. On croit que c'eft *Gaf-*
fendi qui a donné ce nom à cette lumiere.
M. *de Mairan* prétend qu'elle devoit l'avoir
avant lui. Selon les obfervations de ce der-

nier Phyficien, le commencement de ce phénomene arrive toujours le foir 3 ou 4 heures
après le coucher du foleil. D'abord c'eft
une efpece de brouillard affez obfcur, qu'on
apperçoit vers le Septentrion avec un peu
plus de clarté dans l'Oueft que dans le refte
du Ciel. Le brouillard fe range communément
fous la forme d'un fegment de cercle, dont
l'horifon fait la corde. La partie vifible de la
circonférence fe trouve bien-tôt bordée d'une
lumiere blanchâtre, d'où réfulte un arc lumineux, ou plufieurs arcs concentriques.
Après cela viennent des jets & des raïons de
lumiere diverfement colorés, qui partent de
l'arc, ou plûtôt du fegment obfcur & fu-
meux, où il fe fait prefque toujours quelque
cercle éclairé, d'où les raïons paroiffent fortir. Ce n'eft pas encore là le plus magnifique
du phénomene. Le beau eft de voir la réunion de tous les mouvemens des raïons lumineux former une efpéce de couronne, ou
le fommet du pavillon d'une tente. Ici le fpec-
tateur eft frappé avec admiration de l'éclat &
de la variété des couleurs que préfente alors
à fa vûe l'*Aurore Boréale*. Ordinairement
cette lumiere s'éteint le matin. Souvent auffi
elle n'eft diffipée que par le crépufcule du
foleil.

Quelques Phyficiens penfent que la caufe
de cette lumiere vient de la grande réfraction
que fouffrent les raïons de lumiere du côté du
Nord, & qui varient fuivant la marche du
foleil. Ou bien ne feroit-ce pas un effet de
la réfraction du foleil fur ces montagnes de
neiges, dont cette partie du monde eft couverte? M. *de Mairan* croit que fa véritable
caufe eft la *lumiere Zodiacale* découverte par
M. *de Caffini*. (Voyez *Traité Phyfique &*
Hiftorique de l'Aurore Boréale, par M. *de*
Mairan ; & les *Mémoires, pour fervir à l'Hif-*
toire de l'Aftronomie, imprimés à Peterfbourg,
par M. *de l'Ifle*.)

A U T

AUTEL. Conftellation dans la partie méridionale du firmament, qui fe trouve entre le
Loup & le Paon, au-deffus du triangle méridional, & au-deffous du Scorpion. M. *Hal-*
ley y compte 9 étoiles, dont la plûpart font
de la troifieme & de la quatriéme grandeur,
& dont les longitudes & les latitudes aïant été
déterminées en l'an 1677, ont été réduites à
l'an 1700 par *Hevelius* dans fon *Prodrom. Af-*
tronom. pag. 316. La figure de la conftellation fe trouve dans le *Firmamentum Sobief-*
cianum du même Auteur, Fig. Z Z. Le P.
Noël l'a obfervée de nouveau l'an 1687, &
il a marqué les afcenfions droites & les déclinaifons des étoiles qui y appartiennent,
(*Voïez*

(Voyez *ses Obſervat. Mathémat. ch.* 4. & la figure qui s'y trouve.) *Bayer* en a de même donné une dans la Planche XX. de ſon *Uranométrie.* Nous ne voïons jamais paroître cette conſtellation au-deſſus de notre horiſon. *Schiller* la prend pour l'*Autel* d'encens des Juifs. D'autres la nomment *Batillus, Focus, Ignitabulum, Pharus, Prunarum Conceptaculum, Puteus, Sacrarium, Templum, Thuribulum.*

AUTOMATE. Inſtrument de Mécanique mis en mouvement par des reſſorts, des poids, &c. comme ſont les horloges, les ſpheres mouvantes, les tableaux mouvans, les montres, &c. M. *Hughens* dans ſes *Opuſcula poſthuma,* T. II. a donné la deſcription d'un *Automate* peu connu, qu'il appellé *Planetaire,* parce qu'il repréſente le mouvement des planetes. Rien n'eſt plus ingénieux que l'invention de cet immortel Mathématicien. Sur une table de moïenne grandeur eſt fabriquée toute ſa machine. On voit les planetes, telles que Mercure, Jupiter, &c. ſe mouvoir autour du ſoleil, & la lune autour de la terre, de façon qu'on juge du tems de leur apogée, de leur aphélie, &c. Ce ſpectacle ſi brillant réunit l'agréable & l'utile. Non-ſeulement pour le tems préſent, les planetes ſont dans leur véritable poſition, mais encore pour le tems à venir, & même paſſé : (*Non modò,* dit M. *Hughens, in preſens tempus, ſed & in præteritum & futurum.*) Ce qui fournit un Ephéméride vivant & perpétuel, par lequel on prédit les éclipſes, les conjonctions, les oppoſitions de planetes, & des unes à l'égard des autres, & d'elles à l'égard du ſoleil. Il n'y a pas apparence que cet *Automate* ait été jamais exécuté, & je n'en vois pas la raiſon. M. *Deſaguliers* a donné la conſtruction d'un nouvel *Automate planetaire* dans ſon *Cours de Phyſique Expérimentale.*

Ce ſeroit peut-être ici le lieu de faire connoître les plus fameux *Automates,* tels qu'en décrit l'Auteur de l'*Hiſtoire de la Muſique,* qu'on en voit à Lyon & à Straſbourg, & tels qu'en a imaginé le célèbre *Vaucanſon.* Je veux parler de ſon Fluteur qui jouoit différens airs avec une juſteſſe ſurprenante, en faiſant uſage de ſes lévres, pour l'embouchure de la flute allemande, & de ſes doigts pour la modulation des tons. Son *Provençal,* dont l'art de joindre le ſon du tambourin à celui du flageolet forme un ſpectacle merveilleux, a été encore admiré par tous les Mécaniciens.

Après avoir fait connoître un *Automate planetaire,* je ne puis me diſpenſer de donner une idée d'un *Automate mécanique.* Je ne ſais point ſi cette épithéte eſt permiſe, en voulant diſtinguer cet *Automate* du planetaire. Entre le grand nombre de ceux que je pourrois choiſir, je préfere le tableau mouvant du Pere *Sebaſtien,* de l'Académie Roïale des Sciences, qu'on peut regarder comme une invention ſupérieure en ſon genre.

Ce tableau repréſentoit un Opera, & le Roi l'appelloit *ſon petit Opera.* Il étoit mouvant & ſonore. Une petite boule qui étoit au bas de la bordure, & que l'on tiroit un peu, donnoit un coup de ſifflet. A l'inſtant tout étoit en mouvement, & l'Opera commençoit. Des figures qu'on pouvoit regarder, ſelon l'expreſſion de M. de *Fontenelle,* comme des vraies Pantomimes des Anciens, j'ajoûte des Modernes, repréſentoient l'Opera en cinq Actes, & par leurs geſtes & leurs mouvemens exprimoient les actions dont il s'agiſſoit. A chaque Acte il y avoit un changement de décoration. Sans toucher au tableau, l'Opera ſe commençoit quatre fois de ſuite. Au moïen d'une détente, on arrêtoit le cours de la repréſentation; & lorſqu'on touchoit la petite boule, la repréſentation finiſſoit. Un *Automate* ſi merveilleux mérite bien d'être connu par ſes dimentions, qui peuvent en augmenter le mérite. Il étoit long de 16 pouces, 4 lignes; la hauteur étoit de 13 pouces, 4 lignes, & ſon épaiſſeur 1 pouce, 3 lignes. De quelle petiteſſe devoient être toutes les parties de cet *Automate ?* M. de *Fontenelle* dit que leur nombre étoit prodigieux. (Voïez *la ſuite des éloges des Académiciens,* par M. de *Fontenelle. Eloge du P. Sébaſtien.*)

AUTOMNE. Saiſon de l'année, qui commence lorſque le ſoleil revient de ſa plus grande diſtance du Zénith, & qu'il atteint la moïenne. Dans nos climats l'*Automne* commence, lorſque le ſoleil entre dans la Balance; ce qui arrive vers le 21 de Septembre, & il finit au commencement de l'hiver, quand le ſoleil entre dans le Capricorne; ce qui arrive vers le 21 de Décembre. Les *Automnes* des différens lieux ſont marquées dans la *Geographia generalis* de *Varenius. Sect.* 6. *ch.* 26.

AUTOMNAL. On ſous-entend POINT. Point de l'Ecliptique dans lequel le ſoleil commence à deſcendre au-deſſous de l'équateur. Dans la partie Septentrionale du globe que nous habitons, ce point eſt au commencement de la Balance; & au contraire dans la partie Méridionale, il eſt au commencement du Bélier. Ce point a reçu le nom d'*Automnal,* parce que le ſoleil l'atteint au commencement de l'*Automne.* On l'appelle auſſi *Point Equinoctial.*

A U X

AUX. Nom qu'on donne dans l'orbite d'une

planete, au point où elle est la plus éloignée du centre de la terre. Le soleil se trouvant à peu près dans le centre de notre système planétaire, l'*Aux* est la même chose que l'Aphelie de la planete, & selon l'ancienne Astronomie, que l'Apogée. On appelle quelquefois *Aux* l'arc de l'écliptique intercepté entre le commencement du Bélier jusqu'au point où la planete est plus éloignée de la terre. Pour les significations des termes d'*Aux moïennes*, & d'*Aux véritables* de l'*Epicycle* de l'ancienne Astronomie, (*Voïez* PLANETE.)

AXE

AXE. On entend par ce mot en Géométrie une ligne droite, qui est comme le pivot d'une courbe. La parabole a un *Axe*. C'est une ligne I K, qui étant perpendiculaire (Planche III. Fig. 12.) aux ordonnées O R, S T, &c. les divise en deux parties égales O C, C R, S U, U T, &c. Le point I est l'origine de l'*Axe*. Ce point est celui d'où l'on commence à mener des paralleles pour la former.

L'ellipse a deux *Axes* inégaux A B, C D, (Planche III. Fig. 13.) Le plus long A B est nommé grand *Axe*, ou *Axe* conjugué à l'*Axe* C D, & le second C D est dit petit *Axe*, ou *Axe* conjugué à l'*Axe* A B. Le point E, où se coupent les deux *Axes*, est le centre de l'ellipse A D C B.

L'hyperbole a un *Axe* de même que la parabole, mais dans les hyperboles (Plan. III. fig. 14.) opposées on en trouve deux C D, E F, qui sont dits conjugués l'un à l'autre.

AXE DE CIRCONVOLUTION. Ligne imaginaire autour de laquelle on conçoit que tourne un plan, pour engendrer un solide. C'est ainsi que la sphere est produite par la révolution d'un cercle autour de son diamètre, qui en est l'*Axe* ; qu'un cône est formé par la révolution d'un triangle autour de sa perpendiculaire, *Axe actuel du cone* ; un cilindre par celle d'un parallélograme. Les solides qui ne peuvent être formés par la révolution d'une figure autour d'une ligne, n'ont point d'*Axe*.

AXE D'UNE PLANETE. Ligne tirée par le centre autour de laquelle la planete fait sa révolution.

AXE DU MONDE. Ligne droite supposée, que l'on conçoit passer dans le système de *Ptolomée* par le centre de la terre, & qui se termine aux poles du monde. C'est autour de cet *Axe* que toute la machine du monde fait un tour en 24 heures d'Orient en Occident.

AXE DU ZODIAQUE. C'est une ligne qu'on imagine passer par le centre de la terre, (ou du soleil) & qui se termine aux poles du Zodiaque

éloignés de 23°, 30' de ceux du monde.

AXE DE CADRAN. Ligne droite tirée par le centre du cadran, & par le bout du style. Cet *Axe* n'est autre chose que celui du monde ; puisque le centre du cadran n'est lui-même que la représentation du pole élevé sur l'horison, & le pied du style le centre de la terre, & que c'est par ces deux points que passe l'*Axe* du monde.

AXE EN OPTIQUE. C'est le raïon réfléchi d'un objet qui passe par le centre de l'œil ; sur lequel il tombe perpendiculairement. Cet *Axe* rend l'objet sensible ou visible, & lorsque nous regardons de côté, le raïon qui doit le le former, étant oblique, nous voïons l'objet avec peine. L'œil n'est jamais mieux à son aise que dans le moment où l'*Axe* est formé, ou si l'on veut, que ce raïon est perpendiculaire.

AXE D'INCIDENCE. Ligne qui tombe perpendiculairement sur la surface de l'eau.

AXE DE RÉFRACTION. Prolongement de cette même ligne dans l'eau.

AXE D'OSCILLATION. Ligne tiré parallélement à l'horison, dans laquelle un pendule fait ses vibrations.

AXI

AXIOME. Proposition si claire & si évidente par elle-même, qu'on ne sauroit la nier, sans admettre des absurdités chimériquement monstrueuses. De cette nature sont les Propositions suivantes.

1°. *Le tout est plus grand que ses parties ; & les parties sont égales à leur tout.*

2°. *Les quantités égales à une troisiéme sont égales entre elles.*

3°. *Si à des quantités égales on ajoûte des quantités égales, leurs sommes seront égales, &c.*

Euclide a fait usage de 12 de ces sortes d'*Axiomes*, pour démontrer la plûpart des Propositions qui sont dans ses *Élémens*. Ses Commentateurs en ont ajoûté d'autres, qui n'ont pas ce dégré d'évidence, & où la vérité ne paroît ni si nue, ni si simple, quoiqu'ils soient aussi certains. *Clavius* en pose encore sept de cette espece :

1°. *Deux lignes droites qui se rencontrent indirectement, n'ont pas un même segment.*

2°. *Deux lignes droites se rencontrant indirectement étant prolongées, se coupent nécessairement au point de rencontre.*

3°. *Si des quantités inégales on retranche des quantités égales, les restes seront égaux, &c.*

Henrion, dans sa traduction des XV. Livres d'*Euclide*, rapporte ces *Axiomes*, & en fait usage.

AZIMUTHS. Nom qu'on donne aux cercles verticaux, c'est-à-dire, aux cercles qui, paffant par le Zénith d'un lieu, font coupés également par l'horifon fur lequel ils tombent perpendiculairement. On compte ordinairement autant d'*Azimuths*, que l'horifon a de dégrés. Ainfi on peut fixer leur nombre à 360, fi l'on veut ; & fi l'on ne le veut pas, on eft libre d'en compter autant que l'on peut concevoir des parties dans l'horifon. Quoique les *Azimuths* foient tous égaux, & qu'ils aient la même prédilection les uns à l'égard des autres, cependant le méridien, qui, eft un *Azimuth*, puifqu'il eft coupé par le zénith, & par l'horifon à angles droits, enfemble le cercle, qui le divife en deux, je veux dire le premier vertical, font les deux principaux

Azimuths. Ces *Azimuths* partagent l'horifon en quatre parties égales. C'eft fur les *Azimuths* qu'on mefure la hauteur des aftres. La partie de ces cercles, depuis l'horifon à l'aftre, marque leur hauteur, & celle de l'aftre au zénith, en eft le complément. Les Aftronomes font auffi ufage des *Azimuths*, pour déterminer la parallaxe de hauteur ainfi que la réfraction. (*Voïez* PARALLAXE & REFRACTION.) Ils s'en fervent encore pour obferver la déclinaifon de la bouffole. (*Voïez* DECLINAISON.)

Azimut Magnetique. Arc de l'horifon compris entre le cercle azimuthal du foleil & le méridien magnétique. C'eft la mefure de la déclinaifon de l'aiguille aimantée. (*Voïez* AIMAN.)

AZIMUTHAL. Compas *Azimuthal*. Bouffole très-propre à connoître la variation de l'aiguille aimantée. (*Voïez* COMPAS.)

B.

B A C

ACULAMETRIE. L'art de méfurer les hauteurs & les diftances avec des bâtons. Cet art n'eft pas bien étendu. Quelques problêmes établis fur les régles de la Géométrie pratique, (*Voïez* ALTIMETRIE & LONGIMETRIE) en conftituent le fond. Je ne fai pas même fi la *Baculametrie* mérite d'être érigée en art comme on l'a fait. Je m'en rapporte à *Schewenter*, qui s'étend affez fur cet art dans fa *Geomctria practica.*

B A G

BAGUETTE. Terme d'Architecture civile. Petit rondeau, ou moulure que *Vitruve* appelle *Aftragale*, & qui eft cependant moindre qu'elle. On taille fur la *Baguette* des ornemens, comme des rubans, des feuilles, &c.

BAGUETTE DIVINATOIRE. Terme de Phyfique occulte. Branche de coudrier à laquelle on attribue la vertu de découvrir les fources d'eau, l'or, l'argent, les voleurs, les meurtriers, & en général tout ce qu'on veut, & tout ce qu'on ne veut pas. Sa figure doit être fourchue, & doit avoir deux branches, que l'on tient dans les mains, (Pl. XXXIV. Fig. 233.) & qu'on porte, ainfi qu'on le voit par la figure. Lorfqu'on marche fur quelque fource, on dit qu'elle tourne avec force. Ceux qui font follement entichés de la vertu de la *Baguette*, pourroient m'accufer d'en agir trop cavalierement, en expofant ainfi la maniere d'en faire ufage. Comme je ne veux pas m'attirer aucun reproche, voici comment ils veulent qu'on procede dans cette opération.

Tenez les deux branches A & B de la *Baguette* fans beaucoup ferrer, de maniere que le deffus de la main foit tourné vers la terre, & que la *Baguette* foit parallele à l'horifon. Alors marchez doucement dans les lieux où l'on foupçonne qu'il y a de l'eau, des mines, ou de l'argent caché. Prenez bien garde de n'y pas aller brufquement, crainte de rompre, à ce qu'on dit, le volume des vapeurs & d'exhalaifons, qui s'élevent du lieu où font ces chofes, & qui empreignant la *Baguette*

la font incliner. C'eft là façon la plus générale de tenir la *Baguette*. Cependant il y en a qui s'y prennent différemment. Les uns veulent qu'on la foutienne fur le dos de la main en équilibre. Les Allemands préparent ainfi cette *Baguette*. Ils prennent un rejetton de coudrier bien droit & fans nœuds; le coupent en deux moitiés à peu près de la même longueur; creufent le bout de l'un en petit baffin & coupent le bout de l'autre en pointe; en forte que l'extrêmité d'un bâton puiffe entrer dans l'extrêmité de l'autre. Ce rejetton eft porté par les deux doigts *index*. Lorfqu'on paffe par-deffus des rameaux ou des veines métalliques, on prétend que les deux bâtons fe meuvent & s'inclinent. Enfin la quatriéme & derniere maniere de tenir la *Baguette divinatoire* eft de la prendre avec les deux mains par les deux bouts & de la courber un peu en arc en la tenant parallelement à l'horifon. Le bâton tourne quand on paffe fur une fource d'eau, & l'arc fe porte vers la terre.

Laquelle de ces façons de tenir là *Baguette divinatoire* eft préférable ? Sincerement je n'en fais rien. J'avoue qu'aïant été affez complaifant pour me prêter aux volontés d'un homme entêté, s'il en fut jamais, fur la vertu de cette *Baguette*, je n'ai pas vû que l'une valût mieux que l'autre, & que je n'ai pas été affez heureux de rien reconnoître, & de fentir aucun mouvement. Un compliment un peu fec, que me fit là-deffus mon Fanatique, fervit d'excufe à ce peu de fuccès, & de couverture à fon entêtement. Il ajouta fans doute pour me confoler, que tout le monde n'avoit pas ce don, & que plufieurs l'avoient eue qui ne l'avoient plus. Il dit même qu'il en avoit vû à qui cette vertu fe manifeftoit davantage. Je l'avois déja lû, & je favois que parmi les célébres un Païfan de Saint-Verran près de Saint-Marcellin en Dauphiné, nommé *Jacques Aimar*, avoit tenu le premier rang. De toutes fes prouesses, celles d'avoir découvert des Meurtriers de Lyon eft la plus éclatante & elle lui doit fa réputation. L'hiftoire en eft trop curieufe & trop digne d'une Phyfique occulte, pour n'en pas donner une idée.

Le 5 Juillet 1692 sur les dix heures du soir on assassina à Lyon dans une cave, un Marchand de vin & sa femme. Le meurtre fut exécuté avec tant de silence, que les Meurtriers s'enfuirent sans qu'on s'en apperçût. Comme les perquisitions qu'on en fit furent inutiles, un Quidam touché de l'énormité du crime, crut que la *Baguette divinatoire* de *Jacques Aimar*, dont il connoissoit des merveilles, pouvoit seule découvrir ces assassins. Il lui écrivit ; le fit venir à Lyon & le présenta au Procureur du Roi. *Jacques Aimar* assura que pourvu qu'on le menât au lieu où l'assassinat avoit été commis, *pour y prendre son impression*, il iroit certainement sur les pas des coupables, & les découvriroit en quelque lieu qu'ils fussent. Ce qui fut dit fut fait. Aïant donc pris là son impression, *Jacque Aimar* guidé par sa *Baguette* passa par toutes les rues par où les assassins avoient fui. Il sortit de la ville, & sa *Baguette* le conduisit dans la maison d'un Jardinier où il fut éclairci du nombre des scélérats. Sa *Baguette* même tourna sur une bouteille à laquelle ils avoient touché. Enfin ce merveilleux instrument le conduisit par différens détours à Beaucaire, où il découvrit un complice, qui avoua à Lyon avoir passé par les mêmes endroits que *Jacques Aimar*.

A peine la nouvelle de la prise du coupable fut répandue, que les Savans & les Curieux s'empressèrent de vérifier le fait & de le constater. Ils conduisirent le Païsan à la cave, & lui par le mouvement de sa *Baguette*, marqua les places où l'assassinat avoit été commis. Des expériences d'un autre part favorisèrent encore la vertu de cette *Baguette*, (V. *le Traité de la Baguette divinatoire* par M. l'Abbé de *Vallemont*,) au point qu'il parut bientôt des systêmes pour rendre la chose probable. Un de ces hommes, que le merveilleux n'effraïe pas, & qui le savent démêler au travers de l'imposture, ne se laissa pas éblouir par toutes ces apparences surnaturelles. Il fit venir *Jacques Aimar*, lui serra les pouces, & lui fit convenir que cette prétendue vertu de la *Baguette divinatoire* dépendoit des connoissances qu'il avoit eu de ce crime. J'ai lû quelque part ce trait dans le *Dictionnaire Historique & Critique de Bayle* ; mais je ne me souviens ni du volume ni de la page ; & j'estime le sujet trop frivole pour me donner la peine de le chercher.

Une autre preuve de la friponnerie de *Jacques Aimar*, c'est celle qu'ont donné Messieurs de l'Académie Roïale des Sciences. Celle-ci est dans le *Tome II. de l'Architecture hydraulique* de M. *Belidor*, page 343. On

lit que M. *Colbert*, aïant appris les merveilles que *Jacques Aimar* publioit, le fit présenter à l'Académie par M. l'Abbé *Gallois*. On le conduisit à la Bibliotheque du Roi où l'Académie tenoit alors ses séances. M. l'Abbé *Gallois* montra à *Jacques Aimar*, en présence de l'Assemblée, une bourse pleine de louis d'or, & lui dit qu'il l'alloit enterrer dans le jardin pour la cacher, & qu'on verroit ensuite s'il la découvriroit. Après avoir remué la terre en quelqu'endroit il vient rejoindre l'Assemblée, & dit à *Jacques Aimar* qu'il pouvoit entrer & faire mouvoir la *Baguette*. M. *Gallois* l'enferma. Quelque tems après on ouvre la porte pour savoir si *Jacques Aimar* avoit fait son opération. Elle est faite, dit le Païsan, & j'ai à me plaindre qu'on m'aie laissé enfermé si long-tems. Je sais, ajouta-t'il, que la bourse est au pied du mur du côté du cadran. Alors M. l'Abbé *Gallois*, qui au lieu d'avoir enterré cette bourse, l'avoit adroitement donnée à garder avant même que d'entrer dans le jardin, afin d'ôter tout prétexte, la reprit & la montra à *Jacques Aimar*, pour le convaincre de son imposture. L'histoire dit, que ce fut un coup de foudre pour ce Païsan, de voir toute sa réputation perdue, & qu'il se relegua dans son païs couvert de confusion & de honte.

Des personnes qui sont persuadées que *Aimar* étoit un imposteur, assurent cependant que la *Baguette* tourne sur les sources, & que c'est un fait qu'il y auroit du ridicule de révoquer en doute. Je ne nie pas le fait : mais je soutiens que la cause du tournoïement de la *Baguette* vient de la chaleur des mains de celui qui la serre. M. *Ozanam* indique dans ses *Récréations Mathématiques*, la manière de faire tourner un oiseau tout seul à la broche, jusques à ce qu'il soit cuit. Le secret consiste à embrocher cet oiseau, (qui doit être petit) dans une branche de coudrier, & de le mettre ainsi au feu. La chaleur dilate les fibres du bois, qui ne peuvent s'allonger sans faire tourner la branche. Cela n'empêche pas que les vapeurs des sources jointes à la chaleur des mains ne contribuent au tournoïement, & que la *Baguette* ne puisse ici indiquer une source ; mais il ne faudra pas conclure toutes les fois qu'elle tournera, qu'il y a une source. Le P. *Regnault* a rendu raison de cet effet dans ses *Entretiens Physiques*. Pour se prévenir contre toutes les faussetés qu'on a débitées sur la *Baguette*, on peut lire les *Lettres qui découvrent les illusions de la Baguette divinatoire*, opposées au Traité de la *Baguette* de M. l'Abbé de *Vallemont*.

A qui devons-nous la *Baguette div. natoi-*

re ? M. *De Vallemont*, grand partifan de cette *Baguette*, après avoir fait bien des recherches à ce fujet, avoue qu'il n'en fait rien ; & j'avance que je n'ai pas beaucoup travaillé pour être plus favant que M. *De Vallemont* fur un fujet auffi frivole.

BAL

BALANCE. Machine qui fert à comparer la la maffe des corps, c'eft-à-dire, à trouver la quantité ou la différence de leurs poids. La *Balance* eft une des fix machines fimples que l'on confidere en Mécanique. Tout le monde connoît fa conftruction. Il ne faut pour en faire une, que fufpendre une verge de métal également péfante, par fon milieu, & attacher aux extrémités de cette verge, nommée alors *Fleau*, deux baffins de même poids. Cela paroît fimple ; & peut-être l'eft-il. Cependant pour qu'une *Balance* foit parfaite, il y a bien des attentions à avoir. 1°. Les points de fufpenfion doivent être également éloignés du centre de mouvement, (appellé *centre de la Balance*) & ces trois points doivent fe trouver exactement dans la même ligne. 2°. Il faut que le centre de péfanteur du fleau foit un peu au-deffous de celui de mouvement, & que fon frottement, lorfque la *Balance* travaille, foit le moindre qu'il eft poffible. Qu'on ajoute à cela, que plus les bras de la *Balance* feront longs plus elle fera jufte ; qu'elle le fera encore davantage fi les baffins au lieu d'être fufpendus par des foies repofent fur des verges d'acier extrémement déliées & rigoureufement égales en matiere & en volume, de façon que leur centre de gravité ou de péfanteur réponde aux centres de fufpenfion. Rien n'eft plus difficile à conftruire que ces *Balances* qu'on appelle *Trébuchet*. Je crois que le Lecteur en verra ici avec plaifir & la defcription & la figure.

A B C D eft une caiffe cubique de verre vûe en face, c'eft-à dire, coupée verticalement (Planche XXXIX. Figure 15.) dans laquelle la *Balance* *m n , b b* eft enfermée, afin qu'elle ne puiffe pas être dérangée par le grand air, ni par l'haleine de celui qui s'en fert, & qu'elle foit garantie en même-tems de la pouffiere.

Du centre I du mouvement de la *Balance*, part un arc de cercle de 45°, fur lequel l'aiguille gliffe pour marquer les dégrés d'inclinaifon ou de trébuchement. Les baffins font appuïés fur de petites verges d'acier. Et lorfqu'on veut en faire ufage on charge un baffin, on baiffe la glace R X A C qui fe meut de haut en bas par le moïen d'une couliffe & on tire le bouton O. Alors les baffins ne

font plus foutenus. Celui qui eft chargé *trébuche*. L'aiguille qui fuit ce mouvement, marque fur l'arc les dégrés d'abaiffement.

Quand on examine des *Trébuchets*, on doit prendre garde fur tout, que l'anfe ne foit pas trop longue en bas, & que le fleau ou traverfin foit une ligne parfaitement droite. Il faut enfuite voir fi le traverfin branle de de côté & d'autre, & effaïer la *Balance* toute vuide, le traverfin étant pouffé tantôt d'un côté tantôt de l'autre. Quand la fenfibilité de la *Balance* eft égale, elle ne change pas de fituation dans l'expérience.

2. Si dans une *Balance* on met des poids égaux, il y a équilibre. Les poids font-ils différens ? L'équilibre eft rompue à l'avantage du plus péfant. Mais fi les poids, étant inégaux, les bras de la *Balance* le font auffi, il pourra y avoir équilibre malgré leur inégalité, pourvû que les *longueurs des bras de la Balance, depuis le point où les baffins font fufpendus foient en raifon réciproque des poids.* C'eft fur ce principe, qui eft le fondement de toute la ftatique, qu'eft conftruite une autre *Balance* nommée *Pefon*, & plus communément *Balance Romaine.* Les bras de celci font très-inégaux. Le bras B C (Planche XXXIX. Figure 16.) eft divifé en parties égales ; & chaque partie eft fubdivifée en huit autres, auffi égales entre elles. Aïant attaché au point A un baffin B, on fufpend au grand bras B C un pefon quelconque à la première divifion du côté du point C ; en forte qu'il foit en équilibre avec un poids d'une demie livre, ou d'un poids moindre, fuppofé qu'on veuille établir une plus petite différence entre les poids des corps. A cette fin, on peut avoir différens péfons. Tout le monde connoît affez l'ufage de cette *Balance.* Il fuffit de dire que les grandes divifions valent des ½ ou des livres entieres, fuivant que le pefon aura été en équilibre avec l'une ou l'autre quantité, & que les fous-divifions vaudront des ¼ des ½ ou des onces entieres, le tout relativement au pefon.

En fuivant cette conftruction & le principe précédent, on fait une *Balance* ordinaire fauffe. Il ne s'agit pour cela que de divifer inégalement les bras, & pour conferver l'équilibre de fufpendre des baffins, dont le poids eft en raifon réciproque des bras. Ainfi deux poids inégaux pourront être en équilibre, fi l'on met le plus péfant dans le baffin qui eft fufpendu au plus petit bras. Mais on reconnoît la fraude en changeant les poids, & lorfqu'il n'y a point de poids en changeant les baffins de bras. Au refte, quand l'un des bras d'une *Balance* eft droit & l'autre recourbé, la différence des bras ne fe mefure que fur la ligne prolongée du bras horifontal ou parallele à l'horifon ; terminée par la ligne menée de l'extrémité du bras recourbé, & abaiffée perpendiculairement fur cette prolongation.

3. Les deux *Balances*, dont je viens de faire mention, font les feules qui tiennent un rang dans la Mécanique. Les Savans en connoiffent d'autres également curieufes, ingénieufes & utiles. Celle de *Roberval*, celle de M. de *Caffini*, & la fameufe de *Sanctorius* méritent d'être connues.

Rien de plus fingulier que l'invention de *Roberval*. C'eft une forte de *Balance* dont les bras font fufpendus. Quoiqu'on avance ou qu'on recule les poids dont ils font chargés, il y a équilibre. Cela dépend d'un parallelifme, que les bras confervent de quelque maniere que les poids foient fitués. On trouve la defcription & la figure de cette *Balance* dans les *Journaux des Savans* de l'année 1666 ; & celle de M. *Caffini* dans ceux de 1676. La propriété de celle-ci confifte à faire les trois regles principales de l'Arithmétique : je veux dire, la Multiplication, la Divifion, & la regle de Trois. Cela eft fort commode ; car on calcule par fon moïen fans faire ufage des chifres ; & ce qu'il y a encore de plus furprenant, c'eft que la *Balance* eft toute fimple.

Une verge AB (Planche XXXIX. Figure 17.) eft divifée en deux également, comme dans les *Balances* communes. Chacun de fes bras eft partagé en parties égales, dont l'ordre commence au point de fufpenfion C. La *Balance* eft faite. Il n'y a pas plus de miftere à s'en fervir qu'il y en a eu à la conftruire. A-t-on une multiplication à faire ? On arrête un baffin à la premiere divifion ; & après avoir fufpendu un contre-poids à l'un des nombres donnés à la 8e marque, depuis le point C, fi 8 eft un de ces nombres de la multiplication, on jette quelques dragées de plomb, pour faire équilibre avec le baffin qu'on éloigne enfuite jufques à la divifion de la *Balance*, qui marque le fecond nombre. Aïant fait couler le poids jufques à l'équilibre, le nombre des divifions ou des marques de la *Balance*, compris entre le poids & le baffin, eft juftement le produit qui en réfulte par la multiplication. Pour la divifion l'opération fe repete à contrefens. Quant à la regle de trois, elle s'entend par ce que j'ai dit ; & j'en abandonne la pratique à la curiofité & à la fagacité du Lecteur.

Je terminerai cet article, par la *Balance* de *Sanctorius*. Les perfonnes qui font inftruites des nouvelles du monde favant, n'ignorent pas les vûes de ce fameux Médecin fur la *Balance*. Quiconque eft bien perfuadé de la théorie de la tranfpiration des corps, convient aifément que jamais cet inftrument n'a été appliqué à un ufage plus important, & plus relatif aux befoins de l'homme. Connoître la tranfpiration infenfible des corps ; favoir la quantité de nourriture qu'on doit prendre à chaque repas, & charger fans excès, ni fans défaut fon eftomach, font des connoiffances, felon l'aveu des plus grands Docteurs en Médecine, qui renferment le fecret d'une fanté parfaite. La nature perd autant ou même plus de fa fubftance en mangeant trop, comme en mangeant trop peu. Cela étant, quel moïen plus efficace de juger de tout cela que celui qu'offre la *Balance* ? *Sanctorius* dit fort bien, que la marque de la fanté confifte en deux points : l'un de fe fentir plus leger qu'à l'ordinaire, l'autre de n'être pas en effet diminué de poids. La *Balance* inftruit de ces changemens ; & une pareille inftruction intéreffe trop le genre humain en général, j'ofe même dire le Philofophe en particulier, qui connoît tout le prix & tous les avantages rélativement à l'ame de cette égalité, pour ne pas faifir avec empreffément les occafions, où l'on peut renouveller à l'un & à l'autre les moïens capables à la lui rendre propre.

On a une *Balance* ordinaire à l'un des bras de laquelle eft attaché un fiege élevé de terre de 3 ou 4 pouces. On s'affied fur ce fiege lorfqu'on veut prendre fon repas, qui doit être terminé quand le fiege baiffe. Ceci fuppofe qu'on eft inftruit du poids convenable à fon tempéramment ; & par le fecours du fiege combien il doit avoir de tranfpiration infenfible. Ceux, qui faute d'expérience l'ignorent, doivent recourir à la ftatique de *Sanctorius*, qu'on trouve au dernier Tome de fes Oeuvres en latin, & qu'un Médecin de la Faculté de Paris (M. le *Breton*) a traduite en françois, pour la commodité du Public. On voit ici (Planche XXXIX. Figure 18.) la *Balance de Santé* (qu'on me permette de lui donner ce nom) dans laquelle eft le fameux *Sanctorius* qui y prend fon repas.

BALANCE HYDROSTATIQUE. *Balance* qui fert à connoître la péfanteur fpécifique ou la denfité des fluides ; c'eft à proprement parler un aréometre. Elle a du moins la même fin. *Weidler* dans fes Inftitutions Mathématiques donne auffi fous le nom de *Balance hydroftatique*, la defcription de l'aréometre. (*Inftitutiones Math. pag. 523.*) Pour avoir cependant une idée de cette *Balance*, qu'on s'imagine une *Balance* commune à l'un des baffins de laquelle on a accroché un corps, qui eſt en équilibre avec un certain nombre de grains, mis dans l'autre baſſin. On plonge enſuite ce corps dans différentes liqueurs où il perd de ſon poids, ſuivant que ces liqueurs ſont plus ou moins denſes. Cette diminution rend le corps plus leger, en ſorte que l'équilibre ne ſubſiſte plus ; & qu'il ne peut être rétabli, qu'en allégeant le baſſin de quelques grains par la différence du nombre des grains qu'on a ôté. En plongeant le corps dans des liqueurs différentes on juge de leurs denſités. La conſtruction de cette *Balance* eſt appuïée ſur ce principe d'hydroſtatique : *Un corps plongé dans différens fluides y perd de ſon poids en raiſon de leurs denſités.* (*Voïez* DENSITE'.)

BALANCE (*Libra.*) Conſtellation du zodiaque. (C'eſt la 7ᵉ) qui donne ſon nom à la ſeptiéme partie de l'écliptique. On y compte..... étoiles. (*Voïez* CONSTELLATION.) *Hévélius* repréſente la figure de cette conſtellation dans ſon *Firmamentum Sobieſcianum*, fig. H h qu'on trouve de même dans l'*Uranométrie de Bayer*, figure D d. Les anciens Aſtronomes mettent à la place de la *Balance* un ſcorpion, & par conſéquent deux ſcorpions l'un après l'autre. *Schiller* nomme cette conſtellation S. *Philippe* l'Apôtre, & *Hartdoeffer* la *Balance de Belſazer.* (*Dan. V. v.* 27.) *Weigel* y ajoute une partie de l'hydre, & en fait le chapeau & les bâtons épiſcopaux. Cette conſtellation eſt encore appellée *Arubene, Chelæ jugum, Miran, Noctipares, Zubenel, Genubi, Zubeneſchemali.* Les Aſtronomes caractériſent la *Balance* par cette marque ♎.

BALANCIER. Partie d'une machine qui en regle le mouvement. Dans une montre, comme dans une horloge, c'eſt un cercle d'acier ou de cuivre mû par un échapement. Les battemens du *Balancier* ſont dans une heure aux battemens en un tour de fuſée, ainſi que le nombre des tours de fuſée eſt à la durée du mouvement de la montre ; & le nombre des tours de fuſée eſt à la durée en heures du mouvement de la montre, comme les battemens en une heure ſont aux battemens du *Balancier* en un tour de fuſée. Pour l'origine de cette partie de l'horlogerie *Voïez* ECHAPPEMENT.

BALEINE. Conſtellation dans la partie méridionale du ciel, au-deſſous de la bande des poiſſons près du verſeau. *Hévélius* a rangé les étoiles de cette conſtellation ſuivant leurs longitudes & leurs latitudes dans ſon *Prodromus Aſtronomiæ*, pag. 282. Il y compte 45 étoiles dont 23 qu'il a obſervées le premier ; & il repréſente la figure de la conſtellation dans ſon *Firmamentum Sobieſcia-*

num, fig. K K. *Bayer* la donne auſſi dans ſon *Uranométrie.* Les Poetes racontent que cette conſtellation eſt la *Baleine* que *Neptune* a envoïée pour engloutir *Androméde*, mais que *Perſée* a tuée. (*Voïez* CEPHE'E.) *Schiller* donne à cette conſtellation le nom des Parens de la Mere de Dieu, ſavoir de *Saint-Joachim* & de *Sainte-Anne. Schickard* la nomme la *Baleine* qui a englouti *Jonas. Weigel* y trouve la triple couronne du Pape, & la clef avec la croix de l'Ordre Teutonique. On nomme encore cette conſtellation *Balæna, Bellua, Cete, Draco, Elkaitos, Elketos, Leu, Monſtrum marinum, Optus, Orphas, Piſtris, Urſus marinus.*

BALISTE. Machine dont ſe ſervoient les Anciens pour lancer des pierres. On trouve la deſcription de cette machine dans *Vitruve*, *L.* 10. enſemble la façon de les mettre en état de s'en ſervir dans la *Caſtramétation de Choul*, & le *Commentaire ſur Polybe* par le Chevalier *Follard.* Mais quoique ces Auteurs aïent fait tous les efforts pour déviner cette machine des Anciens, on ignore la conſtruction de la *Baliſte.* M. *Perrault*, pour nous conſoler de cette perte, qui dans le fond n'eſt pas bien grande, a inventé une autre *Baliſte*, & plus ingénieuſe & plus utile que celle des Anciens, dont tout l'uſage ſe bornoit à jetter des pierres à tort & à travers. La Machine de M. *Perrault* lance des bombes, & les lance préciſément à l'endroit où l'on veut : avantage qu'on ne peut pas attendre des mortiers, parce que leur effet dépend de la force de la poudre, qu'il n'eſt pas poſſible de connoître. De façon que cette machine doit être encore d'un grand prix dans les ſiéges, au lieu que les *Baliſtes* des Anciens ne pouvoient ſervir qu'au défaut de la poudre à canon. En faveur de cette utilité, je m'étois propoſé d'en donner ici la figure, la deſcription & l'uſage. Mais n'aïant trouvé de M. *Perrault* que la figure & la deſcription, je n'ai point voulu déviner l'uſage ; je veux dire la maniere de la mettre en œuvre & de la faire manœuvrer. D'ailleurs le peu de force de cette machine en comparaiſon de celle de la poudre à canon dans les mortiers, m'a dégouté tout-à-fait de mon projet. (*Voïez* l'*Architecture de Vitruve* par *Perrault*, pag. 336.) M. P. d'O en a imaginé une fort ſimple, pour jetter dans les feux d'artifice, des cruches à feu. *Eſſai ſur les feux d'artifice*, pag. 223.

BALLE A ANCRE. Terme de Pyrotechnie. Eſpece de Balle à feu, qui a 3, 4, à 5 crochets ou ancres de fer, (Planche XLIII. Fig. 235.) par leſquels elle s'accroche au lieu où on la jette, & y met le feu, comme aux vaiſſeaux ou aux autre bâtimens de bois. Par cette raison elle est appellée encore *Balle à feu crochetée*. On la fait de grosse toile comme les autres *Balles* à feu, & on la remplit de bonne composition de *Balles* à feu, dont voici la préparation. A 6 livres de poix fondue sur des charbons, on mêle 15 livres de poudre écrasée, à quoi on ajoûte des étoupes hachées. (Voïez *Artillerie de Buchner, part.* 1. *p.* 71 , & *Braun Fundamentum Art. liv.* 5.)

BALLE A FEU. Terme de Pyrotechnie. Boule qu'on jette dans des endroits où l'on veut mettre le feu, comme sur les vaisseaux & les mantelets ; sur du bois , du foin, de la paille , & autres matieres combustibles. On peut les construire de boules de fer, qui doivent avoir quelques trous. On remplit la boule même d'une composition combustible , & on fait entrer de force dans les trous des étoupes trempées , pour y mettre le feu. Ou bien l'on prend de petits boulets de fer graissés de térébenthine, qu'on roule dans de la poudre; qu'on habille ensuite de toile trempée dans de la cire, de l'huile de lin, de la térébenthine, & du lard; qu'on entrelasse à chaque couche de goudron, & de poudre en grains, & qu'on lie avec du fil de fer passé par le feu, après y avoir mis des étoupes. La Planche XLIII. Fig. 236. représente une *Balle à feu*.

BALLE A FOND. Ancienne sorte de Balle à eau dans les feux d'artifice, dont on ne se sert presque plus aujourd'hui. On en trouve la description dans l'*Artillerie de Buchner* , p. 2. Ces *Balles* restent pendant quelque tems sous l'eau , & si on manque à leur donner leur véritable poids, ou que la composition ne soit pas assez forte, elles y restent tout-à-fait.

BALLE A PLUIE DE TURQUIE. Espece de Balle à feu extrêmement dangereuse, de l'invention de *Mieth* , qui en donne la description dans son *Artillerie , p.* 4. & appellée ainsi, parce qu'il s'étoit proposé de s'en servir contre les Turcs. On peut encore la jetter avec succès dans les approches, & par-tout où il y a du bois & de la paille.

BALLE LUISANTE. Balle à feu, qui éclaire pendant la nuit. Sa matiere est composée de 2 parties d'antimoine fondu, de 3 de salpêtre, de 6 de soufre, de 4 de charbons & de colophone. Après avoir pilé ces matieres, on les fait fondre dans un pot de cuivre , ou de terre vernissée, dans lequel on jette des étoupes, autant qu'il en faut pour absorber la matiere fondue. Pendant qu'elle refroidit on en fait des pelotons de la grosseur qu'on veut ; on les amorce avec de la poudre écrasée , en les y roulant , & on les met dans un pot. (Voïez l'*Artillerie de Simienowitz* ,

Tome I.

Part. I. & celle de *Mieth , Part. IV.* le *Traité des Feux d'artifice* de M. *Frezier* , le *Bombardier François* de M. *Belidor* , & les *Mémoires d'Artillerie* de M. de *Saint-Remy* , Tom. *II.*

BALLES LUISANTES POUR L'EAU. Balles luisantes qui brûlent sur l'eau. Telle est la composition de ces sortes de *Balles*. On prend de la poudre à canon, trois parties de colophone, un quart d'huile de pétrole, un sixième de soufre ; & on mêle le tout en le tamisant. Essaïant ensuite s'il brûle plus ou moins qu'il ne faut ; s'il ne brûle pas assez, on y ajoûte du soufre, ou de la colophane. Cette mixtion s'enveloppe dans un linge ; on met de la paille tout autour, & on trempe le tout dans de la poix. Aïant lié cette paille avec une ficelle, on la recouvre encore de paille , qu'on enduit comme auparavant , afin de la garder de l'humidité. Après avoir fait un petit trou pour y mettre le feu, la *Balle luisante pour l'eau* est achevée. (V. les *Mém. d'Artil. Tom. II.*)

BALLISTIQUE. L'art de jetter les corps. *Vitruve* & *Végéce* ont beaucoup parlé de cet art , dont les Anciens faisoient usage. Cependant quel étoit cet art ? Il s'agissoit de lancer avec force des pierres contre des murs qu'on vouloit abbatre ; ce qui dépendoit de quelques machines, telles que le bêlier & la balliste. Sur ce mot de balliste, il semble que c'est à l'invention de cette machine qu'on doit , sinon la naissance de la *Ballistique* , du moins celle, ou autrement l'étymologie , de son nom. Pour en donner toutefois une idée plus avantageuse, telle qui lui convient, & que les Mathématiciens en ont , il vaut mieux fixer son origine à *Galilée* , auquel nous sommes redevables des premiers principes. Justifions l'honneur qui peut en revenir à ce grand homme.

Quoiqu'il paroisse qu'on peut jetter des corps de mille façons différentes, néanmoins en y regardant de près, on voit que ces mille façons se réduisent à 5. 1°. De haut en-bas perpendiculairement ; 2°. obliquement ; 3°. de bas en-haut selon une direction perpendiculaire ; 4°. selon une direction oblique ; 5°. selon une direction horisontale.

Or *Galilée* est le premier , qui ait fait des expériences sur la chûte des corps, & le premier qui ait reconnu la loi de leur mouvement. Car il n'est plus question d'*Aristote* , dont la méprise est universellement reconnue, qui vouloit que les espaces que parcourt un corps en tombant, fussent comme les simples vitesses ; au lieu que *Galilée* a démontré à l'œil qu'ils étoient comme les quarrés de ces vitesses acquises en tombant. De-

L

là il fuit, 1°. que les viteffes font comme la racine des efpaces, 2°. que les efpaces font entre eux comme la différence des quarrés, qui étant pris dans l'ordre naturel des nombres 1. 2. 3. 4. 5, &c. donneront 1. 3. 5. 7. 9, &c. Enforte que les corps qui tombent, parcourent dans le fecond moment trois fois plus d'efpace que dans le premier, dans le fecond cinq fois plus, &c. Il n'eft point de Méchanicien qui ne foit convaincu de cette vérité. Si cependant il fe trouvoit encore quelque Difciple d'*Ariftote* affez zélé ou affez aveugle, pour confondre les folides principes qu'a établi ce Philofophe avec fes erreurs, qu'il n'aille point révoquer la théorie de *Galilée*, parce qu'il n'a point vû l'expérience qui en eft le fondement. Le P. *Sébaftien* rendra, quand il voudra, fon excufe nulle, & en cas qu'il ne la veuille point voir, il la lui fera toucher au doigt. A cette fin ce docte Religieux a imaginé une machine compofée de deux ou quatre paraboles égales, (Planche XLI. Figure 249.) qui fe coupent à leur fommet à angles égaux, & qui ont un axe commun perpendiculaire à l'horifon. Autour de ces paraboles, qui forment un paraboloïde, tourne une fpirale, compofée de deux fils de léton parallèles, d'où naît un plan incliné fort étroit. Ces fils font difpofés de façon que le premier tour de la fpirale a un pouce de diamétre, le fecond en a 3, le troifiéme 5, &c. & ces tours de fpirale font entre eux comme leurs diamétres, c'eft-à-dire, en efpaces inégaux, felon les loix de la chûte des corps. En laiffant tomber du paraboloïde une petite boule d'ivoire de 6 lignes de diamétre, ou mieux deux boules, on voit que la première toute feule parcourt tous les tours dans le même tems ; que les deux enfemble les parcourent également ; & qu'à mefure qu'elles les parcourent, elles ne manquent pas de fe trouver enfemble dans quelque autre inftant fur un autre arc, quoiqu'étant à différentes hauteurs, elles parcourent des tours de fpirale fort inégaux. (*Voïez* les *Mém. de l'Acad.* de 1699.)

2°. Lorfqu'on jette un corps de bas-en-haut, les loix de fon mouvement font les mêmes en fens contraire que ceux de haut en-bas ; je veux dire qu'il retarde en montant, fuivant la même progreffion 1. 3. 5. 7, &c. qu'il accélére en tombant.

3°. Un corps jetté obliquement décrit une parabole ; parce qu'il eft en proie à deux mouvemens, dont l'un qui vient de la force imprimée par celui qui le jette, eft égal & uniforme ; l'autre qui vient de fa propre pefanteur, eft uniformément accéléré. De la compofition de ces mouvemens réfulte la propor-

tion qui fe trouve entre les abfciffes & les ordonnées d'une parabole. La même courbe a lieu, lorfqu'un corps eft jetté obliquement ; parce que c'eft toujours des mêmes forces qu'il eft animé. Enfin, pour tout dire, l'amplitude de la parabole décrite par un mobile, eft d'autant plus grande que la viteffe imprimée au mobile, fuivant la même direction, l'eft auffi.

4°. La cinquiéme & derniere façon de jetter un corps eft horifontalement. A cet égard il n'y a rien de particulier à dire. Le mouvement du corps eft toujours compofé de deux, l'un uniforme, & l'autre accéléré comme auparavant. Seulement le corps au lieu de décrire une parabole, n'en décrit que la moitié ; parce que dès l'inftant qu'on le jette, bien loin de monter, il tend continuellement à fa chûte.

La théorie de la *Balliftique* étant ainfi développée, il eft aifé de décider fi c'eft à tort que j'en fais honneur à *Galilée*. On peut même regarder fes Dialogues fur le mouvement comme un Traité fur cet art ; fi l'on excepte la *Balliftique* du P. *Merfenne*, je n'en connois pas d'autre. Il eft vrai que les Méchaniciens l'ont remaniée depuis, & l'ont étendue bien davantage dans différens Traités de Dynamique. Parmi ceux-là on doit diftinguer les Écrits de M. *Jean Bernoulli*, & fur-tout un probleme exprès réfolu dans fon IV. Tome. (*Bernoulli Opera T. IV.*)

BALONS. Efpece de feu de guerre compofé d'un ou de plufieurs éclats de fer ou de cuivre, chargés de poudre & de boulets, & bien entortillés de fil de fer, afin que les éclats ne fe défaffent point en chemin, & qu'ils ne faffent leur effet que fur le lieu où l'on les jette. On fe fert de ces *Balons* dans des occafions, où l'on n'a pas la commodité, ni le tems de conftruire des balles à feu ; & on en forme de différentes grandeurs proportionnés aux orifices des canons ou des mortiers, dans lefquels on les met immédiatement fur la poudre.

B A N

BANDE ou FACE. Terme d'Architecture. C'eft un membre plat, long & étroit.

Bandes de Jupiter. Ce font des traits, ou des lignes larges qu'on voit fur le corps de Jupiter, & qui changent de place & de largeur. On les obferve affez diftinctement avec de grands telefcopes. *Hevelius* en donne la defcription dans fon *Syftema Saturninum. page* 7. (*Voïez* JUPITER.)

BANQUETTE. Terme de fortification. Petite élévation de terre en forme de dégrés, qui regne tout autour du parapet, & par le moïen de laquelle les soldats découvrent la contrescarpe, & font feu sur l'ennemi qui est dans le fossé, ou sur le chemin couvert. Les *Banquettes* ont au moins trois marches, quelquefois quatre ; & leur hauteur est ordinairement d'un pied sur 3 de large.

BAR

BARIL A FEU SUR L'EAU. Vaisseau qui jette toutes sortes de balles de feu & de fusées sur l'eau. (Voïez l'*Artillerie de Buchner. P. I.*)

BARIL FLAMBOIANT. Vaisseau rempli d'éclats & de grenades, qu'on jette parmi les assaillants. (Planche XLIII. Fig. 251.) Les Anciens, qui n'avoient pas l'usage de la poudre, se servoient des inventions semblables. (Voïez *Pratique d'Artillerie de Simienowitz. P. I.*)

BARIL FOUDROIANT. Grand baril enfilé d'un essieu de bois creux porté par des roues & rempli de grenades & de poudre. (Planche XLIII. Fig. 237.) On y met feu par le fond, lorsque l'essieu est de bois, & par la bonde, quand il est de fer : Les *Barils foudroïants* sont des especes de machines de guerre qu'on fait rouler sur l'ennemi.

BARILLET. Terme d'Architecture Hydraulique. Cilindre garni d'une soûpape, dans laquelle la barre de fer d'une pompe, avec le piston, monte & descend alternativement. En enfonçant ces *Barillets* dans le fond, on doit avoir attention : 1°. qu'il n'entre pas la moindre saleté dans la soûpape ; 2°. que tout le *Barillet* soit mis sous l'eau ; 3°. qu'il soit toûjours un peu plus large en-haut, afin que le piston en étant retiré, on puisse le faire entrer dans le cilindre, tel qu'il est sous l'eau. Il est encore important que le cilindre soit bien uni en-dedans, pour n'emploïer pas trop de cuir au piston. Au reste plus on veut élever l'eau, moins on doit donner de diamétre au cilindre, pour pouvoir donner assez de largeur aux tuïaux montans. Il seroit mieux, si on pouvoit faire les tuïaux montans aussi larges, ou même plus larges que les cilindres, principalement dans le cas où la machine travaille promptement, & qu'il y a plus d'un cilindre, qui fournit de l'eau. Par exemple, en donnant à un cilindre de 6 pouces de diamétre un tuïau montant, qui n'a que 3 pouces, il faut que l'eau dans celle-ci se meuve quatre fois plus rapidement ; ce qui demande non-seulement à une grande hauteur une force beaucoup plus grande qu'on n'en sauroit donner ; mais qui fait encore crever les tuïaux, non par défaut de force, mais parce qu'ils sont trop étroits : & un tuïau, qui auroit 4 ou 5 pouces de diamétre, dureroit bien plus long-tems qu'un au-

tre qui n'en a que trois ; quoique le bois ou le métal, dont ils seroient construits, fussent de la même épaisseur dans les deux cas.

BARILLET. Partie d'une horloge qui a la forme d'un tambour, & dans laquelle le ressort, qui fait mouvoir cet Automate, est enfermé. (*Voïez* MONTRE.)

BAROMÉTRE. Instrument qui montre les variations de la pression de l'air, ou si l'on aime mieux, qui sert à les estimer. On est redevable de cet instrument à *Toricelli* successeur de *Galilée.* Ce Mathématicien est le premier qui ait fait usage d'un tube dans lequel le mercure étoit suspendu. Je dis au mot *Air* le dessein de *Toricelli* ; & j'ajoûte ici que le *Baromètre* n'est au fond que le *Tube de Toricelli.* Ainsi, pour en faire un, il suffit d'avoir un tube de 30 pouces de long, scellé hermétiquement par une de ses extrémités. Après l'avoir rempli de mercure, ou de vif-argent, on plonge ce tube dans un vase plein aussi de mercure, & la hauteur à laquelle celui qui est contenu dans le tube, est suspendu, marque le dégré du poids ou de pression de l'air.

De cette façon on a un bon *Baromètre.* Mais, selon quelques Physiciens, ce n'en est, à proprement parler, que le principe & le fondement. Cet instrument est devenu entre leurs mains une machine plus commode, & plus agréable à la vûe. Pour donner une idée de cette addition, nous en distinguerons de deux sortes, les *simples* & les *composés.*

Le *Baromètre simple* est formé d'un tuïau A B C recourbé en B, (Pl. XXVII. Fig. 19.) & qui porte à son extrémité C, une bouteille ouverte, soufflée avec le tuïau même par son ouverture. On a fait entrer du mercure dans le tuïau jusques en A, en l'inclinant de ce côté. Cette extrémité a été tout de suite scellée hermétiquement. Aïant ensuite ajusté ce tuïau sur une planche, comme le montre la figure, & cette planche étant suspendue verticalement, le *Baromètre* est construit. Il reste pourtant encore quelque chose. Il faut faire des divisions, pour qu'on puisse connoître les différentes variations du mercure ; & caractériser ces divisions, afin qu'on sache ce qu'indiquent ces variations. En général on sait que plus le mercure monte, plus le tems est sec ; que plus il descend, plus il est humide. Mais déterminer ces deux point extrêmes, ou si l'on croit que j'exige trop, trouver le point moïen ; ce vrai point qui détermine le *tems variable*, n'est pas une chose aisée. Suivant les Physiciens, ce milieu est à 27 pouces ½. M. *Weidler* veut qu'on s'assure mieux de ce point par des observations qu'on fera sur le *Baromètre* même.

Le conseil eft bon à fuivre. Néanmoins, pour fe fixer à quelque chofe, il n'y a pas grand inconvénient de fe rapporter à celle des autres, & de marquer à 27 pouces ½ *tems variable*. M. *Poliniere* dit qu'on doit marquer les autres tems de 3 lignes ½ en 3 lignes ½, foit en montant, foit en defcendant, c'eft-à-dire, *beau-tems* à cette premiere diftance ; *beau-fixe* à la feconde ; ainfi de fuite : & en defcendant d'abord, *pluie, grande pluie, &c.* jufques à la valeur de 2 pouces ½, qui eft ordinairement la plus grande variation, en partageant ces 2 pouces ½ moitié en-haut, moitié en-bas. Je crois que M. *Poliniere* dit fort bien.

2. Lorfqu'on fait conftruire ce *Barométre*, on eft certain qu'on fait faire un *Barométre fimple*. Il n'y en a pas de deux fortes. Il n'en eft pas de même des *Barométres compofés*. Prefque tous les Phyficiens ont voulu y faire quelque chofe. Quelques-uns courbent à différens fens un tube de *Toricelli*, long de plus de 58 pouces, ou 28 pouces au-deffus de la furface du mercure d'en-bas, & prétendent que la conftruction de ces fortes de *Barométres* eft la plus avantageufe. D'autres fe fervent d'un tube recourbé, & double de la longueur naturelle, dans une branche duquel eft du mercure, & dans l'autre une liqueur colorée. En ce genre le *Barométre* qu'a inventé M. *Hughens*, eft préférable à un *Barométre compofé* de toutes les fortes. On voit affez par la figure de quoi il eft queftion ; car c'eft communément le propre des bonnes chofes que la fimplicité. Le tuïau de verre A E B D C (Planche XXVII. Fig. 20.) eft joint aux deux bouteilles cilindriques E & B diftantes de 27 pouces. Par l'ouverture C on a verfé du vif argent en affez grande quantité, pour remplir la moitié des deux bouteilles. Le refte du tuïau contient une liqueur colorée, qui ne géle point en hiver, telle que l'eau forte mêlée avec fix fois autant d'eau commune ; ou mieux encore, de l'huile de pétrole diftillée. Aïant baiffé le tuïau, pour faire tomber & le mercure & la liqueur jufques en A, on l'a fcellée avec fa propre matiere, moïennant le fecours d'une lampe d'Emailleur, ce qu'on appelle boucher hermétiquement. On a fixé enfuite le tout fur une planche, & fufpendu cette planche comme les autres bien perpendiculairement à l'horifon.

Suppofant maintenant que la capacité des bouteilles eft avec le refte B C du tuïau, comme 14 à 1, lorfque la liqueur, fur laquelle l'air agit, baiffera de 14 lignes, le mercure montera d'une ligne. Si le rapport de la capacité des bouteilles avec le tuïau B C eft

plus grand, la variation du mercure fera encore plus fenfible, celle de la liqueur étant plus confidérable. On ne gradue gueres ce *Barométre* comme le *Barométre fimple*. On fe contente de former fur la planche des divifions égales, en faifant ufage des principes que je vais déduire. Cependant ceux qui voudront caractérifer ces divifions, n'auront qu'à agir comme auparavant, en aïant égard à la proportion de l'abaiffement de la liqueur à l'élévation du mercure.

3. J'ai infinué que les paroles gravées ou écrites vis-à-vis les divifions du *Barométre*, ne doivent pas être prifes à la rigueur. En hiver fur-tout fes prédictions font incertaines. Les regles fuivantes feront voir que l'on doit s'en méfier : 1°. En général, quand le mercure monte, il fait beau ; & quand il baiffe, le tems eft mauvais, humide, pluvieux, venteux, orageux.

2°. La defcente du mercure n'annonce pas toujours la pluie, mais quelquefois du vent.

3°. Lorfqu'il fait de grands vents, quoiqu'il ne pleuve pas, le mercure defcend plus qu'en un autre tems, & felon que le vent fouffle ; car le mercure eft plus élevé, lorfqu'il fait un vent d'Eft, ou un vent Nord-Eft, qu'en tout autre vent.

4°. Pour peu que le mercure monte après une pluie abondante, il y aura du beau tems. Après la pluie le mercure remonte promptement.

5°. Si dans un tems de pluie le mercure baiffe, il y aura pluie pendant long-tems.

6°. Dans un mauvais tems, l'afcenfion conftante du mercure pendant deux ou trois jours, avant que ce mauvais tems ceffe, annonce un beau-tems qui durera.

7°. Dans un tems fort chaud, la defcente du mercure prédit le tonnerre. Quoiqu'il defcende, s'il defcend peu, il y a encore du beau-tems à efpérer.

8°. Quand le mercure monte en hiver, cela annonce de la gelée. Defcend-il un peu fenfiblement ? il y aura un dégel. Monte-t-il encore lors de la gelée ? il neigera.

9°. Si le mercure defcend fort bas dans un beau tems, & qu'il perfifte dans cet état, on aura un tems fort humide, & vraifemblablement de grands vents.

10°. L'état inconftant du mercure dénote un tems variable.

4. Avec le fecours de ces principes on pourra, étant muni d'un bon *Barométre*, eftimer les variations du tems. Devine qui pourra la caufe de ces variations ? Que le mercure defcende, lorfque l'air eft humide, cela paroît étonnant. Cet élément eft-il plus léger, lorfqu'il eft beaucoup chargé de vapeurs, que lorfqu'il

ne l'est pas ? Ce fentiment, dit M. *Poliniere*, paroît contraire aux préjugés vulgaires, & peut-être à la vérité. Il doit donc être plus pefant. Mais le mercure devroit monter, & il defcend. Ce n'eft donc pas au poids de l'air qu'on doit attribuer l'afcenfion du mercure dans le tube. Si cela étoit, il monteroit outre cela également dans tous les païs; & on fait que le mercure eft fujet à des variations plus confidérables dans les païs Septentrionaux que dans les Méridionaux. Entre les Tropiques proche la ligne ou l'équateur, M. *Halley* a obfervé que le mercure fouffre en quelque faifon que ce foit très-peu de changement. On lit dans le Journal d'Angleterre du mois de Mai, de 1686, que ce favant Anglois en avoit fait particulierement l'expérience dans l'Ifle fainte Héléne.

Cependant d'un autre côté, on fait depuis M. *Pafcal* que plus le mercure eft élevé de la furface de la terre, plus le mercure defcend. MM. de *Caffini*, *Maraldi* & de *Chazelles* ont trouvé environ 10 toifes d'élévation pour chaque ligne d'abaiffement, en ajoutant un pied à la premiere dixaine, 2 à la feconde, 3 à la troifiéme, ainfi de fuite. (Voïez *le Traité de l'équilibre des liqueurs, & de la pefanteur de l'air*, par M. *Pafcal*, & les *Mémoires de l'Académie des Sciences.* 1705.)

Il y a là-deffous quelque myftere, quelque principe caché. Ce principe, M. de *Molieres* dans fes *Leçons de Phyfique*, pag. 203, le trouve dans le reffort de l'air, & dans fon poids; puifque le mercure refte toujours fufpendu, dit-il, fous le récipient d'une machine pneumatique, vuide d'air, comme étant expofé en plein air. M. *Daniel Bernoulli* dans fon *Hydrodynamique*, pag. 206, me paroît prendre encore un meilleur parti. Selon ce favant Géometre, on doit attribuer les variations du *Barometre* à deux caufes; à une rarefaction ou condenfation prompte de l'air, & à fon inertie.

Avant ces deux Savans M. *Leibnitz* avoit donné de la variation des *Barometres* une explication plus vraifemblable. Si le mercure baiffe pendant la pluïe, c'eft que l'atmofphere, felon lui, eft alors moins chargé qu'auparavant. Cela eft fimple. Une certaine quantité d'eau qui tombe ne preffe plus fur l'atmofphere, puifque l'atmofphere ne les foutient plus. Ainfi fuivant cette charge l'élévation ou l'abbaiffement du mercure doit avoir lieu. (*Hift. de l'Académie Roïale des Sciences.*)

M. de *Mairan* confiderant plus généralement la caufe des variations du *Barometre*, la fait dépendre des agitations de l'atmofphere. Il confidere fa péfanteur en abfolue & relative. Quand l'atmofphere n'eft point agité, qu'il n'y regne aucun vent, alors fon poids eft plus grand qu'en tout autre tems; & le mercure monte, il s'agite; plus fon agitation eft grande moins il pefe, & moins par conféquent le mercure doit s'élever. Il y a fans doute quelques exceptions à faire. M. de *Mairan* ne les oublie pas, & les ramene fort ingénieufement à fon objet. (Voïez *la Differtation fur les variations des Barometres.*) Le dernier Syftême fur la caufe des variations du *Barometre* eft celui de M. *Halley*. Deux agens, felon lui, concourent également à les produire. Le premier eft la variété des vents, qui regnent dans les zones tempérées, dont l'inconftance eft fi connue. Le fecond, entierement fubordonné à l'autre, eft formé par l'exhalaifon & la précipitation incertaine des vapeurs qui fe trouvent dans l'air, & dont cet élément eft plus chargé dans un tems que dans l'autre: ce qui le rend plus péfant. Avec ces deux principes, M. *Halley* explique les divers phénomenes du *Barometre*. Par exemple:

Pourquoi dans un tems calme, l'air étant difpofé à la pluïe, le mercure eft ordinairement plus bas ? Parce que l'air, répond le docte Anglois, ne fupporte plus les vapeurs, qui font devenues fpécifiquement plus pefantes que le milieu où elles flottent. L'air devient donc alors plus leger; & cela doit fuffire, pour que le mercure defcende, puifque la colonne d'air qui lui répond n'eft pas fi lourde qu'auparavant. M. *Halley* ajoute, que l'oppofition des deux vents qui foufflent alors, produit cette inégalité d'élévation qu'on remarque dans le mercure; car les vents laiffent agir fur lui tantôt plus, tantôt moins la colonne d'air qui lui répond.

La même théorie fert à expliquer comment dans un tems ferain, beau & fixe, le mercure monte. C'eft que les deux vents contraires qui foufflent vers le lieu où le *Barometre* eft placé, y portent & y accumulent l'air des autres païs; de forte qu'ils augmentent la colonne d'air, & en hauteur & en maffe. Ce furcroit de poids fe fait fentir fur la furface du mercure, & l'oblige à monter. Le tems eft beau alors; parce que l'air, ainfi condenfé en quelque forte, foutient aifément les vapeurs dont il eft chargé.

C'eft ainfi que M. *Halley*, par les deux principes établis, rend raifon des principales variations du *Barometre*. Je crois en avoir affez dit, pour faire connoître fa théorie. Mais fi l'on veut entrer dans un plus grand détail, il faut lire la Leçon X. du *Cours de Phyfique expérimentale*, du Docteur *Defaguliers*, *Tome II.* qui pouffe l'explication aux variations les plus bizares.

Amontons, *Poliniere*, *Hughens*, *Bernoulli*, *De Mairan*, *Halley*, *Desaguliers*, ont écrit particulierement sur les *Barometres*. On doit regarder les deux *Barometres* que je viens de décrire, comme les *Barometres fondamentaux*, si l'on peut parler ainsi. Ceux qu'on a fait depuis ne sont que des rafinemens, qui sont venus comme après coup ; quoique très-dignes & de l'attention des Physiciens & de l'estime du Public. Ces *Barometres* sont le *Barometre diminué*, le *Barometre à roue*, le *Barometre marin*, le *Barometre portatif*.

5. Le *Barometre diminué* ou réduit, est composé (Planche XXVII. Figure 21.) de trois tuïaux A B, BE, DC, contigus & garnis chacun des bouteilles cilindriques A B D C. L'ouverture O étant bouchée, on fait entrer par l'ouverture E du mercure depuis C jusques en D, & de même dans l'autre depuis B jusques en A. Entre ces deux colonnes, on a versé deux liqueurs de couleurs différentes, & qui ne se mêlent ni se gélent, pour remplir le tuïau B D. L'huile de pétrole distilée & de l'eau seconde peuvent, étant différemment colorées, servir préférablement à l'esprit de vin, trop susceptible de la dilatation & de la condensation de l'air. On voit comment & à quel endroit on gradue ce *Barometre*. Il suffit de dire que c'est à la séparation des deux couleurs, qu'il faut faire attention, pour connoître les effets de l'air sur le mercure par le trou O, qu'on a rouvert, aïant fermé l'autre E.

Au moïen de cette construction, la hauteur du *Barometre* est diminuée de la moitié, parce qu'il y a deux colonnes de mercure, qui font équilibre à une seule colonne d'air. En augmentant le nombre des tuïaux pour opposer trois colonnes du mercure, le *Barometre* pourra être réduit au tiers : s'il y en 4 au $\frac{1}{4}$, &c.

BAROMETRE A ROUE. La Figure 22 (Planche XXVII.) représente ce *Barometre*. Ce n'est ici qu'un *Barometre* ordinaire ajusté derriere une planche M N. Au haut de cette planche est une poulie S T R parfaitement mobile dans son essieu. Cette poulie porte une soïe Q S T R P, au bout de laquelle sont attachés deux poids Q, P. Celui-ci, qui est un peu plus pésant que l'autre, repose sur le mercure ; ensorte qu'il ne peut descendre que le poids ne descende aussi, & qu'il ne peut monter qu'il ne soit soulevé. Ce mouvement fait tourner la poulie. Or dans cette poulie est fiché un index I K, qui tourne lui-même, & qui marque en tournant sur le cadran les variations du *Barometre*. En sup-

posant qu'il soit ajusté de façon que la division du milieu indique le tems variable, les autres à droite marqueront le beau tems, & celles qui sont à gauche, le mauvais.

Ceux qui veulent enjoliver les *Barometres à roue*, ménagent au milieu du cadran un trou, par lequel paroît un soleil qui est couvert par des nuages lorsque l'index marque la pluïe. Pour cela on attache à l'index des nuages peints sur un papier, & qu'il fait glisser entre le cadran & le soleil pendant son mouvement. La Figure 23. (Planche XXVII.) fait assez connoître comment on doit s'y prendre pour faire de ces *Barometres*, qu'on doit à *Robert Hook*.

BAROMETRE PORTATIF. *Barometre* qui peut se transporter aisément d'un lieu à un autre sans que le mercure se répande. M. *Amontons* en décrit un qui me paroît tout uni, mais que je ne trouve pas également bon. Ce n'est qu'un simple tube de verre de 3 pieds $\frac{1}{2}$ de longueur & environ 1 ligne $\frac{1}{2}$ de grosseur, scellé hermétiquement par une extrémité, & ouvert par l'autre. Celle-ci est un peu évasée pour y pouvoir introduire plus commodément du mercure. Depuis l'extrémité ouverte de ce tube jusques à l'autre, il va toujours en diminuant. Par cette diminution les 28 pouces de mercure que contient le tube en comptant de l'extrémité scellée, se réduisent à 16 pouces $\frac{1}{2}$. Pour se servir de ce *Barometre*, on le suspend le plus à plomb qu'il est possible, l'extrémité ouverte en bas. M. *Amontons* avertit que le mercure ne tombera pas & en donne la raison.

M. *Derham*, qui n'a pas approuvé, & avec raison, l'invention de M. *Amontons*, a imaginé un autre *Barometre portatif* bien supérieur à celui-là. Le mercure n'est point livré à lui-même. Lorsqu'on le porte, il est resserré dans le tube par le moïen d'une vis. La beauté de cet instrument, & son utilité pour s'assurer des expériences que l'on fait en mesurant la hauteur des montagnes, m'engagent à en donner la description.

Un tube A B (Planche XXVII. Fig. 313.) dans lequel on a mis du mercure, comme dans les *Barometres* ordinaires, est adapté à une boete B C V D, dont la moitié est sphérique, & dont l'autre se termine en cone C B D, qui va se joindre au tube. Cette boete est divisée en deux par un morceau de cuir de mouton bien doux, qui forme un diaphragme. La partie supérieure C B est remplie de mercure, dans lequel trempe le tube, & la partie inférieure est vuide & percée par le fond. A ce trou est un écrou disposé à y recevoir une vis V.

La vis retirée, le mercure est à sa situation ordinaire dans le tube. En cet état le *Barometre* n'eſt pas *portatif*. Pour le rendre tel, on tourne la vis; elle preſſe le diaphragme & oblige le mercure de monter juſques au haut du tube. Dès-lors point de mouvement de la part de ce métal. Le *Barometre* eſt à l'épreuve des plus violentes ſecouſſes. En faut-il davantage pour avoir un *Barometre portatif*? Non. Quand on en veut faire uſage on lâche la vis, & alors le mercure deſcend & ſe livre à toutes les impreſſions de l'air. Afin de l'y expoſer, on pratique un trou ſur la partie ſuperieure de la boete, qu'on ferme avec une cheville quand on reſſerre le mercure dans le tube.

J'ai vû conſtruire par M. *André Bourbon*, faiſeur de *Barometres* & de *Thermometres*, un *Barometre portatif*, ſuivant ces regles, qui eſt le premier qu'on ait fait à Paris, & j'ai reconnu toute l'exactitude & la bonté de cet inſtrument. L'aïant communiqué dans le tems à M. *Chriſtin*, Secretaire perpétuel de la Société Roïale de Lyon, il me répondit qu'il craignoit que le mercure pénétrât la peau de mouton, & que je ferois bien, dans l'incertitude, de la doubler d'une veſſie de cochon. Son conſeil étoit trop ſage pour ne le pas ſuivre. Il n'eſt pas ſûr que dans la ſuite des tems, le mercure ne ſe fut fait un paſſage à travers les pores de la peau, au lieu que la veſſie eſt à toute épreuve.

On attribue l'invention de ce *Barometre* à M. *Derham*. Cependant on ne connoît que depuis peu cet inſtrument, & on lit dans le *Traité des Barometres, Thermometres, &c.* par M*** (*Dalencé*) imprimé à Amſterdam en 1688, la deſcription d'un *Barometre portatif*, dont la conſtruction differe peu de celle de M. *Derham*. Car M. *Dalencé* ajuſte au tube une petite boete de bois, ſpherique par deſſous, & conique à la partie ſupérieure. Cette partie ſe monte à vis.

On remplit cette boete de mercure avec les précautions que M. *Dalencé* enſeigne. Et le *Barometre* conſtruit, " il peut, dit l'Auteur, » être tranſporté & tourné en différens ſens » ſans ſe gâter, le tuïau qui eſt ouvert, » étant toujours couvert de vif-argent, dans » quelque ſituation qu'on le mette; parce » qu'il correſpond au centre de cet eſpace » ſphérique, dont les deux tiers ſont tou-» jours remplis de vif-argent " (page 35.) A la vérité on ne voit point ici de diaphragme, comme dans celui de M. *Derham*, & on a de la peine à ſe perſuader que le mercure ne balance pas dans ce *Barometre*. Du reſte on trouve un avis entièrement conforme à celui que donne M. *Deſaguliers* pour l'inſtrument de M. *Derham*. (*Cours de Phyſique ex-*

périmentale, Tome II.) C'eſt qu'il n'eſt pas abſolument néceſſaire que la boete ait » au-" cuns trous ni aucunes vis, les ſeuls pores du » bois étant ſuffiſans pour lui donner la » communication avec l'air, qui doit agir » ſur la ſuperficie volante. On a des *Baro-» metres* faits de l'un & de l'autre maniere, » qui réuſſiſſent fort bien " (pag. 35.)

BAROMETRE MARIN. Inſtrument qui ſert en mer aux mêmes uſages que le *Barometre* ordinaire. Il eſt compoſé de deux thermometres, un d'air & un d'eſprit de vin; car il n'eſt pas poſſible de ſe ſervir d'un *Barometre* de mercure, qui demande une poſition conſtante & une tranquillité qui ne ſe trouve pas ſur un vaiſſeau : ſon agitation continuelle ne permet pas au mercure de ſe fixer. Le nouveau *Barometre* inventé par M. *Hook*, n'eſt point ſuſceptible de ces mouvemens.

Lorſque les deux thermometres ſont d'accord, la preſſion de l'air eſt la même que lors de leur conſtruction. Si le thermometre d'air (qui n'eſt compoſé que de l'eau commune teinte de bleu, avec un petit mélange d'eau forte pour l'empêcher de ſe geler, ſur laquelle l'air agit dans ſes différentes preſſions, & ſervant par ce moïen au même uſage que le *Barometre* ordinaire) monte plus, il eſt évident que la preſſion de l'air a changé. Deſcend-il? C'eſt une autre variation. En un mot, c'eſt ici un *Barometre* ordinaire qu'on rectifie par le thermometre d'eſprit de vin, au moïen duquel on a égard aux différentes variations qui pourroient être cauſées, ou par le froid ou par le chaud.

M. *Halley* a décrit le *Barometre marin* dans les *Tranſactions Phyloſoph.* N°. 169 ; & il aſſure que dans les derniers voïages qu'il fit dans les parties méridionales de la terre, il en porta un qui ne manqua jamais de lui marquer & de lui prédire les tempêtes, les orages, & tous les mauvais tems qu'il eſſuïa. M. *Deſaguliers* a fait la même expérience dans ſon dernier voïage du Sud, (*Cours de Phyſique expérimentale, Tome II. pag.* 341.)

6. Il me reſte à faire mention d'une propriété remarquable qui eſt commune à tous les *Barometres* de mercure : c'eſt celle d'être lumineux. M. *Picard* obſerva le premier en 1675, qu'un *Barometre* ſimple ſecoué dans l'obſcurité, jettoit une colonne de lumiere. Cette expérience fut tentée ſur d'autres *Barometres*; mais elle ne fut pas générale ; elle ne réuſſit que ſur très-peu. M. *Bernoulli* attribua cette variété à la conſtruction du *Barometre*, dont le mercure des uns n'étoit pas aſſez purgé d'air, & que celui des autres étoit trop pur. A ce ſujet, ce grand Géometre eut une

difpute avec quelques Membres de l'Académie Roïale des Sciences de Paris , & enfuite avec M. *Hartfoeker*. Celui-ci prétendoit que les raifons alleguées par M. *Bernoulli* fur cette variété , n'étoient point recevables. Cette querelle que fufcita le nouveau Phyficien ne fut pas glorieufe pour lui. Elle fut terminée de en faveur du Mathématicien de Bâle. Voici de quelle façon on doit préparer les *Barometres* pour les rendre lumineux.

1°. Il faut bien nétoïer le mercure pour le dégager de fes impuretés. On le nétoïe en le filtrant à travers du papier gris, ou en le faifant paffer par un cornet de papier qui ne donne au mercure qu'une très-petite iffue.

2°. Le tuïau de verre , qui doit contenir le mercure , doit être bien fec & vuide d'air.

3°. Il ne faut verfer le mercure que par reprifes , en obfervant ce qui fuit. On fait entrer dans le tuïau un tiers du mercure deftiné pour le *Barometre* ; & on approche peu à peu le tuïau du feu dont la chaleur dilate l'air & l'en purge. Pendant ce tems-là on a foin de remuer le mercure avec un fil de fer pour dégager les bulles d'air, que le feu chaffe. Si l'on continue à verfer dans le tuïau les deux tiers reftant du mercure, on aura un *Barometre* qui fera un véritable phofphore.

Hartfoeker , *Bernoulli* , *Hauxbée* , *Homberg* , *de la Hire* , ont écrit fur le *Barometre lumineux*.

BAROSCOPE. C'eft ainfi que *Bayle* & quelques beaux efprits ont appellé le barometre. Des Phyficiens célébres ont fait ufage de ce nom, fans oublier cependant celui de barometre , qui a toujours primé & qui l'emporte entiérement aujourd'hui fur celui de *Barofcope*. *Voïez* BAROMETRE,

BAS

BASE. Terme de Géométrie. Ligne fur laquelle une figure femble repofer. Comme il eft indifférent de placer une figure plane de telle ou telle façon, on choifit la ligne qu'on veut pour la faire fervir de *Bafe*. Dans le triangle rectangle , l'on prend communément pour *Bafe* le plus grand côté qui forme l'angle droit , en appellant l'autre *cathete* , & le troifiéme qui eft oppofé à l'angle droit *hypotenufe*. Dans les lignes courbes , on appelle *Bafe* la ligne droite tirée d'une extrémité de la courbe à l'autre.

BASE. Terme de Stereométrie. Côté d'un corps. Par exemple , on appelle la *Bafe* d'un cone le cercle de deffous , fur lequel il repofe. Dans les corps qui confiftent partie en furfaces planes , partie en convexes , la plane porte en général le nom de *Bafe*. Dans la

ftatique , on confidere furtout la regle de la pofition fixe des corps ; favoir qu'un corps s'approche toujours de fa chute , à mefure que la ligne de direction du centre de gravité s'approche de l'extrémité de la *Bafe* du corps même. La *Bafe d'un corps grave* eft une figure , dans la circonférence de laquelle fe terminent les parties du corps fur lefquelles il repofe , ou encore les fulcres qui le fuppofent porter ; par exemple , (Planche X. Figure 238.) le corps A qui repofe fur deux fulcres B & D ; alors la figure E F G H fera appellée fa *Bafe*. Or une ligne perpendiculaire tombant du centre de gravité du corps C fur le plan horifontal, fi elle tombe en dedans de cette *Bafe* , il faut que le corps refte en repos , mais cette ligne tombant hors de la *Bafe* , il faut que le corps tombe vers le côté où ladite ligne fort de la *Bafe*. (*Leopold Theat. Machinar. ftatic. Chap. I.*)

BASE. C'eft dans la Géométrie fouterraine (Planche I. Figure 239.) la *Bafe* D B d'un triangle rectangle A D B , qu'on fuppofe toujours horifontale. En prenant l'hypotenufe pour le finus entier, la *Bafe* eft le finus du complement. *Weigel* dans fa *Géométrie fouterraine* donne une méthode de trouver cette ligne , tant avec des tables que fans leur fecours.

BASE DU TABLEAU. Terme de perfpective. Ligne de terre où le plan géométral & le tableau s'entrecoupent. Dans la Figure 240. (Planche XXVI.) R eft le plan géométral , c'eft-à-dire , un plan parallele avec l'horifon. Le tableau tranfparent eft élevé perpendiculairement entre l'œil C & le pentagone A B D E F, qui doit fe repréfenter fur le tableau en *a b d e f*. Cela étant , P L eft la *Bafe du tableau*. On a befoin de cette ligne , lorfqu'on veut repréfenter quelque chofe en perfpective.

BASE DE DISTINCTION. Nom que quelques-uns donnent à l'endroit où les objets font dépeints derriere un verre convexe , lorfque les raïons , qui en tombant fur le verre , y font rompus à quelque diftance.

BASE. Terme d'Architecture civile. Partie extrème d'un membre d'Architecture , qui en foûtient le corps. Cette définition enveloppe tout , & convient à toutes les *Bafes* qui entrent dans un corps général d'Architecture, Celle des colonnes y font bien comprifes ; mais elles demandent un petit détail, pour être & mieux connues & mieux caractérifées. Difons donc que la *Bafe* d'une colonne eft la partie inférieure du fuft de la colonne , & qui pofe fur fon piedeftal ; & ajoûtons qu'elle eft différemment façonée fuivant les Ordres, Dans l'Ordre Tofcan elle eft fimple.

On

On y voit pour tout ornement un tore. Dans le Dorique, qui eſt plus riche, la *Baſe* de la colonne, outre le tore, a encore un aſtragale. Un gros tore ſur deux ſcoties ſéparées par deux aſtragales dans l'Ionique. Deux tores, deux ſcoties, deux aſtragales dans le Corinthien; & elle a l'aſtragale de moins dans le Compoſite. De façon que la *Baſe* renferme tous les ornemens compris entre le fuſt de la colonne & le ſocle ou piedeſtal. Ce qu'on dit ici de la *Baſe* de la colonne, peut s'appliquer aux *Baſes* des piedeſtaux de tous les Ordres.

Bass. Terme de fortification. Largeur inférieure, ou le pied d'un rempart, d'un parapet avec ſa banquette. En ſe repréſentant un triangle rectangle, dont la hauteur eſt celle d'un de ces ouvrages, & l'hypothénuſe ſa pente ou ſon talut, alors la *Baſe* du triangle ſera la *Baſe* de l'ouvrage. On donne encore le nom de *Baſe* à une place tracée pour indiquer la maniere dont un bâtiment doit être élevé entre ſes parois.

BASSE. Terme de Muſique. Partie fondamentale d'une compoſition de Muſique. M. *Rameau* définit la *Baſſe* le ſon de la totalité d'un corps ſonore, avec lequel raiſonnent les parties aliquotes $\frac{1}{2}$, $\frac{1}{3}$, $\frac{1}{5}$, qui compoſent avec lui l'accord parfait, dont il eſt toujours par conſéquent le ſon le plus grave.

La *Baſſe* eſt tout en Muſique. C'eſt ſur elle que ſe réglent les autres parties. Elle ſert à connoître les routes de l'harmonie. Ceci eſt ſans doute du reſſort du Compoſiteur en Muſique, Compoſiteur habile s'entend, qui en ſait tirer parti. Mais ce qui peut conduire là, & être plus à la portée du commun des Lecteurs, c'eſt de ſavoir trouver la *Baſſe* d'un air ou d'un chant donné. Voici quelques principes pour y parvenir.

On ne prend d'abord le chant que dans un ſeul mode, ou la ſeptiéme de la *Baſſe* fondamentale, qui eſt la diſſonance mineure. Enſuite on entrelaſſe avec le premier mode un ou deux de ſes plus relatifs. De-là on paſſe inſenſiblement & par dégrés à un autre, en y joignant la diſſonance. Ainſi lorſque le chant ne conſiſte que dans la tierce, la quinte & l'octave, l'harmonie de la *Baſſe* fondamentale doit toujours former au-deſſous l'une de ces trois conſonances, qui y ſont ſuccédées immédiatement. Le chant qui marcheroit par quinte, aura toujours l'une des deux notes au moins, par une des fondamentales du mode qui exiſte. Au reſte, il ne faut s'attacher à changer une note fondamentale que d'une meſure à l'autre.

Tout cela demande beaucoup d'attention,

Tome I.

de l'oreille même, & du goût. Il n'y a que les vrais amateurs, qui puiſſent venir à bout de démêler l'édifice d'un chant. Car, comme le dit l'illuſtre M. *Rameau*, trouver la *Baſſe* fondamentale d'un chant, c'eſt trouver non-ſeulement toute l'harmonie, dont un chant eſt ſuſceptible, mais encore le principe qui l'a ſuggéré.

De tous les Ecrits qui ont été donnés par différens Auteurs, tels que *Boivin*, *Broſſard*, &c. où il ſoit parlé de la *Baſſe*, ceux de M. *Rameau* ſont ſans contredit préférables, ſoit parce qu'ils ſont plus modernes, & peut-être plus travaillés, ſoit parce qu'il y regne une méthode claire, nette & facile à ſaiſir. Je ne citerai donc que les ſiens. *Traité de l'Harmonie*; *Diſſertation de l'accompagnement*; & ſur-tout le *Traité de la génération harmonique*.

BASTION. Elévation de terre revêtue ou de briques, ou de pierres, ou de ſimples gazons, qui forme un corps compoſé de quatre parties, dont deux (Planche XLV. Fig. 24.) MR, MN, qu'on appelle *Face*, ſont diſpoſées en pointe, & font un angle R M N, qu'on nomme *Angle flanquant*. Les deux autres R S, N T appellés *Flancs*, ſe joignent à la courtine. Le concours des flancs & des faces forme l'angle M N T nommé *Angle de l'Epaule*.

Selon *Errard*, le flanc doit être perpendiculaire à la face du *Baſtion*: mais *Errard* ne doit pas être ſuivi. Des *Baſtions* ainſi conſtruits ne peuvent avoir que des embraſures fort obliques, par conſéquent nulle défenſe pour le foſſé.

Le Chevalier *de Ville* a reconnu le premier l'erreur d'*Errard* ſans être plus heureux que lui. Il veut que les flancs ſoient perpendiculaire à la courtine. Le Chevalier *de Ville* eſt-il fondé? Non. Le foſſé n'eſt pas mieux défendu que ſuivant la conſtruction d'*Errard*. C'eſt pour obvier à cet inconvenient, que le Comte de *Pagan* abaiſſe le flanc perpendiculairement ſur la ligne de défenſe T B. Par cette conſtruction le flanc dépend le plus qu'il eſt poſſible de la face du *Baſtion*. C'eſt là un très-grand avantage; car ſelon ce principe, qui peut être regardé comme un axiome en fortification, les parties qui flanquent ne doivent être vûes que de celles qu'elles doivent flanquer. La méthode de M. de *Pagan* ſeroit donc excellente, ſi l'on étoit obligé de n'avoir égard qu'à ce principe. Il en eſt un autre à conſulter, qui demande que le flanc ſoit en même tems le plus grand que faire ſe pourra. A cet égard la conſtruction de M. *Pagan* eſt très-défectueuſe. Son flanc eſt trop petit, & encore trop expoſé aux batteries de l'ennemi.

M. *Ozanam* a cru éviter ce défaut, sans s'écarter de l'axiome ci-deſſus, en tirant le flanc du centre de la place.

Voilà bien des ſentimens. Lequel ſuivre ? Il y a sans doute un milieu à prendre. D'ordinaire les milieux concilient tout. Mais en quoi conſiſte ce milieu ? Lorſqu'on découvre trop la gorge, la face en ſouffre. Si on couvre le flanc, la défenſe devient oblique, & nulle défenſe pour le foſſé. Doit-on le découvrir ? on l'expoſe aux batteries de l'ennemi. Ces avantages, ces pour & ces contre ont été ſagement balancés par M. de *Vauban*. (*Voïez* le ſyſtême de M. de *Vauban*, au mot FORTIFICATION.) Cependant rien n'a jamais mieux été imaginé pour cela que les *Baſtions* à *Orillon*, qui rendant le flanc concave, le mettent preſque entierement à couvert. La conſtruction de ces *Baſtions* eſt établie ſur celle des autres.

2. Après avoir tracé le *Baſtion* à l'ordinaire, on diviſe le flanc A B (Fig. 24.) en trois parties, A C, C I, I B, dont deux A C, C I ſont deſtinées pour le flanc concave, la troiſiéme I B pour l'*Orillon*. Celle-ci eſt partagée en deux également au point D ; & ſur ce point la ligne D F a été élevée, comme du point B, extrémité de la face B O, la ligne B F. Ces deux perpendiculaires ſe croiſent, & leur point de réunion eſt le centre d'un arc qu'on décrit, en les faiſant paſſer par les points I & B. Voilà pour l'*Orillon*.

Quant au flanc concave, on tire de l'angle M du *Baſtion* voiſin la ligne M I, qu'on prolonge juſques en K ; de façon que I K ſoit de 5 toiſes, ſi le côté extérieur du póligone dans lequel la fortification eſt conſtruite, eſt de 180 ; qu'il ſoit de 6, ſi ce côté eſt de 200 ; de 4, s'il eſt de 100 ; & de 3, s'il eſt de 140. La face M N du *Baſtion* voiſin étant prolongée par-delà la face A B, de la même longueur que I K, on forme avec l'ouverture K U un triangle équilatéral, qui donne le point E. Enfin de ce point comme centre l'arc K U étant décrit le flanc concave eſt conſtruit.

3. Lorſqu'un *Baſtion* eſt ſéparé du reſte du rempart, comme on en conſtruit dans la nouvelle maniere de *Vauban*, il eſt nommé *Baſtion détaché*. On appelle *Baſtion plat* ou *Plateforme* un *Baſtion* qu'on place ſur la courtine, ou ſur une autre ligne droite, lorſqu'elle eſt trop longue, afin qu'elle puiſſe être aſſez défendue de ce *Baſtion*, & des deux autres des côtés. Si les faces du *Baſtion* font un angle rentrant en forme de tenaille, on le nommé *Baſtion coupé*, ou *Baſtion à tenaille*, & il eſt dit *Baſtion vuide*, quand le profil du rempart pour le flanc & les faces eſt parallele avec le talut intérieur, & lorſqu'on y laiſſe au milieu une place vuide juſqu'à l'horiſon naturel. Au contraire le *Baſtion plein* eſt celui qui eſt rempli de terre juſqu'à la gorge.

4. On ignore le tems & le lieu de l'invention des *Baſtions*. Quelques Hiſtoriens l'attribuent à *Ziſca* le Bohémien ; d'autres à *Achmet Pacha*, qui aïant pris la ville d'*Otrante* l'an 1480, la fortifia d'une maniere particuliere. Cette maniere, on croit que c'eſt l'uſage des *Baſtions*. (*Voïez* le *Commentaire du Chevalier Folard ſur Polybe Tom. III.*)

Mais ce ne ſont là que des ſuppoſitions des Ecrivains de notre ſiécle. Ceux qui ont écrit ſur cette matiere, il y a deux-cens ans, prétendent que les *Baſtions* ſont un rafinement, qui s'eſt gliſſé peu à peu dans l'Architecture Militaire, ſans qu'aucun Particulier en puiſſe revendiquer la gloire. *Paſino* dit expreſſément dans la premiere partie de ſon Livre, que l'Architecture Militaire moderne doit ſon origine à la violence de l'Artillerie, ſans nommer celui qui le premier a fait uſage des *Baſtions*. (*Diſcours ſur pluſieurs points de l'Architecture de guerre concernant les Fortifications*. Par M. *Hurelio de Paſino*.)

Ainſi tout ce qu'on peut dire de certain à ce ſujet, c'eſt qu'on connoiſſoit les *Baſtions* au commencement du ſeiziéme ſiécle. (*Tartaglia* dans ſon Livre intitulé : *Gueſiti & inventioni diverſe* 1546, dit *Livre VI.* de ce Traité) que pendant ſon ſéjour à Vérone il avoit vû travailler à des *Baſtions* d'une grandeur énorme ; dont quelques-uns étoient achevés. On voit même dans ce Livre un plan de Turin revêtu de quatre *Baſtions* qui venoient d'être faits quelque tems avant cette époque.

Les premiers *Baſtions* tels que ceux de Turin, d'Anvers, & d'autres Places fortifiées dans le même ſiécle, étoient petits, & fort éloignés les uns des autres ; parce que l'uſage prévaloit alors d'attaquer la courtine, & non les *Baſtions*. Dans la ſuite on commença à donner beaucoup plus de largeur aux *Baſtions*, & à les conſtruire plus près les uns des autres. La citadelle d'Anvers, édifié l'an 1566, eſt le premier modéle de ce rafinement, ſelon les Ecrits des Auteurs à peu près contemporains, qui ne ceſſent de louer ce morceau de fortification. (*Voïez le Traité d'Artillerie de M. Colins.*)

Ce que je dis des *Baſtions* ſimples doit s'entendre des *Baſtions à Orillons* ; car, ſuivant les plus célébres Auteurs, il n'y a point de différence entre le tems de leur invention.

B A T

BATON. C'eſt ainſi que les Italiens nomment

en Architecture civile une grosse moulure ronde servant de base aux colonnes. *Voïez* TORE.

Baton a chaine. Terme d'Arpentage. Bâton un peu gros, de la longueur d'environ 8 pieds, garni en-dessous d'un anneau large, & d'une pointe particuliere, d'où s'élévent des deux côtés deux pointes sur lesquelles repose l'anneau. Avant que d'enfoncer la pointe, on doit mettre l'anneau autour du *Bâton*. Ce *Bâton* sert dans la Géométrie Pratique, pour s'épargner la peine de se tant baisser, en mesurant une ligne avec la chaîne, pour bien tendre les chaînes même, & pour pouvoir avancer toujours en ligne droite la chaîne, en mettant un troisiéme bâton à l'extrémité de la ligne qu'on doit mesurer.

Baton de Jacob. Nom de trois étoiles de la seconde grandeur dans le porte-épée d'Orion. Ces étoiles portent encore le nom de *Baltheus* & de *Cingulum Orionis*.

Baton de Jacob. C'est le nom d'un instrument, pour prendre la hauteur des astres. (*Voïez* ARBALETRE.)

BATTERIE. Lieu où l'on place le canon, pour tirer sur l'ennemi. *Voïez* PLATE FORME.

Batteries. Assemblage de canons en état de faire feu. Ces canons peuvent être différemment situés selon l'objet à quoi on les destine : aussi caractérise-t-on les *Batteries* conformément à leur destination. On appelle *Batteries d'enfilade*, celles qui sont dirigées en ligne droite ; *Batteries en écharpe*, celles qui battent obliquement. *Batterie croisées*, les *Batteries* qui se croisent ; & qui en battant la même face, s'entre-aident mutuellement pour la détruire.

A ces *Batteries* on ajoute les *Batteries à rouage* & les *Batteries à ricochet*. Ces deux *Batteries* dépendent non de la disposition horisontale du canon, mais d'une disposition verticale. Les premieres servent à démonter les pieces de l'ennemi. L'usage des *Batteries à ricochet* est plus étendu, & mérite une attention particuliere.

Par *Batteries à ricochet* on entend des *Batteries* qui chassent le boulet par sauts & par bonds, en un mot, par *ricochets*. Cela dépend d'une certaine quantité de poudre assez considérable, pour porter le boulet à une distance convenable, mais avec une telle force qu'il ne puisse point s'enfoncer dans le terrain sur lequel il tombe, en glissant. Qu'on ne demande point quelle est la charge convenable, pour chasser un boulet (à un distance donnée) à *ricochet* : car on n'en sait encore rien. Tout ce dont on est instruit, c'est qu'il y faut beaucoup moins de poudre que dans les charges ordinaires ; & qu'avec cette épar-

gne on gagne outre cela, (ce qui est admirable,) du côté des avantages. On ne s'expose gueres avec des *Batteries* ordinaires aux *Batteries à ricochet*. Cinquante pieces de canon de celles-ci imposent facilement silence à cent des autres. Il y a plus. Elles balaïent entiérement le chemin couvert ; & le boulet, par ses sauts & ses bonds, tuant & extropiant tout ce qui se présente, inquiete tellement l'ennemi, qu'il l'éloigne bientôt de ses défenses.

L'invention de ces *Batteries* est dûe à M. de *Vauban*. Ce fut au siége d'*Ath* qu'il s'en servit pour la premiere fois. Elles étourdirent si fort les ennemis, qu'ils abandonnerent entierement leur terrain. Les étrangers tiennent ces *Batteries* pour d'autant plus dangereuses, qu'outre les maux & les ravages qu'elles font, c'est qu'on ne les entend presque pas à cause de la modicité de leur coup, ou de leur charge : Ils les appellent *sourdes*.

On seroit tenté de croire, en réflechissant sur le mouvement du boulet, que la premiere idée des *Batteries à ricochet* a dû naître d'un certain jeu, objet de l'amusement des enfans, par lequel ils lancent des pierres, sur la surface des eaux, qui parcourent avec peu de force un assez long trajet par sauts & par bonds. Si cette conjecture n'est pas fondée, elle servira du moins à ceux qui n'ont jamais vû tirer des *Batteries à ricochet*, pour s'en former une idée.

BEA

BEATIFICATION. Nouveau terme de Physique. C'est ainsi que M. de *Bose* appelle une expérience d'Electricité, par laquelle on fait sortir des pieds d'un homme, ou même de ceux d'un enfant une sorte de vapeur lumineuse, qui se réunissant autour de sa tête, la fait paroître au milieu d'un nuage de lumiere, telle que les Peintres représentent la gloire des Saints. Cette expérience a été tentée en France, sans le succès qu'a eu M. de *Bose*. M. le *Monnier* Médecin, & M. *Delor*, tous les deux en état de réussir, si elle n'avoit dépendu que de l'habileté & de l'adresse, la répéterent, en s'y prenant de différentes manieres ; mais par ces divers essais, on ne put venir à bout de *Béatifier* entiérement. Tout ce qu'on tira de la tête d'un homme, sur lequel on faisoit l'expérience, ce fut comme des aigrettes lumineuses, qui partoient du haut du front, & qui s'élevoient au dessus de la tête en cornes de lumiere, tout-à-fait semblables à celles qui parurent à Moïse, lorsqu'il reçut les Tables de la Loi. Encore falloit-il pour cela mettre verticalement une espece de cercle de métal entouré d'un linge autour de la tête de celui qu'on vouloit *Moï-feſier*, & diſtant de deux ou trois pouces de ſes cheveux. Si ce n'étoit pas là l'expérience entiere de M. de *Boſe*, c'en étoit du moins une partie, qui en annonçoit la totalité. Peut-être auſſi étoit-ce une expérience particuliere, auſſi difficile à ſaiſir, qu'à faire réuſſir l'autre. Quoiqu'il en ſoit, M. *Delor* en conçut plus de ſuccès, en augmentant la force électrique. A cette fin ce Phyſicien mit en uſage deux globes de même diamétre & de la même force. Je crois la maniere dont il s'y prit, & ce qui en réſulta, trop nouveau pour n'en point faire un cadeau au Lecteur.

Aïant choiſi un tems très-ſec, le vent étant au Nord, M. *Delor* commença de bon matin à faire grand feu dans la ſalle deſtinée à l'expérience juſques à 6 heures du ſoir qu'il la fit. Quatre gâteaux de poix-raiſine mêlée avec de la cire jaune, peſant chacun 25 livres, furent d'abord placés au milieu de cette ſalle; ſur eux une table de 3 pieds de long, & de 2½ de large; & ſur cette table un tabouret, dont le ſiége étoit conſtruit avec des galons de ſoïe. On conçoit bien, ſans que je le diſe, que chaque pied de la table étoit porté par un gâteau de poix-raiſine.

Un homme nud, extrêmement vigoureux, & tout couvert de poil, s'aſſit ſur ce tabouret. A 6 ou 7 pieds de diſtance de la table, on mit deux globes montés à l'ordinaire ſitués vis-à-vis l'un de l'autre. Ces globes portoient chacun une lame de plomb laminé fort mince d'un demi pouce de large. Elles étoient deſtinées ces lames à recevoir & à porter à l'homme la matiere électrique. Une de ces lames étoit ſous ſes pieds; & il étoit aſſis ſur l'autre.

Aïant enfin fait poſer les mains de l'homme ſur ſes genoux, on commença à faire tourner les globes avec la même viteſſe, au moïen de deux roues de 4 pieds de diamétre chacune.

Les lumieres étant éteintes dans la ſalle (c'étoit à la fin de Novembre qu'on fit cette expérience) on apperçut peu de tems après ſur la poitrine & ſur les jambes de l'homme qu'on vouloit *Béatifier*, des aigrettes lumineuſes; & preſque dans le même tems toutes les parties du corps où il y avoit du poil, en produiſirent également. La barbe qui étoit aſſez longue, faiſoit un très-bel effet. Les ſourcils & les paupieres donnerent auſſi des aigrettes. Mais il ne parut point de gloire autour de la tête de l'homme. Seulement, une corne lumineuſe d'environ deux pouces de long & d'un pouce de large, dans la partie la plus éloignée de ſon front, illumina ſon chef. Cependant tout le corps paroiſſoit au travers de toutes ces aigrettes lumineuſes.

Pourquoi tous les poils de l'homme ont-ils paru lumineux excepté ſes cheveux ? Il ſemble qu'il ne devoit y avoir aucune diſtinction. Apparemment que les cheveux de l'homme étoient trop gras. C'eſt la conjecture, qu'en a judicieuſement tiré M. *Delor*. On peut donc aſſurer ceux qui voudront répeter cette expérience, que s'ils ſont aſſez heureux de rencontrer un homme, dont les cheveux ſoient ſecs, & qui veuille ſe prêter, elle réuſſira entiérement : je dis qu'il *veuille ſe prêter;* parce que je crois devoir avertir, après M. *Delor*, qui a eu la bonté de me communiquer tout ce détail, que celui ſur lequel on la fit, ſe ſentit ému pendant quelque tems (Voïez *le Traité de l'Electricité* de M. *Jallabert* ſur d'autres expériences de la *Beatification*.)

B E C

BEC DE POULE. Etoile de la troiſiéme grandeur, près du bec & au-deſſous de l'œil du cygne. Les Arabes la nomment *Albirec*.

B E D

BED-AGENSE ou BELDEGENSE. Etoile de la premiere grandeur ſur l'épaule droite de Orion. On la diſtingue des autres par ſa lumiere rougeâtre.

B E E

BEEMIN ou THEEMIN. Nom de ſept étoiles de la quatriéme grandeur, qui ſe ſuivent les unes les autres dans la quatriéme courbure de l'Eridan.

B E L

BELIER. Premiere conſtellation du zodiaque, qui donne ſon nom à la premiere partie de l'écliptique, pour le nombre des étoiles; (*Voïez* CONSTELLATION.) Lorſqu'on dit du ſoleil ou des planetes qu'ils ſont dans le *Bélier*, ou que le ſoleil entre dans le *Bélier* au commencement du printems, alors on ne l'entend pas de l'aſtre même, mais plutôt de l'arc de l'écliptique que l'aſtre a déja quitté. *Hévélius* dans ſon *Prodromus Aſtronomiæ, page* 273 compte 27 étoiles dans le ſigne du *Bélier*, & il y rapporte de même leur longitude pour l'année 1700, & leur latitude.

Cet Aſtronome en donne la figure dans ſon *Firmamentum Sobieſcianum, fig.* B L , de même que *Bayer* dans ſon *Uranometria, Planche* X. Les Poetes racontent que ce *Bélier* eſt né, avec une toiſon d'or, de *Théophane* & de *Neptune*, & que s'étant échappé des perſécutions de ſa belle-mere *Phryx*, il ſut sacrifié aux Dieux, après lui avoir ôté la toifon d'or. *Schiller* donne à cette constellation le nom de S. Pierre l'Apôtre, *Schickard* celui du *Bélier* dont *Abraham* fit l'offrande. Sous les jambes de cette constellation est la baleine ; au-deslus de ses cornes, le triangle & l'abeille. On l'appelle encore *Æquinoxialis dux gregis*, *Elhamet* ou *Elhemat*, *Jupiter Ammon*, Κωος *princeps signorum. Cacleptium, Ver.* L'étoile de la troisiéme grandeur, qui est au front de cette constellation est encore appellée en particulier la *brillante du Bélier*.

BELIER. Machine de guerre, dont on se servoit anciennement pour abattre les murs des Villes. C'étoit une grosse poutre ferrée par les deux bouts, & suspendue par deux chaînes ou posée sur des rouleaux. Par l'un & l'autre moïen on les mettoit en mouvement, & on les laissoit tomber contre les murailles. Les coups, qu'elles y donnoient étant redoublés, les renversoient à la fin. Cette machine étoit appellée *Bélier*, parce qu'à une des extrémités de la poutre qui devoit donner contre la muraille étoit en fer la tête d'un *Bélier*. (*Voïez* Planche XLI. Figure 241.) Cette machine a été inventée au siege de *Gad* par les Carthaginois. Alors cette Ville étoit située au cap de la mer appellé *Fretum Gaditanum*, & aujourd'hui *Détroit de Gibraltar*. (On trouve dans l'Architecture de *Vitruve*, le *Commentaire sur Polybe*, du Chevalier *Follard*, & la *Castramétation* des Anciens de *Choul*) la figure des différens *Béliers*. Voïez aussi *le Cours de Phys.* de *Desaguliers, T. I.*

BER

BERME. Terme de Fortification. Petite élévation de terre qu'on conserve entre le fossé que l'on fait autour d'une batterie, & les merlons de cette batterie.

Berme est aussi une largeur de terrain au pied du rempart entre le fossé & le rempart, & qui sert à retenir les terres lorsque le parapet est détruit, afin que les terres ne comblent pas le fossé en s'éboulant.

BIL

BILLION ou MILLION DOUBLE. Nombre de mille fois mille millions. C'est le même nombre qu'on comptoit autrefois jusqu'à mille, mille fois mille. Il est composé en quatre classes, dont chacune a trois chiffres & un reste, ou pour le moins en treize chiffres ; par exemple, 7, 890, 987, 654, 321, où le treiziéme lieu marque par ses unités combien de *Billions* le nombre contient. Savoir, ici on prononce *sept Billions huit cens*

quatre-vingt-dix mille, neuf cens quatre-vingt-sept millions, six cens cinquante-quatre mille, trois cens vingt & un. On marque le *Billion* avec deux points qu'on met au-dessus du chiffre.

BIM

BIMEDIALE. Nom que les Anciens Géometres donnoient à une ligne irrationnelle, dont les parties comprennent un rectangle rationel. Ces termes antiques ne sont plus d'usage aujourd'hui, ainsi que leurs distinctions ou divisions & sou-divisions. Néanmoins ceux qui voudront entrer dans ces détails les trouveront dans le 10e Livre des *Elemens d'Euclide*.

BIN

BINOME. Terme d'algébre. Quantité composée de deux autres, comme $(a+b)$ $(b+x)$ $(bb+aa)$ $(xx+y3)$ &c. *Euclide* définit moins généralement le mot *Binome*, il en distingue de plusieurs especes.

BINOME PREMIER. *Binome* dont la plus grande partie est un nombre rationel, & la plus petite un nombre irrationel, avec cette condition cependant que la différence de leur quarré soit un quarré elle même, comme $8 + \sqrt{15}$; car la différence 49 de leur quarré 64 & 15 est un quarré parfait dont la racine est 7.

BINOME SECOND. C'est celui dont le plus petit nombre est un nombre rationel, & où la racine quarrée de la différence des quarrés des deux termes a au plus grand terme une raison, qui peut être exprimée en nombres rationels entiers. Tel est $10 + \sqrt{180}$, car la différence de leur quarrés 100 & 180 est 80, dont la racine $\sqrt{80}$ a au plus grand terme $\sqrt{180}$ une raison, comme 2 à 3 ; parce que $\sqrt{80} = 2\sqrt{20}$, & $\sqrt{180} = 3\sqrt{20}$, comme on le peut trouver aisément.

BINOME TROISIEM'E. *Binome* dont les deux terme sont irrationels, & où la racine quarrée de la différence de leur quarré au premier terme a une raison qu'on peut exprimer dans des nombres entiers rationels. $\sqrt{10} + \sqrt{18}$ est un pareil *Binome*. Car la différence des quarrés de ces deux nombres 10 & 18 est 8, & sa racine quarrée $\sqrt{8}$ est au plus grand terme $\sqrt{18}$ comme 2 3.

BINOME QUATRIE'ME. *Binome*, dont le plus grand terme est un nombre rationel, & où la racine quarrée de la différence des quarrés des deux termes, n'a pas au terme plus grand une raison qu'on puisse exprimer dans des nombres rationels entiers. Tel est $3 + \sqrt{3}$; car le plus grand terme est rationel. La

différehce des quarrés 9 & 5 eft 6, & la raifon de $\sqrt{6}$ à 3 ne peut pas être exprimée en
nombres rationels entiers.

BINOME CINQUIE'ME. *Binome*, dont le plus
petit eft un nombre rationel, & où la racine
quarrée de la différence des quarrés des deux
termes, n'a pas au terme plus grand une
raifon qu'on puiffe exprimer en nombres rationels entiers. $2 + \sqrt{7}$ eft un *Binome cinquiéme*. La différence de leurs quarrés 4 &
7 eft 3, & $\sqrt{3}$ n'a à $\sqrt{7}$ aucune raifon qu'on
puiffe exprimer en nombres entiers ration-
nels.

BINOME SIXIE'ME. *Binome*, dont les deux termes font irrationels, & où la racine quarrée de la différence des quarrés des deux
termes, n'a au plus grand terme aucune raifon qu'on puiffe exprimer en nombres entiers. Tel eft $\sqrt{2} + \sqrt{7}$; car la différence
des quarrés 2 & 7 eft 5, & $\sqrt{5}$ n'a à $\sqrt{7}$
aucune raifon qu'on puiffe exprimer en
nombres entiers.

Euclide ne traite cette doctrine des *Binomes* qu'en lignes; & c'eft par-là qu'elle eft
un peu obfcure pour les Commençans;
Stifel les explique plus clairement en chiffres dans fon *Arithmetica integra*, *Liv. II.
Ch. 17.* Les *Binomes* different des *Apotomes*
en ce que ceux-ci font joints par le figne —
& les *Binomes* par le figne +; c'eft-à-dire, que
ceux-ci naiffent de l'addition des deux termes,
& ceux-là de leur fouftraction. *Voïez* APO-
TOME.

Les Géometres d'aujourd'hui ne connoiffent ni ces diftinctions ni ces définitions.
La doctrine des incommenfurables qu'*Euclide* avoit en vûe eft autrement développée à
préfent, fans tous ces détails. Le *Binome*
n'eft chez eux qu'une quantité formée de
deux autres qui n'admettent fur elles que
deux fortes d'opérations.

2. En algébre on ne cherche qu'à élever un
Binome à une puiffance quelconque. A cet
égard, on trouvera au mot *Approximation*
une formule générale pour y patvenir avec
affez de facilité Les nouveux Calculateurs
ont encore quelque chofe à dire fur le *Binome*. Et d'abord ils veulent connoître la
différence ou l'élément de ce *Binome*. Ainfi
aïant celui-ci $x + y$ ils trouvent aifément
cette différence qui eft $dx + dy$. Si l'on a
$xx + yy$, il n'y a pas plus de difficulté pour
les perfonnes qui favent le calcul différentiel : la regle de ce calcul donne $2xdx +
2ydy$. Pour les *Binomes* en fraction on
différentie chaque fraction féparément.
Quant aux *Binomes* élevés à une puiffance
quelconque généralement tels que $bx + xx$
élevé à la puiffance $\frac{1}{2}$; ou ce qui eft la même
chofe affectée d'un figne radical, il n'y a
point de regle particuliere. Celle dont on fe
fert pour toute autre quantité compofée de
plufieurs termes, eft ici en ufage.

Au mot CALCUL DIFFERENTIEL,
on trouvera une regle générale, pour différencier toute quantité compofée de tant
de termes qu'on voudra, comme au mot
CALCUL INTEGRAL, celle qu'on doit fuivre pour l'intégrer. J'y renvoie donc le Lecteur. Mais ce qui doit être placé à cet article, & ce qui mérite bien d'y être, c'eft
d'intégrer une différentielle qui a fous le
figne un *Binome* élevé à une certaine puiffance. La regle veut, 1°. *Qu'on augmente l'expofant de ce Binome d'une unité*; en fecond
lieu, *qu'on divife la différentielle par le produit de l'expofant, ainfi augmenté & multiplié par la différentielle du dernier terme du
Binome.*

Je n'appliquerai point cette regle à un
exemple particulier. Ne vaut-il pas mieux
donner ici une table, où avec une legere
fubftitution, on integrera toutes les différentielles aïant fous le figne un *Binome*? C'eft
au Lecteur curieux de s'inftruire de ces fortes
de calculs que je m'en rapporte; & pour gagner fa confiance je le préviens, que cette
table eft compofée d'après l'*Analyfe démontrée* du R. P. *Reinau.*

Différentielles.	Intégrales.
$x^{n-1} dx \times \overline{a+bx}^{p}$	$\dfrac{1}{p+1 \times bn} \times \overline{a+bx^n}^{p+1}$
$c x^{n-1} dx \times \overline{a+bx^n}^{\frac{1}{2}}$	$\dfrac{2c}{bn} \times \overline{a+bx}^{n\frac{1}{2}+1}$
$c x^{2n-1} dx \times \sqrt{\overline{a+bx}}^{n}$	$\dfrac{4a+bbxn}{15\,nbb} c \times \overline{a+bx}^{n\frac{1}{2}+1}$
$c x^{n-1} dx \times \overline{a+bx^n}^{\frac{1}{2}}$	$\dfrac{2c}{bn} \times \overline{a+bx}^{n\frac{1}{2}}$
$c x^{2n-1} dx \times \overline{a+bx^n}^{\frac{1}{2}}$	$\dfrac{-4a+2abx^n}{} \times c \times \overline{a+bx}^{n\frac{1}{2}}$
$c x^{3n-1} dx \times \overline{a+bx^n}^{\frac{1}{2}}$	$\dfrac{16aa-8abx^n+bbxx^n \times c \times \overline{a+bx}^{n\frac{1}{2}}}{15\,nb^3}$
$c x^{3n-1} dx \times \sqrt{\overline{a+bx}}^{n}$	$16aa-24abx^n+30bbx^2 n \times c \times \overline{a+bx}^{n\frac{1}{2}+1}$
$c x^{4n-1} dx \times \overline{a+bx}^{n}$	$\dfrac{96a^3+144aabx^n-180abbx^{2n}+210b^3x^{3}{}^{n} \times \overline{a+bx}^{n\frac{1}{2}+1}}{945\,nb^4}$

BIQ

BIQUINTILE. L'un des aspects des planetes selon *Kepler*. *Voïez* ASPECT.

BIS

BISSEXTILE. Terme de Chronologie. *Année Bissextile*, c'est l'année de 366 jours, qui est de 4 en 4 ans. *Voïez* ANNE'E.

BLI

BLINDES. Défenses faites avec des bois & des branchages entrelassés entre deux rangs de pieux ou de claies, pour couvrir les pioniers dans leur travail. Les *Blindes*, où au lieu de branchages on emploie des fascines, valent infiniment mieux.

BLO

BLOCUS. Circonvallation que l'on fait autour d'une place avec des troupes, de telle sorte que les assiégés se trouvent renfermés ; & s'il ne leur vient du secours, ils sont obligés de se rendre par famine. Quand une place est réduite à cet état, on dit qu'elle est *Bloquée*.

On tient tête à un *Blocus* en se munissant de beaucoup de provisions, & en aïant soin de les bien conserver & de les ménager dans la distribution qu'on en doit faire. Avec ces précautions un Gouverneur habile flate la Garnison d'un prompt secours, qu'il doit attendre tous les jours. A moins qu'il ne soit assez en nombre pour forcer quelque quartier dans une heureuse circonstance, il ne fait jamais de sortie, & il attend avec patience, ou que le mauvais tems oblige les ennemis à décamper, ou qu'un secours puissant l'en délivre.

BOI

BOIAU ou BRANCHE DE TRANCHE'E. Tranchée particuliere séparée de la tranchée générale, qui va envelopper & garantir différens terrains. Les *Boïaux* doivent être paralleles aux ouvrages du corps de la place assiégée, afin qu'ils ne soient pas enfilés. Quelquefois ils servent de communication d'une tranchée à l'autre, lorsqu'il y a deux attaques. Ils font aussi l'office d'une ligne de contrevallation ; empêchent par-là les sorties des assiégés, & mettent les Mineurs, & en général les Travailleurs, en sureté.

BOM

BOMBE. Boule de fer creuse, armée de deux anses, plus épaisse de métal dans son culot, que dans sa partie supérieure, où elle est percée pour être remplie de poudre. On ne fait pas usage dans l'artillerie d'autre composition. La question est seulement de la remplir comme il faut.

M. *Wolf*, dans le quatriéme Tome de ses *Elementa Matheseos universæ*, apporte à cet égard quelqu'attention qu'on ne doit pas négliger avant que de la remplir. Il veut, qu'on chauffe d'abord la *Bombe*, pour s'assurer s'il n'y a point de crevasses, que la dilatation de l'air rendra plus sensible, & dont on jugera, si après y avoir mis de l'eau froide, on la bouche exactement, & qu'on la fasse tremper dans de l'eau bouillante. (On prend de l'eau de savon, parce qu'elle a plus de chaleur, lorfqu'elle eft échauffée, que toute autre.) Alors l'air, renfermé dans la *Bombe*, étant dilaté par la chaleur de cette eau bouillante, s'échappera de la *Bombe*, & formera fur la furface des petites bulles d'air, fuppofé que la *Bombe* ait des crévaffes ou des fentes, qui lui donnent iffue.

Une fois qu'on a reconnu que la *Bombe* n'a point de fentes, on la remplit de poudre non pilée, & on enfonce avec force une fufée par la lumiere, pour communiquer le feu à cette poudre. On bouche exactement ce trou avec une efpéce de maftic, capable de refifter aux efforts de la poudre enflammée, qui réduit dans cet état la *Bombe* en pieces. On jette la *Bombe* par le moïen du mortier. *Voïez* MORTIER.

Metius, dans fon *Traité d'Artillerie*, Tom. II. ch. 4. confeille de fe fervir pour remplir la *Bombe* de cette compofition. Au lieu de poudre commune, il prend 20 livres de falpêtre, 13 livres de foufre bien broïé pendant 24 heures, & humecté avec du bon vinaigre, où il a mêlé de l'efprit de vin camphré, & dans lequel il a fait infufer de l'ail. Ce mélange forme une pâte, qu'on réduit en grain, comme la poudre ordinaire.

La charge d'une *Bombe* de 17 pouces de diametre, qui eft de la plus grande efpece, eft ordinairement de 48 livres de poudre. Elle pefe étant chargée, environ 490 livres. Je fuppofe ici qu'il ne s'agit que de faire crever la *Bombe*; car fi l'on vouloit par fon moïen, mettre le feu à une Ville, il ne faudroit pas épargner la poudre. M. *Belidor* a donné des regles pour charger les *Bombes* qu'on veut faire crever, déduites de plufieurs expériences. *Voïez* fon *Bombardier François*, fans négliger *les Mem. d'Artillerie* de *S. Remi*.

2. Charger comme il faut une *Bombe*, n'eft pas difficile. Mais ce n'eft pas là en quoi confifte l'art du Bombardier. Le grand point eft de la favoir jetter. En effet, à quoi ferviroit une *Bombe* bien chargée, fi elle étoit mal dirigée? Voici quelques principes, qui renferment toutes les regles de l'art de jetter les *Bombes*. Ces regles font des corollaires de la théorie de cet art, dont on trouvera les fondemens au mot BALLISTIQUE.

Il eft démontré, que *la portée de différens coups eft à charge égale, comme le finus du double des angles d'élévation du mortier.* De-là il fuit, que connoiffant la portée d'un coup à une élévation donnée, on aura celle de tel autre coup, à telle élévation qu'on voudra, en difant: *Le finus du double de l'angle de l'élévation connue, eft au finus du double de l'angle de l'élévation propofée, comme*

la portée connue, eft à la portée qu'on demande.

Pour avoir cette portée, qui doit fervir de fondement à toutes les autres, il faut faire une expérience. Dans les chofes Phyfiques, on eft toujours obligé d'en venir là. *Galilée* & fon fucceffeur *Toricelli* n'ont pû faire autrement, eux à qui l'on eft redevable de l'art qui fait ici l'objet de nos réflexions. Une *Bombe* étant donc chaffée fous un angle d'élévation déterminé, on mefure exactement la portée de cet angle; ce qui donne le premier terme d'une regle de proportion, pour toutes les portées quelconques, qu'on formera comme ci-devant. Ajoutons, que ces deux portées étant données, cette expérience fervira également, pour trouver les angles d'élévation par cette analogie: *La portée connue eft à la portée donnée, comme le finus du double de l'angle de l'élévation du mortier, avec lequel on a fait l'expérience, eft au double du finus de l'angle que l'on cherche.*

Au refte, je dois dire ici, pour ceux qui ne le favent pas, qu'on fuppofe que la portée donnée n'excede pas celle que peut donner 45°. d'élévation, qui eft la plus grande, comme l'a reconnu le premier *Tartaglia*. Et à propos de 45°, n'oublions pas, pour le cas précédent, que fi l'angle qu'on propofe, a plus de 45°, il ne faudra pas prendre le double, pour avoir le finus que demande la regle, mais doubler celui de fon complement.

Il ne refte plus pour achever l'ébauche de l'art de jetter les *Bombes*, que de faire mention des inftrumens néceffaires pour connoître l'angle d'élévation du mortier. On en a inventé de plufieurs fortes. Le plus fimple eft, fans contredit, l'équerre de *Tartaglia*, appellé *Equerre des Canoniers. Voïez* EQUERRE.

3. Voilà l'art de jetter les *Bombes*, tel qu'on le pratique depuis affez long-tems. De nos jours des Officiers fupérieurs ont voulu le rendre plus terrible. Pour le tir du canon, M. de *Vauban* a inventé le ricochet. (*Voïez* BATTERIES.) Ce ricochet, fi utile pour l'attaque des Places, fit penfer, que fi l'on pouvoit tirer les *Bombes* à ricochet, on perfectionneroit abfolument cette partie de l'art de la Guerre. En 1723, des expériences furent faites à ce fujet, & de ces expériences, il réfulta que les obus, forte de mortier, (*Voïez* MORTIER) inclinés depuis 8°. dégrés jufques à 12°, toujours entre ces deux nombres, chaffoient la *Bombe* de telle maniere, qu'elle ne fe mouvoit que par fauts & par bonds. L'effet de ces batteries à ricochet doit être terrible. Qui en doute? Il eft

bon cependant de voir là-deſſus les réflexions de M. *Belidor* dans ſon *Bombardier François*.

4. Cet art doit ſa naiſſance à un habitant de *Vanlo*, dans la Province de Gueldres. Ce fut pour le divertiſſement du *Duc de Cleves*, qu'il imagina ce ſpectacle. Il jetta pluſieurs bombes en ſa préſence, dont une tombant par malheur ſur une maiſon, où elle perça, embraſa la moitié de la Ville. Quelques Hiſtoriens Hollandois veulent que cet art ſoit plus ancien. Ils en font honneur à un Ingénieur, qui avoit fait antérieurement des expériences à Berg-op-zoom ; honneur qu'il païa cher, il lui couta la vie.

Caſimir Simienowitz prétend que c'eſt au ſiége de la *Rochelle*, qu'ont été jettées en *France* les premieres *Bombes*. Si l'on en croit M. *Blondel*, on n'a commencé à en faire uſage, qu'au ſiége de la Motte en 1634. Selon cet Auteur, le premier qui en a jetté, eſt un Ingénieur Anglois nommé *Malthus*, que Louis XIII. avoit fait venir, & dont les commencemens ne furent pas heureux. Comme il alloit en tâtonnant, & que ſuivant que le coup portoit, il hauſſoit ou baiſſoit au haſard ſon mortier, il tuoit beaucoup de François, qui étoient de l'autre côté de la Ville. Ce n'eſt qu'entre les mains de *Galilée* & de *Toricelli*, que l'*Art de jetter les Bombes* a pris une autre forme, & qu'une ſavante théorie en a établi les ſolides fondemens.

Il eſt vrai, que *Tartaglia*, ainſi que je l'ai dit, avoit déja reconnu, que les coups tirés à 45°, étoient ceux qui donnoient une plus grande portée. Son Livre, où l'on trouve de très-bonnes choſes, a pour titre, *De la Science nouvelle*. Après lui le Pere *Merſene* a publié le ſien. Il eſt intitulé, *La Balliſtique*. M. *Blondel* a écrit *ex profeſſo* ſur cette matiere. Il a établi dans toutes les regles un *Art de jetter les Bombes*. M. *Belidor* en a auſſi donné quelques principes dans ſon *Nouveau cours de Mathématique*, & des Tables très-utiles, pour connoître l'étendue de toutes les portées dans ſon *Bombardier François*. J'ai déja cité les *Mémoires d'Artillerie* de *St Remi*, *T. II*. Il me reſte à faire mention d'un Ouvrage où il eſt traité du Jet des *Bombes* ſelon toutes les inclinaiſons. C'eſt la *Nouvelle Théorie ſur le Méchaniſme de l'Artillerie*, par M. *Dulacq*.

[On trouve dans les *Elémens de Mathématique* de M. l'Abbé *Deidier*, *Tom. II*. des réflexions nouvelles ſur le jet des *Bombes* & ſur les tables de MM. *Belidor* & *Dulacq*.]

BON

BONNET A PRESTRE. Ancien ouvrage de

fortification, qui n'eſt plus aujourd'hui en uſage. C'étoit une double tenaille qui alloit en retréciſſant vers la Place, & dont les aîles étoient allignées au milieu de la courtine, ou au centre de la place. Les *Bonnets à Prêtre* ſervoient à renfermer ou une hauteur ou un palais, ou une ſource d'eau, qui pouvoient favoriſer l'aſſiégeant lorſqu'il s'en étoit emparé. C'étoit-là un avantage réel, malheureuſement balancé & même détruit, par les inconvéniens qu'ils préſentoient. Les angles rentrans de ces ſortes d'ouvrages n'étant flanqués de nul endroit, facilitoient un libre accès au Mineur qui s'y attachoit, & qui en délogeoit bien vite l'aſſiégé. Ainſi les *Bonnets à Prêtre* devenoient des logemens très-dangereux pour celui-ci.

BONNETTES, ou FLECHES, ou REDOUTES. (*Voïez* REDOUTE.)

BOT

BOOTES ou BOUVIER. Conſtellation ſeptentrionale qui paroît ſuivre le chariot comme un *Bouvier* ſuit une charue. Elle eſt compoſée de.... étoiles. *Voïez* CONSTELLATION.

Les Poetes prétendent que cette conſtellation eſt *Icare* Athénien que *Jupiter* plaça dans le ciel en cette qualité. Cette conſtellation a été appellée *Bootes* ou *Bouvier*, parce qu'aïant reçu du vin de *Bacchus*, il parcourut l'Attique avec ce vin, qu'il donna à boire aux Païſans. Le mauvais effet que ce vin fit ſur ces hommes, fit penſer qu'*Icare* les vouloit empoiſonner. On le tua. *Erigone* ſa fille ſe pendit, dit-on, de douleur. On ajoute encore que cette fille eſt la vierge, & que ſon chien eſt la canicule. Tous les Poetes ne conviennent pas également de ce trait fabuleux. Ils veulent que *Bootes* ſoit *Areas* fils de *Caliſto*. Cette conſtellation ſe nomme encore *Arctophilax*, gardien de l'ourſe, parce qu'elle eſt ſituée derriere le chariot, comme s'il la gardoit.

BOR

BOREAL ou SEPTENTRIONAL. Epithete que l'on donne à tout ce qui vient du Nord, ou qui eſt dans cette partie du monde. Le pole *Boreal*, par exemple, eſt le Pole-Nord. Les ſignes du zodiaque, ſitués du côté du Nord, ſont appellés *Boréaux* ou *Septentrionaux*.

BOU

BOUSSOLE. Inſtrument compoſé d'une boete qui porte à ſon fond un pivot, ſur lequel eſt ſuſpendue une aiguille aimantée. Cette définition comprend la conſtruction de la *Bouſſole*. Cependant en faveur de ſon utilité, je donnerai un petit détail là-deſſus. On prépare une boete ronde (*Voïez* la Planche XIX. Figure 245.) de la grandeur que l'on veut que ſoit la *Bouſſole*. A ſon fond eſt tracée une roſe des vents, & au milieu eſt élevé perpendiculairement un pivot de cuivre. Ce pivot porte une chape, & ſur cette chape eſt attachée une aiguille aimantée, dont la figure eſt en lozange, que l'expérience a indiqué pour la meilleure.

Cela s'ajuſte comme l'on veut. Il eſt pourtant une attention qu'il faut avoir, & qui ne demande ni un eſprit ni une main novices : c'eſt la ſuſpenſion de l'aiguille. Cette ſuſpenſion eſt difficile & délicate. La mauvaiſe ſuſpenſion de l'aiguille en altere la direction, & rend par-là la *Bouſſole* très-défectueuſe. Le mal eſt qu'il n'y a point de regle véritable pour bien ſuſpendre une aiguille. Le coup d'œil & l'adreſſe du conſtructeur en décident preſque toujours. Encore ce coup d'œil & cette adreſſe ſe trouvent ſouvent en défaut par l'inclinaiſon de l'aiguille dont les variations excluent toute ſorte d'expédiens. A tout hazard, le plus ſûr eſt de la ſuſpendre comme nous avons ſuſpendu le fleau d'une balance, c'eſt-à-dire, que le centre de gravité de l'aiguille ſoit le même que celui de ſuſpenſion. Aïant couvert la boete, dont j'ai déja parlé, la *Bouſſole* eſt conſtruite.

2. Les Marins s'y prennent différemment pour faire leur *Bouſſole*. Ils collent l'aiguille ſous la roſe deſſinée ſur un carton (Plan. XIX. Figure 244.), en prenant garde que le Pole-Nord de l'aiguille réponde ſous la fleur-de-lis, & ſuſpendent le tout comme ci-devant ſur un pivot. Cette méthode qui ſeroit déplacée ſur terre, eſt quelquefois néceſſaire ſur un vaiſſeau dont l'agitation continuelle rend l'aiguille toute ſeule trop mobile & très-difficile à obſerver, quoique le poids ſur ce carton ne pouvant jamais être diſtribué également doive alterer ſa direction. De deux inconvéniens inévitables, on cherche à ſauver le pire : n'eſt-ce pas prendre le meilleur parti ?

On ſe ſert de la *Bouſſole* ſur terre pour lever un plan, ſans laquelle il ſeroit impoſſible de reconnoître les parties de l'horiſon. Les Marins ſur-tout lui ont de grandes obligations. Comment dépourvû de *Bouſſole* ſe conduire ſur mer ? Elle leur trace en quelque ſorte la route qu'ils doivent tenir pour parvenir à leur deſtination ; & c'eſt en reconnoiſſance de cet important ſervice,

qu'ils lui donnent le nom de *Compas de route* (*V.* COMPAS,) qu'ils ajuſtent avec des pinnules pour pouvoir connoître la déclinaiſon de l'aiguille aimantée. Encore cette addition de pinnules n'indique que mal-aiſément cette déclinaiſon. Pour en débarraſſer la *Bouſſole* ſans perdre de vûe ſa déclinaiſon, on a ſouhaité pendant long-tems de pouvoir les conſtruire de façon que leur aiguille n'y fût pas ſujette. Le ſieur *Le Maire*, Ingenieur du Roi pour les inſtrumens de Mathématique, eſt un des premiers qui ait eu cette penſée, & je crois que perſonne avant lui ne l'avoit exécutée. A cette fin le Sr *Le Maire* imagina de faire des aiguilles ſpirales, ou avec des anneaux d'acier enchaſſés ſur un plan, & dont le centre tournât ſur un petit pivot, comme dans les *Bouſſoles* ordinaires. Après avoir aimanté ces anneaux, il remarqua que les Poles ſe faiſoient violence l'un à l'autre, & tenoient par ce moïen l'aiguille dans la vraie ligne du Nord.

Frappé de cette découverte, M. *Muſchenbroeck* voulut en faire l'expérience ſur mer. Il conſtruiſit une *Bouſſole* ſuivant les principes du Sr *Le Maire*, & la donna à un Marin habile. Ce Marin trouva que l'aiguille avoit toujours une déclinaiſon, mais qu'elle étoit *beaucoup moindre que n'etoit celle des aiguilles ordinaires, auſquelles on n'avoit pas ôté la déclinaiſon qui étoit de 12 à 13 dégrés.* Je rapporte les termes propres du Marin, parce que je craindrois de les altérer en les interprétant. M. *Muſchenbroeck* s'explique plus clairement, lorſqu'il développe les remarques qu'il a faites ſur cette nouvelle *Bouſſole*. Les expériences auſquelles elles donnerent lieu, & leur réſultat ſont dignes de la curioſité du Lecteur.

Après avoir tiré le méridien N Z, (Planche XIX. Figure 318) dont N marque le Nord, & Z le Sud ; O l'Orient, & V l'Occident ; il plaça ſur le centre C un pivot de cuivre fort délié, ſur lequel il fit tourner une aiguille aimantée, de $5\frac{1}{2}$ p. Rhenans de long, & péſante de 87 grains. Sa déclinaiſon aïant été remarquée de $13°\frac{1}{2}$. M. *Muſchenbroeck* plaça un peu au-deſſus de cette aiguille, une ſeconde aiguille de la même longueur & du même poids que la précédente.

Or il arriva, que lorſque cette ſeconde aiguille eut formé avec l'autre l'angle K C N de 27 dégrés, l'aiguille N S fut pouſſée ſur le méridien N Z & ainſi il n'y eut point de déclinaiſon. La raiſon de cet effet eſt naturelle. L'aiguille N S affecte de ſe diriger vers l'Occident à $13°\frac{1}{2}$ du Nord, & l'aiguille K L étant trop Occidentale tend par ſa force de 13°, 30' à se diriger vers le Nord. Voilà donc deux forces contraires qui se font équilibre. Chaque aiguille est tournée avec la même force vers son méridien aimanté, dont elles étoient également éloignées, l'une vers l'Occident, l'autre vers le Nord. Elles doivent donc se diriger dans une ligne moïenne, & cette ligne est la ligne Nord & Sud.

Voilà par ce moïen la déclinaison de l'aiguille sauvée. Malheur cependant à qui s'y fieroit. Il faut lire dans l'*Essai de Physique*, *Tome II. page 297.* de M. *Muschenbroeck*, les difficultés qu'il y a de réduire cette idée en pratique, & combien il seroit dangereux de s'y reposer. Le docte Physicien avertit même qu'il n'a publié les expériences qu'il a faites à ce sujet, » qu'afin d'épargner aux » autres Philosophes, la peine & le tems » qu'ils seroient obligés d'emploïer en les » faisant de nouveau «.

3. Nous devons sans doute rendre ici hommage à celui auquel nous sommes redevables de la découverte de la *Boussole*, Quelques-uns l'attribuent à *Marc Paul* Vénitien, qui l'apporta de la Chine en 1260. Les Chinois assurent que leur Empereur *Chiningues* en a eu quelque connoissance. Mais ce sont là des conjectures vagues sur lesquelles il n'y a point de fond à faire. En se conformant au sentiment le plus suivi, notre gratitude a *Flavio Gioja* pour objet, qui l'inventa en 1300. Encore quelques Auteurs anciens, qui l'avoient pensé tels que le P. *Deschalles*, ne sont pas tout-à-fait de cet avis. Ils conviennent bien que *Gioja* a pû trouver le moïen de suspendre l'aiguille. A cela près, ils attribuent l'invention même de la *Boussole* aux François, à cause de la fleur-de-lis, qui en caractérisant la Nation, semble lui approprier cette découverte. Du moins on sait à n'en pouvoir douter, qn'en 1226 du tems de *St Louis*, les Matelots tiroient parti de la propriété directrice de l'aiman. Ils tailloient cette pierre ; la mettoient dans une espece de petite nacelle de bois, & enfermoient cette nacelle dans une bouteille pleine d'eau. L'aiman se trouvant libre se dirigeoit au Nord, & servoit de guide aux Matelots, qui avoient remarqué cette direction. Parce que l'on donnoit à cette pierre la forme d'une grenouille, on l'appelloit tantôt *Calamites*, tantôt *Marinette*, noms qui indiquoient cet animal aquatique. Sur ce mot de *Marinette*, il n'est personne qui ne rappelle à sa mémoire, les vers que *Quiot de Provines* composa en 1200, & rapportés dans les *Antiquités de Fauchet*, Ils commencent ainsi :

Icelle Etoile ne se meut
Un art font , qui mentir ne peut ,
Par vertu de la Marinette
Une pierre laide & noirette ,
Où le fer volontiers s'y joint.

Les Chinois du tems du P. *Fournier* n'avoient pas d'autres *Boussoles* que celles des anciens Marins. Si elles sont encore en usage, la *Boussole Chinoise* n'est qu'un vaisseau moitié plein d'eau, sur lequel flotent deux morceaux de liége, qui portent un triangle de fer aimanté. Un Suédois a composé un Dissertation sur la *Boussole* intitulée : *De Pixide magnetica , seu , ut vocant , compasse Nautic*.

BOUSSOLES SYMPATIQUES. Les partisans de la Physique occulte appellent ainsi des boussoles par lesquelles on peut écrire à une personne éloignée, & lui faire connoître son intention en même tems, ou un moment après qu'on lui a écrit. Par cet énoncé on juge bien que les *Boussoles sympatiques* sont de pures chimeres. Cependant comme il y a encore des gens qui prennent ces visions pour des réalités, il est bon de les faire connoître. Dans ce Dictionnaire je me suis proposé deux choses ; de mettre dans leur jour les vérités mathématiques & physiques, & d'ensevelir dans l'obscurité les erreurs qu'on y avoit mêlées dans la naissance de ces deux Sciences. C'est dans cette vûe que, j'ai cru devoir parler de la Physique occulte, afin qu'on fût en état de distinguer les termes de la bonne Physique de ceux de cette derniere, & qu'en les connoissant, on pût mépriser leur objet à juste titre. Je viens à la description des *Boussoles sympatiques*.

Ces *Boussoles* sont composées de deux boëtes de fin acier, semblables aux boëtes ordinaires des boussoles communes. Elles doivent être de même poids, grandeur & figure avec un bord assez grand pour y mettre autour des lettres alphabétiques. Du fond de ces boëtes s'élève un pivot, qui porte leur aiguille. Jusques là rien de particulier. Mais voici le fin du secret. Après avoir bien poli ces boëtes, il faut chercher, entre plusieurs pierres, de bon aiman qui ait du côté du Midi des veines blanches. De ces veines on choisit la plus longue & la plus droite ; on la fait scier en deux parties les plus justes qu'on peut, & on en forme deux aiguilles de même épaisseur & de même poids, qu'on perce au milieu, pour les mettre en équilibre sur le pivot.

Les *Boussoles* ainsi construites, on en donne une à la personne avec laquelle on veut lier correspondance, & on l'avertit du jour & de l'heure qu'on fera agir la *Boussole*, Alors celui qui veut écrire fait tourner l'aiguille de sa *Boussole* sur la premiere lettre du premier mot; & ainſi ſucceſſivement ſur les ſuivantes. Dans l'inſtant l'aiguille de la *Bouſſole ſympatique*, qui eſt ſous les yeux de la perſonne à qui l'on écrit, fait les mêmes mouvemens, & s'arrête ſur les mêmes lettres. Au moïen de quoi, fût-on de 1000 lieues éloigné d'un ami, on peut lui écrire, & recevoir ſa réponſe dans une minute. Cela n'eſt-il pas merveilleux ? Il eſt agréable de voir le ſérieux avec lequel l'Abbé de *Vallemont* décrit & recommande les *Bouſſoles ſympatiques*, dans ſon *Traité de la connoiſſance des Cauſes Magnétiques*, *pag.* 32, imprimé à la fin de ſon *Traité de Phyſique occulte*, nouvelle édition.

B R A

BRACHISTOCHRONE. Nom que M. *Bernoulli* a donné à la courbe de la plus vîte deſcente. Cette courbe eſt une des plus célébres auxquelles les Géométres faſſent accueil; parce qu'elle renferme peut-être un paradoxe qui étonne l'imagination, & que la Géométrie ſeule raſſûre. On ſait que le plus court chemin entre deux points donnés eſt la ligne droite. Ce n'eſt pas pourtant celle que parcourt plus promptement un corps jetté ſuivant une direction oblique. Un petit calcul fait voir que la ligne de la plus vîte deſcente eſt une courbe, & que cette courbe eſt la *Cycloïde renverſée*. Un calcul ! Mais un calcul peut-il rendre cette vérité ſenſible ? N'eſt-ce pas à la Métaphyſique à le faire, & au calcul à préſenter la choſe ? Les premiers Mathématiciens ont été dans tout cela fort embarraſſés. Le Lecteur peut l'être auſſi. Avant que de le tirer de peine, il eſt à propos de lui faire part de l'hiſtoire de la *Brachiſtocrone*.

Galilée eſt le premier qui ſe ſoit aviſé de penſer que la ligne droite oblique à l'horiſon n'étoit pas la ligne par laquelle un corps deſcend plus vîte. Il crut que cette ligne étoit un cercle. *Galilée* ſe trompoit, quoique la ſolution de ce problème dépendît d'un principe ſur la chûte des corps qu'il a lui-même ſolidement poſé. Soit que les Géométres de ce tems ne fuſſent pas encore aſſez ſavans, ſoit qu'ils ne fuſſent pas frappés & de la beauté & de la ſingularité de ce problème, l'idée du fameux *Galilée* ne fut pas relevée. Un tems aſſez conſidérable l'avoit preſque fait oublier, lorſque M. *Bernoulli* aïant cherché à le réſoudre, & l'aïant réſolu en effet, le propoſa à tous les Géométres. Le nom de M. *Bernoulli*, & la façon dont ce grand Mathématicien préſenta ce problème, piqua & réveilla la curioſité des Savans en état d'aſpirer à ſa ſolution.

M. *Leibnitz* inſtruit des premiers de l'annonce de M. *Bernoulli*, le réſolut auſſi le premier; & par le travail qu'occaſionna la ſolution, il développa ſi fort ce problème, qu'il écrivit à M. *Bernoulli*, qu'en faveur de ſa beauté & de ſa particularité, il prolongeât le terme de 6 mois, que le Géométre Suiſſe avoit donné aux Mathématiciens, pour le réſoudre. M. *Bernoulli* publia donc qu'il accordoit 6 mois de plus que dans la premiere annonce aux Géométres, qui avoient deſſein de travailler à ce problème, & qu'il ne mettroit au jour ſa ſolution qu'après ce tems-là.

Cette ſeconde annonce vint à propos. Pluſieurs Mathématiciens n'avoient pas vû la premiere. Elle fut avantageuſe à M. le Marquis de l'*Hopital* : oſons-le dire, à la France qui auroit rougi alors de ne pas fournir un Athléte, & qui, ſans ce Savant illuſtre, peut-être n'auroit pas pû concourir avec les autres Nations de l'Europe. M. le Marquis de l'*Hopital* étoit incommodé. On juge bien qu'il l'étoit beaucoup, puiſqu'il ne put s'appliquer à ce travail que ſur la fin du terme, raiſonnablement trop court, quand il commença à reprendre ſes forces, pour un eſprit moins pénétrant & moins profond que le ſien.

La premiere ſolution que reçut M. *Bernoulli* fut anonime. Mais ce Savant ne s'y trompa pas. *Ex ungue Leonem*, dit-il, & ce Lion étoit le grand *Newton*; bien Lion en effet à l'égard des autres Géométres, qui le reconnoiſſoient comme le Prince de leur Secte. M. *Jacques Bernoulli*, frere aîné de l'autre, donna auſſi la ſienne, qu'on trouve dans les Actes de *Leipſic*, ainſi que celle de *Jean Bernoulli*, & de M. le Marquis de l'*Hopital*. Celle de M. *Newton* eſt imprimée dans les *Tranſactions Philoſophiques*, N°. 224.

La France, l'Angleterre, l'Allemagne, & la Suiſſe fournirent un Géométre particulier pour ce fameux problème. En conſultant les diverſes ſolutions qui en ont été données, on verra avec étonnement que, quoiqu'en ſuivant des méthodes différentes, leurs Auteurs ſont parvenus néanmoins à la même vérité. Là s'évanouit le paradoxe qu'elle renferme. Procurons cette derniere ſatisfaction au Lecteur, qui n'eſt pas, ou qui n'eſt que peu Géométre.

2. Dans le mouvement il y a deux choſes à conſidérer, & l'eſpace à parcourir, & la viteſſe avec laquelle cet eſpace eſt parcouru. Un corps, qui par ſa chûte parcourt obliquement une ligne droite, a certainement le plus court eſpace à parcourir. C'eſt la Géométrie qui le démontre, & il n'y a pas à en appeller. Mais a-t-il la plus grande viteſſe ? Plus la chûte d'un corps eſt oblique, plus ſon mouvement eſt retardé. La ligne verticale eſt la ſeule par

laquelle fa viteffe s'accéléré davantage. Donc un corps qui tomberoit plus verticalement, pourroit parcourir un plus grand efpace en tems égaux ; & même en moins de tems, fi la viteffe acquife par la chûte verticale l'emportoit fur l'excès du plus grand efpace fur le moindre. Et voilà juftement le cas de la courbe de la plus vite defcente. La *Brachiftochrone*, quoique courbe, préfente une furface bien plus verticale que la ligne droite oblique. Cela fe voit aux yeux. Les Géométres ne s'en tiennent pas là. Ils comparent les deux tems que le corps met à parcourir & la courbe & la droite. A cette fin, ils cherchent la pofition de deux petites lignes, qui doivent être parcourues en moins de tems que toutes autres lignes équivalentes, c'eft-à-dire, comprifes entre deux paralleles qui en déterminent la longueur. Il y a là un *Minimum* à prendre, & une équation différentielle à former. Or cette équation fe trouve être précifément celle de la Cycloide. D'où l'on conclud que la *Brachiftochrone*, ou la ligne de la plus vite defcente, eft la cycloide. M. *Fatio* a donné une *Differtation fur la courbe de la plus vite defcente*, imprimée en 1699.

BRAIES. Terme d'ancienne Fortification. Certains ouvrages conftruits tantôt de briques, tantôt de terre, qu'on plaçoit devant les portes, ou même autour de la ville, par tout où l'on croïoit que les ouvrages de défenfe ne pourroient pas être affez forts. C'eft fans doute de-là que le terme de *Fauffe Braïe* s'eft introduit dans la nouvelle Fortification.

B R E

BRECHE. Terme de Fortification. Ouverture faite par le canon à la muraille d'une Ville, pour y donner l'affaut. Lorfqu'on bat en *Bréche*, un fiége eft bien avancé ; car il faut pour cela qu'on foit maître du chemin couvert. *Logement fur la Bréche :* c'eft monter à l'affaut. (*Voïez* ASSAUT.)

B R I

BRILLANTE. Epithete qu'on donne en général à quelques étoiles particulieres, telles que les fuivantes.

BRILLANTE DE L'AIGLE. Etoile claire de la feconde grandeur, au col de l'Aigle, qu'on appelle *Ataïs*, ou *Vultur volans*.

BRILLANTE DU BÉLIER. Etoile de la troifiéme grandeur, felon *Hévélius* de la feconde, au front du bélier.

BRILLANTE DE LA COURONNE. Etoile claire de la feconde grandeur, ou, felon *Tycho*, de la premiere, dans la couronne boréale. On l'appelle encore *Alpheta*, *Alpheva*, *gemma coronæ*, *gnofia munis*, *Pupilla*.

BRILLANTE DU CYGNE. Etoile claire de la feconde grandeur dans la queue du cygne. *Hévélius* l'appelle *Adigege*, *Arides*, *Arrioph. Cauda Cygni*, *Deneb*, *Denebedegige*, *Gallina*, *Uropygium*.

BRILLANTE DE L'HYDRE. (*Voïez* HYDRE.)

BRILLANTE DE LA LYRE. Etoile claire de la premiere grandeur dans la lyre.

BRILLANTE DES PLEIADES. Etoile la plus claire dans les fept étoiles des Pleïades.

BRILLANTE DE LA MACHOIRE DE LA BALEINE. Etoile de la feconde grandeur dans la baleine. Les Arabes l'appellent *Nakis*.

BRILLANTE DE LA TÊTE DU DRAGON. Etoile de la troifiéme grandeur à la tête du dragon. On l'appelle encore *Rafab*, *Ras Ettanin*.

BRILLANTE DE LA TÊTE DE MÉDUSE. (*Voïez* ALGOL.)

BRISURE. C'eft dans la maniere de fortifier, du Comte de *Pagan* & de *Blondel*, la ligne par laquelle la partie retirée du flanc eft jointe à la courtine & à l'orillon. On la fait, afin que la partie intérieure du flanc concave refte cachée à l'ennemi, & que derriere l'orillon on puiffe garder couverts du moins un ou deux canons, jufqu'à ce que l'ennemi vienne à la bréche. C'eft encore à cette fin que des lignes font tirées de la pointe du baftion qui eft vis-à-vis ; quoique d'autres penfent mieux faire de tirer ces lignes de l'angle de l'épaule. La longueur de cette ligne eft comptée de $\frac{1}{2}$ à 3 perches.

B R U

BRUIT. Effet que produit une certaine agitation de l'air fur l'organe de l'ouïe. Cette agitation doit être telle, pour produire le *Bruit*, que l'air foit agité, & comme fuffoqué par la rencontre de deux corps. Car une agitation pure & fimple ne fuffit pas. Tous les jours on agite l'air, fans faire du *Bruit*. Le vent eft une agitation de cet élément bien terrible, & elle fe fait fentir, & non entendre. Or on demande de quelle nature cette agitation doit être, & quelle eft la caufe du *Bruit*.

Les premiers Phyficiens à qui l'on fit cette queftion, ou qui fe la firent eux-mêmes, répondent que l'air, qui dans les agitations ordinaires eft feulement pouffé & remué par les corps qui l'agitent, eft coupé, & comme brifé dans l'agitation qui caufe le *Bruit*. Quand on entendroit ce que c'eft qu'un air *coupé* ou *brifé*, il refteroit encore à expliquer comment l'air étant ainfi mutilé, fait plutôt impreffion

N iij

fur l'ouïe, que quand il eft fimplement frappé. Les chofes ne fe perfectionnent pas tout d'un coup. Cette explication ne put pas être débrouillée en naiffant. On ajouta dans la fuite que l'air coupé & divifé par le choc de deux corps, fait des ondes qui fe continuent jufques à l'ouïe comme des encyclies. (*Voïez* ENCYCLIES.)

Cela eft vague. Ainfi le penfe M. *Perrault*. Il rejette fortement cette explication. Si on l'en croit, l'agitation particuliére de l'air qui caufe le *Bruit*, confifte en deux chofes : 1°. En la petiteffe de l'efpace dans lequel l'agitation fe fait ; 2°. En la viteffe de fon mouvement. L'efpace, dont M. *Perrault* veut parler, n'eft point celui qui eft compris depuis l'endroit où les corps fe choquent jufques à l'oreille, puifque cet efpace peut être très-grand, mais celui dans lequel chaque particule d'air eft remuée ; de maniere que la premiere particule d'air, qui eft en mouvement, par le choc des corps, & la derniere, qui frappe l'organe de l'ouïe, de même que les autres, qui font entre deux, ne parcourent chacune qu'un très-petit efpace ; ce qui n'arrive pas, felon M. *Perrault*, dans les autres agitations de l'air. Il faut voir comment ce Phyficien explique & prouve ce fyftême dans fon *Traité du Bruit.* (Voïez les *Oeuvres diverfes de Phyfique*, Tom. 1.) Là on trouve des idées & finguliéres & véritables, comme celles de diftinguer le *Bruit* du fon ; d'admettre plufieurs fortes de *Bruits*, tels que le *Bruit fimple*, le *Bruit compofé*, le *Bruit fucceffif*, le *Bruit rompu*, le *Bruit continué*, le *Bruit continu*, le *Bruit de choc*, le *Bruit de verbération*, & le *Bruit exceffif.* Je ne voudrois point garantir toutes ces diftinctions : mais je penfe, comme M. *Perrault*, que le fon eft différent du *Bruit*, que tout fon eft *Bruit*, & que tout *Bruit* n'eft pas fon. Le fon eft un *Bruit* particulier, un *Bruit fonore*, non un *Bruit général.* Sur cette diftinction il y a une queftion qui fe préfente, favoir fi la théorie du fon en général eft la même que celle du fon, ou quelle eft la caufe du fon, ou d'un *Bruit fonore.* (*Voïez* SON.)

BRULE', Nom que les Aftrologues donnent à une planete, quand elle s'approche fi près du foleil, qu'elle fe cache dans fes raïons. Ainfi Saturne eft *Brûlé*, lorfqu'il n'eft éloigné du foleil que de 5 dégrés, & Jupiter, lorfqu'il n'en eft éloigné que de 6 dégrés. Les Aftrologues s'imaginent qu'une planete a alors moins de pouvoir & d'influence,

C.

C A B

ABESTAN. Machine composée d'un cilindre posé verticalement entre dés pieces de bois, autour desquelles on le fait tourner par le moïen des léviers, qui passent dans ce cilindre. Cette machine est si simple, qu'il seroit inutile de la faire connoître autrement que par sa définition, en donnant sa figure (Planche XL. Figure 248.) Ce qu'on peut ajouter, est qu'elle sert à élever & à tirer des fardeaux sur terre, & que sa force augmente à proportion que les léviers par lesquels les hommes agissent sont longs.

Sur les vaisseaux l'usage du *Cabestan* est beaucoup plus étendu. Il est utile, pour les remonter, pour les faire venir à terre, afin de les calfater, & sur-tout pour lever l'ancre. A cette fin les vaisseaux ordinaires ont deux *Cabestans*, un grand qu'on nomme *Cabestan double*, & un ordinaire. Celui-là est posé sur le premier pont, & s'élève de 4 ou 5 pieds au-dessus de celui-ci, qui n'est destiné qu'à *isser* les mâts de hune, & les grandes voiles; au lieu que l'autre plus fort sert à lever l'ancre. Le petit *Cabestan* est placé sur le second pont entre le grand mât & le mât de Misene.

Les *Cabestans* ont des défauts, dont les Marins n'ont encore pû les débarrasser sur mer, malgré les peines qu'on a prises, & les différentes constructions qu'on en a données. Ces défauts sont qu'après plusieurs tours que la corde a fait sur le cilindre, on est obligé de choquer plusieurs fois, selon la longueur de la corde. Par le détail de la manœuvre nautique de cette machine, détail qui peut être curieux & nouveau à la plûpart des lecteurs, on jugera mieux de ses inconvéniens.

Lorsqu'on veut lever l'ancre, on fait faire à un cordage médiocrement gros, nommé *Tournevire*, deux tours sur le *Cabestan*; & on joint ses deux bouts ensemble, de façon qu'un côté ne peut se rouler, que l'autre ne se déroule. A ce tournevire est attaché, par le moïen de petites cordes, qu'on appelle *Gar*

cettes, le cable qui tire l'ancre, qui par sa grosseur ne peut s'entortiller sur le cilindre, ou sur le *Cabestan*.

Des Matelots appuïés sur les léviers, commencent à tourner. Ils attirent le tournevire, & par conséquent le cable qui y est attaché. Bien-tôt les garcettes qui le tenoient, sont hors d'usage. Il faut faire de nouveaux nœuds; attacher encore avec ces garcettes le tournevire, ou cable. Cette opération se renouvelle assez, & que trop souvent, pour consommer un tems souvent précieux. Ce n'est pas là tout. Le grand inconvénient de cette manœuvre est que le tournevire, en se dévidant sur le *Cabestan*, descend de toute sa grosseur, & arrive au bout. Nouvelle besogne pour les Matelots qui sont obligés de rehausser, ou de *choquer* (c'est le terme) le tournevire, afin d'empêcher qu'il ne se croise. Ici la manœuvre cesse tout-à-fait. On lie de nouveau ce cordage au cable; & cela ne se peut faire qu'en dévirant le *Cabestan*, pour lâcher le cordage.

L'Académie Roïale des Sciences de Paris toujours occupée de l'utilité publique, crut rendre un grand service aux Marins, en engageant les Savans à inventer quelque nouveau *Cabestan*, ou quelque machine équivalente, qui parât ces inconvéniens. Elle le proposa en 1741 pour le prix qu'elle distribue tous les deux ans. Mais quoique les pieces qui ont été couronnées, renferment de très-bonnes choses, elle n'a pas dissimulé qu'on n'avoit pas touché, encore moins résolu, le point de la question. On trouve dans le Recueil des Piéces de l'Académie, *sur la meilleure construction du Cabestan* 4 Mémoires qui ont été couronnés. Le premier est de M. *Jean Bernoulli* le Fils. L'Auteur du second ne s'est point fait connoître. Le troisième est de M. le Marquis de *Poleni*; & le quatriéme de M. *Ludot*. A ces quatre Mémoires 3 autres sont joints, qui ont eu un *Accessit*. Et d'abord c'est celui de M. de *Pointis*; ensuite celui de M. l'Abbé *Fenel*; le dernier de M. *Delorme* de la Société Roïale de Lion. Les personnes qui savent que M. *Jean Bernoulli* pere, avoit composé une piéce pour le prix, seront peut-être surprises de ne pas voir sa piéce ici en rang. Il faut croire ou que M. *Bernoulli* ne l'avoit point envoïée, ou qu'il y a quelque autre raison qu'il ne m'appartient pas d'approfondir. Je me contente de dire qu'on trouve cette Piéce dans le IV. Tome de ses Œuvres.

CABINET DE GLACES. Petit cabinet dont les parois sont garnis de grandes glaces depuis le plancher jusqu'aux solives. Sa figure doit être sexangulaire, ou octangulaire. Il a cette propriété qu'il multiplie à l'infini toutes les personnes qui y entrent, & qui paroissent avoir une étendue immense dans un petit espace. *Zahn*, dans son *Oculus Artific. Fundam. 3. Syntagm. 5. ch. 6. Artif. 8.* a expliqué avec beaucoup de soin tout ce qu'on doit observer dans sa construction. Les principaux points consistent en ce que toutes les glaces soient d'une même hauteur, & aïent une même largeur, sans que leurs marges soient fouettées ; qu'elles soient mises exactement perpendiculaires & paralleles les unes aux autres, & que la porte étant fermée, soit de même une glace. Si on l'éclaire d'un ou de plusieurs lustres, les bougies allumées feront alors un merveilleux effet.

C A C

CACODEMON. Nom de l'étoile de la tête de Méduse. (*Voïez* ALGOL.)

C A D

CADENCE. Terme de Musique. Clausule, ou conclusion, ou chûte d'une piéce de Musique, qui termine tout-à-fait ou en partie une piéce de Musique. Il y a de l'art à faire une bonne *Cadence.* Quel effet admirable ne produit-elle pas, lorsqu'elle est répétée dans une longue piéce ! Un chant est d'autant plus agréable, qu'il en renferme un plus grand nombre, qui le varient, le relévent, & forment un sel qui pique aussi agréablement qu'il flate. Pour qu'une *Cadence* plaise, elle doit consister en deux notes tout de suite, ou par dégrés conjoints en chacune des deux parties. Malheur au Musicien, dont le dernier ton de la *Cadence* n'est ni à l'octave, ni à l'unisson, mais à la sexte, ou à la tierce. Ce ne sont pas là les seules regles à observer. Il faut consulter le Traité de Musique du P. *Parran*, & le *Dictionnaire de Musique* de *Brossard*, si l'on veut en être instruit ; peut-être aussi faut-il être un peu Musicien, pour être en état de les consulter.

Quelques Musiciens entendent par *Cadence* un tremblement, un *Trillo*, pour parler le langage Italien. Il n'y a néanmoins nul rapport entre une *Cadence*, *Cadenza*, & un tremblement, *Trillo.* Celui-ci est un certain

agrément du gosier, ou d'un son, qui abandonné à la fin d'une tenuë de deux, trois, quatre, &c. de mesures, reléve, ressuscite, comme le dit M. *Brossard*, en quelque sorte une voix, qu'une tension trop longue pouvoit avoir relâchée. Une idée de cette *Cadence* fera connoître combien elle différe d'une *Clausule.*

J'ai déja dit que *Cadence* est un battement du gosier. Ce battement prend son origine du ton, ou demi ton au-dessus de la note qu'on veut cadencer. Il y a 4 sortes de *Cadences*, qui sont la *Cadence préparée*, la *Cadence coulée*, la *Cadence jettée*, & la *Cadence par redoublemens.*

Par la *Cadence préparée*, on entend une *Cadence* qui prend son appui du ton, ou demi ton au-dessus de celle qu'on veut *Cadencer.* Sa préparation doit durer la valeur de la note *Cadencée* ; & il faut battre l'autre moitié de cette même note.

La *Cadence coulée* est un simple battement du gosier, qui ne doit durer que le quart de la note *Cadencée*, & qui se prépare aux trois quarts de cette note. Lorsque dans cette *Cadence* on passe de l'intervalle de tierce, ou de quarte, en descendant, elle se prépare dès la tierce au-dessus. Elle est composée d'autant de battemens que l'on veut, pourvû que ces battemens n'altérent pas la valeur de la note.

Une *Cadence* dont la préparation a plus de durée que la valeur d'une double ou triple croche, & qu'on fait en montant & en descendant, d'une double ou triple croche, c'est ce qu'on appelle une *Cadence jettée.* Les battemens de cette *Cadence* doivent être vifs, brillans.

La *Cadence par redoublemens* est une tenue de plusieurs notes en même dégré, qui ne se termine que sur la derniere des notes tenantes. On la prépare du ton, ou du demi ton au-dessus. (Voïez la *Méthode nouvelle, ou Principes généraux pour apprendre facilement la Musique, & l'Art de chanter*, par M. *David.*)

CADRAN ou HORLOGE SOLAIRE. C'est la représentation du cercle, que décrit tous les jours le soleil, divisé en tems égaux, rélatifs à ceux que parcourt cet astre, & par lequel on connoît l'heure au soleil. Dans le centre de cette sorte de projection est élevée une verge de fer parallelement à l'axe de la terre, dont l'extrémité représente le centre. Elle est en même tems celui de toutes les révolutions célestes. Pour que cela soit, il faut supposer que le soleil décrit tous les jours un parallele à l'équateur. Cette supposition mathématiquement fausse ne doit pas inquiéter le Lecteur pour la justesse d'un *Cadran.* Il est aisé de le raſſûrer, après qu'il ſera affermi ſur une autre qui a beſoin d'être juſtifiée. Quoique la pointe élevée du ſtyle ne ſoit pas effectivement au centre des révolutions du ſoleil, qui eſt le centre de la terre, cependant l'énorme diſtance qu'il y a de cette diſtance au ſoleil, rend la différence du centre de la terre à l'extrémité du ſtyle ſi peu conſidérable, qu'elle peut être négligée ſans craindre la moindre erreur.

En ſecond lieu, il eſt vrai que le ſoleil ne décrit pas journellement un cercle, & que ſon mouvement ſur l'écliptique ſe fait en ſpirale. Mais la lenteur de ce mouvement, par lequel il ne parcourt qu'un dégré en 24 heures, peut bien autoriſer la ſuppoſition qu'on fait à l'égard du ſoleil, d'un mouvement parfaitement circulaire. La choſe eſt ſûre, & l'expérience le prouve.

Ces ſuppoſitions faites, on concevra avec un peu d'attention ſur quoi eſt fondée la conſtruction de toute ſorte de *Cadrans*. Car il y en a de pluſieurs ſortes qui ſe rapportent à quelques *Cadrans*, que je me contenterai de décrire particulierement, afin qu'on puiſſe comprendre par-là la conſtruction des autres. On diſtingue cinq ſortes de *Cadrans*. *Cadran Equinoxial*, *Cadran Horiſontal*, *Cadran Vertical*, *Cadran Méridional*, *Cadran Septentrional*, *Cadran Oriental*, *Cadran Occidental*, *Cadran Polaire*, *Cadran Déclinant*, *Cadran Incliné*, *Cadran Azimuthal*, *Cadran Elliptique*, *Cadran à la Lune*, & *Cadran aux Etoiles*. Je vais donner la conſtruction abrégée de ces *Cadrans*.

CADRAN EQUINOXIAL. C'eſt celui qui ſe fait ſur un plan parallele à l'équateur. Ce plan eſt horiſontal pour ceux qui ont l'équateur parallele à l'horiſon; vertical pour les peuples qui ont la ſphere droite, & oblique pour les autres. Sa conſtruction eſt la même pour tous les lieux de la terre; & il ſert également dans tous les païs, pourvû qu'on le place parallelement à l'équateur qu'il repréſente; d'où il ſuit que les dégrés que le ſoleil parcourt ſur ces cercles, l'ombre du ſtyle du *Cadran Equinoxial* les décrit ſur le plan où il a été tracé. Or on ſait que cet aſtre fait tout ſon mouvement d'Orient en Occident, ou ſon mouvement journalier en 24 heures, c'eſt à-dire, tout ſon cercle. Diviſant donc 360°, qui compoſent le cercle, en 24, on aura 15 pour une heure. (Planche XX. Figure 25.) De même on n'a qu'a tracer le cercle A D C B, & le diviſer en 24, pour avoir un *Cadran Equinoxial*. Les raïons S 12, S 11, S 10, &c. ſeront les lignes horaires. Celui qui eſt perpendiculaire au diamétre 6 6, ſera la la ligne de 12 heures; ceux qui ſont à droite, donneront

les heures du matin, & ceux à gauche, celles du ſoir. On éléve enſuite un ſtyle perpendiculairement à ce *Cadran* de la grandeur qu'on veut, car le ſtyle repréſentant ici l'axe du monde, n'a point de longueur déterminée.

Voilà qui eſt bien ſimple & dans le principe & dans la conſtruction. Eh bien, c'eſt ce principe & cette conſtruction, qui, tout ſimples qu'ils ſont, fourniſſent le modéle & la baſe des autres. Diſons auparavant que de mettre cette vérité ſous les yeux, que le *Cadran Equinoxial* ſert pour ſix mois de l'année ſeulement. Pour l'année entiere il en faut deux qui ſoient oppoſés, dont l'un tourne vers le zénith, & eſt appellé *Cadran Equinoxial ſupérieur*; l'autre qu'on dirige vers le nadir, eſt nommé *Equinoxial inférieur*. Celui-là qui n'eſt éclairé que le printems & l'été, à cauſe de ſa poſition, ne marque les heures que dans ces deux ſaiſons; celui-ci dans les autres, l'hiver & l'automne.

Après ce que j'ai dit que le plan de ce *Cadran* devoit être parallele à l'équateur, on doit concevoir que ce plan devra être autant élevé ſur l'horiſon que l'équateur même.

CADRAN HORIZONTAL. L'épithéte qui accompagne ce *Cadran*, le caractériſe aſſez. On ſent bien qu'on conſtruit ce *Cadran* ſur un plan parallele à l'horiſon; & peut-être n'eſt-il pas plus difficile de s'appercevoir que pour le décrire, on n'a qu'à tracer un *Cadran* équinoxial renverſé.

Lorſqu'on a un plan horiſontal fixe, il faut tirer une méridienne exacte, (on trouvera au mot MÉRIDIENNE, la maniere d'en tracer une,) & s'il eſt mobile, (Planche XX. Figure 26.) une ligne à volonté, ſur laquelle on éléve la perpendiculaire VI, VI à un point quelconque C. De ce point on méne la ligne C D faiſant l'angle XII C D égal à celui de l'élévation du pole; par exemple à Paris, de 49°. Sur un autre point tel que E, pris ſur cette ligne, on éléve la perpendiculaire E F; on porte E F ſur E K, & du point K comme centre on décrit le quart de cercle F G K. La ligne F 5 étant élevée perpendiculairement à la ligne C XII, & aïant diviſé le quart de ce cercle en 6, on fait paſſer du centre K par les points de diviſion des lignes K 1, K 2, K 3, &c, qui ſe coupent en 1, 2, 3, &c. Le reſte de la conſtruction peut ſe deviner, ou du moins peut ſe voir. Du centre C, & des points 1, 2, 3, &c. on a tiré C I, C II, C III, &c. Toutes ces diviſions étant portées de l'autre côté de la ligne C XII, donnent les heures du matin C XI, &c. & à l'égard de celles qui ſont au-deſſus de la ligne VI, VI, qui n'ont pu être formées par le quart de cercle, ce ſont les lignes C V, C IV, prolongées, qui ont donné celles du matin, & les lignes C VII, C VIII celles du soir.

Pour faire voir que le *Cadran Horisontal* n'est qu'un *Cadran* équinoxial renversé, il faut ajuster celui-ci sur celui-là, de façon que son style réponde au centre du *Cadran Horisontal*, & que les deux méridiennes se rapportent. Alors toutes les lignes de l'équinoxial tomberont sur l'*Horisontal*, & conviendront exactement. De-là émane la construction du *Cadran Horisontal*, par lequel on ne fait que rapporter, & projeter en quelque sorte le *Cadran* équinoxial qui représente le cercle que le soleil décrit tous les jours. Si le premier marque les heures en tout tems, c'est que par sa situation il est éclairé toute l'année.

CADRAN VERTICAL MERIDIONAL. De même que le *Cadran Horizontal*, n'est qu'un *Cadran* équinoxial renversé, ce *Cadran* n'est qu'un *Cadran* redressé. Si l'on a ce second décrit, on aura fort aisément l'autre.

Un échafaut E (Planche XX. Figure 27.) étant dressé contre le mur, sur lequel on veut tracer un *Cadran Vertical*, on pose dessus une table T bien horisontalement, par le moïen d'un bon niveau. Cette table est destinée à porter le *Cadran* horisontal A B D E, qu'on oriente comme il convient.

Après avoir attaché au point F une corde, on la conduit suivant l'angle du style F le long de F I, jusques à ce qu'elle rencontre le mur auquel on l'attache. On a ainsi le point C, qui est le centre du *Cadran*, qu'on va décrire. Par le même point F, auquel est retenue une autre corde, le Faiseur de *Cadran* fait passer cette deuxiéme corde sur la ligne de midi, qui étant rigoureusement prolongée en ligne droite, donne le point de midi sur le mur. En faisant la même opération à l'égard des autres lignes, on a les autres lignes horaires du *Cadran Vertical*, parfaitement correspondantes à celles du *Cadran* horisontal.

Quoique cette construction paroisse tout-à-fait méchanique, elle n'est cependant rien moins que telle. Quand on sait que l'angle que doit faire le style d'un *Cadran Vertical* avec sa méridienne, doit être égal à celui du complément de l'élévation du pole, & qu'on remarque que l'angle que donne la corde F I C avec la méridienne C XII (qui est celui que sera le style du *Cadran*, suivant la construction précédente,) a la même valeur; un peu de réflexion rapproche bien-tôt la raison des opérations de ce *Cadran*. Pour une plus grande satisfaction, donnons une construction plus connue.

Ajustons le *Cadran* équinoxial, qui est le fondement perpétuel de tous les autres, on verra qu'il n'y a qu'à décrire sur un mur méridional, un *Cadran* horisontal simple; & au lieu d'y élever le stile à la hauteur de l'élévation du Pole, planter ce stile, dont l'angle avec la méridienne soit égal à celui de son complement. Et le *Cadran* vertical sera ainsi tracé.

CADRAN VERTICAL SEPTENTRIONAL. On le décrit de même que le *Cadran* méridional. Toute la différence qui s'y trouve est, que l'ordre des points & des lignes y est contraire, de maniere que ce qui étoit à droite dans une face, est à gauche dans son opposée, & ce qui est en haut dans l'une est précisément en bas dans l'autre. Ce *Cadran* n'est pas de grand usage. Personne ne s'avise guéres de décrire des *Cadrans* exposés au Nord, où le soleil ne paroît qu'une petite partie de la journée. A Paris les *Cadrans Septentrionaux* ne sont éclairés que depuis 4 heures du matin jusques à 8 heures, & depuis 4 heures du soir jusques au coucher du soleil.

CADRAN VERTICAL ORIENTAL. On trace ce *Cadran* sur un plan, directement tourné à l'Est; & le *Cadran vertical Occidental* sur un plan opposé, c'est-à-dire, qui regarde l'Ouest. La construction de ces *Cadrans* est fort simple. Si le Lecteur veut s'en donner la peine & faire attention au principe des *Cadrans*, il pourra se procurer la satisfaction de la trouver de lui-même. Comme ces *Cadrans* sont de peu d'usage, je m'abstiendrai de la lui donner moi-même. Seulement je crois devoir l'avertir, soit pour les lui faire reconnoître, soit pour l'aider à en développer la regle, que dans l'un & dans l'autre les lignes horaires sont paralleles.

CADRAN VERTICAL DECLINANT. On appelle ainsi les *Cadrans*, qui ne sont point dirigés vers l'un des 4 points cardinaux, ainsi que ceux, dont je viens de faire mention. Cela s'entend assez. Je m'en tiendrai là pour les *Cadrans Orientaux, Occidentaux & Septentrionaux déclinans*; & on n'est point en droit d'exiger de moi des détails, qui étant plus curieux qu'utiles, n'entrent point dans le plan de cet Ouvrage. Il n'en est pas de même des *Cadrans verticaux méridionaux*. Ils sont d'une utilité presqu'indispensable, & c'est un grand hasard si le plan sur lequel on les trace est parfaitement méridional.

Afin donc de tracer un *Cadran* vertical qui décline, sur le plan de la figure 28, on tire la ligne Z 5 parallele à l'horison, & sur cette ligne on décrit un *Cadran* horisontal Z XII, 5 12. La ligne Z 5 représente la section du premier vertical avec l'horison. Du point 12, où la méridienne C 12 coupe cette ligne, on mene la ligne 7 V, qui fait un angle 5 12 V égal à celui de la déclinaison du plan. Je suppose que ce plan décline ici de l'Orient à l'Occident ; s'il décline au contraire de l'Occident à l'Orient, l'angle 5 12 V devra être de l'autre côté. Cette seconde ligne 7 V représente la section du plan déclinant & de l'horison.

Au point 12 aïant élevé la ligne 12 O, dont on déterminera la longueur ci-après au point O, on tire des points 1, 2, 3, &c. les lignes horaires OI, OII, OIII, &c. & de ceux 11, 10, 9, &c. les lignes O XI, O X, O IX. Il ne reste plus qu'à placer le stile & le *Cadran* est tracé. A cette fin, on abaisse du point C la perpendiculaire CT, & du point T on éleve une perpendiculaire, qui donne le point O, centre du *Cadran*. De cette derniere opération, il résulte un angle TOR, selon lequel on place le stile.

Je ne sache pas de méthode plus expeditive pour tracer des *Cadrans méridionaux déclinans* : je puis même dire de plus juste. On en trouvera la démonstration dans les *Elémens de Mathématiques*, de *Wolf*, Tom. IV. supposé qu'on ne la sente pas. Car elle est si simple que M. *Weidler* dans ses Institutions Mathématiques n'a pas craint de la supprimer, lui, qui est si rigoureux dans tout ce qu'il avance. Au reste, c'est une chose essentielle à observer, que celle qui regarde la méthode des *Cadrans* verticaux méridionaux de la figure 27 : c'est que par cette méthode on trace des *Cadrans déclinans* de la même façon que les *Cadrans* non déclinans. Ainsi peu importe que le mur, sur lequel on veut le décrire, décline. Au moïen du *Cadran* horisontal posé sur la table, le vertical se trouve décrit & réduit. On s'épargne ici la peine de prendre la déclinaison du mur, que j'ai supposée connue en suivant ma derniere construction. La déclinaison d'un mur se connoît avec un instrument nommé *Déclinatoire. Voïez* DECLINATOIRE.

CADRAN INCLINANT. Ce *Cadran* est supposé construit sur un plan qui fait un angle avec l'horison. On ne s'amuse guéres à faire ces sortes de *Cadrans*, & pour la pratique on fait fort bien. Il vaut mieux rendre le mur, sur lequel on veut le décrire, perpendiculaire à l'horison, ou en choisir un qui le soit. Quélqu'un qui s'obstinera, ou par curiosité, ou par quelqu'autre raison de tracer un *Cadran inclinant*, sera obligé d'entrer dans un détail de pure attention, qu'il ne doit point exiger de moi dans un Ouvrage de cette nature. Je crois l'avoir déja assez insinué. Je tâche dans toutes les matieres que je traite

d'en saisir le principe, & d'entrer, pour ainsi dire, avec mon Lecteur dans le centre de la difficulté. Quant au reste, je l'abandonne ou à sa sagacité ou aux Auteurs, qui devenus accessibles par mes introductions, pourront le satisfaire sur toutes les questions de fantaisie. En conséquence, je vais définir succinctement les autres *Cadrans*.

CADRAN INCLINÉ DÉCLINANT. Le plan sur lequel on a tracé ce *Cadran* a deux défauts : il incline, & il décline en même-tems.

CADRAN POLAIRE. *Cadran* qui est autant incliné à l'horison que le Pole en est élevé. Ce *Cadran* n'a point de centre. Les heures y sont marquées par des lignes paralleles. Il y a deux sortes de *Cadrans Polaires*, l'un superieur & l'autre inférieur. Le premier est tourné vers le zenith, & le second vers le nadir. Celui-là ne montre les heures que depuis 6 heures du matin jusques à 6 heures du soir, & celui-ci les marque avant & après ce tems.

CADRAN AZIMUTHAL. C'est un *Cadran* horisontal décrit par les azimuths ou verticaux du soleil. Pour le tracer, on fait usage d'une table où les verticaux sont supputés & pour chaque jour, & pour le commencement de chaque signe.

CADRAN ELLIPTIQUE. Les cercles de la sphere sont projettés ici ortographiquement, & ceux qui ne sont pas perpendiculaires au plan de projection, sont représentés par des ellipses. Et dans les *Cadrans Paraboliques* & *Hyperboliques*, les lignes des heures sont des paraboles dans le premier, & des hyperboles dans le second.

CADRAN PORTATIF. Ce *Cadran* est tracé sur un globe, ou sur un plan horisontal, & muni d'une boussole ; de façon que le tout se puisse transporter aisément.

CADRAN A LA LUNE. Il n'y a rien de particulier, quand on veut, dans la construction de ce *Cadran*, quoique le titre paroisse l'annoncer. C'est un *Cadran* solaire horisontal, ou vertical, qui devient un *Cadran à la Lune* par une espéce de réduction.

Quand la lune est pleine, nulle difficulté. Le *Cadran* ordinaire marque l'heure, comme s'il étoit éclairé par le soleil ; parce qu'elle se trouve alors dans le même cercle horaire que le soleil, & qu'elle est au méridien, lorsque cet astre est aux Antipodes. Dans tout autre tems, comme le mouvement de la lune ne se trouve pas conforme à celui du soleil, on corrige l'heure qu'elle marque rélativement à son âge. Par la table suivante on réduit tout cela aisément.

TALE de la Lune & des heures à ajouter.

A	1	2	3	4	5	6	7	8	9	10	11	12	B

C	1	2	3	4	5	6	7	8	9	10	11	12	13	14	15
	16	17	18	19	20	21	22	23	24	25	26	27	28	29	30.

D

Le premier rang A B renferme les heures ; les deux autres A C, C D, les jours de la lune. Pour s'en fervir, on ajoute l'heure que marque la lune fur le *Cadran* folaire, à celle que donne la table, pour l'heure qui correfpond à fon âge : la fomme donne l'âge de la lune. Si cette fomme excéde 12, l'excès eft l'heure du matin, ou l'heure après minuit. Cela fuppofe qu'on fait l'âge de la lune. On apprendra au mot AGE DE LA LUNE la maniere de le trouver.

Les perfonnes qui ne craignent point de barbouiller leur *Cadran* folaire, & qui veulent s'éviter la peine de cette réduction, y tracent les heures lunaires qu'il eft aifé de déterminer; en fuivant le principe de la réduction. Et pour lors le *Cadran* marque véritablement les heures au foleil & à la lune, *Diuque Noctuque.* Pour rendre cette réduction plus jufte, voici une autre table que je préfere à la précédente, & qui ne m'a été communiqué que dans le courant de l'impreffion de cette feuille.

TABLE des heures à ajouter aux Cadrans Solaires pour chaque jour de la Lune.

Jours de la Lune.	Heures à ajouter.
2 & 16	0 . . . 48'
3 & 17	1 . . . 36
4 & 18	2 . . . 24
5 & 19	3 . . . 12
6 & 20	4 . . . 0
7 & 21	4 . . . 48
8 & 22	5 . . . 36
9 & 23	6 . . . 24
10 & 24	7 . . . 12
11 & 25	8 . . . 0
12 & 26	8 . . . 48
13 & 27	9 . . . 36
14 & 28	10 . . . 24
15 & 29	11 . . . 12

CADRAN AUX ETOILES. On connoît par ce *Cadran* l'heure aux étoiles qui ne fe couchent point. C'eft des étoiles les plus remarquables, & des plus proches du pole qu'on fe fert.

Dans notre hémifphere on s'adreffe à celles de la grande ourfe. (*Voïez* pour l'heure aux étoiles, HEURE.)

Au mot GNOMONIQUE je donne l'origine des *Cadrans*, la conftruction générale des *Cadrans* fuivant M. de la *Hire*, & la lifte des principaux Auteurs qui ont écrit fur la façon de les décrire.

CADRAN ANEMONIQUE. Sorte d'inftrument qui fert à connoître la direction du vent. A prendre cet inftrument par fa définition, il n'en eft point de plus fimple. Une girouette peut en faire les frais, fi l'on connoît les quatre parties du monde, en obfervant l'angle que fait la girouette avec une de ces parties. Quand on veut connoître cette direction plus exactement on attache à la verge de la girouette, un index qui tourne fur une rofe de vent, & qui marque de quelle partie de l'horifon le vent fouffle. M. *Ozanam* dans fes Récréations Mathématiques décrit le *Cadran anemonique* du Jardin du Roi. Une girouette eft ici comme dans toutes ces fortes de *Cadrans*, la principale piece de la machine. Mais au lieu que l'index eft horifontal au moïen des roues dentées & d'un pignon, il devient vertical. (*Récréations Mathematiques*, *Tome II. page* 415. *Voïez* auffi le *Traité de la Conftr. & Us. des Inft. de Mathem.* de *Bion, page* 393 derniere édition.) Tout le monde connoît ces *Cadrans*: auffi ne m'y arrêterai-je pas. Je préfere à mettre fous les yeux du Lecteur la machine en ce genre du P. *Kirker*, qui eft plus finguliere & plus ignorée.

2. La Figure 246. (Planche XXVIII.) repréfente une chambre où eft le *Cadran anemonique* de Kirker. C F G eft une longue pique, dont l'extrémité G, qui fort du toit, porte une aigle de métal attachée fixement à cette pique. Cette aigle fert de girouette. L'autre extrémité de cette pique fe termine en pointe, & entre dans un trou en forme de cone où elle peut tourner aifément. A cette extrémité eft une roue C horifontale qui engraine dans deux roues, l'une E horifontale & l'autre D verticale. L'axe de celle-ci

porte un index S hors la chambre, & qui tourne sur un cercle vertical X Y. Ces trois roues ont le même nombre de dents & le même diametre. La roue E porte un cilindre A, & sur ce cilindre est une sphere de verre H. Sur la plus grande zone de cette sphere on peint les 32 airs de vent, & au milieu est suspendu une statue aimantée représentant la figure d'*Eole*, tenant une baguette, ou comme la nomme le P. *Kirker* un sceptre à la main. L'extrémité de cette baguette ou sceptre aboutit à la zone de la sphere. Après avoir orienté la machine pour avoir les 32 airs de vent, on couvre tout l'attirail des roues, & la machine est construite. Alors on ne voit que le cercle X Y, peint sur le mur de la chambre extérieurement, & la sphere de verre en dedans. Il ne reste donc qu'à sçavoir orienter la machine. Rien n'est plus simple. La statue d'*Eole* étant aimantée se dirige Nord & Sud. Eh bien, on marque (en aïant égard à la variation de l'aiman) les vents du Midi & du Nord. Faisant tourner toute la machine en sorte qu'elle soit toute parallele à cette ligne, l'index S est sur ces deux points. Il est aisé après-cela de marquer les autres airs de vent & sur la sphere H & sur le cercle X Y.

On conçoit maintenant, que le vent soufflant & faisant tourner l'aigle, qui peut mouvoir tout le reste, là où l'aigle s'arrêtera, l'index & la petite statue se fixeront. L'un & l'autre marqueront quel est le vent qui souffle.

Le plus ancien *Cadran anemonique* dont nous aïons connoissance est celui qu'*Andronic Cyrrhestes* fit à Athenes sur une tour de marbre de figure octogone. Cette tour avoit à chaque face l'image de l'un des vents, opposé à celui vers lesquels elle étoit tournée. Sur la tour, qui étoit terminée en pyramide, étoit posé un triton d'airain, qui tenoit en sa main une baguette. La machine étoit ajustée de façon que le triton tournant & se tenant toujours opposé au vent qui souffloit, l'indiquoit avec sa baguette. (*Archit. de Vitruve, L. I.*)

C A L

CALCUL. Opération par nombre & par lettres, par laquelle on divise un tout en ses parties, & on réduit les parties en leur tout; par laquelle on évalue, on compare plusieurs quantités, pour en découvrir le rapport. Le *Calcul* Arithmétique, qui s'exerce sur les nombres, semble ne mettre sous les yeux, que l'expression de plusieurs nombres ou unis ou désunis, & présentés par ordre & par suite. Le calcul algébrique n'est pas si borné. Il va chercher le rapport des nombres, &

par ceux qu'il connoît, il découvre ceux qu'on ignoroit absolument. *Voïez* ARITHMETIQUE & ALGEBRE.

CALCUL DES INFINIMENS PETITS. Dans le tems de *Descartes*, on ne connoissoit que ces *Calculs* qui ont pour objet des quantités finies. Depuis ce grand Géometre, on a été plus loin. Les Calculateurs ont osé porter leur vûe sur les quantités infinies, & réduire sous leur main l'infini; que dis-je l'infini! l'infini même de l'infini, & comme le dit l'illustre *Marquis de l'Hôpital*, une infinité d'infinis. Ceci paroît passer les bornes de l'esprit humain. Aussi dès que le *Calcul des infinimens petits* parut, on crut réellement que les Géometres ne mesuroient plus leur force, & que leurs idées alloient beaucoup au-delà. Des Mathématiciens même, ainsi que *Niewentit*, *Rolle*, *Ceva*, en furent sérieusement effraïés. En Angleterre, des Docteurs monterent exprès en chaire, pour avertir le Public de se méfier d'eux, de les regarder comme des gens perdus, qui donnoient tête baissée dans des chimeres, & d'éviter leur commerce, comme très-dangereux pour l'esprit & pour la Religion. Par ce trait, le Lecteur juge combien c'est une belle & hardie découverte, que celle du *Calcul de l'infini*. On peut dire sans exagération, que c'est celle d'un nouveau monde Géométrique. Les Mathématiques y perdroient trop, si je laissois échapper cette occasion, d'en donner la carte; & la plupart des Lecteurs n'y gagneroient pas assez, si je ne les conduisois par la main dans un Païs si peu connu encore, & si peu fréquenté.

1. Faisons abstraction de l'infini. Que ce mot ne nous effraïe pas. Sans prévention, remontons à l'origine de ce *Calcul*. Considerons une courbe, un cercle, pour fixer notre imagination, & voïons comment nous pourrions faire, pour connoître le développement de cette courbe, c'est-à-dire, sa longueur en ligne droite. Que firent les premiers Géometres, lorsqu'ils se proposerent ce Problême ? *Archimede* supposa sans façon, que le cercle est composé d'une infinité de petites Lignes droites, & cela pour faire évanouir la courbure. Plus ces petites lignes étoient supposées en grand nombre, plus la supposition s'approchoit de la réalité. En concevant le cercle divisé en une infinité de petites parties, il n'y avoit plus de difficulté à l'admettre. Premiere idée, on peut dire même premiere époque du *Calcul des infinimens petits*.

2. Jusques-là c'étoit concevoir les Courbes d'une maniere bien vague. Suivant la nature des courbes, qu'on vouloit développer, ces pe-

tites lignes devoient être , & en plus grand nombre de quelque façon qu'on pût se repréſenter l'infini des unes & des autres , & diverſement ſituées , pour former telle courbe, ou telle courbure. Les parties infiniment petites , ou , pour abreger , les élémens d'un cercle , doivent être différens de ceux de la parabole , de l'hyperbole , &c. *Archimede*, & après lui, *Apollonius*, & *Gregoire de St Vincent* , qui le comprirent chacun en leur maniere , imaginerent d'inſcrire & de circonſcrire des Poligones d'une infinité de côtés connus , c'eſt-à-dire , dont le rapport étoit établi avec une *connue* , par une ſuite infinie, une méthode d'aproximation, à peu près comme l'on connoît la racine d'un nombre ſourd. C'eſt ainſi que les plus grands Géometres anciens , tels que *Cavallerius , Fermat , Wallis , Paſcal* , conſidererent l'infini , & en firent l'application à la Géometrie , en ſuivant néanmoins les chemins qu'ils ſe fraïoient chacun en particulier.

Telle étoit avant *Newton & Leibnitz* , & pour parler avec plus de préciſion , avant *Barrow* , la ſcience de l'infini. Car on doit regarder la nouvelle , ſuivant pluſieurs Mathématiciens , comme aïant germé entre les mains de *Barrow*. Mais ce n'en étoit que le germe. MM. *Leibnitz & Newton* , firent végeter ce germe , auſquels MM. *Bernoulli* , freres, & le *Marquis de l'Hôpital* firent porter des fleurs.

Puiſque nous ſommes à l'Hiſtoire du *Calcul de l'infini* , il eſt dans l'ordre , que nous en connoiſſions l'Inventeur , avant que d'entrer dans le *Calcul* même. C'eſt une grande queſtion parmi les Savans , que celle de décider à qui nous ſommes redevable de ce *Calcul. Newton & Leibnitz* partagent l'honneur de cette découverte. Les Anglois en font honneur abſolument à *Newton*. Dans les Actes de *Leipſic* , M. *Leibnitz* en a la gloire. Quel parti prendre ? Il faut remonter à la ſource avant que de ſe déterminer,

3. On ſait que MM. *Newton & Leibnitz* ſe communiquoient mutuellement leurs découvertes. *Newton* fit part à *Leibnitz* de celle du nouveau *Calcul* , & de ſa Méthode. *Leibnitz* répondit qu'il avoit un *Calcul* ſemblable , mais dont la méthode étoit différente , & publia en 1684 les principes du *Calcul des infinimens petits* , ſous le titre du *Calcul différentiel*. (On verra ci-après la raiſon de ce titre.) Lors de cette publication , où *Newton* étoit oublié , le Géometre Anglois , qui auroit peut-être pû ſe plaindre , ne dit mot. M. *Fatio de Duillers* fut le premier qui cria à l'injuſtice. Il prétendit que M. *Leibnitz* n'avoit imaginé le *Calcul* différentiel, que parce

que *Newton* lui avoit fait connoître la méthode des *Fluxions* , qui n'étoit autre choſe que ce *Calcul. Leibnitz* répondit , qu'il ne connoiſſoit nullement les découvertes de *Newton* en ce genre , lorſqu'il inventa le *Calcul* différentiel.

Cette réponſe auroit dû ſuffire. Mais M. *Leibnitz* , l'un des principaux Auteurs des Actes de Leipſic , ne ſe contenta pas de refuſer d'imprimer la réplique que faiſoit M. *Fatio* à ſa réponſe. Il s'oublia encore plus. Dès que le Traité de *Newton* ſur les Quadratures parut , il conſentit que les Auteurs de ces Actes rabaiſſaſſent l'Ouvrage du docte Anglois , & qu'ils lui préferaſſent *Tſchirnhaus*.

Les Journaliſtes de Leipſic , en voulant défavoriſer *Newton*, qui les offuſquoit par rapport à *Leibnitz* , ſuſciterent à celui-ci une querelle terrible de la part des Anglois. Cette comparaiſon injuſte les indiſpoſa ; & *Keil* ſe chargea au nom de la Nation , plus jalouſe de la gloire de *Newton*, que *Newton* même , ſe chargea , dis-je , de tirer raiſon d'une ſorte d'inſulte , qu'ils attribuoient à M. *Leibnitz* , & qu'ils prenoient pour eux. *Keil* fit donc imprimer en 1708 dans les *Tranſactions Philoſophiques* , que *Newton* étoit l'Inventeur du *Calcul des infinimens petits* , & que *Leibnitz* s'en étoit emparé , après avoir défiguré la méthode de *Newton* , en changeant le titre ou le nom & le caractere ou la notation.

On devine aiſément qu'un pareil plagiat , attribué à un homme tel que *Leibnitz* , dût beaucoup le piquer. Il en porta plainte à la Société Roïale de Londres ; demanda & une retractation & une réparation autentique de la part de *Keil* , qu'il appella *homo novus & rerum ante actarum parum peritus*. Sur ce que celui-ci répondit , la Société nomma des Commiſſaires de toutes les Nations , pour juger le différend ; & le rapport que les Commiſſaires firent , donna , avec art , gain de cauſe à *Keil* : je dirois à *Newton* , puiſque ce procès le regardoit en propre ; mais le ſilence , qu'affectoit ce grand Homme , doit être conſervé dans cette partie de ſon Hiſtoire ; & c'eſt ſe conformer à ſa modeſtie , que de ne laiſſer parler ici que le Lecteur pour lui.

Ce rapport eſt une piece ſi eſſentielle pour faire connoître l'Inventeur de ce *Calcul* , & pour terminer toute diſpute à cet égard , que je crois devoir l'inſérer ici. De pareils Mémoires ſont d'un grand prix dans l'hiſtoire des Mathématiques. Ce ſeroit perdre de vûe l'eſprit de cette hiſtoire , que de les omettre, Voici donc ce Rapport,

Rapport des Membres de la Societé Royale, *commis pour examiner le différent entre* M. Leibnitz *&* M. Keil.

» ENtre toutes les Lettres & les Recueils, qui se trouvent dans les Archives de la Société, & parmi les Papiers de M. *Collins*, nous avons examiné tout ce qui a été écrit depuis l'année 1669 jusqu'à l'année 1677 inclusivement ; nous avons fait voir ces papiers à des personnes qui connoissent l'écriture de Mrs *Barrow, Collins, Oldenburgh, & Leibnitz,* & ils ont reconnu qu'ils sont véritablement de ces Messieurs. A l'égard des Lettres de M. *Gregory,* nous les avons comparées ensemble, & nous en avons confronté quelques-unes avec les copies que M. *Collins* en avoit tirées. Nous avons copié de ces papiers, tout ce qui a quelque rapport à notre sujet ; & nous vous assurons que ces Extraits, que nous vous remettons avec les Originaux, sont très-fidéles.

Nous trouvons dans ces Lettres & dans ces autres papiers :

1°. Que Monsieur *Leibnitz*, étoit à Londres au commencement de l'année 1673, & qu'il en partit au commencement du mois de Mars, pour s'en aller à Paris, d'où il entretint un commerce de Lettres avec M. *Collins*, par le moïen de M. *Oldenburgh*, jusqu'au mois de Septembre de l'année 1676, que M. *Leibnitz* s'en retourna ensuite à Hanovre, en repassant par Londres, & par Amsterdam. Au reste, on voit que M. *Collins* communiquoit sans réserve aux habiles Mathématiciens, tout ce qu'il recevoit de MM. *Newton & Gregory.*

2°. Que M. *Leibnitz* à son premier voïage de Londres, se disoit Inventeur d'une autre méthode différentielle, proprement ainsi nommée ; & quoique le Docteur *Pell* lui fit voir que c'étoit la méthode de *Mouton*, M. *Leibnitz* persista à s'en dire l'Inventeur, tant parce qu'il l'avoit trouvée, sans avoir aucune connoissance de ce que *Mouton* avoit fait, que parce qu'il avoit poussé ses découvertes beaucoup plus loin. Nous n'avons pas pû remarquer que M. *Leibnitz* connût aucune autre méthode différentielle que celle de *Mouton*, avant sa Lettre du 21 Juin 1677, c'est-à-dire, un an après que la Lettre du 10 Décembre 1672 de M. *Newton*, eut été envoïée à Paris, pour être communiquée à M. *Leibnitz* : & plus de quatre ans après que M. *Collins* eut commencé de communiquer cette Lettre aux Savans, avec qui il étoit en relation. Or la méthode des fluxions est décrite dans cette Lettre d'une maniere qui peut suffire à une personne intelligente.

3°. Qu'il est évident par la Lettre de M. *Newton* du 13 Juin 1676, qu'il avoit la méthode des fluxions cinq ans avant qu'il écrivît cette Lettre. Et par son Traité intitulé : *Analysis per Æquationes Numero Terminorum Infinitas,* que le Docteur *Barrow*, envoïa à M. *Collins* en 1669, on voit que M. *Newton* avoit trouvé cette méthode avant ce tems-là.

4°. Que la méthode différentielle est la même que celle des Fluxions ; ces deux méthodes ne différant entre elles que dans le nom & dans les *expressions.* M. *Leibnitz* appelle *différences* ce que M. *Newton* nomme *Momens* ou *Fluxions,* & le *d* dont M. *Leibnitz* se sert pour désigner ses différences, n'est point usité par M. *Newton.* C'est pour cette raison que nous croïons qu'il ne s'agit point de savoir qui a trouvé l'une ou l'autre de ces deux méthodes, mais il s'agit de savoir qui est le premier Inventeur de la méthode, qui dans le fond est unique. Nous croïons sur cet article, que ceux qui ont attribué cette premiere invention à M. *Leibnitz,* n'avoient que peu ou point de connoissance du commerce que M. *Leibnitz* avoit eu long-tems auparavant avec Messieurs *Collins & Oldenburgh,* qu'ils ne savoient pas non plus que M. *Newton* eût eu cette méthode, quinze ans avant que M. *Leibnitz* commençât de la publier dans les *Actes de Leipsic.*

Pour ces raisons, il nous paroît que M. *Newton* est le premier inventeur du calcul en question ; & nous croïons que M. *Keil,* dans ce qu'il a dit, n'a point fait injure à M. *Leibnitz.* Nous laissons au jugement de la Société, s'il ne seroit pas bon qu'on imprimât les extraits des Lettres & des papiers, que nous lui présentons aujourd'hui, en y joignant ce qui se trouve sur ce sujet dans le troisiéme Volume des Oeuvres de *Wallis.* «

De ce petit détail historique, on peut conclure deux choses : l'une, qu'il est certain, que M. *Newton* a inventé le *Calcul des infinimens petits :* l'autre qu'il y auroit de l'injustice à vouloir, que M. *Leibnitz* ne l'ait pas découvert, aidé de son seul & admirable génie. Dans une dispute où les plus grands Géometres, ont observé une exacte neutralité, je n'ai garde de décider. Les personnes qui voudront être instruites du fond de ce procès, doivent avoir recours aux pieces même du procès, imprimées conjointement avec le rapport des Commissaires nommés par la Société Roïale de Londres, sous ce titre : *Commercium Epistolicum.* On trouvera plusieurs Ecrits sur cette matiere dans les *Journaux Littéraires* des mois de Mai & Juil. 1713, T. I. p. 208 ; Nov. & Déc. 1713,

T. II. 2 Part. p. 445 ; & M. de Juil. 1714, p. 319, & dans un Livre intitulé : *Recueil de diverses Pieces sur la Philosophie, la Religion naturelle, & les Mathématiques*, par MM. *Newton, Leibnitz* & *Clark, T. II.* La belle Préface, dont M. de *Buffon* a orné sa Traduction du *Traité des Fluxions* de M. *Newton*, est encore bien digne d'être citée. Elle mérite d'être lue avec la plus grande attention. Voïez aussi *Wallis Opera Mathematica, T. III. pag.* 645 & 648; *Philosophiæ naturalis principia Math. pag.* 253 de la premiere édition, & *pag.* 226 de la seconde; *Acta eruditorum* 1684, *pag.* 467 & *Philosoph. Transact.* 1708, mois de Mai & Juin.

4. On a déja vû en quoi consistoit la science des infiniment petits des Anciens. Celle des nouveaux admet presque les mêmes principes qu'on désire, si l'on veut les mêmes suppositions. Une courbe y est conçue, comme un poligone d'une infinité de côtés; & pour connoître l'angle que font ces deux lignes, on a recours aux ordonnées & aux abscisses. Une partie infiniment petite de ces abscisses & de ces ordonnées, qui peut augmenter ou diminuer continuellement, & qui par-là est appellée *Quantité variable*, est la différence de ces lignes. M. *Leibnitz* exprime cette différence par la lettre d, & M. *Newton* par un point. Nommant donc x l'ordonnée d'une courbe, $d x$ en exprimera la différence; . & selon M. *Newton*, elle sera désignée ainsi x.

Non-seulement la caractéristique de *Newton* est différente de celle de *Leibnitz* ; mais encore ce que celui-ci appelle *Différence*, celui-là le nomme *Fluxion* ; parce qu'il suppose que les abscisses, & en général que les quantités augmentées indéfiniment & par dégrés, l'ont été par les mouvemens qui les produisent. De-là vient le mot de *Fluxion*, qui accroit peu à peu, & des quantités qui ont coulé, de celui de *Fluente*. Les fluxions mesurent les rapports respectifs d'accroissement & de décroissement, pendant que les fluentes varient ensemble. De sorte que la différence de $x + y - z$ est $d x + d y - d z$, suivant *Leibnitz*, & $x + y - z$, suivant *Newton*. Comme le *Calcul des infiniment petits*, n'a pour objet que ces différences, ou ces fluxions, *Leibnitz*, qui n'a fait attention qu'aux différences, le nomme *Calcul différentiel*, & *Newton*, qui l'a conçu sous l'idée des fluxions, la *Méthode des Fluxions*.

Laissons-là les courbes. Prenons des quantités générales, & nous fixant au *Calcul* de *Leibnitz*, développons le *Calcul différentiel*. A l'égard de celui des fluxions, *V.* FLUXIONS.

CALCUL DIFFÉRENTIEL, On sait déja en quoi consiste ce *Calcul*, On vient même de voir

que pour en faire usage sur des quantités ajoutées ou soustraites, il suffit de les multiplier par la caractéristique d. Passons aux quantités multipliées par elles-mêmes, telles que $x x + x^3 + $ &c. c'est-à-dire, aux quarrés, aux cubes, &c. Après l'addition & la soustraction, cette opération est dans le *Calcul différentiel* la plus simple.

Le quarré $x x$ est donné. Je prends sa *différence*, comme si je n'avois que $x + x$. De cette maniere, ce *Calcul* n'a rien d'embarrassant, & doit être fort intelligible. J'ai donc $d x$, $+ d x$. Comme x dans la quantité à différencier est multipliée par elle-même, je multiplie tout uniment mes x avec leur différence. Le produit est $x x + 2 x d x + d d x x$, différence du quarré. Mais de ces quantités il n'y a que celles qui se trouvent multipliées par la caractéristique d, qui soient différentiées, $x x$ doit donc être mis à l'écart. Sur les $2 x d x + d d x x$ reste encore quelque chose à dire : c'est que $d d x x$ est un infiniment petit d'un infiniment petit. Eh! qu'est-ce qu'un infiniment petit d'un infiniment petit! On a un axiome qui le décide : *Tout produit d'une quantité infiniment petite par une autre infiniment petite, est nul.* Voila par ce moïen $2 x d x$ tout seul, pour la vraie différence de $x x$.

Puisque nous y sommes, & que le même raisonnement nous y conduit, prenons la différence d'un cube. Quelle est la différence du cube x^3 ? Qu'on procède comme ci-devant; on trouvera sans peine $3 x^2 d x$. Et si l'on veut celle de x^4, x^5, &c. la même méthode donnera $4 x^3 d x$, $5 x^4 d x$, &c. Ces exemples mettent sous les yeux un principe qui doit avoir ici sa place.

Pour trouver la *Différentielle* d'une quantité élevée à une puissance quelconque, 1°. *On diminue l'exposant d'une unité ;* 2°. *On multiplie la quantité ainsi diminuée par son exposant entier ;* 3°. *Le tout multiplié par la caractéristique* d, *qui est* (4°.) *multipliée elle-même par la racine de cette quantité.* Ainsi aïant x^3 à différencier, 1°. on diminue l'exposant 3 d'une unité, ce qui a donné x^2 (2°.) qu'on multiplie par l'exposant entier 3, pour avoir $3 x^2$. 3°. La troisiéme opération veut qu'on multiplie par d ce qu'a donné la seconde, & la quatriéme, d par la racine de x^3, qui est x. De l'une vient $3 x^2 d$, & de l'autre $3 x^2 dx$, différentielle de x^3.

Si la quantité à différencier étoit un rectangle tel que $x y$, $y z$, &c. ou un parallelipipede comme $z x y$, $u t y$, &c. c'est toujours à notre méthode qu'il faut s'adresser, Il n'y a donc qu'à multiplier $x + d x$ par $y + d y$, pour former le rectangle de $x y$ différentié, comme

comme l'on a déja multiplié $x + dx$ par lui-même, pour avoir la *différence* de xx. Le produit de ces quantités est, $xy + ydx + xdy + dxdy$. Négligeant $xy + dxdy$, par les mêmes raisons qui ont obligé d'abandonner $xx + ddxx$, dans le *Calcul* précédent, on a $ydx + xdy$, pour la *différence* cherchée. C'est ainsi qu'on trouve que celle de $y\zeta$ est $yd\zeta + \zeta dy$, &c.

La même méthode est assez féconde, pour servir à différentier les parallelipipedes comme les rectangles, & même toute autre quantité de tant de dimensions que l'on veut; puisqu'elle est, je le dis hardiment, la clef du *Calcul différentiel*. A cette fin, on n'a qu'une attention à avoir : c'est d'observer un certain ordre, qu'il est bon de faire connoître par un exemple. Soit proposé à différentier ζxy. Pour ne pas s'embarrasser on doit différentier d'abord le rectangle ζx, & multiplier ensuite sa *différence* $\zeta dx + xd\zeta$ par y tout seul qu'on différentiera en son tems. Ce produit donne $y\zeta dx + yxdy$. Venons à y.

De même que la quantité y a été multipliée par l'élément des autres quantités ζx, il faut que celles-ci soient multipliées à leur tour par l'élément de celles-là; afin d'incorporer en quelque sorte ces différences ensemble, & de différentier entierement le parallelipede ζxy. Le produit de $x\zeta$ par dy, qui est $x\zeta dy$, étant joint aux autres produits, l'opération est terminée. Le résultat en est $y\zeta dx + yxd\zeta + x\zeta dy$, comme celui de utx auroit été $txdu + utdx + uxdt$, &c.

Au reste, quand parmi des quantités variables des quantités constantes sont mêlées, telles que $a, b, c,$ &c. (on désigne les *quantités constantes* par les premieres lettres de l'alphabet, & les *quantités variables* par les dernieres, (*Voïez* QUANTITE'). On ne les différentie point, il suffit de les multiplier avec la *différence* des autres. La différence de axy est $axdy + aydx$. De tout cela, on tire cette regle générale, pour différentier des quantités multipliées : *Multipliez la différence de chaque quantité variable par le produit des autres quantités variables ou constantes.*

Il n'a été question jusqu'ici que des quantités multipliées. Touchons les quantités divisées. On peut en développer toute la Métaphysique en fort peu de mots. Voïons comment on différentie une quantité divisée $\frac{x}{\zeta}$, par exemple. Pour faire évanouir la fraction on égale $\frac{x}{\zeta}$ à y; $\frac{x}{\zeta} = y$ ou $x = y\zeta$. La

différence de chaque quantité étant prise, $dx = yd\zeta + \zeta dy$, on fait passer ζdy dans l'autre membre de l'équation avec le signe moins ($-$), & divisant par y, qui multiplie $d\zeta$, on a $\frac{dx - \zeta dy}{y} = d\zeta$. Après avoir à la place de y substitué sa valeur $\frac{x}{\zeta}$, tout est fait; & le résultat $\frac{\zeta dx - xd\zeta}{\zeta\zeta}$ est la différence de $\frac{x}{\zeta}$ qu'il falloit trouver.

De-là il suit que *La différence des quantités divisées est égale au produit du Numerateur par le Dénominateur, moins le produit de la différence du Dénominateur par le Numérateur : le tout divisé par le quarré du Dénominateur.*

Tâchons de ne rien laisser en arriere. Il reste à dire un mot des *différences* d'une quantité radicale de $\sqrt[m]{ax + xx}$. Lorsqu'on veut différencier de pareilles quantités, on fait usage de la regle posée ci-devant, pour les quantités élevées à une puissance quelconque. Car toute racine se réduit-là. $\sqrt[2]{ax + xx}$ n'est autre chose que $\overline{ax + xx}^{\frac{1}{2}}$ $\sqrt[3]{ax + xx}$ est $\overline{ax + xx}^{\frac{1}{3}}$, & en général $\sqrt[m]{ax + xx}$ est $\overline{ax + xx}^{\frac{1}{m}}$, &c.

Je ne dis rien des différences secondes, troisiémes. &c. (*Voïez* DIFFERENCE.)

Les Géometres qui ont écrit sur le *Calcul différentiel*, sont *Newton*, *Leibnitz*, les *Bernoullis* (Jacques & Jean) le Marquis de l'*Hopital*, M. *Varignon*, M. *Crouzas*, le Pere *Reineau*, *Maclaurin*, *Niewentit*, *Carré*, *Deidier*, *Muller*, *Craige*, *Hayes*, *Ditton*, *Cheyne*, *Colson*, *Harris*, *Hudson*, *Jones Simpson*, & *Euler*.

CALCUL INTÉGRAL. Ce *Calcul* est, à proprement parler, le *Calcul Différentiel* renversé. Par ce *Calcul* différentiel on apprend à différentier une *Intégrale*, qui est la quantité différentiée. Le *Calcul Intégral* enseigne au contraire à *intégrer* cette différentielle ; c'est-à-dire, à trouver la quantité qui a été différentiée. On pourroit comparer ces deux *Calculs* à deux regles d'Arithmétique, la Multiplication & la Division. On sait que la Division détruit la Multiplication, & qu'elle découvre le produit qui formoit cette seconde regle. De même le *Calcul Intégral* fait évanouir ce que le *Calcul* différentiel avoit fait; & met au jour la quantité multipliée & enveloppée sous sa différentielle.

De-là il suit que la regle du *Calcul Intégral* ne doit être que celle du *Calcul Différentiel*, en le prenant à rebours. Or pour dif-

P

férencier, on diminue l'expofant d'une unité; on multiplie la quantité ainfi diminuée par fon expofant entier; le tout encore multiplié par la caractériftique *d*, qui eft multipliée elle-même par la racine de cette quantité. Donc pour intégrer, *on doit augmenter l'expofant d'une unité ; divifer enfuite par l'expofant ainfi augmenté de l'unité, & multiplié par la différentielle.* Ce qui réfulte de cette opération eft l'*Intégrale* demandée.

On propofe à *intégrer* la différentielle $3 x^2 d x$. La regle veut d'abord qu'on augmente l'expofant 2 d'une unité; $(3 x^3 d x)$ qu'on divife enfuite par fon expofant ainfi augmenté d'une unité, & multiplié par la différentielle. Cette feconde opération donne $\frac{3 x^3 d x}{3 d x} = x^3$ intégrale demandée.

Rendons l'exemple plus général. Soit propofée la différentielle $x^{m-1} d x$, qui peut repréfenter toutes les différentielles quelconques. L'expofant *m* étant augmenté d'une unité, on a $x^{m-1+1} d x = x^m d x$. Divifant par $1 d x$, toujours conformément à la regle, refte x^m.

Cette regle eft très-bonne pour les différentielles qui ne font point élevées à une puiffance quelconque. Le Lecteur voit bien qu'elle eft l'inverfe de la premiere déja donnée pour le *Calcul Différentiel* ; & qu'à celle-là fuccédant une feconde toute différente, pour différencier des quantités fimples multipliées, telles que $x y$, $x z y$, &c. il doit y avoir néceffairement pour le *Calcul Intégral* une regle, précifément l'inverfe de cette derniere. Et cette regle eft celle-ci : *A la place de chaque Différentielle on fubftitue la quantité variable ; & après avoir ajouté tous les termes, on divife par le nombre des termes.*

Je ne parle point des différentielles divifées. On peut les faire revenir dans les cas fimples à la multiplication, comme on y fait venir les différentielles. Pour les autres il n'y a point de regle générale, fuivant que cette fraction eft formée, on a recours aux féries, ou fi l'on peut, à la formule des binomes. (*Voiez* BINOME.) Je ne dois pas oublier, en finiffant. qu'on intégre une fuite de différentielles féparément, & chaque différentielle l'une après l'autre, lorfqu'elles ne renferment aucune grandeur élevée à une puiffance, & que tous les termes n'ont qu'une feule variable, qui foit élevée à une puiffance quelconque.

On *intégre* ainfi toutes les différentielles, pourvû que les différentielles à *intégrer* foient *intégrables*. Quand elles ne le font pas, le mal n'eft pas bien grand. On ne fauroit faire l'impoffible ; & la différentielle peut être nom-

mée alors une *Différenciée fauffe*, comme un nombre dont il n'eft pas poffible d'extrare la racine, eft appellé un *Nombre fourd*. Cependant on couronne un pareil nombre d'un figne radical, pour exprimer fa racine. On fait donc précéder la différentielle par un grand S, & on enferme entre deux parenthefes, ou on *furligne* la différentielle *non Intégrable*, pour marquer qu'elle eft *Intégrée*.

Cela fuppofe qu'on eft affuré que la différentielle n'eft point *Intégrable*. Eh ! comment s'en affurer ? Si l'on avoit fait cette queftion à *Newton* & à *Leibnitz*, ils auroient été fort embarraffés ; & il n'y a pas bien long-tems qu'on l'étoit encore. Graces à l'illuftre M. *Clairaut*, on ne va plus à tâtons pour réfoudre ce problême. Un Théorême en fait l'affaire. Ce que ce Géométre y établit eft : *Qu'une quantité compofée de conftantes & de variables étant différentiée, la quantité de la conftante, en ne fuppofant qu'une variable, d'où l'on ôte l'élément, eft égale à la différentielle d'une autre conftante prife, en ne fuppofant feulement qu'une variable, & aïant ôté comme auparavant l'élément de celle-ci.*

De forte que fi $A d x + B d y$ repréfente la différentielle d'une quantité quelconque, on aura $\frac{d A}{d y} = \frac{d B}{d x}.$

Il eft aifé de former de-là une régle pour découvrir fi une différentielle eft *Intégrable.* Elle ne l'eft que lorfqu'après avoir fait varier feulement une variable du premier membre, & en aïant ôté l'élément, c'eft-à-dire, le $d x$ pour ce membre, on trouve qu'elle eft égale à la différentielle de l'autre membre, en retranchant l'élément qu'il renferme, qui eft ici $d y$.

Il eft bon & même néceffaire d'avertir ici que la regle précédente n'a pour objet que les équations différentielles à deux variables. Pour celles qui font à trois, on a recours à une autre méthode toujours fondée fur le Théorême précédent. On commence, felon M. *Clairaut*, à s'affurer fi l'équation dans l'état où elle eft, ne feroit point la différentielle exacte de quelque autre équation à trois variables, en faifant ufage du Théorême. Et au cas que les trois équations qui réfultent de ces trois variables, ne fe trouvent pas vraies à la fois, la quantité qui en eft formée, ne fera pas une différentielle exacte.

Le même Géométre, dont nous analyfons les principes, (M. *Clairaut*,) enfeigne encore dans le même Ecrit, par le moïen d'un nouveau Théorême, comment on trouve un Facteur, qui rend une équation *Intégrable*, en multipliant tous fes termes. (*Mémoires de l'Académie*, 1740.) Au refte, je ne dois pas taire que MM. *Euler* & *Fontaine* ont fait la même découverte que M. *Clairaut*, & dans le même tems. C'est une justice que M. *Clairaut* lui-même leur a rendue.

Je me crois dispensé d'ajouter ici que le *Calcul Intégral* est en quelque sorte subordonné au *Calcul* différentiel, du moins, qu'il le suppose. On le sent bien. Mais ce que je dois dire, c'est que celui-ci se passe souvent de celui-là; & qu'il résout tout seul plusieurs questions difficiles & importantes, sans parler des Questions de *Maximis* & *Minimis*. (*Voïez* MAXIMUM & MINIMUM.) Le *Calcul Intégral* n'en est pas, à cause de cette sorte de subordination, moins estimable. Que les usages suivans le rendent cher aux Géométres! Par le *Calcul Intégral* on parvient à la rectification des courbes, à leur cubature, à leur quadrature; on détermine aisément le centre de gravité, de percussion, de toutes sortes de courbes, de toute sorte de figures, & on parvient à la solution des problêmes les plus brillans & les plus utiles, que la Science *Physico-Mathématique* renferme.

M. le Marquis de l'*Hopital* s'étoit proposé de travailler sur ce *Calcul*. A en juger par son Livre de l'*Analyse des Infiniment petits*, Livre savant & original, qui renferme le *Calcul Différentiel* dans toute son étendue : que le *Calcul Intégral* y auroit gagné! M. *Leibnitz*, dont le vaste génie renfermoit plus d'un objet, fit désister malheureusement M. de l'*Hopital* de son dessein, en lui écrivant qu'il comptoit publier un Ouvrage intitulé, *De Scientia Infiniti*, qui comprenoit tout ce *Calcul*. Le public seroit trop riche, si M. *Leibnitz* avoit mis au jour toutes ses vûes, ou si ses vûes avoient eu moins d'étendue. Ce Traité, comme plusieurs autres, que suggéroit au même Auteur un esprit, tel que le sien, pour tout dire en quatre mots, n'a jamais paru; & l'on a perdu en même tems celui de M. le Marquis de l'*Hopital*.

Newton, *Bernoulli*, le P. *Reineau*, *Maclaurin*, *Cheynes*, *Carré*, *Stone*, *Deidier* ont écrit sur le *Calcul Intégral*. Les Géométres sont intéressés à demander quand le *Calcul Intégral* du fameux Pere *Jacquier* paroîtra. Quelles raisons assez puissantes peuvent priver le public d'un Ouvrage déja connu des Savans par les Manuscrits qu'il leur a confiés? (Un savant Géométre travaille actuellement à en composer un qui servira d'éclaircissement au *Traité des Fluxions* de M. *Maclaurin*.)

CALCUL EXPONENTIEL. Il s'agit dans ce *Calcul* de différencier les quantités *Exponentielles*. On lit dans le *Journal Littéraire* que M. *Leib-*

nitz a connu le premier le *Calcul Exponentiel*. Cependant M. *Bernoulli* (*Jean*) s'en attribue l'invention; (*Bernoulli oper. T. IV.*) & peu de Savans la lui disputent. D'après M. *Bernoulli*, la regle générale de ce *Calcul* est celle-ci : *La Différentielle d'un Exposant ou Logarithme, de quelque façon qu'il soit composé, est égal à la Différentielle du Nombre divisé par le même Nombre.*

Aiant x^m à différentier, on égale cette quantité à z, si l'on veut, ou à y, si y plaît davantage, comme on l'a pratiqué dans le *Calcul* différentiel. La caractéristique de l'exposant m est L. L'équation est donc $x \, L \, m = L \, z$, dont la différentielle est $x \, L \, dm + m \, L \, dx = d \, L \, z$. Or, selon la regle générale, la différentielle d'un exposant est égale à la différentielle d'un nombre divisé par le même nombre. On conclud. Donc

$$\frac{x \, L \, dm + m \, L \, dx}{x} = \frac{dz}{z}$$

Ou substituant à la place de z sa valeur $x^m = \dfrac{dz}{x^m}$, l'on tire $d x^m = x^m \, L \, x \, dm + m \, x^{m-1} \, dx$. *Bernoulli Opera*, *T. I.* ou *Acta eruditorum* de 1697, Mois de Mars.

CALCUL DES ACCROISSEMENS. *Calcul* où l'on considére les rapports des quantités, après qu'elles sont formées, c'est-à-dire, où l'on emploïe des quantités finies, au lieu des quantités infiniment petites. M. *Taylor*, Auteur de ce *Calcul*, s'en sert pour les propositions où le *Calcul* différentiel ne peut être d'aucun usage. J'avois promis dans le *Prospectus* de cet Ouvrage de développer ce *Calcul* : mais ne l'aïant pas trouvé tel que je l'avois d'abord pensé, je n'ai pas cru devoir y arrêter le Lecteur. Les curieux peuvent consulter le Livre de M. *Taylor* intitulé : *Methodus Incrementorum*.

CALCUL DE PROBABILITÉ. *Calcul* par lequel on détermine le fond qu'on doit faire sur un évenement. Par exemple, on propose, 1°. d'estimer la probabilité que donne le témoignage des hommes, soit que ce témoignage soit transmis par la voïe orale ou par l'écriture; 2°. de déterminer le sort de deux joueurs, dont la condition des jeux est donnée; 3°. ce qui est encore plus intéressant, de savoir jusques à quel point on peut compter sur la vie des hommes. Tâchons de satisfaire succinctement à ces trois parties.

1. Le premier cas est le plus incertain. Une personne a oui dire à une autre, qu'un tel accident extraordinaire est arrivé. Celle-ci l'a dit à une troisiéme, & cette troisiéme à une quatriéme, ainsi de suite. Le nombre des personnes étant déterminé, on demande quel

eſt le dégré de croïance qu'on doit avoir de cet accident. Pour réſoudre ce Problême, il faut néceſſairement ſuppoſer que le premier *oui-dire* a un dégré de vrai ſemblance plus grand que le ſecond ; que celui-ci en a un plus grand que le troiſiéme ; le troiſiéme un dégré plus grand que le quatriéme, &c. ce qui forme une progreſſion décroiſſante, dont le dernier terme exprime le dégré de probabilité ou de certitude, que la perſonne qui forme le dernier terme, doit avoir de cet accident. Ainſi ſi un *oui-dire* donne $\frac{a}{b}$ de vraiſemblance ; un *oui-dire d'un oui-dire* donnera $\frac{a}{b} \times \frac{c}{b}$, &c. Mais ſi ce ſecond *oui-dire* avoit autant d'autorité que le premier, alors au lieu de cette expreſſion, il faudroit prendre celle-ci $\frac{a^2}{b^2}$. Et ſi tous ces *oui-dires* avoient des dégrés de probabilité différens, il eſt certain que le Problême deviendroit extrêmement compliqué ; & dans le fond à moins de donner une valeur déterminée à ces probabilités, il ſeroit inſoluble. Ce n'eſt qu'une certitude morale qu'on peut connoître. Et la choſe ſe réduit à ſavoir quel dégré de foi doit ajouter un homme plus près de l'évenement qu'un autre. Ordinairement on fait dépendre le dégré de confiance qu'on peut avoir en quelqu'un de trois points, 1°. de ſon intégrité, de ſa probité & de ſa fidélité ; 2°. du plus ou de moins de force de génie & d'habileté qu'il peut avoir ; 3°. du plus ou du moins d'aptitude & de facilité qui lui ſont acquiſes, tant pour comprendre les choſes que pour les retenir dans ſa mémoire juſques au tems qu'il les rapporte. *Tra. de dif. Def. de Cert. mor.*

Ces connoiſſances établies, ſuppoſons qu'une perſonne, qui dira avoir vû une choſe, n'eut que la certitude d'un $\frac{5}{6}$, toutes choſes d'ailleurs égales. Le rapport de la ſeconde perſonne, qui dira avoir ſçu la même choſe de la premiere, n'aura que la certitude du $\frac{5}{6}$ d'un $\frac{5}{6}$. Et le rapport de la troiſiéme, qui dira n'avoir ſçu la même choſe que de la ſeconde perſonne, n'aura que la certitude du $\frac{5}{6}$, du $\frac{5}{6}$, d'un $\frac{5}{6}$, & ainſi de ſuite en décroiſſant.

Nommant donc *a* le dégré de certitude qu'on a du premier rapport, & *b* ce qui manque à cette certitude pour la rendre complette ou abſolue, on aura $\frac{a}{a+b}$ pour le premier rapport, $\frac{a^2}{a+b^2}$ pour le ſecond $\frac{a^3}{a+b^3}$ pour le troiſiéme rapport, & ainſi de ſuite.

En ſuppoſant qu'une tradition orale ſe tranſmette dans une ſociété d'âge en âge, & en prenant pour chaque âge un eſpace de 20 années, il eſt certain que cette tradition ainſi tranſmiſe de vive voix, perd à chaque âge $\frac{1}{12}$ de ſa certitude ; de maniere qu'en 240 années, elle n'en a plus que la moitié. On peut donc parier pour ou contre la vérité d'une tradition, & que dans 240 ans, c'eſt-à-dire, au bout de 480 années, elle n'aura plus aucun dégré de certitude morale quel qu'il ſoit.

C'eſt ainſi que M. *Craige*, dans un Livre intitulé : *Philoſophiæ Chriſtianæ, principia Mathematica*, a voulu déterminer la fin du monde, conformément aux préceptes de *Jeſus-Chriſt*. (*Voïez* à l'article de CHRONO-LOGIE celui de *Chronologie Philoſophique*.) Mais ce qu'on peut conclure de ce travail, comme le remarque M. de *Montmort*, c'eſt que, quelque ſublime qu'il ſoit, jamais *perſonne de la clarté des Mathématiques & de la ſainte obſcurité de la foi ne pourra faire un alliage*. (*Eſſai d'Analyſe des Jeux de haſard. Avert. pag. xxxix.*)

2. La ſeconde partie du *Calcul des probabilités* eſt l'art de déterminer le ſort de deux Joueurs. Comme à l'article des JEUX DE HASARD, j'entre à cet égard dans le détail qu'il convient, je me bornerai à la ſolution d'un problême général, qui peut être regardé comme la formule des *Calculs de probabilité* en ce genre.

Quatre perſonnes jouent avec quelques dez à qui amenera un même nombre relativement à une ſomme d'argent miſe au jeu. La premiere perſonne que je nommerai A, commence à faire jet ; la ſeconde B aura B 2 ; la troiſiéme C aura C 3, la quatriéme D, D 4, &c. ainſi de ſuite dans une progreſſion arithmétique, juſques à ce qu'on ait fait le tour. Elles recommencent enſuite de la même maniere qu'auparavant, juſques à ce que quelqu'un gagne le jeu.

Pour reſoudre ce Problême, ſuppoſons que *b* ſignifie toutes les probabilités des dez, & *c* les probabilités qui font d'abord gagner le jeu. Maintenant quelle partie de l'argent mis au jeu appartient au joueur, qui ſuit *r* en rang pour jouer ? Aïant fait $\frac{b-c}{b} = a$, on trouve que la portion en queſtion du joueur eſt

$$\frac{a\frac{1}{2}rr - \frac{1}{2}r - a\frac{1}{2}rr + \frac{1}{2}r}{1 - a\frac{1}{2}qq + \frac{1}{2}q}$$

3. Il s'agit de déterminer dans la derniere partie du *Calcul des probabilités*, juſques à quel point on peut compter ſur la vie des hommes. Ceci demande des hypotheſes Phyſiques qui ſervent de baſe à ce *Calcul.* Ces

hypotheses font, 1°. Que la faculté vitale de l'homme eft la plus forte depuis fa naiffance; 2°. Que cette faculté de pouvoir continuer à vivre va en décroiffant de 6 mois en 6 mois; du commencement très-peu & prefqu'infenfiblement, cependant ni s'arrêtant ni augmentant jamais, mais décroiffant toujours, & un peu plus par la fuite des années, encore davantage vers les dernieres, ainfi jufques à la fin. En un mot, on fuppofe que la vie de l'homme décroit de façon que la diminution des fix mois fuivans, quelque petite ou grande qu'elle puiffe être, fe trouve toujours plus grande que dans les mois précédens, jufques à ce qu'enfin la faculté de vie foit abfolument éteinte. Ainfi c'eft à l'anéantiffement de cette faculté vitale qu'on met le terme de la vie de l'homme. (*Voïez* le Livre de M. *Ifaac de Graaf*, intitulé; *Calcul des rentes viageres à proportion des rentes ordinaires.*)

Voici comment on fait l'application de ces hypothefes. Soient A & B, deux Villes qui renferment un nombre égal d'habitans. Qu'on les fuppofe fituées fous un même climat & qu'elles aïent toutes les deux un air également fain; mais que dans la Ville B il y ait beaucoup plus de mariages que dans la Ville A, & que d'un autre côté il y ait plus de plaifirs & d'avantages dans A que dans B, qui engagent plufieurs jeunes gens de B à aller s'établir de tems en tems en A. Suppofons maintenant que pendant quelques années confécutives ces deux Villes reftent dans le même état fans augmenter ni diminuer, tant par rapport aux mariages qu'au nombre des habitans. Si dans les deux Villes on marquoit l'âge de tous les morts, en les additionnant dans chaque Ville féparément, & fi l'on divifoit la fomme des habitans de chaque Ville par le nombre des morts de ces Villes, le quotient de la Ville A feroit plus grand que celui de la Ville B. Et quoique les deux Villes fuffent également faines, il paroîtroit pourtant que la Ville B eft beaucoup plus mal faine que la Ville A. Comment cela ? C'eft que dans B il naît & meurt plus d'enfans, dont les ans ne font pas un grand nombre.

Aïant donc des regiftres mortuaires des Villes A & B tels qu'on en a publié à Londres, fi fur les mortuaires de la Ville A on veut favoir le fond qu'il y a à faire fur la vie d'un enfant de l'âge de 5 ans ou au-deffous, & pour donner une valeur à ce fond, qu'on veuille compter fes rentes viageres on les trouvera valoir pour les acheteurs plus qu'elles ne valent en effet. Le contraire paroîtra par les mortuaires de B.

On peut conclure de-là combien eft incertaine cette derniere partie du *Calcul de probabilité*, & affurer en même tems que les rentes viageres ne peuvent être déterminées que par l'expérience faite pour la vie de ceux fur les têtes defquels on a mis réellement.

Mon deffein étoit de terminer ici cet article. Je m'en fuis défifté en lifant dans l'*Introduction à la Géographie Univerfelle* par M. *Struiks*, pour combien on doit acheter fa vie. La queftion m'a paru fi curieufe, que j'ai cru devoir en enrichir mon Dictionnaire. Une femme de 48 ans voulant acheter fa vie dans une maifon où la nourriture & tout ce qui en dépend eft taxé à 300 florins par an, on demande combien d'argent comptant elle doit païer.

Solution. Les rentes viageres pour une femme de 45 ans font 1140 florins, & celles d'une femme de 50 font 1020. La différence eft de 120. M. *Struiks* prefcrit alors cette regle : fi dans 5 ans la différence eft 120 florins, combien fera-t'elle en 3 ans ? Le quatriéme terme eft 72 florins. En fouftraïant cette fomme de 48 ans, refte 1068 florins pour les rentes viageres d'une femme de 48 ans. On dit enfuite : fi pour tirer 80 florins par an audit âge, il faut païer 1668 florins argent comptant, combien en faut-il païer pour dépenfer 300 florins par an. Vient la fomme de 4005 florins au quatriéme terme.

Pouffant la chofe plus loin, M. *Struiks* fuppofe que la femme étant encore en vie au bout de dix ans, qu'elle eft entrée en cette maifon, veuille en fortir, & offre de païer la valeur proportionnée de ce qu'elle aura dépenfé. Quelle eft la fomme que cette femme doit reftituer de l'argent qu'elle a donné?

Les rentes viageres pour une femme de 58 ans font 856 ⅘ florins, combien en valent 300 ? On trouve 3138 florins qu'on doit rembourfer dans cette maifon, à la femme qui en fort après 10 ans. Par conféquent la femme n'aura dépenfé dans ce cas que 867 florins.

Aux objections qu'on pourroit faire fur la modicité de cette fomme pour 10 ans d'entretien, M. *Struiks* répond qu'il faut faire ici attention à deux circonftances. La premiere eft le rifque qu'ont couru & cette femme & fes héritiers de perdre tout fon argent; la feconde, eft l'intérêt qu'on a pû tirer dans la maifon de toute la fomme.

M. *Struiks* cite dans fa Géographie-Phyfique ci-devant citée, un ouvrage de fa compofition intitulé: *Calcul des probabilités.* Je n'ai pû le découvrir & je n'en connois pas d'autres, à moins que de mettre dans ce genre les Ouvrages du grand Penfionnaire de *Wit* fur la mortalité des hommes. Les Tables de M. *Halley* fur cette matiere ; le *Calcul* des rentes viageres de M. *Struiks*, & le Livre fur les Tontines, & la durée de la vie humaine, par M. *Deparcieux*.

CALCUL DE SITUATION. Efpece finguliere de *Calcul* différent de toutes fortes de *Calculs*, de nombres & de quantités, où moïennant certaines regles, on peut conclure par la fituation de certains points donnés, d'autres chofes encore inconnues ou fuppofées. M. *Leibnitz* eft l'Auteur de ce *Calcul*, & il a inventé pour fon ufage des définitions des lignes, des furfaces, & des corps toutes particulieres, & prifes de la fituation. Par exemple, pour définir le point, il dit qu'il eft l'*unique dans fa fituation*, (*Quod fit fui fitûs unicum*,) ou qu'il eft tel, qu'aucun autre ne peut avoir fa même fituation. On ne trouve pas que M. *Leibnitz* ait publié quelque chofe fur ce *Calcul*, pas même dans fes Lettres, qui ont été imprimées avec ce titre: *Leibnitii Epift. ex Manufcript. Autoris à Chrift. Kofrhod. divulgatæ.* Cependant on prétend que ce favant Mathématicien en a communiqué quelque chofe de bouche à M. *Wolf*: Savoir que ce *Calcul* eft fur-tout utile, pour pouvoir démontrer dans la Géométrie, par une efpece de *Calcul*, des chofes qui dépendent de la fituation : ce qu'on ne fauroit faire jufqu'à préfent, n'y aïant que le *Calcul* des quantités. On ne fauroit démontrer par le *Calcul Algébraïque* ce qu'*Euclide* a démontré touchant les lignes perpendiculaires & paralleles.

CALENDES. Nom que les Romains donnoient au premier jour de chaque mois. On prétend que le mot *Calendes* vient de *Caleo*, qui fignifie en Grec appeller ; parce que les Prêtres des Romains appelloient le peuple à la campagne le premier foir de l'apparition de la lune. Dans ce tems-là on comptoit les mois par le mouvement de cette planete ; & on chargeoit un Prêtre du foin d'obferver les tems de la nouvelle lune. D'abord que celui-ci l'avoit apperçûe, il en donnoit avis au Pontife Sacrificateur, qui faifoit fur le champ affembler le peuple, pour lui annoncer à haute voix, en prononçant le mot *Caleo*, comment il devoit compter les jours jufques aux Nones. Il le répétoit cinq fois, lorfqu'elles arrivoient le cinquiéme jour du mois ; & fept fois, quand elles commençoient le 7. La maniere de compter les jours des Romains, eft comprife dans les Vers fuivans.

Prima dies menfis cujufque eft dicta Calendæ.
Sex Maius Nonas, October, Julius, & Mars,
Quatuor at reliqui : dabit Idus cuilibet octo.
Inde dies reliquos omnes dic effe Calendas.

CALENDRIER. Quoiqu'on diftingue plufieurs fortes de *Calendrier* en Chronologie, on entend toujours une diftribution de tems accommodée à l'ufage des hommes. On verra ci-apres en quoi confifte cette diftribution. Les Egyptiens font les premiers qui aïent donné des tables, qu'on pouvoit décorer de ce nom. Mais ce n'étoit-là qu'une idée du *Calendrier*. C'eft à *Romulus* qu'on en doit la naiffance. Ce Romain eft le premier qui a diftribué le tems fous certaines marques, pour fervir aux ufages des peuples qui étoient fous fa conduite. Peu inftruit des principes d'Aftronomie, *Romulus* voulut que l'année fût de 10 mois, & qu'elle commençât au printems. Le premier de ces mois étoit Mars. Venoit enfuite Avril, Mai, Juin, Quintile, Sextile, Septembre, Octobre, Novembre, & Décembre. De ces mois, Mars, Mai, Quintile, & Octobre étoient de 31 jours, & les fix autres de 30. Ainfi la fomme totale de 304 jours compofoit l'année de *Romulus*, c'eft-à-dire, marquoit le tems du mouvement du foleil, (ou de la terre,) autour de l'écliptique.

Une erreur fi confidérable ne pouvoit pas avoir une longue durée. *Numa Pompilius* fut le premier qui chercha à y mettre ordre. Inftruit par *Pythagore* de plufieurs vérités d'Aftronomie, il s'en fervit, & crut que 355 jours étoient le tems qui exprimoit la révolution du foleil fur l'écliptique. Pour avoir ce compte, il donna 29 jours à chacun de ces fix mois, Avril, Juin, Sextile, Septembre, Novembre, & Décembre, & laiffa 31 jours aux autres. Ajoutant enfuite ces 6 jours, qu'il avoit ôté des 6 premiers mois, fuivant le *Calendrier* de *Romulus*, à 51, qui manquoient à l'année de celui-ci, il partagea ces 57 jours en deux, pour en former deux nouveaux mois, favoir Janvier de 29 jours, & Février de 28. De tous les mois de fon année, *Pompilius* eut foin qu'il n'y eût que ce dernier mois qui fût pair. Ce nombre pair, par une fuperftition qu'il tenoit des Egyptiens, étant toujours malheureux, il en fut d'abord embarraffé. Un expédient qu'il trouva, le tira de peine, & empêcha qu'il ne dérangeât fon *Calendrier*. Il deftina ce mois aux facrifices qui fe faifoient aux Dieux d'enfer, à qui ce nombre, comme malheureux, fembloit appartenir.

Les chofes ainfi difpofées, *Numa Pompilius* rangea les mois. Il voulut que le mois de Janvier fût le premier mois de l'année, & il le plaça au folftice d'hiver. Et afin de donner une durée perpétuelle à cet établiffement, il emprunta des Grecs l'intercalation de 45 jours ; la diftribua de deux en deux ans en deux parties, & réfolut qu'au bout

des deux premieres années on feroit l'intercalation d'un mois de 22 jours, après la fête
appellée *Terminalia*, qui arrivoit au VI. des
Calendes de Mars, c'est-à-dire, au 24 de Février. Cet Auteur Chronologique regla encore une intercalation de 23 jours, afin que
dans le terme de 4 années il se fît une intercalation de 45 jours, & égale à celle qui
étoit pratiquée par les Grecs dans leurs Olympiades. Les Romains nommerent ce mois ainsi
interposé de deux en deux ans, *Mercedonius*,
& Février, Intercalaire. Enfin, pour donner
plus de poids & d'autorité à cette distribution
du tems, *Numa Pompilius* voulut que les souve-
rains Pontifes fussent les exécuteurs de son
Calendrier, en leur enjoignant de marquer
de bonne foi au peuple le tems, & comment
il falloit que se fît cette interposition de
jours extraordinaires. Mais ce dernier reglement fit tort à l'ouvrage de *Numa Pompilius*, bien loin de lui être avantageux, comme il s'en étoit flaté. Les Pontifes se croïant
insultés par cette commission, en conçurent
tant de haine contre *Pompilius*, qu'ils firent
justement le contraire de ce qu'elle exigeoit.
Se livrant entierement à leur ambition, soutenue par leurs ténébreuses lumieres, ils trouverent l'art de renverser toutes les Fêtes, &
de les placer dans un ordre opposé à celui de
leur institution. Les Fêtes d'Automne furent
célébrées au Printems, & on glorifia Dieu au
milieu de l'Hiver, pour celles de la moisson.

Un si grand désordre toucha *Jules César*,
Dictateur & souverain Pontife. Il résolut d'y
remédier. A cette fin, il fit venir d'Alexandrie
l'Astronome le plus estimé dans ce tems-là.
C'étoit *Josigenes*. Celui-ci après plusieurs égaremens reconnut & déclara que le *Calendrier*
ne recevroit jamais d'établissement certain &
immuable, si l'on n'avoit principalement égard
au cours annuel du soleil, & si par une méthode contraire à celle qui s'étoit auparavant
pratiquée, l'on ne faisoit convenir d'oréna-
vant l'année au mouvement du soleil, au lieu
d'assujettir le soleil aux loix inégales du mouvement de la lune.

Josigenes, après cette découverte, chercha
à déterminer la durée annuelle du cours du
soleil, qu'il trouva de 365 jours & 6 heures.
Il donna donc 365 jours à l'année de son *Calendrier*, & laissa les heures, pour en faire un
jour au bout de 4 années. Ce jour, *Josigenes*
l'ajouta aux autres par intercalation ; de sorte
que la quatriéme année fut de 366 jours. Pour
rendre la chose aussi simple qu'elle pouvoit
l'être, cet Astronome sachant que par l'intercalation de *Numa Pompilius* l'intercalation
du mois *Mercedonius* se faisoit vers la fin du
mois de Février, intercala ce jour au même

mois. Il laissa même l'ordre, le nom, & le
nombra des jours des mois Mars, Mai, Quintile & Octobre, qui par l'institution de *Pompilius* avoient 31 jours. A l'égard des dix jours
dont l'année solaire de 366 surpassoit de 10
jours celle de *Numa Pompilius*, *Josigenes* ajouta deux jours à chacun des mois Janvier, Sextile & Décembre qui n'en avoient que 29, &
fit les quatre autres Avril, Juin, Septembre &
Novembre, de 30 jours, laissant le mois de Février de 28 aux années commencées, & de 29 à
l'année intercalaire, autrement dite bissextile.

Le *Calendrier* ainsi établi, *Jules César* ne
crut pas qu'on dût rien négliger, pour en
rendre l'usage universel. Il fit un Edit par lequel il déclara la correction qu'il avoit faite
au *Calendrier*, & en ordonna l'usage dans
tout l'Empire Romain.

Cette réforme fut appellée *Comput Julien*.
Ce Comput nommé *vieux style*, est suivi à
présent dans tous les païs, où l'on ne professe
point la Religion Catholique Romaine, telle
que l'Angleterre, &c. *Grégoire XIII.* trouva
dans le Comput Julien bien des erreurs ;
voulut les corriger, & les corrigea. J'ai
déduit ci-devant les erreurs reconnues par
ce Pape ; & j'ai fait mention des Savans
qui ont travaillé au *Calendrier Grégorien*,
dit *Romain* aujourd'hui, ou nouveau style.
(*Voiez* ANNE'E.)

A propos de ces Savans, n'oublions pas
une Anecdote, qui peut rendre la correction
de *Grégoire* recommandable à ceux qui n'y
ont point égard : c'est que *Scaliger*, selon M.
Huet, ne s'est fait Huguenot, que pour n'a-
voir pas été employé à cette correction. Il ne
se contenta pas de préférer la doctrine de *Cal-
vin* à celle du saint Siége, son chagrin fut si
grand, qu'il voulut en tirer une sorte de vengeance. Il écrivit contre le *Calendrier*, & y
découvrit des erreurs réelles qu'on sait bien.
Sethus Calvisius se joignit à *Scaliger*. Les réflexions là-dessus de l'un & de l'autre ont été
publiées sous ce Titre : *Elenchus Calendarii
Gregoriani*, & réfutées par *Guldin*. M. *Blondel* a écrit l'*Histoire du Calendrier, son origine
& ses progrès*.

2. A en juger par cette discussion, on croiroit presque qu'il faut entrer dans un grand
détail, pour faire un *Calendrier*. On croiroit mal. Il n'est question pour cela que de résoudre un seul probleme, qui renferme la solution des autres, qu'on peut exiger du *Calendrier*. Quand on sait supputer exactement
la Fête de Pâques, on détermine, disons
mieux, les Fêtes Mobiles sont connues & déterminées. Et c'est là principalement ce dont
il s'agit dans le *Calendrier*. Mettons le Lecteur au fait de ce probleme ; puisque celui-là

lui rendra propres les autres.

Selon les myſteres de notre Rédemption, Pâques doit être célébrée le premier Dimanche de la pleine lune, après l'équinoxe du printems. Aïant trouvé l'âge de la lune, (*Voïez* AGE DE LA LUNE.) & ſuppoſé, comme le veut le *Calendrier Romain*, l'equinoxe du printems fixée au 21 Mars, on cherche l'âge de la lune le premier de ce mois, & on acheve la lunaiſon. Comptant enſuite 14, on a la pleine lune, ou la lune Paſchale, & le Dimanche d'après Pâques. Si cette pleine lune arrive le 21 Mars, le Concile de Nicée a ordonné que cette Fête feroit renvoïée au Dimanche ſuivant.

La Fête de Pâques une fois fixée, les Fêtes Mobiles ſe rangent dans l'année ſelon cet ordre. 36 jours après Pâques viennent les *Rogations* ; & le Jeudi qui ſuit, l'*Aſcenſion* ; 10 jours écoulés depuis celui de cette Fête, la *Pentecôte* ; le Dimanche ſuivant la *Trinité* ; & le premier Jeudi après la Trinité, la *Fête-Dieu*.

Les *quatre Tems* ſe reglent ainſi. Le premier, le Mercredi qui ſuit immédiatement les *Cendres*, qui précédent Pâques de 46 jours ; le ſecond, le même jour après la *Pentecôte* ; le troiſiéme, le Mercredi après l'*Exaltation de la Croix* ; & le quatriéme, le Mercredi après la Fête de *ſainte Luce*.

A l'égard des Dimanches, comme la *Septuagéſime*, la *Sexagéſime*, & la *Quinquagéſime*, le premier eſt 63 jours avant Pâques : les autres ſuccédent immédiatement à celui-ci.

Le *Calendrier* ne renferme ordinairement que ces détails pour chaque année, & le *Calendrier perpétuel* pour toujours. Afin de calculer celui-ci, il faut répéter 35 fois le principe donné pour trouver la Fête de Pâques ; c'eſt-à-dire, autant de fois que ſont renfermés entre les deux termes de Pâques 21 Mars & 25 Avril incluſivement. A ces calculs quelques Chronologiſtes au *Calendrier annuel*, comme au *Calendrier perpétuel*, ajoutent le Cycle Solaire, l'Epacte, le Nombre d'Or, la Lettre Dominicale ; une Table des lieux du Soleil & de la Lune, pour chaque jour, qu'ils tirent des Ephémerides, & à une colonne correſpondante l'heure du lever & du coucher de ces deux aſtres. Enfin, ils font mention des phaſes de la lune ; des éclipſes & des jours des Equinoxes & des Solſtices.

Les Chronologiſtes qui ont travaillé ou écrit ſur le *Calendrier*, ſont *Clavius*, *Gaſſendi*, *Calviſius*, *Scaliger*, & *Guldin*.

CALENDRIER A COMPAS. *Calendrier* où l'on ſe ſett d'un compas, pour en faire uſage. On grace ce *Calendrier* ſur les faces d'un porte-craïon diviſé de maniere qu'en portant le compas ſur les diviſions, on trouve la Fête de Pâque, les Fêtes Mobiles, l'âge de la lune, &c. Ce *Calendrier*, outre l'avantage d'être portatif, a encore celui de ſervir pour un grand nombre d'années, & de fournir des preuves de chaque opération, par les opérations contraires.

M. *Sauveur*, de l'Académie Roïale des Sciences, eſt, je penſe, le premier qui a mis ce *Calendrier* au jour, qui fut exécuté par le Sieur *Macquart*, Ingénieur pour les inſtrumens de Mathématique. M. *Meynier*, Ingénieur de la Marine à S. Domingue, trouva quelque choſe à dire à cet inſtrument. Il en changea la conſtruction ; mais ſes travaux n'eurent pas le ſuccès dont il s'étoit flaté. Inſtruit par le public & par ſes lumieres des mépriſes qui lui étoient échappées, M. *Baradelle*, Ingénieur pour les inſtrumens de Mathématique qui l'avoit exécuté, travailla à le perfectionner. Et il paroît qu'il y eſt parvenu. Pour le rendre encore plus général, M. *Baradelle* a deſſiné ſur un carton les faces du porte-craïon, & a ainſi rendu le *Calendrier à Compas* un *Calendrier* de Cabinet.

CALLIPIQUE. Période *Callipique*. (*Voïez* PERIODE.)

C A M

CAMELEON. Conſtellation dans la partie Méridionale du Ciel, près du pole, & qui ne ſe leve jamais à notre égard. (*Voïez* l'Article de CONSTELLATION pour le nombre des étoiles,) M. *Halley* eſt le premier qui en a obſervé les étoiles, à l'exception d'une de la ſixiéme grandeur. (Voïez *Hevelii Prodrom. Aſtron. pag. 319*.) Le P. *Noël* a repris ce même Ouvrage. (Voïez ſes *Obſervat. Mathem. & Phyſ. Chap. IV.* où ſe trouve la figure de la Conſtellation, de même que dans le *Firmament. Sobieſcianum de Hevelius.*)

CAMELOPARDE. Conſtellation nouvelle qu'*Hévélius* a compoſée de 32 étoiles qu'il a découvertes. Elle eſt entre Cephée, Caſſiopée, Perſée, la grande & la petite Ourſe, & le Dragon. Il en repréſente la figure dans ſon *Firmamentum Sobieſcianum. Fig. O*, & il rapporte les longitudes & les latitudes de ces étoiles dans ſon *Prodromus Aſtronomiæ, pag.* 278 & 279.

C A N

CANICULE. Etoile de la premiere grandeur ſur la gueule du grand Chien. C'eſt de cette étoile que les jours Caniculaires ont tiré leur nom, parce qu'ils commencent dans le tems que le ſoleil ſe leve avec cette étoile. Elle eſt

la

la plus belle de toutes les étoiles fixes. On l'appelle encore *Alhabor*, *Aliemini*, *Aschere*, *Candens*, *Elhabor*, *Elscheere*, *Seera*.

CANOPE. Etoile brillante de la premiere grandeur dans le gouvernail du navire. On l'appelle encore *Suhel*, ou *Sihel*, ou encore *Rubayl*. Le P. *Noël* a trouvé en l'an 1687 l'ascension droite de cette étoile de 93°, 54', & sa déclinaison méridionale de 52° 29'. (Voïez ses *Observations faites aux Indes & dans la Chine*, pag. 47.) Le P. *Feuillé* a observé cette déclinaison de 52°, 30', 4" en l'an 1709 au mois de Mars.

CANON. Terme d'Algébre. Formule qui résulte de la solution d'un probleme, & dont on peut tirer une regle générale pour calculer & pour construire toutes sortes d'exemples qui y appartiennent. Or on peut toujours tirer une regle de la derniere équation, moïennant laquelle le probleme est soluble dans tous les cas possibles. Il arrive même souvent que dans les équations où les quantités connues & inconnues sont encore confondues, on trouve des théorémes très-utiles. On exprime leur contenu en substituant aux lettres les noms des choses qu'elles signifient, & aux signes les especes de calcul qu'ils indiquent. Par exemple, de la somme connue $=$ a, de deux quantités, dont la petite $= x$, la grande $= y$, & de leur différence $= b$, on doit trouver les quantités mêmes. La formule de la solution sera $\frac{a-b}{2} = x$, qu'on exprime de la maniere suivante : 1°. Otez la différence des deux quantités $= b$ de la somme $= a$; 2°. Divisez le reste par 2 ; le quotient sera la petite quantité $= x$. De même $\frac{a+b}{2} = y$, c'est-à-dire, ajoutez la différence à la somme dont la moitié sera $= y$.

CANON DES TRIANGLES. Nom qu'on donne aux tables qui contiennent les sinus, les tangentes, & souvent les secantes pour tous les dégrés & minutes de tout le quart du cercle. On leur donne ce nom, parce qu'elles servent à la résolution, ou au Calcul Trigonométrique des Triangles. Ces tables ne comprenant que les sinus & les tangentes naturels, sont appellées *Canon naturel des Triangles*, (*Canon Triangulorum naturalis*,) au lieu qu'on appelle *Canon artificiel des Triangles*, (*Canon Triangulorum artificialis*,) les tables où se trouvent les logarithmes des sinus & des tangentes.

CANON. Piece d'Artillerie, faite de fer ou de fonte, dont la forme est celle d'un cilindre creux, qui sert dans les combats & dans les sieges. Elle est l'ame, en quelque sorte, de la guerre, & comme sa devise le porte : *Ultima ratio Regum*. Je donne à l'Article de

l'ARTILLERIE l'origine des *Canons* ; & j'ajouterai ici que, selon les Registres de la Chambre des Comptes, on les connoissoit en France, & on s'en servoit en 1338. On distingue les *Canons* par leur grosseur, qui dépend de leur calibre, c'est-à-dire, du diamètre de la bouche. Le *Canon Roïal* d'Angleterre a ordinairement 8 pouces de diamètre en calibre ; une longueur de 12 pieds, & il pese environ 8000 livres. Son boulet est de 48 livres, & n'est chassé que par 32 de poudre. En France, les plus forts *Canons* sont de 24 livres de balle. Ils ont 10 à 12 pieds de long. Leur poids en métal est depuis 3 jusques à 5 milliers inclusivement.

Ce n'est pas ici le lieu de parler des *Canons* de différentes especes. Ces détails ne doivent point entrer dans un Ouvrage de la nature de celui-ci. Je dois me borner à ce qui peut avoir quelque rapport avec les Mathématiques, ou avec la Physique, & renvoïer pour le reste aux Traités d'Artillerie. Dans cette vûe je me contente ici de parler de la longueur du *Canon*.

2. Ce n'est pas un petit probleme que celui de déterminer la longueur du *Canon*. Il y a ici du Physique, & par conséquent des expériences à faire. Le P. *Hoste* croit du moins que ce n'est que par elles qu'on pourra en venir à bout. M. *Wolf* le pense aussi. En Physique, l'expérience est la pierre de touche. Cela est vrai. Mais elle suppose un raisonnement qui la dirige ; qui la connoît déja en gros, & qui ne l'appelle à son secours, que pour sa perfection. Il ne faut pas croire qu'à force d'épreuves faites à tout hasard sans point de vûe, on réussisse jamais à établir quelque regle. C'est presque ignorer ce qu'on cherche, que d'être dépourvû de principes qui nous éclairent dans nos recherches.

Persuadé de cette vérité, le celebre Chevalier *Folard*, aïant dessein de diminuer la longueur des *Canons* sans en affoiblir l'effet, se prémunit sagement de principes, qui le conduisirent à une découverte. Le premier est, que plus il s'enflâme de poudre dans le *Canon*, & plus il est poussé avec force. Le second, plus les colonnes, ou les lignes de la poudre enflammée, qu'il considere dans cet état comme un fluide, agissent plus directement & en plus grand nombre, plus elles font effort sur le boulet ; d'où il suit, qu'il doit être chassé plus loin.

En faisant attention au premier principe seulement, il faudroit que là *chambre* du *Canon* fut sphérique ; parce présentant une plus grande surface que la cilindrique, elle donneroit lieu à une plus grande inflammation. Cet avantage est balancé par le second principe, qui veut que le boulet foit chaffé le plus directement qu'il eft poffible.

Or cela n'arriveroit pas, fi l'explofion fe faifoit dans une chambre de cette figure. Cherchant donc un milieu entre une grande inflammation & une impulfion directe, M. *Folard* a trouvé la figure conique la plus avantageufe. A la vérité, fuivant les principes de cet Auteur, la figure conique tient un véritable milieu entre la fpérique & la cilindrique, ou autrement entre l'inflammation & l'impulfion. D'où il conclut, que la chambre du *Canon* doit avoir la figure conique. M. le Chevalier *Folard* a appuïé fes raifonnemens par des expériences qui les ont confirmés, & qui ont fait voir qu'un *Canon* ainfi fondu, aiant 4 pieds 4 pouces, fans compter la plaque & fon arriere qui en a autant, péfant 1700 liv. & chargé feulement avec 6 liv. de poudre, porteroit auffi loin avec autant de force & auffi jufte, qu'un *Canon* de 11 pieds dans toute fa lóngueur, d'un poids de 5400 liv. & chargé de 12 livres de poudre. Voïez *la Milice Françoife* du P. *Daniel*.

L'invention de M. le Chevalier *Folard* eft fans doute une invention très-utile ; & puifque l'expériencx en a décidé, il doit paroître étonnant qu'on ne l'ait point réduite en pratique. Elle a valu toutefois dans fon tems une récompenfe honorable, & juftement méritée à fon Auteur.

Un avantage fi décifif en faveur de la forme des *Canons* du Chevalier *Folard* coupe court à tous les raifonnemens, à toutes les réflexions. A mon particulier, je foufcris avec éloge à la méthode de ce favant Militaire. Mais je ne dois pas paffer ici fous filence la façon dont M. *Jean Bernoulli* s'y prend pour fixer cette longueur, quoiqu'elle ne s'accorde peut-être pas avec celle que je viens d'expofer. En tout cas c'eft au Lecteur à en juger. Le Géometre n'établit qu'un principe, & ce principe eft fondé fur la force de l'air extérieur & interieur. N'eft-ce pas là ce qu'il y avoit principalement à confidérer ? M. *Bernoulli* l'a cru. C'eft pourquoi il veut que la capacité du *Canon* foit plus grande que l'efpace qu'occupoit la poudre auparavant, rélativement à la denfité de l'air qu'elle renfermoit à l'air naturel. De maniere que fi l'air renfermé dans une charge de poudre, eft au moment qu'il en fort, cent fois plus denfe que l'air naturel, le *Canon* doit être cent fois plus grand, que l'efpace où cette poudre étoit contenue. M. *Bernoulli* démontre fans réplique que le boulet acquiert par-là la plus grande viteffe au moment qu'il fort du *Canon* Que peut-on exi-

ger de plus ? Ce qui paroîtra dans tout cela de plus étonnant, après l'expérience du Chevalier *Folard*, c'eft que l'illuftre Géometre de Bâle s'appuïe auffi de l'expérience un peu différente à la vérité de celle du Militaire François. Celle-là eft fondée fur la conftruction de la farbacanne, qui eft un tuïau extrémement long, & par le moïen duquel on chaffe des bales affez loin & avec beaucoup de force.

Si M. *Bernoulli* dit vrai, car je ne décide point, un *Canon* ne gagneroit rien à être court. Au contraire, il feroit avantageux qu'il fût long & même plus long que les *Canons* ordinaires. Heureufement ou malheureufement peut-être, quelques circonftances répriment la féverité de la regle, & ces circonftances demandent des épreuves qui peuvent feules les faire connoître. *Difcours fur les loix de la communication du mouvement. Bernoulli, Op. T. III.*

CANON EN MUSIQUE. C'eft une ligne divifée en plufieurs parties, qui fervent à déterminer les intervalles de la Mufique. *Voïez* MONOCHORDE.

C A P

CAPITALE. Ligne droite tirée de l'angle du polygone dans l'angle du baftion. Soit, par exemple, z (Planche XLV. Figure 24.) le centre du polygone fortifié, R M N l'angle du baftion. Alors M z eft la *Capitale*. Dans l'ancienne maniere de fortifier, qui fe fait du dedans en dehors, on fe fervoit de cette ligne pour faire le plan d'une fortereffe. Elle eft la différence entre le grand raïon & le petit, & dans tous les ouvrages réguliers elle divife le baftion en deux parties égales.

CAPONIERE. Ouvrage de fortification. Sorte de chemin-couvert placé dans les foffés fecs devant la tenaille. La *Caponiere* eft large de 2 toifes ; bordée de parapets de la hauteur de 4 pieds au-deffus du bord du grand foffé, & garnie d'une banquette fur laquelle font plantées des paliffades. Au milieu de la *Caponiere* on fait un petit foffé large d'une toife, & du côté de la contrefcarpe & de celui de la tenaille, on laiffe de petits paffages qui communiquent aux ouvrages.

CAPRICORNE. Dixiéme conftellation du zodiaque qui donne fon nom à la dixiéme partie de l'écliptique. Le nombre des étoiles, qui compofent cette conftellation eft... *Voïez* CONSTELLATION. Les longitudes & les latitudes de 29 de ces étoiles font dans le *Prodromus Aftronomicus* de *Hévélius*, *page* 179. Une d'elles de la fixiéme grandeur qu'on découvrit autrefois dans la queue, & qui eft la 27me dans *Tycho* (*Progymnafm. Tom. I.*)

étoit déja perdue du tems de *Hévélius*. On ne la voïoit plus. Cet Astronome donne la figure de toute la constellation dans son *Firmamentum Sobiescianum*, Fig. L C, & elle se trouve de même dans l'*Uranometria de Bayer*, Planche G g. Les Poëtes racontent que plusieurs Dieux s'étant assemblés en Egypte, & aïant pris des figures extraordinaires, comme pour faire une mascarade, *Typhon*, ce grand ennemi des Dieux, se présenta au milieu d'eux. *Pan* effraïé prit la figure d'un bouc & d'un poisson & se jetta ainsi dans la mer. On dit que cette figure plut tant à *Jupiter* que le danger étant passé, il la transporta dans le ciel.

Schiller donne à cette constellation le nom de *Simon* l'Apôtre; *Schikard* celui d'*Asahel*; *Weigel*, celui des cornes des armes de Nassau. On l'appelle encore *Ægipan*, *Æquaris Hircus*, *Alcantarus*, *Algedi*, *Pelagi*, *Procella*, *Caper*, *Capra*, *Corniger*, *Gelidus*, *Imbrifer*, *Neptunia Proles*, *Pan*.

CAR

CARACTERE. Marque de convenance à laquelle on a attribué la signification d'une chose, d'une quantité, d'un nombre qu'elle exprime plus briévement. Les Mathématiciens font usage des *Caractères* pour éviter la prolixité & la confusion, & pour s'exprimer plus clairement & avec plus de méthode. Anciennement les *Caractères* étoient en usage; mais ils étoient si embarrassans, qu'on gagnoit peu à s'en servir. Il y a même tout lieu de croire, que ceux qu'on emploïoit dans l'algèbre, n'avoient pas peu contribué à faire passer ce calcul comme une science mistérieuse, très-difficile, & qu'on ne devoit regarder qu'avec beaucoup de vénération. Car il a été un tems où les choses les plus embarrassées, celles où l'on voïoit le moins clair, passoient pour de très-belles choses. Eh! combien de gens, qui pensent à cet égard tout-à-fait à l'antique! Pour en revenir aux Anciens, quoi de plus embrouillé que la façon suivante de s'exprimer? N exprimoit nombre absolu, simple, une unité; $\mathbb{R}$ ou *r* racine; *q* quarré; C cube; *q q* quarré quarré, ou quatriéme puissance; S solide; S *s* sur-solide, B S *s* second sur-solide, &c. Les autres *Caractères* des Anciens, qui n'étoient connus que sous le nom de *Cossiques*, du mot *Cosa*, qui signifie chose, quantité, nombre, &c. étoient composés de ceux-là. Ainsi *q q q*, 3 *q q q*, CC, 4 CC, *q* S *s*, C S *s*, *q q c*, *d* S *s*, *q b* S *s*, &c, signifioient le premier *quarré quarré de quarré*; le second, *trois quarrés de quarré de quarré*; le

troisiéme, *cube de cube*; le quatriéme, *quatre cubes de cubes*; le cinquiéme, *quarré de sur-solide*; le sixiéme, *cube de sur-solide*, &c.

Telles étoient les *Caractères* des Anciens. Ils n'en connoissoient pas d'autres, si ce n'est la lettre Z, qui exprimoit la puissance quelconque, à laquelle un nombre étoit élevé; parce qu'ils nommoient *zenzo* cette puissance. Quand je dis qu'ils n'en connoissoient pas d'autres, je parle d'après la tradition la plus reçue. Néanmoins quelques Mathématiciens croïent que les premiers Algébristes avoient quelque sorte de *Caractères*, pour des quantités inconnues, & qu'ils exprimoient les autres par des nombres.

Depuis l'invention de l'Arithmétique par lettres, le calcul a bien changé de face. Il est devenu tout à la fois & plus général & plus précis; les *Caractères* dont on l'a enrichi plus expéditifs. Il seroit difficile de remonter à l'origine des nouveaux caractères. Chacun en a ajouté, chacun en a imaginé à sa façon, & comme la chose n'en valoit pas au fond la peine, personne ne s'est empressé à prendre datte pour ceux que les Géometres avoient agréés. On voudra donc bien se contenter de l'explication de ces *Caractères*.

+ signifie *plus*, — *moins*; $=$ *égal*. Ce *Caractère* ∞ dans la Géométrie de *Descartes* a la même signification. *Hudde*, *Rolle*, *Ozanam* en font aussi usage. Une croix de Saint-André ($\times$) marque la multiplication. Pour dire que *a* est multiplié par *b*, on se contente d'écrire $a \times b$.

Des Géometres nouveaux suppriment ce *Caractère*, & substituent à sa place entre l'*a* & le *b* un point. Cette expression $a \cdot b$ a la même valeur que celle-là $a \times b$.

On reconnoît la division sous ce *Caractère* $\frac{a}{b}$, $\frac{24}{2}$ qui signifie que *a* est divisé par *b*, & 24 divisé par 2. M. *Leibnitz* au lieu de cette expression indique la division par 2 points, & sur-ligne la quantité divisée, ou l'enferme entre deux parenthèses. $2\,abc + b\,a$ est divisé par $c + b$, lorsqu'on l'écrit ainsi

$$2\,abc + b\,a : c + b \text{ ou } \overline{(c + b.)}$$ A le bien prendre cette façon d'indiquer la division étoit connue avant M. *Leibnitz*. Depuis long-tems, pour exprimer une regle de proportion, telle que *a* est à *b* comme *b* est à *c*, on fait usage des points en cette sorte, $a : b :: c : d$. Mais *a* est à *b* comme *c* est à *d*, n'est autre chose que $\frac{a}{b}\,(a : b) = \frac{c}{d} = (t : d)$. Voilà donc l'origine de l'expression Leibnitienne découverte. Mettant cette idée à profit, des Mathématiciens n'expriment pas autrement une

regle de trois $a : b = c : d$. Ils chassent par ce moïen quatre points, (: :) qui deviennent en effet inutiles.

M. *Wolf* supprime un point de même que le P. *Lamy* & *Privat de Molieres*, sans que leur expression soit semblable à celle de M. *Wolf*. Regle de proportion caractérisée selon M. *Wolf*, $a . b = c . d$; par le P. *Lamy* & de *Molieres* $a . b : : c . d$.

$\sqrt{}$ *Caractere* qui précede une quantité ou un nombre, pour marquer qu'on en extrait ou qu'on en doit extraire la racine.

$\sqrt{}$ 4, $\sqrt{ab}$ ou $\sqrt{}(a \cdot b)$, on veut dire par-là qu'on extrait la racine de 4, ou qu'on n'en veut qu'à cette racine, de même qu'à celle de $a \cdot b$. Dans le *Caractere* radical on met un nombre pour exprimer quelle sorte de racine on demande. Pour la racine quarrée, par exemple, on couronne le caractere d'un $\overset{2}{}$ ($\sqrt{}$) pour la racine cubique d'un $\overset{3}{}$ ($\sqrt{}$) par la 4e puissance un $\overset{4}{}$ ($\sqrt{}$), & en général pour une racine quelconque la lettre $\overset{m}{}$ ($\sqrt{}$)

∞. Ce *Caractere* est celui de l'infini. Lorsqu'on égale des quantités à l'infini, on le place après le signe ou le *Caractere* d'égalité.

∺ *Caractere* de la progression géometrique continue. Ces quantités ∺ $a . b . c . d$, &c. sont censées être en progression géometrique; comme celles-ci, ∺ 2. 4. 8. 16. 32, &c. le sont en effet.

∹ C'est ainsi qu'on désigne la progression Arithmétique ∹ $a . b . c . d$, &c. ou ∹ 1. 2. 3. 4. 5, &c. de même que lorsqu'elles sont précédées par ce *Caractere* : : :, qui a la même signification que l'autre.

* On fait usage en Algébre de ce *Caractere* pour tenir lieu des termes qui manquent dans une équation, qu'on dit être alors évanouis. Dans cette équation, par exemple, $x^3 + px + c = o$, le second terme est évanoui, on écrit donc $x^3 * + px + c = o$.

> ou ⎯| *Caracteres* qui signifient *plus grand*. Par $a \gt b$, ou a ⎯| b, les Géometres entendent *a plus grand que b*. Les mêmes *Caracteres* renversés marquent selon eux le contraire. $a \lt b$ ou a |⎯ exprime *a plus petit que b*.

Un dernier *Caractere*, dont quelques Algébristes font usage, & qui paroît utile est celui-ci ⌐. Il exprime la différence de deux quantités qui n'est pas encore connue. Voulant désigner, par exemple, que *a* surpasse ou est surpassé par *b*, on écrit a ⌐ b. Et la chose reste ainsi indécise. M. *Veidler* en fait usage pour les triangles semblables, & il met au lieu de ce mot ce *Caractere* d'Arithmétique.

Voilà les *Caracteres* dont on se sert, auxquels des Mathématiciens veulent encore ajouter ceux-ci : ⊙, *Caractere* nommé *Caractere d'involution*, marque le quarré d'une quantité. Quand il précéde le membre d'une équation, cela veut dire que ce membre doit être quarré, ou l'est en effet moïennant ce *Caractere*, qui est comme l'on voit l'opposé du radical, & quand c'est celui-ci ω, qui est le même que le signe radical ($\sqrt{}$) ils entendent par-là ce qu'on a entendu par ce signe ou ce *Caractere* $\sqrt{}$.

En vérité il faut bien aimer le nouveau ou être bien jaloux de se singularifer. A quoi bon cette multiplicité de *Caracteres* ? Est-ce que cette expression pour un quarré $\overline{a + b}^2$ n'est pas bien simple & bien naturelle, sans recourir à celle-là $\odot \overline{a + b}$? & celle-ci $\sqrt{} \overline{aa + 2ab + bb}$ ne vaut-elle pas mieux que celle de ω qu'on veut lui substituer ? Le Lecteur voudra bien me le pardonner. Je ne saurois laisser passer cette occasion, sans dire ce que je pense à ce sujet. Rien n'est plus pernicieux & plus miserable que cette distinction dans les expressions. C'est vouloir embrouiller les choses de gaïeté de cœur, que d'inventer des nouveaux *Caracteres* qui ne signifient pas plus que ceux qui sont reçus. Qu'on convienne des expressions, & une fois qu'on aura fait un accord à cet égard, qu'on s'y tienne.

Depuis long-tems on sait que 6 signifie six, que diroit on, si quelqu'un s'avisoit de le faire valoir sept ? Eh ! quoi de plus inutile & de plus capable de dégouter un Commençant, d'embarrasser même un Géometre, que ces trois expressions ., :, ∹, pour marquer la division ? Comment devinera-t-on qu'on veut diviser plutôt que multiplier, plutôt que d'indiquer une progression Arithmétique continue, puisque le premier & le dernier *Caractere* sont désignés l'un pour la multiplication, l'autre pour la progression ? On en dira tout ce qu'on voudra. Mais je soutiens moi, que moins on emploïe de *Caracteres*, plus les Mathématiques y gagnent. La mémoire est moins chargée, & par conséquent les propositions plus faciles à saisir. Ceux, qui pouvant se servir des lettres de l'alphabet, empruntent des alphabets étrangers & en farcissent leur calcul, sont encore très-blamables. Je passe aux *Caracteres* Géométriques. C'est encore un reproche fondé à faire aux Géometres, que celui qui regarde les *Caracteres* dont quelques-uns d'entre eux se servent dans la Géometrie simple. On convient bien que les *Caracteres* sont utiles &

indispensables même dans le *Calcul*. Il seroit pénible & embarrassant de voir des longs calculs entre-mêlés d'écriture qui ne laisseroit pas d'inquiéter un Lecteur occupé à les saisir. Le cas est différent dans la Géométrie où l'on est obligé de partager son attention entre la figure & le raisonnement. Des *Caracteres* faufilés avec ce raisonnement inquietent, quelque familier qu'on soit avec eux; & leur étalage présente en outre un je ne sai quoi de rude qui rebute un Commençant. Comme on ne peut pas reformer ce qui a été fait, voici l'explication de ces *Caracteres* en deux colonnes. La premiere contient les *Caracteres*, la seconde ce qu'ils signifient.

Caracteres Géométriques.	*Leur signification.*
‖	Paralleles.
∨	Angle.
⟂	Perpendiculaire.
△	Triangle.
∟	Triangle rectangle.
□	Quarré.
▱	Parallelograme.
▭	Rectangle.
○	Cercle.
▲	Piramide.
■	Cube.
◤	Parallelipipede.
▬	Parallelipipede rectangle.

Je me suis déja plaint que les Mathématiciens multiplioient trop les *Caracteres*. Mais cette plainte ne regarde point les Astronomes qui en font usage avec juste raison. Par ce moïen, les aspects se trouvent réunis ensemble & sans confusion (*Voïez* ASPECT.) Les signes du zodiaque & les planetes sont ainsi placées avec ordre, & d'une maniere parlante sur les spheres & sur les globes. *Voïez* PLANETE & ZODIAQUE.

CARACTERES. En Musique, ces *Caracteres* renferment les bémols & les béquars, les tremblemens, les diezes, les guidons, &c. dont les Musiciens sont obligés de se servir, pour faire connoître quand on doit moduler un ton ou faire un tremblement, ou sur quel dégré le premier dégré de la note sera située, ou enfin par les clefs, quelle est la valeur des notes, & à quelles sortes de voix s'adressent les différentes parties. On ne doit pas s'attendre de trouver ici la figure de ces *Caracteres*. A qui seroient-ils utiles? aux Musiciens? Ils les connoissent; à ceux qui ne le sont pas? ils ne seroient pas plus avancés. Lorsque je parle de différentes parties de la Musique, je ne prend que celles qui ont quel-

que liaison avec la Géometrie & la Physique, & qui deviennent par-là des parties des Mathématiques. Les autres sont fort étrangeres, & on doit recourir à des livres de détail pour la Musique, & si l'on veut mieux faire à des Maîtres de Musique même. Hazardons toutefois ce petit morceau historique qui n'est pas peut-être trop connu & qui doit l'être : c'est qu'anciennement les *Caracteres* n'étoient formés que par des lettres & des nombres, qui distinguoient les sons graves des sons aigus.

CARACTERISTIQUE. Note qui caracterise un calcul. La *Caracteristique* du calcul différentiel est la lettre *d* suivant *Leibnitz*, & suivant *Newton* un point .; celle des logarithmes ou des exposans est la lettre L.

Il est notoire que les logarithmes sont des nombres qui se suivent dans une proportion arithmétique de pair avec d'autres qui se suivent dans une Géometrique. Les nombres 1, 10, 100, 1000, 10000, &c. se suivent dans une proportion géometrique. On a rendu leurs logarithmes fort grands, comme 0, 00000000, 1, 00000000, 2, 00000000, 3, 00000000, &c. pour trouver les logarithmes des nombres entre 1 & 10, entre 10 & 100, entre 100 & 1000, &c. Et quoiqu'on sache bien que les logarithmes de ces nombres ne se peuvent pas trouver exactement, on en trouve néanmoins pour des nombres qui différent d'eux d'une fraction aussi petite qu'on veut, & on peut s'en servir dans le calcul trigonometrique à la place des logarithmes des nombres même sans crainte d'une erreur sensible. La *Caracteristique* étant 0, elle indique que le logarithme, qui la suit immédiatement, se range entre les nombres principaux 1 & 10. Si la *Caracteristique* est 1, le logarithme suivant se range entre 10 & 100. Est-elle 2? il se range entre 100 & 1000, &c.

CARDINAUX. *Points Cardinaux. Voïez* POINTS.

CARIATIDES. Sortes de colonnes, qui représentent des figures de femmes. *Vitruve* (Architecture, L. I.) rapporte ainsi l'origine & l'histoire de ces colonnes. Les habitans de Carie, Ville de Poloponese s'étant unis avec les Perses qui étoient en guerre avec les autres Peuples de la Grece, furent vaincus, & s'attirerent par ce service, une guerre de la part de ceux qu'ils avoient attaqués. Les Grecs les assiégerent; prirent leur Ville & passerent tous les hommes au fil de l'épée. Les femmes furent emmenées captives, sans distinction d'état. Celles de la plus haute condition parurent même dans cet état humiliant & confondues avec les autres, revêtues de leurs plus glorieux ornemens. La vengeance fut pouffée fi loin, que pour laiffer un exemple éternel de la punition qu'ils avoient fait fouffrir aux *Cariatides*, les Architectes de ce tems-là, mirent au lieu de colonnes la figure des femmes dans les Edifices publics, qui fous le poids de l'entablement, dont elles étoient chargées, rappelloit celui de leur captivité. (Plan. XLV. Fig. 312.)

CARTE. En général on entend par ce mot la repréfentation fur un plan de la furface de quelque lieu. Les *Cartes Géographiques* repréfentent la furface de la terre ; les *Cartes céleftes* celle du ciel, & les *Cartes Marines* celle de la mer. Je m'arrêterai à ces deux dernieres *Cartes*. Il y a affez de Livres, de Dictionnaires même qui font mention des autres. D'ailleurs, la Géographie ne doit point entrer dans mon plan. Quoique cette Science foit liée avec les Mathématiques, la chofe en eft cependant fort éloignée, quant aux Mathématiques prifes en elles-mêmes & dans leur fource.

CARTES CELESTES. Ces *Cartes* renferment le ciel étoilé. Les conftellations y font placées fuivant leur fituation dans le firmament ; de façon qu'on peut en les comparant les reconnoître dans le ciel avec facilité & mefurer leur diftance réciproque.

Pour parvenir à la premiere connoiffance, lorfqu'on eft muni de bonnes *Cartes*, il faut s'attacher à reconnoître quelques conftellation remarquable, qui puiffe fervir comme de point fixe, pour conduire aux autres. On fe fert communément de deux très-faciles à reconnoître. La premiere eft la grande ourfe, nommée par le vulgaire le *grand Chariot*, & la feconde l'Orion. Je donne ici la figure de l'une & de l'autre. La figure 29 (Pl. XII.) eft la grande Ourfe ; & l'Orion eft repréfenté par la figure 31. En regardant du côté du Nord on apperçoit fort aifément la première, qui eft formée comme l'on voit par quatre grandes étoiles (Planche XII. Fig. 29.) difpofées en quarré, à laquelle on donne le nom de chariot, ou celui de l'Ourfe. Selon la premiere dénomination, les trois qui précédent alors font les Chevaux ; & felon la feconde, elles deviennent la queue de la grande Ourfe. Cette reconnoiffance faite, fi l'on mene des deux roues de derriere A B une ligne, elle ira rencontrer l'étoile polaire, qui forme la queue d'une autre conftellation à peu près femblable à celle-ci & nommée la petite Ourfe, ou le petit chariot compofé de (Planche XII. Figure 30.) 7 étoiles, & à 2° ½ du Pole du monde. Tirant fur la *Carte* une ligne droite depuis la pénultiéme droite de la grande Ourfe jufques à l'épaule droite de la petite, on trouve fur la *Carte* une conftella-

tion en forme de cercle, qui eft celle du Dragon. Cette même opération repetée en quelque façon dans le ciel, fait reconnoître cette conftellation. De-là on paffe au Cigne qui eft à côté, & à l'Hercule qui eft au-deffus. Reprenant la grande Ourfe ou le grand chariot, on remonte de la roue de derriere à la main du Bootes, &c.

Il y en a qui reconnoiffent les conftellations tout différemment. Par exemple, pour reconnoître Bootes, ils cherchent le cœur du Lion *Regulus*, & ils le trouvent en effet, en tirant vers le Sud une ligne qui va paffer tout proche cette conftellation. Du cœur du Lion & de fa queue, une autre ligne étant menée vers l'Eft, ils rencontrent Bootes ; & de-là ils découvrent la Couronne, de celle-ci la Lyre, de la Lyre le Dragon, du Dragon l'Aigle, &c.

Cette méthode eft fort bonne. Mais la meilleure eft celle qu'on fe fait foi-même, en obfervant les figures, foit quarrées, foit triangulaires que font entre elles les conftellations qu'on connoît, & celles qu'on ne connoît pas. Pour faciliter ceux qui fuivront ce confeil, voici une conftellation qu'il eft bon de connoître. C'eft la Caffiopée. (Planche XII. Figure 32.) Elle eft oppofée aux étoiles de la queue de la grande Ourfe ; de forte qu'elle eft de l'autre côté du Pole, & que quand celle-ci eft à l'Eft, la Caffiopée eft à l'Oueft. La figure 32 la repréfente débarraffée des étoiles qui pourroient la faire chercher dans les *Cartes*. Par cette feule conftellation on reconnoît le Cigne, Andromede, &c.

L'Orion eft une conftellation importante, dont on ne peut guéres fe paffer. On peut même commencer par celle-ci & laiffer là le Chariot. Il eft vrai qu'elle ne paroît pas en tout tems. Lors donc qu'on appercevra vers l'Orient (Planche XII. Fig. 31.) quatre grandes étoiles, dont quatre font en quarré, & les trois autres au milieu en ligne droite, on fera certain qu'on découvre l'Orion. Les trois étoiles du milieu fe nomment les *Trois Rois*. En comparant fur les *Cartes* & fur le ciel les conftellations qui font fituées autour de cette conftellation, on reconnoît les autres. D'un côté on voit une étoile rouge & enflammée : c'eft l'œil du Taureau ; d'un autre la Canicule ; ailleurs, tout proche de l'Orion, le petit Chien, les Gemeaux, &c.

Le Globe célefte fert comme les *Cartes* à reconnoître le ciel. Les *Cartes* font cependant préferées ; parce que fur le globe on voit les conftellations fur une furface convexe ; & elles ne paroiffent pas de même dans le firmament. En fecond lieu, on ne peut les y rapporter qu'en fe tranfportant par la force de l'imagination au centre du globe. Fondé sur ces raisons, le P. *Pardies* conseille de les préferer au globe. A l'égard des distances des étoiles, on les mesure mieux sur les globes. *Voïez* GLOBE.

Les *Cartes* les plus estimées sont les *Cartes* du Pere *Pardies* en 6 planches; celles de *Bayer* & celles d'*Halley*. Celles de *Bayer* sur-tout ont cet avantage qu'on ne trouve pas dans les autres. Les étoiles y sont caracterisées selon l'ordre de l'alphabet latin & grec, par lequel cet Astronome les a distinguées. Les Savans, qui savent apprécier le mérite de celles du P. *Pardies*, suppléent à ce qui leur manque de ce côté-là; d'ailleurs ceux qui ont les planches de ces *Cartes* en main feroient bien de leur éviter cette peine. On a publié depuis peu des *Cartes* célestes en Angleterre de *Flamstéed*, qui sont estimées les meilleures de toutes celles qu'on a faites jusqu'ici.

C**artes** M**arines.** On sait déja que ces *Cartes* représentent la surface de la mer; & ce n'est là qu'une partie de ce qu'on doit savoir. On ne représente pas la surface de la mer, comme il paroîtroit au premier coup d'œil qu'on pourroit le faire. La mer forme, comme étant partie de la terre, une surface convexe, & par-là elle demande une réduction. Les Marins, qui n'y regardent pas de si près, ou qui ne veulent faire que de petits voïages, négligent cette convexité, & supposent que la mer est un plan. Cette supposition donne lieu à une *Carte* différente d'une véritable *Carte Marine*. Ainsi on a deux sortes de *Cartes*, des *Cartes plates* & des *Cartes réduites.*

Les *Cartes plates* sont & faciles à tracer & faciles à reconnoître. Comme l'on y suppose que la mer ou la terre est un plan, les dégrés de latitude & de longitude y sont marqués égaux entre eux. Pour construire une *Carte plate*, on ne s'y prend pas autrement que pour lever un plan ordinaire. Faisant valoir les dégrés de longitude & de latitude 20 lieues, & plaçant chaque endroit selon sa longitude & sa latitude reconnues, on a les distances d'un endroit à un autre suivant le rumb de vent qui y conduit. Quand on rapporte sur ce rumb la grandeur d'un dégré soit en latitude, soit en longitude qui ont la même valeur, autant de fois que la distance des endroits le permet, la somme donne en lieues leur éloignement. On n'entend ici que les endroits qui se trouvent sur les côtes. On n'en voit pas d'autres dans les *Cartes Marines*. Le reste de la *Carte* renferme plusieurs rumbs de vent, pour reconnoître plus facilement la position des lieux. On y marque

les bancs de sable par plusieurs petits points. Les rochers qui paroissent, par de petites pyramides, & ceux qui sont cachées sous l'eau par une croix. Les bons mouillags sont aussi désignés; des ancres les caracterisent. Ce que je dis ici des *Cartes plates* se trouve de même dans les *Cartes* réduites. J'ai déja insinué en quoi elles different. Et en voici une notion plus étendue.

Cartes réduites. On suppose ici la convexité du globe de la terre, & on y a égard. Mais de quelle façon y a-t-on égard? La chose est curieuse & mérite d'être connue.

Concevant la terre sphérique, un vaisseau qui fait route de l'Est à l'Ouest sur un tropique, a bien plutôt fait le tour de ce cercle qu'il n'a parcouru celui de l'équateur. Pourquoi? Parce que les cercles sont plus petits à mesure qu'on s'approche d'une extrémité d'un Pole, que celui qui la divise en deux également. Et de ce que les dégrés de longitude se comptent de l'Ouest à l'Est, ceux qu'on comptera sur un parallele seront donc plus petits que ceux qu'on auroit compté sur la ligne équinoxiale. Plus on s'éloignera de cette ligne, pour s'approcher du Pole, plus ces dégrés diminueront. De là il suit, que pour qu'une *Carte* soit bonne, il faut qu'à mesure qu'on s'éloigne de l'équateur, les dégrés de longitude diminuent. C'est ce qu'on pratique sur les *Cartes* géographiques, où l'on voit que les méridiens s'approchent les uns des autres en avançant vers les Poles. Telle devroit être tracée une *Carte réduite*, si cette méthode ne présentoit des inconvéniens qui la rendent impraticable. Voici quels sont ces inconvéniens.

Si les méridiens alloient en diminuant vers les Poles, les rumbs de vent, qui doivent couper tous les méridiens sous un même angle, pour marquer également la différence en longitude, seroient des lignes courbes. Or des lignes courbes ne peuvent servir à faire connoître la route qu'un vaisseau doit tenir: donc dans les *Cartes Marines* on ne peut diminuer les dégres de longitude.

Ces reflexions murement pesées, qu'est-ce qu'ont fait les Marins ou les Astronomes? Ils ont laissé les méridiens paralleles; & pour compenser la diminution de la longitude, ils ont augmenté en même proportion les dégrés de latitude sur les *Cartes*. Par-là l'inégalité des dégrés, qui devoit se trouver dans les dégrés de longitude de différens paralleles, se rejette sur ceux de latitude. Cette réduction demandoit une regle générale. Après y avoir un peu revé, peut-être beaucoup, on a reconnu que les dégrés de longitude diminuant comme les raïons de leur cercle, ou comme les finus des complemens de leur latitude qui font les mêmes, il y avoit un rapport conftant établi entre le raïon & la fecante de chaque latitude.

On a donc conclu qu'il falloit faire croître les dégrés de chaque latitude, en même raifon du finus total à la fecante de cette latitude. Et voilà le principe pour la conftruction des *Cartes* découvert.

Ce principe étoit bon jadis. Aujourd'hui qu'on fait que la terre eft un fphéroïde applati par les Poles, il faut recourir à un autre que celui où l'on fuppofe la terre une fphere. Par le calcul que M. *Murdoch* en a fait, on voit combien l'on rifque, en n'aïant pas égard à la propre figure de la terre. Quoique ce calcul foit renfermé dans un livre écrit en notre langue, les Marins ne laiffent pas que de fe fier à l'ancienne regle. Il y a là un préjugé à détruire, & les préjugés ne fe diffipent pas fi aifément fur-tout lorfqu'il en coute quelque travail. Suppofé, qu'on le vainque par la fuite, & qu'on foit dans la réfolution fincere de procéder à une nouvelle conftruction, il faudra faire ufage du Livre de M. *Murdoch*, intitulé: *Nouvelles Tables Loxodromiques, ou application de la nouvelle Théorie de la terre, à la conftruction des Cartes Marines réduites*. Pour y engager les Marins, je crois devoir les avertir que la peine n'eft pas grande quand on fait conftruire une *Carte* à l'ancienne, & que l'avantage d'une nouvelle ne doit pas être négligé.

Depuis la compofition de cet article, M. *Bellin*, Ingénieur de la Marine, m'a communiqué un écrit intitulé, *Obfervations fur la Carte du globe du Mexique*, &c. dans lequel il prétend que l'applatiffement de la terre vers les Poles, influe peu fur la conftruction d'une *Carte*, dont l'étendue eft peu confidérable. Ses raifons font fondées fur l'ufage qu'il en a voulu faire. Aïant réduit la *Carte* du Golphe du Mexique, & fuivant l'hipothefe de la terre fphérique, & fuivant les tables loxodromiques de M. *Murdoch*, M. *Bellin* a trouvé que depuis le huitiéme dégré de latitude Septentrionale jufques au trente-deuxiéme, qui eft l'étendue de cette *Carte* du Nord au Sud, il entroit dans l'hipothefe de la terre fphérique 1547 parties de l'équateur en fuppofant le dégré de l'équateur divifé en 60 parties ou minutes; au lieu qu'en aïant égard à l'applatiffement de la terre par les Poles, il n'entroit dans la graduation que 1519 de ces mêmes parties. La différence eft donc de 28 parties qui doivent être reparties fur 24 dégrés de latitude renfermés dans cette *Carte*. Cette répartition diminue chaque dégré d'environ une foixan-

tiéme partie. Or dans la *Carte* de M. *Bellin* la grandeur du dégré n'étant que de 9 lignes, il faudroit prendre la foixantiéme partie de ces 9 lignes. Quel compas affez fin, quelle main affez délicate pourront faire fentir cette différence de mefure, demande l'Ingénieur de la Marine? Nul inconvénient, conclud-il donc, à fuppofer la terre fphérique, & à dreffer des *Cartes* en conféquence.

Strabon attribue l'invention des *Cartes* en général à *Anaximandre* le Milefien, (*Geog. L. I.*) & le P. *Fournier* (*Hydrograp. L. XIV. Chap. 3,*) celle des *Cartes Marines* en particulier au Prince *Henri*, Fils de *Jean* Roi de Portugal. Ces traditions font reçues. Mais ceux qui fe plaifent à rafiner fur les chofes, & qui s'imaginent que c'eft en augmenter le mérite que de leur affigner une origine extrêmement reculée, ne s'en tiennent pas là. Si on les en croit, la peau, dans laquelle *Eole* enferma les vents, pour en faire préfent à *Enée*, ne fut qu'une *Carte Marine* décrite fur cette peau. Rencheriffant fur cette idée, la brochant même, ils interprètent cette hiftoire, & par leur commentaire ils veulent perfuader qu'il n'y eft queftion que de *Cartes Marines*, qu'*Enée* connut.

Gardons-nous de terminer un article auffi important que celui-ci par une idée de cette nature. Avertiffons qu'on trouve dans les *Tranfactions Philofophiques* N°. 219, un détail hiftorique de cette invention utile; & que les tables des parties méridionales de *Mercator* ou plutôt de *Wright* y font inférées, ces tables, dont MM. *Halley* & *Cotes* ont déduit la propriété de la logarithmique fpirale. (*De Harmonia Menfurarum, p. 20,*) MM. de *Caffini, Halley, Berthelot* & *Chazelles*, ont écrit fur les *Cartes Marines*. Ce dernier en a publié deux Traités fort eftimés. La *Martiniere* dans fon *Dictionnaire Géographique, T. II. p. 318*, fait mention d'un catalogue de *Cartes* qu'il avoit promis de publier.

C A S

CASCADES. Terme d'Algébre. Méthode pour réfoudre les équations affectées de racines rationnelles. Cette méthode qui eft de l'invention de M. *Rolle*, confifte, 1°. *A multiplier chaque terme de l'équation par fon propre expofant, & à divifer le produit par l'inconnue; 2°. A multiplier tous les termes de cette nouvelle équation, chacun par fon expofant, & le produit par le double de l'inconnue; 3°. A multiplier encore tous les termes de cette nouvelle équation, chacun par fon expofant, & divifant le produit par le triple de l'inconnue.* Ainfi de fuite jufques à ce qu'on foit parvenu

à

à une équation du premier dégré. Chacune de ces équations s'appelle *Cascade.* Voïez l'*Algébre* de M. *Rolle*, & les *nouveaux Élémens d'Algébre* de M. *Lagni.*

Cette méthode d'approcher d'une racine est plus expéditive que celle de M. *Descartes*, & plus sûre que la méthode de médiation. Quel dommage qu'elle soit vicieuse! Selon M. *Bernoulli*, non-seulement on n'approche point de la racine, mais encore il arrive souvent qu'après quelques opérations on s'en éloigne; & cela, parce qu'on est obligé de négliger certaines quantités; d'où naît une erreur considérable. *Bernoulli Op. T. III. p.* 533.

CASEMATE. Terme de Fortification. Flanc bas, ou second flanc d'un bastion destiné à détruire les galleries, tandis que le flanc haut travaille à démonter le canon de l'assiégeant, & à suppléer à ceux-ci, lorsque l'ennemi les a détruits, ou qu'il est assez avancé vers la place, pour en être à couvert. Les *Casemates* sur-tout protégent merveilleusement le fossé.

On prétend que le nom de *Casemate* vient du mot *Casa*, qui signifie chambrette, logement; parce qu'en effet sous le rampart du flanc haut, & au niveau du flanc bas, on pratique des voûtes, pour y enfermer des canons. Le sentiment le plus suivi est que les Italiens ont imaginé cette sorte d'ouvrage.

Cette invention qui étoit bonne pour le tems passé, est inutile aujourd'hui. M. de *Vauban* en a condamné entierement l'usage; & M. de *Vauban* ne l'a condamné que pour de bonnes raisons. Les principales sont, 1°. que les *Casemates* ne sont point tenables, lorsque le canon tire, par la fumée qui en fait bien vite déloger; 2°. que le flanc haut se trouve par-là incommodé; 3°. que son feu fatigue extrêmement l'assiégé qui est en-bas; enfin, qu'elles présentent à la bombe un lit sur lequel elle ne tombe que pour faire un fracas horrible, qui nuit tout à la fois & aux personnes qui s'y trouvent, & à celles qui sont logées sur le bastion.

Après ces observations je pense que le Lecteur n'est pas bien curieux de savoir la construction des *Casemates.* Elle est d'ailleurs différente, suivant les différens Auteurs, qui les ont cru avantageuses. Les Italiens, les Espagnols, le Chevalier *De Ville*, le Comte de *Pagan*, chacun a prescrit à cette fin des regles, selon qu'il l'a jugé à propos. Et à quoi bon se charger la mémoire de détails inutiles? C'est bien assez de retenir ceux qui peuvent nous servir.

CASSIOPE'E. Constellation remarquable dans la partie Septentrionale du Ciel près de Céphée. Elle est composée de..... étoiles. (*Voïez* CONSTELLATION.) Les plus claires de

celles qui la forment, représentent le nombre 3. Quant aux fictions des Poëtes à l'égard de cette constellation, *Voïez* CEPHE'E. *Bayer* dans son *Uranométrie Tab. K.* & *Hévélius* dans son *Firmamentum Sobiescian. Fig. IV.* donnent la figure de la constellation même. Ce dernier Auteur marque encore la longitude & la latitude des étoiles qui s'y trouvent, dans son *Prodrom. Astronom. pag.* 279. *Schiller* en fait la *Sainte-Marie-Magdeleine*; *Harsdorffer* la nomme *Mulier Sedis*, *Sella Sedis Regalis*, *Siliquastrum*, *Solium*, *Thronus.* Elle est appellée parmi les Arabes, *Canis*, ou *Cerva*; & parmi les Hébreux, *Abenezram.*

CASTOR. Etoile de la seconde grandeur dans la tête du premier des Gémeaux. On donne encore le nom de *Castor* à tout le Gémeau, en nommant l'autre *Pollux.* Il est aussi appellé *Aphellan*, ou *Avellar*, *Apollon*, *Rasalgenre.* (*Voïez* GEMEAUX.)

CASTOR ET POLLUX. C'est ainsi que les Physiciens appellent un météore double, qui paroit, en mer après une grande tempête, au haut des hunes des vaisseaux. Ce météore, que les Anciens nommoient *Héléne*, & que les Marins appellent *Feu Saint Elme*, lorsqu'il est seul, est une flamme que l'on voit au haut des mâts, & même sur les cordages, & qui ne gâte rien. Les Païens se réjouissoient, lorsqu'ils voïoient *Castor & Pollux*, le Feu Saint Elme double, connu par eux sous les noms de *Dioscures*, ou *Tindadides*: mais ils prenoient l'allarme, dès que ce météore étoit simple. *Pline* dit, (*Liv.* 2. *Chap.* 37.) qu'une flamme, qui malheureusement descendoit, désignoit une perte inévitable du navire.

Sans s'arrêter aux sentimens ridicules de *Galien* & de *Bodin* sur l'explication de ce météore, contentons-nous de hasarder deux opinions. La premiere, que *Castor & Pollux* pris dans le simple, ou le Feu Saint Elme est une sorte de phosphore liquide, causé par des exhalaisons salines & bitumineuses, qui par la tempête s'étoient attachées au haut des mâts. Un homme d'esprit, qui a eu occasion d'observer la chose de fort près, fournit la seconde. Il croit que ce feu, ou ce météore n'est autre chose que les raïons d'une certaine lumiere produite par la grande agitation & le mouvement précipité des vagues de la mer, reflechis sur la convexité des mâts extrêmement lisses & unis par la quantité d'eau qui y coule.

Le Lecteur peut choisir de ces deux opinions, Si ce qu'on rapporte de ce météore est vrai, il s'en faut bien qu'elles en rendent raison. Les seuls récits qu'en fait le P. *Four-*

nier, tiendront long-tems les Phyficiens en échec. Les effets fimples de la nature les embarraffent, & manifeftent d'une maniere toute humiliante la foibleffe de l'efprit humain. A plus forte raifon, combien excédent fa portée ceux qui femblent avoir été en quelque forte travaillés, & dont la nature ne paroît avoir accouché qu'avec une violence extraodinaire ?

CASTRAMETATION. L'art de camper, ou de tracer les camps le plus avantageufement qu'il eft poffible, fuivant les conjonctures, les lieux, & les vûes que l'on a fur l'ennemi. Il feroit bien avantageux qu'on eût des regles fûres pour la difpofition d'une armée, d'un camp. La chofe eft de conféquence. Par malheur elle n'eft pas aifée. Difficilement fixera-t-on les principes de la *Caftramétation?* Les camps des Romains, fur la foi de *Polybe*, étoient toujours quarrés; & fi l'on en croit *Vegece*, ils changeoient de figure, fuivant la nature des terrains qu'ils occupoient. Ce dernier fentiment paroît plus vraifemblable · il eft du moins plus conforme à la raifon. Mais quelles étoient ces figures? On n'en fait rien. Les Hiftoriens rapportent feulement que leurs camps étoient toujours entourés d'un foffé, & garnis d'un parapet bordé de pieux, ou de paliffades, dont les foldats ne fe défemparoient jamais dans leur marche. Ils ajoutent que le Général occupoit l'endroit le plus avantageux du camp, afin qu'il pût le découvrir entierement, & qu'il fût témoin oculaire de ce qui s'y paffoit.

Le P. *Daniel* dit que fous *Charles VIII*, & *Louis XII*, les Généraux François fe retranchoient de telle forte dans ce camp, qu'ils le rendoient inacceffible aux ennemis. Le même Auteur entre dans un détail à l'égard de celui du Maréchal de *Montmorenci* à Avignon, qui le fait regarder comme le plus célebre. Il étoit fait de telle forte, que *Charles V*. Empereur, n'ofa jamais l'attaquer, quelqu'important qu'il fût pour lui d'en venir à une action décifive.

Cette façon de camper auroit dû être obfervée. Mais foit que les Généraux fe fiffent un fcrupule de copier le Maréchal de *Montmorenci*, foit qu'à fon exemple, ils vouluffent fe faire une méthode particuliere, chacun d'eux campa à fa maniere. Ceux-ci difpoferent leur armée en rectangle; ceux-là par quartiers. Aujourd'hui, au rapport de M. le *Blond*, les troupes en France fe campent fur deux ou trois lignes. L'infanterie eft placée au centre; la cavalerie fur les aîles, & le front du camp, qu'on nomme auffi la tête, eft entierement libre, afin que l'armée puiffe en fortant du camp, fe ranger aifément en

bataille. A l'égard des Officiers, ils fe placent à la queue de leur troupe, & quant à la difpofition de l'artillerie & des vivres, l'une eft fituée un peu avant du centre de la premiere ligne; les autres vers le milieu de l'armée entre la premiere & la feconde.

Qu'on ne me demande pas fi cette méthode eft bonne, & pourquoi, ou quelle eft celle qu'on doit fuivre ? La réponfe à cette queftion eft très-étendue; & il ne faudroit rien moins qu'un livre entier, pour la développer. Je crois qu'on doit avoir égard à des circonftances infinies; & que les regles de cet art doivent être variées autant que les circonftances qui les commandent. Convenons toutefois qu'on pourroit les borner. Dans les chofes vaftes on s'attache à des principes généraux, auxquels ces regles font fubordonnées. Mais que ces principes font difficiles à établir !

M. *Choul* a publié un Traité fur la *Caftramétation des Anciens*. *Vegece*, *Polybe*, *Stevin*, le P. *Daniel*, M. *Fontaine*, en ont écrit. M. le *Blond* a mis au jour depuis peu un *Effai* fur cet art. C'eft le feul Livre où l'on tâche d'en rechercher les regles; & j'avouerai même que les vûes de cet Auteur fondées fur la Géométrie, m'ont engagé à faire mention de la *Caftramétation*; qui, prife en général, étoit trop éloignée du plan de ce Dictionnaire, pour y avoir une place. Puiffé-je par-là avertir efficacement les Géometres qu'il feroit utile de fuivre les traces de M. le *Blond!*

<h3 style="text-align:center">C A T</h3>

CATARACTE. *Newton* appelle ainfi la colonne d'eau, qui fort d'un vafe cilindrique percé à fon fond. Par le mot de colonne on n'auroit gueres une idée de la *Cataracte*, fi je n'en donnois ici la figure; en ajoûtant que cette colonne forme une courbe hyperbolique. A B C D (Pl. XXXI. Fig. 33.) eft donc un vaiffeau cilindrique rempli d'eau. On le perce en F, & il s'agit de déterminer la route que prendra l'eau en fe vuidant.

Newton fuppofe pour cela ce cilindre d'eau chargé d'un cilindre de glace de même grandeur, & que cette glace venant à fe fondre, tombe fuivant la colonne B F G C, *Cataracte* Newtonienne. Pour mieux entrer dans la penfée de ce grand Phyficien, fuppofons comme lui, que B F, G C, foient glacés, en forte que l'eau de la glace fondue, ou l'eau de la furface B C s'écoule à travers d'un entonnoir de glace. Cet entonnoir forme la *Cataracte* d'eau fuppofée, qui va devenir réelle, en faifant fondre l'entonnoir. Car fi elle étoit moindre, ou fi l'eau, qui s'écoule, ne la remplifſoit pas exactement, elle le ſeroit par les parties d'eau B F, G C, qui ne ſeroient plus preſſées.

Telle eſt la façon, dont l'eau s'écoule, ſuivant M. *Newton*. M. *Bernoulli* n'eſt pas de ce ſentiment. Il ne croit pas que la *Cataracte* puiſſe avoir lieu, & ſoutient que les eaux A B F, G C D ne pourront ſouffrir patiemment l'eau s'écouler & ſe former la *Cataracte* B F G C. Leur preſſion, ſur leſquelles *Newton* paroît avoir en quelque maniere gliſſé, tâcheront de détruire la *Cataracte*; comme il prouve qu'ils la dérangeront en effet.

M. *Maclaurin*, pour déterminer la route que prend l'eau, pour s'échapper par le trou fait au fond du cilindre, diviſe l'eau en trois parties. La fonction de l'une eſt d'accélérer la viteſſe du fluide dans le fond; celle de l'autre à l'ouverture du vaſe, & la derniere preſſe & agit contre ſon fond. (*Traité des Fluxions*. Par *Maclaurin*.) J'entrerois avec complaiſance dans une diſcuſſion des ſentimens de MM. *Maclaurin*, *Jean Bernoulli*, & *Daniel Bern*. C'eſt à l'Hydraulique du premier, (Tome IV. de ſes Œuvres,) & à l'Hydrodinamique du ſecond qu'on doit recourir; (*Dan. Bernoulli Hydrodinar.*) Et ſi l'on veut prendre le plus court chemin, qu'on s'adreſſe au *Traité des Fluides* de M. d'*Alembert*. On y trouvera là-deſſus un détail qui ſatisfera aſſûrément. MM. *Maclaurin* & *Bernoulli* y ſont en faute. Sans doute que l'autorité de ces deux grands hommes fera quelque impreſſion ſur l'eſprit du Lecteur. Peut-être on aura de la peine à ſe déterminer. Comme la queſtion eſt une des plus importantes de l'Hydraulique, je ſuccombe à la tentation d'expoſer en peu de mots ce que je penſe à cet égard. Quel bonheur pour moi, & j'oſe le dire, quel avantage pour le public, ſi fermant les yeux ſur ces différens ſentimens, je pouvois réſoudre ce problème muni des principes que préſente ſans prévention, ou doit préſenter la nature toute nue ! Les choſes les plus difficiles ne ſont pas toujours celles qui demandent plus de frais. Il ne faut ſouvent qu'une ſimple entrévûe, pour nous les rendre ſenſibles. Quoi qu'il en ſoit, je viens au problème.

Dans le mouvement du fluide, qui s'écoule par le fond d'un cilindre percé, ou qui cherche à s'écouler, qu'y a-t-il à conſidérer ? Deux preſſions, une horiſontale, & l'autre verticale; car les fluides preſſent en tout ſens. Lorſqu'on a percé un cilindre plein d'eau, toute la colonne d'eau, qui répond à ce trou, eſt déterminée par ſon propre poids à tomber. Mais cette colonne ne peut céder, ſans eſſuier la preſſion du fluide, ſuivant le ſens horiſontal. De façon que ſi la preſſion ſur cette colonne l'emporte ſur ſon poids, l'eau ne s'échappera pas. Le calcul eſt aiſé à faire. On n'a qu'à déterminer la grandeur du cilindre; & à trouver (par les loix de l'Hydroſtatique) & le poids de la colonne d'eau qui répond au trou, & la preſſion latérale du fluide contre cette colonne. Si le poids de la colonne l'emporte, elle tombera avec un poids autant diminué que la preſſion aura été forte. Que la colonne peſe 2 livres, & que la preſſion qu'elle ſouffre, ſoit d'une livre. La colonne ſera diminuée d'une livre, & ce ſera avec cette force que ſe fera l'écoulement. La preſſion eſt-elle de 2 ? point de deſcente. L'expérience, quand on voudra, donnera à ce raiſonnement tout le poids néceſſaire, pour mériter qu'on y ajoute foi. Voïons maintenant en peu de mots quelle ſorte de route va prendre cette colonne, pour ſe faire jour au travers de cette preſſion. Diviſons le fluide en pluſieurs tranches horiſontales.

D'abord la premiere tranche; comme la plus élevée, aïant plus de chûte, aura plus de viteſſe; la ſeconde étant plus baſſe, en aura moins; la troiſiéme encore moins, ainſi en diminuant juſques à la derniere. De-là il ſuit que la premiere tranche, par cette viteſſe qui lui donnera une force comme le quarré, ſera face à la preſſion, & évaſera l'eau avec une certaine force; la ſeconde avec une moindre : ainſi en décroiſſant comme le quarré de leur hauteur particuliere. Mais ce décroiſſement donnera priſe à la preſſion latérale, c'eſt-à-dire, aux tranches horiſontales, qui répondent au fond du cilindre, & qui entourent la colonne. Cette preſſion augmentera donc comme le quarré. Ainſi ces tranches ſeront entre elles comme le quarré de leur longueur. Je laiſſe aux Géometres, qui aiment à trouver de quoi s'exercer eux-mêmes, le ſoin de déterminer la courbe que décrira l'eau en tombant de part & d'autre, & la figure qu'elle forme par ſon écoulement. Le travail n'eſt pas grand. Et ce ſeroit pour moi une grande ſatisfaction d'apprendre qu'on y a ſongé.

CATAPULTE. Machine dont les anciens faiſoient uſage, pour lancer des javelots. Voilà preſque tout ce qu'on ſait de la *Catapulte*. Sa deſcription n'a encore été entendue de perſonne. Celles que donnent *Athénée*, *Ammian Marcellin*, *Vegece*, *Jocundus*, *Robertius Valtarius*, un Anonyme, dans un Livre intitulé *Notitia Imperii*; *Choul*, & *Vitruve*, n'ont aucun rapport l'une avec l'autre, & paroiſſent avoir été plutôt inventées depuis les Anciens, que copiées d'après eux. Seulement on ſait, & c'eſt *Lucain* qui nous l'apprend, que les *Catapultes* lançoient les javelots avec une fi grande force , qu'ils per-çoient plufieurs hommes les uns après les au-trés. L'Auteur Anonyme du *Notitia Imperii* dit que les *Catapultes* portoient d'un bord du Danube à l'autre bord ; & on fait par le té-moignage de plufieurs Savans, qu'il y en avoit qui poussoient des javelots de la gran-deur de nos chevrons. A ces faits, *Athenée* ajoute la defcription d'une de ces machines qui avoit 15 coudées, & assûre qu'*Agefiftra-tus* en avoit fait une, qui quoique longue feulement de trois palmes, portoit cependant jufques à environ 300 toifes.

Tous ces détails n'inftruifent que peu & de la forme de la *Catapulte*, & de la façon dont on la manœuvroit pour la faire agir. *Vitruve* prétend que cette machine avoit deux bras, c'eft-à-dire, des pieces de bois, qu'on faifoit plier avec des cordes, qui fe bandoient comme des moulinets. Mais com-ment ces bras frappoient-ils le javelot ? com-ment arrêtoient - ils la détente ? comment étoient-ils arrêtés avant la détente ? comment cette détente fe faifoit-elle ? & enfin quelles étoient les proportions des trous par lefquels les cables étoient paffés ? Aucun Commenta-teur de la *Capulte* n'a fatisfait à ces queftions. Seulement ils difent que les Anciens jugeoient de l'égalité de tenfion par l'égalité des tons que les cordes rendoient, & la conjecture la plus générale fur fa maniere d'agir, eft que des bras droits & élevés frappoient le javelot avec une corde tendue en maniere d'arc, mais de telle forte que ce n'étoient point les bras, qui étant pliés & contraints, fiffent effort, pour fe remettre en leur état naturel, comme des arcs, ces bras étoient des léviers, qui fans plier, forçoient des cor-dages, dans lefquels ils étoient engagés, à s'al-longer. C'eft ces cordages, qui en voulant fe remettre en leur état naturel, forçoient à leur tour les léviers qui tiroient la corde de l'arc, & produifoient l'effet de la machine.

A dire vrai, tout cela n'eft pas aifé à com-prendre. Auffi M.*Perrault* prétend-il que la *Ca-tapulte* agiffoit différemment. Il veut que les deux arbres de cette machine fuffent des ar-bres joints, & mis côte à côte, plantés de-bout, & arrêtés au bas de la *Catapulte*, com-me les mâts d'un vaiffeau, afin que les bouts d'en-haut qui fe rapportoient aux trous des chapiteaux, quand ils étoient tirés par les cables que l'on paffoit par ces trous, allaffent enfemble, en fe détendant, frapper d'un mê-me coup le javelot. A l'égard de l'obferva-tion du ton de la corde, il fervoit, fuivant M. *Perrault*, à faire connoître que les deux arbres étoient tendus également. Sans cela, le bras qui auroit été le moins tendu, n'au-

roit point fervi, parce que l'autre auroit déja pouffé le javelot, avant qu'il eût pû le toucher.

La maniere dont M. *Perrault* veut qu'on ban-dât les leviers, eft tout à la fois ingénieufe & vraifemblable. Il faut avoir la figure de la *Ca-tapulte* fous les yeux, pour la comprendre. Si j'euffe penfé que cette machine fût de quel-que utilité, j'aurois donné cette fatisfaction au Lecteur. Mais des fatisfactions, fans au-cun avantage réel, ne rempliffent qu'à demi mes vûes, & autant que je puis, je les ac-complis. Je renvoïe donc à l'*Architecture de Vitruve*, *pag.* 333.

CATADIOPTRIQUE. Science de la réflection & de la réfraction tout enfemble. C'eft la réu-nion de la dioptrique & de la catoptrique. Cette réunion fert principalement pour les télefcopes. (*Voïez* TELESCOPES.) On réfout auffi par ee moïen quelques problêmes parti-culiers ; & ces problêmes aboutiffent prefque tous à redreffer les objets que la catoptrique & la dioptrique féparées repréfentent ren-verfés.

Les objets que repréfente un miroir, paroif-fent tous à contre fens. Ce qui eft à droite fe voit à gauche, & ce qui eft à gauche à droite. Et fi ces objets font renverfés en fortant d'un verre par la dioptrique, le miroir, par la ca-toptrique renverfant cette apparence, remet-tra l'objet dans fa fituation naturelle. Ceci ne mérite pas une explication plus étendue. Elle peut conduire à la pratique de ee pro-blême, qui retourné & remanié de différen-tes façons, en fournira plufieurs autres de la même efpece. Les perfonnes qui voudront avec cela un guide, le trouveront dans la *Dioptrique oculaire* du P. *Chérubin*, *p.* 144.

CATHETE. En Géométrie e'eft l'un des côtés d'un triangle rectangle, qui font perpendi-culaires. En dioptrique c'eft premierement une ligne droite qu'on conçoit tomber per-pendiculairement d'un objet fur la ligne qui le réfléchit. Cette ligne fe nomme *Cathete d'incidence*. En fecond lieu, fi l'on conçoit une ligne droite tirée de l'œil perpendicu-lairement à la ligne réfléchiffante, on appelle cette ligne *Cathete de l'œil*, ou *Cathete de ré-flexion*. Enfin, *Cathete* eft encore une perpen-diculaire tirée d'un point de réflexion au plan d'un miroir. Et voilà pour la catop-trique.

CATHETE. Terme d'Architecture. Sorte d'axe par lequel on conçoit qu'eft enfilé un ba-luftre, ou une colonne, &, dans le chapiteau Ionique, la volute.

CATOPTRIQUE. Partie de l'optique, qui a la réflexion de la lumiere pour objet. Tou-tes les furfaces polies préfentent des fpecta-cles qui ne font que des effets de la *Catoptri-*

que. La regle fondamentale de cette partie de l'optique est que l'*Angle de reflexion est égal à l'Angle d'incidence.*

Fermat, Hughens, Keil, Bernoulli ont démontré cette vérité ; & personne ne la conteste. C'est beaucoup. Elle est le fondement de toute la *Catoptrique,* & par elle on explique aisément tous les effets qui en émanent. Cependant il est très-difficile de la soutenir dans la pratique, quand on considere que les surfaces les plus unies sur lesquelles la lumiere tombe, sont très-raboteuses. La chose saute aux yeux aidés d'un bon microscope. Or cela étant, comment est-il possible, dit-on, que la lumiere réfléchisse de la même maniere, ou sous le même angle qu'elle tombe ? Cette inégalité dans les parties d'une glace, par exemple, ne doit-elle pas nuire au mouvement direct & réfléchi de la lumiere ? La proposition que l'angle de réflexion est égal à l'angle d'incidence, n'est donc vraïe que dans la spéculation. D'un autre côté si l'on fait attention qu'avec ce principe on rend raison avec beaucoup de justesse de tous les effets de la *Catoptrique,* on est fort embarrassé.

Kepler, pour concilier le tout, a cru, ou a voulu que la lumiere ne fût point réfléchie des parties d'une surface polie, mais de l'air qui formant autour de ces surfaces une sorte d'atmosphere, & bouchant par conséquent les pores, unissoit parfaitement la surface. C'est de cette surface, selon *Kepler,* que la lumiere est réfléchie. Ce sentiment paroît & bien forcé & bien légerement conçu. Un fluide aussi élastique que l'air, reste bien difficilement tranquille, & comme resserré dans des pores. Quand même cela pourroit être, l'air ne réfracte-t-il pas la lumiere, au lieu de la réfléchir ? &c.

Newton a pensé comme *Kepler,* que la réflexion de la lumiere ne se fait point des parties solides des corps. Il imagine une certaine vertu répulsive, qui repousse la lumiere, avant qu'elle soit parvenue sur ces parties. Une semblable opinion n'auroit pas trouvé toute nue beaucoup de crédit. Il lui falloit une autorité aussi grande, & par conséquent aussi respectable que celle de *Newton,* pour passer paisiblement pour une cause physique. M. *Muschenbroeck,* qui assûrément ne peut pas être suspect, juge que la meilleure raison, qu'on a donnée là-dessus, ne vaut rien ; & il aime mieux rapporter entierement au Créateur la cause de ce phénomene, que de se hasarder à former des conjectures qui ne soient que cela. Une conduite si sage est un modéle de conduite pour les plus habiles. Mais cette défiance ne doit pas mettre des bornes

aux efforts des Physiciens. Plus la foiblesse de l'esprit humain se manifeste, & plus ce même esprit doit tâcher, en se reconnoissant, d'aspirer à cette perfection, à ce développement dans lequel il paroîtra fort & dans son beau. A cette réflexion doit sa naissance une conjecture, qui tient à la question que j'examine.

Un verre réfléchit la lumiere : on le sait. Un verre couvert d'un côté de vif argent, ou noirci, en réfléchit beaucoup davantage : cela est encore vrai. Eh ! pourquoi se fait-il là une moindre réflexion qu'ici ? Sans doute que le vif argent, ou le noir sont ici pour quelque chose : observation également naturelle & importante.

Le verre est un corps très-diaphane. En cette qualité il réfracte la plus grande partie de la lumiere qu'il reçoit. Mais en qualité de corps, il en réfléchit une partie. C'est cette foible partie qui nous rend visibles, lorsque nous nous regardons d'un certain sens dans une glace. Et là-dessus on dit que la lumiere qui tombe sur cette glace, doit être réfléchie ; & si elle l'est, comme il le paroît, des parties de la glace, elle doit l'être très-irrégulierement ; puisque ces parties sont très-irrégulieres elles-mêmes. Reprenons la question plus haut.

Une glace couverte de vif argent, ou noircie, brille, réfléchit la lumiere, pour ne parler ici que de la réflexion. Le noir est une privation de lumiere ; de sorte que cette couleur qui n'en est pas une, absorbe toute la lumiere qu'elle reçoit. Autant il en tombe, autant de perdu. Les pores du verre doivent donc être remplis de cette lumiere dans lesquels elle a passé, dans lesquels elle est logée. Voilà donc les pores pleins exactement. Ainsi la lumiere qui viendra tomber sur cette derniere, retenue par les sinuosités des pores du verre, réfléchira elle-même ; & cette surface étant unie, comme l'on vient de voir, réfléchira la lumiere sous le même angle qu'elle l'aura reçue. Reste à développer cette vérité pour les parties solides de la surface.

On ne sauroit disconvenir que les parties raboteuses ne réfléchissent irrégulierement la lumiere. Mais celle qui y tombe, est-ce celle qui est réfléchie ? Cette question ne doit point étonner. Le mouvement progressif de la lumiere, ainsi que la vitesse infiniment rapide de ce mouvement, étant bien digérée & bien conçue, tâchons de la saisir dans l'instant de chûte, si cet instant peut être saisi par l'imagination. Servons-nous, pour la soulager, d'un amas de raïons échappés par un trou ménagé dans une chambre exactement fermée de toutes parts. Dans le moment donc que ces raïons tombent, ils font difperfés à droite & à gauche. Une foible & très-foible partie eft renvoïée dans un fens contraire ; & avant qu'elle ait eû le tems de fe réfléchir fenfiblement, ne voilà-t-il pas d'autres raïons qui ne ceffant de couler, heurtent néceffairement tout ce qui fe trouve à leur paffage. Or ce ne font pas les parties folides de la glace, ou du miroir qui fe préfentent actuellement. Ce font les premiers raïons qui étoient réfléchis irregulierement, qu'elle rencontre ; & ces premiers raïons élevés au-deffus de la furface préfentent eux-mêmes une furface inégale fur laquelle elle réfléchit regulierement & irregulierement. Les réflects réguliers font renvoïés comme les premiers fous un angle égal à l'angle d'incidence. Arrive un autre contre-coup qui produit le même effet ; & cela continue toujours jufques à ce que les raïons foient enfin réfléchis fous le même angle qu'ils font tombés ; parce que cette furface que forme la lumiere par-deffus le miroir, ou le corps poli, quel qu'il foit, devient enfin parfaitement unie.

Plus on étudiera le mouvement progreffif de la lumiere, & plus cette explication paroîtra naturelle & fenfible. Je le dis, parce que je le crois : ce mouvement de progreffion, & la rapidité de cette progreffion renferment les principales caufes qui regardent l'optique. Eh, combien de myfteres évanouïs depuis que les Phyficiens y font attention !

2. Après avoir établi ce principe, que l'angle de réflexion eft égal à l'angle d'incidence dans la théorie comme dans la pratique, je vais tâcher de rendre raifon des effets qui réfultent des miroirs plans, convexes & concaves. Par *Miroir* on n'entend pas feulement une glace unie, couverte de vif argent ; mais en général tout corps affez poli, pour produire le même effet que la glace. Ceux de glace ont une propriété & un défaut en même-tems. A cela près ils ne different nullement des autres.

Dans un miroir plan les objets paroiffent toujours renverfés & retournés. Si un miroir plan eft parallele à l'horifon, & que l'objet foit vertical, il paroîtra renverfé. S'il eft incliné fous l'angle de 45°, l'objet perpendiculaire à l'horifon y paroîtra parallele ; & celui qui y fera parallele fera vû verticalement. Et ce qui eft encore plus étonnant, c'eft qu'un objet paroît auffi loin dans un miroir, qu'il en eft réellement éloigné. Attachons-nous à ce dernier phénomene. Quand on en eft convaincu, il n'y a plus de difficulté pour les autres.

L'œil O (Planche XXVI. Figure 34.) voit dans le miroir A B le globe S. Comment le voit-il ? Les raïons *i* K, *i r*, *g t*, *g o*, partent du globe & viennent fe réfléchir dans le miroir fur l'œil O, fous le même angle qu'ils y font tombés. Prolongeant les raïons réfléchis *a k*, *b r*, *a t*, *b o*, jufques à leur point de réunion pour repréfenter l'objet que l'œil voit & par lefquels il juge, on aura les triangles *k x r*, *y t o*, égaux aux triangles *i k r*, *g t o*, comme il eft aifé de le montrer. D'où l'on conclud, que le globe doit paroître autant éloigné derriere le miroir qu'il l'eft effectivement.

Cela pofé, on explique comment un objet vertical eft vû renverfé dans un miroir horizontal. Sans détailler la figure 35 qui peut parler toute feule, obfervons que la tête de la petite ftatue S doit paroître autant éloignée dans le miroir qu'elle en eft réellement. Le point P doit être vû de même, & en général tout ce qui eft renfermé entre les points K, S, P, doit être fitué de même dans le miroir. On n'a qu'à former comme auparavant les triangles par lefquels l'œil voit, en obfervant ce qui a été dit ci-devant & les conditions de l'éloignement, on trouvera que le point K tombera au point *i* ; le point P au point *y*, & que toute la figure fera renverfée.

C'eft ainfi qu'on explique pourquoi & comment les objets vus dans un miroir incliné paroiffent en une fituation oppofée à leur fituation préfente. Il n'y a qu'à faire attention que le miroir, ainfi fitué, approche plus d'un côté de l'objet que l'autre, & que l'éloignement doit être compenfé dans le miroir. Or, pour que cela foit, il faut que de l'objet, lorfqu'il eft vertical, ce qui eft en haut paroiffe en bas, & ce qui eft en bas en haut : d'où il devient parallele à l'horifon, Si au contraire l'objet eft horifontal, par la même raifon il paroîtra vertical, parce que la partie la plus éloignée paroiffant plus loin à l'éloignement, redreffera l'objet. La fig. 36 (Pl. XXVI.) découvrira tout cet artifice & tiendra lieu d'un raifonnement plus étendu.

3. Lorfqu'on combine la fituation des miroirs plans, renvoïant fous différens angles les objets de leur réflexion, qu'on fait voir dans une chambre ce qui fe paffe en une voifine. (Voïez *les Récréations Mathématiques d'Ozanam, T. III.*) Quand deux miroirs font un angle aigu, ils multiplient l'objet à mefure que l'angle diminue, fuivant cette proportion.

Angle de deux miroirs		Objet multiplié
	85 à 72°	4 fois.
	70 à 60	5
depuis	60 à 51	6
	50 à 43	7
	42	8
	40	9
	36	10
	30	11
	&c.	

En joignant à ces miroirs ainsi inclinés un troisiéme miroir, l'objet est repeté une infinité de fois. Il ne faudroit rien moins qu'un mémoire entier pour expliquer tout cela. Après ce que j'ai dit de la reflexion, on peut y suppléer. M. *Muschenbroeck*, qui a calculé la table que j'ai rapportée, a omis les preuves, qui l'auroient, dit-il, mené trop loin. Et encore M. *Muschenbroeck* a écrit *ex professo* là-dessus. À plus forte raison dois-je être dispensé de les donner, & je les omets avec d'autant moins de regret, qu'on pourra les déduire avec un peu de reflexion des principes établis.

4. J'ai parlé de la différence des miroirs de métal & des miroirs de glace. C'est ici le lieu de la faire connoître. Déja on sait que les miroirs ont une propriété & un défaut: je l'ai dit. La propriété est que les objets paroissent double dans un miroir de glace, & que la flamme d'une chandelle y est repetée jusques à six fois, mais toujours plus foiblement, lorsqu'on se place en la regardant dans le miroir, d'une maniere fort oblique. C'est là une propriété & un défaut véritable dans l'usage qu'on fait des miroirs dans l'astronomie. L'une n'est point différente de l'autre.

Si l'on demande la raison de cet effet aux Physiciens, ils répondent, que la surface antérieure & la postérieure du miroir refléchissent la lumiere. Cela est assez mal-aisé à concevoir, à moins qu'on ne veuille après *Newton*, que la lumiere soit refléchie du sein des pores de l'argent vif. Si cela est, comme il faut dans ce sentiment que cela soit, on est encore bien éloigné d'en savoir la raison. On a déja vû mon idée là-dessus. Renfermeroit-elle l'explication de ce phénomene? C'est ce que je laisse à décider.

5. Voilà bien du merveilleux. Parmi les simples & ceux qui ne le sont pas tout-à-fait, un *Catoptricien* peut passer fort facilement pour un sorcier, disons mieux pour un homme extraordinaire. En effet, à moins d'être instruit, la *Catoptrique* renferme des choses qui tiennent du prodige. Les seuls miroirs plans en font voir de véritables. Quand il

n'y auroit que celui qu'un miroir de deux pouces de surface représente une infinité d'objets, n'en est-ce pas un bien grand? Et ce ne sont encore là que des miroirs plans. On en taille de convexes & de concaves, & chacun de ces miroirs offre un spectacle particulier. Une personne qui se regarde dans un miroir concave, fut-elle étique, elle se trouve tout à coup dans un embonpoint, capable d'effraïer ceux qui cherissent le plus ce pesant état. Une autre qui se plaindroit d'être trop grosse, diminue sur le champ, lorsqu'elle se regarde dans un miroir convexe. Y a-t-il ici quelqu'illusion d'Optique? Non, & rien n'est plus simple. Les miroirs sphériques renvoient les raïons refléchis sous des petits angles, & de plus petits angles que ceux d'incidence, & les concaves sous des plus grands. L'œil, qui voit par ces raïons, doit voir ceux-là diminués & ceux-ci augmentés.

La tête D C (Planche XXVI. Figure 37.) se présente devant un miroir convexe A B. Les raïons B R, C S, qui partent des extrémités de cette tête, en tombant sur le miroir A B, y tombent sous des angles bien plus petits qu'ils ne tomberoient sur le miroir plan, à cause de la convexité A R S B, qui diminue l'angle. Cet angle étant égal à celui de reflexion, forme un angle visuel fort petit, & c'est sous cet angle que l'image *d c* est vûe. Le même raisonnement renversé servira à expliquer l'effet des miroirs concaves; effet qui est représenté par la figure 38. Pl. XXVI.

Le plus ancien Auteur sur la *Catoptrique* est *Euclide* (*Elementa Opticæ & Catoptricæ,*) vient ensuite *Alhazen*, *Vitellio*, *Risnerus*, *Ptolomée*, *Joannes Penancus*, *Ambrosius Rhodius*, *Roger Bacon*, & en général presque tous les Savans qui ont écrit sur l'Optique. *Voïez* OPTIQUE.

C A V

CAVALIER. Ce terme, qui est un terme de Fortification, signifie deux choses en cet art, une élévation de terre au-dessus du terre-plein du bastion, & une élévation dans la tranchée. Le *Cavalier* de bastion est une plate forme garnie de canons, qui défendent les éminences que les bastions n'auroient pû garantir, & que l'ennemi auroit pû battre de front & de revers. La construction de cet ouvrage est telle. Au dedans du bastion on tire à 10 toises des faces deux lignes *y z*, *z x*, (Planche XLV. Figure 24.) qui leur soient paralleles; & après avoir prolongé les côtés du triangle équilatéral E A *i*, (tracé par l'orillon du bastion,) de 10 toises chacun, on décrit du sommet E de ce triangle un arc S Y.

Cette figure tracée, on l'éleve 12 à 15 pieds

de terre au-deſſus du rempart. On revêt le tout de brique ou de gazon. Si c'eſt de brique, ſon talus vers les faces eſt égal au 6e de ſa hauteur ; & ſi on fait uſage du gazon , il eſt égal à ſa hauteur. Aïant ajouté à cet ouvrage un parapet & une banquette, comme au rampart, le *Cavalier* eſt achevé. Pour y monter , on fait ordinairement deux rampes de 2 toiſes de large , & de 6 toiſes de long, qui ſe terminent vers les courtines.

2. L'autre eſpece de *Cavalier*, nommé *Cavalier de tranchée*, ſe conſtruit à 13 ou 14 toiſes du chemin couvert, où la tranchée finit. On connoît cette diſtance, en jettant des grenades qui tombent alors dans le chemin couvert, & qui ne peuvent pas y aller, lorſqu'on en eſt plus éloigné. S'étant muni de beaucoup de gabions, on éleve le *Cavalier* A B, (Planche XLV. Figure 39.) dont on voit ici le profil. Cette élévation ſe pouſſe juſques à ce qu'un homme en H découvre le chemin couvert E. Le jour finiſſant, des travailleurs ſe hâtent de ranger des gabions qu'ils poſent les uns ſur les autres, & en font trois rangées, diſtantes d'un pied & demi l'une de l'autre. On remplit ces gabions de terre & de faſcines ; & on les borde des ſacs à terre, en pratiquant de jour des eſpeces de créneaux néceſſaires pour faire feu ſur l'aſſiégé qui ſe trouve dans le chemin couvert. Ce travail eſt pouſſé ordinairement avec tant de vigueur, que le *Cavalier* eſt conſtruit à la pointe du jour. Les grenadiers venant alors y prendre place, ſoutenus & aidés par des bombes, des pierres, & des batteries à ricochet, en chaſſent l'ennemi. M. de *Vauban* dans ſon *Traité de l'Attaque & de la Défenſe des Places*, *Chap. XIII.* a parlé fort au long de la conſtruction & de l'uſage des *Cavaliers de tranchée ;* Ouvrage moderne dont on ignore l'Inventeur.

CAVET. Terme d'Architecture. Moulure ronde creuſée. C'eſt un *ove* qui rentre, au lieu de relever comme les oves ordinaires.

CAULICOLES. Petites bandes, petits rouleaux, ou petite lignes qui ſupportent en apparence l'abaque du chapiteau de l'ordre Corinthien.

CAUSTIQUES. Courbes formées par des raïons de lumiere réfléchis ou réfractés, en tombant ſur une autre courbe. Les *Cauſtiques* ſe diviſent en deux eſpeces. Celles qui ſont formées par des raïons réfléchis, s'appellent *Cauſtiques par réflexion.* Et on nomme *Cauſtiques par réfraction* celles qui proviennent des raïons réfractés. *Tſchirnaus* eſt l'Inventeur des *Cauſtiques.* Il en communiqua & ſans analyſe la nature & la rectification en 1682 dans les *Actes de Leipſic,* (*Acta Eruditorum*) du mois de Novembre de cette année. Car les *Cau-*

ſtiques ont tout cela. Pour donner une idée de ces courbes, attachons-nous premierement aux *Cauſtiques par réflexion.*

2. Soit une lumiere L, (Planche III. Figure 40.) qui renvoïe du point L, les raïons L K, L F, L H, L I &c, qui ſe réfléchiſſent aux points K, F, H, I, &c. de maniere que les angles de réflexion ſont égaux aux angles d'incidence. Si l'on fait paſſer par ces raïons une courbe Q P Q R, à laquelle ils ſoient chacun autant de tangentes, cette courbe ſera nommée *Cauſtique par réflexion.*

Pour la décrire, M. *Bernoulli* réduit le cas à une queſtion bien ſimple, Aïant tiré à angles droits (Planche III. Figure 41.) deux lignes A B, B C, & porté la regle D E ſur ces deux lignes qui peuvent repréſenter les jambes d'un compas, il s'agit de décrire une courbe A K C, à laquelle ſoit tangente la regle D E, de quelque façon qu'on la place entre A B & B C. A cette fin on cherche une troiſiéme proportionnelle entre A D & D B. Ce qui donne le point K, par où la courbe doit paſſer, & auquel la regle D E eſt tangente.

M. *Bernoulli* dans le III. Tome de ſes Œuvres, pag. 466, donne une autre conſtruction, & il démontre à ce même endroit, qu'*Une partie quelconque d'une Cauſtique par réflexion eſt égale au raïon d'incidence, plus au raïon réfléchi.*

M. le Marquis de l'*Hopital* recherche les *Cauſtiques par réflexion* d'une façon plus particuliere. Il ſuppoſe la courbe ſur laquelle tombent les raïons, la diſtance du point lumineux à cette courbe, & le point incident connus, & il trouve après cela ſur le raïon réfléchi le point qui touche la *Cauſtique. Analyſ. des Inf. pet. pag. 106.*

On ſuppoſe ici la diſtance du point lumineux à la courbe finie. Lorſqu'elle eſt infinie, les raïons ſont paralleles, & alors le problème ſe déduit fort facilement de l'autre.

La ſuppoſition que fait M. de l'*Hopital*, que la courbe K F, H I, (Planche III. Figure 40.) eſt connue, eſt abſolument néceſſaire, pour déterminer d'une façon plus particuliere la nature de la *Cauſtique.* Une courbe géométrique donne toujours par réflexion une *Cauſtique* géométrique & rectifiable. La *Cauſtique* d'un cercle, par exemple, eſt une cycloïde formée par la révolution d'un cercle autour d'un autre cercle ; celle d'une demi cycloïde, quand le point lumineux eſt infiniment éloigné, ou que les raïons ſont paralleles, eſt une cycloïde ordinaire ; celle d'une logarithmique ſpirale eſt auſſi une logarithmique ſpirale ; &c. *V. Bernoulli Op. Tom. III. l'Anal. des Inf. pet. du Marq. de l'Hôpital,*

Cauſtique

Cauftique par réfraction. On fait déja que cette courbe eft formée par des raïons réfractés par une autre courbe. Etendons cette connoiffance. Soit L un point lumineux, (Planche III. Figure 42) d'où partent les les raïons L G, L K, L H, qui vont fe rompre fur la courbe G K H, en s'éloignant ou en s'approchant de la perpendiculaire K M; de façon que le finus d'incidence D F, & celui de réfraction E I foient en raifon conftante, la courbe E P, à laquelle les raïons réfractés G O, K E, H P, font tangentes, eft nommée *Cauftique par réfraction.*

M. le Marquis de l'*Hopital* réduit la regle générale de ces *Cauftiques* à la folution de ce problême. Suppofant que la nature de la courbe, G K H eft donnée de même que L K, diftance du point lumineux L à la courbe G K H, trouver le point E, où le raïon K E touche la *Cauftique par réfraction.* Cette courbe a les mêmes propriétés qu'une *Cauftique par réflexion.* Si elle eft formée par des raïons réfractés fur une courbe géométrique, elle eft géométrique & rectifiable. La logarithmique fpirale donne pour *Cauftique par réfraction* une logarithmique fpirale, &c. Au refte, une courbe n'a qu'une feule *Cauftique par réflexion*, & *par réfraction*, lorfque le point lumineux & le rapport des finus font donnés.

C A Z

CAZIMI. Nom Arabe qu'on donne au centre du foleil. Les Aftrologues difent qu'une planette eft en *Cazimi*, quand elle n'eft éloignée du centre du foleil, au-delà de 17 minutes, ni en longitude ni en latitude.

CAZUMON. Nom que quelques Aftronomes donnent aux nœuds de l'orbite de la lune, qu'on appelle autrement la tête & la queue du dragon.

C E G

CEGINE. Etoile de la troifiéme grandeur, qui eft fur l'épaule gauche du Bootes; d'où quelques-uns ont donné ce nom à toute cette conftellation. Il y en a qui nomment ainfi la conftellation de *Cephée.*

C E I

CEINTURE. Terme d'Architecture civile. Anneau qui termine le bas & le haut d'une colonne. Ici on le met fous l'oye, & on le nomme alors *Collarin* ou *Collier.*

C E L

CELESTE. Globe *Célefte.* (*Voïez* GLOBE.)
CELERITE'. *Voïez* VITESSE.
Tome I.

CENTAURE. Conftellation dans la partie méridionale du Ciel, derriere l'hydre, qui ne fe leve jamais chez nous. (Pour le nombre des étoiles, dont elle eft compofée, *Voïez* CONSTELLATION.) On trouve cette conftellation rangée par M. *Halley* dans le *Prodrom. Aftron.* de *Hévélius*, *pag.* 351. & dans les *Obfervat. Mathém. & Phyfiq.* du P. *Noël*, *pag.* 50 *& fuiv.* Et on en voit la figure dans l'*Uranométrie de Bayer*, *Tab. R r*, & dans le *Firmamentum Sobiefcianum*, *fig. XX. Schiller* en fait *Abraham & Ifaac.* Ses autres noms font *Albaze*, *Afmeath*, *Chiron*, *Monotaurus*, *Pholos*, *Phyllirides*, *Semivir*, *Typhon.*

CENTIE'ME. Partie du nombre cent. La *Centiéme* partie d'une chofe étant prife cent fois donne la chofe entiere.

CENTRE. On ne peut guéres définir généralement ce terme. Les Mathématiciens diftinguent plufieurs *Centres*, & chaque *Centre* a une définition particuliere. Pour garder quelque ordre dans les difcuffions de ces *Centres*, je commencerai par ceux qui regardent les figures, enfuite les corps, en m'élevant ainfi par dégré à des *Centres* en quelque façon plus compliqués.

CENTRE D'UNE FIGURE. C'eft un point d'où tout fon contour eft également éloigné.

CENTRE D'UN CERCLE. Point également éloigné de tous les points de fa circonférence, de façon que les lignes menées à ce point font égales. On trouve le *Centre d'un cercle* en tirant une ligne quelconque dans le cercle terminée par un arc de fa circonférence; exactement au milieu de cette ligne on éleve une perpendiculaire, qui eft le diametre du cercle. Le point qui partage cette perpendiculaire ou ce diametre en deux, eft le *Centre du cercle* (*Euclid, L. III. Prop. IV.*)

CENTRE D'UN POLIGONE REGULIER. C'eft le même que celui qui lui eft infcrite ou circonfcrite de la figure. Celui d'une ellipfe, d'une hyperbole eft au point où fe coupent les deux axes de ces deux figures.

CENTRE DE GRANDEUR D'UN CORPS. C'eft un point qui eft également éloigné des parties qui le terminent. Le *Centre* d'une fphere eft le point duquel toutes les lignes menées à fa furface font égales. Tout corps régulier a pour *Centre* celui d'une fphere infcrite ou circonfcrite.

CENTRE DE GRAVITÉ. Le *Centre de gravité* d'un corps eft un point par lequel le corps étant fufpendu, fes parties font en équilibre en quelque fituation qu'elles foient.

CENTRE COMMUN DE GRAVITÉ DE PLUSIEURS

CORPS. C'est un point où tous les corps supposés unis les uns aux autres sont en équilibre. Pour que cela soit, il faut que ces corps soient tellement situés autour de ce point que leurs distances soient réciproquement proportionnelles à leur poids, selon les loix de l'équilibre. De-là se déduit la maniere de trouver le *Centre de gravité* d'un corps quelconque. L'imagination doit se prêter ici un peu ; car la figure est divisée en de petits poids suspendus à son diametre ou à son axe.

Supposons qu'on veuille déterminer le *Centre de gravité* d'un corps quelconque A M B D C N, (Planche III. Figure 43.) D'abord on l'imagine divisé en de petites tranches M m, n N, qui forment toutes autant de poids suspendus au point A. Il s'agit maintenant de trouver un point où toutes les petites tranches, par lesquelles la figure est composée, soient égales à la somme de leurs momens. Divisant donc cette somme par celle des poids on aura le *Centre de gravité* déterminé. Voïons un modéle du calcul pour faire cette opération.

Nommons A p, x; M p, y, & M m ou P r élément de A p, $d x$. M $m n$ N sera donc $2 y d x$, qui est M m multiplié par P r aire de la figure M $m n$ N. La somme de toutes les tranches étant prise, ou étant exprimée par S $2 y d x$, on la multiplie par la distance A p (x) de ce poids au point de suspension A ; ce qui donne S $2 y x d x$. Reste à diviser le produit par la somme des momens de tous ces poids (S $2 y d x$) & on a leur distance au *Centre de gravité* $\dfrac{S\,2\,y\,x\,dx}{S\,2\,y\,d\,x}$. $\dfrac{S\,y\,x\,dx}{S\,y\,d\,x}$.

Aïant pris l'intégrale de cette expression, on a la distance du point de suspension au *Centre de gravité* déterminée. Lorsque la figure est connue, tout cela est exactement connu. A D représentant le diametre ou l'axe ou la ligne perpendiculaire abaissée sur l'ordonnée d'une figure quelconque, le *Centre de gravité* d'un triangle est $\frac{2}{3}$ A D, celui d'une parabole ordinaire $\frac{3}{5}$, celui d'un cone droit & d'une pyramide $\frac{1}{4}$, &c.

Le *Centre de gravité du corps humain lorsqu'il est étendu*, est selon M. *Borelli* au siege des parties de la génération, c'est-à-dire, entre l'*os pubis* & les *fesses*. Les Physiciens pensent que la nature a dû placer à cet endroit le *Centre de gravité* pour faciliter l'ouvrage de la *copulation. De motu Animalium, Part. I. pag.* 134.

CENTRE DES GRAVES. Les Méchaniciens appellent ainsi le *Centre* auquel tous les corps tendent & aboutissent.

CENTRE DE MOUVEMENT. Point autour duquel un corps se meut.

CENTRE D'OSCILLATION. Point où se réunit, où se concentre la pésanteur d'un pendule composé, de maniere que les oscillations de ce *Centre* sont toujours égales à celles d'un pendule simple, qui auroit pour longueur la distance de ce *Centre* au point de suspension. La regle générale pour trouver le *Centre d'oscillation* d'un pendule composé est celle-ci. *On multiplie chaque poids, dont le pendule est composé, par le quarré de leur distance au point de suspension, & on divise cette somme par le moment des poids.* Le quotient donne la distance du *Centre d'oscillation* au point de suspension, qui est la longueur d'un pendule simple, dont les oscillations sont isochrones à ceux d'un pendule composé. En considerant les figures, quelles qu'elles soient, comme divisées en de petits poids suspendus à leur sommet, on détermine aisément leur *Centre d'oscillation*, par l'application de cette regle, de la même façon qu'on a fait usage de celle du *Centre* de gravité, pour connoître ce dernier *Centre*. Et c'est par-là qu'on sait que le *Centre d'oscillation* d'une ligne droite est au $\frac{2}{3}$ de toute la ligne ; celui d'un triangle qui oscille autour de la perpendiculaire abaissée de son sommet sur sa base est au $\frac{3}{4}$ de cette ligne ; celui d'une parabole est au $\frac{5}{7}$ de son axe ; celui d'un cilindre au $\frac{4}{5}$ de son axe ; celui d'un cone au $\frac{4}{5}$, & celui d'une sphere au $\frac{5}{7}$ de son raïon.

2.   M. *Hughens* est le premier, qui ait donné la regle générale pour trouver le *Centre d'oscillation* d'un pendule composé. Cependant ce Géometre illustre s'est fondé sur un principe qui a été contesté. Ce principe est, *que le Centre commun de gravité de plusieurs poids ne sauroit monter plus haut par l'effet de la pésanteur, que d'où il est descendu.* (*De Horologio oscillatorio Hyp.* I. *p. 93 :* & l'*Histoire des Ouvrages des Savans Juin* 1690 *p.* 449, ou *Jacobi Bernoulli Op. T. I. p.* 459.)

MM. *Catelan*, (l'Abbé) le Marquis de l'*Hôpital* & *Bernoulli* freres, ne l'ont pas trouvé aussi évident que M. *Hughens*. Ils ont eu recours à une autre voïe qui a confirmé la regle de ce dernier, mais d'une maniere un peu forcée. Exceptons cependant M. *Jean Bernoulli* qui l'a très-bien. & très-clairement démontrée dans les Mémoires de l'Académie 1714, & depuis par la théorie des forces vives. (*Bern. Op. Tom. III. pag.* 77.) Le P. *Reinau* ne doit pas être oublié. *Voïez* l'*Analyse démontrée, Tom. II. p.* 553.

M. *Wallis* avoit voulu s'attribuer la découverte de la théorie du *Centre d'oscillation* ; parce que la regle de M. *Hughens* donnoit à certains cas le *Centre d'oscillation* au même point que ce Docteur avoit assigné au *Centre* de percussion. Le pas étoit glissant. M. *Hughens* se voïoit enlever la gloire d'une découverte importante, s'il n'eut fait voir que M. *Wallis* n'avoit pas prouvé que ces deux *Centres* n'étoient qu'un seul & même *Centre*, & que la recherche de celui d'oscillation dépendoit des circonstances étrangeres à celui de percussion. Ce raisonnement parut victorieux, & M. *Hughens* a resté possesseur de sa découverte.

CENTRE DE PERCUSSION. C'est un point par lequel un corps mis en mouvement, frappe un obstacle avec toute la force dont il est capable. Plusieurs Géometres fameux tels que *Wallis*, le P. *Deschalles*, *Mariotte*, de la *Hire*, *Hughens* même, ont confondu ce *Centre* avec celui d'oscillation. M. *Bernoulli* pense que ces deux *Centres* sont fort différens. Et le sentiment de M. *Bernoulli* me paroît bien fondé. En effet, examinons la nature de chaque *Centre* en particulier. Celui d'oscillation dépend de l'action de la pésanteur, & nullement de la vitesse du pendule qui oscille. Dans le *Centre de percussion* la pésanteur n'y entre pour rien, & il ne s'y agit que de la vitesse imprimée au corps qui choque. Dans l'eau, le *Centre* d'oscillation est différent que dans l'air; & le *Centre de percussion* est le même dans l'un & dans l'autre fluide.

Le *Centre de percussion* varie encore selon la situation du corps choqué & il n'y a point de variation à craindre dans le *Centre* d'oscillation. Une différence si marquée en doit former une pour la théorie du *Centre de percussion*. Il y a là un examen à faire, que je suis forcé de livrer à la sagacité du Lecteur.

CENTRE DE ROTATION. On peut dire ici avec vérité que ce *Centre* est le même que celui d'oscillation. Quand M. *Bernoulli* ne l'auroit pas démontré il suffit de définir exactement celui-ci, pour en être convaincu. Par le mot *rotation*, on conçoit bien que c'est un corps qui tourne sur un point. Or tourner est osciller, à une différence près que voici. Tourner c'est décrire un cercle sur un point; osciller c'est n'en décrire qu'une partie. Eh! faut-il deux points pour décrire une partie d'un cercle, ou pour le décrire tout-à-fait? La chose est décidée dans l'instant que le corps commence à se mouvoir, soit qu'il doive tourner ou osciller. *Bernoulli Opera*, *Tom. IV.*

CENTRE DE CONVERSION. Des Géometres ont appellé ainsi le *Centre de rotation*. M. *Parent* dans ses *Recherches Mathématiques*, & le P. *Hoste*, dans sa *Théorie de la construction des Vaisseaux* ont tâché de déterminer le

Centre de conversion, d'une regle qu'une puissance tend à faire tourner. Mais dans l'un & l'autre le Problême y est exposé d'une maniere vague, & dans le fond n'y est rien moins que résolu. Dans le Mercure de Juin de l'année 1748, j'ai déterminé en pieds & en pouces le *Centre de conversion*, d'une regle sur laquelle agit une puissance connue. (*Voïez* aussi *l'Art de mesurer le sillage du Vaisseau* que je viens de publier.)

CENTRE DE CADRAN. Point où se réunissent les lignes horaires. C'est le *Centre* qu'on prend pour celui de la terre, ou pour le bout du style, dont la différence n'est pas sensible. *Voïez* CADRAN.

CENTRE DE L'EQUANT. Vieux terme d'Astronomie. Point dans la ligne de l'aphelie, aussi distant de l'excentrique vers l'aphelie, que le soleil l'est du centre de l'excentrique vers le perihelie.

CENTRIFUGE. Epithete que donnent les Mathématiciens à l'effort que fait un corps, pour s'éloigner du centre autour duquel il se meut. (*Voïez* FORCE CENTRIFUGE.)

CENTRIPETE. C'est ainsi qu'on nomme cette force par laquelle les corps tendent par leur pésanteur au centre de leur mouvement. (*Voïez* FORCE CENTRIPETE.)

C E P

CEPHE'E. Constellation très-notable sous la queue de la petite ourse, à côté du dragon, quoiqu'elle ne soit composée que d'étoiles très-petites & nébuleuses, dont on compte 34, parmi lesquels il y a 3 de la troisiéme grandeur, 10 de la quatriéme, 9 de la cinquiéme, & 12 de la sixiéme. *Tycho Brahé* dans ses *Progymnas. Liv. I. chap. 3. pag.* 307. rapporte l'histoire de l'élévation de *Cephée* dans les astres de la maniere suivante. *Cassiopée* femme de *Cephée*, Roi des Maures surpassant en beauté toutes les femmes de son tems, & s'étant élevée par son orgueil au-dessus des *Naïades* & de *Junon*. Elles avoient obtenu de *Neptune*, qu'il envoïât dans le Royaume de *Cephée* une baleine monstrueuse, qui désola tout le païs. *Cephée* portant des sacrifices aux Dieux, & consultant l'Oracle sur l'origine & le remede de son malheur, l'Oracle lui répondit que l'orgueil de sa femme lui avoit attiré cette vengeance, & qu'il n'y avoit pas d'autre remede que d'enchaîner à un rocher *Andromede* sa fille unique, & de la faire manger par la bête qui s'y trouvoit. Ce bon pere voulut bien sacrifier sa fille au bien de son païs, lorsque par une bonté singuliere des Dieux, *Persée* arrivant avec la tête de *Méduse*, précisément dans le moment qu'*Andro-*

mede alloit être dévorée par le monſtre, en changea ſubitement la moitié en pierre, & coupa en pieces l'autre moitié. Aïant ainſi délivré *Andromede*, il l'épouſa à l'inſçû de ſon pere. Comme *Caſſiopée* fut enſuite tranſportée dans le Ciel, pour ſervir d'exemple à d'autres, & pour conſerver une mémoire éternelle de ce fait, *Minerve* intercéda les Dieux, afin que *Cephée*, le mari de *Caſſiopée*, avec ſa fille *Andromede* & *Perſée* ſon gendre fuſſent de même placés parmi les aſtres, & qu'ainſi toute cette famille fût renduë immortelle.

On trouve la figure de cette conſtellation dans l'*Uranometria de Bayer*, *Table D*, & dans le *Firmamentum Sobiefcianum* de *Hévélius*, *Fig. C*. Ce dernier Aſtronome range les étoiles de cet aſtériſme ſelon leur longitude & latitude, parmi leſquelles il y en a 40, qu'il a obſervées le premier. *Tycho* n'en compte que 11. (Voïez *Hevelii Prodrom. Aſtronom. Pag.* 280.) *Schiller* donne à cette conſtellation le nom de *St Etienne*, *Harsdortfer* celui du Roi *Salomon*, & *Weigel* celui des armes de *Holſtein*. Cette conſtellation s'appelle encore *Vir Regius*, *Dominus Solis*, *Flammiger Japides*, *Incenſus*, *Sanaus*, *Phicares*, *Cheichius* ou *Keiphus*, *Cancaus*, *Caucaus*, *Chegnius*, *Céginus*.

CER

CERCLE. Figure plane terminée par une ligne courbe, également éloignée du point du milieu que l'on nomme centre. Elle s'engendre par le mouvement d'une ligne autour d'un point. Les Géometres diviſent le *Cercle* en 360 parties que l'on nomme *Dégrés*; le dégré en 60 parties appellées *Minutes*; les minutes en 60 ſecondes, les ſecondes en tierces, &c. Le dégré ſe marque par un o au-deſſus du chifre, qui en exprime le nombre. Pour écrire deux dégrés, on écrit 2°. Les minutes ſe diſtinguent par un trait; les ſecondes par deux, les tierces par trois, &c. 1′, 2″, 3‴, &c. une minute, deux ſecondes, trois tierces, &c.

Le *Cercle* eſt la plus belle, la plus ſimple, & en même-tems la plus parfaite de toutes les figures. Il a pluſieurs belles propriétés qui ſont détaillées dans le troiſiéme Livre d'*Euclide*. Les plus importantes ſont celles-ci : 1°. Le raïon d'un *Cercle* eſt égal à la corde de la ſixiéme partie de ſa circonférence. 2°. Si l'on éléve à un point quelconque du diamétre B D (Pl. II. Fig. 44.) d'un cercle A B C D une ligne, le rectangle compris ſous les parties B C, C D ſera égal au quarré de A C. Cette derniere propriété eſt la propriété propre du *Cercle*. Quand les Géométres en font

mention, ils ne la citent que ſous le titre de *propriété du Cercle*. Une troiſiéme propriété remarquable, qui ne ſe trouve pas dans *Euclide*, eſt celle d'être la plus grande de toutes les figures de même circuit. C'eſt *Pappus* qui la démontré. *Collectiones Mathematicæ*, *pag.* 10. *Liv. V*.

2. Juſques-là le *Cercle* paroît par ſon beau côté. Croiroit-on qu'une figure auſſi parfaite en a d'autres ? Autant elle eſt ſimple, autant les problêmes, qui en dépendent, devroient être faciles. Cependant aucun Géométre n'a pû encore réſoudre le principal, qui doit en faire connoître le rapport avec ſes parties, & la valeur préciſe de ſon aïre. En conſidérant avec *Archiméde* le *Cercle* comme un poligone d'une infinité de cotés, on trouve cette aïre en multipliant la circonférence du *Cercle* par le quart de ſon diamétre. Il n'y a là rien à dire, pourvû qu'on connoiſſe la longueur de la circonférence. Et comment la trouver cette longueur ? Faut-il prendre le tiers, ou le quart, ou &c. du diamétre ? On n'en ſait rien. Malheureuſement ce n'eſt que par le rapport d'une ligne droite à une courbe qu'on peut déterminer cette derniere. Or ce rapport eſt préciſément le nœud de la difficulté. Je parle aſſez clair pour qu'on comprenne que j'ai ici en vûe la quadrature du *Cercle*. Car *quarrer le Cercle*, pour le dire à ceux qui ne le ſavent pas, c'eſt trouver le rapport du diamétre à la circonférence. Une queſtion ſi importante, & qui a donné lieu à tant d'Ecrits, mérite un détail circonſtancié. Je vais le donner d'autant plus volontiers que je pourrai mettre bien des perſonnes au fait de ce problême, qui intéreſſe tout le monde, & à la ſolution duquel tout le monde veut avoir part.

Le plus ancien Livre où il ſoit parlé de la *Quadrature du Cercle* eſt le *Livre III. des Rois*, 7. 23, & le *Livre II. des Paralipomenes*. Dans la deſcription qu'on y trouve d'un vaiſſeau de fonte appellé *Mer*, il eſt dit que ce vaiſſeau avoit 10 coudées de diamétre, & qu'il pouvoit être entouré par 30. Ainſi ſuivant l'Ecriture ſainte, la circonférence d'un *Cercle* eſt à ſon diamétre, comme 3 à 1. Ce ſentiment eſt d'un grand poids, ſans doute. Mais quelque reſpectable qu'il ſoit, les Géométres ne regardent point ce rapport comme véritable; & ceux qui ſont aſſez heureux pour apprécier les vérités que ce Livre ſaint renferme, ſe gardent bien de les confondre avec des queſtions étrangeres que l'Auteur ſacré ne s'y eſt jamais propoſé de décider. Le problême n'en eſt pas donc pour cela plus réſolu.

Clément Alexandrin & Diogene de Laërce prétendent qu'*Anaxagore* eſt le premier qui ait travaillé à la *Quadrature du cercle*. *Plutarque* dit que ce fut en prison que ce Philosophe composa le Traité qu'il publia là-dessus. C'est donc à Athenes qu'on a commencé à étudier le problême de la *quadrature du Cercle*, puisque nous savons qu'*Anaxagore* y fut dans les fers, pour avoir été trop Philosophe, je veux dire, trop ouvertement ami du vrai.

Les Grecs croïoient donc la *quadrature du Cercle* possible. Sans savoir pourquoi ni comment, cette possibilité s'évanouit dans la
$$1000000000000000000\text{o}, \text{ à } 3141592653358979323846\tfrac{1}{2}$$
(*Voïez* le *Commentaire* sur *Pline*, *Tome I. page* 77 derniere édition.) M. *Basselin* Professeur de Philosophie de l'Université de Paris, qui a crû jusques à la mort l'avoir résolu dans un Livre décoré de ce titre imposant: *Traité démonstratif de la quadrature du Cercle*, prouve dans le premier Chapitre de ce même Livre, que le P. *Hardouin* fait *Griembergerus* plus savant en cette matiere qu'il ne se croïoit lui-même. Appuïé de l'autorité de *Riccioli*, du P. *Taquet* & de celle du P. *Hardouin*, (*Voïez* la premiere édition du *Comment. de Pline*, ann. 1685. V. 1. p. 176.) il restraint la regle de *Griemberge-*

D. 100000, 000000, 000000, 000000, 000000, 000000.
C. 314159, 256358, 979323, 846264, 338327, 950289.
c. 314159, 256358, 979323, 846264, 338327, 950288.

Que conclure de cette discussion ? La *quadrature du Cercle* est-elle possible ? Ne l'est-elle pas ? Autrefois cette question effraïoit, & sur le titre que le P. *Gregoire de St Vincent* donna à un Ouvrage sur la *quadrature du Cercle*, *De quadratura circuli opus géometricum*, le P. *Mersenne* dit dans le tems qu'il avoit déplu aux Géometres (*nostris Geometris displicuit.*) Il ne paroît pas même aujourd'hui que l'Académie Roïale des Sciences de Paris se soit déterminée. (*Voïez les Mémoires de l'Académie* de 1694, p. 336 publiés en latin sous le Sécretariat de M. *Duhamel*, & en françois, ceux de 1699, pag. 67; de 1701, p. 79, & de 1703, pag. 63.)

Avant *Gregoire de St Vincent*, *Archimede* avoit fait de grands efforts de tête, pour trouver le rapport le plus approchant du diametre à la circonférence, & il l'établit comme 7 à 22 ou entre 21 & 22. *Wallis* en fai-

suite. *Aristophane* en badina, & des Comédiens en presenterent d'après lui le ridicule au Public. *Comédie des Oiseaux d'Aristophane* de l'édition de *Custer*, p. 415. Selon *Baillet*, le grand *Descartes* en a démontré l'impossibilité, (*Ep. latines*, *Par. 2. Ep. 91.*) Et si l'on en croit le P. *Hardouin*, bien loin qu'on doive penser que cette impossibilité est démontrée, c'est que *Griembergerus* a établi le juste rapport du diametre à la circonference *planè verissimè*, qui est celui-ci,

... rus à une regle d'approximation. Rendons, puisque l'occasion s'en présente, à ce savant la justice qui lui est due : il ne l'avoit publié, quoiqu'en dise le P. *Hardouin*, que comme telle; puisqu'il avoit ordonné qu'on gravât sur son tombeau deux circonférences de Cercle exprimées en nombre, dont il prétendoit que l'une étoit plus grande, & l'autre plus petite qu'il ne falloit. Voici l'expression de ces circonférences, prises dans la *Géométrie-pratique in-folio* du P. *Tacquet*, p. 19. Le rang D est l'expression du diametre du Cercle; C celle du plus grand, & c celle du plus petit.

sant usage de la regle qu'*Archimede* s'étoit faite, qui consiste à diviser un arc continuellement en des parties, jusques à un certain nombre de figures dans chaque bisection, a donné, pour venir à un rapport plus vrai les regles suivantes.

SOUTENDANTES.

$$\frac{1}{6} \quad\cdots\cdots\quad 1 \times 6.$$
$$\frac{1}{12} \quad\cdots\cdots\quad \sqrt{2-\sqrt{3}} \times 12.$$
$$\frac{1}{24} \quad\cdots\cdots\quad \sqrt{2-\sqrt{2+\sqrt{3}}} \times 24.$$
$$\frac{1}{48} \quad\cdots\cdots\quad \sqrt{2-\sqrt{2+\sqrt{2+\sqrt{3}}}} \times 48.$$
$$\frac{1}{96} \quad\cdots\cdots\quad \sqrt{2-\sqrt{2+\sqrt{2+\sqrt{2+\sqrt{3}}}}} \times 96.$$
$$\frac{1}{192} \quad\cdots\cdots\quad \sqrt{2-\sqrt{2+\sqrt{2+\sqrt{2+\sqrt{2+\sqrt{3}}}}}} \times 101.$$
$$\&\text{c.} \qquad\qquad \&\text{c.}$$

Ces regles se continuent tant qu'on veut; & plus on le pousse, & plus on approche de la *quadrature* du *Cercle*, sans néanmoins l'atteindre. Ordinairement on s'en tient au nombre suivant de racines

$$[\sqrt{2-\sqrt{2+\sqrt{2+\sqrt{2+\sqrt{2+\sqrt{2+\sqrt{2+\sqrt{2+\sqrt{2+\sqrt{2+\sqrt{2+}}}}}}}}}}}$$
$$+\sqrt{2+\sqrt{2+\sqrt{2+\sqrt{2+\sqrt{2+\sqrt{2+\sqrt{2+\sqrt{2+\sqrt{2+\sqrt{2+}}}}}}}}}}$$
$$+\sqrt{2+\sqrt{2+\sqrt{3}}}.]$$

multipliées par 402809984 : par où l'on voit que la premiere racine $\sqrt{3}$, doit être extraite jusques à 102 figures; la seconde $\sqrt{2+\sqrt{3}}$ à 99, en diminuant toujours de trois en trois figures, afin que la corde re-

quise ait autant de figures que ci-devant. V. l'Algébre de *Wallis* C. 81, 84 & 85. Il faut avoir bien de la patience, peut-être aussi bien du tems à perdre, pour pousser jusques-là l'extraction de ces racines. Jamais persone ne s'y est plus roidi que *Vanceulen.* Avec une constance étonnante, il fit des extractions jusques à ce qu'il eut trouvé dans la circonférence du *Cercle* les trente-six figures que voici ;

6, 283185307179586476925286766559005 76

Ce travail a paru si grand que pour le transmettre à la postérité, on les a faites graver sur son tombeau qu'on voit à Leyde à l'Eglise de Saint Pierre. Le même *Vanceulen* dans son Livre, *De Circulo & adscriptis,* prouve & démontre même, que si le diametre d'un *Cercle* est 1, la circonférence sera plus grande que ce nombre

3, 1415926535897932384624338387951 ;

& plus petite que ce même nombre diminué d'une unité.

M. *Leibnitz* établit le rapport du diametre à la circonférence par cette serie comme

$$1 \text{ est à } \tfrac{1}{2} - \tfrac{1}{3} + \tfrac{1}{5} - \tfrac{1}{7} + \tfrac{1}{9} - \tfrac{1}{11} + \tfrac{1}{13} + \tfrac{1}{15} + \tfrac{1}{17} \&c.$$

(*Acta Eruditorum,* mois de Fév. ann. 1682.) M. *Jean Ward* trouve cette suite si peu convergente qu'il ne croit pas qu'elle mérite qu'on se donne la peine d'en faire le calcul. Pour trouver une approximation plus exacte que celle-là & moins pénible que les autres, ce digne Géometre propose une méthode savante qui le conduit après bien du travail à ce rapport. Le diametre du *Cercle* étant 2, voici sa circonférence 6, 283185307179 5864. Par ces figures les poligones inscrits & circonscrits au *Cercle* se trouvent confondus & deviennent ainsi précisément la circonférence du *Cercle.*

3. Voilà bien du travail, bien des peines prises, pour la solution du fameux Problême. Peut-être que quelqu'un demandera, Est-il résolu ? Non. Peut-on le résoudre ? je n'en sai rien.

Quelques & plusieurs Géometres pensent qu'il est aussi impossible de le résoudre, que de trouver la racine d'un nombre sourd, de 12, par exemple. Pour moi toutes les fois que je fais réflexion à la quadrature des Lunules d'*Hypocrate,* je présume une possibilité, quoique je sache que l'impossibilité en soit presque démontrée.

Jusqu'ici je n'ai eu en vûe que de satisfaire la curiosité des personnes qui ont entendu parler ou qui connoissent le problème de la *Quadrature du Cercle.* L'histoire abregée que je viens d'en faire, mettra en état de juger de quelle nature est ce Problême que des Géometres commençans, ou ceux, qui ne l'ont jamais été, veulent cependant résoudre. Je ne parle pas des efforts inutiles qu'ont fait de grands Géometres pour y parvenir. Les méthodes des plus fameux ont été analysées à cet article, & cela doit suffire.

Tous ces rapports sont beaux ; mais pour la pratique ils ne sont que cela. Voïons-en de plus sensibles. Sans erreur, on peut prendre pour des grands *Cercles* le rapport de 10000 à 31415, & pour les petits 100 à 314. Presque tous les Géometres font usage de ce dernier. Cependant le plus juste est celui de 113 à 355, qui ne differe guéres du vrai

rapport que de $\dfrac{3}{10000000}$. A commencer par

Euclide, les Auteurs les plus célébres qui ont écrit sur la *Quadrature du Cercle* sont, *Archimede, Gregoire de St Vincent, Gregori, Hughens, Wallis, Vanceulen, Leibnitz, Leotaud, Metius, & Jean Ward.*

CERCLES CONCENTRIQUES. *Cercles* qui ont le même centre, & *excentriques,* ceux qui ont un centre différent. Les *Cercles* sont entr'eux comme le quarré de leur diametre, & leur circonférence comme leur raïon.

CERCLES. En terme d'Astronomie *Cercles de hauteur. Voiez* ALMICANTARACHS.

CERCLES DE DÉCLINAISON. *Cercles* sur lesquels on compte la déclinaison d'une planete, d'une Etoile, c'est-à-dire, sa distance à l'équateur. *Cercles de longitude.* Ces *Cercles* sont perpendiculaires à l'écliptique. On détermine par eux la longitude des planetes & des étoiles. Ils passent par la planete & par le pole de l'écliptique auquel ils se coupent tous. Lorsque les astres sont éloignés de l'écliptique, on s'en sert pour déterminer leur latitude.

CERCLES DE POSITION. Les communes intersections de l'horison avec le méridien, & un dégré quelconque de l'écliptique, ou le centre d'une étoile, ou tout autre point dans le ciel, font les points par où ces grands *Cercles* passent. Ils sont destinés à donner la position ou la situation de quelque étoile.

CERCLES DE L'ÉQUANT. Dans l'ancienne Astronomie, on appelloit ainsi un *Cercle* décrit du centre de l'équant, & qui servoit à trouver la premiere variation de la premiere inégalité.

C H A

CHAINETTE. Nom de la Courbe que forme une chaîne également pesante & suspendue par ses extrémités. Du tems de *Galilée* on avoit recherché la nature & les propriétés de la *Chainette* ; & on n'avoit pû découvrir ni l'une ni les autres. *Galilée* seulement la croïoit une parabole. Quelques Géométres, tels que le P. *Pardies,* (*Traité des Forces mouvantes, pag.* 130.) se contenterent après *Galilée* de faire voir que ce grand Mathématicien s'étoit trompé. MM. *Bernoulli,* freres, dans une conversation, qui ne pouvoit être que particuliere, mirent le problême de la

Chaînette fur le tapis, fans favoir qu'on y avoit déja penfé. Il leur parut *magnifique & utile, eximium & utile*, en même-tems qu'il leur parut difficile. Que le coup d'œil de ces difficultés devoit être terrible, puifque MM. *Bernoulli* n'oferent fe hafarder à les furmonter ! Ils réfolurent de le propofer aux Savans par la voïe des *Actes de Leipfic ;* & ils le propoferent ainfi: *Trouver la courbe que forme une corde lâche, fufpendue librement entre deux points.* (*Invenire quam curvam referat funis laxus, & inter duo puncta fixa liberè fufpenfus. Acta Eruditorum*, 1690. *Mai, pag.* 219.)

M. *Leibnitz* dans les mêmes *Actes* publia au mois de Juillet fuivant, pag. 360, qu'il l'avoit réfolu. Et l'année d'après il y fit imprimer fa folution, dans laquelle il emploïe des logarithmes. M. *Hughens* le réfolut par le calcul des finus; & M. *Jean Bernoulli* par la rectification de la parabole. De ces trois folutions différentes, qui donnent toujours la même courbe, il réfulte qu'elle eft mécanique, c'eft-à-dire, du genre de ces courbes, qui ne peuvent être exprimées par une équation finie ou déterminée. Pour connoître la nature de cette courbe, on la conçoit, ainfi que toutes les autres, qu'on veut développer, on la conçoit, dis-je, divifée en des parties infiniment petites. Il faut chercher après la pofition de ces lignes, & l'exprimer par une formule générale.

Parmi 13 propriétés qu'a la *Chaînette*, voici les plus confidérables. 1°. Soit B E F, la *Chaînette.* (Planche III. Figure 45.) La portion B E, appliquée fur la ligne B F prolongée, donne le point où doit fe terminer l'hyperbole équilatére E G, qui fert à la conftruire. 2°. La ligne *d m* étant menée infiniment près de la ligne A *n* & parallelement, & la ligne *m n* étant parallele à *d* A, foit une quantité donnée que je nomme *a*, on aura *m* F : *m n* :: *a* : *m* E. Les autres propriétés de la *Chaînette* fe trouvent dans le Tome I. des Œuvres de M. *Bernoulli, pag.* 49 & 50. Elles font démontrées dans fon troifiéme. M. *Gregori*, & *Jacques Bernoulli* en ont aufli démontré plufieurs.

Ces propriétés ne font pas tout-à-fait de purs jeux Géométriques. La découverte de M. *Jean Bernoulli*, de la courbe que fait une voile enflée par le vent, peut les rendre cheres par leur utilité. On ignore encore la courbe la plus avantageufe, que doit faire une voile, pour recevoir de la part du vent la plus grande impulfion qu'il eft poffible, fuivant quelque direction que le vent agiffe. J'en ai averti les Géométres dans ma *Mâture difcutée, &c. pag.* 67. Eh ! que fait-on fi la

théorie de la *chaînette* ne renferme pas cette connoiffance ? Quoi qu'il en foit M. *Jean Bernoulli* en examinant la courbe que fait une voile enflée par le vent, a fait voir le premier que c'eft celle de la *Chaînette.* M. *Jacques Bernoulli* publia cette vérité dans les Actes de Leipfic du mois de Mai 1692; mais la regle, dont il fit ufage, fut trouvée fauffe. (*Acta Eruditorum pag.* 104.) Il le reconnut lui-même, & voulut y fuppléer par une feconde, qui malheureufement ne fe trouva pas meilleure que la premiere. (*Acta Eruditorum* 1694. *pag.* 275.) Enfin la troifiéme fe trouva conforme à la vérité déja établie, & qu'il étoit jaloux d'établir. On peut juger par-là combien étoit difficile cette découverte, & combien il eft glorieux à M. *Jean Bernoulli* de l'avoir attrappée du premier coup. La façon dont il s'y prend, eft encore par furcroît de merveille & très-lumineufe & très-fimple. Voïez aufli la *Théorie de la Manœuvre des Vaiffeaux, in-8°. Chap. XIV*, ou *Bernoulli Oper. Tom. II. pag.* 81.

CHAKITICHI. *Mauvaife fortune.* C'eft ainfi que les Aftrologues appellent la fixiéme maifon célefte par laquelle ils font des prédictions fur des malheurs & maladies à venir. Voïez *Ranfovii Tractatus Aftrologicus, P. 11. pag.* 27. & *Schoneri Opufcul. Aftrologic. Can.* 5. *Pars II.*

CHALEUR. Qualité accidentelle des corps qui paroît confifter dans l'agitation de leurs parties & du feu qu'elles contiennent. Cette agitation produit un mouvement dans nos corps, qui fait naître dans l'ame la fenfation de la *Chaleur.* Par rapport à nous, la *Chaleur* ne confifte que dans cette fenfation, & dans le corps *chaud*, ce n'eft, fi notre définition eft vraie, que du mouvement pur.

La *Chaleur* en tout corps eft un mouvement, qui peut être infiniment diminué; & ce mouvement ne laiffe pas que d'y fubfifter, quoique nous ne l'appercevions pas, parce que nous fommes fouvent dans des circonftances qui ne nous permettent pas d'avoir cette fenfation. Toute *Chaleur* eft infenfible pour nous, à moins que les corps, qui agiffent fur nos fens, n'aient un plus grand dégré de *Chaleur* que celui de nos organes. Comment donc juger fi un corps eft froid ou *Chaud ?* Un corps ne nous paroît tel, que parce que nous fommes froids, & nous ne le trouvons froid que parce que nous avons chaud. Il y a plus. On fait qu'un corps véritablement *chaud* peut nous paroître froid. On démontre cette erreur par cette expérience. On met de l'eau tiéde dans un vaiffeau, & de l'eau prefque bouillante dans un autre. Aïant plongé la main dans cette derniere eau, & l'y aïant laiſſée quelque tems , on la plonge dans l'eau tiéde. Alors celle-ci paroît froide. Un grand Métaphyſicien (M. *Berkeley*) conclud de-là que par nos ſens nous ne pouvons rien aſſûrer de la qualité des corps ; & qu'un corps , par exemple , à qui nous donnons une telle grandeur, peut en avoir une autre , ſuivant la diſpoſition générale de nos organes. De ces vérités paſſant à des ſophiſmes captieux , M. *Berkeley* pouſſe ſon raiſonnement juſques à vouloir prouver qu'on ne peut aſſûrer que la matiere exiſte. (Voïez *Dialogue entre Hylas & Philonous , &c.* par M. *Berkeley* , Evêqué de Cloine, &c.)

Laiſſant là les illuſions logiſtiques de ce trop ingénieux Auteur , je dis avec M. *Mariotte* que c'eſt par le raiſonnement , encore mieux que par nos ſens, que nous pouvons juger de la qualité des corps, (Œuvres de *Mariotte*, *Eſſai ſur le Chaud & le Froid , page* 183.) & j'ajoute que cette qualité n'eſt que comparative, c'eſt-à-dire, qu'un corps n'eſt *chaud* que par rapport à un autre qui l'eſt moins. M'en tenant à la définition de *Chaleur* , il me ſemble que rien n'eſt plus raiſonnable que de ſoutenir qu'il n'y a point de corps ſans *Chaleur* , & que ſa diminution , ou une moindre agitation de leurs parties, agitation abſolument naturelle & eſſentielle en quelque façon à la nature de ce corps , c'eſt ce que nous appellons *Froid.* (*Voïez* FROID.) Quoi qu'il en ſoit , voici pluſieurs vérités moins métaphyſi ques & plus importantes.

1°. La *Chaleur* peut augmenter à un tel point que dans certains corps les particules ſe détachent avec violence l'une de l'autre , & acquerent une force élaſtique , ſemblable à celles des particules de l'air.

2°. Dans les tems où le ſoleil eſt vertical , la *Chaleur* eſt comme deux fois le quarré du raïon.

3°. Sous l'équateur la *Chaleur* du ſoleil eſt comme le ſinus de ſa déclinaiſon.

4°. Dans les zones froides , quand le ſoleil ne ſe couche pas , la *Chaleur* eſt comme la circonférence d'un cercle multipliée par le ſinus de la hauteur. Ces produits de *Chaleur* ſont comme les ſinus de déclinaiſon du ſoleil. A la même déclinaiſon ils ſont comme les ſinus des latitudes multipliées par les ſinus de déclinaiſon.

5°. La *Chaleur* d'un jour équinoxial eſt partout comme le co-ſinus de la latitude.

6°. Dans les païs où le ſoleil ſe couche , la différence entre la *Chaleur* de l'été & celle de l'hiver , quand les déclinaiſons ſont contraires , eſt égale au produit d'un cercle par le ſinus de la hauteur de 6 heures, dans le parallele d'été. Par conſéquent ces différences ſont comme les ſinus de latitude multipliés par les ſinus de déclinaiſon.

7°. Le ſoleil au tropique eſt à ſon moindre dégré de *Chaleur*, par rapport à l'équateur , & par rapport aux poles, il eſt à ſon plus grand dégré : cette *Chaleur* étant à celle de l'équateur, comme 5 à 4, ſuivant quelques Phyſiciens.

8°. La *Chaleur* du ſoleil pendant une petite portion de tems quelconque eſt toujours comme un rectangle contenu ſous le ſinus de l'angle d'incidence du raïon qui produit la *Chaleur* pendant ce tems. Pour avoir une idée générale de cette partie de la *Chaleur* occaſionnée ſimplement par la préſence du ſoleil, on a calculé la table ſuivante.

TABLE DE LA QUANTITE' DE CHALEUR A CHAQUE DIXIE'ME DEGRE' DE LATITUDE.

Latitude.	Le Soleil étant dans le ♈ & ♎.	Le Soleil étant dans l'♋.	Le Soleil étant dans ♑.
0	20000	18341	18341
10	19696	20290	15834
20	18797	21737	13166
30	17321	22651	10124
40	15321	23048	6944
50	12855	22991	3798
60	10000	22773	1075
70	6840	23543	000
80	3473	24675	000
90	0000	25055	000

Tout ceci n'eſt qu'un calcul géométrique.   En conſidérant la choſe phyſiquement, on comprend

comprend qu'il y a bien des circonſtances accidentelles qui peuvent en alterer la juſteſſe.
Les différens dégrés de *Chaleur* en différens
endroits dépendent beaucoup de ces circonſ
tances, comme du voiſinage des hautes montagnes, dont la grande élévation refroidit exceſſivement l'air que les vents apportent en
paſſant par-deſſus; & ſur-tout de la nature
du ſol, qui retient ou conſerve dans ſon
ſein la *Chaleur* en différens dégrés. Les ſa-
bles la rendent exceſſive. On l'éprouve telle
en Afrique, en Aſie, & généralement par
tout où il y a des déſerts ſabloneux.

CHAMBRE OBSCURE. Ce terme s'entend
tout ſeul. Un lieu exactement fermé, obſcur en un mot, eſt une *Chambre obſcure*,
pourvû qu'on y ait ménagé un trou, par
lequel les objets ſe repréſentent ſur ce qui
lui eſt oppoſé. C'eſt une choſe bien ſurprenante de voir en petit dans ſa chambre ſur
une carte ou ſur un mur ce qui ſe paſſe au-
dehors; des hommes qui marchent, un moulin qui tourne, & généralement tout ce qui
ſe trouve dans le viſuel (ſi l'on peut parler
ainſi) de ce trou, & le tout renverſé.

Jean Baptiſte Porta obſerva le premier ce
phénomene, & depuis *Porta* on a fait
comme de raiſon, diverſes expériences, pour
en tirer avantage. D'abord on a placé un
verre convexe à ce trou, & on a apperçu les
objets plus diſtinctement, & , ce à quoi on
ne s'attendoit peut-être pas, coloriés, mais
toujours renverſés. Enſuite on en a mis deux
& les objets ſe ſont redreſſés. Une merveille
de cette nature paroiſſoit trop utile pour
qu'elle ne le fût pas réellement. On comprend bien que ſans ſavoir le deſſein, on
peut copier une figure, un édifice, mettre en
perſpective un point de vûe, &c. & qu'il ne
s'agit pour cela que de ſuivre ſur un papier
les traits qui ſont deſſinés & coloriés naturellement dans la *Chambre obſcure*. Sans parler combien il eſt amuſant & agréable de
voir dans ſa chambre, dans ſon cabinet,
ceux qui y viennent, &, ce qu'il y a de plus
admirable, de les reconnoître. Arrêtons-nous
à l'avantage du deſſein. Entrons dans le détail d'une *Chambre obſcure*; de deux même
s'il le faut. Ce détail ſervira à faire connoître de quelle maniere il faut diſpoſer les
verres pour une chambre ordinaire, & pour
jouir de ce ſpectacle chez ſoi. Je dis chez
ſoi, car ce n'eſt que d'une machine optique
dont je veux parler, machine tranſportable;
afin que ceux qui auront quelque choſe à
copier, à reduire, puiſſent l'y tranſporter
commodément.

La Figure 46 (Planche XXIII.) repréſente
la découverte de *Jean Bapt. Porta*, ou l'effet

qu'on voit dans une chambre exactement
fermée, & dans laquelle le jour n'entre que
par le trou T. Comme les raïons ne peuvent
paſſer par ce trou, ſans ſe croiſer, la ſtatue
S paroît renverſée & comme une ombre. Plaçant à ce trou un verre convexe, on la voit
briller de ſes couleurs. Il n'eſt queſtion encore ici que d'une chambre, & je dois parler
d'une machine optique.

De toutes les *Chambres obſcures* portati-
ves, celles qu'a propoſé M. *s'Graveſand* ſont
fort eſtimées; car ce Phyſicien en a donné
deux. La premiere, qui a paſſé long-tems
pour la plus parfaite, a la figure d'une chaiſe
à porteur, & ſa conſtruction ſe réduit à placer commodément un homme qui y veut
travailler; à faire venir les objets qu'il veut
copier, ſur une planche ajuſtée horiſontalement dans cette chaiſe, & à ménager un
moïen de lui donner de l'air. Tout cela eſt
aſſez bien exécuté dans la conſtruction de
M. *s'Graveſande*; mais tout cela, quoiqu'on
en puiſſe dire, eſt embarraſſant. Sans vouloir déprimer cette machine, que j'eſtime,
je penſe qu'on rendra l'uſage de la *Chambre
obſcure* plus utile en la rendant plus porta-
tive. Et c'eſt à quoi on parviendra aiſément
en faiſant une *Chambre obſcure* avec un eſpece de pavillon qu'on dreſſera aiſément en
pleine campagne, & qu'on tranſportera aiſément de même.

On peut juger par la Figure 47. (Planche
XXIII.) de la forme d'une nouvelle *Chambre
obſcure*. On y voit une femme qui ſuit ſur un
papier attaché à une table les traits qui y
ſont peints. Or comment y ſont ils peints?
C'eſt ce que je dois particuliérement expliquer. Au-deſſus de la femme eſt ſoutenu un
miroir A B ſuſpendu dans un chaſſis & faiſant avec l'horiſon un angle de 45°, mobile
toutefois & dirigé, au moïen d'une petite
corde, par le Deſſinateur. En E eſt un verre
convexe qui reçoit les objets peints dans le
miroir, & qui les porte tous coloriés ſur le
papier poſé horiſontalement. On connoît
déja cette propriété du verre convexe. A cet
égard il n'y a rien à dire. On connoît bien, ſi
l'on veut encore, l'effet du miroir incliné
à l'horiſon à 45°. J'explique à l'article de la
Catoptrique comment les miroirs ainſi ſitués
repréſentent horiſontalement les objets verticaux. La Statue S qui eſt peinte dans ce
miroir, doit donc y être horiſontalement, &
le verre convexe E qui reçoit cette image, la
tranſmettra ſur la table dans cette ſituation.
J'omets ici la route que prennent les raïons
de lumiere pour produire cet effet. Là figure
ſupplée au raiſonnement que je deſtine au
développement d'une autre *Chambre obſcure.*

T

Difons feulement que cette *Chambre obfcure*, fe ferme de façon qu'elle a la forme d'un livre qu'on peut placer commodément dans une Bibliotheque.

3. La feconde *Chambre* obfcure, dont je veux parler, offre un Deffinateur (Planche XXIII. Figure 48.) occupé à fuivre les traits d'un point de vûe peint fur un papier vertical, & cela fous une fimple tente. Il n'y a point dans cette machine de miroir, & les objets y font vûs fuivant leur fituation naturelle. Comment? Deux tuïaux A B, B C, garnis de deux verres convexes tiennent lieu de miroir. Ils croifent deux fois les raïons; & ce double croifement remet ce qu'un feul auroit détruit.

Ordinairement ces verres font de trois pouces de diametre, & le foïer du premier eft à 6 pouces, celui du fecond à 9 ou à 10; de maniere que les deux verres font diftans de 16 ou 17 pouces. Cette diftance fe trouve en éloignant ou en approchant les tuïaux emboîtés, comme dans les lunettes ordinaires. Lorfqu'on met à la place d'un verre convexe, un verre à facettes, les objets fe trouvent repetés tout autant de fois qu'il y a de faces dans le miroir. *Jean Bapt. Porta* dans fon Livre intitulé, *Magiæ Naturalis*, *Lib. X.* M. *s'Gravefande* à la fin de fon *Effai de Perfpective*, M. *Wolf* dans fa *Dioptrique* (*El. Math. Tom. III.*) M. *Poliniere*, dans fes *Expériences Phyfiques*, *Tom. II.* & M. *Mufchenbroeck* dans fon *Effai de Phyfique*, *T. II.* méritent d'être cités pour la conftruction des *Chambres obfcures*. Celle de M. *s'Gravefande*, fe trouve décrite dans les *Récréations Mathématiques d'Ozanam*, *T. I.* (Voïez *le Cours abregé de Mathém.* de *Wolf*, & les *Machines approuvées* par l'*Académie des Sciences.*)

CHAMBRE DE ROHAULT. Les Phyficiens appellent ainfi une forte de barometre compofé de l'invention de M. *Rohault*. Il eft formé de trois tubes. Le tube du milieu eft un barometre ordinaire, mais ouvert par le haut. Cette ouverture fe bouche avec un morceau de veffie mouillée. Les deux tubes lateraux font deux autres barometres, qui communiquent enfemble en haut & en bas au tube par les courbures. On panche ces tubes, & par l'ouverture d'un des tubes on y verfe du mercure. Par ce moïen les deux tubes lateraux fe rempliffent. Cela fait on redreffe la *Chambre*. Alors le mercure, contenu dans les deux tubes, tombe dans leurs phioles propres, & la *Chambre de Rohault* eft conftruite.

CHAMEAU. Machine qui fert à élever un vaiffeau fort chargé, enforte qu'il peut avancer dans des eaux de peu de profondeur. Cette machine confifte en deux coffres (Planche XLII. Figure 250.) dont les côtés intérieurs reffemblent entierement à la figure que le Vaiffeau a fous l'eau. Leur forme eft telle qu'ils ne calent pas profondément dans l'eau, quoiqu'ils en contiennent beaucoup. Chaque coffre eft garni d'une quantité de tremues horifontales, où defcendent des cordes à travers des tuïaux dans un coffre, lefqulles remontent de la même façon dans l'autre coffre jufqu'aux tremues. Pour en faire ufage on remplit les deux coffres d'eau en lâchant toutes les cordes des tremues fur lefquelles on amene le Vaiffeau. Enfuite on ferre les cordes par les trémues, qui font couler les deux coffres aux deux côtés du vaiffeau. L'on pompe après l'eau de ces deux coffres. Ils s'élevent & avec eux le vaiffeau, qui remonte de toute la valeur du poids de l'eau, qui a été dans les coffres & qui en eft pompée. On fe fert principalement de cette machine pour amener les Vaiffeaux tout chargés à Amfterdam fur le *Pampus*. On en attribue communément l'invention à *Corneille Meyer*.

CHANDELIER. Machine de fortification compofée de deux groffes pieces de bois de 6 pieds de haut, enchaffées perpendiculairement fur une autre à quatre pieds de diftance. Entre ces deux pieces de bois, on met des fafcines & des gabions qu'on lie autour. Cela forme un efpece de rempart dont on fait ufage, pour mettre à couvert les travailleurs qui font dans les tranchées, comme auffi dans les approches, dans les galeries & dans les mines pour les couvrir.

CHAPE. En Méchanique c'eft un morceau de bois fur lequel tourne une poulie. M. *Felibien* appelle auffi *Chape* une mouffle, c'eft-à-dire, une poulie fufpendue.

CHAPE ou CHAPELLE. Petit chapiteau creux en forme de cone, deftiné à porter l'aiguille de la bouffole & qui tourne fur fon pivot. On le fait ordinairement de cuivre. Le Pere *Defchalles* voudroit qu'on le fît de verre; parce qu'il croit qu'il tourneroit plus facilement, & que l'aiguille en deviendroit par-là plus mobile. C'eft à quoi on doit prendre garde lorfqu'on fufpend la *Chape* fur le pivot. Et pour y parvenir, une chofe qui demande fur-tout plus d'attention, eft que toutes fes parties foient en équilibre autour du centre de gravité, & qu'elle foit fufpendue par ce centre.

CHAPELET. Machine propre à épuifer des eaux. On diftingue deux fortes de *Chapelets*, des *inclinés* & des *verticaux*. Les *Chapelets inclinés* font monter l'eau fuivant un plan incliné; les *Chapelets verticaux* fuivant un plan vertical. **Tous les deux font compofés** de morceaux de bois ronds ou quarrés enfilés dans une chaîne. Quoique cette construction soit simple, le *Chapelet* est cependant d'un grand usage. Qu'on jette les yeux sur la fig. 49 (Pl. XLII.) Elle représente deux hommes occupés à faire mouvoir un *Chapelet incliné.* BF est une espece d'auge, dans laquelle les palettes M *n*, P B, R *r*, S *s*, T *t*, &c. font monter l'eau en faisant tourner le tambour X lorsqu'on a fait la construction suivante.

Trois pieux D O, D U, D I, contiennent un espece de tambour C, sur lequel passe le *Chapelet* d'un côté & sur un autre tambour X de l'autre. Lorsqu'on tourne la manivelle Z dans le sens Z K, on tire la chaîne M 4, celle-ci entraîne avec elle les palettes qui y sont enfilées. Mais ces palettes ne peuvent monter dans l'auge sans pousser l'eau dans laquelle l'extrémité B de cette auge trempe, & chaque palette, à mesure que le tambour X tourne, chasse devant elle un volume d'eau, qui remplit l'intervalle des palettes, & qu'elle conduit jusques à l'extrémité F de l'auge, où elle se vuide.

On ne s'est point encore assujetti à une construction déterminée pour la machine que je décris. Les uns donnent aux palettes 9 pouces de largeur sur 6 de hauteur, & 3 lignes de jeu dans les côtés verticaux de l'auge qui servent en quelque façon de coulisse. D'autres en donnent davantage. Ceux-ci enfilent les palettes proche l'une de l'autre; ceux-là les écartent. Chacun a ses raisons. Les premiers veulent épuiser beaucoup d'eau en peu de tems. En effet, plus les palettes sont proche les unes des autres, plus leur effet est grand. Les seconds ont en vue de faire tourner le *Chapelet* sur le tambour, ou pour s'exprimer en Méchanicien, sur les lanternes avec plus de facilité; & c'est ce qui arrive lorsque les palettes sont à une plus grande distance. Il y a là un avantage de part & d'autre. D'un côté l'eau monte en plus grande quantité, de l'autre, elle monte plus vîte. M. *Belidor,* qui a balancé sérieusement ces deux avantages, dans son *Architecture hydraulique,* Tom. I. pag. 363. veut qu'on fasse l'intervalle des palettes égales à leur hauteur. A l'égard de leur grandeur, je pense qu'on doit les proportionner ou aux personnes qu'on peut emploïer à faire mouvoir le *Chapelet,* ou au tems auquel on est restraint, pour l'épuisement des eaux.

Quand le nombre des palettes est donné, leur distance, leur hauteur, celle du plan incliné, il n'est pas difficile d'estimer la force nécessaire pour faire tourner le *Chapelet* avec une certaine vitesse; &, aïant connu le demi diametre du tambour ou de la lanterne X, &

la longueur de la manivelle Z, de déterminer la force qu'on doit y appliquer. Cette connoissance en fournit une autre plus importante : c'est qu'on sait ce qui s'épuise d'eau dans tel ou tel tems. Avec quelques principes d'hydraulique on peut bien faire ce calcul. Il est vrai que la diversité des circonstances, qui sont en grand nombre, comme l'on vient de voir, restraint encore le calcul à un cas très-particulier. On doit avoir ici la machine sous ses yeux. Sans cela, il faut faire des suppositions qui très-rarement se rencontrent avec les circonstances par lesquelles la position du *Chapelet* est déterminée. Les personnes curieuses de savoir cependant la façon dont on doit s'y prendre, trouveront un modèle de calcul dans l'*Architecture hydraulique* de M. *Belidor,* à l'endroit déja cité.

2.   Il n'y a pas tant de façon à faire pour les *Chapelets verticaux,* comme pour les *Chapelets inclinés.* On se sert ordinairement au lieu d'une auge d'un tuïau A B, coupé dans la figure verticalement (Planche XLII. Figure 50.) dans lequel passent des rondelles *m, n, t,* &c. au lieu des palettes *m, n,* &c. enfilées dans des chaînons & qui poussent l'eau en montant, lorsque l'homme H tourne la lanterne L dans un sens convenable. Les rondelles se font de cuir. Pour les serrer on les couvre d'une plaque de fer. Le calcul de ce *Chapelet* est tout simple. Il l'est encore davantage quand on substitue aux rondelles des godets qui portent l'eau, & qui la versent en passant par-dessus la lanterne. Au reste dans l'un & l'autre *Chapelet* on préfere les chaînons de bois à ceux de fer; parce qu'on les raccommode plus aisément lorsqu'ils se cassent. M. *Belidor* a encore donné à la page 364 du Tome I. de son *Architecture hydraulique,* le calcul de ce *Chapelet,* qui est trop aisé, pour que je m'y arrête.

Le *Chapelet* a été inventé selon M. *Perrault* par M. *Francini,* Gentilhomme François, originaire de Florence; & il a été exécuté environ l'an 1680 à la Bibliotheque du Roi, à Paris. (Voïez *Vitruve, L. X. p.* 319.)

CHAPELET. En terme d'Architecture, ce mot signifie une baguette taillée en petits grains qui ont la forme ovale ou sphérique.

CHAPITEAU. Partie supérieure d'une colomne. Il y a autant de différens *Chapiteaux,* qu'il y a d'Ordres en Architecture. On peut même dire que les *Chapiteaux* caractérisent les Ordres d'une façon toute parlante. Ainsi les *Chapiteaux* sont des membres essentiels en Architecture. On en jugera par le détail que demande chacun d'eux en particulier.

Chapiteau Toscan. Ce *Chapiteau* est sans
T ij

moulures, & fa partie fupérieure eft quarrée. Sa hauteur eft la même que celle de fa bafe. On le partage en trois parties, dont l'une eft pour le tailloir, l'autre pour l'échine, ou l'ove, & la troifiéme pour la gorge & l'aftragale qui eft fous l'échine avec fon filet. On trouve les proportions de fes moulures, en partageant cette troifiéme partie en huit, dont deux font pour l'aftragale, une pour le filet au-deffous, & le refte pour la gorge. La faillie de tout le *Chapiteau* eft égale à celle de l'orbe du bas de la colonne, qui eft de huit cinquiémes & demi, à prendre du milieu de la colonne. A l'égard de l'aftragale de deffous l'échine, de même que l'aftragale du haut de la colonne, il eft de fept cinquiémes. Sur le caractere du *Chapiteau Tofcan* les Auteurs font partagés. *Palladio*, *Serlio*, & *Vitruve* le font confifter en un tailloir tout fimple & fans talon. *Vignole* & *Scamozzi* au lieu de talon y mettent un filet. *Philander* lui ôte fes coins, & le fait rond. Dans la colonne Trajane il n'a point de gorge. L'aftragale du fuft de la colonne eft confondu avec le *Chapiteau*.

Les proportions du *Chapiteau Tofcan* forment encore un fujet de difpute. *Philander* prend l'aftragale & le filet du haut de la colonne, fur la troifiéme partie du *Chapiteau*, que *Vitruve* donne à la gorge & à l'aftragale, qui eft fous l'échine. *Serlio* & *Vignole* donnent la troifiéme partie à la gorge, & prennent le filet de deffous l'échine, dans la feconde partie que *Vitruve* donne toute entiere à l'échine. Enfin *Palladio* laiffe à l'échine la troifiéme partie, & ne met qu'un filet au lieu de l'aftragale.

Pour favoir à quoi s'en tenir là-deffus, M. *Perrault* confidérant que, de l'aveu de tous les Architectes, la regle générale des *Chapiteaux* eft qu'ils foient un peu plus ornés & moins fimples que les bafes, croit que les meilleures proportions font celles de *Vitruve*, qu'on a vûes ci-devant, parce qu'elles font plus analogues à cette regle que toutes les autres. Le caractere du *Chapiteau Tofcan* confifte, felon lui, en ce que le tailloir foit fimple & fans talon, & que fous l'échine il n'y ait point les armilles, qui font au Dorique, mais un aftragale & un filet. C'eft ce qui eft repréfenté par la Figure 62. Nº 1. Planche XLIV.

2. Le *Chapiteau Dorique* a fon tailloir couronné, & trois annelets fous l'ove. On prend les hauteurs des membres de ce *Chapiteau*, en partageant en trois toute fa hauteur, qui eft le demi-diamétre du bas de la colonne. De ces parties l'une eft pour le tailloir. On donne l'autre à l'échine; & on laiffe la troifiéme à la gorge,

fur laquelle l'on prend l'aftragale & le filet qui eft fous l'échine.

Tous les Architectes ne conviennent pas de ces proportions du *Chapiteau Dorique*. *Alberti* veut que ce *Chapiteau* foit prefque la moitié plus haut que je ne le fais ici d'après *Vitruve* & *Perrault*. Il change encore les proportions. *Palladio* & *Scamozzi* admettent la hauteur du *Chapiteau*, que nous avons adoptée; mais ils augmentent celle du tailloir, & diminuent celle de la gorge. On trouve les hauteurs des petites moulures du *Chapiteau Dorique* par des divifions & foudivifions en trois parties. Ainfi tout le tailloir étant divifé en trois, on donne la partie fupérieure au talon. Divifant cette partie en trois, on en donne une au filet, & les deux autres au talon. De même aïant divifé en trois la partie qui eft entre le tailloir & la gorge, on en donne deux à l'échine, & la troifiéme étant encore divifée en trois, il y en a une pour chacun des annelets.

Les faillies de ce *Chapiteau* font réglées par les cinq parties du module, dont on prend trois pour la faillie de tout le *Chapiteau* depuis le haut de la colonne. La premiere de ces trois parties fe divife en quatre. On en donne une à chacun des annelets. La feconde termine l'échine. A l'égard de la troifiéme, on la divife en quatre parties. La premiere eft pour la faillie que la platebande du tailloir a fur l'échine. Les trois autres reglent les parties du talon.

Quoiqu'en définiffant le *Chapiteau Dorique*, je l'aïe en quelque façon caractérifé, je crois devoir rapporter ici le fentiment des plus célébres Auteurs fur ce caractere. *Scamozzi* fubftitue aux annilles ou anneaux de ce *Chapiteau* un talon. Il ajoute des rofes fur les coins du tailloir, & dans la gorge, de même que *Vignole*, *Alberti*, & *Viola*. M. *Perrault* fait de la faillie une marque de caractere pour ce *Chapiteau*, parce que cette faillie fe préfente d'abord à la vûe, & rend le *Chapiteau* plus ou moins dégagé. *Vitruve* détermine cette faillie à 37 minutes $\frac{1}{2}$, à prendre depuis le milieu. *Barbaro* & *Serlio* ont adopté cette regle. *Alberti*, & *Cataneo* n'y donnent que 32 minutes $\frac{1}{2}$. *Bullant* la fait de 40. *Palladio* de 39. *Vignole* & *Viola* de 38.

3. Le *Chapiteau Ionique* eft compofé de trois parties; d'un tailloir, qui n'a qu'un talon avec fon filet; d'un écorce qui produit les volutes, & d'une échine ou ove. On appelle la partie du milieu *écorce*, parce qu'elle repréfente une groffe écorce d'arbre, qui aïant été mife fur le haut d'un vafe, dont l'ove figure le bord, a été recoquillée en deffous en fe féchant. Selon *Vitruve*, ce contournement

repréſente les boucles des femmes, auxquel-les il compare les colonnes de l'Ordre Ioni-que. (*Voiez* COLONNE.)

On prend la hauteur du *Chapiteau Ioni-que* depuis le tailloir juſqu'à l'aſtragale. Aïant enſuite diviſé le petit module en 12 parties, on en donne 11 à tout le *Chapiteau*, qu'on diſtribue ainſi dans ſes parties: ſavoir trois pour ſon tailloir, c'eſt-à-dire, deux pour ſon talon, une pour ſon filet; quatre pour l'é-corce, dont une eſt pour ſon rebord, & qua-tre pour l'ove. On compte ordinairement dix-neuf des douziémes du petit module depuis le haut du tailloir juſques au bas de la vo-lute. Cette derniere partie du *Chapiteau Io-nique* eſt ce qui la caractériſe principalement. (*Voïez* VOLUTE.)

M. *Perrault* proportionne ainſi ce *Chapi-teau*. Il donne à ſa hauteur 18 minutes; 26 à la hauteur de la volute, & 23 & $\frac{1}{3}$ à ſa lar-geur. A l'égard de l'échine, il l'égale à l'é-corce. *Alberti* & *Scamozzi* avoient déja pro-portionné le *Chapiteau Ionique* à peu près de la même façon. Mais *Palladio*, *Vignole*, *Barbaro*, *Bullant*, & *de Lorme* déterminent autrement les dimenſions de ce *Chapiteau*. Les uns donnent 22 minutes $\frac{2}{3}$ à ſa hauteur, & d'autres 21 $\frac{1}{2}$. Ceux-ci font l'échine plus grande que l'écorce. Ceux-là donnent à la hauteur de ce membre plus que n'en a le reſte du *Chapiteau*, tandis que des troiſiémes veu-lent que l'échine ſoit plus petite que l'écorce. Pour la volute, même diverſité dans les ſenti-mens. On ne compte que 23 min. $\frac{1}{4}$ au temple de la fortune virile, dans ſa largeur; 24 $\frac{1}{2}$ au colliſée; 26 $\frac{1}{4}$ au théâtre de *Marcellus*. La lar-geur de la volute dans ces grands morceaux d'Architecture eſt auſſi différente. Elle eſt de 25 $\frac{1}{4}$ au temple de la fortune virile; de 24 au théâtre de *Marcellus*, &c. Et toutes ces di-menſions ont leurs partiſans. On voit un *Chapiteau Ionique*, dans la Planche XLIV. Fi-gure 62. N°. 3. avec ſes ornemens.

4.   Rien n'eſt plus aiſé à diſtinguer que le *Cha-piteau Corinthien*. Par l'inſpection ſeule de la Figure 62. N°. 4. Planche XLIV, il eſt aiſé de juger qu'il eſt plus différent des trois au-tres que l'Ionique ne l'eſt du Dorique & du Toſcan. Le tailloir & l'ove, parties eſſentiel-les à ces trois *Chapiteaux*, ne ſe trouvent point ici. Car le tailloir qu'il a eſt ſi différent des autres, qu'on pourroit lui donner un autre nom. Ses quatre faces ſon courbées & creu-ſées en-dedans. A chacune de ces faces eſt une roſe. Au lieu d'oves & d'annelets il n'y a qu'un rebord de vaſe. Ce qui lui tient lieu de gorge eſt fort allongé, & garni d'un dou-ble rang de huit feuilles recourbées en-dehors, d'entre leſquelles ſortent de petites tiges,

d'où naiſſent les volutes, qui n'ont aucune reſſemblance avec celles du *Chapiteau Ioni-que*, & qui au lieu des quatre de l'Ordre Io-nique, ſont ici au nombre de ſeize, quatre à chaque face.

On détermine la hauteur de ce *Chapiteau* en ajoutant à la grandeur de tout le diamé-tre du bas de la colonne un ſixiéme: ce qui fait 3 modules $\frac{1}{2}$. Aïant partagé cette hau-teur en ſept parties, on donne les quatre d'en-bas aux feuilles, c'eſt-à-dire, deux au premier rang, & deux au ſecond. La hauteur de cha-que feuille ſe partage en trois. La partie ſu-périeure eſt pour la deſcente de la courbure de la feuille. Les trois parties, qui reſtent des ſept, au haut du *Chapiteau*, ſont pour les tiges, les volutes, & le tailloir. Cet eſpa-ce doit être encore partagé en ſept par-ties, dont les deux ſupérieures ſont pour le tailloir, les trois ſuivantes pour la volute, & les deux dernieres pour les tiges, ou ti-gettes, ou caulicoles. Ainſi l'une de ces deux parties eſt deſtinée à la deſcente de la cour-bure des feuilles des caulicoles, dont deux ſe rencontrent & ſe joignent à l'endroit où les volutes s'aſſemblent: je veux dire aux qua-tre coins & aux quatre milieux du *Chapiteau*. Afin de remplir le vuide, qui eſt entre la vo-lute, & le coin du tailloir qui demeure droit, ſous les coins du tailloir où les volutes s'aſ-ſemblent, eſt une petite feuille d'Acanthe, ſe recourbant vers ce membre.

Enfin, pour achever le *Chapiteau Corinthien*, on refend les feuilles entieres, & on fait trois étages d'autres feuilles plus petites dont elles ſont compoſées, & qu'elles ont de chaque côté, ſans la feuille du milieu, qui ſe recourbe en dehors. Les feuilles plus petites ſe refen-dent ou en cinq parties, ou en trois. Dans le premier cas on les nomme *Feuilles d'Olivier*, & *Feuilles de Laurier* dans le ſecond. On doit encore refendre la feuille du milieu, en on-ze petites, toutes convexes en dehors. Un fleuron, s'élevant au-deſſus des feuilles du mi-lieu, produit entre les caulicoles & les volu-tes du milieu, une eſpece de queue, qui ſou-tient la roſe, qui partage le tailloir en deux également, & qui termine la conſtruction de ce *Chapiteau*.

Les feuilles qui ornent le *Chapiteau Corin-thien*, en font le caractere. Comme ſuivant que ces feuilles ſont refendues, ce caractere peut être différent, rien n'eſt plus varié que les ſentimens des Architectes à cet égard. Ceux, qui ſuivent l'antique, les font à feuil-les d'olivier, c'eſt-à-dire, les refendent en cinq. D'autres les refendent en quatre. Mais les Modernes, tels que *Serlio*, *Barbaro*, *Ca-taneo*, &c. les font à feuilles d'Acanthe.

On n'eſt point encore d'accord ſur les proportions du *Chapiteau Corinthien*. Excepté *Palladio*, *Scamozzi*, *Vignole*, *Viola*, *de Lorme*, qui ſuivent ici *Vitruve*, les autres Architeétes, tels que *Bullant*, *Alberti*, *Cataneo*, *Barbaro*, *Serlio*, &c. donnent des proportions différentes. Leur méthode eſt ſi délaiſſée aujourd'hui, que je ne crois pas devoir entrer dans le détail que la diſcuſſion de ces méthodes préſenteroit. Un morceau utile tiendra lieu d'une analyſe ſi ennuïeuſe : c'eſt la maniere de faire le plan d'un *Chapiteau Corinthien*. La voici : 1°. Tracez un quarré égal au plinthe de la baſe : 2°. Faites un triangle équilatéral, dont un des côtés du quarré ſoit la baſe. L'angle oppoſé à cette baſe ſera le centre, d'où l'on tracera la courbure du tailloir : 3°. Diviſez un des côtés du quarré en dix parties, 4°. Donnez en une à la largeur du coin coupée. Vous aurez la coupure des coins du tailloir. On fait cette coupure ſur l'angle du quarré.

5. Le dernier *Chapiteau* eſt appellé *Compoſite* ; parce qu'il a les deux rangs de feuilles du Corinthien, & les volutes de l'Ionique. (*Voïez* la Figure 62. N°. 5. Planche XLIV.) On détermine la hauteur de ce *Chapiteau* comme celle du Corinthien, c'eſt-à-dire, en prenant le diamétre du bas de la colonne auquel on ajoute une ſixiéme partie. De ces ſixiémes on en donne quatre aux feuilles, & cet eſpace étant partagé en 6, on donne un de ces ſixiémes à la courbure des feuilles. On partage en 8 parties l'eſpace des trois autres ſixiémes, qui reſtent au-deſſus des feuilles pour les volutes, pour l'ove, pour l'aſtragale, & pour le tailloir. On en donne 6 ½ à la volute, qui poſe ſur le haut des feuilles du ſecond rang ; deux au tailloir ; une à l'eſpace qui eſt entre le tailloir & l'ove ; deux à l'ove, & une à l'aſtragale avec ſon filet. Du milieu du tailloir ſur l'ove s'éleve un fleuron juſques au haut du tailloir, & dont la largeur ſurpaſſe la hauteur de la moitié d'un des huitiémes.

On prend les ſaillies du *Chapiteau Compoſite* des cinquiémes du petit module, de même qu'au *Chapiteau* Corinthien. Son plan ſe fait comme celui de ce dernier *Chapiteau* ; & les feuilles ſont taillées en feuilles d'Acanthe. Pour garnir ces ſaillies, le fleuron du milieu du tailloir eſt compoſé de petites feuilles, dont les unes ſe joignent au milieu, & les autres ſe détournent à côté. Des feuilles placées au-deſſous de l'abaque, ſe recourbent en-haut comme au *Chapiteau* Corinthien, & on en voit d'autres qui ſont couchées ſur le côté de chaque volute. Enfin, au lieu de caulicoles, dont le *Chapiteau* Corin-

thien eſt décoré, on voit dans celui-ci de petits fleurons collés au vaſe du tambour, contournés vers le milieu de la face du *Chapiteau*, & finiſſant en une roſe.

Autrefois les volutes de ce *Chapiteau* étoient comme ſolides ; & *Palladio*, *Vignole*, & *Scamozzi* les trouvoient bien ainſi. Aujourd'hui les Sculpteurs les dégagent tellement, que les replis de l'écorce tortillée, qui les compoſent, bien loin de ſe toucher, laiſſent beaucoup de jour : ce qui produit un agréable effet.

C'eſt encore une diſcuſſion dans laquelle je ne crois pas devoir entrer, que celle de la diverſité des ſentimens des Architeétes ſur les proportions de ce *Chapiteau* ; parce que cette diſpute eſt tout-à-fait & encore plus foible que celle du *Chapiteau* Corinthien. On peut voir tout cela dans l'*Ordonnance des cinq eſpeces de colonnes, ſelon la méthode des Anciens*. Par M. *Perrault*.

En parlant, à l'article des colonnes, de leur origine, je déduis celle des *Chapiteaux*. C'eſt donc là qu'il faut recourir ſi l'on veut en être inſtruit. Il n'y a rien de particulier au *Chapiteau* Toſcan & Dorique. Tout y eſt relatif aux colonnes. Mais le Corinthien a en lui une origine qui lui eſt propre, & à laquelle je dois m'arrêter.

6. *Vitruve* attribue l'invention du *Chapiteau* Corinthien à *Callimachus*, l'ingénieux par excellence, & l'idée de cette invention a une hiſtoire fort ſinguliere. Une jeune fille de Corinthe étant morte, ſa mere qui l'aimoit tendrement, après lui avoir rendu les devoirs funébres, fit mettre ſur ſon tombeau un panier de fleurs choiſies, & qui avoient été les délices de cette fille. C'étoit un dernier témoignage d'amour que cette mere affligée vouloit donner à ce cher objet de ſa tendreſſe. Pour conſerver ces fleurs, en les garantiſſant des injures des élémens, on couvrit ce panier d'une tuile. Par haſard on l'avoit mis ſur une racine d'acanthe, qui venant à végeter au printems, forma des branches qui l'entourerent, & après pluſieurs tours elles ſe recourberent ſous la tuile en forme de volutes. *Callimachus* fut frappé de cet ouvrage dû tout à la fois au hazard & à la nature. Entre les mains d'un homme habile, tout peut ſervir de canevas à de belles & même à de grandes choſes. Le fameux Architeéte, vit cette ſorte de ſpeétacle tout autrement que le Peuple. Appellant le deſſein à ſon ſecours, il travailla ſur cette idée & produiſit un *Chapiteau Corinthien*. Quelques Auteurs tels que *Villalpandus* traitent cette hiſtoire de fable, & veulent que l'origine du *Chapiteau Corinthien* ſoit due aux

Chapiteaux des colonnes du Temple de *Salomon*, dont les feuilles étoient de palmier.

CHARIOT. Deux constellations portent vulgairement ce nom; une grande & une petite. La grande qu'on appelle *grand Chariot* ou grande Ourse, & la petite, *petit Chariot*, ou petite Ourse. *Voïez* OURSE.

CHARTIER. Constellation Septentrionale très-remarquable entre la grande Ourse & Persée, composée de 47 étoiles suivant quelques Astronomes. (*Voïez* CONSTELLATION.)

 Hévélius y compte 40 étoiles, dont il marque les longitudes & les latitudes pour l'année 1700 d'après ses propres observations, dans son *Prodrom. Astronom. pag.* 273 & 274. Il représente cette constellation dans le *Firmamentum Sobiescianum*, Figure X. de même que *Bayer* aussi dans son *Uranometria. Tab.* M. *Schiller* lui donne le nom de St Jerôme, & *Hartdorffer* celui du Patriarche *Jacob*. Cette constellation s'appelle encore *Agitator*, *Currus*, *Alhajot*, ou *Alhatod*, *Aurigator*, *Custos Caprarum*, *Erichtonius*, *Habenifor habens Hircum*, *Capellas*, *Hædos*, *Oleniam*, *Capram*, Ηνιοχος, *Myrtillus*, *Retinens habenas*.

CHASSIS. Instrument dont on se sert pour dessiner une côte, un château, &c. Il est composé d'un quarré long, comme le cadre d'un tableau, divisé par des soïes en de petits carreaux de la grandeur que l'on veut, en observant néanmoins que plus ces carreaux sont petits, mieux on réduit ou on dessine une vûe. Ce *Chassis* ainsi disposé est fixé sur un genou, au moïen duquel on peut le hausser & le baisser suivant le besoin. On attache à ce genou, à quelque distance du *Chassis*, un petit cilindre creux en forme de tuïau de lunette, qui a un oculaire fort étroit & un objectif. Pour se servir de cet instrument, on prépare d'abord un papier qu'on divise légerement avec du craion en autant de carreaux que le *Chassis*. Ensuite on place le *Chassis* avec son tuïau, dont le centre porte au milieu de sa surface ou à son centre même, vis-à-vis l'objet qu'on veut dessiner bien parallelement. Regardant après cela par le trou du petit cilindre on apperçoit cet objet, cette vûe, ce château, &c. comme divisé par les soïes ou les carreaux du *Chassis*. Il n'y a plus qu'à rapporter à chaque carreau du papier préparé, les parties qu'on apperçoit dans les carreaux qui répondent à ceux du *Chassis*, & l'objet sera dessiné. Au cas que le *Chassis* n'embrasse pas tout l'objet qu'on veut dessiner, on avancera le petit cilindre, afin que l'angle visuel étant plus grand on découvre plus d'étendue. Le con-

traire se pratique lorsqu'on veut renfermer tout l'objet dans le *Chassis* pour le dessiner avec moins de distraction. M. *Bion*, dans son *Traité de la Construction & usage des instr. de Mathemat. pag.* 399, a donné la figure de cet instrument telle qu'il la conçoit. Mais je crois qu'il vaut mieux la faire telle qu'on l'entend soi-même.

CHAUSSETRAPE. Machine de fer qui est formée en étoiles à quatre pointes. Une de ces pointes, lorsqu'on la jette par terre, est toujours relevée. Elle sert à la guerre pour empêcher la cavalerie de passer. On en seme dans les embuscades & dans les brèches. Il y a deux sortes de *Chaussetrapes*; des grandes, dont les pointes ont 4 pouces, & des moïennes, qui n'en ont que trois.

CHE

CHELEUB ou CHENIB. Etoile claire de la seconde grandeur, qui se trouve dans la ceinture de Persée. *Hévélius* a déterminé la longitude de cette étoile pour l'année 1700 dans son *Prodromus Astronom. pag.* 297. Quelques Astronomes donnent le nom de *Cheleub* à la constellation entiere de Persée.

CHEMIN COUVERT. *Chemin* qui regne le long des fossés d'une Place de guerre, & qui est au niveau de la campagne. D'un côté c'est le fossé qui le termine, de l'autre c'est le glacis. Dans la Figure 39 (Planche XLV.) C E est le *Chemin couvert*; C D est la contrescarpe du fossé D H, E I; I L, L K sont le parapet & la banquette. Et K M est le glacis.... On trouvera à l'article de FORTIFICATION la construction du *Chemin couvert*, & il paroîtra là selon une section horifontale. Le *Chemin couvert* sert à défendre le fossé, en éloignant l'assiégeant du glacis, au pied duquel tout son feu rase. On jugera mieux de sa défense par la difficulté qu'il y a à s'en rendre le maître.

2. Aïant poussé la tranchée jusques au milieu du glacis, on doit travailler à s'emparer du *Chemin couvert*. Pour cela, il y a deux façons de s'y prendre. La premiere est de l'attaquer de vive force; la seconde par industrie. L'une va plus vite; mais elle est plus meurtriere & plus hasardée; l'autre est plus lente, mais moins sanglante & plus certaine. La prise du *Chemin couvert* par vive force se fait toujours à l'entrée de la nuit, & elle est annoncée à l'assiégeant par une décharge de convention de quelques canons. Alors les troupes se développent. Des détachemens sortent brusquement de la parallele & franchissent, le plus promptement qu'il leur est possible, l'intervalle qu'il y a de cette paral-

lele au *Chemin couvert*, dans lequel ils se jettent, en se mêlant avec les troupes ennemies qui l'occupent. On juge bien que cette mêlée doit être terrible : aussi l'est-elle. Pendant que ces détachemens sont ainsi occupés à faire main basse sur tout ce qui se trouve dans le *Chemin couvert* & à en chasser l'assiégé, un corps de réserve est aux aguets, pour voir s'il y a trop de résistance de la part de celui-ci ; & en ce cas, il abandonne la Parallele & vient soutenir les détachemens. Lorsque ceux-ci sont assez forts, le corps de réserve n'abandonne pas son poste où il est occupé à tirer continuellement entre les parapets de la Place. Cependant dans le tems qu'on dispute ainsi le *Chemin couvert*, le feu des canons, des mortiers, des pierriers est dirigé contre toutes les défenses & tire sans cesse sur elles.

Pour que la seconde maniere de se rendre maître du *Chemin couvert* ait lieu, il faut que les batteries à ricochet puissent enfiler la contrescarpe, & que les cavaliers soient en état de plonger dans le *Chemin couvert*. Cela étant, on ouvre vers l'arête du glacis une sappe double qu'on pousse jusques à 12 ou 15 pieds du *Chemin couvert*, & on a attention de se barrer contre les enfilades pour garantir les cavaliers. Là on s'étend de droite à gauche ; & à mesure que ce logement se perfectionne, on envoie des détachemens pour soutenir les travailleurs. Tandis que les ricochets & les feux des cavaliers éloignent les sorties, & inquiétent les ennemis dans le *Chemin couvert*, on tâche de parvenir aux angles saillans, où l'on perce le parapet du glacis, vis-à-vis le milieu des tranchées afin de s'en couvrir, & l'on se glisse le long de la contrescarpe. Par ce moïen on parvient au *Chemin couvert* d'où l'on chasse l'ennemi. Soit qu'on forme cette attaque de vive force, soit qu'on la fasse par industrie, on envoie toujours des gens adroits pour découvrir les fougasses qui pourroient se trouver sous le glacis, & pour en couper les saucissons avant qu'on y ait mis le feu. M. le Maréchal de *Vauban* dans son *Attaque des Places, Chap. XIII.* a fort bien écrit sur la prise du *Chemin couvert* ; & M. l'Abbé *Deidier* dans son *Parfait Ingénieur François, II. Part. pag.* 225, mérite aussi d'être consulté. Anciennement on nommoit le chemin couvert *Coridor*. *Voïez* pour son origine FORTIFICATION.

CHEMIN DES RONDES. Espece de parapet sans banquette, de deux pieds d'épaisseur qu'on pratique sur le cordon du rempart d'une Place de guerre. Cet ouvrage se fait de briques & a 6 pieds de hauteur, dans laquelle

font menagées des embrasures à 4 pieds de distance. On seroit tenté de croire par ces embrasures que le *Chemin des rondes* est de quelque utilité dans la défense d'une Place, si sa construction ne prevenoit de ce côté là. Aussi n'est-il destiné qu'à garantir ceux qui font la ronde de tomber dans le fossé. Quelques Auteurs ont confondu le *Chemin des rondes* avec la fausebraye. Ils ont leur raison : à la bonne heure. Cependant la *fausebraye* n'est pas cela. *Voïez* FAUSSE-BRAYE.

CHEMISE. Terme d'Architecture militaire. C'est une muraille peu épaisse, dont on revêt le talus intérieur d'un boulevard ou d'un bastion, afin que les terres ne s'éboulent point, quoique sa pente soit peu considérable.

CHESNE DE CHARLES II. Constellation Australe formée par 10 étoiles informes. *Voïez* CONSTELLATION. M. *Halley* qui a découvert cette constellation, a déterminé la longitude & la latitude des étoiles dont elle est composée, & l'a nommée *Chêne de Charles II.* en mémoire du *Chêne* sous lequel ce Roi d'Angleterre se cacha. Cette constellation est au Navire d'Argos, *Hévélius* en donne la figure dans son *Firmamentum Sobiescianum*, Fig. EE *e.*

CHEVAL DE FRISE. Sorte de machine en usage à la guerre. Elle consiste en une simple piece de bois cerclée de fer d'un ou deux pieds de diametre, & de 12 de long, traversée de plusieurs piquets pointus de 5 ou 6 pieds, ferrés par les deux bouts qui se croisent.

On s'en sert dans les armées pour se mettre à couvert de l'incursion des ennemis, tant de la part de l'infanterie que de celle de la cavalerie. On en met aussi pour boucher les brèches ; mais les *Chevaux de frise*, dont on fait usage ici, sont plus petits que les autres.

CHEVELURE DE BERENICE. Nom que les Anciens donnoient à la constellation du Lion, composée de 7 étoiles. Les Poëtes rapportent que *Berenice* Reine d'Egypte, aïant offert dans le Temple de *Venus* ses cheveux pour le retour de son mari, les Dieux trouverent le présent si agréable, qu'ils les enleverent dans les cieux & en firent une constellation.

CHEVRE. Machine qui sert à élever des fardeaux. Elle est composée de trois pieces de bois, R A, R B, R C, jointes (Planche XL. Figure 51.) ensemble par une clavette ou clef, ou autrement, & qui s'étend par en bas lorsqu'on la met en usage. A ce point de réunion R est attachée une poulie P ou une moufle, lorsqu'on veut faire un grand effort. On passe à cette poulie une corde à une des extrémités de laquelle est attaché le far-

deau

deau M, qu'on veut élever. L'autre s'entortille fur le treuil T, qu'un homme fait tourner par le moïen des léviers L, L. Pour connoître l'effet ou l'avantage de cette machine, il fuffit de faire attention à celui qui réfulte de la poulie & du treuil. *Voïez* POULIE & TREUIL.

CHEVRE. Conftellation Septentrionale, compofée de 3 étoiles, tout proche du Cocher. Les Poetes racontent que c'eft la *Chevre Amalthée*, qui nourrit *Jupiter* dans fon enfance. Parce qu'elle avoit été nourrie en Béotie, felon les uns; ou parce qu'Oleure la reçut entre fes bras quand elle naquit, felon les autres, on la nomme *Olenie*.

CHEVRE. Nom d'une étoile remarquable fort brillante, & qui eft dans l'épaule gauche du Cocher.

CHEVRE DANSANTE. Nom que les Anciens donnoient à un météore formé par une lumiere qui paroît en l'air, & à laquelle le vent fait prendre diverfes figures. *Voïez* METEORE.

C H I

CHIEN (le GRAND). Conftellation dans la partie méridionale du ciel près du Lievre, au pied de l'Orion. On y compte communément 18 étoiles, mais *Hévélius* la compofe de 22 dont il marque la longitude & latitude, (*Prodrom. Aftr. pag.* 276.) Il repréfente fa figure dans fon *Firmamentum Sobiefcianum*, Fig. D *dd*, de même que *Bayer* dans fon *Uranometrie* Plan. O *o. Schiller* donne à cette conftellation le nom du Roi *David Schickard*, celui du *Chien* du jeune *Tobie*; on l'appelle encore *Alhabor*, *Abiemini*, *Canicula*, *Canis auftralis dexter*, *magnus*, *fecundus*; *Echabor*, *Elchabor*, *Elfeiri*, *Elfere*, *Læpols*, *Secara*, *Scera*, *Scheevée liemini*, *Sirius*.

CHIEN (le PETIT.) Conftellation dans la partie méridionale du ciel, au-deffous de l'Ecrevitte, & au-deffus du grand *Chien*, quoique *Hévélius* place entre ces deux conftellations l'écrevifte. Cet Aftronome la compofe de 13 étoiles, dont il en a obfervé 10 le premier. (*Prodrom. Aftronom. pag.* 277.) Il donne dans fon *Firmamentum Sobiefcianum* la figure de cette conftellation, Fig. S *s*, Et *Bayer* la repréfente dans fon *Uranometrie*, Planche P P. *Schiller* la nomme l'*Agneau de Paques* & *Schickard* le *petit Chien* de la femme de *Canqam*. Elle eft encore appellée *Algemifa*, *Antecanis*, *Afchare*, *Afchemie*, *Afphere*, *Canicula*, *Canis Orionis*, *Canis parvus*, *Canis primus*, *fecundus*, *feptentrionalis*, *finifter*, *Fovea*, *Moncis*, *Præcanis*.

CHIENS DE CHASSE. Nom de deux conftellations nouvelles qu'*Hévélius* a introduites le

Tome I.

premier dans fon *Firmamentum Sobiefcianum, Fig.* E. Elles font fous la queue de la grande Ourfe, & fous le bras du Bootes au-deffus de la chevelure de Berenice. Le premier *Chien*, qui eft le plus proche de la queue de l'ourfe, a le nom d'*Afterion* & l'autre celui de *Chara*. C'eft par ce moïen qu'*Hévélius* range 23 étoiles, dont *Tycho* n'avoit obfervé que deux.

CHIFRES. Caracteres qui fervent à faire connoître combien de quantités fimples homogenes fe trouvent enfemble. La plupart des Peuples fe font fervis des lettres pour cet ufage, comme il y en a plufieurs qui s'en fervent encore aujourd'hui. Les Latins n'avoient choifi que fept lettres pour marquer les nombres; favoir, I fignifie un, V cinq, X dix, L cinquante, C cent, D cinq cens, & M mille. Et la plupart de ces lettres étoient des lettres initiales des dénominations latines des nombres, M, par exemple, de *mille*. Autrefois on écrivoit cɪɔ à la place de M. Pourquoi? c'eft qu'anciennement on faifoit, à ce qu'on dit, un M comme fi un I avoit deux anfes de chaque côté. Dans la fuite on a féparé ces anfes, & on en a formé le *Chifre* qu'on vient de voir.

C'eft encore de-là qu'on introduit le D pour marquer cinq cens, parce que ɪɔ étoit autrefois la moitié du caractere cɪɔ. On a pris C de *Centum* qui fignifie cent. Parce que à la place de C on écrivoit autrefois ce caractere ⌐ pour marquer cinquante, on a peint la moitié de ce caractere L. Le caractere V eft la moititié de X, qui font deux VV joints enfemble.

Ces fept caracteres, qu'on appelle communément *Chifres Romains*, tirent leur origine de la Dactilonomie, où l'on marquoit les nombres par l'élévation & par l'abaiffement des doigts, & par les poftures des mains, comme l'on peut voir dans *Beda Aventin*, & plufieurs autres qui ont écrit fur la Dactilonomie. Parmi tous ces caracteres les plus commodes font indubitablement ceux dont nous nous fervons aujourd'hui fous le nom de *Chifres arabes*, qui procurent un avantage confidérable dans le calcul, avantage même tel, que fans eux l'arithmétique n'auroit jamais pû parvenir au dégré de perfection, où elle eft aujourd'hui. Ces *Chifres* font 1, 2, 3, 4, 5, 6, 7, 8, 9, 0. On donne communément l'invention des *Chifres* aux Arabes, *Wallis* (*Oper. Mathemat. vol. I. Arithm. ch.* 9) rapporte que *Alfepadi* Arabe, l'attribue lui-même aux Indiens dans un livre manufcrit qu'on trouve dans la Bibliotheque Bodleiane à Oxfort. Les Sarrafins apporterent les premiers ces caracteres en

V

Efpagne dans le treiziéme fiécle, d'où ils ont paffé en France vers la fin de ce même fiécle par *Gebert*, qui fut élu Pape fous le nom de *Sylveftre II.* environ l'an 999. Il y auroit bien des chofes à dire fur la différence de l'ufage qu'on faifoit autrefois des *Chifres* & celui qu'on en fait aujourd'hui. Il faut confulter fur cela le Traité de *George Henif- chius*, Médecin & Mathématicien à Augs- bourg, publié l'an 1605 fous ce titre, *De numeratione multiplici veteri & recentiori.* (*Voïez* encore *Beveregii Arithmeticæ Chrono- logiæ*, *Liv. I.* ajoûtées à fes *Inftitutiones Chronologiæ.*)

CHIROMANCIE. L'art de pronoftiquer fur les traits qui fe trouvent dans les mains. Cet art eft pitoïable & deftitué de tous fonde- mens. Les lignes qu'on voit dans les mains y font néceffaires pour les ferrer commodé- ment, & c'eft par-là principalement qu'elles fe forment.

Quoique la *Chiromancie* foit une partie de la Phyfique occulte, qui ne dément point cette fcience ridicule, elle a cependant beau- coup de partifans. Cette commodité que l'on a d'en faire ufage, quand on veut, par l'inf- pection feule de la main, la rend chere à tous ceux que la fuperftition tirannife. Il eft agréable de favoir lire dans l'avenir, en con- noiffant fur une belle main la vertu des li- gnes dont elle eft compofée; & cet amufe- ment qui plaît beaucoup aux Dames, eft à caufe de cela fort recherché des Meffieurs. Ce qu'il y a de fingulier, c'eft que cet art fe pra- tique, fans qu'on le fache. Chacun veut faire le devin, fans en connoître les regles. Je veux croire qu'on les verra ici avec plaifir; mais j'efpere qu'on trouvera bon que j'en marque la valeur.

2. La main eft communément divifée en trois parties. La premiere eft fa jointure avec le bras. La feconde eft dans la paume de la main. Elle renferme tout l'efpace, qui eft en- tre la jointure de la main, les bras & les ra- cines des doigts. Cette partie eft la plus im- portante, parce qu'elle contient les lignes, les étoiles, les monts, les croix, les triangles, &c. Enfin la troifiéme partie eft compofée des doigts feulement.

On nomme les lignes de la premiere partie *reftraintes* ou *razettes.* On diftingue plus par- ticulierement celles de la feconde partie. La ligne qui monte vers le doigt du milieu, eft appellée *ligne Saturnale*, ou *ligne de profpé- rité*; celle qui la coupe, *ligne naturelle*, ou *ligne du cerveau*, & la ligne qui va du petit doigt à l'*index*, porte le nom de *ligne men- fale.* Ces lignes font les principales. Tout le monde les a. Voici les moins communes.

Autour du pouce on voit une ligne, qui l'entoure: c'eft la *ligne de Venus.* De celle-ci au bas du pouce, il en part une qui va fe ter- miner à la naiffance du petit doigt; c'eft la *li- gne vitale.* La ligne qui renferme une petite élévation au-deffous des deux doigts du mi- lieu, eft appellée *Ceinture de Vénus.* Celle qui monte de la menfale vers les doigts de l'an- neau, en coupant cette ceinture, eft appel- lée *ligne du foleil.* Ce n'eft point affez de con- noître les lignes de la main, & d'en favoir le nom. Les *Chiromanciens* veulent auffi qu'on faffe attention aux figures qu'elles forment. La ligne vitale, la ligne de profpérité forment un triangle, qu'on appelle *grand Triangle.* L'angle fait de la ligne vitale & de la natu- relle eft appellé *Angle fuprême*; celui qui eft formé prefque au milieu de la main de la Sa- turnale & de la naturelle, eft dit *Angle gau- che*, & on nomme *Angle droit* l'angle pro- venu de l'union de la vitale & de la Saturnale.

La ligne de profpérité, la vitale (appel- lée auffi *voïe de lait*) & la ligne naturelle font un triangle. On le nomme le *triangle mineur.* Enfin les quatre lignes *menfale*, *na- turelle*, *faturnale* & *vitale*, forment un quarré qui renferme tout l'efpace, compris entre la menfale & la naturelle, efpace qui eft étroit au milieu de la main.

Pour terminer cette defcription de la paul- me de la main, il ne refte qu'à faire connoî- tre les *montagnes* qu'elle renferme. L'éléva- tion qui eft fous le petit doigt eft le *mont de Mercure*; l'élévation du doigt fuivant, qui eft l'*index* eft le *mont du Soleil*; celle du troifiéme doigt le *mont de Saturne*; celle du fecond le *mont de Jupiter*, & l'élévation du pouce le *mont de Venus.* Comme les *Chiromanciens* croïent qu'il eft de confé- quence que toutes les planetes foient défi- gnées fur la main, ils nomment *mont de Mars*, l'élévation qui fuit le *mont de Venus*, & donnent à la derniere qui eft à côté de celle-ci, le nom de *mont de la Lune.*

Enfin les doigts ont auffi des noms. Le pou- ce eft appellé *doigt de Venus*; l'index *doigt de Jupiter*; le moïen *doigt de Saturne*; l'annu- laire *doigt du Soleil*, & le petit doigt, dit au- riculaire, *doigt de Mercure.*

On croiroit volontiers que tous ces noms, & des lignes, & des monts, & des doigts, font donnés pour les diftinguer fimplement. Les *Chiromanciens* y entendent cependant plus de fineffe. Ils prétendent que ces noms font déterminés par le rapport qu'ils ont avec les planetes & les événemens. Mais laiffons-les là avec leurs prétentions. Il eft plus rifible de voir comment ils font ufage de toutes ces chofes pour lire dans l'avenir.

3. En général la premiere attention qu'on recommande en *Chiromancie*, c'est de considerer la disposition & la proportion de la main. Si elle répond aux autres parties du corps humain, elle marque un homme doué de bonnes mœurs. N'y répond-elle pas? elle annonce un vicieux. Une grande main prouve qu'un homme est ingénieux. Une main médiocre, mais grêlée & avec cela un peu humide, désigne un esprit très-subtil. Une petite main, un homme orgueilleux & colérique. Une main pelée, un homme efféminé. Une main velue, un homme inconstant, peu sage & d'ailleurs très-fort. Aux femmes les doigts longs & la paulme courte, menacent d'une extrême difficulté à enfanter. Ils pronostiquent le contraire lorsqu'ils sont courts, & que la main est d'une grande étendue.

Il y a plus de découvertes à faire par l'inspection des lignes. Plus les *restraintes* sont en grand nombre, plus longue est la vie d'un homme. Chaque restrainte répond à vingt années. Ainsi un homme doit vivre autant de 20 ans qu'il a de ces lignes. De-là les *Chiromanciens* tirent ces conséquences admirables, qu'on connoît par la premiere restrainte la bonne ou la mauvaise habitude d'une personne jusques à la vingtiéme année de son âge; par la seconde, depuis la vingtiéme jusqu'à la 40e; par la troisiéme, depuis la 40e jusqu'à la 60e, &c.

Lorsque les quatre lignes principales de la main se trouvent bien disposées & bien formées, elles marquent en général un bon tempéramment, sur-tout si elles sont accompagnées de la ligne du soleil. La ligne vitale qui s'étend jusques aux restraintes par lesquelles est entouré le mont de *Venus*, sans discontinuité, promet une longue vie & une excellente complexion. Est-elle grosse & longue? c'est un signe que celui de qui l'on examine la main, est un guerrier, un sanguinaire. Quand cette ligne est enflée en son commencement, elle déclare un homme bas & sordide, sans éducation & d'une vile naissance. Voilà le mauvais côté de la ligne vitale. Elle en a un beau. Heureux celui, dont la vitale est étendue & a plusieurs rameaux à l'angle suprême, vers le mont indice : il aura des richesses & des honneurs. Si avec cela du côté qu'elle répond à l'angle gauche, elle est grosse jusques à l'angle suprême; surcroît de bonheur : on est judicieux & magnanime. Cette derniere qualité est altérée par celle de cruel, quand la grosseur de cette ligne est un peu rouge.

Les autres lignes ont à peu près les mêmes vertus, & comme ces vertus dépendent entierement de la volonté des *Chiromanciens*,

je crois qu'on ne risque rien à leur donner celles qu'on voudra. Pour comprendre toute la théorie de leur art, il suffit de faire attention au voisinage & à la situation de ces lignes, par rapport aux sept planetes ausquelles les Astrologues attribuent des qualités. (*Voïez* ASTROLOGIE.) Ces lignes participent des qualités de chaque planete, & les hommes des qualités de ces lignes.

Tel est tout le fond de la *Chiromancie*. Qu'on juge maintenant de sa solidité. Sincerement je demande pardon au Lecteur de l'avoir entretenu d'un sujet aussi pitoïable. Mais le dessein où je suis de faire main basse sur toutes ces pauvretés en les faisant connoître, l'a emporté sur la répugnance que j'avois à en faire le détail. Et je l'ai estimé d'autant plus nécessaire qu'on ne voit que trop de fous dans le monde, qui tâchent de surpendre les sages, soutenus par des approbations telles que la suivante.

Approbation des Docteurs.

[CEtte traduction Françoise de la *Chiromancie naturelle par le Sieur Romphile*, est agréable. C'est un net miroir où chacun se peut connoître, & sans scrupule (avec discretion toutefois) on la peut lire, ne contenant rien qui choque la foi ni les bonnes mœurs. Ainsi nous soussignés Docteurs en Théologie l'attestons. Fait à Lyon ce 6 Février 1653.]

Fr. MOLIN, Carme.   Fr. M. MICHARD, Mineur.

Joannis Prætor. (*Thesaurus Chiromanciæ*) *Jean Abrah. Hopping.* (*Introduction à la Chiromancie.*) *Philip. Mayer.* (*Chiromancia & Phytiognomia medica.*) Et *Romphile* (la *Chiromancie naturelle*) sont les principaux Auteurs sur la *Chiromancie*.

Voïez la *Chiromancie naturelle de Romphile*. A Paris 1655.

C H O

CHOC. Rencontre de deux corps en mouvement. Cette rencontre peut se faire de deux façons, suivant que le corps est mu ou directement ou obliquement. De-là naît deux sortes de *Choc*; le *Choc direct* & le *Choc oblique*. Le premier a lieu quand la direction des mouvemens de deux corps passe par leur centre de gravité; le second lorsqu'elle n'y passe pas. L'un & l'autre ont des regles particulieres. Encore suivant la nature des corps qui se choquent, ces regles varient. En déduisant les principales loix du *Choc*, je mettrai cette variété sous les yeux.

1°. Si un corps en choque un autre plus

petit, qui soit en repos, la vitesse que celui-là imprime à celui-ci est comme les masses, & leur force ou leur *Choc* comme le quarré de leur vitesse.

2°. La vitesse de deux corps qui se choquent est toujours en raison des masses après le *Choc*.

3°. Quelque grand que soit le corps en mouvement, eu égard à celui qu'il choquera, la vitesse de ce dernier sera toujours double de cette vitesse, avec laquelle il est frappé par le grand.

4°. Quand un corps en choque un autre qui lui est égal, la vitesse qu'il communique en est deux fois moindre que celle qu'il avoit avant le *Choc*.

5°. Si deux corps en masses inégales sont portés l'un contre l'autre avec des vitesses qui soient en raison inverse de leurs masses, ils resteront en repos.

6°. La vitesse de deux corps étant connue, le changement de vitesse après le *Choc*, sera en raison inverse des masses.

7°. On détermine la force détruite par le *Choc* en *multipliant le produit des masses par le quarré de la vitesse respective, & divisant le produit par la somme des masses.*

Ce sont-là les loix du *Choc* des corps mous. Pour ceux qui sont élastiques, il est quelques regles particulieres.

1°. Dans le *Choc* des corps parfaitement élastiques, la vitesse respective, ou la différence des vitesses est la même avant & après le *Choc*. Il en est de même des forces.

2°. La quantité de mouvement est toujours égale avant & après le *Choc*, lorsque les masses & les mouvemens sont égaux.

3°. Si deux corps se choquent avec des vitesses inégales, ils retourneront après le *Choc* en faisant échange de vitesse.

4°. En général le rapport des vitesses est égal au rapport élastique des corps choqués & choquans.

2. Voilà les regles du *Choc* direct, & voici celles de l'oblique. Soient les corps A & B, (Planche XXXV. Figure 52.) qui vont se choquer en C. L'un a la vitesse A C, l'autre la vitesse B C : mais ce n'est point avec ces deux vitesses que ces deux corps sont choqués. En décomposant la vitesse A C en deux A d, A e, perpendiculaires l'une à l'autre, & la vitesse B c en deux de même B f, B g, on verra que B f est parallele à A d. Donc le *Choc* qui émane de cette vitesse, est nul ; puisque les corps ne peuvent se rencontrer, lorsqu'ils sont mûs avec des directions paralleles. Autant de rabattu des vitesses A C & B C. Restent donc les deux vitesses A e, B g, avec lesquelles les deux corps sont choqués. Le *Choc oblique* est ainsi réduit au *Choc* direct.

Les loix de celui-ci ont lieu au *Choc oblique* : aussi les y applique-t-on. Mais cette obliquité n'en est pas pour cela entierement dépouillée. Nous avons laissé les vitesses A d, B f ; & ces vitesses ne doivent pas être perdues, si ce n'est pas dans le *Choc*, ce sera après. Rappellons-les donc, & faisons-les valoir dans la séparation des corps. Supposons que la vitesse commune, qui a résulté du *Choc*, soit C r. Joignons à cette vitesse commune les deux paralleles qui lui sont particuliéres ; & nous aurons deux parallelogrames C g m r, C P O r, dont les diagonales C m, C o exprimeront les vitesses que chaque corps aura après le *Choc*.

C'est une chose curieuse de vérifier cette théorie par l'expérience. Il faut là beaucoup d'art. M. *Mariotte* a inventé une machine par le moïen de laquelle on fait rencontrer deux corps avec telle vitesse, & qui soient entre eux en telle raison que l'on veut. Si le détail ne m'en avoit paru un peu long, j'en aurois donné volontiers la construction. C'est même malgré moi que je suis forcé de renvoïer au *Traité de la Percussion* de cet Auteur. *Prop. I.*

CHOROBATE. C'est le nom du niveau dont se servoient les Anciens dans leurs opérations sur le terrain. *Vitruve* dans son *Architecture*, *Liv. III.* parle de ce niveau, sans en donner la figure ; de sorte que pour savoir en quoi il consistoit, il faut deviner sa construction. *Barbaro*, l'un des Commentateurs de *Vitruve*, a pris ce parti. Car voici tout ce que *Vitruve* apprend de cet instrument.

Le *Chorobate*, dit-il, est composé d'une regle longue d'environ 20 pieds ; de deux autres bouts de regles, joints à l'équerre avec les extrémités de la regle en forme de coude, & de deux autres tringles, qui sont entre la regle & les extrémités des pieces coudées. Sur ces pieces on tire des lignes perpendiculaires, & sur ces lignes pendent des plombs attachés de chaque côté à la regle.

Lorsqu'on fait usage du *Chorobate*, on remarque, après l'avoir placé, si les plombs touchent également sur les lignes qui sont marquées sur les tringles transversantes : ce qui fait voir que la machine est de niveau.

Ceci suppose un tems calme. Dans un tems orageux les vents doivent empêcher que les plombs ne s'arrêtent, pour faire connoître s'ils tombent sur la ligne perpendiculaire. Dans ce cas, on creuse sur le haut de la regle un canal long de 5 pieds, large d'un doigt, & creux d'un doigt & demi. Et on reconnoît que le *Chorobate* est de niveau, en remarquant si l'eau touche également les hauts du bord du canal. (*Voïez* NIVEAU.)

CHOROIDE. Terme d'Optique. Surface postérieure de l'œil, & la seconde tunique de son globe. Elle est noirâtre, tirant un peu sur le rouge, & adhérente à la cornée opaque par plusieurs petits vaisseaux. C'est une double membrane, qui enveloppe d'un côté le nerf optique au-delà de l'œil, & l'accompagne au milieu du cerveau. De l'autre côté elle est couverte par la rétine.

2. Avant M. *Mariotte*, on vouloit que la rétine fut l'organe de la vision. Et depuis *Mariotte*, bien des gens le pensent encore. Si M. *Mariotte* est cru, ces gens là se trompent, comme ceux du tems passé. La *Choroïde* a cet avantage. Quand on avance quelques propositions opposées aux sentimens réçûs, on est sujet à être contredit. M. *Mariotte*, tout grand Physicien qu'il étoit, le fut. M. *Pequet* s'en plaignit le premier, & prétendit fort poliment que M. *Mariotte* se trompoit. Celui-ci se fonde sur ces deux preuves: la premiere, que la rétine étant transparente, ne reçoit que très-peu l'impression de la lumiere, ainsi que les corps diaphanes; & qu'au contraire l'opacité de la *Choroïde* la rendoit propre à être échauffée, à être sensible aux impressions de la lumiere. Sur ces raisons, M. *Pequet* répond que la preuve tirée de l'opacité de la *Choroïde* n'est pas suffisante, pour valoir à cette seconde tunique de l'œil l'avantage d'être le principal organe de la vûe. Il soutient cette objection par un fait: c'est que la *Choroïde* n'est pas essentiellement opaque. Celle des yeux des lions, des chameaux, des ours, des bœufs, des cerfs, des brebis, des chiens & des chats, paroît aussi brillante que la nacre de perle. D'ailleurs, ajoute M. *Pequet*, la rétine n'est point assez transparente, pour donner passage à la lumiere. Si M. *Mariotte* n'avoit eu que ces preuves, peut-être auroit-il eu bien de la peine à défendre la *Choroïde* contre la rétine. Mais ses raisons étoient fortifiées par une autre soutenue par une expérience, dont il n'est pas aisé de se débarrasser: c'est que la vision se fait par tout où est la *Choroïde*, & qu'il n'y a point de vision là où la *Choroïde* n'est pas, quoique la rétine y soit. Cet argument paroît sans replique. Reste à prouver qu'un objet peut se peindre sur la rétine, sans aller jusques à la *Choroïde*, & ce qui est encore plus difficile, de le prouver, lors même que l'objet n'est pas visible. A cette fin, M. *Mariotte* fait une expérience singuliere & digne de lui. Il attache à une muraille, ou sur un fond noir un papier blanc rond d'environ deux pouces de diametre. Deux pieds plus bas que le premier il en place un autre à côté. Aïant fermé l'œil gauche, & s'étant placé vis-à-vis du premier papier, il s'en éloigne peu à peu, distant à peu près de

9 pieds. Le papier qu'il avoit toujours vû de l'œil droit, lui disparoît entierement. Or M. *Mariotte* soutient que la rétine reçoit l'image de ce papier, & que par conséquent il devroit être visible, si cette expension du nerf optique étoit l'organe de la vûe; & il prouve qu'alors la *Choroïde* n'en est point affectée. D'où cet homme célèbre conclud que la *Choroïde* est l'organe de la vision; puisqu'on n'y voit pas l'image de l'objet.

Cette conclusion légitime effraïa les partisans de la rétine. M. *Perrault* craignit pour elle. Il forma de nouvelles objections contre les preuves de M. *Mariotte*. Et d'abord il voulut que la *Choroïde* ne fût pas assez unie pour l'usage auquel on la destine; que les vaisseaux sanguins, dont elle est remplie, devoient empêcher la vision; & enfin que la rétine étant très-propre à être l'organe de la vûe, il étoit inutile de faire intervenir pour cela la *Choroïde*. Je ne rapporterai point la réponse de M. *Mariotte*. On sent bien ce qu'il avoit à opposer à M. *Perrault*. Seulement je dirai qu'il semble qu'il le satisfait. On en jugera en aïant recours aux pieces de cette dispute: elles sont insérées dans les Œuvres de M. *Mariotte*, sous le titre de *Nouvelle Découverte touchant la vûe.*

3. Ce seroit peut-être ici le lieu de se déclarer ou en faveur de la rétine, ou en faveur de la *Choroïde*. Car enfin, s'il est quelque question importante dans l'Optique, c'est celle de savoir quel est l'organe principal de la vision. Mais quel est l'homme assez osé, je veux dire, assez éclairé, pour la décider? Quand on fait attention que d'une part c'est M. *Mariotte*, c'est-à-dire, le plus fin Observateur, qui ait paru depuis long-tems, qu'il faut contredire, & que de l'autre on a MM. *Pequet*, *Perrault*, & presque tous les Physiciens à combattre, si l'on n'en excepte *Bartholomæus Torinus*, on y pense à deux fois, pour prendre parti dans cette querelle, & à plus forte raison, pour la terminer. Fermant les yeux sur des autorités trop grandes de tout côté, j'ose risquer un sentiment vraisemblable, & qui a l'avantage de les concilier.

M. *Mariotte* croit que la *Choroïde* est l'organe de la vûe. M. *Mariotte* a raison. MM. *Pequet* & *Perrault* soutiennent que c'est la rétine. MM. *Pequet* & *Perrault* n'ont pas tort. Comment cela peut-il être? L'énigme peut se déviner sans autre éclaircissement. Aidons toutefois à la lettre: c'est que la rétine & la *Choroïde* sont ensemble l'organe de la vûe. La rétine est transparente, & la *Choroïde* opaque. Celle-là est dessus, celle-ci dessous. Mais un corps transparent couvert d'un corps opaque ne forme-t-il pas un miroir ? Et un miroir dans le fond de l'œil, ne peut-il pas bien recevoir les objets qui s'y peignent ?

Comme le miroir ne peut être formé que lorsque la *Choroïde* tapisse la rétine, il n'est pas surprenant que M. *Mariotte* n'ait point vû le papier de son expérience, en écartant cet objet de la *Choroïde*. La rétine, qui la recevoit, étoit un verre sans noir, ou sans étain de glace. La lumiere traversoit ; ne peignoit rien, & à la longue auroit seulement fatigué le nerf optique. Quoique plusieurs animaux, tels que les chiens, les chats, &c. sans en excepter les poissons, aïent la *Choroïde* grisâtre, cela n'empêche pas qu'elle ne puisse absorber la lumiere qui frappe sur la rétine. Le vif-argent n'est point noir, & rend un miroir plus brillant que le noir même. Eh! ne seroit-ce pas parce que la *Choroïde*, quoique de cette couleur, a cette propriété, que la plûpart de ces animaux y voient mieux la nuit que le jour ? Je pousse peut-être un peu trop loin mon idée. Qu'on la restreigne, tant qu'on voudra ; qu'on la rejette, si l'on veut : mais qu'on la pese.

C H R

CHROMATIQUE. Ce mot en Grec veut dire couleur, coloré, & en Optique on appelle ainsi l'art du Coloris. L'origine de cet art est très-reculée ; mais jamais art n'a été plus livré au goût & au tâtonnement. Les Peintres les plus habiles en ignorent les regles. Peut-être seroit-il difficile de les établir. Celles qu'on peut tirer des Mathématiques, semblent ne devoir venir qu'après coup : je veux dire, après qu'on a reconnu par plusieurs expériences que telle couleur s'accorde avec celle-là, l'autre, & puis encore avec telle autre ; qu'elle discorde avec celles-là & celles-ci. Par exemple, le verd s'accorde avec le vermillon ; discorde avec la couleur de rose, & jure avec le bleu. Le pourpre se soutient fort bien avec le bleu ; & le bleu plaît avec le blanc, & devient riche avec la couleur d'or. Un ton verdâtre dans le fond d'un portrait en ranime la couleur, & le fait briller. Le bleu fait fuir un fond, donne presque tout le relief d'une tête, tandis que des teintes légeres & verdâtres éparses çà & là avec art, lui donnent un air de fraîcheur & de vivacité, &c. On fait tout cela, parce qu'on l'a appris le pinceau à la main, & qu'on l'a vû ; & comme chaque Peintre l'a vû différemment, chaque Peintre aussi a un coloris particulier. Quand je dis différemment, je n'entends pas parler des regles générales, c'est-à-dire, des accords principaux. Pour ce qui est de la combinaison & du mélange de ces accords, on ne peut gue-

res les connoître que lorsqu'on les voit. Car il est certain que quand on viendroit à bout d'établir une science du Coloris, une *Chromatique*, on ne pourroit jamais assujettir une infinité de petits détails de goût, qui forment dans le tableau d'un habile Maître un certain je ne sai quoi, qu'on admire & qu'on ne peut pas définir. Tel est le coup de Maître. Mais aussi il ne faut pas douter que ces agrémens ne fussent plus aisés à saisir, si l'on avoit de bons principes généraux, des regles solidement établies, qui en dirigeassent le fond. Alors la *Chromatique* seroit d'un grand secours ; & voici comment l'on peut en jetter les véritables fondemens.

2. *Aristote*, *Bacon*, *de la Chambre*, *Kircher*, & sur-tout le grand *Newton*, ont reconnu qu'il y avoit une analogie entre les sons & les couleurs. La découverte, ou le soupçon de cette découverte est dûe à *Aristote*, & à *Newton* la certitude de cette analogie. Si cela est, je crois qu'il n'est pas impossible de décider par l'oreille ce qu'on ne peut connoître par la vûe ; & il y a d'autant plus lieu de se flatter d'y réussir, qu'on sait, depuis que M. *Sauveur* l'a démontré, que la finesse de l'oreille est dix-mille fois plus grande dans le discernement du son, que celle de la vûe dans le discernement des couleurs. (*Mémoires de l'Académie*, 1713.) Cela est heureux. Et ce qui l'est encore plus, c'est que le rapport des sons est connu & déterminé. En prouvant que cette analogie des sons & des couleurs est démontrée, nous avons fait la moitié de l'ouvrage.

Aristote a dit en général que les couleurs ont un rapport les unes aux autres en des nombres proportionnés comme 2 à 3, rapport qui donne la quinte ; d'autres comme 3 à 4, qui est la quarte ; d'autres comme &c. M. *de la Chambre*, pour déterminer plus particulierement ce rapport, soutient que le verd répond à l'octave, le rouge à la quinte, le jaune à la quarte, &c. Et si l'on en croit le Pere *Kirker*, le verd répond à l'Octave, le jaune à la tierce mineure, l'orangé à la quinte, &c. Enfin *Newton*, le prisme à la main, prouve que le rouge répond à l'intervalle qui se trouve entre le *ré* & l'*ut*, l'orangé à l'intervalle qui est entre l'*ut* & le *si* ; le jaune à l'intervalle du *si* au *la* ; le verd à celui du *la* au *sol* ; le bleu du *sol* au *fa* ; la pourpre du *fa* au *mi*, & le violet du *mi* au *ré*. Ces rapports sont ceux que donne la différente réfrangibilité des raïons. Mais comment a-t-on pû être instruit, mesurer, connoître cette différence ?

Newton s'avisa, pour y parvenir, de déterminer l'espace qu'occupe chaque couleur que donne le prisme. (*Voïez* COULEURS.)

Et il trouva que celui qui renfermoit les sept couleurs principales, étoit divisé dans la même proportion que l'octave, *ut*, *re*, *mi*, *fa*, *sol*, *la*, *si*. Plûsieurs expériences répétées donnerent la même proportion. Les Cartéfiens qui ont voulu chicaner *Newton*, ont prétendu que cette division étoit fort équivoque, & que les couleurs anticipant, au sortir du prisme, il n'étoit gueres possible de prescrire leur limite. Le Pere *Castel*, de la Société Roïale de Londres & de celle de Lyon, sans avoir ces raisons en vûe, a désapprouvé cette analogie; & ce Jésuite l'établit dans l'ordre suivant.

ORDRE DIATONIQUE
OU NATUREL.

Couleurs :	bleu,	verd,	jaune,	fauve,
Tons,	*ut*,	*ré*,	*mi*,	*fa*,
Couleurs :	rouge,	violet,	gris,	bleu,
Tons,	*sol*,	*la*,	*si*,	*ut*.

ORDRE CHROMATIQUE.

Couleurs :	bleu,	céladon,	verd,	olive,
Tons,	*ut*,	*ut dieze*,	*ré*,	*ré dieze*,
Couleurs :		jaune,	fauve,	nacarat,
Tons,		*mi*,	*fa*,	*fa dieze*,
Couleurs :		rouge,	cramoisi,	violet,
Tons,		*sol*,	*sol dieze*,	*la*,
Couleurs :		agathe,	gris,	bleu,
Tons,		*la dieze*,	*si*,	*ut*.

(Ce qu'on appelle un *Dieze* en Musique, exprime un demi-ton, ou la moitié de l'intervalle qui se trouve d'un ton à un autre ton.) Pour moi, il me semble que ce n'est qu'en consultant la réfrangibilité des couleurs qui sortent du prisme, qu'on peut établir avec exactitude une proportion constante. Il faudroit imaginer peut-être une nouvelle expérience pour cela. En attendant, ce seroit encore beaucoup, si on faisoit usage de l'analogie établie entre les tons & les couleurs; & si les accords de ceux-là servoient à allier ceux-ci. Comme je n'ai promis que la moitié de l'ouvrage, c'est-à-dire, que le plan d'une nouvelle *Chromatique des Couleurs*, je ne pousserai pas plus loin cette discussion. Il y a un détail d'expériences, afin d'en établir absolument la théorie. Pour en faciliter la l'exécution, je terminerai cet article par deux moïens qui me paroissent très-propres à ce dessein. Le premier est le plan du Cabinet universel de coloris de clair obscur du P. *Castel* : je dévoilerai le second, après avoir expliqué celui-ci.

3.   Ce Cabinet renferme tous les dégrés, toutes les teintes des Couleurs qu'on peint sur des bandes de cartes séparées, & on les dispose selon cet ordre.

Après avoir peint une carte, (ou la moitié, ou le quart, suivant l'espace qu'on veut remplir,) en *bleu* le plus foncé, on cole à côté de celle - ci le *céladon* le plus foncé, & peint sur une autre bande. A côté du *céladon* vient une bande *verte*; ensuite l'*olive*, le *fauve*, le *nacarat*, le *cramoisi*, le *violet*, l'*agathe*, & toujours les plus foncés en couleurs. Cela forme un premier dégré de coloris, ou une octave de couleurs très-foncées.

On recommence l'opération, & on cole tout de suite les secondes cartes particulieres moins foncées, le *bleu*, le *céladon*, le *verd*, l'*olive*, &c : d'où naît une seconde octave.

En suivant le même ordre, & aïant diminué les teintes d'un dégré plus clair, on ajûste les bandes de *bleu*, de *céladon*, &c. Et toujours en éclaircissant, on parvient ainsi jusques aux derniers clairs; jusques au *blanc* tout pur. Cet assemblage donne une grande bande universelle en coloris, en clair-obscur, composée de 144 ou 145 dégrés de couleurs simples & pures, dont le nombre ne peut être ni moindre, ni plus grand dans les ouvrages de l'art, comme dans ceux de la nature. (Voïez l'*Optique des Couleurs*, page 315 & suiv.)

Le P. *Castel* assure que rien n'est plus beau que cette double nuance de coloris de clair-obscur, quand elle est bien faite. Les Peintres, qui par une longue habitude, une longue expérience, connoissent les dégrés des couleurs, gagneroient beaucoup à l'exécuter; & à étudier, soit en la variant suivant une autre proportion, soit en renchérissant sur celle-là. Un homme qui auroit l'œil fin, de même qu'un autre qui a l'oreille fine, pourroit distinguer les accords, les fixer, & composer un tableau en couleurs, comme un Musicien compose une piéce à 3 ou 4 parties, un chœur même. Le second moïen, que je propose, doit fournir une voïe plus certaine par ce discernement.

Peu de personnes ignorent le plan du Clavessin oculaire du P. *Castel*. C'est un instrument qui a la forme d'un clavessin, par les touches, & par le fond une espece de théâtre avec des décorations, sur lequel doit se passer tout le spectacle, dont on doit joüir. A ces touches répondent des fils d'archal qui doivent faire paroître les couleurs, lorsqu'on met les mains sur le clavier.

Aïant appris la clef de ce clavier, comme l'on apprend celle d'un clavier ordinaire, le P. *Castel* prétend qu'on jouera un air aux yeux, un *Piano*, un *Andante*, un *Allegro*, un *Presto*, un *Prestissimo*, comme on le joue aux oreilles. Je n'examinerai point fi cet *Andante*, ou ce *Preſto* coloré fera le même effet fur les yeux, qu'un *Andante* & un *Preſto* fonore. On a déja dit que les yeux vouloient peut-être du repos, pour joüir d'un plaiſir, & que d'ailleurs des impreſſions ſuffoquées, pour ainſi dire, lorſque les couleurs paſſeroient en double & triple croche, formeroient une confuſion & un mêlange de ces couleurs qui n'en deviendroient plus qu'une. Je paſſe volontiers fur ce rafinement de plaiſir, & je m'attache au fond de cette idée, pour la ramener à l'utile.

Je ſouhaiterois qu'on ajuſtât aux touches d'un claveſſin des fils d'archal, qui répondiſſent à des couleurs analogues aux tons que chaque touche donne. Le rapport des couleurs avec les tons de la Muſique ſuppoſés, il eſt certain que les accords que feroit un Muſicien fur un clavier, développeroient un accord de couleurs. Ce feroit au Peintre à faiſir cet accord ; & d'accord en accord de former la théorie d'une *Chromatique*. Un Muſicien qui feroit Peintre, je voulois dire, un Peintre qui feroit Muſicien, auroit un grand avantage, pour l'établir ; & joüiroit en même-tems d'un double plaiſir.

4. Dans le courant de l'impreſſion de cet Ouvrage, il m'eſt tombé entre les mains un Mémoire curieux fur la *Chromatique* des couleurs. C'eſt une théorie du mêlange des couleurs fondée fur les principes de *Newton*. Ce Phyſicien avoit entamé cette matiere, & l'avoit conſidérée fous un point de vûe général. Ici on pouſſe l'idée de *Newton* auſſi loin qu'on peut le ſouhaiter. J'avoue que ce Mémoire m'a fait plaiſir. Mais la lecture auroit été encore plus ſatisfaiſante, ſi j'avois eu les figures qu'on cite dans le Manuſcrit. Aidé des lettres, & rapprochant les objets, j'ai cherché à les deviner. J'ignore ſi j'ai réuſſi. Tout ce que je fais, c'eſt que j'en retire les avantages que paroît promettre la figure propre du Mémoire. Avec quelques petits changemens j'ai fait cependant quadrer ma figure à l'explication. Le public y perdroit trop, ſi ce Mémoire ne paroiſſoit pas. Je vais lui ſauver ce déſaſtre, en faiſant connoître ce qu'il renferme. Le voici donc précédé de quelques définitions préliminaires, fans leſquelles les perſonnes, qui ne font point fraîchement rompues dans l'Optique de *Newton*, ne m'entendroient pas.

Il y a deux choſes à conſidérer dans les couleurs : 1°. L'eſpece des couleurs ; 2°. Leurs perfections ou imperfections fous la même eſpece. On appelle couleur de différentes eſpeces, par exemple, le *bleu* & le *rouge*. Mais le *rouge* du pavot & celui de la brique font de même eſpece, & différent en dégré de perfection. Les Peintres diſtinguent les couleurs en ſimples & broïées, à cauſe de leur méthode de former les couleurs imparfaites par le moïen de pluſieurs couleurs ſimples broïées enſemble.

M. *Newton* a fait voir dans ſon Optique que chaque raïon de lumiere a ſa couleur propre qu'on ne ſauroit changer, quelque réflexion & quelque réfraction qu'on lui faſſe ſouffrir. Ces couleurs naturelles des raïons de lumiere font les couleurs ſimples, & les expériences du priſme ont fait voir qu'elles gardent inviolablement entre elles l'ordre ſuivant.

Le *rouge*, l'*orangé*, le *jaune*, le *verd*, le *bleu*, l'*indigo*, & le *violet*. Les couleurs moins parfaites ou broïées ſe forment par le mêlange de ces couleurs ſimples. Par exemple, les raïons *jaunes* mêlés avec les *bleux* donnent du *verd*, mais moins parfait que la couleur *verte* naturelle. L'aſſemblage de tous les raïons naturels produit le *blanc*, qui ne tient pas plus d'une couleur que d'une autre.

Il ſuit de cette obſervation fur la nature du *blanc* que les couleurs broïées tiennent un milieu entre les couleurs ſimples & le *blanc*, & plus il entre de couleurs ſimples dans leurs compoſitions, plus elles approchent du *blanc*.

Pour trouver exactement quelle eſt la couleur produite par un mêlange donné de couleurs, *Newton* les diſpoſe de la maniere ſuivante.

Soit le cercle A D F A, dont la circonférence ſoit diviſée en ſept parties A B, B C, C D, D E, E F, F G, G A, (Planche XXIV. Figure 320.) qui ſoient entre elles dans le rapport des fractions $\frac{1}{9}$, $\frac{1}{16}$, $\frac{1}{10}$, $\frac{1}{12}$, $\frac{1}{27}$, $\frac{1}{27}$, $\frac{1}{18}$; qui font les rapports des notes de Muſique, *ſol*, *la*, *fa*, *ſol*, *la*, *mi*, *fa*, *ſol* ; entre A & B placez toutes les eſpeces de *rouge* ; entre B & C toutes les eſpeces d'*orangé* ; depuis C juſqu'en D toutes les eſpeces de *jaune* ; de D en E toutes les eſpeces de *verd* ; de E en F toutes les eſpeces de *bleu* ; de F en G toutes les eſpeces d'*indigo* ; enfin de G en A toutes les eſpeces de *violet*. Aïant ainſi diſpoſé les couleurs ſimples, le centre O du cercle ſera la place du *blanc* ; & entre le centre & la circonférence ſeront les places de toutes les couleurs broïées, de ſorte que les plus voiſines du centre ſeront plus compoſées, & les plus éloignées le ſeront moins. Ainſi dans la ligne O I, toutes les couleurs cottées 1, 2, 3, 4, font de même eſpece, c'eſt-à-dire, d'un *verd* tirant fur le *bleu* ; mais celle qui eſt en 1, eſt une couleur ſimple ; celle telle qui eſt en 2, eſt un peu compoſée; celle qui eſt en 3, l'eſt davantage; & celle qui eſt en 4, l'eſt encore plus.

Tout étant ainſi diſpoſé, je ſuppoſe, par exemple, qu'on veuille connoître quelle couleur réſulte du mêlange de deux parties du *jaune* ſimple en P, & de trois parties du *bleu* ſimple en Q. Je tire la ligne P Q, & l'aïant diviſée en cinq parties égales, je prends ſur cette ligne le point 3, qui eſt éloigné de trois parties de P, & de deux parties de Q. Alors je tire la ligne O 3 I, qui coupe la circonférence au point I. Et comme ce point eſt plus près de E que de D, je connois que le mêlange eſt un *verd* tirant ſur le *bleu*. Cependant le point 3 tient environ le milieu entre le centre & la circonférence : cette couleur doit donc être un peu plus broïée.

Je ſuppoſe en ſecond lieu qu'on veuille connoître la couleur, qui doit réſulter d'un mêlange de deux parties de *jaune* priſes en P, trois parties de *bleu* en Q, & cinq parties de *rouge* en R. Premierement je cherche comme ci-devant la place 3 d'un mêlange de *jaune* & de *bleu*. Alors aïant tiré la ligne 3 R, je remarque qu'il me faut cinq parties de la couleur qui eſt en 3, & cinq de celle qui eſt en R. C'eſt pourquoi je diviſe la ligne 3 R en dix parties; j'y prends le point r qui eſt éloigné de cinq parties du point R, & je conclus que c'eſt la place du mêlange. Si je tire un raïon O S qui paſſe par ce point r, je découvre que ce mêlange ſera une couleur *orangée* tirant ſur le *rouge*. Et parce que le point r eſt beaucoup plus près du centre que de la circonférence, cette couleur ſera d'autant plus broïée.

La place d'une couleur compoſée étant donnée, on peut auſſi trouver les couleurs qui entrent dans ſa compoſition. Ainſi la couleur en 3 étant donnée, aïant tiré par ce point la ligne P 3 Q, on découvre que la couleur propoſée peut être broïée avec un mêlange des couleurs qui ſont en P, & de celles qui ſont Q, en prenant de la couleur P, en raiſon de la ligne 3 Q, & de la couleur Q, en raiſon de 3 P. Ou aïant tiré un raïon qui paſſe par le point 3, on peut former la même couleur, en mêlant les couleurs qui ſont en 2 & en 4, en raiſon renverſée de leur diſtance au point 3 ; ou enfin en broïant la couleur ſimple, qui eſt au point I de la circonférence avec la couleur *blanche*, qui eſt au centre.

Ces proportions pour le mêlange des couleurs ſuppoſent des raïons de lumiere, & non des couleurs matérielles, dont on ſe ſert. Auſſi quand on fera uſage des re-

gles précédentes, pour mêler des couleurs artificielles, s'il arrive que quelques-unes ſoient plus ſombres & plus foncées, il en faudra prendre davantage, parce qu'elles réfléchiſſent moins de raïons de lumiere ; & on prendra moins des couleurs plus vives, parce qu'elles en réfléchiſſent une plus grande partie.

Si l'on connoiſſoit aſſez parfaitement la nature des couleurs matérielles, dont on ſe ſert dans la peinture, pour pouvoir déterminer exactement leurs eſpeces, leurs perfections, & le dégré de lumiere & d'ombre, dont elles ſont capables, eû égard à leurs quantités, les regles précédentes ſuffiroient pour produire toutes couleurs propoſées.

Mais quoiqu'on ne puiſſe les connoître à ce point de préciſion ; cependant cette théorie peut être d'un grand uſage dans la peinture. Je ſuppoſe, par exemple, que j'aïe une palette fournie des couleurs a, b, c, d, e, dont a eſt du carmin, b de l'orpiment, c de l'œillet pink, d l'outremer, e de l'azur ; & que j'aïe occaſion de broïer une couleur *verte* déſignée ſur la figure. Regardant autour du point de cette couleur, je remarque qu'elle ne doit pas beaucoup s'écarter de la ligne tirée des points C & D. De-là je conclus que mêlant les couleurs c & d, j'aurai à peu près ce que je demande. Dans l'hypotheſe, cette couleur, que je nomme x, eſt plus près du centre O que la ligne $c d$. Après avoir fait la teinte auſſi approchante qu'il m'eſt poſſible, par exemple, telle qu'elle eſt, en Z, je tire une ligne de Z à x vers quelque couleur oppoſée comme a, par le mêlange de laquelle on a aſſez exactement la couleur propoſée. Cependant ſi la couleur a faiſoit trop tirer la teinte ſur la couleur c, il faudroit mettre un peu davantage de la couleur d. On auroit pu encore, après avoir trouvé la couleur Z, ſe contenter de la broïer avec du *blanc*, qui eſt au centre. Ou enfin après avoir pris une plus grande quantité de la couleur d, au lieu de celle qui eſt en a, on broïe la teinte avec la couleur qui eſt en b. De cette maniere on peut, par le moïen de notre cercle, déterminer comment on peut produire une teinte quelconque, & la faire tirer plus ou moins ſur telles couleurs qu'on juge à propos.

Par ces principes on découvre la raiſon pour laquelle les couleurs matérielles les plus ſimples & les plus vives ſont les meilleures. Les couleurs ſimples ne ſauroient être produites par le mêlange qui ne donne que des couleurs compoſées. Je veux que a, b, c, d, e, ſoient les ſeules couleurs qu'on a. Alors joigna t par des lignes droites les points a, b, c, d, e, on aura un poligone, dont l'aire contiendra toutes les teintes qu'on peut former par le mêlange de ces couleurs. La raison pour laquelle les couleurs les plus vives & les plus claires sont préférables à celles qui le sont moins, c'est parce que le *noir* ne broïe pas si bien les couleurs que le *blanc*. De sorte qu'il est plus aisé de faire du clair obscur avec des couleurs claires & du *noir*, que d'en faire de claires avec du *blanc* & du *noir*. Car le *noir* n'étant qu'une absence de lumiere, ne fait qu'obscurcir les couleurs. Il est vrai que le *noir*, dont on se sert, les broïe un peu, parce que la nature n'en fournit point de parfait, c'est-à-dire, qui ne réfléchisse point de lumiere du tout.

Ces principes souffriront cependant quelque exception dans la pratique, à cause de l'effet que certaines couleurs produiront les unes sur les autres, quand on viendra à les mêler. Il est même possible que certaines couleurs obscures délaïées avec du *blanc* produisent une couleur plus claire & moins composée qu'elles ne l'avoient en particulier. Il peut encore arriver quelque différence plus considérable par quelque fermentation chimique, ou par quelque raison physique. C'est aux Peintres à examiner ces différentes propriétés des couleurs matérielles.

CHROMATIQUE. Terme de Musique. Modulation qui procéde par demi tons majeurs & mineurs. Cette modulation a lieu toutes les fois qu'on altere l'ordre Diatonique, ou naturel d'un demi ton, en le haussant par des diezes, ou en le baissant par des bemols. Le *Chromatique*, qui est un des trois genres de la Musique des Anciens, & le plus bel ornement de celle des Modernes, a été inventé par *Timothée*, Milésien, du tems d'*Alexandre* le Grand. On dit que les Spartiates le chasserent de leur ville, parce que sa Musique fut jugée trop molle, trop tendre. Il est vrai que le *Chromatique*, lorsqu'on parcourt une octave par des demi tons mineurs, est très-tendre ; & fort triste, quand on procéde par des demi tons majeurs. Le Pere *Parran* dit que *Chromatique* signifie coloré, varié. Cela peut être ; car on ne sauroit disconvenir que ce genre de Musique n'embellisse le genre Diatonique par ces demi tons, qui font dans la Musique le même effet que les couleurs dans un tableau. Ceci nous ramene au *Chromatique* des couleurs. Tant il est vrai qu'une vérité se manifeste toujours, quelque cachée qu'elle soit, lorsqu'elle existe. En faveur de cette conformité, que j'ai à cœur, je donnerai le système *Chromatique* de M. *Rameau*, qu'on pourra comparer avec le système *Chromatique* des couleurs.

SYSTEME CHROMATIQUE.

Rapport des Tons.	*Proportions des Tons exprimés par nombres.*
Il y a d'*ut dieze* à *ut* un semi-ton mineur, comme	24 à 25
D'*ut dieze* à *ré* une semi-ton majeur,	15 à 16
De *ré* à *mi bemol* un semi-ton maxime,	25 à 27
De *mi bemol* à *mi* un semi-ton mineur,	24 à 25
De *mi* à *fa* un semi-ton majeur,	15 à 16
De *fa* à *fa dieze* un semi-ton mineur,	24 à 25
De *fa dieze* à *sol* un semi-ton maxime,	25 à 27
De *sol* à *sol dieze* un semi-ton mineur,	24 à 25
De *sol dieze* à *la* un semi-ton majeur,	15 à 16
De *la* à *si bemol* un semi-ton maxime,	25 à 27
De *si bemol* à *si* un semi-ton mineur,	24 à 25
De *si* à *ut* un semi-ton majeur,	15 à 16

Traité de l'Harmonie, par M. *Rameau*, page 28.

CHRONOLOGIE. Ce terme suivant son étymologie signifie le récit des choses, selon l'ordre des tems ; & suivant les Mathématiciens, on entend par ce mot la science de mesurer le tems, & de le distinguer en ses parties. Mais qu'est-ce que le tems ? M. *Wolf* dit que c'est l'ordre dans la succession des phénomenes qui arrivent dans ce monde ; & que l'idée du tems est renfermée dans l'ordre des perceptions qui se succédent. Cette définition est celle du tems par rapport à nous, c'est-à-dire, du tems tel que nous le voïons en quelque maniere. Eh, qu'il s'en faut bien qu'elle convienne au tems véritable, à ce tems qui a précédé la création du monde, comme à celui qui succedera à sa fin ! M. *Weidler* entend par le mot de tems, l'intervalle formé par la durée des choses de ce monde. M. *Weidler* n'est pas plus heureux que M. *Wolf*. Au fond l'un & l'autre n'en disconviennent pas. M. *Wolf* même l'abandonne aux Métaphysiciens, & comme il a cette qualité, il renvoïe à son *Ontologie* §. 571. Par-là le Géometre fait voir que la chose est désesperée par les Mathématiciens. Je souscris à son jugement, & j'abandonne la définition.

Il paroît assez singulier, qu'on veuille mesurer le tems, sans qu'on puisse dire ce que c'est. Si l'on s'arrêtoit précisément à ce terme, la *Chronologie* seroit une science peu solide & bien frivole. Aussi seroit-il ridicule de nous y arrêter. Que nous importe que le tems pris en lui-même soit connu ou inconnu ? Pourvu que nous fixions celui auquel nos Peres ont vécus, celui où nous vivons ; & celui où nos neveux vivront, en faut-il davantage ? La religion à part, tout le reste est étranger à l'homme ; & pour son usage il suffit que nous mesurions ces révolutions, qui ont partagé & qui partageront la durée entiere de ce monde. En ce cas, par le mot de tems, on doit entendre l'intervalle qui mesure le cours des choses qui composent ou qui se succedent dans l'univers.

Or la *Chronologie* fournit un moïen général pour déterminer ce tems, pris dans cette signification. Et ce moïen, qu'elle puise dans les principes infaillibles de l'Astronomie, la rend infaillible elle-même. Tel est le fondement de cette science, par laquelle on a mesuré le tems, jusques aujourd'hui. Comme depuis cet écoulement de tems, il s'est passé des évenemens remarquables & utiles pour l'histoire, & qui fixent l'époque des tems, on a formé une autre *Chronologie* qui met ces évenemens par ordre sous les yeux. Pour ne pas mêler les faits politiques avec ceux qui peuvent intéresser la Religion & qui qui en étant le fondement, doivent être mis à part, cette *Chronologie* a été divisée en deux parties. De-là on a vû naître trois *Chronologies*, la *Chronologie Astronomique*, qui est la base des deux autres; la *Chronologie Politique*, & la *Chronologie Ecclésiastique*. Cette derniere est connue sous le nom de Comput Ecclésiastique. Parlons de ces trois *Chronologies*, & fixons-nous d'abord à la plus ancienne, d'où les autres ont pris naissance.

2. *Moïse* dans le premier Livre de la Genese, nous apprend que le tems fut d'abord divisé en jours; & ensuite en semaines, c'est-à-dire, de sept en sept jours; puisque nous trouvons dans le même Livre que Dieu après avoir créé le monde se reposa le septiéme. Sans vouloir pénétrer dans les premiers tems de la création du monde, pour savoir si cette façon de diviser le tems, a été pratiquée par les enfans d'Adam, contentons-nous de dire avec *Dion Cassius*, qu'elle fut renouvellée par les Egyptiens, & qu'ils tirerent du nombre 7 celui des sept planetes qui donnerent leur nom aux jours; *V.* JOUR (*Hist. Rom. Lib.* 3.) & ajoutons avec *Pline* & *Plutarque*, que ce sont les premiers aussi qui ont divisé le tems en années, composées d'abord de 30 jours, c'est-à-dire d'un mois, ensuite de deux, après de trois, & enfin de 12. Leur façon de compter fut continuée jusques au tems où ils furent subjugués par les Romains, & où ils adopterent l'année Julienne, en la nommant l'*Année Actiaque*;

parce que *César* remporta alors la victoire par mer sur *Antoine* & *Cléopatre*, au Promontoire d'Epire, qui porta le nom d'*Actium*.

Après & avant même toute cette révolution, les Babyloniens distinguerent le jour en naturel & en artificiel; le diviserent en 24 parties, qui font les heures; & apprirent cette division des Grecs. Les Italiens, les Européens, les Juifs y firent des changemens. (*Voïez* HEURE.) Ceux-ci partagerent l'heure en 1080 parties, & depuis on l'a divisée en 60. (*Voïez* MINUTE.)

Jusques-là les Astronomes n'ont rien mis du leur. On ne peut pas dire aussi que le tems soit déterminé d'une maniere sûre. Ces jours, ces semaines, ces années fixées de choix & de fantaisie auroient bien-tôt varié; & tout ce qui dépend du caprice des hommes est sujet à bien des changemens. On s'avisa enfin de chercher la mesure du tems dans le cours des astres : on la trouva. Le mouvement propre de la lune, qui est de 29 à 30 jours, forma les mois, & 12 de ces mois les années. C'est ainsi que les anciens Hébreux commencerent à fixer l'année. (*Riccioli Chronolog. reform. L. I. C.* 10.) Ils la distinguerent en deux, l'*Année commune* & l'*Année bissextile*. La premiere avoit 12 mois de 30 ou 29 jours, & la seconde 13; & toujours pour ramener le tems à la même lunaison. Ce fut avant la sortie d'Egypte que les Hébreux commencerent l'année au printems, où ils croïoient que le monde avoit été créé. (*Chronolog. reform.* C. 11.)

A cette façon de compter succeda une autre plus sûre. Les Astronomes, pour déterminer l'année des Egyptiens avec plus de précision, observerent que le tems, qui la mesuroit, étoit à peu près celui où le soleil parcouroit tout l'écliptique, c'est-à-dire celui de tout son mouvement. Ils s'attacherent donc à le déterminer. Il falloit pour cela observer deux choses; 1°. Le tems que le soleil emploïe à revenir d'un point de l'écliptique, au premier point du bélier d'où on le suppose parti, (ce tems s'appelle *Année tropique*.) 2°. Le tems qu'emploïe le soleil à s'éloigner & à revenir vers une étoile fixe (on nomme ce tems l'*An astral*.) La grandeur de la premiere a été déterminée par les plus célebres Astronomes, comme on le voit par la table suivante.

TABLE de la grandeur de l'Année suivant les plus célébres Astronomes.

Noms des Astronomes.		Grandeur de l'Année.						
Hypparque, Ptolomée,	}	365 jours.	5 heures.	55′	12″.			
Albategnius,		365	5	46′	24″.			
Les Perses,		365	5	49′	15″	0‴	48^{IV}.	
Alphonse,		365	5	49′	15″	58‴	49^{IV}	46^{V} 26^{VI}.
Copernic,		365	5	49′	16″	23‴	36^{IV}.	
Ticho Brahé,		365	5	48′	45″			
Kepler,		365	5.	48′	57″	36″.		
Bulliade,		365	5	49′	8″	21‴	13^{IV}.	
Riccioli,		365	5	48′	48″.			
Hévélius,		365	5	45′	49″	47‴	23^{IV}.	
De la Hire, Caffini, & Bianchini.	}	365	5	49′.				

C'eſt de cette derniere grandeur de l'année que le Pape *Gregoire XIII.* s'eſt ſervi pour la correction du Calendrier. *Voïez* AN-NE'E. A l'égard de l'an ſolaire aſtral, preſque tous les Aſtronomes conviennent, qu'il eſt de 365 jours, 5 heures, 49′, 50″. *Thomas Théate* en fait uſage pour calculer le mouvement du ſoleil. Hors de-là, on n'y fait pas aujourd'hui beaucoup d'attention. (*Aſtronomia Carolina.*)

Les jours, les mois, les années étant ainſi déterminés, vient la ſeconde partie de la *Chronologie*, cette partie qui enſeigne à ſupputer le tems, les années. Or celle-ci roule ſur la réduction des années de différentes Nations à la nôtre. Il ne faut pour cela qu'être inſtruit de la grandeur de ces années; (*Voïez* ANNE'E) & la réduction eſt bientôt faite. Celle que l'on s'attache plus particulierement à faire eſt l'année Romaine; parce qu'elle eſt encore en uſage.

Voilà la *Chronologie Aſtronomique.* Il y a peu à dire ſur les deux autres; avant que d'en faire mention, je crois devoir parler d'une *Chronologie Philoſophique,* j'appelle ainſi une certaine ſcience, par laquelle les Philoſophes portent leur vûe juſques à la fin du monde. Il s'agit de déterminer ici la *grande Année* qu'on nomme auſſi l'*Année Platonique.*

2.　Les Aſtronomes aïant obſervé que les étoiles fixes ſe meuvent en avançant pour faire le tour du Firmament. *Platon* s'eſt imaginé qu'après leur révolution, le ſyſtéme du monde ſera changé, & que les choſes rentreront dans le même état où elles s'étoient trouvées au commencement de cette année, je veux dire au moment de la création de l'Univers. Et s'il eſt vrai qu'a-lors la terre ait été une étoile fixe, c'eſt-à-dire toute enflammée, ſuivant le ſentiment de *Deſcartes*, pluſieurs Philoſophes croïent très-probable, qu'à la fin de l'année Platonique, la terre s'enflammera de nouveau, ainſi que JESUS-CHRIST l'a fait prêcher par ſes Apôtres. (*Voïez* ANNE'E PLATONIQUE.) Cette idée eſt tout-à-fait philoſophique, ſyſtematique même. L'approfondiſſe qui voudra. Je me contenterai de fixer ſa durée. Ceci eſt plus du reſſort de la *Chronologie.*

Ptolomée prétend que les étoiles finiront leur révolution en 36000 ans; *Alphonſe* 49000 & *Copernic* 25000. La différence dans ces calculs eſt ſi grande, qu'on croiroit volontiers que ces Aſtronomes ne les ont fait que par une eſtime aſſez peu fondée. On ſait par des obſervations exactes que les étoiles fixes avancent dans un an de 90″; par conféquent d'un dégré dans 72 ans, qui étant multipliés par 360, valeur de ceux que renferme la circonférence céleſte donnent 25920 ans, pour la durée de la grande année. Et ſi comme le veut la commune opinion, le monde exiſte depuis 5750, ſa durée eſt encore de 20170 ans.

Un Mathématicien Anglois (M. *Craige*) qui a ſuivi une autre route dans la *Chronologie Philoſophique,* ne croit pas la grande année ſi longue. Fondé ſur un paſſage tiré de l'Ecriture ſainte où il eſt dit, que le monde finira lorſque la foi ſera éteinte, M. *Craige* a calculé la diminution de la validité que le tems peut apporter à un témoignage; & il prétend (ſi la Religion pouvoit ſouffrir cette hypotheſe) que 3150 ans après la naiſſance de JESUS-CHRIST, il n'y aura plus de probabilité, que le Fils de Dieu ſoit venu au monde : donc le monde finira. *Craig. Theol. Chrift. Princip. Math. C. 11. Prop. 17.*

3. La *Chronologie Politique.* Le but de cette *Chronologie* eſt de mettre le tems dans un certain ordre, en le diviſant par époques, âges, ſiécles. Cette diviſion qui dépend d'une grande connoiſſance de l'Hiſtoire, n'a nul rapport avec les Mathématiques. Et quelque grande qu'ait été la peine qu'ont pris les *Chronologiſtes Politiques*, pour ranger méthodiquement les faits eſſentiels de l'Hiſtoire ſacrée & profane, rien n'eſt encore aſſuré à cet égard. La Bible hébraïque ou la Vulgate, par exemple, compte depuis la création du monde, juſques à la naiſſance d'*Abraham* 1500 ans de moins, que la Bible des Septante. La naiſſance de JESUS-CHRIST a produit plus de cinquante opinions, ſans compter qu'il eſt très-difficile de fixer les époques des ſucceſſions des Rois de Juda & d'Iſrael; de démêler le véritable nom d'un même Prince, auquel les Peuples en donnent pluſieurs, & de débrouiller une différence incommode qui regne dans leur maniere de compter. Pour ſavoir toutefois à quoi s'en ténir aujourd'hui, *Voïez* AGE, EPOQUE, SIECLE, TEMS.

La *Chronologie Politique* a été doctement réduite par *Scaliger*; (*De emendatione temporum.*)& les difficultés qu'on trouve dans cet ouvrage ont été levées par *Settus Calviſius.* (*Introductio ad Chronologiam.*) Nom des Auteurs qui ont écrit depuis: *Petau, Riccioli, Guill. Beveregius, Egide Strach, Clavius, François Viete, Weigel, Wolf & Newton.*

4. *Chronologie Eccléſiaſtique.* Toute cette *Chronologie* eſt renfermée dans le calcul du Calendrier. *Voïez* CALENDRIER.

CHRONOMETRE. Sorte d'inſtrument avec lequel on détermine les ſons & le rapport de ces ſons. MM. *Loulié & Sauveur*, ont donné une conſtruction particuliere d'un *Chronometre.* Pour celui de M. *Loulié*, on forme une échelle & on prend une partie quelconque de cette échelle, qui ait 3 pieds, 8 lignes ½, longueur d'un pendule à ſecondes. Cette partie étant diviſée en 36 parties égales, on continue la diviſion juſques à la fin de l'échelle, qui ſe trouve ainſi partagée en pieds & en pouces. Et voilà le *Chronometre* de M. *Loulié.* Celui de M. *Sauveur* eſt moins ſimple; & exige un détail qu'il faut voir dans les *Principes d'Acouſtique* de M. *Sauveur*, *Sect. IV. p.* 19. Comme j'ai occaſion de parler de la maniere de connoître le rapport des ſons à l'article de Monochorde, j'y renvoïe le Lecteur.

CHRONOSCOPE. Machine qui ſert à me-

furer le tems. C'eſt la même choſe qu'un pendule. *Voïez* PENDULE.

CHU

CHUTE DES CORPS GRAVES. C'eſt le mouvement avec lequel un corps livré à lui-même deſcend au centre de la terre. *Galilée* eſt le premier qui a démontré que la viteſſe des corps augmente dans leur *Chute*, ſuivant la progreſſion 1, 3, 5, 7, &c. ainſi que je le dis à l'article de la Balliſtique. *Riccioli & Grimaldi* ont confirmé cette vérité. (*Almageſtum Nov. Ch. 21.*) M. *Herman* a fait voir depuis, qu'au fond la *Chute* des corps graves ne doit pas toujours être la même, & qu'elle doit être un peu différente quand la terre tourne autour de ſon axe, de ce qu'elle ſeroit, ſi elle étoit en repos. (*Acta eruditorum an.* 1709.) Cela eſt vrai, ou doit l'être: mais cela ne ſe manifeſte pas dans la pratique. Ce qui eſt plus ſenſible, & où la théorie de *Galilée* doit ſe trouver en défaut, c'eſt lorſqu'on conſidere le dérangement que doit faire la réſiſtance de l'air à la loi de l'accélération. A l'article de la Balliſtique, je préviens le Lecteur ſur la théorie de *Galilée* touchant la *Chute* des corps. Mais je ne fais que le prévenir; & c'eſt ici le lieu de mettre cette théorie ſous ſes yeux, & de ſuivre les expériences qu'on a faites pour la perfectionner.

Quand *Galilée* prouva aux partiſans d'*Ariſtote* qu'ils étoient dans l'erreur, en attribuant la différence de la *Chute* des corps à leur maſſe, & non à la réſiſtance des milieux dans leſquels les corps tombent, il ignoroit encore les loix de l'accélération des corps. Ce ne fut qu'après s'être convaincu par pluſieurs expériences, que la viteſſe des corps répond à la différence des milieux, & non à la différence des maſſes, qu'il la dévelopa. De ces expériences, *Galilée* conclut que ſi les corps tomboient dans le vuide, les tems de leur *Chute* ſeroient égaux. Le coton comme le plomb, le duvet comme l'or, tomberoient également vite. Quelle ſatisfaction pour ce grand homme, s'il avoit été témoin de l'expérience qu'on a imaginé pour vérifier ſon ſoupçon! On verra à l'article de PNEUMATIQUE de quelle maniere on peut le confirmer, & avec quelle juſteſſe *Galilée* avoit vû clair dans la nature.

Cette vérité ſoupçonnée, ce Mathématicien réitera ſes expériences & le fruit qui lui en revint, fut que les viteſſes des mêmes mobiles dans un même milieu, étoient plus grandes ſuivant une raiſon quelconque, qui n'étoit point celle des hauteurs. Nouveau ſujet de réflexion. *Galilée* chercha d'abord dans ſa tête, & la cauſe de cette différence, & la raiſon de cette différence; car c'eſt là qu'il faut débrouiller les cauſes, avant que de chercher à les dévoiler par les effets. La premiere conjecture qu'il forma fut, que les corps tomboient par un mouvement accéleré vers le centre de la terre; enſorte que la péſanteur quelle qu'elle ſoit, agiſſoit également à chaque inſtant indiviſible; & qu'elle imprimoit au corps un mouvement accéleré en tems égal. Ce n'étoit là qu'une conjecture, & toute judicieuſe qu'elle étoit, *Galilée* n'étoit pas homme à s'en contenter. Un génie ſupérieur ne ſe païe gueres d'idées. Il lui faut des choſes & des choſes réelles, *Galilée* chercha donc à être témoin oculaire de ce qui ſe paſſoit dans la nature à cet égard. Il imagina de laiſſer tomber des corps ſur des plans inclinés; parce que les plans inclinés retardant la *Chute*, l'œil avoit le tems de voir la loi de ſon accéleration. Bientôt le plan incliné fut conſtruit. Un long canal de 2 pouces de large & de 2 coudées de long, qu'il unit & polit, en fit l'affaire. Il releva d'abord ce canal de 2 pieds, & aïant laiſſé tomber une petite bale de cuivre, parfaitement ronde & polie, il trouva que les eſpaces que les corps parcourent étoient entr'eux comme il l'avoit prévû, c'eſt-à-dire, comme le quarré des tems: je m'explique, que les corps accéleroient leur mouvement en nombre impair 1, 3, 5, 7, 9, &c. Le tems étoit meſuré avec un clepſidre qui conſiſtoit en un vaſe percé, & c'étoit par la quantité d'eau qui s'écouloit, que *Galilée* en tenoit compte. Cette expérience fut repetée juſques à cent fois, & à différentes hauteurs du plan incliné: elle donna toujours la même loi d'accéleration.

2. J'ai déja dit que *Riccioli* & *Grimaldi* ont confirmé la vérité des expériences de *Galilée*. Je prens acte de cette vérité. Il eſt donc certain que les corps accélerent dans leur *Chute* leur mouvement, en ſuivant cette loi de progreſſion 1, 3, 5, 7, &c. De maniere qu'un corps, qui parcourt un eſpace déterminé dans une premiere ſeconde, en parcourt un trois fois plus grand dans la deuxiéme, un cinq fois plus grand dans la troiſiéme, &c. En connoiſſant l'eſpace que parcourt un corps dans un tel tems, on ſaura celui qu'il lui faudra pour parcourir un plus grand eſpace par un mouvement accéléré.

M. *Hughens* fut le premier qui détermina mathématiquement le premier eſpace. Convaincu que la péſanteur eſt la cauſe de l'oſcillation des pendules, & cette oſcillation étant connue, ce grand Géometre chercha le rap-

port du tems d'une oſcillation à celui d'une *Chute* verticale; & il démontra dans ſon Traité *De horologio oſcillatorio*, qu'en prenant la moitié du pendule, ce rapport étoit comme la circonférence du cercle à ſon diametre, ou (en négligeant un rapport plus exact qui n'eſt pas ſenſible dans la pratique) comme 1 à 3. De-là il fut aiſé de déterminer tout le reſte. M. *Hughens*, qui ſavoit qu'un pendule de 3 pieds 8 lignes ½ battoit les ſecondes, raiſonna ainſi: Si le corps ou le pendule, qui bat les ſecondes, tomboit verticalement, il parcoureroit un eſpace égal à la moitié de la longueur du pendule dans un tems trois fois moindre qu'en oſcillant, c'eſt-à-dire, qu'il parcoureroit la moitié de 3 pieds 8 lignes ½, ou 1 pied, 6 pouces, 4 lignes ¼ dans le tiers d'une ſeconde, qui eſt 20 tierces. Cela poſé, la théorie de *Galilée* apprend que les eſpaces parcourus ſont comme le quarré des tems emploïés à les parcourir. Donc le quarré de 20‴, tems de la *Chute* verticale par la demi longueur du pendule, eſt au quarré d'une ſeconde 60‴ :: 1 pied, 6 pouces, 2 lignes; eſt à un quatriéme terme, qui eſt 15 pieds.

Tout concouroit à perfectionner la théorie de la *Chute* des corps. Il n'étoit point de Phyſicien qui ne voulût y avoir part. On a vû que *Galilée* découvrit que les milieux dans leſquels les corps tombent, retardoient leur *Chute*. Mais quoiqu'il ſoit démontré que l'accélération a lieu, cependant ces milieux doivent oppoſer à la *Chute* des corps une réſiſtance qui accélere de ſon côté. Auſſi ce que l'accélération donne au mouvement du corps dans une grande *Chute*, le milieu le détruit, & le corps tombe alors d'un mouvement uniforme. Le point ou la diſtance à laquelle la viteſſe eſt uniforme fait le ſujet des expériences qui ſuccéderent à celles de M. *Hughens*.

3. Dans la naiſſance de l'Académie Roïale des Sciences de Paris, M. *Frenicle* fit là-deſſus l'expérience ſuivante. Il laiſſa tomber une boule de ſureau de 3 lignes de diametre ou environ, & une petite veſſie de coq-d'inde enflée d'air. La viteſſe de la boule de ſureau devint uniforme à 20 pieds de diſtance, celle de la veſſie à 12. M. *Mariotte* repeta ces expériences ſur différens corps, & trouva cette propoſition fondamentale, pour déterminer la viteſſe complette d'un corps qui tombe, c'eſt-à-dire, toute la viteſſe accélerée: *Les viteſſes complettes des corps en volumes ſemblables, & ſemblablement poſés & de péſanteurs inégales, acquierent des viteſſes qui ſont en raiſon ſoudoublée des poids. Traité de la Percuſſion.* Prop. XXV.

Pour connoître plus particulierement cette

réſiſtance , le Docteur *Deſaguliers* fit pluſieurs expériences en préſence de MM. *Newton* , *Halley* , & *Derham*. Aïant laiſſé tomber du haut de la coupole de ſaint Paul à Londres , qui eſt de 272 pieds, des poids de toute eſpece , il fut témoin que l'air retardoit la *Chûte* des corps de 17 pieds en 4 ſecondes. *Tranſactions Philoſophiques*, N°. 362. Enfin M. *Mariotte*, dans la vûe de connoître par lui-même cette réſiſtance, fit une découverte ſurprenante ; c'eſt qu'une boule de cire de 3 pouces de diametre , & une de 6 pouces, tomberent de la plate-forme de l'Obſervatoire de Paris , dont la hauteur eſt de 166 pieds , tomberent , dis-je , avec des viteſſes ſenſiblement égales juſques à 30 pieds , & qu'une boule de mail , & un boulet de canon de même groſſeur , deſcendirent environ 25 pieds également vite. Le boulet étant à 50 pieds , paſſa la boule du mail d'environ 2 pieds , & de plus de 4 au bas de la *Chûte*. *Traité de la Percuſſion* , pag. 116, *IV. Expérience.*

Je dis que cela eſt étonnant , parce que je le crois. En effet comment concilier cette expérience avec ce que *Newton* a prouvé , que les viteſſes que les corps acquierent en tombant , ſont comme les maſſes , c'eſt-à-dire , que la force , qui accelere leur mouvement dans les *Chûtes* des corps , eſt comme leur maſſe. *Phi. nqt. Principia Math. Liv. III. Prop.* 6. On dira peut-être que l'expérience de M. *Mariotte* ne fait rien à la démonſtration de M. *Newton* ; qu'elle ſe vérifie à la fin de la *Chûte* du boulet de canon , & d'une boule de mail ; & que la diſtance de 25 pieds n'eſt pas aſſez grande , pour donner une différence qui ſoit ſenſible. On répliqueroit à cette réponſe , s'il le falloit bien. Et on demanderoit ſi une différence auſſi conſidérable en maſſe que celle d'un boulet de canon à celle d'une boule de mail , ne devoit pas apporter du changement dans la *Chûte*. Je garde *in petto* pluſieurs autres réflexions , qui ne doivent être riſquées qu'avec de bons étais. *Galilée* , *Riccioli* , *Grimaldi* , *Herman* , *Hughens* , *Deſaguliers* , *Newton* , & *Mariotte* , ont écrit ſur la *Chûte des Corps.*

<h3 style="text-align:center">C I G</h3>

CIGNE. Conſtellation Septentrionale dans la voïe lactée , placée entre la Lyre & le Cephée. Elle eſt compoſée de 40 étoiles. (*Voiez* CONSTELLATION.) *Hévélius* a déterminé la longitude & la latitude de ces étoiles , (*Firmamentum Sobieſcianum*.) & *Bayer* a donné la figure entiere de cette Conſtellation. (*Uranométrie* , *Pl. I.*)

La conſtellation du *Cigne* a été nommée par *Schickard* la Croix de Jeſus-Chriſt, parce qu'elle a la figure d'une croix. De cette figure *Schiller* en a fait la croix d'Héléne , & *Weigel* le Rhombe avec les deux épées , qui forment les armes de la Maiſon de Saxe. On donne encore à cette conſtellation , les noms ſuivans : *Adegige, Adigege, Adigel, Anided, Avis, Degige, Didegi , Hirezim, Ledæ Adulter, Miloüs, Mirtilus, Olor, & Vultur volans.*

<h3 style="text-align:center">C I L</h3>

CILINDRE. Corps terminé par deux cercles égaux & paralleles. Lorſque ces deux cercles ſont ſitués de façon que leurs centres répondent perpendiculairement l'un ſur l'autre , ou que la ligne qui les joint , eſt perpendiculaire , le *Cilindre* ſe nomme *Cilindre droit.* (Planche VII. Figure 53.) Eſt-elle oblique? Le *Cilindre* eſt appellé *Cilindre oblique.* (Planche VII. Figure 54.) Ce ſolide eſt le plus ſimple de tous ceux qu'on conſidere en Géométrie. On peut concevoir ſa formation de trois manieres. 1°. En faiſant faire un mouvement à un parallelograme ſur un de ſes côtés, qui devient l'axe du *Cilindre.* 2°. En ſuppoſant qu'un cercle ſe meuve parallelement à lui-même. 3°. En concevant qu'une ligne ſe meut parallelement à elle-même autour d'un cercle ; ou 4°. qu'elle ſe meut autour de deux cercles égaux & paralleles. La ſurface qui eſt décrite par chaque révolution , eſt la ſurface d'un *Cilindre* , qui eſt particuliere à ces révolutions. Cette ſurface égale à un rectangle qui a la même auteur que le *Cilindre* , & une baſe égale à la circonférence du cercle qui le termine , ſe trouve en multipliant ſa circonférence par ſa hauteur. Ceci n'eſt bon que pour le *Cilindre droit.* Celle de l'oblique , de laquelle très-peu de Géométres ont parlé , & qui n'eſt pas fort connue , eſt le produit de ſon axe par l'ellipſe qui lui eſt perpendiculaire. On trouve la ſolidité du premier , lorſqu'on forme un produit de l'aire du cercle , qui lui ſert de baſe , (il eſt libre de prendre pour baſe celui qu'on veut , puiſque ces deux cercles ſont égaux,) & de ſa hauteur. La ſolidité du ſecond , je parle du *Cilindre oblique* , eſt égale à celle du *Cilindre droit* , qui a la même baſe & la même hauteur que l'autre.

Les *Cilindres* de même baſe , & qui ſont entre les mêmes paralleles , ſont égaux. Deux *Cilindres droits* ſont ſemblables, dont les axes ſont en même raiſon que les raïons des cercles ou des baſes qui les terminent. Deux *Cilindres obliques* ſont ſemblables, quand , outre cette égalité de raiſon entre les hauteurs , les cercles ſont également inclinés.

Le *Cilindre* en général a les propriétés suivantes.

1°. Un *Cilindre*, dont la hauteur est égale au raïon du cercle qui lui sert de base, est double de l'aire de ce cercle.

2°. La surface du *Cilindre* est égale à la moitié de celle d'une sphere, qui lui est inscrite, ou ce qui revient au même, égale à celle de la moitié de la sphere.

3°. Un *Cilindre* est double d'un paraboloïde de même base & de même hauteur.

4°. Tout *Cilindre* est à la sphere, qui lui est inscrite, comme 3 à 2.

5°. Les *Cilindres*, dont les hauteurs sont égales, sont entre eux comme le cube des diamétres de leurs bases.

6°. La section d'un *Cilindre* quelconque par un plan oblique à sa base, est une ellipse.

CILINDRE GNOMONIQUE. *Cilindre* garni d'un chapiteau, d'un style, & divisé de telle maniere qu'il sert à connoître l'heure au soleil, quand on l'y expose. C'est un cadran solaire, ou pour mieux dire, une horloge solaire, qui a la forme d'un *Cilindre*. Sa construction est curieuse & toute simple. Il en est peu en ce genre dans lesquelles la raison des opérations se développe mieux à chaque opération particuliere. Les notions les plus communes de l'Astronomie suffisent, pour en faire comprendre le détail. Il est vrai qu'il faut être muni des tables des verticaux, ou des hauteurs verticales du soleil à toutes les heures du jour, & cela suivant la latitude du lieu pour lequel on destine le *Cilindre Gnomonique*. A l'article HEURE, on trouvera à cet égard de quoi se satisfaire. Je suppose qu'on y aura recours dans la construction que je vais en donner.

Quand on a un *Cilindre* ordinaire, & qu'on veut en faire un *Cilindre Gnomonique*, on peut, si l'on veut absolument, le diviser tout de suite, ou le préparer suivant les regles convenables: mais il est plus aisé, plus sûr, & plus commode de porter la surface du *Cilindre* sur un plan. A cette fin, on prend sa circonférence en ligne droite, & cette ligne se mene sur un papier, sur un carton, ou sur toute autre surface unie à volonté. Soit donc le *Cilindre* donné A C G D, (Planche XXI. Figure 55.) dont la circonférence A C est A C, (Planche XXI. Figure 56.) Au point A on éléve une perpendiculaire A D égale à A D, hauteur du *Cilindre*. (Planche XXI. Figure 55.) On acheve le parallelograme A C G D; on décrit du point D comme centre, un arc M N égal au complément de la plus grande hauteur du soleil à midi au plus long jour d'été. Les lignes D M, C A, étant prolongées, leur point de concours E

donnera A E pour la longueur du style.

Il faut ensuite décrire l'arc A F, qui a le point E pour centre, & qui est égal à celui de la plus grande hauteur du soleil; diviser cet arc en dégrés & en minutes, & mener par le point E, & les points de division, les lignes E 1, E 2, E 3, &c. Ces lignes diviseront A D en des parties égales aux tangentes de tous ces dégrés.

Cela fait, on prend sur A C, 6 parties égales, & par les points ♓, ♉, ♈, ♋, ♒, on tire parallelement à A D, ou perpendiculairement à A C les lignes ♓ 1, ♉ 2, ♈ 3, ♋ 4, ♒ 5. Ces lignes représentent les 12 signes du Zodiaque. Chacun en représente deux; & les intervalles étant divisés en trois par d'autres lignes, on a de 10 en 10 dégrés ceux que renferment les signes du Zodiaque. Il ne reste plus qu'à marquer les heures qui répondent aux tems indiqués, ou caractérisés par les signes, & le *Cilindre Gnomonique* est construit, ici on fait usage de la connoissance des hauteurs verticales du soleil.

J'ai déja dit que les lignes ♓ 1, ♉ 2, &c. représentent les signes, ou la position des signes du Zodiaque. Cela signifie qu'il faut marquer sur elles les heures des mois qui y répondent. Une ligne porte la division des heures que marque le soleil, lorsqu'il parcourt chaque signe. Et comme par son mouvement propre cet astre, en passant deux fois par an sur les signes, se trouve dans ceux qui sont également distans à même hauteur, il suit que les lignes ♓ 1, ♉ 2, &c. serviront pour les mois opposés à celui de Juin dans lequel le soleil a sa plus grande hauteur.

Pour venir à la division, je commence par la ligne A D, c'est-à-dire, par cette ligne destinée pour les heures, où le soleil est dans le tropique du cancer. Aiant écrit 12 au bas de la ligne, parce que la longueur du *Cilindre* est celle de l'ombre du style à cette heure, trouve onze heures, en cherchant la hauteur du soleil dans ce tems, qui est à Paris, par exemple, de 61°. 56'. Je prends sur la ligne A D la tangente de ces dégrés, & je la porte sur cette même ligne, pour avoir le point de 11 heures, qui est celui d'une heure, le soleil étant également élevé sur l'horison à une heure comme à 11. On continue à chercher la hauteur du soleil pour 10 & 2 heures, pour 9 & 3, pour 8 & 4, pour 7 & 5, pour 6 & 6, pour 5 & 7, & on porte toujours sur la ligne A D les tangentes de ces hauteurs. Cette opération se répéte, afin de marquer les heures sur les autres lignes, avec cette différence qu'ici on a commencé par en-bas, & que là on commence par en-haut. La raison de ce changement est toute simple. Les hauteurs du soleil, foleil, à mefure qu'il s'éloigne du tropique, font moindres : donc les lignes doivent diminuer. Il en eft de même des intervalles des heures. La table des verticaux du foleil regle tout cela. Ainfi on peut, en comptant depuis l'heure que cet aftre fe couche, marquer comme auparavant toutes les heures fur chaque parallele de 10 en 10°. de chaque figne.

Le *Cilindre Gnomonique* n'eft encore jufques là qu'un *Cilindre* en puiffance. Il eft libre de donner à ce plan la figure *Cilindrique*, ou de rapporter les divifions fur un *Cilindre* dont la furface foit égale à celle qui renferme ces divifions. J'ai déja fuppofé le *Cilindre* donné. Je me tiens à cette fuppofition, & je finis en avertiffant de faire au *Cilindre* (Planche XXI. Figure 55.) un chapiteau qui s'y enchâffe, & qui y foit parfaitement mobile. A ce chapiteau doit être fixé le ftyle C E égal à A E. Lorfqu'on veut s'en fervir, on n'a qu'à expofer le *Cilindre* au foleil, & tourner le chapiteau de maniere que l'ombre du ftyle tombe à plomb fur la ligne, qui ferr pour 10 jours du mois où l'on eft.

Lorfqu'on a remarqué que l'ombre, que fait un corps expofé au foleil, diminue à mefure que cet aftre s'éloigne du tropique du cancer, & qu'on fait attention qu'on a fuivi cette diminution (relative à la hauteur du foleil de chaque jour) pour l'ombre que fait le ftyle fur le *Cilindre*, on conçoit facilement la raifon des regles qui ont dicté la conftruction du *Cilindre Gnomonique*.

C I R

CIRCONFERENCE. On appelle ainfi la ligne qui termine le cercle, & qui eft diftante dans tous les points de fon centre. Cette ligne fe divife en 360 parties, que l'on nomme dégrés; chaque dégré en 60', chaque minute en 60", &c. C'eft aux premiers Aftronomes qu'on doit cette divifion. *Ptolomée* prétend qu'elle n'a été adoptée préférablement à toute autre, que parce que le nombre 360 (en exceptant le nombre 7) peut fe divifer par tous les autres nombres, & que par-là on peut partager le cercle de toutes les façons, fans être embarraffé par des fractions. Cet avantage mérite attention. Cependant, fi l'on en croit *Stevin*, (*De Logiftica Decimali. Voïez* la Préface.) *Ougtred* (*Clavis Mathematica. Ch. I.*) & *Wallis* (*Algebr. Vol. II. Oper. Mathem. pag. 39.*) il feroit beaucoup mieux de divifer la *Circonference* en fractions décimales, c'eft-à-dire, en 10, en 100, en 1000, &c. *Henri Brigg*, dans fon Livre intitulé: *Canon Triangulorum Artificialis*, qu'on

Tome I.

trouve dans la Trigonométrie de *Henr. Gillebrand; Jean Newton* dans le fien, qui a pour titre : *Aftronomia & Trigonometria Britannica*, & *Nicolas Mercator* dans fes *Inftitutions Aftronomiques* en Latin, ont tâché d'introduire cette divifion. Mais quoiqu'on épargne par elle beaucoup d'embarras dans les calculs Aftronomiques, ces Savans n'ont pas été fuivis. Peut-être feroit-il dangereux qu'ils le fuffent. Car enfin, il faudroit remonter, pour ainfi dire, les Mathématiques tout autrement qu'elles ne font. Premierement, les inftrumens qui font aujourd'hui en ufage, deviendroient inutiles. En fecond lieu, on feroit obligé de refondre tous les Traités anciens d'Aftronomie, précieux dépôt des Obfervations, qui feront utiles dans tous les tems, & qui font la bafe de l'Aftronomie. Sans cela, il faudroit réduire les calculs des Anciens à ceux des Modernes. Je ne parle pas des Tables Géométriques & Phyfiques, qui pour la plûpart ont exigé un travail immenfe : elles feroient de refte. Je conclus que fi c'eft un mal qu'on ait divifé la *Circonférence* en 360 parties, plutôt qu'en fractions décimales, c'eft un mal irréparable.

CIRCONVALLATION. *Ligne de Circonvallation.* Sorte de tranchée, (Planche XLV. Figure 57.) A, A, A, A, qu'on trace autour d'une place, quand on veut en faire le fiege, & dont l'ufage eft d'empêcher qu'on ne donne du fecours aux affiégés, en même-tems qu'elle rend la défertion des affiégeans plus difficile. Autrefois on flanquoit ces *Lignes* de redoutes : mais on a reconnu qu'elles n'étoient rien moins qu'avantageufes. En effet, quand l'ennemi venoit à s'en emparer, il battoit ces *Lignes* de revers & inquiettoit cruellement les affiégeans, qui ne pouvoient que très-difficilement les lui faire abandonner. Aujourd'hui ces redoutes fe placent plus loin.

On trace les *Lignes de Circonvallation*, lorfqu'on eft entierement déterminé à faire le fiege d'une place. C'eft le premier travail qui occupe les Ingénieurs. Tandis que les troupes deftinées pour cela fe campent, les Ingénieurs levent le plan des environs de la ville, & le préfentent au Général, qui trace avec eux fur ce plan la *Ligne de circonvallation*.

Quatre chofes déterminent, & fixent leurs opérations. La premiere attention confifte à occuper le terrain le plus avantageux de la place ; la feconde à fe pofter de façon que la queue des camps ne foit pas fous la portée du canon de la place ; la troifiéme à occuper précifément le terrain néceffaire à la fûreté du camp, fans fe trop jetter à la campagne ;

Y

la quatriéme enfin, que la *Circonvallation* foit garnie de rédans R , R , R , R , &c. qu'on trace, autant qu'il eft poffible, de telle forte qu'ils fe flanquent mutuellement, pour fortifier en quelque façon cette *Ligne*. La diftance qu'on laiffe ordinairement d'une pointe d'un rédan à l'autre, eft de 120 toifes ; la face de ces rédans de 18 à 20, & la courtine, ou la ligne qui les joint par le bas, de 90 à 100. Tout cela, abfolument parlant, n'eft pas déterminé. C'eft la nature du terrain qui dirige ; & il faut à chaque place de nouvelles regles, felon que fes environs préfentent des irrégularités.

L'ouverture des foffés de la *Ligne de Circonvallation* fe détermine plus facilement que le refte de fa conftruction. Elle doit être de 16 ou 18 pieds de profondeur. Sa largeur au fond eft de 6 pieds, & fon talus du tiers de fa longueur de part & d'autre. La ligne C C C C , &c. eft une ligne de contrevallation, *Voïez* CONTREVALLATION.

C I S

CISSOIDE. Nom d'une courbe inventée par *Diocles* , Géométre Grec. Sa génération eft telle. Sur la ligne A B (Planche IV. Figure 58.) aïant décrit le demi-cercle B C A , on éleve au point B la ligne B C indéfinie perpendiculairement à A B , & du point A on tire des lignes A D , A E , A F , &c. Prenant enfuite A O égal à A G , A R égal à R E , M F égal à A N , & continuant de trouver ainfi une infinité de points, la ligne A O R M , qu'on fait paffer par ces points, eft la courbe qu'on appelle *Ciffoide*. De cette conftruction réfultent les propriétés fuivantes.

1°. La *Ciffoide* divife toujours fon cercle générateur en deux parties égales. Ici les arcs A N R , R P B font donc des quarts de cercle.

2°. Quelque prolongée que foit la *Ciffoide* , elle ne peut jamais rencontrer la perpendiculaire B C , qui lui devient une affymptote.

3°. Les lignes A K , G N , A G & G O font continuellement proportionnelles , de même que les lignes A G , G N , A K , K M.

C'eft en cherchant ces lignes, que *Diocles* trouva la *Ciffoide*. Il avoit pour but la découverte de deux moïennes proportionnelles entre deux lignes données , & de divifer par elles un angle en trois. *Diocles* , & ceux qui l'ont imité, n'ont pas été fuivis. Plufieurs Géométres ont rejetté cette folution , & ont fait voir que ce problême n'étant qu'un problême folide, on pouvoit le réfoudre par une ligne du premier genre, & que c'étoit fort inutilement qu'on vouloit faire ufage de la *Ciffoide* , qui eft une courbe du fecond.

Car l'on démontre que *le Cube de l'Abfciffe* A G *eft égal au folide fait du quarré de la demi-Ordonnée* G O *& de la ligne* G B. Nommant A B, *a* ; A G , *x* ; G O, *y* ; G B fera *a — x*. On aura donc $x^3 = ayy - xyy$, qui eft l'équation de la *Ciffoide*. Et une telle équation eft une courbe du fecond genre. (*Voïez* COURBE ALGEBRIQUE.)

4°. L'efpace indéfini compris entre la *Ciffoide* A O R M , le diamétre A B , & la ligne indéfinie B C eft triple du cercle générateur. Cette propriété eft fans doute étonnante. Le cercle générateur étant fini , & l'efpace affimptotique de la *Ciffoide* étant infini , on prendroit volontiers cette propofition pour un de ces paradoxes forcés , qui ne fe foutiennent qu'avec des conditions capables de les faire évanouir , en les reftreignant. Il n'y a que dans la Géométrie que l'efprit peut fe méfier de fes forces, les mefurer ,, & les connoître. A l'article de la *Brachiftochrone* j'ai fait voir comment un corps peut tomber plus vite, en parcourant une ligne courbe, qu'en faifant le chemin par une ligne droite oblique. J'aurois fouhaité en faire autant à l'égard de la *Ciffoide* : mais malheureufement il faudroit entrer dans un calcul qui me meneroit bien loin, & qui ne feroit entendu que de ceux qui poffedent & le calcul tranfcendant, & toute la théorie de cette courbe. On peut confulter pour cela le premier Volume du Cours de Mathématique de M. *Wolf;* le *Calcul Intégral* de M. *Stone*, & le IV. Tome des Œuvres de M. *Jean Bernoulli*.

5°. La derniere propriété de la *Ciffoide* eft celle-ci : Si la *Ciffoide* A O R M fait une révolution autour de fon affimptote B F C , elle formera un folide égal au folide engendré par la révolution du demi-cercle générateur autour de fon affimptote.

M. *Stone* , dans fon *New-Mathematical Dictionn.* feconde Edition , donne une efpece d'inftrument, pour décrire la *Ciffoide*. Ce font des regles ajuftées à angles droits , de forte que par leur mouvement elles tracent cette courbe. Comme la *Ciffoide* n'eft pas d'ufage dans la pratique des Arts, je ne m'y arrêterai pas.

A commencer par *Diocles* , les principaux Auteurs , qui ont écrit fur la *Ciffoide* , font *Archimede* , *Pappus* , *Wallis* , *Jean Bernoulli* , *Newton* , *Cotes* , & *Stone*.

C I T

CITADELLE. Fortereffe que l'on conftruit hors de la ville , & qui étant foutenue par des troupes du Prince , fert à contenir dans leur devoir les habitans, de la fidélité defquels

on a sujet de se méfier. Elle est en même-
tems une bonne fortification, qui défend la
place contre les attaques de l'ennemi; souvent elle évite des frais immenses qu'il faudroit faire, pour mettre une ville en état de
défense. Les *Citadelles* se font aussi régulieres qu'on peut; & quand on ne peut pas, on
se regle sur la nature du terrain. A cet égard,
il n'y a point d'autres regles que celles qu'on
tache de déduire d'une *Citadelle* construite
régulierement. Bornons-nous donc à prescrire des regles pour la construction d'une
Citadelle réguliere.

Le premier soin qu'on doit avoir, c'est de
chercher, autant qu'il est possible, l'endroit
de la ville le plus élevé, afin que la *Citadelle*
commande la ville, sur-tout si l'on est forcé
de l'en éloigner, pour occuper un terrain,
qui pourroit être ayantageux à l'ennemi, disposé à en faire le siege. Ordinairement on
la construit proche de la ville, & on l'y fait
même entrer en partie. Dans ce cas, on la
rend ou quarrée, ou pentagonale, ou hexagonale. La plus avantageuse de ces figures est la
pentagonale. La quarrée est d'une foible défense, en ne présentant que deux bastions à
l'assiégeant. L'hexagonale occupe trop de terrain. La pentagonale tient un juste milieu.
Ses deux bastions B B (Planche XLVII. Figure
59.) entrent justement entre les bastions D D
de la ville V; & les trois autres C, C, C,
présentent à l'ennemi un coup d'œil, qui se
soûtient avec bonne grace. Ces trois bastions
avancés couvrent très-bien tout le côté de
la ville qu'ils défendent. Pour déterminer
l'endroit où doivent être placés les deux bastions qu'on veut faire entrer dans la place,
de l'angle de l'épaule de ceux de la ville on
tire une ligne S R, qu'on divise en deux
au point E. De l'un & de l'autre côté de ce
point aïant porté 9 toises, on a la ligne *m n*
de 180, qui est le côté extérieur du pentagone de la *Citadelle*. Cette longueur n'est pas
tellement déterminée, qu'on ne puisse ne la
faire que de 150, & même moins. M. l'Abbé
Deidier voudroit qu'on s'en tînt à 150, afin
de ne pas donner aux parapets des flancs de
devant ou de derriere, tant de pente, comme aussi aux embrasures. Et M. l'Abbé *Deidier* pourroit bien avoir raison. Car on découvre par là mieux la courtine; avantage
qui n'est point à négliger. A propos de courtine, on la détruit absolument. On la fait
avancer vers le milieu du côté extérieur en E,
pour former une esplanade, qui met les habitans en vûe du côté de la *Citadelle*. Par
rapport à celle-ci, aïant déterminé, comme
on l'a vû, son côté extérieur, le pentagone
se construit & se fortifie comme une fortifi-

cation ordinaire. *Voïez* FORTIFICATION.

Les *Citadelles* n'ont que deux portes, une
du côté de la ville, pour communiquer avec
les habitans, l'autre du côté de la campagne,
pour faire venir des vivres & des munitions
du dehors, lorsque ceux ci ont fait rébellion.
Charles V. est le premier qui en ait fait usage. Ce fut dans le dessein de contenir les habitans de Gand & d'Utrech, qu'il imagina
cette forteresse. Et là elles parurent pour la
premiere fois. *Weidleri Institutiones Mathematicæ, pag.* 32.

CITERNE. Terme d'Architecture Civile. C'est
un réservoir dans lequel on conserve l'eau
de pluie. Sa construction est toute de pratique. Elle est fondée (sans avoir égard
aux voûtes,) sur un déri. de chaux, de ci-
ment, de brique, &c. auquel je ne m'arrêterai pas. Il faut recourir sur cela à *Vitruve,
Liv. VIII*; au Livre de *Sturmius*, intitulé,
*La maniere de construire les Ouvrages Hy-
drauliques, Ponts, & Citernes*; & sur-tout
à la *Science des Ingénieurs* de M. *Belidor. Liv.
IV.* La seule considération, qui soit digne
d'un Physicien, c'est celle où il peut & où
il doit déterminer la grandeur de la *Citerne.*
Car, quoique quelques Auteurs veuillent
qu'elle contienne 216 pieds cubiques d'eau,
il faut convenir sincerement que cette regle
n'est appuïée sur rien. Puisque ce réservoir
est destiné à recevoir l'eau de la pluïe, n'est-
il pas naturel que la quantité qui en tombe
tous les ans doive en regler la capacité? C'est
dans cette occasion prendre le parti le plus
œconome & le plus sûr. En effet, si la *Citerne* contient moins qu'elle reçoit, la voute
étant humectée, submergée même, sera
bien-tôt détruite. Est-elle trop grande? Voilà
un terrain perdu dans le fond, qui croupit
& qui est inutile. Donnons des regles pour
en fixer la juste étendue.

2. Comme la *Citerne* ne reçoit d'eau que
par des canaux qui la reçoivent eux-mêmes
des surfaces sur lesquelles elle tombe, la
premiere chose qu'on doit faire, c'est de connoître la grandeur de ces surfaces. Dans les
maisons où on les construit ordinairement,
c'est la grandeur des toîts qu'on doit mesurer.
Sans s'embarrasser de leur figure, on n'a qu'à
trouver à cette fin l'aire des appartemens
qu'ils couvrent, puisque si ces appartemens
étoient découverts, ils ne recevroient que la
quantité d'eau, qui tombe sur les toîts. Cette surface connue, il faut s'informer de la
quantité d'eau qui tombe tous les ans par la
pluïe, à l'endroit où l'on veut faire la *Citerne* : je dis à l'endroit où l'on veut la faire;
car il ne pleut pas également par tout, & la
quantité qu'il en tombe à Paris, par exem-

ple, ne pourroit pas fervir de regles pour toute autre Ville, fuivant les expériences de M. de *Vauban* & de MM. de l'Académie.

Si perfonne n'a fait l'expérience dont je parle, on eft obligé de la faire foi-même. Et les Phyficiens, qui fe trouvent dans différens Païs devroient avoir ce foin là pour leurs Patriotes, en s'y prenant comme il fuit.

A Paris, à l'Obfervatoire, pour faire cette expérience, on a un grand vaiffeau de fer blanc de 4 pieds de fuperficie pour le fond, & de 6 pieds de hauteur. Ce fond va en pente vers un de fes angles & à cet angle eft adapté un tuïau qui conduit l'eau dans une cruche. Le même vaiffeau & le même préparatif peut s'emploïer ailleurs comme à Paris. On expofera donc ce vaiffeau à la pluïe fur les toîts, & on aura foin de vuider la cruche à mefure qu'elle fe remplit, en mefurant l'eau qu'elle contient chaque fois, avec un petit vafe cubique de trois pouces qu'on ne remplit qu'à 32 lignes de hauteur. De cette façon, 32 lignes d'eau dans ce petit vafe, valent une demi ligne de fuperficie dans le grand vaiffeau. On marque avec exactitude fur un regiftre les mefures qu'on a ramaffées dans le courant de chaque mois. Leur fomme faite, on a ainfi en pouces ou en pieds cubiques d'eau, la quantité qui en eft tombée par la pluïe dans le vaiffeau qui y étoit expofé. On n'a maintenant qu'à faire cette regle : fi une furface de 4 pieds a reçu tant de pieds cubiques d'eau, combien en aura reçu la furface des toîts ? Suppofons qu'on ait trouvé dans le regiftre 100 pieds cubiques, & que la furface des toîts foit de 1000. Celle du vaiffeau de fer blanc eft déja fixée à 4. Ainfi je dis 4 : 100 : : 1000 : 25000, pieds cubiques que donneront les toîts pendant une année. On reglera donc là-deffus la capacité de la *Citerne*, en la faifant un peu plus grande, afin que dans les tems que ces pluïes feront abondantes, l'eau ne monte pas jufques à la naiffance de la voûte.

La plus belle *Citerne* qu'on connoiffe eft celle de Conftantinople. Elle eft foutenue, fuivant *Fifcher* par 224 colonnes, & non par 212 comme le dit *Daviler.* Ces colonnes font couvertes d'eau jufques à une diftance de la voûte, qui ne permet le paffage qu'à de petits bateaux. Le même *Fifcher* a repréfenté cette *Citerne* dans fon beau Livre, dont le titre, qui eft en Allemand, eft : *Effai d'Architecture hiftorique, Liv. III. Plan. V.*

Après cette fameufe *Citerne*, les plus confidérables font celles de Charlemont & de *Calais.* M. *Belidor* dans fa *Science des Ingénieurs, Liv. VI.* donne un devis inftructif de cette derniere.

CLAIRE DES GARDES. Etoile qui eft à l'épaule da la petite ourfe, c'eft-à-dire la 5e depuis le pole. Elle fert pour connoître la latitude & l'heure fur mer par le nocturlabe. (*Voïez* LATITUDE & NOCTURLABE.)

CLAPET. Petite foupape de fer ou de cuivre que l'eau fait ouvrir ou fermer par le moïen d'une charniere. *Voïez* SOUPAPE.

CLEF. Terme d'Architecture civile. C'eft la pierre du milieu d'un arc, d'une platebande, ou d'une voute ; fur laquelle les autres s'appuïent, & fans laquelle celles-ci ne pourroient fe foutenir. La *Clef* eft différente fuivant les ordres. A l'Ordre Tofcan & au Dorique, elle n'eft qu'une fimple pierre en faillie. Dans l'Ionique, elle eft taillée de nervures en maniere de confole avec enroulemens. (*Architect. de Daviler.*

CLEF. Terme de Mufique. L'un des trois caracteres que l'on met fur chaque ligne, & qui donne l'ouverture pour la qualité du fon, pour le nom des notes, & pour les efpeces de voix qui les doivent chanter. On divife les *Clefs* en *Clefs tranfpofées* & en *Clefs naturelles.* Les *Clefs tranfpofées* font celles qui précédent des bémols ou des diezes ; & les *Clefs naturelles*, celles qui ne font accompagnées par aucun de ces caracteres. Les Muficiens diftinguent encore trois fortes de *Clefs* ; la *Clef de G re fol*, la *Clef de C fol ut*, & la *Clef de F ut fa.*

La *Clef* de *fa*, qui eft la *Clef* la plus baffe fe place ordinairement fur la quatriéme ou fur la troifiéme ligne. La *Clef d'ut* fe place fur la premiere, la feconde, la troifiéme & la quatriéme ligne. L'*ut*, que cette *Clef* défigne doit fe prendre au-deffus du *fa*, défigné par la *Clef* même de *fa*. Enfin la *Clef de fol*, dont le *fol* eft encore une quinte au-deffus de l'*ut* défigné par la *Clef* même d'*ut* fe place fur la premiere ou feconde ligne. Chaque *Clef* donnant fon nom à la ligne qui la traverfe on comprend qu'une note qui fera fur cette ligne doit porter le nom de la *Clef*, en donnant indifféremment le nom de la *Clef* à la ligne ou à la note.

CLEPSIDRE. Sorte d'horloge dont fe fervoient les Anciens pour mefurer le tems. Quoique ces horloges fuffent ornées & hiftoriées, & qu'elles paruffent à la vûe des machines de conféquence, capables d'en impofer aux plus clairvoïans, tout leur principe confiftoit à tenir compte du tems qu'emploïe l'eau pour se vuider d'un vase dans un autre. Cela est bien simple. Cependant à en juger seulement par les deux que décrit *Perrault* dans ses Remarques sur *Vitruve*, (*L. IX.*) & qu'il représente par deux grandes planches, qui ne diroit qu'il n'y ait dans leur construction un art infini. Nos horloges ne sont rien par leurs apparences au prix de celles des *Clepsidres*. Qu'on se représente une espece de colonne avec une grande base, à côté de laquelle sont d'eux enfans situés d'une façon allégorique. Celui qui est à droite laisse tomber de ses yeux de l'eau. A son air triste & par ses larmes il semble que cet enfant pleure le tems qu'il perd. Cette eau va se vuider dans un canal long & étroit, qui à mesure qu'il se remplit, releve sur le côté gauche de la colonne, un autre enfant soutenu sur l'eau par un morceau de liege. Celui-ci muni d'une baguette indique en se levant les heures qu'on a marquées sur le cilindre proportionnellement à son élévation. Par le moien des roues dentées que meut la chute de l'eau, la colonne fait un tour dans un an, & sur cette colonne on voit des lignes qui servent à distinguer les mois & les heures, que le même mouvement dirige. Cette *Clepsidre* est la premiere qui ait été faite. Elle est de l'invention de *Ctebisius*. La seconde machine que décrit M. *Perrault* à l'endroit cité a une apparence plus merveilleuse. On voit là trois cadrans ; l'un orné des 12 signes du zodiaque, l'autre des 12 heures, & le troisiéme de la figure du soleil & de la lune. Tout cela a son usage, & tout cela se meut par le seul écoulement de l'eau, qui en se vuidant d'un vase dans un autre, souleve un poids, mobile de toute la machine.

Cette *Clepsidre* vaut beaucoup mieux que la précédente. L'eau, qui s'écoule d'un vase dans un autre, coule bien plus lentement, lorsque l'eau tend à sa fin, parce que l'eau a alors moins de chute, que lorsqu'elle commence à couler. Cette inégalité d'écoulement rend la premiere *Clepsidre* fausse. Dans celle-ci on a égard tant bien que mal à ce retardement. Les Curieux doivent voir cela dans *Vitruve*. Je n'ai pas ici seulement des Curieux à contenter ; & un Dictionnaire de Mathématique & de Physique, n'est pas un ouvrage de pure curiosité. Qu'on me permette néanmoins de dire en passant deux mots de l'invention ingénieuse d'*Oronce*, pour avoir égard à ce retardement. C'est une *Clepsidre* bien singuliere que la sienne. Un petit navire nage sur l'eau & est en même tems suspendu par une corde entortillée autour d'un cilindre mobile, & qui porte l'aiguille d'un cadran sur lequel les heures sont marquées.

L'eau, sur laquelle repose ce navire, est vuidée par un siphon ; & à mesure que cette eau se vuide, le navire descend. Or il ne peut descendre sans faire tourner le cilindre, ce qui fait marcher l'aiguille. Selon *Oronce*, cette aiguille parcourt des espaces égaux en tems égaux ; parce que le siphon fait sortir l'eau toujours avec la même force : donc les heures doivent être marquées exactement. Le P. *Schot* a représenté la figure de cette *Clepsidre* dans son Livre intitulé : *Mecanica hydraulico-pneumatica*, pag. 167. Le même Auteur dans le même ouvrage, page 254, décrit aussi celle du P. *Kirker*.

Je ne pousserai pas plus loin l'examen de ces sortes d'horloges. On connoît leur imperfection ; & on a aujourd'hui des horloges à ressort & à poids, qui mesurent le tems avec une bien plus grande justesse. Ce n'est pas qu'on doive négliger pour cela les *Clepsidres*. Ne fut-ce que pour mesurer le tems sur mer, où les horloges à ressort & à poids ne peuvent servir, la chose seroit assez de conséquence pour mériter toute notre attention. On peut même le dire : dans ce point de vûe, il seroit beaucoup plus utile qu'on eut découvert une bonne *Clepsidre* qu'une bonne horloge. Ce qu'on a trouvé de mieux, pour substituer sur mer aux horloges, c'est au lieu de *Clepsidres*, des horloges de sable, qui sont, si l'on veut des *Clepsidres*. *Voïez* cependant Horloge de sable.

Je ne veux pas prévenir le Lecteur sur les horloges de sable, mais il auroit été extrémement avantageux qu'on eût perfectionné les *Clepsidres* des Anciens. M. *Amontons* paroissoit l'avoir pensé ; & à l'article que je viens de citer, je parlerai de son invention. Peut-être qu'on a fait à cet égard tout ce qu'il étoit possible de faire. Si cela est, on ne peut que remercier ceux qui ont substitué aux *Clepsidres* des Anciens d'autres dans un même goût. C'est chercher à procurer de nouveaux plaisirs, de nouveaux sujets d'admiration qui ne sont jamais inutiles, que de présenter des spectacles agréables au Public. A l'article d'Horloge élémentaire on verra quels sont les *Clepsidres* des Modernes. Parlons ici du fond de ces sortes d'horloges, par rapport au Problème qu'elles renferment.

Tout le secret, ou toute la science des *Clepsidres*, consiste dans un seul principe : c'est de trouver la figure d'un vase qui se vuide en tems égaux. De grands Géometres ont cherché cette figure ; mais il seroit difficile de décider si elle est ou non déterminée. Plusieurs d'entre eux aïant admis la théorie de *Galilée*, ont cru que la vitesse de l'eau par le trou est comme la racine quarrée de la hauteur au-deſſus du trou. Si l'on en croit *M. Bernoulli*, ce principe ne peut avoir lieu, que dans le cas où l'on ſuppoſe que le trou du vaſe eſt infiniment petit. (*Bernoulli, Op. Tom. IV. pag.* 188.) D'où il ſuit que ce Problême pourroit bien être encore non réſolu. Je le crois du genre de celui de la cataracte. Et à cet article j'ai dit ce que j'en penſois. Si j'ai réſolu celui-ci, comme je le crois, le Lecteur peut aiſément s'exercer ſur celui-là & le réſoudre. *Voïez* CATARACTE.

M. *Varignon* dans les Mémoires de l'Académie de 1699, a publié une Méthode géométrique pour conſtruire toute ſorte de *Clepſidres.* Depuis ce tems *Jean Bernoulli*, *Daniel Bernoulli* & *Stone*, ont écrit particuliérement ſur le Problême que renferment les *Clepſidres.*

On doit les *Clepſidres* à *Ctebiſius* d'Alexandrie : Je l'ai dit, *Vitruve*, *Perrault*, *Kirker*, *Schot* ont écrit ſur les *Clepſidres* des Anciens.

C L I

CLIMAT. Terme de ſphere. Eſpace de terre compris entre deux cercles paralleles à l'équateur, & dans lequel la différence de la durée du plus grand jour eſt de demi-heure. Les premiers qui ont ainſi diviſé la terre, ne comptoient que 7 *Climats* depuis l'équateur vers le Pole Septentrional. Ils les déſignoient par quelque endroit remarquable, où paſſoit le parallele qui coupoit le milieu du *Climat.* C'eſt pourquoi on les appelloit *Diameröé,* *Diaſyenes*, *Dialexandrias*, *Diarhodou*, *Diaromes*, *Diaboryſtenous*, & *Diaripheon.* Celui qui paſſoit par Meroé, qui eſt une Iſle du Nil, étoit, ſuivant les Aſtrologues, ſous la domination de Saturne ; (car les Aſtrologues ont preſque toujours voulu concourir avec les Aſtronomes & les Géographes dans leur diviſions & terreſtres & céleſtes.) Jupiter avoit ſous la ſienne Syenes Ville d'Egypte ; Mars Alexandrie, autre Ville d'Egypte ; le ſoleil Rhodou iſle de Rhodes ; Venus Rome, qui eſt le cinquiéme *Climat ;* Mercure Boriſthene, embouchure du fleuve de ce nóm, & enfin le ſeptiéme *Climat,* Diariphéon, traverſant les Monts Riphées, étoit donné à la lune.

Strabon fut le premier qui augmenta le nombre des *Climats.* Il en compta 8, & ne croïoit pas pouvoir en compter davantage ; parce qu'au delà de 52°, 8' de latitude, terme du huitiéme, il penſoit que la terre n'étoit plus habitée. *Ptolomée* alla plus loin que *Strabon.* Il en établit d'abord 10 dans ſa *Géographie,* & devenu enſuite plus hardi, 13 dans ſon *Almageſte.* De cette façon *Ptolomée*

étendit les limites de la terre habitable juſques au 59°, 30' de latitude. Cet Aſtronome donna trois paralleles à chaque *Climat,* dont l'un eſt pour le commencement, le ſecond pour le milieu, le troiſiéme pour la fin.

Par la même raiſon, qui avoit déterminé *Ptolomée,* à augmenter le nombre des *Climats,* les Aſtronomes & les Géographes qui lui ſuccéderent, les multiplierent juſques à 24, auſquels on en a ajouté encore 6. Arrêtons-nous ici un moment. Nous avons aſſez parlé de *Climats* pour en donner une idée claire, & qui les faſſe connoître. D'ailleurs, il eſt tems de ſavoir ſi le nombre des *Climats* eſt arbitraire ou s'il eſt déterminé. Et cette connoiſſance, qui dépend de l'autre, ne doit point reſter en arriere.

2.　Le premier *Climat* s'établit ſous l'équateur où les jours ſont égaux aux nuits, c'eſt-à-dire de 12 heures. De-là on avance de l'un & de l'autre côté de ce cercle, juſques à ce qu'on ſoit parvenu à un lieu dont le plus long jour ſoit de 12 heures & $\frac{1}{2}$. Là eſt marqué le premier *Climat.* Pour le ſecond, il faut trouver le parallele où le jour le plus long ſoit de 13 heures. En s'éloignant ainſi de l'équateur, on parvient aux cercles Polaires arctiques & antarctiques, après avoir compté 24 *Climats ;* parce que ſous ces cercles les jours y ſont de 24 heures, l'élévation du Pole y étant de 66°, 30'.

Cette diviſion, ſelon le ſentiment le plus ſuivi, eſt due à *Varenius.* (*Géograp. p.* 542, & ſuiv.) Il eſt étonnant que *Strabon* & *Ptolomée* ne l'euſſent point trouvée. Les premieres connoiſſances du cours du ſoleil & du globe ſuffiſoient pour cela. Puiſqu'on ſait qu'au cercle Polaire les jours ſont de 24 heures, les jours ſont donc plus grands là que ſous l'équateur de 12 heures, Qu'on diviſe 12 heures par 2, pour avoir des demi-heures ; ne voilà-t-il pas les 24 *Climats* déterminés ?

Juſques-là les zones glacées reſtoient ſans diviſions, ſi les Géographes modernes n'avoient imaginé de donner à la durée des jours un mois. Comptant ainſi les jours juſques au Pole du monde on trouve ſix *Climats.* Ces principes ont fourni des calculs, & de ces calculs on a formé des tables par leſquelles on détermine le nombre de *Climats,* ſuivant les différens dégrés de latitude, Ces tables & ces calculs ſont fondés ſur la durée du plus long jour d'été, pour chaque lieu, Lorſqu'on connoît cette durée, il eſt aiſé de ſavoir le *Climat* ſous lequel un païs ſe trouve. Or pour la connoître *Voïez* JOUR,

Il eſt bon de ſavoir déterminer cela par ſoi-même, & on voit bien que mon intention n'est pas de le passer sous silence. Mais aussi convenons pour les Sçavans, comme pour ceux qui ne le sont pas dans cette matiere, que des tables sont toujours utiles, & toujours plus expéditives, Donnons donc ces tables, & pour les rendre aussi curieuses qu'utiles, faisons-les précéder des deux tables de *Strabon* & de *Ptolomée.* On pourra par-là faire un parallele de la façon de compter des Anciens avec celle des modernes ; & les personnes qui se contenteront des différences essentielles pourront s'en tenir là. Quant aux autres qui se plaisent dans les plus petits détails historiques, ils consulteront, s'il leur plaît, le Livre de *Riccioli Géographia reformata, Chap. VIII. & suiv.* & celui de *Philip. Cluverius , Introduct. in Geograph. C. VI.*

TABLE DES CLIMATS SELON STRABON.

CLIMATS.	Jours les plus longs.		Elévation du Pole.	
	Heures.	Minutes.	Dégrés.	Minutes.
I.	13	0	16	52
II.	13	30	24	0
III.	14	0	31	0
IV.	14	30	36	12
V.	15	0	41	0
VI.	15	30	43	0
VII.	16	0	48	34
VIII.	17	30	52	8

TABLE DES CLIMATS SELON PTOLOMÉE.

CLIMATS.	Jours les plus longs.		Elévation du Pole.	
	Heures.	Minutes.	Dégrés.	Minutes.
I.	12	0	0	0
II.	12	30	8	25
III.	13	0	16	27
IV.	13	30	23	51
V.	14	0	30	22
VI.	14	30	36	0
VII.	15	0	40	56
VIII.	15	30	45	1
IX.	16	0	48	32
X.	16	30	51	35
XI.	17	0	54	1
XII.	17	30	56	0
XIII.	18	0	58	0

TABLE DES CLIMATS SELON VARENIUS, ET SELON
LES ASTRONOMES ET GEOGRAPHES MODERNES.

NOMS DES CLIMATS.	CLIMATS.		Long. du jour.		Elévation du Pole.	
			Heur.	Min.	Degrés.	Min.
Malaca, Ville de grand commerce.	I.	Commencement,	12			
		Milieu,	12	15	4	15
		Fin.	12	30	8	25
Meroé.	II.	Milieu,	12	45	12	30
		Fin.	13	0	16	25
Siennes, Mexico & Cuba ou l'Ifle Efpagnole.	III.	Milieu,	13	15	20	15
		Fin.	13	30	23	50
Alexandrie, Mont-Atlas.	IV.	Milieu,	13	45	27	40
		Fin.	14	9	30	20
Rhodes & Babylone, Damas, Sicile.	V.	Milieu,	14	15	33	40
		Fin.	14	30	36	28
Rome, Conftantinople, Naples.	VI.	Milieu,	14	45	39	2
		Fin.	15	0	41	22
Venife, Lyon, Geneve.	VII.	Milieu,	15	15	43	32
		Fin.	15	30	45	29
Paris.	VIII.	Milieu,	15	45	47	20
		Fin.	16	0	49	1
Rouen, Anvers.	IX.	Milieu,	16	15	50	33
		Fin.	16	30	51	58
Amfterdam, & Hambourg.	X.	Milieu,	16	45	53	17
		Fin.	17	0	54	27
Edimbourg en Ecoffe.	XI.	Milieu,	17	15	55	34
		Fin.	17	30	56	37
Gothie.	XII.	Milieu,	17	45	57	32
		Fin.	18	0	58	29
Stokolm.	XIII.	Milieu,	18	15	59	14
		Fin.	18	30	59	58
Reve.	XIV.	Milieu,	18	45	60	40
		Fin.	19	0	61	18
Nerve, & Bergen.	XV.	Milieu,	19	15	61	55
		Fin.	19	30	62	25
Suede.	XVI.	Milieu,	19	45	62	54
		Fin.	20	0	63	22
Norwege.	XVII.	Milieu,	20	15	63	40
		Fin.	20	30	64	6
Ruffie.	XVIII.	Milieu,	20	45	64	30
		Fin.	21	0	64	49
Mofcovie.	XIX.	Milieu,	21	15	65	6
		Fin.	21	30	65	20
Saint-Nicolas.	XX.	Milieu,	21	45	65	33
		Fin.	22	0	65	43
Saint-Michel.	XXI.	Milieu,	22	15	65	57
		Fin.	22	30	66	6
Bouche du Fleuve Oby.	XXII.	Milieu,	22	45	66	14
		Fin.	23	0	66	20
Le Sud d'Iflande.	XXIII.	Milieu,	23	15	66	25
		Fin.	23	30	66	28
Skongent.	XXIV.	Milieu,	23	45	66	30
		Fin.	24	0	66	31

TABLE

TABLE DES NOUVEAUX CLIMATS DONT LA DURE'E EST D'UN MOIS.

CLIMATS.	Longueur du jour.	Elévation du Pole.	
I.	1 mois.	67 Dég.	30 Min
II.	2 mois.	69	30
III	3 mois.	73	20
IV.	4 mois.	78	20
V.	5 mois.	84	30
VI.	6 mois.	90	0

Après ce que j'ai dit, ces Tables n'ont pas besoin d'explication. On voit bien l'utilité de ces dernieres. Veut-on, par exemple, savoir le plus long jour dans l'endroit où l'on est ? on n'a qu'à observer l'élévation du pole, ou la latitude de cet endroit ; chercher dans la colonne de l'*élévation du Pole*, celle qu'on a trouvée, & prendre à côté les heures qui y répondent ; & si l'on veut, le climat où l'on est. A Paris l'élévation du pole est de 49'. Ce nombre cherché dans la Table, donne 16 heures, & marque en même tems que cette ville est à la fin du huitiéme *Climat*. A propos de fin, je ne dois pas passer sous silence une explication pour la seconde colonne. C'est que la fin d'un *Climat* sert pour le commencement de l'autre. Ainsi si dans les seconde, troisieme, &c. cases, on ne voit que *Milieu* & *fin*, cela vient de ce qu'on suppose que la fin de la premiere case est le commencement du *Climat* de la seconde ; celui de la seconde le commencement de la troisieme, &c. La Table des nouveaux *Climats* n'a rien de particulier dans l'usage. Elle est fondée sur le même raisonnement que la précédente. Le plus grand jour sous les poles étant de 6 mois, on a divisé 6 pour former ces *Climats*, comme on a divisé 24 pour les autres. Noms des principaux Savans qui ont écrit sur les *Climats* : *Strabon, Ptolomée, Riccioli, Philip. Cluverius*, & *Wolf*.

CLIMATERIQUE. Epithete qu'ont donné des Philosophes à des années remarquables, auxquelles on attribue une sorte de vertu pour des changemens & des révolutions quelconques. Les années, qu'on met au nombre des *Climatériques*, sont la 7e, la 21e, la 63e, produit de 9 par 7, & la 81e, qui est le produit de 9 par 9. Ces deux dernieres années sont appellées *Grandes années Climatériques*.

On attribue communément l'invention des *Années Climatériques* à *Pythagore*, parce qu'on connoît le foible de ce Philosophe pour les nombres. (*Voïez* NOMBRE.)

Aulu-Gelle veut cependant que *Pythagore* ait volé cette idée aux Caldéens, (*Aulu-Gellii Noctes Atticæ L. III. C. X.*) En tout cas le larcin n'est pas bien considérable. Quelque grands qu'aïent été les efforts des Anciens Philosophes, pour accréditer les *Années Climatériques*, ce n'est point dans un siecle aussi éclairé que le nôtre, qu'on ajoûte foi à de pareilles rêveries. On a beau dire que le nombre 7 est un nombre qui porte en lui un caractere distinctif, & que les *Années septenaires* doivent nécessairement participer à ce caractere, on n'en est pas pour cela ni plus éclairé, ni plus effraïé. Pour prouver combien le nombre 7 est digne de remarque, on fait observer qu'on compte 7 planetes, 7 métaux, 7 couleurs primitives, 7 tons dans la Musique ; que l'homme ne croît pas plus de 7 pieds ; qu'il faut 7 mois pour sa formation : & ce qui est encore plus notable, que Dieu, lorsqu'il créa le monde, le créa dans 6 jours, & se reposa le 7e. Les Médecins viennent ici à l'appui. Ils prétendent que nous changeons d'humeur, d'inclinations & de goût, non-seulement tous les 7 ans, mais encore tous les 7 mois, même toutes les 7 heures ; (*Fab. Paulin. De Numero Septen.*) (quelle importante Kyrielle pour le nombre 7 !) que les dents des enfans paroissent au bout de 7 mois ; qu'elles reviennent au bout de 7 ans ; qu'elles tombent dans les années septenaires ; & que les deux sexes ne sont propres à la génération qu'à l'âge de 14 ans ; (*Frederici Hofmanni Dissertationum Physico - Medicarum Selectionum Decas. Disser. I.*) que le 7e air, lorsqu'ils font usage de la Musique, pour guérir un malade, est celui qui opére ; & enfin que le nombre 7 a en main la puissance des jours critiques. Ce n'est pas encore tout. *Varron* comptera, si l'on veut, les 7 Sages de la Grece, les 7 merveilles du monde, les 7 solemnités des Jeux du Cirque, les 7 Généraux destinés à la conquête de Thebes. La prévention pour le nombre 7 ne se borne pas là. On veut aussi que le nombre des hommes morts à des âges septénaires soit plus grand que celui des hommes morts dans tout autre. L'entêtement à cet égard est même, ou a été même si grand, que le P. *Feijo*, pour guérir cette foiblesse, disons cette petitesse d'esprit dans ceux qui ont le malheur d'en être attaqués, a pris la peine de calculer la durée de la vie de 300 personnes, dont on savoit par des Histoires, l'année de la naissance, & celle de la mort ; & il a trouvé plus de morts dans les autres années que dans les septénaires, & dans les neuviémes, qui sont aussi, comme on l'a vû, des *Années Climatériques*. On lit dans les anciens Journaux de Trévoux, qu'un Jesuite avoit fait à Palerme le même calcul pour plusieurs milliers d'hommes, & qu'il avoit reconnu la même chose.

Il faut convenir que voilà bien du merveilleux, si nous pouvons faire abstraction du calcul du P. *Feijo*. Malgré tout cela, les années *Climateriques*, fondées sur le nombre 7, ne sont encore que des années communes. Les grandes années ne sont pas celles de 7 en 7, mais celles de 9 en 9. C'est à *Censorin* qu'on doit cette belle remarque; & j'avois oublié à cet égard, de lui rendre justice. Car quoiqu'il ne soit question ici que des rêveries philosophiques, je ne prétends pas souffler l'honneur que ces gens-là ont prétendu en tirer. C'est pourquoi ajoûtons que *Saumaise*, soutenu de l'autorité de *Firmicus*, a établi de nouvelles années *Climatériques*. Il ne les compte ni par 7, ni par 9, parce que sans doute, il n'y ajoûte pas foi; mais par une méthode bien plus relevée. Chaque personne, selon lui, a sa suite de *Climatériques*, suivant le signe & la partie du signe qui répond à sa naissance. Ce Savant partage chaque signe en trois parties, qu'il appelle dixaines; *Sunt in unoquoque signo tres constituti Decani*. Et de ce que par le nombre des signes il y a 36 dixaines, il compte 36 ordres distinctifs d'*Années Climatériques*.

Terminons cet Article, qui par son objet est peut-être trop long, en disant que, selon le système des *Climatériques*, le nombre 70 composé de 10 septénaires, est une époque dangereuse, & que la plus grande année *Climatérique* est l'année 594, qui contient 7 septuagénaires. *Pythagore*, *Varron*, *Aulu-Gelle*, *Fab. Paulinus*, *Frederic Hofmann*, & le P. *Feijo*, ont écrit sur les années *Climatériques*. Ce dernier en a traité négativement. Et comme son Ecrit peut être utile à ceux qui sont encore entêtés de ces années, en

voici le Titre : *Discours Critiques sur les Années Climatériques.*

C O A

COAGULATION, ou CONCRETION. On se sert en Physique de ce terme, pour exprimer l'épaississement qui arrive à un corps liquide, sans qu'il perde aucune des parties sensibles, qui causent sa fluidité. Il y a des liqueurs qui se *coagulent* toutes seules, & après un certain tems : telle est le sang ; d'autres par le froid, comme l'eau, le vin, l'huile ; d'autres par le feu, comme le lait, le blanc d'œuf, &c.

Tout le monde connoît ces *Coagulations*, & les liqueurs qui en sont susceptibles. Mais combien de gens ignorent celles qui se font par le mélange des liqueurs ! Il faut être Physicien & Chimiste, pour avoir joui du plaisir que procurent ces dernieres, & il paroît même par leurs Ecrits, qu'il n'y a pas bien long-tems qu'ils en ont fait la découverte. L'étonnement d'un savant Chimiste Italien, qui fut témoin par hasard d'une *Coagulation*, prouve du moins combien on étoit peu accoutumé à ce spectacle, supposé qu'on le connût. Quoi qu'il en soit, voici le fait du Chimiste, dont je viens de parler, tel qu'il est rapporté dans les *Actes de Leipsic de l'Année 1688*, *pag. 611*. Un jour qu'il avoit besoin d'une bouteille propre, il versa dans cette bouteille d'une eau lexivielle pour la nettoïer ; & comme il n'en avoit pas assez versé, il prit par mégarde d'une autre eau lexivielle, & de plus onctueuse. Cette méprise fut heureuse. Tandis qu'il secouoit ces deux liqueurs, il fut bien surpris de les voir s'épaissir ; perdre ensuite leur fluidité naturelle, & devenir un corps opaque, solide & d'une consistance presque dure. Pour s'assurer mieux du fait, il répéta la même expérience, qui eut toujours le même succès. Depuis cette découverte, on a fait plusieurs épreuves sur la *Coagulation*, auxquelles on doit les découvertes suivantes.

1°. Lorsqu'on incorpore de l'huile d'olive avec de l'eau-forte, ces deux liqueurs se *coagulent*, & forment un corps friable.

2°. Un blanc d'œuf, mêlé avec de l'esprit de sel bien fort, durcit.

3°. Si l'on mêle de l'esprit urineux avec de l'esprit de vin rectifié, la *Coagulation* deviendra telle, que ces liqueurs se convertiront en glace, ou en un corps dur.

4°. En incorporant de l'esprit de tartre avec de l'huile de vitriol, ce que les Chimistes nomment *Tartre Vitriolé*, on a un corps solide.

5°. Une dissolution de sel & de vitriol, appellée *Eau de Sel & de Chaux*, mêlée avec un peu de sel de tartre dissous, donne une *Coagulation* forte, & qu'on dissipe tout d'un coup avec un peu d'eau-forte.

6°. Aïant mêlé de l'*Eau de Sel & de Chaux* avec une forte dissolution de sel de tartre, si l'on remue, presse, bat pendant quelque tems ces deux liqueurs, elles deviendront par la *Coagulation* une masse blanche, dont on pourra former le corps qu'on voudra, en la maniant presque comme de la cire molle.

7°. Sur de l'esprit de vin bien fort contenu dans un vase, lorsqu'on verse autant d'esprit de sel armoniac, nouvellement préparé avec du sel de tartre, ou de l'esprit d'urine bien pur, qu'il y a d'esprit de vin dans le vase, & qu'on agite ces deux liqueurs, leur mêlange forme une masse blanche. Des Médecins prétendent que l'esprit de vin ainsi *coagulé* est excellent pour exciter la transpiration, & pour dissiper les obstructions, & cela en en prenant la valeur de 12 ou 15 grains, soit extérieurement, soit intérieurement.

8°. L'eau-forte citrine versée par reprises sur l'huile de Gaïac, forme une masse noire en se *coagulant*. Cette *Coagulation* est surprenante, curieuse, & peut fournir matiere à exercice. Je devrois borner ici le détail de ces expériences; mais je succombe à la tentation d'ajoûter une derniere à celles-là, qui est encore plus merveilleuse. Elle est de M. *Poliniere*; & quoique son Livre des *Expériences Physiques* soit entre les mains de tout le monde, je crois qu'on la verra ici avec plaisir à la suite de celles dont je viens de faire mention, & qu'on ne la verra pas sans fruit.

9°. On sait que le vif-argent, ou le mercure, est une liqueur, à laquelle les Chimistes souhaitent depuis long-tems de donner une consistence pareille à celle de l'argent. Jusqu'ici on n'est parvenu qu'à le *coaguler* par le bismuth, ou l'étain de glace: mais cette *Coagulation* est une *Coagulation* bien foible; or en voici une qui le durcit, suivant la méthode de quelques Physiciens. Aïant du verd de gris & du sel marin en poids égaux, on fait dissoudre le sel avec du vinaigre, qu'on a mis dans une petite poële de fer, autant qu'il en faut pour cette dissolution. Cette poële étant sur le feu, on met ensuite le verd de gris, & on remue le tout ensemble pendant une demi-heure. Cela fait, on lave ce mêlange avec de l'eau commune, & ou l'expose au serein la nuit où il se durcit.

10°. On met dans un grand gobelet large par le fond 4 onces d'huile d'olive, & on y ajoûte deux onces de bonne eau forte. L'eau forte, comme on le sait, se précipite au fond. Croiroit-on que cette eau pût venir au-dessus, sans y toucher, & se mêler avec l'huile? C'est pourtant ce qui arrivera, si l'on jette dans ce gobelet quelques aiguilles à coudre, qui feront bouillonner l'eau forte pendant quelque tems. Si après le bouillonnement, on en jette d'autres jusques à 40, & si aïant posé le gobelet sur un plat de terre, rempli de cendre, & posé sur des charbons ardens, pour y entretenir la chaleur pendant huit heures, on le laisse refroidir, alors on trouvera l'huile *coagulée* & durcie comme de la cire.

2. Quoique la raison qu'on rend de toutes ces opérations, soit particuliere à chacune d'elles, on peut dire toutefois avec vérité que leur principe se réduit à celui-ci. Ces liqueurs sont composées de parties différentes, & entierement opposées quant à leur forme. Les unes fines & déliées s'incorporent dans les autres de nature pierreuse. Celles-là pénétrent celles-ci, sans pouvoir les diviser. De sorte que chacune de ces petites entre dans les autres plus grosses, & hérisse chacune d'elles de petites pointes, comme un aiman qu'on frotte dans la poudre d'acier. Ces parties ainsi lardées en lardent d'autres, & celles-ci d'autres d'où se forme la *Coagulation*, qui est d'autant plus forte, que les parties des deux liqueurs s'unissent plus étroitement, ou pour parler mieux, que les parties de qualité pierreuse ont été plus dures, & pénétrées avec moins de facilité.

Les parties des liqueurs, qui se *coagulent*, ne sont point douées de qualités que nous choisissons à plaisir, pour rendre raison des effets qui résultent de leur mêlange. J'en appelle au jugement des Chimistes. Les liqueurs qui se *coagulent*, ne contiennent pas toutes les unes des sels acides, les autres des sels alkalis, celles-ci des matieres métalliques, sulphureuses, oléagineuses. Or la qualité des unes est de pénétrer & de s'incorporer: les autres de résister à cette incorporation. Il n'en faut pas davantage pour justifier ma conjecture. Au surplus je conviens que ce n'est qu'une conjecture, & que si jamais la nature s'est cachée aux yeux des hommes dans ses opérations, c'est sans doute dans les effets dont je rends compte. En donnant un systême, on ne prétend pas toujours satisfaire. On cherche seulement à s'appuier sur quelque vûe pour des nouvelles expériences. Comme il s'agit ici de la COHESION des parties, voïez ce terme.

COALITION ou COALESCENCE. On fait usage de ce terme en Physique pour exprimer

l'action de réunir en maſſe ſenſible les corpuſcules qui compoſent un corps naturel
quelconque.

C O E

COEFFICIENT. C'eſt en algébre la quantité
connue par laquelle un terme eſt multiplié
dans une équation. Dans celle-ci , par exemple , $3yy + 4x + az + bu = 0$, 3 eſt
le *Coefficient* du premier terme; 4 celui du
ſecond ; a celui du troiſiéme , & b celui du
quatriéme.

Dans une équation en général, le *Coefficient* du ſecond terme eſt toujours égal à la
ſomme de toutes leurs racines en gardant
leur propre ſigne; celui du troiſiéme eſt égal
à la ſomme des produits qu'on peut faire
deux à deux autant de fois que les combinaiſons ſont poſſibles; trois fois dans une
équation cubique, ſix fois dans une équation biquadratique, &c. Enfin le *Coefficient*
du quatriéme terme exprime la ſomme des
produits de toutes les racines , priſes trois à
trois autant de fois qu'on le peut; & ainſi
à l'infini.

COEFFICIENT. Se dit auſſi dans le calcul des
fluxions ou différentiel pour exprimer le terme
générateur quelconque, qui vient de la diviſion de ce terme par la quantité engendrée.

CŒUR DE L'HYDRE. Etoile de la ſeconde
grandeur dans l'*Hydre*. Sa longitude eſt de
$142°$, $49'$; ſa latitude de $22°$, $23'$; & ſon
aſcenſion droite de $138°$, $48'$, $14''$. Cette
étoile ſe nomme auſſi la *brillante de l'Hydre*,
& les Arabes l'appellent *Alparab*. M. *Bayer*
la déſigne dans ſes tables par ce caractere
grec α.

CŒUR DU LYON. Etoile de la premiere grandeur dans la conſtellation du lion. Sa longitude eſt de $145°$, $21'$, ſa latitude de $26°$,
ſon aſcenſion droite de $148°$, $43'$, $40''$. Le
Cœur du lion ainſi caractériſé α par *Bayer* s'appelle auſſi *Baſilicus* , *Regulus*, *Pectus leonis*,
Regia ſtella , *Tiberone* , *Kabeleceid* , *Kabe-
leſit*, *Kabelead*.

CŒUR DU SCORPION. *Voïez* ANTARES.

CŒUR DE CHARLES. Etoile détachée de toute
conſtellation, ſituée entre la chevelure de
Berenice & la grande Ourſe. Elle a été ainſi
appellée à l'honneur du Roi *Charles II*.

CŒUR DU SOLEIL. Aſpect des planetes ſelon
les Aſtrologues. Une planete eſt dans le
Cœur du ſoleil lorſqu'elle n'en eſt point éloignée au-delà de $19'$.

CŒUR DU CIEL. Nom que donnent les Aſtrologues au dégré de l'écliptique qui eſt dans le
méridien.

C O F

COFFRE. Terme de Fortification. Petit foſſé

fait dans le grand foſſé d'une Place devant
le milieu de la courtine lorſque celui-ci eſt
ſec. C'eſt une eſpece de caponiere, avec cette
différence que le *Coffre* occupe toute la largeur du grand foſſé , & que la caponiere n'en
occupe qu'une partie. Il a ordinairement 15
ou 18 pieds de largeur & 6 à 7 pieds de profondeur. Sa partie ſuperieure eſt formée de
pieces de bois, élevées de 2 pieds au-deſſus
du niveau du grand foſſé, & elle eſt révétue
de claies chargées de terre. Cette petite élévation fait l'office de parapet, où l'on conſtruit des embraſures , pour empêcher, par le
feu du canon, le paſſage du foſſé. On va
dans le *Coffre* par un petit foſſé couvert ,
pratiqué dans le grand, proche de l'Orillon.

C O H

COHESION ou ADHERENCE. On appelle
ainſi en Phyſique la force qui unit les
corps , & qui leur donne la figure que nous
leur voïons. Cette force eſt ſi cachée , que
les Phyſiciens ont juſqu'ici reſté court, toutes les fois qu'ils ont voulu l'expliquer d'une
maniere ſatisfaiſante. Les Newtoniens ont
beau crier que l'attraction eſt la cauſe immédiate de la *Coheſion*. Cela eſt bien-tôt dit.
Mais cette cauſe nous eſt-elle plus connue
que le terme qui l'exprime. M. *s'Graveſande*
ne convient-il pas que ſi quelqu'un trouvoit
la cauſe de l'attraction , il découvriroit quelque choſe d'intéreſſant dans la Phyſique ?
(*Phyſices Elementa* , *L. I.*) Et par rapport
au mot *Coheſion*, ne ſeroit-il pas plus ſimple
de dire que ſi quelqu'un trouvoit ſa cauſe,
il trouveroit quelque choſe d'intéreſſant dans
la Phyſique ? De bonne foi , croit-on connoître une cauſe en ſubſtituant un nouveau
terme à celui qui la déſigne ? Je veux que
les parties des corps ſoient attirées: en ſom-
mes-nous plus 'avancés ? Comment & pourquoi ſont-elles attirées ? Sur quoi eſt fondé
le principe de leur attraction ? en ignorant
toutes ces choſes , il vaut bien mieux dire
tout uniment qu'on ignore la cauſe de la
Coheſion. Il eſt plus ſage , j'oſe le dire , plus
glorieux d'avouer ſon imperitie dans les
effets qu'on ne comprend pas, que de chercher à la couvrir par des raiſons impoſantes.

Un morceau de bois réſiſte quand on veut
le rompre ; parce que dit on , les parties de
ce bois ſont attachées par le moïen d'une
huile qui les unit. Les Chimiſtes prouvent
cette explication en ſéparant l'huile du bois,
qui tombe alors en pouſſiere. Les vers qui le
rongent ne touchent point ces parties , dont
ils n'ont que faire pour ſe nourrir. Ils s'attachent à ſuccer l'huile qui les tient collées, &

de-là on voit qu'un bois rongé par le ver est réduit en poudre. L'expérience des Chimistes prouve que l'huile est la cause de la *Cohéfion* des parties du bois. Qu'on demande maintenant de quelle façon les parties du bois font collées avec cette huile. Les Chimistes n'en favent pas plus ici que les Physiciens. Ils répondent que les parties du bois fe trouvent embarrassées dans celles de l'huile plus grasses. Il faut bien que cela foit. Du moins on comprend mieux que cela doit être que de quelle façon cela peut être. Encore fans aller plus avant, est-il difficile de favoir, non pas feulement pourquoi ces parties collent les autres, mais pourquoi elles font collées elles-mêmes ? Ici les Newtoniens triomphent. Ils prouvent que chaques parties s'attirent réciproquement. Cela peut-être : mais fuivant quelle loi ? Ce n'est plus felon le quarré des diftances : c'est felon le cube ou quelqu'autre puiffance qu'ils ignorent. On a fait autrefois un crime aux Cartéfiens de vouloir rendre raifon de tout par l'impulfion Eh ! quand on change, par fantaifie, des loix invariables dans l'Aftronomie pour les ajufter à fon gré dans les effets Phyfiques, n'eft-on pas plus digne de ce reproche ?

M. *Leibnitz* donne de la *Cohéfion* une raifon plus probable. L'état des parties des corps est le mouvement. M. *Leibnitz* prouve cette propofition. Or fi un corps est en repos, il faut que les parties, qui le compofent, aïent des directions contraires, & qu'elles foient pouffées avec la même force. Du mouvement ainfi balancé par des directions oppofées, naît l'équilibre; & cet équilibre est ce qui refifte à une puiffance qui tâche de le détruire : c'est la *Cohéfion*. Si c'est là un fyftême, il faut avouer qu'il est très-ingénieux. A moins qu'on dife que les parties des corps qui *coherent* font d'une nature crochue, & qu'elles s'accrochent & s'enchaînent, je ne vois pas ce qu'on peut dire de mieux. Ces mouvemens contraires, fi l'on y faifoit affez attention, pourroient bien renfermer des mifteres : fujet de réflexion pour le Lecteur.

Puifque ni par fyftême ni par conjecture on ne peut expliquer comment de la colle forte tient fi ferme deux morceaux de bois qu'on a joints; comment on les attache avec des cloux; comment on foude un morceau de fer blanc avec un autre morceau de fer blanc; comment le plâtre mêlé dans de l'eau fe durcit, & comment il durcit encore plus fort, lorfqu'on l'incorpore avec de la pierre de chaux ; & enfin comment cette pierre de chaux redurcie avec du fable, retient les pierres liées en quelque forte enfemble, & que cette liaifon a plus de force quand on mêle

de la cendre dans la chaux; faifons ici un acte d'humilité, comme nous l'avons déja fait à l'article de coagulation ; & defirons qu'à l'exemple de M. *Mufchenbroeck*, qui est de tous les Phyficiens celui qui a mieux & utilement écrit fur la *Cohéfion* des corps, (*Voïez* fon *Effai de Phyfique*, Tom. I.) defirons, dis-je, qu'on faffe à cet égard de nouvelles expériences, qui nous inftruifent des routes que cache ici la nature avec tant d'art.

C O I

COIN. Inftrument très-commun qui confifte en un corps dur de figure quelconque, propre à entrer par force dans un autre corps dur & à le fendre. On le fait ordinairement en prifme triangulaire. Dans la méchanique, il est la cinquième machine fimple.

Les fentimens fur l'origine & fur l'ancien ufage du *Coin* font fi partagés, qu'il n'est pas poffible de favoir à qui on en eft redevable. Des Hiftoriens pretendent que c'étoient des têtes des Catapultes des Romains. *Spéed*, Anglois, croit que les *Coins* étoient des armes des Anciens. M. *Hearne* veut que ce fuffent des inftrumens en ufage aux Romains pour les facrifices ; & qu'ils s'en fervoient à tailler & à polir les pierres dont ils faifoient leurs murailles. Quoique Monfieur *Héarne* foit par fon opinion plus recevable que Monfieur *Spéed*, je ne veux point gêner ceux qui voudront balancer ces différens fentimens, & les priver du plaifir de la décifion. (*Voïez* la *Differtation des Monumens anciens trouvés dans la Province d'York*, & les *Mémoires pour l'Hiftoire des Sciences & des beaux Arts*, 1713 page 287 ; & 1714 page 177.)

2.   Les premiers qui ont examiné la force du *Coin* l'ont rapporté au lévier. Il falloit pour cela défigner la longueur du lévier & fon point d'appui, & ces premiers Auteurs ne fe font point ici accordés. Ceux-ci l'ont placé à la pointe du *Coin* ; ceux-là à l'entrée de la fente qu'il fait dans le corps à divifer; mais ni les uns ni les autres n'aïant pû déterminer les diftances de chacun de ces appuis à la force emploïée pour enfoncer le *Coin* & à la réfiftance du corps qu'il fend, n'ont pû conclure aucun rapport entre cette réfiftance & cette force.

L'embarras de ces Méchaniciens fit penfer à d'autres de confiderer le *Coin* comme un plan incliné qu'ils ont voulu expliquer par le lévier. Cet expédient ne leur a pas plus réuffi qu'aux précédens, de même qu'à ceux qui les ont fuivi & qui fans faire attention au chemin que doivent parcourir les deux corps dans le même tems, l'ont examiné par son mouvement & par celui des parties qu'il doit fendre. Cependant ils ont voulu que cette force fût à la réſiſtance comme la demi baſe du *Coin* à ſa hauteur.

Après *Deſcartes*, des Méchaniciens ont conſideré le *Coin* indépendamment de tout autre machine ; & cette conſidération a fourni deux ſentimens différens. Le premier eſt, qu'à l'inſtant d'équilibre entre la force du *Coin* & la réſiſtance du corps à fendre, cette force eſt toujours à cette réſiſtance, comme la baſe du *Coin* eſt à ſa hauteur ; & le ſecond comme la grande largeur de la fente à ſa profondeur.

Je ne finirois point ſi je rapportois ce qu'ont penſé les Mathématiciens ſur la force du *Coin*. J'ai déduit les opinions les plus célébres. La plupart ont été diſcutées par MM. *Varignon* & de la *Hire*. (*Nouvelle Méchanique, Tom. II.* & *Traité de Méchanique*, Prop. LXXXV.) Il ſemble aujourd'hui que cette force eſt connue. C'eſt ſans doute ici le lieu de l'établir. Car enfin faut-il au moins, qu'on ſache à qnoi s'en tenir, & que la véritable théorie de cette machine, ait une place diſtinguée. Je dis donc que *la force qui chaſſe le* Coin *eſt à la réſiſtance du corps à fendre comme la moitié* E H *de la tête du Coin eſt à la longueur* E G *de l'un de ſes côtés.* Si des points (Pl. XL. Fig. 60.) I & K (Pl. XL. Fig. 60.) on éleve les perpendiculaires I D, K B aux côtés E G, F G, & qu'on acheve le parallelograme A B C D, le *Coin* pouſſera les faces de la fente par les directions C B, C D, Dans le cas d'équilibre, les réſiſtances étant égales, la force qui chaſſe le *Coin*, eſt à la réſiſtance du tronc d'arbre que fend l'homme H, comme C A eſt à C D+CB ou à 2 CD. Mais les les triangles E F G, C D A, ſont ſemblables, puiſque l'angle D C A eſt complement de l'angle I G C & par conſéquent égal à l'angle G E C. Donc C D étant égal à D A, l'angle D A C ſera égal à l'angle E F G. Donc C A : C D :: E F : 2 E G :: E H moitié de E F, E G. Ce qu'il falloit démontrer. De-là il ſuit que plus le *Coin* ſera pointu, & plus il aura de force pour fendre.

C O L

COLLISION. Choc d'un corps contre un autre. *Voïez* FROTTEMENT.

COLONNE, Terme d'Architecture civile. Eſpece de cilindre dont la baſe inférieure eſt plus grande que la ſupérieure, deſtiné à ſoutenir un poids ſuivant lequel il doit être proportionné : ou pour mieux déſigner ſon uſage, *Colonne* eſt un pilier rond compoſé

d'une baſe, d'un fuſt & d'un chapiteau ; & deſtiné à porter l'entablement d'un édifice. Quoique les *Colonnes* ſoient aujourd'hui un grand ornement en Architecture, & qu'il ſemble en cette qualité qu'elles n'ont dû être inventées qu'après un goût épuré de cet art, cependant leur origine eſt auſſi reculée que celle de l'Architecture même.

Les premiers, qui pour ſe mettre à couvert de la rigueur des ſaiſons, firent des *Cabannes*, les conſtruiſirent moitié dans la terre moitié en dehors. Ceux, qui leur ſuccéderent, aïant voulu ſe mettre plus à l'air, en bâtirent entierement hors la terre. A cette fin, il fallut élever le couvert de ces cabanes, appuïées & fortifiées auparavant par la terre, & imaginer un moïen pour les ſoutenir. Des gros troncs d'arbres furent mis en uſage pour cela. Aïant voulu fortifier ces troncs d'arbre par des branchages, on ébaucha ſans y penſer des *Colonnes* avec leurs baſes & leurs chapiteaux ; & des hommes intelligens aïant mis cette ébauche à profit, la finirent & formerent des *Colonnes*. Quelque vrai-ſemblable que ſoit cette opinion ſur l'origine des *Colones*, quelques Auteurs ont voulu qu'on en aïe pris l'idée des pyramides des Anciens qu'on élevoit ſur leurs tombeaux ; parce qu'ils vouloient que les urnes, dans leſquelles on mettoit leur cendre, poſées ſur ces pyramides en repréſentaſſent les chapiteaux. Mais ce ſentiment eſt, ce me ſemble, mal aſſuré. Car on pourroit demander quelle eſt l'origine des pyramides. Il y a tout lieu de penſer qu'elle eſt ſubordonnée à celle des *Colonnes*. Je le crois, & en conſéquence j'embraſſe le premier ſentiment qui eſt celui de *Vitruve*.

Je dis donc, que telle fut l'origine des *Colonnes* quant à la forme. Mais cette forme ne donnoit encore rien, ou donnoit peu pour une proportion qui les rendît ſolides. Où trouver cette proportion ? Rien ne ſembloit ſe préſenter à la vûe, pour ſervir de modele, lorſqu'un homme s'aviſa de ſe prendre lui-même. Le premier temple qu'on bâtit fut dédié à *Junon* par *Dorus* dans l'ancienne Ville d'Argos, ſans aucune regle & ſans aucun principe. Ce Temple fournit l'idée de pluſieurs autres.

Les Ioniens ſortis d'Argos conſtruiſirent le ſecond qu'ils dédierent à *Apollon Ponionius* ; & pour conſtruire ce ſecond, ils rappellerent inutilement à leur mémoire celui d'Argos, afin de lui ſervir de modele. Ils furent donc contraints de chercher les régles, qu'on avoit pû trouver par hazard pour rendre le Temple ſolide. Conſidérant le corps de l'homme comme une *Colonne*, ils chercherent la proportion de son pied à son corps, qu'ils estimerent comme 6 à 1. On fit ainsi la hauteur de la *Colonne* sextuple de sa grosseur. De-là vint la *Colonne Dorique*, qu'on appella ainsi, parce qu'il avoit travaillé d'après l'idée de *Dorus* qui avoit construit le premier temple.

Vitruve, qui parle ainsi de l'origine des proportions des *Colonnes*, ajoute que les mêmes Architectes, aïant voulu ensuite construire un Temple à *Diane*, voulurent rencherir sur le Temple précédent du côté de la délicatesse & de l'élégance. Le corps de l'homme n'étoit guéres propre à remplir cet objet, celui d'une femme se présenta naturellement; & sans autre façon, on se contenta de rendre la *Colonne* plus menue. Au lieu de donner à son diametre la sixiéme partie de sa hauteur, ils lui en donnerent la 8e.

Jusques-là les *Colonnes* n'étoient gueres que des cilindres un peu plus larges par le bas que par le haut. Cette uniformité fit peine. Et comme les femmes étoient les modéles qu'on avoit choisis, un Architecte, pour orner les *Colonnes*, voulut les friser, si on peut parler ainsi, de même que leur modéle. Les frisons du beau sexe & les boucles de leurs cheveux furent imitées par des moulures; car les moulures, qui prirent de-là origine, figuroient, selon eux, un rang de boucles. Que cette idée soit grotesque ou ridicule: on lui doit toujours le premier ornement des *Colonnes*. Ce même ornement parut bientôt en bas de la *Colonne*; & ce qu'il y a de plus singulier dans son origine, c'est que, selon *Vitruve*, (je n'oserois l'avouer sans caution,) on voulut imiter par-là la chaussure des femmes. L'idée de ce sexe revenant toujours, on fit des cannelures aux *Colonnes*, pour imiter le pli de leurs robes.

C'est ainsi que les *Colonnes* se perfectionnerent. On renchérit encore beaucoup par-dessus. Les uns, c'étoient encore des Architectes Ioniens, donnerent à la hauteur de la *Colonne* 8 & ½ de son diamétre, & appellerent cette *Colonne*, *Colonne Ionique*. J'ai déja parlé de l'origine des Chapiteaux. A l'Article de ce terme, je donne celle du Chapiteau Corinthien; d'où vint la *Colonne Corinthienne*, qu'on doit à *Callimaque*. Les Grecs n'avoient inventé que trois sortes de *Colonnes*. Les Romains en ajoûterent deux, la *Toscane* & la *Composite*, qui ne different pas beaucoup des autres. La *Colonne Toscane* n'est que la *Colonne Dorique* simplifiée & rendue plus forte par le fust; & la *Composite* un mêlange de la Corinthienne & de l'Ionique.

Aïant ainsi fait l'histoire des *Colonnes*, je viens à leurs dimensions, qui doivent les faire connoître. La *Colonne Toscane*, A B C D, (Planche XLIX. Figure 61.) dont B C est le fust, A B le chapiteau, C B la base, a 7 diamétres de longueur y compris la base & le chapiteau. La *Colonne Dorique*, qu'on distingue de la *Toscane* par les moulures qui sont en plus grand nombre & à son chapiteau & à sa base, a 8 diametres de longueur. La *Colonne Ionique* a 9 diamétres, & son chapiteau est orné de volutes V, V. C'est principalement par ces volutes qu'on la distingue des autres. (*Voïez* VOLUTE.) Elle a aussi une base qui lui est particuliere. (*Voïez* BASE.) Pour la *Colonne Corinthienne*, on peut dire qu'elle est le chef-d'œuvre des *Colonnes*. Sa longueur est de 10 diamétres. Deux rangs de feuillages, d'où sortent deux petites tiges, qui se terminent en volutes, relevent, & décorent son chapiteau C, C. Enfin la *Colonne Composite* a la même longueur que la Corinthienne. Son chapiteau est presque semblable au Corinthien. Seulement ses volutes sont purement Ioniques. De toutes ces *Colonnes* la Toscane est essentiellement uniforme. Les autres, on peut les canneler, comme elles sont représentées dans leurs figures particulieres. (On trouvera la figure de ces *Colonnes* à leur Article.

J'ai dit que la premiere idée des *Colonnes* venoit des arbres qui soutenoient les premieres habitations. Or ces arbres sont plus gros par le bas. Et si l'on veut, à l'exemple de quelques Architectes, ramener à cette idée le goût de leur forme, nous pouvons dire que de-là vient le renflement des *Colonnes* du côté de leur base. Mais ce qui ne dépend pas entierement du goût pris en lui-même, c'est la valeur de la diminution. En général on convient que les *Colonnes* doivent être diminuées au tiers de la hauteur, & que plus leur diminution est insensible, plus agréablement elles flattent la vûe. *Vignole* a voulu néanmoins prescrire des regles pour cela. On les trouve dans le *Cours d'Architecture de Daviler*, Tom. I, auxquelles cet Auteur en a ajoûté d'autres. M. *Blondel* s'est servi avec succès d'un instrument pour la diminution des *Colonnes*, qui est au-dessus de toutes les méthodes: c'est celui dont *Nicomede* a fait usage, pour décrire sa Conchoïde. (*Voïez* CONCHOÏDE.) Au reste *Vignole* est le premier qui ait donné des regles pour le renflement des *Colonnes*. (*Voïez* DIMINUTION.)

On ne connoît dans l'Architecture Civile que les *Colonnes* Toscane, Dorique, Ionique, Corinthienne, & Composite. C'est pourquoi je ne parlerai point des *Colonnes à bandes*, des *Symboliques*, des *Miliiaires*, des *Rostra-*

les, &c. Tout cela tient trop à l'Architecture Hiſtorique , & trop du caprice des hommes, pour m'y arrêter. Je me contenterai de
dire deux mots des *Colonnes torſes* , & en
cela je ne crois pas ſortir de mon ſujet.

Les *Colonnes torſes* , (Planche XLIX. Figure 66.) ne ſont pas en uſage dans les
Edifices Civiles, parce qu'elles ne ſont pas aſſez ſolides pour porter l'entablement : mais
elles ſont très-riches, & très-bien emploïées
dans les Temples. Quoi de plus ſuperbe que
l'effet qu'elles font à l'Autel du Val-de-Grace
à Paris ! Auſſi c'eſt au Temple de *Salomon*
qu'elles parurent pour la premiere fois. Ces
mêmes *Colonnes* ſe trouvent encore aujour-
d'hui à la Baſilique de ſaint Pierre à Rome.
Les plus riches *Colonnes* ſe cannelent juſques au tiers ; & leur partie ſupérieure ſe
décore de feuilles d'olivier ou de palmes.
Leur chapiteau, leur baſe, & pour tout dire,
leur entablement & leur piedeſtal ne different point de ces parties de l'Ordre Corinthien. Pour décrire leur contour , je veux
dire, pour les tordre, on diviſe le cercle de
leur baſe en 8 parties, & des points de diviſion on éleve des perpendiculaires, qu'on diviſe en 48 parties. Par ces points faiſant une
ligne ſpirale, on aura le plan du contour de
la *Colonne.* C'eſt encore à *Vignole* que l'on
doit les premieres regles, pour tordre les *Colonnes.*

COLUBRAMET. Etoile de la troiſiéme grandeur, dans la main gauche du Serpentaire.
Hevelius a déterminé la longitude & la latitude de cette étoile pour 1700 dans ſon *Prodrom. Aſtronom. pag.* 301.

COLURES. Terme de ſphere. Nom des deux
cercles que l'on conçoit paſſer par les poles
du monde, & par les points cardinaux de
l'écliptique. Le premier, qui paſſe par le commencement du Bélier & de la Balance, s'appelle *Colure des Equinoxes* ; & l'autre, qui
paſſe par le commencement de l'Ecreviſſe &
du Capricorne, ſe nomme *Colure des Solſtices.* Ces cercles ſervent à déterminer les qua-

tre ſaiſons. (*Voïez* SPHERE.)

C O M

COMBINAISON. L'art de trouver en combien
de manieres différentes on peut varier pluſieurs quantités, en les prenant une à une,
deux à deux, trois à trois, &c. Une quantité
n'a point de *Combinaiſon* ; deux *a* , *b* , en a
une comme *b* , *a* ; trois *a* , *b* , *c* , en a trois
a b , *b c* , *a c* , & quatre *a* , *b* , *c* , *d* ; ſix *a b* ,
a c , *a d* , *b c* , *b d* , *c d* ; cinq *a* , *b* , *c* , *d* , *e* ;
dix *a b* , *a c* , *b c* , *a d* , *b d* , *c d* , *a e* , *b e* , *c e* ,
d e ; & ſi l'on en combine ſix, on en trou-
vera 15, ainſi des autres. En combinant de
cette façon pluſieurs autres quantités , on
trouve qu'à meſure qu'on les augmente par
unités, le nombre des *Combinaiſons* croît ſelon
cette progreſſion, 1, 3, 6, 10, 15, 21, &c. qui
ſont des nombres triangulaires, ſelon leſquels la *Combinaiſon* des nombres deux à
deux augmente.

Si l'on veut *combiner* les quantités *a b c d* , trois
à trois, on trouve ces *Combinaiſons* , *a b c* ,
a b d , *b c d* , *a c d*. A-t-on cinq quantités, *a b c d e*,
à combiner, toujours trois à trois ? On au-
ra cinq combinaiſons, ſavoir, *a b c* , *a b d* ,
b c d , *a c d* , *a b e* , *b d e* , *b c e* , *a c e* , *a d e* ;
s'il y en a 6, 20 ; 7, 35 ; 8, 36, &c. Enfin, ſi
l'on a quatre quantités à combiner quatre à
quatre , on trouvera que le nombre des *Combinaiſons* augmente, à meſure qu'on augmente le nombre 4, ſuivant cette progreſſion,
1 , 5 , 15 , 35 , 70 , 126 , &c. qui ſont des
nombres pyramido-triangulaires.

De-là il ſuit qu'avec une table qui contienne toutes les progreſſions que renferment
les *Combinaiſons* priſes 2 à 2, 3 à 3, 4 à 4,
&c. on pourra ſans calcul combiner tous les
nombres. En faveur de cet avantage, qui eſt
de conſéquence dans les Mathématiques, je
donnerai ici cette table que l'on doit à M.
Paſcal, & dont l'uſage eſt extrêmement facile. La voici,

TABLE POUR LES COMBINAISONS,

I.	II.	III.	IV.	V.	VI.	VII.	VIII.	IX.	X.	XI.	XII.	XIII.	XIV.	
1.	1.	1.	1.	1.	1.	1.	1.	1.	1.	1.	1.	1.	1.	I.
1.	2.	3.	4.	5.	6.	7.	8.	9.	10.	11.	12.	13.		II.
	1.	3.	6.	10.	15.	21.	28.	36.	45.	55.	66.	78.		III.
		1.	4.	10.	20.	35.	56.	84.	120.	165.	220.	286.		IV.
			1.	5.	15.	35.	70.	126.	210.	330.	495.	715.		V.
				1.	6.	21.	56.	126.	252.	462.	792.	1287.		VI.
					1.	7.	28.	84.	210.	462.	924.	1716.		VII.
						1.	8.	36.	120.	330.	792.	1716.		VIII.
							1.	9.	45.	165.	495.	1287.		IX.
								1.	10.	55.	220.	715.		X.
									1.	11.	66.	286.		XL.
										1.	12.	78.		XII.
											1.	13.		XIII.
												1.		XIV.

Telle est la construction de cette table. Le premier rang horisontal est composé de 14 unités ; & le second, de la suite des nombres naturels 1, 2, 3, 4, 5, &c. Le troisiéme est formé sur celui-ci. Chaque chifre de ce rang exprime la somme de ceux du rang supérieur, qui le précédent. Ainsi 6 est placé sous 4 du second rang ; parce que la somme des trois chifres 1, 2, 3, est 6. 10 est placé sous 5 ; parce que la somme des 4 nombres 1, 2, 3, 4, est 10. 21 est sous 7 par la même raison, &c. Les autres rangs sont formés chacun sur le rang qui lui correspond. Le quatriéme est déterminé par le troisiéme ; comme celui-ci l'est par le second ; le cinquiéme par le quatriéme, &c. Les nombres du premier rang sont les unités ; ceux du second les nombres naturels ; ceux du troisiéme les nombres triangulaires ; ceux du quatriéme les pyramidaux ; ceux du cinquiéme les pyramido-triangulaires, &c. Les chifres romains marquent les rangs.

Pour l'usage de cette table, la regle générale est de prendre toujours le nombre qui correspond à deux rangs de la table, un horisontal, l'autre vertical, en comptant un rang de plus, de part & d'autre, qu'indiqueroit le nombre des choses à combiner, & celui de la façon prescrite pour les combiner. Par exemple, on demande en combien de façons différentes six différentes choses peuvent être combinées étant prises deux à deux. Cherchez le nombre, qui répond au VII° rang vertical, & au III°. horisontal. Le nombre 15 est celui qui répond à ces deux rangs, & par conséquent celui qu'on cherche. C'est ainsi qu'on trouvera 126 pour le nombre des *Combinaisons* de 7 choses prises 3 à 3. Et en général on aura par le moien de cette table toutes les *Combinaisons* imaginables, en cher-

Tome I,

chant le nombre qui répond à une colonne perpendiculaire, dont le quantiéme surpasse de l'unité le nombre des choses proposées, & à une colonne horisontale, dont le quantiéme surpasse de l'unité la condition de la *Combinaison*.

J'ai dit que cette table est de M. *Pascal*, & cela veut dire, que ce grand génie est le premier qui a découvert cet usage des nombres de différens ordres. Il en a donné la démonstration dans son Traité intitulé : *Triangle Arithmétique*, & après lui M. *de Montmort* dans son *Analyse des jeux de hasard*, pag. 4. & suiv.

Comme l'une & l'autre de ces démonstrations sont extrêmement longues, je me vois privé de la satisfaction que j'aurois eu d'en donner une idée au Lecteur. Pour réparer cette perte, voici une formule qui donne une regle générale. Soit q le nombre des quantités à combiner, & n le nombre de fois qu'on veut les combiner ; certainement, & cela se conçoit assez, les *Combinaisons* varieront jusques à ce qu'on soit parvenu au nombre n. Si, par exemple, n est 4, il faudra *combiner* 1 à 1, 2 à 2, 3 à 3 ; 4 à 4, qui est le dernier terme. Afin de s'éviter la peine que donneroient ces *Combinaisons* particulieres, on éleve le nombre à une quantité, en augmentant toujours jusqu'à ce que le dernier nombre soit égal à 4, ou à n, pour parler plus généralement. On forme donc cette serie, qui a 4 pour dernier terme. Supposant q égal 8, on a $\frac{8-4+1}{1} \times \frac{8-4+2}{2} \times \frac{8-4+3}{3} \times \frac{8-4+4}{4}$. Et comme 4 est le dernier terme, je m'arrête & je cherche ce que valent ces chifres. Après les avoir réduits on trouve

A 2

d'abord $\dfrac{4+1}{1} \times \dfrac{4+2}{2} \times \dfrac{4+3}{3} \times \dfrac{4+4}{4} =$

$= \dfrac{5}{1} \times \dfrac{6}{2} \times \dfrac{7}{3} \times \dfrac{8}{4} = 70$, nombre des combinaiſons du nombre 8 par 4.

2. Appliquons ceci à quelques exemples. 1°. On demande en combien de façons on peut jouer 8 pions aux échecs, en ne jouant chacun d'eux qu'une ſeule fois. Dans ce jeu les pions peuvent avancer une ou deux caſes au premier coup.

Si les pions ne pouvoient être joués que d'une ſeule maniere, on auroit 40320 façons de les jouer, ſavoir, ſelon la *Combinaiſon* de l'ordre de huit choſes; mais parce que chacun ſe peut jouer en deux manieres, il faut multiplier 40320 par la huitiéme puiſſance de 2, qui eſt 256, & on aura 10321920, pour le nombre des différentes façons de jouer.

Prenant les choſes en trois manieres, c'eſt-à-dire, ſuppoſant que les pions avançaſſent une, deux, ou trois caſes, il faut alors multiplier l'un par l'autre les nombres multiples de 3, ſavoir, 3, 6, 9, 12, &c. & on a 18 pour le changement de deux choſes; 162 pour celui de 3, &c. Ainſi les huits pions ſe joueront la premiere en 264539520 manieres.

2°. Combien peut-on faire de dictions des huit lettres A, B, C, D, E, I, O, S, à telle condition que les trois B, C, D, ne ſe trouvent jamais enſemble? En conſidérant ces trois lettres comme une ſeule, il n'y a que 6 choſes, dont la *Combinaiſon* eſt 720. Maintenant puiſque ces trois lettres ſe peuvent trouver de ſuite en 6 façons, il faut multiplier 720 par 6. Le produit eſt 4320, qu'il faut ôter de la *Combinaiſon* de 8 choſes, qui eſt 40320. Reſte donc 36000 dictions ou anagrammes, qu'on peut faire avec ces huit lettres, ſans que B, C, D, ſe trouvent enſemble.

3°. Le célébre *Guldin* dans ſon Diſcours des *Combinaiſons* a rendu ſenſibles les *Combinaiſons* de mots & de diſcours, qu'on peut faire avec les 23 lettres de l'alphabet: je dis 23, parce qu'on n'en connoiſſoit pas davantage dans le tems de *Guldin*. Dabord il trouve que de tous les mots réſultans de ces 23 lettres, on peut faire plus de 25760 mille millions de millions de Volumes, dont chacun auroit 1000 pages, chaque page aïant 100 lignes, & chaque ligne 60 caracteres. Enſuite il compte qu'il faudroit huit mille cinquante deux millions, cent vingt deux milles, trois cens cinquante Bibliotheques quarrées, dont la hauteur pourroit loger 200 de ces volumes; la largeur 1600, & qui auroient 100 rangées ou tablettes de Livres, dont chacune auroit même largeur, ou longueur, & même hauteur: ce qui feroit 32 millions de Volu-

mes dans chaque Bibliotheque. Enfin, le Pere *Guldin* montre que ces Bibliotheques miſes l'une contre l'autre, occuperoient toute la ſurface de la terre habitable, c'eſt-à-dire, ſelon lui, la moitié de la ſurface de la terre, & même beaucoup au de-là; & qu'enfin tous ces Livres, mis debout l'un contre l'autre, ſur la ſurface de la terre, non-ſeulement en couvriroient tout le globe, mais encore 17 globes auſſi grands que celui de la terre. *Wallis*, (Voïez *Op. Tom. II. pag.* 483.) *Jacques Bernoulli*, (*Ars conjectandi. Chap.* 2. *pag.* 82.) *Montmort*, (*Eſſai ſur les Jeux de Haſard*,) *Preſtet* (*El. Mat.*) & *Wolf*, (*Elem. Math. Tom. I.*) ont donné des regles pour trouver toutes ſortes de *Combinaiſons*.

COMBUSTION. C'eſt ainſi qu'on exprime en Aſtronomie l'éloignement de 8° 30′ d'une planete au ſoleil, ſoit que cette planete le précéde, ſoit qu'il la devance.

COMETE. Corps lumineux, qui paroît en divers tems non reglés, & qu'on croit avoir un mouvement propre, comme les planetes. J'aurois pû définir ce mot par celui de Planete, & je n'aurois fait que me conformer en cela au ſentiment le plus ſuivi; mais je n'ai pas voulu expoſer ma définition à quelque contradiction. J'ajoûte donc que ce corps lumineux eſt quelquefois précédé par une eſpece de flamme F, (Planche XIV. Figure 67) qu'on appelle la *Chevelure* de la *Comete*, & que plus ſouvent cette même flamme ſe termine en pointe, (Planche XIV. Figure 68.) qu'on nomme alors la *Queue*. Par pluſieurs obſervations réitérées on a reconnu qu'on ne voïoit la queue, ainſi que la chevelure, que quand elle eſt à une certaine proximité du ſoleil; & l'une & l'autre paroiſſent mêmes plus grandes, à meſure que cette proximité augmente. Voilà la forme ou la figure d'une *Comete*. Eh! qu'eſt-ce qu'une *Comete*?

Les Grecs, c'eſt-à-dire, les premiers qui les ont obſervées, prétendent que c'étoient des étoiles aïant une chevelure ſanguine & hériſſée au-deſſus. Contents de cette définition, ils ne s'occupoient qu'à les diſtinguer. Les *Cometes*, qui avoient leur chevelure faite, ſelon eux, comme de crin, étoient appellées *Pogonies*. Celles qu'on jugeoit plus pâles que les autres, mais plus luiſantes, s'appelloient *Xiphia*; d'autres *Diſcus*, *Pithetes*, *Hippées*, &c. & cela, ſelon la figure qu'on leur trouvoit. (Voïez *Pline*, *Hiſtoire Natur. Liv. II. Chap.* 25.)

Hévélius a eu la bonté de raſſembler, & de faire graver en taille douce toutes les figures que l'imagination des hommes, plutôt que leurs yeux, a vû aux *Cometes*. Là on voit cette *Comete* merveilleuſe, qui a la figure d'une rose, ou d'un soleil. (*Cometa solaris, seu rosa,*) la *Comete* qui a celle d'un Disque, (*Discus, Disciformis,* (d'un bouclier (*Clipeiformis, Clipeus ardens ;*) d'un tonneau, *Pithei ;* puis d'une autre sorte, & d'une troisiéme sorte de tonneau. (*Dolioformis erectus, Truncatus, Caudatus, &c.*) (Voïez la *Cométographie d'Hévélius.*)

Le Sage se seroit consolé, si les hommes avoient borné là leur imagination & leur caprice. Mais les mêmes hommes qui avoient vû ces figures, voulurent aussi qu'elles signifiassent quelque chose. Les *Cometes* étoient regardées comme desavant-coureurs de grands événemens. Celles qui avoient des figures hideuses, annonçoient de tristes calamités. La mort de *Claudius Cesar* fut désignée par une *Comete ;* & le regne du cruel *Neron* fut éclairé par une autre *Comete* terrible. Il n'est question ici que des *Cometes* de mauvaise augure. Il y en avoit dans ce tems-là qui étoient moins méchantes. *Auguste* attribue le succès d'une entreprise à une *Comete* belle & bienfaisante, si bien qu'il ordonna qu'on leur rendît un culte, qui durât autant que son regne.

On ne s'étonneroit point que les Anciens poussassent jusques-là leur superstition. Leur génie nous est connu, & il ne nous en faut pas davantage, pour ne pas trouver tout cela étrange. Ce qui a droit de nous surprendre, c'est que dans un siecle aussi éclairé que le précédent, en y comprenant quelques années de celui-ci, les hommes fussent encore infectés de ce ridicule. M. *Jacques Bernoulli* en 1682. en essuïa le désagrément. Sur ce qu'il regardoit les *Cometes* comme les satellites d'une planete, on lui objecta que si cela étoit, les *Cometes* seroient des astres reglés, & ne seroient plus des signes extraordinaires de la colere du Ciel. Un Savant, tel que M. *Bernoulli,* auroit bien pû mépriser ouvertement cette objection, comme il la méprisoit en particulier, s'il n'avoit vû le danger évident où il se seroit exposé, en manquant de ménagemens pour cette opinion populaire. Il devoit être bien douloureux pour un Philosophe d'être obligé de suivre, & de se déclarer même publiquement en faveur d'un préjugé si déshonorant pour l'esprit humain. M. *Bernoulli* essaïa plusieurs réponses, & dit enfin, pour se débarrasser, que la *Comete,* qui est éternelle, n'est pas un signe ; mais que la chevelure & la queue pouvoient en être un ; parce qu'elle ne leur est qu'accidentelle. Il a fallu que des Prédicateurs combatissent en chaire ces misérables idées, qui heureusement ne subsistent plus aujourd'hui. (Voïez le *Sermon* de M. *Neuman* sur la Co-

mete de 1681. dans la *Collection de ses Œuvres.*)

2. *Pythagore* croïoit que les *Cometes* étoient des étoiles errantes, qui reparoissoient après un tems considérable. Les *Chaldéens* les mettoient aussi au nombre des Planetes ; & on prétend qu'ils avoient quelques connoissances de leur mouvement (*Seneque Quest. natur. L. 7. C. 3.*) L'Empereur Julien rapporte que les Egyptiens connurent une étoile qu'ils appelloient *Asaph,* qui ne paroissoit que tous les 400 ans. Des connoissances si prématurées, auroient bien dû avoir éclairé les Physiciens qui suivirent ceux-ci. Cependant ces belles conjectures furent négligées.

Aristote & ses Sectateurs pensoient que les *Cometes* n'étoient que des météores, des exhalaisons qui s'enflammoient dans la plus haute région de l'air. Quoique ce sentiment qui prévalut si fort dans ces tems reculés, soit presque anéanti dans celui ci, cependant M. de la *Hire,* cet homme célèbre dans l'Astronomie, ne s'en éloignoit pas beaucoup. Les *Cometes,* si on l'en croit, sont formées par des feux qui s'enflamment subitement dans la moïenne région de l'air, & qui se dissipent peu à peu en diminuant de vitesse. Car comment, dit M. de la *Hire,* se peut-il que de très-grandes lumieres n'aïent point été quelquefois apperçues que lorsqu'elles étoient dans l'état le plus lumineux, sur-tout dans un siecle où il y a tant d'Astronomes ? M. de la *Hire* formoit cette objection à ceux qui soutenoient que les *Cometes* étoient de véritables planetes. N'anticipons point sur ce dernier système, & reprenons le fil de notre histoire.

Après *Aristote, Apollonius Meyndien* conjectura que les *Cometes* étoient des astres réguliers, & osa prédire, qu'un jour on découvriroit les regles de leur mouvement. Tel étoit à peu près le sentiment de *Seneque.* Attentif aux phénomenes de deux *Cometes* qui parurent de son tems, il les plaça au nombre des corps célestes, dont les mouvemens étoient reglés & périodiques. Ce Philosophe les prenoit pour des étoiles dont on ignoroit les regles du mouvement. Toutefois il prédit que les Astronomes à venir découvriroient leur cours, leur nature & leur grandeur. *Descartes* est presque du sentiment de *Seneque.* La prédiction à part, il décrit dans ses *Principes de la Philosophie naturelle, Part. III.* la route qu'une étoile fixe suit pour devenir une *Comete.*

La prédiction de *Seneque* & d'*Apollonius Meyndien* semble se vérifier aujourd'hui ; mais ce n'a pas été sans essuïer plusieurs difficultés. On a vû le sentiment de M. de la

Hire, Aſtronome de nos jours. Celui de *Kepler* étoit auſſi défavorable à la prédiction des deux Philoſophes que je viens de citer. Il vouloit que les *Cometes* ſe formaſſent dans les airs, comme les poiſſons dans les eaux, & il fondoit cette opinion ſur les obſervations qu'il avoit faites ſur la *Comete* qui parut en 1607. Pour apprécier ce ſentiment, il faut voir la Relation très-curieuſe de cette *Comete* que ce Savant publia en 1608, & la Cometographie d'*Hévélius*, où celui ci pouſſe cette idée encore bien plus loin, & cela avec des raiſonnemens & des preuves ſi fortes, qu'il avoit formé un parti.

Jean Regiomontanus, eſt le premier qui ait donné la maniere de trouver la grandeur des *Cometes*, leur diſtance de la terre, leur vrai lieu dans le ciel & leur mouvement. *Kepler* conjectura enſuite que les *Cometes* traverſoient librement les orbites des planetes, & que leur mouvement ne différoit guéres du mouvement en ligne droite. Suppoſant ce mouvement, *Hévélius* obſerva pluſieurs *Cometes* ; mais ces calculs ne ſe trouverent pas, dans cette ſuppoſition, d'accord avec ſes obſervations. Il jugea que la route des *Cometes* devoit ſe faire dans une ligne qui ſe courboit vers le ſoleil.

3. Juſques-là on n'avoit encore que des obſervations vagues, qui n'étoient fondées ſur rien. M. de *Caſſini* voulut à la fin ſavoir à quoi s'en tenir. Il falloit pour connoître les *Cometes* les épier en quelque ſorte par des obſervations différentes & réiterées. C'eſt auſſi par-là que M. de *Caſſini* chercha à les développer. D'abord il reconnut que ces corps céleſtes paroiſſoient dans le même lieu du ciel, où l'on en a obſervé autrefois, & que le moment des tems où elles avoient paru s'accordoit parfaitement avec celui des tems où elles paroiſſoient. Cela poſé, cet Aſtronome conclut que les *Cometes* devoient être rangées parmi les corps céleſtes permanens, qui tournent autour du ſoleil dans des orbites fort excentriques, & qui par conſéquent ne ſont vûs, que quand ils deſcendent dans leur perihelie. (*Voïez De Cometis.*) Ce ſentiment une fois reçu, M. de *Caſſini* a donné la méthode de calculer le mouvement des *Cometes* comme celui des planetes.

Enfin M. *Newton*, après des obſervations très-exactes, car il en faut toujours venir là dans des diſcuſſions aſtronomiques, a démontré que les *Cometes* ſe mouvoient dans des ſections coniques, aïant leur foïer au centre du ſoleil, & qui avec des raïons tirés de leur corps au ſoleil, décrivoient des aires proportionnelles aux tems. (*Princ. Phil. natur. L. III.*) On croit que cette ſection conique eſt une ellipſe très-excentrique. Pluſieurs Aſtronomes veulent que ce ſoit une Parabole ; mais M. *s'Graveſande* prouve qu'elles ne peuvent décrire d'autres courbes que des ellipſes. (*Phyſic. Elem. Tom. II.*) Quoiqu'il en ſoit M. *Halley* ſe fondant ſur les principes de M. *Newton*, a donné des regles pour calculer avec la derniere exactitude le mouvement des *Cometes*. (*Voïez les Tranſactions Philoſoph. n°. 1881. pag. 218, & Acta eruditorum, 1707, pag. 277.*) tellement qu'il a oſé prédire, à l'exemple de M. *Jacques Bernoulli*, le retour d'une *Comete*. Il y a plus, ſuivant M. *Halley* les *Cometes* de 1456, 1531, 1607 & 1682, n'étoient qu'une *Comete*, dont la période eſt de 75 années ½ de façon que cette *Comete* reparoîtra en 1758.

Il eſt ſans doute agréable de ſavoir prédire une *Comete*. Rien ne flatte plus les hommes que de lire dans l'avenir. Je penſe qu'une connoiſſance de cette nature ne pourroit que flater une certaine claſſe de Lecteurs. Quand on fait la théorie des *Cometes*, telles dont je viens de donner une idée, il ne reſte qu'une ſeule obſervation à faire, c'eſt de bien meſurer l'angle d'inclinaiſon de l'orbite de la *Comete* ſur l'écliptique.

4. J'ai dit que les *Cometes* étoient des planetes, c'eſt-à-dire des corps d'une nature ſolide, compacte, durable, qui ne brillent que par la lumiere du ſoleil, qu'ils reflechiſſent, & que nous ne voïons que dans leur perihelie. Tous les Aſtronomes s'accordent en ce point. Mais ils ne penſent pas unanimement ſur ce qui forme leur chevelure & leur queue. *Deſcartes* attribue l'une & l'autre aux raïons du ſoleil qui ſe refléchiſſant du corps de la *Comete*, forment en ſe refractant, ou la queue de la *Comete* ou la chevelure, ſelon les divers aſpects ou ſituations de la *Comete* à l'égard du ſoleil & de la terre. M. *Newton* veut que la queue ſoit formée par une longue traînée de fumée qui exhale de cette planete par la chaleur véhémente que cauſe ſur elle le ſoleil ; car cette queue paroît toujours du côté oppoſé au ſoleil. Ce grand homme a même calculé la chaleur qu'avoit dû ſouffrir la *Comete* de 1680, qui paſſa au-deſſus de la ſurface du ſoleil, juſques à un ſixiéme de ſon diametre ; & il a trouvé que cette chaleur devoit être 2000 fois plus grande que celle d'un fer rouge.

M. de *Mairan* attribue la queue de la *Comete* aux parties de l'atmoſphere ſolaire, qui en ſe détachant au paſſage de cet aſtre, viennent ſe ranger derriere lui en forme de cone. Sur l'obſervation de la *Comete* de 1744 M. de *Caſſini* penſe que cette queue eſt formée par une émanation des particules qui composent leur atmosphere entraînées & éclairées par les raïons du soleil qui la traversent. Avec cette hypothese, cet habile Astronome rend raison de la courbure de la queue des *Cometes*. En voilà assez pour l'explication de la queue. Mais peut-elle s'appliquer à la chevelure, comme celle par exemple qu'avoit la *Comete* de 1475 ? Je substituerai à la réponse à cette question, l'idée ou la conjecture ingénieuse de MM. *Halley* & *Witson* sur la queue des *Cometes*. M. *Newton* l'attribue à une grande chaleur qu'éprouve la *Comete*. Ces Messieurs pensent bien différemment. Ils veulent qu'elle soit aqueuse; & ils expliquent par le choc de cette queue dans les cieux le déluge universel. (*Voïez* la *Nouvelle figure de la terre*, par M. *Witson*.) N'auroit-il pas été plus raisonnable de penser que la queue d'une *Comete* par ce même choc embrasera le monde qui doit périr, suivant l'Ecriture Sainte, par le feu ?

Ces effets des *Cometes* ne font que des effets imaginaires qu'on multipliera tant qu'on voudra. En voici de réels qu'on appelle des phénomenes très-surprénans.

Sous l'Empereur *Héraclius* le soleil parut rouge comme du sang pendant trois jours dans tout le monde ; & cela par l'interposition de la queue d'une *Comete* entre lui & la terre. *Witson* rapporte la cause d'une éclipse extraordinaire qui arriva au printems de l'année 4334, & dont il est parlé dans *Hérodote*, occasionnée par le passage d'une *Comete*. Et telle est sans doute la cause d'une éclipse de lune qui arriva dans le 15e siécle, la lune étant alors dans les quadratures.

Robert Hook a fait une histoire des phénomenes singuliers des *Cometes* (*Opera Posthum. pag.* 150.) *Stanislas Lubienieski*, a composé une histoire détaillée de toutes les *Cometes* qui ont paru jusques à ce jour, depuis le commencement du monde (*Theatrum Cometicum*) que *Hévélius* a réduite plus en abregé. (*Appendix ad Cometographiam*) On trouve aussi dans l'*Almageste de Riccioli* un détail historique des *Cometes*. (*Almagestum Riccioli*, Tom. II. *pag.* 2, 3 & *suiv.*

5. *Hévélius* compte environ 250 *Cometes* depuis le déluge jusques aujourd'hui. D'autres Astronomes veulent qu'il n'en ait paru que 170. Cette diminution est fondée sur les observations & le calcul suivant.

Le tems que les *Cometes* (dont les périodes font connues) emploïent pour parcourir toutes leurs orbites, étant compté, l'un portant l'autre, est d'environ 222 ans. De sorte que dans le tems de 2000 ans chaque *Comete*, l'une portant l'autre, approche 9 fois du soleil. Celle de 1681 n'a parcouru en ce tems son orbite que 3 ½ fois, au lieu que celle de 1682 l'a fait plus de 26 fois. Or depuis l'an 1647 jusques en 1736 on a vû 27 *Cometes*, soit avec les yeux nuds, soit avec les telescopes. En y ajoutant encore 12, tant pour les *Cometes* qui ont paru dans les pays méridionaux, qu'on n'a peut-être pas vû avec des telescopes, que pour celles qui ont pû avoir échappé aux observations, & en supposant que dans 88 ans il paroît toujours 39 *Cometes*, c'est-à-dire, environ 900 dans 2000 ans, il sembleroit que les *Cometes* qui sont dans le système de notre soleil, savoir celles que nous pouvons découvrir à peu près, sont au nombre de 100, dont on en peut voir environ ⅓ avec les yeux, suivant cette conjecture. Ainsi pourvû qu'on ne cesse pas d'observer les *Cometes*, avant que 600 ans se soient écoulés, les périodes de toutes les *Cometes* qui sont visibles avec des telescopes, seront découvertes. C'est alors qu'on fera en état de reconnoître moïennant les *Cometes* précédentes, si dans le tems de 3000 ans chaque période subit chaque changement ; si les *Cometes* s'approchent un peu du soleil dans chacune de leurs révolutions, & plusieurs autres particularités que nous ignorons jusques à présent.

Que ces connoissances seroient belles! il faudroit pour se les procurer que les Astronomes voulussent se réunir. Mais les hommes ont-ils jamais pû s'accorder toutes les fois qu'il s'est agi de leurs avantages ? Les Anglois n'aiment pas à calculer les *Cometes* observées par les Astronomes François. Piqués sans doute de cette indifférence, quoiqu'ils reconnoissent que les Anglois se servent de la véritable méthode pour déterminer les orbites des *Cometes*, les François négligent de les suivre. Et l'une & l'autre Nation convient qu'il y a eu de part & d'autre de grands Astronomes qui ont fait de belles découvertes, dont elles font réciproquement usage.

Cependant si l'on exécutoit ce plan par rapport à toutes les *Cometes*, dont on possede les observations exactes, selon l'hypothese de l'orbite parabolique, on pourroit à la premiere apparition d'une de ces *Cometes*, découvrir sa période par une seule ou tout au plus par deux observations de son lieu en longitude & en latitude, & s'assurer ainsi, si c'étoit en effet la *Comete* qu'on prendroit pour le fondement de ses recherches.

Supposons, par exemple, que l'an 1683 le dernier de Juillet du vieux stile selon le tems de Londres, à 9 heures 42 minutes du soir, le lieu du soleil étant à 19 dégrés 19', 22" du Lion, une *Comete* fut observée à 27°, 54' 24" des Gemeaux, avec

26°, 22′ & 25″ de latitude Septentrionale. Suppofons en fecond lieu, qu'anciennement on eut déterminé l'orbite parabolique de cette *Comete* de cette maniere. Le nœud afcendant à 23°, 23′ de la Vierge; l'inclinaifon de l'orbite au plan de l'écliptique de 83°, 11′; le perihelie à 25°, 29′ 30″ des Gemeaux; la diftance entre le perihelie & le foleil de 26020 parties, dont 100000 font la diftance entre le foleil & la terre. Cela pofé, on n'a donc qu'à chercher par la longitude obfervée, la latitude de la *Comete* & le tems lorfqu'elle a été dans fon perihelie. Et ceci n'eft plus qu'un fimple travail qu'on trouve dans prefque tous les Traités d'Aftronomie, & particulierement dans l'*Introduction à la connoiffance univerfelle* de M. *Struiks*, imprimée dans fon *Introduction à la Géographie Phyfique, &c.*

Je terminerai cet article par la maniere de connoître la période d'une *Comete*, & je fuivrai pour cela celle de 1681, qui eft une principale. Je dis que je fuivrai cette *Comete*, Cela fignifie que l'art de déterminer la période de cet aftre n'eft point foumis au calcul. Les Anglois qui fixent cette période en 575 ans, ne l'ont conclue que par le nombre égal des années, par la grandeur de la queue, & par d'autres circonftances; mais nullement par un calcul géométrique de l'orbite qu'elle parcourt. On jugera de cette méthode par l'examen de la *Comete* de 1681 dont il s'agit ici.

6. En l'année 1106, c'eft-à-dire, 575 ans avant celle de 1681, il parut une *Comete* au mois de Février au Sud-Oueft. L'étoile (ou l'aftre) étoit petite, mais la lumiere, ou la queue qui fortoit du côté du Nord-Eft de l'étoile, étoit claire, d'une longueur prodigieufe & de la forme d'une grande poutre. L'étoile fe coucha d'abord au commencement de fon apparition. Dans la fuite elle parut jufques à minuit. Son mouvement fuivoit l'ordre des fignes. Cependant fa queue diminuoit de jour en jour; jufques à ce qu'étant devenue extrémement foible au bout de 55 jours, elle ne reffembloit plus qu'à une écume très-fubtile. Un grand nombre d'Auteurs font mention de cette *Comete*; & fes particularités s'accordent avec celles de 1681. Donc la période de cette *Comete* eft de 575 ans. Si cette conféquence eft jufte, il faut qu'elle ait paru environ l'an 531. Et M. *Halley* a trouvé que *Malela* Auteur Grec en a parlé. *Théophane*, qui vivoit au commencement du neuviéme fiécle, rapporte qu'on la vit au mois de Novembre de l'année 530; & plufieurs Auteurs en font mention, toujours caractérifée comme la *Comete* de 1680 (ou 1681.) En reculant d'une période, ou de 574 ans, cette

Comete doit avoir encore paru en l'année 44 avant J. C. Or en ce tems, favoir après le meurtre de *Jules-Céfar*, parut la fameufe *Comete* qu'on vit pendant plufieurs jours entre le Nord & l'Oueft, lorfqu'on célébroit à Rome les jeux de *Venus* inftitués par *Augufte*, c'eft-à-dire le 23 de Septembre. C'eft cette fameufe *Comete* que le Peuple Romain crut être l'ame de *Céfar*, & qu'on plaça au nombre des Dieux. Pour complaire au Peuple, fans doute, *Augufte* orna d'une *Comete* la tête de la Statue de *Céfar*, qu'il avoit fait placer dans le Temple.

La même *Comete* avoit paru en 1106. Elle fut prife alors pour *Venus*, dont on croïoit que la lumiere apparente étoit beaucoup augmentée. Mais un Auteur François nommé *Matthée*, dit qu'environ à 1 ½ pieds de diftance du foleil depuis trois heures jufques à 9 il paroiffoit alors une *Comete* qui lançoit un long raïon (*Radium ex fe longum emittens.*) Et tous les Aftronomes ont reconnu que cette *Comete* avoit toutes les particularités de 1680, & que c'étoit l'aftre qu'on prenoit pour *Venus*.

En reculant encore d'une période, c'eft-à-dire, en remontant à la 1194 avant J. C. on trouve la même *Comete*. C'eft celle qu'on vit du tems du fiége de Troye, & au fujet de laquelle les Poetes ont admirablement imaginé cette belle hiftoire. Après l'embrafement de cette Ville, *Electre* étant affligée de voir la poftérité de *Dardanus* exterminée, fut tranfportée des fept étoiles jufques dans le cercle arctique, où elle parut pendant longtems comme une grande *Comete* ou étoile chevelue.

Les Aftronomes n'ont pas pû pouffer plus loin la recherche de la période de cette *Comete*. Celle-ci eft encore incertaine fi l'on fe regle fur le tems de la prife de la Ville de Troye, tems qui n'eft point tout-à-fait connu. Les Chronologiftes font étrangement partagés à cet égard. Mais l'apparition de cette *Comete*, fuivant fa période, peut bien terminer la difpute, & par la certitude des périodes antérieures, il eft aifé de conclure celle-ci, & de fixer le tems de l'embrafement de Troye.

Les premiers Auteurs qui ont écrit fur les *Cometes* font, *Chafimander*, *Ariftote*, *Seneque*, *Pline*, *Valla Millichius*, *Plutarchus*, *Ptolomæus*, *Pontanus*, *Cardan*, *Scaliger*, *Albumafar*, *Haly*, *Angelus*, *Cato*, *Joannes Regiomontanus*, *Joannes Vagelinus*, *Petrus Apianus*, *Daniel Santbech*, *Fracaftorius*, *Kekerman*, *Antonius Mifaldus*, *Grifaldus*, *Bodinus*, *Leopoldus*, *Francifcus Juftinus*, *Simon Maridus*, *Thomas Garzonius*, *Nyphus*, *Libertus Fromondus*, *Conimbrifences*,

Joannes Cottunius, Bartholomæus Maſtrius, Bonaventura Bellulus, Franciſcus Reſta, Raphael Aderza, Nicolas Cabée, Bartholomæus Atticus, Libavius, Felinus, Ludovicus Colombus, Cornelius Franchipanius, Bolneanus, Ticho, & Longomontanus; (j'ai fait mention des Auteurs modernes dans cet article.)

COMMA. Terme de Muſique. C'eſt la neuviéme partie d'un ton, ou l'intervalle par lequel un ton parfait paſſe à l'imparfait. Chaque ton mineur contient dix *Comma.* Le *Comma* ſert à faire voir la juſteſſe des conſonnances.

COMMENSURABLE. Epithete qu'on donne en Géométrie à des grandeurs qui ont une commune meſure, c'eſt a-dire, qui ſont meſurées exactement par une ſeule & même grandeur; de façon qu'entre deux grandeurs ſi l'on trouve une troiſiéme qui ſoit partie de l'une & de l'autre, ces deux grandeurs ſont *Commenſurables.* Les nombres entiers ou fractionnaires ſont *Commenſurables,* lorſqu'ils ſont diviſés exactement par d'autres nombres. Les nombres ſourds ſont *Commenſurables,* qui étant réduits à de moindres termes, ſont entre eux comme une quantité rationnelle, eſt à une autre quantité rationnelle. On dit encore *Commenſurable en puiſſance,* lorſque les quarrés de deux lignes peuvent être meſurés par un ſeul & même quarré. Ainſi la diagonale d'un quarré, qui eſt incommenſurable avec ſon côté, eſt *Commenſurable en puiſſance;* puiſque cette diagonale étant l'hypothenuſe d'un triangle rectangle, dont le quarré eſt égal aux quarrés de deux côtés, doit être double d'un des deux côtés qui ſont égaux.

COMMUN. Ce terme ne va jamais ſeul. On dit *Commun Diviſeur, Commune Meſure, Commun Raïon.* Par *Commun Diviſeur,* on entend un nombre qui en diviſe exactement d'autres. De même par *Commune Meſure,* celle qui meſure deux ou pluſieurs quantités ſans reſte. Et par *Commun Raïon,* ou *Raïon Commun,* une ligne droite tirée par le point de concours de deux axes optiques, par le milieu de la ligne droite, qui paſſe par le centre de la prunelle de l'œil.

COMPAGNIE. On ſous-entend REGLE. C'eſt une Regle d'Arithmétique, par laquelle on diviſe un nombre donné proportionnellement à pluſieurs autres. Elle peut être ſimple ou compoſée.

Dans la Regle de *Compagnie ſimple* on diviſe un nombre donné proportionnellement à pluſieurs autres donnés, ſans les changer. Exemple. Trois perſonnes ſe ſont aſſociées dans une affaire. L'une a donné 150 livres, l'autre 100 livres, la troiſiéme 50 livres; &

le revenu de ce fond eſt de 60 livres. Quelle eſt la part de chacun dans cette ſomme? Pour ſatisfaire à cette queſtion, il n'y a qu'à diviſer 60 en trois parties proportionnelles aux trois nombres 150, 100, & 50: ce qui ſe trouve par cette régle de proportion. Si la ſomme des trois miſes, qui eſt 300 livres, a donné 60 livres de profit, que donnera 150 livres, qui eſt la miſe du premier? On trouvera 30 livres. Pour celle du ſecond, on dira 300 : 60 :: 50 : 10. La part du troiſiéme eſt donc 10. En effet, ces trois nombres 30, 20, 10, dont la ſomme eſt 60, ſont proportionnels aux trois miſes 150, 100, & 50.

2. On entend par *Regle de Compagnie compoſée,* une Regle de *Compagnie,* où l'on diviſe un nombre proportionnellement à pluſieurs autres avec des conditions qui changent ces nombres. Ces conditions ſont le tems, qui concourt avec l'argent à rendre le fond plus ou moins lucratif. Dans cette Regle qu'on appelle auſſi *Regle de Compagnie par tems,* la miſe n'entre pas ſeulement en ligne de compte; mais auſſi le tems où cette miſe a été fournie, étant juſte que celui qui a donné une certaine ſomme depuis deux ans, gagne plus que celui qui ne l'a avancée que depuis une année.

La regle générale que ſuivent les Arithméticiens pour ces Regles, eſt de multiplier la miſe de chacun, avant que de venir à la répartition par la Regle de trois. Mais cette Regle n'eſt pas exacte. Suppoſons qu'un Commerçant négocie ſur un fond de 1000 livres depuis un an, & qu'un autre au bout d'une année ſe joigne à lui en mettant auſſi la même ſomme de 1000 dans la Société. Suppoſons encore que ces deux Commerçans comptent au bout d'une année. Selon la Regle ordinaire, le profit de celui qui a mis 1000 livres depuis 2 ans, doit être double de celui qui l'a mis depuis un an. Erreur. Quand le ſecond a mis 1000 livres, les 1000 livres du premier étoient déja améliorées d'un certain provenu du commerce d'une année: elles valoient donc déja une certaine ſomme. On doit donc partager le gain dans la proportion de cet accroiſſement. Il y a plus. Afin de rendre cette Regle juſte, il ne faudroit pas ſuppoſer que le profit augmente comme le tems, ainſi qu'on le fait; mais on devroit avoir égard à cet accroiſſement de gain ſuivant le tems, accroiſſement qui, par rapport à la nature du commerce, peut être ſuſceptible d'une infinité de variations.

COMPAS. Ce terme eſt bien général. Il ſignifie un inſtrument, ou pluſieurs inſtrumens, qui ſervent à diverſes opérations dans la Géométrie pratique & dans les Arts: de ſorte

qu'on diftingue plufieurs fortes de *Compas.*
Le plus fimple, (& peut-être le plus utile,)
eft fans contredit le *Compas*, qu'on appelle
COMPAS COMMUN. En voici la defcription.

Deux branches pointues d'acier A B, A D,
(Planche VIII. Figure 69.) ou de laiton, ou
d'argent, ou partie acier, & partie laiton,
ou argent, font arrêtées, & enchaffées par
une efpece de charniere en C. Cette charniere, avec ces branches, forme une tête,
qu'on apelle la tête du *Compas.* Moïennant
cet affemblage, on a un *Compas commun.*
Pour qu'il foit bien fait, il faut 1°, que fes
pointes foient extrêmement fines & deliées,
& qu'elles fe terminent toutes à un même
point dans une égale proportion; 2°, que fes
branches, qu'on appelle jambes, fe meuvent
également, fans branler & fans faut, foit
qu'on ouvre, ou qu'on ferme le *Compas.*
Cela dépend de la juftelle de la charniere.

Des Mathématiciens, pour aller au-devant
de cette imperfection, font conftruire leurs
Compas avec une clef, afin de pouvoir ferrer, ou relâcher la charniere. On peut ainfi
accommoder fort aifément les *Compas*, en
les démontant, lorfque la charniere branle,
ou commence à branler.

Le *Compas commun*, tel que nous venons
de le décrire, n'a que deux jambes inébran-
lables, & il fert principalement à prendre les
diftances, à faire des divifions, & à décrire
des cercles, mais ces cercles ne font qu'en
blanc. Pour les mieux marquer, on démonte
une jambe, & on lui en fubftitue d'autres,
fuivant le befoin. Si l'on veut décrire un cercle avec de l'encre, on met une pointe d'a-
cier V D, (Planche VIII. Figure 70.) taillée
en plume, qu'on arrête avec une vis V. Eft-
il néceffaire de ne le marquer qu'au craïon ?
Le porte-craïon P D en fait l'affaire. Enfin,
a-t-on befoin de ne tracer que des points ? Le
tire-point T D fe place, & fe fixe de même
que la plume & le porte-craïon.

Il feroit jufte de faire mention de l'Auteur
d'un inftrument fi utile. Malheureufement on
ne le connoît pas. Après avoir lû la génération du cercle à fon article, on devine aifément fon origine: mais cela ne fatisfait qu'à
une partie de notre curiofité, & à une partie de mon deffein ; que c'eft toujours à
regret que je ne remplis pas. *Leopold,*
(*Theatrum Arithmetico - Geometricum ;*) &
Bion, (*Conftruction & ufage des Inftrumens
de Mathemat.*) ont donné la maniere de
conftruire, & de fe fervir du *Compas commun.*

COMPAS A COULISSE. Ce *Compas* ne reffemble
pas au *Compas* précédent. C'eft une barre
A B de fer, (Planche VIII. Figure 71.) ou
de laiton, ou de bois même quarré de 4 ou

5 pieds de longueur d'un ou 2 pouces de large. Dans cette barre entrent deux boetes B E,
B F, dont la première gliffe le long de la
barre, & s'arrête par le moïen de la vis V,
à l'endroit que l'on fouhaite. L'autre eft fixe
à l'extrémité de la barre, à une ligne près,
avec les vis X Y. Cette boete porte une
pointe qu'on arrête, fur le plan où l'on
veut tracer un arc de cercle, ou un cercle entier. La boete B E eft armée d'un craïon, d'une
pointe, ou d'une plume, pour marquer le
cercle qu'on a deffein de décrire.

L'ufage de ce *Compas* fe borne à décrire
de grands cercles, pour lefquels le *Compas*
commun ne fauroit fervir. On arrête le *Compas* du côté de la boete B F, & on le fait
mouvoir autour de fa pointe, qui donne le
centre du cercle. Alors le craïon, ou la plume
qui eft à la boete B E, décrit un cercle, ou
une portion d'autant plus grande, que cette
boete eft plus éloignée de l'autre.

On a inventé pour les grands cercles un
autre *Compas*, qui revient à celui-ci. La conftruction & la forme en font cependant différentes. C'eft un triangle de bois, dont on fait
couler les côtés fur les deux pointes, qui font
les extrémités de la ligne que l'on veut avoir,
& qui eft décrite par la pointe de l'angle ; de
maniere que lorfque l'angle eft plus obtus,
il décrit la portion d'un plus grand cercle.

Parmi ces deux *Compas*, celui de M. *Perrault* mérite une diftinction particuliere par
fa conftruction. Il n'y a ici ni jambes, ni
barre. Ce font deux roues A B, C D, (Planche IX. Figure 72,) inégales, traverfées par
un effieu E F, qui eft attaché à l'une des
roues, & dans lequel la plus petite A B peut
s'avancer, & fe reculer, fuivant le befoin.
Dans cet effieu eft une échelle H E graduée
fur l'axe, où font les dégrés, qui marquent
les toifes, pieds & pouces du diamétre du
cercle, dont on veut décrire une portion.
Lorfqu'on veut décrire la portion d'un arc,
on éloigne les deux roues l'une de l'autre,
& appuïant fur l'axe entre les deux roues,
on les fait tourner. Ces deux roues ont deux
tranchans, dont l'un eft aigu, pour marquer
la ligne, & l'autre eft dentelé. Les dents
font pour empêcher que la machine ne va-
cille. Elles tracent dans le mouvement du
Compas une ligne ponctuée, & l'autre marque la ligne de l'arc du cercle. Plus les deux
roues font éloignées l'une de l'autre, plus
eft grande la portion du cercle qu'on trace ;
parce que ces deux roues repréfentent un
cône tronqué, qui décrit un plus grand cercle, à mefure que fon fommet eft plus éloigné de fa bafe.

M. *Perrault* appelle cette machine *petit
compas*

Compas pour les grands Cercles. En effet, avec un *Compas* de 15 pouces, on peut décrire la portion d'un arc de cercle de 30 toises de diamétre. *Voïez* les Notes de M. *Perrault* sur l'Architecture de *Vitruve. Liv. III. pag.* 83 & 84.

On a encore des *Compas* à peu près du genre des précédens propres à décrire la conchoïde, l'ellipse, & la parabole. *Voïez* CONCHOIDE, ELLIPSE & PARABOLE.

COMPAS A ARC. On appelle ainfi un *Compas* commun, entre les jambes duquel eft une portion d'un arc E Q, (Planche VIII. Figure 73.) Cet arc eft fixé dans une jambe A D à l'endroit de fa plus grande épaiffeur, & gliffe dans l'autre jambe A B, où on l'arrête avec la vis V. Par ce moïen on peut l'ouvrir, comme l'on veut, & l'arrêter ferme, pour qu'il ne puiffe pas fe déranger.

COMPAS A RESSORT. Ce *Compas* eft fait ordinairement d'acier. Naturellement il eft toujours ouvert, & quand on veut le fermer, il tend à s'ouvrir. C'eft pourquoi on traverfe fes jambes (Plan. VIII. Fig. 74.) d'une vis V V, afin qu'au moïen de l'écrou R, on puiffe le retenir. Sa qualité eft d'être bien doux & bien pliant. Il eft très-commode, pour prendre de petites diftances ; & ordinairement il eft fort jufte.

COMPAS MARIN. Ce *Compas* a fes jambes recourbées vers la tête, élargies & enchaffées l'une dans l'autre, comme on les voit dans la Planche VIII. Figure 75. A E F B gliffe, quand on la preffe, dans la jambe A H G D, comme celle-ci dans l'autre. Les jambes de ce *Compas* s'ajuftent ainfi afin qu'on puiffe l'ouvrir & fermer avec une feule main, & on l'appelle *Compas Marin*, parce que les Marins s'en fervent pour les ufages de la Carte Marine plus commodement que des autres.

COMPAS A RÉDUCTION. *Compas* commun, dont les jambes paffent de l'autre côté de la tête du *Compas*. Ils fervent pour réduire une ligne en fes parties ; mais cette réduction fe fait mieux avec le *Compas de Proportion*. *Voïez* fon Article.

COMPAS A TROIS BRANCHES. Je ne donne pas la figure de ce *Compas*. On n'a qu'à ajufter au *Compas* commun une autre jambe, & on aura un *Compas à trois branches*. Son ufage confifte à pouvoir prendre trois points à la fois, & à décrire un triangle.

COMPAS SPHÉRIQUE. On appelle ainfi un *Compas*, dont les jambes font recourbées, comme on les voit dans la Planche VIII. Figure 76. On ne peut pas fe paffer de ce *Compas*, lorfqu'on travaille fur des furfaces fphériques, foit pour tracer des cercles, foit pour

---

prendre le diamétre d'un globe. Les Canoniers s'en fervent, quand ils n'en ont pas d'autres, pour prendre le diamétre des boulets & des canons.

COMPAS A CALIBRE. Sorte de *Compas* à jambes recourbées, pour mefurer par le diamétre des boulets leur poids. Ce *Compas* ne differe pas beaucoup du *Compas* fphérique. Ses jambes A B, A D, (Planche VIII. Figure 77.) font ici comme là recourbées ; mais elles font plates. On attache à une des jambes A D une languette C L, qui fe meut ainfi que la tête du *Compas*, & qui s'arrête à des crans, que l'on fait dans l'épaiffeur de la jambe A B. Sur une regle féparée on marque les diamétres qui conviennent aux poids des boulets, de la maniere qu'on trouvera à l'Article des métaux du *Compas de Proportion*. Cela fait, on ouvre le *Compas à Calibre*, pour y porter ces divifions. A chaque divifion on forme un cran, pour arrêter la languette. Depuis $\frac{1}{4}$ de livres, ces divifions ne paffent gueres 48 livres. Il y en a cependant qui les pouffent jufqu'à 64. L'ufage de ce *Compas* eft tout fimple. On prend le diamétre du boulet, & on arrête la languette à fon ouverture. La divifion, qui répond à cette languette, marque le poids de ce boulet.

Qui eft-ce qui a inventé ces *Compas* ? Ce font des Artiftes à qui il en eft venu d'abord l'idée d'un, de celui-ci l'idée d'un autre, &c. Aujourd'hui même chaque Ingénieur d'Inftrumens de Mathématique trouve de tems en tems quelques petites inventions, qui ne font que des fuites d'inventions antérieures. Diftinguons toutefois le *Compas de Calibre*, qui eft tiré du *Compas de proportion*, que l'on doit au travail des Géométres. *Voïez* l'Article ci-après.

COMPAS DE PROPORTION. Inftrument de Mathématique, compofé de deux regles plates A B, A D, (Planche X. Figure 78.) affemblées par une charniere, autour de laquelle elles tournent. On le nomme *Compas de Proportion*, parce qu'il fert à connoître les proportions des quantités de même efpece. On trace à chaque jambe huit lignes de chaque côté. La Figure 78 fait voir un côté, & la Figure 79. (Planche X.) l'autre. Sur le premier font marquées les lignes fuivantes : *Lignes des parties égales, lignes des Plans, lignes des Poligones, lignes des folides, & lignes des Calibres.* Nous allons expliquer la conftruction & l'ufage de ces lignes.

2. La première ligne fe nomme *Ligne des parties égales*, parce qu'elle fert à divifer principalement une ligne en parties égales. En prenant au-deffus du centre C du *Compas*, on tire à l'angle extérieur de fes jam-

bes une ligne, qu'on divise de 5 en 5, pour un *Compas* de six pouces de longueur jusques à 200 parties égales, qu'on marque par des points. A cette ligne est menée une autre C E parallele à celle-ci, & on marque les divisions de 5 en 5, par des lignes, qui sont renfermées par les deux autres. Cette construction, toute simple qu'elle est, est cependant d'une grande utilité. Voici ses principaux usages.

Problême I. *Diviser une ligne en autant de parties égales qu'on voudra.* Prenez avec un *Compas* commun la longueur de la ligne donnée. Ouvrez le *Compas*, en sorte que les nombres, dont vous voulez la diviser, conviennent, en multipliant ces nombres par 10, ou par 20, afin de moins ouvrir le *Compas*. Laissant le *Compas* ainsi ouvert jusqu'à ce que les deux pointes rencontrent les deux nombres 10, si l'on a multiplié les nombres à diviser par 10; & qu'elles rencontrent les deux nombres 20, si on les a multiplié par 20.

Lorsque la ligne à diviser est, malgré les multiplications, trop longue, pour être appliquée au *Compas de Proportion*, on en prend la moitié, ou le quart; & le double, ou le quadruple de l'ouverture du *Compas* commun appliqué aux nombres 10 ou 20, divisera cette grande ligne en autant de parties.

Problême II. *Aïant plusieurs lignes droites, qui terminent un plan, & connoissant le nombre des parties égales, que l'une de ces lignes contient, trouver combien de ces parties sont contenues dans toutes les autres.* Prenez avec un *Compas* commun la longueur d'une ligne, dont la mesure est connue, par exemple, de 140 toises. Ouvrez le *Compas de Proportion*, en sorte que les deux nombres 140 des parties égales, répondent aux deux pointes du *Compas* commun, & laissant le *Compas de proportion* ainsi ouvert, transportez-y la longueur de chacune des autres lignes, en les faisant tomber sur le même nombre de part & d'autre. Ce nombre sera celui que chaque ligne contient. Si l'une des pointes tombant, par exemple, sur 20, l'autre tomboit sur 21, cette ligne contiendra 29 toises $\frac{1}{2}$.

Problême III. *Trouver une troisiéme proportionnelle à deux droites données.* Prenez la longueur de la première ligne, & portez-la depuis le centre du *Compas de Proportion*, sur une des *lignes des parties égales*. Supposons qu'elle se termine au point marqué 40. Ouvrez le *Compas de Proportion* jusques à ce que la distance de 40 à 40 convienne avec la seconde ligne, (qui est la plus courte); sans déran-

ger le *Compas*, portez la longueur de la même ligne sur les jambes depuis le centre. Les points, où elle se terminera, donneront la longueur de la troisiéme proportionnelle. Si elle se termine, par exemple, à 20, la distance de 20 à 20 sera la troisiéme proportionnelle requise. On la trouvera dans notre supposition de 10 parties; car 40 est à 20, comme 20 est à 10.

Problême IV. *Trouver une quatriéme proportionnelle à trois lignes droites données.* 1°. Portez la première ligne sur une des *lignes des parties égales*, depuis le centre du *Compas*, comme ci-devant. Je suppose que cette longueur aboutisse aux points 60, 60 du *Compas*. 2°. Ouvrez le *Compas*, pour prendre la distance de 60 à 60 égale à la seconde ligne. 3°. Tout de suite, portez l'ouverture de la troisiéme ligne, qui tombera, par exemple, sur 50. La distance de 50 à 50 sera la quatriéme proportionnelle, qui sera de 25 parties; en effet 60:30::50:25.

Problême V. *Diviser une ligne donnée selon une raison donnée.* On veut diviser la ligne

a b a⎯b en deux parties telles que la partie a c soit à la partie c b, comme 40 est à 70. 1°. Ajoutez ces nombres 40 & 70: leur somme est 110. 2°. Portez la longueur de la ligne a b à l'ouverture des nombres 110, 110 de la *ligne des parties égales*. 3°. Prenez sur cette ouverture du *Compas* l'ouverture des nombres 40 & 70. La première donnéra la partie requise a c, & la seconde la partie c b.

Problême VI. *Trouver une ligne droite égale à la circonférence d'un cercle donné.* Prenez avec un *Compas* commun le diamétre du cercle proposé, & portez-le de 50 à 50, sur la *ligne des parties égales*. Le *Compas de proportion* restant ainsi ouvert, la distance de 157 à 157 donnera la longueur de la circonférence; parce que la circonférence est au diamétre comme 157 à 50, ou comme 314 à 100.

2. Après la ligne des parties égales vient la *ligne des Plans*. C'est une ligne qui comprend les côtés homologues d'un certain nombre de plans semblables, multiples les uns des autres, c'est-à-dire, dont les surfaces contiennent 2 fois, trois fois, &c. celle du plus petit plan depuis l'unité jusques à 64, qui est ordinairement le plus grand terme. Du centre C on tire une ligne C P (Pl. X. Fig. 78.) qui partage l'espace d'entre la ligne des parties égales, & le bord intérieur du *Compas*, & cela à l'une comme à l'autre branche. Cette ligne se divise suivant la proportion des plans; en sorte que le plan fait sur une division, est double

de celui qui se fait sur un autre. Le plan qui suit, est double du précédent. Celui-ci double de celui-là : ainsi de suite.

De toutes les méthodes qu'on a données, pour diviser ainsi cette ligne, il n'en est point de plus simple que celle-ci. On forme sur la *ligne des plans* le triangle rectangle isoscele K X 1, dont un côté est celui du plus petit plan. Le quarré ou le plan fait sur l'hypotenuse, égal, par la 47ᵉ du I. Livre d'*Euclide*, au quarré fait sur les deux autres côtés, est double du plan fait sur le côté X 1. Qu'on porte cette hypotenuse depuis le centre du *Compas*, & on aura la premiere division X 2. Du point, où cette longueur est terminée, aïant formé le côté K 2, ou un autre triangle rectangle K 2 X, on aura l'hypotenuse K 2, qui sera le côté d'un plan double du plan K 2. Ainsi cette ligne, portée du point X sur la ligne, donnera le point 3 pour la troisiéme division, &c. Voici l'usage de la *ligne des plans*.

Problême I. *Augmenter ou diminuer une figure plane selon une direction donnée.* On a un triangle A B C ʙΔc. On veut en faire un qui lui soit semblable, & dont la surface soit triple. 1°. Prenez avec le *Compas* commun la longueur de l'un des côtés A B. 2°. Portez ce côté sur la *ligne des plans*, à l'ouverture des points marqués I, I. Le *Compas* restant ainsi ouvert, ou aura le côté d'un triangle homologue au côté A B, en prenant la distance des points 3, 3. 3°. Trouvez de même les autres côtés. De ces trois côtés, si l'on forme un triangle semblable, sa surface sera triple du premier A B C. Si le plan proposé a plus de trois côtés on le réduira à plusieurs triangles. Si c'est un cercle on fera la même opération sur son diametre.

Problême II. *Aïant deux figures semblables trouver quelle raison elles ont entre elles.* Fixons notre esprit sur les figures a▢b ʙ▢ʙ qui représentent deux plans semblables. 1°. Prenez un des côtés a b de la petite figure. 2°. Portez-la à l'ouverture de quelque plan comme 4 & 4. 3°. Prenez ensuite le côté homologue A B de l'autre figure à quel plan il convient, sans changer l'ouverture du *Compas de proportion*. Si le côté A B s'ajuste sur la distance 6. 6, les deux figures sont comme 4 & 6, la grande contient une fois & demi la petite. Lorsque le côté a b de la figure aïant été mis à l'ouverture d'un plan, le côté homologue ne peut s'ajuster, on prend l'ouverture d'un autre plan.

Quand les côtés a b, A B sont trop grands, on en prend la moitié, le quart, &c. & l'on suit la même proportion.

Problême III. *Ouvrir le Compas de proportion, ensorte que les deux lignes des plans fassent un angle droit.* 1°. Prenez avec un *Compas* commun sur la ligne des plans, depuis le centre du *Compas*, la distance jusques à un plan quelconque, comme par exemple 40. 2°. Portez cette distance de 20 à 20, moitié de 40. Les deux lignes des plans seront perpendiculaires, puisque le quarré 40 de l'hypotenuse est égal aux deux quarrés 20 & 20 des côtés du triangle rectangle.

Problême IV. *Construire une figure semblable & égale à deux figures semblables données.* 1°. Ouvrez le *Compas de proportion* ensorte que les deux lignes des plans fassent un angle droit par le Problême précédent. 2°. Portez les deux côtés homologues des deux figures sur la ligne des plans, depuis le centre du *Compas*. Je suppose que le premier côté tombe sur 4, & le second sur 9; la distance des deux nombres trouvés comme 4 & 9, donnera le côté homologue de la troisiéme figure égale & semblable aux deux autres. Par ce moïen on peut joindre ensemble autant de figures semblables qu'on voudra, en ajoutant les deux premieres & à leur somme la troisiéme, & ainsi de suite.

Problême V. *Deux plans semblables & inégaux, étant donnés trouver un troisiéme plan égal à leur difference.* 1°. Ouvrez le *Compas de proportion*, de façon que les deux lignes des plans fassent un angle droit, par le Problême 3. 2° Portez le côté du moindre plan sur une des lignes des plans depuis le centre. Je suppose qu'elle se termine au point 4. Ouvrez le *Compas* jusques à que le côté homologue du plus grand plan soit compris depuis le nombre 4 & l'autre ligne. Si cette ouverture portée du centre du *Compas* aboutit au nombre 9, cette distance sera le côté homologue du plan requis.

Problême VI. *Trouver une moïenne proportionnelle entre deux lignes données.* 1°. Portez chacune des deux lignes données sur la ligne des parties égales, pour savoir le nombre de parties égales que chacune contient. Que l'une soit de 20, l'autre de 45. Portez la plus grande 45 à l'ouverture du plan 45. Le *Compas de proportion* restant ainsi ouvert, l'ouverture de 20 donnera la moïenne proportionnelle, que l'on trouvera de 30 parties. Car la distance du centre du *Compas* à 45 est à la distance du même centre à 20, comme la racine quarrée de la plus grande des lignes données, à la racine quarrée de la plus petite, selon la construction de la ligne des plans, c'est-à-dire, comme la premiere est à la moïenne proportionnelle.

Je l'ai dit, & on le voit: le plus grand

nombre de la ligne des plans eſt 64, mais une des lignes propoſées contient plus de 64 parties. Et bien qu'on faſſe la même opération ſur la moitié, le tiers ou le quart. Les lignes ſont-elles, par exemple, de 32 & 72 ? Portez la moitié de 72 au 36 plan. L'ouverture de 16, moitié de 32 donnera la moitié de la moïenne proportionnelle deſirée.

3. La troiſiéme ligne qui ſe preſente ſur la figure 78 eſt la ligne des poligones. C'eſt une ligne, qui comprend les côtés des poligones, depuis le triangle équilateral, le quarré, le pentagone, &c. juſques au dodecagone. Comme l'angle du triangle équilateral eſt plus grand que celui des autres poligones, on prend pour ſon côté toute la longueur de la ligne, que nous ſuppoſons de 1000 parties, & cherchant l'angle des poligones en diviſant la circonférence du cercle par le nombre de leurs côtés, on dit : Si le ſinus de 60 dégrés donne 1000, que donnera le ſinus de 45, moitié de l'angle au centre d'un quarré ; que donnera le ſinus de 36, moitié de l'angle au centre d'un pentagone, &c. Prenant ſur une échelle la proportion des quatriémes termes, qui viennent par les regles de proportion, on les porte ſur les deux jambes du *Compas* depuis l'extrémité : ce qui donne les diviſions 34, 45, qui ſignifient le nombre des côtés des poligones reguliers.

Uſage de la ligne des poligones.

Problème I. *Décrire un poligone régulier dans un cercle.* 1°. Prenez avec un *Compas* commun le demi diametre du cercle. 2°. Portez-le à l'ouverture des nombres 6 & 6 de la ligne des poligones. Le *Compas de proportion* étant ainſi ouvert, veut-on un poligone de 5 côtés ou un pentagone? Prenez l'ouverture de 5 à 5. Cette ouverture étant portée autour de la circonférence du cercle le diviſera en 5 parties égales, comme elle l'auroit diviſé en 7, en 8, &c. ſi l'on avoit pris l'ouverture de 7 à 7, de 8 à 8, &c.

Problème II. *Décrire ſur une ligne donnée un poligone regulier.* Fixons-nous à un pentagone. 1°. Prenez avec un *Compas* commun la longueur de cette ligne. 2°. Appliquez-la à l'ouverture des nombres 5, 5, de la ligne des poligones. On aura l'ouverture de 6 à 6, qui ſera le raïon du cercle propre à décrire un pentagone. Ainſi avec cette ouverture, aïant décrit des extrémités de la ligne donnée deux arcs de cercle, leur interſection ſera le centre du poligone regulier. Cela s'applique tout ſeul aux autres poligones.

Problème III. *Couper une ligne* D E *en moïenne & extrême raiſon* D — E. 1°. Appliquez la longueur de la ligne donnée à l'ouverture des nombres 6 & 6 de la ligne des poligones. 2°. Le *Compas de proportion* demeurant ainſi ouvert, prenez l'ouverture des nombres 10, qui ſont ceux du décagone. Cette ouverture donnera D F, qui eſt la médiane, c'eſt-à-dire, le plus grand ſegment de la ligne propoſée ; parce que la médiane du raïon d'un cercle D E coupe cette ligne en moïenne & extrême raiſon ; & la corde de 36° eſt la 10e partie de la circonférence. Si l'on ajoute cette médiane au raïon du cercle, pour n'en faire qu'une ligne, ce raïon deviendra la médiane ; & la corde de 36° ſera le petit ſegment.

Problème IV. *Sur une ligne* D F *décrire un triangle* D△F *iſoſcele, dont les angles ſur la baſe ſoient doubles des angles au ſommet.* 1°. Appliquez la longueur de la ligne D F à l'ouverture de la ligne 10 de la ligne des poligones. 2°. Prenez l'ouverture des nombres 6, 6, pour avoir la longueur des deux côtés égaux du triangle qu'on veut conſtruire. L'angle du ſommet ſera de 36, & par conſéquent ceux de la baſe ſeront chacun de 72°.

Voilà les lignes d'un des côtés du *Compas de proportion*, qui eſt repréſenté par la figure 78. Je ne parle pas de la *Ligne des calibres & poids des boulets*, ſa diviſion revient à celle de la ligne des ſolides. D'ailleurs, par l'uſage du *Compas* de calibre, on trouve plus aiſément le calibre & le poids des boulets que par le *Compas de proportion*. *Voïez* COMPAS A CALIBRE.

5. Le revers du *Compas de proportion* contient 4 lignes : la *ligne des cordes*, la *ligne des ſolides*, la *ligne des métaux*, & au bord extérieur une *ligne des calibres & poids des boulets.*

6. La *ligne des cordes* eſt une ligne qui comprend tous les dégrés du demi-cercle, qui a pour diametre la longueur de cette ligne. On a deux méthodes pour diviſer cette ligne, toutes deux également ſimples. Décrivant un demi-cercle ſur cette ligne, on peut y porter les cordes de tous les dégrés de 10 en 10 juſques à 180. Cela ſe fait fort aiſément, en décrivant depuis les diviſions du cercle de 10 en 10, des arcs qui aboutiſſant ſur la *ligne des cordes*, en donnent tout d'un coup les diviſions. En ſecond lieu, ſi l'on prend encore le ſinus de la moitié de ces dégrés, on aura la proportion ſuivant laquelle cette ligne doit être diviſée. M. *Bion* dans ſon Livre *De la conſtruction & uſage des inſtrumens de Mathématique*, a calculé par cette deuxiéme méthode la diviſion de la *ligne des cordes*. Cette ligne eſt ſur les deux

jambes du *Compas*. De sorte que cela forme deux lignes qui partent du centre C, & qui viennent aboutir (Planche X. Fig. 79.) aux angles F F.

Un Problême renferme seul l'usage principal de cette ligne ; les autres sont des especes de colloraires ; le voici : *Faire un angle de tant de dégrés qu'on voudra.* Décrivez un arc de cercle sur la ligne où vous voulez faire l'angle, 1°. Portez le raïon dudit arc à l'ouverture de la corde de 60 dégrés. 2°. Le *Compas* étant ainsi ouvert, prenez l'ouverture de la corde au nombre des dégrés, & portez cette ouverture sur l'arc. Formez sur cet arc ainsi terminé un angle de l'extrémité de la ligne : ce sera celui qu'on demande.

Lorsque l'angle est donné, on trouve sa valeur en retournant la regle. 1°. Portez son raïon à l'ouverture de 60 dégrés ; 2°. & aïant pris la corde de cet arc, cherchez à quelle ouverture elle convient. Cette ouverture donnera les dégrès qu'elle renferme.

Par la même opération, on prend sur la circonférence d'un cercle donné autant de dégrés que l'on veut. Il n'y a qu'à appliquer le raïon du cercle donné sur les jambes du *Compas*, à l'ouverture de la corde de 60 dégrés. Sans déranger le *Compas*, on prend l'ouverture de la corde du nombre de dégrés qu'on desire. Par-là la *ligne des cordes* sert à décrire un poligone.

7. De même que la ligne des plans renferme les côtés homologues des plans, multiples les uns des autres depuis l'unité jusqu'à 64 ; ainsi la *ligne des solides* comprend les côtés d'un pareil nombre de solides semblables. On suppose le côté du plus grand solide de 64 parties. Le côté du premier solide doit être le $\frac{1}{4}$ du plus grand. Cela posé, on double le solide, par quelque nombre qu'il soit exprimé, il ne donnera pas le côté du second solide, mais celui du 8e, parce que le cube de 2 est 8, & que 8 est 8 fois l'unité. De même le triple de ce nombre exprimera le côté du 27e solide ; puisque le cube de 3 est 27, &c. Et cela, afin de ne le pas oublier, parce que les solides sont entr'eux comme le cube de leurs côtés homologues.

Voilà pour la division des solides suivant l'ordre des nombres naturels. Pour ceux qui sont doubles, triples, quadruples, &c. le même principe sert bien, mais non pas le même calcul. Il faut ici cuber d'abord le côté du plus petit cube, le doubler ou le tripler, &c. suivant qu'on veut un solide double ou triple, &c. & extraire la racine cubique du produit. Les côtés de tous ces solides étant ainsi trouvés en nombre, on les porte sur la ligne des solides S S, & on les y marque.

L'usage le plus important de la *ligne des solides* est d'augmenter ou de diminuer les solides semblables, selon une raison donnée. On veut, par exemple, faire un cube double d'un autre. 1°. Portez le côté de ce cube sur la *ligne des solides* en ouvrant le *Compas*, jusques à ce qu'elle convienne. 2°. Prenez pour le double le nombre double de celui où ce côté est rapporté. Je suppose le côté de ce cube 10, on prendra l'ouverture 20 pour le double, comme on auroit pris 30 pour le triple, 40 pour le quadruple, &c.

Si l'on a des globes ou des spheres, on fait la même opération en prenant le diametre avec un *Compas* sphérique, qu'on porte comme ci-devant.

De-là il suit, qu'on peut trouver aisément la raison qu'ont entr'eux des corps semblablables. Il ne faut que porter les côtés des deux solides & voir à quels nombres ils répondent dans le *Compas de proportion*. Au reste quand les côtés des solides sont trop grands, on en prend la moitié, le quart, &c.

8. On peut diviser la *ligne des métaux* à peu près de même que la ligne des solides ; parce que cette ligne sert à connoître la proportion des 6 métaux, dont on peut faire des solides. Si les métaux étoient tous d'une même pésanteur spécifique, la ligne des solides serviroit ici. Les différens poids en masses égales de chacun de ces métaux, déterminent seuls la proportion de cette ligne. Le métal le moins pésant, qui est l'étain, est marqué à l'extrémité de chaque jambe, à une distance du centre, qui égale la longueur de l'échelle, par laquelle la pésanteur de ce métal est exprimée. Ensuite on place les autres métaux plus proche du centre ; chacun suivant le nombre qui exprime la proportion de son poids. Il ne s'agit donc pour diviser la *ligne des métaux*, que de chercher la proportion des métaux. Ceci demande des expériences, & ces expériences ont donné les proportions suivantes.

TABLE POUR LA LIGNE DES
METAUX.

Métaux.	Caractere.	Prop. de leur poids.
Or	☉	730
Plomb	♄	863
Argent	☽	895
Cuivre	♀	937
Fer	♂	974
Etain	♃	1000

Tel est l'usage de cette ligne. Aïant le diametre d'une sphere de métal, on demande le diametre d'une autre fphere de mêmepoids formée par l'un des cinq métaux. 1°. Portez le diametre de la premiere fphere en ouvrant le *Compas de proportion* ; 2°. & le *Compas* étant dans cette fituation, prenez l'ouverture qu'il y a de la marque du métal, dont vous voulez la fphere : elle fera le diametre qu'on cherche.

On trouve de même la proportion des métaux par cette ligne en cette forte. Suppofons qu'on ait deux corps femblables de même grandeur ; mais de différens métaux ; 1°. Ouvrez le *Compas de proportion*, jufques à ce que la plus grande diftance convienne au métal qui lui répond. 2°. Voïez à quelle diftance elle peut convenir ; les deux nombres, que donnent ces deux ouvertures, portés depuis le centre du *Compas*, exprimeront la proportion des métaux, &c.

8. La *ligne des calibres* fe divife à peu près comme la ligne des folides. Il faut prendre d'abord avec un *Compas* fphérique le diametre d'un boulet, dont on connoît le poids, & celui-là connu, chercher le diametre des autres boulets de différens métaux. Il y a encore ici une expérience à faire. Or cette expérience apprend qu'un boulet de fer fondu de 3 pouces de diametre pefe 4 livres. On porte donc trois pouces à l'ouverture du 4e folide ; & changeant l'ouverture du *Compas de proportion*, on prend fur la ligne des folides de tous les nombres depuis 1 jufques à 64. On porte enfuite ces longueurs les unes après les autres fur une ligne droite, tracée le long d'une des jambes du *Compas de proportion*, & là, où ces diametres fe terminent on marque les chifres qui font connoître la péfanteur des boulets. Les demies, les quarts, les trois quarts, &c. de la livre fe marquent en portant le diametre du boulet d'une livre à l'ouverture du quatriéme folide, & en prenant l'ouverture du premier folide pour le diametre d'un quart de livre ; l'ouverture du fecond folide pour une demie ; celle du troifiéme pour trois quart d'une livre ; ainfi des autres.

Ainfi donc le diametre d'un boulet, on trouve tout d'un coup fon poids en portant ce diametre fur les jambes du *Compas de proportion*. Pour cette connoiffance, j'aime mieux le *Compas à calibre*. (*Voïez* COMPAS A CALIBRE.) Il eft tems de faire connoître l'Auteur d'un inftrument fi admirable. C'eft la meilleure marque que nous puiffions lui donner de notre gratitude. On a contefté pendant long-tems à *Jufte Brigge*, Mécanicien de *Guillaume* Landgrave de Heffe, l'honneur de l'invention de ce *Compas*. *Galilée* a voulu fe l'attribuer, *Balthafar Capra*

de Milan a crié long-tems au vol contre *Galilée* ; & quelques Mathématiciens en ont remercié *Philippe Horcher*, Médecin. Tout cela forme une hiftoire bien digne par fon objet d'un détail circonftancié.

Quand je dis que *Jufte Brigge* a inventé le *Compas de proportion*, je fuis fondé à l'affurer ; & j'ai pour garant de mon affertion *Levin Huls*, & M. *Wolf.* Le premier Ouvrage qui ait paru, & où il foit parlé du *Compas de proportion*, a été publié en 1603. Il eft de *Levin Huls* ; & cet Auteur, qui auroit bien pû jouir de la gloire de l'invention s'il avoit eu moins de bonne foi, la rend à *Jufte Brigge*, & dit, qu'il avoit vû le premier à la Diette de Ratifbonne, chez M. *Bronzer de Rudeschein*, Confeiller à la Cour de Maïence. (*Voïez* le troifiéme Tome de fes *Inftrumens de Mécanique.*) Il paroîtra étonnant que *Jufte Brigge* eût fait part à fes amis de fon invention fans en prendre date. Mais ceux qui favent apprécier les fatisfactions d'un Philofophe, toujours occupé de la recherche & de la découverte de la vérité, n'ignorent pas qu'ils font peu jaloux de tout ce qu'on appelle dans le monde gloire & vanité. *Brigge* étoit un homme qui enfeveliffoit dans fon cabinet fes connoiffances. Le Public en profitoit fans qu'on fçût à qui adreffer fes remercimens. C'étoit là donner bien en Philofophe. Cette Philofophie étoit même chez *Brigge*, pouffée fi loin, que *Kepler* le lui avoit plufieurs fois reproché. (*Voïez* LOGARITHME.)

Le caractere de ce digne Mathématicien ainfi dépeint, & la date du Livre de *Levin Huls*, ne permettent plus d'admettre au concours pour l'invention du *Compas de proportion*, les Savans qui y prétendent. *Galilée* même, cet homme fi grand par tant de belles découvertes, y auroit moins de droit que *Horcher.* Le P. *Defchalles* remarque dans fa *Géométrie Pratique, L. IV*, que l'Ouvrage de ce Médecin avoit précédé de deux ans celui de *Galilée*, publié en 1607 en Italien, où il fe déclare l'Auteur de ce *Compas*. Et on lit dans la Préface de celui d'*Horcher*, qu'il lui étoit tombé par hafard entre les mains un *Compas de proportion*, dont il avoit d'abord admiré tant la ftructure artificielle que l'invention très-ingénieufe & l'ufage fort étendu, & qu'il avoit débrouillé, compris, démontré par les fimples Elémens d'*Euclide*, nonfeulement la conftruction & l'ufage de ce *Compas*, mais encore la raifon même de cette conftruction, *Fortè fortunà*, dit - il, *ad manus meas non ita pridem circinus proportionum pervenit, cujus tam artificiofam ftructuram quam ingeniofam inventionem ufum-*

que multiplicem , imprimis aliqud tantifper eſſem miratus , tandem per Analyſim ſeu complexi diſſolutionem non modo ipſius compoſitionem , ſed etiam compoſitionis rationem ex Euclidis Elementis adinveni.

Après ces éclairciſſemens & ces preuves, je puis bien me diſpenſer de parler de *Balthaꝫar Capra de Milan* , qui diſputoit l'invention du *Compas de Proportion à Galilée* , & à qui *Galilée* avoit même répondu. Je me contenterai de rendre juſtice à ce dernier, qui l'a perfectionné, en déclarant que c'eſt à lui qu'on doit la forme actuelle de ce *Compas*. Dans ſon origine cet inſtrument avoit la forme d'un *Compas* ordinaire. Les jambes plates, qu'il a aujourd'hui, ſont de l'invention de *Galilée*. Les Auteurs ſur le *Compas de Proportion* ſont : *Levin Huls ; Philippe Horcher , Galilée , Dechales , Goldman , Michaël-Scheffelt , Mallet , Leopold , Henrion , Oꝫanam , & Bion.* M. *Jacques Bernoulli* a inventé un *Compas de proportion* pour réſoudre tous les problêmes du pilotage. Il eſt décrit dans le IIᵉ Tome de ſes Œuvres, pag. 868. L'uſage de ce *Compas* m'a paru un peu trop compoſé pour les Marins. Celui du quartier de réduction eſt plus facile, & a les mêmes avantages. (*Voïeꝫ* QUARTIER DE REDUCTION.)

CONPAS DE TRISSECTION. Compas par lequel on diviſe un angle en trois. C'eſt un inſtrument de l'invention de M. *Tarragon.* Il eſt compoſé de deux regles centrales, (Planche IX. Figure 79.) R I , & A N , & d'un arc de cercle G X de 120 dégrés, qui eſt immobile avec ſon raïon A G. Ce raïon eſt attaché à la regle centrale A N , comme les deux branches d'un *Compas* de proportion, afin que la regle A N puiſſe parcourir tous les points de la circonférence G X. Le raïon & la regle doivent être le moins épais qu'il eſt poſſible ; & la regle A N doit être battue à froid, afin qu'elle acquiere du reſſort. On donne à la regle R I une largeur triple de celle du raïon A G. Dans la largeur de ce raïon eſt une couliſſe à queue d'hironde, pour y attacher le raïon A G, qui ſe meut par ce moïen d'I en R , & d'R en I ; de telle ſorte que le centre A peut conſerver un mouvement de paralleliſme avec le bord de la regle R A I. On obſerve encore de laiſſer un petit trou au centre de la tête, auſſi-bien qu'au centre R , que M. *Tarragon* veut qu'on faſſe d'acier.

Uſage de ce *Compas.* Etant donné un angle T O B , le diviſer en trois parties égales. 1°. Du point O comme centre, décrivez le cercle T R E de telle grandeur que vous voudrez. 2°. Faites l'arc M B égal à l'arc B T. 3°. Tirez la corde T M. 4°. Ouvréz la regle N A de la grandeur de l'angle T O B ; & arrêtez la regle ſur l'arc de ce cercle à cette ouverture avec la vis V. 5°. Poſez le centre de la regle R I au point M. Que ce point reſte immobile. Alors faites parcourir du point A de l'angle juſques à ce que la regle A N arrive au point T donné. L'angle A T M ſera le tiers de l'angle T O B. Il eſt facile de faire parcourir la circonférence au point A de l'angle T A M. On n'a qu'à poſer une jambe du *Compas* commun au centre O , & par l'autre on fera parcourir au point A l'angle M A B.

M. *Tarragon* démontre aiſément que l'angle A T M eſt le tiers de l'angle donné T O B. Car l'arc M A T eſt triple de l'arc A M, par la conſtruction. Donc l'angle A T M a pour meſure la ſixiéme partie de l'angle T O M. Mais l'angle T O B eſt la moitié de l'angle T O M. Donc l'angle A T M eſt le tiers de l'angle T O B. Donc cet angle eſt diviſé en trois. (*Voïeꝫ* le *Journal des Savans.* Année 1688. Mois de Septembre.)

COMPAS DE ROUTE. C'eſt ainſi que les Marins appellent la bouſſole, parce qu'elle leur ſert à les diriger dans la route qu'ils veulent faire. (*Voïeꝫ* BOUSSOLE & COMPAS DE VARIATION.)

COMPAS DE VARIATION. Bouſſole préparée pour connoître la variation de l'aiguille aimantée. Cette préparation conſiſte en deux pinnules traverſées par un fil, qui paſſe par-deſſus le centre de la roſe des vents. Ce fil repréſente le raïon de l'aſtre, lorſqu'on le regarde par les pinnules. Outre cela le bord extérieur de la roſe ſe diviſe en quatre fois 90.

1.   Pour connoître par cet inſtrument la variation de l'aiguille, on peut faire uſage de trois différens moïens. I. En l'obſervant par les amplitudes. II. Par l'étoilé du Nord, ou de quelque autre étoile. III. Par le quartier ſphérique. La variation par les amplitudes ſe connoît ainſi. 1°. Diſpoſez le *Compas* en ſorte que les deux fils, qui ſont aux pinnules, répondent au centre du ſoleil, & le diviſent même en deux, lorſqu'il ſe leve , ou qu'il ſe couche. 2°. Remarquez le point de la roſe, qui eſt coupé par le fil des pinnules, & voïez quelle eſt l'amplitude du fil qui répond à ces deux, c'eſt-à-dire, quelle eſt ſa diſtance de l'Eſt ou de l'Oueſt du *Compas*, ouautrement de l'aiguille de la bouſſole. Si l'amplitude de la roſe n'eſt pas différente de celle du ſoleil, au jour de l'obſervation, (pour trouver cette amplitude, *voïez* AMPLITUDE,) il n'y a point de variation. Si au contraire ces deux amplitudes ne s'accordent pas, la variation eſt égale à la différence des deux amplitudes. L'une étant de 10º au Nord, on trouve l'amplitude du fil de

7° au Nord. Il s'en faut donc de trois dégrés que les deux amplitudes ne soient égales, & cela du côté du Nord. Donc l'aiguille varie de trois dégrés de ce côté-là. Elle auroit varié du côté du Sud, s'il y avoit eu 3 dégrés d'excès.

2. La seconde maniere de connoître la variation de l'aiguille ne se pratique pas si aisément. L'observation est ici délicate, & l'agitation du vaisseau y nuit beaucoup. Il y a deux opérations à faire, pour s'en servir. 1°. Cherchez par l'ascension droite (*Voïez* ASCENSION DROITE,) d'une étoile son passage au méridien. 2°. Disposez le *Compas de Variation* de telle sorte que les deux fils des pinnules paroissent se confondre avec un fil à plomb, qu'on conçoit couper l'étoile. Les deux fils répondent-ils au Nord ou au Sud du *Compas?* Il n'y a point de variation. S'en écartent-ils? La variation est du côté où se trouve le Nord du *Compas*, & l'éloignement du fil en est la mesure.

3. On fait usage du troisiéme moïen, lorsqu'on ne peut observer ni les étoiles ni le soleil cachés par des nuages ou par des vapeurs. 1°. Disposez le *Compas* en telle sorte que l'ombre du fil horisontal coupe la rose par le centre. 2°. Remarquez de combien cette ombre est éloignée du Nord ou du Sud de la boussole. 3°. Cherchez par le quartier sphérique l'azimuth du soleil, (*Voïez* QUARTIER SPHERIQUE.) qui convient à l'heure de l'observation, ou à la hauteur du soleil, & à la latitude du lieu où l'on est. Si l'azimuth que donne le quartier sphérique, est le même que celui du *Compas*, il n'y a point de variation : s'ils sont différens, on connoît la variation par cette différence, comme on la connoît par celle des amplitudes.

COMPAS AZIMUTHAL. Nouveau *Compas* de variation inventé par M. *Halley*, par lequel on connoît avec une très-grande justesse la variation de la boussole. Ce *Compas* ne differe pas beaucoup du *Compas* ordinaire de variation. Il est suspendu comme l'autre. La Figure 81. (Planche XIX.) le représente suspendu dans une boete quarrée O P Q R S, & on voit les additions que M. *Halley* y a faites. Elles consistent d'abord en un grand cercle de cuivre A B E D, sur lequel est une alidade A C B. Le cercle est divisé par la moitié en 90 dégrés. Des lignes transversales, coupées par des cercles, qui ont différens centres, divisent ces dégrés de part & d'autre en minutes de 10 en 10 jusqu'à 45°. Le centre des 90° se prend au point de la circonférence, opposé à celui où commence la division. L'alidade A B tourne autour du centre C, & on éléve sur elle une lame de

métal, qui forme une espece de pinnule. Au moïen d'une charniere, cette pinnule se baisse, quand on veut. Enfin, on tend un fil F C depuis le haut de la pinnule jusques au milieu de l'alidade.

Le *Compas* de variation, ainsi ajusté, est un *Compas Azimuthal*. On doit cependant, avant que de s'en servir, y ajoûter encore quelque chose : ce sont deux fils terminés par quatre petites lignes droites, qu'on mene en dedans de la boete, pour servir à rectifier l'instrument, pendant le tems de l'observation, en les comparant à quatre autres lignes droites, qui sont à angles droits sur la rose des vents.

2. Avant que de se servir de ce *Compas*, il faut rectifier le cercle de cuivre selon le tems de l'observation. Cela veut dire qu'il faut placer le centre de l'alidade sur le point d'Ouest de la rose, lorsqu'on fait l'observation avant midi, & sur le point d'Est, quand on la fait après ; en sorte que les quatre petites lignes, qui sont au bord de la rose, concourent avec les petites lignes qu'on a menées au-dedans de la boete. La chose faite, tournez l'alidade vers le soleil ; de maniere que l'ombre du fil tombe sur la fente de la pinnule, & sur la ligne qui est au milieu de l'alidade. Alors le bord intérieur de l'alidade marquera les dégrés & minutes de l'azimuth du soleil. Si l'alidade, par exemple, marque 10 dégrés du côté du Nord, le soleil sera éloigné de l'Est du *Compas* de 10 dégrés, & du Nord de 80. Au reste, il est des cas où l'azimuth du soleil n'est pas éloigné du méridien, ou de la ligne du Nord, de 45 dégrés. Alors on place le centre de l'alidade sur le Nord, ou le Sud de la rose, selon la situation du soleil. Pour les observations qu'on peut faire dans la journée, celles qui se font, lorsque le soleil est proche de l'horison, sont préférables ; parce que le mouvement de cet astre étant dans ce tems-là plus sensible, s'observe plus aisément, & l'amplitude ne differe pas beaucoup de l'amplitude du soleil. Cet avantage est balancé par un inconvénient : c'est que l'ombre du soleil ne se distingue pas, ou qu'elle se distingue peu : mais on remédie à cela en visant par la fente de la pinnule, ensorte que le fil paroisse couper le soleil par le milieu, lorsqu'il se leve, ou qu'il se couche, comme avec le *Compas* ordinaire de variation. Ainsi l'alidade marque sur le demi cercle gradué l'amplitude ou ortive, ou occase. Quand on veut observer la variation par l'étoile du Nord, il faut faire la même opération. Il n'y a en France que le R. P. *Pezenas*, Professeur Roïal d'Hydrographie à Marseille, qui ait donné la descrip-

tion & l'usage du *Compas Azimuthal*. On trouve l'un & l'autre dans sa *Pratique du Pilotage. ch. 5. pag. 231.*

COMPLEMENT. Les Mathématiciens entendent en général par ce mot la partie d'un tout. Le *Complement Arithmétique*, qu'on ne connoît que dans les calculs des logarithmes, est le nombre qu'on doit ajouter à un logarithme, pour avoir le logarithme de 10. 0000000. Le logarithme de 22, par exemple, est 1. 342, 4227; & son *Complement.* 8, 6575773. En Géométrie on appelle *Complement* d'un arc ou d'un angle, ce qui lui manque de dégrés pour qu'il en ait 90. Le *Complement* d'un arc de 60 dégrés est 30.

SINUS COMPLEMENT. *Voïez* CO-SINUS.

COMPLEMENS D'UN PARALLELOGRAME. Ce sont les parties d'un parallelograme, & ces parties sont deux petits parallelogrames, qui se forment en tirant sur un point quelconque C, deux lignes droites C E, F C, (Planche 1. Figure 84.) paralleles aux côtés A G, G D. Il est démontré que dans tout parallelograme les *Complemens* sont égaux.

COMPLEMENT DE COURTINE. On appelle ainsi en Fortification la partie de la courtine diminuée de sa demi-gorge.

COMPLEMENT DE LA LIGNE DE DÉFENSE. Autre terme de Fortification. Reste de la ligne de défense, après en avoir ôté le flanc.

COMPLEMENT DE ROUTE. Terme de Pilotage. Nombre des points qui manquent à la route, pour être égale à 90° ou à huit rhumbs, qui font le quart du *Compas* de route, ou de la boussole.

COMPOSE'. Ce terme a plusieurs significations. On dit en Arithmétique *Intérêt Composé*, pour exprimer l'art de trouver un produit, qui résulte d'un capital, à mesure que le capital est dû; ou, pour être mieux entendu, l'art de trouver le nouveau capital, qui croît toujours par l'augmentation du fond, à chaque terme du paiement. La chose est toute simple. Une regle de proportion renferme tout le secret de cet art, Comme le produit d'une livre est à son produit, ainsi le capital est à son produit pour le même tems. (*Voïez* INTEREST.)

2. On se sert en Algebre du terme de *Composé*, pour caractériser des quantités jointes ensemble par des signes $+$ & $-$. Ainsi les quantités $a + b + c$, &c. sont des quantités *Composées*. On appelle encore nombres *Composés* ceux qui peuvent être mesurés par quelque nombre différent de l'unité. Le nombre 4 est *Composé*, parce qu'il est mesuré par 2. Le nombre 6 est un nombre de même espece, puisque 2 & 3 le mesurent; 12 un troisiéme, car il est mesuré par 2, 3, & 4, &c.

Tome I.

COMPOSITE. Ordre *Composite*. *Voïez* ORDRE.

COMPOSITION, ou SYNTHESE. *Voïez* SYNTHESE.

COMPOSITION DE RAISON. Certaine comparaison de l'antécédent & du conséquent d'une proportion. Supposons qu'on ait cette proportion, c'est-à-dire, deux rapports tels que l'antécédent du premier terme soit à son conséquent, comme l'antécédent du second terme est à son conséquent, on dira par *Composition de Raison*, ou, pour exprimer cette *Composition* par un seul mot *Componendo* : La somme de l'antécédent du premier rapport est à son conséquent, comme la somme de l'antécédent & du conséquent du second est à son antécédent ou à son conséquent. Par exemple, A : B : : C : D : *Componendo* A + B : A ou B : : C + D : C ou D.

COMPOSITION. Terme de Musique. L'art de composer un ou plusieurs chants. Cet art est le fondement de la Mélodie, & surtout de l'Harmonie. Pour la Mélodie il faut du goût, & de la connoissance dans les tons & dans la force des agrémens. La *Composition Harmonique* est plus mathématique. Aussi m'arrêterai-je plus volontiers à cette *Composition*, pour laquelle on peut donner des régles, sans anticiper cependant sur l'article de l'Harmonie

Les parties qui font le fond d'une *Composition* de Musique, sont le *Dessus*, la *Haute-Contre*, la *Taille*, & la *Basse*. Quand on veut renchérir, on met deux *Dessus*, le premier & le second, & deux *Tailles*, la *Haute* & la *Basse*. Les *Compositions* les plus savantes sont, sans contredit, les *Compositions* à 5 parties. Elles sont encore, outre cela, les plus brillantes & les plus riches. Pour ces *Compositions*, *Zarlin* vent qu'on commence par la *Taille*; (*Voïez* la cinquiéme Partie du 58. Chapitre de ses *Institutions de Musique.*) qu'on ajoute après la *Basse*, puis la *Haute-Contre*, enfin, la 5e partie. Malgré l'autorité de *Zarlin*, on doit convenir que cette méthode est bien embarrassante, & qu'on doit préférer pour la partie fondamentale, le *Dessus*, ou la *Basse*. De ces deux parties il semble que le *Dessus* devroit être préféré. C'est la partie, qui se présente naturellement, & qu'on chante, sans savoir la Musique. Le *Dessus* tout seul plaît. Les autres parties ne paroissent que pour le faire briller. On diroit qu'elles sont ici en sous-ordre. La *Basse* toute seule ne dit rien. Cependant comme la *Basse* fait le fond de l'Harmonie, qu'elle la soutient, & qu'elle fait ressortir en quelque façon les autres parties, les Musiciens la prennent pour regle, & travaillent sur elle toutes les autres. Permis à chacun de s'en écarter, pourvû que sa *Com-*

C c

position soit bonne. Afin de favoir à quoi s'en tenir, il fuffit de dire que toute la fcience de la *Compofition* confifte à mettre plufieurs confonnances enfemble, d'où réfulte un accord, une harmonie, qui plaife. La *Compofition* la plus fimple eft celle qui fe fait à trois parties, qui font le *Deſſus*, la *Tierce* de ce *Deſſus*, & la *Quinte*. Si l'on double un des trois fons de cette *Compofition*, qu'on appelle en terme de Mufique, *Triarde Harmonique*, on aura un *Quatuor*, ou une *Compofition* à quatre parties. Qu'on double maintenant deux fons de la *Triarde Harmonique*, on aura cinq parties. Enfin doublant les trois fons de la *Triarde Harmonique*, on aura 6 parties : & de ces trois fons doublant une ou deux octaves plus haut, on aura 7 ou 8 parties.

COMPRESSION. Terme de Phyfique. L'action de réduire l'air dans un moindre volume. C'eft ici une partie de l'Aerométrie qui exerce beaucoup ceux qui la cultivent. Aucun élément n'eft plus fufceptible de *Compreſſion*, & moins rébelle à fes loix. On trouve premierement que la *Compreſſion* augmente à raifon des poids. Pour le prouver, on prend un tube recourbé A B C, (Planche XXII, Figure 322.) dont la moindre branche E C eft environ de 12 doigts, & la plus grande A B de 8 pieds. Ces deux branches font parallèles. On bouche enfuite hermétiquement la branche E C en C ; on divife les deux tubes en parties égales, & on remplit la partie B E de mercure, en forte que C E foit rempli d'air. Verfant du mercure par l'ouverture A fucceffivement, on trouve que la hauteur où le mercure monte dans la petite branche, eft en même raifon de l'élévation du mercure dans la branche la plus grande. D'où l'on conclud que la *Compreſſion* de l'air eft en raifon des poids.

La feconde loi de la *Compreſſion* eft telle. L'élafticité de l'air comprimé eft à l'air dilaté, réciproquement comme le volume de l'air dilaté au volume de l'air comprimé. D'où il fuit que plus l'air eft comprimé, plus grande eft fon élafticité.

Troifiéme loi. L'élafticité de l'air plus comprimé, eft à l'élafticité de l'air moins comprimé, toutes chofes égales, comme la maffe de l'air plus comprimé eft à la maffe de l'air moins comprimé, compris fous le même volume. On trouve la démonftration de ces deux loix dans tous les Traités d'*Aerométrie* en général & en particulier dans les *Elementa Matheſeos univerſæ*, T. II. de M. *Wolf.*

Après ces loix générales, je crois devoir expofer les expériences qu'on a faites, pour favoir jufques à quel point la *Compreſſion* peut avoir lieu dans l'air. Ces expériences font curieufes, & la connoiffance de cet état de l'air eft importante. Voici donc ce que M. *Defaguliers*, qui a pouffé la chofe auffi loin qu'on pouvoit le défirer, a trouvé là-deffus.

2. Aïant pris un tuïau de verre fcellé hermétiquement à l'un des bouts, dont la cavité étoit de 4 ou 6 pouces ; le diamètre de 0, 26 pouces, & contenant une dragme & 6 grains d'eau, M. *Defaguliers* plongea l'orifice de ce tuïau dans une petite phiole, au fond de laquelle il y avoit un peu de mercure avec un peu d'efprit de térébenthine coloré d'indigo. Ce Phyficien mit enfuite le tuïau & la phiole dans une groffe bombe, remplie d'eau, & la bombe fous un preffoir à cidre. Un tampon de bois de houx bien doux aïant été placé dans l'ouverture de la bombe, M. *Defaguliers* l'y fit entrer de force par le moien du preffoir.

Quoique ce tampon fut couvert d'un maftic de cire & de térébenthine, l'eau fuinta à travers par la force de la preffion. Alors on retira la phiole, & on trouva que la térébenthine avoit coloré le verre à 0, 12 pouces près du fommet, & qu'ainfi l'air avoit été comprimé dans un efpace 38, 44 fois plus petit que celui qu'il occupoit naturellement, & fa denfité que étoit à celle de l'eau comme 1 à 22, 7.

M. *Defaguliers* fit une feconde expérience par laquelle il détermina la plus grande *Compreſſion* à laquelle l'air pouvoit être réduit. Il prit le tuïau, la phiole, & la bombe pleine d'eau, comme à la premiere expérience, & plaça la bombe fous un preffoir à cidre dans un tems de forte gelée. Enfuite il tourna la bombe, & la couvrit avec une grande quantité de glace pulvérifé, contenant un tiers de fel marin. Peu de tems après, le grand froid fit crever la bombe ; elle fe divifa en trois morceaux au-deffous, au-deffus. On remarqua que ces trois morceaux fe touchoient toujours par le bas après la rupture, & qu'ils ne s'étoient éloignés dans leur deffus qu'en tombant doucement. D'où M. *Defaguliers* conclud que l'eau, quoique comprimée, pour faire crever une bombe, n'a même alors que très-peu d'élafticité.

Cependant la bombe étoit tapiffée en-dedans d'une glace épaiffe d'environ ¼ de pouces, pleine de bulles d'air. La phiole & le tuïau étoient caffés en plufieurs morceaux, qui étoient tous barbouillés en-dedans de térébenthine & de mercure jufques au fommet du tuïau, dont les extrémités étoient engagées dans la glace qui tapiffoit la bombe. On trouva encore que l'eau du centre de la bombe n'étoit pas gelée. Afin de favoir main-

tenant la force qui a comprimé l'air dans le
tuïau, il ne faut que calculer celle qui est
nécessaire pour faire crever la bombe. Sui-
vons M. *Desaguliers* dans son calcul, dont
le résultat est étonnant.

Le diamétre intérieur de la bombe étoit de
6 pouces & demi. Elle étoit épaisse à son orifice d'1, 2, & à son fond d'1, 9. Si l'on suppose que l'épaisseur fût par-tout la même,
c'est-à-dire, d'1, 2 pouces, l'aire de la coupe
massive de cette sphere creuse par un grand
cercle, sera de 19, 72 pouces quarrés. Il s'a-
git donc de connoître la cohérence de la bombe dans toute cette superficie. Dans cette
vûe, M. *Desaguliers* fonde son calcul sur
une expérience de M. *Muschenbroek*, publiée
dans son *Introductio ad cohærentiam Corpo-
rum*, pag. 505. Cette expérience est qu'un
fil de fer d'$\frac{1}{10}$ du pouce du Rhin de diamétre,
étant tiré perpendiculairement en bas, a soutenu, avant que de se rompre, un poids de
450 livres d'Amsterdam. Comme ce fil de fer
étoit battu, & que la bombe de M. *Desaguliers* ne l'étoit pas, ce Docteur y a eû égard dans
son calcul, en supposant la bombe beaucoup
plus mince qu'il ne devoit la supposer effectivement. Tel est après cela son calcul.

Le diamétre de la bombe étoit de $6\frac{1}{2}$, son épaisseur 1, 2 pouces. Donc l'aire de la coupe transversale de cette épaisseur étoit de $\frac{809888}{15680}$,
c'est-à-dire, à peu près $13\frac{2}{3}$ pouces quarrés.
Le pied du Rhin est à celui de Londres comme
139 à 135. Or le fil de fer, dont s'étoit servi
M. *Muschenbroek* dans son expérience, n'avoit
qu'$\frac{1}{10}$ de pouce du Rhin, c'est-à-dire, $\frac{139}{1350}$ de
pouces Anglois. Ainsi l'aire de la coupe trans-
versale de la bombe étoit de $\frac{212531}{25315000}$ à peu
près $\frac{21}{2531}$ de pouce quarré.

Tout cela posé, M. *Desaguliers* fait cette
regle : si 450 livres d'Amsterdam ont rompu
une épaisseur de fer égale à $\frac{21}{2531}$ de pouces,
combien faudra-t-il de pareilles livres, pour
rompre une épaisseur égale à $13\frac{1}{3}$ pouces ?
Vient au quatriéme terme 72250 livres d'Amsterdam, pour rompre la bombe, qui valent
$68226\frac{921}{100}$ livres Angloises, la livre d'Amsterdam étant à celle de Londres, comme 93 à
100. Mais l'aire du cercle intérieur est de 33
$\frac{11}{18}$ pouces, & le poids d'une colonne de l'atmosphere sur un pouce quarré est de 15 li-
vres 5 onces environ. Donc le poids de l'atmosphere sur l'aire totale du cercle est à peu
près de 608 livres 6 onces. Divisant 681226
par 508, le quotient est environ 1340. Ainsi
l'air contenu dans le tuïau, a été comprimé
par une force égale au poids de 1340 atmos-
pheres. Par conséquent il a été réduit dans un
espace 1340 fois plus petit que celui qu'il
occupe naturellement. On suppose ici que le

fer de la bombe est aussi fort que celui du
fil. Cela n'est pas. Le fer battu du fil est plus
fort que le fer fondu, dont la bombe de M.
Desaguliers étoit faite. Il faut donc diminuer en même raison le nombre 1340. Et
ceci dépend d'une nouvelle expérience que
ce Docteur n'a pas faite, & qui n'a qu'un
rapport très-éloigné au fond de celle-ci.
(*Cours de Physique Expérimentale*, Notes
sur la IX.e Leçon, par M. *Desaguliers*.)

COMPUT. Terme de Chronologie. Calcul de
la supputation des tems, qui sert à regler le
Calendrier, & les Fêtes de l'Eglise, les Calendes, les Nones, les Ides, les Indictions,
&c. (*Voïez* CALENDRIER. FETES MOBI-
LES, CALENDES, NONES, IDES, IN-
DICTION, &c.)

CON

CONCHILE. Ligne courbe, qui s'approche toujours d'une ligne droite, sur laquelle elle
est inclinée, & qui ne la coupe jamais. Pour
la décrire, on tire deux lignes à angles droits,
sur l'une desquelles on choisit un point pour
centre, d'où l'on tire une infinité de raïons,
qui coupent la transversale. On prend
après cela sur chacune de ces lignes, ou
raïons des parties égales, en commençant
au-delà de l'intersection de la ligne transversale. Alors on a plusieurs points marqués, par
lesquels on fait passer une ligne. C'est cette ligne actuellement décrite qu'on appelle *Conchile*. Elle est mieux connue sous le nom de
Conchoide. *Voïez* donc CONCHOIDE.

CONCHOIDE. Courbe du troisiéme genre inventée par *Nicomede*. On peut concevoir ainsi
la génération de cette courbe. Une ligne A C,
(Planche IX. Figure 82.) étant menée, qu'on
fasse mouvoir autour d'un point P une autre
ligne B P, de telle sorte que les parties N M au-
dessus de la ligne A C soient égales. La ligne
M B M, qu'elle décrira, sera une *Conchoide*.
Si le même mouvement se faisoit en bas,
c'est-à-dire, au-dessous de la ligne A C, on
auroit une *Conchoide* O R O. La supérieure
s'appelle la *premiere Conchoide*, & l'inférieure
la *seconde*. On forme l'une & l'autre en même
tems par cette construction.

Soit la ligne droite A C, sur laquelle on
éleve la perpendiculaire B P. Du point P,
menez plusieurs lignes droites, telles que
P M, coupant M P en N. Qu'on fasse
N M = N O, B S = S R. Alors la ligne
que donneront les points M M, sera la premiere *Conchoide*, & celle que donneront les
points O O, la seconde.

De cette construction il suit que si B T
croît, T S décroîtra jusques à approcher continuellement de la ligne A C. Par la même

ï aifon la ligne O Q, perpendiculaire à A C, doit décroître continuellement, & les deux *Conchoides*, s'approcheront ainfi à l'infini, fans jamais fe rencontrer, de façon que la ligne A C leur devient une affimptote. C'eft là leur propriété. Pour avoir leurs équations, qui les cactérifent, exprimons toutes ces lignes par les lettres de l'alphabet. Je nomme donc N M, ou S B a, S P b, T S x, T M y. P T fera $b + x$. Or on démontre que $a^4 + 2bx^3 + y^2x^2 + b^2x^2 = a^2b^2 + 2a^2bx + a^2x^2$, équation qui exprime la nature de la premiere *Conchoide*, & que la nature de la feconde eft celle-ci, $a^2b^2 - 2a^2bx + a^2x^2 = a^2b^2 - 2bx^3 + x^4 + x^2y^2$.

Les perfonnes, qui ne font pas ou peu Géométres, demanderont peut-être d'où viennent ces équations, je ferois bien charmé de les fatisfaire ; mais le raifonnement que je pourrois faire pour cela, fuppoferoit d'autres raifonnemens. On doit favoir que les démonftrations mathématiques font toutes dépendantes. Et ces autres raifonnemens demanderoient d'autres explications, ce qui iroit bien loin. C'eft donc avec regret que je les prive de cette fatisfaction, qu'ils trouveront dans plufieurs Auteurs, & nommément dans les *Elémenta Mathéfeos* de *Wolf Tom. I. pag.* 371. Cependant s'il fe trouvoit de ces efprits vifs, qui aiment mieux trouver les chofes par eux-mêmes, que de les aller chercher, je les préviens, que ces équations fe tirent principalement de la ligne N S, parallele à la bafe M T du triangle P M T, qui coupe fes côtés proportionnellement.

2. On peut former différentes *Conchoides*, felon qu'on change les mouvemens de la ligne P B ; en forte que P S élevé à une puiffance quelconque, telle que m, en général, foit à une autre telle que n, comme MN^m eft à BS^n. Nommant P S a, S B b, P N x, N M y, on aura $a^m : x^n :: b^n : y^m$ donc $a^m y^m = x^n b^m$, équation qui exprime la nature d'une infinité de *Conchoides*.

3. Les anciens Géométres, felon *Pappus*, fe font fervis de la *Conchoide*, pour trouver deux moïennes proportionnelles entre deux lignes données. *Newton* prétend qu'*Archimede* faifoit ufage de cette courbe pour la conftruction des problêmes folides. Il la préfere à plufieurs autres courbes, même aux fections coniques, pour la conftruction des équations du troifiéme & du quatriéme dégrés, tant à caufe de fa fimplicité, que de fa conftruction. (*Arithmetica univerfalis*, par *Newton*.) Ce favant Auteur donne dans fa *Méthode des Fluxions*, *pag.* 120. (de la Traduction de M. *de Buffon*,) la maniere de trouver l'aire de cette courbe. M. *Bernoulli*, dans fa leçon fur la Quadrature des courbes, *Bernoulli Oper. Tom III. pag.* 400. détermine par le calcul différentiel l'efpace *Conchoidal* M N S B, (Planche IX. Figure 82.) & il conclud que cet efpace eft égal à l'efpace hyperbolique, rectiligne & circulaire. (*Spatium*, dit-il, *Conchoidale æquale fpatio hyperbolico, Rectilineo & circulari.*)

4. Le plus grand fervice qu'on ait tiré de la *Conchoide*, c'eft celui de diminuer dans l'Architecture Civile les Colonnes Ioniques, Corinthiennes & Compofites. Pour cette diminution *Vignole* avoit imaginé de marquer plufieurs points à quelques endroits, & de conduire, fuivant ces points, une regle, flexible pour faire le contour de la colonne. Cette pratique eft ingénieufe : elle auroit pû paffer pour bonne, fi l'on n'avoit point connu l'ufage, dont pouvoit être la *Conchoide*. On doit à M. *Blondel*, Profeffeur de Mathématique, la maniere de tracer par la *Conchoide* la ligne de diminution d'un feul trait. M. *Perrault* juge cette découverte fi belle, qu'il ne regrette point la figure que *Vitruve* avoit promife, dont le fameux *Villalpande* jugeoit la perte irréparable. La méthode du Profeffeur eft bien autrement précieufe. Comme elle ne fuppofe pas feulement la connoiffance de la *Conchoide*, mais encore l'inftrument qu'a inventé *Nicomede* pour tracer la premiere, il eft dans l'ordre que je donne la defcription de cet inftrument. (Planche IX. Fig. 83.)

5. Il eft compofé de trois pieces M N, O P, A B, dont deux O P, M N font à angles droits. Le point P repréfente, (comme il l'eft effectivement) le pole de la *Conchoide* qu'on va décrire ; & c'eft-là qu'on arrête la regle A B, par une vis. La piece M N a une rainure, dans laquelle gliffe la regle A B, qui y eft en quelque façon enchaffée par une efpece de clou. Si l'on fait mouvoir cette regle, de maniere que ce clou ne forte pas de la rainure, la courbe que décrira le point B, fera la premiere *Conchoïde*.

6. M. *Blondel* fe fert ainfi de cet inftrument, pour diminuer les colonnes. Il pofe la regle M N le long de la colonne, qui la partage en deux. Or cette regle, qui eft la *Directrice*, eft encore fituée de façon que la regle O P coupe la colonne au tiers, en prenant ce tiers du côté de la bafe. On porte la regle A B fur la regle O P, & là on commence à faire parcourir à la premiere regle toute la longueur de la colonne, qui forme le rétréciffement tant du tiers d'en-bas que du tiers d'en-haut. Car, fuivant la conftruction de cet inftrument, le pole P eft toujours l'origine d'une infinité de lignes, dont les parties

compriſes depuis l'axe de la colonne juſques au contour de ſon renflement, ſont égales entre elles. Au reſte, il eſt peut-être bon d'avertir qu'il faudroit que la regle O P fût mobile ſur la regle M N, afin qu'on pût la gliſſer ſur le point de la diminution de la colonne; circonſtance qui a été mal à propos négligée par les Architectes qui en ont donné l'uſage, comme on le peut voir dans *l'Architecture de Vitruve*, *pag.* 81. & dans le *Cours d'Architecture de Daviler*, *pag.* 104.

CONCORDANCE. Terme de Muſique. Convenance entre deux ſons ou deux notes de différens tons, ſoit dans la conſonance, ſoit dans la ſucceſſion du ton, & qui flatte agréablement l'oreille. (*Voïez* CONSONANCE.)

CONDENSATION. On ſe ſert en Phyſique de ce terme, pour exprimer le rétréciſſement que cauſe le froid à un corps, en lui faiſant occuper un eſpace plus étroit. Ce terme eſt ſurtout en uſage dans l'Aerométrie, par rapport à l'air qu'on condenſe fort aiſément. (*Voïez* AIR & FROID.)

CONDITIONNAIRE Ce terme n'eſt en uſage que parmi les Aſtrologues. On entend par-là qu'une planete nocturne eſt levée pendant le jour. Les planetes diurnes ſont Jupiter, Saturne, & le Soleil. Les planetes nocturnes ſont Mars, Venus, & la Lune. La planete de Mercure eſt d'une nature variable. Cela poſé, Jupiter eſt *Conditionnaire*, lorſqu'il eſt ſur l'horiſon pendant la nuit, & Mars lorſqu'il y eſt pendant le jour.

CONDUIT AUDITIF. Terme d'Acouſtique. C'eſt la partie de l'oreille, qui tranſmet le ſon ſur la membrane du tambour. Elle commence au fond de la conque, & elle eſt terminée par cette membrane, qui fait avec elle un angle aigu par le bas. La forme du *Conduit Auditif* eſt une ellipſe cilindrique, qui va en ſerpentant. Par-là le ſon, ou l'air qui le produit, ne fait impreſſion ſur cette membrane fort mince, qu'après avoir heurté les parois du *Conduit Auditif*, c'eſt-à-dire, après avoir été amorti par les chocs & les réflexions qu'il éprouve, chemin faiſant, dans ce canal tortueux.

Les perſonnes, qui aiment les définitions exactes, trouveront peut-être mauvais que je n'aie pas dit que le *Conduit Auditif* étoit en partie oſſeux, & en partie cartilagineux. Elles ont raiſon. Mais je prie ces perſonnes de faire réflexion qu'il ne s'agit point ici d'une anatomie rigoureuſe de cette partie de l'oreille. Une telle anatomie ne convient point dans un ouvrage où l'on ne conſidere cet organe que pour l'explication phyſique du ſon. Je ne renonce cependant pas tout-à-fait

à faire connoître le *Conduit Auditif* plus particulierement avec ſa figure ſous les yeux. (*Voïez* OUIE.)

CONE. Corps qui a un cercle pour baſe, & qui ſe termine en pointe. *Campani* définit le *Cone* une *Pyramide ronde*. C'eſt ainſi que M. *Clairaut* l'a conſidéré dans ſes *Elémens de Géométrie*. Cette figure eſt bien ſimple. Après le cilindre, il n'y en a point de plus ſimple en Géométrie. Cependant rien n'eſt plus difficile à concevoir que ſa génération. *Euclide*, c'eſt-à-dire le premier, qui a conſidéré les propriétés du *Cone*, prétend qu'il eſt formé par le mouvement d'un triangle rectangle autour de l'un de ſes côtés. Cette génération, qui a été adoptée par beaucoup de Géometres n'eſt pas générale : elle ne convient qu'à un *Cone* droit. (Pl. VII. Fig. 85.)

Le Docteur *Barrow* pour rectifier cette définition d'*Euclide*, s'exprime ainſi : » Le *Cone*, » dit-il, eſt une figure qui ſe forme lorſqu'un » des côtés d'un triangle rectangle (c'eſt-à-dire, » un de ſes côtés qui comprennent l'angle droit) » reſtant fixe, le triangle tourne tout autour » juſques à ce qu'il revienne au point d'où » il eſt parti. Si la ligne droite fixe eſt égale » à l'autre ligne, qui forme l'angle droit, » le *Cone* eſt un *Cone rectangle* ; mais ſi » elle eſt moindre, le *Cone* eſt obtus, & ſi » elle eſt plus grande le *Cone* eſt acutangle. » L'axe du *Cone* eſt la ligne autour de laquelle » le triangle ſe meut. La baſe eſt le cercle qui » eſt décrit par la ligne droite, qui ſe meut » autour de l'axe (*Definit.* 18 * 19, 20, » *Euclide, L. II.*) Cette définition ne paroît » pas aſſez préciſe, & du moins trop condi- » tionnelle «.

Jonas Moord, (*Voïez* ſes *Sections Coniques*, le P. *Pardies*, (*V.* ſes *Elémens de Géométrie*) & pluſieurs autres Géometres, font rouler une ligne autour d'un cercle, obliquement au diametre de ce cercle pour former le *Cone*. Cette génération ne s'étend pas au *Cone oblique*, qu'on nomme auſſi *Scalene*, qui eſt un *Cone*, dont l'axe eſt oblique ſur le diametre de ſon cercle. (Planche VII. Figure 87.) Car ſuppoſons que la ligne A B (Planche VII. Figure 86.) coule autour du cercle A D E C, y étant inclinée ſous l'angle de 45 dégrés, quand elle ſera parvenue au point C, elle fera un angle de 45 dégrés. Donc les angles du triangle A C B, B A C étant égaux, le triangle ſera iſoſcele, & le *Cone* ſera encore un *Cone droit*. Quelle que ſoit l'inclinaiſon, on n'aura jamais qu'un pareil *Cone*, puiſque toutes les inclinaiſons ſeront égales dans tous les points de la circonférence du cercle.

M. *Jean Ward*, après avoir diſcuté dans

son *Guide des jeunes Mathématiciens , Part. IV. C. I.* toutes ces définitions en donne une , que je n'ai vû nulle part , & qui paroît la plus juste qu'on puisse donner de la formation de ce corps.

Si l'on décrit , dit-il , un cercle sur une feuille de papier (ou sur toute autre matiere pliable) de la grandeur que l'on voudra , & si on la coupe en deux , trois ou plusieurs secteurs égaux ou inégaux , & que ces secteurs soient tellement roulés , que ses raïons se rencontrent exactement , il formera une surface conique ; c'est-à-dire , si le secteur C A B , (Planche VII. Figure 88.) est séparé du cercle , & qu'on le roule , en sorte que les raïons C B , C A , s'ajustent parfaitement dans tous leurs points, il formera un Cone tel que le centre C deviendra un point de ce solide que l'on nomme sommet du Cone , le raïon C A étant le même de tous les côtés , sera le côté du Cone , & l'arc A O B deviendra un cercle, dont l'aire se nommera base du Cone.

Il faut convenir que voilà une formation qui convient à tous les Cones. Si le secteur est un quart de cercle , le Cone sera un Cone droit. Si la valeur de l'arc , qui termine le secteur a plus ou moins de dégrés , le Cone est un Cone Scalene.

2. Il semble que M. *Jean Ward* a tiré sa définition du développement du Cone. En effet , la surface d'un Cone droit est égale à la moitié de son côté par la circonférence de sa base. Celle du secteur est égale au produit de l'arc du secteur par la moitié du raïon, Donc le développement d'un Cone est un secteur , dont le raïon est égal à son côté , & l'arc à la circonférence du cercle qui lui sert de base. Après la définition du Cone de M. *Jean Ward* , on seroit tenté de croire que la même méthode peut ou doit servir pour trouver la surface d'un Cone oblique , puisqu'un Cone oblique est toujours le développement d'un secteur, Cependant on ne connoît point de méthode pour avoir la surface d'un Cone oblique , parce qu'on ne sait pas le rapport de cette surface à un cercle ou à quelque section conique. Mais , dira-t-on , qu'a-t-on affaire de cette section conique ? Puisque le développement d'un Cone quelconque est un secteur de cercle , & qu'on sait la maniere de mesurer sa superficie , qui empêche qu'on en fasse usage ? Dans un secteur , toutes les lignes tirées du centre à l'arc sont égales. Il n'en est pas de même de celles qu'on peut mener du sommet d'un Cone à la circonférence de sa base. Lorsque le secteur est tel que les raïons font un angle aigu , on ne peut en former un Cone

qu'en faisant remonter les lignes qui approchent des raïons pour former le Cone. Ici toutes les lignes sont inégales. Eh ! lesquelles prendre pour la multiplication requise ? Tel est justement le nœud de la difficulté.

3. On connoît mieux la solidité des Cones que leur surface. La chose est sans doute singuliere. Il est cependant démontré , que *la solidité des Cones obliques est égale au produit de la base par le tiers de la hauteur.* Et cela vient en partie de ce que les Cones , *qui ont même base & même hauteur, sont égaux* , & en partie de ce que *tout Cone est le tiers d'un cilindre, de même base & de même hauteur.* Lorsque l'axe de deux Cones est en même raison que leur base ces Cones sont semblables. Le centre de gravité d'un Cone est aux $\frac{1}{4}$ de son axe pris du côté de sa base.

4. Ce sont là toutes les propriétés & qualités du Cone. Je ne dis rien de celles qui proviennent des sections du Cone. Ceci regarde les Sections Coniques. *Voïez* donc SECTIONS CONIQUES. Mais je dois parler d'une propriété remarquable & reconnue par M. *Bernoulli.* La voici. *Si sur la base d'un* Cone *droit , on éleve un prisme droit , aïant pour base une figure quelconque soit rectiligne , soit curviligne , ce prisme coupera une superficie quelconque , qui sera à la base du prisme , comme le côté du* Cone *au raïon de la base du* Cone, (*ut latus Coni ad radium basis Coni.*) *Bern. Op. Tom. I. pag.* 160. M. *Bernoulli* déduit de-là un colloraire , sur lequel il a glissé , & qui mérite cependant d'être développé , d'autant mieux que M. *Parent* a fait là-dessus une découverte curieuse.

Soit donc la moitié d'un Cone droit dont la base est le demi cercle B D E , (Plan. VII. Fig. 321.) dans lequel est décrite la figure B F D , absolument quarrable. Qu'on conçoive une ligne droite parcourant cette courbe B F D toujours parallelement à elle-même & à l'axe du Cone : elle coupera sa surface dans une courbe continue B G D , & la partie de cette surface B A D G sera absolument quarrable. C'est le colloraire de M. *Bernoulli* énoncé à la vérité d'une maniere moins générale. Or M. *Parent* ajoute que si une ligne fixe au point C , par son extrémité , parcourt la courbe B G D , elle retranchera vers le sommet du Cone une partie A B G C D A , en forme de pyramide dont le sommet est en C , & dont la solidité pourra être déterminée absolument.

Que C E e soit un des secteurs infiniment petits du demi-cercle D E D ; C I i un des secteurs élémentaires de la figure B F D ; A E e , un des triangles dont est composée la surface du Cone ; enfin que I H représente la parallèle à l'axe du *Cone* dans le tems qu'elle coupe fa furface en H : Donc à caufe des triangles femblables A E : A H : : C E : C I : ou A E² : A H² : : C E² : C I² c'eſt-à-dire , le triangle A E e eſt à A H h comme C E e : C I i. Mais le triangle A E e eſt au fecteur C E e comme A E : C E , à caufe du côté commun Æ e : donc le triangle A H h, eſt au fecteur C I i dans la même raifon. Il en fera de même de tous les autres triangles infiniment petits dont eſt compoſée la furface B H D G, eu égard aux fecteurs correfpondans de la figure B F D. Donc la fomme eſt à la fomme, c'eſt-à-dire à la furface B A D G à la figure B F D, comme A E : C E. Par conféquent cette figure étant fuppofée abfolument quarrable, la portion de furface conique B A D G le fera auſſi. *Voïez* les *Recherches Mathématiques*, de M. *Parent, Tome II.*

Sur cette démonſtration, M. *Montucla* de la Société Roïale de Lyon démontre : que fi c'étoit la lunule B F D E qui fût fufceptible d'une quadrature abfolue, la furface conique B G D E en feroit auſſi capable. Il ajoute qu'en fuppofant une infinité de lignes droites tirées du point C à la courbe B G D, il fe formera un folide en forme de pyramide, bornée par des furfaces courbes, dont le fommet fera au point C, & qui fera compofée d'une infinité de pyramides rectilignes dont les bafes feront les petits triangles A H h qui comprennent la furface du *Cone*. Chacune de ces pyramides aura fon fommet au point C ; une de fes arrêtes dans l'axe du *Cone*, & la folidité de chacune fera égale au produit de fa bafe, ou l'un des triangles A H h par le lieu de fa hauteur qu'eſt la même pour toutes, c'eſt-à-dire la perpendiculaire tirée du point C fur un des côtés du *Cone*. Donc la fomme de toutes ces petites pyramides, c'eſt-à-dire le folide A B G D C, fera égal au produit de la furface A B G D, abfolument quarrable par le tiers de la perpendiculaire C H.

Cet Académicien remarque encore que quand la courbe B F D eſt une parabole dont B D eſt une ordonnée ; que la courbe B G D en eſt auſſi une, & qu'alors le *Cone* peut être regardé comme coupé par un plan formant une parabole & paſſant par le diametre B D. D'où l'on voit que dans ce cas le folide A B G C D eſt fufceptible d'une cubature abfolue. Ce qui eſt conforme à ce que *Gregoire de St Vincent* a auſſi démontré d'un femblable folide.

CONE TRONQUE'. Cone fans pointe. Si l'on coupe un cone A B C (Planche VII. Figure 88.) par un plan D E parallele à la bafe A B d'un cone, le corps ou la partie A D E B fera une *Cone tronqué*. On trouve la furface de ce corps, en mefurant celle des deux cones A C B, D C E, & en retranchant de la furface du premier celle du fecond. Le reſte fera la furface du *Cone tronqué* A D E B. La furface de ce corps fe mefure encore en multipliant la fomme des circonférences des deux cercles oppofés A B, D E, qui lui fervent de bafe dont on prend la moitié du produit. Il eſt une troifiéme maniere de connoître cette furface. Multipliez le côté du *Cone tronqué* par la circonférence d'un cercle moïen entre le cercle D E & le cercle A B, c'eſt-à-dire, par la circonférence H G, qui coupe le côté D A en H en deux parties égales.

Il s'agit ici d'un *Cone tronqué* tiré d'un cone droit. Quand le *Cone tronqué* eſt pris d'un cone oblique (Planche VII. Figure 89.) nulle reſſource pour en trouver la furface. La difficulté du cone oblique pour la mefure de la furface fubfiſte avec toute fa force ; & il n'y a pas moïen de la fubtilifer.

A l'égard de la folidité des *Cones tronqués*, il faut mefurer la folidité des deux cones ; & fouſtraire du grand la folidité du petit, tout de même qu'on l'a fait en premier lieu pour la mefure des furfaces. Le reſte fera la folidité du *Cone tronqué*. Par-là on a & la folidité du *Cone tronqué* oblique, & celle du *Cone tronqué* droit.

Il ne faudroit pas s'imaginer qu'il y ait d'autre voïe qui pût donner la folidité d'un *Cone tronqué*. Celle qu'on trouve dans les Traités ordinaires de Géométrie pratique eſt fauſſe ; favoir, que la folidité d'un *Cone tronqué* eſt égale au produit de la demi-fomme de la bafe & de la furface, par la hauteur du *Cone tronqué*. Cette regle, qu'on a la hardieſſe d'avancer fans démonſtration, & avec un ton *démonſtratif*, doit fon origine, felon M. *Wolf*, à la jauge des tonneaux, qu'on confidere comme deux *Cones tronqués* & qu'on mefure ainfi ; parce que dans la vie civile, on a préféré une régle facile à une parfaitement juſte.

Pour que deux *Cones tronqués* foient femblables, il faut que les cones, dont ils font parties, foient femblables l'un à l'autre, & que leurs hauteurs foient entr'elles comme le raïon de leur bafe.

CONE DE LUMIERE. Terme de Phyſique. Faiſceau, amas, aſſemblage de raïons qui tombent d'un point quelconque d'un objet fur la furface d'un miroir ou d'un verre. C'eſt fur ce verre, qu'eſt la bafe du *Cone de lumiere* ; & fon fommet eſt au point d'où partent les raïons.

CONGE'. Terme d'Architecture civile. *Voïez* APOPHYGE.

CONGELATION. On fait usage en Physique de ce terme, pour exprimer l'état de fixité des parties d'un fluide : je veux dire cet état, où les parties d'un fluide ont perdu leur fluidité jusques à former un corps solide. Ce changement, qu'on appelle *glace* dans les fluides, est produit par le froid. L'eau & le vin se glacent. L'huile & la graisse se coagulent. Les premieres liqueurs forment un corps solide qui résiste : les secondes un corps molasse tel que le donne la coagulation. *Voïez* COAGULATION. Comme cet article est assez de conséquence pour mériter un détail un peu circonstancié, je le divise en deux parties. Dans la premiere j'expose les expériences & les observations les plus importantes. Je développe dans la seconde les systêmes qu'on a imaginé pour expliquer la *Congélation*.

1. Suivant les observations les plus exactes la glace se forme ainsi. L'eau exposée au froid, commence à se geler par des filets vers sa superficie, & qui s'étendent en travers. Chaque filet jette à ses côtés d'autres filets, qui en ont ensuite d'autres. Ces filets s'entrelassant forment le premier tissu de glace. Si le froid augmente ou persévere, à ce tissu se joignent de la même maniere d'autres tissus jusques à une entiere *Congélation*. Ceci regarde l'eau pure, l'eau salée, l'eau mêlée avec de l'esprit de vin, & le vin. Quand on a mis de l'alun dans l'eau, il se forme une bosse sur le premier tissu de la glace. Celle du vin n'a pas la consistance de celle de l'eau. Elle forme une substance spongieuse, mêlée avec des lames ou des filets glacés. Du reste, elle n'offre sur sa surface rien de différent de la glace de l'eau. Toutes ces liqueurs se dégelent de la même maniere dont elles s'étoient gelées. La glace commence à fondre par les bords où la liqueur est contenue, ainsi qu'elle avoit commencé à se former : car j'avois oublié de le dire : la surface fond ensuite, & les filets reviennent à la fin, comme ils avoient paru au commencement.

Ces filets sont si variés, qu'il n'est gueres possible de suivre leur réunion, c'est-à-dire, le premier tissu de la glace. Ils sont même si différens dans des *Congélations* différentes, qu'on ne peut gueres répéter une expérience manquée, ou établir quelque regle générale. Ce qu'on remarque de plus constant dans leur disposition, c'est qu'ils forment presque toujours des croix de Malthe, des étoiles, ou des feuilles d'arbres. M. *de Mairan* a même observé que les feuilles étoient la figure que les filets sembloient affecter plus

particulierement. Il a lui-même distingué non-seulement les côtes des feuilles, leur nervure, leurs veines, & ce réseau qu'on voit à la plûpart d'elles ; mais encore leurs découpures exprimées très-distinctement & avec beaucoup de variétés. (*Dissertation sur la glace, qui a remporté le Prix de l'Académie de Bordeaux.* 1716. Voïez le *Recueil des Dissertations, qui ont remporté le Prix de l'Académie de Bordeaux. Tome I.*)

2. Quand l'eau est glacée, elle occupe un plus grand espace que celui qu'elle occupoit dans son état naturel, & malheur au vaisseau qui la contient : il casse sans ressource. M. *Hughens* opposa à l'effort de la glace le canon d'un mousquet qu'il avoit rempli d'eau, & qu'il avoit exactement bouché par les deux extrémités. Ce canon aïant été exposé au froid, on l'entendit crever à l'endroit le plus mince avec grand bruit, aïant un fente de 4 pouces de long.

Il est une autre expérience encore plus surprenante sur l'effort de la glace. On remplit d'eau un boulet de fer creux, de trois ou quatre lignes de diamétre, & on laissa ouvert le trou, par lequel on l'avoit rempli. L'eau se glaça dans le boulet ; mais elle ne put le fendre. Qu'arriva-t-il ? La nature ne perdit pas ses droits. La glace sortit par le trou, & forma une tige qui s'allongeoit à mesure que le froid devenoit plus âpre jusques à la longueur de 3 pouces. Cette tige étant rompue, & le boulet aïant été exposé à l'air, pendant une nuit très-froide, il parut une nouvelle tige plus courte que la premiere, la glace se filant, comme l'or à travers les filieres. (*Mémoires de Trévoux.* 1701. *Mois de Septembre & Octobre. p.* 201.)

L'eau glacée est plus légere que dans son autre état, quoique son volume soit plus grand. Elle surnage sur l'eau. Mais quand on l'a purgée d'air par la machine pneumatique elle devient plus pesante ; & si on la plonge alors, elle se précipite au fond. C'est une expérience qu'on doit à M. *Homberg*. (*Mémoires de l'Académie, Ann.* 1693. *page* 19.)

Afin de savoir au juste l'augmentation de volume, ou, ce qui est la même chose, le moindre poids d'une piece de glace, par rapport à un même volume d'eau, M. *de Mairan* fait usage d'un moïen très-ingénieux, & qui tire son origine de celui qu'emploïa *Archimede*, pour découvrir le mêlange d'or & d'argent d'une couronne, sans endommager l'ouvrage. Il pese d'abord la piece de glace à part, & suspend ensuite au bras d'une balance un morceau de fer, ou de quelque autre métal plongé dans l'eau. M. *de Mairan* connoissant

connoissant ainsi le poids de ce métal dans l'eau, remarque quel est le poids du glaçon dans l'air. Ensuite cet habile Physicien lie ensemble le morceau de fer & le glaçon; les suspend au bras de la même balance, & les plonge dans l'eau. Ce que le tout pese de moins que le morceau de fer, donne précisement la valeur de la légereté du morceau de glace, par rapport à un pareil volume d'eau. (*Voïez* la *Dissertation ci-dessus citée.*)

3. La glace ne se forme pas toujours uniformément. La nature semble se jouer dans la forme singuliere qu'elle donne à des glaçons. On a vû ce qu'elle dessinoit sur la surface de l'eau. Sur mer il paroît quelquefois des glaçons, dont la configuration représente presque des figures humaines, des parties d'Architecture, &c. De toutes ces configurations il n'y en a peut-être jamais eu de plus particuliere que celle que vit dans ses voïages *Fréderic Martens* de Hambourg. C'étoit dans la Mer Glaciale. Un glaçon plus grand qu'un vaisseau, comme s'exprime ce Navigateur, formoit une Eglise où il y avoit des piliers, une voute, & des portes singulieres, dont les portes & les fenêtres paroissoient comme éclairées par des chandelles de glace, & l'intérieur de cet édifice congelé étoit coloré d'un beau *bleu.* (*Frederic Mart. de Hamb. Journ. D. Voïag. A Spinzergen. C. 3 de la Glace.*)

Sans vouloir anticiper sur la partie du système de la *Congelation,* on peut bien faire ici hardiment un acte d'humilité: c'est qu'on reste court, quand on veut expliquer la configuration que la glace a prise, & qu'à cet égard *fiat lux.* En effet sur quoi s'appuïer? Où est l'homme, qui seroit assez effronté, pour vouloir rendre raison d'un effet varié par une infinité de circonstances qu'il est impossible de prévoir, & encore moins de combiner?

Des Chimistes plus hardis que les simples Physiciens, par dépit de ne pouvoir dévoiler la nature à cet égard, se sont mis dans la tête, qu'on pourroit imiter ce qu'elle déroboit à notre attention; & la faire accoucher, (si l'on peut parler ainsi,) ouvertement sous les yeux, de ce qu'elle sembloit cacher en particulier avec tant de soin. La Palingénésie, sorte d'art, dont nous parlerons en son lieu, a eu une réputation dans ces tems où le merveilleux captivoit le jugement des hommes. On prétendoit qu'on ressusciteroit la figure d'un oiseau, ou de tout autre animal, de même que la forme d'une plante, en en réchauffant les cendres avec certaines précautions. Qui pourroit le prévoir? Ce que le

feu opéroit là, on voulut le faire produire à la glace. D'après cette belle idée, on s'avisa de faire geler une lessive des cendres d'une plante; & on trouva, à ce qu'on dit, l'image, ou pour parler en *Palingénésiste,* l'idée de cette plante.

Malgré des faits si peu sérieux, un grand Physicien, qui ne devroit point être suspect, le fameux *Boile,* rapporte cependant qu'aïant fait dissoudre dans de l'eau un peu de verd de gris, qui contient beaucoup de parties salines de marc de raisin, & aïant fait geler cette eau artificiellement avec de la neige & du sel, il avoit vû de petites figures de vigne sur la superficie de la glace. Le Chevalier *Digbi* assure qu'aïant fait une pareille épreuve avec des cendres d'ortie, il avoit réellement remarqué dans la glace des figures d'ortie. On a cent autres histoires de cette nature, dont on peut voir le détail dans un Livre intitulé: *Curiosités de la Nature & de l'Art sur la Végétation, l'Agriculture, &c.* in-12. Tom. II.

4. Il faut avouer que voilà des choses bien surprenantes, & peut-être aussi bien douteuses. En voici d'autres aussi dignes d'admiration, & qui méritent plus de croïance. M. *Perrault* rapporte dans ses *Expériences de la Congelation* que l'eau, qu'on avoit gardée enfermée dans une cassette, pendant la nuit, n'aïant point été gelée, on la laissa quelque tems à découvert, & elle ne se gela point du tout. On s'avisa de la verser dans un verre, & elle se glaça tout de suite. (*Essais de Physique, Tome IV. IIe Part.*) Voilà un effet bien bisarre: En voici un bien singulier, qui ne doit rien à la nature; mais à l'art d'un Physicien habile. La glace rafraîchit: on l'éprouve, quand on veut. Rafraîchit-elle toujours? M. *Mariotte* dira que non, & qu'elle brûle. Exposons vîte ce fait à ceux qui ne le savent pas, pour éviter qu'on ne forme quelque contestation, qui pourroit bien terminer la lecture de cet Article.

1°. Faites bouillir de l'eau, pour faire sortir l'air qu'elle renferme; exposez-la ensuite au froid. Cette eau ainsi purgée d'air, devient un glaçon, si on l'expose au froid, qui doit avoir deux ou trois pouces d'épaisseur; qui n'a point de bulles visibles, & qui est parfaitement transparent.

2°. Mettez ce glaçon dans un vaisseau creux d'une demi-sphère de 6 pouces de diamétre, & faites-en fondre l'extérieur sur un peu de feu. A mesure que l'eau fond, versez l'eau par inclinaison. Retournez cette glace de l'autre côté, & faites-la fondre par-là, jusques à ce qu'elle ait pris une surface convexe des deux côtés, parfaitement polie

& uniforme. La chose faite avec un glaçon, on aura un miroir ardent. Cela est merveilleux. Mais qu'on expose ce glaçon aux raïons du soleil, & on verra que la poudre à canon placée à son foïer, s'enflammera, comme aussi toutes les matieres combustibles qu'on voudra y mettre. (*Traité du Mouvement des Eaux*, I. *Part. Discours. Et Expériences sur la Congelation. Oeuvres de Mariotte*, Tom. II.)

Jusques ici on n'a pas eu d'autres effets de la *Congelation.* En voilà bien assez, & peut-être trop. En Physique, plus les effets sont variés, plus on a de ressources dans la connoissance des causes; parce que la multiplicité d'objets dévoile presque toujours les causes par quelque endroit; de même que plus le mot d'un *Logogryphe* est décomposé, (qu'on me permette cette comparaison,) & plus il est aisé de le connoître. Cette regle de Physique, qui est vraie, est cependant ici en défaut. Les effets de la *Congelation* sont si contrastés, qu'il est très-difficile de les concilier avec un principe général. Et il semble que le mécanisme de la nature dans les opérations de la glace ne soit pas un. Examinons si quelqu'un a pû réussir à expliquer ces opérations : j'ai promis ce détail au commencement de cet Article.

5. Le plus ancien système sur la *Congelation* admet pour cause certains esprits de nitre, qui se mêlent en hiver avec les parties de l'eau. Ces esprits étant d'eux-mêmes peu propres au mouvement, par leur figure, & leur inflexibilité, affoiblissent, & détruisent peu à peu le mouvement des parties, auxquelles ils se sont attachés. Il y a apparence que ce système est fondé sur une expérience commune, qui a appris à faire de la glace, quand on veut, en s'y prenant de cette sorte. Remplissez d'eau une bouteille. Bouchez-la exactement. Mettez cette bouteille dans un vaisseau plein de neige, mêlée avec du sel commun & du salpêtre, ou autrement du nitre tout seul, où elle soit entierement couverte de ce mélange; on ne tardera pas à avoir de la glace.

Comme l'Auteur de ce système ne s'embarrasse pas de rendre raison des effets du moins les plus généraux de la *Congelation*, il se met hors de danger d'être réfuté : je passe donc au second système.

Une personne, qui ne s'est pas fait connoître, prétend que l'eau ne se glace en hiver que parce que ses parties étant plus serrées les unes contre les autres, s'embarassent mutuellement, & perdent ainsi tout le mouvement qu'elles avoient. Il ajoute que l'air se dilate lors de la conversion de l'eau en glace, comme on l'apperçoit par les peti-

tes bulles qu'il y forme; & c'est cette dilatation qui resserre ainsi les parties de l'eau les unes contre les autres. A mesure que le froid augmente, les ressorts de l'air qui est dans la glace, ont plus de force, pour repousser les parties de l'eau glacée. Ainsi le volume de l'eau & de l'air doit grossir de plus en plus, comme on le fait par expérience. (*Observat. sur toutes les Parties de la Physique*, T. II.)

On me permettra de le dire : ce système n'est pas bien clair. Comment, & pourquoi le froid resserre-t-il les parties de l'eau? C'est ce qu'il faut deviner. D'ailleurs, quelle Physique! Le froid condense l'air : on le sait; & ici il le dilate : on ne le savoit pas. Les bulles d'air peuvent bien prouver que dans le froid l'air s'insinue dans la glace : mais on ne voit pas que ces bulles dénotent une dilatation. Il est encore assez extraordinaire de penser que l'air se dilate davantage quand le froid est plus rigoureux.

M. *de Mairan*, qui a sans doute senti le foible de ces systêmes, en donne un nouveau dans la Dissertation ci-devant citée. Il établit dans l'univers deux sortes de matiere subtile. La premiere n'entre point dans le liquide; la seconde y est enfermée. Toutes les deux sont dans une agitation continuelle; & c'est de l'équilibre entre leur mouvement que dépend la formation de la glace. Quand il fait froid, la matiere subtile extérieure diminue de vitesse & de ressort. Alors s'échappe une partie de celle qui étoit enfermée dans le liquide. L'effusion de cette matiere continue, & doit continuer, jusques à ce que le nombre, la tension, & la vitesse des molécules de celle qui y reste, soient diminuées au point qu'elles soient en équilibre avec la matiere subtile du dehors. Or les parties du liquide étant redevables de leur fluidité, selon M. *de Mairan*, à la matiere subtile qui les environne, il est évident que leur mouvement se rallentira avec celui de la matiere. De-là une diminution dans le volume, & un engourdissement dans les parties du liquide. Les parties du liquide sont donc prêtes à se joindre, c'est-à-dire, à se glacer. Et si le froid augmente, ou persévere, à ces parties assemblées du liquide il s'en joindra bien-tôt d'autres, savoir celles qui en seront plus voisines; à celles-ci d'autres encore. Enfin, toute la masse du liquide demeurera fixe & immobile, dure; en un mot, elle deviendra glace.

Mais si telle est la théorie de la *Congelation*, l'eau devroit occuper, étant glacée, un moindre volume que lorsqu'elle est liquide. L'expérience ne s'accorde pas ici avec le raisonnement. M. *de Mairan* s'explique à cet égard. Il dit fort bien que si l'on ne faisoit attention qu'aux parties propres du liquide, il est certain qu'elles occuperoient un moindre volume, lors de leur *Congelation*. La glace n'en occupe un plus grand que parce qu'il s'y mêle des bulles d'air, qui font un tout plus grand & plus léger que ne formoit l'eau toute seule étant liquide. On pourroit peut-être demander pourquoi ces bulles d'air se mêlent dans l'eau, lorsqu'elle commence à se glacer. Voici mon sentiment.

Quand l'air se glisse dans l'eau, il ne s'y glisse pas à pure perte. Il doit servir à la *Congelation*, ou je suis fort trompé. En effet, le premier effet du froid est de condenser l'air. Cet air condensé cherche à se mettre au large. Il trouve de la place dans l'eau, il s'y place; la serre, & se loge en la comprimant. Et voilà les bulles d'air qui paroissent. Si, lorsque l'air travaille ainsi dans l'eau, on pouvoit dilater l'air extérieur, il n'est pas douteux qu'on ne vît alors se manifester son action. Ce seroit une expérience à faire. Un vase plein d'eau exposé d'un côté à un air tiéde, & de l'autre à un air extrémement froid (qu'on me permette cette façon commune de m'exprimer) donneroit ce spectacle d'ébullition que je conjecture. Dans ce cas, il souleveroit l'eau & passeroit à travers. Il pourroit cependant se former un tissu de glace, si le froid étoit très-rigoureux, par le saisissement précipité des parties de l'eau. Quoiqu'il en soit, tandis que l'eau est ainsi comprimée intérieurement, elle l'est aussi extérieurement par l'air. Ces deux compressions serrent les parties les unes contre les autres; elles s'embarrassent; perdent leur situation naturelle; entrent les unes dans les autres, & forment enfin par leur entrelassement le premier tissu de glace. Dans ce tissu viennent circuler d'autres parties, & elles s'y accrochent : second tissu, troisiéme tissu; enfin dernier tissu, si le froid dure. De cette maniere l'air se trouve surpris & renfermé dans la glace. L'eau étant gelée occupe donc un plus grand volume puisqu'elle contient plus d'air qu'elle n'en contenoit auparavant. Quand le froid diminue, l'air s'échape peu à peu & laisse l'eau à son aise, qui reprend son état naturel. Le vin ne se gele pas comme l'eau; parce que ses parties sont plus aigues, moins *vermiculaires*, & pour le couper court, parce que le vin a moins d'adhérence ou de cohésion que l'eau.

Cette nouvelle idée satisfait-elle aux opérations de la congélation? Il faudroit entrer peut-être dans un plus grand détail; & voir si à cette cause se rapportent les effets que j'ai déduits ci-devant. Comme je dois être succint dans mes réflexions, je laisse ce soin là au Lecteur. M. *Perrault*, M. *Mariotte*, M. *de Mairan*, ont écrit particuliérement sur la *Congélation.*

CONGRUENCE. Propriété des grandeurs égales. *Quæ mutuò sibi congruunt æqualia sunt.* Deux figures sont congruentes lorsqu'étant mises l'une sur l'autre, elles ne se surpassent pas. *Euclide* démontre que deux triangles, qui ont deux côtés égaux, & l'angle compris, sont égaux, par la *Congruence*, c'est-à-dire, en faisant voir que des triangles qui ont ces conditions, étant ajustés l'un sur l'autre ne se surpassent pas. *Eucl. L. I. Prop.*

CONJONCTION. Terme d'Astronomie. L'un des aspects des planetes. Deux planetes sont en *Conjonction* lorsqu'elles sont au même dégré du zodiaque, ou autrement qu'elles ont la même longitude. La *Conjonction* porte ce caractere ☌. Ainsi pour dire que Saturne & Mars, par exemple, sont en *Conjonction*, on les écrit ainsi ♂ ☌ ♄.

Les Astronomes distinguent deux sortes de *Conjonctions*, l'apparente & la vraie. La *Conjonction apparente* est quand une ligne menée du centre de deux planetes, vient passer par l'œil de l'Observateur; & la *Conjonction vraie*, quand cette même ligne, étant prolongée, passe par le centre de la terre.

On divise encore la *Conjonction* en *Conjonction Corporelle*, *Centrale* & *Platique*. On appelle *Conjonction corporelle*, celle où une planete supérieure est couverte en partie par une planete inférieure. La *Conjonction centrale* est la même que la *Conjonction vraie*. Et par la *Platique*, on entend une telle situation des planetes qu'elles ont une même longitude en différentes latitudes. C'est en faveur des éclipses que cette distinction a été imaginée. Dans les éclipses du soleil, par exemple, lorsqu'une partie de cet astre est éclipsée, la *Conjonction* de la lune avec le soleil est *corporelle*. Tout le soleil est-il éclipsé, de façon qu'il ne paroît autour de la lune qu'un cercle de lumiere? La *Conjonction* est *centrale*. Enfin la *Conjonction platique* est celle où la lune ne sauroit éclipser le soleil. Sur tout cela, *Voiez* ECLIPSE.

2. Pour l'Astronomie, voilà tout ce qu'il y a à savoir, sur le terme de *Conjonction*. Si nous voulons examiner ce terme en Astrologue, nous trouverons encore bien des choses à dire. Quand je n'aurois pas promis de parler de cet art prétendu, je rapporterois ici jusqu'où a été la folie des homme par les vaines spéculations. L'article des *Conjonctions* est pour les Astrologues un article follement important. Il suffira de le faire con-

noître pour foutenir ce que j'avance.

Il y a en Aftrologie deux fortes de *Conjonctions*, la *Conjonction grande*, & la *Conjonction très-grande*. La premiere eft la *Conjonction* pure & fimple de Jupiter & Saturne, qui font des planetes fupérieures. Ces *Conjonctions* arrivent tous les 20 ans. Lorfque la *Conjonction* de ces deux planetes arrive au commencement du bélier, alors la *Conjonction* eft *très-grande*. Celles-ci ne fe font que de 800 en 800 ans. La premiere de ces *Conjonctions* eft arrivée, felon *Kepler*, 4000 ans avant la naiffance de JESUS-CHRIST; & elle a fignifié le commencement du monde & la chute d'*Adam*; la feconde 3200 avant JESUS-CHRIST du tems d'*Enoch*, & elle a défigné le brigandage des fondations des Villes, & les inventions des arts; la troifiéme, 2400 avant JESUS-CHRIST du tems de *Noé*, où elle a annoncé le déluge univerfel & le renouvellement de la terre; la quatriéme, qui eft venue 800 ans après du tems de *Moife*, les afflictions de l'Egypte, la fortie des enfans d'Ifrael, & la *loi écrite*; la cinquiéme, 800 ans avant JESUS-CHRIST, tems où vivoit le Prophete *Ifaie* & *Romulus*, premier Roi des Romains, a été remarquable par l'inftitution des Jeux Olympiques, la fondation de la Ville de Rome, & l'ére nouvelle de Nabonaffar; la fixiéme, où naquit JESUS-CHRIST & l'Empereur *Auguste*, a eu pour évenement l'état floriffant de la Monarchie Romaine, fous cet Empereur & la naiffance de JESUS-CHRIST; l'évenement de la feptiéme du tems de *Charlemagne*, eft la tranflation de l'Empire des Romains aux Francs; la huitiéme, 1600 ans après JESUS-CHRIST du tems du Pape *Grégoire*, a fignifié la réformation du Calendrier, l'Ambaffade des Rois du Japon au Pape, & trois nouvelles étoiles au firmament; la neuviéme enfin qui arrivera l'an 2400 fignifiera la fin du monde. (*Riccioli Almag. nov. L. VII. Sect. V. Ch. 10.*)

CONJONCTIVE. Terme d'Optique. Membrane de l'œil, qui le couvre par devant. On la divife en deux parties, dont une fe replie vers le bord de l'orbite de l'œil; & dont l'autre couvre la moitié antérieure du globe où elle eft adhérente à la tunique albuginée. Par rapport à cette double fonction, M. *Winflow* a cru qu'on devoit diftinguer deux fortes de *Conjonctives*, la *Conjonctive de l'œil*, & la *Conjonctive des paupieres*. Celle de l'œil n'eft adhérente que par un tiffu cellulaire, qui la rend lâche & comme mobile. En la pinçant, on l'écarte de la tunique albuginée ou tendineufe. Par elle-même, cette membrane eft blanchâtre;

& comme elle eft tranfparente, elle paroît fur la tunique tout-à fait blanche. Ces deux membranes forment enfemble ce qu'on appelle le *Blanc de l'œil*.

La *Conjonctive des paupieres* eft très-adhérente. Elle eft fine & parfemée de vaiffeaux capillaires totalement fanguins. D'une quantité de pores imperceptibles, dont elle eft criblée, il fort une férofité. (*Expofition Anatomique de la ftructure du corps humain. Par M. Winflow, T. IV.*)

En général la *Conjonctive*, fuivant tous les Phyficiens, ne fert qu'à la ftructure de l'œil, & ne contribue nullement à la vifion. M. *Mufchenbroeck* veut que les raïons des objets fur cette membrane y tombent à pure perte. Je pefe ailleurs ce fentiment. *Voïez* VISION.

CONJUGUE'. Epithete qu'on donne en Géométrie à la jonction de deux lignes. On dit *Axe conjugué*, *Diametre conjugué*, pour exprimer deux axes, deux diametres qui fe croifent. *Voïez* AXE. Quand on a décrit fur deux axes *Conjugués* des hyperboles, on les appelle *Hyperboles conjuguées*. Dans ce genre on peut en avoir quatre. Soient les deux lignes A B, C D, qui fe croifent au point E. (*Planche II. Figure 90.*) Qu'on décrive fur ces lignes, les hyperboles H A H, H D H, H B H, H C H. Les hyperboles oppofées feront des *hyperboles conjuguées* l'une à l'autre.

CONOIDE. Solide engendré par la révolution d'une courbe autour de fon axe, ou autour d'un de fes diametres, ou autour de toute autre ligne. Il y a des Géometres qui ne définiffent pas fi généralement le *Conoïde*. Par ce mot, ils entendent un folide formé par la révolution d'une fection conique autour de fon axe. Comme l'on ne connoît dans les fections coniques que trois courbes, il s'enfuivroit de cette définition qu'il n'y auroit que trois fortes de *Conoïdes* ou tout au plus quatre; parce que l'ellipfe feule peut en former deux en la faifant mouvoir autour de fon grand ou de fon petit axe. Quand c'eft le grand axe qui fe meut, le corps qui qui en réfulte eft nommé *Sphéroïde allongé*, & fi c'eft le petit qui la produit, *Sphéroïde applati*. *Voïez* SPHEROIDE. Le *Conoïde parabolique* vient de la révolution d'une paraboleautour de fon axe, *Voïez* PARABOLE. Et pour le *Sphéroïde hyperbolique*, *Voïez* HYPERBOLE.

Mais, fi l'on ne veut point admettre d'autres *Conoïdes*, comment appellera-t-on le folide engendré par la révolution de la Ciffoïde autour de la ligne A B (*Planche IV. Figure 58.*) comme axe? Quel nom donnera-t-on au folide qui eft formé par la révolution de la logarithmique autour de son assymptote ? cet autre solide qui vient de la révolution d'une partie de la lunule d'*Hypocrate* ? Il n'en est pas d'autre que celui de *Conoïde* ; je n'en vois pas de plus propre, & quand j'innoverois, quel mal y auroit-il ? Adoptant ce terme, je dis, que le *Conoïde cissoidal* est infini ; que le *Conoïde logarithmique* est à un cilindre, dont la hauteur est égale à la soutangente de la logarithmique, & le raïon de la base égal à la ligne, comprise entre l'assymptote & la courbe, comme 2 à 1, & que le *Conoïde* de la lunulle d'*Hypocrate* est déterminé. *Voïez Element. Mathemat. Tom. I. Part. II. Sect. II.* & le *Calcul intégral* de M. *Stone, Sect. V.*

2. On trouve dans les Œuvres de M. *Jacques Bernoulli* un Problème tout-à-fait singulier, & dont on verra à ce que je pense l'énoncé avec plaisir. Je dis l'énoncé, car pour la solution, il faut ou la voir dans les Œuvres de M. *Bernoulli*, ou la chercher soi-même. Le détail qu'elle demanderoit formeroit une dissertation plutôt qu'un article. Je me borne à l'énoncé qui le fera connoître, & sa connoissance est trop intéressante pour être omise dans un Ouvrage de cette nature. Le voici donc cet énoncé. *Sur la superficie d'un* Conoïde, *mener de toutes celles qu'on peut y mener entre deux points, la ligne la plus courte.* (In superficie Conoïdis ducere lineam omnium inter eosdem terminos brevissimam. *Jac. Bernoulli Opera, T. II.*)

3. Les Anciens connoissoient peu de lignes courbes, avec lesquelles on pût former des *Conoïdes*. *Archimede*, qui a examiné le premier ces sortes de corps, n'a parlé que d'un *Conoïde parabolique* (de Conoïdibus & spheroïdibus.) *Jean Kepler*, qui a écrit après *Archimede* des *Conoïdes*, s'est attaché sur tout à perfectionner le Livre de ce dernier & à l'augmenter. Il est intitulé : *Supplementum Stereometriæ Archimedeæ.* Cet Ouvrage a été entièrement changé ; & les augmentations que l'Auteur y a faites, l'ont rendu extrêmement curieux. Il auroit été à souhaiter qu'il l'eût publié en Latin plutôt qu'en Allemand avec ce titre traduit ainsi en François, *Extrait de la très-ancienne Géométrie d'Archimede & son rétablissement.* Là on trouve 92 sortes de *Conoïdes*, qui ne font cependant formés que par quatre courbes, le cercle, l'ellipse, la parabole & l'hyperbole. Dans toutes ces recherches sur les *Conoïdes*, la fin principale que *Kepler* s'étoit proposée, est de déterminer leur solidité. Un pareil travail étoit bien difficile, pour ce tems-là, où le calcul n'avoit pas grande force. *Bona-*

venture *Cavalleri* fit, avec sa Géométrie des indivisibles, de nouveaux efforts, & résolut avec beaucoup de peine ce qui se résout aujourd'hui fort aisément & avec exactitude par les calculs différentiel & intégral.

Les Savans qui ont écrit sur les *Conoïdes* font *Archimede, Kepler, Jacques Bernoulli,* & *Jean Bernoulli.* L'Ouvrage de ce dernier, qu'il est bon d'indiquer, porte le même titre que celui d'*Archimede. De Conoïdibus & Spheroïdibus. Bernoul. Opera, Tome I. page 174.*

CONQUE. Terme d'Acoustique. Partie a b c d de l'oreille, la plus proche de la partie extérieure O, (Planche XXXI. Fig. 91.) Cette partie est cave & sa cavité est formée par deux petites éminences que les Anatomistes appellent *Tragus* & *Antitragus.* Ces éminences avancent vers l'extérieur du côté de cette partie de l'oreille sans cartilage qu'on appelle *Lobe,* & que les Dames ornent avec de beaux *pendans.*

La peau de la *Conque* est inégale dans le trou de l'oreille ; & de cette peau distille une matiere crasse, jaunâtre & fort amere. Les personnes, qui, par une propreté mal entendue, ont grand soin de nétoïer la *Conque* de cette crasse, trouvent que cette transpiration est là très-incommode. Il faut croire qu'elles font dans la bonne foi ; mais on doit penser qu'elles reviendront de leur préjugé, qui pourroit leur être nuisible, quand elles sauront que cette crasse si à charge empêche, par sa viscosité, les insectes d'entrer dans ce trou, & les tueroit, s'ils avançoient, par son amertume.

La *Conque* sert à ramasser les raïons sonores, si l'on peut parler ainsi, & à les transmettre au conduit auditif qui suit, pour de là aller faire impression sur la membrane du tambour. Ceux, à qui on a coupé l'oreille, n'entendent pas bien. Ils font obligés de suppléer alors à la *Conque* par l'art, soit avec un cornet de papier ou autrement.

CONSEQUENT. Second terme d'un rapport. Si l'on compare deux quantités, celle avec laquelle on la compare est le *Conséquent.* Dans le rapport de A à B, B auquel on compare A, est le *Conséquent* de ce rapport.

CONSONANCE. Terme de Musique. Convenance de deux sons, l'un grave l'autre aigu, qui se mêlent avec une certaine proportion, enforte qu'ils font un accord agréable à l'oreille. *Severinus Boetius* définit la *Consonance,* un mélange du son grave & aigu, qui frappe l'oreille uniformément & d'une façon agréable, (*Est acuti soni gravisque mixtura suaviter uniformiterque accidens.*) Ou autrement la *Consonance* est un accord de plusieurs voix dissemblables qui n'en forment qu'une. (*Consonantia est dissimilium inter se vocum in unum redacta concordia*).

Toutes les *Consonances* consistent dans les intervalles de tierce, de quarte, de quinte & de sixte. Il n'y a que trois *Consonances* premieres, qui sont la quinte & les deux tierces: d'où proviennent trois *Consonances* & deux secondes, qui sont la quarte & les deux sixtes.

On distingue la *Consonance* en parfaite & imparfaite. Les *Consonances parfaites* sont l'octave, la quinte & la quarte, & les *Consonances imparfaites*, la tierce & la sixte majeures & mineures. Dans tout cela l'unisson n'est pas compris; parce que l'unisson, malgré l'autorité des Anciens, n'est pas une *Consonance*. Eh, comment le seroit-il ? l'unisson, n'est à proprement parler, qu'un son unique, qui peut être rendu par plusieurs voix ou par plusieurs instrumens. Ainsi la différence des sons à l'égard du grave & de l'aigu, ne s'y trouve point. On peut & on doit comparer l'unisson aux *Consonances*, comme on compare l'unité aux nombres, car ils sont dans le même rapport. Pour les *Consonances*, les Musiciens établissent ainsi leurs proportions.

TABLE DES PROPORTIONS
DES CONSONANCES.

Consonances.	Leur proport.
Octave,	2. 1.
Quinte,	3. 2.
Quarte,	4. 3.
Tierce majeure,	5. 4.
Tierce mineure,	6. 5.
Sixte majeure,	5. 3.
Sixte mineure,	8. 5.

Développons ces regles de l'intérieur de la théorie des *Consonances*, & remontons à leurs principes pris dans la nature même. Cet article est trop important dans la Musique pour le négliger.

2. J'ai dit que deux sons, dont l'un est grave, & l'autre aigu, s'appellent *Consonance*. S'ils ont différens dégrés de tons, c'est-à-dire, différens dégrés d'aigu & de grave, & que cependant ils flatent l'oreille, on les appelle *Concordance* : autrement c'est dissonance. (*Voiez* DISSONANCE.) La concordance est la convenance qui se trouve entre deux sons ou notes de différens tons soit dans la *Consonance* ou dans la succession du ton, & qui flate agréablement l'oreille.

Cela posé, pour saisir & déterminer le principe de ces sons, rien n'est plus propre que l'examen mathématique de la vibration des cordes, parce qu'heureusement la vibration des cordes est en général la cause des sons. Aussi la coïncidence des vibrations des cordes est le fondement de la concordance. Or sur ces vibrations, on a démontré les vérités suivantes.

1°. Lorsque des cordes tendues ne different entre elles que par la tension, les tems de leurs vibrations sont en raison inverse des racines des poids qui les tendent, c'est-à-dire, comme 9 à 4, si les poids sont comme 3 à 2.

2°. Le nombre des vibrations, qui se font dans le même tems, est directement comme les racines quarrées des poids ; comme 3 à 2 dans l'exemple précédent.

3°. Le nombre des vibrations que font en même-tems deux cordes de grosseur différentes, est en raison inverse du diametre de leur base.

4°. Si les cordes ne different qu'en longueur, les tons de leurs vibrations sont directement proportionnels à leur longueur, & le nombre des vibrations qui se font dans le même-tems, est en raison inverse de leurs longueurs.

5°. De tout cela il suit, que les cordes de différentes longueurs, de diametre différent & différemment tendues, peuvent être ajustées (en composant les raisons précédentes) de maniere que les tems de leurs vibrations soient en toute raison donnée. Cette observation est d'un grand usage pour les instrumens à corde tels que l'épinette, le clavecin, &c.

Maintenant comme le ton d'une note ou d'un son, est formé par la mesure & la proportion des vibrations par rapport à leur vitesse, les vibrations les plus vives formant le ton le plus aigu, & les moins vives le rendant plus grave, il est évident que le ton de la note d'une corde sera plus aigu ou plus grave, selon que la corde sera plus petite ou plus grosse, plus longue ou plus courte, plus tendue ou plus lâche. (*Voiez* la *Grammaire des Sciences Philosophiques*, par M. *Martin*.)

Ces principes établis, soient deux cordes A & B, dont les longueurs sont comme 3 à 4. Par le 4e principe il est clair que tandis que la corde A fait trois révolutions, la corde B en fait 4. C'est pourquoi, en supposant qu'elles commencent en même-tems, il y aura constamment à chaque trois vibrations, & au bout de 4 en B une coïncidence de vibrations, c'est-à-dire, que ces deux cordes finiront & recommenceront ensemble à chaque période de vibration, tant qu'elles continueront d'être en mouvement. Voilà ce qui les rend concordantes entr'elles, & ce qui produit un son agréable. Plus ces coïncidences sont fréquentes, plus la concordance est agréable. Ainsi l'unisson est le premier dégré de *Consonance*, parce qu'alors les vibrations commencent & finissent ensemble. On l'exprime donc par le rapport de 1 : 1. Vient ensuite le rapport d'1 à 2, qui est l'accord le plus agréable & le plus parfait. Après cela la concordance devient moins parfaite & moins gracieuse dans ces rapports 3 : 4, 4 : 5, 5 : 6, au-delà desquels la *Consonance* n'est pas supportable; car dans ces rapports les coïncidences de vibrations deviennent moins fréquentes.

Ces rapports de *Consonance* dans l'ordre naturel des nombres 1 : 2, 3 : 4, 5 : 6, ne sont pas les seuls. Il en est d'autres, savoir 3 : 5 & 5 : 8, qui sont de véritables accords, & que l'oreille admet pour tels, quoique d'un dégré inférieur. Ceci dérange notre théorie. La coincidence des vibrations ne caractérise pas entierement les rapports pour la concordance, ou les sons agréables. Si cela étoit, 4 : 7 ou 5 : 7, qui sont tous les deux discordans, seroient préférables à 5 : 8, qui est accord: ce qui est contraire à l'expérience. L'oreille est ici pour plus qu'on ne pense. Le plaisir qu'elle éprouve, pourroit bien être non mathématique. Qui est-ce qui forme l'agrément des *Consonances*? Les Physiciens l'attribuent à la commensurabilité des petites

secousses, que les sons, qui les forment, impriment à l'air, & à l'organe de l'ouie. Si deux sons, par exemple, s'accordent de façon que le plus aigu donne deux coups, pendant que l'autre en donne un ou trois, pendant que l'autre en donne trois ou quatre, pendant que l'autre en donne trois, &c. on conjecture que l'ame aime ces uniformités, & que ces sons font les *Consonances*. Mais si deux sons ne finissent, & ne recommencent jamais ensemble les coups qu'ils portent à l'organe de l'ouie; si pendant que l'un en porte deux, l'autre en porte un plus, une fraction, qui empêche leurs chûtes de se rencontrer, & les rende incommensurables, du moins sensiblement, pour lors l'ame en est blessée, & voilà les dissonances. (*Voïez* DISSONANCE.)

Quoi qu'il en soit, & qu'il en puisse être de cette explication, lorsqu'on frappe une certaine corde, afin de comparer le son des autres cordes avec le sien, ce son s'appelle *Fondamental*, & sa note se nomme *Clef*, ou note de la *Clef*. Reprenant notre théorie, je vais donner une table, de tous les accords, (calculée par M. *Martin, Grammaire des Sciences Philosophiques*,) qui se trouvent entre le rapport de l'unisson 1 : 1 & l'octave 2 : 1, qui exprime les longueurs, les vibrations, les coincidences, leurs noms, & leur perfection. Cette table mettra sous les yeux le résultat de cette théorie, & son usage la rendra recommandable.

TABLE GENERALE DES CONSONANCES.

Longueur des cordes.	Vibrations.	Coincidence.			Noms.	Perfection.
1 : 1	1 : 1 . .	1 . .	100	1000	*Unisson.*	Le plus parfait.
6 : 5	5 : 6 . .	5 . .	120	833	*Tierce mineure.*	Imparfait.
5 : 4	4 : 5 . .	4 . .	125	800	*Tierce majeure.*	Imparfait.
4 : 3	3 : 4 . .	3 . .	133	750	*Quarte.*	Imparfait.
3 : 2	2 : 3 . .	2 . .	150	666	*Quinte.*	Parfait.
8 : 5	5 : 8 . .	5 . .	160	625	*Sixte majeure.*	Imparfait.
5 : 3	3 : 5 . .	3 . .	167	600	*Sixte mineure.*	Imparfait.
2 : 1	1 : 2 . .	1 .	200	500	*Octave.*	Parfait.

L'usage de cette table est tel. Prenons l'exemple de la quinte. On trouvera 1°. que la longueur des cordes, qui donnent cet accord, est comme 3:1 2°. que la coincidence de ces vibrations se fait à chaque seconde vibration de la fondamentale; 3°. que la corde qui donne une quinte, donne 150 vibrations, tandis que la fondamentale en fait 100; 4°. que la même corde est de 666 parties égales, dont la fondamentale en contient 1000. Enfin, tout

cela répond à la quinte, parce que la quinte est la 5e note inclusivement en partant de la clef, & la table indique encore que cette *Consonance* est un accord parfait, comme elle l'est en effet. (*Voïez* ACCORD.)

3. On prétend que les Anciens connoissoient les *Consonances* dans la Musique. Les Grecs en comptoient six, qu'ils appelloient *Diatessaron, Diapente, Diapason*, *Diapason--cum-Diatessaron, Diapason - cum-Dia-*

pente & *Difdiapafon.* Ces noms leur ont été donnés, felon *Vitruve,* à caufe des nombres des fons, où la voix s'arrête, en paffant de l'un à l'autre, comme lorfqu'on va de fon ton au quatriéme lieu la *Confonance* eft dite alors *Diateffaron ;* quand elle va au cinquiéme, on lui donne le nom de *Diapente ;* celui de *Diapafon* au huitiéme; *Diapafon-cum-Diateffaron* à l'onziéme; *Diapafon-cum-Diapente* au douziéme; & *Difdiapafon* au quinziéme. *Vitruve* ajoute que, felon les Anciens, il ne peut y avoir de *Confonance* du premier ton au fecond, ni au troifiéme, ni au fixiéme, ni au feptiéme, foit qu'on fe ferve de la voix, ou qu'on faffe ufage des cordes d'un inftrument. Ces Muficiens vouloient encore que les mêlanges du *Diateffaron,* du *Diapente, &c.* qu'ils appelloient en général *Ptongoi,* formoient les accords ; & que l'intervalle du premier au dernier comprenoit toute l'étendue de la voix, qui eft, pour s'expliquer plus clairement, la quinziéme ou double octave.

Euclide, dans fon *Introduction Harmonique,* l'un des premiers Auteurs fur la Mufique, fait confifter les *Confonances,* de même que les diffonances, dans la *répugnance que les fons ont à fe mêler.* Les tons étant produits, dit-il, par les différentes percuffions des corps réfonnans, peuvent faire des percuffions lentes dans les fons graves & vites dans ceux qui font aigus ; & les tons étant différens, fuivant le nombre des percuffions, qui les compofent, *Euclide* en conclud que les fons ont rapport les uns aux autres, fuivant les mêmes proportions que les nombres ont enfemble. Ainfi les *Confonances* fe font, fi on l'en croit, lorfque le nombre des percuffions eft tellement proportionné au nombre des percuffions d'une autre, que leurs percuffions fe font toujours enfemble : ce qui fait une union ou conjonction agréable à l'oreille. Par raifon contraire, les diffonances fe font, lorfque les nombres des percuffions des deux fons font difproportionnés ; de maniere que cette union ne fe rencontre que fort rarement.

Suivant cette théorie d'*Euclide,* conforme pour le fond à celle d'*Ariftoxene,* les intervalles qui font moindres que la quarte, font tous difcordans, & la quarte eft la plus petite des *Confonances.* Etrange Mufique ! Si l'effet de ces *Confonances* plaifoit, il faut, s'écrie M. *Perrault,* que les oreilles des Muficiens d'à-préfent foient différentes de celles des Anciens. En effet nous trouvons que la *Confonance* de la tierce eft beaucoup plus agréable & plus parfaite que celle de la quarte, qui a ce défaut de n'ê-

tre bonne, que quand elle eft foûtenue par d'autres *Confonaces ;* au lieu que la tierce eft bonne dans le *Duo.* Elle a outre cela l'avantage fur toutes les *Confonances,* de ne point ennuïer comme les autres, qui bleffent l'oreille, quand elles fe rencontrent deux de fuite ; parce que l'oreille, qui demande de la variété, ne peut fe plaire dans la répétition d'une même *Confonance,* fi ce n'eft de la tierce à caufe qu'elle eft naturellement de deux efpeces, favoir, la majeure, & la mineure, que l'on fait ordinairement fuivre l'une à l'autre.

Outre le mauvais goût des Anciens, ils n'ont jamais connu la variation des *Confonances,* & leurs révolutions. A en juger par leurs Ecrits, & par ce qu'en a penfé M. *Perrault,* il paroît que tout le fin de leur Mufique étoit renfermé dans la modulation du chant à une feule partie. Ils ne fe fervoient des *Confonances* que comme on s'en fert aujourd'hui dans une Vielle, ou dans une Cornemufe, où il y a des bourdons accordés à la quinte & à l'octave. *Ariftote* dit même qu'il n'y a que l'octave qui fe chante ; que ni la quarte, ni la quinte ne fe chantent point ; & que la fuite de plufieurs quintes & de plufieurs quartes eft défagréable. D'où l'on conclud que toute la fcience des accords des Anciens, & toute leur fymphonie ne confiftoit que dans le chant de deux voix, ou de deux inftrumens accordés à l'octave l'un de l'autre.

CONSTELLATION. Affemblage de plufieurs étoiles. Les premiers hommes, qui commencerent à s'attacher férieufement à l'Aftronomie, s'aviferent fort à propos de diftinguer les étoiles par claffe, afin de les reconnoître avec plus de facilité, & de les mieux fixer dans le firmament. On ignore tout-à-fait le nom de ces hommes, bien dignes d'être connus. Nous favons feulement que nous devons à *Ptolomée* la difpofition & la dénomination des *Conftellations ;* & que *Ptolomée* l'avoit apprife d'*Hypparque ;* & par qui *Hypparque* avoit-il eu cette connoiffance ? C'eft juftement ce qu'on ne fait pas. Quand on a lû la *Mythologie* de *Natalis Comes,* l'*Aftronogie* d'*Egide Strauch,* & le Chapitre 3 du Livre VI. de l'*Almagefte* de *Riccioli,* on n'eft pas plus favant fur l'origine des *Conftellations,* quoiqu'on trouve dans ces Ouvrages des Tables fur leur origine. Ce qu'il y a de bien certain, c'eft que les Anciens ne comptoient que 48 *Conftellations,* dans lefquelles étoient rangées 1022 étoiles. *Ptolomée* & *Ulugh Beik* ont confervé le même nombre de *Conftellations,* fans s'accorder cependant fur celui des étoiles.

les. Le premier compte 1026 étoiles, & le second 1017. (*Voïez* ETOILE.)

2. Après avoir formé ainsi plusieurs amas d'étoiles, je veux dire plusieurs *Constellations*, on songea à leur donner des noms. Comme dans ces tems reculés de la naissance de l'Astronomie, chacun étoit libre de faire des *Constellations*, cette même liberté s'étendoit aussi sur leur dénomination. Les noms des animaux se présenterent les premiers, & tout de suite on transporta ces noms dans le Ciel. Il y eut cependant d'autres Astronomes, qui aimerent mieux leur donner des noms d'hommes. Ainsi l'on vit la *Petite Ourse*, la *Grande Ourse*, le *Dragon*, *Cephée*, *Bootes*, la *Couronne Boréale*, *Hercule*, la *Lyre*, le *Cygne*, ou la *Poule*, *Cassiopée*, *Persée*, le *Chartier*; *Hercule*, le *Serpent*, l'*Aigle*, le *Dauphin*, *Pegase*, *Andromede*, le *Triangle*, *Constellations* de la partie Septentrionale du Ciel. Celles qui suivent, & qui embrassent l'équateur, je parle des *Constellations* du Zodiaque, furent ainsi appellées: le *Bélier*, le *Taureau*, les *Gémeaux*, l'*Ecrévisse*, le *Lion*, la *Vierge*, la *Balance*, le *Scorpion*, le *Capricorne*, le *Verseau*, & les *Poissons*. Enfin, on donna les noms suivans aux *Constellations* de la partie Méridionale du Ciel; *la Baleine*, l'*Orion*, l'*Eridan*, ou le *Fleuve*, le *Liévre*, le *Grand Chien*, le *Navire*, l'*Hydre*, ou la *Couleuvre*, la *Coupe*, où le *Vase*, le *Corbeau*, le *Centaure*, le *Loup*, l'*Autel*, ou l'*Encensoir*, la *Couronne Méridionale*, & le *Poisson Austral*; ce qui fait en tout 48; nombre des *Constellations*, suivant les Anciens.

3. On pourra peut-être demander si la fantaisie des hommes a dicté tous ces noms. M. *de la Hire* l'a pensé; & je crois qu'on peut s'en rapporter à cet habile Astronome. (*Description & Explication des Globes placés dans le Château de Marly, pag.* 34.) Il est vrai que quelques Savans ont voulu qu'ils n'aient été préférés à d'autres que par des raisons motivées. On prétend que *Cephée* est le nom d'un Roi d'Egypte, & que les noms de la plûpart des *Constellations* sont celles de sa famille. Ainsi *Cassiopée* est sa femme, *Andromede*, leur fille. Les *Constellations* du Zodiaque n'ont reçu les noms qu'elles ont, que pour exprimer l'effet & la situation du soleil, qui les parcourt. Par exemple; la *Constellation* de la balance est ainsi nommée, parce que le soleil étant dans cette *Constellation*, les jours sont égaux aux nuits. Par la *Constellation* du Lion, animal extrêmement vigoureux, on a voulu, dit-on, faire connoître que le soleil a plus de force alors qu'en tout autre tems. En effet le so-

leil est dans cette *Constellation* au mois de Juillet; par celle du Scorpion, où le soleil se trouve dans le mois d'Octobre, le tems fâcheux pour le corps humain, qui est en proie à des maladies, effets de l'intempérie du tems, &c. A dire vrai, ces explications me paroissent tout-à-fait misérables, & faites assez maladroitement après coup. Car tout cela s'ajuste, si l'on veut, pour un certain climat. Et pour que les Astronomes, qui ont ainsi nommé les signes du Zodiaque, eussent eu l'intention qu'on leur attribue, il auroit fallu qu'ils l'eussent eu en vûe. Quelle idée! Laissons ces spéculations à des gens oisifs, qui peuvent s'en amuser, & reprenons le fil de notre Histoire.

4. Les *Constellations*, que je viens de nommer, sont celles que reconnoissoit *Ptolomée*. A celles-ci *Kepler* en ajouta 14; & il les composa des étoiles que *Ptolomée* appelloit *Informes*. D'abord il forma la *Chevelure de Berenice* près du Lion; ensuite *Antinoë*, ou *Ganimede*; & réunissant toutes les *Constellations* Méridionales, observées par *Americus Vespucius*, *André Corsalius*, *Pierre de Medine*, & sur-tout *Frederic Houthman*, il en compta encore 12, savoir: la *Grue*, le *Phœnix*, l'*Indus*, le *Paon*, l'*Apus*, l'*Abeille*, ou la *Mouche*, le *Cameléon*, le *Triangle Austral*, le *Poissant volant*, la *Dorade*, ou le *Xiphias*, le *Toucan*, & l'*Hydre*. De sorte que *Kepler* comptoit 52 *Constellations*.

Depuis *Kepler*, plusieurs Astronomes ont augmenté le nombre des *Constellations*. *Bartschius* compte encore deux *Constellations*, l'une, qu'il nomme *Cameloparde*, & l'autre l'*Unicorne*. (*Voïez Globus Quadrupedalis.*) *Hevelius* joint à celles-là le *Linx* entre la grande Ourse & le Chartier; les *Chiens de Chasse*, sous la queue de la grande Ourse, le *Lesard* entre la Cassiopée, au-dessous du Pegase & entre le Cigne; le *Sextant* au-dessous du Lion, & au-dessus du Serpent; le *Bouclier de Sobieski* au-dessous d'Antinoë; le *petit Triangle* entre le grand Triangle & la Mouche, le *Cerbere* à côté d'Hercule, le *Mont-Menale* sous le pied droit de Bootes, le *Renard avec l'Oïe* entre le Dauphin & la Fleche, au-dessus de l'Aigle volant. Pour le coup ces noms ne sont point donnés en l'air. *Hevelius* allègue à cette fin plusieurs raisons, & assigne à toutes ces *Constellations* de nouveaux caracteres. Comme les Astronomes n'ont adopté ni ces *Constellations*, ni ces caracteres, je ne m'y arrêterai pas. Les curieux auront recours à ce Livre d'*Hevelius* intitulé: *Prodromus Astronomicus, pag.* 114 *& suiv.* Dans le *Catalogue des Etoiles fixes* de ce Savant, & dans son *Firmamentum Sobieskianum* on trouve 77 *Constellations*, qui comprennent 1888 étoiles. Aujourd'hui on ne compte que 65 *Constellations*. Les voici, en commençant par celles qui sont au Pole-Nord, tirées des Cartes célestes du Pere *Pardies*.

TABLE DES CONSTELLATIONS.

Noms des Constellations en commençant par celles du Pole-Nord.	Nombre des Etoiles dont elles sont composées.	Leur grandeur.					
		Ie	IIe	IIIe	IVe	Ve	VIe
1 La petite Ourse,	10	0	2	1	3	1	3
2 La grande Ourse,	35	0	7	3	12	8	5
3 Dragon,	35	0	1	10	14	8	2
4 Céphée,	21	0	0	3	7	7	4
5 Cassiopée,	28	0	0	5	5	3	15
6 Persée,	42	0	2	4	12	12	12
7 Le Cocher,	40	1	2	0	7	3	27
8 Bootes,	32	1	0	6	13	4	8
9 Hercule,	62	0	0	9	21	11	21
10 Le Cigne,	40	0	1	5	16	7	11
11 Andromede,	27	0	3	1	11	10	2
12 Le Triangle,	6	0	0	0	3	1	2
13 La Chevelure de Berenice,	13	0	0	1	11	1	0
14 La Couronne Septentrionale,	21	0	1	0	5	8	7
15 La Lire,	15	1	0	2	1	7	4
16 Pégase,	23	0	4	3	6	3	7
17 Le petit Cheval,	4	0	0	0	4	0	0
18 Orion,	56	2	4	4	16	11	19
19 Le petit Chien,	10	1	0	1	0	3	5
20 Le Serpentaire,	30	0	1	7	9	10	3
21 Le Serpent,	35	0	1	7	7	2	18
22 L'Aigle,	27	0	1	6	1	5	14
23 Antinous,	15	0	0	6	2	1	6
24 La Fleche,	8	0	0	0	3	1	4
25 Le Dauphin,	10	0	0	5	0	1	4
26 Le Belier,	19	0	0	3	1	2	13
27 Le Taureau,	48	1	1	5	8	20	13
28 Les Jumeaux,	34	0	3	4	7	9	11
29 L'Ecrevisse,	32	0	0	2	4	6	20
30 Le Lion,	43	2	2	5	15	7	14
31 La Vierge,	45	1	0	5	6	11	22
32 La Balance,	14	0	2	1	8	2	1
33 Le Scorpion,	35	1	1	9	10	11	3
34 Le Sagittaire,	30	0	2	7	8	8	5
35 Le Capricorne,	28	0	0	4	1	7	16
36 Le Verseau,	42	0	0	4	7	23	8
37 Les Poissons,	36	0	0	1	6	19	10
38 La Baleine,	29	0	2	7	14	5	1
39 L'Eridan,	44	1	0	6	29	5	3
40 Le Lievre,	13	0	0	4	4	4	1
41 Le grand Chien,	19	1	1	5	4	8	0
42 L'hydre,	29	1	0	2	13	9	4
43 La Coupe,	11	0	0	0	8	1	2
44 Le Corbeau,	8	0	0	4	1	2	1
45 Le Poisson méridional,	12	1	0	0	9	2	0
45 Le Phœnix,	14	0	1	3	8	2	0

Noms des Constellations en commençant par celles du Pole-Nord.	Nombre des Etoiles dont elles sont composées.	Leur grandeur. Ie, IIe, IIIe, IVe, Ve, VIe.					
47 La Colombe,	11	0	2	0	9	0	1
48 Le Navire,	51	1	7	10	23	7	3
49 Le Centaure,	41	2	5	7	16	9	2
50 Le Loup,	20	0	0	2	11	7	0
51 La Couronne méridionale,	13	0	0	0	4	7	2
52 La Grue,	15	0	3	0	4	2	6
53 L'hydre,	15	0	1	0	4	10	0
54 La Dorade,	6	0	0	0	3	3	0
55 Le Poisson volant,	4	0	0	0	0	1	3
56 L'Abeille,	4	0	0	0	4	0	0
57 Le Triangle méridional,	4	0	3	0	0	1	0
58 L'Autel,	6	0	0	0	5	1	0
59 Le Paon,	16	0	1	2	1	6	6
60 L'Indien,	15	0	0	0	6	3	6
61 Le Toucan,	8	0	4	0	3	1	0
62 Le Caméleon,	9	0	0	0	0	9	0
63 L'Apode,	12	0	0	0	1	11	0
64 Cruzero,	4	0	1	2	0	1	0
65 Le Chêne de Charles II.	10	0	1	2	5	2	0

Depuis le P. *Pardies* on a découvert, ou formé de nouvelles *Constellations* : c'est le Chien de chasse, le Sextant, & le petit Lion, &c. & les autres que j'ai citées ci-devant, *Voïez* les articles.

5. Les noms que je donne ici aux *Constellations*, sont ceux qu'elles ont depuis long-tems. Ce n'est pas qu'on n'ait voulu y faire des changemens. L'esprit de l'homme est-il si stable ? *Bede*, célebre Astronome Allemand, fut le premier qui trouva à redire à ces noms. Il fut scandalisé qu'on eût mis dans le Ciel des noms d'animaux. Un motif de Religion, pour ne pas dire un scrupule, le porta à substituer ceux des Saints. Animé de ce zele assez mal placé, il composa un Ouvrage intitulé le *Ciel Chrétien*. Là on trouve, au lieu des 12 signes ou *Constellations* du Zodiaque, les douze Apôtres ; le Belier *Pierre*, le Taureau *André*, &c. & au lieu d'Andromede le *Sépulchre du Christ*, Hercule les *Mages venans d'Orient*, le grand Chien *David*, la Lyre la *Crêche de Jesus-Christ*, &c. *Jules Schiller* suivit l'exemple de *Bede* en 1627, & composa à ce sujet un Livre, dont le titre est *Cœlum stellatum*. Si la piété eût dirigé les changemens de ces noms, l'idée de *Bede* devoit satisfaire. Mais quel rapport a la piété avec des mots qui servent à désigner une chose ? Ne scrutons point le cœur humain. *Guillaume Schickart*, animé du même motif que cet Astronome, se crut en droit de réformer ce qu'il avoit fait. Au lieu de nommer le Belier *André*, il trouva plus con-

venable de prendre le Belier pour celui qu'*Abraham* sacrifia à la place de son fils *Isaac* ; de reconnoître sous la *Constellation* de la Vierge, la *Sainte Vierge*. &c. (V. son *Astroscopium.*) Cette idée aïant plû à *Philippe Hasdorffer*, Sénateur de Nuremberg, il s'avisa de vouloir mieux accorder les noms des *Constellations* avec ceux de l'Ecriture Sainte. Cassiopée devint *Betsabée*, le Lion, celui que *Samson* a tué, &c. (Voïez la *Carte à jouer Astronomique.*)

6. Cet enthousiasme de Religion eut son cours. On trouva dans la suite que ces idées, quoique pieuses, n'aboutissoient à rien. Un autre emploi de ces noms succéda à celui-ci, Des Astronomes s'imaginerent de s'en servir, pour immortaliser avec éclat les actions des Princes, & d'en écrire l'histoire (comme s'exprime M. *de la Hire* à la page 35 de son Livre cité ci-devant) sur les Etoiles du Firmament. Dans cette vûe M. *de La Hire* dit qu'ils chercherent à connoître quelque rapport entre la disposition de quelques étoiles, & entre leur nombre, qui convînt à quelque figure. La chose est assez singuliere ; mais on trouva que les deux étoiles des cornes du Bêlier figuroient Jupiter sous la forme de cet animal ; que celles du Taureau représentoient Jupiter sous la forme d'un Taureau, pour ravir *Europe* ; ensuite en Aigle pour enlever *Ganimede*. De la Fable de *Calisto* ils tirerent la *Constellation* de l'Ourse ; *Apollon* & *Hercule*, ou *Castor* & *Pollux* sous les noms des Gémeaux ; *Cerès* sous ce-

lui de la *Vierge*, &c. Si M. *de la Hire* ne diſoit pas que ces figures ont quelque rapport avec les actions des Princes, je ne crois pas qu'on pût le deviner. *Eſchard Weigel* s'explique plus clairement dans ſon *Cœlum Heraldicum*. Il tranſporte dans les Cieux les principaux Potentats de l'Europe. De la grande Ourſe il forme l'Eléphant des Danois, du Cigne le Rhombe de Saxe avec les Epées, &c.

Quoique tous ces traits forment l'Hiſtoire des *Conſtellations*, je croirois néanmoins abuſer de la patience du Lecteur, ſi j'entrois dans un plus grand détail, qui deviendroit très-minucieux. Je terminerai donc cet Article par un dernier trait hiſtorique. C'eſt que les Chinois ſubdiviſent nos *Conſtellations*, & en comptent actuellement bien plus que nous. Je ne prétends pas en faire l'énumération. Pour un fait tel que celui-ci, il faut conſulter les Auteurs qui ont pris cette peine. Voïez donc les *Obſervations Mathematiques & Phyſiques faites au Indes & dans la Chine*, par le P. *Noël*, Chap. *V*.

CONSTRUCTION. En Géométrie, on entend par ce mot une préparation que l'on fait en tirant dans une figure des lignes néceſſaires pour une démonſtration. En Algébre, en joignant à ces mots celui d'équation, *Conſtruction* eſt l'art de trouver des quantités ou des racines inconnues d'une équation par le moïen des lignes. Ou autrement, on entend par *Conſtruction des Equations*, l'invention d'une ligne, qui exprime la quantité inconnue d'une équation algébrique.

Suppoſons qu'on ait l'équation $x = a$. La ligne, qui exprimera cette équation, ſera une ligne droite. Soit donnée à conſtruire l'équation $x = a + b$ ou $a - b$: on prend la ſomme, ou la différence des lignes repréſentées par $a + b$, ou par $a - b$. La conſtruction d'une équation à fractions eſt encore toute ſimple. Si $x = \frac{a}{b}$, on prend la raiſon de la ligne a à la ligne b. Et pour une fraction plus compoſée telle que $x = \frac{ab}{c}$, on fait d'abord évanouir la fraction, en multipliant x par c, & l'on a $x c = a b$: d'où l'on tire $c : a :: b : x$. Donc x eſt égale à la troiſiéme proportionelle à ces trois lignes données. Tout cela eſt fondé, ou fonde même ces principes.

Toutes les équations ſimples, c'eſt-dire, d'une ſeule dimenſion, peuvent ſe réſoudre, en mettant ſous la forme de proportion les fractions auxquelles la quantité inconnue eſt égale.

Lorſqu'on a des équations de plus d'une dimenſion, M. *Wolf* preſcrit cette regle.

1°. *Introduiſez dans l'équation propoſée une nouvelle indéterminée.* 2°. *Transformez par le moïen de cette inconnue, l'équation en différentes courbes, dans leſquelles ſoient deux indéterminées.* 3°. *Formez enſuite deux équations locales. Leur commune interſection déterminera les racines.*

M. *Stone* donne dans ſon Dictionnaire de Mathématique une maniere de conſtruire les équations par l'interſection de deux lieux. Et pour trouver les lieux les plus ſimples pour la *Conſtruction* d'une équation, il extrait la racine quarrée de la plus haute puiſſance de l'inconnue. Il y a ici des exceptions qu'il faut voir dans ſon Livre. Je ne m'y arrêterai pas; parce qu'outre que la regle de M. *Wolf* me paroît bien ſimple & bien générale, c'eſt que cette maniere de ſe ſervir des courbes pour les équations ne conduit à rien, ſi ce n'eſt à exercer l'eſprit. Car la méthode qu'on a en vûe par-là d'extraire les racines d'une équation, eſt bien inférieure à celle de l'approximation. On a tant d'objets ſur leſquels on peut s'exercer l'eſprit utilement qu'on doit négliger tous ces exercices qui n'ont qu'un ſeul avantage.

2. L'Auteur de la *Conſtruction des équations* eſt *René Sluſe*. On trouve ſa découverte dans la ſeconde partie de ſon *Méſolabe*. Sa méthode a été expliquée par M. *de la Hire* dans ſon *Traité des Conſtructions des Equations Analytiques*: & par M. le Marquis de l'*Hôpital* dans ſon *Traité Analytique des Sections Coniques*. M. *Rolle* avoit trouvé à redire autrefois à cette méthode. Il l'attaqua dans les *Mémoires de l'Académie des Sciences de* 1699. *pag.* 66. *& Ann.* 1708: mais elle fut très-bien défendue par M. *de la Hire*; ce Savant fit imprimer dans les *Mémoires de l'Académie de* 1710 un Mémoire où les objections de M. *Rolle* ſont repouſſées avec force & avec vérité.

M. *Viete* a donné la *Conſtruction* des équations ſimples: ſon Livre là-deſſus eſt intitulé: *Recenſio canonicæ effectionum Geometricarum*. *Martin Gebalde* a compoſé auſſi un Ouvrage ſur ces ſortes d'équations, dont le titre eſt: *De reſolutione & compoſitione Mathematica: Opus poſthumum*. *Deſcartes* a pris de ces Auteurs ce qu'il en a donné dans ſa Géométrie. Je veux parler des équations ſimples. Quant aux autres, il les a approfondies. Pour conſtruire un Problême plan, c'eſt-à-dire, d'une équation de deux dimenſions, il ſe ſert du cercle & d'une ligne droite: pour une de 3 ou 4, qui eſt un Problême ſolide, il fait uſage du cercle & d'une des ſections coniques: pour une de 5 ou 6 du cercle & d'une ligne du ſecond genre, telle que la conchoïde, par exemple : enfin, pour un Problème de 7 ou 8 dimentions, il emploie le cercle & une ligne d'un troisième dégré. Ainsi de suite en construisant des équations de deux dimentions, en augmentant par le cercle associé avec une courbe, qui croît toujours d'un dégré. (*Géométrie de Descartes, L. III.*) Il faut convenir que cette méthode est bien générale. Peut-être l'est-elle trop. MM. de la *Hire* & *Fermat* croient qu'il y a de l'erreur dans la regle de *Descartes*. C'est une discussion à voir dans la Préface *De la construction des équations analytiques.* Quoiqu'il en soit de ce différent, les Géometres conviennent aujourd'hui, que les *Equations quadratiques* peuvent se construire par la ligne droite & le cercle ; & celles du troisième & quatriéme dégrés par le cercle, & une parabole, ou une hyperbole, donnée. Les Auteurs qui sont cités dans cet Article, sont les seuls qui ont écrit sur la *Construction* des équations.

CONTACT. Attouchement. On dit en Géometrie *Point de Contact,* le point où une ligne ou un plan en touchent un autre. Les parties qui se touchent se nomment les points ou les lieux du *Contact.*

CONTEPAS, Machine qui sert à *mesurer* le chemin que l'on fait. *Voïez* ODOMETRE.

CONTIGU. Epithete qu'on donne quelquefois aux angles quand ils sont de suite. Ainsi au lieu de dire *Angles de suite,* on dit *Angles contigus. Voïez* ANGLES DE SUITE.

CONTINGENT. Ce terme se joint à une ligne, & signifie alors qu'elle est tangente. Une *ligne contingente* n'est autre chose qu'une tangente. *Voïez* TANGENTE.

CONTRE-APPROCHES. Terme de Fortification. *Voïez* APPROCHES.

CONTRE-BATTERIE. C'est dans la Fortification une batterie sur les ouvrages de la Forteresse où l'on peut poster du canon contre celui des ennemis. L'endroit le plus commode, pour la construire, est le chemin couvert qui est bordé d'un autre fossé.

CONTRE-GARDE. Ouvrage de Fortification, qu'on construit à la pointe d'un bastion ou d'une demi lune, pour les mettre à couvert du feu de l'assiégeant. La *Contre-garde* a été substituée à la demi lune, que les Anciens mettoient devant la pointe des bastions. Cet Ouvrage a été inventé par le Capitaine *De Marchi.* Il l'appelloit en général *Ponçone.* Il a reçu le nom de *Contre-garde* de quelques Ingénieurs modernes. Le Comte de *Pagan* & & la Baron de *Ruffentein,* sont les premiers qui en ont fait usage dans leur maniere de fortifier.

Il y a deux sortes de *Contre-gardes.* Les

unes A B C D E. (Planche XLVI. Figure 92.) ont des faces & des flancs. Les autres 8, 7, 9, sont en équerre & n'ont que des simples faces. Quoique les *Contre-gardes* se construisent suivant les systèmes, voici cependant une construction générale à commencer par la premiere A B C D E. De l'angle de la demi-lune M N T, menez une ligne parallele à la face du bastion X Z, jusques à ce qu'elle coupe la ligne magistrale P X B. Du milieu de la face X Z soit tirée une parallele au flanc Z Y. Le point K où elle coupera la ligne B C déterminera la face de la *Contre-garde.* Aïant pris 4 toises sur cette ligne, on aura le flanc de la *Contre-garde* déterminé. Pour l'autre moitié on fera la même chose.

Pour la construction de la *Contre-garde* 8, 7, 9, on se contente de porter 15 ou 20 toises paralleles à la contrescarpe du bastion : ce qui donne les faces de la *Contre-garde* qui vont ainsi se terminer jusques aux fossés des demi-lunes. Cette *Contre-garde* a 3 ou 4 toises de largeur, & sa hauteur est, comme l'autre, moindre de trois ou quatre pieds que celle de la Place. On ne fait plus usage que de celle-ci.

M. de *Vauban* donne dans son second systême la maniere de construire les *Contre-gardes,* qu'il est bon de connoître. 1°. Prolongez la capitale P 6, jusques à 39 toises au-delà de l'angle flanqué du bastion. 2°. Tirez les lignes 78, 79, paralleles aux faces du bastion ; donnez 56 toises à ces lignes, qui formeront les faces de la *Contre-garde.* 3°. Portez 30 toises depuis l'angle de la tenaille, & tirez le flanc. 4°. Elevez sur la face de la tour bastionnée la perpendiculaire 69 de 6 toises, & tirez la ligne 11 en l'arrondissant devant l'angle flanqué de la tour.

Cet ouvrage est très-recommandable. Outre qu'il met à couvert les dehors de la Place, il est encore utile pour repousser l'ennemi.

CONTRE-MINE. Gallerie souterraine voutée, qu'on pratique dans les faces d'un bastion, & plus souvent sous le chemin-couvert & sous le glacis. On y fait des chambres où l'on met la poudre nécessaire pour faire sauter le terrain de dessus, soit afin de ruiner les approches de l'assiégeant, soit afin de le chasser de son poste. Cet usage de la *Contre-mine* n'est qu'un usage de surcroit. Son principal est, comme son nom le dit assez, de découvrir les mines de l'ennemi. Au moïen de cette gallerie, on est à portée d'entendre le Mineur par un bruit sourd, qu'on distingue fort bien. Lorsque ce bruit fait juger qu'il est proche, on va au-devant de lui, & on ruine ses travaux.

Les *Contre-mines* ont ordinairement trois

ou quatre pieds de largeur & 6 de hauteur. D'espace en espace, on y fait des soupiraux, pour y donner de l'air. On construit aussi par intervalle, des fermetures pour couper le chemin à l'assiégeant, lorsqu'il se rend maître de quelqu'unes de ses parties, soit par la mine ou autrement.

2. Quelquefois on n'a pas le tems de *Contre-miner*, ou l'on veut en éviter la dépense. Alors on découvre ainsi l'endroit où l'on mine. On se couche par terre & on prête l'oreille pour entendre le bruit que le Mineur fait dessous. Autrement, on met à terre une caisse d'un Tambour qu'on renverse. Si la corde de la caisse, qui se trouve en haut dans cette situation tremble, le Mineur travaille surement dessous. Sur le champ, on sonde le rameau de la mine. Est-il découvert ? malheur au Mineur qui s'y trouve. Tout de suite on fouille, & si on peut l'attrapper, point de quartier. Il est tué ou étouffé dans son trou sans remission. A cet effet on jette quantité d'eau bouillante & même de l'eau froide, pour faire ébouler les terres dans le rameau.

3. On doit l'invention des *Contre-mines* à *Tryphon*, Architecte d'Alexandrie. Et voici comment *Vitruve* rapporte la chose. Au siége d'Apollonie, on creusoit une mine pour entrer dans la Ville sans qu'on s'en apperçût. Les assiégés en furent avertis, & cet avertissement les effraïa, d'autant plus qu'ils ignoroient en quel tems & par quel endroit les ennemis devoient entrer dans la Ville. Découragés par cette incertitude, ils étoient dans de cruelles allarmes, lorsque l'Architecte *Tryphon*, qui étoit avec eux, s'avisa de faire plusieurs fossés creusés dessous les remparts, environ de la longueur d'*un trait d'arc*, pour me servir de l'expression de *Vitruve*, & de pendre des vases d'airain dans tous les endroits souterrains. Or il arriva que dans le conduit le plus proche de celui où les assiégeans travailloient, les vases frémissoient à chaque coup de pioche que l'on donnoit. C'est ainsi qu'on reconnut l'endroit vers lequel les Pioniers s'avançoient pour percer jusques au-dedans de la Ville. C'en fut assez. *Tryphon* marqua tous ces endroits ; & aïant tenu prêtes de grandes chaudieres pleines d'eau bouillante, & de poix fondue avec du sable rougi au feu, il fit pendant la nuit plusieurs ouvertures dans leur mine, & y fit jetter toutes ces choses qui étoufferent les Mineurs des ennemis.

Les habitans de Marseille, après *Tryphon* sans doute, n'y firent pas tant de façon lors du siége de cette Ville, Instruits que les ennemis fouilloient pour les surprendre, ils

creuserent tout autour de la Ville assez profondément, pour que toutes les mines des assiégeans fussent ouvertes par leurs fossés. Et aux endroits où la nature du terrain ne permit pas de creuser, ils firent en dedans de grands fossés remplis d'eau en maniere de vivier. Enforte que cette eau venant à entrer tout à coup dans les mines, abattit les étais, & étouffa tous ceux qui s'y trouverent. (Voïez *Architect. de Vitruve*, *L. X.*)

CONTRE-PARTIE. Terme de Musique. Partie de Musique opposée à un autre. Le dessus est la *Contre-partie* de la basse.

CONTRE-POINT. Ancien terme de Musique qui signifioit les notes ou lignes des sons représentés par des points mis l'un contre ou sur l'autre. On peut définir encore le *Contre-point* une composition de Musique par des points. Cette composition consistoit à mettre des points vis-à-vis les uns des autres, qui marquoient les différens accords. Elle étoit en usage avant l'invention des notes. La mesure de ces points s'exprimoit en chantant, selon la quantité des syllabes ausquelles on les appliquoit.

C'est une chose curieuse que la façon dont on composoit autrefois par des points. Il faudroit entrer dans un détail assez grand pour développer cette composition. Afin d'en présenter le fond, disons qu'en général toute composition qui fait harmonie, est *Contre-point*, & que spécialement c'est un, deux, ou plusieurs chants différens, composés sur un sujet donné, & renvoïons les curieux au Traité de l'Harmonie du P. *Mersene*, & au *Dictionnaire* de Musique de M. *Brossard*. Cet Auteur le distingue & le subdivise en *Contre-point simple* ou note, contre note, fleuri, fugué, figuré, &c. Toutes ces distinctions paroissent fort inutiles ; & ceux à qui elles pourront plaire, ne doivent pas s'attendre à les trouver ici. J'ai cité l'Auteur, & l'Ouvrage qu'on peut consulter.

CONTRE-QUEUE D'HIRONDE. Ouvrage de Fortification qui a la forme d'une simple tenaille, & dont les côtés s'éloignent ou s'élargissent l'un de l'autre, en s'approchant de la Place, *Voïez* QUEUE D'HYRONDE.

CONTRESCARPE. Terme de Fortification. Bord du fossé du côté de la campagne ou autrement talus, qui contient les terres du chemin-couvert. On ne donne ordinairement au sommet de la *Contrescarpe* que trois ou quatre pieds sur un talus du sixiéme de sa hauteur. Ce talus se trouve en abbaissant du sommet une ligne en pente d'un pied sur le fond du fossé. On prend souvent la *Contres-*

carpe pour le chemin-couvert. Ainſi l'on dit l'ennemi ſe logea ſur la *Contreſcarpe*, attaqua la *Contreſcarpe*, pour dire qu'il attaqua & ſe logea ſur le chemin-couvert.

CONTREVALLATIONS. Sorte de tranchée C, C, C, C (Planche XLV. Figure 57.) qu'on trace dans un ſiége à près de 200 toiſes de la place, en la ſerrant le plus près qu'on peut, ſans trop s'expoſer au canon. Ces lignes ſoutiennent & fortifient en quelque façon les aſſiégés en les mettant à couvert des ſurpriſes autant qu'on peut y être. Le foſſé de ces lignes eſt de 14 pieds à l'ouverture; la largeur par en bas de 4 pieds 8 pouces, & la profondeur de 6 pieds. Dans le tracé de ces lignes, on profite de tous les avantages du terrain. On y fait des paſſages fermés de barrieres; & ſur-tout on les flanque de rédans *r, r, r, r*, &c. en obſervant dans la conſtruction de ces rédans, ce que j'ai preſcrit pour celle de ceux de la ligne de circonvallation. (*Voïez* CIRCONVALLATION.) Lorſque la nature du terrain ne permet pas de parachever ces lignes, on éleve ſur des hauteurs des rédoutes qui défendent ces endroits. Les lignes de *Contrevallation* & de circonvallation forment le camp de l'aſſiégeant, & c'eſt entre ces lignes qu'il eſt enfermé.

CONVERGENT. En Optique ce terme ſignifie ce qui ſe réunit. Ainſi des raïons *Convergens* ſont des raïons qui partant de différens points d'un objet, tendent toujours à ſe réunir à un même point. Tels ſont les raïons du ſoleil qui reflechiſſent ſur un miroir ardent.

CONVERSE. On ſpécifie ainſi en Géométrie une propoſition dont on prend pour principe ce qui a été conclu ſur une hypotheſe, & par laquelle on fait évanouir l'hypotheſe qu'on démontre. Je ſuppoſe, par exemple, que deux lignes ſont paralleles & qu'elles ſont coupées par une autre ligne. Voilà l'hypotheſe. Donc les angles alternes ſont égaux. Voilà la concluſion. Or de cette hypotheſe & de cette concluſion, je tire cette propoſition qui eſt la *Converſe* de l'autre. Si les *angles alternes que fait une ligne en tombant ſur deux autres ſont égaux, les lignes ſont paralleles.*

CONVERSE OU RAISON CONVERSE, Comparaiſon des conſéquens d'une proportion à ſes antécédens, A : B :: C : D. On dira en raiſon *Converſe* ou *Convertendo* B : A :: D : C.

CONVERSION DE RAISON. C'eſt en Arithmétique une façon d'échanger les antécedens ou les conſéquens d'une proportion. Il s'agit ici de la comparaiſon de l'antécedent à la différence des termes. S'il y a

même raiſon de A à B, que de B à C, on dira par *Converſion de raiſon*, ou ſuivant la façon de s'exprimer, des Géometres *invertendo*, A (2) + B (4) : A (2) :: B (4) + C (8) : B (4).

COQ

COQ ou COCQ. Terme d'Horlogerie. Support qui couvre le balancier d'une montre. J'expliquerai ſon uſage en faiſant l'analyſe de cette machine. *Voïez* MONTRE.

COR

CORDE. Terme de Géométrie. Ligne droite tirée d'un point d'un arc de cercle à un autre point. La ligne A B dans le cercle A B D (Plan. I. Figure 93.) eſt la *Corde* de l'arc A E B. Comme toutes les *Cordes* croiſſent juſques au diametre du cercle, & qu'elles décroiſſent en deſcendant, il ſuit, que le diametre d'un cercle eſt la plus grande de toutes les *Cordes*. *Euclide* a démontré ſur les *Cordes* les propoſitions ſuivantes 1°. Si l'on abbaiſſe du centre du cercle une perpendiculaire, elle le diviſera en deux parties égales; 2°. Les *Cordes* d'un cercle dont les arcs ſont égaux, ſont auſſi égales entre elles, & les *Cordes* inégales dans un même cercle, ne ſont pas proportionnelles à leur arc.

Il eſt une troiſiéme propriété, qui ne ſe trouve point dans *Euclide*, & que je n'ai vûe que dans les *Elémens de Mathématique* de M. *Wolf*. C'eſt que le quarré de deux *Cordes* qui ſoutiennent les arcs d'un demi cercle, ſont entre elles comme la ſomme du diametre A D & de la *Corde* E B, menée parallelement au diametre, eſt à la différence de cette *Corde* au diametre. Nommant le raïon A C *r*, E B *a*, on a ce rapport ainſi exprimé 2*r* + *a* : 2*r* — *a*.

CORDON. C'eſt en Fortification un rang de pierres arrondies, qui ſaillent au-dehors de la contreſcarpe & au pied du parapet. Les *Cordons* ne ſont que des ornemens. On en fait uſage dans les Fortifications revêtues de pierres, & ils regnent tout autour de la Place. Les *Cordons* des remparts revêtus de gazons, portent ordinairement des pieux pointus que l'on appelle *Fraiſes*.

CORNE. On ſous-entend OUVRAGE, & on dit en terme de Fortification OUVRAGE A CORNES. C'eſt un ouvrage compoſé de deux demi baſtions & d'une courtine qu'on éleve devant une Place. Sa conſtruction eſt fort ſimple. (Planche XLVII. Figure 252.) On prolonge de 88 toiſes de la pointe de la demi-lune C la capitale en D. Du point C on décrit l'arc F D G, ſur lequel on porte

60 toiſes de D en F. Aïant tiré des points F & G la ligne F G, on a le côté extérieur de la demi-lune, ſur lequel on décrit les deux demi baſtions ſuivant les regles ordinaires. *Voiez* BASTION.

Le parapet de cet ouvrage eſt le même que celui de la demi-lune, & ſon foſſé eſt les trois quarts du grand foſſé. Pour défendre ſa courtine, on place entre les deux demi baſtions une demi-lune, dont le foſſé eſt les trois quarts de celui de la grande demi-lune.

Lorſqu'on conſtruit l'*ouvrage à Cornes* devant la pointe d'un baſtion, on en aligne les aîles à 15 ou 20 toiſes des angles de l'épaule du baſtion.

Si l'on en croit M. de *Vauban*, aucun dehors n'égale en mérite l'*Ouvrage à Cornes*, placé non ſur le milieu des courtines, comme on le fait ordinairement, mais ſur les capitales des baſtions, dont ils embraſſent les faces oppoſées, parce qu'alors leurs longs côtés ſont défendus du canon des courtines à feu raſant & par les deux demi-lunes collatérales, qui leur donnent des flancs fichans de 40 à 50 toiſes chacun. L'ouvrage conſtruit en cet état, offre bien des travaux, bien des précautions, à quiconque veut s'en rendre maître; & M. de *Vauban* aimeroit autant attaquer le front du corps de la Place bien baſtionné. Une propoſition ſi paradoxe eſt ſoutenue par ces preuves & ce détail. 1°. Il faut prendre la demi-lune; 2°. l'ouvrage; 3°. affronter toutes les traverſes de l'ouvrage; 4°. les deux demi-lunes collatérales. Maître enfin de l'*Ouvrage à Cornes*, on eſt encore bien éloigné de la priſe de la Place. Sa ſituation ne mene qu'à un baſtion qu'on eſt obligé d'attaquer par les deux faces avec beaucoup d'incommodité. Or tout cela ne produit que l'équivalent d'une attaque. Il faut ſe reſſouvenir qu'il s'agit ici des *Ouvrages à Corne* placés à la pointe du baſtion. Car ceux qu'on conſtruit devant les courtines ne ſont pas ſi avantageux, parce qu'ils ne préſentent à l'aſſiégeant qu'une demi-lune, les traverſes, & quelquefois une demi-lune voiſine de peu de défenſe.

Tout ceci eſt bon pour les aſſiégés : voici pour les aſſiégeans. Lorſqu'une Place eſt accompagnée d'*Ouvrages à Corne*, & qu'on eſt forcé de l'attaquer par-là, on procede à l'attaque comme au corps de la Place, en emploiant les tranchées, les places d'armes, les cavaliers, les batteries à ricochet, de même que partout ailleurs. (*Traité de l'attaque & de la défenſe des Places*, par M. de *Vauban*.)

CORNE'E. Terme d'Optique. Membrane du globe de l'œil, qui enveloppe toutes les autres du globe : auſſi eſt-elle la plus forte de toutes les autres, quoique tranſparente en partie comme de la corne, d'où elle tire ſon nom de *Cornée*.

M. *Winſlow* diviſe la *Cornée* en deux, en opaque & tranſparente. Cette diviſion eſt d'autant plus néceſſaire qu'on confond aſſez ſouvent la ſclerotique avec la *Cornée*, & que bien des perſonnes par une erreur contraire la diſtinguent trop.

La *Cornée opaque* eſt compoſée de pluſieurs couches étroitement collées enſemble, qui forment un tiſſu fort dur & fort compact. Elle eſt ſur-tout épaiſſe vers le milieu où elle porte le nerf optique, & ſon épaiſſeur diminue à meſure qu'elle s'approche du devant de l'œil où elle devient tranſparente. C'eſt cette partie de la *Cornée* qu'on appelle *Sclerotique*.

La *Cornée tranſparente* qui eſt à proprement parler la *Cornée*, n'eſt qu'une continuation de la ſclerotique. Sa circonférence n'eſt pas circulaire comme celle de la concavité ſclerotique, mais un peu obliquement tranſverſale. Cette membrane eſt percée d'une quantité de pores, d'où découle une liqueur qui s'évapore en ſortant. Lorſqu'un homme ſe meurt, cette liqueur ſe ramaſſe ſur la *Cornée*, & y forme une pellicule glaireuſe, qui obſcurcit ſa vûe. (*Voiez l'Exp. Anat.* de M. *Winſlow*, *Tom. IV.* & les *Mém. de l'Acad.* de 1721.)

CORNICHE. Terme d'Architecture Civile. Partie de l'entablement. Elle en eſt la troiſiéme, & elle forme en général une ſaillie, qui couronne un lambris, un piedeſtal, & une colonne. La *Corniche* porte ſur la friſe.

Comme il y a cinq Ordres d'Architecture, il y a auſſi cinq ſortes de *Corniches*. La plus ſimple eſt la *Toſcane* : elle eſt la ſeule ſans ornement, & a très-peu de moulures. On orne la *Corniche Dorique* de denticules, & on les récoupe dans la *Corniche Ionique*. Des modillons & des denticules, ſur le tout beaucoup de moulures, diſtinguent la *Corniche Corinthienne*. Et celle qui a des denticules & des moulures eſt une *Corniche Compoſite*. La *Corniche* étant une partie de l'entablement, il eſt naturel que je renvoïe à cet Article la figure de tous ces Ordres, afin de la mieux connoître. On trouvera à celui d'ARCHITECTURE CIVILE l'origine de la *Corniche*.

CORIDOR. Ancien terme d'Architecture Militaire, qui ſignifie Chemin couvert. (*Voiez* CHEMIN COUVERT.)

COROLLAIRE. Conſéquence qu'on tire d'une propoſition. Après avoir démontré que l'*Angle externe d'un Triangle eſt égal aux deux internes oppoſés*, on en tire ce *Corollaire* :
Donc

Donc les *trois Angles d'un Triangle sont égaux à deux droits.*

CORPS. C'est en Géométrie ce dont on considére trois dimensions, longueur, largeur, & profondeur. (*Voïez* SOLIDE.) Les Géométres toujours sages dans leur conduite, s'en tiennent là. Les Physiciens plus curieux, avant tout examen demandent s'il y a des *Corps*. Une pareille question ne devroit point entrer, ce semble, dans la tête d'un homme raisonnable. Si nous doûtons qu'il y a des *Corps*, de quoi ne douterons-nous pas ? On croiroit volontiers que cette question est un pur jeu de Physique, & si l'on veut encore, de Metaphysique. Point du tout. Le Pere *Mallebranche* avance fort serieusement, qu'*on ne peut avoir de démonstrations exactes touchant l'existence des Corps, & qu'on a même une démonstration exacte de l'impossibilité d'une telle démonstration.* (*Entret. Métaph. Ent. 6.*) Dans un autre endroit, (*Recherch. de la Vérité, Tom. II.*) il prétend encore qu'*il n'y a que la Foi qui puisse nous convaincre qu'il y a effectivement des Corps.* M. *Berkeley,* plus hardi que le P. *Mallebranche,* soutient que *non seulement la matiere n'existe pas, mais qu'elle est même absolument impossible.* Telle est la prétendue démonstration qu'il en donne. Un principe qui conduit à de. absurdités & à des contradictions, ne peut être vrai. Or l'étendue dans les *Corps* jette dans des contradictions. Donc l'étendue ne peut exister dans les *Corps* ; & par conséquent la matiere est absolument impossible. M. *Berkeley* prouve ainsi la mineure de cet argument. L'étendue visible, si elle existoit, devroit être une propriété des *Corps*, qui ne variât point: mais l'étendue varie, & change selon qu'on s'en éloigne, ou qu'on s'en approche. Une tour, par exemple, est dix fois plus grande à certaine distance qu'à d'autres : donc cette étendue n'existe pas hors de l'ame. Donc il n'y a pas d'étendue, & par conséquent point de *Corps*. J'ai lû plusieurs fois ce raisonnement, pour m'assûrer qu'il partoit effectivement d'une tête pensante. Convaincu d'ailleurs du mérite de M. *Berkeley*, je craignois de me faire illusion. Car voilà sur quel fondement est établi un Livre décoré du nom de cet illustre Auteur, semé de subtilités très - métaphysiques, & portant ce titre pompeux : *Dialogue entre Hylas & Philonous, dont le but est de démontrer clairement la réalité & la perfection de l'entendement humain, la nature incorporelle de l'Ame, la Providence immédiate de la Divinité contre les Sceptiques & les Athées, & d'ouvrir une méthode, pour rendre les Sciences plus aisées, plus faciles, & plus abrégées. Par George Berkeley,* Associé au Col-

lége de la Trinité de Dublin , & Evêque de Cloyne. 1744. (*Voïez* les pages 56, 57, & 58.) Qui ne seroit ébloüi par tant d'avantages ! Pour moi, je ne puis revenir de ma surprise, & l'argument de M. *Berkeley* n'est à mes yeux qu'un gros paralogisme, & si j'osois le dire, un sophisme grossier. Lorsqu'on s'approche d'une tour, elle paroît plus grande. On la voit plus petite, lorsqu'on s'en éloigne. Que fait ce changement aux dimensions propres de la tour ? Elles sont toujours les mêmes , de quelque façon qu'on en juge. Cette différence vient de l'œil, où les raïons sont selon les distances des angles plus grands ou plus petits. C'est une erreur des sens que la raison corrige aisément. D'ailleurs pourquoi s'en prendre plutôt à la tour qu'aux yeux ? Après un tel argument, j'aimerois autant dire que c'est l'œil qui change, qui diminue, ou devient plus grand, selon que je m'approche, ou que je m'éloigne de la tour ; & en cela je croirois dire quelque chose de moins ridicule. Toute la suite de cet argument tend à prouver en différentes manieres que les connoissances qu'on acquiert par les sens , sont pleines de contradictions. Mais M. *Berkeley* sera bien trompé si l'étendue , sur laquelle il se fonde, n'est point l'essence des *Corps.* Examinons en quoi consiste cette essence.

2.   *Descartes,* après avoir établi que l'essence ou la nature des *Corps* est cette propriété , qui existant une fois fait aussi que le *Corps* existe en même-tems, mais qui venant à ne plus exister , fait aussi que le *Corps* n'existe plus, soutient que l'essence ou la nature des *Corps* consiste dans l'étendue. Pour prouver cette proposition, ce grand homme se représente un *Corps* avec toutes ses propriétés, & examine quelles sont celles d'entre elles qu'on peut éloigner de la pensée, sans perdre l'idée d'un *Corps*. Les propriétés générales sont l'*étendue*, l'*impénétrabilité*, la *force d'inertie*, la *mobilité*, la *quiescibilité, la figurabilité*, & la *gravité* ; & les propriétés particulieres, la *transparence*, l'*opacité*, la *fluidité*, la *solidité*, la *corolabilité*, la *chaleur*, la *froideur*, la *senteur*, l'*inodorabilité* où *sans odeur*, le *sonore*, le *non sonore*, la *dureté*, l'*élasticité*, la *mollesse*, l'*apreté*, la *douceur* , & plusieurs autres accidentelles. Or de toutes ces propriétés *Descartes* admet toutes celles qui ne détruisent point dans son ésprit l'idée de *Corps*, & il trouve qu'on peut dépouiller un *Corps* de toutes ses propriétés & qualités, pourvû qu'on lui conserve l'étendue. Celle-là soutient toute seule l'idée d'un *Corps* ; & aussi-tôt qu'on cesse de la perdre de vûe, le *Corps* s'évanouit. Ainsi par tout où

il y a de l'étendue, il doit y avoir un *Corps*, & là où il n'y a point d'étendue, il n'y a point aussi de *Corps*.

Lorsque je lûs ce beau raisonnement de *Descartes*, je fus curieux de l'approfondir. Je ramassai dans mon esprit toutes les propriétés d'un *Corps*, & je les détachai les unes après les autres, aïant attention de ne point altérer l'idée que j'avois du *Corps*. Or il ne me fut jamais possible d'écarter sa *figurabilité*. D'abord que je laissois échapper sa figure, je ne voïois plus de *Corps*. De-là il me parut qu'on pouvoit conclure que la *figurabilité* étoit aussi l'essence du *Corps*. J'allai plus loin. Je supposai qu'on voulût donner l'idée de *Corps* à un aveugle de naissance. Dans cette supposition le tact étoit le seul sens auquel on pouvoit s'adresser. Comment lui faire comprendre ce que c'est qu'un *Corps*, si ce n'est par le tact ? L'*impénétrabilité*, sans laquelle le tact n'auroit pas lieu, forme donc pour cet aveugle l'essence d'un *Corps*. Ce que je n'avançois qu'en tâtonnant, se rassura mieux dans mon esprit, en lisant un trait bien singulier dans le *Journal des Savans* du mois de Novembre 1685, & dans les Œuvres de M. *Bernoulli* (*Jacques.*) On vint autrefois à bout d'apprendre à écrire à une fille de Genève aveugle. On lui avoit demandé sur une chose si extraordinaire si elle ne rêvoit point en dormant, & s'il ne lui paroissoit pas en rêve d'images, ou de fantômes. Sa réponse étoit toujours, qu'*elle ne savoit ce que c'étoit que ces sortes d'images, mais que quelquefois en dormant il lui sembloit qu'elle manioit des objets de même qu'elle faisoit en veillant.* (Bernoulli Opera, *Tom. I. Extrait d'un Lettre concernant la maniere d'apprendre les Mathématiques aux aveugles.*)

Preuve évidente que cette fille ne jugeoit d'un *Corps* que par le tact, & ne pouvoit avoir l'idée de son essence que par son *impénétrabilité*. Revenant sur l'explication de *Descartes*, il me parut qu'on pouvoit concevoir l'étendue sans *Corps*. En effet, je supposai que de trois *Corps* joints ensemble Dieu anéantit celui du milieu, & je me demandai qu'est-ce qu'il reste ? La place du *Corps* fut toujours présente à mon esprit, & je ne crus pas qu'il fût possible de l'en écarter. Ainsi voilà un espace, c'est-à-dire, une longueur, une largeur, une profondeur, & point de *Corps*. Donc l'étendue n'est pas l'essence du *Corps*. Ce fut ma conclusion.

Aïant lû depuis l'aveu que fait M. *Muschenbroek*, au nom des Physiciens, de l'ignorance profonde où l'on est de l'essence des *Corps*, j'ai cherché à m'en former cependant une idée. Toutes réflexions faites, il

me semble que la *sensibilité* constitue l'essence des *Corps*. Tout ce qui est *sensible*, de quelque façon que ce soit, tout ce qui tombe sous nos sens, est *Corps*. Si nous pouvons avoir l'idée de quelque être, que nous ne puissions pas nous représenter en aucune maniere, cet être est esprit.

CORPUSCULES. Elémens des Corps suivant les anciens Philosophes. C'étoit par leur différente jonction, séparation, composition, combinaison qu'ils expliquoient tout ce qui est & tout ce qui se passe dans la nature. Plusieurs Physiciens confondent les *Corpuscules*, avec les particules de la matiere, les atomes de *Démocrite*, & la matiere subtile même de *Descartes*. La Philosophie Corpusculaire est cependant bien plus ancienne que celle qui supose ces petits corps ou ces élémens des Corps. M. *Boile* prétend qu'elle a précédé celle des Grecs. Il l'appelle la *Philosophie Phénicienne*; parce qu'il en attribue la premiere idée, sur la foi de plusieurs Ecrivains, à un certain Physicien, originaire de la Phénicie, qui expliquoit les phénomenes de la nature par le mouvement & les propriétés des petites particules de la matiere. Comme c'est ici un fait de Physique, qu'il est sans doute bon de constater, je vais rapporter les propres paroles de *Boile*, qui est ici mon garant : *Scriptorum quorumdam autoritate fretus, à quibus accepi Physicum quemdam è Phœnicia oriundum Phœnomena naturalia per minutarum materiæ particularum motum, aliasque affectiones explicare solitum.* Boile, *Præfat. in Experim. Chimic.*

A le bien prendre, les *Corpuscules* sont des *Atomes*. Mais la Philosophie Corpusculaire n'est pas cela. On trouvera à l'article d'A-TOME en quoi consiste celle-ci, bien différente de l'autre. La *Corpusculaire* supose une émanation continuelle de ces *Corps*, de tous ceux dont ils font partie, & par ces émanations on explique les secrets les plus impénétrables de la nature. Veut-on savoir, par exemple, pourquoi nous nous sentons portés pour certaines personnes, lorsque nous les voïons, déprévenus pour d'autres; c'est qu'il se fait une émission de *Corpuscules* du corps de ces personnes, qui suivant qu'ils nous affectent, telle personne nous plait, & nous déplait. Elle nous plait, si les *Corpuscules* font sur nous une impression agréable. Elle nous déplait, si le contraire arrive. De-là viennent les antipathies & les sympathies. Les partisans des *Corpuscules* soutiennent que sans eux nous serions forcés de recourir aux qualités occultes, qui humilient tant notre esprit. M. *de Vallemont* rapporte d'après *Gassendi*, une histoire fort plaisante. Un jour

Gaffendi vit une troupe de pourceaux, qui dans un marché se mirent tous à gronder après un boucher, & à le regarder de travers, tant qu'il fut proche d'eux. Et M. *de Vallemont* a vû dans Paris tous les chiens sortir des maisons, pour aboïer avec beaucoup de violence contre un de ces chiffonniers, qui tâchent souvent de les attraper, pour en avoir la peau. Comment expliquer ces mouvemens d'antipathie de ces animaux? La chose est assez difficile. Un Philosophe Corpusculaire en rend toutefois fort aisément raison. Le boucher & le chiffonnier, dit M. *de Vallemont*, étoient environnés des *Corpuscules* des animaux qu'ils avoient fraîchement tués. Or ces *Corpuscules* aïant été tirés de force, ils étoient agités d'un mouvement extraordinaire. Ils se portoient donc avec rapidité sur le corps de ces pourceaux & de ces chiens, & produisoient en eux une sensation fort désagréable; c'est justement ce qui excitoit leur colere.

On lit dans les *Mélanges d'Hist. & de Litt.* par M. *Vigneul Marville, T. II. p.* 457, que l'Auteur avoit vû un monocule garni d'écailles, qui étoit un microscope si bon, qu'on distinguoit par son moïen les *Corpuscules*, qui émanent des corps. A un jeu de paume où M. *Vigneul Marville* étoit allé, il se sentit de l'aversion pour un joueur, & de l'inclination pour l'autre; & cette aversion & cette inclination étoient telles, qu'il souhaittoit fortement que l'un gagnât, & que l'autre perdît. Il considere les deux joueurs avec un microscope; & il apperçoit que les *Corpuscules* de ces joueurs agités venoient jusques à lui. Il en examine toutes les parties; & ce très-admirable microscope lui fait voir que les *Corpuscules* de celui pour lequel il se sentoit porté, s'accrochoient aisément avec ceux qu'il transpiroit lui-même; & qu'au contraire ceux de celui pour lequel il avoit de l'aversion, le blessoient, ou divisoient irrégulierement les siens par leur configuration. D'où l'Auteur conclud que la véritable cause de nos inclinations consiste dans l'union, ou dans l'opposition & la contrariété des *Corpuscules*. Il a vû aussi ceux que laissoit un lievre, qui passa par hasard à quelques pas de lui: & il prétend que par son microscope ce lievre paroissoit comme un tison de feu, qui laisse après lui une grosse fumée. Cette fumée n'étoit autre chose que la transpiration de l'animal, & ces *Corpuscules* avertissoient un chien de chasse de la route qu'avoit tenu le lievre.

Il faut avouer que, quoiqu'on ait parlé avec beaucoup de sang froid des prodiges de ce microscope, il faut avouer, dis-je, que

ces prodiges sont trop grands, pour être crus. Il y a là un merveilleux mal entendu, qui va beaucoup au-delà des bornes de la vraisemblance. Contentons nous d'adopter quelque chose, à notre choix, de la Philosophie *Corpusculaire*; & c'est beaucoup. Mais en pourra-t-on expliquer les inclinations, les antipathies, & les sympathies? On a déja vû en quoi elles consistoient. Faisons-les connoître plus particulierement par quelques exemples de choix. On rapporte que *Ticho-Brahé* changeoit de couleur, & sentoit ses jambes défaillir à la rencontre d'un Lievre, ou d'un Renard; & qu'il alloit se cacher sur le champ dans son Observatoire, où il restoit enfermé quelques jours, sans oser sortir; que *Thomas Hobbes*, ce Philosophe si vain & si téméraire, qu'il s'étoit presque élevé à l'athéisme, manquoit de force & de courage, lorsqu'il étoit la nuit sans lumiere; que le Chancelier *Bacon*, un des grands Physiciens de son siecle, tomboit en défaillance, toutes les fois qu'arrivoit une éclipse de lune, & que sa défaillance duroit autant que l'éclipse elle-même; que le Chevalier *Boile*, qui a fait tant de découvertes dans la Physique, tomboit dans des convulsions, lorsqu'il entendoit le bruit que fait l'eau, en sortant par un robinet; & enfin qu'un Chapelain d'un Duc de Bolton en Angleterre, sentoit au cœur, & au sommet de la tête un froid de glace, lorsqu'on le forçoit à lire le 53e Chapitre du Prophéte Isaïe, & quelques versets du premier Livre des Rois. Les Auteurs des Ephémérides des Curieux, & *Thomas Zwinger*, Professeur d'Anatomie & de Botanique à Bâle, ajoutent deux faits à ceux-ci, qui ne doivent pas être oubliés. Le premier est l'aversion du Chapelain d'un Seigneur Allemand pour les fraises. Il ne pouvoit les voir sans dégout, ni en manger sans ressentir des étouffemens & des chaleurs. Son corps devenoit ensuite tout rouge, comme s'il eût été attaqué d'une érésipelle générale. Quelques heures après il lui venoit une sueur abondante qui le remettoit dans son état naturel; & il ne lui restoit plus que de la foiblesse & une sorte d'égarement d'esprit. Le second de M. *Zwinger* regarde une espece particuliere d'antipathie pour le lieu où l'on est, laquelle dégenere peu à peu en une vie de langueur & d'amertume, qu'aucun remede ne peut rétablir.

[Voïez le Traité de ce Professeur intitulé: *Fasciculus Dissertationum medicarum selectiorum*; & sur les antipathies les Livres suivans, *De Antipathiæ Phænomenis ad suas causas revocatis*, par *Sigismond Schmieder*, Médecin Allemand. *Tractatus de Butyro, cui ac-*

ceſſit Diatriba de averſione caſei. Par *Martin Schoockius,* Profeſſeur de Philoſophie & d'Hiſtoire naturelle en Hollande ; *De Magnete Vulner. curandorum.* Par *Van-Helmont. De Abditis rerum cauſis.* Par *Fernel. Diſcours ſur la Poudre de ſympathie.* Par le Chevalier *Digby. Traité ſur les Sympathies & les Antipathies ,* imprimé dans le *Recueil de différens Traités de Phyſique , &c. Tom. I.* Par M. *Deslandes,* & trois Ouvrages qui n'ont pas un rapport ſi intime avec les antipathies & la Philoſophie corpuſculaire, mais dans leſquels on trouve des choſes ſingulieres. Le premier eſt intitulé : *Muſica incantans, ſive Poema exprimens Muſicæ vires , juvenem in inſaniam adigentis & Muſici inde periculum.* Authore *Roberto South.* Le ſecond, *Phonurgie de Kirker ,* & le *Traité de l'Harmonie* du P. *Merſene ,* le dernier.]

Tant de choſes ſi extraordinaires chagrinent les Partiſans des *Corpuſcules,* ſans les convertir. Ils poſent d'abord pour principes, que la délicateſſe de nos organes, dont nos ſenſations dépendent , vient de la délicateſſe des filets nerveux, qui ont plus ou moins de facilité à recevoir l'impreſſion des objets extérieurs ; & que ces filets ſont diſtribués en petites houpes. Ainſi puiſqu'il émane, dit-on, des *Corpuſcules* de tous les corps, ces *Corpuſcules* doivent faire impreſſion ſur ces houpes , & ſuivant ces impreſſions cauſer de la joïe ou de la triſteſſe ; de l'amitié ou de la haine ; du gout, ou de dégout , &c. Malgré cette raiſon phyſique je crois qu'il y a avec tout cela quelque choſe de vrai dans les vers ſuivans ;

Il eſt des nœuds ſecrets, il eſt des ſympathies,
Dont par le doux accord les ames aſſorties
S'aiment l'une & l'autre & ſe laiſſent piquer,
Par ces je ne ſai quoi , qu'on ne peut expliquer. Corn.

Il eſt peu d'Auteurs qui aïent écrit *ex profeſſo* ſur la Philoſophie corpuſculaire, ſi l'on en excepte le P. *Le Brun ,* dans ſon *Traité des Pratiq. ſuperſt.* & de *Vallemont* (*Bag. divinatoire.*)

CORINTHIEN. Ordre Corinthien. Terme d'Architecture civile. *Voïez* ORDRE.

C O S

CO-SECANTE. Secante d'un arc qui eſt le complement d'un autre arc à 90 dégrés.

CO-SINUS. Sinus droit d'un arc , complement d'un autre arc à 90 dégrés.

COSMIQUE. Lever *Coſmique ,* coucher *Coſmique.* C'eſt le lever ou le coucher d'un aſtre avec le ſoleil.

COSMOGRAPHIE. Suivant ſon étimologie, ce terme ſignifie deſcription du monde, de ſes parties , de leur nombre, de leur grandeur & de leurs propriétés. M. *Ozanam,* pour ſimplifier cette deſcription, diviſe le monde en trois parties. D'abord c'eſt le monde ſuperieur qui comprend les cieux & les aſtres, & qui eſt diviſé en cinq parties. (*Voïez* SPHERE.) Il s'agit encore là du mouvement des aſtres & de la conſtitution des cieux, c'eſt-à-dire, de la matiere qui les compoſe. Ceci demande une diſcuſſion Aſtronomique & Phyſique , qu'on trouvera au mot SYSTEME. Le ſecond monde , qui eſt inférieur à celui-ci , regarde les élémens & tout ce qui en dépend. *Voïez* ELEMENT & METEORE. Enfin , le troiſiéme eſt totalement pour la terre & les eaux. *Voïez* TERRE. Et voilà à quoi toute la *Coſmographie* ſe réduit.

C O T

CO-TANGENTE. Tangente d'un arc qui eſt le complement d'un autre arc à 90 dégrés.

COTE'. On ſait quelquefois uſage de ce mot en Géométrie pour exprimer la partie du circuit d'une figure.

CÔTÉ D'UN NOMBRE. Terme d'Arithmétique. L'un des nombres par la multiplication duquel l'autre eſt formé. Ainſi 2 & 4 ſont les *Côtés du nombre* plan 8 ; 2, 3, 4 ſont les *Côtés du nombre* cubique 24. Pour les nombres poligonaux les *Côtés* ne ſe diſtinguent pas ainſi. Le *Côté* d'un nombre poligonal, ce nombre qui exprime celui des termes d'une progreſſion Arithmétique , eſt le nombre qui termine la progreſſion. Par exemple, ſi l'on a le nombre poligonal 10, formé par la progreſſion $1 + 2 + 3 + 4$, 4 ſera le *Côté* de ce nombre. Quand on a un nombre poligonal , & le *Côté* de ce nombre , on connoit tout de ſuite la proportion. Cela eſt trop évident pour devoir être expliqué. *Maurolycus* donne aux *Côtés des nombres* quels qu'ils ſoient , le nom de racine ; mais en cela *Maurolycus* ne doit pas être ſuivi. *Voïez* RACINE.

CÔTÉ MECODYNAMIQUE. Terme de Pilotage. Nom des milles ou des lieues qui donnent la diſtance des méridiens de deux endroits ſur mer, qu'on compte de divers arcs, de différens parallèles. Que A B (Pl. XVIII. Fig. 94). repréſente une partie de l'équateur. Les cercles concentriques C D, E F, G H, I K, M L ſeront des parallèles. Un Vaiſſeau eſt parti du point A , & en ſuivant le rumb de vent A L, qui eſt une loxodromie, eſt parvenu au point L. Si l'on prend ſur ces parallèles (qu'on ſuppoſera infiniment proches les unes des autres, pour faire évanouir leur courbure) des arcs égaux A N, P Q, R T, S V, X K, la somme de ces arcs sera les lieues d'Est, d'Ouest, & formera le *Côté mécodynamique*. Et comme les lieues Est & Ouest donnent la différence en longitude, on voit combien il est important de déterminer ce *Coté*.

La premiere idée qui se présente, est de calculer tous les petits triangles A N P, P Q R, R T S, &c. pour avoir les côtés A N, P Q, R T, &c. Mais puisque les paralleles A N, P Q, &c. sont infiniment proches, les triangles sont infiniment petits. Il seroit bien plus simple de former un grand triangle dont un côté fût égal aux lieues parcourues Est-Ouest, l'autre à la loxodromie, & le troisiéme perpendiculaire sur ces côtés. Ce triangle se formeroit différemment suivant les cas : qui sont fondés sur les regles suivantes.

1°. *Connoissant le chemin du Vaisseau, & le rumb de vent on demande le* Côté mécodynamique. C'est ici une affaire de Trigonometrie. Il s'agit de résoudre un triangle rectangle dont on a un côté & deux angles connus, un aigu, qui est celui du rumb de vent, & un droit, formé par le parallele A B perpendiculaire au côté L B ; ce côté, pour le dire en passant, est celui qui représente le changement en latitude. Or quand on connoît ces trois choses, on connoît aisément le côté qu'on demande, en disant : *Le sinus total est au sinus de l'angle du rumb de vent ou de la loxodromie A L, comme la longueur de la loxodromie, ou le chemin du Vaisseau, est au Côté mécodynamique.*

2°. *La différence en latitude est donnée* (exprimée par le côté B L) *& l'angle de la loxodromie. On demande le* Côté mécodynamique. Trois choses sont encore données dans ce Problême, deux angles & un côté. Le *Côté mécodynamique* se déterminera donc par cette regle. *Le sinus total est à la tangente du rumb, comme le changement en latitude réduit en lieues, est au* Côté mécodynamique *de l'Ouest à l'Est.*

Enfin, *on connoît la différence en latitude, & le chemin qu'on a fait, & on demande le* Côté mécodynamique. Pour résoudre ce Problême par la trigonometrie, il faudroit connoître l'un des angles aigus, & faire ensuite une regle de trois. Tout cela meneroit loin pour un Problême de Pilotage. Il vaut mieux le résoudre par la 47ᵉ du Livre premier d'*Euclide*, où il est démontré que dans tout triangle rectangle, le quarré de l'hypotenuse (qui est la loxodromie) est égal aux quarrés des deux côtés. On fera donc cette opération. 1°. *Quarrez le nombre des lieues du chemin qu'on a fait.* 2°. *Après avoir réduit*

la différence en latitude, en lieues, & après en avoir quarré le nombre, ôtez ce quarré de l'autre. La différence sera le quarré du Côté mécodynamique, & la racine le côté même. Si l'on veut procéder ici par la trigonometrie *Voïez* TRIGONOMETRIE. Tous ces Problêmes se réduisent plus aisément par le quartier de réduction. *Voïez* QUARTIER DE REDUCTION.

Le P. *Deschalles*, dans son *Monde Mathématique* (en latin) a donné des Tables par lesquelles on peut changer ou réduire les lieues en dégrés de longitude, & les dégrés de longitude en lieues. M. *Leibnitz* apprend aussi à faire cette opération dans les *Actes de Leipsick, an.* 1691. *pag.* 181.

COU

COULEURS. Sensations que produit sur l'organe de la vûe la lumiere reflechie. On s'est contenté pendant long-tems d'admirer les *Couleurs* sans oser dire ni comment, ni pourquoi elles faisoient l'objet de notre admiration. *Epicure* ne vouloit pas qu'on crût que les principes des corps eussent d'eux-mêmes aucune *Couleur*, & s'en tenoit à cette notion. Les Pytagoriciens appelloient *Couleur* la superficie des corps. *Empedoclès* donnoit ce nom *à ce qui est convenable aux conduits de la vûe.* *Platon* définissoit la *Couleur* une flamme sortant des corps, aïant des parcelles proportionnelles à la vûe. Selon *Zenon*, les *Couleurs* sont les premieres configurations de la matiere ; & les Disciples de *Pytagores* veulent que les genres des *Couleurs* soient le blanc, le noir, le rouge & le jaune, & que leur diversité provienne d'une certaine mixtion des élémens, & aux animaux de là la différence de leurs changemens & de l'air, (*Voïez* les Oeuvres Morales & *Philosophiques de Plutarque par Amiot.*) *Aristote*, qui vouloit tout expliquer & qui n'expliquoit presque rien, après avoir défini que la lumiere est *l'acte du transparent, en tant que transparent,* conclud que *la* Couleur *est ce qui meut le corps qui est actuellement transparent.* Dévine qui pourra le sens de cette définition. Cependant *Aristote* disoit avec une sorte de satisfaction, qu'il avoit suffisamment expliqué la lumiere, la *Couleur* & la transparence. Il le croïoit : à la bonne heure. On n'est pas si crédule aujourd'hui. Les Sectateurs de ce Philosophe apperçurent les premiers le ridicule de cette proposition, malgré le ton affirmatif avec lequel elle étoit avancée. Ils dirent donc que *les* Couleurs *étoient des qualités tout-à-fait semblables aux sentimens que nous avons à leur occasion, que quelques-uns font naître du chaud & du froid.* (*Traité de Physique de Rohault, Tom. I. Part. I. C. XXVII.*)

2. Lorsque parut une clarté toute nouvelle dans la Philosophie, & qu'un homme seul apprit aux autres l'usage de la raison, tous ces galimathias s'évanouirent. *Descartes* substitua à des mots des choses. Il soutint que les *Couleurs* étoient des modifications de la lumiere, qu'il explique ainsi. Les globules, dont elle est composée, se meuvent sur leur centre, & circulairement & suivant un mouvement droit. Du rapport de ces deux mouvemens dépend la différence des *Couleurs*. Si le mouvement circulaire est plus prompt que le droit, c'est la *Couleur rouge*. Ne l'est-il que peu ? C'est la *Couleur jaune*. Au contraire, le mouvement droit est-il plus rapide ? c'est la *Couleur bleue*. N'est-il qu'un peu plus fort ? c'est la *Couleur verte*, &c. (*Meteor. C. 8.*)

Le P. *Grimaldi* & *Deschalles* ont cru que ces différentes *Couleurs* procedent de la rarefaction & de la condensation de la lumiere, c'est-à-dire, que la lumiere peu dilatée fait le *rouge* & le *jaune*, & celle qui l'est plus, fait le *bleu* & le *violet*. Cette hypothese est tout ce qu'on voudra; mais elle ne sauroit subsister, parce qu'à quelque distance que la lumiere *rouge*, par exemple, soit *rouge*, elle est toujours *rouge*. Cependant cette lumiere est plus dilatée à une distance de 200 pieds, que le *violet* ne l'est à une distance de 5 ou 6.

Le P. *Mallebranche* qui a donné en quelque façon un systême des *Couleurs*, prétend, qu'elles consistent dans les vibrations de la lumiere, plus ou moins promptes. (*Entretiens Méthaphysiques, 12.*) Le systême de *Descartes* est tout-à-fait systématique. Ceux des P P. *Mallebranche, Grimaldi, & Deschalles,* sont entierement Physiques. Et ni l'un ni l'autre ne satisfont qu'imparfaitement.

C'étoit pour donner une raison plus plausible que des Philosophes ont avancé *que les Couleurs viennent du plus ou du moins de raïons réfléchis des corps colorés.* La *Couleur blanche* (si c'en est une) est celle qui en réfléchit le plus, & la *noire* celle qui en réfléchit le moins. Les *Couleurs* les plus brillantes sont, suivant cette conjecture, celles qui en renvoïent davantage. La *Couleur rouge* réflechit beaucoup de raïons, & voilà pourquoi elle fatigue la vûe. La *Couleur verte* n'est point si généreuse ; aussi la repose-t-elle davantage.

Cette explication pourroit passer pour rendre raison de la variété de plusieurs tons de *Couleurs*, de plusieurs *rouges*, par exemple ;

encore y auroit-il quelque chose à dire. Car il est naturel de penser qu'une plus grande quantité de raïons réflechis doit rendre une *Couleur* plus vive, supposé avec cela que cette vivacité ne dépende pas aussi du choc plus ou moins amorti par les parties du corps coloré. Mais par le changement des *Couleurs*, il faut, ce semble, que la vûe soit différemment affectée. L'angle sous lequel les raïons font impression sur la rétine, paroît être plutôt la cause des différentes *Couleurs*. M. *Rohault* a calculé les angles que font les raïons avec l'axe de la vision, pour produire telle ou telle *Couleur*. Il a trouvé que l'angle de la *Couleur rouge* est de 41°, 46'; celui de la *Couleur jaune* 41°, 30', & l'angle des raïons *bleus* de 41°, 14'. Ceci regarde l'arc intérieur. Les raïons de la *Couleur rouge* font extérieurement un angle de 51°, 45'; le *jaune* un de 52, & les *bleus* 52°, 16'. On prouve cela par expérience. Suspendez une boule pleine d'eau exposée au soleil. Eloignez vous de cette boule, jusques à ce que l'axe de la vision fasse avec les raïons réfractés par la boule, un angle de 41°, 46', vous verrez la *Couleur rouge*. En faisant les autres angles, on apperçoit les autres *Couleurs*.

3. Tous ces sentimens n'étoient appuïés que sur des conjectures, dont on étoit forcé de se contenter. On cherchoit bien à les confirmer ou à les détruire par des expériences, mais ces expériences ne faisoient que cotoïer celle qui a formé la base d'une théorie des *Couleurs*. Nous avons déja vû une expérience de la boule de verre de *Rohault*. En voici une autre détaillée par le même Auteur, qu'on doit à *Antonio de Dominis*, qui le premier a voulu expliquer les *Couleurs* de l'arc-en-ciel; explication que je crois avoir été connue par le Philosophe *Seneque*. (*Naturalium Quæst. Lib. 1. Cap. 7.*) Cette expérience est l'ébauche d'une autre de même sur laquelle est établie la théorie dont je parle, & que je développerai.

Exposez au soleil un prisme triangulaire de verre. Couvrez une de ses faces d'un corps opaque, qui n'y laisse passer les raïons de cet astre que par un trou de trois ou quatre lignes de diametre. A quatre ou cinq pieds de l'autre côté de ce prisme placez un papier qui reçoive la lumiere échapée par ce trou. On verra sur le papier quatre *Couleurs* ainsi disposées, du *rouge*, du *jaune*, du *bleu* & du *violet*.

L'expérience étoit frappante, & méritoit d'être approfondie. Mais l'impatience de tout expliquer occupoit les Physiciens. Ils cherchoient la cause de ces *Couleurs* par les réfractions différentes des raïons au travers le prisme ; & des raisonnemens en l'air à ce sujet, tenoient lieu d'une expérience plus approfondie. *Newton* s'empara du *prisme*, & mit la lumiere à une nouvelle épreuve.

Il ferma exactement une chambre A B C D, représentée vûe de face, par la fig. 95. Pl. XXIII; & laissa passer par un trou T d'un quart de pouce au moins de diametre un faisceau de raïon T F. Un prisme triangulaire de verre monté sur son axe, & soutenu perpendiculairement à cet axe, recevoit placé sur une table les raïons échappés par le trou. Dans cette situation, les raïons étoient également inclinés sur les deux surfaces du prisme, & cette inclinaison étoit environ de 40°.

Cela préparé, *Newton* fit tomber tous ces raïons dispersés par le prisme sur un papier blanc O Q qui en étoit éloigné de 15 à 20 pieds. Quelle agréable surprise! Ce papier parut tout à coup coloré sous une forme oblongue de toutes les *Couleurs* de l'arc-en-ciel. D'abord c'étoit le *rouge*, ensuite l'*orangé*, puis le *jaune*, le *verd*, le *bleu*, le *pourpre* & le *violet*, & ces *Couleurs* se perdoient les unes dans les autres comme on le voit dans la figure. M. *Newton* frappé de ce phénomene, recommença, retourna & répeta plusieurs fois la même expérience: il découvrit toujours la même merveille. Il fit en premier lieu une petite ouverture au papier blanc, pour ne laisser passer qu'une espece de raïon, le *rouge*, par exemple. Ce raïon aïant été rompu avec un autre prisme, présenta toujours la même sorte de *Couleur*. Un fil de soie bleue fut exposé au raïon *rouge*, & ce fil de soie parut rouge. Au raïon *jaune* il étoit jaune; au *verd* la *Couleur* étoit verte, &c. Enfin, tous ces raïons colorés épars, *Newton* les réunit avec un verre lenticulaire; & tous ces raïons réunis ne produisirent que du *blanc*.

De toutes ces expériences & de plusieurs autres qu'on trouve dans l'Optique de *Newton*, ce Physicien conclud qu'il y a sept *Couleurs* primitives dans la nature, c'est-à-dire, sept sortes de raïons, qui portent en eux des *Couleurs* inaltérables, savoir le *rouge*, l'*orangé*, le *jaune*, le *verd*, le *bleu*, le *pourpre* & le *violet*. Cela est bien métaphysique. La *Couleur* est-elle dans les raïons une substance? Est-ce un accident? Il semble que leur *Couleur* dépend de leur force & de leur vitesse, & que cette vitesse & cette force dépendent du plus ou du moins de matiere. Le raïon *violet*, qui a le moins de roideur, paroît souffrir plus de la réfraction: il est suivant l'expression de *Newton*, plus *réfrangible*. Le *rouge* est de tous les raïons celui qui est le moins réfrangible; l'*orangé* suit le

rouge, ensuite le *jaune*, &c.

4. Si l'on demande maintenant pourquoi une telle *Couleur* réflechit plutôt le raïon *rouge* que le raïon *violet*, *Newton* répond: Les *Couleurs* dépendent de l'épaisseur des parties des corps sur lesquels réflechit la lumiere. Un divertissement très-puéril donna à *Newton* la premiere idée de cette découverte. On sait que les enfans s'amusent à faire des bouteilles de savon, pour avoir le plaisir de voir former sur ces bouteilles différentes *Couleurs* & de les voir éteindre. Or *Newton* trouva dans cette formation & dans cet évanouissement de *Couleurs*, un sujet d'examen sérieux & digne de lui, je veux dire d'un grand Physicien. Il observa que les *Couleurs* changent de moment en moment, à mesure que l'épaisseur de cette bouteille diminue, depuis sa partie supérieure; & que cette sphere legere s'évanouit lorsque la pésanteur de l'eau & du savon, qui tombe toujours au fond, en rompt l'équilibre. C'est de-là que M. *Newton* conjectura que de l'épaisseur des parties des corps dépend la différence des *Couleurs*, qu'ils réflechissent. Deux corps paroissent diversement colorés, parce que la figure de leur pores, la tissure, la consistance, l'épaisseur de leurs parties sont différentes. Un corps, qui étoit *verd*, quand il étoit un peu épais, devient *bleu*, si on le rend assez mince pour ne réflechir que cette *Couleur*, &c.

Après cela M. *s'Gravesande* a prouvé:

1°. Que la *Couleur* d'un corps dépend de l'épaisseur & de la force refringente des parties de ce corps.

2°. Qu'une *Couleur* est d'autant plus vive & plus homogene que les parties en sont plus petites.

3°. Le reste égal, que ces parties ont la plus grande épaisseur si le corps est rouge, & la plus petite si le corps est violet.

4°. Que les parties des corps ont une force beaucoup plus refringente que le milieu qui est dans leurs interstices.

5°. Que la *Couleur* d'un corps est plus obscure & plus sombre, si un milieu plus refringent pénétre ses pores.

6°. Et à l'égard des fluides, que leur *Couleur* peut être différente si on les voit par des raïons réflechis ou des raïons transmis. Ainsi l'infusion d'un bois néfretique paroît bleue, par les raïons réflechis, & jaune, si on met la phiole qui contient l'infusion entre l'œil & la lumiere. Mais lorsqu'on verse dans cette infusion de l'esprit de vinaigre, elle paroît jaune de quelque façon qu'on la regarde. De-là M. *s'Gravesande* conclud qu'un liquide coloré dans un verre, qui a la figure d'un cone renversé, étant placé entre l'œil

& la lumiere paroît de différentes *Couleurs* dans les différentes parties du vase. (*Elémens de Physique*, L. V. Ch. XXIV.)

Voilà toute la substance, tout le brillant de la théorie de *Newton* sur les *Couleurs*. Lorsqu'elle parut, son éclat offusqua bien des Physiciens. Prévenu sans doute d'un certain merveilleux, dont on la croïoit révêtue, on se hâta de répeter l'expérience du prisme de *Newton*, & cette hâte la fit manquer. M. *Mariotte*, un des plus fins observateurs de la nature, ne put trouver les sept *Couleurs* principales dans l'ordre que *Newton* avoit établi. Elles étoient toujours mêlées ensemble, & les raïons changeoient de couleurs. Voici l'expérience de M. *Mariotte*.

Aïant exposé au trou de la fenêtre d'une chambre obscure un prisme, les raïons de lumiere brisés par ce verre, peignirent les *Couleurs* de *Newton* à la distance de 25 à 30 pieds. De ces *Couleurs* un peu mêlées, M. *Mariotte* choisit le rouge pour la décomposer. Il fit passer ce raïon à travers une petite fente faite dans le carton, sur lequel étoient représentées les *Couleurs* du prisme, & il le reçut par derriere sur un prisme posé obliquement. Or il arriva que le raïon rouge, qui paroissoit tel sur le premier carton, fut changé en une belle *Couleur* bleue & violette. Il prit de même un raïon violet, & il vit naître une belle *Couleur* jaune & rouge,

Plusieurs Physiciens qui tenterent en France la même expérience ne furent pas plus heureux que M. *Mariotte*. On commençoit aussi à douter de la vérité du système de l'illustre Physicien Anglois, & de son côté le Physicien commençoit à se plaindre de la mauvaise foi des Physiciens François. Le Cardinal de *Polignac*, de l'Académie Roïale des Sciences, sentit qu'il falloit qu'il y eût là-dessous quelque méprise. Convaincu du mérite supérieur de *Newton*, qu'il étoit bien en état d'apprécier, il pensa qu'un fait avancé par un tel homme, ne devoit pas être nié légerement. Il conjectura que l'expérience manquoit par le choix des prismes. Il fit venir des prismes d'Angleterre; fit faire l'expérience en sa présence, la conduisit, & elle réussit. M. *Gauger* la répeta, & malgré les réflexions & réfractions de plusieurs prismes, elle réussit.

5. Après toutes ces épreuves & tous les chagrins qu'elles causerent à *Newton*, il étoit naturel que ce grand homme jouît en paix de sa découverte non contestée. Mais des Cartésiens n'aïant pû le trouver en défaut de ce côté-là, voulurent la lui disputer. Comme ils l'ont déja chicané sur l'usage qu'il a fait des regles de *Kepler*, dans son système astronomique, sur l'idée qu'on a prétendu qu'il a prise de divers Auteurs, pour l'analogie établie entre les *Couleurs* & les tons de la Musique, (*Voïez* CHROMATIQUE;) ils ont encore dit, que les découvertes du prisme appartiennent à *Vossius*. C'est sur les paroles suivantes de *Vossius* qu'on crie au vol. *Primus itaque color, si tamen color dicendus sit,* &c. c'est-à-dire; » Si on pouvoit avancer que le » *blanc* est *Couleur*, on devroit dire le *blanc* » est la premiere de toutes les *Couleurs*. Et » quoique nous n'appercevions pas les *Couleurs* dans le *blanc* ou dans la lumiere, » elles y sont cependant, car la flamme qui » donne un feu violet, & qui paroît blanche ou sans *Couleur*, paroît colorée, si on » la regarde à travers un verre, ou au travers d'un verre noirci. Par la même raison » le *blanc* ou la lumiere pure étale à nos » yeux différentes *Couleurs* lorsqu'elle vient » à nous, après avoir été refractée par le » prisme ou par une nuée qui se résout en » rosée. Voici une expérience, continue » *Vossius*, qui fait voir que le *blanc* est un » composé de toutes les *Couleurs*. Faites un » trou au volet de la fenêtre d'une chambre, que vous rendrez aussi obscure que » vous le pourrez. Faites entrer par ce trou » un trait de lumiere, auquel vous aurez » ajusté un verre objectif, ou même que ce » trait de lumiere entre simplement dans » la chambre obscure, par le trou que vous » aurez fait au volet, & vous verrez que » ce trou peindra tous les objets extérieurs » avec leurs propres *Couleurs*, sur le mur, » ou sur un linge blanc, que vous lui opposerez à une distance convenable, & cela » quoique vous ne voyiez aucune *Couleur*, que » vous ne voyiez que du blanc dans le point, » auquel tous les raïons sont comme mêlés » & confondus, au point où les raïons se » croisent, & dans les lieux qui sont fort » proches de l'objectif. Ceux-là se trompent » donc, conclud M. *Vossius*, qui prétendent » que les *Couleurs* ne sont que des modifications de la lumiere «. *Vossius*, *De natura lucis*. Voïez aussi l'*Examen & réfutat. des Elém. de la Philosoph. de* Newton, *C. VII*.

La vérité de l'Histoire ne m'a pas permis de dissimuler cette objection que je ne crois pas nuisible à la gloire de *Newton*, bien à couvert de ce côté-là. J'ai déja qualifié cette objection de chicane; & c'est dire en un seul mot tout le cas que j'en fais. Substituons à des réflexions, qui naîtroient de tout cela, & qui seroient fort superflues, une instruction utile. C'est la qualité des Prismes, pour faire réussir l'expérience. Le verre, dont on fait les Prismes, doit être très-pur, sans taches, sans soufflures, sans raïes. Ces qualités

tés omises, les réflexions des raïons de lumiere se font dans les Prismes mêmes ; & en sortant, la lumiere homogene se trouve mêlée par-tout avec l'hétérogene. Veut-on les séparer ? L'expérience en est troublée. J'ai vû des Prismes remplis d'une eau filtrée, qui en formoit la solidité : ils réussissoient fort bien. Les meilleurs sont cependant ceux qu'on fait de cristal, & de cailloux transparens & très-nets. M. s'Gravesande s'est servi avec un grand succès d'un Prisme d'Angleterre fait de cailloux transparens du Bresil. Il faut voir toutes les expériences qu'il fit avec ce Prisme dans ses *Elémens de Physique, Liv. V.* Elles offrent par leur variété un spectacle fort curieux.

M. *Newton* dans son *Optique, Liv. I. Par. I.* veut que l'angle du Prisme soit ouvert de 65 à 70 dégrés ; que le Prisme soit bien travaillé, d'un verre exempt de bulles & de veines ; que les côtés soient absolument plans, & que le poli soit le même que celui des vertes des télescopes. Il veut de plus que les bords du Prisme, par-tout où ils peuvent produire quelque réfraction irréguliere, soient couverts d'un papier noir collé dessus. Comme il est difficile de rencontrer des verres propres, il a aussi emploïé quelquefois des vaisseaux prismatiques, faits avec des morceaux de glace de miroir, & remplis d'eau de pluïe. Et pour augmenter la réfraction, il a imprégné l'eau d'une bonne quantité d'eau de *Sucre de Saturne.*

Lorsqu'on a un bon Prisme, on le monte dans des boetes fermées par des bandes d'acier à ressort, K K, qui le serrent. (Planche XXIV. Figure 96.) Ces boetes portent un axe A A, qui l'est du Prisme ; & cet axe est lui-même porté par des montans A B, A B, soutenus par un pied rectangulaire B B. Par ce moïen le Prisme tourne aisément, & se dispose avec facilité pour les expériences.

6. Depuis la théorie de *Newton* sur les *Couleurs*, on a bien formé des systêmes. M. *Mariotte* fait dépendre les apparences des *Couleurs* des réfractions de la lumiere. Il suppose dans les principes qu'il établit, que les réfractions de la lumiere sont assez grandes pour faire paroître *du rouge & du violet* ; & que si les réfractions & les distances étoient trop petites, il *faudroit entendre du rouge-jaune, au lieu du rouge, & du bleu seul, au lieu de bleu & de violet, &c.* (*Traité des Couleurs.*) *Hartsoeker* n'admet que cinq *Couleurs* principales, savoir, la *Couleur blanche*, la *Couleur noire*, la *Couleur rouge*, la *Couleur jaune*, & la *Couleur bleue.* (*Cours de Physique, Liv. II. Chap. IV.*)

Tome I.

Il est des Physiciens qui simplifient plus les choses. Si on les en croit, il n'y a que trois *Couleurs-Meres*, le *rouge*, le *jaune*, & le *bleu*. Les autres ne sont que des transitions, des nuances, des participations des *Couleurs* primitives. En effet, le *bleu* avec le *jaune* forme tous les *verds* ; le *jaune* avec le *rouge* tous les *orangers* ; le *rouge* avec le *bleu* tous les *violets*, &c. Cela est vrai. Les Peintres, qui font ces mêlanges sur leur palette, pourroient en convenir. *Rohault*, qui avoit fait entrer les *Couleurs* les unes dans les autres, l'avoit reconnu. Mais la théorie de *Newton* en est-elle pour cela altérée ? Il semble que rien n'empêche encore qu'il n'y ait sept *Couleurs* primitives dans la nature, suivant l'observation de *Newton*. Voïons cependant comment M. *Dufai*, à qui l'on doit cette idée, développe ce systême.

Quand on examine dans ce Physicien la suite des *Couleurs* du Prisme, on voit que les sept qui sont vûes distinctes l'une de l'autre dans le spectre coloré, se peuvent réduire à trois *Couleurs* primitives. Ces trois *Couleurs*, M. *Dufai* les appelle *matrices*, ou *primitives*. Elles sont le *bleu*, le *jaune*, & le *rouge*. Il ne peut y avoir, ajoute M. *Dufai*, un plus grand nombre de *Couleurs* primitives, c'est-à-dire, un plus grand nombre de configurations de parties ; parce qu'elles seules peuvent se placer entre les pores les unes des autres de la maniere nécessaire pour réfléchir à nos yeux les différens raïons qui composent la lumiere. (Voïez les *Mémoires de l'Académie des Sciences. Année 1737, pag. 267.*)

Le P. *Regnault* en veut plus à *Newton* que M. *Dufai*. Il soutient que *les* Couleurs *ne sont dans les objets colorés que des tissus de parties propres à diriger vers nos yeux les raïons plus ou moins efficaces avec des vibrations plus ou moins fortes.* Le P. *Regnault* prouve cette proposition par diverses expériences.

Le marbre noir, réduit en poudre, blanchit. L'écrevisse rougit, quand elle cuit. La teinture de tournesol mêlée avec de l'eau-forte, prend une *Couleur rouge*, & si l'on verse de l'huile de tartre sur ce mêlange, il prend la *Couleur violette*. Aïant fait tremper du bois d'inde dans l'urine, si l'on verse sur cette infusion de l'huile de tartre, le mêlange donnera une *Couleur violette*. Ajoutez-y de l'eau commune, vous aurez une *Couleur bleue*. De même, qu'on verse à plusieurs reprises de l'eau de chaux sur une vieille décoction de bois d'inde, d'un *rouge* de sang, le mêlange fera naître une *Couleur violette* ; si l'on y ajoute un peu d'urine, on aura un *rouge* pourpre. Veut-on des changemens plus fur-prenans? Sur la décoction de roſes mêlée d'eau de chaux, le mélange produira un *verd* foncé. Du lait avec deux parties d'huile de tartre forment par ébullition une belle *Couleur rouge*. Sur une décoction de roſes, aïant ajouté une diſſolution de vitriol, le mélange s'épaiſſit, & devient *noir*. Quelques goutes d'eſprit de vitriol jettées là-deſſus changent le *noir* en *rouge*.

Je ne finirois point ſi je rapportois toutes les expériences qu'on peut faire ſur les *Couleurs*, en mêlant enſemble pluſieurs liqueurs. (Voïez l'*Abrégé du Mécaniſme univerſel, Diſcours VII. ſur les Couleurs*, par M. *Morin*.) Dans le ſyſtème du P. *Regnault*, tout cela n'arrive que parce que les corps n'acquierent dans le changement des *Couleurs* qu'une nouvelle diſpoſition des parties. C'eſt ainſi qu'il rend raiſon du changement de *Couleurs* de cette admirable ſtatue, dont il eſt parlé dans la *Rep. des Lettres, Fev. 1688. pag.* 18, qu'on place ſur une montagne de la Chine, & qui, par les différens changemens de *Couleurs* qui lui arrivent, marque les différens changemens du tems. Ainſi cette ſtatue devient un barometre. Pourquoi cela? L'air, ſelon qu'il eſt humide, ou ſec, varie, dit le P. *Regnault*, la tiſſure des petites parties qui compoſent la ſurface de la ſtatue. Une tiſſure différente renvoïe différemment les raïons, & de là la variété des *Couleurs*.

Comme on pourroit peut-être diſputer ſur ces preuves, voici des expériences plus frappantes & plus favorables au ſyſtême du P. *Regnault*. Mouillez du papier *bleu* avec un peu d'eau forte: ſur le champ vous verrez une *Couleur rouge*. Expoſez à la fumée de ſouffre une roſe *rouge*, une fleur *rouge* de pivoine, &c. ces fleurs deviendront *blanches*; & quelques heures après, elles reparoîtront *rouges*. Comment expliquer ces jeux de la nature dans la variété des *Couleurs*, ſi cette variété ne dépend pas du tiſſu des parties des corps? Il y a encore quelque choſe de plus déciſif. On a vû des perſonnes qui diſtinguoient les *Couleurs* par le tact. Dans le *Journal des Savans de l'Ann.* 1675. *Mois de Juillet*, *pag.* 187. il eſt parlé d'un Sculpteur aveugle, qui les diſtinguoit ainſi, & qui faiſoit les figures les plus reſſemblantes.

Le P. *Grimaldi* rapporte qu'un homme aïant les yeux bandés, diſcerna par le tact, ſans ſe tromper, les différentes *Couleurs* de pluſieurs pieces d'étoffes, & d'une piece de ſoïe teinte de diverſes *Couleurs*. (*Phyſico-Matheſis. De Lumine.*)

Un Organiſte en Hollande, qui étoit aveu-

gle, jugeoit fort bien de toute ſorte de *Couleurs*. Il jouoit même aux cartes, & gagnoit ſouvent, ſur-tout lorſque c'étoit à lui à faire. (*Journal des Savans.* 1685. *Mois de Sept pag.* 37. *République des Lettres. Tom. III. pag.* 639. *Ann.* 1685.)

C'eſt avec de pareilles preuves que le P. *Regnault* fortifie ſon ſyſtême. Il ajoute à cela pluſieurs raiſonnemens, qui le mettent dans un plus grand jour. Ces raiſonnemens ſe trouvent dans ſes *Entretiens de Phyſique* & on ne doit pas négliger de les lire. Car quoique *Newton* ait fait, comme l'on dit, l'anatomie des *Couleurs*, cette anatomie ne s'étend gueres ſur toutes les *Couleurs*. En n'admettant même que ſept *Couleurs* primitives dans la nature, reſte encore toute la théorie des *Couleurs* compoſées à établir. Les Auteurs les plus célébres, qui ont écrit ſur les *Couleurs*, ſont *Ariſtote*, *Antonio de Dominis*, *de la Chambre*, *Deſcartes*, *Rohault*, *Mallebranche*, *Newton*, *Mariotte*, *Hartſoeker*, *Dufai*, *s'Graveſande*, &c.

COUP FOUDROÏANT. Nouveau terme de Phyſique. On appelle ainſi dans une expérience d'Electricité une commotion qu'on y reſſent. Cette commotion eſt ſi terrible, que quelques Phyſiciens ne caractériſent l'expérience que ſous le titre d'*Expérience de Commotion.* J'ai préféré le terme de *Coup foudroïant*, après pluſieurs autres Phyſiciens, par le rapport que ce *Coup* paroît avoir avec celui du tonnerre. Je ſens bien que cette définition ne peut gueres donner une idée diſtincte du défini. Sans figures la choſe eſt abſolument impoſſible. Il eſt queſtion ici d'une expérience. Cette expérience demande une machine de rotation. A l'Article d'E-LECTRICITE' j'en ai décrit une; voici la conſtruction d'une autre.

1. Un globe de verre de 6 pouces environ de diamétre, eſt ſuſpendu par le moïen de deux poupées 1, 2, 3, (Planche XXXIV. Fig. 97.) dont une, qu'on voit ici, eſt mobile ſur deux montans tels que E i, qui ſoutient, comme l'on voit, une poulie. Sur cette poulie eſt croiſée une corde de chanvre, & mieux encore de boïau. Cette corde paſſe ſur la grande roue R, R, qui tourne ſur deux montans O. Le tout eſt ſoutenu par un bâtis de bois, dont on juge de la dimenſion & de la conſtruction, par l'uſage auquel il eſt deſtiné.

Cette machine eſt ici repréſentée en mouvement. Un garçon y paroît occupé à faire tourner la roue par le moïen de la manivelle M; & un homme aſſis tient ſes mains étendues ſur le globe, pour exciter par le frottement la matiere électrique.

Sur ce globe frotte une lame L de plomb laminé, qui pend d'un tube de fer T T, suspendu au plancher par des cordons de soie S S, S S. Et voilà la construction de la machine. Pour le *Coup foudroïant*, on suspend au tube une chaîne, ou au tube même une bouteille G, moitié pleine d'eau, dans laquelle trempe un fil d'archal, qui en perce le bouchon, & par lequel elle est suspendue. Une personne K tient cette bouteille, & touche la main d'une autre ; celle-ci d'une seconde, & la troisieme d'une derniere, qui va toucher le tube après que la bouteille a resté quelque tems suspendue. Dans l'instant on sent dans les jointures, & dans la poitrine un coup violent, qu'on appelle un *Coup foudroïant*.

Ce coup est d'autant plus terrible, que la bouteille a resté plus long-tems attachée au tube. Il augmente bien davantage, si le tube communique à plusieurs chaînes, qui emportent plus de matiere électrique. M. *Delor*, cité pour les expériences de la Béatification, voulut pousser plus loin le *Coup foudroïant* & aïant formé de plusieurs la mes de fer jointes ensemble, & entortillées une spirale, afin qu'elles occupassent moins d'espace; M. *Delor*, dis-je, tua un mouton sur lequel l'expérience fut faite. Quand le globe est plus épais, plus gros, & plus frotté; quand le tube, qui conduit l'électricité, est plus gros, le *Coup foudroïant* augmente aussi. M. l'Abbé *Nollet* tua par ce moïen un oiseau du second coup. L'ouverture de l'oiseau étant faite sur le champ, il trouva un épanchement de sang dans la poitrine. M. *Jallabert* prétend que le mercure augmente la force du *Coup*; qu'il est plus violent avec de l'eau chaude; & qu'avec de l'eau bouillante la bouteille casse sans félûre. Deux bouteilles qui se communiquent, augmentent la violence du *Coup*.

2.   M. *Waston*, de la Société Roïale de Londres, rapporte une expérience fort curieuse du *Coup foudroïant*. Il cache deux phioles ou bouteilles dans un coin d'une chambre, & il les couvre d'un rideau, qui ne touche cependant pas les fils d'archal d'en-haut. Il suspend ensuite un fil d'archal bien mince au canon électrisé, & accroche au gros fil d'archal d'en-haut des phioles. Ces deux bouteilles sont attachées par le fond par un fil d'archal mince, qui va de-là jusques à peu près au-dessous du canon du fusil, & qu'il cache sous une natte. Aïant alors électrisé les phioles, si quelqu'un placé sur la natte, précisément au-dessus du fil d'archal qui vient des fonds des phioles, touche le canon, il reçoit un coup terrible. M. *Waston* rapporte que, quoique aguerri aux expériences du *Coup fou-*

droïant, la premiere fois qu'il fit celle-ci, il crut, lorsqu'il reçut le *Coup*, que son bras étoit coupé à l'épaule, au coude, & au poignet ; & que ses jambes l'étoient aux genoux, & aux chevilles des pieds. Aussi conseille-t-il à ceux qui voudront essaier l'effet de cette expérience, de prendre garde de ne pas trop électriser les phioles. Et pour qu'elle réussisse, il avertit que les souliers ne doivent pas être secs, & que rien ne doit toucher le fil d'archal.

Malgré ces précautions, je crois l'expérience d'un difficile succès. Car puisqu'on marche sur le fil d'archal, le fil touche à terre. Mais un fil d'archal ainsi couché peut-il recevoir l'électricité? Une chaîne électrisée, de laquelle on tire des étincelles, cesse de l'être, si elle touche à terre. J'avoue naturellement que de quelque façon que je m'y sois pris, je n'ai jamais pu faire réussir l'expérience de M. *Waston*. Peut-être a-t-on omis quelques circonstances dans l'explication qu'on en a donnée en François, ou que je les ai moi-même négligées, sans le vouloir ? Quoi qu'il en soit, cet Auteur nomme cette expérience, *faire sauter une mine d'électricité*. (*Expériences & Observations, pour servir à l'explication de la nature & des propriétés de l'Electricité, &c. par Guill. Waston, pag. 76. de* la Traduction Françoise.)

3.   Tout cela est étonnant, & fort supérieur aux connoissances actuelles de la Physique. Mais ce qui est encore plus remarquable, c'est la promptitude avec laquelle le *Coup foudroïant* se fait sentir. Toutes les personnes, qui se tiennent par la main, le ressentent dans le même instant. M. l'Abbé *Nollet* en fit l'essai sur deux cens personnes, qui formoient deux rangs, dont chacun avoit plus de 150 pieds de longueur, & on le fit à Versailles sur un plus grand nombre en présence du Roi. *Essai sur l'Electricité des Corps. pag.* 133, 135, *& suivantes.*

Autre sujet d'étonnement. On peut faire sentir le *Coup foudroïant* à des personnes que l'on tient de chaque main, sans le ressentir. Moi-même dans une expérience de cette sorte, que je fis avec plusieurs personnes, tenant une épée nue entre les mains, par laquelle je communiquois avec elles, je ne ressentis, lors du contact, aucun *Coup*; quoique les deux personnes qui tenoient le bout de l'épée, en fussent frappées, De façon que ce *Coup* avoit passé l'épée, & peut-être à travers mon corps, sans se faire sentir. La même chose arriva aux autres personnes, qui empoignerent l'épée. Si la chaîne qu'on forme, est interrompue, ou que deux des personnes qui la composent, tiennent chacune un bâton de fouffre, ou de cire d'Efpagne par les bouts, l'expérience n'a pas lieu.

3. Il ne s'eſt agit juſqu'ici que de curioſités phyſiques. On foupçonna que cette commotion, que cauſe le *Coup foudroïant* dans toutes les parties du corps, pourroit bien en ranimer une partie, dont le mouvement feroit détruit. On en fit l'épreuve fur pluſieurs paralytiques; & on lit dans le *Traité d'Electricité* de M. *Jallabert* qu'on étoit venu à bout d'en guérir. M. *de Sauvages*, Profeſſeur Roïal de Médecine dans l'Univerſité de Montpellier, eſt l'Auteur des cures, dont il eſt fait mention. Il en rapporte trois, parmi leſquels j'ai choiſi la fuivante, qui m'a frappé plus que les autres.

Un vieillard feptuagenaire incurable, de l'Hôpital général, étoit paralytique de la moitié du corps depuis 22 ans, lorſque M. *de Sauvages* entreprit de le guérir, en l'électriſant. Il commença le 20 Décembre, & fit eſfuïer à ce vieillard quinze électriſations, fans prendre aucune précaution, pas même de couvrir fa main, pour la garantir du froid de la faiſon. Dès le 22 de ce même mois, celui-ci fentit pendant la nuit fa main s'ouvrir, *& fe porter juſques à fon viſage*. Il fua beaucoup peu de jours après; fon bras qui étoit froid & pendant, fe porta en devant. Il l'éleva enfuite juſques au nombril, & lors de la date de l'écrit de M. *de Sauvages*, il le portoit aux mammelles, en le pouſſant fort avant fous le bras droit. Ses doigts font devenus un peu flexibles, & s'ouvrent quelquefois entierement pendant la nuit. Il a du fentiment au bras & à la main, où il en avoit fi peu, qu'on lui avoit couſu la peau avec la manche de fa chemiſe, fans qu'il s'en fût apperçû. Voilà l'état où fut le paralytique après l'électriſation & le *Coup foudroïant*. M. *de Sauvages* promit de faire de nouvelles tentatives; mais on ignore fi elles ont eu plus de fuccès. Ce Médecin a remarqué, en faifant les expériences, que le *Coup foudroïant* guériſſoit les engelures. C'eſt une obfervation qu'avoit auſſi faite M. *Jallabert*. (*Expériences fur l'Electricité*, &c. par M. *Jallabert*, pag. 376, & fuiv.)

Pluſieurs Phyſiciens n'ont pas manqué de faire attention à cette cure. Ils l'ont éprouvée fur différens malades, fans rien opérer. Tentant la nature par une autre voïe, on a voulu faire paſſer les vertus d'une plante à une perſonne, à qui cette vertu pouvoit être utile, à la faveur du *Coup foudroïant*. Le réfultat de cet eſſai eſt, à ce qu'on dit, d'être venu à bout de fe purger. D'un fecret fi beau, qui éviteroit le dégout d'une médecine, il n'en a tranſpiré dans le public que l'effet. Au-

jourd'hui bien loin d'être perſuadé que le *Coup foudroïant* pût guérir des goutteux, des paralytiques, & ceux qui font fujets aux rhumatiſmes, il eſt des Savans qui croient qu'il eſt imprudent d'en faire l'épreuve. Non-feulement le *Coup foudroïant*, mais une fimple *électriſation* peut être funeſte à un malade, & augmenter fes douleurs. M. *Louis*, de l'Académie Roïale de Chirurgie, penſe qu'elle feroit dangereuſe au fexe dans les tems critiques, parce qu'elle occaſionneroit une fuppreſſion, dont on auroit peine à réparer les défordres. (Voïez fes *Obfervations fur l'Electricité*.)

4. On doit l'expérience qui vient de faire le fujet de cet Article, à M. *Muſchenbroek*; & ce célébre Profeſſeur de Leyde la doit au hafard. Aïant fufpendu horifontablement fur des cordons de foïe un canon de fer, dont une extrémité étoit proche du globe électrique, & qui portoit à l'autre un fil de laiton plongé dans une bouteille pleine d'eau, M. *Muſchenbroek* foutenoit cette bouteille avec la main droite, tandis qu'on électriſoit le canon de fer. Le but de fon expérience étoit de favoir fi l'eau étoit un milieu propre à ramaſſer & à préparer la matiere électrique. Le globe fortement électriſé, ce Phyſicien approcha le doigt de la main gauche du canon, pour en tirer une étincelle à l'ordinaire. A l'inſtant il fut frappé d'un coup fi violent, qu'il fe crut mort. Revenant de fon accident, il proteſta qu'il ne recommenceroit point cette expérience, *quand il s'agiroit du Roïaume de France*: ce font fes propres termes. M. *Muſchenbroek* fit part de cette découverte à M. *de Réaumur*, qui la communiqua à MM. l'Abbé *Nollet* & *le Monnier*. Ceux-ci répéterent l'expérience, & trouverent qu'il n'y avoit rien à rabattre de l'expreſſion de M. *Muſchenbroek*. La nouvelle s'en répandit bien-tôt dans toute la France; & elle fit feule plus d'amateurs de Phyſique, que les fameuſes expériences de *Boile*, de *Paſcal*, & de *Newton*. Jamais les cabinets des Savans n'ont été plus fréquentés par tant de perſonnes de tout état. A Paris le fexe y prit part. Une femme du bel air auroit même paſſé pour ridicule, fi elle n'eût pas été électriſée. Aujourd'hui les choſes font bien changées; & à moins qu'on ne découvre un nouveau *Coup foudroïant*, il eſt à craindre qu'on ne faſſe pas beaucoup de Phyſiciennes.

COURANT. Terme de Pilotage; c'eſt du moins comme tel que j'en fais mention. Mouvement impétueux des eaux que l'on rencontre en différens endroits de la mer, qui fe manifeſte tantôt à fa furface, tantôt à fon fond, & tantôt entre l'un & l'autre. Il feroit à fouhaiter qu'on connût ces endroits, où cet élément est si agité. Mais rien de plus irrégulier & rien de moins constant que les *Courans*. Les uns vont de l'Est à l'Ouest, les autres en sens contraire; ceux-ci vont aux poles, ceux-là à l'équateur. Un tel *Courant* se meut selon une telle direction dans un tel tems, & il change dans un autre. On appelle ces *Courans*, *Courans périodiques*. En effet, quoiqu'ils paroissent si bisarres, il n'en est pourtant point de plus réguliers. Entre l'Isle de *Celebes* & *Madura* un de ces *Courans* porte au Sud-Est, pendant les mois de Décembre, Janvier, & Février. Depuis le 15 ou 16 de Mars le *Courant* porte au Sud vers l'Isle de *Ceilan*; & le reste de l'année au Nord suivant les vents. Le *Courant*, qui est entre *Cochin* & *Malaca*, va à l'Est depuis le mois d'Avril jusqu'au mois d'Août. Pendant les autres mois de l'année il est dirigé vers l'Ouest, &c. De tous les *Courans périodiques*, le plus inconstant est l'*Euripe*, *Courant* qu'on trouve entre la *Morée* & le *Negrepont*. *Gillius*, au rapport du P. *Dechalles*, assure qu'il court vers le Nord Nord-Ouest pendant six heures, & le même tems vers le Sud-Est. C'est dans ce *Courant* qu'on croit qu'*Aristote* s'est précipité, par désespoir de n'en pouvoir comprendre la cause. Cette croïance est fondée sur un conte, & ce conte est une pure fable, tout-à-fait indigne de notre attention.

Le P. *Dechalles*, dans son *Art de naviguer, Liv. VII*, a fait une liste de quelques *Courans* tant généraux que particuliers. Les derniers ne sont gueres connus; parce qu'ils sont souvent accidentels, c'est-à-dire, qu'il n'y a pas toujours les mêmes *Courans* aux mêmes endroits de la mer; & qu'ils dépendent presque toujours des vents. Les seconds sont constans & périodiques, & peuvent servir à découvrir le principe des autres. En faveur de cet avantage, je crois devoir les rapporter ici; car suivant le plan que je me suis proposé, tout ce qui tend à établir une théorie générale, soit physique, soit mathématique, ne doit point être oublié dans cet Ouvrage.

A l'Isle de *Java* dans le détroit *Calappa* la mer porte à l'Est.

Entre l'Isle de *Celebes* & *Madura* le *Courant* va au Sud-Est pendant les mois de Décembre, Janvier, & Février.

Vers l'Isle de *Ceilan* le *Courant* porte au Sud depuis le 15 Mars jusques au mois d'Octobre exclusivement, & à l'Ouest le reste de l'année.

Entre *Cochin* & *Malaca* le *Courant* depuis le mois d'Avril jusques au mois d'Août porte à l'Est; il va à l'Ouest les autres huit mois.

La mer court au Nord-Ouest proche les côtes de la Chine & de Camboïa, pendant les mois d'Octobre, Novembre, & Décembre. Au mois de Janvier le *Courant* est fort violent au Sud-Ouest vers les côtes de Champa.

A *Pulo Cato* jusques à *Varella*, sur les côtes de Camboïa, la mer va au Sud.

Sur les côtes du golphe de Bengala, depuis *Patana* jusques au cap de Malaca, le *Courant* va avec impétuosité vers le Sud dans les mois de Novembre & de Décembre.

De la Chine jusqu'à Malaca le *Courant* est fort violent, depuis *Pulo Cato* jusqu'à *Pulo Cambir*, dans les mois de Juin, Juillet, & Août. (*Art de naviguer. L. VII.*)

Auprès de Sumatra il y a des *Courans* rapides, qui coulent du Midi vers le Nord, auxquels on doit, selon toutes les apparences, le golphe situé entre Malaye & l'Inde. On trouve de semblables *Courans* entre l'isle de Java & la terre de Magellan.

Dans la mer pacifique sur les côtes du Pérou, & du reste de l'Amérique, la mer se meut du Midi au Nord. (On attribue la cause de ce *Courant* à un vent du Midi, qui y regne constamment.) On observe le même mouvement du Midi au Nord sur les côtes du Bresil, depuis le cap Saint-Augustin jusques aux isles Antilles, à l'embouchure du détroit des Manilles, aux Philippines, & au Japon dans le port de *Kibuxia*.

Il y a des *Courans* très-violens dans la mer voisine des Maldives, qui coulent constamment entre ces isles d'Orient en Occident pendant six mois, & rétrogradent les six autres mois d'Occident en Orient. (*Voïez Varen. Géograph. Génér. pag.* 140.)

Ainsi parlent les Navigateurs. Ils exposent des faits. Pour répondre à ces faits, les Physiciens donnent des conjectures. Les voici.

2. *Aristote*, qui ne connoissoit gueres que les *Courans* qui vont depuis l'équateur vers les poles, en attribuoit la cause à un mouvement de la mer du Nord au Sud. C'est un mouvement de son invention, & uniquement soutenu par l'écoulement du Pont-Euxin ou Propontide dans l'Archipel.

Après *Aristote* on a cru que le fond de la mer étoit incliné à l'horison dans les endroits où il y avoit des *Courans*. Et depuis les Physiciens en aïant attribué la cause au flux & reflux de la mer, se sont attachés uniquement à rechercher celle de ce mouvement de la mer, (*Voïez* FLUX & REFLUX) par où ils ont expliqué les *Courans périodiques*, & ont fait dépendre les autres de différens accidens qui arrivent, soit au fond, soit à la surface, ou aux côtes de la mer, accidens tout-à-fait indépendans d'une théorie générale. S'en tenant là, les Hydrographes ne distinguent pas les *Courans* du flux. Cependant le flux & reflux n'est qu'une cause éloignée des *Courans*. Il paroît que tel étoit le sentiment du P. *Deschalles*. Aussi a-t-il cherché une autre maniere de les expliquer. A cette fin, il a examiné les *Courans* en particulier. D'abord il croit que le *Courant* qui va des poles à l'équateur, est produit par la chaleur du soleil. Cet astre attirant, dit-il, beaucoup de vapeurs de la mer dans la zone torride où il est, & ces vapeurs allant tomber vers les poles, où il y a moins de chaleur, il faut nécessairement remplir le vuide qui se formeroit dans la zone torride par cette évaporation. Voilà pourquoi la mer se porte, selon lui, vers l'équateur. Il fait dépendre les autres des vents, c'est-à-dire, les *Courans* qui portent de l'Est à l'Ouest d'un vent d'Est, & les autres qui ont un mouvement contraire, des vents d'Ouest.

Il semble que le P. *Deschalles* ait senti la legereté de ces explications. On voit dans son *Art de Naviger*, qu'il a glissé sur la difficulté des *Courans*, pour passer à la cause du flux & reflux, à laquelle il s'est attaché avec plus de complaisance. M. de *Buffon* est le seul qui ait osé approfondir cette cause, & son explication mérite d'être connue.

Après avoir établi qu'il y a des inégalités dans le fond de la mer, selon le témoignage des plus célebres Navigateurs & sur-tout des observations faites par *Dampier*, & rapportées dans son *Voïage autour du Monde, Tom. II*. M. de *Buffon* prétend que c'est à ces inégalités du fond de la mer qu'on doit attribuer l'origine des *Courans*. Si le fond de la mer étoit égal & de niveau, il n'y auroit dans la mer d'autres *Courans*, selon cet Académicien, que le mouvement général d'Orient en Occident & quelques autres mouvemens qui auroient pour cause l'action des vents, & qui en suivroient la direction. Ceci n'est qu'une origine particuliere. M. de *Buffon* veut que les *Courans* aïent d'abord été produit par le flux & le reflux de la mer, & ensuite dirigés par les inégalités du fond où repose cet élément, sans oublier les variations qu'apportent au mouvement des eaux les bords escarpés de la mer, l'avance des collines des rochers, &c. en un mot, tout ce qui est capable de détourner le mouvement des eaux produit par le flux, & de lui faire prendre un autre cours. En effet, toutes les côtes font reculer les eaux à des distances plus ou moins considérables; & ce refoulement des eaux est une espece de *Cou-*

rant, que les circonstances peuvent rendre continuel & violent. La position oblique d'une côte; le voisinage d'un golfe ou de quelque grand fleuve, un promontoire; en un mot, tout obstacle particulier qui s'oppose au mouvement général produira toujours un *Courant*. Et voilà pourquoi il y a tant de *Courans* & en tant de lieux. (*Histoire naturelle, générale & particuliere, avec la description du cabinet du Roi, Tom. I. Art. XIII. pag.* 441. seconde édit.)

3. Il seroit utile qu'on pût déterminer la direction & la vitesse des *Courans*. Cette connoissance importeroit bien plus que la cause; parce que les avantages qu'on peut procurer à la Physique, quelques grands qu'ils soient, ne peuvent aller de pair avec ceux qui regardent la navigation. Les Marins pour estimer & cette direction & cette vitesse, mettent à cette fin à la mer le canot qui est une petite chaloupe, qu'on conduit à la voile & à la rame, destinée au service du Vaisseau, & ils jettent une petite ancre qui a cinq pates, nommées *Grapin*, en donnant beaucoup de corde. Le canot étant alors comme à l'ancre, se présente au vent par la proue, s'il n'y a point de *Courant*. Y a-t-il un *Courant*, & ce *Courant* porte-t-il selon le vent? Le canot vient de bout au vent avec une grande précipitation. Si au contraire le *Courant* va contre l'origine du vent, le canot vient par le travers de la ligne du vent, & son cable répond directement au vent, supposé que le vent soit plus fort que le *Courant*; il répond au *Courant*, si celui-ci l'emporte sur le vent par sa force.

Enfin, si le *Courant* croise le vent, le canot sera en proie à deux forces, celle du du vent & celle du *Courant*. Et selon qu'une de ces forces sera plus grande ou plus petite, le canot panchera vers le vent ou vers le *Courant*, & sera exposé à prendre différentes situations. De ces deux efforts résulte une direction moïenne qui les partage, ou qui les met en équilibre. Lorsqu'on connoît la force & la direction du vent, on peut déterminer rigoureusement la force & la direction du *Courant*. Dans la pratique, on se contente de l'évaluer. Comme je parle des directions moïennes à l'article de Derive, j'ai occasion d'y donner la théorie de la composition de ces deux forces d'où dépend la connoissance des *Courans*. *Voïez* DERIVE.

COURANTIN. Terme de Pyrothecnie. Fusée de corde, c'est-à-dire fusée, qui par le moïen d'une corde sur laquelle on la fait couler, porte le feu d'un endroit à un autre. On distingue quatre sortes de *Courantins*, le *Courantin simple*, le *Courantin composé*, le

dre
que
de
en
bo-
uts
de
lle,
on
II.

di-
on-
ce;
rer
it,
ar-
ner
it à
ite
la
ils
es,
de
ins-
s'il
it,
Le
de
va
par
ble
: le
nd
:nt

ca-
du
ine
ite,
ou-
tes
ine
qui
t la
:er-
ion
nte
ons
:ca-
ion
oif-

Courantin voltigeant, & le *Courantin roulant*, Le premier est composé d'une fusée F (Planche XLIV. Figure 98) attachée à un tuiau de bois, enfilé dans une corde C C. Cette fusée est liée par les deux bouts & par le milieu, & le tuïau de bois, dont la longueur n'excede pas celle de la fusée, est frotté en dedans & garni de savon. Le feu étant mis à la fusée, elle se porte à l'endroit où la corde aboutit; pourvû qu'on ait soin de rallentir la vivacité d'une composition trop forte, dont on se sert pour les fusées ordinaires, en y ajoutant du soufre & du charbon. Le *Courantin composé* est formé de deux fusées volantes, attachées ensemble contre un tuiau de bois, & ajustées de façon que l'étoupille de l'une sortant de son massif, entre dans la gorge de l'autre. La première fusée étant allumée parcourt la corde de l'endroit d'où elle part, & quand elle est consumée l'autre prend feu; revient sur ses pas & ramene le *Courantin* à l'endroit d'où il étoit parti. La figure 99 fait voir comment on ajuste les fusées pour faire un *Courantin composé*. Si l'on veut que le *Courantin* fasse trois fois le même chemin, on ajoute à ces fusées une troisiéme. Cela s'entend tout seul. On appelle *Courantin voltigeant* un *Courantin* ordinaire qu'on enfile dans un anneau de bois, & qu'on attache par le milieu. (Planche XLIV. Figure 100.) Cet anneau porte, comme les tourniquets, deux tenons, dans lesquels on fait entrer deux fusées F F, massives, comme dans les tourniquets. On met le feu à cette fusée en même-tems qu'à l'une des deux autres. Alors le *Courantin* part en tournant, & cette fusée, qui tourne forme un cercle de feu. Il y a tout lieu de croire que les *Courantins voltigeans*, ainsi nommés par M. *Frezier*, (*Traité des Feux d'Artifices pag.* 257) sont de l'invention de M. P. d'O, Auteur de l'*Essai des Feux d'Artifice*. Enfin, si au lieu de passer des fusées dans une corde on les enferme dans un cartouche sphérique, en ne laissant d'ouverture que celle qui est nécessaire au dégorgement de leur feu, on a un *Courantin roulant*. Le jeu de ces *Courantins* consiste à faire rouler ces cartouches sur terre & à les faire bondir & sauter. On doit leur invention à *Simienowitz*.

Tous ces *Courantins* s'enferment ordinairement dans le corps de quelque animal de carton ou d'ozier, afin d'en cacher toute la mécanique, & de la rendre plus merveilleuse & plus agréable. A cette fin, on fait passer les fusées l'une par la gueule & l'autre par le derriere de l'animal. Les fusées dont on fait usage pour les *Courantins*, doivent avoir depuis cinq onces jusqu'à demi-livre de grosseur de calibre: mais cette grosseur fort raisonnable, deviendroit legere si la matiere dont l'animal est formé, & qui masque les fusées étoit trop lourde. C'est pourquoi on doit toujours emploïer celles que je viens d'indiquer. La figure 101 (Plan. XLIV.) représente la position des fusées dans le corps de l'animal actuellement *Courantin*. Il n'est point de personnes qui aïent écrit *ex professo* sur les *Courantins*. C'est au sujet des feux d'artifices qu'ils en parlent; & c'est là où l'on en trouvera la liste. *Voïez* FEUX D'ARTIFICES.

COURBE. Ligne dont les points qui la composent sont dans des directions différentes. Depuis un tems immémorial on distingue en Géometrie deux sortes de *Courbes*, des *Courbes Géométriques* & des *Courbes mécaniques*. Les anciens Mathématiciens appelloient *Courbe géometrique* toute ligne qui se décrit à la regle & au compas. Ainsi la ligne droite & le cercle étoient des *Courbes géometriques*. Les autres, de quelque nature qu'elles puissent être, comme sections-coniques, conchoïde, &c. étoient mécaniques. *Pappus* s'explique fort clairement à ce sujet, lorsqu'il dit, que » les anciens Géometres n'ont » jamais pû construire géometriquement le » Problème des deux moïennes proportion- » nelles..... Mais avouant que ce Problème étoit solide, ils ne l'ont construit » qu'avec des instrumens. *Apollonius*, par » exemple, l'a résolu par les sections-coniques; d'autres par les lieux solides d'*Aristée*, *Nicomede* par la conchoïde; mais » aucun par les lieux qu'on nomme ordinairement plans «. (*Antiqui Geometræ problema ante dictum in duabus lineis rectis*, &c. Pappus *Collect. Math.*)

Non-seulement les anciens Géometres, mais encore les nouveaux jusqu'à *Descartes*, ont établi la même différence entre les lignes *Courbes géometriques* & les *Courbes mécaniques*. C'est ainsi que *Viete* s'exprime dans son livre intitulé : *Apollonius Gallus*. » Lorsque j'ai proposé (je me sers de la traduction du P. *Rabuel. Comment. de la Géom. de Descartes, L. II. pag.* 97.) dit-il aux Mathématiciens, le Problème d'*Apollonius*, » qui consiste à trouver un cercle qui touche » trois cercles donnés, c'étoit afin qu'on le » construisît géometriquement & non pas » mécaniquement. Ainsi lorsque vous construisez ce Problème avec une hyperbole » vous ne réussissez pas; car les hyperboles » ne se décrivent d'une maniere démonstrative en Géometrie. *Menechmus* a trouvé la » duplication du cube par les paraboles,

» *Nicomede* par les conchoïdes. Est-ce qu'on
» a démontré pour cela géométriquement la
» duplication du cube ? &c. «

Descartes a élevé les sections - coniques
beaucoup plus que tous ces Géometres. Il
n'a pas hésité de les appeller *Courbes Géome-*
triques. Et pour se former une idée de ces
sortes de *Courbes*, voici le raisonnement
qu'il a fait. » Il est, ce me semble, clair, dit-
» il, qu'en prenant comme on a fait pour
» géométrique, ce qui est précis & exact, &
» pour mécanique ce qui ne l'est pas, &
» considérant la Géometrie comme une scien-
» ce qui enseigne généralement à connoître
» les mesures de tous les corps, on n'en
» doit pas plutôt exclure les lignes compo-
» sées que les plus simples ; pourvû qu'on
» les puisse imaginer décrites par un mou-
» vement continu , & par plusieurs qui
» s'entre-suivent ; & dont les derniers sont
» entierement reglés par ceux qui les pré-
» cédent ; car par ce moïen on peut tou-
» jours avoir une connoissance exacte de
» leur mesure. Les lignes mécaniques sont
» celles qu'on imagine décrites par des mou-
» vemens séparés, & qui n'ont entr'eux au-
» cun rapport qu'on puisse mesurer exacte-
» ment «. *Géom. de Descartes, Liv. II.*
Sect. II. De-là il suit, qu'une *Courbe Géo-*
metrique est, selon *Descartes*, une ligne
qu'on peut concevoir décrite par un mouvement continu, ou par plusieurs mouvemens,
qui dépendent les uns des autres, & dont
chaque point a un rapport qui peut s'exprimer exactement par une équation qui sera
la même en chacun de ses points. Une *Cour-*
be mécanique est au contraire une ligne
qu'on peut concevoir décrite par deux mouvemens séparés, qui ne dépendent pas l'un
de l'autre ; & dont chaque point n'a pas, avec
chaque point d'une ligne droite, un rapport
qui se puisse exactement exprimer par une
équation qui soit la même en chacun de ces
points.

Quelque attention qu'eut eu *Descartes*,
pour rendre sa définition exacte, depuis la
découverte de la Géometrie des infiniment
petits on s'est apperçu qu'elle n'étoit pas
assez précise. Les nouveaux Géometres entendent par *Courbes géometriques*, des *lignes*
dont on peut exprimer la nature par le rapport
des ordonnées & des abscisses qui sont les unes
& les autres des grandeurs finies ; & par Cour-
bes mécaniques, des lignes dont on ne peut
exprimer la nature par le rapport des ordon-
nées & des abscisses ; parce que les ordonnées
& les abscisses n'ont point de rapport reglé.
C'est ainsi qu'on définit & qu'on distingue
aujourd'hui les *Courbes,*

2. Dans la naissance de la Géometrie, on ne
connoissoit guéres de *Courbes* que le cercle,
comme il paroît par les *Elémens d'Euclide.*
S'étant ensuite apperçu que la plus grande
partie des Problêmes ne pouvoient se résoudre par le cercle & par des lignes droites,
on commença du tems même d'*Euclide* à
introduire dans la Géometrie les sections
coniques qu'*Apollonius Pergée* a traité si profondément, eu égard aux Traités des Anciens sur ces sortes de *Courbes*. Le Problême
Deliaque de la duplication du cube, donna
lieu à l'invention d'autres lignes *Courbes.*
C'est à son occasion que *Diocles* découvrit la
cissoïde, & *Nicomede* la conchoïde. Le desir
de résoudre le Problême de la quadrature du
cercle, conduisit *Archimede* aux *Courbes* spi-
rales ; *Dinostrate* à la *Courbe* nommée quadratrice, & plusieurs autres Géometres à la
cycloïde. A ces *Courbes* se sont jointes plusieurs autres ; la *Courbe algébrique*, la caustique, la diacaustique, l'exponentielle ; la *Cour-*
be brachistochrone, ou de la plus vite descente ; les *Courbes à double courbure*, &c. Je
vais définir quelques-unes de ces *Courbes*,
que leur épithete ne caractérise pas assez. Pour
les autres, *Voïez* SECTIONS CONIQUES,
CISSOIDE, CONCHOIDE, QUADRA-
TRICE, CAUSTIQUE, BRACHISTO-
CHRONE, CHAINETTE, &c.

Le grand monde qui sait en gros qu'il y
a des hommes sur la terre dont toute l'occupation est bornée à rechercher les propriétés des *Courbes*, s'imagine que ces hommes
se plaisent à des spéculations vaines, très-
réjouissantes pour des cervelles creuses. Les
personnes qui pensent plus, croïent qu'elles
peuvent être de quelque legere utilité. Mais
que les uns & les autres sachent que les
Courbes, si peu dignes de leur attention, servent à construire les Problêmes de la Géometrie ; à choisir les figures les plus convenables ; à déterminer une proportion nécef-
saire dans plusieurs cas difficiles, & en général, à découvrir ce qu'il y a de plus merveilleux & de plus caché dans la Nature & dans
l'Art. Par exemple, c'est par la parabole
qu'on explique la loi des corps jettés obliquement, comme *Galilée* l'a démontré, selon laquelle on est venu à bout d'établir un
art de jetter les bombes. La cycloïde mesure
le tems & fourmille de propriétés, qu'on trouvera à son article, comme aux articles particuliers des autres, leurs propriétés.

COURBE ALGEBRIQUE. *Courbe* dont la nature
s'exprime par une équation algébrique, c'est-
à-dire, par une équation qui garde toujours
la même dignité dans tous les points de la
ligne *Courbe*. A cette définition on reconnoît
les

les *Courbes géometriques* de *Descartes*. C'est toujours quelque chose qu'on en ait tiré parti. Si *Descartes* vivoit, il ne pourroit se plaindre que du changement de leur nom. On divise les *Courbes algébriques* en genres ; & ces genres sont distingués par les dignités ou les puissances ausquelles les abscisses ou les demi ordonnées sont élevées. L'ordre des genres suit celui des puissances. Le premier est le *Genre quarré* ; le second, le *Genre cubique* ; le troisiéme, le *Genre biquarré* ; le quatriéme, le *Genre sursolide*, & le cinquiéme, le *Zensi-cubique*. Ainsi cette équation $ax = y'$ l'est d'une *Courbe* du premier genre ; celle-ci $a^{\bullet}x = y^3$ est l'équation d'une *Courbe* du second, &c.

Toutes les *Courbes* ou *lignes algébriques* sont comptées dans un même genre, lorsque les termes de l'équation montent à des dimensions égales. L'équation d'une ligne droite, ne pouvant avoir qu'une seule dimension, n'est d'aucun genre. Les *Courbes algébriques* en ont plusieurs qui ont différentes propriétés. Quelques Géometres voulant ranger les *Courbes algébriques* qui ont les mêmes propriétés, les divisent en *familles*. M. *Bernoulli* a donné le premier la méthode de réduire toutes les *Courbes algébriques* à une famille principale. Ces *familles des Courbes* servent à connoître d'abord ce que les lignes alliées ont de commun entre-elles. Tout ce qui peut se déduire de l'équation qui définit la famille, convient à toutes les lignes *Courbes* qui lui appartiennent. Tels sont les genres infinis des paraboles qui sont tous définis par cette équation $a^{mm} = y^m$, &c.

M. *Newton* distingue toutes ces lignes *en ordres*, suivant l'exposant de la plus grande dignité de l'abscisse, ou de la demi-ordonnée de l'équation, qui expriment la nature de la *Courbe*. Ainsi selon ce grand Géometre la ligne droite est du premier ordre. Les lignes *Courbes* du premier genre sont du second ; celles du second genre du troisiéme ordre, &c.

COURBE DIACAUSTIQUE. *Courbe* formée par l'intersection des raïons de lumiere, qui, en passant par une ligne, y souffrent une réfraction. C'est à *Tschirnhausen*, qu'on doit ces *Courbes*. *Voïez* CAUSTIQUE PAR REFRACTION.

COURBE EXPONENTIELLE. Ligne *Courbe*, dont la nature s'exprime par une équation exponentielle. M. *Bernoulli* a donné quelques exemples de ces lignes dans les *Actes de Leipsic* 1697, *p.* 180 ; & il y a fait voir la maniere de découvrir leurs propriétés par le calcul différentiel.

COURBE BEAUNIÉNE. *Courbe* proposée par M. *de Beaune* à *Descartes* sous cet énoncé. Une ligne droite *a* étant donnée & aïant mené deux lignes indéfinies A C, A I (Plan. VI. Figure 102.) *en sorte que l'angle* A C I *soit de* 45°, *on demande de décrire la* Courbe A B D, *qui soit de telle nature, que si l'on mene d'un de ses points quelconques* B *l'ordonnée* B C *& la tangente* B T, *la raison de* B C *à* C T *soit toujours la même que celle de la droite donnée* a *à* B I. Nommant donc A C, *x* ; C B, *y*, & la ligne donnée *a*, on aura $dy : dx = a : y - x$. D'où l'on tire cette équation, $adx = ydy - xdy$, qui exprime la nature de la *Courbe Beaunene*.

M. *Bernoulli* & le *Marquis de l'Hôpital* sont les premiers, qui ont résolu le problême de M. *de Beaune*, c'est-à-dire, qui ont trouvé la *Courbe* demandée. C'est un travail qu'ils avoient fait en commun. Aussi l'un & l'autre se l'est-il attribué. Mais on doit rendre justice à M. *Bernoulli*, qui l'a dépouillé avec beaucoup de sagacité. 1°. Il a fait voir qu'une ligne parallele à A I, est l'assymptote de cette *Courbe*. 2°. Il a indiqué l'espace A B C. Et 3°. aïant déterminé le centre de gravité de cet espace, il en a tiré les solides, demi-solides, &c. engendrés par la révolution de cet espace au-tour de différentes lignes. M. *Bernoulli* forme, à propos de ces solides, un problême qu'il a proposé à tous les Géométres : c'est de déterminer le centre de gravité de ces demi-solides. Il faut pour cela rectifier la *Courbe* de M. *de Beaune* ; ce qui n'est point aisé, en supposant même la quadrature de l'hyperbole. On trouve les Ecrits qu'on a donnés sur cette *Courbe* dans les *Lettres de Descartes*, (*Liv. III.*) dans l'*Histoire des Ouvrages des Savans*. Fev. 1693, & dans les *Œuvres* de M. *Jean Bernoull. Bern. Oper. Tom. I. & Tom. III.*

COURBE D'EQUILIBRATION. Ligne *Courbe* dans laquelle on peut soutenir constamment un poids, un pont levis, par exemple qu'on leve, quoique suivant les regles de la Mécanique, il devienne plus pesant, à proportion qu'on l'abbaisse. M. *Jacques Bernoulli* a démontré qu'une telle *Courbe* est une des Cycloïdes qui se forme, lorsqu'un cercle se roule sur la circonférence d'un autre cercle. Le *Marquis de l'Hôpital* a donné une méthode pour construire cette *Courbe*. (*Acta Erudit. Ann.* 1695. *pag.* 50 & 60.) *Voïez* encore EPICICLOIDE.

COURBE A DOUBLE COURBURE. *Courbe* qui participe de deux *Courbes*. Telles sont celles que décrit une *Courbe* sur un cilindre, sur un cone, & en général sur un corps convexe ou concave. *Descartes* est le premier qui a recherché ces sortes de *Courbes*. Le P. *Gregoire de Saint-Vincent* en parla ensuite dans un Livre inti-

Tome I. H h

tulé : *Ductus plani in planum*. Le premier les confidéroit ainfi. Il abbailfoit de tous leurs points des perpendiculaires fur deux plans perpendiculaires l'un à l'autre, & rapportoit tous les points aux points de celles que l'on forme par ce moïen fur deux plans. D'après *Defcartes* M. *Clairaut* a confidéré les *Courbes à double Courbure* ; mais (on doit le dire, & M. *Defcartes* en conviendroit aujourd'hui, s'il vivoit encore,) d'une façon bien fupérieure à celle de ce grand homme. Soit A M M une *Courbe*, (Planche IV. Figure 122.) qui a fes abfciffes A P, & fes ordonnées P M fur un plan A P M. Qu'on trouve fur les points M, M, plufieurs autres points N, N, tels que le rapport des abfciffes A P aux lignes M N, M N, ou des lignes M N, &c. aux ordonnées P M, foit exprimé par une équation quelconque au-deffus du premier dégré. Une *Courbe*, qui paffera par ces points, fera, felon M. *Clairaut*, une *Courbe à double Courbure*. On n'a rien de particulier fur ces *Courbes*, que le Traité de M. *Clairaut*, dont le titre eft : *Recherches fur les Courbes à double Courbure*. Et perfonne, que je fache, n'a entrepris de montrer l'utilité de ces *Courbes* dans les Sciences Phyfico-Mathématiques. Elles méritent cependant l'attention des Géométres, s'il en eft qui puiffent concilier les fpéculations aux détails méchaniques.

Courbes Organiques. *Courbes* décrites fur un plan avec le feul fecours d'angles & de lignes droites. Par exemple, fi les angles F C O, K S H, (Planche VI. Figure 124.) font mûs autour de deux points S, C, donnés fur un plan, & que le concours des jambes C F, S K foit mû le long de la ligne droite A E, donnée de pofition, alors le concours P des autres branches C O, S H, décrira une *Courbe* de la premiere efpece, c'eft-à-dire, une fection conique. Et pour déterminer l'efpece de fection conique, qui fera décrite, fuivant la différente grandeur des angles donnés F C O, K S H, & la pofition de la ligne A E, on décrit un fegment de cercle fur la ligne donnée C S, qui contient un angle égal au complement des angles donnés F C O, K S H, à quatre angles droits. Si la ligne droite donnée A E rencontre deux fois ce cercle, la *Courbe* fera une hyperbole. Le touche-t-elle ? Ce fera une parabole. Au cas que la ligne A E tombe totalement hors du cercle, la *Courbe* décrite fera une ellipfe.

La ligne droite A E demeurant la même, ainfi que la fomme des angles donnés F C O, K S H, l'efpece de la *Courbe* eft auffi la même, fans devenir jamais un cercle, à moins que la ligne droite A E ne s'étende à l'infini. Quand les angles donnés font mutuellement

les fupplémens l'un de l'autre à deux angles droits, & que la ligne A E rencontre C S prolongée, la defcription donne une hyperbole ; & il en réfulte une parabole, fi A E eft parallèle à C S. On doit ces fortes de *Courbes* à M. *Maclaurin*. (*Geom. organ.*)

Courbe analytique du visage de l'Homme. Ligne finguliere inventée par M. *Huddé*, par laquelle il tache d'exprimer tous les linéamens du vifage d'un homme connu, & de les définir par une équation algébrique. Une idée fi extraordinaire a été communiquée à M. *Leibnitz* dans les *Actes de Leipfic. Ann.* 1700. *pag.* 196 ; & il affure là fort ferieufement qu'il étoit en état de conftruire une pareille *Courbe*. Cette conftruction n'a cependant jamais paru. Il n'y a point de Géométres qui aïent publié quelque Traité de Géométrie, qui n'aient écrit fur les *Courbes*. Pour me renfermer ici dans le nombre de ceux qui en ont écrit *ex profeffo*, je donnerai le titre des Ouvrages particuliers, où la théorie des *Courbes* eft approfondie. *De quadratura Curvarum*, &c. par le Chevalier *Newton*. (Ce Livre a été commenté en Anglois par M. *Stewart*.) (*Enumeratio linearum tertii Ordinis*, par le même. (Il a été commenté par M. *Stirling*.) *Geometria Organica*, par M. *Maclaurin*. *Exercitatio Geometrica de difquifitione linearum curvarum*, *Autore Guillelmo Braikenridge*. Traité des *Courbes à double Courbure*, par M. *Clairaut*. *Ufage de l'Analyfe de Defcartes*, *pour découvrir les propriétés des lignes Géométriques de tous les Ordres*, par M. l'Abbé *de Gua*. *Methodus inveniendi lineas curvas maximi minimive proprietate gaudentes*, par M. *Euler* : *Analyfis infinitorum*, &c. par le même. *Introduction à la connoiffance des lignes Courbes*. &c. 1750. par M. *Cramer*.

COURONNE. Nom qu'on donne en Géométrie à l'efpace enfermé entre deux circonférences de cercle, qui ont le même centre. Si deux cercles A D B, E F G, (Planche VI. Figure 103.) ont le même centre C, l'efpace A B D E F G eft une *Couronne*. On ne connoît point d'autre opération fur cette figure que celle que peut exiger la mefure de fa furface. A cette fin on a trois méthodes. La premiere, qui eft la plus naturelle, confifte à prendre la fuperficie du grand cercle, & à en fouftraire celle du petit E F G. Le refte fera évidemment la fuperficie de la *Couronne*. La feconde demande qu'on multiplie la fomme des deux diamétres par leur différence, & le produit par 157. Ce fecond produit étant divifé par 200, le quotient donne la fuperficie de la *Couronne*. Enfin on trouve cette fuperficie encore plus fimplement, en multipliant sâ largeur par la longueur de la circonférence moïenne. Toutes ces méthodes sont rigoureusement démontrées,

COURONNE. Deux Constellations portent ce nom ; l'une est la *Couronne Méridionale*, l'autre la *Couronne Septentrionale*. La premiere est composée de 13 étoiles. (*Voïez* CONSTELLATION.) *Hevelius* a déterminé les longitudes & les latitudes de ces étoiles. (*Prodromus Astronomicus*, *pag.* 316. & 317.) & a donné la figure de toute la Constellation. (*Firmamentum Sobiescianum*, Figure A A *a*.) Le P. *Noël* a fait des Observations nouvelles sur ces étoiles, qu'on trouve dans ses *Observations Mathématiques & Physiques faites aux Indes & dans la Chine*. *Schiller* donne à cette Constellation le nom de *Couronne du Roi Salomon*, & *Schirkard* celui de la *Couronne du Roi David*. On l'appelle encore la *Roue d'Ixion*.

La *Couronne Septentrionale* est entre Bootes & Hercule, dans la partie Septentrionale du Ciel, comme la *Couronne* Méridionale est dans la partie Méridionale. On y compte régulierement 19 étoiles. (*Voïez* CONSTELLATION.) *Schiller* appelle cette Constellation la *Couronne d'Epines de JESUS-CHRIST*. *Harsdorffer* celui de la *Couronne de la Reine Esther* ; & *Weigel*, en y ajoutant la Constellation de Bootes, en forme les *trois Couronnes de Suede*. En Grec on la nomme Πρῶτος Στέφανος, ou la *premiere Couronne* ; en Arabe *Aclebaschemali*, & en Caldéen *Malphécarte*. *Hevelius*, dans les Ouvrages cités ci-dessus, a déterminé les longitudes & les latitudes des étoiles de la *Couronne Septentrionale*, & donné la figure de la Constellation entiere.

COURONNE. Terme de Physique. Météore formé par un anneau lumineux, qui paroît autour des astres. Il y a des *Couronnes blanches*, & des *Couronnes colorées*. Celles-ci ont les mêmes couleurs de l'Arc-en-Ciel ; mais disposées dans un ordre renversé. *Newton* en observa une en 1692, divisée en trois anneaux, & ainsi colorée. Le premier anneau intérieurement étoit bleu en-dedans, blanc au milieu, & rouge en-dehors. Le second étoit pourpre, puis bleu, ensuite jaune, & d'un rouge pâle ; & le troisiéme paroissoit d'un bleu pâle à l'intérieur, & d'un rouge pâle à l'extérieur. (*Traité d'Optique*, Part. IV Liv. II. par *Newton*.) M. *Hughens* en a vû, dont le contour extérieur étoit d'un bleu pâle, & l'intérieur d'un bleu foncé. M. *Muschenbroek*, qui a fait sur ce météore diverses Observations, y a remarqué quelquefois les mêmes couleurs que dans l'anneau intérieur de *Newton*. Et dans d'autres tems entre plusieurs *Couronnes*, les unes ont parû tantôt rouges, tantôt jaunes,

tantôt blanches. On doit à M. *Van-Aken* une Observation curieuse sur les *Couronnes* ; c'est la façon, dont les couleurs se succédent les unes aux autres de dedans en-dehors. Voici l'ordre suivant lequel cette succession se fait ; rouge, pourpre, verd, bleu, clair, & blanc.

M. *Mariotte* distingue deux sortes de *Couronnes*, de petites & de grandes. Les premieres n'ont que 4 ou 5 dégrés de diamétre. Les grandes en ont jusqu'à 45. Ces *Couronnes* ne sont pas ordinairement bien colorées. Elles ne paroissent qu'autour du soleil & de la lune ; & on ne les y voit pas toujours de la même grandeur. Quelquefois une *Couronne* est bien grande, quand elle commence ; & elle diminue, quand elle finit. Souvent elle est petite en commençant, & elle accroît quelque tems après. Les couleurs varient aussi. Tantôt elles augmentent, tantôt elles diminuent.

2. Voilà un météore bien singulier. Quelle en est la cause ? Tous les Physiciens conviennent que c'est à des vapeurs, des gouttes d'eau, des parcelles de glace & de neige, dont l'atmosphere est chargée, qu'on doit l'attribuer. En effet tous ces corps hétérogenes rompent les raïons de l'astre, & les colorent en les rompant. Comme la réfraction de la lumiere ne peut parvenir à nos yeux au-delà d'un certain angle, elle limite circulairement l'étendue de ces *Couronnes*, indépendamment de cet astre. La grandeur de l'angle de réfraction dépend de l'obliquité des raïons ; & cette obliquité dépend elle-même de la couche plus ou moins épaisse des gouttes & des parcelles qui les réfractent. C'est ce qui les courbe davantage. Il doit donc y avoir des *Couronnes* de différentes grandeurs relativement à ces couches. A l'égard des couleurs, qui y paroissent, c'est ici la même loi de celles qui paroissent dans le prisme. *Voïez* COULEURS.

On prouve, ou du moins on appuïe cette théorie par diverses expériences. 1°. Dans un tems froid regardez une chandelle allumée à travers la vapeur qu'exhale une eau chaude, contenue dans un vase placé au pied du flambeau qui porte la chandelle ; & vous verrez autour de la flamme une *Couronne*. 2°. Poussez votre haleine contre une glace de verre bien polie, une glace de miroir ; regardez ensuite une chandelle allumée au travers les petites gouttes d'eau imperceptibles qui ternissent la glace ; & vous verrez plusieurs *Couronnes* qui entoureront la flamme de cette chandelle. 3°. Pompez l'air d'une cloche de verre ; regardez une chandelle allumée placée derriere la cloche. Aussi-tôt que l'air se sera raréfié jusques à un certain dégré, on ne manquera pas d'appercevoir un anneau autour de la flamme. 4°. Le même phéno- mene arrive lorsqu'on fait rentrer dans un récipient l'air qui en avoit été pompé. A peine l'air se trouve avoir la même densité, qu'on voit paroître cet anneau orné de diffé- rentes couleurs. 5°. Sans tant de frais, si l'on s'amuse à faire avec un chalumeau des bulles d'air, en se servant d'eau de savon ; on verra dessus & à travers, de semblables anneaux co- lorés, &c. Presque tous les Physiciens qui ont écrit sur les *Couronnes*, ont rapporté diffé- rentes expériences de ce genre ; & ces Phy- siciens sont les mêmes que ceux qui ont écrit sur les Couleurs. *Voïez* COULEUR.

COURONNE. Terme de Fortification. Ce terme a toujours ici une épithete, c'est celle d'Ou- vrage. On dit donc *Ouvrage à Couronne*, pour exprimer un Ouvrage composé d'un bastion entre deux courtines, & de deux de- mi-bastions, qui terminent ces courtines. (Planche XLVI. Figure 104.) On le construit quelquefois à l'angle flanqué d'un bastion, lorsque les contregardes ne peuvent suffire. Dans ce cas, on prend la distance de la pointe du bastion au centre de la place, pour avoir celle de la pointe du bastion de l'*Ouvrage à Couronne* au centre de la place. Il est aussi rare de voir ces sortes d'ouvrages à la pointe d'un bastion, qu'ordinaire de les voir devant les courtines. La construction est toujours la même. Mais ici sa gorge & ses ailes tirent leur défense des faces du bastion du côté de la campagne. Sa construction est telle. Elevez du milieu de la courtine de la Place A la per- pendiculaire BC, qui passera par l'angle flan- qué de la demi-lune D. De ce point comme centre, tracez un arc quelconque, dont le raïon soit depuis 120 à 150 toises. Portez de part & d'autre du point C la longueur du raïon, qui se terminera en E & F. Les côtés E C & C F seront les côtés extérieurs de l'*Ou- vrage à Couronne*, qu'on fortifiera comme les côtés extérieurs de la place. *Voïez* FORTI- FICATION.

Si cette construction est trop concise, je vais en donner une plus détaillée, qui re- vient à celle-là ; mais qui soulagera peut-être davantage l'imagination du Lecteur. 1°. Aïant élevé, comme auparavant, du milieu de la courtine la ligne B C indéfinie, portez sur elle la longueur d'un côté & demi d'un poli- gone. 2°. Avec l'ouverture R C, décrivez de l'angle rentrant R l'arc de cercle E F. 3°. Por- tez de part & d'autre du point C la longueur d'une courtine & d'une demi-gorge de la place, c'est-à-dire, la ligne M N. Les lignes C E, C F étant menées, on aura les côtés ex- térieurs de la *Couronne*. 4°. Tirez les lignes

E K, F K, des points E, K, F, K, que vous terminerez à la contrescarpe aux points H, H. 5°. Divisez le côté extérieur de la *Couronne* en trois parties, & portez une de ces divi- sions sur les lignes F H, C B, E K, depuis les points F, C, & E. Les distances F I, C I, E I seront les flancs des bastions. 6°. En por- tant une de ces distances du point I en P pa- rallelement à E F, on a la demi-gorge du bastion ; & cette même distance portée du point F sur la ligne F C, donne le point du- quel on tire au point P la ligne O P. 7°. Di- visez cette ligne en deux, vous aurez le point Z, qui donnera Z F, pour la longueur du flanc. 8°. Par les points Z & F la ligne Z F étant menée, on aura les faces. L'autre demi- bastion se construit de même. Pour le bastion, 1°. divisez le côté I I en cinq parties. 2°. Por- tez en une de I en X, & de I en Y ; on aura les demi-gorges du bastion. Sur le point X élevez une ligne, qui fasse un angle de 98° : le point où elle coupera la ligne de défen- se C P, déterminera la longueur du flanc ; & la longueur C Z, la face, &c.

Je suis bien éloigné d'approuver cette mé- thode de construction, qui est de M. *Mallet*. (*Travaux de Mars. Tom. I. pag.* 137.) Je ne l'ai donnée que pour servir de modéle pour toute autre construction, en adoptant le systême de Fortification qu'on voudra. On peut & on doit attribuer l'origine de l'*Ou- vrage à Couronne* à celle des Fortifications. N'en est-ce pas le diminutif ? *Voïez* ARCHI- TECTURE MILITAIRE. Je renvoïe aussi pour l'attaque & la défense de cet Ouvrage à l'Article de Cornes, où les deux parties sont discutées. Et en effet, l'attaque & la défense d'un Ouvrage à Cornes est la même que celle d'un *Ouvrage à Couronne*, abstraction faite d'un résistance plus forte que peut opposer celui-ci. Je me conforme en cela au senti- ment de M. *de Vauban*.

COURTINE. Terme de Fortification. Partie du front de l'enceinte d'une place, qui est comprise entre deux bastions. C'est la ligne X P, qui la représente tracée seulement (Plan. XLVI. Fig. 104.) La *Courtine* est bordée d'un parapet haut de 5 pieds, derriere lequel se tiennent les soldats, pour faire feu sur le che- min couvert, & dans le fossé. La partie la mieux flanquée de la Place est sans contredit la *Courtine*, par rapport aux bas- tions qui la bordent. C'est pourquoi on ne craint pas d'y faire les portes de la Ville.

C R A

CRATICULE. Terme de Perspective. Division d'une figure, d'un portrait, &c. en de petites cellules, soit comme il est en lui même, soit comme il paroît sur la surface d'un verre convexe ou concave. Le *Craticule* s'appelle dans le premier cas *Craticule du Prototype*, & dans le second *Craticule de l'Ectype*. A proprement parler, le *Craticule Prototype* n'est pas un *Craticule* : il n'est que le fondement du *Craticule Ectype*. Celui ci est une projection monstrueuse d'un portrait, qui dans son point de vûe représente la figure en beau, & telle qu'elle paroît dans le *Craticule Prototype* A B C D. (Planche XXXV. Figure 105. N° 1.) Cette projection se forme ainsi.

1°. Tirez une ligne *a b* (Plan. XXXV. Fig. 105. N°. 2.) égale & divisée en autant de parties que la ligne A B du *Craticule Prototype*. 2°. Sur le point milieu de cette ligne élevez une perpendiculaire E V, que vous prolongerez d'autant plus que vous voudrez rendre plus difforme la figure du *Craticule Prototype* A B C D. 3°. Abbaissez sur le point V une perpendiculaire V S. Cette ligne a les mêmes propriétés que l'autre ; & par conséquent sa longueur dépend de la volonté. 4°. De chaque point de division *a*, *c*, *f*, *g*, E, *i*, *k*, *l*, *b*, de la ligne *a. b*, menez au point V les lignes *a* V, *c v*, *f v*, &c. 5°. Une ligne S *b* étant menée par les points de section 1, 2, 3, 4, 5, 6, 7, de cette ligne avec les lignes *c v*, *f v*, *g v*, &c. tirez les lignes X X, Z Z, T T, R R, P P, M M, N N paralleles à la ligne *a b*. On aura le trapeze *a b d e* divisé en 64 parties, comme le *Craticule Prototype*. Dans ce trapeze est transportée la figure de ce *Craticule*, en distribuant chacune de ses parties dans chaque case du *Craticule Ectype*, (N°. 2.) qui répond à celles du *Craticule* du N°. 1.

Toute défigurée qu'est la figure, si l'on éleve sur le point V, perpendiculairement à la ligne V E, une verge V S percée en S, mais dont le trou soit extrèmement évasé du côté de la figure, & qu'un homme regarde cette figure par ce trou ; elle paroîtra dans son naturel, telle qu'elle est représentée dans le *Craticule Prototype*.

On peut rendre cette vûe, ou ce spectacle fort agréable, si l'image défigurée n'est pas un pur cahos, ou un assemblage de choses confuses ; mais qu'elle soit la représentation de quelque jolie vûe, d'une marche de soldats le long des rives d'un fleuve. Quand on sait disposer ces choses avec art, on voit dans le point de vûe du *Craticule* des objets tout différens de ceux du *Prototype*. Suivant la disposition de ces objets, au lieu de soldats, on découvre la figure d'un satyre, par exemple, ou de quelque animal, &c.

M. *Léopold* a inventé un instrument, pour déformer une figure. Il appelle cet instrument Machine Anamorphotique. *Voiez* ANAMORPHOSE. Au défaut de cette machine, on a imaginé une déformation mécanique, qui est fort aisée. 1°. Percez les contours de la figure donnée, comme si vous vouliez la *poncer*, c'est-à-dire, la copier, en faisant passer au travers de ces trous de la poussière de charbon enfermée dans un linge. 2°. Exposez la figure ainsi percée à la lumiere d'une lampe, d'une bougie, ou à celle du soleil. 3°. Observez les points où tombent les raïons de lumiere sur un plan couvert d'un papier. 4°. Marquez les points principaux ; vous aurez la déformation de la figure, ou du moins les principaux traits avec lesquels il sera fort facile de la finir.

2. Ce n'est pas seulement sur des plans qu'on transforme un *Craticule Prototype* en un *Craticule Ectype*. On fait aussi usage de la surface convexe du cone. Et la chose se réduit ici à faire ensorte que le *Craticule ectype* sur la surface du cone paroisse placé convenablement au-dessus du sommet de ce cone égal au *Craticule Prototype*. 1°. Supposons donc que la base A B C D du cone (Plan. XXXVI. Fig 106. N° 1.) soit divisée par des diamétres en un nombre quelconque de parties égales. 2°. Divisez ses raïons en plusieurs parties égales, par lesquelles vous ferez passer plusieurs cercles concentriques. 3°. Dessinez dans ce cercle une figure F, & vous aurez son *Craticule Prototype*, d'où l'on tire le *Craticule Ectype*, que nous allons décrire sur la surface convexe du cone.

1°. Avec le double du diamétre A B, comme raïon, soit décrit le quart de cercle F E G ; (Planche XXXVI. Figure 106. N°. 2.) afin que l'arc E G puisse être égal à la circonférence entiere de la Figure 106. N° 1, & qu'en pliant ou roulant ce quart de cercle, on forme la surface convexe d'un cone, dont la base est le cercle A B C D.

2°. Soit divisé l'arc E G en un même nombre de parties égales, que l'on a divisé la circonférence du *Craticule Prototype*. Et du centre F à chaque point de division soient tirés les raïons F 6, F 7, F 8, &c.

3°. Prolongez G F en I, ensorte que F G égale F I. 4°. Du centre I avec le raïon I F tracez le quart de cercle F K H. 5°. Par les points I, E, menez la ligne droite I E.

6°. Divisez l'arc K F en autant de parties que le raïon du *Craticule Prototype* est divisé ; & par chaque point de division 1, 2, 3, &c. menez les lignes I 1, I, 2, I 3. 7°. Enfin, du centre F avec les raïons F 1, F 2, F 3, décrivez les arcs de cercles concentriques, qui formeront de petites parties, qu'on nomme

Aréoles, en même nombre que celles du *Cra-ticula Prototypo*. Si l'on rapporte dans les aréoles du *Craticule Ectype*, c'est-à-dire, du quart de cercle F E G, ce qui est dessiné dans le *Craticule Prototype*, Nº 1, l'image sera entièrement défigurée ; mais l'œil placé au-dessus du sommet du cone, à une hauteur égale à celle de l'axe du cone, la verra dans ses véritables proportions.

3. Quand on trace dans le *Craticule prototype* les cordes des quarts de cercle, & dans le *Craticule ectype* les cordes de leur quatrié-me partie, toutes choses restant d'ailleurs égales, on a un *Craticule ectype*, propre à défigurer les images d'une pyramide quadran-gulaire.

Comme l'illusion optique est plus parfaite, lorsque l'œil ne peut pas juger par les objets contigus de la distance des parties de l'ima-ge définie, il vaut mieux ne voir que par un petit trou, comme ci-devant, ces images défigurées qu'on appelle *Anamorphoses*.

4. On déforme des figures qui se redressent par réflexion. Ces sortes de *Craticules ecty-pes*, sont trop curieux pour être passés sous silence. Le premier s'énonce ainsi : *Sur un plan horisontal disloquer ou déformer une fi-gure, qui réflechie sur un miroir cilindrique, po-sé debout sur ce plan paroisse dans son naturel, telle que le presente son* Craticule prototype.

1º. Décrivez un cercle quelconque, si l'on n'a point de miroir cilindrique, (Plan-che XXXVII. Figure 107.) ou égal à la base du cilindre, si le cilindre est donné. 2º. Pre-nez un point quelconque O, qui sera le *sub-oculaire*, c'est-à-dire, celui qui marquera la position de l'œil, & de ce point tirez tous les lignes O C, O B qui renferment tous les raïons qui peuvent tomber sur l'œil, étant reflechis de dessus le miroir. 3º. Joi-gnez les points de contact C B que l'on doit prendre pour le côté du quarré qui paroît dans le miroir ; parce que dans un miroir cilindrique, l'image paroît entre le centre & la surface. 4º. Divisez C B en un nombre quelconque de parties égales. De chaque point de division 1, 2, 3, tirez les lignes O 1, O 2, O 3, &c. 5º. Menez les lignes H F, I G, qui fassent aux points H, I, des angles égaux à ceux des raïons O H, O I. Ces li-gnes représenteront les raïons de réflexion O 1, O 2, &c.

6º. Sur la ligne droite indéfinie M N, (Planche XXXVI. Figure 107. Nº 2,) éle-vez la perpendiculaire M P, dont la hauteur reglera la hauteur de l'œil. 7º. Transportez la ligne O H (Nº 1.) de M en Q. 8º. Au point Q élevez la perpendiculaire Q R, qui soit égale au côté du quarré qui paroît

dans le miroir, ou pour mieux dire du pro-totype donné (Planche XXXVI. Figure 108.) Et divisez cette perpendiculaire en autant de parties égales que le côté du quarré est divisé. 9º. Par chaque point de division 1, 2, 3, &c. tirez les lignes droites P I, P II, P III, &c.

10º. Du point I (Planche XXXVI. Figure 107. Nº 2. & Nº 1,) aux points I, II, III, &c. transportez les lignes droites L I, L II, L III, &c. égales à Q I, QII, QIII, &c. 11º. Divisez de la même maniere les lignes H F, I G, & plusieurs autres, si l'on en avoit tracé plusieurs pour représenter une plus grande quantité de raïons réflechis. 12º. Par les points de division faites passer des lignes courbes. On peut encore décrire tout simplement par les trois points des arcs de cercles ; parce qu'on peut négliger sans une erreur sensible dans la pratique, cette sorte de courbure. Ces cercles seront termi-nés en S, T par les lignes prolongées O H, O B.

Cela fait, le plan sera divisé en un tel nombre d'aréoles que si l'on dessine dans ces d'aréoles les parties que renferment celles du *Craticule Prototype*, (Planche XXXVI. Fi-gure 108,) la figure ou l'image déformée dans ce *Craticule ectype*, (Planche XXXVI. Figu-re 107. Nº 1.) paroîtra avec ses vraies pro-portions dans le miroir cilindrique : le mi-roir & le spectateur étant situé comme dans la Figure 113. (Planche XXXVII.)

5. Un miroir conique fait voir le même spec-tacle. Il faut pour cela que le *Craticule ectype* soit construit différemment, Cette construc-tion forme dans la perspective ce Problème: *Tracer sur un plan horisontal une figure dé-formée qui paroisse dans ses vraies proportions à un œil placé au sommet d'un miroir coni-que, où elle est réflechie.*

1º. Dessinez l'image que vous voulez dé-former dans un cercle égal à la base d'un miroir conique, & divisés la superficie de ce cercle, par des cercles concentriques en tel nombre de parties qu'on voudra, de mê-me qu'on a divisé la figure 106. Nº 1, (Plan-che XXXVII.) Tel est le *Craticule prototype* d'un miroir conique, sans gener cependant sur cette division, qui est fort arbitraire.

2º. Faites un triangle rectangle A O E, (Planche XXXVII. Figure 109.) dont la base O E soit égale au raïon du miroir co-nique, & dont le côté O A soit égal à l'axe du cone ou autrement à la hauteur du mi-roir. 3º. Prolongez A O à un point quelcon-que B, qui donnera la hauteur de l'œil au-dessus du cone. 4º. Divisez le côté O E en autant de parties égales & en même nombre que celles du raïon C O. Menez du point B par les points de division 1, 2, 3, &c. les lignes B 2, B 3, &c. Ces raïons représentent les raïons réflechis par lesquels les points 1, 2, 3, sont vus, & la ligne A E, l'intersection du plan de réflexion & du miroir. 5°. Faites les angles I D E, II C E &c. égaux aux angles B D A, B C A, &c. Alors les lignes D I, C II, &c. sont les raïons d'incidence, & par conséquent les points I, II, &c. les points raïonnans qui sont vus par réflexion.

6°. Tracez un cercle H A B G (Planche XXXVII. Figure 114.) dont le diametre soit égal à celui du cercle A C B D, (Planche XXXVII. Figure 110.) qu'on divisera aussi de même. 7°. Prolongez les raïons O A, O B, O C, &c. de ce cercle, qui forme le *Craticule prototype*. 8°. Portez sur ces raïons les distances O I, O II, O III de la Figure 109. Enfin 9°. du point O faites passer par ces points des cercles concentriques. Et le *Craticule ectype* sera fait. Si l'on place sur le cercle A C B D un cone, dont la base doit être égale à ce cercle, & qu'on situe l'œil au sommet du cone, la personne représentée dans la figure 110, & disloquée dans la figure 111, paroîtra dans ses véritables proportions étant réflechie dans le cone, telle que la figure 111 la fait voir.

7.   Le dernier *Craticule* qu'apprend à construire la perspective curieuse, déforme une figure qui se rétablit par reflexion dans un miroir pyramidal. Enonçons la construction en Problême : *Tracer sur un plan une image qui soit telle qu'elle paroisse dans sa véritable proportion dans un miroir pyramidal où elle se refléchit.*

Je suppose que l'on propose de tracer un *Craticule ectype* pour l'usage d'une pyramide quadrangulaire. 1°. Dessinez dans un quarré A B D C égal à la base du miroir (Planche XXXVI. Figure 112. N° 1.) pyramidal donné. 2°. Divisez la superficie en un nombre quelconque de parties égales par des diagonales A C, B D, pour y marquer le *Craticule prototype*, comme on le voit par la figure.

3°. Pour avoir le *Craticule ectype* de cette figure, faites un triangle rectangle, dont la base soit égale à E L, & la hauteur à celle du miroir pyramidal, comme dans le problême précédent. 4°. Achevez la construction entiere de ce triangle & de ces additions, ainsi qu'on a achevé celui de la figure 109, (Planche XXXVII.) afin d'avoir les divisions E I, E II, E III, E IV. 5°. Aïant formé un quarré A B C D, (Plan. XXXVI. Figure 112. N° 2.) égal au quarré A B C D (N° 1.) & également divisé, prolongez du

centre E les lignes E G, E L, &c. & portez sur ces prolongations les divisions E I, E 11, &c. de la Fig. 109. (Pl. XXXVII.) 6°. Par ces points de division & par les points A, B, C, D, menez d'abord des lignes paralleles aux côtés du quarré, & en second lieu des lignes B E, C E, D E, A E, &c. On a ira sur le quarré quatre points divisés en autant de parties que le *Craticule prototype* A B C D, (Planche XXXVI. N° 1.) Enfin 7°. dans chacune de ces parties, ou pour mieux dire, dans chacune des ces aréoles transportez toutes les parties de l'image du *Craticule prototype*. On aura l'image dessinée & son *Craticule ectype*. 8°. Si l'on place dans le quarré le miroir pyramidal & qu'on regarde de son sommet. L'image sera vûe réunie & dans ses justes proportions.

De tous les *Craticules ectypes* celui-ci est, sans contredit, le plus agréable, sur-tout quand le *Craticule prototype* est dessiné de façon que les parties étant découpées ou décomposées forment une image particuliere.

La Figure 113. (Planche XXXVII.) fait voir comment on doit se poster pour avoir le spectacle qu'offrent ces *Craticules*. Il paroît là un homme occupé à en jouir.

CRE

CRECHE. Etoile nébuleuse, qui est dans la constellation de l'écrevisse, & qu'on appelle autrement *Meleff* ou *Melph*.

CREPUSCULE. Lumiere qui dévance le lever du soleil & qui paroît après son coucher. La premiere lumiere est le *Crepuscule du matin*, communément appellé *Aurore* ou *Point du jour* ; la deuxiéme, le *Crepuscule du soir*. *Kepler* & *David Gregori* attribuent la cause du *Crepuscule* à la lumiere que répand le soleil dans son atmosphere. (*Epitome Astronom. L. I. P. III. pag.* 73. Et *Elémenta Astronom. L.* 2. *Prop.* 8.) Cette opinion a vieilli. Aujourd'hui les Astronomes conviennent que le *Crepuscule* dépend de l'atmosphere de la terre, qui en refractant les raïons les fait tomber sur une partie de la terre. Pour comprendre la route de la lumiere, soit T la terre; (Planche XXII. Figure 114.) A A A A son atmosphere ; C C C C le cercle du soleil autrement l'écliptique, H H l'horison, & S le soleil au-dessous de l'horison, qui se leve ou qui se couche. Les raïons S s, S s, S s, &c. sont dirigés vers les points V, V, V, &c. Ils suivroient cette direction s'ils ne rencontroient l'atmosphere A A A A qu'ils ne traversent pas impunément. La matiere de l'atmosphere, plus épaisse que la matiere étherée qui est au-dessus, les rompt & les réfracte ; & suivant les loix de la réfraction, il est obligé de se courber en *rr*, &c. *Voiez* REFRACTION.

2. De cette vérité, il suit, que la durée du *Crepufcule* doit être différente, suivant la constitution de l'atmosphere. Aussi quand il s'agit de déterminer l'amplitude de l'arc où le *Crepufcule* commence le matin & cesse le soir, les Astronomes sont fort embarrassés. *Alhazen*, Astronome Arabe, compte 19°, 1'. *Pierre Nonius* 16°, 2'. Quelques-uns en comptent 19°, 18°, 17°, 16°. *Riccioli* l'a trouvé quelquefois de 20° & M. *De Caffini* de 15°. Sur tous ces sentimens on choisit 18°, pour le commencement du *Crepufcule* du matin & pour la fin du *Crepufcule* du soir. Voilà une variation Physique fixée: en voici une Astronomique. La durée du *Crepufcule* n'est point, indépendamment de l'atmosphere, la même dans tous les lieux de la terre. Le soleil ne décrit pas, par rapport à nous, le même cercle; puisqu'il est tantôt plus près tantôt plus loin de notre zénith, & qu'il emploie dans ces différentes positions plus ou moins de tems à parcourir ces dégrés. Suivant la latitude des lieux & suivant la déclinaison du soleil, l'arc qui comprend ces dégrés, est d'une différente obliquité. Le soleil doit donc emploïer plus de tems à une plus grande obliquité qu'à une moindre. Deux Problèmes naissent de-là qui font l'objet de toutes les recherches des Astronomes sur le *Crepufcule*. Le premier consiste *à trouver le commencement & la fin de la durée du* Crepufcule *d'un lieu dont la latitude est connue, la déclinaison du soleil, ou son lieu dans l'écliptique étant donné*. Ce Problème résolu, on a une méthode pour calculer des tables qui renferment la durée des *Crepufcules* de tous les lieux de la terre & de la variation de cette durée chaque jour. Comme je ne puis résoudre ici astronomiquement ce Problème, qui se trouveroit tout isolé, étant obligé de supprimer bien des connoissances & des détails qu'exigeroit cette solution, je me contenterai de le donner par le moïen du globe céleste. (*Voiez* GLOBE.) On verra là pourquoi le *Crepufcule* est plus court dans la sphere droite que dans la sphere oblique. Et la raison de cette différence peut encore se concevoir sans une démonstration. Dans la sphere droite le soleil monte & descend perpendiculairement & obliquement dans l'oblique. Sous l'équateur, la durée du *Crepufcule* est d'une heure 12 minutes; sous les tropiques d'une heure 20 minutes. A mesure qu'on avance vers les poles, cette durée augmente & la variété qu'on y rencontre est fort irréguliere. Le *Crepufcule* dure près de

deux mois dans la sphere parallele, savant le lever du soleil & après son coucher. En cette position de sphere, le soleil fait 52 révolutions diurnes, avant que d'être abaissé de 18 dégrés sous l'horison.

3. Pour le second Problème, il s'agit de déterminer le jour du plus court *Crepufcule*, & on ne l'a pas résolu aisément. M M. *Bernoulli* freres, y ont travaillé pendant cinq ans. Ce n'a été qu'après une étude opiniâtre qu'ils ont trouvé une regle qui en renferme la solution. On ne le croiroit pas. Cette regle si pénible est cependant très-simple. C'est une seule regle de trois : *Comme le raïon est à la tangente de la moitié de l'arc crépusculaire, ainsi le sinus de l'élévation du pole, au sinus de la déclinaison méridionale du soleil.* Joan. Bernoulli *Opera*, T. I. pag. 64. Et *Jac. Bernoulli*, T. I. pag. 515. MM. *Bernoulli* n'indiquent ni la voïe, ni le principe sur lequel cette regle est établie. Ils laissent aussi ignorer les difficultés qu'ils rencontroient. Selon toutes les apparences, ce font les mêmes que M. de *Maupertuis* a reconnues dans son *Astronomie nautique*. Quoiqu'il en soit, MM. *Bernoulli* jouissent de la gloire attachée convenablement à la solution de ce Problème ; & personne ne la leur conteste. Pour les interêts de la vérité, on doit convenir que ce Problème paroît avoir été résolu par *Pierre Nonius*, dans son Traité *De Crepufculis*. C'est une justice que lui a rendue M. *Jacques Bernoulli*, sur l'exposé du contenu en quelque sorte de son Livre. Je dis l'exposé du Livre, car cet Ouvrage est presque perdu. M. *Jac. Bernoulli* avoue qu'il l'a cherché inutilement, & je n'ai pas été plus heureux dans mes recherches. Mais il est un Livre moins rare dans lequel on fait honneur à *Nonius* de la solution de ce Problème : C'est le *Comment. in sphæram. J. Sacro Bosco*, par *Chr. Clavius*.

Alhazen (*De caufis crepufculorum*) *Pierre Nonius*, *Christophe Clavius* & *Martinus Knorrius*, ont écrit *ex professo* des *Crepufcules*. L'ouvrage de ce dernier, tout moderne & qui mérite d'être connu, est intitulé: *De Crepufculis*. Wittemberg, 1698.

C R I

CRIC. Machine propre à élever des fardeaux. Elle est composée d'une barre A B dentée, (Planche XL, Figure 115.) qui engraine dans un pignon 1. Ce pignon est fixé au centre d'une roue R dentée ; & cette roue engraine dans un pignon 2. Une manivelle M porte ce pignon. Elle sort d'une caisse O P, qui enferme le tout. Seulement un trou est

en

en E, par où passe la barre du *Cric*. Quand
on veut se servir de cette machine, on applique le fardeau qu'on doit lever, à la tête
A de la barre de fer, & un homme tourne
la manivelle, qui ne peut tourner sans faire
tourner le pignon 1. Celui-ci engrainé dans
la roue, lui communique le même mouvement. Le pignon tourne, & en tournant fait
monter & le *Cric* & le fardeau qui y est
attaché.

Tel est le jeu de cette machine dont voici l'effet. Ceci dépend du rapport du produit des raïons des pignons au produit des
raïons des roues. Plus ce rapport est grand
du côté des roues, plus la force de l'homme
appliqué à la manivelle, augmente. Ainsi, en
multipliant les roues, on peut lever des fardeaux d'un poids énorme. C'est ici le même
mécanisme des roues dentées ; & le *Cric* en
tire son origine. *Voïez* ROUE.

CRO

CROCHE. Une des Notes de la Musique. On
la figure avec une tête noire, & un crochet
au bout de la queue. C'est ici une simple
Croche, une double a deux crochets, une triple
en a trois, & une quadruple 4. Dans la mesure
à 2 ou à 4 tems il faut 8 simples *Croches*, 16 doubles *Croches*, & 24 triples, &c. Dans la mesure
à 3 tems, il en faut 6 simples, 12 doubles, &c.
Les Italiens appellent la *Croche* simple *Chroma*
ou *Chusa* ; les doubles *Croches Semi-Chroma* ;
les triples *Croches Bis-Chroma*, &c. Tous
ces détails sont trop mécaniques, je veux
dire trop dépendans de la pratique de
la Musique, pour tenir ici plus de place. Au
reste, j'ai occasion d'en parler dans un autre Article, où les Notes appellées *Croches*,
sont examinées sous une vûe plus mathématique. *Voïez* NOTE.

CROIX. Petite Constellation composée de 4
étoiles, en forme de *Croix*. Elle est située derriere les jambes du Centaure, & près du Pole
de l'écliptique. *Bayer*, dans son *Uranometria* figure R r, & *Hevelius* dans son *Firmament. Sobiescian.* Figure X x̄ en représentent
la figure. M. *Halley* a déterminé la longitude & la latitude de ces étoiles, dont l'une
qui est la plus proche du pole, est appellée
Pied de la Croix. (*Voïez* le *Prodrom. Astronom.* de *Hevelius.*) Les Marins donnent à
cette constellation le nom de *Croisieres*, ou
de *Croisade*, & s'en servent, pour reconnoître le Pole Antarctique, dans l'hémisphere Méridional ; les Espagnols la nomment *Cruzero* ;
& quelques Astronomes, en général, l'appellent *Croix de Malthe.* Pour la grandeur de ses
étoiles, *Voïez* la liste des constellations, à l'Ar-

ticle de CONSTELLATION.

CROIX-GNOMONIQUE. Cadran solaire qui
a la figure d'une *Croix.* Sa construction est
telle : 1°. Du centre B, (Planche XXI. Figure 116,) ou du centre D du bras B D décrivez un arc E V I de 90 dégrés. 2°. Divisez cet arc en 6 parties. 3°. Menez, par le
point B, & par les points de division, des lignes. 4°. Elevez sur chacun de ces points
des perpendiculaires. La ligne B E prolongée
est la ligne de XII ; la seconde donne le point
de XI ; la troisiéme X ; la quatriéme IX, &c.

Les autres heures se tracent du centre A
par un quart de cercle, comme ci-devant, qu'on
divise de même en 6 ; & par les points de
division on méne des lignes, qui donnent
les heures I, II, III, & VI. Aïant porté de l'autre côté les mêmes divisions, on a IX,
X, &c.

Quand on a une *Croix* toute faite, on ne
peut gueres tracer ces arcs de cercle en
l'air. Il faut faire usage alors d'un quart de
cercle de carton divisé en 6 parties, c'est-à-
dire de 15 en 15 dégrés. On l'applique aux
points, ou aux angles A & B successivement,
& on n'a que la peine de marquer sur la
Croix les points qui répondent à chaque division.

Afin qu'une *Croix* ainsi divisée marque
les heures au soleil, on l'incline vers le Midi
du complement de la hauteur du Pole. Le
bras B D est alors parallele à l'équateur.
Moïennant cette position, l'ombre de l'arbre
de la *Croix* marque les heures aux raïons du
soleil sur le bras A B, & l'ombre de ce bras
sur l'arbre A XI. Si l'on fait attention à la
construction de ce cadran, il sera aisé de
comprendre & la raison de cette construction, & l'usage de ce cadran. Les angles de
la *Croix* représentent les centres des cercles
équinoxiaux, & doivent par conséquent être
divisés en 15° ; parce que le soleil parcourt
15 degrés de ce cercle dans une heure. *Voïez*
CADRAN.

2.   M. *Ozanam* propose dans sa Gnomonique
de tailler la *Croix Gnomonique* en octogone,
comme la représente la Figure 117, (Planche
XIX.) Chaque demi-cercle est divisé en 12
parties égales, pour servir de cadran équinoxial, suivant l'ordre qu'elles sont marquées ; & au milieu de chaque demi-cercle
il éleve une verge, qui, venant aboutir au
centre, sert de style à chacun de ces demi-
cercles actuellement cadrans. On conçoit
bien, par cette division, la construction
de ce cadran, après ce que j'ai dit sur la *Croix
Gnomonique* décrite ci-devant. Mais il faut
convenir que M. *Ozanam* ne s'explique pas

assez à cet égard. *Voïez* la *Gnomonique d'O-zanam*, pag. 153.

CRY

CRYSTALLIN. Terme d'Optique. Petit corps lenticulaire d'une consistance assez ferme, & transparent comme le cristal. *Kepler* pense que le côté antérieur du *Crystallin* est un segment de sphéroïde engendré par la révolution d'une ellipse autour de son axe, & que la partie postérieure est le segment d'un conoïde hyperbolique formé par la révolution d'une hyperbole autour de son axe. (*Paralip. in Vittellionem, Chap. V. pag.* 167.) *Schot* soutient au contraire, que bien loin qu'on puisse déterminer la figure de ce corps, c'est qu'elle est différente dans tous les hommes, & qu'elle varie dans tous les âges. (*Univ. Nat. & Art. Part. I. L. II. pag.* 68.) On lit dans les *Mémoires de l'Académie des Sciences* de 1727, que cette variation s'étend même sur sa couleur & sa consistance. Dans le fond, à moins de prouver que cette figure que *Kepler* assigne au *Crystallin*, est absolument nécessaire pour son usage, il ne paroît pas qu'on doive adopter son sentiment. Quel est donc dans l'œil la fonction de ce corps ? Les raïons, à leur premiere entrée dans l'œil, rencontrent l'humeur aqueuse, qui, plus dense que l'air, les réfracte ; & de-là ils tombent dans le *Crystallin*, beaucoup plus dense que l'humeur aqueuse. Ils souffrent ici une terrible réfraction ; & c'est d'elle que dépend la netteté de la vision ; parce que c'est le *Crystallin*, qui rassemble les raïons sur un seul point de la rétine. Ainsi suivant la nature de ce corps, la vûe est plus ou moins longue. Un *Crystallin* trop convexe, & par conséquent trop ferme, fait de grandes réfractions, qui réunissent les raïons de la lumiere, avant qu'ils aïent atteint la rétine. De-là viennent les vûes courtes, appellées *Miopes*. (*Voïez* MIOPE.) Un *Crystallin* trop plat fait un effet tout contraire : il ne réfracte pas assez ; & par-là ne peut réunir juste sur la rétine que des raïons peu divergens, comme ceux qui partent d'un point éloigné. Telle est la cause des vûes foibles, qu'on appelle *Presbites*. (*voïez* PRESBITE.) Il seroit bien difficile de prendre un milieu entre ces deux extrêmes. *Kepler* pouvoit bien avoir ce milieu en vûe, quand il a déterminé la figure du *Crystallin*. Mais il semble que cela dépend de la constitution particuliere de l'œil, qui ne permet à cet égard aucune loi géométrique. Les Physiciens-Anatomistes donnent au diamétre de ce corps 6 ou 12 lignes, le plus souvent 7 lignes ¼ ou 8 lignes. Ordinairement sa corde

est de 4 lignes, ou 4 lignes ½.

On compte le *Crystallin* parmi les humeurs de l'œil ; & on lit dans tous les Livres d'Anatomie que l'œil a trois humeurs, l'humeur aqueuse, l'*Humeur Crystalline*, & l'humeur vitrée. Cependant M. *Winflow*, dont l'autorité est d'un grand poids, pense que c'est fort improprement que le *Crystallin* est dénommé humeur. Une matiere aussi compacte, & qu'on pétrit, ne comporte gueres ce titre. (*Exp. Anat. &c. Tom. IV.*) Quoi qu'il en soit, le *Cristallin* est placé dans l'œil après l'humeur aqueuse, & enfermé dans une capsule membraneuse, qui enveloppe l'humeur vitrée. La partie antérieure de cette capsule est formée d'une tunique très fine, qui tire son origine de l'uvée qu'on appelle Arachnoïde. On dit qu'il s'écoule de cette capsule une liqueur visqueuse, qui humecte & nourrit le *Crystallin*. Mais ce n'est pas-là le sentiment de M. *Muschenbroek*. Il est, selon lui, difficile qu'il puisse se nourrir de cette matiere. Peut-être tient-il, dit-il, à des vaisseaux fort déliés & fort fins, qui partent de la capsule, & se rendent à ce corps, dans lequel ils versent une liqueur qui les nourrit. Eh ! comment, sans cela, M. *Hovius* eût-il pû injecter les vaisseaux du *Crystallin* ? (*Essai de Phys. Tom. II. pag.* 566.)

CRYSTALLIN. Ancien terme d'Astronomie. Nom qu'on donne à deux Cieux, dont l'un sert à expliquer le mouvement tardif des étoiles fixes, & l'autre à rendre raison du troisiéme mouvement du Ciel appellé jadis *Mouvement de trépidation* ou *de libration. Voïez* le système de *Ptolomée* à l'Article de SYSTEME DU MONDE.

CUB

CUBATION. L'art de mesurer la solidité des corps. En général on trouve la solidité, en multipliant ensemble les trois dimensions ; pourvû qu'on détermine précisément ces dimensions. Or c'est ce qui fait la difficulté dans l'art de *cuber* les corps. Chacun d'eux aïant une forme particuliere a aussi des dimensions, qui en quelque façon lui sont propres, & qui demandent par conséquent une recherche tenant à leur nature. A l'article des corps réguliers on trouvera leur solidité particuliere. Tout ce qui me reste c'est de donner une méthode générale, pour trouver celle d'un corps quelconque formé par la révolution d'une figure plane autour de son axe.

Soit A Q (Planche VI. Figure 323.) l'axe d'un corps quelconque ; A M Q une figure plane, & que par la révolution de cette figure autour de cet axe on forme un corps.

Quelle est la solidité de ce corps, quel qu'il soit ? Pour résoudre ce problème, on tire une ordonnée P M à tel point que l'on veut de l'axe, à côté de celle-ci une autre ordonnée pm infiniment proche, & la ligne M q ; de façon que le parallelograme P M, qp, ne diffère pas du trapeze P M mp, afin qu'on puisse prendre le cilindre formé par le parallelograme pendant que la figure A M Q se meut autour de son axe A Q, pour l'élément de la portion du solide, formé par la circonvolution de la portion A M P de cette figure plane. En concevant la solidité de cette portion comme composée d'un nombre infini de cilindres, chacun d'une hauteur infiniment petite, l'intégrale de cet élément sera égal à sa solidité. Il faut donc trouver cette intégrale ; & la solidité est connue. Or on trouve ainsi cette intégrale.

Nommant A P, x, P M, y, & exprimant le rapport du raïon à la circonférence par $\frac{r}{p}$, la circonférence du cercle décrit par le raïon P M sera donc $\frac{py}{r}$; & $\frac{p}{2r} y^2$ exprimera l'aire de ce cercle. On multiplie cette aire par P p (dx), pour avoir $\frac{p}{2r} y^2 \, dx$ égale à la so-

lidité du cilindre P M qp, ou, ce qui est la même chose, à l'élément de la portion du solide. Cet élément connu, il est très-aisé de savoir la solidité entiere du corps. A cette fin, on substitue sa valeur prise dans l'équation de la courbe A M N, & on a une expression d'une seule quantité inconnue x, dont l'intégrale exprime la solidité cherchée.

CUBE. Nombre. C'est le produit, qui se forme en multipliant deux fois un nombre donné par lui-même, ou autrement en multipliant un quarré par sa racine. Si l'on multiplie 3 par lui-même, on aura 9, qui est le quarré de 3, & si l'on multiplie 9 par sa racine 3 on aura 27, qui est le *Cube* de 3. On peut trouver les nombres *cubiques* par l'addition simple des nombres impairs, tels qu'ils se suivent dans leur ordre naturel. Ainsi 1 est le *Cube* d'1. En y ajoutant les deux nombres impairs suivans 3 & 5, la somme 8 est le *Cube* de 2. Si à ces nombres on ajoute les trois nombres suivans 7, 9, & 11, on aura 27 qui est le *Cube* de 3. Ajoutant, les quatre suivans 13, 15, 17, & 19 on aura 64, *Cube* de 4 : ainsi des autres, &c.

```
1, 1, 1, Cube d'1 est 1
                                        21
                         13             23
            7            15             25
  3         9            17             27
  5        11            19             29
somme 8 Cube de 2  27 Cube de 3  64 Cube de 4  125 Cube de 5, &c.
```

Il faut avouer que cette maniere de trouver le *Cube* d'un nombre est admirable. Ce n'est pas encore tout. Lorsque le nombre quarré est connu, il est aisé de trouver le *Cube* de ce nombre d'une autre façon ; & cela en ajoutant au nombre cubique précédent trois fois le quarré de sa racine, deux fois la racine, & une fois la racine en question.

2. Quand on s'est rendu familiere la nature d'un nombre *Cube*, on parvient sans peine à l'extraction de sa racine. Pour donner à cette fin une formule générale, j'exprimerai un nombre *Cube* par des lettres. Le *Cube* de $a + b$ est $a^3 + 3aab + 3abb + b^3$. Ce *Cube* peut exprimer tous les *Cubes* dont on veut extraire la racine. Or pour extraire la racine de celui-ci on commence à séparer d'abord les chifres qui forment le nombre donné, de 3 en 3 en commençant de droite à gauche ; parce que tous les nombres qui sont au-dessous de 100, ont une racine cubique exprimée par un seul chifre ; & que tous ceux qui sont au-dessus en ont une exprimée par deux ou plusieurs chifres. Aïant

le *Cube* 12 | 812 | 904 | ainsi divisé, 1°. On extrait de la premiere tranche le plus grand *Cube* contenu dans 12, qui est 8. 2°. Le nombre 4812 qui reste de cette division, se divise par $3aa + 3ab + bb$, c'est-à-dire par $12 = 3aa$, pour avoir $3 = b$; car si l'on prenoit 4, la soustraction ne pourroit pas se faire. 3°. On ajoute donc à 12 le nombre 18 ($= 3ab$) & le nombre $9 = bb$, en telle sorte que 9 se trouve sous le chifre 9, comme on le voit dans la premiere colonne de l'exemple ci-après. 4°. On multiplie le Diviseur 1389 par le quotient 3, & la soustraction faite, on a un second reste 645904. Ce reste est encore représenté par $3aab + 3ab$ & 23 par a. On doit donc (5°.) diviser ce reste par $1587 = 3aa$ pour avoir $4 = b$; parce que si l'on prenoit 5 ou 6 la soustraction seroit impossible. 6°. De 1587, 276 ($= 3ab$) & 16 ($= bb$) on fait une autre somme, toujours de maniere que le dernier chifre 6 se trouve sous le dernier Diviseur 4. Après quoi, multipliant le Diviseur 161476, par le quotient 4, on soustrait le produit du dividende, d'où il ne reste rien. Et le nombre 234 est la racine cubique exacte du *Cube* 12812904.

De toutes les manieres d'extraire la racine d'un nombre *Cube*, celle-là me paroît la plus facile à concevoir. Quelques légeres reflexions justifieront mon jugement; & l'exemple figuré, où les quantités algébriques se rapportent aux nombres, la confirmeront tout-à-fait. Au reste, on trouvera dans les *Tables Mathématiques* de M. *Wolf* imprimées en Allemand, une Table où les racines de plusieurs nombres se trouveront à côté de leurs *Cubes* : ce qui évitera la peine d'en extraire la racine.

E X E M P L E.

Premiere colonne. — *Seconde colonne.*

Cube. 12 | 812 | 904 ⟨ 234 Racine.
8

Premier reste, 4 812

$2 = a.$
$4 = aa.$
$12 = 3aa.$

Diviseur, 1 2
18
9

1 389
3

$3 = b.$
$6 = ab.$
$18 = 3ab.$
$9 = bb.$

Second reste, 4 167
645904

$23 = a.$
$529 = aa.$
$1587 = 3aa.$

1587
276
16

161476
4

$4 = b.$
$92 = ab.$
$276 = 3ab.$
$16 = bb.$

645904

Dernier reste, 000000

Cube. Terme de Géometrie. Corps dont les côtés font six quarrés, & dont la longueur, la largeur & la profondeur font égales. (Planche VII. Figure 118.) On le nomme aussi *Exaedre*. Le *Cube* est la mesure par laquelle on détermine la solidité de tous les corps. On démontre 1°. que la solidité d'un *Cube* est le produit d'une de ses faces par sa hauteur; 2°. que les *Cubes* font entre eux en raison triplée de leurs diagonales ou de leurs faces. Un Problême bien difficile dans l'antiquité & qui a été fort célébre, est de faire un *Cube* double d'un autre, ou, pour parler en Géometre, est la duplication d'un *Cube*. L'histoire rapporte qu'*Apollon* rendit à *Delos* un oracle aux Habitans de cette Isle, qui étoient affligés de la peste. Par cet oracle, *Apollon* demandoit qu'on lui fit un autel qui eut une fois autant de pieds cubiques que l'ancien en avoit. Or c'étoit justement la duplication du *Cube* que demandoit *Apollon*. (*Vitruve*, L. 9. C. 3.) Les Déloniens fort embarrassés allerent consulter *Platon*, pour satisfaire à l'Oracle; & *Platon* les renvoïa à *Euclide*, sans les négliger lui-même. *Pierre Hérigone*, (*Cours Mathem. T. VI.*) de qui je tiens ce trait historique, ajoute qu'on voit dans *Eutoce* la méthode de *Platon*. Elle consiste à trouver deux moïennes proportionnelles, ainsi que l'a reconnu le premier *Hypocrate de Scio*. *Architas* résolut ce Problême par le moïen des *hemi-cilindres*, c'est-à-dire, par des colonnes coupées par la moitié, & *Erastotene* par l'invention d'une machine appellée *Mésolabe*, qui sert à trouver deux moïennes proportionnelles. *Heron* Alexandrin, *Apollonius Pergœus*, *Pappus*, Alexandrin, *Sporus*, *Menechmus*, *Tarentinus*, *Philo Byzantius*, *Philoponus*, *Diocles*, *Nicomedes*, en ont donné des solutions différentes. (Voïez *Comment. in L. 2. Archimedis de sphera. & cilindro.*) Mais de toutes les solutions qu'on a données du Problême de la *Duplication du cube*, celle qui dépend de deux moïennes proportionnelles est la plus belle. Pour donner une idée de cette solution, soit pris le côté du premier *Cube* pour premier terme; & soit le quatriéme terme double du premier. Si l'on trouve deux moïennes proportionnelles, le *Cube* décrit sur la premiere ligne, aura même raison à celui qu'on décrira sur la seconde, que la premiere ligne à la quatriéme, c'est-à-dire, qu'un à un. Voici une solution plus simple & toute faite. 1°. *Doublez la solidité du* Cube *exprimé en nombre* ; 2°. *Extraïez la racine cubique de ce produit autant qu'il est possible.* Vous aurez le côté d'un *Cube* double de celui du cube donné. M. *Bernoulli* résout tout uniment par la regle & le compas. (*Bernoulli, Opera, Tom. III. pag.* 540) J'ai cité dans cet article tous les Auteurs sur la *Duplication du Cube*. Il seroit fort inutile de faire ici une seconde liste.

CUBIQUE. Ce qui appartient au cube. Un nombre *Cubique* est un nombre produit par un autre nombre élevé à la troisiéme puissance ou autrement c'est un cube. La différence de deux nombres *Cubiques*, dont les racines ne different que de l'unité, *est égale à la somme du quarré de la racine du plus grand, du double du quarré de la plus petite racine, & de cette petite racine.* Les deux nombres *Cubiques* 27, 64, dont les racines sont 3 & 4 qui ne different que d'une unité sont donnés. La différence de ces deux nombres est 37. Si on ajoute le quarré de la racine du plus grand 4, c'est-à-dire 16, avec 18, double du quarré de la plus petite racine 3, enfin cette même racine, on aura 37.

En algébre on appelle une équation *Cubique*, une équation où une des quantités inconnues est élevée à la troisiéme puissance ou au cube. *Voïez* EQUATION. On dit encore pied *Cubique*, d'un solide pour exprimer la partie de ce solide, qui contient un cube, dont le côté est un pied. Les Géometres donnent le nom de parabole *Cubique* à une parabole, dont les cubes des ordonnées sont comme les quarrés des abscisses. *Voïez* PARABOLE.

CUBO-CUBE. Sixiéme puissance. *Cubo-Cube-Cube*. Neuviéme puissance.

<h3 style="text-align:center">C U L</h3>

CULMINATION. Terme d'Astronomie. Passage d'une étoile par le méridien. Une étoile *Culmine*, disent les Astronomes, quand elle est précisément au méridien. Lorsqu'on a la déclinaison du soleil & l'ascension droite de l'étoile, dont on veut savoir la *Culmination*, on trouve ce passage par le calcul. A cette fin, connoissant le lieu du soleil dans l'écliptique, on cherche son ascension droite,

& on en soustrait l'ascension droite de l'étoile. La différence étant réduite en tems solaire, donne le tems écoulé depuis le passage du soleil au méridien à la *Culmination* de l'étoile. Quoique ce calcul ne soit pas difficile, il est aisé de s'en éviter la peine dans la recherche de la *Culmination* d'une étoile. Il suffit dans la pratique d'élever sur une méridienne un fil perpendiculaire à cette ligne, & d'observer la section de cette étoile par ce fil.

<h3 style="text-align:center">C U R</h3>

CURSEUR. Petite piece que l'on fait glisser où l'on veut dans un instrument de Mathématique dont elle fait partie. Telle est dans quelques cadrans équinoxiaux, qui ont la forme d'un anneau, la piece que l'on fait glisser au jour du mois ; dans un analême la petite regle de cuivre divisée comme une ligne de sinus qui peut glisser dans une rainure le long du milieu d'une autre regle, & qui sert à représenter l'horison, &c. *Voïez* ANNEAU ASTRONOMIQUE.

CURTATION. Différence qui se trouve entre la distance véritable d'une planete au soleil & la distance réduite. Soit S le soleil, (Planche XIV. Figure 119.) T la terre, P la planete, P E F son orbite, & R I H F K le plan de l'écliptique. La différence de la distance S P du soleil à la planete, & la distance S R, est ce qu'on appelle *Curtation*. Pour la trouver, on fait cette regle : *Comme le sinus total ou le raïon du cercle excentrique à l'intervalle* S P, *ainsi le sinus de l'inclinaison* R S P *à la distance de la Curtation.* On se sert de la *Curtation* dans le calcul du mouvement des planetes. *Kepler* a calculé des Tables de *Curtation* sous le nom de *Tables Rudolphines*.

<h3 style="text-align:center">C U V</h3>

CUVETTE ou CUNETTE. Ouvrage de Fortification. Petit fossé pratiqué dans le milieu d'un fossé sec, profond de 6 pieds, & large de 18 à 20 pieds. Il sert à faire écouler les immondices du grand fossé. Mais son principal & plus grand usage est de fournir de la terre pour faire un retranchement qui défende le passage du fossé ; de donner moïen de découvrir où les assiégeans veulent conduire leurs attaques ; de garantir la Place contre une irruption imprévue, & de ruiner les mines de l'ennemi. M. *Blondel* recommande fort ces fossés. Il les fait régner tout à l'entour de la Place de la largeur de 8 toises, & les éloigne de 5 ou 6 toises de la contrescarpe, afin d'ôter à l'ennemi la facilité de la remplir dans la descente

du foſſé. La *Cuvette* lui ſervanſera à ſe garantir
de l'inſulte que l'on peut craindre du côté des
flancs bas, qui paroiſſent d'un accès facile.
M. *Blondel* veut auſſi qu'on en mette aux
foſſés de dehors. (*Nouv. maniere de fortifier.*)
Il faut connoître ſon ſyſtème pour apprécier
ſes raiſons. *Voïez* FORTIFICATION.

C Y C

CYCLE. Révolution perpétuelle de certains
nombres, dont la période finit & recommence
continuellement. On diſtingue quatre ſortes
de *Cycles* ; *Cycle d'indiction*, *Cycle lunaire-ſo-
laire*, *Cycle lunaire*, & *Cycle ſolaire*. Le plus ancien de tous ces *Cycles* c'eſt celui d'*indiction*.
Il eſt même ſi ancien qu'on en ignore l'origine. L'article de *Cycle* eſt un article très-
important dans la Chronologie, & on doit
le connoître dans toute ſon étendue. Pour
en faciliter la connoiſſance j'examinerai ces
Cycles ſéparément en commençant par celui
d'*Indiction*.

CYCLE D'INDICTION. Révolution de 15 années. L'origine & le but de ce *Cycle* ſont
également incertains. On conjecture que
Conſtantin le Grand l'a introduit en 312 ;
& cela afin qu'on ne comptât plus les années
par Olimpiades, mais par *Indictions*. Quelques Chronologiſtes ont cru que cette façon
de compter étoit en uſage du tems de la
naiſſance de JESUS-CHRIST. Cependant rien
de plus faux. On ſait ſeulement en comparant les années d'auparavant & d'après ſa
naiſſance, que l'*Indiction* finit 3 années avant
ſa naiſſance. Il ſuit de-là une regle toute
ſimple pour trouver le *Cycle d'Indiction*.
Ajoutez 3 aux années données après la naiſſance
de JESUS-CHRIST. 2°. *Diviſez la ſomme par*
15. Le reſte indiquera le *Cycle d'Indiction*,
c'eſt-à-dire, combien d'années ſe ſont écoulées du *Cycle* preſent juſqu'à la fin du *Cycle* donné. Ou ſi l'on veut procéder à cette
recherche, comme ce *Cycle* a été établi en
312, 1°. *Otez* 312 *d'une année donnée.* 2°. *Diviſez le reſte par* 15. Ce qui reſte en négligeant le quotient, eſt l'année du *Cycle d'Indiction.*

Les Chronologiſtes ſe ſervent du *Cycle
d'Indiction* comme d'un caractere de tems,
par lequel ils peuvent diſtinguer une année
de toutes les autres qui ſe ſont écoulées depuis le commencement du monde. Quelques Auteurs font mention de trois *Cycles
d'Indiction*, l'*Indiction Conſtantinopolitai-
ne*, qui commence le premier jour de Septembre, l'*Indiction Céſarienne* ou *Impériale*,
le 24 de ce mois ; & l'*Indiction Romaine* ou
Pontificale le premier de Janvier. A quoi bon

& quel eſt l'uſage de cette diſtinction ? je dis
ce que j'en ſais à l'article d'INDICTION ;
& je me contente de citer ici les Ouvrages où l'on trouve ces diſtinctions : *Doctrina temporum*, P. *Petaut* (*L. XI. C.*
40.) & *Breviarium Chronologicum*, par
Strauch.

CYCLE LUNAIRE-SOLAIRE. Période d'années,
après le décours de laquelle les nouvelles &
pleines lunes reviennent aux mêmes jours,
heures & minutes, où elles étoient dans la
premiere année du *Cycle*. Les anciens Aſtronomes ſe ſont appliqués avec beaucoup de
ſoin à déterminer le nombre des années de
ce *Cycle*. Si l'on en croit *Cenſorin* (*De Die
natali. C. 6.*) *Cléoſtrate* l'avoit cru de 8 ans ;
& en conſéquence on l'avoit appellé *Octoede-
ris*. Le même *Cléoſtrate* s'imaginoit que l'année
lunaire s'achevoit en 354 jours, & la ſolai-
re en 365 $\frac{1}{4}$: d'où il concluoit que 99 mois lunaires ſe conſommoient en 2922 jours.

Harpale s'apperçut le premier de l'erreur
de *Cléoſtrate*. Il comprit que l'année étoit
trop courte, ſuivant ce calcul, & il y ajoûta
2 jours ; enſorte que l'année étoit de 367
jours, 6 heures, & par conſéquent trop grande. Des erreurs ſuccéderent à celles-ci. *Méton* parut, & abolit l'*Octoëderide*, & les autres façons de compter. (*V.* l'art. qui ſuit.) Les
Caldéens établirent pour le *Cycle Lunaire-Solaire* une période de 54 ans. *Philolaé* & *Œno-
pide* de 59 ; *Calippe* de 76, *Démocrite Abdé-
rite* de 82 ; *Gamaliel* de 247, & *Hypparque*
de 304. Voilà des ſentimens bien variés. On
peut ajoûter, voilà des calculs bien inutiles.
Selon le rapport de *Ptolomée*, *Hipparque* le
reconnut le premier ; (*Almageſt. Liv. IV.
Chap. II.*) & *Thomas Pie Maffei*, Moine
Napolitain, démontra enſuite que ce *Cycle*
étoit de 12246927268 années de 365 jours,
& 6 heures. (*De Cyclorum Soli-Lunarium
inconſtantia & emendatione. Chap. IV. pag.*
57.)

CYCLE-LUNAIRE. Période de 19 ans, à la fin
de laquelle les nouvelles & pleines-Lunes reviennent au même jour, mais à des heures
& des minutes différentes, ſelon le moïen
mouvement de la Lune. C'eſt ici le *Cycle de
Méton*. (*Théophraſte De Pronoſticis. Cenſori-
nus de Die Natali, Diodore de Sicile, &
Elien, Liv. X.*) On l'appelle ainſi, parce que
c'eſt lui qui l'a inventé, afin qu'on n'eût
pas beſoin de répéter tous les ans le mouvement de la Lune. Cette utilité parut ſi grande, qu'on écrivit le nombre qui le marquoit
en lettres d'or. Ce caractere diſtingué a été
conſervé à ce *Cycle*. Aujourd'hui on l'appelle
indifféremment *Cycle-Lunaire*, ou *Nombre
d'Or*. On s'en eſt ſervi pendant long-tems, pour

calculer la Fête de Pâques ; & ceux qui ont conservé le Calendrier Julien, comme les Anglois & les Suédois s'en servent. Cependant comme le *Nombre d'Or* n'indique plus aujourd'hui les nouvelles & pleines-Lunes avec exactitude, il s'en faut une heure & quelques minutes qu'un *Cycle - Lunaire* remette une égalité entre le soleil & la lune. Cette différence accumulée pendant plusieurs *Cycles* devient à la fin très-considérable. Après environ 312 ans le *Cycle-Lunaire* ne redonne pas les nouvelles & pleines-Lunes au même jour de l'Année Julienne. L'erreur est d'un jour entier. Et la maniere de calculer cette Fête par l'Epacte est bien plus juste. *Voïez* CALENDRIER.

Le *Cycle-Lunaire* a commencé un an avant la naissance de JESUS-CHRIST. Ainsi, pour trouver le *Nombre d'Or* dans une année proposée, on ajoûte 1 à cette année, & on divise la somme par 19. Le quotient marque le nombre des années écoulées depuis le dernier *Cycle*. (*Clavii Calendar. Greg. Op. Mat. Tom. V.*)

CYCLE-SOLAIRE. Période de 28 ans, après laquelle les Dimanches, & les jours suivans de la semaine, c'est-à-dire la Lettre Dominicale, reviennent dans le même ordre. Les Années Bissextiles finissent le *Cycle*. Le *Cycle Solaire* a donc été inventé pour pouvoir déterminer dans une année les jours auxquels se trouvent les Dimanches ; (*Voïez* LETTRE DOMINICALE.) & on s'en sert pour trouver la Fête de Pâques. (*V.* CALENDRIER.) Les Chronologistes en font encore usage, pour distinguer les années qui se sont écoulées depuis le commencement du monde jusqu'à présent. Le commencement du *Cycle Solaire* convient avec la neuviéme année avant JESUS-CHRIST. De-là il suit, que pour trouver le *Cycle Solaire*, on doit *ajoûter 9 à l'année d'après JESUS-CHRIST, & diviser la somme par 28*. Le reste de la division est le *Cycle* que l'on cherche. Le plus ancien Auteur sur le *Cycle-Solaire*, appellé aussi *Cycle Paschal*, est *Théophile*, Evêque d'Alexandrie ; fameux entre les Mathématiciens d'Egypte. Ce fut par le commandement de l'Empereur *Théodose*, qu'il le rédigea par écrit environ l'an 381 après JESUS-CHRIST. A l'égard des autres qui ont suivi son exemple, ils ont écrit en même-tems sur le Calendrier. *Voïez* CALENDRIER.

Voilà les seuls *Cycles* recommandables. Il en est d'autres imaginés pour d'autres vûes, & qui n'ont pas fait fortune : *Callipe* Cygicénien, grand Astronome, composa 282 ans avant JESUS-CHRIST, de 4 *Cycles* de *Méton* un

Cycle de 76 ans. Ce *Cycle* a commencé à la mort de *Darius*, époque de la Monarchie des Grecs. En 500, après JESUS-CHRIST, *Denis le Petit* inventa un *Cycle* de 532 ans. Tous ces *Cycles*, selon toutes les apparences, servoient pour la supputation des tems, & pour fixer les époques. On ne les connoît gueres aujourd'hui. Les époques font autrement établies. *Voïez* EPOQUE.

CYCLOIDE. Ligne courbe formée par la révolution d'un point de la circonférence d'un cercle sur une ligne droite. Ce cercle est appellé *Cercle générateur de la Cycloïde*. Peignons aux yeux & cette définition & la génération de cette courbe. Soit C un cercle au point A. Si ce cercle roule vers B jusques à ce que le point D de sa circonférence, après s'être écarté de cette ligne par le mouvement du cercle, revienne toucher la même ligne droite, ce point décrira une courbe A D B, qu'on appelle *Cycloïde*, considérée par rapport à ce cercle qui la produit ; *Roulette* en la considérant du côté de sa rotation, & *Trochoïde* du côté de ses propriétés. Sur tous ces noms, celui de *Cycloïde* a eu la préférence ; & si l'on fait mention des autres, c'est par complaisance pour ceux qui les lui avoient donnés. La *Cycloïde* est une courbe mécanique ; car le rapport de ses ordonnées à ses abscisses ne sauroit s'exprimer en termes finis. On trouve ainsi le rapport, ou autrement l'équation de cette courbe, qui en exprime la nature. Puisque tous les points de la circonférence du cercle C s'appliquent successivement sur la ligne A B, cette ligne est égale à la circonférence de ce cercle ; par-conséquent chaque partie comme M N est égale à son arc de cercle correspondant N D. Or D N représente une abscisse, & M N une demi-ordonnée. Supposant D N $= x$, M N $= y$, D N P $= c$, A P $= d$, nous avons $c : d : : x : y$. Donc $c y = d x$. Mais $c = d$, par la formation de la *Cycloïde* : autre conséquence : donc $y = x$, équation de cette courbe.

Le P. *Reinau* tire de la génération de la *Cycloïde* deux autres équations ; & on en tireroit bien davantage, si on le vouloit. Il suffit, peut-être est - il même important qu'on ne connoisse ici que l'équation principale ; je parle de celle qui en exprime la nature, afin qu'on ne prenne pas le change dans ces équations, & que l'équation propre de la *Cycloïde* soit bien distinguée. (Voïez l'*Analyse démontrée. Tom. II. pag.* 595.)

2. Il n'y a point de courbes, qui aïent tant & de si belles propriétés que la *Cycloïde*. 1°. La

longueur d'un arc quelconque de cette courbe est égale à quatre fois le sinus versé de la moitié de l'arc du cercle générateur, pris entre le point qui la décrit, & la base de la Cycloïde. De-là il suit que : 2°. *la longueur de la Cycloïde entiere est égale à quatre fois le diamétre du cercle générateur. 3°. L'espace Cycloïdal renfermé entre la courbe de la Cycloïde & la base est triple de celui du cercle générateur. 4°. La tangente d'une Cycloïde dans un point quelconque est parallele à la corde de son cercle génératateur.*

5°. Le tems de la chute d'un corps par un arc quelconque d'une Cycloïde renversée est au tems de la chûte perpendiculaire par l'arc de la Cycloïde, comme la demi-circonférence du cercle est à son diamétre. 6°. Un corps, qui tombe par son propre poids dans une Cycloïde renversée, parcourt tous ses arcs en tems égaux. Cette propriété est une des plus belles de la Cycloïde. Elle mérite une explication particuliere ; & cette courbe y perdroit sans doute trop, si je n'entrois à cet égard dans un détail de théorie & de pratique. Mais l'ordre demande que je suive ici ses autres propriétés. Il s'agit de celles qui ont été découvertes par M. *Bernoulli.*

7°. La Cycloïde est la courbe de plus vite descente. (Voïez BRACHISTOCHRONE.) *8°. Elle satisfait au problême des Isopérimétres, c'est-à-dire, elle est la courbe, qui entre une infinité d'autres de même longueur, forme le plus grand espace. (Voïez* ISOPERIMETRES.) *9°. La Cycloïde, décrite par un cercle, dont la circonférence est égale au double de la distance entre l'origine & la verticale donnée, a cette propriété que sa portion comprise entre l'origine & une verticale donnée, est parcourue dans le moindre tems possible, ou autrement, est la courbe par laquelle un corps descend le plutôt d'un point à une droite. (Bernoulli Opera. Tom. I. N°. XL.)*

3. Reprenons la sixiéme propriété de la Cycloïde. Un corps, qui tombe par son propre poids dans une *Cycloïde* renversée, fait ses vibrations en tems égaux C'est de cette propriété, dont M. *Hughens* s'est servi pour regler les pendules. Si un pendule fait ses vibrations dans une *Cycloïde* renversée, il les fera en tems égaux. Et comme c'est de cette égalité, ou de cet Isochronisme, que dépend la mesure exacte du tems, il est évident que la *Cycloïde* porte en elle-même cette mesure, & qu'un pendule oscillant dans cette courbe le divisera exactement. Il s'agit maintenant de disposer tellement un pendule, qu'il soit contraint d'y faire ses vibrations. Un pendule livré à lui-même décriroit un arc de

cercle, qui auroit pour centre le point autour duquel il est suspendu. Quel honneur que cette difficulté si embarrassante en apparence, se trouve levée par la nature de la *Cycloïde !* Cette courbe se décrit elle-même par son évolution. Et voici comment.

Soient C A, C N, (Planche VI. Figure 121.) deux demi-*Cycloïdes*, qui se joignent en C. On appelle ces *Cycloïdes* des *Jumelles Cycloïdales.* Soit en C suspendu un poids P, dont le fil C P soit assez long pour être appliqué à la demi-*Cycloïde* C A. Si le fil après cela est livré à lui-même, il déploïera la demi-*Cycloïde*, & en se déploïant de A en F, & en remontant de F en N, la courbe qu'il décrira sera une *Cycloïde* égale aux deux *Jumelles Cycloïdales* ; parce que le poids P arrivé en N sera appliqué à la demi-*Cycloïde* C N. Tout ceci n'est encore que théorique. Donnons du pratique, & mettons-nous en état d'en faire usage. 1°. On coupe deux jumelles *y y*, de bois, ou de métal, je veux dire, deux demi-*Cycloïdes*, qu'on joint de même que paroissent par la figure ces deux courbes. 2°. On suspend un pendule P de la longueur C P, qui soit double du diamétre F D. Quand ce pendule oscillera, ce ne sera plus dans l'arc de cercle C N, mais dans la *Cycloïde* A F N ; parce que le fil se raccourcit à mesure qu'il s'applique aux *Jumelles Cycloïdales.*

4. Il y a eu un tems où l'on étoit extrêmement attentif à faire décrire à la verge d'une pendule une *Cycloïde*, ainsi que l'a voulu le premier M. *Hughens.* (*Horolog. Oscillat. Hug. Oper. Tom. I.*) Ce tems n'est plus. Les Horlogers s'affranchissent aujourd'hui de cette sujettion, sans craindre que les Pendules en soient pour cela plus imparfaites. Quelques-uns d'entre eux le font peut-être avec connoissance de cause. D'autres ne veulent point se donner cette peine. Pour savoir à quoi s'en tenir, écoutons là-dessus les raisonnemens des Géométres. Un pendule à secondes, qui ne feroit ses vibrations que de G en H d'environ 4 ou 5 dégrés, décriroit des arcs qui ne différeroient pas de ceux de la *Cycloïde*, cette courbe ne se distinguant point ici de l'autre. Ainsi un pendule qui oscille dans un arc de 4 ou 5 dégrés, fait ses vibrations en tems égaux. Plus un pendule est long, plus cette conformité des arcs du cercle & de la *Cycloïde* est grande. Ce n'est pas une simple sujettion qu'on évite en faisant parcourir à un pendule à secondes un petit arc de cercle. Il est un autre avantage plus digne d'attention & de remarque. Le pendule suspendu entre deux *Jumelles Cycloïdales* frappe dans son mouvement

ment

ment ces *Jumelles* avec force. Leur réaction qui eſt en quelque façon élaſtique , ajoute quelque choſe à celle de la peſanteur, qui ſeule doit agir dans le pendule , pour que ſes vibrations ſoient iſochrones dans la *Cycloïde.* Or une telle ſecouſſe accélérant ces vibrations , nuiroit à l'iſochroniſme. Donc les longs pendules, qui font de petites vibrations , doivent être préférés à des pendules qui oſcilleroient dans une *Cycloïde.* (*Cours de Phyſique Expérimentale. Tom. I. Leçon V.*)

En faiſant l'éloge de la *Cycloïde*, il ſemble que j'aurois dû ſupprimer cet article , qui la déprime , & le réſerver pour un autre endroit. Mais la *Cycloïde* n'y auroit rien gagné. Quand elle n'auroit pas cette propriété , elle en a aſſez , pour la faire regarder comme la plus belle courbe qu'on ait découvert. D'ailleurs quoique cette propriété ne ſoit pas d'uſage dans les pendules ; eſt-il moins vrai que la *Cycloïde* partage le tems en parties égales ? Si les hommes n'ont pû juſqu'ici tirer parti de la *Cycloïde*, eſt-ce à cette courbe qu'il faut s'en prendre ? Peut-être qu'il viendra un un tems, où cette propriété ſera appliquée à un autre uſage plus important. Oſons le croire ; & eſtimons la *Cycloïde* autant par cet endroit que par tout autre.

5. On trouve dans les *Mémoires de l'Académie Roïale des Sciences de* 1706 comment on peut former d'autres eſpeces de *Cycloïde* , en faiſant rouler une courbe ſur une autre. (*Voïez* EPICYCLOIDES,) Et dans les *Mémoires de* 1724 , M. *Pitot* donne une autre eſpece de *Cycloïde* , qu'il appelle la *compagne* de cette courbe , & dont la propriété eſt que chacune de ſes ordonnées eſt égale à l'arc correſpondant. Cette courbe étoit connue avant M. *Pitot*, comme lui-même en convient : mais perſonne n'en avoit recherché l'utilité dans la Mécanique ; & c'eſt en cela principalement que le Mémoire de cet Académicien eſt recommandable.

6. Nous devons , ſans doute , beaucoup à l'Auteur de la *Cycloïde.* Quel eſt-il ? Les François diſent : c'eſt le P. *Merſenne*, & les Italiens diſent, c'eſt *Toricelli*. Les derniers citent l'année 1599 , pour l'année de cette découverte ; & ajoutent que *Galilée* l'a examinée le premier. Voilà combien il eſt ſouvent dangereux de faire de belles découvertes. Rarement eſt-on paiſible poſſeſſeur de la gloire qui y eſt attachée. Quoiqu'il y ait eû une diſpute fort vive entre *Toricelli, de la Loubere, Roberval, Deſcartes*, & quelques autres Géométres, pour connoître l'Auteur de cette

courbe, on n'en eſt pas plus inſtruit. Les diſputes ou les querelles ne ſont point avantageuſes pour éclaircir ces ſortes de différens ; parce que le cœur y a plus de part que l'eſprit, & que la paſſion prend toujours le deſſus ſur l'amour de la vérité. Jamais cette paſſion ne ſe manifeſta avec plus d'évidence que dans la diſpute qui s'éléva entre *Toricelli* & *Roberval.* Elle étoit ſi vive & ſi aigre , qu'on eût dit, ſuivant l'expreſſion de M. *Bernoulli* , qu'il s'agiſſoit du ſalut de leur patrie. Tout humiliant & tout exemplaire que fût ce débat pour les Mathématiciens , ſoit par les paroles dures, ſoit par les termes peu ménagés qui en formoient le fond, il n'étoit cependant que le prélude d'un combat plus terrible. Un Traité de M. *Paſcal* ſur la *Cycloïde* publié ſous le titre d'*Ettonville*, y donna lieu. Il s'agiſſoit dans ce Traité de quelques problêmes ſur cette courbe à la ſolution deſquels étoit attaché un prix. Il faut lire la Preface du Traité de la *Cycloïde*, ſi l'on veut connoître cette querelle , étrangere en quelque ſorte à la *Cycloïde.* Mon deſſein n'eſt point de la renouveller. L'homme Philoſophe a trop de ſujets de s'humilier , ſans rappeller ſes égaremens paſſés. Seulement diſons à l'honneur de la *Cycloïde*, qu'il n'y avoit rien que les Géométres ne fiſſent pour avoir part à quelques-unes de ſes propriétés, & à conſerver la gloire de ſes découvertes. Celle de ſon *Tautochroniſme*, ou *Iſochroniſme* eſt dûe à M. *Hughens.* Elle a été après M. *Hughens* examinée par *Newton.* (*Phil. Natur. Princ. Math. Liv. I. Sect. X.*) Le même M. *Hughens* aïant trouvé la quadrature du ſegment droit de la *Cycloïde* : M. *Leibnitz* a trouvé la quadrature du ſegment oblique.

MM. *Wallis, Paſcal, de la Hire*, & le P. *de la Loire* ont donné des Traités particuliers de la *Cycloïde.* Les Şavans , qui en ont écrit moins particulierement , ſont *Merſenne, Toricelli, de la Loubere , Roberval , Deſcartes , Chriſtophe Wren , Fabri , Hughens, Newton , Bernoulli* freres, & *de la Hire.*

C Y M

CYMAISE. Membre d'Architecture. C'eſt, ſelon *Vitruve*, la partie la plus eſſentielle de la Corniche. Il y a trois ſortes de *Cymaiſes* , la *Cymaiſe Toſcane*, la *Cymaiſe Dorique*, & la *Cymaiſe Lesbienne.* La *Cymaiſe Toſcane* eſt un Ove, ou un quart de rond. (*Voïez* OVE.) La *Dorique* a une concavité moindre qu'un demi-cercle, & une ſaillie égale à la moitié de ſa hauteur. La *Cymaiſe Lesbien-*

ne est concave & convexe, aïant une saillie égale à la moitié de sa hauteur. Suivant les plus habiles Architectes, la meilleure figure qu'on puisse donner à la *Cymaise*, est de la former de deux demi-cercles ; de façon que la saillie égale précisément la diminution. Lorsqu'on retourne ce membre d'Architecture, en le rendant concave par le bas, & convexe par le haut, on l'appelle *Gueule renversée*. Autrement la *Cymaise* s'appelle aussi *Doucine*, & *Gorge*.

CYN

CYNOSURE. Constellation composée de 7 étoiles, dont 4 sont disposées en quarré, comme les roues d'un chariot ; (*Voïez* Planche XII. Figure 29.) & les trois autres forment une ligne courbe à l'extrémité de ces étoiles. C'est la petite Ourse. (*Voïez* OURSE.)

D.

D A C

ACTYLONOMIE. L'Art de compter par les doigts. On fait pour cela 1 du pouce de la main gauche, 2 de l'index, 3 du doigt du milieu, 4 de l'annulaire, & 5 du petit doigt. On continue à compter par le petit doigt de la main droite; ensorte que le pouce de cette main a 10. Après cela, on compte sur la droite, & on finit sur la gauche. Cette Arithmétique, qui est bonne pour les enfans, ou pour faciliter la connoissance du calcul aux commençans, semble avoir été le fondement de l'Arithmétique ordinaire, & suivant la conjecture de M. *Wolf*, c'est sur le nombre des doigts qu'on a établi les dix Caracteres de l'Arithmétique. *Béda*, (De Temporibus & Natura rerum.) *Jean Noviomagi*, (De Numeris Liv. I. Chap. XIV.) & *Léopold*, (Theatrum Arithmetico - Geometricum,) ont seuls écrit sur la *Dactylonomie*.

D A E

DAESIUS. Vieux terme de Chronologie. C'étoit chez les Macédoniens le nom du huitiéme mois de l'ancienne Année Lunaire. Dans la nouvelle Année Solaire c'étoit le sixiéme.

D A U

DAUPHIN. Petite Constellation dans la partie Septentrionale du Ciel, près de l'Aigle, vers l'Orient. Elle ressemble à peu près à une grappe de raisin; & elle est composée de 10 étoiles. (V. CONSTELLATION.) On voit dans le *Firmamentum Sobiescianum*, Figure 5, & dans l'*Uranométrie de Bayer*, Figure R, la figure de cette Constellation. Les Poëtes prétendent que le mot de *Dauphin*, qu'on a donné à cette Constellation, n'est point donné en l'air. Si on en croit & leurs fictions, & leurs chimériques idées, cette Constellation est le *Dauphin*, qui sauva *Arion*, fameux Joueur de Luth, lorsqu'il fut jetté dans la mer par des Matelots. *Schiller* forme de la Constellation du *Dau-*

phin les cruches de pierre des Nôces de Cana en Galilée, & *Harsdorsffer* en fait le *Dauphin* dont *David* fait mention au *Pseaume* 104. v. 26. Quelques Astronomes appellent cete Constellation *Amphitrites*, *Currus*, *Hermippus*, *Musicum signum*, *Vector Arionis*. Les Marins lui donnent le nom de *Simon*. On découvre dans la queue de la Constellation du *Dauphin* une étoile de la troisiéme grandeur, qu'on nomme particulierement la *Queue*.

D E

DE'. Corps également quarré dans les six faces qui le composent. *Voïez* CUBE.

Dé'. En terme d'Architecture, on appelle ainsi un certaine masse quarrée, comme le tronc ou le vif d'un piedestal, qui est entre sa base & sa corniche; parce qu'elle a souvent la forme d'un DE'. *Voïez* PIEDESTAL.

D E C

DE'CAGONE. Terme de Géométrie. Figure de 10 angles, & terminée de 10 côtés. On distingue deux sortes de *Décagones*, des *Décagones réguliers*, & des *Décagones irréguliers*. Les premiers, qui sont les seuls auxquels les Géométres fassent attention, & que la Figure 123 (Planche I.) représente, ont ces propriétés. 1°. Dans tous les *Décagones* les côtés sont égaux ou semblables, de même que les angles. 2°. On peut les diviser du centre en 10 parties égales, comme on le voit dans la figure. 3°. On peut les inscrire, ou circonscrire à un cercle. 4°. Le côté d'un *Décagone* régulier inscrit dans un cercle, est la plus grande partie de son raïon divisé en moïenne & extrême raison. Il suit de cette derniere propriété une construction bien belle & bien simple, pour inscrire un *Décagone* dans un cercle. *Divisez le raïon du cercle donné en moïenne & extrême raison ; (Voïez LIGNE.) & prenez en la plus grande partie.* Elle sera le côté du *Décagone*. Ainsi portant cette ligne sur la circonférence du cercle, elle la divisera en 10 parties égales.

Euclide (*Elém. L. IV. Prop.* 11.) s'y prend autrement pour décrire un *Décagone.* 1°. *Il décrit un pentagone.* (*Voïez* PENTAGONE.) 2°. *Il divise l'arc en deux parties égales.* La moitié de cet arc est de 36 dégrés, qui est l'angle du *Décagone.* Chacun a sa méthode qu'il a droit de croire bonne ; mais qu'on a droit d'apprécier. Il est des Géometres qui préferent à cette maniere cette construction mécanique. *Divisez la circonférence du cercle en* 10, *pour avoir* 36 *qui est l'angle de* Décagone. 2°. *Prenez* 36° *sur le cercle donné ou dans lequel on veut inscrire un* Décagone. *La corde de ces dégrés sera le côté d'un pentagone.* M. *Bion* n'y fait pas tant de façon. Il se contente de diviser le diametre du cercle, tel que (Planche I. Figure 124.) A D B E, en 10 parties B 1, B 2, B 3, &c. & aïant déterminé un point hors du cercle par deux arcs qui se coupent en C, & dont le raïon est égal au diametre, il tire par ce point & par le second point de division du diametre la ligne C 10. L'arc renfermé entre cette ligne & le diametre sera le côté du *Décagone.* Cette méthode est bien aisée ; mais ce n'est qu'une méthode d'approximation.

DÉCASTYLOS. Nom que donne *Vitruve* à un bâtiment, dans lequel il y a dix colonnes & entre-colonnes, l'une derriere, l'autre devant. (*Vitruve* , *L. III. C.* 1.)

DECEMBRE. Terme de Chronologie. L'un 12 mois de l'année : c'est le dernier. Dans son origine, ce mois étoit le dixiéme, parce que les Romains commençoient l'année au mois de Mars. Son nom de *Décembre* vient de *Decem,* qui signifie dix. Ce mois a 31 jours. Les années communes le soleil entre dans le tropique du capricorne le 22 de ce mois, & le 21 dans les bissextiles.

DECLINAISON. Terme d'Astronomie. Distance des astres à l'équateur. On mesure cette distance sur les méridiens, parce qu'ils sont tous perpendiculaires à l'équateur ; & on les nomme alors *cercles de Déclinaison.* Il y a deux sortes de *Déclinaison* ; *Déclinaison méridionale* , & *Déclinaison septentrionale.* Les astres ont une *Déclinaison méridionale* quand ils sont distans de l'équateur du côté du Sud ; & cette *Déclinaison est septentrionale* quand cette distance est du côté du Nord. La *Déclinaison* du soleil est Nord depuis environ le 21 Mars jusques au 22 Septembre : elle est Sud depuis le 22 Septembre jusques au 21 Mars (le tout approchant). Comme le soleil ne quitte jamais l'écliptique, sa plus grande *Déclinaison* dépend de celle de l'écliptique. *Pithéas* , Astronome de Marseille, paroît être le premier qui a observé la plus grande *Déclinaison* du soleil, environ 324

ans avant JESUS-CHRIST , autrement qui a déterminé l'angle de l'écliptique avec l'équateur. (*Voïez* ECLIPTIQUE.) Quand on connoît l'obliquité de l'écliptique, on trouve la *Déclinaison* du soleil par cette regle : *Le sinus total est au sinus du lieu du soleil dans l'écliptique,* (*Voïez* LIEU ,) *comme le sinus de l'obliquité de l'écliptique ou de la plus grande* Déclinaison *du soleil, est au sinus de la plus grande* Déclinaison *qu'on demande pour tel ou tel jour.*

M. *Cassini* enseigne dans ses *Elémens d'Astronomie* la maniere de trouver la *Déclinaison* du soleil par observation. Sa méthode est telle: Prenez premierement la différence entre la hauteur véritable du centre du soleil & celle de l'équateur (qui est égale au complement de l'élévation du pole) au lieu où l'on veut faire l'observation. Si cette différence est plus grande de la part du soleil, c'est-à-dire, si le soleil est plus élevé que l'équateur, sa *Déclinaison* sera méridionale, & si elle est moindre, elle sera septentrionale. Il faudroit conclure tout le contraire, supposé qu'au lieu de faire son observation au Nord on la fît au Sud. On trouve tout de suite & même par cette opération, la *Déclinaison* du soleil. Aïant observé à Paris la hauteur du soleil à midi de 50°, par exemple, retranchez la hauteur de l'équateur qui est à Paris, 41°, 9', 50". Le reste sera la *Déclinaison* du soleil pour ce jour.

Les Astronomes voulant éviter la peine de faire tous les jours cette regle, ont calculé des Tables pour chaque jour de l'année. Par le moïen de ces Tables, on a tous les jours la *Déclinaison* du soleil ; & cette commodité est d'autant plus estimable que la connoissance de la *Déclinaison* de cet astre sert à la construction des cadrans par la hauteur méridienne du soleil, (*V.* CADRANS.) & à trouver l'heure véritable. (*Voïez* HEURE.)

2. Il n'est pas si aisé de trouver la *Déclinaison* des étoiles que la *Déclinaison* du soleil. Ceci suppose bien des choses. Il faut ou que la latitude & la longitude de l'étoile qu'on a en vue, ensemble l'obliquité de l'écliptique, soient connues, ou que ce soit l'ascension droite, la latitude de cette étoile & l'obliquité de l'écliptique. Ce n'est pas tout. Outre ces suppositions il y a encore un calcul à faire ; & on doit en convenir de bonne foi, le résultat de tout ce travail n'est pas d'une grande utilité dans l'Astronomie.

D'un très-grand nombre d'étoiles, il en est peu, dont la connoissance de la *Déclinaison* serve. Aussi les Astronomes se contentent de calculer la *Déclinaison* des principales étoiles fixes & d'en former une table qu'on trouve dans la *Connoissance des Tems*, que l'Académie Roïale des Sciences de Paris publie toutes les années. La *Déclinaison* des étoiles sert à trouver l'heure de leur passage par le méridien. (*Voïez* MERIDIEN.)

DÉCLINAISON DE L'AIGUILLE AIMANTÉE. Terme de Physique. C'est l'angle que fait l'aiguille aimantée avec le méridien qui passe par les Poles Nord & Sud. (*Voïez* AIMANT.)

DÉCLINATOIRE. Instrument de Gnomonique qui sert à prendre la déclinaison & l'inclinaison des plans. Il y en a de différentes façons ; & quand on en fait l'usage, ces façons se multiplient tant qu'on veut. On en jugera par la description du *Déclinatoire* suivant, qui est le plus simple & le plus sur. Le rectangle A B D C est une planche quarrée de cuivre ou de bois d'environ 1 pied de long sur 8 pouces de large (Planche XX. Figure 125.) Sur cette planche est tracé un demi-cercle A E C, & au centre de ce demi-cercle une alidade O L tourne. Cette alidade porte une boussole qui y est fixe, ou à la place de la boussole un cadran horisontal. Après avoir divisé ce demi-cercle en dégrés, & ces dégrés en minutes, si l'on peut, le *Déclinatoire* est construit.

Le nom de cet instrument indique assez son usage : il sert à connoître la déclinaison d'un plan. On entend par *Déclinaison d'un plan* l'angle que fait un plan avec les 4 parties du monde, autrement avec les 4 points cardinaux, qui sont le Nord, le Sud, l'Est & l'Ouest. La déclinaison d'un plan se mesure par l'arc de l'horison compris entre le cercle vertical qui passe par un de ces 4 points, & le vertical qui passe par ce plan. Lorsqu'on conçoit cela, on conçoit bien aisément l'usage du *Déclinatoire*. Pour savoir si un plan décline, 1°. *Appliquez le côté A C qui est le diametre du cercle contre le plan bien parallelement à l'horison.* 2°. *Tournez l'alidade O L, jusques à ce que l'aiguille de la boussole, attachée à l'alidade, s'arrête sur la ligne de déclinaison : je veux dire, soit perpendiculaire au plan.* Alors l'angle que fera l'alidade avec la perpendiculaire O E, sera l'angle de déclinaison. Pourquoi ? Si le plan d'un mur, pour parler plus familierement, ne décline pas & regarde directement le Midi, il est certain que l'aiguille de la boussole sera (abstraction faite de sa déclinaison) sur la ligne O E. Décline-t-il du côté de l'Est de 10 dégrés ? l'aiguille fera cet angle avec l'alidade, posée sur la ligne O E perpendiculairement au plan du côté de l'Ouest, & elle le sera du côté de l'Est lorsque la déclinaison

sera occidentale. Or comme il seroit difficile de connoître cet angle, que fait-on ? On tourne l'alidade jusques à ce que l'aiguille de la boussole soit perpendiculaire au plan ; & l'alidade fait, avec la ligne O E, l'angle qu'auroit fait l'aiguille. Suivant que l'alidade tourne du côté du Nord ou du Sud, la déclinaison est ou Septentrionale ou Méridionale.

Ceci regarde la déclinaison des murs situés directement au Midi ou au Nord. Pour ceux qui déclinent à l'Est ou à l'Ouest, il faut que l'aiguille de la boussole Est Ouest, soit perpendiculaire sur le mur. Et alors l'alidade marque la déclinaison Nord ou Sud.

Il est des personnes qui substituent à la place de la boussole un petit cadran horisontal ; & ces personnes font fort bien. La boussole peut induire en erreur par trois endroits ; 1°. par sa déclinaison propre ; 2°. par celle que peut occasionner quelque fer caché dans le mur ; & qui est d'autant plus préjudiciable qu'on ne peut pas la prévoir ; 3°. par la difficulté qu'il y a de bien juger de la situation de l'aiguille. Un cadran horisontal est exempt de ces défauts. Pourvu que le plan soit éclairé du soleil & qu'on sache l'heure précise, voilà tout ce qu'il faut. On fait tourner l'alidade jusques à ce que le cadran marque l'heure, & observant l'angle que fait alors l'alidade avec la ligne O E, on a celui de la déclinaison du mur.

M. *Bion*, qui a donné dans son *Traité de la Construction & usage des instrumens de Mathématique*, la construction du *Déclinatoire*, s'en sert aussi pour connoître l'inclinaison des plans. A cette fin, il attache au centre O du demi-cercle un plomb ; applique un côté du *Déclinatoire* contre le mur, & remarque l'angle que fait le plomb avec la ligne O E. Cet angle est celui de l'inclinaison du mur. Cet instrument n'est autre chose ici qu'un niveau. (*Voïez* NIVEAU.)

Celui qui a inventé le *Déclinatoire*, n'a pas cru son invention d'assez grande conséquence pour s'en faire honneur. A la vérité cet instrument est bien mécanique ; & si l'on ne le connoît pas, le malheur n'est pas bien grand. Quand on se donne la peine de tracer une ligne méridienne, & qu'on le sait faire, on se passe d'un *Déclinatoire*. (*Voïez* MERIDIENNE.)

DECUSSATION. Terme d'Optique. C'est le croisement de deux raïons qui se coupent en un point. Les raïons de la lumiere, par exemple, ne peuvent se peindre sur la rétine sans qu'ils se croisent, c'est-à-dire, sans qu'ils éprouvent une *Décussation*.

D E F

DEFENSE. Terme de Fortification. Réſiſtance qu'on oppoſe à ceux qui attaquent les ouvrages qui couvrent & défendent des poſtes qui leur ſont oppoſés: tels ſont les flancs, les parapets, les cazemates, les fauſſes-brayes, &c. On appelle *ligne de Défenſe* la ligne qui flanque un baſtion & qui eſt tirée du flanc qui lui eſt oppoſé. On diſtingue deux ſortes de *lignes de Défenſe*; la *ligne de Défenſe fichante*, & la *ligne de Défenſe raſante*. Celle-ci eſt une ligne, qui, partant de l'angle raſe parallelement la face du baſtion oppoſé, & celle-là une ligne, qui ſans toucher la face de ce même baſtion, part de l'angle du baſtion oppoſé.

DEFERENT. On appelle ainſi dans l'ancienne Aſtronomie un cercle dans lequel ſe meut la planete ou le centre de ſon épicycle. Le *Déférent* eſt la même choſe qu'un excentrique. (*Voïez* EXCENTRIQUE.)

DEFICIENT. Epithete qu'on donne à un nombre & à une hyperbole qui les caractériſe d'une façon toute patticuliere. Les *Nombres déficiens* ſont des nombres dont les parties aliquotes, ajoutées enſemble, font une ſomme moindre que l'entier dont elles ſont parties. Le nombre 8, par exemple, eſt un *Nombre déficient*; parce que ſes parties aliquotes 1, 2, 4 ne font que 7. Une *Hyperbole déficiente* eſt une courbe qui n'a qu'une aſſymptote & deux jambes hyperboliques, qui s'approchent ſans fin de l'aſſymptote, en prenant un cours directement oppoſé.

D E G

DEGRE'. Terme de Géométrie. La trois cens ſoixantiéme partie de la circonférence d'un cercle. Tout cercle ſe diviſe en 360 parties, & ce ſont ces parties qu'on nomme *Dégrés*. On a choiſi cette diviſion du cercle préférablement à toute autre; parce que 360 a beaucoup de diviſeurs, comme 2, 3, 4, 5, 6, 8, 9, 10, 12, 15, 18, 20, 24, 30, 36, 40, 45, 60, 72, ... &c. Pour faire cette diviſion à un cercle, on le diviſe d'abord en 4 parties, en tirant deux diametres qui ſe coupent à angles droits; chacune de ſes parties ſe ſubdiviſe ainſi en 90 autres. 1°. *Diviſez le quart en 3 parties égales*; 2°. *chacune de ces trois parties égales en 2 autres*; 3°. *chacune de ces deux en 3*; & 4°. *chacune de ces trois en 5*. Le quart de cercle ſera diviſé en 90 Dégrés qu'on écrit ainſi 90°. Ainſi quand on lit 8°. cela ſignifie 8 *Dégrés*. Comme il eſt utile de diviſer

un cercle en ſes 90 *Dégrés*, & qu'il eſt important qu'on ſe ſouvienne de ces diviſions on a fait le vers latin ſuivant:

In tres, in binas, in tres, in quinque ſecato.

Cela eſt aiſé à dire. Mais comment faire toutes ces diviſions? Un arc peut-il ſe diviſer en 3, en 5 parties? Géometriquement non. Il faut aller à tâtons, & on ne preſcrit ici que l'ordre des diviſions. C'eſt ſans doute un grand malheur que la main ſeule faſſe les frais de cette diviſion, & d'autant plus grand que la Géométrie n'a point des armes aſſez fortes pour l'éviter. Lorſqu'on décrit un arc de cercle, ce ſont les *Dégrés* qui en indiquent la grandeur. Les *Dégrés* ſe diviſent en 60 parties qu'on appelle minutes. (*Voïez* MINUTE.)

2. *Dégré* n'eſt pas ſeulement un terme de Géometrie. On ſe ſert de ce mot dans l'Algébre, dans la Coſmographie & dans des inſtrumens de Mathématique & de Phyſique. En algébre on appelle *Dégré* les dimenſions d'une quantité. Une quantité ſimple eſt du *premier Dégré*. Lorſqu'on la multiplie par elle-même elle eſt du *ſecond Dégré*; & ſi on la cube, du *troiſiéme Dégré*, &c. *Voïez* PUISSANCE. On dit encore en terme d'Algébre une équation eſt du *premier Dégré*, du *ſecond Dégré*, du *troiſiéme*, &c. pour exprimer l'élévation de l'inconnue qui eſt dans cette équation. (*Voïez* EQUATION.)

3. Une portion de cercle entre deux méridiens eſt appellé *Dégré* en Coſmographie, & *Dégré* auſſi, quand cette même portion eſt entre deux paralleles. Il ne faut pas confondre ces *Dégrés*. Le *Dégré* entre les méridiens s'appelle *Dégré de longitude*; ceux qui ſont entre deux paralleles, *Dégrés de latitude*. *Voïez* LONGITUDE & LATITUDE.

4. Dans les inſtrumens de Mathématique, *Dégré* eſt une diviſion qu'on y fait. On appelle ainſi les diviſions de l'arbalètre, *Voïez* ARBALETRE. En terme de Phyſique les *Dégrés* ſont des diviſions qu'on fait ſur la table qui ſupporte les thermometres & barometres, pour connoître l'augmentation & la diminution de la chaleur, & la péſanteur relative des corps fluides. (*V.* cet inſtrument.)

5. *Dégré* eſt encore un terme de Muſique; mais on l'accompagne d'une épithere. Lorſque les notes ſe ſuivent de l'aigu au grave, c'eſt-à-dire qu'elles deſcendent, on dit qu'elles procédent par *Dégrés conjoints*, & ſi elles montent du grave à l'aigu, elles procédent par *Dégrés diſjoints*. *Voïez* NOTE,

D E H

DEHORS. Ouvrage de Fortification hors l'enceinte d'une Place & qui la défend , tels font les *demi-lunes* , les ouvrages à cornes, les ouvrages à couronnes & les contre-gardes, &c.

D E J

DEJECTION. Terme d'Aſtrologie. Situation d'une planete à l'égard d'une ligne qui lui eſt oppoſée, où ſuivant les Aſtrologues elle a plus de vertu & plus de force dans ſes influences. On dit auſſi *Déjection d'une planete* , lorſque cette planette ſe trouve dans la troiſiéme, ſixiéme, neuviéme maiſon où elle perd ſa vertu. Les Aſtrologues retournent tant qu'ils veulent ce terme qui eſt très-ſpontané ; & je n'ai garde de m'y oppoſer , tant je mépriſe leur chimere.

D E M

DEMI-BASTION. Ce terme porte ſa définition. C'eſt la moitié d'un baſtion , ou autrement un baſtion qui n'a qu'une face & qu'un flanc. On le met quelquefois à la tête d'un ouvrage à couronne & d'une queue d'yronde. Pour la conſtruction de cet ouvrage. *Voïez* BASTION.

DEMI-CERCLE. C'eſt la moitié d'un cercle , mais une moitié qui forme un inſtrument qu'on met dans les étuis de Mathématique & qui a ſon utilité. On le nomme autrement rapporteur. *Voïez* RAPPORTEUR.

DEMI-CROIX. Inſtrument dont ſe ſervent les Hollandois pour prendre en mer la hauteur des aſtres. C'eſt une ſorte d'arbalêtre , ou pour mieux dire, c'eſt la moitié d'une arbalêtre. *Voïez* ARBALETRE.

DEMI-DIAMETRE. Ligne droite tirée du centre du cercle à ſa circonférence , c'eſt le raïon. *Voïez* RAION.

DEMI-DITON. Note de Muſique , qui eſt une tierce mineure qui a ſes termes comme 6 à 5. *Voïez* MONOCHORDE.

DEMI-GORGE. On appelle ainſi chacune des deux lignes qui forment l'entrée du baſtion, ou autrement la ligne qui va du flanc ou de l'angle de la courtine au centre du baſtion. On détermine ces lignes de l'angle du poligone fortifié & elles ſont coupées de deux côtés par les poligones intérieurs.

DEMI-LUNE. Ouvrage de Fortification compoſé de deux faces & de deux petits flancs , qui ſe terminent en croiſſant, d'où dérive ſon nom *Demi-Lune.* On doit cet Ouvrage aux Hollandois. Ils l'avoient imaginé, pourga-

rentir les pointes des baſtions. C'étoit-là le premier uſage de la *Demi-Lune :* mais cette invention utile étoit fort mal emploïée. Les contre-gardes ſont à cet endroit une meilleure poſture, & ſont d'un uſage plus ſûr. (*Voïez* CONTRE-GARDES.) M. *de Vauban* tire bien autrement parti de cet Ouvrage. On place aujourd'hui la *Demi-Lune* devant la courtine, qu'elle défend à merveille. Il y a deux ſortes de *Demi-Lunes ;* des *Demi-Lunes* ſans flancs , & des *Demi-Lunes* avec des flancs. Les premieres ſe conſtruiſent ainſi :

1°. De l'angle du flanc F (Planche XLVI. Figure 126.) du baſtion décrivez avec l'ouverture F M (excédente l'angle d'épaule du baſtion de 4 ou 5 toiſes) l'arc A M, qui coupera la ligne magiſtrale , ou la ligne qui diviſe la courtine en deux parties égales. Ce point de ſection ſera l'angle flanqué de la *Demi-Lune.* 2°. De cet angle abbaiſſez les perpendiculaires A M, A N , à 4 ou 5 toiſes des angles des épaules E , H , des baſtions. La ſection de ces lignes avec les lignes de la contreſcarpe déterminera la longueur des faces de la *Demi-Lune ;* & l'angle de ces dernieres lignes celui de cet Ouvrage. Et voilà la *Demi-Lune* ſans flanc. On en fait , quand on veut , une *Demi-Lune* avec des flancs ; car celle-ci eſt le principe de l'autre. Elle ſe trace de même. De chaque demi-gorge ou flanc de C en D , (Planche XLVI. Figure 127.) & de B en E retranchez depuis 4 juſques à 10 toiſes, & des points E & D élevez les lignes E F, D G, perpendiculairement à la courtine. Ces lignes formeront les flancs de la *Demi-Lune* , qui ſera par ce moïen conſtruite.

2. Savoir conſtruire une *Demi-Lune* , n'eſt qu'une partie de l'Architecture Militaire , pour ce qui concerne cet Ouvrage. J'embraſſe dans ce Dictionnaire la Fortification offenſive & défenſive ; & en donnant une conſtruction , je ne parle que de la défenſive. Touchons donc à la premiere.

Pour le dire en peu de mots, tout l'art de l'attaque de la *Demi-Lune* conſiſte, (après avoir fait ébouler les terres de ſon parapet , en battant en breche) à ne s'y loger que quand on en a chaſſé l'ennemi. Mais il faut le chaſſer, & la choſe n'eſt ſouvent point du tout aiſée. M. *de Vauban* preſcrit là-deſſus ces regles. Il veut qu'on prépare toutes les batteries de canon, de bombes , & de pierriers, & qu'on inſtruiſe ceux qui commandent ces batteries, de la façon dont ils doivent ſe comporter, ſuivant les ſignaux qu'on leur fait. Le ſignal ſe donne par un drapeau élevé ſur la pointe des logemens du chemin couvert, d'où il peut être découvert de toutes les batteries. Tout étant ainsi disposé, & les fusils, passés entre les sacs à terre, étant prêts à faire feu, on fait monter deux ou trois Sappeurs dans la breche sur la droite & sur la gauche. Ces Sappeurs se mettent dans les couverts, qui se forment entre la partie du revêtement non écroulée, & celle qui l'est, & tirent les décombres en - bas, en remontant vers le haut. Si l'ennemi laisse avancer les Sappeurs, on les fait suivre d'autres Sappeurs, avec ordre de se retirer, quand l'assiegé se mettra en devoir de les chasser. Dans ce cas aussi - tôt qu'ils en sont dehors, le signal se donne; & les assiegeans tirent avec violence sur l'ennemi, qui ne tient point à un accueil si terrible & si dangereux. A peine celui-ci disparoît-il, que les Sappeurs reviennent reprendre leur Ouvrage, toujours bien avertis, si on les inquiéte, de ne point faire résistance, afin de laisser agir le feu & des batteries & de la mousqueterie. Cela se continue jusques à ce que le logement sur la breche soit entierement pratiqué, d'où s'ensuit infailliblement la prise de la *Demi-Lune*. Voïez l'*Attaque & Défense des Places*, par M. de Vauban. Chap. XV.

DEMI-ORDONNE'E. Moitié d'une ligne droite tirée au-dedans d'une courbe, & divisée par le diamétre de cette courbe en deux parties. Les lignes O B & R B (Planche II, Figure 128.) sont des *Demi-Ordonnées* de la courbe Q A R; parce que l'axe A X les divise en deux parties égales. C'est par ces lignes que la nature de la courbe se détermine, & elles sont toutes perpendiculaires à l'axe,

DEMI - PARABOLE. Lignes courbes, qui ont quelque ressemblance avec les paraboles des genres supérieurs. *Voïez* PARABOLE.

DEMONSTRATION. Preuve déduite de principes certains & évidens, par laquelle la vérité d'une proposition est établie d'une maniere incontestable. Une proposition *démontrée* est tirée si immédiatement des principes, ou des axiomes, qui en sont les fondemens, qu'elle devient principe, ou axiome elle-même. La méthode ordinaire des Géométres de procéder aux *Démonstrations* est celle-ci : ils expliquent, ils préparent, & ils concluent. Là tout porte à l'esprit, & tout y porte d'une maniere si lumineuse & si convaincante, que les paradoxes les plus étonnans deviennent des propositions très-solides.

Il a été un tems où le mot seul de *Démonstration* étoit regardé comme le sceau de la vérité que ce mot renfermoit. Ce caractere respectable lui a porté coup. Aujour-

d'hui rien de plus commun que le terme, rien de plus rare que la chose. Des esprits mal tournés en ont abusé, & en abusent tous les jours, pour poser les paralogismes les plus absurdes, & pour faire respecter, à l'abri des *Démonstrations*, les plus grandes faussetés. L'effronterie va même si loin, que le terme de *Démonstration* est emploïé dans la chicane, afin de surprendre l'équité des Juges en faveur d'une mauvaise cause. On lit actuellement des Mémoires, où les faits les plus litigieux, je ne dis pas les plus faux, par respect pour leur Auteur, sont annoncés avec cette expression hardie : *Cela est démontré*. Obligé de se défier de ce terme, on est contraint de se sauver avec attention de cette confusion de preuves énoncées indifféremment sous le titre de *Démonstration*, & qui ont fait de fâcheux progrès dans la Géométrie. Il est bien douloureux de lire aujourd'hui des Livres, où cette science est dégradée, sous prétexte qu'on a voulu en rendre l'accès plus facile. J'ai vû des jeunes gens, même des hommes faits, confondre des preuves chancelantes avec des *Démonstrations*, & substituer au langage des Géométres le jargon, ou les argumens de l'Ecole. Je le dis hardiment, puisque l'occasion s'en présente : on néglige trop la maniere de *Démontrer* d'*Euclide*. C'est là la véritable façon de développer la Géométrie; & si les progrès qu'on y fait sont lents, du moins sont-ils sûrs, & resserrent-ils l'esprit dans la voie étroite de la vérité.

2. Il n'est question ici que des *Démonstrations directes*, c'est-à-dire, des *Démonstrations* où la derniere conclusion suit dans une connexion non interrompue, & qu'on appelle *Démonstration affirmative*. Dans la naissance de la Géométrie on faisoit usage d'une autre qui ne cede rien par la force, à celle dont je viens de parler; quoique l'ordre en soit renversé : c'est la *Démonstration indirecte* ou *négative*. Dans celle-ci la derniere conclusion des syllogismes est une proposition qui contredit une vérité manifeste; de maniere qu'on prouve que cette proposition est telle qu'on l'établit, parce que si elle étoit autrement, il s'ensuivroit une absurdité. Ici la derniere conclusion contredit une vérité toute nue. On y suppose vrai le contraire de ce qu'on doit démontrer, & on en tire une conclusion qui est évidemment absurde. Ces *Démonstrations* s'appellent encore des *Démonstrations à l'impossible*. Elles sont d'une grande utilité, pour convaincre les opiniâtres de leur erreur. Les anciens Géométres s'en servoient beaucoup. Ils avoient à persuader des gens difficiles, & qui faisoient mille

mille chicanes ; & ces fortes de *Démonftra-tions* les rangeoient à la raifon. M. *Maclaurin* a compofé un Ouvrage favant en 2. Vol. in-4° fur le Calcul des Fluxions , & fur l'application de ce Calcul aux Sciences Phyfico - Mathématiques , (il eft intitulé : *Traité des Fluxions*) où il fait un ufage perpétuel de ces *Démonftrations.*

DEMONSTRATION MECANIQUE. Preuve , où à l'aide d'inftrumens convenables , on examine, & on trouve jufte ce qui doit être démontré. Par exemple, voulant démontrer mécaniquement que les trois angles d'un triangle pris enfemble font 180°, on décrit du centre C d'un côté prolongé A D, (Plan. II. Figure 129.) un demi-cercle ; & des points B & A avec la même ouverture du compas , les arcs *a* & *b*. En tranfportant les arcs *a* & *b* dans l'arc *d e* , on trouve que ces arcs étant pris enfemble, font égaux à l'arc *d e* , & que par conféquent les trois angles A , B , C , valent le demi-cercle, c'eft à-dire, font égaux à 180°. Ce qu'il falloit *démontrer mécaniquement*. Ces fortes de *Démonftrations* font très-utiles pour faciliter l'étude des Mathématiques aux commençans. Elles foulagent l'imagination , & préparent l'efprit aux *Demonftrations* Géométriques. Il feroit à fouhaiter qu'on fît pour la jeuneffe une Géométrie avec des *Démonftrations Mécaniques* , conçûes cependant de façon qu'elles conduififfent en même-tems aux *Démonftrations* Géométriques. Ce feroit un moïen de rendre les idées mathématiques familieres & plus agréables.

D E N

DENEB. Terme d'Aftronomie, par lequel on défigne différentes étoiles de quelques conftellations. *Deneb Alcide* , ou *Adigege* : nom Arabe d'une étoile notable , qui fe trouve dans la queue du Cigne. *Deneb Edegege:* étoile brillante de la feconde grandeur, qui eft dans la queue du Cygne. *Deneb Algedi:* nom des trois dernieres étoiles de la VIe grandeur qui font dans la queue du Capricorne. C'eft auffi le nom d'une feule étoile, qui eft dans cette même queue, & qu'on appelle même quelquefois queue du Capricorne.

DENEB ELECEDE. Etoile brillante de la premiere grandeur dans la queue du Lion: on l'appelle même *Queue du Lion. Cauda lucida.*

DENEB KAIROS OU KETOS. Nom Arabe d'une étoile de la feconde grandeur dans la partie extrême de la queue de la Baleine. *Voïez* BALEINE.

DENOMINATEUR. Partie inférieure d'une fraction. C'eft le nombre ou la lettre , qui eft au-deffous de la petite ligne, dont on fe fert, pour exprimer une fraction. Ainfi 4 eft le *Dénominateur* de la fraction $\frac{1}{4}$, & *b* le *Dénominatur* de la fraction algébrique $\frac{a}{b}$. On appelle encore *Dénominateur d'une Raifon* le quotient qui vient de la divifion de fon antécédent par fon conféquent. Le nombre 4 eft le *Dénominateur* de 20 à 5 ; parce que 20 divifé par 5 donne 4. Il faut prendre garde de ne pas confondre le quotient du conféquent par l'antécédent, c'eft-à-dire, de prendre pour *Dénominateur d'une Raifon* le quotient qui réfulte en divifant le plus grand terme par le plus petit , & qu'on appelle l'*Expofant d'un Rapport.*

DENSITE'. Terme de Phyfique par lequel on entend l'épaiffeur des parties des corps. On dit qu'un corps a plus de *Denfité* qu'un autre, quand il contient fous un égal volume plus de matiere que le corps auquel on le compare. Un corps a une *Denfité* double ou triple de la *Denfité* d'un autre corps , quand la quantité de matiere de celui-là eft double ou triple de la quantité de matiere de celui-ci, les volumes étant égaux. Ceux des corps qui ont la même *Denfité* dans toutes leurs parties, font appellés *Homogenes* ; & ils font dits *Hétérogenes* , fi leurs parties ont différentes *Denfités*. Comme la *Denfité* des folides n'eft que la quantité de matiere comprife fous un grand ou un moindre volume, on la connoît, & on la compare aifément dans différens folides , en plongeant ces folides dans l'eau qu'ils déplacent proportionnellement à leur *Denfité*. (*Voïez* HYDROSTATIQUE.) Voici les principes des *Denfités* à l'égard des corps.

1°. Les Denfités *de deux corps quelconques font en raifon compofée de la raifon directe de leur quantité de matiere, & de la raifon réciproque de leur groffeur.*

2°. Les corps de même Denfité *font comme les maffes.*

3°. Les maffes *de deux corps font en raifon des* Denfités *& des volumes.*

4°. La maffe *de deux corps étant égale , les* Denfités *font comme les volumes.*

Enfin 5°. les Denfités *de deux corps font en raifon directe des maffes & réciproque des volumes.*

2. Quant aux fluides, on fait par expérience que *fi un corps eft plongé dans différens fluides, le poids qu'il perd dans chacun eft en raifon de leur* Denfité. Telle eft cette expérience.

On fufpend à une balance A B deux baffins (Planche XXXI. Figure 130.) C, D, inégaux en poids ; & par le moïen d'un crin de cheval on attache au bas du plus léger une maſſe de verre G, aſſez peſante pour réta-blir l'équilibre entre les deux baſſins, que l'inégalité de poids auroit détruit. La balance étant ainſi préparée, on plonge la maſſe de verre dans un cilindre H, rempli d'eau. Alors cette maſſe devient plus légere, & le baſſin C tire. Des poids qu'on met dans le baſſin C, rétabliſſent bien tôt cet équilibre. Ces poids ſont la valeur de la diminution de la maſſe G dans le fluide. Maintenant ſi après avoir vuidé le vaſe cilindrique H, on y met une autre liqueur, & qu'on y ſuſpende la maſſe G, la différence des poids, qui ſe trouvera dans les deux opérations, exprimera la *Denſité* reſpective de ces deux liqueurs.

3. Il ne s'agit ici que de la *Denſité* des fluides non élaſtiques, comme l'eau, le vin, &c. c'eſt-à-dire, d'une *Denſité* conſtante. La *Denſité* de l'air ne ſe connoît pas de même. L'air ſe comprime; & plus cette compreſſion eſt grande, plus grande eſt auſſi ſa *Denſité*. Les liqueurs ſont incompreſſibles; ainſi le volume qu'elles occupent eſt toujours le même. *Newton* ne put jamais réduire dans un glo-be d'or la quantité d'eau que ce volume contenoit ſous un moindre volume. L'eau ne céda à la violence de la compreſſion, que pour ſe filtrer au travers des pores de l'or. On ne trouve pas cette réſiſtance dans l'air. Fort aiſément on diminue ſon volume de la moitié. (*Voïez* AIR.) Et ſous ce volume il eſt évident que ſa *Denſité* doit être bien dif-férente que ſous l'autre. Auſſi la *Denſité* de l'air ſe meſure par la quantité de cet élé-ment contenue dans un volume donné, ou réciproquement par l'eſpace connu que la même quantité d'air occupe. Une propriété remarquable ſur la *Denſité* de l'air, c'eſt qu'el-le eſt toujours proportionnellle à l'élaſticité.

DENT. On appelle ainſi dans la Mécanique la partie d'une roue qui engraine dans le pi-gnon. *Voïez* ROUE DENTE'E.

DENTICULES ou DENTELETS. Ornemens de corniche faits en forme de dents. Ce ſont des coupures dans une plate bande de l'entablement des Ordres d'Architecture; mais particulierement dans celui de l'Ordre Dorique. *Voïez* ORDRE.

D E P

DEPRESSION. En terme de Phyſique ce mot exprime l'abbaiſſement ou l'affaiſſement d'un corps par la compreſſion; & en terme d'Aſ-tronomie c'eſt l'approche du pole viſible à l'horiſon. Quand on navigue, ou qu'on voïage ſur un Méridien, en tenant une route op-poſée au Pole viſible, on dit que le Pole ſe *déprime* ſous l'horiſon.

D E R

DERIVE. Terme de la manœuvre des vaiſ-ſeaux. L'angle que forme la ligne de la route du vaiſſeau avec la quille. Le vaiſſeau ne *dé-rive* que lorſqu'il cingle de côté; & cette *Dérive* dépend de deux cauſes, que j'expli-querai la figure ſous les yeux. Soit A B (Planche XLI. Figure 131.) la quille d'un vaiſſeau coupé horiſontalement; C D le plan de la voile; V E la ligne du vent; E R perpendiculaire à la voile, ſera la ligne par laquelle le vent agit. Cela poſé, ſi la réſiſ-tance qu'oppoſe l'eau contre le vaiſſeau, lors de l'impulſion du vent ſur la voile, étoit égale de part & d'autre de la ligne E R, qu'on appelle la *Ligne de la Force mouvante*, le vaiſſeau feroit route ſuivant cette ligne, & il n'y auroit point de *Dérive*. Un vaiſſeau cilindrique ou ſphérique auroit cet avantage. Mais telle eſt la figure des vaiſſeaux, l'ef-fort de l'eau ſur le côté M N eſt plus grand que celui qui ſe fait ſur le côté N B. Cette inégalité de réſiſtance doit s'oppoſer au mou-vement, juſques à ce qu'il ſoit tourné de maniere que l'eau ſoit en équilibre ſur la li-gne de la route. Or cet écart, qui eſt ici l'an-gle R E F, détermine l'angle F E B, qu'on appelle la *Dérive*. Par-là on voit que la *Dé-rive* ne peut ſe déterminer qu'en connoiſ-ſant les réſiſtances de l'eau ſur le navire, dans toutes les impreſſions de la ligne de la force mouvante.

2. Le P. *Pardies* eſt le premier, qui a cher-ché à déterminer la *Dérive* par les loix de la Méchanique. Et ſans autre façon il penſa que le vaiſſeau, étant en proïe à deux efforts, il devoit en particiter. Ainſi ſuivant que l'un de ces efforts étoit plus grand que l'autre, la *Dérive* devoit être différente. Celui du côté étant 10 fois plus grand que celui de la poin-te, la tangente de la *Dérive* devoit être la 10ᵉ partie de celle de l'angle formé par le côté qui exprime l'effort du vent dans le ſens de la route, & le côté qui exprime l'ef-fort du vent dans la ligne de la force mou-vante. La ſeule connoiſſance du rapport de la difficulté que le vaiſſeau a à fendre l'eau par ſon côté, eû égard à celle qu'il a à la fen-dre par ſa pointe, ſuffiſoit pour déterminer la *Dérive*, ſuivant le P. *Pardies*.

Le Chevalier *Renau*, Ingénieur de la Ma-rine, embraſſa en 1689 ce ſentiment, ou pour mieux dire, adopta le principe du P. *Pardies*. Il fut ſuivi du P. *Hoſte*. L'un & l'autre fonderent ſur ce principe une théo-rie de la manœuvre. La maniere avec laquelle le Chevalier *Renau* l'expoſa, éblouit & ſéduifit tellement les Géométres, qu'on le crut véritablement certain. Il n'étoit cependant rien moins que tel. M. *Hughens*, Mathématicien à la rigueur, résista à tout le brillant dont l'expofition du Chevalier *Renau* étoit revêtue. Après un examen férieux de ce principe, ce Savant prouva que ce n'étoit point fuivant cette proportion qu'on devoit déterminer la *Dérive*; & qu'avant tout il falloit avoir égard à l'impulfion différente que reçoit du vent le corps du vaiffeau, & principalement par le côté. (*Biblioth. Univerf. Mois de Septembre 1693.*)

Il y avoit de la vérité dans cette objection : mais cette vérité ne perça pas à travers un préjugé général en faveur du Chevalier *Renau*. Ainfi les meilleures raifons foutenues de toute l'autorité de M. *Hughens* ne furent pas bien reçues. Une réponfe du Chevalier *Renau* inférée dans le *Journal des Savans* , diffipa l'inquiétude qu'auroit dû produire dans l'efprit des partifans de cet Auteur l'objection de M. *Hughens*. Les Mathématiciens les plus indulgens furent neutres. Dans cette incertitude, le Marquis de l'*Hôpital* fit part à M. *Jean Bernoulli* de cette difpute, & des raifons pour & contre, qui la foutenoient. Sur le rapport du Marquis, M. *Bernoulli* donna gain de caufe au Chevalier *Renau*. Après ce jugement, la difpute s'éteignit ; & M. *Hughens* mourut. Un Ecrit, publié cependant par M. *Hughens* peu de tems avant fa mort, donna lieu à un Mémoire intitulé : *Mémoire où eft démontré un Principe de la Mécanique des Liqueurs, dont on s'eft fervi dans la Manœuvre des Vaiffeaux, & qui a été contefté par M. Hughens.* Paris 1712. par le Chevalier *Renau* ; & ce Mémoire eft l'époque de la chûte de fon principe, ou pour parler plus véridiquement, de celui du P. *Pardies*.

Quelqu'un dit à M. *Bernoulli* que le Chevalier *Renau* préparoit une nouvelle édition de fa *Théorie de la Manœuvre.* Cette nouvelle piqua la curiofité de M. *Bernoulli* fur cette théorie. Il chercha à s'en procurer un Exemplaire, & s'en procura un. Avide de le parcourir, il le parcourut, le lut, l'étudia même au point qu'il trouva bien à rabbattre du jugement qu'il avoit porté 20 ans auparavant, c'eft-à-dire, dans la naiffance de la difpute. Ce n'étoit plus fur le rapport d'autrui qu'il jugeoit, ou qu'il voïoit : c'étoit fous le fien, & par fes propres yeux. Il reconnut fa meprife, & muni de bonnes démonftrations, il condamna le Chevalier *Renau*. Sur ces entrefaites, celui-ci lui envoïa fon Mémoire, en

le priant de l'examiner, & d'en porter fon jugement fans *nul autre égard que pour la vérité.* Sa priere fut exaucée. M. *Bernoulli*, en lui annonçant la réception de ce Mémoire, lui annonça la condamnation des principes qu'il y foutenoit. L'Ingénieur de la Marine répondit ; & M. *Bernoulli* répliqua. Le préjugé étoit fi grand chez le *Chevalier Renau*, qu'il ne fentit pas la force des démonftrations de fon nouvel adverfaire : il fe défendit, & mourut dans fon erreur. Ainfi fe termina cette célébre difpute. Il eft démontré aujourd'hui, que pour déterminer l'angle de la *Dérive*, *il faut faire fa tangente moïenne proportionnelle entre la tangente de l'angle que fait la quille avec la diagonale du parallelogramme* (des forces de l'eau fur le corps du navire,) *& la tangente de l'angle de la quille de la ligne de la force mouvante, ou du complement de l'angle que fait la ligne de la quille avec la voile. (Effai d'une Nouvelle Théorie de la Manœuvre des Vaiffeaux. Par M. Bernoulli.*)

Ceci fert bien moins à connoître la *Dérive*, qu'à déterminer la fituation la plus avantageufe de la Voile. (*Voïez* MANŒUVRE.) Dans la pratique cette voïe eft impoffible. Les Marins prennent la *Dérive* d'une façon toute mécanique. Ils mefurent avec un compas de variation (*Voïez* COMPAS.) l'angle formé par la ligne de la route & de la quille, en bornoïant fur ces deux lignes, & en remarquant les dégrés que donne l'écart du bornoïement, comme cela s'entend affez.

3. Les vaiffeaux ne font pas les feuls corps qui foient fujets à la *Dérive*. Si l'on en croit M. *Bernoulli*, les planetes ont une *Dérive*. C'eft du moins par la *Dérive* qu'il rend raifon de l'inclinaifon des orbites des planetes. Il faut fuppofer à cette fin que la planete nage dans un tourbillon ; & M. *Bernoulli* le fuppofe. De-là il fuit que les planetes, qui n'ont pas la forme d'une fphere exacte, doivent éprouver dans leur mouvement deux réfiftances, d'où doit réfulter une réfiftance moïenne, c'eft-à-dire, une réfiftance qui partage les efforts de la matiere du tourbillon fur les inégalités, du corps de la planete. Et voilà juftement la caufe de fa *Derive* plus ou moins grande, felon que le rapport de ces inégalités eft plus ou moins fenfible. Ne nous preffons pas de tirer aucune conféquence. Il eft une obfervation à faire : c'eft qu'il peut arriver que, quoique la figure d'une planete ne fût pas fphérique, elle ne dérivât point. Il fuffit pour cela que la planete ait fon axe de rotation perpendiculairement érigé fur le plan de l'équateur

folaire; parce qu'alors les efforts de la matiere du tourbillon font égaux de part, & d'autre du corps de la planete. De ce que la position de l'axe de rotation des planetes leur est particuliere, leur *Dérive* doit être différente, & de-là l'inclinaison de leur orbite. *Bernoulli Opera. Tom. III. Nouv. Penf. fur le fyftéme des Defcartes.*

D E S

DESCENSION. On appelle ainfi en Aftronomie le tems qu'un aftre ou un figne emploïe à fe coucher fous l'horifon. Cette *Defcenfion* eft de deux fortes, droite ou oblique. Elle eft *droite* dans la fphere droite, & *oblique* dans la fphere oblique.

D E V

DEVELOPPE'E. Courbe formée par le développement d'une autre courbe. Soit A B C (Planche IV. Figure 132.) une courbe entourée d'un fil. Si l'on fixe l'extrémité C de ce fil, & qu'on le développe en commençant par le point A, & tendant ce fil felon les tangentes B F, C G, &c. la ligne courbe A F G, que décrira le point A, eft appellée la *Développée* de la courbe A D B C. Suivent de cette génération les propriétés de cette courbe. M. *Hughens*, qui en eft l'Auteur, la nomme *Courbe de développement.* 1°. Les raïons de la *Développée* font toujours des tangentes de la courbe d'où cette *Développée* a été tirée. 2°. Ces raïons font toujours perpendiculaires à la *Développée.* 3°. De ce que la longueur du fil A D, B C, demeure toujours la même, il fuit que la portion D B eft égale à la différence des raïons B F, A D, qui partent de fes extrêmités. De même la portion B C eft égale à la différence des raïons C G, A D. D'où l'on voit que fi le raïon de la courbe étoit nul, alors les raïons B F, C G feroient égaux aux portions B D, B C de la courbe D B C. 4°. En confidérant la courbe B D F (Planche IV. Figure 133.) comme un poligone d'une infinité de côtés, l'extrémité du fil décrit le petit arc A G, jufques à ce que le raïon C G fe confonde avec le côté C D, & ne faffe qu'une même ligne. Il en eft ainfi des autres arcs, jufques à ce que la courbe B C D E F, foit développée. De cette façon, la courbe peut être confidérée comme un affemblage d'une infinité de côtés. On tire de là ces conféquences. 1°. Que les raïons fe touchent continuellement; & 2°. qu'ils font perpendiculaires à la courbe A H K. Et de ces conféquences ces autres; 1°.

(Planche IV. Figure 132.) La courbe D B C termine l'efpace où tombent toutes les perpendiculaires fur la courbe A F G; 2°. Si l'on prolonge un raïon A D en R, jufques à ce qu'il rencontre un autre raïon quelconque C G en S, on pourra toujours mener de tous les points de la partie R S, deux perpendiculaires fur la courbe A F G, excepté du point touchant B, duquel on ne peut mener qu'une feule perpendiculaire.

Ce feroit une grande fujettion fi l'on étoit obligé d'entourer une courbe d'un fil lorfqu'on veut connoître fa *Développée.* Les Géometres ne fe fervent d'un fil que pour rendre la génération de cette courbe fenfible. Ils favent bien la trouver fans recourir à cette voie mécanique. Pour avoir les points de la *Développée* lorfque la courbe eft donnée, il fuffit de trouver l'expreffion changeante du raïon de cette premiere courbe. Le P. *Reinau* donne plufieurs formules générales pour découvrir cette expreffion pour raïon de la *Développée* de toute courbe donnée (*Voïez* l'*Analyfe démontrée, Tom. II. pag.* 674.) Je ne m'arrêterai pas à la difcuffion de toutes ces formules, difcuffion qui nous meneroit trop loin. J'y fubftituerai la folution d'un Problême qui renferme cette queftion, & qui fera plus utile & plus général. *La ligne courbe B F C* (Pl. IV. Fig. 124.) *étant donnée, trouver une infinité de côtés* A M, B N, E F O, *dont elle foit la* Développée *commune.* Tel eft l'énoncé du Problême.

Si l'on développe la courbe B F C (Planche IV. Figure 134.) en commençant par le point A, il eft clair que tous les points A, B, F, du fil A B F C décriront dans ce mouvement des lignes courbes A M, B N, F O, qui auront toutes pour *Développée* la courbe commune B F C. Mais on doit obferver que la ligne F O n'aïant pour *Développée* que la partie F C, fon origine n'eft pas en F, & que pour la trouver, il faut développer la partie reftante B F, en commençant par le point F, pour décrire la partie E F, de la courbe F E O. L'origine de celle-ci eft en E, & a pour *Développée* la courbe entiere B F C. Maintenant fi l'on veut trouver les points M, N, O, fans fe fervir du fil A B, F C, il n'y a qu'à prendre fur une tangente quelconque C M, autre que B A, les parties C M, C N, C O, égales à A F C, B F C, F C, c'eft-à-dire, qu'il n'y a qu'à prolonger les tangentes de la *Développée*, jufqu'à ce qu'elles foient égales à leurs arcs correfpondans. Par-là on fait, 1°. Que la *Développée* de la parabole ordinaire eft une parabole du fecond genre, dont le parametre eft égal à $\frac{27}{16}$ parties de la parabole ordinaire. 2°. La *Développée* d'une

cycloïde est une autre cycloïde égale &
semblable.

Terminons cet article par une observation importante qui doit achever de faire connoître la nature, & pour ainsi dire la théorie
des *Développées* : c'est que quand une courbe
est la *Développée* d'une autre courbe Géometrique, on peut trouver une ligne droite
connue égale au raïon de la *Développée*. Et
comme le raïon d'un point de la *Développée*, est égal à la partie de la courbe développée, comprise entre le point où commence le développement jusqu'au raïon, on
trouve la longueur de la *Développée*. On appelle cela rectifier une courbe. Tous les arcs
d'une *Développée* sont rectifiables, pourvû
qu'on puisse exprimer géométriquement le
raïon de la *Développée*. *Voïez* RECTIFICA-
TION.

Un homme d'esprit (M. *Diderot*) qui s'est
aussi exercé sur des sujets de Mathématique,
a recherché les propriétés de la *Développée*
du cercle, qu'il nomme *Développante* : ces
propriétés sont curieuses & en grand nombre. Elles doivent être lues dans l'ouvrage
où elles sont détaillées : j'y renvoye le Lecteur. (*Voïez* les *Mémoires sur differens sujets
de Mathématique*, par M. *Diderot*, page
121.

D I A

DIABETES. *Héron* Alexandrin, a nommé ainsi
un vase (dont il paroît être l'inventeur) qui
se vuide entierement quand il contient une
certaine quantité d'eau. C'est une sorte de
machine hydraulique composée d'un verre
A C B (Planche XXXI. Figure 135.) & d'un
siphon C F G. Les deux branches du siphon
sont dans le verre, percé en G, pour faire
sortir la plus longue. Le verre rempli jusques à la ligne horisontale F H, c'est-à-dire
jusques à la hauteur de la branche C F, ne
répand rien. Mais à peine la hauteur de l'eau
excede celle de la branche, que l'eau coule
dans la branche F G ; & suivant le principe
des siphons, doit se vuider jusques à la derniere goute, la branche C F étant placée
dans le milieu du verre. *Voïez* SIPHON.

2. On construit un autre *Diabete*, qui est
plus surprenant, parce que le principe en
est plus caché. On perce un verre A C B en
C, & on place (Planche XXXI. Figure 136)
au trou un tube de verre A C B en C ; & on
ajuste à ce trou un tube C de même diametre.
Ce tube se couvre avec un autre, assez grand
par conséquent pour s'y enchasser. Celui-ci
est fermé par une extrémité F, & est ordinairement orné d'une petite figure d'émail.
Ce verre ainsi disposé contient de l'eau jus-

ques à la hauteur du tube C F. Cette hauteur excede-t-elle ? l'eau passe dans le tube
& se vuide par-là uniformement jusques à
la derniere goute. C'est toujours ici le même
principe du siphon, c'est-à-dire, que le poids
de l'eau remplit d'abord le tube, & que celui de l'air l'entretient toujours plein.

Quand l'eau est prête à se vuider entierement, l'eau se précipite hors de ce verre
avec bruit & célerité ; & on voit, pour ainsi
dire, l'air qui se presse à occuper le petit
espace que le reste de l'eau occupoit. Ce
phénomene a été observé d'abord par le P.
De la Roche. (*Voïez Diarium trevoltienne*,
an. 1709, *art*. 86.)

DIACOUSTIQUE, ou DIAPHONIQUE. C'est
la science, s'il y en a une, où l'on considere
la propriété des sons réfractés en tant qu'ils
passent par différens milieux. *Voïez* SON.
Diacoustique est encore l'épithete d'une
courbe, qu'on appelle caustique par réfraction. *Voïez* CAUSTIQUE.

DIAGONALE. Nom que les Géometres donnent à une ligne qui traverse une figure en
allant d'un angle à un autre directement opposé. La ligne droite A B terminée par
quatre lignes droites, (Planche II. Figure
137.) menée de l'angle A à l'angle B du
parallelograme B F A C est une *Diagonale*.
Quelques Géometres appellent cette ligne
Diametre. Cependant ce nom ne convient
guéres qu'à des lignes qui divisent des figures terminées par des lignes courbes. Il faut
bien distinguer ce qui appartient à de telles
figures. D'abord qu'on a voulu appeler *Diagonale* toute ligne qui divise un quadrilatere
en deux parties égales d'un angle à l'autre,
à quoi bon cette confusion dans une science comme la Géometrie, qui est si claire &
si précise, & qui n'en doit point comporter ?

Ajoutons le mot de *Diagonale* pour les
quadrilateres, & voïons la propriété de
cette ligne par rapport à ces figures.

1°. Toute *Diagonale* divise un parallelograme en deux parties égales, c'est-à-dire,
en deux triangles égaux. 2°. Deux *Diagonales* d'un parallelogramme quelconque se coupent réciproquement en deux parties égales
à leur point d'intersection. 3°. Si une ligne
divise en deux la *Diagonale* d'un parallelograme, elle divisera ce parallelogramme en
deux parties égales. Ainsi la ligne D G qui
coupe la *Diagonale* A B au point du milieu
E, partage le parallelogramme en deux figures
A F D G & D G C B qui sont égales, de quelque nature que soient ces figures.

La *Diagonale* a encore une propriété qui
est très-étonnante : c'est son incommensura-
bilité avec son côté. Je n'en dis pas davan-

tage. *Voïez* INCOMMENSURABLE.

DIAGRAME. Nom qu'on donne en Géométrie à chaque figure d'une propofition pour la démontrer, ou à une démonftration pour rendre cette démonftration & plus claire & plus évidente. On trouve fouvent dans les *Elémens d'Euclide* des exemples fur les *Diagrames.* Je m'arrêterai avec M. *Wolf* à un *Diagrame* plus élevé en quelque façon, & qui eft très-célebre. Il s'agit du *Diagrame* dont fe fervoit *Hypparque* pour trouver par les éclipfes de la lune la diftance du foleil & de la lune, de même que les parallaxes du foleil & de la lune. Voici ce que c'eft. Soit le centre du foleil en S, (Planche XIII. Figure 138.) celui de la terre en T, celui de la lune en L dans une éclipfe folaire, & en *l* dans une éclipfe lunaire. N C M, eft l'ombre de la terre. Alors C S D eft le demi-diametre apparent du foleil ; *l* C E de l'ombre de la terre où la lune entre. T S N la parallaxe horifontale du foleil ; T *l* N & T L N, celle de la lune ; T S la diftance du foleil & de la terre, & *l* T la diftance entre la lune & la terre. Eft-ce là un *Diagrame*? Ce n'eft pas ici le lieu de l'expliquer. Je fortirois de mon article ; & je n'ai garde de prendre de pareilles licences. Je renvoie donc les curieux, pour l'explication de ce *Diagrame* à l'*Almagefte* de *Ptolomée*, *L. V. Ch.* 15 & 16. à l'*Epitome* de *Régiomontan*, *L. V. Prop.* 20 & l'*Almageftum novum* de *Riccioli*, *L. III. Ch. VII.*

DIAMETRALEMENT. Terme qui fignifie l'oppofition de deux points. Deux chofes font *Diametralement* oppofées quand elles font oppofées l'une à l'autre autant qu'elles peuvent l'être. Tels font les points d'un diametre.

DIAMETRE. Ligne droite tirée dans une figure courbe d'un point à un point oppofé. Le *Diametre* d'un cercle eft une ligne qui eft menée d'un point de fa circonference à un autre point, en paffant par fon centre. C'eft la ligne A B (Planche II. Figure 124.) Le *Diametre* d'un cercle le divife toujours en deux parties égales. De la raifon de ce *Diametre* à la circonférence dépend la quadrature du cercle. *Voïez* CERCLE.

Le *Diametre* d'une courbe en général eft une ligne droite qui coupe en deux parties égales les lignes D E, D E (Planche II. Figure 139.) paralleles l'une à l'autre & d'une longueur finie ou infinie. Si ces lignes font paralleles au *Diametre* d'une courbe, le *Diametre* eft dit conjugué. Soient P P, R R des lignes (Planche V. Figure 140.) paralleles au *Diametre* A B d'une courbe A M B. Si l'on mene une ligne M F qui coupe les

parallèles en deux parties égales, cette ligne fera le *Diametre conjugué* de cette courbe. L'ellipfe a en particulier un *Diametre*, ou pour mieux dire, un axe conjugué. (*Voïez* AXE.) Le *Diametre conjugué* n'eft pas cependant un axe conjugué. La différence qu'il entre l'un & l'autre, c'eft que l'axe conjugué coupe les parallèles à angles droits & le *Diametre conjugué* à angles obliques.

DIAMETRE DETERMINÉ OU TRANSVERSE. C'eft une ligne fituée entre deux lignes courbes, dont l'axe eft commun, qui coupe des lignes droites parallèles, ou les ordonnées de cette courbe. Telle eft la ligne A B (Planche II. Figure 141.) qui divife les lignes O R en deux parties égales. Ce *Diametre* eft propre à l'hyperbole. *Apollonius* traite fort au long des *Diametres* des fections coniques, dans fon *Liv. II. Conicorum.*

DIAMETRES SEMBLABLES. *Diametres* de lignes courbes qui forment les mêmes angles avec leurs ordonnées. Lorfque, par exemple, les deux *Diametres* B C & *b c* (Planche II. Figure 142.) dans les paraboles A B D, *a b d,* font avec les ordonnées A D, & *a d* des angles égaux, les *Diametres* alors font femblables.

2. *Diametre* eft encore un terme auffi répandu dans l'Aftronomie qu'on vient de le voir dans la Géométrie ; & on peut dire qu'il eft là en quelque façon en meilleure pofture. On en jugera.

DIAMETRE APPARENT. C'eft dans l'Aftronomie l'angle fous lequel on voit les aftres, c'eft-à-dire, les planetes & les étoiles. Le foleil S (Plan. XVII. Figure 143.) étant vû fous l'angle *a* C *b*, cet angle eft le *Diametre apparent* du foleil. Pour comparer la grandeur des planetes, il faut connoître cet angle, ou autrement leur *Diametre apparent.* Les Aftronomes ont trouvé à cette fin différentes méthodes. Le *Diametre apparent* du foleil peut s'obferver, fuivant *Riccioli*, de cinq façons différentes ; (*Almag. nov. L. III. Ch.* 10, & *L. VI. Ch.* 9.) Suivant M. *Caffini* de trois ; (*Elemens d'Aftronomie, T. I. Liv. II.*) & fi à ces diverfes opérations on joint celle du micrometre, on aura 9 méthodes bien comptées pour le feul *Diametre apparent* du foleil. Faifons un choix de ces méthodes, qui nous difpenfe de voir les autres d'une façon à ne les pas regretter. Quoique j'ai promis *les fentimens des plus célebres Auteurs fur chaque matiere*, je ne crois pas devoir difcuter ces différens moïens. Ce n'eft point ici un fait en litige. On fait à quoi s'en tenir fur ces moïens ; & c'eft juftement de ceux-là dont je dois rendre compte. J'ofe même le dire ; je rends par-là service au Lecteur & à moi-même ; au Lecteur en le débarrassant de la peine du choix ; à moi même, en ménageant mon tems pour des choses plus utiles. D'ailleurs il ne s'agit point ici à proprement parler d'opinions. Ce sont des opérations astronomiques, & les opérations se choisissent & ne se discutent pas. Pour me conformer à ce plan, qui me paroît raisonnable, voici les deux meilleures manieres de déterminer le *Diametre apparent* du soleil.

La premiere consiste à observer avec un quart de cercle, garni d'une lunette, la hauteur apparente du bord supérieur du soleil ; & celle de son bord inférieur, au tems de son passage par le méridien, parce que l'observation est plus commode alors que dans toute autre situation de cet astre sur l'horison, le soleil ne changeant pas sensiblement de hauteur dans l'espace de 2 ou 3 minutes. Ces hauteurs étant corrigées par la réfraction & la parallaxe, (*Voiez* REFRACTION & PARALLAXE.) pour avoir la hauteur véritable de son bord supérieur & de son bord inférieur, leur différence mesurera le vrai *Diametre* vertical du soleil.

Pour la seconde maniere, il faut faire cette opération. Aiez une lentille L (Planc. XVII. Figure 326.) convexe de deux côtés, dont le foïer des raïons paralleles soit à 12 pieds de distance. 2°. Fixez cette lentille dans le volet de la fenêtre d'une chambre exactement fermée, pour recevoir les raïons A L, B L qui viennent des extrémités du soleil. Ces raïons se croisant au centre de la lentille, détermineront l'image du *Diametre* du soleil. Cette image a 1 pouce & $\frac{34}{100}$ d'un pouce, dont la moitié est $\frac{67}{100}$ d'un pouce. 3°. Faites cette regle de proportion : comme la distance du foïer C L 12 pieds ou 144 pouces,　　　　 $= 2158362$
est au *Diametre* de l'image c c, $\frac{67}{100} = 9826074$, ainsi le raïon　　　　 $00 = 1000000$
est au sinus de l'angle C L e, 16 $= 7667712$. Donc tout l'angle C D L, ou A L B est de 32 minutes. Et c'est ce qu'on appelle son *Diametre apparent*, parce que son *Diametre* paroît aux yeux sous cet angle.

Maintenant puisque le *Diametre* d'un objet & celui de son image sont proportionnels à leur distance de la lentille, on aura aisément le *Diametre* du soleil par l'analogie suivante :

Comme la distance de l'image e L 144 $=$
　　　　　　　　　$= 2158362$
est à son *Diametre* CD 134　$= 0127105$
ainsi la distance du soleil L A　$= 82136014$
　　　　　　　　　$= 7914533$
est à son *Diametre* A B　　$= 764320$
　　　　　　　　　$= 5883276:$
d'où l'on conclud que le *Diametre* du soleil est de 254773 lieues ou environ. (*Grammaire des Sci. Philosoph.* par M. *Martin. pag.* 135.)

Soit qu'on emploïe la premiere méthode ou cette derniere, on reconnoît toujours que le *Diametre apparent* du soleil n'est pas toujours le même. Il croît & décroît, ce *Diametre*, suivant que cet astre est situé dans l'écliptique. On sait, par exemple, que son *Diametre apparent* est plus petit lorsqu'il est dans le tropique du *Cancer* ou de l'*Ecrevisse*, que quand il est dans le tropique du *Capricorne*. Cette variation est encore plus remarquable dans les planetes, pour le dire en passant. Les planetes supérieures ont un *Diametre apparent* beaucoup plus grand dans leur opposition que dans leur conjonction, & les inférieures selon qu'elles sont plus ou moins éclairées. Je dis, pour le dire en passant ; car mon intention n'est pas de parler dans cet article des *Diametres apparens* des planetes. Je me borne à celui du soleil. Outre que par-là l'article seroit trop long, c'est que voulant détailler les divers sentimens, ou les diverses observations des Astronomes sur ces *Diametres*, je ne pourrois rapporter ces observations qu'en présentant une liste assez longue en forme de table, dont le coup d'œil peu rejouissant ne plairoit pas à toute sorte de Lecteurs. Je préfere donc à renvoïer à l'article particulier des planetes ce qui regarde leur *Diametre apparent*, me contentant de rendre compte des observations des plus célébres Astronomes du plus grand, du moïen, & du moindre *Diametre apparent* du soleil.

TABLE DU DIAMETRE APPARENT DU SOLEIL;
SELON LES PLUS CELEBRES ASTRONOMES.

Noms des Astronomes.	Colonne du plus grand Diametre apparent du Soleil.			Colonne du moïen Diametre apparent du Soleil.			Colonne du plus petit Diametre apparent du Soleil.		
(a) *Ptolomée*, . .	33′	20″	0‴	32′	18″	0‴	31′	20″	0‴
(b) *Tycho*, . . .	32	0	0	31	0	0	30	0	0
(c) *Kepler*, . . .	31	4	0	30	30	0	30	0	0
(d) *Riccioli*, . .	32	8	0	31	40	0	31	0	0
(e) *Caffini*, . . .	32	10	0	31	40	0	31	8	0
(f) *De la Hire*, .	32	43	0	32	10	0	31	38	0
(g) *De Louville*, .	32	37	24	0	0	0	31	32	49
(h) *Caffini*, le fils,	32	37	24	0	0	0	31	32	24

(a) *Almag. L. V. C.* 14.   (b) *Progymnas. L. I. C.* 1.   (c) *In Tab. Rudolph.* F. 92. (d) *Aftronom. réform. L. I. C.* 12.   (e) *Tab. Aftronom.* (f) *Mem. de l'Academ.* 1724. (g) *Elem. d'Aftron. T. I. L.* 2.

M. *Hughens* eft le premier qui a obfervé le *Diametre apparent* avec un micrometre. J'ai déja renvoïé à l'article de cet inftrument, & j'aurai là occafion de parler de ce grand homme. J'ajouterai ici une de fes obfervations fur les *Diametres* des étoiles fixes, qui eu égard au réfultat ne doit pas être renvoïée : c'eft que le *Diametre apparent* des étoiles fixes eft un point indivifible. Ces *Diametres* ne paroiffent pas plus grands, quoique vus avec les meilleurs telefcopes. Celui de *Sirius* eft eftimé par M. *Hughens* avec bonne mefure de 4‴. Cela vaut-il la peine d'en parler ?

DIAMÉTRE VRAI. C'eft ici le *Diametre* véritable des corps céleftes ; & pour le définir aftronomiquement, c'eft une ligne droite tirée par le centre du foleil, de la lune, de quelque autre planete, ou de quelque autre étoile, d'un point de fon difque à l'autre. Quand on détermine le *Diamétre*, on peut dire qu'on détermine la véritable grandeur du corps auquel ce *Diametre* appartient. Mais le mal eft qu'il n'y a pas fur cela de regles fûres. Ne pouvant déterminer la diftance du foleil à la terre, il n'eft pas poffible de calculer, d'évaluer même les diftances des planetes fupérieures & inférieures, qui doivent être trouvées par celles du foleil. *Voïez* les Articles particuliers des Planetes. On eftime le *vrai Diametre de la terre* de 1720 lieues géographiques, dont 15 font un dégré. Plufieurs Savans ont beaucoup travaillé pour réduire cette grandeur à quelque mefure connue. *Anaximandre* de Milet fut le premier, fuivant *Diogene de Laerce*, qui fe chargea de ce foin, 550 avant Jesus-Christ. *Eraftotene*, 350 ans après, entreprit le même travail. Il détermina, par une méthode particuliere, la circonférence de la terre à 250000 ftades. (Cette méthode eft rapportée dans la *Géographie générale de Varennius. Sect. II. Chap. IV.*) *Poffidone* reprit ce travail du tems de *Ciceron*, c'eft-à-dire, peu avant la naiffance de Jesus-Christ, & donna à la circonférence de la terre 180000 ftades, felon le rapport de *Strabon*. On trouvera la fuite de ce travail à l'Article de Terre, où il convient mieux qu'à celui-ci. *Voïez* TERRE.

DIAMÉTRE DES APSIDES. C'eft dans l'ancienne Aftronomie une ligne tirée par le centre de l'épicycle de fon périgée à l'apogée.

DIAMETRE DES LONGITUDES MOIENNES. Ligne droite qui coupe l'épicycle, & la ligne des apfides à angles droits.

DIAMETRE DE GRAVITÉ. On appelle ainfi en Mécanique la ligne droite tirée par le centre de gravité d'un corps d'un point de fa furface à l'autre. Dans la fphere le centre de gravité étant dans fon centre, fon *Diametre* fera fon *Diametre de gravité.* Dans un parallelipipede ce fera fa diagonale, parce que cette ligne paffe par le centre de gravité de ce corps.

DIAPASON. Terme Grec de Mufique, francifé & qui fignifie une octave en général, mais particulierement une corde où tous les tons font renfermés. Si deux cordes égales font tendues dans le rapport de 1 à 2, leurs tons produiront une octave, c'eft-à-dire, que les tons de l'une feront à l'octave de l'autre. *Voïez* CONSONANCE,

DIAPENTE ou QUINTE PARFAITE, C'eft
la

la seconde diſſonance, qui compoſe une octave avec le diateſſaron ou la quarte. Deux
cordes ſont à la quinte ou au *Diapente*
l'une de l'autre lorſqu'elles ſont tendues
dans le rapport de 3 à 2. *Diapente* eſt un
mot grec qui ſignifie quinte. *Voïez* QUINTE.
Zarlin, fameux Auteur de Muſique, ſe ſert
de ce mot pour exprimer une ſeptiéme. *Voïez*
SEPTIEME.

DIAPHANE. Terme d'Optique. Epithete qu'on
donne pour exprimer la propriété qu'ont
certains corps de laiſſer paſſer librement les
raïons de lumiere. Le verre, l'eau, l'air, &c.
ſont des corps *Diaphanes. V.* DIAPHANEITE'.

DIAPHANEITE'. Propriété des corps à tranſ-
mettre la lumiere, de façon qu'on diſtingue
à travers les objets. Tels ſont le verre, la
corne, &c. Le ſentiment le plus général ſur
la cauſe de la *Diaphanéité* des corps eſt celui-
ci. Il y a dans les corps diaphanes une grande quantité d'inſtertices & de conduits é-
troits & diſpoſés en tout ſens, qui donnent
paſſage à la lumiere. Afin qu'un corps ſoit
tranſparent, il faut que ſes parties inſenſibles ſoient rangées de façon qu'elles laiſſent
beaucoup d'eſpaces inſenſibles, qui, communiquant en ligne droite, laiſſent à la lumiere un paſſage libre en tout ſens.

M. *Perrault* n'admet point cette explication. Si la *Diaphanéité* conſiſtoit, dit-il,
dans la tranſmiſſion de la lumiere par les
pores, on appercevroit autant d'interruptions qu'il y auroit de parties entre les pores
du corps tranſparent. A cela on répond fort
aiſément. Et d'abord on dit, qu'à chaque
partie de tout corps, les pores ne ſont ſé-
parés que par des parties inſenſibles. Donc
les interruptions ne ſeront point ſenſibles, & ne ſeront par conſéquent point ap-
percevables. Malgré cette difficulté, M. *Per-*
rault établit ſon ſyſtème comme ſi l'autre
étoit anéanti. Ce ſyſtème eſt, que l'homo-
genéité & la mobilité des parties des corps
ſont la cauſe de la *Diaphanéité* ou de la
tranſparence. Si on l'en croit, la tranſmiſſion de la lumiere ſe fait par le mouvement
que les parties des corps tranſparens reçoivent des raïons & qu'elles communiquent
au-delà.

Le troiſiéme ſyſtème ſur la cauſe de la
Diaphanéité eſt fondé ſur les Tourbillons
du P. *Malebranche*. La lumiere n'eſt ni tranſmiſe ni réflechie qu'au moïen des petits
tourbillons qui entourent la ſurface des
corps. Ainſi ſuivant qu'ils ſont plus ou moins
élaſtiques, ils réfléchiſſent plus ou moins de
lumiere & en tranſmettent davantage. Moins
cette élaſticité eſt forte, plus grande eſt la
Diaphanéité des corps.

Tome I.

Voici le dernier ſentiment. Un corps eſt
diaphane lorſque l'enceinte de ſes pores
n'eſt hériſſée que de particules aſſez courtes,
aſſez flexibles, pour ceder à l'action de la
lumiere, & pour ne pas en empêcher la propagation. Si un corps eſt opaque, c'eſt que
l'enceinte de ſes pores eſt hériſſée de particules aſſez roides & aſſez longues pour réſiſter à l'action de la lumiere & en empêcher la propagation. Cette opinion eſt du
P. *Cavalleri*, Jéſuite. Elle eſt expoſée dans
une *Diſſertation ſur la Diaphanéité & l'opa-*
cité des corps, qui a remporté le prix de l'A-
cadémie de Bourdeaux en 1738, & où elle
eſt développée & prouvée autant qu'elle peut
l'être. Je ne voudrois pas être obligé de dire
ce que je penſe ſur ces quatre ſyſtêmes; car
je pencherois trop pour le premier, tout
vieux qu'il eſt.

DIATESSARON. Ce mot, qui eſt grec, eſt un
terme de Muſique, qui ſignifie la *quarte par-*
faite. C'eſt un intervalle compoſé d'un ton
majeur, d'un ton mineur & d'un demi-ton
majeur. Deux cordes d'égale groſſeur, tendues dans le rapport de 3 à 4 produiſent un
Diateſſaron. Voïez QUARTE.

DIASTYLON. Dans l'ancienne Architecture
on appelloit ainſi un édifice dont les entre-
colonnes étoient éloignés de 8 modules. *Vi-*
truve dans ſon *Architecture*, L. III. C. 2,
diviſe les bâtimens ſelon les entre-colonnes
en 5 eſpeces, dont le *Diaſtylon* eſt la ſeconde des moindres. *Voïez* ENTRE-CO-
LONNES.

DIATONIQUE. L'un des trois genres de la
Muſique. Il ne procede que par des tons &
ſemi-tons. C'eſt le plus naturel & le moins
contraint des autres genres. La modulation
ſuit là l'ordre naturel des ſons, ſuivant la
diſtance que la nature y a miſe, & qu'avec
un peu d'oreille & de voix, on ſent & on
chante facilement.

Excepté les notes *mi* & *fa*, *ſi* & *ut*, qui
ſont des ſemi-tons majeurs, il y a un ton
naturel entre toutes les notes de la Muſique.
Quand on altere cet ordre en mettant des
diezes ou des bémols dans les intervalles,
alors le *Diatonique* ſe change en chromatique. *Voïez* CHROMATIQUE. Le genre *Dia-*
tonique eſt-il le plus ancien? *V.* MUSIQUE.

D I C

DICHOTOMOS. Les Aſtronomes ſe ſervent
de ce mot pour ſignifier que la moitié de la
lune, qui eſt la partie viſible, eſt éclairée par
le ſoleil. Il eſt difficile d'obſerver le tems où
cela arrive. C'eſt cependant une bonne choſe à ſavoir. *Ariſtarque* de Samos a trouvé

M m

qu'on peut déterminer par-là la diftance du foleil à la terre, & l'a déterminée. Suivant fes obfervations la diftance de la lune au foleil n'eft pas moindre de 87 dégrés, dans le tems què la moitié de la lune eft éclairée. (*De Magnitudinibus ac diftantiis folis ac lunæ.*) *Longomontan* met cette diftance à 87°, 30′. *Riccioli* & *Grimaldi* l'eftiment de 89°, 28′, 26″. Après la découverte des nicrometres, cette diftance a été trouvée plus grande.

DIE

DIEZE. Signe accidentel de la Mufique, qui marque qu'il faut élever une note fans la changer de dégré ni de nom. On diftingue trois fortes de *Diezes*. Le *Dieze enharmonique* ou *fimple*, le *Dieze chromatique* ou *double Dieze*, & le *Dieze enharmonique majeur* ou *triple Dieze*. On défigne le premier par une croix fimple. Il éleve la note d'un *Comma* ou environ d'un quart de ton. Le fecond fe marque par une double croix, & éleve la note d'un femi-ton majeur (c'eft le *Dieze* ordinaire.) Enfin le troifiéme éleve la note d'environ trois quarts de ton. De tous ces *Diezes* le double *Dieze* ou chromatique eft le plus ufité. Qu'il releve bien l'harmonie ! C'eft fur-tout par-là que la Mufique moderne s'eft diftinguée de celle des Anciens. On prétend que le mot *Dieze* vient du mot grec *Diemi*, qui fignifie paffer & couler à travers quelque chofe. Il y a lieu de croire qu'on s'en eft fervi, parce qu'on coule la voix en prononçant un *Dieze*. C'eft aux Difciples de *Pythagore* qu'on doit les *Diezes*. *Ariftote* veut que les *Diezes* foient les élémens des tons. Comment cela fe peut-il ? Les Pythagoriciens le partagent en deux parties inégales.

DIF

• DIFFERENCE. En terme d'Arithmétique & d'Algébre, on entend par ce terme l'excès d'une quantité fur une autre. Les Algébriftes expriment cette *Différence* par le figne moins (——) & l'on écrit la *Différence* de *a* & *b*, *a — b.*

DIFFÉRENCE. C'eft dans l'analyfe des infiniment petits une augmentation ou une diminution d'une quantité changeante à chaque inftant par une viteffe infiniment petite. Le caractere de cette *Différence* eft la lettre *d* ; & pour avoir cette *Différence* pour une quantité donnée, on multiplie la caractériftique avec cette quantité. Ainfi la *Différence* de *x* eft *d x*. (*Voïez* CALCUL DIFFERENTIEL.)

Quoique la *Différence d x* foit une quan-

tité infiniment petite par rapport à *x*, elle peut devenir une quantité infiniment grande. Tout ne confifte qu'en comparaifon. Une chofe petite n'eft petite que rélativement à une autre, & elle eft grande, eû égard à une troifiéme. La quantité étant divifible à l'indéfini, (*Voïez* DIVISIBILITE'.) il eft certain qu'une partie infiniment petite, prife fur une quantité donnée, eft un tout elle-même, qui a des parties infiniment petites. Or ces parties infiniment petites de ce tout infiniment petit, par rapport à un autre tout, font des *Différences* de ce fecond tout, par conféquent des fecondes *Différences*, par rapport au premier ; & fi l'on confidere les *fecondes Différences* comme des touts, par rapport à leurs parties, ainfi qu'elles le font en effet, les *Différences* de celles-ci feront des *Différences troifiémes ;* & les parties infiniment petites de ces *Différences*, des *Différences quatriémes* : ainfi de fuite jufques à l'infini. Examinons ceci fous un point de vûe plus géométrique.

Soit une courbe A M D, (Planche IV. Figure 144.) M P une de fes ordonnées ; qu'on imagine une autre ordonnée *p m*, infiniment proche : ce fera la *premiere Différence*. Si on tire une autre ordonnée *q n* infiniment proche de celle-ci, & qu'on mene *m s* parallele à A B, & *m h* parallele à *r s*, on appellera *h n* la *Différence de la Différence* de *r m*, ou *la différence feconde* de P M. De même fi l'on imagine une ordonnée *o f* infiniment proche de la troifiéme *n q*, & qu'on mene *n t* parallele à A B, & *h l* parallele à *s t*, on appellera la *Différence* des petites lignes droites *h n*, *l o*, la *Différence de la Différence feconde*, ou la *Différence troifiéme* de P M. Et ainfi des autres.

Nommons maintenant chacune des abfciffes A P, A *p*, A *q*, A *f*, *x* ; chacune des ordonnées P M, *p m*, *q n*, *f o*, &c' *y* ; & *u* chacune des portions A M, A *m*, A *n*, A *o*, de la courbe A M D ; il eft clair que *d x* exprimera les *Différences* P *p*, *p q*, &c. des abfciffes ; *d y* les *Différences r m*, *s n*, &c. des ordonnées ; & *d u* les *Différences* M *m*, *m n*, &c. des portions de la courbe A M D. Tout cela pofé, pour prendre la *feconde Différence* de la variable P M, on n'a qu'à imaginer fur l'axe deux petites parties P *p*, *p q*, & fur la courbe deux arcs M *m*, *m n*, pour avoir les deux *Différences r m*, *s n*. De même pour prendre la *Différence troifiéme* de P M, ou la *Différence de la Différence feconde*, on imagine encore fur l'axe trois petites parties P *p*, *p q*, *q f* ; fur la courbe trois autres M *m*, *m n*, *n o* ; & fur les ordonnées auffi trois autres *r m*, *s n*, *t o*, &c. Ainfi fe trouvent les *Différences quatriémes*, *cinquié-mes*, *&c.*

Après cette expofition géométrique, je reviens au calcul des *fecondes Différences*. On le fait : la *Différence* de *x* eſt *d x*. Si l'on multiplie cette *Différence* par *d*, on aura *ddx*, ou *d² x*. Et c'eſt-là la *Différence feconde* de *x*. Elevant cette puiſſance d'une unité, on aura *d³ x*, pour la *troifiéme Différence* ; & celle-ci d'une unité *d⁴ x*, pour la *quatriéme*, &c. Il n'y a pas plus de difficultés. Les regles que j'ai données pour les *premieres Différences*, font celles qu'il faut fui-vre lorfqu'elles fe trouvent plus compli-quées. J'avertirai feulement qu'on prend ici pour conſtante la quantité que l'on veut, & on traite les autres comme variables.

A l'égard de l'intégrale des *Différences* dont je parle, on comprend bien qu'elle fe tire des premieres, c'eſt-à-dire, que la premiere eſt l'intégrale de la *feconde Diffé-rence* ; que celle-ci l'eſt de la troifiéme ; la troifiéme de la quatriéme, &c. On trouve auſſi leur intégrale par les mêmes regles que celles des *Différences premieres*, avec cette attention qu'on eſt obligé quelquefois, pour avoir une intégrale complete, d'avoir une *Différence premiere* conſtante. Les mêmes Au-teurs qui ont écrit fur les *premieres Diffé-rences*, ont écrit fur les fecondes. *Vöiez* CALCUL DES INFINIMENT PE-TITS.

DIFFÉRENCE DE LOGARITHME. C'eſt le Loga-rithme de la tangente, fuivant *Néper* & *Ur-fin* ; parce que dans la méthode des Loga-rithmes de *Néper*, où celui du finus entier eſt o, c'eſt la *Différence* entre le Logarithme du finus & celui du co-finus. (Vöiez *Canon mirificus Logarithmorum*, par *Néper*, & la *Trigonométrie d'Urfin*.

DIFFÉRENCE DES MÉRIDIENS, OU DE LONGI-TUDE. Terme d'Aſtronomie. On appelle ainſi l'arc compris entre les Méridiens de deux lieux. Cet arc eſt auſſi pris fouvent pour la *Différence* des heures ; & on le nomme alors la *Différence Horaire*, parce que celle des longitudes ne confiſte qu'en celle des heu-res, dont on s'apperçoit dans le même mo-ment, en comptant les heures fous deux Méridiens différens. La meilleure maniere de déterminer les *Différences des Méridiens* ou *Longitude*, c'eſt par les éclipfes. M. de *Caſſini* eſt le premier qui a fait ufage pour cela des fatellites de Jupiter. On lui doit auſſi la méthode de trouver cette *Différence* par les éclipfes du foleil. Cette méthode eſt expofée dans les *Tables Aſtronomiques* de M. *de la Hire*. Pour un plus grand détail fur les *Différences des Méridiens*, *Vöiez* LON-GITUDE.

DIFFÉRENCE EN LATITUDE. *Vöiez* LATI-TUDE.

DIFFÉRENCE ASCENSIONELLE. *Vöiez* ASCEN-SIONELLE.

DIFFERENTIEL. Epithete que donnent les Géométres François & Allemands au calcul qui a pour objet les quantités infiniment pe-tites, & leurs différences. *Vöiez Calcul Différentiel*, à l'Article du CALCUL DES INFINIMENT PETITS.

DIFFUSION. Les Phyficiens entendent par ce mot la difperfion, l'expanfion, ou l'émana-tion des petits corpufcules des corps qui forment une efpece d'atmofphere autour de ces corps.

D I G

DIGNITE'. Terme commun à l'Arithmétique & à l'Algébre ; il fignifie le produit ré-fultant de la multiplication d'un nombre plufieurs fois par lui même, ou par fa ra-cine. Cela eſt plus connu des Géométres fous le nom de puiſſance que fous celui de *Dignité. Vöiez* PUISSANCE.

DIGNITÉ D'UNE PLANETE. Terme d'Aſtrologie. Prérogative d'une planete, foit à l'égard de fon afpect, par rapport au foleil, ou à l'é-gard de fon lieu dans l'écliptique, ou dans la maifon célefte : d'où il arrive du chan-gement dans fon influence. On divife les *Dignités des Planetes* en *eſſentielles* & *acci-dentelles. Ptolomée* compte cinq *Dignités eſ-fentielles*, le *Domicile*, l'*Exaltation*, le *Tri-gone*, le *Terme*, & la *Perfonne*. Les *Digni-tés accidentelles* font de même différentes. On les diſtingue ainſi. La planete *eſt dans la Maifon prochaine* ; elle *eſt augmentée de lumiere* ; elle *a un mouvement droit* ou *ra-pide, &c.* Qu'eſt-ce que tout cela fignifie ? Les Aſtrologues ne le favent pas eux-mê-mes. Pour moi, qui ne me vante pas d'en favoir plus qu'eux, je repeterai que mon inten-tion, en parlant dans ce *Dictionnaire* de l'Aſtrologie, eſt de faire fentir le ridicule de cet art prétendu, & de mettre à portée ceux qui le confondent avec l'Aſtronomie, d'en faire la juſte & l'énorme différence.

DIGLIPHES. Ornement d'Architecture qu'on fait dans la frife comme les trigliphes. Il y a cependant cette différence entre les trigli-phes & les *Digliphes*, que les deux demi-raïons ne font pas de côté dans ceux-ci, comme dans ceux-là. (*Vöiez* ENTABLE-MENT.) *Vignole* eſt l'inventeur de cet or-nement.

D I L

DILATATION. Terme de Phyfique par lequel on entend la diftribution de la matiere propre d'un corps dans un efpace plus grand qu'elle n'occupoit auparavant. M. *Mariotte*, & après lui, quelques Phyficiens veulent que l'efprit de vin, l'huile & l'eau même fe *dilatent*. Ils prétendent prouver cette *dilatation* par les bulles d'air, que manifefte le chaud dans les liqueurs. Pour moi je penfe que cette propriété qu'on attribue à ces liqueurs, ne vient que de la *Dilatation* de l'air qui y eft renfermé. Car la *Dilatation*, qui eft l'oppofé de la compreffion, en fuppofe une autre : c'eft l'élafticité. Or aucune liqueur n'eft élaftique. Ou fi le mot d'élafticité fait peine, on ne fauroit nier que fi une liqueur eft fufceptible de *Dilatation*, elle l'eft de compreffion ; puifque l'état où elle n'eft pas *dilatée*, eft une véritable compreffion. Une chofe n'eft *dilatée*, que parce qu'elle a été comprimée. Cela étant, il eft aifé de prouver qu'aucune liqueur ne fe *dilate*. Tout le monde connoît l'expérience des Phyficiens de Florence, qui a été répétée par M. *Boile*, pour la compreffion de l'eau. J'en ai déja fait mention dans un Article ci-devant : je vais la détailler ici.

Pour juger fi l'eau étoit ou non compreffible, on en remplit un globe d'or creux, & on le mit à la preffe. On avoit deffein de réduire l'eau à un moindre volume : mais l'eau réfifta aux efforts de la preffe ; & plutôt que de plier, s'échappa avec violence, quelque étroits que fuffent les pores de l'or. L'or fua de la fatigue ; & on remarqua avec étonnement que l'eau s'étoit filtrée au travers d'un métal fi denfe. Il en eft des autres liqueurs, comme de l'eau. *Voïez* THERMOMETRE.

Les corps folides, comme les métaux, font véritablement *dilatables* ; (*Voïez* PYROMETRE.) Mais il n'eft point de matiere dans laquelle la *Dilatation* fe manifefte plus que dans l'air. C'eft une propriété effentielle à cet élément. L'air fe *dilate* par le feu, & les Phyficiens prouvent que fa *Dilatation* eft telle, que *l'efpace qu'il occupe, eft en raifon inverfe de la force par laquelle il eft comprimé*. Voilà un premier principe. Le fecond eft que *l'élafticité de l'air dilaté eft à l'élafticité de l'air comprimé, en raifon réciproque du volume de l'air dilaté, au volume de l'air comprimé*. Il y auroit bien encore quelque chofe à dire fur la *Dilatation* de l'air. Je réferve ce qui pourroit concerner cet Article à celui de Rarefaction, où il convient mieux. *Voïez* RAREFACTION.

D I M

DIMENSION. Terme de Géométrie. Nom des côtés ou des lignes par lefquelles on mefure les corps. Il y a trois *Dimenfions*, longueur, largeur, & profondeur, ou épaiffeur. Une ligne n'a qu'une *Dimenfion* ; la longueur. *Voïez* LIGNE. Une furface en a deux ; *longueur & largeur. Voïez* SURFACE. Et un corps les a toutes trois ; *longueur, largeur, & profondeur. Voïez* CORPS.

DIMENSION. On fe fert auffi de ce terme en Algébre, pour exprimer les Puiffances des racines d'une équation, que l'on appelle les *Dimenfions* de cette racine. La plus haute puiffance d'une équation cubique a trois *Dimenfions*.

DIMINUTION. Pour expliquer ce terme, qui eft propre à l'Architecture, il faut y ajouter le mot de Colonne. Ainfi l'on dit *Diminution de la Colonne*, & on entend par-là la partie de la *Colonne diminuée*. D'abord l'origine de cette *Diminution* eft dûe à celle de l'Architecture. (*Voïez* COLONNE.) En fecond lieu eft elle dictée par les loix de la Statique, qui demandent cette *Diminution* pour fa folidité. De toutes les regles, qui ont été données par différens Architectes pour la *Diminution* des Colonnes, les deux fuivantes font les meilleures. Suivant la premiere, qu'on peut appliquer aux Ordres maffifs, on divife l'axe de la colonne en trois parties égales, en donnant avec *Goldman*, au tiers d'en-bas une groffeur continue d'un module. A ce tiers, on décrit fur le diamétre de la colonne un demi-cercle, dont le centre eft dans l'axe. Les deux autres tiers de la colonne fe divifent enfuite en autant de parties égales qu'on vent ; & on tire du haut de la Colonne *diminuée*, qui fait $\frac{5}{6}$ du bas, une parallele avec l'axe jufqu'au demi-cercle. Enfin, on divife cet arc coupé en autant de parties qu'il y en a dans les deux tiers de la colonne. Par tous les points de divifion de l'arc aïant tiré des paralleles à l'axe, qui touchent la ligne de divifion de l'axe, on fait paffer une ligne courbe par ces points de contact : & la colonne eft diminuée. On trouvera l'autre maniere de diminuer les colonnes à l'Article de Colonne, où j'ai eu occafion d'en parler. *Voïez* auffi CONCHOIDE.

D I O

DIOPTRES. Parties de certains inftrumens de Géométrie & d'Aftronomie pratique par lefquels on vife en un certain point dans une ligne droite. Ce font deux lames droites & un peu élevées perpendiculairement à l'inftrument, ou à une regle mobile, qu'on nomme Alidade. (*Voïez* ALIDADE.) Les *Diop-*

tres font mieux connus fous le nom de pinules. On trouvera à cet Article leur figure.
(*Voïez* PINULE.) Je me bornerai ici à leur
hiſtoire, dans laquelle je ne puis me ſervir
du terme de *Dioptre*; parce que les Auteurs,
que j'ai été obligé de conſulter pour cela ,
ne connoiſſent les pinules que par ce nom.
Les *Dioptres* font aux inſtrumens aſtronomiques le même effet que les lunettes. La
queſtion eſt de ſavoir s'ils doivent être préférés. *Hevelius* faiſoit uſage des *Dioptres*, &
en a écrit en quelque façon *ex profeſſo*. (*Ma-
china Cœleſtis. Tom. I. Chap. XIV.*) Après
Hevelius on s'eſt ſervi de lunettes. *Robert-
Hook* taxe d'imparfaits les inſtrumens aſtronomiques d'*Hevelius*, par cela ſeul qu'ils
font garnis de *Dioptres*. Cependant *Molineux* ne traite pas *Hevelius* avec tant de rigueur. Il a trouvé, en y faiſant plus d'attention, que ſeſ obſervations étoient auſſi
exactes que celles de MM. *Flamſteed*, *Caſſini*, *Halley*, & c'eſt tout dire. (*Voïez* la
Dioptrique. Part. II. Chap. V.) M. *Halley* même, dans ſon Voïage de Dantzic, aïant
examiné les inſtrumens & les obſervations
d'*Hevelius*, a rendu témoignage à la juſteſſe
de ſes obſervations. (Voïez *Annus Clima-
ctericus* de cet Aſtronome.) Malgré tout cela, les lunettes font préférables aux *Dioptres*. C'eſt le ſentiment de *Molineux*, qui a
fait voir qu'on ne devoit attribuer uniquement la juſteſſe des expériences d'*Hevelius*,
qu'à ſon application extraordinaire , ſans laquelle il n'auroit pû parvenir avec des *Dioptres* communs au dégré de juſteſſe qu'on atteint avec les lunettes. D'ailleurs avec les
lunettes on peut obſerver les étoiles pendant le jour; choſe impoſſible , en faiſant
uſage des *Dioptres*. M. *de la Hire* enſeigne
dans ſes *Tables Aſtronomiques* la maniere
d'appliquer avec exactitude les lunettes aux
inſtrumens aſtronomiques. (*Tabulæ Aſtrono-
micæ*, pag. 59. ou *Traité de la Conſtruction
& Uſage des Inſtrumens de Mathématique* ,
par *Bion*.) Il croit qu'on n'a jamais rien inventé de plus utile dans l'Aſtronomie pratique que l'uſage des lunettes. On s'en ſert encore aujourd'hui dans la Géométrie pratique ; (*Voïez* GRAPHOMETRE.) MM. *Picard*, *Romer*, & *Hughens* font les premiers ,
qui ont appliqué les *Dioptres* aux niveaux.
Voïez NIVEAU.

DIOPTRIQUE. Partie de l'Optique , qui a
pour objet la maniere, dont les raïons de
lumiere, ſoit divergens, ou convergens, font
rompus en paſſant d'un milieu plus rare dans
un milieu plus denſe en général ; mais particulierement dans les verres plans , concaves , & convexes. Les Anciens n'étoient gue-

res avancés dans la *Dioptrique*; à en juger
par les Ecrits, qui nous reſtent d'*Alhazen* ,
& de *Vitellio*. Par cette raiſon ſans doute
ils ont confondu & noïé en quelque façon
la *Dioptrique* avec l'Optique , la partie avec
le tout, ſe contentant ſeulement de lui donner le nom d'*Anaclaſtique* , pour la rendre
apparemment reconnoiſſable. Depuis que l'on
eſt venu à bout de polir le verre comme il
faut, & qu'on a inventé les Teleſcopes &
les Microſcopes , cette partie de l'Optique a
été cultivée préférablement à toute autre.
Kepler a le premier écrit une *Dioptrique* ,
qui fut publiée à Auſbourg *in-quarto* , &
qui a été depuis réimprimée en différens endroits. Sans s'écarter des principes d'*Alhazen* & de *Vitellio* , ce ſavant homme y démontre les propriétés de la réfraction dans
les verres polis. Quoique les Auteurs qui
ont écrit depuis *Kepler* , n'aïent pas perdu
ſes démonſtrations de vûe ; cependant la découverte des véritables propriétés, ou loix de
la réfraction par *Willebrord Snellius* , publiées
dans la *Dioptrique* de *Deſcartes* , donna lieu
à une nouvelle théorie. *Guillaume Molineux* ,
célèbre Mathématicien Irlandois , aïant profité des lumieres de ces deux grands hommes , ſoumit cette ſcience aux loix de la
Trigonométrie. (*Dioptrica nova, or a Treatiſe of Dioptricks*.) Enfin , muni des principes de *Molineux* , M. *Hughens* remania la
Dioptrique, & ſans le ſecours de la Trigonométrie , la traita d'une façon beaucoup plus
générale. Auſſi ſon Livre ſur la *Dioptrique* ,
(*Dioptrica, Hughen. Oper. Pars I. Tom. I.*)
eſt bien le meilleur. qu'il y ait pour la théorie, comme l'*Oculus Artificialis Teleodiop-
tricus* de *Zahn*, la *Dioptrique oculaire* , par
le P. *Cherubin*, peuvent l'être pour la pratique. Afin de développer l'une & l'autre ,
je veux dire la théorie & la pratique de la
Dioptrique, dans l'état qu'elle eſt aujourd'hui,
il faut en établir les principes fondamentaux.

2. 1°. *Tout raïon de lumiere , qui vient de l'objet à l'œil , en traverſant un corps tranſparent , ſelon une direction perpendiculaire , ne
ſouffre aucune réfraction.* 2°. *Tout raïon de
lumiere, qui paſſe d'un milieu rare dans un
milieu denſe , s'approche de la perpendiculaire vers la ſurface du milieu, au point où
il eſt pénétré. Au contraire il s'éloigne de la
perpendiculaire, en paſſant d'un milieu plus
denſe dans un plus rare.*

Cela poſé, il eſt évident que tous les corps
diaphanes & tranſparens font du reſſort de
la *Dioptrique*. Ainſi l'eau , l'huile, la glace ,
& le verre étant propres à rompre les raïons
de lumiere, doivent fournir matiere à des
ſpéculations : je dis des ſpéculations ; car ,

excepté le verre, l'eau, l'huile, &c. n'ont rien qui puiſſe entrer dans la pratique & dans l'uſage. Les verres plans ſont même ici des objets aſſez ſtériles. Pour ſatisfaire cependant la deſſus la curioſité du Lecteur, on trouvera ce qu'ils renferment de plus intéreſſant à l'Article de Réfraction. (*Voïez* REFRACTION.) Je me propoſe, (comme je dois le faire,) de parler ici des verres convexes & concaves, & de renvoïer ailleurs pour les verres qui ſont moitié convexes & concaves. Ceux-ci étant acceſſoires aux principes de la *Diòptrique*, doivent faire une claſſe à part. J'ai beſoin dans tous mes Articles de ménager la matiere; de la reſſerrer, afin que les Articles ſoient également remplis, & qu'il ne faille pas une attention trop forte, ou de trop longue haleine, pour ſaiſir toutes les parties & de Mathématique & de Phyſique, que je développe.

Le Lecteur judicieux doit me paſſer ces courtes réflexions, que je crois abſolument néceſſaires, pour tranquilliſer l'eſprit, & pour le ramener ſous un ſeul point de vûe. Je dis donc : les verres convexes réuniſſent les raïons de lumiere : c'eſt ce qu'on appelle rendre les raïons convergens. Les verres concaves font un effet tout contraire : ils les écartent, les diſperſent, &, comme l'on dit, rendent les *raïons divergens*. Avant que d'établir la théorie des verres convexes & concaves, il faut poſer un principe qui leur eſt particulier, & ſans lequel cette théorie ſeroit inintelligible. Ce principe eſt que *la diſtance du foïer à la ſurface d'un verre ſphérique eſt au raïon de ce verre, comme le ſinus de l'angle d'incidence eſt au ſinus de l'angle qui eſt la différence entre l'angle d'incidence & l'angle de Réfraction.*

3. Soit maintenant un verre convexe d'un côté A B C & plan de l'autre A C (Planche XXV. Figure 145.) Conſiderons la route des raïons de lumiere qui traverſent le verre du côté plan. De tous ces raïons il n'y aura que le raïon R F, qui ne ſouffrira point de réfraction; parce qu'il eſt perpendiculaire à la ſurface convexe A B C du verre, ſelon le principe premier de la *Diòptrique*. Les autres raïons font un angle avec la ſurface ſphérique, qu'on peut & qu'on doit même regarder comme formée par une infinité de petits plans contigus inclinés les uns aux autres. Il doivent donc ſe rompre en s'approchant de la perpendiculaire lorſqu'ils paſſent dans le verre, & s'en éloigner lorſqu'ils en ſortent. Mais quelle eſt la route que ces raïons prendront & où iront-ils ſe réunir ? Notre dernier principe nous l'apprend, *La diſtance du foïer à la ſurface d'un*

verre ſphérique eſt au raïon de ce verre comme, &c. Ainſi C B étant le raïon du verre ſphérique A B C, *c* B eſt à B F en proportion de la réfraction.

Retournons le verre & préſentons aux raïons de la lumiere le côté convexe. Laiſſons le raïon perpendiculaire qui ſe confond avec l'axe de réfraction. Faiſons attention aux autres : je me fixe au raïon R *r* (Plan, XXV, Figure 146.) Suivant la loi de la réfraction ce raïon doit, en traverſant le verre, s'approcher de la perpendiculaire P *p*; & ſans perdre de vûe la même loi, il doit s'en écarter lorſqu'il en ſort. De maniere que ſa route ſera telle qu'il s'approchera de la perpendiculaire juſques au point O, & s'en éloignera à ce point ſuivant la ligne O Q. Et où coupera-t-il l'axe de réfraction ou le raïon B C du verre ſphérique ? *Voïez* FOYER.

4. Ceci ne regarde que les raïons paralleles qui tombent ſur la ſurface d'un verre ſphérique convexe, tels qu'ils peuvent être conçus venir du ſoleil. Examinons la route des raïons de lumiere, qui en partant d'un point lumineux L, vont en ſe divergeant ſe rompre ſur la ſurface A H R B (Planche XXV. Figure 147.) du verre ſphérique convexe. Il n'y a point ici de regles générales. Cela dépend du plus ou moins de diſtance du point lumineux à la convexité du verre. Si le point lumineux eſt au foïer du verre, c'eſt-à-dire, ſi la diſtance entre ce point & le centre de la convexité eſt au raïon comme le ſinus de l'angle d'incidence des raïons paralleles, qui viennent du côté oppoſé, eſt au ſinus de l'angle, qui eſt la différence entre le ſinus de l'angle d'incidence & l'angle de réfraction, alors les raïons ſeront paralleles en ſortant du verre. C'eſt ici le premier cas renverſé, & la même démonſtration ſuffit.

Mais le point lumineux eſt-il plus proche de ce centre ? On démontrera par les principes précédens, que les raïons, en ſe rompant, reſteront divergens tels qu'on les voit dans la figure 147. (Plan. XXV.) Au contraire, le point lumineux ſe trouve t-il à une plus grande diſtance ? Les raïons deviendront convergens, & formeront un foïer, dont on détermine la diſtance à la ſurface du verre. (*Voïez* FOYER.) Voilà tous les cas des raïons divergens. Paſſons aux raïons convergens.

5. La route des raïons convergens ſe détermine ſuivant deux cas qu'il faut bien diſtinguer. 1°. *Lorſque par la convergence les raïons tendent au centre de la ſurface ſphérique, ils ne ſouffrent aucune réfraction. 2°. Sont-ils dirigés vers un autre point?* ces raïons étant rompus de l'autre côté ſe coupe

bent. De façon que le foïer de ces raïons convergens est toujours entre le centre de la surface qui sépare les milieux, & le point auquel tendent les raïons incidens : je m'explique. Si le *Foïer imaginaire* des raïons incidens est donné à une moindre distance que le centre des raïons rompus, les raïons deviennent plus convergens. Si le foïer imaginaire est donné au-delà du centre, les raïons rompus sont moins convergens. Cette théorie s'étend aussi aux verres convexes des deux côtés. Voici ce qu'on en tire.

1°. A B C est un verre convexe; R le foïer & *c* le centre du verre, (Planche XXV. Fig. 145.) alors F D $= 2 c$ B $- \frac{2}{3}$ B D. Par conséquent les deux tiers de l'épaisseur B D étant d'une épaisseur à pouvoir être négligée, comme cela arrive souvent, les raïons paralleles se réuniront à la distance du diametre du verre, soit que le côté convexe soit tourné vers le corps lumineux, ou que ce soit le côté plat.

2°. Le foïer des raïons divergens est plus éloigné du verre que le foïer des raïons paralleles. Et la distance du foïer dans le premier cas, est plus ou moins grande à proportion que le point raïonnant est plus ou moins éloigné.

3°. Si K E est un verre convexe des deux côtés; (Planche XXV. Figure 148.) les points C & O les centres des convexités, & F le foïer des raïons paralleles qui tombent sur ce verre, on aura K O $+$ C E : 2 O E :: K O : F K.

4°. Un objet vû en sa situation naturelle par un verre sphérique convexe, paroît plus grand qu'il n'est.

5°. L'œil étant proche du verre convexe par le moïen duquel il voit un objet fort éloigné, plus il s'éloignera du verre (toujours entre son point de concours) plus l'objet lui paroîtra grand.

6°. Plus l'œil est éloigné d'un verre sphérique convexe entre son point de concours, plus il voit les objets confusément.

7°. Si un objet est au foïer d'un verre convexe, & que l'œil soit de l'autre côté du verre, l'objet paroît distinct & dans sa situation naturelle.

8°. Si l'œil est dans l'axe d'un verre convexe ou d'une lentille entre le foïer *d* (Planche XXV. Figure 149.) & la lentille ou le verre, l'objet paroît dans sa position naturelle : mais augmenté quand au diametre; enforte que la grandeur apparente de l'objet à travers la lentille, est à sa grandeur vûe sans lentille, ou autrement sans verre convexe, comme F L multiplié par O L, est à O D multiplié par F D. Et si l'œil est au-delà du foïer, le point éloigné au-delà de l'objet

A B suivra cette proportion : F L : F D :: O D : O L.

6. Les verres concaves font un effet tout opposé à celui des verres convexes. Examinons-en la théorie. Sur le côté concave A C B d'un verre A D E B (Planche XXV. Figure 150.) concave d'un côté & plan d'un autre; sur le côté concave, dis-je, tombent les raïons R C, R F. Suppofant que le raïon R C passe par l'axe de réfraction, il ne sera point rompu; mais le raïon R F, qui n'y passe pas & qui n'y sauroit passer, se rompra, parce qu'il tombe obliquement sur cette concavité. Il s'approchera, en traversant le verre, de la perpendiculaire, & s'en éloignera en sortant. C'est toujours de la même maniere que la lumiere traverse les verres concaves, & les convexes d'un & de deux côtés. Le principe de la réfraction ne change pas. Toute la variation que peut causer la concavité ou la convexité du verre, diminuera ou augmentera la grandeur des angles formés par les raïons de la lumiere & par la surface du verre, & rapprochera ainsi ces raïons, tantôt plus tantôt moins de la perpendiculaire. La propriété des verres convexes est de courber d'autant plus les raïons les uns vers les autres que cette convexité est plus grande. Au contraire, celle des verres concaves est de les écarter dans la même proportion. Les raïons paralleles deviennent divergens en passant par un verre concave. Ceux qui sont divergens le deviennent davantage. A l'égard de la route des raïons convergens, leur convergence augmente ou diminue en traversant un verre concave, selon que cette convergence augmente ou diminue par la chute des raïons sur ce verre. De façon qu'ils peuvent être paralleles en entrant, & devenir convergens lorsqu'ils sortent. De tout cela résultent les connoissances suivantes.

1°. Les objets visibles par des verres concaves paroissent plus petits qu'ils ne sont réellement.

2°. Plus un verre concave est éloigné de l'œil, plus il représente l'objet petit.

3°. L'œil, situé à une distance convenable, voit distinctement l'objet par un verre concave, qu'il ne voïoit que confusément en étant proche.

4°. Le lieu apparent des objets vus par un verre concave, s'approche toujours de l'œil. C'est pourquoi ces verres sont utiles aux vûes courtes qu'on appelle Miopes, (*Voïez* MIOPES) ou à ceux qui ne voïent distinctement que des objets proches. (Le P. *Cherubin* a en particulier démontré ces propositions. *Voïez* sa *Dioptrique oculaire*.)

Il y a peu de chofes à dire fur les verres moitié convexes & moitié concaves qu'on appelle *Ménifques*. Ce que j'ai dit fur les verres convexes & fur les verres concaves peut s'appliquer bien aifément à ceux-ci. J'en parle cependant à un autre article. *Voïez* MENISQUE. Les Auteurs fur la *Dioptrique* font, *Kepler, Schiller* Jefuite, *Claude Midorge - Patrice* Parifien, *Snellius, Defcartes, Molineux, Hughens,* le P. *Cherubin, Zahn, Hartfoeker, Wolf.*

D I R

DIRECT. Terme d'Aftronomie. Il exprime la maniere dont une planete eft portée par fon mouvement propre dans le zodiaque. On dit qu'une planete eft *Directe* quand le mouvement fe fait fuivant l'ordre des fignes, c'eft-à-dire, quand le mouvement de la planete paroît être à un obfervateur d'Occident en Orient.

DIRECTION. Les Aftrologues appellent ainfi la différence qui eft entre l'afcenfion droite & l'afcenfion oblique de deux points fur le plan du ciel, dont ils nomment l'un le *Significateur*, & l'autre le *Promoteur*. Par conféquent *diriger* eft dans leur langage, calculer l'arc de l'équateur entre le fignificateur & le promoteur.

D I S

DISCRETE. Epithete qu'on donne à une proportion, où le conféquent du premier rapport n'eft pas l'antécédent du fecond, quoique les deux rapports foient égaux. Ainfi 3 : 6 :: 8 : 16 eft une proportion *Difcrete*. 3 eft bien à 6 comme 8 eft à 16 ; mais le rapport de 3 à 6 ou de 8 à 16, n'eft pas le même que celui de 6 à 8.

DISCRETE. Eft encore une épithete qu'on donne à une quantité qui n'eft pas continue, ou dont les parties ne font pas jointes enfemble. Tels font les nombres dont les parties étant des unités diftinctes, ne peuvent faire un feul continu. Dans un *continu* il n'y a point de parties actuellement déterminées avant la divifion. Elles font infinies en puiffance.

DISDIAPASON, Mot Grec, qui fignifie en terme de Mufique une double octave, ou une octave doublée. *Voïez* OCTAVE.

DISGREGATION. Quelques Opticiens appellent ainfi l'action par laquelle certains objets femblent écarter & difperfer les raïons vifuels ; mais ce terme n'eft pas beaucoup ufité.

DISQUE. Les Aftronomes fe fervent de ce terme, pour défigner le corps du foleil, de

la lune, & d'une planete quelconque, tel qu'il paroît à nos yeux. Comme cette apparence ne donne du mot *Difque* qu'une définition un peu vague, expliquons-nous avec plus d'exactitude. *Difque*, c'eft le cercle qui s'engendre, en faifant paffer un plan par le centre de la planete perpendiculairement à une ligne tirée de la terre, ou du foleil. On divife le *Difque* en parties qu'on appelle doigts. *Voïez* DOIGTS. Si l'on en croit les Auteurs du *Dictionnaire des Arts & des Sciences*, on appelle *Difque* le corps des planetes ; parce nous le voïons comme un palet, forte d'inftrument, qui fervoit aux jeux & aux exercices des Anciens. C'étoit une plaque fphérique de métal, qu'on jettoit en l'air, pour faire paroître fa force & fon adreffe. Les Grecs l'appelloient Δισκος, du verbe Δικειν Jetter.

DISQUE, en terme d'Optique, exprime encore la grandeur des verres des lunettes, & la largeur de leurs ouvertures, quelque figure qu'ils puiffent avoir.

DISQUE. En général ce terme eft le nom de tous les inftrumens de Mathématique, qui font conftruits de *Difques* entiers, comme le pantometre, la bouffole, &c. Quelques Géométres s'en fervent auffi pour les demi-cercles, les quarts de cercle, &c.

DISQUE HORAIRE. Inftrument en forme d'un *Difque*, fur l'un des côtés duquel on diftingue la longueur du jour & de la nuit. Sur l'autre côté font des cercles, qu'on imagine dans la fphere célefte, qui fervent à la connoiffance des heures. M. *Wolf* dit dans fon *Dictionnaire de Mathématique*, que *Jean de Padoue* a écrit un Livre entier fur cet inftrument. Malheureufement il n'en donne pas le titre ; & quelques recherches que j'en ai faites, je n'ai pu le trouver, pour faire connoître *Difque Horaire* plus particulierement, ainfi que je m'étois propofé. Seulement M. *Perrault,* en parlant du *Difque d'Ariftarque,* dit que c'étoit un Cadran horifontal, dont les bords étoient un peu relevés ; afin d'empêcher les ombres de s'étendre trop loin. (*Arch. de Vitruv. Liv. IX. Chap. IX. pag. 285. Note E.*)

DISSONANCE. Nom qu'on donne aux intervalles de deux tons défagréables, quand on les entend en même-tems ; ou à des accords faux, qui choquent l'oreille. Tels font les ditons, les tritons, les quartes fuperflûes, les feptiémes, &c. avec leurs octaves. Les *Diffonances* font ou majeures ou mineures. Les unes & les autres tirent leur origine des tierces, dont elles fuivent par conféquent les propriétés. L'accord de feptiéme de la dominante eft la bafe de tous les accords diffonans. Dans cet accord il fe trouve toujours

jours deux *Diſſonances*, qui ſont la ſeptiéme, & la note ſenſible. La ſeptiéme produit toutes les *Diſſonaces* mineures, & la
note ſenſible toutes les *Diſſonances* majeures.

Quoique les *Diſſonances* faſſent un effet
déſagréable, cependant quand on ſait les
marier avec les conſonances, elles enrichiſ-
ſent bien l'Harmonie. Il faut là beaucoup
d'att. Les plus habiles Muſiciens n'emploïent même les *Diſſonances* qu'avec beaucoup de diſcrétion : ils les préparent, les ſau-
vent ; & la choſe n'eſt pas aiſée. En général toute *Diſſonance* majeure doit monter
diatoniquement d'un demi-ton ; & toute
Diſſonance mineure doit deſcendre diatoniquement d'un demi-ton, ou d'un ton. *Broſ-
ſart* preſcrit dans ſon *Dictionnaire de Muſique* d'autres regles : mais ces regles ne ſont
point fondées ſur des principes. Les meilleures dépendent du goût & de l'oreille. Il
faut ſuivre l'un, & conſulter l'autre, pour
emploïer les *Diſſonances*. Les Mathématiques ne peuvent rien déterminer là-deſſus.
La Phyſique a néanmoins quelque droit ſur
les *Diſſonances :* c'eſt de rendre raiſon de
l'effet des *Diſſonances.* Entendons-nous.
Pourquoi tel ton mêlé avec un autre bleſſe-t-il
l'oreille ? On conjecture que deux ſons *diſſo-
nans* ne ſont tels, que parce qu'ils ne finiſſent, & ne recommencent jamais enſemble
les coups qu'ils portent à l'organe de l'ouïe.
De façon que lorſqu'un de ces ſons en porte
deux, l'autre en porte un avec une fraction.
Juſtement cette fraction, ou cette méſintelligence, ſi l'on peut parler ainſi, pour ſe
faire mieux entendre, cette méſintelligence,
dis-je, empêche leurs chûtes de ſe rencontrer, & les rend incommenſurables, du moins
ſenſiblement. De-là le choc irrégulier dans
l'oreille, qui choque l'ame, qui la chagrine,
& qui la bleſſe.

Ariſtoxene eſt le premier qui ait parlé
des conſonances & des *Diſſonances.* Ces intervalles de ſons ont été entierement igno-
rés des Anciens. (*V.* CONSONANCE.) (*Voïez*
la Diſſertation de M. *Perrault*, intitulée ; *De
la Muſique des Anciens.* Elle eſt imprimée
dans ſes Œuvres. *Voïez* auſſi les Notes du
même Auteur ſur l'*Architecture de Vitruve,
Liv. V.*)

DISTANCE. Ligne la plus courte entre deux
points. Cette définition eſt générale & connue de tout le monde ; ſi connue même,
qu'on ſera auſſi étonné de la trouver ici, que
de voir le terme de *Diſtance*, parmi ceux de
Mathématique. Cependant il y en a peu qui
ſoient ſi uſités. Les Géométres, les Aſtronomes, les Opticiens, les Pilotes s'en ſer-

vent. Les premiers appellent la *Diſtance* d'un
point à une ligne, ou d'une ligne à une autre, ou encore de deux à une ſurface, la ligne perpendiculaire tirée du point donné,
ou d'un point pris d'une ligne à l'autre, ou à
la ſurface donnée. Par exemple, la *Diſtance*
de deux points ſur le plan d'une ſphere,
comme de deux lieux ſur le globe terreſtre,
eſt l'arc du plus grand cercle qui eſt décrit par ces deux points, ou ces deux lieux
autour du globe ; parce que cette portion de
cercle eſt la ligne la plus courte qu'on
puiſſe décrire entre deux points ſur le plan
d'une ſphere.

2. Ceci peut convenir à l'Aſtronomie. En effet la *Diſtance* des aſtres eſt l'arc du plus
grand cercle qui paſſe par le centre des
deux aſtres. Si c'eſt de l'aſtre à la terre, ſa
Diſtance eſt une ligne droite tirée du centre de l'aſtre au centre de la terre. Il en eſt
de même de la *Diſtance* d'un aſtre au ſoleil.
On n'a qu'à ſubſtituer le mot de ſoleil à celui de terre, pour y faire convenir entierement cete derniere définition. Quant à la
Diſtance de la lune, elle forme ſeule une
exception. On la détermine aiſément par ſa
parallaxe, qui eſt bien plus ſenſible à l'égard
du demi-diamétre de la terre. De-là vient
moins de diverſité ſur cette *Diſtance* dans
les ſentimens des Aſtronomes, qu'il y en a
ordinairement. M. *de la Hire* donne à la
plus grande parallaxe $1^{o}, 1', 5''$, & à la
plus petite $54', 5''$. D'où l'on conclut que
la plus grande *Diſtance* de la lune à la terre
eſt de 63 & demi raïons terreſtres, & la
plus petite de 56. Avant M. *de la Hire*, *Ptolomée*, & *Riccioli* avoient trouvée cette *Diſtance* ; celui-là de $64\frac{1}{2}$ pour la plus grande,
& environ 54 pour la moindre ; celui-ci
évaluoit l'une $64\frac{1}{4}$, & l'autre 54.

Les Aſtronomes démontrent que ſi l'on
détermine jamais avec exactitude la *Diſtance*
du ſoleil à la terre, il ſera fort aiſé de connoître les raiſons des *Diſtances* des planetes au ſoleil. Suppoſant, par exemple,
cette *Diſtance* 10, celle de Mercure au ſoleil
eſt 4, celle de Venus 7, celle de Mars 15,
celle de Jupiter 52, & celle de Saturne 95.
On voit combien il eſt aiſé, après cela, de
ſavoir les *Diſtances* des planetes à la terre.
Mais comment déterminer la *Diſtance* de la
terre au ſoleil ? Quoique la parallaxe devienne
tous les jours plus ſenſible, par l'exactitude avec
laquelle on l'obſerve aujourd'hui aſtronomi-
quement, néanmoins on n'évalue cette *Diſtance*
qu'avec bien du travail. Les meilleures & les
plus expéditives méthodes qui ont été données par *Ariſtarque* de Samos, (par la Di-
chotomie de la Lune,) par M. *de Caſſini*,

(par la parallaxe de Mars & de Venus,) font encore bien longues & bien pénibles. Ce n'eſt pas là l'ouvrage d'un apprentif. Il faut faire beaucoup de regles, d'obſervations même, qui demandent beaucoup de connoiſſance. Avec la meilleure volonté du monde, je n'ai pû aſſez ſimplifier, ou du moins rapprocher ces regles, pour donner une maniere de déterminer la *Diſtance* du ſoleil à la terre, qu'on pût pratiquer avec le ſecours de ce Dictionnaire. Abſolument on doit conſulter des Traités d'Aſtronomie, ſi l'on eſt Aſtronome, & les étudier, ſi on ne l'eſt pas. Voici une Table de la *Diſtance* du ſoleil à la terre, ſuivant les obſervations des plus célebres Aſtronomes, qui ſera plus intéreſſante pour les uns & les autres.

TABLE DE LA GRANDE, MOYENNE ET PETITE DISTANCE
DU SOLEIL A LA TERRE, EXPRIME'E EN DEMI DIAMETRES TERRESTRES.

NOMS DES ASTRO-NOMES.	Grande diſtance.	Moïenne diſtance.	Petite diſtance.
Hipparque,	1586	1472	1357
Ptolomée,	1210	1168	1126
Albategne,	1146	1107	1068
Copernic,	1179	1142	1105
Tycho,	1182	1150	1120
Kepler,	3430	3381	3317
Wendelin,	14905	14656	14407
Riccioli,	7427	7300	7173
Caſſini,	22374	22000	21626
De la Hire,	34996	34377	33759

Puiſque la différence à l'égard de la *Diſtance* du ſoleil eſt ſi conſidérable, on penſe bien que celle des planetes ſupérieures & inférieures, qui en dépend, ne doit pas être moins grande. *Riccioli* a compilé là-deſſus les ſentimens de pluſieurs Aſtronomes. (*Almageſt. Nov. Liv. VII. Chap. III.*) Et quoique *Riccioli* ſoit fort louable, je ne l'imiterai pas. Le détail qu'exigeroit une pareille diſcuſſion, n'eſt pas petit. Il faut penſer qu'il y a ſept planetes; & qu'en faiſant mention de leurs grandes, moïennes & petites *Diſtances*, on formeroit un Livre. Je ne ſais pas encore ſi ce Livre ſeroit d'une grande utilité. Quand il le ſeroit, je ſerois forcé d'en priver le Lecteur, & de me borner à la meſure la plus approchante. Dans cette vûe quelle opinion pourrois-je choiſir, qui approchât de celle de M. *de Caſſini* ? On ſe contentera donc d'une Table calculée par ce ſavant Aſtronome; & on ſeroit bien difficile, ſi l'on ne s'en contentoit pas.

DISTANCE DES PLANETES A LA TERRE EN DEMI-DIAMETRES
TERRESTRES, SUIVANT M. DE CASSINI.

PLANETES.	Grande diſtance.	Moïenne diſtance.	Petite diſtance.
♄	244000	210000	176000
♃	143000	115000	87000
♂	59000	33500	8000
♀	58000	22000	6000
☿	33000	22000	11000

La connoiſſance de la *Diſtance* des corps céleſtes eſt néceſſaire pour déterminer leur grandeur. Sur ces grandeurs, les ſentimens des Aſtronomes ſont encore bien partagés. *Riccioli* s'eſt donné la peine de rapporter cette différence. Bornons ici ce qui regarde les *Distances* Astronomiques. Nous parlerons ailleurs de la *Distance* des étoiles, qu'il est presque impossible de mesurer. *Voïez* ETOILE.

DISTANCE DU ZENITH. L'arc du Méridien, ou de tout autre cercle vertical compris entre le Zénith & un point sur le plan de la sphere du monde, tel que celui du centre d'une planete, d'une étoile, &c. On divise cette *Distance* en *Distance véritable*, & *Distance apparente*. La premiere est l'arc de cercle vertical, compris entre le Zénith & le vrai lieu de l'étoile ; & la seconde l'arc de cercle vertical entre le Zénith & le lieu apparent de l'étoile. Celle-ci est toujours le complement de la hauteur au quart de cercle. Ainsi elle est aisée à trouver lorsqu'on a la hauteur de l'étoile. Cette hauteur étant de 63°, celle du Zénith sera de 27°.

DISTANCE. En terme de Mécanique, c'est l'éloignement tant du poids que de la puissance à un point fixe. On trouve ces *Distances*, en laissant tomber de la ligne de direction du poids & de la puissance des lignes perpendiculaires sur la ligne horisontale qui passe par le point fixe de la machine. Soit C le point fixe d'une roue mobile sur son axe ; D V la ligne horisontale tirée par le point C ; (Planche XL. Figure 151.) D K la ligne de direction de la puissance ; V L celle du poids P, V C est la *Distance* du poids, & D C celle de la puissance.

C'est par ces *Distances* que le poids étant donné, on détermine la puissance nécessaire pour le mouvement d'une machine ; & qu'au contraire la puissance étant donnée, on détermine le poids qu'elle peut soûtenir. La puissance & le poids étant connus, & étant toujours les mêmes, le point commun fixe qui se détermine par lesdites *Distances*, donne toute la disposition & la division de la machine.

DISTANCE HORAIRE. C'est dans la Gnomonique l'angle que font deux lignes horaires. Dans l'Astronomie on appelle *Distance horaire de la lune au soleil* l'arc de l'équateur entre les deux méridiens, dont l'un passe par le centre de la lune.

DISTANCE DE L'OEIL. Terme de Perspective. Ligne droite tirée du bas de la hauteur de l'œil à un point de l'objet, qui coupe cet objet par une ligne qu'on y éleve à angles droits.

DISTANCE DES POLIGONES. En Fortification on appelle ainsi une ligne tirée entre le poligone extérieur & intérieur d'une Place fortifiée.

DISTANCE DES BASTIONS. Côté du poligone extérieur. C'est cette ligne qui passe par les deux angles flanqués de deux bastions.

DISTANCE. On se sert de ce mot en terme de pilotage : c'est le nombre de dégrés ou de lieues qu'a fait un vaisseau en allant d'un endroit à un autre.

DIT

DITON. Terme de Musique. Intervalle qui comprend deux tons. On l'appelle autrement double ton ou tierce majeure. Deux cordes égales tendues dans le rapport de 4 à 5 ou de 5 à 6 donnent un *Diton*.

DIV

DIVERGENCE. Terme d'Optique. Disposition des raïons, en allant de l'objet à l'œil, à s'écarter toujours l'un de l'autre.

DIVERGENS. Epithete qu'on donne en Optique à des raïons, qui, partant du même point d'un objet visible, s'écartent continuellement l'un de l'autre à mesure qu'ils s'éloignent de l'objet.

DIVERGENTE. *Hyperbole Divergente*. C'est une hyperbole dont les jambes tournent leurs convexités l'une vers l'autre, & prennent leur cours en sens contraire.

DIVERSITE DE DIAMETRE. Dans l'ancienne Astronomie on nommoit ainsi l'arc de l'écliptique dont les prostapherefes de l'épicycle sont plus grandes dans le Périgée que dans l'Apogée. *Ptolomée* & *Copernic* appellent cet arc *Excès*. (*Voïez Moestlin. Epitom. Astronom. L. IV.*)

DIVIDENDE. Terme d'Arithmétique. C'est le nombre qui doit être divisé en parties égales par un autre nombre. Dans une fraction le *Dividende* s'appelle *Numérateur*.

DIVISEUR. Nombre par lequel on en divise un autre ; ou autrement *Diviseur*, qui est comme l'on voit un terme d'arithmétique, est le nombre qui indique en combien de parties on en doit diviser un autre. Par exemple si l'on veut diviser 12 par 4, alors 4 est le *Diviseur*. Lorsqu'après la division il reste encore quelque nombre du dividende, ce reste se place derriere le quotient, & on tire dessous une ligne horisontale où l'on met le *Diviseur*. Alors on a une fraction dont le *Diviseur* forme le dénominateur. *Voïez* DENOMINATEUR.

Une opération qui exerce les Géometres sur le *Diviseur*, c'est de trouver tous les *Diviseurs* exacts d'une quantité donnée. La chose est simple sans être aisée, & elle est aussi utile que curieuse. Ces deux avantages me déterminent à donner une méthode ou une formule générale qui en découvre l'artifice.

Soit la quantité donnée $a^2 b + a a b b$, dont on demande tous les *Diviseurs* sans reste. Je fais d'abord deux colonnes, une pour les *Diviseurs*, l'autre pour les dividendes, comme l'on voit ici ; & je remarque, 1°. Que a multiplie tous les termes, j'écris donc a dans la colonne des *Diviseurs*, & le quotient $a^2 b$ & $a b b$ dans celle des dividendes.

DIVIDENDES.	DIVISEURS.
$a^3 b + a a b b$	a
$a^2 b + a b b$	$a, a a$
$a b + b b$	$b, a b, a a b b$
$a + b$	$a + b, a a + a b, a^3 + 3 a a b, a b + b b, a a b b + a b b, a^3 b + a a b b.$

2°. Ce quotient peut encore se diviser dans la quantité a, qui multiplie tous les termes, j'écris donc a dans la colonne des *Diviseurs*, & le quotient $a b + b b$ dans celle des dividendes.

3°. Ce nouveau quotient se divise par la quantité b. Ainsi j'écris toujours de même b sous les *Diviseurs*, & $a + b$ sous le dividende.

4° Enfin, comme l'on ne peut diviser $a + b$ que par $a + b$, j'écris $a + b$ sous les *Diviseurs*, & le quotient 1 sous le dividende.

Maintenant, si l'on multiplie le premier *Diviseur* par le deuxiéme a, on aura le troisiéme *Diviseur* $a a$. Multipliant ensuite a & $a a b$ par le *Diviseur* b, le produit est $a b$ & $a a b b$. Tous ces *Diviseurs* étant enfin multipliés par le dernier $a + b$, on a les autres *Diviseurs*. De sorte qu'on trouve 11 *Diviseurs* exacts dans $a^3 b + a a b b$.

Pour faciliter la pratique de cette méthode, je vais faire usage de nombres.

Supposons qu'on demande tous les *Diviseurs* exacts de 150. Divisez ce nombre par 2 & le quotient par 3 ; ensuite par 5 & par tous les nombres impairs jusques au dernier quotient de l'unité. Multipliez ensuite le premier *Diviseur* 2 par le second 3 & écrivez le produit 6, qui devient un nouveau *Diviseur*. Les trois *Diviseurs* 2, 3, 6, étant multipliés par le *Diviseur* 5, on a 10, 15, 30. Enfin, on multiplie le dernier *Diviseur* 5 par les *Diviseurs* qu'on a trouvés : ce qui donne 25, 50, 75, 150. il ne reste qu'à ajouter tous ces *Diviseurs*, & la somme 12 est le nombre des *Diviseurs* exacts du nombre 150. On voit par l'exemple suivant la disposition & le résultat de cette regle.

DIVIDENDES.	DIVISEURS.			
150	2			
75	3. 6			
25	5.	10.	15.	30
5	5.	25.	50.	75. 150
1				

DIVISIBILITE'. Ce terme exprime une propriété. Lorsqu'on le joint avec une chose, c'est la disposition de cette chose à être divisée. Les Physiciens substituent au mot de chose celui de matiere, ce qui revient au même, & disent *Divisibilité de la matiere*, pour énoncer une question importante dans la Physique, celle où l'on discute si la matiere est divisible à l'infini.

Il y a un tems immémorial que les Physiciens agitent cette question. Et si l'on peut en assigner l'origine, elle doit être aussi reculée que celle de la Physique. Car enfin la matiere étant l'objet de cette science, il est tout naturel de penser qu'elle a dû être le premier objet de l'attention de ceux qui y ont fait les premiers pas. Ceci n'est qu'une conjecture. Ce qu'il y a de certain, c'est que les premiers argumens, dont on ait connoissance, sont ceux d'*Aristote*, argumens très-spécieux, étonnans même, en supposant qu'il n'en eût pas paru d'autres avant ce Philosophe. Comme cette question est une question importante par rapport à son objet & à ses suites, je l'examinerai dans toute son étendue, c'est-à-dire, méthaphysiquement, mathématiquement & physiquement. Selon cet ordre je prouverai que la matiere est divisible à l'infini & qu'elle ne l'est pas. De-là je pourrai tirer quelques conclusions sans préjudice de celles que le Lecteur en tirera lui-même s'il ne se contente pas de la mienne.

2. Laissons-là l'objection d'*Aristote* qui est mathématique. Le plan que je me prescris étant de procéder par des preuves métaphysiques qui sont plus lumineuses, je dois négliger l'ordre chronologique, qui n'est pas toujours celui des idées.

1°. Une ligne est *Divisible* à l'infini : je le prouve. Une ligne n'a qu'une dimension : c'est sa longueur ; & ce qui termine cette longueur ce sont deux points. Divisons maintenant une ligne en deux ; cette moitié en deux, prenons la moitié de cette moitié, & puis de cette autre moitié. Quelque division que l'on fasse, il restera toujours la partie d'une ligne, dont on pourra prendre la moitié. Car cette partie d'une ligne est une ligne elle-même terminée par deux points. Elle a donc deux extrémités. Puisqu'elle a deux extrémités, elle a un milieu & par conséquent elle peut être divisée en deux parties égales. Donc la matiere est *divisible à l'infini.*

On répond à cela, que si la ligne est divisible à l'infini, elle contient une infinité d'endroits par où elle peut être divisée; car elle ne peut être divisible par les endroits qu'elle ne contient pas. Mais Dieu voit ces endroits; & puisqu'il les voit, il peut par un seul acte de sa volonté faire tout d'un coup la division de cette ligne par ces mêmes endroits. Donc la matiere n'est pas *divisible à l'infini.* Cet argument revient à celui-ci. Dieu voit toutes les parties dont la ligne est composée, & par conséquent Dieu peut en séparer les parties. Donc, &c.

A la regarder de près, cette réponse renferme une subtilité qui ne dit pas grand chose. Il me semble qu'on pose justement pour principe ce qu'il faut prouver. On veut connoître l'infini de la matiere par le pouvoir d'un Etre infini, bien au-dessus de nos connoissances & de notre conception. D'ailleurs Dieu étant infini, pourquoi ne verra-t-il pas dans cette ligne une infinité d'endroits? Pourquoi ne pourra-t-il pas diviser cette ligne par ces endroits, sans que le nombre de ses parties cesse d'être infini? Non-seulement la chose est très possible; mais elle doit être quand on ne perd pas de vûe l'idée que nous devons avoir de cet Etre suprême. En général, lorsque nous parlons de Dieu, nous le faisons trop agir suivant nos connoissances & notre façon de parler. Cela n'est pas étonnant. Nous jugeons par nos lumieres; & nos lumieres ne peuvent guéres nous éclairer sur un Etre infini. Il faut être bien en garde sur soi-même, pour observer dans nos jugemens la distance infinie du Créateur à la créature.

Poussons les choses dans un coin plus reculé de la Métaphysique. Parlons à notre imagination sans la soulager par l'idée de ligne ou de toute autre étendue. Je prouve que la matiere est *divisible à l'infini* par ce simple argument. On peut prendre moitié de moitié continuellement. Je m'explique. Toute moitié est composée de deux quarts; tout quart de deux huitiémes; tout huitiéme de deux seiziémes; tout seizième de deux trente-deuxiémes; tout trente-deuxiéme de &c. ainsi à l'infini en doublant toujours le dénominateur de la fraction. Donc la *Divisibilité à l'infini* est démontrée.

Les personnes qui prétendent que la matiere n'est pas *divisible à l'infini,* accordent

tout cet argument. Ils laissent courir l'imagination aussi loin que l'on veut, & ne l'arrêtent que quand il s'agit d'en faire l'application à quelque chose de déterminé & de créé. C'est-là où ces Messieurs vous attendent. Si on les en croit, on fait un faux jugement, lorsqu'on applique sans y faire assez d'attention, des nombres abstraits à des sujets qui sont incapables d'en avoir les propriétés. Et tout de suite ils vous renvoient à la division d'un corps. Peut-être aussi est-ce sortir de la question. En effet, la voïe métaphysique pourroit bien être trop élevée, trop subtile, trop legere même pour une question tout à la fois mathématique & physique, où l'esprit n'est pas si livré à lui-même. Dans la Métaphysique rarement est-on soutenu dans les raisonnemens qu'on fait. L'imagination fait les frais de tous les jugemens. L'imagination n'est pas toujours sage. Soutenons-là ici par de solides regles des Mathématiques. C'est la seconde partie de notre examen.

3. Pour prouver que la matiere est *divisible à l'infini,* soient menées deux lignes A B, C D, indéfinies & paralleles entre-elles. (Planche XXIV. Figure 152.) Entre ces lignes, soit tirée la ligne E F perpendiculaire à ces lignes. Prenez sur la ligne A B un point quelconque G. Menez de ce point des lignes G 1, G 2, G 3, G 4, &c. Ces lignes en quelque nombre qu'elles soient, approcheront continuellement du point E ou F, en divisant la ligne E F en des parties toujours plus petites, parce qu'il est impossible que ces lignes ne soient entre ces paralleles sans couper la ligne E F. Donc la ligne E F est *divisible à l'infini,* ou pour me servir de l'expression sage de M. *Rohault,* Auteur de cette preuve, à *l'indéfini.*

Toute la réponse, qu'opposent à cette preuve ceux qui nient la *Divisibilité de la matiere à l'infini,* est une démonstration. Cette démonstration fait voir que les lignes, qu'on peut tirer du point L sur la ligne E F, sont en moindre nombre que celles qu'on peut tirer perpendiculairement sur cette ligne. De-là on tire cette conséquence. Les lignes qu'on peut mener de tous les points de la ligne indéfinie C D, ne diviseront pas toujours la ligne E F, & elles se confondront. Je croirois volontiers que la chose doit être. Il suffit pour cela que la distance du point de la ligne C D, duquel on doit mener une ligne au point G, soit infiniment grande par rapport à la partie de la ligne E F, terminée par la derniere ligne tirée antérieurement, & le point par où doit passer la ligne, qu'on va tirer actuellement. Dès que cette partie sera infiniment petite, il y aura de la confufion. En faut-il davantage pour renverfer la Démonftration de M. *Rohault* ? Le Lecteur en jugera.

2°. On démontre en Géométrie qu'il y a des lignes telles qu'après avoir retranché la petite de la plus grande, on trouve que le refte eft contenu un certain nombre de fois avec un refte ; que ce fecond refte y eft contenu un certain nombre de fois avec un troifiéme refte, qui donne à fon tour un quatriéme refte : ainfi de fuite, fans pouvoir jamais affigner un dernier refte, qui mefure exactement la petite ligne.

La diagonale d'un quarré eft ainfi à l'égard de fon côté. Pourquoi ? Parce que le quarré de la diagonale étant au côté du quarré, comme 2 à 1, il faudroit, pour connoître le rapport de leurs racines, qu'on pût extraire la racine de 2, comme on extrait celle d'1. Or la chofe étant impoffible, foit en nombre, ou en nombres rompus, il eft évident que la diagonale n'a aucune de fes parties aliquotes, fi petite qu'elle foit, qui puiffe mefurer exactement le côté d'un quarré. Donc cette ligne a une infinité de parties : donc elle eft *divifible à l'infini*.

La réponfe, qu'on fait à cette preuve, eft celle-ci. Il y a bien dans cette ligne des parties indivifibles ; & ces parties font fans contredit la mefure commune de ces deux lignes. Mais cette partie eft inaffignable. C'eft une chofe affez extraordinaire que nous voulions en conclure qu'elle n'exifte pas ; parce nous ne faurions la concevoir. Ceci eft une fuite de la foibleffe de l'efprit humain, ou pour mieux dire, de fa vanité. Si l'on déterminoit l'inaffignable, il n'y auroit plus d'incommenfurabilité ; & la Géométrie ne va pas jufques-là. Il refte encore bien des chofes à dire là-deffus. On en trouvera beaucoup dans une *Lettre d'un Mathématicien à un Abbé*, où l'on fait voir, 1°, *que la matiere n'eft pas divifible à l'infini, &c. Lettre I^e. pag. 41, & fuiv.*

3°. M. *s'Gravefande*, qui penfe que la matiere eft *divifible à l'infini*, prouve ainfi fa *Divifibilité*. Soit la ligne A C (Planche XXIV. Figure 153.) perpendiculaire fur la ligne B F ; & à quelque point, comme D, foit menée une ligne D E, perpendiculaire à la même ligne. Enfin, fur la ligne indéfinie A C, foient décrits des cercle A *e*, A *f*, A *g*, &c. Ces cercles couperont la ligne D E aux points 1, 2, 3, &c. Plus on s'éloignera du point A, pour décrire ces cercles, c'eft-à-dire, plus les raïons feront grands, plus la partie 3 D, de la ligne D E, fera petite, ou diminuée. Et comme le raïon

A C peut augmenter à l'infini, cette partie doit diminuer à l'infini, fans jamais s'éteindre ; parce que le cercle ne peut jamais convenir avec la ligne droite A D, qui eft fa tangente. De-là il fuit que l'angle mixte, que forme le cercle avec la tangente, peut être diminué à l'infini ; & que cet angle, quoique divifible à l'infini, eft plus petit que tout angle rectiligne. Donc une partie infiniment petite d'une grandeur quelconque, divifée à l'infini, eft *divifible à l'infini*. C'eft encore une conféquence légitime tirée de la démonftration de M. *s'Gravefande*. (*Phyfices Elem. Math. Liv. 1.*)

Voilà un paradoxe tout-à-fait étrange, & qui a bien la mine de contredire la vérité. Je ne prétends pas luter avec ni contre M. *s'Gravefande* : mais ma qualité d'Hiftorien, & celle de Differtateur m'oblige de rapporter tout uniment ce qu'on peut oppofer à cette démonftration. Le grand point fur lequel ce célèbre Phyficien fe fonde, eft que l'arc de cercle A S, quel qu'il puiffe être, ne fe confondra jamais avec la tangente A D. Quelque captieux que foit ce raifonnement, on pourroit, ce femble, y répondre ; & voici comment. En faifant le raïon du cercle infiniment long, on décrit un cercle infiniment grand, Or je dis : Ou la partie A D de la ligne B F eft infinie, ou elle eft limitée. Si elle eft limitée, quelque grande qu'elle foit, elle fera un infiniment petit, par rapport au cercle décrit par le point, qui fera un infiniment grand. Mais l'arc infiniment petit d'un cercle eft une ligne droite. Donc la ligne A D étant déterminée, elle deviendra un arc infiniment petit d'un cercle infiniment grand ; & par conféquent les points A & 3 fe confondront. Si la ligne A D n'eft pas déterminée, je veux dire, fi elle eft infinie, le cercle ne pourra couper la ligne D E, qui fera infiniment éloignée, qu'à un feul point, c'eft lorfque le cercle fera infiniment grand.

4°. La propriété étonnante des affymptotes fournit une autre preuve géométrique en faveur de la *Divifibilité de la matiere à l'infini*. Il eft démontré, que l'hyperbole approche continuellement de ces lignes, fans jamais les rencontrer. (*Voiez* ASSYMPTOTE.) Donc une ligne quelconque, comprife entre ces lignes & l'hyperbole, fera *divifible à l'infini*. On peut répondre à cela que les affymptotes devenant infinies de même que l'hyperbole, on ne voit rien qui répugne à une approche infinie. Si l'hyperbole s'approche, les affymptotes s'écartent. L'un vaut l'autre, fauf la volonté du Lecteur. Paffons aux preuves phyfiques touchant la queftion préfente.

4. J'appelle *preuves physiques* des preuves tirées de la Physique. Comme cette Science a la nature pour objet, elle considére des parties qui composent la matiere; & ces parties paroissent dans différens corps innombrables.

1°. Un fil de soïe pese un grain, & a 360 pieds de longueur. Le pouce peut se diviser en 600 parties, qui sont toutes visible sans le secours d'aucun instrument. D'où il suit qu'un fil de soïe est *divisible* en 648000. L'or se subdivise encore davantage. *Voïez* DUCTILITE'.

2°. Le fameux *Boile* aïant dissout un grain de cuivre rouge dans de l'esprit de sel ammoniac, le mêla avec de l'eau dont le poids étoit de 28534 grains. Ce seul grain de cuivre teignit toute l'eau dans laquelle il avoit été jetté. Cette eau aïant été mesurée contenoit 10557 pouces cubiques. Or si l'on suppose qu'il y a dans chaque partie visible de l'eau une petite partie de cuivre fondu, il y a 216000000 particules visibles dans un pouce cubique. Par conséquent un seul grain de cuivre doit avoir été divisée en 127880000000 petites parties visibles. (*Voïez* là-dessus la *Contemplation du monde* de M. *Niewentit.*) On lit dans les *Mémoires de l'Académie Roïale des Sciences* de 1706 qu'un seul grain de vitriol dissous dans 9216 grains d'eau, teint sensiblement de sa couleur toute cette quantité d'eau.

3°. Il existe dans les corps odoriférans une subtilité de matiere beaucoup plus considérable que celle dont nous venons de parler. On sait, & c'est par l'odorat qu'on en juge, on sait, dis-je, qu'il s'en écoule perpétuellement des parties d'une ténuité si excessive, que beaucoup de corps ne perdent point sensiblement de leur poids, quoiqu'ils aïent rempli de leurs particules odoriférantes des espaces fort grands. M. *Keil* s'est donné la peine de calculer la grandeur d'une particule d'*Assa fœtida*, sorte de gomme que les Médecins appellent *Laser Medicum fœtidum.* Il évalue une particule à $\frac{57}{1000,000,000,000,000,00}$, d'un pouce cubique. (*Vera Physica. Lect. V.*) Le Musc exhale, sans rien perdre de sa substance, une odeur très forte pendant des années entieres; odeur qui arrête, assoupit, & rend immobiles des serpens d'une grandeur énorme. (Voïez le *Recüeil XIV. des Lettres édifiantes des Missionnaires de la Compagnie de JESUS.*) M. *s'Gravesande* a fait dans ses *Physices Elementa Matheseos, L. I. Chap. IV.* un calcul sur la petitesse des par-

ties des corps odoriférans.

4°. Pour dernier trait, M. *de Malezieu* a vû, par le moïen du microscope, des animaux vivans 27 millions de fois plus petits qu'une mite, c'est-à-dire, 27 millions de fois plus petits que les plus petits animaux sensibles. L'imagination se perd là. On peut cependant l'effraïer encore davantage, sans quitter ces animaux. Il suffit pour cela de faire attention que ces animaux ont des yeux, des pieds, des intestins, des veines, des arteres, un cœur, du sang, & que ce sang a des particules. M. *Keil* a observé que les particules du sang des petits animaux, qu'on découvre dans les fluides, avec le secours des microscopes, doivent être plus petites que cette partie d'un pouce cubique, exprimée par une fraction, dont le numérateur est 8, & le dénominateur est l'unité accompagnée de 30 zéros.

5. Que doit-on conclurre de tous ces raisonnemens? La matiere est-elle *divisible à l'infini*? Je voudrois avant que de se déterminer, qu'on pût donner une idée de l'infini. Après qu'on l'aura fait connoître, je consens qu'on décide. Mais l'infini a-t-il jamais été connu? Il cesseroit d'être tel. Tout ce qui est indéfini passe la portée de nos lumieres; & cependant l'indéfini, ou l'inassignable est subordonné à l'infini. Eh bien, qu'on se contente du premier terme à l'égard de la *Divisibilité* de la matiere. C'est le parti le plus sage, & peut-être aussi le seul qu'il y ait à prendre.

DIVISION. L'une des quatre premieres Regles d'Arithmétique & d'Algébre: c'est là la quatriéme. En Arithmétique, la *Division* est l'art de trouver combien un ou plusieurs nombres sont contenus dans un ou plusieurs autres. Il y a trois sortes de *Divisions. Division* de nombre à nombre, c'est-à-dire, d'un seul entier à un seul entier. *Division* de plusieurs entiers à plusieurs entiers; enfin, *Division* d'entiers avec parties. La premiere *Division* est la plus simple. Il s'y agit de trouver combien un nombre est contenu dans un autre; & l'Abaque de *Pythagore* suffit pour cela. (*Voïez* ABAQUE.) Le nombre 8 étant proposé à *diviser* par 2, on cherche combien de fois le nombre 2 est contenu dans 8. On trouve 4 fois. On met ce 4 à part. C'est ce qu'on appelle le quotient de la *Division.* (*Voïez* QUOTIENT.) Lorsque le dividende, qui est le nombre à *diviser*, est composé de deux figures, on fait la même regle. Ainsi le quotient de 64 par 8 est 8; parce que 8 est contenu 8 fois dans 64. Cela est trop simple, pour s'y arrêter. Voïons quelque chose de plus relevé. Le dividende étant de plusieurs figures, le diviseur est d'une seule. Comment doit-on s'y prendre, pour faire cette *Division* ? La même opération est ici de mise. Il suffit de la répéter autant de fois qu'il est nécessaire, pour tous les nombres du diviseur. Les nombres 865493 sont donnés pour dividende, & le nombre 4 pour diviseur. Comme le caractere de la *Division* est deux points, (:) les Mathematiciens indiquent ainsi celle que je propose, 865493 : 4; & les Arithméticiens écrivent 865493 | 2 quotient)

$$\frac{}{4}$$

pour la commodité de l'opération.

En quatre mots voici tout le détail de celle-ci. Divisez le premier nombre 8 par 4. Suivant ce qu'on a vû plus haut, il viendra 2 qu'on écrit au quotient. 2 fois 4 font 8 & il ne reste rien. Passez au second chifre. En 6 combien de fois 4 ? 1 & il reste 2. C'est justement ce reste qui fait toute la différence de cette sorte de *Division* avec les précédentes. Afin que ce 2 n'embarrasse pas, on le joint avec le nombre 5, qui suit le nombre 6. Or 2 joint avec 5 fait 25. Divisez 25 par 4 le quotient est 6 & il reste 1. Continuant de même jusques au dernier chifre l'opération sera faite. Si on la fait bien, on trouvera 21623 au quotient & il restera 1 à diviser par 4, c'est-à-dire $\frac{1}{4}$ qui est une fraction. (*Voïez* FRACTION.)

On voit bien par-là que rien n'est plus aisé que la *Division* à une seule figure au diviseur. Quoique la *Division* où le diviseur est de plusieurs figures, soit un peu plus compliquée, elle n'est pas dans le fond plus difficile.

2. La premiere attention qu'on a, c'est de bien placer les chifres du dividende & du diviseur. Si le premier nombre du diviseur peut être contenu dans le premier nombre du dividende, ce nombre doit répondre à celui du dividende ; & s'il ne peut pas y être contenu on le place sous le second. Dans l'exemple que je donne ici, (*Dividende* 86497 (*Diviseur* 123

l'1 est placé sous le 8, parce qu'il y est contenu.

Après cela 1°. Cherchez combien ce nombre est contenu dans 8, & portez-le au quotient, supposé qu'il ne soit pas trop grand ; ce qu'on connoîtra par ce que je dirai ci-après. 2°. Multipliez par ce nombre les autres du diviseur. 3°. Otez chaque produit du nombre correspondant au-dessus. 4°. Cette opération étant faite, s'il reste quelque nombre au dividende, recommencez l'opération jusques à ce qu'il n'y ait plus de reste, ou du moins jusques à ce que ce reste soit moindre que le nombre du divi-

seur ; & l'opération sera finie. Il reste pourtant une chose à observer : c'est que le premier nombre qu'on met au quotient, ne soit pas trop grand, afin que le produit de ce nombre avec ceux du diviseur n'excede pas ceux du dividende qui lui répondent, & qu'on puisse les soustraire. A cette attention près, le reste est tout uni ; & on voit bien que la *Division* la plus compliquée n'est composée que d'une *Division* simple, d'une multiplication & d'une soustraction. Rappellons en peu de mots l'exemple ci-dessus & faisons la regle.

Aïant mis l'1 sous le 8, le 2 sous le 6 & le 3 sous le 4, on dit en 8 combien de fois 1 ? 8 fois. Il ne faut pas se presser décrire 8 au quotient. Ce 8 doit multiplier 3 & 2, & leur produit doit être soustrait des nombres 864 du dividende. On porte donc 7 au quotient & on dit : 3 fois 7 font 21. Pour ôter 21 de 4, on emprunte deux dixaines du nombre 6 qui est à côté. Ces dixaines ajoutées avec 4, la somme est 24, de laquelle 21 étant soustrait, le reste 3 s'écrit au-dessus de 4. Vient ensuite le nombre 2 qu'on multiplie par 7. Comme on a ôté 2 de 6, ce nombre ne vaut plus que 4. Une dixaine y étant jointe, on aura 14. De 14 ôtez le produit de deux par 7, qui est 14, il ne reste rien. Le nombre 8 ne vaut plus que 7. Multipliant 1 par 7, le produit est 7. Qui de 7 ôte 7 il ne reste rien. Ainsi 1 2 3 est contenu 7 fois dans 864 avec 3 d'excès. Pour les nombres 397, l'opération se recommence ; 3 qui vient au quotient en est le résultat. De sorte que 73 est le nombre de fois que 123 est contenu dans 86497. Reste 8, qui ne pouvant plus se diviser forme avec le diviseur, la fraction $\frac{28}{123}$.

3. Lorsqu'on a des nombres à *diviser* par l'unité jointe à des zeros, il suffit, pour la *Division* d'en retrancher autant de figures, ou de chifres à droite, que le diviseur contient de zeros.

Le dividende étant 50, & le diviseur 10 ; retranchant le zero de 50, le reste 5 sera le quotient, c'est-à-dire, le nombre de fois que 10 est contenu dans 50. Le dividende est-il 370 ? Le quotient par 10 sera 37. Si le dividende est 46000, & le diviseur 100 ou 1000, on aura 460 pour quotient dans le premier cas, & 46 dans le second. Enfin, lorsque le dividende ne contient point de zeros, on retranche autant de figures, que le diviseur en contient. 7645 étant *divisé* par 10, le quotient est 764, il reste 5 ; & étant *divisé* par 100, le quotient est 76, & il reste 45, &c.

4. La *Division* de nombres entiers par parties

est

est de deux especes; savoir des nombres entiers avec parties par des entiers seuls; &
des nombres avec parties par des nombres
entiers par parties. Examinons les regles de
la premiere espece de cette *Division*.

1°. Divisez les nombres entiers par des
entiers. 2°. Réduisez ce qui reste en parties
de parties, c'est-à-dire, si ce sont des toises,
en pieds; des livres, en sols, &c. 3°. Aïant
ajouté à ces parties les autres, divisez-les
par le diviseur commun. Reste-t'il quelque
nombre? 4°. Réduisez ces nombres en des
parties telles qu'en renferme le diviseur.
Cette réduction se fait en multipliant le nombre qui reste par les parties aliquotes de ce
nombre: je veux dire par 12 pour des pouces, par 12 pour des deniers, &c. 5°. Divisez enfin ce produit par le diviseur commun.

EXEMPLE.

On propose ce nombre avec parties
874 livres, 11 sols, 8 deniers,
à diviser par 10 . . . | 87 tt 9 s 2 9.
Par les premieres regles de la division, le
quotient de 874 par 10 est 87 & il reste
4 livres qu'on multiplie par 20, au produit
on ajoute les 11 sols du dividende pour avoir
91 sols à diviser par 10. Le quotient est 9.
Reste 1 sol qu'on réduit en deniers, en le
multipliant par 12, parce que 12 deniers
font un sol, au produit 12, aïant ajouté 8 &
ensuite divisé la somme par 10, vient 2 au
quotient. Comme il ne reste rien après cette
Division, l'on conclud que le quotient de
874 tt 11 s 8 9 est 87 tt 9 s 2 9.
Pour la seconde espece de *Division*, celle
des nombres entiers avec des parties est
seulement plus longue que l'autre. A cela
près, il n'y a pas plus de difficulté. La plus
facile méthode est celle-ci. 1°. Réduisez les
nombres entiers & les parties du dividende
& du diviseur en ses plus petites parties. Si
l'on a des livres, sols & deniers à diviser par
des livres, sols & deniers, réduisez de part
& d'autre les livres en sols, & les sols en
deniers (il en seroit de même des toises,
pieds & pouces, par des toises, pieds & pouces, &c.) 2°. Divisez ces deux produits l'un
par l'autre; j'entends le dividende par
le diviseur. Ce qui viendra au quotient sera
des livres. Le reste sera regardé ou pris pour
livre, qu'on réduira en sols, en achevant la
Division comme ci-devant. De cette façon
cette *Division* revient à la précédente.
Pour faciliter l'intelligence de ces regles,
supposons qu'on ait 675 tt 6 s 4 9 à diviser
par 22 tt 4 s 3 9. La réduction du dividende

Tome I.

est 300144; celle du diviseur 10656. Le
premier nombre étant divisé par ce dernier,
on a 28 tt pour quotient, & reste 1776
qu'on doit regarder comme des livres. Ces
livres se réduisent en sols; on sait comment: c'est en multipliant 1776 par 20. On
a par cette multiplication 35520 sols pour
produit, qui devient le dividende du diviseur 10656. De la division de ces deux nombres résulte 3 pour quotient, avec 3552
pour reste. Ce reste est un nombre de sols
qu'on réduit en deniers en le multipliant par
12. Aïant enfin divisé le produit par 10656,
vient 4 au quotient sans aucun reste. Ainsi
le quotient de 675 tt 6 s 4 9 par 22 tt 4 s 3 9 est
28 tt 3 s 4 9.
Cette regle est bien facile pour une *Division* bien difficile, du moins en apparence.
Aussi ne la conçoit-on qu'en y faisant mûrement attention. En effet, comment les deniers divisés par des deniers donnent-ils des
livres, & ces livres des sols? le voici. Dans ces
Divisions il n'est question que de trouver en
quelle maniere le diviseur est contenu dans
le dividende. Or autant & en la même maniere un nombre entier & ses parties sont
contenus dans le dividende, composé de
nombres entiers avec parties, autant & de la
même maniere, le premier sera contenu
dans le dernier, l'un & l'autre étant réduits
en telles parties qu'on voudra; puisque ces
sortes de réductions ne changent pas les valeurs des sommes, mais seulement les especes. Ainsi 10656 est contenu autant & de
la même maniere dans 300144, que 22 tt
4 s 3 9 le sont dans 675 tt 6 s 4 9. Cette
Division se réduit donc à une *Division* de
nombres entiers à nombres entiers. De-là
vient au quotient l'espece de nombres entiers du dividende & du diviseur. On fait la
preuve de la *Division* en multipliant le diviseur par le quotient. Si la *Division* est bien
faite ce produit sera égal au dividende.
M. *Ludof*, Professeur de Mathématique,
est le premier qui ait donné une *Division* sans
l'abaque de *Pythagore*, par l'addition & la
soustraction. *Nepper* a facilité la *Division*
des nombres avec des verges numératrices,
(*Voïez* RABDOLOGIE,) & *Jean Ardus*
est l'Auteur de la *Division* par lignes, (*Voïez*
sa *Géometrie*, p. 122.) *Division* qui servoit
surtout dans l'Algébre, pour construire les
équations simples. *Descartes* a suivi *Arduser*
(*Voïez* la *Géometrie*.) & *Ozanam* M. *Descartes*. (*Voïez* sa fin de sa *Géometrie-Pratique*.)

DIVISION ALGEBRIQUE. Cette *Division* n'a
pas d'autre définition que la *Division* Arithmétique. La seule différence qu'il y a c'est

O o

qu'on fait sur des quantités représentées par des lettres, ce qu'on a fait sur les nombres ; & ceci est bien plus général. (*Voïez* ALGEBRE.) Du reste le produit du diviseur par le quotient doit être égal au dividende. Si la quantité *a* est, par exemple, deux fois dans la quantité *b*, il est évident que deux fois *a* ou 2 *a* doit être égal à *b*. La quantité *a* étant deux fois & demi dans *b*, *b* égalera 2 fois & $\frac{1}{2}$ *a*. En général, si *m* exprime combien de fois *b* contient *a*, il faut que *b* = *m a*, &c. Tout cela soit dit pour toutes sortes de *Divisions* algébriques. Examinons à present les regles de ces *Divisions*. Je dis de ces *Divisions* ; car en Algébre il y en a de plusieurs especes, dont les opérations demandent des attentions particulieres.

Premiere regle. Pour les quantités mêlées, & qui sont divisées par les quantités qui se trouvent dans le diviseur, on doit prendre pour quotient les quantités qui sont dans le dividende & qui ne sont pas dans le diviseur. Ainsi le quotient de *a b c d*, divisé par *c d*, est *a b*.

Seconde regle. Lorsque le dividende & le diviseur sont précédés des mêmes signes, leur quotient doit avoir le signe + ; & lorsque les signes du diviseur ou du dividende sont contraires, le quotient doit avoir le signe —. En voici la raison.

Le produit du quotient par le diviseur doit être égal au dividende. Mais le produit des signes contraires est toujours négatif & celui des mêmes signes est toujours positif, par la premiere regle de la multiplication. (*Voïez* MULTIPLICATION.) Donc si le dividende est + *a b*, & le diviseur + *a*, le quotient sera + *b*. Si le diviseur est — *a*, le quotient sera — *b* ; parce que *a* multiplié par — *b* = + *a b*. De même, si le dividende est — *a b* & le diviseur — *a*, le quotient sera + *b*. Et si le diviseur est + *a*, le quotient sera — *b*.

Troisiéme regle. 1°. Lorsque le dividende & le diviseur sont précédés de différens nombres, il faut diviser les nombres du dividende par ceux du diviseur. Ainsi le quotient de 14 *a b* par 7 *b* est 2 *a* ; puisque 2 *a* × 7 *b* produit le dividende 14 *a b*.

2°. Quand le dividende est composé de plusieurs quantités différentes, & que le diviseur est simple, on examine si le diviseur est contenu dans chaque partie du dividende. S'il ne l'est pas, il est impossible que la *Division* soit exacte. Alors on se borne à écrire le diviseur au-dessous du dividende, avec une ligne interposée. Pour diviser, par exemple, *a b* + *c d* par *c*, on écrit $\frac{a\,b\,+\,c\,d}{c}$:

Ou l'on divise la partie du dividende qui contient le diviseur ; & on écrit le reste du dividende au-dessus du diviseur, avec une ligne interposée. De cette façon le quotient sera dans cet exemple $d + \frac{a\,b}{c}$.

3°. Si le diviseur est contenu dans chaque partie du dividende, on prend pour quotient tout ce qui reste du dividende. Les quantités *a c* + *b c* — *d c* sont proposées à diviser par *c*. La premiere chose qui se presente dans cette *Division*, c'est que *c* est contenu dans chaque partie du dividende. Le quotient est donc *a* + *b* — *d*. Car ces quantités étant multipliées par *c*, le diviseur *c* est égal au dividende : *a c* + *b c* — *d c*.

Quatriéme regle. Lorsque le dividende & le diviseur sont chacun composés de plusieurs quantités différentes, on divise d'abord par l'une des parties du diviseur toutes celles du dividende, qui la contiennent selon la regle précédente. Ensuite on multiplie le diviseur par le quotient trouvé. Si le produit est précisément égal au dividende, la *Division* est évidemment exacte.

Cinquiéme regle. On peut aussi diviser une des parties du dividende par une de celles du diviseur ; multiplier après cela le diviseur par le premier quotient, & soustraire le produit du dividende. S'il reste quelque chose, on doit le diviser de la même maniere, jusqu'à ce qu'il ne reste rien, ou qu'on s'apperçoive que la *Division* ne peut pas se faire sans reste. Dans ce cas, on sépare le diviseur par une petite ligne, pour marquer que c'est ce qui reste à diviser. Par les exemples suivans, on verra l'application de ces regles.

EXEMPLE I.

Dividende, $+ ac - ad - bc + bd$.   Quotient $a - b$.

Diviseur, $+ c - d$

Preuve, $c - d$
            $a - b$

Produit, $ac - bc - ad + bd$

On voit dans cet exemple que la quantité c est contenue dans $ac - bc$; & que le quotient est $a - b$, puisque le produit du diviseur $c - d$ par $a - b$ est égal au dividende; & la *Division* est exacte.

EXEMPLE II.

Dividende, $+ aabc + ac^3 - abdd - ccdd$.   Quotient $ab + cc$.

Diviseur, $ac - dd$

Preuve, $ac - dd$
            $ab + cc$

Produit, $aabc + ac^3 - abdd - ccdd$.

EXEMPLE III.

Dividende, $a^3 + 3aab + 3aabb + b3$.   Quotient $aa + 2ab + bb$.

Diviseur, $a + b$.

Opération {
Premier produit. $a^3 + aab$.
Premier reste. $2aab + 3abb + b^3$ Multiplicateur, $a + b$.
Second produit. $2aab + 2abb$.
Second reste. $abb + b^3$ Multiplicateur, $a + b$.
Troisième produit. $abb + b^3$.
}

o o

Comme il ne reste rien, la *Division* est exacte. Avec un peu d'attention les personnes qui ignorent l'Algébre, feront aisément ces *Divisions*, en faisant usage des précédentes regles. Cette derniere est une des plus difficiles : mais on la conçoit aisément, en décomposant l'opération ainsi que je viens de faire, & en faisant servir $a + b$ pour multiplicateur de tout ce qui vient au quotient. A l'Article de l'Algebre on trouvera l'Historique de la *Division Algébrique*, autant qu'on le connoît.

DIVISION DE PROPORTION. On appelle ainsi le changement qu'on fait à quatre quantités qui sont proportionnelles. Dans cette proportion $a : b : : c : d$, on dit par *Division de Proportion* $a - b : b$ ou $a : : c - d : d$.

DOD

DODECAEDRE. L'un des cinq corps réguliers formé par 12 pentagones égaux & réguliers. (Planche VII. Figure 154.) On trouve sa solidité en multipliant par 12 l'aire de l'une des faces pentagonales, & ce produit par le tiers de la distance au centre du *Dodecaedre*, qui est le même que le centre de la sphere circonscrite. Les Articles suivans sont les propriétés du *Dodecaedre*.

1°. Le côté d'un *Dodecaedre* inscrit dans une sphere, est la plus grande partie du côté d'un cube coupé en moïenne & extrème raison, & inscrit dans la même sphere.

2°. Si l'on suppose le diamétre d'une sphere égal 10000, le côté d'un *Dodecaedre*, inscrit dans cette sphere, sera 35682.

3°. Tous les *Dodecaedres* sont semblables, & ils sont entre eux comme le cube de leurs côtés. Leurs surfaces sont aussi semblables : c'est pourquoi elles sont entre elles comme le quarré de leurs côtés. De-là il suit que 509282 est à 10. 51462, comme le quarré du côté d'un *Dodecaedre* quelconque est à sa surface. Et 3637 est à 2..78516 comme le cube du côté d'un *Dodecaedre* quelconque est à sa solidité.

4°. Si le diamétre d'une sphere est 1, le côté d'un *Dodecaedre* inscrit sera $\frac{1}{2}\sqrt{\frac{5}{1}}-\frac{1}{2}\sqrt{\frac{1}{1}}$. Par où l'on voit que le diamétre d'une sphere est incommensurable avec le côté d'un *Dodecaedre* inscrit.

2. Ces propriétés étant connues, il est juste que je fasse aussi connoître ce corps autrement que par sa définition. La figure 153 représente ce corps tout formé ; & la figure 154 (Pl. VII.) le développement du corps. On trouve ainsi ce développement, qui sert à le construire. Décrivez un pentagone régulier A B C D E, (*Voïez* PENTAGONE.) & sur chaque côté de ce pentagone cinq autres de même grandeur. Que le côté G H soit le côté d'un autre pentagone ; & répétez la même figure. Si l'on décrit ces figures sur des cartes, qu'on les releve, qu'on les ajuste, & qu'on les joigne avec de la colle, on en formera un *Dodecaedre*.

Euclide, & ses Successeurs, tels que *Hypsicle* d'Alexandrie, & *François Flussate Candalla*, que *Clavius* a joint à son Edition d'*Euclide*, ont traité particulierement de ce corps. *Platon*, en faisant une comparaison entre les cinq corps réguliers & les corps simples du monde, compare le *Dodecaedre* au ciel étoilé.

Dodécaedre Gnomonique. *Dodecaedre* sur les faces duquel sont tracés plusieurs cadrans, & qui, étant exposé au soleil, marque les heures. Ces cadrans sont différens, suivant que les faces regardent telle ou telle partie du monde. On voit en la figure 157 (Plan. XXI.) un *Dodecaedre Gnomonique* tout monté sur un pied.

Un cadran horisontal est tracé sur le pentagone A horisontal du *Dodecaedre*. Sur la face B, qui regarde la partie Méridionale du monde, est un cadran vertical Méridional sans déclinaison, dont le centre est en-bas, & incliné vers la terre de 63°. 26'. Le cadran c opposé est un cadran vertical sans déclinaison avec les mêmes conditions que le précédent. Le cadran marqué C est un cadran déclinant du Midi vers l'Orient de 36°. & incliné au Nadir de 63°, 26'. Le centre de ce cadran est en-haut. Son opposé est un cadran déclinant du Septention vers l'Occident de 36°, & incliné au zénith de 63°, 26'. Ce cadran a le centre en-haut. Le cadran D est un cadran déclinant du Septentrion vers l'Orient de 72°, incliné au Nadir de de 63°, 26', le centre en-haut ; & son opposé un cadran déclinant du Midi vers l'Oc-

cident de 72°, incliné au zénith de la même valeur que l'inclinaison de l'autre. Le centre de celui-ci est en-bas. Le cadran E est un cadran déclinant du Septentrion vers l'Orient de 36°, incliné au zénith de 63°, 26', le centre en bas. Enfin le cadran F est un cadran déclinant du Midi à l'Orient de 72°. incliné au zénith de 63°. 26'. Les cadrans opposés à ces cadrans sont entierement contraires ; & on en peut juger par ce que j'ai dit ci-devant. Tous ces cadrans sont garnis de leur axe ; & ces axes sont parallèles à l'axe du monde.

Le *Dodecaedre Gnomonique* se place dans un lieu exposé au soleil ; & on l'oriente en ajustant la ligne méridienne du cadran horisontal avec la ligne méridienne de l'endroit où l'on doit fixer le *Dodecaedre*. Afin de tracer cette ligne, *Voïez* MERIDIENNE. Si l'on demande maintenant pourquoi on fait tous ces cadrans, & sur quoi leur différence est fondée. La réponse sur cette question est très-simple : c'est sur l'aspect des pentagones du *Dodecaedre*, par rapport aux différens points du Ciel Quel est l'Auteur de cette sorte de cadran ? Quelques Ecrivains prétendent que c'est le P. *Kirker*. On trouve dans le *Traité de la Construction & usage des Instrumens de Mathématique* par *Bion*, la Description du *Dodecaedre Gnomonique*.

DODECAGONE. Poligone régulier de 12 côtés égaux & de 12 angles égaux. Quand on fait décrire un hexagone, ce qui est bien facile, (*Voïez* HEXAGONE.) on a fait la moitié de l'ouvrage, pour décrire un *Dodecagone* : il n'y a qu'à diviser l'arc de l'hexagone en deux parties égales. La figure 156 (Pl. III.) suffit pour faire comprendre cette construction, & pour faire connoître plus particulierement ce poligone. M. *Jean Ward* prétend que le côté d'un *Dodecagone* régulier est en proportion avec le raïon de son cercle circonscrit comme 1:1,93185165,&c. & en proportion avec le cercle inscrit comme 1:1, 8663,2012 , &c. (*Voïez* son *Guide des jeunes Mathématiciens.*) Et dans le *Dictionnaire* de M. *Stone* on lit : Si le raïon d'un cercle dans lequel le *Dodecagone* est inscrit, vaut ou $=$ 1, le côté du *Dodecagone* sera 654. M. *Stone* ajoute que 1 est au quarré du côté d'un *Dodecagone* quelconque donné, comme 2. 51956 est à l'aire de ce *Dodecagone*. A propos d'aire, lorsqu'on a le raïon du cercle circonscrit à ce poligone, on trouve son aire en multipliant la moitié du raïon par le nombre de ses côtés.

DODECATEMORIE. Nom des 12 signes du

Zodiaque, ainſi appellés, parce qu'ils en occupent chacun en particulier la douziéme partie.

D O I

DOIGT. Terme d'Aſtronomie. C'eſt la douziéme partie du diamétre du ſoleil ou de la Lune. On ſe ſert de ce mot, quand il s'agit d'exprimer la quantité d'une éclipſe. Ainſi s'il y a 6 parties du corps du ſoleil ou de la lune d'obſcurcies, on dit que l'éclipſe eſt de 6 doigts. *Voïez* ECLIPSE.

Quelques Arithméticiens appellent *Doigts* ou *Monades*, les nombres au-deſſous de 10. Selon cette définition, 1, 2, 3, 4, &c. juſques à 9 incluſivement, ſont des *Doigts*. Les Romains s'étoient ſervis de ce terme, pour exprimer une meſure de 9 lignes de pouce.

D O M

DOMICILE DE LA PLANETE. Terme d'Aſtrologie. Signe où la Planete regne le plus, ſoit pendant le jour, ſoit pendant la nuit. Pendant le jour, le grand regne de ♄ eſt dans ♒, celui de ♃ dans ♐; de ♂ dans ♈; de ♀ dans ♎, de ☿ dans ♊. Pendant la nuit le regne de ♄ eſt dans ♑; le regne de ♃ dans ♓; celui de ♂ dans ♏; celui de ♀ dans ♉, & celui de ☿ dans ♍. De toutes les Planetes le Soleil a ſeul le privilege de regner également dans ♌, & la Lune dans ♋. Comme le mot *Domicile* vient du mot latin *Domus*, qui ſignifie maiſon, quelques Aſtrologues entendent par ce dernier terme la même ſignification du premier; & quelques-uns y ajoutent l'épithete de *propre*.

DOMINICALE Epithete qu'on donne en Chronologie, à une des ſept premieres Lettres de l'Alphabet, qui ſert à marquer les jours des *Dimanches. Voïez* LETTRE DOMINICALE.

D O N

DONJON. Ouvrage de Fortification. Suivant quelques Ingénieurs, c'eſt une grande tour ou une redoute d'une fortereſſe, où la garniſon peut ſe retirer en cas de beſoin, pour faire une bonne capitulation. (*Voïez* REDOUTE.) D'autres entendent par-là une guerite. (*Voïez* GUERITE.)

DONNE'E. Nom général qu'on donne en Mathématique à ce qu'on ſuppoſe connu. Il y a pluſieurs ſortes de *Données*. Quand c'eſt la longueur d'une ligne droite, ou la grandeur d'un angle qu'on ſuppoſe connu, cette *Donnée* s'appelle *Donnée de grandeur*. Si c'eſt une ligne droite dans une certaine ſituation c'eſt une *Donnée de poſition*; & une

Donnée d'eſpece, lorſqu'on ſuppoſe, par exemple, que les côtés d'un triangle ſont des lignes droites. Enfin, on appelle *Données de raiſon*, la ſuppoſition de la raiſon de deux quantités connues, telle que celle de deux lignes qu'on ſuppoſe entre elles comme 3 à 4 ou 4 à 5, ou, &c.

D O R

DORADE. Conſtellation dans la partie méridionale du ciel, qu'on dit repréſenter la figure d'un poiſſon de mer, comme on le voit dans le *Firmamentum Sobieſcianum* de *Hévélius*, figure F *f f*. Cette conſtellation ne ſe leve jamais à notre égard, parce qu'elle eſt très-voiſine du pole méridional. La *Dorade* s'appelle auſſi *Xiphias* ou *Poiſſon doré*; & on trouve l'arrangement de ſes étoiles d'après M. *Halley* dans le *Prodrom. Aſtronom.* de *Hévélius pag.* 230. Pour le nombre des étoiles de cette conſtellation, *Voïez* CONSTELLATION.

DORIQUE. Ordre Dorique. *Voïez* ORDRE.

D R A

DRAGON. Conſtellation dans la partie méridionale du ciel, qui ſe termine au deſſus du grand Chariot, & qui s'étend en faiſant quelque courbure au-deſſous de la petite Ourſe. On compte dans cette conſtellation 37 étoiles. *Voïez* CONSTELLATION. Les Poetes font une hiſtoire ſur le *Dragon*, tirée des mémoires de leur imagination, qui eſt aſſez ridicule pour devoir être connue en paſſant. Ils diſent que ce *Dragon* avoit gardé les pommes d'or des Heſperides; mais qu'il y fut tué par *Hercule*, & enſuite tranſporté au ciel par *Junon*. D'autres Poetes qui n'approuvent pas cette fiction, tranſportent là-haut cet animal d'une autre façon. Si on les en croit, les Géans, faiſant la guerre à *Minerve*, animerent ce *Dragon* contre elle, qui après avoir trouvé le moïen de le prendre, le lança dans le ciel.

Bayer, dans ſon *Uranometrie, Tab. C* & *Hévélius*, dans ſon *Firmament. Sobieſcian.* Planche B, repréſentent la figure de cette conſtellation. Ce dernier Aſtronome donne l'arrangement des étoiles qui la compoſent. (*Voïez Prodrom. Aſtronom. pag.* 286.) On vient de voir l'hiſtoire de cette conſtellation compoſée par les Poetes; il bien juſte de faire connoître maintenant celle que fourniſſent les Aſtronomes.

Schickard veut que le *Dragon* dont je parle ici, ſoit celui que l'Ange *Michel* a combattu dans le ciel. *Schiller* y trouve les enfans

innocens qu'*Hérode* fit égorger. *Weigel,* ajoutant au *Dragon* la queue de la petite ourſe,
forme de cette conſtellation les armes de
Moſcovie.

La conſtellation du *Dragon* eſt encore
appellée *Anguis, coluber arborem conſcen-
dens, Palmes, Emeritus, Python, Serpens,
& Eltanin.* Ce dernier nom eſt celui que
les Arabes lui donnent.

DRAPEAU D'ARPENTAGE. Sorte d'inſtrument dont on ſe ſert dans l'arpentage, pour
viſer les points qui fixent le contour des
côtés du terrain qu'on arpente. C'eſt un pi-
quet haut de 8 à 10 pieds, dont la pointe
de deſſous eſt garnie de fer, & qui porte en
haut un *Drapeau* d'environ de 3 pieds ½ en
quarré ; moitié blanc & moitié rouge, afin
qu'on le diſtingue plus aiſément de loin.
C'eſt encore par cette même raiſon, & principalement pour un terrain inégal, que l'extrémité de ce *Drapeau* eſt conſtruite de façon qu'on puiſſe le mettre ſur un ſecond
Drapeau. Il eſt encore utile de diviſer la
pique en pieds, & un de ces pieds en pouces. Lorſqu'on fait arpenter, on connoît plus
particulierement l'uſage de ce *Drapeau* &
celui de ſes diviſions.

D O U

DOUBLE. *Cadran Double.* On ne doit point
être ſurpris de trouver ce cadran à l'article
de ſon épithete : car M. *Oughtred,* qui l'a
inventé, l'a caractériſé tellement par le mot
Double, qu'on le connoît plutôt ſous le
nom de *Double cadran* que de *Cadran Double.* Quoiqu'il en ſoit, le *Cadran Double* eſt ainſi décrit dans le *Dictionnaire* de
M. *Stone.* C'eſt un double Gnomon, dont
l'un fait voir l'heure ſur le cercle extérieur,
& l'autre l'indique ſur la projection ſtéréo-
graphique qui y eſt tracée. Avec ce cadran,
M. *Stone* aſſure qu'on peut trouver la méridienne, l'heure, le lieu du ſoleil, ſon lever,
ſon coucher, &c. & réſoudre beaucoup
d'autres Problêmes qui regardent le globe.
Si le Lecteur n'eſt pas ſatisfait de ce détail,
j'avertis auſſi de mon côté que je n'en ſuis
pas trop content. Mais voilà tout ce que
j'ai pû apprendre d'un cadran qu'aucun
Auteur que je ſache n'a décrit.

DOUBLE'E. Ce terme, qui eſt fort uſité en
Géometrie, eſt affecté à Raiſon. On dit donc
Raiſon Doublée, pour exprimer une raiſon
compoſée de deux raiſons. *Voïez* RAISON.

D U B

DUBBEH ou DUBBE, Etoile brillante de

la ſeconde grandeur, qui eſt ſur l'épaule de
la grande ourſe. On entend quelquefois ſous
ce nom la conſtellation entiere de la grande
Ourſe.

D U C

DUCTILITE'. Nom que donnent les Phyſiciens à cette propriété que certains corps,
tels que l'or, l'argent, le verre, &c. ont de
s'étendre ; propriété qui fait l'objet de leur
réflexion. De tous les corps, l'or eſt le plus
Ductile. M. *Boile* en a fait les premieres
expériences. Il nous apprend qu'une feuille
d'or, qui auroit 50 pouces en quarré, ne
peſe qu'un grain. Ainſi chaque pouce quar-
ré ne peſe qu'une $\frac{1}{50}$ partie d'un grain. Or un
pouce cubique d'or peſe 6000 grains : donc
ſi 6000 grains font la hauteur ou l'épaiſſeur
d'un pouce, la $\frac{1}{50}$ partie d'un grain ſera la
$\frac{1}{100000}$ partie d'un pouce. D'où il ſuit, qu'un
pouce cubique d'or doit contenir 300000
de ces petites feuilles entaſſées les unes ſur
les autres.

M. *Rohault* rapporte dans ſa *Phyſique,
Part. I.* la méthode des Tireurs d'or, qui
ſubdiviſent ce métal d'une façon prodigieuſe ;
mais cette maniere a été recherchée avec plus
de ſoin depuis quelques années. M. de *Réaumur* l'a examinée par ſes yeux & par ſes
mains ; & jamais la *Ductilité* de l'or ne s'eſt
manifeſtée avec plus de force. Voici le calcul
de cet illuſtre Phyſicien.

Un fil d'or n'eſt qu'un fil d'argent doré.
Un cilindre de 45 marcs ne peut être couvert que d'une once de feuilles d'or. Ce cilindre s'étend avec une filiere (morceau de
fer ou d'acier percé de pluſieurs trous inégaux) afin de faire un fil doré. Cela poſé,
M. de *Réaumur* fait voir que ce cilindre
d'argent, qui n'a que 22 pouces de longueur,
en acquiert par la filiere 13963240 ou
1163520 pieds, c'eſt-à-dire, qu'il devient
634692 fois plus grand qu'il n'étoit, aïant
près de 97 lieues de 2000 toiſes. Le calcul
n'eſt pas cependant fini. Comme ce fil doit
ſe filer, il faut le rendre plat, & on l'alonge
pour cela encore d'un ſeptiéme au moins ;
de ſorte qu'il acquiert encore environ 14
lieues, & il pourroit en acquérir davantage. Bornons-nous là. Fixons notre attention
à l'extenſion de l'once d'or, dont le cilindre
a été couvert : il a acquis ici la longueur
du fil d'argent dont le poids eſt de 45 marcs,
La choſe eſt prodigieuſe. L'once d'or a acquis 111 lieues de longueur. M. de *Réaumur* a porté ſon exactitude juſques à calculer
l'épaiſſeur que l'or a actuellement par une
telle extenſion ; & il trouve que cette épaiſſeur ne doit être dans les endroits où le fil

est le moins doré, ne doit être, dis-je, que d'un million cinquante milliémes de lignes. Quelle énorme petitesse !

Le même Savant, d'après lequel je parle, ajoute à cette curieuse expérience & à ce pénible & fin calcul, une réflexion sur la *Ductilité* du verre, qui est digne de lui. Parce que le verre est le corps le plus cassant, on croiroit presque qu'il est le moins *ductile*. On en fait cependant des fils très-déliés, & aussi fins, quand on veut, que des fils de toile d'araignée. Plus ces fils deviennent fins, plus ils sont flexibles. A ce sujet M. de *Réaumur* dit, que si l'on avoit le moïen d'étendre suffisamment le verre, on pourroit en faire des tissus & des étoffes. Il n'y auroit peut-être qu'un inconvénient : c'est que ces tissus & ces étoffes seroient extrémement pésants. J'ai vû une perruque de verre, dont les fils qui avoient la finesse des cheveux en avoient presque aussi la flexibilité. On auroit bien pû la porter : mais ce n'auroit pas été sans peine. Son poids étoit si grand qu'il auroit fatigué la meilleure tête ; je voulois dire la plus dure.

M. de *Réaumur* compare le verre à la matiere que les araignées filent. Lorsqu'elle est seche, c'est une gomme cassante. Le Physicien a observé à l'anus de ces insectes six ouvertures, de chacune desquelles il sort mille fils. Et c'est ainsi, que les araignées convertissent cette gomme en soie. *Hist. de l'Academie de* 1713.

D U P

DUPLICATION. L'action de doubler une chose, ou comme c'est ici un terme d'arithmétique, disons une quantité. On n'applique guéres ce terme que pour le cube. On dit *Duplication du cube*, pour exprimer l'invention d'un nombre qui doit être deux fois aussi grand qu'un autre. Cette *Duplication* est d'une grande utilité dans le calcul sans livret ou autrement l'abaque de *Pythagore*, principalement dans la multiplication & dans la division, attendu que tous les nombres peuvent se former par le nombre simple & le nombre double. Car le simple & son double $2 = 3$. Le double de 2 pris deux fois $= 4, 4 + 1 = 5 ; 2 + 2 + 2 = 6, 2 + 2 + 2 + 1 = 7 ; 2 + 2 + 2 + 2 = 8 ; 2 + 2 + 2 + 2 + 1 = 9$. Autrement, $1 + 2 = 3 ; 2^2 = 4 ; 2^2 + 1 = 5 ; 2^2 + 2 = 6, 2^2 + 2 + 1 = 7 ; 2^2 + 2^2 = 8, 2^2 + 2^2 + 1 = 9$. Et d'une troisiéme maniere, $1 + 2 = 3 ; 2^2 = 4 ; 2^2 + 1 = 5$, &c.

DUPLICATION DU CUBE. C'est en Géométrie

un Problème appellé le *Problême Deliaque*, qui consiste à trouver le côté d'un cube double d'un autre. *Voïez* CUBE.

D Y N

DYNAMIQUE. Ce terme, dans sa signification propre, exprime la science des puissances ou causes motrices. Mais les Mathématiciens entendent par ce mot la science du mouvement des corps qui agissent les uns sur les autres d'une maniere quelconque. Ainsi on peut rapporter à la *Dynamique* la théorie des centres de rotation, d'oscillation, les loix du mouvement des corps & principalement d'un système de plusieurs corps ; celles du choc, &c. C'est une partie de la Mécanique, dont la fin est l'art d'augmenter l'effort d'une puissance. (*Voïez* MECANIQUE) Et elle est opposée à la statique qui est la science de l'équilibre des corps. (*Voïez* STATIQUE.) M. *D'Alembert* est peut-être le seul, qui ait publié un *Traité de Dynamique* : encore les principes de cette science n'y sont exposés & appliqués qu'à la seconde partie de son Ouvrage ; & la *Dynamique* proprement dite n'y est développée que dans cette partie.

Les autres Mathématiciens se sont bornés à des problêmes particuliers, sans s'attacher à réduire en forme les principes qui les dirigeoient dans leur solution. On en trouve de beaux dans les Œuvres de M. *Bernoulli*, & sur-tout dans son IVe Tome. M. *Hughens* en avoit résolu déja plusieurs, & je ne sache pas qu'avant lui la *Dynamique*, telle que j'entends ici, fût connue. Pour fixer ici en quelque sorte les principes de cette partie de la Mécanique qui nous occupe, on peut la considerer sous trois points de vûe. L'action des corps les uns sur les autres peut être ou 1°. immédiate, comme dans le choc ; ou 2°. par l'interposition de quelques corps ausquels ils sont attachés, ou par une vertu d'attraction, de gravitation, de pésanteur, &c. comme dans le système de *Newton*. La *Dynamique* se trouve par ce moïen divisée tout naturellement en trois parties. Pour la premiere *Voïez* CHOC, & pour la troisiéme ATTRACTION, GRAVITATION & SYSTEME DU MONDE. A l'égard de la seconde, c'est ici le lieu d'en parler. M. *D'Alembert* la réduit fort judicieusement à ce Problème général.

Etant donné un système de corps disposés les uns par rapport aux autres d'une maniere quelconque, & supposant qu'on imprime à chacun de ces corps un mouvement particulier, qu'il ne puisse suivre à cause de l'action des autres corps, trouver le mouvement que chaque corps doit prendre, Telle eſt la regle générale que le ſavant Auteur d'après lequel je parle, donne pour la ſolution de ce problême. *Décompoſez les mouvemens a, b, c, imprimés à chaque corps, chacun en deux autres σ, α — σ, x, &c. qui ſoient tels que ſi l'on n'eût imprimé au corps que les mouvemens a, b, c, ils euſſent pû conſerver ces mouvemens ſans ſe nuire réciproquement, & que ſi on ne leur eût imprimé que les mouvemens b, a, x, le ſyſtême fût demeuré en repos. Les mouvemens α, c, σ, ſeront ceux que ces corps prendront dans leur accélération.* (*Traité de Dynamique, ſeconde Part. Ch. 1.*) On peut encore rapporter à cette partie de la *Dynamique* la théorie du centre d'oſcillation, & celle du centre de rotation & de converſion, *Voïez* Centre d'oscillation; Centre de rotation, Centre de conversion.

DYS

DYSIS. Terme d'Aſtrologie. La ſeptiéme maiſon céleſte, par laquelle les Aſtrologues font leurs prédictions ſur la vie & la mort, ſur le commerce & le mariage, ſur l'amitié & l'inimitié; & enfin ſur tout ce qui leur vient en tête. Les perſonnes à qui ces viſions pourront plaire, doivent conſulter le *Tract. Aſtrolog. de Schonerus, Part. II.*

DYSTRUS. Vieux mot en uſage chez les Macédoniens, pour exprimer le cinquiéme mois de l'ancienne année lunaire, & enſuite le troiſiéme de l'année ſolaire.

E.

E A U

AU. Fluide sans goût, sans couleur & dont les parties intégrantes sont en apparence dures, polies, lourdes, sphériques, égales en diametre & en pésanteur spécifique. Les Physiciens pensent que les particules de l'*Eau* sont de petites boules ou autrement de petites spheres. Cette opinion est fondée sur ces raisons. 1°. Ses particules étant sphériques, elle ne doit avoir ni goût ni odeur. Toute autre figure soit angulaire, soit tranchante ne sauroit avoir cette propriété. 2°. L'*Eau* est extrêmement fluide. Et quelles particules plus propres à faciliter davantage ce roulement que les particules sphériques? Enfin à quoi attribuer la qualité bienfaisante de l'*Eau* qui ne nuit point aux parties du corps les plus délicates, & aux plaïesles plus invéterées, si ce n'est à des particules sphériques, qui seules peuvent passer, rouler sur ces parties sans les endommager, sans les mordre. Concluons donc que les particules de l'*Eau* sont sphériques. Avant que de tirer cette conséquence, j'aurois pû m'appuïer du témoignage du microscope, au moïen duquel nous voïons que les particules de l'*Eau* sont des globules: mais nous ne pouvons appercevoir ainsi que les parties grossieres de l'*Eau* & non des parties intégrantes qui échappent aux yeux les plus fins étaïés des meilleurs microscopes. Je n'ai pas voulu m'arrêter à cette preuve, qui dans le fond en est cependant bien une.

On remarque encore que l'*Eau* a des pores; & ces pores sont en si grand nombre, que l'espace qu'occupe cet élément, contient 40 fois autant de vuide que de matiere propre. Ceci n'est qu'une évaluation, une estime, dont voici le fondement. La pésanteur spécifique de l'*Eau* est 19 fois plus petite que celle de l'or, & par conséquent plus rare à proportion. Mais il est constant par l'expérience que l'*Eau* peut passer par les pores de l'or. On peut donc supposer qu'elle a au moins plus de pores que de matiere solide. Après cette explication, qui est la plus physique qu'où puisse donner de l'*Eau*, je

passerai aux qualités & aux propriétés de cet élément. Sa nature est inconnue, *Descartes* & *Guglielmini*, qui l'ont recherchée, n'en disconviennent point.

2. L'usage de l'*Eau* est si grand & si nécessaire, qu'il seroit impossible que l'homme, les animaux, les plantes, les pierres & les mineraux même pussent subsister sans elle. Dans l'homme comme dans les animaux l'*Eau* entretient la fluidité du sang; facilite le jeu des parties du corps; délaïe & dissout les alimens, & forme l'organe de la vûe & du goût. De la vûe, parce que ce n'est que par les humeurs que se fait la vision. Du goût, parce que les alimens secs ne peuvent faire impression sur les houpes du palais, qui donnent là le sentiment. Outre ces qualités essentielles, combien l'*Eau* n'est-elle pas utile pour les besoins de l'homme? L'*Eau* purifie l'air par la pluïe, en précipitant sur la terre toutes les parties héterogenes & mal-faisantes, qui se trouvent dans l'air; nétoïe tous les corps, & est le moteur des machines les plus considérables. Enfin par le moïen de l'*Eau*, on se transporte aisément & avec peu de dépense dans les lieux les plus reculés, & le Commerce s'étend aux extrémités de l'Univers. Ce ne sont pas là les seules qualités de l'*Eau*. Mais quand elle ne serviroit qu'à la seule nourriture de l'homme & à son entretien, n'en est-ce pas assez pour lui valoir les autres qualités que je supprime? Ajoutons à cet avantage un autre qui regarde uniquement l'homme pris en lui-même: c'est qu'elle est un remede spécifique contre une infinité de maux. L'*Eau* est stomachique, purgative, diuretique, émetique & sudorifique. Prouvons ces vérités. Elles font trop d'honneur à cet élément pour les passer sous silence; & d'ailleurs une courte discussion de cette nature ne sort point des limites de la Physique.

1°. L'*Eau* est le principal instrument de la digestion. Sa fraîcheur, son poids & sa liquidité servent également à une bonne & prompte digestion. Par sa fraîcheur, elle resserre fortement les vaisseaux; contracte avec violence les fibres qui les composent, & agit sur toutes les glandes de la bouche, de l'estomach & des intestins. Elle occafomme donc de grandes contractions dans tous les vaiſſeaux & dans toutes les glandes de ces endroits. En voilà bien aſſez pour obliger la ſalive, les ſucs de l'œſophage, des inteſtins, du pancréas & de la bile, de ſe ſéparer en très-grande quantité. Donc la fraîcheur de l'*Eau* facilite & hâte la digeſtion.

Mais n'y a-t-il pas à craindre que ces contractions qui paroiſſent forcées ne nuiſent aux vaiſſeaux en les affoibliſſant? Non. Au contraire, elle les fortifie en rapprochant leurs parties & en expulſant ce qu'ils peuvent contenir d'inutile.

Par ſon poids & ſa liquidité l'*Eau* devient le meilleur de tous les diſſolvans. Ses parties infiniment petites s'inſinuent dans les pores des alimens; ſéparent leurs parties ſans violence; les détachent les unes des autres & les déſuniſſent. Cette ſeule propriété de l'*Eau* devroit la faire regarder comme une grande amie de l'eſtomach, parce que rien n'intereſſe davantage cette précieuſe partie de notre corps. Outre cela, elle lui eſt encore d'un grand ſecours, lorſqu'il eſt dérangé. Adouciſſant les matieres âcres; tempérant & arrêtant par ſa fraîcheur les mouvemens déreglés des nerfs, elle facilite la ſortie des matieres qu'il contient, par la fluidité qu'elle leur donne; matieres qui l'irritent, le picotent, &c. Je ne prétends pas faire ici ni la fonction, ni le perſonage de Médecin. J'indique les vertus de l'*Eau* ſans les approfondir. L'éloge de cet élément eſt du reſſort de la Phyſique. Eh quel plus bel éloge que celui qu'on doit tirer de ſon utilité pour le corps humain! Parcourons donc ſuccinctement les autres qualités de l'*Eau* ci-devant dénommées.

2°. L'*Eau* eſt un purgatif, & le meilleur & le plus innocent; parce qu'elle humecte, ramollit, relâche doucement les glandes & les vaiſſeaux des inteſtins, du pancréas, du foïe, &c. De-là vient que les ſucs épais & groſſiers ſe délaïent & ſont en état de couler.

3°. L'*Eau* eſt *diuretique*. Elle délaïe les humeurs, ſe charge des ſels qui ne s'échappent gueres que par les reins & augmente le volume des liquides.

4°. L'*Eau* eſt *émetique*. Tout le monde ſait que ſi l'on boit en grande quantité de l'*Eau* tiede, il n'eſt rien qui excite davantage le vomiſſement.

5°. Enfin l'*Eau* eſt *ſudorifique*. Un livre intitulé : *Febrifugum magnum*, compoſé par le Docteur *Hanrot*, Chapelain du Duc de *Béfort*, contient pluſieurs expériences qui lui valent cette qualité étonnante & avec elle celle d'être un fébri-fuge. A cette fin,

ce Docteur veut qu'on boive au commencement du friſſon de la fiévre une pinte ou deux d'*Eau*. Cela fait, ſi l'on ſe couche dans un lit, en aïant ſoin de ſe bien couvrir, on ne tardera pas à ſuer & à ſe lever ſans fiévre.

Les curieux ſur les autres propriétés médicinales de l'*Eau* doivent conſulter les livres ſuivans : *Traité des vertus médicinales de l'Eau commune*, par M. *Smith*; *Traité des Bains froids*, par M. *Floïer*; un livre du Docteur *Browne*, qui a le même titre, & le Tome III. des *Obſervations curieuſes ſur toutes les parties de la Phyſique*.

3. Après ce que je viens de dire touchant les effets de l'*Eau* ſur le corps humain, on conçoit aiſément que la meilleure *Eau* à boire doit être celle qui eſt legere, tranſparente & inſipide. Ces qualités en ſuppoſent d'autres. C'eſt la pureté, la ſubtilité, la fluidité, & l'homogénéité. L'expérience nous apprend que l'*Eau* de pluïe eſt à cet égard la plus parfaite. Tout ce qu'on fait cuire dans cette *Eau*, a meilleure goût & eſt plutôt cuit; preuve qu'elle eſt plus propre à amollir, à pénétrer toute ſorte d'alimens, & à en moins alterer la nature des parties. Le tems le plus convenable pour faire proviſion d'*Eau* de pluïe eſt le mois de Mars, ou le commencement du printems; parce qu'alors la terre n'étant pas encore fort échauffée par les raïons du ſoleil, qui n'ont pas beaucoup de force, l'air n'eſt point mêlé d'exhalaiſons pernicieuſes, dont l'*Eau* pourroit ſe charger en tombant. La meilleure maniere de recevoir cette *Eau*, eſt d'expoſer à la campagne de grands vaſes qui reçoivent l'*Eau* directement des nuées. Celle qui paſſe par les toïts, entraîne toujours avec elle les ordures qui s'y trouvent. Et voilà juſtement ce qui rend ordinairement l'*Eau* des citernes mal ſaines. Rien de mieux pour la conſerver, que de grands vaſes de terre bien fermés, afin que les particules dont l'air extérieur eſt chargé, ne viennent pas la corrompre. On lit dans le Tome I. des *Obſervations curieuſes ſur toutes les part. de la Phyſ.* qu'un Médecin paſſant par Arles, fut étonné de trouver dans cette Ville & dans ſes environs de l'*Eau* très-claire & excellente, quoiqu'il n'y ait ni fontaines, ni puïts, dont l'*Eau* ſoit telle. Il demanda d'où on la prenoit. La réponſe qu'on lui fit le ſurprit encore davantage, quand on lui dit que c'étoit de l'*Eau* du Rhône, qui baigne les murs de cette Ville; & à cette réponſe on ajouta que cette *Eau* ſe purifioit & ſe conſervoit ainſi dans de grandes jarres de terre, placées dans des caves où on la laiſſe repoſer. De cette maniere l'*Eau* ſe con-

serve pendant des années entières; & on a trouvé parmi de vieilles ruines de maisons de ces jarres, dont l'*Eau* étoit encore très-bonne après plus de 80 ans.

4. Il seroit à souhaiter qu'on pût faire usage de ces jarres sur mer ou du moins qu'on eût attention de boucher exactement les barriques, dont on se sert pour transporter l'*Eau*. Sur ces barriques, M. *Deslandes*, Commissaire général de la Marine à Brest, donne les conseils suivans. Il veut qu'on lave bien d'abord la barrique d'*Eau* chaude, & qu'on y brûle un morceau de soufre. Suivant cette méthode on en a conservé pendant six mois qui ne s'est point gâtée. (*Histoire de l'Académie* 1722.) Le plus court seroit, pour s'épargner toute peine, de trouver le moïen de dessaler l'*Eau* de la mer. Il ne faudroit plus de provision d'*Eau*, & on ne courroit point risque de périr faute de cet élément. Quand je dis dessaler, je veux dire de la purifier au point qu'elle fût potable. Les Physiciens ont fait à ce sujet les derniers efforts. M. *Lister* la rend douce & potable en y suspendant de l'algue, c'est-à-dire, en mettant de l'algue au haut d'un vase rempli d'*Eau*.

M. *Deslandes*, en travaillant dans la même vûe que M. *Lister*, a trouvé un moïen fort simple de dessaler l'*Eau* de la mer. Il compose de petits gobelets de cire vierge en forme de cul-de-lampe, qu'il remplit ensuite d'*Eau* de mer, & qui en 18 heures ou environ passe toute au travers. L'*Eau* ainsi filtrée, perd tout son sel & une partie de son amertume; & la cire est pénétrée tellement de ce même sel, qu'on est obligé de la dessaler pour s'en servir. Sans tant de façons, MM. *Boile*, *Bartholin* & *Reynerus* prétendent que si l'on prend de la glace d'*Eau* de mer, & qu'on la fasse fondre, on en retirera de l'*Eau* douce. Il y a des Marins qui simplifient encore plus cette opération. Ils se contentent pour dessaler l'*Eau* de revêtir les côtés de leurs vaisseaux de peaux de moutons, pour recevoir & conserver les vapeurs qui s'élevent de l'*Eau*. Ces vapeurs ramassées composent une *Eau* douce très-potable. Le mal est qu'on n'en retire pas par-là en grande quantité. Ces peaux de mouton m'ont rappellé un trait d'histoire naturelle qui auroit son utilité, s'il est tel qu'on le raconte. *Gemelli Careri* rapporte, dans son *Voïage autour du monde*, *Tom. II. pag.* 427 & 446, que les *Gazelles*, sorte d'animaux, qui ont la tête de brebis, des cornes longues d'environ 4 pouces, le corps & le poil de chevreuil, & qu'on trouve dans la Perse; rapporte, dis-je, que les *Gazelles* dessalent

l'*Eau* de la mer d'une maniere toute particuliere, & qui leur est cependant enseignée par la seule nature, qu'on devroit toujours consulter dans ces sortes de recherches. A vingt milles de la terre ferme de Perse, est une Isle appellée *Tombonar*, qui a 9 milles de circuit & qui manque tout-à-fait d'*Eau*. Cette Isle est remplie de *Gazelles* assez industrieuses pour suppléer à ce que la nature refuse à cette Isle, & sans quoi elles ne pourroient subsister. Elles portent leurs pieds fourchus au bord de la mer, où la vague vient battre; & succent ensuite l'*Eau* au travers de la corne, qui forme l'extrèmité de leurs pieds. On conjecture avec fondement que l'artifice qu'emploie la *Gazelle*, n'est que de filtrer l'*Eau* à travers la corne, ce qui la rend apparemment potable. Si le fait est vrai, tel que M. *Careri* le dit, les Physiciens doivent le saisir & le mettre en œuvre. Puisque des animaux savent par la corne purifier l'*Eau*, que ne doivent pas faire des hommes éclairés? Le difficile dans le travail de l'*Eau* de la mer n'est pas de la dessaler; mais de la décharger d'une espece de bitume qui semble constituer les parties de cette *Eau*. C'est sur-tout ce bitume qui la rend si dégoutante & si incompatible avec la disposition de notre corps.

5. Il étoit juste que les Physiciens examinassent l'*Eau* en qualité d'aliment de l'homme. Mais il étoit aussi important qu'ils portassent leur vûe sur cet élément pour l'utilité dont il lui est d'ailleurs. L'*Eau* fait végéter les plantes; & c'est des plantes que nous tirons notre subsistance. Quelle reconnoissance ne devons-nous donc point à cet élément! Ce n'est encore rien, quoique ce soit beaucoup. L'accroissement des plantes, leurs tiges, leurs feuilles & leurs fruits sont formés par l'*Eau* toute seule. Une pomme, une poire, &c. sont des morceaux d'*Eau* pure, qui ont pris cette consistance. Le fait paroîtra fabuleux aux personnes peu versées dans les grandes expériences de Physique : mais les apparences doivent s'évanoüir aux pieds de la vérité.

M. *Robert Boile* fit sécher une certaine quantité de terre; & l'aïant pesée, il y planta quelques grains de citrouille des Indes. Quoiqu'il n'eût ajouté à cette terre que de l'*Eau*, il s'en forma un fruit de 14 livres. On pourroit dire que c'est de la terre que ce fruit est venu, si l'on n'avoit pas le tems de suivre l'expérience. M. *Boile* fit sécher & peser cette même terre; & à peine put il s'appercevoir qu'elle eût perdu quelque chose de son poids. (*Chimie de Boile*, *Theologie Physique* par *Derham*.)

M. *Vallemont* a repeté cette expérience

Deux cens livres de terre sechée aïant été enfermées dans un coffre capable de la contenir, ce Physicien y planta un saule de 5 livres. Ce coffre fut ensuite couvert d'un morceau d'étain percé de plusieurs trous. Au travers de ces trous M. *Vallemont* arrosoit le saule. Cet arbre aïant été arraché 5 années après, il pesa avec toutes ses feuilles 169 liv. 3 onces; & la diminution du poids de la terre ne monta qu'à 2 onces. Dans le poids de cet arbre, celui des feuilles qu'il avoit jettées dans les quatre automnes n'est point compris. (Voïez *Phys. Théologie de Derham*) *Niewentit*, *Newton* & *Hook*, prétendent aussi que l'*Eau* se change en terre par les distillations.

6. Jusqu'ici l'*Eau* a paru dérober ses propriétés aux recherches des Physiciens. En revanche en voici une qui se manifeste d'une façon bien palpable : c'est sa force prodigieuse que les Artistes savent bien emploïer pour de grands efforts, & cela fort adroitement. Qui pourroit séparer une meule de roche toute taillée, sans l'endommager & sans agir! La chose semble chimerique. Et bien les Tailleurs de pierre enfoncent des chevilles de bois, qu'ils ont bien fait sécher, dans des trous pratiqués dans ces meules. Après cela, ils mouillent ces chevilles & tout est fait. L'*Eau* pénétre ces chevilles; elles les gonfle, & par ce gonflement la meule se trouve séparée dans peu de tems. Une corde seche, quand on l'humecte, souleve un poids quel qu'il soit. L'histoire en est connue. Lorsque *Sixte V.* fit élever le grand Obélisque du Vatican, son poids énorme causa un accident qui effraïa beaucoup. Il allongea les cables & sortit un peu de sa base. *Fontana* conseilla de les mouiller. Le conseil étoit bon : il fut suivi. Et peu de tems après les cordes ausquelles étoit attachée cet Obélisque, se raccourcirent & redresserent cette masse énorme, dans la situation qu'on la voit à présent. Voilà un phénomene merveilleux, dont il n'est pas aisé de rendre raison.

1°. M. de la *Hire* prétend que c'est la pression de l'atmosphere de la corde, qui étant supérieure à ces poids oblige l'*Eau* de dilater les petits vuides de la corde, lesquels, en se dilatant, tâchent de prendre la figure circulaire & raccourcissent en même-tems la corde en la gonflant. Avec tout le respect qu'on doit à un aussi grand homme que M. de la *Hire*, on peut dire que c'est là une mauvaise raison. L'atmosphere de la corde n'est pas d'une pésanteur bien considérable : on la détermine quand on veut. (*Voïez* ATMOSPHÈRE.) Concluons donc que cette

explication n'est pas recevable.

2°. La seconde opinion est celle-ci : Une matiere subtile, qui n'est pas l'air, presse l'*Eau* & la fait entrer. Quelle conjecture ! Si cette matiere est si subtile, pourquoi ne remplira-t-elle pas ces petits espaces que l'*Eau* doit occuper ? D'ailleurs, qui est-ce qui l'obligera de pousser l'*Eau* ? &c.

3°. Ceux, qui supposent, en troisiéme lieu, une force dans la corde qui attire les parties de l'*Eau* avec plus de violence que le poids ne tire la corde, ne meritent pas qu'on leur réponde, tant leur raison est ridicule. Le quatriéme sentiment est plus sensé que les autres.

4°. On dit qu'il arrive une rarefaction prodigieuse dans l'intérieur de la corde, lorsque l'*Eau* entre dans ces petits espaces & qu'ainsi elle doit se raccourcir. Mettons cela plus au jour. La corde, comme on fait, est combustible. Elle renferme donc une matiere inflammable ou du feu dans ses pores, qui ne se manifeste que lorsqu'il se réunit. Or les particules de l'*Eau* étant plus pésantes que celles du feu, & que le peu d'air qu'il peut y avoir dans les pores & les interstices de la corde, elles chassent la matiere ignée vers le centre. Les particules du feu se trouvent de cette façon réunies peu à peu. Elles acquierent par-là de la force, se rarefient, & rarefient l'air en même-tems. De cette rarefaction résulte une dilatation, & de la dilatation le gonflement & le raccourcissement.

Il y a quelque chose dans ce sentiment. Mais en vérité, si l'on me demandoit ce que j'en pense, je n'hésiterois pas de répondre, qu'il est trop systématique. Il me paroît, & bien plus simple & plus naturel de croire que les particules d'*Eau*, en s'insinuant dans les fibres de la corde, obligent ces fibres de se dilater, & ils ne peuvent se dilater sans se raccourcir. On ne doit point être étonné de ce que les particules font ici plus que la masse la plus lourde. Ce n'est point tout d'un coup que cet effet se produit. Les particules d'*Eau* s'insinuent l'une après l'autre; & l'effort est tout-à-fait décomposé. Une passe, puis une autre & ainsi successivement l'*Eau* s'imbibe & la corde se raccourcit. Rien de plus conforme à la Mécanique, ce qu'on gagne en force, on le perd en tems.

Voici encore une force que l'*Eau* a. Si l'on frappe avec la main sur la surface de l'*Eau*, on sent un coup comme si l'on frappoit sur une pierre. Et lorsqu'on tire obliquement dans l'*Eau* un coup de fusil chargé de bales de plomb, ces bales s'applatissent du côté où elles frappent l'*Eau*. Une forte charge les fait fauter en pieces par la force avec laquelle l'*Eau* réfifte à la rapidité de la balle. Le Lecteur qui ignorera la raifon de cette efpece de phénomene la trouvera aifément : j'abandonne ce problème tout entier à fes réflexions.

Il y auroit encore bien des chofes à dire fur l'*Eau*, fi je pouvois parler en Chimifte, comme j'ai parlé en Phyficien. C'eft affez de faire cette derniere fonction. En cette qualité, je renvoie pour les Auteurs fur l'*Eau* aux Auteurs pour la Phyfique. *Voïez* PHYSIQUE.

E C H.

ECHAINE ou CHAINE. Nom que donnent les Géometres à la plus grande mefure dont on fe fert dans la Géometrie-pratique. C'eft une chaîne ou une corde divifée en perches, pieds & demi-pieds. Une perche d'un païs aïant une certaine longueur, les Géometres la divifent en 10 parties égales & donnent à chacune le nom de pied décimal. Ces pieds déterminant la longueur des fils de métal. On joint ces fils enfemble par des anneaux de laiton, en forte que leur fomme faffent, y compris les anneaux, 5 perches du païs. La derniere perche fe divife fouvent felon la mefure du païs, & on fait fur les quatre autres une divifion de 10 en 10 pieds. Les anneaux, qui divifent les perches, font diftingués par de petites lames percées, & le nombre de trous de ces lames marque celui des divifions. Pour mefurer les pouces on fe fert d'une échelle particuliere, qui a la longueur d'un pied décimal, & qui eft divifé d'un côté en 10 pouces, & de l'autre en 12 pouces du pied ordinaire du païs. Enfin on acheve de conftruire l'*Echaîne* en appliquant de gros anneaux aux deux extrêmités, afin de tendre aifément par leur moïen l'*Echaîne* en droite ligne.

2. Telle eft l'*Echaîne* proprement dite. Elle a fouffert des changemens, & ces changemens font fondés fur les incommodités dont on l'a taxée. La premiere eft l'embarras qu'il y a à la tranfporter ; la feconde, la difficulté à s'en fervir. Ces petits anneaux s'entrelaffent quelquefois ; & par-là les pieds ne s'étendent pas : on les juge moindres qu'ils font en effet. Ces inconvéniens ont obligé quelques Géometres à préférer la corde à la chaîne, en y portant les mêmes divifions. Mais la corde exempte des défauts de la chaîne, n'en a t-elle point qui lui font propres ? Dans un tems humide elle fe raccourcit, & dans un tems chaud elle s'allonge. Il eft arrivé à D. *Schwenter*, qu'une corde, qui n'avoit que 16 pieds de long, aïant fervi

pendant une heure, fe raccourcit d'un pied entier. Afin de remedier à cela, ce Géometre confeille de tortiller les cordes à contre fens ; de les faire bouillir enfuite dans de l'huile, & lorfqu'elles font féches de les frotter d'un bout à l'autre de cire. Si on l'en croit, les cordes ainfi préparées, ne fauroient fe raccourcir fenfiblement, quand elles refteroient des jours entiers fous l'eau. (Voïez *Géometrie-pratique*, *L. I. Tract. II. de Schwenterus.*) Quoique M. *Schwenter* doit être cru fur ce confeil, cependant eft-il bien vrai qu'une pareille corde eft préferable aux *Echaînes* ? Là roideur de cette corde, la pouffiere qui s'y attache ne nuifent-elles pas dans fon ufage ? Et ces inconvéniens font-ils plus fupportables que ceux de la chaîne ? Les Géometres praticiens décideront la queftion. On fe fert de l'*Echaîne* dans toutes les opérations qu'on fait fur le terrain.

ECHAPPEMENT. Terme d'Horlogerie. Partie d'une montre, d'une horloge ou d'une pendule, qui en regle le mouvement. L'*Echappement* eft une des parties effentielles de ces machines. Leur rouage tend toujours à tourner, & tourneroit avec beaucoup de rapidité par la traction du poids ou du reffort, s'il n'étoit retenu. Or ce qui le regle, c'eft l'*Echappement*.

Les horloges quelconques, j'entends par-là ou montres ou pendules, font compofées de plufieurs roues, qui engrainent les unes dans les autres. La premiere, où la force motrice eft appliquée, fait tourner la feconde ; celle-ci la troifiéme, ainfi jufques à la derniere. Cette derniere, qui a une denture différente des autres, s'appelle *Roue de rencontre*, (*Voïez* ROUE DE RENCONTRE.) Elle eft arrêtée par des palettes qu'elle eft obligée de pouffer alternativement. Ces palettes obéiffent, s'*échappent* & forment l'*Echappement* qui en a tiré de là le nom. Toutes les fois qu'une dent de cette roue paffe, elle rencontre ces palettes qu'elle eft obligée de chaffer comme auparavant ; & fon mouvement fe trouve ainfi moderé. L'*Echappement* pouffe à fon tour le balancier qui, forcé de faire fes vibrations en tems égaux, acheve de regler entierement le mouvement de l'horloge. Une figure aidera à faire comprendre toute la mécanique d'un *Echappement*. Et fi l'on a une montre & une pendule fous les yeux, on le comprendra encore avec beaucoup plus de facilité.

La Figure 158 (Planche XL.) repréfente la partie d'une horloge, par laquelle on pourra juger d'un *Echappement*. A B eft une roue de rencontre ; E F l'axe fur lequel elle tourne ; C D la verge du balancier ; P R les palettes. Sur la verge C D eſt ſoudée une petite plaque de laiton. Cette plaque porte une branche de cuivre L M N , qu'on appelle la *Fourchette*. Enfin S T eſt le pendule ſuſpendu par deux fils attachés au cocq K.

La verge C D dans la pendule, paſſe à travers la platine percée d'un grand trou & au travers de la potence percée pour cet effet. Et ces deux pivots entrent & tournent enfin dans un trou percé dans le talon de la potence & l'autre dans le nez du cocq. Les choſes étant ainſi, la force motrice agit & fait tourner la roue de rencontre A B. Une dent de cette roue rencontre une palette, la palette P, par exemple, qu'il oblige de tourner juſques à ce qu'elle ſoit échappée. La palette eſt alors pouſſée : la verge C D tourne ; la palette fuit & pouſſe en fuïant la fourchette D M N, qui fait faire une demi-vibration au pendule. A peine la palette a tourné que la dent s'échappe & forme juſtement ce qu'on appelle *Echappement*. Alors le pendule S T revient & acheve la vibration. Voilà de cette maniere deux actions. La palette R fait la troiſiéme. L'autre paſſée, celle-ci vient au centre de la roue, & reçoit l'impulſion de la premiere dent, qui ſe préſente lorſque la vibration eſt achevée. Le balancier retourne y étant obligé par la dent, qui pouſſe la palette juſques au ſecond *Echappement*. Or celui-ci ne peut ſe faire que la palette P ne revienne où elle étoit avant le premier *Echappement*, où elle avoit reçu la premiere impulſion, à laquelle elle ſe trouve encore expoſée & qu'elle reçoit. Cette impulſion faite, elle s'échappe & preſente l'autre à ſon tour : celle-ci ramene l'autre. Ainſi de ſuite juſques à ce que la force motrice ceſſe d'agir.

2. La figure que j'ai expliquée repréſente l'*Echappement* d'une pendule. Dans une montre l'*Echappement* eſt plus ſimple. La roue de rencontre s'échappe ici ſur les palettes du balancier. Après ce que j'ai dit, on doit concevoir par la figure 159 (Planche XL,) l'*Echappement* des montres. La verge eſt A B ; P, R ſont les palettes ; C D eſt la roue de rencontre, & M M le balancier porté par la verge. La roue de rencontre, tournant verticalement ſur le point B, forme l'*Echappement* ſur les palettes, ainſi que nous l'avons vû pour les pendules. Comme la verge porte le balancier, qui eſt un cercle d'acier ou de cuivre, elle y fait faire les vibrations qu'elle reçoit. De là la régularité du mouvement de la montre.

Par tout ce détail on voit bien que l'E-*chappement* eſt la partie eſſentielle des pendules & des montres, & que c'eſt d'un bon *Echappement* que dépend la juſteſſe d'une horloge en général. On attend ſans doute de moi que je donne des regles pour les *Echapemens*. Je ne promets rien : mais je vais faire quelques réflexions que le Lecteur décorera de l'épithete dont il les jugera dignes.

3. Il ne paroît pas que juſqu'ici les Horlogers aient obſervé une méthode générale ſur l'Ouvrage que nous examinons. Chaque Horloger s'en fait une, qu'il croit bonne & qu'il ſuit. Sur quoi ces Meſſieurs fondent-ils leur méthode ? c'eſt ce que j'ignore. En conſidérant cependant avec attention l'uſage & l'effet de l'*Echappement*, il ſemble que cet Ouvrage porte ſur quelque choſe & qu'il ne doit pas être fait à volonté. Là-deſſus M. de *Sulli* a fait trois remarques, & toutes trois judicieuſes. 1°. Sur le dégré de profondeur de l'engrainage de la roue de rencontre ; 2°. ſur la figure de la denture de cette roue ; 3°. ſur le dégré d'ouverture des palettes. Parmi ces trois parties, on doit diſtinguer l'engrainage auquel les autres concourent ; car c'eſt principalement ſur l'engrainage que la denture & l'ouverture des palettes doivent être reglées.

1°. Plus l'engrainage eſt grand ou profond, plus tard les dents de la roue quittent les palettes, & par conſéquent plus ſeront grandes les vibrations du balancier. Or de grandes vibrations ſeront plus ſuſceptibles des moindres accidens qui les rendront infailliblement irrégulieres. D'un autre côté, moins l'engrainage ſera grand, moins les vibrations ſeront fortes pour donner de la ſenſibilité au reſſort ſpiral des montres & au poids des pendules. Afin de compenſer cela, il faudra rendre le balancier plus lourd & allonger les pendules. Voilà un remede & voici un inconvénient. Cette addition expoſera tout le travail de l'engrainage à de plus grands frottemens ſur les pivots, & à de plus dangereuſes ſecouſſes.

Il y a ſans doute un milieu entre ces deux extrêmités : mais où le trouver ? L'expérience ſeule peut le faire connoître. Dans telle ou telle montre, telle ou telle pendule les vibrations ſeront bien moderées, ſuivant une conſtruction particuliere, qui le feront très-mal pour une montre ou une pendule de même forme. La raiſon de cela eſt ſimple. Le poli des pieces qui entrent dans ſa conſtruction, diminue ou augmente les vibrations, ſuivant qu'il diminue le frottement ; de ſorte que les mêmes poids & les mêmes reſſorts agiront ſur les horloges relativement à la construction de ces pieces. Il n'en faut pas davantage pour renverser tous les raisonnemens. Dans des ouvrages de la nature de ceux-ci, ce seroit mal s'y prendre que de s'attacher à des à peu près pour fixer quelques regles. Si l'on en avoit pour l'engrainage, elles ne pourroient être que conditionnelles. Eh ! qui pourra déterminer ces conditions ? Voïons les autres parties, objets des remarques de M. *Sulli*.

2°. La figure de la denture de la roue de rencontre est la seconde partie de l'engrainage. Il s'agit de déterminer la direction de la ligne que forment les faces de la denture de cette roue. Cette ligne doit faire un angle avec l'axe de la roue. Et quel angle doit-il faire ? voilà justement le difficile.

Un angle trop grand rend les dents trop foibles, & un trop petit rapproche trop les palettes, qui pourroient porter contre leurs faces, à la fin de chaque vibration. Les deux extrêmes reviennent encore. Mais ce n'est point ici le même cas heureusement sans doute. Un milieu plus visible s'y manifeste, & ce milieu consiste à faire en sorte que l'angle de la denture soit tel, que cette rencontre ne puisse se faire. Il faut donc diminuer l'angle au point qu'il y ait un choc sur les palettes. Voilà le point. Tout angle, qui le passera, sera ou trop grand ou trop petit.

3°. Enfin, il est question de déterminer le dégré d'ouverture des palettes. D'abord on pense que l'angle droit est le plus simple & le plus naturel. Cela peut être. Mais le simple & le naturel ne valent rien au prix du bon & du juste. Il faut avouer cependant que c'est sur celui là qu'on le détermine. Les Horlogers suivant leur connoissance & leur lumiere ne s'en écartent que pour le diminuer ou l'augmenter presque insensiblement sans le perdre de vûe. Un angle moindre qu'un angle droit rend les palettes trop étroites; d'où s'ensuivent des vibrations trop grandes; & par-là le balancier est exposé à des renversemens. Un angle trop grand fait un effet tout contraire : les vibrations sont trop petites. Ainsi, comme je l'ai déja dit pour l'engrainage, le balancier n'a pas assez de force pour se faire sentir au poids & au ressort. Avec quelque attention, on remarque pour les palettes les mêmes inconveniens d'un trop grand & d'un trop petit engrainage. Les réflexions que j'ai faites là peuvent & doivent être placées ici. Il me semble que ces deux ouvrages ne vont plus l'un sans l'autre ; & qu'on doit les travailler relativement; car l'ouverture des palettes dépend de là.

Après tout ce détail, il est aisé de voir & de conclure que la main de l'Ouvrier a beaucoup de part dans l'*Echappement*, & que les mathématiques ne peuvent fournir que des regles générales, que le génie peut seul & ratifier & proportionner ou accommoder à l'ouvrage. A cet égard le *Traité de l'Horgerie* de M. *Thiout* est un bon livre à consulter. On y trouve quelques regles d'approximation, & plusieurs sortes d'*Echappemens* proposées par différens Auteurs. Me bornant aux réflexions précédentes & à cet avis, je terminerai cet article par l'origine de l'*Echappement*.

4. Le premier *Echappement* qui a paru étoit presque le même que celui dont on fait usage. Celui-ci n'en differe que par la force *reglante*. Le balancier des Anciens, qui étoit appellé *Foliot*, étoit suspendu horisontalement ; & il étoit réglé par des poids qu'on nommoit *Régules*. En avançant ces poids & en les reculant du centre de suspension, on avançoit ou l'on retardoit l'horloge ; parce que ces poids suivant les principes du lévier du premier genre, (*Voïez* LEVIER.) avoient un plus grand ou un moindre mouvement. On s'est servi de ce balancier ou de cette sorte d'*Echappement* jusques en 1674 ; tems de l'invention des pendules & des montres à ressort spiral.

L'Auteur de ce premier *Echappement* n'est pas connu ; & l'histoire de cette partie de l'Horlogerie ne commence qu'à l'invention des montres. C'est par elles qu'on a commencé à rechercher sérieusement la perfection de l'*Echappement*.

Le premier changement, qu'on a tenté a été de mettre un pignon au balancier au lieu de palettes, dans lequel engrainoit la roue de rencontre faite en façon de roue de champ. On avoit substitué au pignon de cette roue une verge avec des palettes. La roue de champ avoit les dents semblables à celles d'une roue de rencontre. Elle agissoit sur les palettes de l'autre roue, & lui faisoit faire des vibrations de côté & d'autre, & plusieurs tours de balancier à chaque vibration. Cet *Echappement* donnoit des vibrations fort lentes.

L'usage a appris que ce changement étoit défectueux, & que les montres ainsi reglées n'étoient rien moins que justes. Le Docteur *Hook*, qui gardoit depuis 17 ans un nouvel *Echappement*, qu'il n'avoit osé mettre au jour, crut qu'il étoit tems de le faire paroître. Il produisit donc en 1675 une construction bien différente. Son *Echappement* étoit composé de deux balanciers, qui s'engrainoient l'un dans l'autre par une denture menagée à leur circonférence, je veux dire , que chaque balancier portoit une roue dentée & que l'engrainage se faisoit par ces deux roues. Chaque verge de balancier n'avoit qu'une palette de la longueur d'une ligne ou environ , posée chacune sur le milieu de son axe. La roue de rencontre étoit située parallelement aux deux platines de la cage, & ses dents étoient fort écartées. Les deux verges des balanciers posées aux deux côtés de cette roue, agissoient ainsi sur les palettes. Lorsqu'une dent de cette roue avoit écarté dans son chemin la palette d'un des balanciers, ce balancier, en engrainant dans le second le faisoit tourner en sens contraire, & ramenoit par ce moïen la palette du second alternativement à l'action d'une des dents de la roue de rencontre de l'autre côté, & ainsi réciproquement de l'un à l'autre. L'avantage de cet *Echappement* consistoit en ce que les secousses subites ne dérangeoient point les vibrations de la montre ; mais il avoit plusieurs défauts, dont le plus considérable étoit de ne point compenser les inégalités de la force motrice.

Le mauvais succès de cet *Echappement* , très-susceptible de corrections fort utiles, donna lieu à un nouveau. M. *Tompion* proposa en 1695 cette construction. La verge du balancier portoit une tranche cilindrique, & la roue de rencontre étoit parallele aux platines de la cage. Les dents étoient assez écartées pour laisser tourner la tranche cilindrique entre deux. Et une entaille faite dans cette tranche , dans le sens de l'axe du balancier , y formoit une palette , qui se présentoit à l'action de la roue de rencontre. Lorsque la premiere dent, après avoir écarté la palette, échappoit, la dent suivante tomboit sur la circonférence du cilindre, contre lequel elle s'arrêtoit jusques au retour du balancier , qui ramenoit la fente jusques à la seconde dent. Cette dent à son tour écartoit de nouveau la palette, & le cilindre arrêtoit de même la palette : ainsi de suite. De sorte qu'il ne se faisoit par ce moïen qu'un battement dans deux vibrations du balancier. Cet *Echappement* avoit cette propriété importante de compenser toutes les inégalités de la force motrice. Quel dommage que le frottement presque continuel , & de la roue de rencontre sur l'extrêmité du cilindre & celui des pivots du balancier , augmenté par cette pression de la roue, en rendissent l'usage dangereux !

Enfin, en 1700 M. *Fatio* , de la Société roïale de Londres , inventa des rubis percés, qu'on emploie dans les pivots du balancier , & forma un nouvel *Echappement* , dont M. *Sulli* a donné la figure dans son *Histoire des*

Echappemens imprimée dans sa *Regle artificielle du tems* , de l'édition de M. *Julien le Roi*. On voit là les efforts que fit ensuite cet habile Artiste, pour perfectionner cette partie de l'Horlogerie & dans le *Traité d'Horlogerie* de M. *Thiout* , les nouveaux *Echappemens* qui ont été imaginés par différens Auteurs. Ici finit l'histoire de l'*Echappement* des montres. Il y a peu à dire sur celui des pendules. Voici en peu de mots ce que M. *Sulli* en apprend.

Le plus ancien *Echappement* de pendule est celui dont j'ai donné & la description & la figure ci-devant. Le premier changement qu'on y fit fut de faire faire aux palettes un angle de 60 dégrés. Parut ensuite l'*Echappement à rochet*, c'est à-dire, un *Echappement* , dont les palettes ont à peu près la forme d'un anchre. Il fut inventé à Londres en 1680 , attribué par M. *Smith* Horloger à Londres, à M. *Clément*, Horloger , & revendiqué par M. *Hook*. On commença à s'en servir en France en 1695. M. *Julien le Roi* proposa en 1720 un *Echappement* , où les défauts de l'*Echappement à rochet* étoient écartés, & dont il devoit l'idée à M. *Saurin*. Enfin , M. *Graham* imagina un nouvel *Echappement à anchre*, qui consiste à une espece de demi-cercle armé de palettes , sur lequel s'échappe la roue de rencontre. Cette invention est aujourd'hui fort en usage.

ECHARPE. *Voiez* CHAPPE,

ECHELLE. Nom qu'on donne en général en Mathématique à des mesures ou des nombre tous calculés pour la pratique de quelques parties de cette science. On appelle *Echelle* , les dégrés d'un arc quelconque, les divisions des lignes droites telles que celles des sinus , des tangentes , des cordes, des sécantes , &c. pour exécuter promptement des *Pratiques géometriques* ou autres opérations mathématiques. Tout ceci est dit encore une fois en général. Reprenons ce terme & faisons-le connoître dans son particulier. Il y a quatre sortes d'*Echelles* connues en Mathématique , *Echelle Géometrique* , *Echelle Angloise* , pour le Pilotage , *Echelle de Latitude croissante* , & *Echelle de Musique*.

ECHELLE GEOMETRIQUE. Certaine longueur établie arbitrairement avec les divisions usuelles pour mesurer les grandeurs qui se présentent. On en construit de plusieurs façons différentes. L'*Echelle géometrique* propre est ainsi faite. Une ligne A B (Figure 160, Planche X.) est divisée en 10 parties égales. Aux extrémités de cette ligne sont élevées deux lignes perpendiculaires A C, A D, sur lesquelles on porte la ligne A B autant de fois que l'on veut , & ordinairement dix ,

pour

pour avoir une *Echelle* de 100 parties. Menant par ces points des lignes paralleles à la ligne A B, on a un quarré qui forme le plan de l'*Echelle*. Par tous les points de division menant des lignes paralleles au côté de ce quarré, l'*Echelle* est construite, comme on la voit dans la figure. Cette *Echelle* se trouve tracée sur les équerres, qu'on met dans les étuis de Mathématique, & quand on n'a pas d'équerre on la trace où l'on veut. *Léopold* dans son *Theatrum Arithmetico-Geometricum*, a traité fort au long des *Echelles Géometriques*. Et *Bion* en a écrit dans son *Traité de la Construction & usage des instrumens de Mathématique*.

Echelle Angloise. Regle inventée par les Anglois, sur laquelle sont tracées plusieurs lignes, qui représentent par leurs divisions les Tables ordinaires des logarithmes; comme on trouve dans ces Tables des logarithmes, des nombres naturels avec chacun de ces nombres correspondans à chaque logarithme, & les logarithmes de chaque sinus & tangente avec l'angle de l'arc correspondant; de même on a sur l'*Echelle Angloise* trois lignes A B, C D, E F, (Figure 161. Planche XIX.) qui représentent par leur division les logarithmes avec les nombres correspondans gravés au bout de chaque division ; & c'est à quoi la premiere *Echelle* A B est destinée. La seconde C D représente les logarithmes des sinus par de semblables divisions, proportionnelles aux logarithmes marqués dans les Tables, avec les arcs de cercle correspondans gravés comme sont les nombres de la premiere *Echelle*. Enfin, la troisiéme E F représente par de pareilles divisions les logarithmes des tangentes. Au bout de chaque division, on grave ou l'on marque aussi les dégrés correspondans.

L'usage de l'*Echelle Angloise* est de trouver le quatriéme terme d'une regle de proportion sans faire aucun calcul. Et voici comment. On prend avec un compas ordinaire la distance des deux premiers termes, & on la porte depuis le troisiéme terme en avançant vers l'extrémité de la ligne, ou en reculant selon que le quatriéme terme doit être plus grand ou plus petit que le troisiéme. Ainsi pour trouver le quatriéme terme de cette regle de proportion, 4 : 8 : : 16, on prend sur la ligne des nombres A B la distance de 4 à 8, & on la porte depuis le point marqué 16, en avançant vers l'extrémité B de cette ligne, parce que le quatriéme nombre doit être plus grand que le troisiéme. La seconde pointe du compas tombe sur le nombre qui est le quatriéme terme de de la proportion. Ce nombre est ici 32.

Tel est l'usage de la premiere ligne. La raison de cette opération est que la distance ou la différence des premiers termes d'une proportion géométrique est toujours égale à la différence des logarithmes des deux autres termes.

2. Le R. P. *Pezenas*, seul Auteur François, qui ait parlé de ces sortes d'*Echelles*, dit, qu'il y a encore, outre ces *Echelles*, d'autres plus composées, mais plus commodes. On les appelle *Echelles doubles*, parce qu'elles sont doubles en effet. Chacune en particulier a une ligne des nombres, des sinus & des tangentes. Lorsqu'on veut trouver le quatriéme terme d'une proportion par ces *Echelles*, on les glisse l'une contre l'autre, en plaçant le troisiéme terme de la proportion sous le premier, & l'on trouve immédiatement au-dessous du second terme le quatriéme qu'on cherche. Aïant donc deux petits parallelipipedes ou deux petits bâtons A B, H G (Planche XIX. Figure 162.) de 6 faces, sur l'une desquelles sont tracées ces *Echelles*, on place (pour l'exemple précédent) sous le nombre 4 de l'*Echelle* A B le nombre 16 de la seconde *Echelle* G H, & on trouve sous le nombre 4 de la premiere *Echelle* 32, quatriéme terme de la proportion 4 : 8 : : 16 : 32.

3. Les Anglois, qui presque dans toutes leurs découvertes & leurs inventions ont toujours le progrès de la navigation en vûe, font usage de cette *Echelle*, pour résoudre les problêmes du Pilotage, & ils y réussissent. En effet, tous les problêmes de cet art n'offrent que le quatriéme terme d'une proportion à trouver. J'en donnerai ici quelques exemples, d'autant plus volontiers que j'expliquerai par ce moïen la ligne des sinus & des tangentes, dont je n'ai point encore parlé.

Problême. Connoissant le rumb de vent & le chemin fait par le vaisseau sur le rumb, trouver la différence en latitude & le chemin d'Est & d'Ouest.

Cette regle de trois donne la solution de ce Problême : *Comme le sinus total est au sinus du complement de l'angle de la route, formé par le méridien & le rumb de vent, qu'on a tenu ; ainsi le chemin connu est à la différence en latitude.* On sait déja que l'*Echelle Angloise* sert pour trouver le quatriéme terme d'une regle de proportion. On sait donc que cette regle sert à résoudre le Problême. A cette fin, 1°. Prenez avec un compas sur la ligne des sinus C D, la distance du sinus total ou du point D, au sinus du complement de la route. (Sur cette ligne le sinus total est marqué au point D par le nombre 90 ; & les autres sinus sont marqués sur cette ligne par le nombre des dégrés dont ils font les finus , comme on voit dans la Figure 161. Plan. XIX.) 2°. Portez fur la ligne A B , qui eft celle des nombres , cette diftance depuis le nombre qui exprime la longueur du chemin en reculant vers le point A de cette ligne. Le point , où tombe le compas , marque la différence en latitude qu'on réduit en dégrés à raifon de 20 lieues par dégrés.

Le chemin Eft ou Oueft fe trouve par cette *Echelle* en formant cette regle : comme le finus total eft au finus de l'angle de la route , ainfi le chemin qu'on a fait eft au chemin Eft-Oueft.

4. Refte à faire connoître l'ufage de la ligne E F qui marque les tangentes. Nous réfoudrons pour cela le Problème fuivant. Problème : *Connoiffant la différence en latitude & le chemin Eft ou Oueft trouver l'angle de la route.* Cet angle fe détermine par cette regle : *La différence en latitude eft au chemin Eft ou Oueft ; comme le finus total eft à la tangente de l'angle de la route.* 1°. Prenez fur la ligne des nombres A B la diftance de ceux qui expriment le chemin d'Eft & la différence en latitude. 2°. Portez cette diftance fur la ligne des tangentes E F , depuis l'extrémité F , qui marque le finus total ou la tangente de 45 ; en remontant vers le commencement de cette ligne. La feconde pointe du compas marquera fur un des points de la ligne E F l'angle de la route & fon complement.

Si le chemin d'Eft eft plus grand que la différence en latitude , l'angle de la route fera plus grand que fon complement , & s'il eft moindre , il fera plus petit. (*Voïez* les *Elémens du Pilotage* du R. P. *Pezenas* , *pag.* 106. *& fuiv.* Et la *Pratique du Pilotage* du même Auteur. *Chap. XII. pag.* 311.

ECHELLES DE LATITUDE CROISSANTE. Les Pilotes nomment ainfi des *Echelles* où font marqués les nombres des parties contenues dans chaque dégré de latitude de la carte réduite , c'eft-à-dire , dans les dégrés qui augmentent à mefure qu'on s'éloigne de la ligne équinoxiale ou de l'équateur. A l'article de CARTE REDUITE je donne la raifon de cette accroiffement , & par conféquent je fais connoître l'utilité de ces *Echelles*. Je déduis encore la régle qu'on a trouvée pour les calculer. J'ajouterai feulement une méthode du P. *Pezenas* , de la Société Roïale de Lyon , qui en facilitera le calcul : c'eft de prendre la moitié du complement de chaque latitude , & de divifer par 1263 la différence des tangentes logarithmiques de ces demi-complemens. Le quotient donne les latitudes croiffantes. Comme l'application

de cette regle ne peut qu'intéreffer les Marins , & que le livre du P. *Pezenas* leur eft affez connu , je me contenterai de l'avoir rappellée ici & de citer l'Ouvrage auquel on aura recours. Cet ouvrage eft la *Pratique du Pilotage* , ou *fuite des Elémens du Pilotage.* A Avignon chez *Girard.*

2. Il n'eft point de découvertes dans l'art de naviger qui ait préfenté tant de difficultés que celle des *Echelles de latitude croiffante* , c'eft-à-dire , que l'invention d'une carte fur un plan avec des lignes droites où toutes les parties du monde , ou fimplement quelques parties , puffent être marquées exactement felon leur longitude , leur latitude & leur diftance. Il y a prefque 2000 ans que *Ptolomée* en donna l'idée. Et dans le fiécle précédent *Mercator* conftruifit une Mappemonde générale fans démonftration & avec cela très-difficile à tracer. M. *Wrigt* , profitant des lumieres de *Mercator* , enfeigna l'art de prolonger la ligne méridienne par une addition continuelle de fécantes. De maniere que tous les dégrés de longitude puffent être proportionnels à ceux de latitude comme fur le globe. Par ce moïen on peut avoir exactement la route & la diftance d'un endroit à un autre , quelque rumb de vent que le vaiffeau tienne. C'eft ainfi que *Wrigt* a rectifié ou perfectionné la projection de *Mercator.* Dans cette projection la ligne méridienne eft une échelle de tangentes logarithmiques des demi-complemens de latitude. Les différences de longitude fur un rumb quelconque , font les logarithmes des mêmes tangentes ; mais non pas de la même efpece : elles font proportionnées l'une à l'autre ainfi que les tangentes des angles faits avec le méridien.

Il fuit de-là que toute *Echelle* de tangentes logarithmiques eft une table des différences de longitude à différentes latitudes fur un rumb déterminé quel qu'il foit. C'eft pourquoi la tangente de l'angle d'un certain rumb eft à la tangente de l'angle de tout autre rumb , comme la différence de longitude fur le rumb propofé , interceptée entre les deux latitudes des demi-complemens defquelles on a pris les tangentes logarithmiques.

ECHO. Répétition de fon. Quoique cette définition ne foit peut-être pas affez détaillée , l'*Echo* eft cependant fi connu qu'elle doit fuffire. Tout le monde fait que fi l'on parle dans de certains lieux , on entend répéter les dernieres fyllabes après qu'on les a prononcées. C'eft une chofe bien étonnante d'entendre répéter les mêmes paroles qu'on dit , ou qu'on a dites , fans qu'on puiffe foup-

conner perſonne d'en avoir fait la fonction.
Je m'imagine que les premiers qui entendi-
rent un *Echo* durent être bien effraïés. Aujourd'hui on n'y fait plus attention, parce
qu'on y eſt accoutumé ou que la choſe eſt
trop commune. Cependant il y a des *Echos*
qui ſurprennent toujours malgré qu'on en
ait, & qui ſont toujours plus ſurprenans.
Et qui eſt-ce qui ne le ſeroit pas d'entendre
des *Echos* crier plus haut qu'on a parlé ; d'autres qui rendent la voix avec un ris moqueur ;
ceux-ci qui la rendent plaintive à peu près
comme une perſonne qui ſouffre ; ceux-là
tremblante, & enfin des derniers qui répetent
pluſieurs fois les mêmes paroles ? On lit
dans l'*Harmonie univerſelle* du P. *Merſenne*
qu'en une Vallée proche Paris, il y a un
Echo qui répete quatre fois pendant la
nuit & ſept fois pendant le jour ; & ſelon quelques Auteurs il y en a qui la répetent juſqu'à 30 fois. Le Docteur *Plot*
fait mention quelque part d'un *Echo* près
d'Oxford, connu ſous le nom d'*Echo du Parc
de Woſtock*, qui répete 17 ſyllabes pendant
le jour quand il fait du vent, & 20 pendant
la nuit. (*Voïez* l'*Hiſtoire naturelle d'Oxford*,
P. le D. *Plot*.) Voici encore un *Echo* plus
admirable : c'eſt celui qui eſt au Nord de
l'Egliſe de Shpiley, dans la Province de
Suſſex. Il répete pendant la nuit ces 21 ſyllabes :

   *Os homini ſublime dedit cœlumque tueri
   Juſſit & erectos . . . . .*

(Dict. des Arts d'*Harris*, au mot *Echo*.)

   D'après *Otto-Guerick*, M. l'Abbé *Haute-
feuille* parle dans ſa Diſſertation, qui a remporté le prix de l'Académie de Bordeaux en
1718, d'un *Echo* plus que ſurprenant. La
découverte de cet *Echo* eſt due à une Relation de *David Frolikius*, qui eut le courage
de monter au ſommet du Mont-Carpath en
Hongrie, plus élevé que toutes les montagnes des Alpes, de la Suiſſe & du Tirol.
Ainſi parle à peu près ce Voïageur. A peine
fus-je arrivé à ce ſommet, que le vent,
dont j'avois été tourmenté dans la montée
ceſſa au haut tout d'un coup. L'air y étoit
même ſi tranquille, que mes cheveux n'é-
toient nullement agités. Néanmoins j'étois
témoin oculaire du vent, qui ſouffloit avec
force au-deſſous de moi, & que j'avois reſ-
ſenti. Les nuages ſe déroboient à ma vûe
avec une grande rapidité. Là je m'aviſai de
tirer un coup de piſtolet. Ce coup ne fit
pas plus de bruit que ſi j'eus rompu un bâton. Je deſcendis, & lorſque je fus au-
deſſous des nues je tirai un autre coup. L'effet
de celui-ci differa terriblement de l'autre,
Il fit un bruit épouvantable, & auſſi violent

que celui d'un gros canon. Ce bruit dura un
demi quart d'heure, & je crus même que la
montagne s'abîmoit ſous moi.

2.   Voilà des choſes bien extraordinaires. Après
cela, qui eſt-ce qui oſera expliquer la cauſe
de l'*Echo* ? Examinons les ſentimens des
Phyſiciens à ce ſujet. On convient en général
que les endroits concaves, creux, angulaires & enfoncés, ont une grande diſpoſition
à produire des *Echos*. La remarque eſt
bonne. Maintenant on demande pourquoi ?
Les premiers qui ſe ſont aviſés de répondre
à cette queſtion ont dit, que c'étoit parce
que dans ces endroits l'air ſe bleſſoit, &
que ces playes faites à cet élément par des
coups & des percuſſions continuelles, étant
réitérées revenoient enfin à l'oreille. On ne
ſait pas au juſte à qui on eſt redevable d'une
ſi belle explication. Il y a lieu de croire
qu'elle eſt d'un nommé *Alexandre Aphrodi-
ſius*, qui l'a du moins conſervée à la poſté-
rité, & de qui nous la tenons. *Ariſtote* ſentit
tout le ridicule de cette explication. Il voulut en donner une autre ; & ſérieuſement il
entreprit de raiſonner ſur la cauſe de l'*E-
cho*. J'avoue que j'ignore cette cauſe, quoique je l'ai étudiée ; & je crois auſſi qu'*A-
riſtote* ne l'entendoit pas lui-même. Eh ! comment l'auroit-il entendue, en expliquant le
ſon une qualité paſſible, laquelle n'eſt ſenſible qu'à l'oreille, & qui provient de la
vertu ſonative des corps mis en mouvement.
Eſt-ce là un galimatias ? Voilà des mots qui
ne diſent & n'ont jamais rien dit.

   Le fameux *Otto-Guerick* rougit le premier
de cette explication ſans être guéres plus
heureux qu'*Ariſtote*. Si on l'en croit, l'*Echo*
eſt une vertu ſonante admiſe dans un corps
capable de recevoir le ſon avec toutes ſes
qualités, & qui eſt rendue tout de ſuite
avec ces mêmes qualités. Ce n'eſt point à
la ſituation des lieux qu'il faut attribuer
l'*Echo* ; mais à un ſujet caché capable de le
produire. Après cela M. *Otto-Guerick* avoue
de bonne foi qu'il ne ſait point ſi ce ſujet
eſt de pierre ou de quelqu'autre matiere.
Seulement il aſſure qu'il exiſte. Il prédit
même avec confiance qu'un jour viendra où
l'on fera cette découverte. (*Exper. Magd.
De vacuo ſpat.*)

   Les Phyſiciens qui ont ſuivi *Otto-Guerick*
n'ont point été effraïés de cette prédiction.
Peu en peine de trouver ce ſujet ſoupçonné
par ce Savant, ils ont eu recours à des raiſons ſenſées tirés du ſein de la Phyſique.
Kirker, *Gaſpard Schot*, *Perrault* & tous
les Phyſiciens d'aujourd'hui font dépendre
la cauſe de l'*Echo* de la reflexion du ſon. Si
un lieu eſt tellement diſpoſé que le ſon y

foit réflechi, quelqu'un qui fe trouvera dans la ligne de reflexion, entendra l'*Echo*. Dans cette explication on admet ce principe : les angles d'incidence & de réflexion font égaux dans le fon comme dans la lumiere. Ce principe pofé, connoiſſant la fituation de la furface qui réflechit & le lieu où eſt la perfonne qui parle, on peut indiquer l'endroit où l'on entendra l'*Echo* diſtinctement. On croiroit volontiers que plus on approche de la furface réflechiſſante, fans quitter la ligne de direction que fuit le fon réfléchi, plus fortement l'*Echo* devroit être entendu. Ce n'eſt pas cependant ce que les Phyſiciens prétendent; parce qu'ils favent combien peu l'expérience leur feroit favorable. Ils prefcrivent donc ces regles.

La diſtance de l'objet qui renvoïe l'*Echo* d'une fyllabe, doit être de 24 pas ou de 120 pieds, ainſi de fuite en proportion directe. En forte qu'un *Echo* de 10 fyllabes doit être éloigné de 240 pas ou de 1200 pieds. (Voïez *Grammaire des Sciences Philoſophiques*, par M. *Martin*.)

3. Telle eſt l'opinion ordinaire fur la caufe de l'*Echo* & fur fa propagation. M. l'Abbé *Haute-feuille*, dans fa Diſſertation citée ci-devant, prétend (page 14) que » fa pro-» duction (de l'*Echo*) confiſte non-feule-» ment de la réflexion des ondoïemens de » l'air ou des raïons fonores, fi j'ofe me » fervir de ces termes, qui ne font point » encore en ufage; mais de leur réunion en » quelqu'endroit que j'appellerai foïer par » analogie, à celui des objectifs & des mi-» roirs concaves «. Il fuit de-là, que fi les corps, qui réflechiſſent la voix font difpofés de telle forte que les raïons fonores foient paralleles, pour me fervir de l'expreſſion de M. l'Abbé *Haute-feuille*, il ne fe fera point d'*Echo*. Les raïons fonores font-ils réflechis convergens? ils formeront un foïer & la voix s'entendra une feconde fois.

M. l'Abbé *Haute-feuille* tâche de foutenir cette explication par une preuve que je ne voudrois pas garantir : c'eſt que le mouvement imprimé à l'air par la langue, les levres, le larinx, &c. fe trouve dans ce foïer de la même maniere qu'il étoit au fortir de la bouche. Ceci eſt une fuppofition, & une fuppofition purement gratuite & conjecturale. Auſſi M. l'Abbé *Haute-feuille* ne la donne que comme telle. Il ajoute même modeſtement que ce feroit là une raifon plus folide que celle des anciens Phyſiciens, qui ont appellé l'*Echo* la fille & l'image de la voix. M. l'Abbé *Haute-feuille* me permettra de le dire : il fait trop d'honneur aux Anciens. Cette comparaifon n'eſt pas digne de

fon fyſtême qui eſt fort ingénieux. Mais c'eſt un fyſtême. Et parmi tous ceux qu'on a donnés, on ne voit pas trop comment l'*Echo* fe produit, & de quelle façon la voix eſt répetée. Je veux croire que la réflexion y eſt pour quelque chofe. Je dirai auſſi, fi l'on veut, avec M. *Haute-feuille*, que cette réflexion doit fe faire dans un foïer. Avec tout cela comprendt-on mieux comment la voix fe forme? Si c'étoit par la fimple réflexion, plus on approcheroit du lieu où le fon fe réflechit & mieux on l'entendroit. L'expérience ne s'accorde pas avec l'explication. Quand elle s'y accorderoit, je ne vois pas que cette raifon fût recevable. Il me paroît plus fimple de penfer que le fon porté par la voix dans un endroit difpofé d'une certaine façon s'y propage aſſez fans fe rompre, pour communiquer à l'air environnant une ondulation qui revient à l'oreille, & qui y porte les impreſſions de l'air en plus grande ou en moindre quantité & avec plus ou moins de force, felon que la voix eſt plus ou moins forte elle-même & que l'endroit où fe fait l'*Echo*, empêche une plus grande diſſipation ou réſſerre plus les ondulations de l'air. Ceci n'eſt qu'une indication, un *croquis*, fi je puis hazarder le terme, d'une théorie que je livre à la critique & à la non-critique du Lecteur. Les Auteurs fur l'*Echo* font (abſtraction faite de M. l'Abbé *Haute-feuille*) les Auteurs fur la Phyſique. *Voïez* PHYSIQUE.

E C L

ECLAIR. Flamme fort brillante élancée fubitement dans l'air & de peu de durée. C'eſt un éclat de lumiere qui dévance ordinairement le tonnerre. On croit que la matiere inflammable qui forme l'*Eclair*, eſt un compofé de certaines exhalaifons graſſes, fulphureuses, bitumineufes & nitreufes, dérachées & élevées en l'air par la chaleur du foleil; & on penfe que ces exhalaifons une fois allumées, s'élancent en feu à peu près comme la flamme de la poudre à canon. Ces conjectures font fans doute fort vrai-femblable. Les Phyſiciens feroient bien flatés d'être auſſi heureux dans celles qu'ils font fur la maniere dont ces exhalaifons s'enflamment : mais la nature travaille ici moins à découvert. Auſſi le fentiment des Savans à cet égard n'eſt pas uniforme. Les uns difent, que cette inflammation vient du frottement & du choc mutuel des nues, de même que deux pierres frottées l'une contre l'autre produifent du feu. D'autres foutiennent avec plus de raifon, que les exhalaifons étant enfermées, retenues par les nües, & agitées par leur mouvement, elles s'enflamment par leur choc réciproque. Une troisiéme opinion est, que la chute impétueuse d'une nue entiere sur une autre nue plus basse, chasse les exhalaisons qui étoient entre les deux nues. Ces exhalaisons s'échappent par un passage qu'elles se font, & s'enflamment par leur frottement dans ce passage. Quelques Physiciens attribuent tout simplement l'inflammation au mêlange de quelques sels acides avec des matieres grasses & sulfureuses, comme on l'éprouve en Chimie dans plusieurs mêlanges de liqueur avec des corps solides, & nommément en versant du vinaigre sur la chaux vive. Enfin le dernier sentiment est l'adoption de tous ceux-là exactement vrais, suivant les circonstances. Cela signifie que les Physiciens qui le soutiennent, réunissent tous les autres, qui avoient toujours été séparés. Je serois volontiers de cet avis, si l'on vouloit exclure la premiere opinion que je crois tout-à-fait ridicule. M. *Ozanam* enseigne dans ses *Récréations Mathématiques & Physiques*, Tome *III.* la maniere de représenter un *Eclair* dans une chambre. C'est un jeu de Physique qui est bien placé là ; mais ces sortes de jeux sont trop frivoles pour un ouvrage de la nature de celui ci. Et l'*Eclair* merite une attention très-sérieuse. Les suites de ce météore sont la foudre & le tonnerre. *Voïez* FOUDRE & TONNERRE. Le P. *Feze* Jésuite, a composé une *Dissertation* sur les *Eclairs* & sur le tonnerre.

ECLIPSE. Privation de lumiere de quelque corps céleste par l'interposition de quelque astre entre notre vûe & ce corps. Suivant cette interposition l'*Eclipse* est ou partiale ou totale. Par *Eclipse partiale* on entend une *Eclipse* où une partie d'un corps céleste est obscurcie par un autre corps de même nature. On connoît trois sortes d'*Eclipses*. *Eclipses de Soleil*, *Eclipses de Lune*, & *Eclipses de Satellites*. Chacune de ces *Eclipses* forme dans l'Astronomie autant d'articles importans. Rien aussi n'a droit de piquer davantage notre curiosité, parce que rien n'étonne peut-être plus notre imagination. La précision & la sécurité des Astronomes à les prédire l'effraïe encore plus que le spectacle qu'elles offrent ; & cette prédiction, que les hommes aiment tant, a valu à l'Astronomie bien des Partisans. Après cela il est naturel de penser qu'on doit attendre ici un détail un peu ample sur les *Eclipses*. Quel plaisir pour ceux qui ne sont point Astronomes de savoir prédire & observer une *Eclipse* ! Il ne me convient pas de parler de l'utilité dont l'histoire & ce qui va la préceder,

peut être à ceux qui le sont. Ce sont ici mes juges, & ce n'est point à moi à les prévenir.

Eclipse de Soleil. Occultation du soleil par la lune qui se trouve entre cet astre & la terre. Ainsi quand la lumiere du soleil est interceptée, en sorte que le soleil est caché en tout ou en partie à un spectateur quelconque, on dit que le soleil est *éclipsé*. A le bien prendre, ce n'est point le soleil qui est *éclipsé*; mais la terre sur la surface de laquelle l'ombre tombe. Puisque l'*Eclipse* est une privation de lumiere, & que c'est sur la surface de la terre que tombe cette privation, il est évident que c'est la terre qui souffre l'*Eclipse*. Quoiqu'il soit notoire que cette façon de s'exprimer est très-impropre, cependant comme jusqu'ici on a entendu par une *Eclipse de soleil*, une *Eclipse de terre*, je me conformerai à l'usage reçu.

La premiere question qui frappe d'abord dans les *Eclipses de soleil*, c'est de savoir comment il peut arriver que cet astre, qui est si grand, puisse être obscurci par la lune; le voici. L'orbe de la lune coupe l'écliptique en deux points qu'on appelle *Nœuds*. (*Voïez* NŒUDS.) La lune, par son mouvement propre de l'Occident à l'Orient, parcourt cet orbe en 27 jours, 7 heures, 43 minutes. Elle passe donc deux fois le mois par ces nœuds. Si le soleil étoit immobile, ou si la terre l'étoit (car ici l'un revient à l'autre) on auroit des *Eclipses de soleil* deux fois par mois. Mais le soleil (ou la terre) qui parcourt l'écliptique, ne coupe ces nœuds que deux fois dans l'année, il n'y peut donc rencontrer la lune que deux fois par an. Il ne peut donc y avoir dans une année que deux *Eclipses de soleil*. Cependant, comme la proximité de ces nœuds suffit, pour que le soleil soit obscurci, il peut arriver, par un cas extraordinaire, qu'il y ait trois *Eclipses de soleil* dans une année.

Maintenant, pourquoi ne voit-on pas au moins deux fois par an des *Eclipses de soleil* ? La chose est toute simple. On sent bien qu'il ne suffit pas que le soleil se trouve dans les nœuds, il faut encore que la lune s'y rencontre pour qu'il y ait *Eclipse*. Comment déterminer ce point de jonction ou de rencontre ? Rien de plus difficile. Il faut calculer exactement ce mouvement des deux astres, le soleil & la lune ; & ce calcul, qui est long & pénible, ne peut gueres être rendu sensible qu'à ceux qui sont déja Astronomes. J'en donnerai le résultat, & c'est tout ce que je puis faire, pour m'accommoder aux vûes générales de ce Dictionnaire, & aux besoins essentiels & particuliers de mes Lecteurs. Voïons auparavant avec les yeux du corps la situation du soleil & de la lune nécessaire pour une *Eclipse*.

Le cercle E E E E représente l'écliptique ; S est le soleil , & *e e e e* (Planche XV. Fig. 163.) est un cercle parallele à l'écliptique, qui en marquant l'éloignement de la lune au soleil en représente le plan. Enfin l'orbe de la lune est le cercle O O O O, & N, N, les nœuds de cet orbe avec l'écliptique. La lune est dans un de ces nœuds & le soleil y est aussi. Et voilà justement l'*Eclipse* arrivée sur une partie de la terre T. Revenons au calcul.

J'ai dit pourquoi les *Eclipses de soleil* ne peuvent arriver que quand cet astre est en conjonction avec la lune ; mais je n'ai pas dit que la plus grande latitude, qui peut permettre que le soleil *s'éclipse*, est d'environ 1 dégré 2 minutes, & que la plus grande latitude , où il puisse arriver quelqu'*Eclipse de soleil*, est d'environ 1°, 32'. J'aurois bien pû omettre ces connoissances, si je ne les avois pas placées ici, & elles devoient précéder le calcul que j'ai promis, je parle du calcul des *Eclipses*.

Pour savoir s'il y aura une *Eclipse* dans une nouvelle lune déterminée, on fait cette regle. 1°. *Multipliez par 7361 le nombre des mois lunaires révolus depuis celle qui arriva le 8 Janvier 1701, jusques au mois auquel arrive la nouvelle lune du mois proposé.* 2°. *Ajoutez à ce produit 33890 & divisez cette somme par 43200.* Si le reste de la division est moindre que 4060, il y aura *Eclipse de soleil* à cette nouvelle lune ; & plus ce reste sera grand , plus grande aussi sera l'*Eclipse*, & *vice versâ*. A moins d'être Astronome, & de l'être à un dégré un peu élevé, voilà tout ce qu'on peut savoir du calcul des *Eclipses de soleil*. Le calcul de leur vraie prédiction à un tems précis, celui de son commencement, de son milieu & de sa fin, demande un grand nombre d'opérations délicates. La meilleure maniere d'y procéder est celle de M. *de la Hire*, qu'on trouve dans ses *Tables Astronomiques*. Presque tous les Astronomes en font usage. Il y a pourtant quelque chose à dire. Le tems apparent de la plus grande obscurité, n'est pas encore déterminé dans toute la rigueur géometrique ; & pour y avoir égard , il faudroit résoudre les nouveaux triangles de la figure de M. *de la Hire* ; décrire un nouvel orbite ; en un mot, reprendre tous les calculs. Je justifierois ce que j'avance si je pouvois pousser mes réflexions dans le propre terrein des Astronomes.

2. Après le calcul des *Eclipses de soleil*, leur observation forme le second travail qu'el-

les exigent. Prédire une *Eclipse* est une chose bien satisfaisante ; mais être témoin & savoir s'assurer de cette prédiction, c'est accomplir ce qui en résulte.

Les premiers Astronomes observoient les *Eclipses* sans instrumens à la simple vûe, dénuée de tous secours étrangers. Mais on juge bien quel devoit être le fruit de leur observation. Notre vûe est trop errante & embrasse trop d'objets pour qu'on puisse compter sur elle. D'ailleurs, il ne suffit pas de voir l'obscurcissement du soleil par la lune, l'utile de l'observation est de mesurer la quantité de l'obscurcissement ; & nos yeux n'ont pas l'avantage de mesurer la grandeur des objets.

Apès plusieurs tâtonnemens sans doute, on a trouvé une méthode sure de les observer. C'est celle-ci. 1°, Faites un trou au volet d'une chambre exactement fermée. 2°. Appliquez à ce trou une lunette composée d'un objectif convexe & d'un oculaire concave, ensorte que les raïons du soleil passans par la lunette soient reçus sur une tablette blanche. Cette tablette se blanchit avec de la céruse ou quelque matiere plâtreuse finement couchée, ou plus simplement en y colant un papier blanc bien uni. 3°. Sur cette tablette décrivez six cercles concentriques, également éloignés les uns des autres. Ces cercles diviseront le grand cercle en 12 parties égales. 4°. Disposez cette tablette de façon qu'elle soit perpendiculaire à la situation de la lunette. 5°. Sans quitter cette ligne perpendiculaire, avancez ou reculez la tablette jusques à ce que l'image du soleil remplisse exactement le cercle extérieur. 6°. Arrêtez la tablette en cet état. Moïennant cette préparation on observe exactement une *Eclipse de soleil*. L'image de cet astre étant peinte sur la tablette & remplissant exactement le dernier cercle, on voit passer la lune sur son disque ; & la portion éclipsée se mesure par les cercles concentriques. Avec une bonne pendule reglée sur le mouvement du soleil, on marque le mouvement de chaque phase. J'oubliois peut-être de dire qu'il faut être attentif à faire mouvoir la lunette suivant le mouvement du soleil. Cela s'entend. Ainsi pour faire une observation exacte, il faut être deux personnes, une qui conduise la lunette , & une autre qui soit attentive au progrès de l'obscurcissement & au tems de ce progrès. Comme il est peu de Gens qui ne soient curieux de savoir observer une *Eclipse de soleil*, j'ai fait graver une figure qui représente une chambre obscure, dans laquelle font des instrumens situés pour l'observation d'une *Eclipse*, & des Astronomes qui en font usage. La lunette L (Planche XVI. Figure 164.) est située au trou du volet d'une fenêtre, & on voit auprès un homme, qui la dirige suivant le mouvement du soleil. A côté de la tablette est l'Observateur. Sur cette tablette paroît l'image du soleil déja obscurcie par la lune, ainsi qu'il l'est effectivement. Il est agréable de voir marcher la lune sur le disque de cet astre, & de savoir sans peine le moment de l'obscurcissement (c'est ici l'usage de la pendule qu'on voit dans la chambre) sa fin & sa grandeur. C'est tout ce qu'on doit & ce qu'on peut ambitionner pour l'observation d'une *Eclipse*.

Quoique cette maniere d'observer les *Eclipses de soleil* soit la plus commode, la plus belle, & je crois la plus sure, quelques Astronomes font usage d'une autre. Ils suppriment la tablette & substituent à sa place un micrometre, qu'ils mettent au foïer commun des deux lentilles convexes de la lunette d'observation. Ils prétendent, qu'outre qu'ils connoissent par le micrometre la quantité des phases d'une *Eclipse*, ils jugent encore au moïen de cet instrument, de la proportion du diametre de la terre à celui de la lune, tant par la portion obscurcie, que par la portion lumineuse comprise entre le corps de cette planete & le bord extérieur du disque du soleil. Pour que l'usage du micrometre soit ici d'un plus grand prix, il faut que les divisions, ausquelles s'appliquent les fils de soïe, comprennent le diametre du soleil en parties. Par ce moïen, le fil mobile, posé entre la distance de ceux qui sont immobiles, marque les doigts de l'*Eclipse*. Ces avantages du micrometre sont balancés par un inconvénient : c'est qu'une fois qu'il est ajusté pour une *Eclipse*, il ne peut pas servir pour une autre; parce que le diametre apparent du soleil n'étant pas le même, il faut monter le micrometre d'une façon différente. M. de la *Hire*, voulant éviter ce dérangement, a inventé un reticule qu'on accommode aisément à tous les diametres apparens du soleil. (*Voïez* RETICULE.) Malgré tout cela, la maniere d'observer les *Eclipses du soleil*, telle que je viens de la décrire, est la plus simple & la plus suivie.

3. Sans observation, & connoissant seulement le demi-diametre du soleil & de la lune, & la latitude de ces deux planetes au commencement & à la fin de l'*Eclipse*, les Astronomes déterminent fort bien la grandeur d'une *Eclipse solaire*. Ils dessinent cette *Eclipse* telle qu'elle se trouve dessinée sur la tablette lors de la plus grande obscurité. A cette fin, avec la somme des demi-diametres de ces

deux astres, ils décrivent un cercle A N B L, (Planche XV. Figure 165.) & dans ce cercle un autre avec le demi-diametre du soleil. (ces diametres se réduisent sur une échelle.) De C en *o* & de *o* en *r* on porte la latitude de la lune au commencement & à la fin de l'*Eclipse*; C *o* marque la premiere & *o r* la seconde. Sur ces points aïant élevé les lignes perpendiculaires *o* N, *r* L, on tire par les points N & L la ligne N L, qui coupe le diametre A B au point *m*. Ce point est le centre de la lune au milieu de l'*Eclipse* par où l'on voit que la partie *r* C de cet astre est *éclipsée*. Divisant le diametre de la lune en 12 parties égales, on juge de la grandeur de l'*Eclipse solaire*.

4. Au commencement de cet article, j'ai distingué deux sortes d'*Eclipses*, de *totales* & de *partiales*. Il est tems de détailler cette distinction. Les *Eclipses partiales* sont celles où le soleil n'est obscurci qu'en partie, (Planche XVI. Figure 166.) & les *totales* lorsque le soleil est entierement caché. (Planche XIV. Figure 167.) Il n'y a qu'une façon pour que le soleil soit obscurci partialement; mais il y en a plusieurs pour qu'il soit totalement. Lorsque le soleil & la lune sont ensemble vis-à-vis le même nœud, en sorte que leur centre & celui de la terre soient dans une même ligne droite, l'*Eclipse* totale est dite *centrale*. Si dans cette situation le soleil est dans son apogée & la lune dans son périgée, lieu où le diametre apparent est le plus petit qu'il puisse être, & où celui de la lune est le plus grand, alors non-seulement l'*Eclipse* est totale; elle est encore de plus grande demeure (*maximâ morâ.*) La durée totale de ces sortes d'*Eclipses* est de 3 heures 8 minutes, & la demeure de tout le disque du soleil dans l'obscurité est de 9 minutes 30 secondes de tems.

Le soleil & la lune sont-ils situés de façon que l'*Eclipse* étant centrale, le diametre apparent de la lune soit plus petit que le diametre apparent du soleil, tout le corps du soleil ne paroît qu'un instant sans clarté, à cause du mouvement prompt de la lune, qui donne bien-tôt passage aux raïons du soleil. Enfin, l'*Eclipse* étant toujours centrale, si le diametre apparent de la lune est plus petit que le diametre apparent du soleil, l'*Eclipse* est *annulaire*, c'est-à-dire, que la partie du soleil qui n'est point obscure, paroît comme un anneau lumineux, terminé par deux circonférences concentriques, dont la plus grande termine le disque solaire, & l'autre la partie éclipsée de son disque. Arrêtons-nous ici un moment. Levons une difficulté qui se présente sur les *Eclipses* totales. Comment se peut-il que la lune, qui est six mille fois plus petite que le soleil, puisse nous le couvrir tout entier? Rien de plus aisé. Cela dépend de l'éloignement de la lune au soleil. Un petit objet nous prive tous les jours d'un grand, si son éloignement est tel que son diametre apparent surpasse le diametre apparent de l'autre. C'est ici le cas de la lune à l'égard du soleil. Les *Eclipses* totales doivent donc arriver; & leur durée doit dépendre de cet éloignement, comme je l'ai déja dit.

De toutes les *Eclipses*, l'annulaire est une des plus belles, des plus rares & des plus utiles. Il y a beaucoup de finesse à l'observer. Le grand coup c'est de déterminer le moment précis où l'anneau commence à se former & à se rompre. Comme un point décide de la formation de cet anneau, on ne peut pas se tromper pour l'instant où l'*Eclipse* est parfaite. L'utilité générale des *Eclipses* pour les longitudes est ici dans toute son étendue. Il faut lire là-dessus les conseils, les réflexions & les observations de M. *De l'Isle*, publiés dans son *Avertissement aux Astronomes* au sujet de l'*Eclipse annulaire* du mois de Juillet de l'année 1748. Parmi ces conseils on trouve une découverte qui mérite d'être connue : c'est la maniere de faire ces sortes d'*Eclipses* artificiellement, & de les faire sans savoir trop comment, tant la chose est extraordinaire. On va juger si j'encheris par cette annonce sur la découverte.

On introduit ou on laisse entrer dans une chambre obscure C C C C, (Plan. XVI. Figure 169.) par un petit trou, des raions du soleil qui forment un cone de lumiere, R, 1, 2. Un corps opaque A B reçoit la base de ce cone, tellement avancé vers le mur, d'où partent les raions de lumiere, qu'il excede un peu la section du cone lumineux. Alors l'ombre de ce corps est rendue très-sensible sur un papier blanc *b b*, par deux ou trois anneaux lumineux qui bordent cette ombre concentriquement, & qui la rendent visible. Devine qui pourra, comment la lumiere franchit l'obstacle qu'on lui oppose. On a beau dire que c'est ici la Diffraction de *Grimaldi*; que la lumiere arrêtée par le corps opaque un peu plus large que son courant, regonfle comme un courant d'eau, & en franchit les bords comme cette eau. Si ce phénomene se passoit loin de nous, on auroit bien-tôt forgé un atmosphere, qui refractant les raions de la lumiere l'oblige de se r.plier & de se peindre sur le mur opposé. Mais il ne s'agit point de supposer ce qu'on ne voit pas.

Puisque nous parlons de supposition, je plaçerai ici le recit d'une *Eclipse solaire* totale arrivée le 12 Mai en 1706, recommandable par plusieurs endroits, & par celui sur-tout, où une lumiere pâle parut autour du disque de la lune. On verra sans doute avec plaisir les conjectures des Physiciens sur cette lumiere.

5. L'*Eclipse*, dont je veux parler fut totale dans plusieurs Villes du Languedoc, de Provence & de Suisse. En toutes ces Villes l'ombre de la lune fut si grande qu'on fut obligé d'allumer la chandelle pour y voir. Le Peuple donna de grandes marques de fraïeur par des exclamations. Les animaux parurent être sensibles à ce changement inattendu. Ceux de jour coururent se coucher; & les nocturnes sortirent de leur trou & voltigerent dans l'air, mais avec une sorte de crainte. A la campagne ils montroient de la peine à voler, & voloient bas, comme si quelque oiseau de proïe les eût poursuivis. Laissons là ces accidens de pure curiosité. Attachons-nous au phénomene qui l'accompagna, à cette couronne formée par une lumiere pâle, qui parut autour du disque de la lune. Or cette couronne, qui n'avoit pas la même vivacité dans son étendue; qui s'agrandissoit en s'affoiblissant toujours, & qui formoit un grand espace circulaire de huit dégrés de diametre, dont la lune étoit le centre, étoit occasionnée, selon M. de *Cassini*, par une lumiere qui suit le soleil, & qui lui formoit une espece de chevelure. M. de *Cassini* découvrit cette lumiere en 1683. Et cet Astronome prétend que cette grande couronne, qui fut vûe autour de la lune, étoit formée par cette espece de chevelure.

Kepler avoit expliqué, avant M. de *Cassini*, différemment ce Phénomene. Il suppose une atmosphere à la lune, & attribue la couronne à la matiere céleste qui le compose; matiere assez dense pour recevoir & renvoïer vers la terre les raions du soleil.

C'est en faisant une pareille supposition que M. le Chevalier de *Louville* expliqua l'apparition d'une semblable couronne à une *Eclipse* totale qui arriva à Londres le 3 Mai 1715. Cette *Eclipse* fut presque aussi grande que celle du 6 Mai 1706. Dans le fort de l'obscurcissement, on vit *Venus*, *Saturne* & plusieurs étoiles fixes. Les hiboux se montrerent; les poules allerent se percher comme la nuit, & on entendit chanter les cocqs. Cette *Eclipse* parut avec une couronne, & cette couronne différoit de celle qu'on vit à l'*Eclipse* de 1706 par de petites interruptions que M. le Chevalier de *Louville* attribua à des montagnes hautes, qui interceptent les raions

du

du soleil, & par de certaines vibrations ou fulminations inſtantanées de raïons lumineux, qui parurent pendant l'obſcurité totale ſur la ſurface de la lune, tantôt dans un endroit & tantôt dans un autre. Pour rendre raiſon de ces fulminations, M. le Chevalier de *Louville* fait uſage de ſon hypotheſe, qu'il force un peu, en voulant perſuader qu'elles ne ſont autre choſe que des éclairs qui ſe forment dans l'atmoſphere même de la lune. (*Voïez l'Uſage des Gl. de* M. *Bion.*)

6. Je ne connois point de méthodes plus anciennes pour calculer les *Eclipſes du ſoleil* que celle de *Ptolomée*, & cela par les parallaxes de la lune, (*Voïez* ſon *Almageſt. L. VI.*) que *Regiomontan* a expliquée dans ſon *Epitome Almageſt. L. VI.* Enſuite *Kepler* conſidera les *Eclipſes de ſoleil* comme des *Eclipſes de terre*, étant vûes de la lune. C'eſt de là que pluſieurs Aſtronomes ont tâché de calculer les *Eclipſes* ſuivant ce principe par les regles de la trigonometrie. De ce nombre eſt M. de la *Hire*, qui les a ainſi calculées dans ſes *Tables Aſtronomiques*. Cependant *Kepler* s'eſt tenu au calcul de *Ptolomée* dans ſes *Tables Rudolphiennes*. Et *Gregori* lui donne même la préférence ſur l'autre comme étant plus court. (*Voïez* les *Elemens d'Aſtronomie phyſique, &c. de Gregori.*) Et pour s'exercer dans le calcul des *Eclipſes ſolaires*, on doit avoir recours au Traité *De Eclipſi totali ſolis & terræ, L. III. an.* 1715. par M. *Wideburg*, compoſé en faveur des Commençans ; & à un ouvrage intitulé : *Wing Aſtronomia Britannica*. M. *Flamſtéed* a donné une Méthode curieuſe de déterminer ſur le papier les *Eclipſes ſolaires* ſans calcul, avec une regle & un compas. Enfin, M. *Hévélius* a écrit particulierement ſur la maniere d'obſerver ces ſortes d'*Eclipſes*.

Eclipse de Lune. Défaut de lumiere ſur le diſque de la lune cauſé par l'interpoſition de la terre entre le ſoleil & cette planete. C'eſt ici une véritable *Eclipſe*. Là lune eſt privée de lumiere. Et comment cela ?

J'ai déja dit que l'orbe de la lune coupe l'écliptique en deux points qu'on appelle *Nœuds*. J'ai expliqué dans quel tems le ſoleil & cette planete ſe rencontrent dans ces nœuds. Les *Eclipſes* de ſoleil arrivent quand la lune ſe trouve avec lui dans le même nœud : les *Eclipſes de lune* au contraire quand ils ſe rencontrent dans, ou fort près des nœuds oppoſés, c'eſt-à-dire, quand le ſoleil eſt en A & la lune en B. (Planche XV. Figure 170.) La lune ſe trouve là toutes les fois qu'elle eſt pleine, & ſi le ſoleil ſe rencontre alors dans, ou fort près

du nœud oppoſé, il y a *Eclipſe de Lune*. Pourquoi ? La terre eſt entre ces deux nœuds. Elle forme donc un obſtacle à la lumiere émanée du ſoleil, & qui réflechit ſur le corps de la lune. Cette planete doit donc être privée de lumiere : elle doit être éclipſée.

2. Il ſemble qu'il ſuffiroit de dire que la terre intercepte les raïons du ſoleil pour faire connoître la cauſe de l'*Eclipſe de lune*. Les Aſtronomes ne s'en tiennent pas là. Ils pouſſent la raiſon de cette *Eclipſe* plus loin. Ils prétendent que le cone de l'ombre de la terre va tomber ſur la lune ; & que c'eſt ce cone qui forme l'*Eclipſe*. D'abord on a de la peine à concevoir comment l'ombre de la terre peut aller juſques à la lune. Un calcul raſſure là-deſſus l'imagination effraïée par un pareil ſentiment. L'ombre de la terre eſt un cône obſcur, dont la moitié de la terre eſt la baſe. Or je vais faire voir, que nonſeulement ce cone doit atteindre le corps de la lune ; mais qu'il doit encore s'étendre beaucoup au-delà. Démontrons cette vérité.

La lune n'eſt éloignée de la terre dans ſa plus grande diſtance que de 62 demi-diametres de la terre ; dans ſa moïenne de 58, & dans ſa plus petite de 53 ou 54. De façon que la lune, lors de ſon plus grand éloignement de la terre, n'en eſt diſtante que de cent mille lieues. Si l'on en croit *Riccioli*, la longueur de l'ombre eſt d'environ 213 demi-diametres de la terre. Ainſi elle excede de beaucoup la diſtance de la terre. (*Almageſt. L. V. Ch.* 4.) Cependant laiſſons là *Riccioli*, pour l'opinion duquel des gens de mauvaiſe humeur pourroient bien n'avoir pas tout le reſpect qu'elle mérite. Preuves en main, convainquons les plus opiniâtres par des démonſtrations oculaires, j'entends des démonſtrations qu'on fait toucher au doïgt & à l'œil.

L'ombre d'un globe expoſé au ſoleil, ſe termine à 110 demi-diametres de ce globe. C'eſt une vérité reconnue par M. *Maraldi*, (*Mémoire de l'Académie* 1723.) vérité de laquelle il n'y a rien à rabattre. Par conſéquent la longueur de l'ombre de la terre eſt d'environ 110 demi-diametres de la terre, c'eſt-à-dire, de trois cens trente mille lieues. Donc l'ombre de la terre excede la diſtance de la lune de deux cens trente mille lieues. Donc, &c. C. Q. F. D.

3. Le Lecteur eſt déja prévenu ſur la difficulté qu'il y a à calculer les *Eclipſes* dans toute leur exactitude, c'eſt-à-dire, qu'il eſt très-difficile de déterminer le moment préciſ d'une

Eclipſe, ſon commencement, ſon milieu & ſa fin. Il faut dans tout cela manier avec dexterité un calcul pénible & épineux ; & tout le monde ne veut, on ne peut pas toujours faire un pareil calcul. Au défaut de la ſatisfaction qu'il y a naturellement à calculer une *Eclipſe* dans toute la rigueur géométrique, on peut au moins avoir le plaiſir de la prédire. Donnons le calcul néceſſaire pour cela : 1°. *Multipliez le nombre des mois révolus depuis celui qui commença le 8 Janvier en 1701, juſques à la nouvelle lune qui précéde quelque pleine lune, par 7361.* 2°. *Ajoutez à ce produit 37326 ;* & 3°. *Diviſez-en la ſomme par 43200.* Si la différence entre le diviſeur & le quotient eſt moindre que 2800, il y aura une *Eclipſe de lune* à cette pleine lune.

Je n'ai pas voulu le dire, parce que je veux ſurprendre agréablement ceux qui ne ſont point Aſtronomes : Il eſt un calcul fort ſimple, au moïen duquel on détermine tout d'un coup le nombre des doigts d'une *Eclipſe de lune* en connoiſſant trois choſes. 1°. La latitude de la lune. 2°. Le demi-diametre de cette planete. 3°. Le demi-diametre de l'ombre. Après cela on fait cette regle : 1°. *On fait une ſomme des demi-diametres de la lune & de l'ombre de la terre.* 2°. *On en ſouſtrait la la latitude de la lune.* 3°. *On multiplie le reſte par 6 ;* & enfin 4°. *on diviſe le produit par le demi-diametre de la lune.* Le nombre qui vient au quotient de cette diviſion, eſt celui des doigts écliptiques. (*Abregé du Mécaniſme univerſel*, par M. *Morin*, *pag.* 95.)

Toutes les *Eclipſes de lune* ſont de même grandeur par toute la terre. Elles commencent & finiſſent en même-tems à l'égard de tous ceux qui ont un même méridien, au lieu que les *Eclipſes* de ſoleil varient ſuivant les différentes parties de la terre. M. *Stone* parle dans ſon *Dictionnaire de Mathématique*, d'un cycle ou d'une période de 223 mois ſynodiques, ou de 18 années Juliennes & dix jours, quand le cycle ou la période contient 5 jours biſſextiles & onze jours, 7 heures, 43 minutes 15 ſecondes, auquel tems reviennent toutes les nouvelles & pleines lunes, & par conſéquent toutes les *Eclipſes*. M. *Stone* dit que ce cycle eſt de M. *Wiſton* & que c'eſt M. *Halley* qui nous l'apprend dans des Tables que ce Savant n'a encore publiées. Le même M. *Stone* ajoute au même endroit de ſon Livre qu'il s'écoule 900 ans depuis le tems où la lune commence à entrer dans la limite pour les *Eclipſes* de cette planete d'un d'un côté du nœud, juſques à ce qu'elle ſorte de cette limite de l'autre côté du nœud. Pen-

dant tout ce tems, il y aura, ſelon le même Auteur, 50 périodes ou cycles & des *Eclipſes de lune* à chaque période.

4. Quoiqu'on pût obſerver abſolument les *Eclipſes de lune* de la même façon que nous avons obſervé celles du ſoleil, cependant l'uſage du micrométre eſt ici préférable. Ce micrométre ſe place au foïer des verres d'une lunette d'environ 12 à 15 pieds de long, qu'on dirige vers la lune. Une bonne pendule étant reglée ſur le mouvement du ſoleil, obſervez le tems où le diſque de la lune commence à être obſcurci. Aïez la même attention pour la progreſſion de cet obſcurciſſement ſur le corps de cette planete, & la fin de cette progreſſion. L'obſervation ſera faite. Il y a des Aſtronomes qui diſtinguent le nombre des doigts de l'obſcurciſſement par les taches de la lune en remarquant le tems auquel l'ombre paſſe par ces taches ; car la lune en a. *Voïez* TACHE.

5. Après avoir donné ci-devant la maniere d'obſerver une *Eclipſe* de ſoleil, j'ai expliqué l'art de deſſiner l'image de cette *Eclipſe*. Le plan que je ſuis, pour une *Eclipſe de lune* étant le même, voici comment on doit deſſiner celle de lune. Il faut connoître d'abord le diametre apparent de la lune ; ſecondement celui de l'ombre, & en troiſiéme lieu, la latitude de cette planete au commencement & à la fin de l'*Eclipſe*. Ces connoiſſances acquiſes, 1°. Menez deux lignes qui ſe coupent à angles droits. 2°. Prenez ſur une échelle géometrique la ſomme des demi-diametres de la lune & de l'ombre. 3°. Avec la diſtance que donne cette ſomme décrivez (Planche XV. Figure 171.) un cercle N A L B, & 4°. avec le demi-diametre de l'ombre une autre *r* V. 5°. Du centre C portez la latitude de la lune de C en O (terme ſuppoſé) au commencement de l'*Eclipſe*. 6°. Portez de O en *r* la latitude à la fin de l'*Eclipſe*. 7°. Aïant mené la perpendiculaire L *r*, comme on a dû mener ci-devant la perpendiculaire O N, pour le point O, partagez O *r* en deux parties égales : on aura le point *m*, qui ſera le centre de la lune, & l'on verra ſa partie *éclipſée* dans l'ombre du ſecond cercle concentrique V *r*. On jugera avec préciſion de la quantité de ſon obſcurciſſement en diviſant ſon diametre en 12 parties égales.

6. Les plus grandes *Eclipſes de lune* arrivent lorſque le ſoleil & la lune ſont dans leur apogée, & qu'elles ſont centrales, parce qu'alors le mouvement de la lune eſt fort lent, & le cone de l'ombre terreſtre eſt le plus grand qu'il puiſſe être. La durée de

ces *Eclipses* est de 4 heures. Elles paroiſſent tous les 19 ans. Si les *Eclipses de lune* ſont plus grandes que les *Eclipses* de ſoleil, c'eſt que le diametre de la terre, d'où elles dépendent, eſt plus grand que celui de la lune, qui cauſe celles du ſoleil, celui de la lune étant de 800 lieues, & celui de la terre de 3000: ce qui fait encore que les *Eclipſes de lune* ſont plus fréquentes que celles de ſoleil.

7. Les premiers, qui penſerent que la lune étoit *éclipſée* par l'ombre de la terre furent mal reçus du Public, effraïé par toute nouveauté, & ſur tout toute nouveauté aſtronomique. *Plutarque* dit dans *Nicias*, que les Athéniens ne purent les ſouffrir; qu'ils exilerent *Botagore*, & qu'ils mirent en priſon *Anaxagore*, pour l'élargiſſement duquel il fallut emploïer tout le crédit de *Pericles*, avec cette clauſe qu'il païeroit 500 talens, & qu'il ſeroit exilé. M. de la *Hire* & le P. *Henri* ſe ſont diſtingués particulierement dans la maniere de calculer les *Eclipſes de lune*. L'utilité de ces *Eclipſes* conſiſte principalement en ce qu'on peut ſavoir par-là le tems que la lune emploie à parcourir le zodiaque & déterminer les longitudes.

ECLIPSE DE SATELLITES. Il s'agit ici des ſatellites de *Jupiter*. C'eſt la privation de la lumiere d'un ſatellite de *Jupiter*, par *Jupiter* même. Les ſatellites de cette planete tournant fort vite autour d'elle, & leur orbite inclinant fort peu ſur celle de *Jupiter* leur volume étant très petit en comparaiſon de cette planete, (*Voïez* PLANETE.) ces *Eclipſes* ſont les plus fréquentes. Elles ſont auſſi d'une plus grande utilité pour les longitudes, (*Voïez* LONGITUDE,) parce qu'on peut s'en ſervir ſouvent. Elles ont encore un avantage: c'eſt qu'il eſt plus aiſé de déterminer le tems précis de ces *Eclipſes*, parce que le moment où un ſatellite entre dans l'ombre de *Jupiter*, n'eſt point précédé, je veux dire, rendu incertain par une penombre, qui devance celui des *Eclipſes* de ſoleil & de lune, & qui rend le tems fort douteux (abſtraction faite des *Eclipſes* annulaires.)

ECLIPSES ARTIFICIELLES. L'épithete d'artificielles qualifie aſſez ces ſortes d'*Eclipſes*. La choſe eſt toute ſimple. Ce ſont des *Eclipſes* qu'on fait artificiellement. M. *De Lille* à qui on en doit l'invention, apprend ainſi à faire une *Eclipſe artificielle*. On prend un long tuïau de lunette de 10, 15 ou 20 pieds de long, à l'un des bouts deſquels on met à la place de l'objectif une lame de plomb, dans laquelle on fait un petit trou avec une ai-

guille aſſez fine. A une grande diſtance de cette extrémité, on met un corps rond, ſoit une boule ou un cercle de carton ou de plomb. Par le petit trou de la lame objective, on fait paſſer un raïon du ſoleil, & le dernier cercle de carton fait les fonctions de la lune dans le cone lumineux, formé par le raïon. Enfin, par la poſition ou grandeur reſpective de ce cercle, on rend l'*Eclipſe* partiale, totale, ou annulaire à volonté. M. *De Lille* fait voir l'utilité de ces *Eclipſes artificielles* dans l'*Avertiſſement aux Aſtronomes* déja cité, où il les enſeigne & les explique.

1. On ne trouve point dans l'Hiſtoire d'*Eclipſe* de ſoleil plus ancienne que celle qui arriva du tems du ſiége de Troïe, &, ſuivant toutes les apparences, au commencement de ce ſiége. *Philoſtrate* marque par rapport à cette *Eclipſe*, que ce fut alors que *Palamede* expoſa aux Grecs la qualité des *Eclipſes* pour la premiere fois, d'où *Marsham* conclud, que Troïe a été pris l'an 3505 de la période Julienne, c'eſt-à-dire, 1209 ans avant JESUS-CHRIST, (*Canon. Chronolog. pag.* 330.)

Suivant ce calcul, c'eſt à *Palamede* que nous devons la connoiſſance des *Eclipſes*. Ce ſentiment n'eſt pas général. Preſque tous les Hiſtoriens en font honneur à *Thales* de Milet. Cependant, ſelon *Pline* (L. II.) *Thales* vivoit l'an de la 48e Olympiade; & l'*Eclipſe*, que cet Auteur prédit, arriva l'an CLXX de la fondation de Rome, car ce Philoſophe prédit une *Eclipſe*, & c'eſt une remarque qui mérite attention & qui conclud en faveur de *Palamede*. *Eudeme* ou *Clément* ſoutient que ce fut à la 50e Olympiade que cette *Eclipſe* parut. Et *Calviſius*, guidé par *Hérodote*, la rapporte à la 43e Olympiade, c'eſt-à-dire, 607 ans avant JESUS-CHRIST, tems, où, ſelon *Pline*, *Thales* ne l'avoit pas prédite. Le P. *Souciet*, qui ſuit le ſentiment du *Petau*, veut qu'elle ſoit arrivée la 597e année avant JESUS-CHRIST, le 9 Juillet à 6 heures du matin. Quoiqu'il en ſoit, il eſt certain que cette *Eclipſe* prédite eſt celle qu'on vit lors de la guerre entre le Roi de Lydie *Alyattes* & *Cyaxares* ou *Aſſuerus* Roi des Medes. Cette *Eclipſe* eſt recommandable par trois endroits. Et d'abord parce que c'eſt la premiere qui a été prédite. En ſecond lieu, parce que c'eſt *Thales* qui a oſé faire cette prédiction avant aucun Aſtronome & avec ſuccès, & enfin par l'évenement que cauſa cette *Eclipſe*. Lorſqu'elle arriva les armées des deux Rois, dont je viens de parler, étoient aux priſes, & tellement en action, qu'elles étoient entre-mêlées. Comme

l'*Eclipse* fut totale, une nuit obscure succéda à la clarté du jour. Les combattans furent obligés de cesser; & cet accident fit
tant d'impression, que les deux Rois, obligés
de faire cesser le combat, le regarderent
comme un avis du ciel pour faire la paix.
Cette paix fut ensuite confirmée par le mariage de *Darius* le Mede, fils d'*Assuerus*
(qui a été aussi nommé *Astyages*) avec *Aria-
ne* fille du Roi de Lydie. Ce nom de *Darius* me rappelle un témoignage de *Suidas*
sur le tems où *Thalès* prédit cette *Eclipse* :
c'est, si on l'en croit, sous *Darius* même. Il
faut voir, pour mieux s'éclaircir sur tout cela,
les Recherches de M. *Mayer*, dont *Théophile
Rayer* fait mention dans le *Comment. Acad.
Petrop. Tom. III.*

   Pline dit dans son *Histoire naturelle*, *L.
II.* que le premier Romain qui prit garde
aux *Eclipses* de soleil & de lune; & qui en
rendit compte au peuple de sa nation, fut
Sulpicius Gallus, élevé à la dignité Consu-
laire avec *Marcus Marcellus*. Il déclara aux
soldats de *Paulus Emilius*, qui étoit en
guerre avec le Roi *Perseus*, le jour de l'E-
clipse, qui devoit être celui du combat. Cette
déclaration fut faite par ordre de *Paulus Emilius* pour rassurer ses soldats, qui auroient été
effraiés de cet accident. Car dans ces tems
reculés, où l'esprit de l'homme étoit plus
petit que le cœur, les *Eclipses* causoient de
grandes fraïeurs. Les uns pensoient qu'elles
nuisoient aux astres, & qu'à la longue elles les
feroient périr. On n'est pas étonné que le
peuple eut de pareilles craintes. Rarement
il pense de lui-même, & un préjugé introduit par un imbécile fait sa loi. Mais il y
a lieu d'être surpris que les célébres Poetes
Stesicore & *Pindare* ajoutassent foi à ces
extravagances. Cela nous fait bien voir que
tel, comme le dit l'Abbé *Desfontaines*,
dans quelque endroit dans ses *Observations sur
les Ouvrages modernes*, est un aigle dans
un genre, qui n'est qu'un canard ou un oïe
dans un autre.

   Peut-être que les opinions des hommes
qui faisoient une étude particuliere des astres
donnoient lieu à ces égaremens. Si l'on en
croit *Plutarque*, (*L. II. des opinions des
Philosophes*, *Ch. 24.*) *Anaximandre* croïoit
qu'il y avoit une *Eclipse* lorsque la bouche
ou l'ouverture, par laquelle le soleil exhale
sa chaleur, venoit à se fermer. *Heraclite*
vouloit que la figure du soleil fût celle d'un
bateau, & que cet astre étoit éclipsé lorsque
le bateau faisoit capot, & ne présentoit à la
terre que sa partie concave. Plus simplement que tout cela, *Zenophanes* pensoit que
le soleil s'éclipsoit parce qu'il perdoit sa

clarté. Et enfin *Aristarque*, qui plaçoit le
soleil entre les étoiles fixes, soutenoit que
la terre tournoit autour du soleil, &
qu'elle l'obscurcissoit par son ombre lors
des *Eclipses.*

   Toutes ces idées accréditoient les super-
stitions populaires. Persuadé que ce phénomene étoit au dessus de la portée des Savans,
chacun en donnoit une explication particuliere. On croïoit que la lune étoit enchan-
tée lorsqu'elle étoit éclipsée. Afin de prévenir cet enchantement, il y avoit des gens
assez sots pour croire qu'en courant au devant d'elle, en faisant beaucoup de bruit,
on l'en délivroit, & il se trouve encore de
pareilles gens dans le Nord. (*Voiez* les *Observations Physiques & Géographiques*, par
M. l'Abbé *Lambert*, *Tom. I.*) En général,
Nicias, Capitaine Athénien, étoit si effraïé
des *Eclipses*, qu'il n'osa faire voile dans un
tems où il devoit en arriver une; & cette
terreur causa la ruine des Athéniens. Tant
il est vrai, remarque M. *Deslandes*, d'après
Valere Maxime, que les sciences sont nécessaires dans des occasions où à peine pa-
roissoient-elles de mise. (*Histoire Critique de
la Philosophie*, *Tom. II.*)

2.   Les Auteurs qui ont écrit sur les *Eclipses*
sont en très-grand nombre. Tous les Astronomes s'en sont mêlés. Je me bornerai
ici à ceux qui en ont écrit *ex professo.*
Tels sont *Ptolomée*, (*Almagest. L. VI. Ch.
9 & 10.*) *Regiomontan.* (*Epitome Almagest.
L. VI.*) *Bouilleau* (*Astronomia Philosoph.
L. XII.*) *Riccioli* (*Almagest. vet. & nov.*)
Le P. *Hanck* (*Doctrina Eclipsium pro op-
portuniore discentium usu in compendium redacta.*) Jean *Zimmerman* (*Problémes fondamentaux des Eclipses du soleil & de la lune,*
[il est imprimé en Allemand]) *J. B. Wideburg* (*Eclipsis totalis solis & terræ; in boreali
terræ hemispherio observanda*, *pro illustrando
calculo Eclipsium*) Voïez *Wing* (*Astronomia
Britannica L. VI.*) De la *Hire* (*Tab. Astro-
nomicæ.*)

   La Dissertation de M. *Struicks* est une des
plus savantes que j'ai vûes en ce genre. Elle
mérite d'être imprimée en notre langue. Outre qu'elle est recommandable par une profonde érudition, & par son utilité pour la
Chronologie, elle renferme encore des découvertes réelles. En attendant que cette
Dissertation soit présentée en François au
Public, voici une recherche que je serois
bien fâché d'omettre; recherche importante, & qui n'est surement pas connue de tous
les Astronomes.

   M. *Struicks*, voulant connoître quand & après
combien de tems les *Eclipses* se rencontrent

le même jour de l'année, a trouvé que cela arrive après que la lune a parcouru son orbite 6444 fois, c'eſt-à-dire, 521 ans Juliens. Pendant ce tems, la latitude de la lune n'accroit environ que de 4 minutes, ou ſa grandeur diminue environ 1 pouce ½, plus ou moins ; ſi dans l'*Eclipſe* précédente la latitude eſt croiſſante. *Et vice verſâ.*

Cette période eſt d'une grande utilité dans la Chronologie ; & j'ai déja fait preſſentir que c'étoit un des principaux mérites de l'ouvrage de M. *Struicks*. Car pour rechercher une *Eclipſe* qui eſt arrivée dans des tems reculés, on eſt d'abord en état d'en indiquer le jour & même l'heure. Il eſt auſſi aiſé de ſavoir quand il arrivera une *Eclipſe*. Et voilà déſormais le calcul des *Eclipſes* réduit à une ou deux regles d'Arithmétique. Rendons cet avantage ſenſible. Pour connoître les *Eclipſes* paſſées ; je ſuppoſe qu'il eſt arrivé en 418 le 10 Juillet, une grande *Eclipſe* de ſoleil (ſuppoſition véritable.) Si l'on ôte 418 de 521, on ſera certain que la même *Eclipſe* a paru en 403. En retournant la regle, on ſaura en quel tems arrivera une *Eclipſe*.

M. *Struicks* ſoutient la découverte de cette période par une liſte d'*Eclipſes* de ſoleil & de lune obſervées en Europe, qui ont été vûes 521 ans avant au même jour & dans la même partie de la terre. Le même Auteur prétend qu'en ſe ſervant des *Eclipſes* de ſoleil, on peut découvrir celles de la lune, qui arrivent le même jour, par le móien d'une période de 720 ans. Il ajoute qu'on peut découvrir de la même maniere les *Eclipſes* de ſoleil par les *Eclipſes* de lune, en aïant égard à la latitude de cette planete, ſans s'expliquer davantage. Sur la comparaiſon de ces *Eclipſes*, M. *Halley* penſe qu'en comparant les *Eclipſes* de lune de *Babilon*, celles d'*Albategnius*, & celles d'aujourd'hui, on peut conclure, qu'elle commence actuellement à aller plus vite qu'autre fois. Cela mérite attention. (*Struiks Introd. à la Geog. univ.*)

ECLIPTIQUE. Grand cercle de la ſphere qui fait avec l'Equateur, qu'il coupe, un angle de 23°, 29'. C'eſt ce cercle que le ſoleil parcourt dans le ſyſtème de *Ptolomée*, & la terre dans celui de *Copernic*, dans une année, d'Occident en Orient. Ce cercle eſt appellé *Ecliptique*, du nom d'Eclipſe, parce que les éclipſes arrivent lorſque la lune y eſt. (*Voïez Riccioli, Almag. novum. L. VI. Ch. 3.*) Il y en a qui l'appellent le *chemin du ſoleil*, parce que cet aſtre (ou la terre ſuivant *Copernic*) eſt le ſeul qui ne s'écarte jamais de ce cercle dans ſon mouvement annuel.

On diviſe l'*Ecliptique* de même que tous les autres cercles en 360 dégrés, avec cette différence, qu'on ne continue pas comme à l'ordinaire de compter les dégrés. Parce qu'on le diviſe auſſi en 12 parties, on s'arrête, en évaluant le nombre des dégrés, à chachune de ces diviſions. Ces diviſions ont un nom & un caractere particulier, qu'on marque dans la ſphere ſur le zodiaque, large bande de 16°, partagée également par l'*Ecliptique*. *Voïez* ZODIAQUE.

J'ai dit que l'*Ecliptique* faiſoit un angle avec l'équateur, & je voulois dire que l'axe de l'*Ecliptique* faiſoit un angle avec l'axe de l'équateur. Cet angle ſe détermine par deux méthodes connues & fort aiſées. Pour la premiere, 1°. *Obſervez la hauteur méridienne du centre du ſoleil ſur l'horiſon, lorſqu'il eſt dans ſa plus grande élévation,* (ce qui arrive vers le 20 de Juin.) 2°. *Six mois après, c'eſt-à-dire, vers le 20 Décembre, où le ſoleil eſt dans ſa moindre élévation, obſervez encore la hauteur de cet aſtre.* 3°. *Corrigeant ces deux hauteurs par la réfraction & par la parallaxe,* (*Voïez* REFRACTION & PARALLAXE.) *Prenez la moitié de la différence de ces deux hauteurs.* Cette moitié, qui eſt en nombres, eſt celle des dégrés de l'angle de l'*Ecliptique* avec l'équateur.

La ſeconde maniere de déterminer l'obliquité de l'*Ecliptique*, ne demande qu'une obſervation. 1°. *Connoiſſant la hauteur du Pole* (*Voïez* POLE,) *obſervez la hauteur du ſoleil ſur l'horiſon lors d'un des ſolſtices.* 2°. *Retranchez la hauteur méridienne du ſoleil du complement de la hauteur du Pole qui eſt égale à la hauteur de l'équateur. Le reſte ſera l'obliquité de l'Ecliptique.*

2. Le premier, qui a obſervé l'obliquité de l'*Ecliptique*, eſt *Anaximandre* de Milet, Diſciple de *Thales*. L'hiſtoire dit, que *Cléoſtrate, Harpale* & *Eudoxe*, porterent cette invention en Egypte, où l'on trouva l'obliquité de l'*Ecliptique* moindre qu'*Anaximandre* ne l'avoit déterminée ; mais elle ne dit pas lequel de ces Egyptiens repeta l'obſervation de ce Philoſophe, vraiment tel, ni la méſure préciſe de cette obliquité par le même. *Eraſtothene*, qui vivoit 230 ans avant JESUS-CHRIST, c'eſt-à-dire, peu de tems après *Anaximandre*, la détermina à 23°, 51', 20''. *Hypparque, Ptolomée, Pappus*, &c. y firent enſuite des obſervations particulieres. J'en rapporterai ci après le réſultat. Mais je dois faire mention auparavant d'une obſervation poſtérieure, qui tient à l'hiſtoire de l'*Ecliptique*, & qui a donné lieu au travail

des Aſtronomes ſur la meſure de ſon obliquité.

Dans l'antiquité la plus reculée, on
croïoit que le ſoleil s'étoit levé pendant des
ſiécles entiers à l'Occident. *Hérodote* rapporte au Livre d'Euterpe, que, ſelon les Égyp-
tiens, dans l'eſpace de onze mille trois
cens quarante ans de 365 jours, le ſoleil s'étoit levé deux fois où il ſe couche, &
couché deux fois où il ſe leve, ſans qu'il y
eut eu le moindre changement en Egypte,
malgré cette variation du cours du ſoleil.
Si cela étoit arrivé, il faudroit que les quatre points cardinaux euſſent changé deux fois
pendant ce tems. Quel changement !

Pluſieurs Aſtronomes, que j'ai déja cités,
firent des obſervations pour voir ſur quoi
les Egyptiens pouvoient fonder cette erreur,
& ces obſervations ne firent pas une différence ſenſible. Le Chevalier de *Louville*,
de l'Académie Roïale des Sciences, en comparant les obſervations de ces Aſtronomes
avec celles des Aſtronomes modernes, crut
trouver une diminution dans l'obliquité de
l'*Ecliptique*. Pour vérifier cette penſée, cet
Académicien ſe tranſporta (en 1714) exprès
à Marſeille, dans le deſſein d'examiner ſi
l'obliquité de l'*Ecliptique* y paroiſſoit telle
que *Pitheas*, Aſtronome célebre de cette
Ville, l'avoit déterminée il y avoit plus de
2000 ans; & il trouva que cette obliquité
étoit moindre de 20 minutes qu'elle n'étoit
dans le tems de *Pitheas*. De là M. de *Louville* conclud, que l'axe de la terre en ſe
relevant ſur le plan de l'*Ecliptique*, s'en approchoit d'un dégré entier en 6090 ans.

Ainſi ſuppoſé que cet angle ſoit de 23° &
½ aujourd'hui, & qu'il décroiſſe toujours
juſques à ce qu'il devienne nul, & qu'il
recommence enſuite pour décroître, il arrivera que dans 23 fois ½ ſix mille ans, c'eſt-
à-dire, dans 141000 années, notre *Ecliptique* & notre équateur coincideront dans
tous leurs points.

Ce calcul étoit trop hardi & trop peu
aſſuré pour être univerſellement reçu. Le
Chevalier de *Louville* fût contredit. Un
Académicien, dans un voïage qu'il avoit
fait en Egypte, avoit examiné la ſituation
d'une des pyramides, & il en avoit trouvé
les quatre faces oppoſées aux quatre points
cardinaux. En 1734 M. *Godin* reprit le fil
de cette découverte. Il examina la fameuſe
méridienne tracée en 1655 par *Dominique
Caſſini* dans l'Egliſe de Sainte Petrone. De
cet examen cet Aſtronome conclud que l'o-
bliquité de l'*Ecliptique* étoit de 23°, 29',
15".

On doit s'attendre de trouver ici le calcul
des Aſtronomes anciens & modernes ſur
cette obliquité. Tel eſt le plan de ce Dictionnaire qu'il faut remplir. Cette connoiſſance eſt d'ailleurs importante pour ſavoir à
quoi s'en tenir ſur la conjecture, pour ne
pas dire le calcul, du Chevalier de *Louville*.
Voici donc une Table tirée des *Elémens
d'Aſtronomie* de M. de *Caſſini*, où l'on verra
outre l'obliquité de l'*Ecliptique*, quelle ſeroit la variation de cette obliquité ſi elle
avoit lieu. Le tems où ces obſervations ont
été faites eſt encore joint ici.

TABLE DE L'OBLIQUITÉ DE L'ECLIPTIQUE
ET DES VARIATIONS DE CETTE OBLIQUITÉ,
SUIVANT LES PLUS CELEBRES ASTRONOMES.

Noms des Astronomes.	Tems de leurs observations.	Obliquité de l'Ecliptique.			Obliquité supposant une variation annuelle.		
Erastothene, . .	230 ans avant J. C.	23°	51′	20″	23°	51′	20″
Hipparque, . .	140 avant J. C.	23	51	20	23	50	17
Ptolomée, . .	140 après J. C.	23	51	10	23	47	0
Pappus, . .	390	23	30	0	23	44	7
Albategnius, .	880	23	25	0	23	38	21
Arzachel, . .	1070	23	34	0	23	36	8
Prophatius, .	1300	23	32	0	23	33	27
Regiomontanus, .	1450	23	30	0	23	31	35
Copernic, . .	1500	23	28	30	23	31	7
Waltherus, . .	1500	23	29	16	23	31	7
Danti, . . .	1570	23	29	55	23	30	18
Tycho, . . .	1570	23	31	30	23	30	18
Gassendi, . .	1600	23	31	0	23	29	57
Cassini, . . .	1656	23	29	2	23	29	19
Richer, . . .	1672	23	28	54	23	29	6
A l'Observatoire, .	1738	23	28	20	23	28	20

A l'inspection de cette Table, on ne peut douter que l'obliquité de l'*Ecliptique* ne varie. A quoi attribuer ces variations? M. de *Cassini*, Maître des Comptes, donne sur cela une raison fort ingénieuse. Il s'en prend à quelque mouvement de l'axe de la terre. *Copernic* avoit déja fait cette conjecture, lorsqu'il détermina l'obliquité de l'*Ecliptique* de 23°, 28′, 30″. Cet Astronome pensoit aussi que jamais cette obliquité n'avoit été plus grande que 23°, 51′, 20″, ni plus petite que 23°, 28′, & il concilioit tout cela avec un mouvement de libration donné à l'axe de la terre. La découverte de M. *Bradley*, sur la nutation de cet axe, semble confirmer la conjecture de *Copernic*. En effet, ce Savant, à qui l'on doit la découverte de l'aberration des étoiles fixes, (*Voïez* ABERRATION) a reconnu, que l'axe de la terre est sujet à une espece de balancement ou de libration, dont le centre de la terre est le point fixe, & par lequel cet axe s'incline tantôt plus, tantôt moins sur le plan de l'E-cliptique. (*Voïez* NUTATION.)

ECLUSE. Bâtiment hydraulique qui sert à élever & à baisser l'eau, pour faciliter le passage aux vaisseaux lorsque dans les rivieres navigables il y a une cataracte, où que l'eau tombe tout d'un coup, à cause de quelque digue, qui traverse la riviere. Ce bâtiment consiste en un canal fermé de tous côtés, qui a une largeur suffisante pour faire passer commodément un vaisseau, & dont la longueur en peut contenir deux ou trois. L'entrée & la sortie de ce canal ont deux aîles battantes. En ouvrant les aîles de dessus, pendant que celles de dessous restent fermées, l'eau s'eleve dans le canal à la même hauteur, à laquelle elle est devant la digue, & par-là le vaisseau peut avancer de là dans la riviere qui y est plus basse que de l'autre côté. Je n'entrerai point dans la construction de cet ouvrage, parce qu'elle est beaucoup mécanique. On peut consulter sur cela la *Fortification par Ecluses de Stevin*; l'*Arte di restituir à Roma la traslatiata navigatione del suo Tevere* de *Corneille Meyer*, ou l'extrait de cet Ouvrage en François, dont le titre est: *Traité des moïens de rendre les rivieres navigables*. L. C. *Sturmius*, a fait imprimer à Auſbourg, l'an 1715 un *Traité des Ecluses & Ponts à rouleaux*, où la construction du bâtiment dont je parle ici, est examinée avec soin. *Voïez* aussi *Theatrum Hydrotechnicarum* de *Leopold*, *Ch.* 27; ou encore mieux la seconde partie de l'*Architecture Hydraulique* de M. *Belidor*, où l'on trouve outre l'usage & la construction des *Ecluses* mentionnées ci-dessus, leur utilité pour arrêter le flux de la mer; pour retenir l'eau pendant le reflux ; pour empêcher les inondations des païs , pour nétoïer les ports , &c.

E C O

ECOULEMENS. On appelle ainſi en Phyſique le cours des petites molecules ou corpuſcules qui s'échappent continuellement de la ſurface ou du ſein des corps.

E C R

ECREVISSE. (*Cancer*) C'eſt la quatriéme conſtellation du zodiaque , dont elle eſt un des 12 ſignes. Elle donne ſon nom au tropique qui paſſe par elle. Pour le nombre des étoiles qui la compoſent , *Voïez* CONSTELLATION. La figure de l'*Ecreviſſe* a été repréſentée par *Bayer* dans ſon *Uranometrie* Planche A a , & par *Hévélius* dans ſon *Firmamentum Sobieſcianum* , Figure E E. Ce dernier Aſtronome a déterminé pour l'année 1700 les longitudes & les latitudes de 29 des étoiles qui la compoſent, (Voïez *Prodromus Aſtronomicus.*) *Schiller* donne à cette conſtellation le nom de *Saint Jean l'Evangeliſte* ; *Harsdorffer* , celui de l'*Ecreviſſe* des Chrétiens combattans , & *Weigel* celui de la Crèche. On appelle encore cette conſtellation *Alfartan* , *Aſartan* , *Aſtacus* , *Cammarus* , *Nepa* , *Octipes.* L'*Ecreviſſe* a une de ſes étoiles tout-à-fait dans l'écliptique : elle eſt nommée par les Aſtronomes l'*axe méridional.*

E F F

EFFECTION. Terme de Géometrie , qui ſignifie la même choſe que la conſtruction géométrique d'un Problême , ou la réduction des propoſitions en pratique.

E G A

EGALITE'. Convenance exacte de deux choſes par rapport à leur quantité. Ce terme eſt d'un grand uſage dans les Mathématiques , & le fond de ce terme d'une grande utilité dans l'art d'inventer. En Algébre même , l'ame de cet art , il eſt ſouvent néceſſaire entre deux choſes égales d'en ſubſtituer l'une à la place de l'autre. En Géometrie on remarque que l'*Egalité* a cette propriété principale , que les lignes , les angles , & les figures doivent ſe couvrir exactement , étant mis les uns ſur les autres , quelque ſoit le changement d'ordre qu'on y puiſſe faire : & c'eſt ce qu'on appelle leur *congruence.* Le ſigne d'*Egalité* eſt $=$. Ainſi pour dire que a eſt *égal* à b, les Algébriſtes écrivent $a = b$.

ELAPHEBOLION. Nom que les Peuples Attiques donnoient au neuviéme mois de l'année.

ELASTICITE'. Propriété qu'ont certains corps pour réſiſter aux efforts qu'on fait pour les tirer de leur état , & pour y revenir lorſqu'on les en a tirés. De façon qu'un corps *élaſtique* eſt celui dont les parties cedent pendant quelque tems à un autre corps qui le frappe ou le comprime ; mais qui réprend bien-tôt par ſa propre puiſſance , ſa premiere figure lorſque la compreſſion ceſſe. Un corps parfaitement *élaſtique* eſt celui qui recouvre ſa figure avec la même force qu'il la perd.

Tous les corps que nous connoiſſons ſont plus ou moins *élaſtiques* ; mais il n'y en a aucun qui le ſoit parfaitement. L'*Elaſticité* eſt la cauſe de cette loi de la nature ſi connue ; ſavoir , que l'*action eſt toujours égale & contraire à la réaction* ; car ſans *Elaſticité* point de loi.

2. Si l'on bande une corde , comme celle d'un inſtrument de muſique , elle deviendra *élaſtique*, & la plus petite force ſera capable de la faire plier , quelque tendue qu'elle ſoit. Cette force venant à ceſſer , celle qui la bande la rend à ſa premiere ſituation. Quand la corde eſt une fois en mouvement , elle fait , comme un pendule , des oſcillations , dont la durée eſt toujours la même , ſoit que ces oſcillations ſoient grandes , ſoit qu'elles ſoient petites. M. *Taylor* a déterminé la courbe que fait une corde pincée , & M. *D'Alembert* a examiné avec plus de ſoin cette courbe ; & a appliqué cette obſervation à l'action du ſoleil ſur l'atmoſphere pour produire les vents. (*Voïez* VENT.)

On remarque que ſi l'on frappe la plûpart des corps *élaſtiques* , ils rendent un ſon muſical ; & ſi la plûpart ne ſont pas ſonores , c'eſt que leur *Elaſticité* eſt vraiſemblablement trop foible , & que leur mouvement d'oſcillation eſt trop lent , ou au contraire , c'eſt que l'*Elaſticité* en eſt ſi forte , que l'oſcillation de leurs parties eſt trop prompte , pour pouvoir faire impreſſion ſur l'oreille.

3. Un principe eſt reçu dans l'*Elaſticité* des corps : c'eſt qu'un corps ſphérique & *élaſtique* qui frappe obliquement contre une ſurface ſolide , ſe refléchit ſous le même angle qu'il l'a choquée. Cela poſé , on démontre que ſi la viteſſe d'un corps A ($= a$) *élaſtique* & celle d'un corps B auſſi *élaſtique* ($= b$), va du même côté , le mouvement de A étant plus grand que celui de B ; on démontre , dis-je , que la viteſſe du corps A , après

la

la réflexion fera $\dfrac{a\,A - a\,B - 2\,b\,B}{A + B}$, &

celle du corps $B = \dfrac{2\,a\,A - b\,A + b\,B}{A + B}$.

Mais fi les deux corps fe rencontrent, alors en changeant le figne de b, les viteffes, après la réflexion, feront $\dfrac{a\,A - a\,B - 2\,b\,B}{A + B}$ pour le premier corps, & $\dfrac{2\,a\,A + b\,A - b\,B}{A + B}$ pour le fecond. J'ai donné à l'article de Choc des regles plusparticulieres du choc des corps *élaftiques*. (*Voïez* CHOC.)

Les Géometres démontrent bien la loi du choc des corps *élaftiques* & les propriétés même de l'*Elafticité* : mais cette propriété des corps n'en eft pas pour cela mieux connue. Les Phyficiens ne font pas ici auffi heureux que les Géometres. En général, nous connoiffons mieux les effets que les caufes, & dans le fond cette premiere connoiffance nous importe plus que l'autre. Cependant il feroit à fouhaiter que les Phyficiens tâchaffent de feconder les Géometres autant qu'ils peuvent. Sur ce fujet, il faut convenir qu'ils n'ont rien négligé pour cela. La multiplicité de leurs hypothefes & de leurs fyftêmes prouve bien leur bonne volonté.

2. Les premiers qui ont voulu expliquer l'*Elafticité* des corps, l'ont fait dépendre de l'air. Ils croïoient que l'air s'infinuoit par les pores entre les parties des corps, & qu'il les rendoit ainfi *élaftiques*. On objecte à cela que l'*Elafticité* de tous les corps refte de même dans le vuide comme en plein air. Et l'on foutient cette objection par des expériences faites là-deffus par MM. *Boile*, *Hauksbée*, *Derham* & *Muſchenbroeck*.

A peine eut-on reconnu l'infuffifance de cette explication, qu'on en chercha une autre. Les Phyficiens croïoient qu'il ne falloit plus s'en prendre à l'air; mais que c'étoit dans le corps même que réfidoit la caufe de fon *Elafticité*. Ceux-ci penfent donc que les pores d'un corps *élaftique*, qui n'eft pas courbé, font de figure cilindrique, & que cette figure devient conique lorfqu'il fe courbe. Dans cet état, les pores du corps *élaftique* deviennent plus larges du côté qui fe trouve gonflé, & plus petits du côté de la cavité que forme ce gonflement, parce que les parties folides de ce corps font comme repouffées en dedans. Suppofant maintenant une matiere fubtile continuellement en mouvement, cette matiere s'infinue dans le côté le plus large & en plus grande quantité, qu'il n'en peut fortir par les côtés les plus

étroits. De forte que cette matiere doit aller fe précipiter contre le côté oppofé à ces deux là. D'où il fuit, que les extrémités les plus étroites des pores devenant plus larges, font contraintes de prendre la fituation droite dans laquelle elles étoient auparavant.

Ce fyftême eft très-ingénieux; mais il n'eft pas probable. 1°. La fuppofition d'une matiere fubtile eft une fuppofition très-gratuite. 2°. S'il y avoit une matiere fubtile, elle ne devroit couler, ce femble, que felon une feule direction. C'eft du moins le fentiment de M. *Muſchenbroeck*, qui ajoute à ces deux objections des raifonnemens nullement favorables à cette opinion. Ces raifonnemens ne font point fufceptibles d'extraits, & quand ils le feroient, je fuis trop refferré pour préfenter ici au Lecteur ce qu'il trouvera dans l'*Effai de Phyfique*, Tom. I. pag. 321 de ce Phyficien.

Ces difficultés ont donné lieu à une nouvelle explication de l'*Elafticité*. Sans tant de raifonnemens, des Phyficiens ont cru qu'une matiere fubtile fuffifoit pour produire la propriété dont je parle. Ils l'ont donc admife une fuppofition toute nouvelle. Cette fuppofition eft, que cette matiere eft *élaftique* elle-même, & que comme elle s'infinue dans les pores de tous les corps, elle leur communique fon *Elafticité*.

On croiroit volontiers que ce fentiment n'eft qu'un renouvellement du premier; puifqu'on fait faire à la matiere fubtile ce qu'on attribuoit à l'air. Cependant il y a plus de fineffe dans celui-ci. Outre que l'objection tirée de l'expérience du vuide fe trouve levée, on étaïe encore ce fentiment d'une preuve affez méthaphyfique : la voici. Tous les corps qui font en repos, n'ont d'eux-mêmes ou dans eux-mêmes aucune force à l'aide de laquelle ils puiffent fe mouvoir. Or un corps *élaftique*, qui eft courbé, eft compofé de parties qui font en repos : donc elles ne peuvent d'elles-mêmes fe mouvoir & fe remettre en l'état où elles étoient auparavant. Un agent extérieur eft donc abfolument néceffaire. Et quel peut être cet agent, fi ce n'eft une matiere fubtile, qui s'infinue dans les pores où elle pénétre ? Derniere conféquence. Donc la matiere fubtile eft la caufe de l'*Elafticité*.

Malgré tout le brillant de cette preuve, les Phyficiens d'aujourd'hui ne la jugent pas démonftrative. M. *Muſchenbroeck* demande : 1°. Si la matiere fubtile eft la caufe de l'*Elafticité*, pourquoi tous les corps ne font point *élaftiques* ? 2°. Pourquoi y a-t-il des corps molaffes ou non *élaftiques*, tels que le plomb, la terre glaife, le beurre, &c. 3°.

En supposant une matiere subtile, & que cette matiere soit *élastique*, M. *Muschenbroeck* demande encore quelle peut être la cause de son *Elasticité*. Cette cause est-elle encore une matiere subtile qui seroit aussi *élastique*? Et qui cause l'*Elasticité* de cette derniere? ainsi à l'infini. En effet, cette supposition est bien legere. Puisqu'on veut qu'il y ait une matiere *élastique*, il seroit bien plus simple de penser que cette matiere est le corps même *élastique*. A l'égard de la preuve, on peut répondre qu'il est faux que les parties du corps recourbé soient en repos. Si ces parties ne sont point dans leur propre état, elles sont en mouvement, puisqu'elles travaillent à reprendre leur état naturel.

Dans le quatriéme systême de l'*Elasticité*, on suppose que les corps *élastiques* sont composés de petites parties, dont chacune est douée d'une force *élastique*. On ajoute, que les pores qui sont entre ces parties, sont remplis de petits tourbillons; qu'il s'en trouve un ou plusieurs dans chaque pore, & que ces tourbillons tournant continuellement, pressent, par leur force centrifuge, les parties solides des corps les uns contre les autres. Par-là, ces tourbillons sont la cause & de la solidité & de l'*Elasticité* des corps.

N'est-il pas visible, s'écrie M. *Muschenbroeck*, que tout ceci n'est qu'une pure chimere, qui tombe d'elle-même, si l'on demande quelque preuve? N'est-ce pas pousser les suppositions de *Descartes* jusques à l'extravagance? Il est étonnant qu'un si grand homme que le P. *Malebranche*, ait adopté ce sistême.

Enfin, la derniere explication de l'*Elasticité* paroît la plus vraisemblable; car je n'oserois la qualifier autrement. Il ne faut plus recourir à aucune hypothese. La force répulsive des particules des corps suffit pour la cause de l'*Elasticité*. Quand on comprime un corps *élastique*, ses pores se retrecissent & deviennent plus étroits; de sorte qu'alors plusieurs particules, qui étoient auparavant à quelque distance l'une de l'autre, se rapprochent de la sphere de leur répulsion reciproque; & cette répulsion devient d'autant plus forte que la compression augmente, c'est-à-dire, que les parties se rapprochent davantage les unes des autres. C'est pourquoi quand les pores d'un corps sont fort grands, ce corps peut souffrir compression sans recevoir beaucoup d'*Elasticité*. De-là vient que l'*Elasticité* des métaux augmente quand on forge. Plus on les bat, plus ils deviennent *élastiques*. L'acier trempé est beaucoup plus *élastique* que celui qui ne l'est pas : il est aussi beaucoup plus compacte. M. *Muschen-*

broeck a trouvé que la pesanteur de l'acier trempé est à celle de l'acier qui ne l'est pas, comme 7809 à 7738. Outre ces preuves, celle qu'on peut tirer du froid est encore bien forte. On remarque que plus les corps sont froids & plus ils sont *élastiques*; parce que leurs parties sont plus compactes, plus serrées. Enfin, pour dernier trait, M. *Newton* démontre, que des particules, qui se fuïent mutuellement, avec des forces réciproquement proportionnelles aux distances de leur centre, composent un fluide *élastique*, dont la densité est proportionnelle à la compression. *Ph. nat. Princip. Mathem. L. II. page 23.* Si dans cet article je n'ai pas parlé de l'*Elasticité* de l'air, c'est que j'ai cru en devoir faire mention dans un autre. *Voïez* AIR & COMPRESSION.

E L E

ELECTRICITE'. Propriété que certains corps ont d'attirer & de repousser alternativement d'autres corps qu'on leur oppose. Cette définition n'est qu'imparfaitement celle de l'*Electricité*: je le sens bien. Il seroit bien difficile cependant d'en donner une autre, quoique celle-là soit usée. Je m'y borne faute de mieux; & je crois devoir le faire, parce qu'elle conserve l'idée ou qu'elle émane de l'origine de la découverte de cette propriété singuliere. Le premier corps qu'on ait reconnu *électrique*, c'est l'ambre. A peine cette reconnoissance fut faite qu'on s'empressa de l'approfondir, & d'en faire un sujet de Physique experimentale. Pour cela il falloit désigner cette propriété par quelque nom. Le mot Ambre y parut peu propre. Sa signification en latin qui est *Electrum* plut davantage. On la saisit; & on en tira le mot d'*Electricité*. Ce terme, qui est tout françois, semble annoncer une origine moderne. Cependant la découverte de la vertu de l'ambre tient à l'antiquité la plus reculée. On sait que *Thales* en étoit si surpris, qu'il croïoit que l'ambre étoit animé. Pline nous apprend (*Hist. nat. LXXXVII. Ch. 2.*) que les femmes de Syrie la connoissoient avant *Thales*, & l'appelloient *Harpaga*, c'est-à-dire, *attirant avec force*. Je dis les femmes, parce qu'elles en faisoient particulierement usage. Elles s'en servoient en guise d'agrafes pour leurs cheveux. Quelqu'un, qui voudroit faire sa cour au beau sexe, concluroit vite de-là que c'est à lui qu'on doit l'*Electricité*. Je n'empêche pas un Physicien galant de bâtir là-dessus quelques systêmes ou fades ou ingénieux. Pour moi je préfere de mettre sous les yeux du Lecteur des vérités solides plutôt que des conjectures même vraisemblables. Je dirai donc

que le premier qui a obſervé un peu curieu-
ſement l'*Electricité* eſt *Gilbert*, Phyſicien Anglois, qui a ſi bien écrit ſur l'aiman. (*De
Magnete L. II. Ch 2.*) Comme il y a des
corps dans leſquels l'*Electricité* ſe manifeſte
foiblement, ſon premier ſoin fut de rendre
cette propriété plus ſenſible. A cette fin, il
ſuſpendit une aiguille de métal ſur un pivot
comme une aiguille aimantée. En approchant
des corps *électriques* à une des extrémités
de cette aiguille, il jugea de la force de
l'*Electricité* par l'attraction plus ou moins
grande qu'operoient ces corps ſur cette aiguille ; & que les moins *électriques* opé-
roient. C'eſt ainſi que cet Auteur découvrit
que non-ſeulement l'ambre a la vertu ou
la propriété qui fait le ſujet de cet Article ; mais encore que le jaïet, le diamant,
le ſaphir, le rubis, l'opale, l'amethiſte,
l'aigue-marine, le criſtal de roche, le verre,
le belemite, le ſouffre, le maſtic, la gomme-
laque, la réſine cuite, le ſel gemme, le talc
& l'alun de roche en ſont doués. Par ce
moïen, il s'aſſura des corps non *électriques*,
comme l'émeraude, la cornaline, les perles,
&c. juſqu'à la calcédoine & l'aiman. *Gilbert* apprit encore que ces corps *électriques*
n'ont aucune vertu s'ils ne ſont frottés, &
qu'il ne ſuffit pas qu'ils ſoient échauffés, ſoit
par le feu, ſoit par le ſoleil ou autrement,
quand même ils ſeroient brûlés & mis en
fuſion.

Quelque tems après *Otto-Guerick*, Bour
guemeſtre de Magdebourg, s'aviſa de faire
des expériences ſur l'*Electricité*, avec un globe de ſoufre, qui promettoient des connoiſſances plus prochaines ſur cette propriété
des corps. Pour faire ce globe, *Otto-Guerick*
en remplit un de verre creux, de la groſſeur
de la tête d'un enfant, (*ut caput infantis*) de
ſoufre pilé, qu'il fit fondre ſur le feu dans
le globe. Le ſoufre étant refroidi, il caſſa le
globe de verre & ſuſpendit l'autre entre deux
montans de bois. Une manivelle étant appliquée à un des pivots qui traverſoit le globe
par ſes poles, il fit tourner le globe pendant
que quelqu'un y appuïoit une main bien
ſeche. Telle eſt la première machine de rotation qui parut, dont je donne ici la figure, d'autant plus volontiers que je penſe qu'on la verra avec plaiſir. Après la deſcription que je viens d'en faire, il doit
ſuffire de la voir pour la comprendre (Planche XXXII. Figure 172.)

Ce globe de ſoufre étant ainſi ajuſté,
Otto-Guerick lui préſenta des corps legers ;
il les attira & les repouſſa. Le globe fut détaché ſubitement encore tout chaud (ſi l'on
peut parler ainſi) d'*Electricité*, & relevé par

l'axe. Dans cette ſituation, il attira une plume & il la repouſſa ; mais il ne la retira plus
de nouveau, qu'elle n'eut touché quelqu'autre corps. Le même Savant remarque que la
plume chaſſée par le globe, attire tout ce
qu'elle rencontre, ou va s'y appliquer ſi elle
ne le peut pas. La flamme ſeule d'une chandelle la repouſſa vers le globe.

On doit encore à *Otto-Guerick* la découverte de la tranſmiſſion de l'*Electricité*, par
le moïen d'un fil. Lui-même la trouva d'une
aune ; & enfin obſerva que le globe conſervoit ſa vertu pendant des heures entieres,
pourvû qu'on ne retirât pas la main qui
avoit ſervi à l'*électriſer*. M. de *Monconys* parle
dans ſon Journal du voïage qu'il fit en Allemagne, parle, dis-je, des expériences d'*Otto-
Guerick* qu'il dit avoir vû lui-même (*Ottonis
de Guericke Experimenta nova Magdeburgica.
De virtutibus mundanis. C. XV. pag.* 147.)

A peu près dans le même tems M. *Boile*
fit des expériences ſur l'*Electricité*. Parmi
toutes ces expériences la principale eſt celle-
ci. Aïant pris un morceau d'ambre, dont la
vertu avoit été puiſſamment agitée par le feu
& par le frottement, il reconnut que les
barbes d'une plume y étoient attachées &
qu'elles tendoient à s'appliquer à ſon doigt,
& s'y appliquoient lorſqu'il l'en approchoit
d'aſſez près. Craignant que ſon doigt eût
une vertu particuliere, il approcha différens corps comme du bois, du fer, &c. &
il trouva la même choſe. (*De Mecanicâ electricitatis productione.*)

Après *Boile*, les Phyſiciens de l'Académie
de Florence, firent pluſieurs autres obſervations, dont les plus conſidérables roulent
ſur l'ambre.

M. *Haukſbée* fut le quatriéme Phyſicien,
qui fut frappé des merveilles de l'*Electricité*.
Il prit un tuïau de verre d'environ 30 pouces
de long & gros d'1 ½. Etant frotté avec la
main, ou avec du papier, ce tuïau devint ſi
fort *électrique*, qu'il attiroit à un pied de diſtance des feuilles de métal ; qu'enſuite il les
repouſſoit avec force, & qu'il leur donnoit
en tous ſens divers mouvemens très-ſingu-
liers. Il remarqua auſſi que la température
de l'air influoit beaucoup ſur les effets *électriques*. M. *Haukſbée* a fait le premier uſage
du tuïau & du globe de verre, qu'il fit tourner ſur ſon axe.

Enfin en 1720 M. *Gray* donna dans les
Tranſactions Philoſophiques, N° 366. les découvertes, qu'il avoit faites ſur l'*Electricité*
de pluſieurs corps qu'on ne croïoit point
électriques. Tels ſont les plumes, les cheveux,
la ſoïe, &c. M. *Gray* enſeigna auſſi à rendre l'eau *électrique*. Il remplit à cet effet une

écuelle de bois, & il l'approcha du tube échauffé. M. *Du Fay* remania enfin toutes ces expériences, & en fit un sujet particulier de Physique fort sérieux. (*Mémoires de l'Académie Roïale des Sciences* 1733.)

Voilà l'histoire de l'*Electricité*. Il s'agit de développer maintenant ses principes, & d'y joindre les sentimens des Physiciens. Or les principes en matière de Physique sont les expériences. C'est donc des expériences que je dois exposer. Comme sur l'*Electricité* le nombre en est grand, & qu'il faut être sur ses gardes sur le choix ; je vais mettre sous les yeux du Lecteur, celles qui font la base des autres, & dont je me suis assuré moi-même par mes mains & par mes yeux.

Expériences sur l'Electricité avec un tuïau ou tube de verre.

2. PRÉPARATION. Prenez un tuïau de verre de trois pieds ou trois pieds & demi de long, dont le diametre soit d'un pouce & demi ; épais d'une ligne & ouvert aux deux extrémités. A l'ouverture près, toutes ces proportions ne sont point nécessaires pour le succès des expériences, mais bien pour la commodité de celui qui les fait & qui peut faire agir le tube avec plus de facilité. Pour exciter la vertu *électrique* de ce tube, frottez-le plusieurs fois dans toute sa longueur avec du papier ou du drap sec, qu'on tiendra dans la main, ou mieux encore avec la main nue, bien seche. Lorsque l'air est sec & froid, la vertu *électrique* est bien-tôt excitée & peu de frottement suffit. Dans un tems humide on est obligé de chauffer le tube pour le sécher avant que de le frotter. Malgré cette précaution, il est bien difficile de le rendre propre à toutes les expériences, & de lui conserver pour quelque tems la vertu qui s'est manifestée. On connoît le point où le tube est assez frotté, je veux dire, le dégré où son *Electricité* est suffisamment excitée, si, en passant le bout des doigts en travers du tube, à la distance d'environ un demi pouce, on entend petiller les émanations *électriques*, qui, partant du tube, frappent les doigts & rebondissent sur le tube. Quand cela est, il n'y a pas de tems à perdre. Il faut commencer à faire les expériences en aïant auparavant une attenrion : c'est de refrotter le tube de nouveau au moins une fois ; parce qu'à l'endroit, où les doigts ont passé, l'*Electricité* est détruite.

EXPÉRIENCE PREMIERE. Mettez sur une petite table ou sur un petit gueridon de 7 ou 8 pouces de diametre, de petits morceaux de feuilles d'or, ou de cuivre, ou de quelque

autre corps leger. Approchez le tube à un pied ou deux de distance de ces corps. Ils seront attirés & repoussés alternativement par le tube pendant quelque tems.

EXPÉRIENCE II. Aïant frotté le tube, si on lâche une plume de duvet dans l'air à un pied ou deux du tube, la plume s'approchera du tube par un mouvement accéleré, & s'attachera au tube pendant quelque tems. Elle en sera ensuite repoussée subitement & voltigera dans l'air. De maniere que plus on en approchera le tube, plus elle sera repoussée, jusqu'à ce qu'elle ait touché quelqu'autre corps. Et dans ce cas, elle sera attirée derechef par le tube qui la chassera après quelque tems.

EXPÉRIENCE III. Attachez une corde de chanvre A B C (Planche XXXII. Figure 173.) de trois ou quatre toises de longueur, & dont la circonférence ait environ une ligne de diametre, à une corde de soïe C E, fixée au clou E par une extrémité E. Dans un nœud N fait avec de la soïe, faites passer l'autre extrémité de la corde & attachez-y une orange, une pomme, ou une boule de bois A. Qu'un homme approche le tube *électrisé* de la corde de chanvre. Dans l'instant toute la corde devient *électrique*, & elle attire & repousse continuellement de petites feuilles d'or qu'on a soin de mettre sur un gueridon G, placé sous la boule A suspendue. Comme l'expérience est plus belle ou du moins plus surprenante quand la corde est longue, on est obligé de la soutenir par des especes de gueridons Q, qui portent un fil de soïe sur lequel cette corde appuïe. M. *Du Faï*, à qui l'on doit cette expérience, a trouvé qu'elle réussissoit à 1256 pieds de France.

EXPÉRIENCE IV. Remplissez d'eau un petit verre à boire d'un pouce de diametre. Approchez-en le tube. L'eau s'éleve au bord du verre comme une petite montagne, & quelquefois en s'élevant contre le tube par un petit jet si fin, qu'on n'en est assuré que par l'eau qu'on trouve contre le tube. On observe aussi que l'eau, qui s'est accumulée en petit cone, dont l'axe tend quelquefois horisontalement vers le tube, petille & retombe en s'applatissant sur le reste de l'eau, & que dans l'obscurité une petite flamme, ou plutôt un petit éclair de lumiere accompagne le pétillement.

EXPÉRIENCE V. Aïant fait un petit jet d'eau d'environ trois points de diametre, approchez-en le tube. Le jet se courbe vers le tube à la distance d'un pied. Approchez le tube de plus près, le jet est tout emporté par le tube ; il se change en rosée sur le tube

& s'y applique (lorsque la vivacité du jet n'est pas trop forte) en petites goutes.

EXPÉRIENCE VI. Attachez sur un rouleau de bois A B des rubans de diverses couleurs , également longs & également larges, afin qu'ils soient tous à peu près de même poids. Suspendez le tout à deux cordons de soïe S, S. (Planche XXXII. Figure 174.) A un pied environ de distance de ces rubans , approchez le tube de verre (électrisé s'entend) parallelement à la situation de ces rubans. Le ruban noir sera attiré & repoussé plus fortement que les autres.

EXPÉRIENCE VII. Faites un siege de soïe, suspendez ce siége par des cordes de soïe, & faites-y asseoir une personne qui ait les mains étendues, comme on le voit dans la figure. (Pl. XXXII. Fig. 175. Approchez le tube près de la main de cette personne. Lorsque quelqu'un avance son doigt de l'autre main, il en part une étincelle. L'un & l'autre ressent une piquure & on entend un pétillement. Si cette personne approche le doigt vers le visage de quelque Assistant , on voit le même effet. Une barre de fer près de la même personne produit & une piquure & un pétillement.

EXPÉRIENCE VIII. Jusqu'ici nous nous sommes servi d'un tube ouvert : faisons usage d'un tube fermé hermetiquement à une extrémité. Qu'on vuide d'air ce tube ainsi disposé & qu'on l'électrise. Alors on ne verra aucune lumiere extérieurement , mais beaucoup en dedans. Laisse-t-on entrer l'air dans le tems qu'on frotte le tube ? La lumiere se dissipe par reprises , de sorte qu'elle forme comme des éclairs éloignés , qui diminuent, qui disparoissent , & qui viennent éclairer le tube extérieurement.

Sans quitter cette expérience , remplissez le tube d'ean ou de limaille de fer. Approchez-en la main. Vous appercevrez des franges ou des petites gerbes de matiere enflammée aux extrémités , sur tout s'il est bouché de part & d'autre avec des morceaux de liege , dans lesquels soit fiché un fil de métal de deux ou trois pouces de longueur.

Voilà les plus belles & les principales expériences de l'*Electricité* , par le tube ou tuïau de verre. Voici celles du globe.

Expériences sur l'Electricité avec le globe de verre.

PRÉPARATION. J'ai décrit une machine de rotation dans un autre article de ce Dictionnaire. (*Voiez* COUP FOUDROYANT.) Pour la satisfaction du Lecteur j'en décrirai une autre. En parlant de l'expérience d'*Ot-*

to-Guerick , j'ai fait connoître que cette machine étoit nécessaire pour *électriser* le globe. Autrement point de vertu. On doit donc conclure que c'est la premiere chose qu'on doit faire que de se munir d'une bonne. C'est aussi par là que je commence.

La figure 176. (Plan. XXXIII.) représente une machine de rotation , un homme qui la fait mouvoir , & deux personnes qui en font usage. Arrêtons-nous à la machine de rotation. Les quatre lettres A B 1 H désignent un montant , & les quatre C D E F un autre montant. Une espece de ceintre formé de bois A K D couronne ces montans & les tient fermes. Ils sont soutenus en bas sur un bâtis de bois. Au milieu de ces deux montans sont deux socles entaillés pour recevoir l'axe d'une roue R R (Plan. XXXIII. Figure 177.) qui tient au globe de verre G. Ce globe est monté en pointes qui forment l'axe du globe. C'est cet axe qui entre dans les socles entaillés à cette fin , de maniere qu'il y tourne à la moindre impression. En dedans du montant A B I H est une roue soutenue sur une verge de fer qui aboutit aux deux montans. L'axe de cette roue traverse ce montant; & à son extrémité, qui est quarrée, passe une manivelle M. Une corde croisée sur la roue R R du globe (Planche XXXIII. Figure 176.) passe sur la roue T T ; de sorte qu'en tournant celle-ci , l'autre est en mouvement & de-là le globe qui tient à cette derniere. Un homme assis derriere (les Allemands se servent d'un coussin de peau qui frotte contre le globe. Cet expédient est fort commode ; mais les mains sont préférables quand on veut faire de grandes expériences) la machine de rotation , tient & appuïe même ses mains sous le globe. Lorsque ce globe tourne il devient *électrique* par son frottement contre ses mains. Enfin pour expliquer tout de suite & la machine de rotation & l'accessoire de cette machine , un tube de fer blanc L N en forme d'entonnoir portant des feuilles de clinquant , & soutenu par un guéridon , frotté contre ce globe lorsqu'il tourne. Et alors voilà le tube *électrique* & toute la machine disposée aux expériences. Avant que de les détailler , il y a encore quelque chose à faire , ou quelque chose à avoir : c'est un gâteau de raisine qu'il faut savoir composer , & dont la composition est telle. Prenez de la cire jaune avec de la raisine. Mêlez en une certaine quantité l'une avec l'autre , & jettez le tout en fonte , & dans une caisse de 8 ou 10 pouces d'épaisseur, assez grande pour qu'un homme puisse y être debout commodément. Sur ce gâteau mettez deux planches de la largeur du pied d'un homme, & il fera fait Venons aux expériences.

Expérience I. Un homme placé fur les deux planches qui font fur le gâteau, de maniere que fes deux pieds n'en débordent pas, empoignant le tuïau, comme on le voit par la figure 176 (Plan. XXXIII.) deviendra *électrique*, c'eft-à-dire, fera entierement impreigné de la vertu *électrique* fans rien fentir. Mais fi quelqu'un approche fon doigt de quelque partie de fon corps, auffi-tôt la vertu *électrique* fe manifefte par explofion, & il fortira des étincelles de cette même partie, qui lui cauferont une douleur affez legere, fans lui faire cependant le moindre mal.

Expérience II. Sans déranger la perfonne placée fur le gâteau, qu'on lui donne une cuilliere contenant de l'efprit de vin échauffé. Si une perfonne vient y plonger un doigt dedans en le tenant perpendiculaire, autant qu'il lui fera poffible, il fortira des étincelles de l'efprit de vin qui l'enflammeront. La poudre empreignée de cette même liqueur s'enflammera auffi. (Pl. XXXIII. Fig. 176.)

Expérience III. Au tube *électrique* fufpendez une plaque PS, ou foucoupe (Planche XXXIV. Figure 177.) de fer blanc, par un crochet C. Pofez fous cette plaque un guéridon Q qui foit couvert d'une pareille plaque. Entre ces deux plaques mettez des petites figures M M de papier, des découpures, fi l'on veut, portant à leurs têtes de petits duvets. Ces petites figures fauteront monteront & defcendront, en un mot, danferont tant que le tube fera *électrique*. On appelle cette expérience *la danfe des Marionnettes*.

Expérience IV. Prenez cinq timbres de pendule (Planche XXXIII. Figure 178.) qui aïent des fons différens. Sufpendez en quatre 1, 2, 3, 4, à quatre potences de bois P, P, P, P, plantées fur la furface d'un difque de bois; fufpendez, dis-je, quatre de ces timbres à ces potences par le moïen d'un fil de laiton qui traverfe dans ces timbres & qui entoure les potences. Elevez le cinquiéme timbre au niveau des autres avec un cordon de foïe qui tienne à deux potences fituées diagonalement. A l'extrémité de chaque potence, attachez avec un fil de foïe une balle de cuivre, de façon que chacune de ces quatre balles fe trouve diftante de quatre lignes plus ou moins de chacun des deux timbres, entre lefquels elle eft fufpendue. Enfin, qu'une chaîne, attachée au tuïau *électrique*, communique au fil de laiton qui lie les timbres. Dans l'inftant les balles feront attirées & repouffées fucceffivement vers ces timbres &

vers celui du milieu. La continuité de cette ofcillation fait entendre un efpece de carillon qui eft le réfultat de cette expérience.

Expérience V. Appliquez un fiphon capillaire à un gobelet d'eau fufpendu au tuïau *électrique*. Le fiphon qui ne donnoit ci-devant de l'eau que goute à goute coulera en plein. Mais fi l'on tient le doigt fur le tuïau, l'eau ceffera de couler. Lorfque cette experience fe fait dans un endroit obfcur, l'eau, qui fort du fiphon reffemble à un petit torrent de feu.

Expérience VI. Sur un tabouret, garni en foïe, foutenu par quatre gâteaux ou fur un feul, fi l'on en a un affez grand, faites affeoir un homme H (Planche XXXIII. Figure 179.) ouvrez la veine du bras à cet homme. Pendant qu'on arrête l'*Electricité* en mettant un doigt fur le tuïau, le fang, qui fort de la veine, jaillit à la diftance naturelle. Ote-t-on le doigt du tuïau? l'homme devient *électrique*; le fang en reçoit une forte impulfion, & jaillit de la veine beaucoup plus loin qu'auparavant. On remarque que quand on éloigne le doigt du tuïau, à l'inftant le jet fe divife comme il paroît dans la figure. En approchant le doigt du jet il s'en détourne. Pendant qu'on exerce ainfi le fang, celui qui le perd, reffent des picotemens dans tout fon corps en général, & en particulier à l'endroit de la piquure.

M. *Jallabert* a fait cette expérience fur un homme infirme, & auquel la faignée avoit été ordonnée. Il en réfulta un effet tout contraire à celui d'un homme fain. Non-feulement l'*Electricité* ne parut point accélerer le jet du fang; mais ce jet baiffa dès le premier moment. Et foit que l'*Electricité* paffât au malade, foit qu'on l'interceptât, le fang continua à couler le long du bras.

Expérience VII. Attachez horifontalement un beau duvet A (Planche XXXIV. Figure 180.) à l'extrémité du tuïau. Mettez au-deffous de ce duvet un autre pareil monté fur le bouchon d'une phiole de verre foutenue par un guéridon. Aïant arrêté l'*Electricité* en tenant le doigt fur le tuïau, dès qu'on l'ôte, les petites plumes du duvet attachées au tuïau *électrique*, fe dreffent & s'étendent toutes autant qu'il eft poffible. En même-tems elles attirent celles du duvet placé au-deffous, qui s'élevent & fe hériffent de même.

Si pendant que les duvets font dans cet état de répulfion on met le doigt fur le tuïau, fur le champ les duvets s'en reffentent, laiffant tomber leur plumage & fe remettant dans leur état naturel.

Dans le tems que les duvets font hériffés

approchez-en le doigt. Il est agréable de voir l'effet de cet approche. Toutes les petites plumes du duvet se dressent vers le doigt & en sont très-fortement attirées. Quand le doigt vient à les toucher, toutes les plumes s'allongent & paroissent comme empressées d'embrasser le doigt. (*Plan. XXXIV. Figure* 181.) Celles qui l'atteignent s'y attachent fortement. Et si l'on tourne la main autour du duvet attaché au tuïau, le duvet suit avec une vitesse étonnante tous ses mouvemens, comme s'il cherchoit de tous côtés à s'y accrocher.

Comme dans toutes ces expériences la vertu *électrique* a toujours été excitée par le frottement, on seroit tenté de croire que cette friction des corps est absolument nécessaire pour développer la matiere *électrique*. Cependant M. *Du Fai* dans les *Mémoires de l'Académie* de 1734, dit après M. *Grai*, qu'il n'est pas nécessaire que tous les corps soient frottés pour devenir *électriques*. Il en excepte toutefois les corps d'*Electricité* résineuse. M. *Du Fai* ajoute, que si l'on fait fondre des corps de cette espece, ils n'auront aucune vertu dans cet état, quand même on les auroit laissé refroidir précisément au point de pouvoir être frottés ; mais que s'ils sont refroidis, & sans qu'on y touche, ils auront par eux-mêmes beaucoup de vertu. Voulant s'assurer de la vérité de cette proposition, un homme de mérite (M. de *Leris*) à qui l'on doit un Ouvrage sur la Géographie, justement intitulé : *Traité méthodique*, fit cette expérience, dont le résultat semble contraire au principe de M. *Du Fai*. La voici, cette expérience telle que l'Auteur a eu la bonté de me la communiquer.

Le 30 de Janvier 1745, jour pluvieux, voulant faire l'expérience en entier, je fis fondre du soufre dans un vase de terre, & le versai dans un verre pour lui faire prendre la forme d'un cone comme à l'ordinaire. A peine commença-t-il à prendre que j'en approchai un fil qui en fut attiré sensiblement. Surpris de cet effet, que je n'attendois pas, je l'attribuai à ce que le verre, aïant été bien échauffé avant que d'y verser le soufre fondu, pouvoit avoir acquis un peu de vertu *électrique*. Pour m'en assurer je fis chauffer un autre verre ; & lui aïant presenté des cheveux, ils en furent attirés de près d'un pouce de distance. Je laissai refroidir le soufre précisément jusqu'à ce qu'il fût possible de le tenir dans mes mains. Alors je lui présentai un fil & il ne l'attira point : mais m'étant avisé de le frotter tout chaud qu'il étoit, il acquit beaucoup de vertu par le frottement,

& enleva des morceaux de papier grand comme l'ongle à un pouce de distance. D'où je conclus que le frottement seul donnoit cette vertu à mon cone ; parce que lui présentant les petits morceaux de papier par le côté où il n'avoit pas été frotté, il ne les attiroit ni ne les faisoit seulement pas remuer. Je recommençai cette expérience devant plusieurs personnes, & elle réussit toujours de même.

Je ne pousserai pas plus loin ce détail d'experiences. En y joignant celles du coup foudroïant ou de la commotion, (*Voïez* COUP FOUDROYANT) & celle de la béatification, (*Voïez* BEATIFICATION.) Je crois qu'elles s'étendent dans tout les genres des effets de l'*Electricité*. Les autres ne sont, pour ainsi dire, que des corollaires de celles-ci, & ne font que multiplier le plaisir du Physicien sans l'augmenter. Pour l'entiere satisfaction du Lecteur, j'ajouterai qu'on prétend que l'*Electricité* guérit, 1°. les engelures ; 2°. qu'elle accelere le tems critique des femmes ; 3°. qu'elle guérit les paralitiques ; 4°. qu'elle hâte la végétation des plantes. Ce sont là des prétentions dont je ne suis pas du tout garant. J'avouerai sincerement que pour moi, je n'ai jamais poussé avec une certaine vivacité les expériences de l'art sur lequel nous fixons ici notre attention, que je n'aie eu le pouls ému, & un mal de tête pour surcroît de bénéfice.

Sur toutes ces expériences, si j'étois cru, on ne formeroit aucun système, & on se contenteroit d'en découvrir de nouvelles. Je ne voudrois pas aussi qu'on étudiât aucune hypothese. Si je n'avois que des Physiciens à contenter, je terminerois volontiers cet article. Mais j'ai des Curieux à satisfaire ; & ces Curieux verront sans doute avec plaisir les conjectures sur les effets de l'*Electricité*.

3. Les anciens Physiciens n'étoient pas assez savans sur l'*Electricité* pour se hasarder à donner des explications sur ses effets. M. *Du Fai* se contentoit de distinguer deux sortes d'*Electricités*, une *Electricité résineuse* & une *Electricité vitrée*, c'est-à-dire, deux sortes de matieres *électriques*. Cela suppose, une matiere *électrique*. (*Mém. de l'Academ.* de 1734.) M. *Desaguliers* adopte la conjecture de M. *Du Fai*, & il ajoute que les particules d'air pur sont des corps *électriques* toujours dans l'état d'*Electricité*, & de l'*Electricité vitrée*, (*Dissertation sur l'Electricité des corps.*) M. l'Abbé *Nollet* admet la distinction de M. *Du Fai*, & pense de même que cet habile Physicien. Son sentiment est 1°. que la matiere *électrique* sort du corps *élec-*

trifé en forme de bouquets ou d'aigrettes, dont les raïons divergent beaucoup entre eux ; 2°. qu'elle s'élance avec la même forme des endroits même où elle paroît invisible ; 3°. que les aigrettes de matiere *électrique* s'lancent par des pores affez diftans les uns des autres. M. l'Abbé *Nollet* appelle *matiere effluente* celle qui s'élance en forme d'aigrettes du dedans au dehors , & il donne le nom de *matiere affluente* à celle qui vient de toutes parts à ce même corps. Ainfi fuivant le fyftême de ce Membre de l'Académie Roïale des Sciences, la *matiere affluente* s'élance par des pores plus rares que ceux par où rentre la *matiere effluente*. D'où il fuit que celle-ci a moins de vitesse que celle-là. Il y a donc toute apparence, conclud M. *Nollet*, que cette matiere invifible, qui agit beaucoup au-delà des aigrettes lumineufes, n'eft autre chofe qu'une prolongation des raïons enflammés; & que toute matiere *électrique*, dont le mouvement n'eft point accompagné de lumiere, ne differe de celle qui éclaire ou qui brûle que par un moindre dégré d'activité. Pour tout dire en deux mots, le concours de ces deux matieres opere différentes merveilles fuivant que le concours eft de telle ou telle nature, par la différence de la force de l'*Electricité* des corps. (*Essai fur l'Electricité des corps.*)

On croiroit volontiers que l'*Electricité* confifte dans l'émanation de la matiere du corps *électrifé*, & dans le mouvement de cette matiere. Si quelqu'un penfe ainfi, M. *Wincler*, un des premiers Auteurs Allemands fur l'*Electricité*, lui demandera : Pourquoi l'*Electricité*, tranfmife par communication d'une flamme *électrifée* dans un tuïau de fer blanc, n'y excite point d'étincelles capables d'y mettre le feu ? Si on l'en croit la furface d'un corps *électrifé* eft environnée d'une matiere fubtile qui eft en mouvement. Pendant qu'on électrife un corps, les particules *électriques* naiffent ou proviennent les unes des autres; & c'eft ainfi qu'il s'en forme des lignes droites. Un corps eft-il *électrifé* ? chaque point de fa furface jette un grand nombre de ces raïons ou lignes *électriques* qui s'éloignent d'entr'elles à mefure qu'elles deviennent plus longues; enforte qu'elles font divergentes du point de leur origine. Cette matiere fubtile eft propre au corps dans le fyftême de M. *Wincler*, parce qu'un corps fufceptible d'*Electricité* par le frottement, eft tel dès qu'il exifte. Donc il renferme en lui l'*Electricité* dès fon origine. (*Essai fur la nature, les effets & les caufes de l'Electricité.*)

M. *Jean Freke* a donné un fyftême plus fimple que tous ceux que nous venons de

voir. Il rend le feu garand de tous les effets de l'*Electricité*. Le feu ne dépend point des inftrumens, ou autrement n'eft point dans les inftrumens dont on fe fert pour exciter la vertu *électrique*. Il eft dans l'air & environne ces inftrumens pendant qu'ils font en mouvement. Le tube, le globe font environnés d'une quantité de ce feu, qui tourne fpiralement & avec une rapidité extrême autour d'eux. Ce feu eft accumulé en eux. Ses particules ont une tendance à s'étendre en même-tems qu'elles ont une cohéfion naturelle. Ainfi la caufe de l'*Electricité* dépend, felon M. *Freke*, d'un feu univerfel répandu par tout l'Univers & violemment frotté dans les expériences à fon paffage entre le globe de verre & les mains, ou le couffin de chamois. Cet Auteur prouve ou veut prouver, 1°. Que le feu paffe de l'endroit où il a été frotté au corps qu'on électrife dans un état de convergence & de divergence, de même que les raïons de la lumiere paffent en convergent & en divergent à travers les verres optiques. 2°. Que tous les corps *électrifés* font renfermés dans une efpece de capfule ou enveloppe de cette matiere *électrique* ou flamme legere, qui nonfeulement les enleve en dehors de l'épaiffeur, mais qui pénetre toutes les particules de la matiere, dont ces corps font compofés. Et enfin 3°. que le corps *électrifé* eft comme hermétiquement fermé dans fon enveloppe. (*Essai fur la caufe de l'Electricité.*)

4. Bornons ici notre carriere, Voilà affez de conjectures fur des effets qui font encore en trop petit nombre pour en rien conclure. Les autres fyftêmes reviennent ou peu s'en faut à ceux-ci. M. *Morin* explique l'*Electricité* par la théorie de M. *Newton* fur la lumiere & fur le feu. (*Essai fur l'Electricité, contenant des recherches fur fa nature, fes caufes & propriétés, fondées fur la théorie du mouvement de vibration de la lumiere & du feu de Newton.*) Quant à ceux de MM. *Wafton*, *de Bofe*, *Jallabert* & *Morin*, il faut confulter leurs Ouvrages. Voici le titre de ces Ouvrages : *Expériences & Obfervations pour fervir à l'explication de la nature & des propriétés de l'Electricité par* Guil. Wafton. *Recherches fur la caufe & fur la véritable théorie de l'Electricité par* M. De Bofe. *Expériences fur l'Electricité avec quelques conjectures fur la caufe de fes effets, par* M. Jallabert. *Nouvelle Differtation fur l'Electricité, par* M. Morin.

Si quelqu'un demande maintenant, quelle eft l'utilité que nous tirons de cette propriété merveilleufe des corps ? Au cas que les avantages, que j'ai indiqués dans cet article, ne fatisfaffent pas, j'ai une réponfe

qui

qui pourra satisfaire. Cette réponse est de
M. *Morin.* La voici en propres termes : *J'a-*
voue que jusqu'à présent je connois si peu
l'utilité de la vertu électrique, que je ne sau-
rois même former aucune conjecture à cet égard
(*Essai sur l'Electricité, pag.* 76.) Voilà les
Ouvrages les plus célebres sur l'*Electricité.*
En faveur de la singularité de cette propriété des corps, je vais faire connoître les
autres ouvrages, en faisant un choix sur le
grand nombre.

C. A. Hausenii *novi profectus in historia*
Electricitatis. Méditationes de proprietatibus,
effectibus & causis Electricitatis, cum descrip-
tione duarum novarum machinarum. Phæno-
mena Electricitatis exposita. J. G. Krugeri
Meditationes de Electricitate. H. F. Delii *amœ-*
nitates medicæ, circa casus medicos praticos,
præmissa est ad historiam Electricitatis décas,
1. *& 11. Dissertation sur l'Electricité,* Piece
qui a remporté le prix de l'Académie de
Bordeaux, par M. *Desaguliers. Dissertation*
sur l'Electricité des corps, Piece qui a remporté le prix de l'Académie de Berlin, en
Allemand, par M. *Waitz. Mémoire sur l'E-*
lectricité, par M. l'Abbé *Nollet, Suite du Mé-*
moire sur l'Electricité, avec des Observations
sur l'Essai de M. l'Abbé *Nollet. Observations*
sur l'Electricité, par M. *Louis.*

ELECTIONS ASTROLOGIQUES. Les Astrologues appellent ainsi le choix de certains
tems, dans lesquels on doit entreprendre
ou omettre quelque chose selon l'aspect
des astres. Par exemple, dans $\square\ \hbar\ \mathbb{D}$,
il y a danger à entrer en conversation avec
des grands Seigneurs & avec des gens âgés.
On doit encore s'abstenir de médecines dans
cet aspect; éviter de se trouver en voïage,
&c. Au contraire dans $\sigma\ \female\ \mathbb{D}$, il fait bon
se réjouir, mettre des habits neufs, faire
l'amour & aspirer à ce qu'on aime. Sur ces
chimeres, qui tirent leur origine des supersti-
tions des Anciens, *Voïez Schonerus opusculum*
Astrologicum, Part. III.

ELEMENS. Nom qu'*Euclide* donne aux Livres dans lesquels il propose les principes
de la Géometrie. Plusieurs Mathématiciens
ont suivi son exemple; & ils ont appellé
ainsi non-seulement les premiers principes
de la Géometrie qui sont la base des Mathématiques; mais en général les Ecrits dans
lesquels on traite les principes de cette Seien-
ce. Tels sont (pour ne parler ici que des
plus considérables) les *Elémens Mathémati-*
que du P. *Prestet,* ceux d'Algébre de M.
Clairaut, les *Elémens de Physique de* s'*Gra-*
vesande, ceux d'Astronomie de M. de *Cassi-*
ni. Enfin pour tout dire, tels sont les *Elé-*
menta Matheseos universæ de M. *Wolf,* & les

Elém. généraux des Math. par l'Abbé *Deidier.*
ELEMENT. M. *Wallis* se sert de ce terme
pour signifier les premiers principes qui
sont capables de produire quelque grandeur, quoiqu'ils ne soient pas eux-mêmes
des grandeurs. Ainsi un point n'a pas de
grandeur, mais il en est l'*Elément.* Une ligne, considerée par rapport à sa largeur, n'est
point une grandeur, cependant elle est l'*E-*
lément de la surface qui en est une, & qu'elle
produit par son mouvement, &c.

ELEMENT. Nom que donne M. *Leibnitz* dans
le calcul des Infiniment petits, à une partie
infiniment petite d'une quantité. Soient, par
exemple, dans la courbe A M B (Planche
IV. Figure 182.) les demi-ordonnées M P
& *m p* infiniment proches l'une de l'autre.
Soit M R perpendiculaire sur *m p.* Alors
P P sera l'*Elément* de l'abscisse A P; R *m*
l'*Elément* de la demi-ordonnée R *p*; M *m*
l'*Elément* de la ligne A M, & P M *m p* l'*Elé-*
ment du plan A M P. Or les demi-ordonnées M P & *m p* étant supposées infiniment proches, l'*Element* ou la différentielle *m* R, est à l'égard d'elles $= 0$. Par conséquent le rectangle P M R *p* est égal au
trapeze P M *m p.* Et on trouve l'aire de l'*E-*
lément curviligne, en divisant la figure en
de semblables trapezes infiniment petits.

ELEMENT. Terme de Physique. Etre simple,
dont tous les autres sont composés. Les
Elémens différent des principes en ce que
ceux-ci sont des êtres en quelque sorte
incomplets & indéterminés, au lieu que
ceux-là sont complets & déterminés. Cette
définition des *Elémens* est celle de *Descar-*
tes. Aristote en avoit donné une bien différente : *Elementum dicitur* (dit-il), *ex*
quo componitur primo inexistente indivisi-
bile inexistente in aliam speciem. Le P. *Le*
Bossu, qui a interprété les paroles d'*Aristo-*
te, dit que les *Elémens* sont une espece de
matiere & peut-être de forme, ou du moins
que la forme des *Elémens* contribue beaucoup à la forme du composé, & en fait partie. (*Paralleles des principes de la Physique*
d'Aristote & de celle de *Descartes, Chap.*
XIV.) Mais laissons-là ces subtilités de l'E-
cole qu'on ne connoît point aujourd'hui;
& disons avec *Rohault* qu'il y a des *Elémens,*
que s'il n'y en avoit qu'un, tout seroit d'une
simplicité uniforme, & qu'il n'y auroit point
d'êtres composés. Cela posé, qu'entend-on
par des *Elémens* ? Les Physiciens qui ont de-
vancé les autres sur ce sujet, ont dit : Le
lumineux, l'obscur, ou le transparent & l'o-
paque sont des *Elémens.* Par cette définition, voilà les yeux seuls en possession des
Elémens. La chose est bien métaphysique.

Ceux qui s'en apperçurent jugerent des *Elé-mens* par le taƈt. Selon eux, tout ce qui fait impreſſion eſt *Elément*. Ainſi le dur, le liquide, le chaud & le froid, voilà les *Elémens*. En étendant la définition d'*Ariſtote*, on voit que ce Prince des Péripateticiens penſoit de même, à quelques reſtriƈtions près, qui ne méritent pas d'être relevées. Malgré tout cela, il faut convenir qu'*Ariſtote* eſt le premier qui a voulu ou reconnu que le feu, l'air, l'eau & la terre, étoient les ſeuls êtres ſimples, & par conſéquent les *Elémens*. En effet, juſqu'ici on n'a trouvé que ces quatre êtres inaltérables. Si cela n'eſt pas, il eſt certain que nous ne connoiſſons point d'*Elémens*.

Quoiqu'il en ſoit, les anciens Phyſiciens, & peut-être auſſi les Philoſophes ont cru qu'il y avoit quatre *Elémens*, *la terre*, *l'eau*, *l'air*, & *le feu*, dont l'Auteur de la Nature avoit compoſé le monde élémentaire. La terre, comme la matiere la plus péſante étoit placée dans le lieu le plus bas dans le centre du monde. L'eau étant plus legere couvroit celle-ci; & par la même raiſon l'air étoit au-deſſus de l'eau, & le feu au-deſſus de l'air. De façon que ces quatre *Elémens* faiſoient quatre orbes concentriques, dont le centre commun étoit le centre du monde. (*Héraclite* fait le feu le principe de toutes choſes, & *Démocrite* prend l'eau pour la même fin.) *Vallemont*, dans ſa *Phyſique occulte*, *pag.* 264, & *Oʒanam* dans ſes *Récréations Mathématiques*, *Tome III.* enſeignent la maniere de repréſenter les quatre *Elémens* dont nous parlons. Ils prennent une phiole A B. (Planche XXVI. Figure 183.) dans laquelle ils jettent quatre liqueurs hétérogenes, qui étant brouillées enſemble par une agitation violente, retournent chacune en leur place ſuivant leur dégré de péſanteur ou de légereté. Ils repréſentent la terre avec de l'émail groſſierement caſſé. Pour l'eau, ils verſent ſur la matiere terreſtre de l'eſprit de tartre, ou ſimplement du tartre calciné. Laiſſant le tout à l'humidité, il s'en fait une diſſolution qu'on teint avec un peu d'azur de roche, afin de lui donner la couleur de mer. Deſſus cette compoſition aïant jetté de l'eau-de-vie, à laquelle on donne une couleur de bleu céleſte, en y mêlant un peu de tourneſol, on a l'air. Enfin le feu ſe repréſente avec l'huile de béen, qui par ſa couleur, par ſa legereté & par ſa ſubtilité repréſente le feu. Tout cet arrangement ſe trouve tel qu'on le voit par la figure. Il y a d'autres manieres de faire cette compoſition, ou mêlange *élémentaire* : mais en voilà aſſez, & peut-être trop

pour un ſimple jeu de Phyſique.

ELEVATION. Ce terme n'eſt par lui-même ni Mathématique ni Phyſique, & il ne le devient que par l'application qu'on en fait. En Aſtronomie, on dit *Elévation de l'équateur*, pour exprimer l'arc du méridien compris depuis l'horiſon juſqu'au méridien. Soit H R l'horiſon, E Q l'équateur, (Planche XIV. Figure 184.) S H E N R Q le méridien : l'arc H E eſt l'*Elévation de l'équateur*. On trouve cette *Elévation* en ſachant la déclinaiſon d'un aſtre & en l'ôtant de ſa hauteur méridienne, ſi cette déclinaiſon eſt boréale; & ſi elle eſt méridionale, on l'ajoute. Il eſt un moïen encore plus facile de déterminer cette *Elévation* : c'eſt par l'*Elévation* du pole. Quand on connoît celle-ci on a l'autre bien aiſément. Suppoſons que l'*Elévation* du pole ſoit de 49°. Comme on compte 90 dégrés depuis le pole juſqu'à l'équateur, il eſt certain que ſi l'on ajoute ces 49° à 90, & qu'à la ſomme 139 on cherche le ſupplément à 180°, qui eſt ici 41, le nombre ſera l'*Elévation de l'équateur*.

Elevation du pole. Arc du méridien compris entre le pole & l'horiſon. Cela s'entend ſans figure; mais puiſque nous en avons une qui peut nous ſervir, faiſons-en uſage. Dans la figure précédente (Planche XIV. Figure 184.) N étant le pole, N R eſt ſon *Elévation*. Cette *Elévation* eſt toujours égale à la latitude, parce qu'elle eſt auſſi-bien que la latitude le complement du zénith au pole. Quoique je pourrois renvoïer à l'article de la latitude (*Voïez* LATITUDE) la maniere de déterminer l'*Elévation du pole*, voici cependant comment cela peut ſe faire, & comment cela ſe fait. 1°. Choiſiſſez une étoile qui ſoit plus proche du pole viſible que le zenith. 2°. Prenez ſa hauteur méridienne inférieure & ſupérieure. 3°. A ſa hauteur méridienne ajoutez ſa diſtance au pole, qui eſt le complement de ſa déclinaiſon. La ſomme de ces deux quantités ſera l'*Elévation du pole*. Je ſuppoſe ici, que l'étoile eſt dans le méridien au-deſſous du pole. Si cela n'eſt pas, retranchés ſa diſtance au pole de ſa hauteur méridienne. Le reſte ſera l'*Elévation du pole*.

ELEVATION. C'eſt en terme de Perſpeƈtive, la repréſentation de la façade d'un bâtiment dans le deſſein qu'on en fait. (*Voïez* ORTHOGRAPHIE.) *Elévation* eſt encore en perſpeƈtive la peinture, ou la repréſentation d'un bâtiment, dont les parties reculées paroiſſent en raccourci. (*Voïez* PERSPECTIVE.)

E L H

ELHABOR. Nom Arabe, dont ſe ſervent quelques Astronomes, pour signifier non-seulement le *Syrius*, mais encore toute la constellation du grand Chien.

E L L

ELLIPSE. Ligne courbe engendrée par un plan qui coupe la surface d'un cone obliquement à sa base. On peut concevoir autrement sa génération. 1°. Tirez deux lignes A B, D C inégales (Planche V. Figure 185.) qui se coupent à angles droits au point E. 2°. De ce point, comme centre, décrivez le cercle A O B, & élevez sur son diametre plusieurs perpendiculaires *f a*, *g b*, *h c*, &c. telles que la ligne *f a* soit quatriéme proportionnelle entre ces trois lignes ; que *g b* le soit aux quatre autres lignes qui suivent, *h c* aux quatre autres, ainsi de suite. La courbe qu'on fera passer par tous ces points sera une *Ellipse*. Les parties, en quelque sorte, de

C'est-à-dire, (Plan. V. Fig. 186.)
$$\left\{ \begin{array}{l} TA \times SA : BA^1 :: Ta \times Sa : ba^2. \\ TA \times SA : BA^2 :: TC \times SC : NC^2. \\ TC \times SC : NC^2 :: Ta \times Sa : ba^2, \&c. \end{array} \right.$$

Voici les propriétés de l'*Ellipse*.

1°. Soient tirées deux lignes droites quelconques C D, H G (Planche V. Figure 187.) paralleles entre elles, qui se terminent aux points C, D, H, G d'une *Ellipse*, & une troisiéme ligne A B terminée à la même *Ellipse* aux points A & B. Alors C E × E D : H E × F G :: A E × E B : A F × F B. Ainsi quand A B, C D sont des diametres conjugués H G est une ordonnée. En ce cas A E = E B ; C E = E D ; H F = F G. D'où il suit, que $CE^2 : HF^2 :: AE^2 : AF \times FB$. C'est-là une propriété remarquable de l'*Ellipse*.

2°. Dans toute *Ellipse* la somme des quarrés de deux diametres conjugés quelconques est égale à la somme des quarrés des deux axes.

3°. Dans toute *Ellipse* un parallelograme tel que E F G H (Planche V. Figure 188.) circonscrit à cette courbe, de maniere que ses côtés soient paralleles aux deux diametres K Z, M I, un tel parallelograme est égal au rectangle A B C D, dont les côtés sont égaux aux deux axes N O, P Q.

4°. Dans une *Ellipse* quelconque, les angles A C F, G C E, (Planche V. Figure 189.) faits par la tangente & les lignes F C, G C, tirées des foïers F, G, sont égaux.

5. Il n'est guéres possible de déterminer la longueur de la courbe de l'*Ellipse*. Tout ce qu'on peut faire c'est de l'exprimer par une serie. Pour donner cette serie. Je nomme la moitié de l'un des axes de l'*Ellipse* r ; *c* la

---

cette ligne sont, A B le grand axe, C D le petit ; & les lignes *f a*, *g b*, &c. les ordonnées. Et si l'on cherche une troisiéme proportionnelle aux axes A B, C D, cette proportionnelle est le parametre de l'axe, qui fait le premier terme de la proportion. Prenant dans le grand axe A B des points F, F, chacun éloigné des extrémités C ou D du petit axe de la moitié du grand, ces points sont appellés les foïers de l'*Ellipse*, qui sont tels que les lignes F C, F C sont égales aux lignes A E, E B. Le point E est le centre de l'*Ellipse*.

2. Chaque *Ellipse* est proportionnée ; & les lignes qui lui sont rapportées sont reglées par le moïen de ce théorème général. *Comme le rectangle sous deux abscisses est au quarré de l'ordonnée ou de la demi-ordonnée qui les sépare ; ainsi le rectangle sous deux autres abscisses, est au quarré de l'ordonnée ou de la demi-ordonnée qui les sépare.*

moitié de l'autre axe, & *a* la ligne perpendiculaire sur *r*. Cela posé, la longueur de la courbe de l'*Ellipse* est

$$= a + \frac{r^2 a}{6 c^4} + \frac{4 r^2 c^2 a^5 - r a^5 + 8 c^4 r^2 a^7 + r^6 a^7 - 4 c^2 r^5 a^7}{40 c^8 \qquad 112 c^{12}}$$

&c. Lorsqu'on détermine l'espece de l'*Ellipse*, la serie devient plus simple. Supposant $c = 2 r$, sa longueur est

$$a \quad \frac{+ a^3}{96 r^2} + \frac{3 a^5}{2048 r^4} + \frac{113 a^7}{458752 r^6} + \frac{3419 a^9}{75497472 r^8} \&c.$$

4. L'aire de l'*Ellipse* est égale au cercle, dont le diametre est moïenne proportionnelle entre les axes conjugués de l'*Ellipse*.

5. Il me reste à donner la maniere de trouver le parametre de l'*Ellipse*, & la distance du foïer à ce parametre, pour faire connoître entierement cette courbe par son côté géometrique. A cette fin, on fait cette proportion, *comme le grand diametre est au petit ; ainsi le petit est à un quatriéme terme, qui est le parametre.* Et on trouve la distance du foïer par cette regle : *Du quarré de la moitié du grand axe ôtez le quarré de la moitié du petit.* La racine quarrée de leur différence sera la distance au milieu ou au centre commun de l'*Ellipse*. Cette regle est fondée sur ce que la distance du foïer est toujours proportionnelle entre la demi-somme & la différence des deux axes.

6. Toutes ces propriétés ne sont encore que

des propriétés géométriques. L'*Ellipse* en a d'autres qui, quoiqu'émanées de celles-ci, ne laissent pas que de la rendre recommandable, & sur-tout utile à bien des parties des Mathématiques. L'ordre veut que j'explique la manière de décrire cette courbe avant que d'étaler ses avantages. Pour procéder en Géometre il faut examiner, avant tout, quelles sont les lignes nécessaires pour fixer ou imiter sa figure.

L'*Ellipse* est parfaitement déterminée lorsque, ou (1°.) le grand & le petit axe sont donnés; ou (2°.) le grand diametre & le parametre; ou (3°.) le grand diametre seul avec son diametre conjugué ou son parametre; ou (4°.) le grand ou le petit diametre avec la distance du foïer au petit.

Par toutes ces déterminations, on juge qu'il doit y avoir plusieurs façons de décrire une *Ellipse*. Chaque détermination en fournit sans doute une particuliere. Je me contenterai ici, comme de raison, de détailler les plus belles, & de livrer les autres au genie ou à la recherche du Lecteur. Distinguons cependant deux sortes de descriptions, une numérique, une géometrique. La premiere consiste à élever sur le grand axe plusieurs lignes déterminées selon une certaine proportion, & à faire passer une courbe par ces lignes; ainsi qu'on l'a vu à l'article I. Pour la seconde, c'est celle que j'ai à détailler.

1°. Deux lignes A B & C D étant données, (Planche V. Figure 190.) la plus longue pour le grand axe, l'autre pour le petit; 1°. Cherchez sur le grand axe les foïers de l'*Ellipse* qu'on a à décrire. On trouve ces foïers en portant d'un point quelconque C pris sur le petit axe, l'ouverture de la moitié du grand, & en décrivant de ce point, comme centre, deux arcs qui donnent les foïers dans les sections de ces arcs avec le grand axe. Cela fait, 2°. attachez à ces points les extrémités d'un fil ou d'un cordeau égal au grand axe. 3°. Mettez dans le pli du milieu de ce fil un craïon R. 4°. Faites mouvoir ce fil en le bandant régulierement. La courbe, qu'on décrira par ce mouvement, sera une *Ellipse*. Cette construction de l'*Ellipse* est fondée sur ce théoreme. *De deux foïers de l'Ellipse deux lignes droites étant menées, qui se rencontrent dans quelque point de la circonférence, la somme des deux lignes est égale au grand axe.*

2°. Si la ligne L K (Planche V. Figure 191.) est l'axe transverse d'une *Ellipse*, les points H, I, ses deux foïers; que les régles H G, I F soient égales en longueur à L K, & F G ═ H I; & que les extrémités

des regles H G, I F, soient mobiles autour des foïers H I; si la regle F G est attachée à ces regles, de maniere qu'elle soit mobile autour des points F, G, l'intersection des regles H G, I F décrira une *Ellipse*.

3°. Attachez l'extrémité A (Planche V. Figure 192) d'une regle A B sur une L K quelconque, & au point A de la premiere joignez-en une autre B E, qui soit mobile autour de ce point. 3°. Tirez l'extrémité D de la regle D B le long de la regle L K. Alors un point quelconque D B de la regle décrira une *Ellipse*, dont le centre est A, l'axe conjugué sera ═ 2 D E & l'axe transverse ═ 2 A B + 2 B E.

Cette description, que je n'ai vue que dans le *Dictionnaire de Mathématique* de M. *Stone* m'a paru ingénieuse, & c'est en cette qualité qu'elle a eu ici une place. Je ne sai pas si elle est de l'invention de M. *Stone*, mais cet Auteur s'est particuliérement attaché à la démontrer, & cela forme un préjugé en sa faveur.

4°. Il y a encore un instrument pour tracer une *Ellipse*, c'est le *compas elliptique*, que j'ai renvoïé à cet article dans celui de compas. Cet instrument est composé d'une branche quarrée de cuivre ou d'une regle de même, bien droite & bien égale, d'environ un pied de longueur. Sur cette regle sont ajustées trois boetes A, B, C, (Planche V. Fig. 193.) qui coulent dedans elle. A l'une de ces boetes se monte à vis une pointe d'acier, ou une plume, ou un porte-craïon.

Deux coulisses à queue d'aronde ou en talus, comme K, sont jointes aux deux autres boetes. Ces coulisses s'ajustent au long des branches d'une croix 1, 2, 3, 4, de même métal, ou du même bois que la regle, qui portent de petites regles à bizeau. Aux extrémités des branches de la croix, il y a quatre petites pointes qui la tiennent ferme sur le papier; & à son milieu est un petit quarré entaillé jusques aux bizeaux, pour faire passer les coulisses d'une branche à l'autre pendant le mouvement du compas. Pour se servir de ce compas il faut faire mouvoir la regle autour de ses coulisses. Son extrémité, où est la boete A, décrira une *Ellipse*. (*Traité de la Construction & des principaux usag. des instr. de Mathématique, L. III.*)

7.   L'*Ellipse* est d'une grande utilité dans les Mathématiques. *Slusius* a démontré dans son *Mésolabe* qu'on peut résoudre des problêmes géometriques par le secours de cette ligne. *Kepler* a découvert que les planetes se meuvent dans cette courbe, dont un des foïers est occupé par le soleil. (*Voïez* ATTRAC-

TION.) C'eſt ſelon cette ligne qu'on conſtruit des voutes acouſtiques, dont la propropriété eſt, qu'en parlant à baſſe voix dans un des foïers, ceux qui ſe trouvent dans l'autre foïer, entendent diſtinctement ce qu'on dit, tandis que les perſonnes, qui ſont entre les deux foïers, n'entendent rien. On voit une pareille voute à l'Obſervatoire Roïal de Paris.

8. Quoique l'*Ellipſe* ait été connue de tous les tems, du moins par ſa forme, cependant comme ſes propriétés n'ont été découvertes que par *Appollonius*, cette courbe lui eſt devenue propre. Cet Auteur peut être regardé comme le premier qui l'ait fait connoître aux Géometres. En reconnoiſſance, ceux-ci l'appellent l'*Ellipſe d'Appollonius*. On trouve les propriétés de cette courbe très-bien démontrées dans les *Livres des coniques*. *Gregoire de Saint Vincent* a enſuite écrit ſur cette courbe. M. de la *Hire* a démontré pluſieurs de ſes propriétés dans ſon *Supplément aux Sections coniques*. Et enfin le Marquis de l'*Hôpital* a achevé de la faire connoître. *Voïez* ſon *Traité des Sections coniques*.

ELLIPTIQUE. Epithete qu'on donne au compas qui ſert à décrire un ellipſe, & à un cadran particulier. Pour le compas *Voïez* ELLIPSE. Art. 6. 4°. A l'égard du *Cadran elliptique Voïez* CADRAN.

ELLIPTOÏDES. Nom qu'on donne aux ellipſes d'un genre ſupérieur, c'eſt-à-dire, aux ellipſes du ſecond & du troiſiéme genre. M. de la *Hire* eſt le premier qui a enſeigné comment on coupe les *Elliptoïdes* des cones des genres ſuperieurs. Je dis M. de la *Hire*, car *Bartholomy Intieri* eſt venu trop tard pour s'attribuer cette gloire. M. de la *Hire* en eſt juſtement poſſeſſeur. Ce n'eſt pas que je veüille prétendre par-là que *Bartholomy* n'ait pû faire la découverte en queſtion de lui-même. Comme on ne juge des découvertes que par les dattes, j'en fais honneur à M. de la *Hire*, ſauf à M. *Bartholomy* à donner des preuves ſur ce qu'il ne connoiſſoit pas le Livre de ce Savant, quand il a publié le ſien qui eſt intitulé : *Appollonius ac ſerenus promotus*. Le titre de celui de M. la *Hire* eſt : *Supplément aux Sections coniques*.

E L O

ELONGATION. (On ajoute) DES PLANETES. C'eſt la différence qui eſt entre le mouvement de la plus vite & le mouvement de la plus tardive. Il y a ainſi autant de ſortes d'*Elongations* que de mouvemens. Comme le nombre pourroit augmenter à l'infini, on ſe borne à deux. En conſidérant la différence

du mouvement moïen, l'*Elongation* eſt *moïenne*. Si l'on fait attention à la véritable, l'*Elongation* eſt *vraie*. Lorſque la différence du mouvement eſt d'une heure, l'*Elongation* eſt dite *Horaire* ; & on la nomme *Diurne* quand cette différence eſt d'un jour entier.

ELONGATION D'UNE PLANETE. Différence entre le lieu vrai du ſoleil & le lieu géométrique de la planete propoſée. La plus grande *Elongation* de *Venus* ne peut être que de 45°, & celle de *Mercure* de 30°. Je cite *Venus* & *Mercure* pour conclure de-là qu'on ne doit point être ſurpris ſi on voit ſi rarement cette derniere planete.

E L S

ELSCHEÉRE, ELSEIRE, ELSERE. Noms qu'on donne au grand Chien en général, & quelquefois à *Syrius* en particulier.

E L U

ELUL. On appelle ainſi dans le Calendrier Judaïque le dernier mois de l'année. Il avoit 30 jours chez les Syriens.

E M B

EMBRASURES. Terme d'Architecture Militaire. Ouvertures faites au parapet d'un Ouvrage, par leſquelles on pointe le canon pour faire feu ſur l'ennemi. En général les *Embraſures* ſont éloignées de 12 pieds l'une de l'autre ; larges de ſix pieds en dehors, & d'environ trois pieds en dedans. La hauteur des *Embraſures*, au deſſus du terre-plein, eſt de trois pieds du côté de la Ville & d'un pied & demi du côté de la campagne. De maniere que dans un cas de beſoin, on peut faire plonger la piece & tirer en bas.

Il y a des Ingénieurs qui rejettent entiérement les *Embraſures*, & qui préferent de tirer par deſſus le parapet plutôt que par ces ouvertures. Ils ont ſans doute leurs raiſons. Mais ceux qui aiment mieux les *Embraſures* en ont auſſi. J'eſtime celles-ci meilleures, ſans avoir vû celles-là ; parce que l'avantage d'être à couvert quand on charge & qu'on dreſſe le canon, doit l'emporter ſur tous les autres. On trouve la conſtruction des *Embraſures* dans tous les Livres d'Architecture Militaire. Parmi la foule on doit diſtinguer néanmoins pour cette ſorte d'ouvrage, les *Elémens de la guerre de ſiéges* par *Le Blond*.

E M E

EMERSION. En Aſtronomie, on entend par

ce mot le moment où une planete commen-
à sortir de l'ombre du corps par lequel elle
étoit éclipsée.

E M I

EMINENTIEL. Epithete d'une espece d'é-
quation qui contient éminemment une autre
équation. On fait usage des *Equations émi-
nentielles* dans la recherche des aires des espaces courbes.

E N A

ENAR-ACHOMAR. Etoile de la premiere
grandeur qu'on trouve dans l'Eridan. MM.
Halley & *Hevelius* ont déterminé la longitude & la latitude de cette étoile pour l'année
1700. *Voïez Hevelii Prodrom. Astronom. p.* 311.

E N C

ENCEINTE. C'est en Fortification la circonférence, l'enclos d'une Place fortifiée, soit
qu'elle ait des bastions, soit qu'elle n'en ait
pas.

ENCYCLIES. Nom que donnent les Physiciens
à ces cercles qui se forment dans l'eau lorsqu'on y laisse tomber une pierre. Cet effet
de la pierre, qui est du ressort de la Physique,
s'explique ainsi. Lorsqu'une pierre tombe
dans l'eau, l'eau s'éleve autour d'elle; pousse
en se rabaissant l'eau voisine & la fait élever
à son tour. Cette partie ainsi élevée en retombant ensuite en fait élever une autre.
Celle-ci communique un pareil mouvement
à celle qui l'environne; ainsi de suite jusques à ce que le mouvement imprimé à
l'eau par la pierre soit entierement détruit.

Il y a des Physiciens qui n'examinent les
Encyclies que pour connoître la communication du bruit. Ils comparent les ondulations de l'air, lorsqu'on agite cet élement
aux ondulations de l'eau que produit le
choc de la pierre. M. *Perrault* admet la comparaison en entier; mais il n'est pas suivi.
Voïez BRUIT.

E N D

ENDECAGONE. Figure de Géometrie qui a
onze angles & onze côtés. *Voïez* POLI-
GONE.

E N G

ENGENDRE'. Il seroit difficile de définir ce
terme. M. *Newton*, qui l'a introduit dans la
Géometrie, s'en sert dans un sens fort étendu. En Arithmétique, il le prend pour tout
ce qui est produit par la multiplication, par
la division, ou par l'extraction des racines;
& en Géometrie par l'invention des aires

& du côté des figures.

ENGIN. En général ce mot est le nom d'une
machine composée de roues, de vis, de
poulies, &c. par le moïen de laquelle on
met un corps en mouvement, ou par laquelle on l'empêche de se mouvoir. 1°.
Quand il y a égalité de mouvement dans la
puissance & dans le poids, l'*Engin* est en
équilibre. Lorsque cela n'est pas, l'*Engin*
est en action. 2°. De deux forces égales en
elles-mêmes, celle qui est la plus proche
du point de l'*Engin*, autour duquel le poids
& la puissance se meuvent, ou sur lequel
elles se soutiennent mutuellement, agit
plus foiblement sur l'*Engin*. Car dès que la
machine est en jeu, la force la plus proche
se meut plus lentement, & a par conséquent
une moindre quantité de mouvement. 3°. La
nature d'un *Engin* est connue lorsque l'on
fait en quelles circonstances le poids & la
puissance seront en équilibre sur cette machine. 4°. Dans tous les *Engins* quelconques, le poids & la puissance seront en équilibre, quand leurs quantités sont en raison
réciproque des vitesses qu'ils reçoivent de
l'action de la machine. 5°. Enfin, si un *Engin* est composé de plusieurs machines simples, & que l'on suppose équilibre, la puissance est à la résistance en raison composée
de toutes les raisons que les puissances auroient à la résistance dans chaque machine
simple, si on les appliquoit séparément.

2. Jusques ici l'*Engin* est une machine quelconque déterminée à volonté & soumise aux
principes que je viens d'établir. Cela est sans
doute bien général. Aussi des Mécaniciens restreignent l'*Engin* à une machine particuliere, que M. *Ozanam* développe ainsi.

Les *Engins* sont composés, dit-il, d'un
fauconneau ou *étourneau* A B (Planche. XL.
Figure 230.) avec la *sellette* C D & les *liens*
E F, posés au haut d'une longue piece de
bois I G H, qu'on nomme le *poinçon*. Ce
poinçon est assemblé par le bout d'en-bas à
tenon & *mortoise*, dans ce qu'on appelle la
sole assemblée à la *fourchette* N M. Il est
appuïé par l'*échelier* ou *rancher* G N, & par
deux bras G K, G L, ou *liens en contre-
fiche*. Les bras sont posés par en bas aux deux
extrémités de la sole, & par en haut dans un
bossage G, qui est un peu plus bas que la
sellette. L'échelier ou rancher est assemblé
par en bas dans une mortaise au bout N de
la fourchette, & par en haut dans le même
bossage où sont arrêtés les bras. Il a son
tenon qui passe à travers une mortoise & au-
delà du bossage du poinçon, où il est arrêté
avec une cheville.

Les bras & le rancher sont encore liés & .

arrêtés au poinçon par le moïen des *moifes* affemblées avec des tenons, mortaifes & *chevilles à coulisses*, qui fe mettent & s'ôtent quand on veut. On met plus ou moins de moifes les unes fur les autres felon la hauteur de l'*Engin*. Il y en a ici deux, dont la plus haute & la plus petite eft O P. La plus baffe femblable à celle-là s'appelle *grande moife*.

Le rancher eft garni de chevilles de bois que l'on nomme *ranches*, qui paffent au travers, & qui fervent d'échelons pour monter au haut de l'*Engin*, & pour y mettre la fellette, le fauconneau, la poulie & le cable. Une *jambette* M O eft *emmortoifée* par un bout dans la fourchette, & par l'autre bout dans le rancher. Un des bouts du treuil ou tour P Q paffe dans la jambette, & l'autre bout eft foutenu par le poinçon. Enfin les leviers R S, R S, appellés *bras*, fervent à faire tourner les treuils. C'eft en tournant ces treuils qu'on éleve des fardeaux, comme on voit par la figure. (*Dictionnaire de Mathématique d'Ozanam.*)

ENGYSCOPE. C'eft la même chofe que microfcope. *Voïez* MICROSCOPE.

E N H

ENHARMONIQUE. L'un des trois genres de Mufique : c'eft le dernier. La modulation ne procede dans ce genre que par de petits intervalles moindres que le femi-ton, c'eft-à-dire, par des quarts de tons. Il a deux diezes ou deux fignes d'élever la voix qui lui font particuliers, le *dieze mineur* & le *dieze majeur*. Le premier eft caractérifé par une croix qui éleve la note de deux comma ou d'environ le quart d'un ton. Le fecond, marqué par une triple croix, éleve la note de *6* à *7* tons, ce qui revient à peu près aux trois quarts d'un ton. L'*Enharmonique* étoit fort en ufage dans la Mufique des Grecs : mais il n'eft plus gouté. Les deux diezes *Enharmoniques* élevant la voix prefque infenfiblement, rendent fouvent les accords faux. Il n'en faut pas davantage pour gâter l'harmonie. Quelques efforts qu'aïent pû faire plufieurs Auteurs pour foutenir l'*Enharmonique*, toute la grace qu'on lui peut faire, c'eft de l'admettre dans la mélodie. Pour l'origine de ce genre, *Voïez* MUSIQUE.

E N I

ENIF, ENF, ALPHERAZ. Noms que donnent quelques Aftronomes au *Bec-de-Pegafe*, qui eft une étoile de la troifiéme grandeur.

ENNEADECATERIDE. Suite de 19 années Judaïques, qui a pris fon commencement appellé *Molad Tolm*, un an avant la création du monde. *Voïez* NOMBRE D'OR.

ENNEAGONE. Figure de Géometrie qui a neuf côtés & neuf angles. *Voïez* POLIGONE.

E N T

ENTABLEMENT. Membre d'Architecture civile qui comprend l'Architrave I. (Planche L. Figure 194.) la Frife II. & la Corniche III. Il n'y a point d'ouvrages où les Architectes different tant dans les proportions que pour celui-ci, & cependant il n'y a point d'ouvrage plus important. Un *Entablement* trop haut, outre qu'il eft infupportable à la vûe, charge trop les colonnes fur lefquelles il eft appuïé. Celui qui peche par un excès contraire, devient mefquin, & fait un très-mauvais effet. On fent bien qu'il faut prendre un milieu entre ces deux excès. Mais où le trouver ce milieu ? Il eft certain que plus les colonnes font longues, moins l'*Entablement* doit être haut, parce que la longueur rend & fait paroître une colonne plus foible. Ainfi les colonnes courtes demandent des *Entablemens* hauts. D'où il fuit, que ce membre d'Architecture doit être proportionné aux colonnes. Et comme les colonnes font différentes fuivant les ordres, les *Entablemens* affujettis aux colonnes, varient auffi.

Parce que les proportions des *Entablemens* dépendent du goût, je m'étois propofé d'abord d'expofer les fentimens des plus célebres Auteurs fur l'élévation qu'on doit donner aux *Entablemens*. Des réflexions poftérieures à cette premiere idée, m'ont déterminé à reftraindre mes vûes : c'eft d'expofer tout uniment la regle de ces Auteurs, & une conciliation en quelque forte de leurs regles aux véritables proportions de cet Ouvrage d'Architecture. Pour remplir mon plan, j'ai choifi pour bafe la proportion qu'a donné M. *Perrault* aux *Entablemens* felon les ordres ; proportion auffi folide qu'elle peut l'être. Elle confifte en une moïenne mefure entre celles qu'ont limitées les Auteurs les plus fameux en ce genre. M. *Perrault* croit que cette moïenne mefure eft la meilleure, & ajoute fort judicieufement que dans cette forte d'ouvrage, il ne faut pas s'arrêter à quelques minutes.

La Table qui fuit eft reglée fur les dimenfions de M. *Perrault*. Elle a cinq colonnes pour les cinq Ordres. Dans chacune de ces colonnes eſt le nombre de minutes (c'eſt la trentiéme partie d'un module, *Voïez* MODULE) que les *Entablemens* doivent avoir suivant différens Architectes, de plus ou de moins que les 120 minutes contenus dans les deux diametres, ou ſix petits modules que donne M. *Perrault* à tous les *Entablemens.*

TABLE de la hauteur des Entablemens de tous les Ordres, déterminée d'après les plus célebres Auteurs, & les plus fameux Ouvrages.

Ordre Toscan.		Ordre Dorique.		Ordre Ionique.		Ordre Corinthien.		Ordre Composite.	
Minutes.		Minutes.		Minutes.		Minutes.		Minutes.	
Vitruve,	15	Coliſée,	17	T. de Venus,	18	T. de la Paix,	8	Arc des Lions,	
Scamozzi,	7½	Scamozzi,	17½	Vignole,	14	Port. de Sept.	12	. . . .	34
Vignole,	15	Vitruve,	15	T. de Marc.	25	De Lorme,	19	Serlio,	30
Palladio,	15	Bullant,	15	Coliſée,	16½	T. de Nerva,	24	Vignole,	30
Serlio,	30	Serlio,	8	Palladio,	11	Les 3 Colon-		Arc de Sept.	19
		Vignole,	0	Serlio,	35	nes,	36	Arc de Titus,	
		Barbaro,	8	Scamozzi,	15	F. de Neron,	27	. . . .	19
		T. de Mars.	7	De Lorme,	16	Scamozzi,	0	Temple de Bac-	
		De Lorme,	5	Vitruve,	19	Palladio,	6	chus,	2
				Bullant,	35	Vignole,	30	Palladio,	0
						Serlio,	14	Scamozzi,	3
						Vitruve,	19		
						Temple de la Sibille,	21		

Je donne à l'article de l'Architecture civile l'origine des *Entablemens* ; & je parle de leurs caracteres, ſuivant les différens Ordres, au mot ORDRE.

ENTIERS, Nombres qui ne ſont pas moindres que les unités. On appelle ainſi ces nombres par oppoſition aux nombres rompus ou fractionnaires.

ENTRE-COLONNE. Eſpace qui eſt entre deux colonnes. On le détermine par une ligne tirée de l'axe d'une colonne ſur l'axe de celle qui eſt à côté. *Vitruve* compte les *Entre-colonnes* de l'endroit des colonnes où elles ont une égale groſſeur. Sur cela cet Auteur diviſe les bâtimens en cinq eſpeces. Dans la premiere, appellée *Pycnoſtyle*, les colonnes ſont éloignées de cinq modules ; leur diſtance eſt de 6 dans la ſeconde dite *Syſtyle* ; de 6½ dans la troiſiéme nommée *Euſtyle* (*Goldman* donne 7 modules à l'*Euſtyle*) ; de 8 dans le *Diaſtyle*, qui eſt la quatriéme, & enfin de 10 dans l'*Aréoſtyle*, nom de la cinquiéme.

ENTRE'E, Terme d'Aſtronomie. C'eſt le moment où le ſoleil entre au premier ſcrupule de l'un des quatre points cardinaux, particulierement en *Aries.*

E N V

ENVELOPPE. Ouvrage de Fortification. Elévation de terre, que l'on fait quelquefois dans le foſſé d'une place & quelquefois audelà. On donne à cette élévation la forme d'un ſimple parapet, ou d'un petit rempart bordé d'un parapet. L'*Enveloppe* eſt utile pour couvrir des endroits foibles avec de ſimples lignes, ſans aucun deſſein de s'avancer vers la campagne.

E N R

ENROULEMENT. Terme d'Architecture civile; *Voïez* VOLUTE.

E O L

EOLIPILE. Inſtrument de Phyſique. Sorte de vaſe d'airain en forme de poire, aiant dans la pointe un petit tuïau recourbé. La propriété de ce vaſe eſt de réduire, moïennant un feu violent de charbons, l'eau ou quelqu'autre fluide en vapeur, qui en ſort en forme de vent. Afin de jouir de ce ſpectacle, on fait chauffer l'*Eolipile*, & lorſqu'il eſt chaud, on en plonge avec des pincettes le

petit

petit tuïau recourbé dans l'eau. (Planche XXXI. Figure 195.) Alors, l'air étant dilaté fait place à l'eau que l'air extérieur pousse. Cette eau y monte en une quantité d'autant plus grande que l'*Eolipile* a été plus échauffé, & par conséquent que l'air y a été plus dilaté. Pour l'ordinaire il se remplit presque entierement. On remet ensuite cet instrument sur des charbons ardens. A peine la chaleur se fait sentir, que l'air condensé par l'eau, se dilate & sort avec impétuosité du tuïau recourbé A (Planche XXXI. Figure 196.) jusques à ce qu'il n'en reste que ce qu'il en faut pour remplir l'espace que peut y occuper un air extrémement dilaté. Ce vent est si fort qu'il souffle un tison, & qu'il le perce même en excitant un bruit semblable à celui d'un soufflet de Forgeron. Si au lieu d'eau on a rempli l'*Eolipile* d'esprit de vin, cet instrument offre un effet plus brillant. Ce vent s'enflamme à l'approche d'une bougie GH allumée (Planche XXXI. Figure 197.) de maniere qu'on voit un jet de feu, qui s'élance dans l'air, & & qui forme en retombant une belle pluïe de feu.

2. Je ne connois guéres d'instrumens de Physique si anciens que l'*Eolipile*. *Vitruve* (*L. I. Ch. 6.*) en parle comme d'une antique invention. On sait que c'est aux Grecs qu'on le doit : mais on ignore le nom & la qualité de son Inventeur. Il y a tout lieu de croire qu'il étoit Physicien, car il en faisoit usage pour expliquer la nature des vents. Et comme le Dieu des vents se nomme *Eole*, on a appellé son instrument *Eolipile*.

Plusieurs Physiciens modernes ont adopté cette explication. Ils comparent la cavité de l'*Eolipile* aux cavités souterrainnes ; l'eau & l'air qu'il contient, à ces deux élémens qui sont dans ces cavités ; le petit tuïau ou canal de l'*Eolipile* aux petites ouvertures & canaux, qui communiquent du dedans de ces cavités à l'air de dehors qui est sur la terre ; la chaleur des charbons ardens, par lesquels cet instrument est échauffé, à la chaleur excitée dans ces cavités souterraines. Enfin le souffle impétueux, qui sort de l'*Eolipile*, est comparé aux vents violens qu'on croit sortir de ces cavités, par une multitude de petits canaux & de trous qui sont dans la terre, & qui se terminent vers sa surface. (*Physique de Rohault. Expériences de Physique de Poliniere, &c.*) En vérité cette explication est bien hasardée. Il est bien vrai que l'*Eolipile* étant vuide d'air & ensuite rempli d'eau ou de quelqu'autre fluide, pousse les vapeurs en forme de vent ; mais il n'est pas démontré par-là que le mouve-

ment de l'air qui forme le vent, soit causé de la même maniere que les vapeurs de l'*Eolipile*.

Philibert De Lorme conseille de se servir de ces poires d'airain ou de cuivre, pour empêcher la fumée des cheminées, & pour souffler le feu. (*Architecture de Philibert De Lorme L. IX. Ch. VIII.*) Si l'on en croit M. *Perrault*, ce conseil n'est pas bon à suivre. Cet Auteur prouve solidement dans les Notes sur *Vitruve* l'insuffisance de l'*Eolipile*, (*Arch. de Vitruve, pag.* 223.) & donne un autre moïen à cet effet. (*Voïez* FEU.) Le seul usage de cet instrument est peut-être celui de parfumer l'air des appartemens, sur tout ceux qui sont ornés de tableaux & de tapisseries de prix, que la fumée des poudres aromatiques pourroit gâter. On le remplit pour cela de quelque eau de senteur qu'on laisse évaporer sur le feu. Plusieurs Physiciens appellent l'*Eolipile Boule à vent*, & d'autres lui donnent avec plus de raison le nom de *Boule à vapeurs*.

E P A

EPACTE. Terme de Chronologie. Nombre qui exprime l'excès de l'année solaire sur l'année lunaire. Cet excès est de 11 jours, parce que l'année lunaire, étant composée de 12 mois synodiques chacun de 29 jours, ne vaut que 354 jours, & que l'année solaire est de 365. Je néglige les fractions de part & d'autre. Or la différence de 354 à 365 est 11. Ainsi en supposant que les deux années aïent commencé en même-tems, l'*Epacte* sera 11; l'année suivante elle sera 22, & la troisiéme 33. Arrêtons-nous là. Trente jours font un mois que l'on ajoute à la troisiéme année. Cela s'appelle *Intercaler*. Ainsi pour avoir l'*Epacte*, on ajoute 11 jours tous les ans, & on retranche 30 toutes les fois que ce nombre s'y trouve. On commence à compter l'*Epacte* au premier de Mars. Avec un peu de réflexion on voit bien que tout ce calcul & cette *intercalation*, ne se fait que pour savoir les mois lunaires dans le cours d'une année solaire. C'est ce qui fait qu'on nomme l'*Epacte* de l'année courante l'âge de la lune au premier jour de Mars. Ainsi quand on dit que l'*Epacte* d'une année est 30, on entend que le premier jour de Mars de cette année, est le premier jour du mois lunaire.

Les *Epactes* servent à trouver l'âge de la lune : (*Voïez* AGE DE LA LUNE.) je l'ai dit. J'ajoute que si l'on marque les *Epactes* pour chaque jour des mois où les nouvelles lunes arrivent, la même *Epacte* indiquera pour toute l'année la nouvelle lune. Parlons moins généralement. Voïons & l'origine & la regle des *Epactes*.

Avant la reformation du Calendrier Grégorien, on faifoit ufage du cycle lunaire, appellé le Nombre d'or, pour calculer l'âge de cette planete. Par cette réformation aïant reconnu que les nouvelles lunes anticipoient, (*Voïez* NOMBRE D'OR) on commença à fe fervir des *Epactes*, qui rectifient l'erreur provenue de ce cycle lunaire. Lorfque ce cycle eft donné ou connu, on trouve l'*Epacte* qui lui répond par cette regle. 1°. *Otez 1 du nombre d'or.* 2°. *Multipliez le refte par 11.* 3°. *Divifez le produit par 30.* Le refte de la divifion eft l'*Epacte*. La raifon de cette regle eft, que l'*Epacte* augmente toutes les années de 11 jours, & que l'*Epacte* eft 0, lorfque le nombre d'or eft I. Pourquoi cela ? Le cycle des *Epactes* étant marqué par un ordre retrograde dans le Calendrier Gregorien, l'*Epacte* de chaque année doit diminuer d'une unité toutes les fois que fe fait le retranchement d'une année biffextile ; parce qu'après ce retranchement on compte un jour plus tard chaque nouvelle lune, excepté dans le tems où, par l'équation lunaire, les nouvelles lunes remontent d'un jour vers ce commencement des mois. C'eft ce qui arrive de trois en trois fiécles. L'année 1800 étant biffextile, fon *Epacte*, & celle de toutes les années du dix-neuviéme fiécle, feroient moindres d'une unité que celles du fiécle courant. Mais cette équation lunaire qui fe fait dans cette année corrige cela. Elle fait remonter ou augmenter d'un jour les mêmes *Epactes*. Et voilà juftement une compenfation. D'où il fuit, qu'il n'y aura point de changement d'*Epactes* pendant tout ce tems là.

Après cet éclairciffement, il ne me refte qu'à donner une Table des *Epactes* qui répondent au nombre d'or. Cette Table eft calculée par la regle qu'on a vûe ci-devant.

Nombre d'Or 1	2	3	4	5	6	7	8	9	10	11	12	13	14	15	16	17	18	19
Epactes *	11	22	3	14	25	6	17	28	9	20	1	12	23	4	15	26	7	18

Mallet, dans fa *Defcription de l'Univers*, Tom. 1. enfeigne la maniere de trouver les *Epactes* avec les doigts ; & *Schot* décrit dans *Organ. Mathematicum*, *pag.* 339, une machine par laquelle on peut trouver les *Epactes* fort aifément. *Calvifius* a écrit de leur antiquité. (*Elench. Cal. Greg.*) Voïez auffi l'*Hiftoire du Calendrier Romain*, par M. *Blondel*.

EPAULE. C'eft en Fortification l'angle formé par la face & par le flanc. On l'appelle auffi l'*Angle de l'Epaule*.

E P E

EPERON. Ouvrage d'Architecture hydraulique, placé au-devant des piles des ponts, pour réfifter aux matieres telles que la glace, les bois, &c. que l'eau entraîne, afin qu'elles n'en foient point ébranlées. Cet ouvrage fe conftruit ainfi. Au haut de la riviere on enfonce à environ cent pas des arches du pont des pilotis à de petites diftances l'un derriere l'autre, & formant entr'eux un plan incliné. Sur ces pilotis A , B , (Planche XLI. Figure 198.) on affermit avec des crampons une poutre D qui a le dos pointu. Plus cette poutre eft oblique, plus elle oppofe de réfiftance, parce que l'angle du choc des matieres eft plus aigu.

Dans les rivieres fort profondes, cet *Eperon* n'eft guéres praticable. Il faudroit des pilotis trop longs pour former l'inclinaifon qu'il demande. Dans ce cas l'*Eperon* fe fait differemment. On en éleve la tête A (Planche XLI. Figure 199.) fur quatre ou cinq piliers qu'on avance toujours fur les eaux les plus haures, pendant que la queue en tient le milieu. La figure fait voir comment on l'arme par-deffus d'une barre de fer ; comment on le fixe avec des bandes de même métal, & enfin comment on le renforce par en-bas avec une double bande D e & la pointe c. *Léopold* dans fon *Theatrum Pontificale*, §. 126. a traité amplement de cet ouvrage hydraulique.

E P H

EPHEMERIDES. Nom que les Aftronomes donnent aux Livres où font calculés les mouvemens des aftres, & où l'on trouve pour chaque année l'état du ciel. Ce font des Journaux qui font connoître en quels endroits du ciel les aftres fe rencontrent chaque jour, & en quels afpects ils font entr'eux. *Joannes de Monteregio*, environ l'an 1400, qui a achevé l'Epitome fur l'Almagefte ; qui a fait un Livre fur les Triangles plans & fpheriques, & un autre des cometes, est le premier qui a calculé des *Ephémerides* pour plusieurs années. Dans les Livres les plus anciens de l'Astronomie, il n'est point parlé d'*Ephémerides* plus reculées, ou du moins plus remarquables. Il n'est pas douteux qu'on ait fait des *Ephémerides* dès la naissance de l'Astronomie, si l'on entend par-là de simples Tables, telles qu'on pouvoit calculer, selon le progrès que les hommes faisoient dans cette science. Mais c'étoient là des simples Tables ausquelles le nom d'*Ephémerides* ne sauroient convenir. Nous ne devons donc point faire difficulté de reconnoître *Monteregio* pour l'Auteur des *Ephémerides*. Après cet Astronome le plus célébre dans le genre des *Ephémerides* est *Kepler*. Son Ouvrage finit en 1636. *Riccioli, Argoli, Mezzavechi, Cassini, de la Hire, de la Place* & l'Abbé de la *Caille*, aujourd'hui vivant, en ont calculé successivement.

2. En général, on entend par *Ephémerides* des Tables astronomiques. Cependant on peut encore donner ce nom à des collections où sont rassemblées les variations du mercure dans le barometre, avec les changemens de l'air pour tous les jours de l'année, en y joignant, bien entendu, une épithete qui les distingue des précédentes. Ces *Ephémerides* sont appellées *Ephémerides barometriques*. *Rammazini* en Italie, *Audala* en Hollande, & *Hoffman* à Halle, ont publié de ces sortes d'*Ephémerides*. Les *Collections de Breslau de la nature, de la Médecine, des Arts & de la Litterature*, contiennent plusieurs observations qui ont rapport à ces *Ephémerides* ; & il seroit à souhaiter qu'on les eût continuées de la même maniere qu'on les avoit commencées.

E P I

EPI DE LA VIERGE. Etoile de la premiere grandeur, qui est dans l'*Epi* que la Vierge tient dans la main. Cette étoile est encore appellée *Alazel, Alarel, Alaizeth, Arista, Asimech*, ou *Azimech, Arimon, Erigone, Hazimet* & *Hermeti*.

EPICATAPHORE. Terme d'Astrologie. Huitiéme maison céleste, par laquelle en dressant les nativités on fait des prédictions sur des héritages inopinés, sur des enterremens, sur la mort des hommes, &c. (*Ranzovii Tractatus Astrologicus*), *Epicataphore*, est synonyme à *Porte supérieure*, autre terme d'Astrologie.

EPICYCLE. Ancien terme d'Astronomie. C'est un cercle dans lequel une planete se meut pendant que son centre avance dans la circonférence d'un plus grand cercle, sur lequel

elle se meut. On peut définir encore l'*Epicycle* un petit orbe, qui étant attaché au déferent d'une planete, est entraîné par ce déferent, tandis que par son mouvement particulier, il fait tourner autour de son propre centre le corps de la planete attachée à cet *Epicycle*. Soit (Planche XIII. Figure 200.) A C B un cercle dans la circonférence duquel se meut le centre C du cercle D, cercle dans lequel la planete tourne : ce cercle est appellé *Epicycle*. Il est nommé *Concentrepicycle*, ou *Homocentrepicycle*, lorsque A C B est un cercle concentrique, & *excentrepicycle*, quand ce cercle est excentrique.

Ptolomée est l'Auteur de ces *Epicycles*. Il les avoit imaginés pour expliquer les inégalités du mouvement des planetes, mouvement qui dépend de celui de la terre, autour du soleil. Malgré l'embarras que causoient ces *Epicycles* dans le ciel, ils n'étoient pas encore suffisans, pour expliquer ces inégalités. *Ptolomée* fut obligé de supposer le centre d'un troisiéme cercle dans la circonférence du second ; & ce cercle fut nommé *Epicyclepicycle* (V. *Purbachii théorica Planetarum ; Wurstisius in Purbachium, & Moestelin Epitome Astronom. L. IV.*) Cet Astronome donne encore le nom d'*Epicycle* à l'Anomalie. On est obligé à *Copernic* d'avoir renversé tous ces *Epicycles*, en introduisant un mouvement à la terre & autour de son axe & autour du soleil, suivant le systême de *Philolaé*.

EPICYCLOIDE. Ligne courbe formée par la révolution d'un cercle autour d'un autre. M. *Herman* définit ainsi l'*Epicycloïde* : *Est curva in superficie spherica descripta à puncto in periseria basis, alicujus coni recti assumpto dum coni ejus perimeter basis volvitur in circumferentia alicujus circuli immoti, vertice coni in centro spheræ (cujus radius æquat latus coni) immoto manente* (*Comm. Petrop. Tom. I.*) Si le cercle A C B D (Planche IV. Figure 201.) roule autour du cercle A H F G, la courbe E P I, que le point A (ou tout autre point pris dans la circonférence de ce cercle) décrira, est une *Epicycloïde*. On distingue deux sortes d'*Epicycloïdes*, l'une *superieure* & l'autre *inferieure*. La premiere se forme lorsque la révolution du cercle est extérieure à celui sur lequel se fait cette révolution : elle est inférieure quand cette revolution se fait en dedans du cercle. On nomme la ligne AP, qui divise cette courbe en deux, l'axe de l'*Epicycloïde*, dont voici les propriétés.

1°. L'axe de l'*Epicycloïde* est octuple du diametre du cercle générateur ; parce qu'un cercle, qui roule sur son diametre, produit une courbe quatruple de son diametre.

2°. La developpée de l'*Epicycloïde* est quatruple de son axe.

3°. La courbe de l'*Epicycloïde* est triple de sa développée.

4°. La courbe de l'*Epicycloïde* est douze fois plus grande que la moitié de son cercle générateur, ou six fois plus grande que le diametre sur lequel ce cercle roule.

5°. Le raïon du cercle immobile est quatriéme proportionnelle du sinus de l'inclinaison des plans des deux cercles au sinus total & à la distance des centres des deux cercles.

6°. La *demi-Epicycloïde* est au double du diametre du cercle générateur, comme la différence des raïons de ce cercle & du cercle immobile est au raïon du cercle mobile.

7°. Chacun des arcs de l'*Epicycloïde* est à l'abscisse correspondante, comme la tangente du cercle mobile & de l'immobile au sinus total. Il est bon de remarquer ici que cette propriété est une des plus belles de l'*Epicycloïde*. Elle est du moins bien singuliere, & elle l'est tant, que M. *Bernoulli* ne pense pas qu'aucune courbe puisse l'avoir, c'est-à-dire, qu'aucune courbe, prise indéfiniment, puisse être en raison donnée avec son arc correspondant.

8°. La courbe de l'*Epicycloïde* est quadruple de son axe, de même que la courbe de la développée est quadruple du sien, & l'axe de l'*Epicycloïde* est à l'axe de la développée, comme 12 à 4, ou comme 3 à 1.

9°. L'aire de l'*Epicycloïde* comprise entre sa courbe & le cercle immobile est au cercle générateur, comme 14 est à 1.

10°. Ajoutant l'aire du cercle immobile, qui est à celle du cercle mobile comme 16 est à 1, l'aire entiere de l'*Epicycloïde* sera à l'aire de son cercle immobile comme 30 à 1, & à celle de l'immobile comme 15 à 8.

11°. La longueur d'une partie quelconque de l'*Epicycloïde*, décrite par un point quelconque du cercle roulant, depuis l'endroit où ce point touchoit le cercle sur lequel il roule, est au double du sinus verse de la moitié de l'arc qui a touché pendant tout ce tems le cercle immobile, comme la somme des diametres des cercles est au demi-diametre du cercle immobile, pourvû que le cercle roulant se meuve sur le côté convexe du cercle immobile. Mais si la révolution se fait sur le côté concave, c'est-à-dire, si l'*Epicycloïde* est inférieure, cette même longueur est au double du même si-

nus verse, comme la différence des diametres est au demi-diametre du cercle immobile.

2. M. *Bernoulli*, à qui le Public est redevable des principales propriétés que je viens d'exposer, conçoit la génération de l'*Epicycloïde* d'une maniere très-élégante. On verra sans doute avec plaisir l'idée de ce grand Géometre. Imaginant dans la sphere céleste l'écliptique, qui dans le point le plus bas touche le tropique du capricorne, faisant avec son plan un angle de 23° ½. M. *Bernoulli* suppose que la sphere & l'écliptique demeurant immobile, l'écliptique se meut en tournant sur le tropique, tandis que chacun de ses points, celui, par exemple, qui est au commencement du capricorne, décrit l'*Epicycloïde* qu'on demande. Ou autrement il suppose, que la sphere entiere avec tous ses cercles, conservant entr'eux la même situation, se meut d'un mouvement uniforme autour de l'axe du monde d'Orient en Occident, pendant que quelque point, partant du tropique du capricorne, s'avance d'un mouvement propre & uniforme d'Orient en Occident, avec une vitesse uniforme & égale à celle d'un des points du tropique. De cette façon, ce point mobile de l'écliptique décrira la même *Epicycloïde* qu'auparavant. Il faut voir l'analogie & les conclusions que tire de-là M. *Bernoulli* pour le mouvement du soleil, si l'on veut gouter tout le prix de cette génération.

Le même Auteur enseigne la description ichnographique de l'*Epicycloïde* sphérique, c'est-à-dire, la maniere de déterminer la courbe de projection dans un plan, & cela en abbaissant de chaque point de l'*Epicycloïde* des perpendiculaires sur le plan du cercle immobile considéré comme la base. (*Bernoulli Opera*, Tom. III. N°. *CXLII*.)

3. Après la découverte de la cycloïde, celle de l'*Epicycloïde* n'a pas dû couter. Quand on a déterminé la courbe que forme un cercle en roulant sur un plan, il est aisé d'imaginer celle qui s'engendre par la rotation d'un cercle sur un autre. Ce n'est pas aussi là où j'en veux venir. Je prétends faire connoître maintenant les personnes qui en ont découvert les propriétés; & ils méritent bien notre attention.

M. *Romer* est le premier qui a remarqué que l'*Epicycloïde* est la meilleure figure qu'on puisse donner aux dents des roues, pour la liberté du mouvement. M. de la *Hire* est le premier qui a écrit un Traité particulier sur cette courbe, (*Voïez ses Mémoires de Mathématique & de Physique*) où il en démontre plusieurs propriétés, & son uſage dans la Mécanique. *Leibnitz*, *Herman* & *Bernoulli* ont réſolu par elle le Problême de la voûte quarrable. (*Voïez* VOUTE.) M. l'Abbé *Deidier* en a fait un petit Traité particulier. (*Voïez* ſon *Calcul différentiel & intégral*) & on trouve dans l'*Architecture hydraulique* de M. *Belidor*, des remarques ſur ſon uſage dans les machines hydrauliques.

4. Tous ces Auteurs ſe ſont particulierement attachés à l'*Epicycloïde* ſphérique. Y en a-t-il d'autres ? Cette queſtion embarraſſeroit je ſuis ſûr plus d'un Géometre. Combien y en auroit-il qui diroient hardiment que non. Peut-être auroient-ils raiſon. L'*Epicycloïde* tirant ſon étimologie du mot cercle, cette réponſe ſeroit juſte. Cependant il eſt bon de ſavoir qu'on donne le nom d'*Epicycloïde* à des courbes qui roulent ſur des courbes de même nature. Donnons une idée de ces ſortes d'*Epicycloïde*.

1°. Si une parabole ſe meut ſur une autre qui lui ſoit égale, ſon foïer décrira une ligne droite perpendiculaire à l'axe de la parabole immobile, & éloignée de cette derniere parabole d'une quantité égale à la diſtance qu'il y a du ſommet au foïer, tandis que le ſommet de la parabole mobile ou roulante décrira la ciſſoïde de *Diocles*. Tout autre point quelconque de cette parabole décrira quelqu'unes des hyperboles de M. *Newton*, qui ont un point double au même point de la parabole immobile.

2°. Si une ellipſe roule ſur une autre ellipſe qui lui ſoit égale & ſemblable, un des foïers décrira un cercle dont le centre eſt à l'autre foïer ; & la raïon eſt égal à l'axe de l'ellipſe. Tout autre point quelconque du plan de l'ellipſe décrira une ligne du quatriéme ordre.

3°. On peut dire la même choſe d'une hyperbole roulant ſur une autre hyperbole égale & ſemblable. Car un des foïers dé-crira un cercle, aïant ſon centre à l'autre foïer. Le raïon de ce cercle ſera l'axe principal de l'hyperbole ; & tout autre point de l'hyperbole décrira une ligne du quatriéme ordre.

EPIGIUS. Nom, que donnent les Aſtrolo-gues à une planete lorſqu'elle eſt dans ſon Perigée.

EPIPEDOMETRIE. Quelques Géometres appellent ainſi cette partie de la Géome-trie, qui traite des ſurfaces. *Voïez* PLA-NIMETRIE.

E P O.

EPOQUE. Terme de Chronologie. Tems déterminé & certain, d'où l'on commence à compter les années, ou tout autre tems. Ces commencemens étant arbitraires, tous les Peuples tant anciens que modernes ont tellement varié dans les *Epoques*, qu'il n'y a d'aſſuré qu'une grande confuſion qu'elles apportent dans la Chronologie. Une liſte des plus célèbres *Epoques* ſuivant l'ordre alphabetique, juſtifiera ce que j'avance & formera l'hiſtoire de cette détermination des tems.

EPOQUE DE LA CREATION DU MONDE. Suivant les Juifs, cette *Epoque* commence au 7 Octo-bre de l'année 953. de la période Julienne. On lui donne communement le nom d'*Ere Judaïque* (*Voïez* ERE.) Cependant les Juifs réculent aujourd'hui la création du monde d'une année plus que ne porte leur Ere. Les Ruſſiens & les Grecs veulent qu'on fixe cette *Epoque* à l'année 195 avant la période Julienne. Jule l'Africain prétend d'un autre côté être en droit d'aſſurer, qu'elle différe de 8 ans de ce tems. De ſorte que le tems de cette *Epoque* eſt, ſelon *Jule* la 787ᵉ année de la période Julienne. On appelle communément cette *Epoque*, *l'Epoque de la création du monde ſelon les hiſtoriens Grecs* ; parce que *Jule l'Africain* l'a tirée de ces Hiſtoriens. Quel-ques Chronologiſtes penſent, que l'*Epoque* des Ruſſiens & des Grecs modernes, a tiré ſon origine de cette *Epoque*, & qu'on n'a ajouté les 8 ans que pour avoir l'indiction en diviſant chaque année par 15 Auſſi *Scaliger* la prend pour une *Epoque* imaginaire, nonobſtant les efforts de pluſieurs Auteurs, pour la faire accorder avec le texte des LXX Interprêtes.

Pour la création du monde, il eſt une autre *Epoque*, nommée *Epoque du monde d'Alexandrie*, ou encore *Epoque du monde Eccleſiaſtique*, parce qu'elle a été inventée par *Panodore*, moine Egyptien, pour le calcul des Fêtes. Cette *Epoque* tombe au 29 Août de l'an 780 de la période Julienne. Enfin, *Euſebe* dans ſa *Chronique* compte les ans du monde de l'an 486 de la période Julienne.

Malgré tout cela & toutes ces *Epoques*, rien n'eſt moins connu que l'âge du monde (*Voïez Chronologiä réformata* de *Riccioli L. VII.*) Les difficultés qu'on rencontre à cet égard dans l'Ecriture-Sainte, ſont inſur-montables. Le texte Hebreu de l'ancien Teſtament différe de plus de 1500 ans de la traduction Grecque des LXX Inter-prêtes. *Riccioli* croit, que vrai ſemblable-ment, il s'eſt écoulé depuis la création du monde, ſuivant les Hébreux 4184 ans, & ſuivant les LXX. Interprêtes 5643 depuis

la création du monde jufques à la naiffance de JESUS-CHRIST.

ÉPOQUE DE DIOCLETIEN. Commencement du
régne de l'Empereur *Diocletien*. Ce régne
a commencé le 17 Septembre de l'an 4997
de la période Julienne : cela eft certain. Il
eft fans doute étonnant, que l'*Epoque Diocletienne* foit fixée au 29 Août de cette
période. On doit attribuer cette différence
à la maniere de compter des Egyptiens,
pour leurs années, qu'ils commençoient
au 29 Août.

Cette *Epoque* eft connuë par les Chrétiens fous le nom d'*Ere des Martirs*, ou
d'*Ere* de *perfécution*, à caufe des grandes
perfécutions que les Chrétiens ont fouffertes
fous cet Empereur. Les Mores la connoiffent fous le nom d'*année de grace*, les Ma-
hometans fous celui d'*Ere d'Elkupti*, ou
des Coplites. Cette *Epoque* eft d'un ufage
fréquent dans l'ancienne hiftoire de l'E-
glife. (*Voïez* le livre de *Petau* intitulé :
Doctrina temporum Tom. II. Liv. II. Ch. 31.
& le *Breviarium Chronologicum.* de *Strauch.*
Ch. 43.) Les Egyptiens & les Abiffins font
ufage de cette *Epoque.*

ÉPOQUE D'ESPAGNE. Tems de l'introduction
de la période Julienne en Efpagne, favoir
dans l'année 4676 de cette période. (*Bre-
viar. Chronologic.* de *Strauch.*) On appelle
cette *Epoque* l'*Ere de Céfar*, ou l'*Ere d'Ere*.
Elle fert beaucoup dans l'hiftoire des Con-
ciles.

ÉPOQUE DE LA FONDATION DE ROME. Commencement de la fondation de cette Ville.
Suivant le rapport de *Varron*, on en a jetté
les fondemens au printems de la 23e Olympiade ; & fi l'on en croit *Caton*, de la 24e.
Ainfi le premier fixe le tems de cette *Epoque* au 21 Avril de l'an 3961 de la période
Julienne ; & le fecond à l'année 3962 de
cette période. *Voïez* là deffus les ouvrages
de *Petau, Scaliger* & *Strauch.*

ÉPOQUE JULIENNE. Tems de la correction du
calendrier Romain, par *Jules Céfar*, qui
arriva en l'année 4668 de la période Julienne. (*Petau, De Doctrina Temporum L. X.
Ch. 61.* & *Riccioli, Chronologia réformata
L. IV. Ch. 3.*)

ÉPOQUE DE MAHOMET. Tems de la fuite de
Mahomet, de la Meque à Medine. Cette
Epoque tombe à l'année 5335. de la période
Julienne. On l'appelle encore *Ere de l'Hegire*, & elle eft en ufage parmi les Turcs
& les autres peuples la réligion Mahométane. Il eft difficile de comparer les années
de l'*Ere* chrétienne, avec l'*Ere de l'Hegire*,
parce que le commencement de celle-ci
eft toujours variable. (*De Doc. Tem.* de *Pe-*

tau, *L. VII. Ch. 32.* & *Riccioli. Chrono.
réfor. L. 1. Ch. 24.*)

ÉPOQUE DE NABONASSAR. Cette *Epoque* tire
fon nom de *Nabonaffar*, roi de Babylone.
Voila tout ce qu'on fait fur cette *Epoque*. Rien
n'eft plus caché dans la Chronologie, que
l'occafion de cette *Epoque*, & le nom de
celui qui l'a introduite. Ce qui l'a renduë
célèbre, c'eft que *Ptolomée* y a fixé fes obfervations Aftronomiques. Elle eft datée du
16 Février de l'année 3967 de la période
Julienne.

ÉPOQUE DES OLYMPIADES. Tems de l'inftitution des jeux Olympiques, que les Grecs
célébroient tous les quatre ans à l'honneur
de *Jupiter*. *Thucidide* a obfervé plufieurs
éclipfes felon cette *Epoque*, qu'on peut affurer, par rapport à cela, être arrivée l'été
de l'année 3938 de la période Julienne.
Cette *Epoque* fert confidérablement à l'intelligence des anciennes hiftoires. *Scaliger,
Riccioli* & *Strauch* en traitent fort au long.

ÉPOQUE DES PERSES, ou de *Yerdegerde*. Tems
du commencement du régne de *Yerdegerde*,
ou de fa mort ; car on ne fait lequel des
deux. Les Perfes fe fervent de cette *Epoque* pour compter leurs années. Elle eft arrivée le 16 Juin de l'an 5345 de la période
Julienne.

ÉPOQUE VULGAIRE DE JESUS-CHRIST. *Epoque*
d'où les Chrétiens commencent à compter
les années. Les fentimens des Chronologiftes font partagés fur le commencement de
cette *époque*. *Jean Lucidus*, *Pierre Pilate*,
Joseph Zarlin, *Jean-Kepler*, *Voffius*, *Guillaume Langius*, *Scaliger*, *Petau*, & fur tout
Riccioli, ont compofé des traités particuliers touchant la véritable année de la
naiffance de *Jefus-Chrift*. Cependant, après
avoir lû tout ce que ces favans ont écrit
fur ce fujet, on eft obligé de convenir,
qu'on ne fait point dans quelle année
JESUS-CHRIST eft né, ou combien d'années
fe font écoulées depuis fa naiffance, jufques aujourd'hui. L'*Epoque chrétienne*, fuivant laquelle nous comptons, commence
dans la 4714 année de la période Julienne.
Dionys le petit eft le premier, qui l'a introduite dans le calcul de Pâques, lors du
VIe fiécle ; & c'eft de là qu'elle a pris le nom
d'*Ere Dionyfienne*. On a commencé à s'en
fervir dans les actes publics, l'an 590 en
Italie ; 620 en Hollande, & l'an 780 en
France.

E P R

EPROUVETTE. Inftrument d'Artillerie pour
éprouver la poudre à Canon. Cet inftrument
eft compofé d'une batterie de piftolet (Plan-

XLIII. Fig. 202.) avec son chien, son baffinet, à côté duquel eft un canon vertical G, qui a fa lumiere dans le baffinet. Ce canon à un couvert de fer H, qui tient à une rouë dentée, dont les crans font arrêtés par un reffort qui eft au bout de la batterie.

Tel eft l'ufage de cette *Eprouvette*. Le canon étant chargé, on lâche la détente de la batterie. Alors la poudre du baffinet enflamme celle qui eft dans le canon, & qui n'en peut fortir fans rélever le couvercle H, plus ou moins haut, felon qu'elle a plus ou moins de force. Comme le couvercle tient à la rouë, il la fait tourner en fe rélevant, & lui fait parcourir un nombre de crans rélatifs à cette force. Par là on juge de la qualité de la poudre, tant bien que mal. Car pour la meilleure qualité, ce nombre de crans n'eft point déterminé. Ce n'eft que par comparaifon d'une poudre avec une autre, qu'on peut connoître la valeur de celle qu'on éprouve. Auffi a-t-on abandonné l'*Eprouvette*, pour faire ufage d'un petit mortier, dans lequel on met un boulet de fonte de 60 livres. Ce mortier eft toujours pointé à 45 dégrés. (Plan. XLIII. Fig. 203.) Lorfque trois onces de poudre, mifes dans ce mortier, chaffent le boulet à 50 toifes, la poudre eft bonne. C'eft la vraie force de la poudre de guerre. Si le boulet n'eft chaffé qu'à 45, on doit être affuré que l'on a de la mauvaife poudre, ou qu'elle a été racommodée. L'avantage de ce mortier m'engage à en donner ici les dimentions, d'après les *Mémoires d'Artillerie* de M. de *Saint Remi. Tome. II.*

1°. AA, Diamétre du mortier, 8 pouces; 2°. Longueur de la chambre BB, 8 pouces, 10 lignes. 3°. CC, Diamétre de la chambre; 1 pouce 10 lignes. 4°. BD, Profondeur de la chambre, 2 pouces 5 lignes. 5°. Diftance de la lumiere HE, 1 ligne. 6°. H Diamétre de la lumiére; 1 ligne ½. KK eft la femelle par laquelle le mortier eft foutenu. M. *De St. Remi* veut, que la femelle foit fonduë avec le mortier; mais je crois cette condition fort peu néceffaire. Pourvû que le mortier foit pointé à 45° dégrés, cela fuffit.

E P T

EPTAGONE. Figure de Géometrie, qui a 7 côtés. Lorfque ces côtés & les angles qu'ils forment entre eux font égaux, l'*Eptagone* eft régulier, & irrégulier fi cela n'eft pas. On trouve l'Aire de cette figure, en multipliant la moitié de la fomme de fes côtés,

par le raïon du cercle infcrit. Je la fuppofe ici réguliere. Pour l'irréguliere, il faut divifer l'*Eptagone* en Triangles, & méfurer l'Aire de chaque Triangle en particulier. (*Voïez* AIRE & TRIANGLE.)

E Q U

EQUANT. On fous-entend CERCLE. C'eft un terme d'ancienne Aftronomie. Cercle par lequel *Ptolomée* tâchoit d'expliquer le mouvement des nœuds des planetes, c'eft-à-dire, des points auxquels l'orbite de la planete coupe l'Ecliptique. Comme le mouvement des planetes nous doit paroître inégal, à caufe de fon Excentrique, quoiqu'égal en lui-même, ce Cercle avoit été imaginé pour réparer ce défaut, d'où il a tiré fon nom. (*Voïez Purbach in Theoria planetarum. Pag.* 22. *Wurftizius, queft. in Theor. planet. & Mœftilin. Epitom. Aftronom.*) *Voïez* EQUATEUR EXCENTRIQUE.

EQUATEUR. L'un des grands cercles de la fphere. Il divife le globe du monde en deux parties égales, dont l'une eft l'Hemifphere méridional, l'autre l'Hemifphere feptentrional. Ce cercle paffe par les points de l'orient & de l'occident de l'horizon, & fon élevation méridienne au deffus de l'horizon eft toujours égale au complement de la latitude d'un lieu propofé. Examinons plus particuliérement l'*Equateur*.

1°. Toutes les fois que le foleil arrive à ce cercle, les jours font égaux aux nuits par toute la terre; parce que le foleil fe leve au point du vrai orient, & fe couche au point du vrai occident.

2°. Les peuples, qui vivent fous l'*Equateur*, ont leurs jours égaux aux nuits.

3°. Ce cercle eft celui d'où l'on compte la latitude. *Voïez* LATITUDE.

4°. Tous les cercles horaires coupent à angles droits l'*Equateur*. Ils paffent par les Pôles du monde & par chaque quinziéme degré de ce grand cercle de la fphere.

5°. Le jour naturel eft méfuré par la révolution de l'*Equateur*. Cette révolution eft achevée quand le même point de ce cercle révient au même méridien en 24 heures.

6°. L'*Equateur* étant divifé, comme tous les grands cercles, en 360 degrés, chaque heure contient la 24° partié de ce cercle, c'eft-à-dire 15 dégrés. Ainfi un degré de l'*Equateur* vaut 4 minutes d'heure, ou 60 fecondes. Par conféquent 4 fecondes répondent à une minute de degré.

Ce cercle a été défigné par *Thales*. Des Aftronomes l'appellent en latin *cingulum primi mobilis ;* & les Pilotes *la Ligne.*

EQUATEUR EXCENTRIQUE. Cercle décrit (suivant l'ancienne Aftronomie) au-dedans du plan de l'Excentrique, & du centre duquel le mouvement de l'excentrique & de l'épicycle paroît toujours également rapide. Soit (Planche XIV. Figure 204.) A le centre de la terre ; B le centre de l'excentrique ; L l'épicycle. Le mouvement de la planete dans l'épicycle & dans l'excentrique paroiffant du centre C auffi rapide une fois que l'autre, on donne au cercle D, qui en eft décrit, le nom d'*Equateur excentrique.* On l'appelle encore, *Cercle d'égalité,* & *Cercle d'équant.* Le centre C de ce cercle eft nommé *centre d'égalité.* Ptolomée à rendu l'*Equateur excentrique* DD, égal à l'excentrique EE. Cet Aftronome l'a introduit dans fon fyftème ; parce que le calcul du mouvement des planetes, ne s'accordoit pas avec le ciel, en faifant mouvoir le centre de l'épicycle L, également vîte dans l'excentrique E, & en fuppofant qu'on voïoit ce mouvement également rapide de fon centre B.

EQUATION. Terme d'Algebre. Expreffion du rapport entre des quantités connues, & des quantités inconnuës: ou plus fimplement *Equation,* eft une égalité de deux quantités. On exprime les quantités connuës par les prémieres lettres de l'alphabet *a, b, c, d,* &c. les quantités inconnuës par les dernieres *t, u, x, y,* &c. Ainfi $t + u + a = a + b + y$ eft une *Equation,*

1°. La premiere quantité $t + u + a$ fe dénomme premier *membre* de l'*Equation,* & la féconde $a + b + y$ le fécond, égal au premier. Les quantités féparées, *t, u, a, b, y,* fe nomment *termes* de l'*Equation.*

2°. Lorfqu'une *Equation* eft tellement difpofée, que tous les termes font d'un côté & zero de l'autre, comme $x\,x + a\,x + b - c = 0$, alors on appelle premier terme celui qui fe trouve élevé à la plus haute puiffance de l'inconnue ; fecond terme, celui où l'inconnue eft à une puiffance d'un dégré inférieur ; troifiéme terme, celui où elle eft élevée à une puiffance inférieure de deux dégrés. Ainfi de fuite jufques au dernier terme, qui eft celui où il n'y a que des quantités connues. De façon que dans l'*Equation* précédente $x\,x$ eft le premier terme ; parce que l'inconnue x eft à la féconde puiffance. $a\,x$ eft le fecond terme, parce que l'inconnue x eft à la premiere. Et les quantités connues $b - c$, font régardées comme un feul & dernier terme. De même dans l'*Equation* $x^3 + a\,x^4 - b\,x^3 + c\,x^2 + d\,x + a = 0$, le premier

terme eft x^5 élevé à la cinquiéme puiffance le deuxiéme eft $a\,x^4$; le troifiéme $b\,x^3$; le quatriéme $c\,x^2$; le cinquiéme $d\,x$, & le fixiéme a.

3°. Les *Equations* où l'inconnue n'eft élevée qu'au premier dégré, ou qui n'ont que le premier & dernier terme fe nomment *Equation du premier dégré.*

4°. Les *Equations* où l'inconnue eft élevée au fecond dégré, & qui ont plus de deux termes font du *fecond dégré* ; celles où elle eft élevée au troifiéme dégré, font du troifiéme : ainfi des autres.

5°. Lorfque quelques termes manquent à une *Equation,* on dit qu'ils font évanouis ; & on écrit à leur place ce caractere *. Dans cette *Equation* du troifiéme dégré $x^3 + + p\,x + c = 0$, le fecond terme eft évanoui, & l'on doit écrire $x^3 * + p\,x + c = 0$.

6°. On diftingue encore les *Equations* en *Equation déterminée,* & *Equation indéterminée.* Les premieres font celles où l'*Equation* peut fe réfoudre en une infinité de manieres. Toute *Equation* qui ne contient qu'une feule inconnue eft *déterminée ;* parce que l'*Equation* qui la détermine en fixe la valeur, Mais celles qui contiennent plufieurs inconnues font *indéterminées,* fi l'on ne peut pas trouver autant d'*Equations* différentes qu'il y a d'inconnues.

2. Après ces définitions préliminaires, il eft aifé de juger que tout l'art des *Equations* confifte à découvrir des quantités inconnues en les comparant à des quantités connues. Tout homme qui parvient à en déterminer le rapport eft en état de réfoudre les *Equations* les plus difficiles ; & eft en général Algébrifte. Ce qui fait la difficulté dans ce travail, c'eft que, fuivant les problêmes, les inconnues fe trouvent mêlées avec les connues, de maniere que les plus habiles font fouvent embarraffés pour les dégager. On vient de voir fommairement comment cela peut arriver ; & nous verrons ci-après comment cela arrive. Je dois prévenir auparavant le Lecteur, que la difficulté la plus grande n'eft pas de réfoudre les *Equations ;* c'eft de les former. Ici l'art manque. Le génie feul de l'Algébrifte y fupplée, en fuivant néanmoins cette maxime, qui eft de bien concevoir l'état de la queftion. Une queftion bien conçue eft à demi réfolue. On examine enfuite toutes les conditions du problême, & on en fait une comparaifon, d'où l'on forme l'*Equation.*

L'art des *Equations* étant l'ame de l'Algébre, & l'Algébre étant une partie importante des Mathématiques, je crois devoir m'étendre fur leur réfolution, pour

mettre

d'où vient le mot *Equation*.

Exemple. Le soleil parcourt tantôt 54 minutes d'excès sur les 3600 de son mouvement pris sur l'équateur, tantôt 67. Cette différence rend le jour astronomique inégal. Pour corriger cette inégalité on prend un nombre moïen entre ces deux. Ce nombre, qui est de 59 minutes, 8 secondes, ajouté au jour moïen, le rend égal. Aïant le jour moïen, il faut encore ajouter ou retrancher tous les jours quelque nombre, pour avoir le vrai jour astronomique. Or ces différences forment tout autant d'*Equations*, & on en forme une Table qu'on appelle *Equation des jours*. C'est par cette Table qu'on corrige les pendules les plus justes. (*V*. ci-après Equation de l'horloge.)

Equation d'heure ou du *Tems*. Différence entre l'ascension droite pour le lieu moïen du soleil & l'ascension droite pour son vrai lieu. Par conséquent sa mesure est la partie de l'équateur entre deux méridiens, dont l'un est tiré par le lieu moïen, & l'autre par le vrai lieu du soleil dans l'écliptique. C'est pour cette raison que les Astronomes divisent le tems en moïen & apparent, dont le premier répond au mouvement moïen, & l'autre au mouvement apparent du soleil ; & ils construisent des tables par lesquelles ils changent le tems moïen en apparent, & l'apparent en moïen. *Voïez* TEMS.

Equation du mouvement du soleil. Arc de l'écliptique compris entre son lieu moïen & son lieu véritable. Autrement, c'est la différence entre le mouvement moïen, & le mouvement véritable du soleil. Je m'explique. La terre avance toujours avec la même vitesse dans son orbite. Néanmoins il semble des arcs de cet orbite qu'elle parcourt avec plus de vitesse les uns que les autres. En voici la raison, la terre se trouve (Planche XIV. Figure 233.) dans son plus grand éloignement en *a*, qu'on appelle Aphelie, pendant que le soleil est dans l'Apogée, lorsque nous le voïons dans ♋. La terre aïant avancé de là d'un douziéme de son orbite jusqu'en *b*, il semble néanmoins que le soleil n'a pas encore fait la douziéme partie de son orbite, jusqu'au commencement du lion. Par conséquent le mouvement véritable de la terre ne se monte pas à tant, que le mouvement moïen ; puisque celui ci est ♋ ♌, au lieu que le mouvement véritable n'est que ♋ n. C'est cette différence qu'on appelle *Equation du mouvement du soleil*. Cette *Equation* augmente toujours jusques à la distance moïenne entre la terre & le soleil. De là elle diminuë,

jusques à la distance la plus proche, ou à la fin elle se perd tout à fait.

On appelle encore cette *Equation*, *Prostaphærefis*, & on la distingue en *additive* & en *souftractive*. Elle est *additive*, lorsqu'on doit l'ajoûter au mouvement moïen, pour avoir le mouvement véritable. Au contraire, si on la souftrait du mouvement moïen, pour avoir le residu, qui est le véritable, elle est alors *souftractive*.

Regiomontan donne à cette *Equation* le nom d'*Angle de diversité* ; parce qu'elle est la différence entre l'angle, sous lequel la distance du soleil & de l'apogée est vue de la terre, & du centre de l'excentrique. Les Astronomes ont calculé exactement cette différence de mouvement ; & ils la souftraient du mouvement moïen connu, pour avoir le mouvement véritable : savoir tandis que le soleil se trouve entre les signes de ♋ & de ♑ vers la balance. Mais l'arc du mouvement véritable dévénant plus grand que celui du mouvement moïen ; augmentant jusques à la distance moïenne de la terre, & diminuant ensuite jusqu'à l'aphelie, on ajoûte les *Prostapherefes*, qui dans cette moitié sont régulierement égales à celles de l'autre moitié.

Equation du Centre. Quoique l'*Equation* précédente soit une *Equation du centre*, cette *Equation* n'est guéres en usage que dans le calcul du mouvement des planetes. Aussi la définit-on la différence entre le lieu moïen & héliocentrique de la planete, où elle est vuë du soleil. *Kepler*, dans son Commentaire *De Motu stellæ & martis*, & dans son *Epitome Aftronomiæ Copernicanæ*, enseigne la maniere de calculer cette *Equation* dans un orbite elliptique. Il divise l'*Equation* en *Optique* & *Physique* ; & il prétend, que le mouvement d'une planete ne paroît pas seulement inégal, à cause de sa diverse distance du soleil ; mais qu'il l'est réellement dans son orbite.

Equation de l'Horloge. Différence entre l'heure d'une horloge & l'heure solaire. Afin d'avoir une idée plus nette de cette *Equation*, il faut savoir, que la révolution du soleil, ou son rétour au méridien, s'acheve plus promptement en certains tems de l'année que dans d'autres. De maniere que si l'on regle une horloge sur le moïen mouvement du soleil, & si on la met à midi avec le soleil un certain jour de l'année, les jours suivans, elle ne marquera pas midi dans le tems précis que le soleil passera par le méridien ; mais elle s'en écartera plus ou moins, suivant que la révolution véritable du soleil sera plus prompte ou plus lente par rapport à sa révolution moïenne. Or cette différence est ce qu'on appelle *Equation de l'horloge*. Les Astronomes calculent cette différence pour tous les jours de l'année, & en forment une table par laquelle on regle les horloges & les pendules. (*Voïez* la *Connoissance des tems* publiée chaque année par l'ordre de l'Académie des sciences de Paris.)

Le terme d'*Equation* est encore un terme d'ancienne astronomie : En voici les articles.

EQUATION DE L'EXCENTRIQUE. Arc de l'écliptique entre les lignes du mouvement moïen & véritable de l'épicycle. La ligne du mouvement moïen de l'épicycle est tirée du centre de l'écliptique, ou de la terre parallele avec la ligne, qui tend du centre de l'équant dans celui de l'épicycle. La ligne du mouvement véritable de l'épicycle se tire au contraire du centre de l'écliptique, ou de la terre par celui de l'épicycle. En latin on appelle cette équation *Prosthaphæresis excentrici in excentrico*.

EQUATION DU CENTRE DANS L'EPICYCLE. Arc de l'épicycle, compris entre l'apogée moïen & le veritable.

EQUATION DU CENTRE DE LA LUNE. Arc de l'épicycle compris entre l'apogée moïen & véritable de cette planete. C'est ce qu'on appelle *Prosthaphæresis secundi epicycli*.

EQUATION DE L'ARGUMENT. Arc de l'écliptique entre les lignes du mouvement moïen & du véritable de l'épicycle de la planete. Par cette *Equation*, on entend *Prosthaphæresis anomaliæ*, & *Prosthaphæresis primi épicycli*.

EQUERRE. Instrument composé de deux régles de bois, (Planche IX. Figure 205) de fer, de laiton &c. & joint à angles droits. Son usage est pour tirer des perpendiculaires. On éprouve ainsi cet instrument. 1°. Décrivez un démi-cercle sur une ligne droite; 2°. Des deux extrêmités du diamétre, tirez arbitrairement deux lignes droites ou cordes, jusques à un certain point de la circonférence. Or il est démontré en Géométrie que l'angle à la démi-circonférence est droit. Donc ces lignes formeront un angle droit. Ainsi en appliquant l'*Equerre* à ce point par sa pointe, si ses jambes s'ajustent avec ces deux lignes, l'*Equerre* sera juste.

On doit cet instrument à *Pithagore*, qui le tira de la 47e proposition du liv. 1 d'*Euclide*, l'une de ses plus belles découvertes. En effet prenez trois régles, une de 3 pieds, une de 4 & une de 5. Joignez les trois régles ensemble, de maniere que les deux premieres se joignent, elles feront une *Equerre* juste. (*Voïez* TRIANGLE RECTANGLE.)

EQUERRE D'ARPENTEUR. Instrument qui sert à mesurer l'aire des terres & à en lever le plan. Il est composé d'un cercle de cuivre A B C D assez épais, (Plan. X. Figure 206, de 4, 5 ou 6 pouces de diamétre, & divisé par deux lignes, A B, C D, qui se coupent à angles droits au centre E. Quatre pinnules, dont la fente est perpendiculaire à ces lignes, sont élevées sur ces mêmes lignes. Ce cercle ainsi ajusté, étant placé par son centre sur un bâton O P pointu, l'*Equerre* est prête pour les opérations ausquelles elle est destinée.

Comme tout l'arpentage ou toute la mesure des terres, dépend de la connoissance de deux lignes perpendiculaires, dont le produit ou en total ou en partie donne l'aire, (*Voïez* AIRE) il est évident, que l'*Equerre d'Arpenteur* donnant ces deux lignes, doit être extrêmement utile pour ces sortes d'opérations. A cette fin, aïant placé aux angles du terrein qu'on veut mesurer, des piquets, on cherche une situation entre deux de ces piquets, telle qu'on en puisse découvrir deux, par ces pinnules de l'*Equerre*, qui se croisent à angles droits. Cette situation est le point des distances qu'on mesure pour avoir l'aire de la figure, je veux dire de la partie du terrein qu'on arpente. (*Voïez* le *Traité de la construction & usage des instrumens de Mat.* par *Bion*, L. IV. Ch. II.)

EQUERRE DES CANONIERS. C'est ici une véritable *Equerre* entre les branches de laquelle est un quart de cercle divisé en 90°. (Plan. XXXVIII. Figure 205.) Ces branches sont inégales. L'une a ordinairement un pied de long & l'autre 4 pouces. Au centre de ce quart de cercle qui est celui de l'instrument, est attachée une soïe chargée d'un plomb.

On se sert ainsi de cet instrument. On place la grande branche dans l'embouchure d'un canon ou d'un mortier. On l'éleve ou on le baisse jusques à ce que la soïe qui porte le plomb, tombe sur le dégré d'élévation pour le dégré proposé. C'est à *Tartaglia*, qu'on doit l'*Equerre des Canoniers*.

EQUIANGLE. Epithete qu'on donne à une figure dont les angles sont égaux. Telles sont le triangle équilateral, le quarré, & toutes les figures régulieres.

EQUILATERE. On sous entend FIGURE. C'est en général une figure Géométrique, dont les côtés sont d'une même longueur. Il y a une hyperbole *Equilatere*, qui est telle que le diamétre transverse est égal à son parametre, & par conséquent tous les autres diamétres égaux à leurs parametres.

Les affymptotes de cette hyperbole fe coupent à angles droits. On donne cette épithete à un triangle dont les angles font égaux, & on le nomme alors *Triangle Equilatere*, ou *Triangle équilateral.* (*Voiez* TRIANGLE.)

EQUILIBRE. Terme de Statique. Egalité des puiffances ou des poids. Ou fi l'on veut une définition plus étendue, *Equilibre* eft une compenfation de puiffance & de poids de maniere que l'un ne peut mouvoir ni être mû par l'autre.

Dans une balance, par exemple, il y a *Equilibre*, quand les deux extrémités font fi éxactement de niveau qu'aucune de deux ne monte ni ne defcend; mais qu'elles reftent dans une pofition parallele à l'horizon. Pour qu'il y ait *Equilibre*, il n'eft pas nécef- faire que les poids & les puiffances foient égaux, il fuffit que le mouvement de l'un compenfe la péfanteur de l'autre. Deux propofitions vont mettre toute la théorie de l'*Equilibre* dans fon jour.

1°. *Si des poids égaux font également diftans du centre de leur mouvement, ils feront en Equilibre.*

2°. *Si des poids font entre eux en raifon de nombre à nombre & qu'ils foient appliqués à une machine, enforte que les diftances de leur application foient en même raifon que ces nombres, ces poids feront en Equilibre.*

3°. *Si la longueur d'un levier eft divifée en même raifon que les poids, & que ce levier foit placé dans ce point de divifion fur fon appui, il y aura Equilibre entre ces poids.* Ces deux dernieres propofitions ne renferment qu'un feul principe; car l'une eft prefque l'inverfe de l'autre; & ce principe limite toutes les conditions de l'*Equilibre*, qui eft le fondement de la ftatique, & qui eft éxactement obfervé dans le fyftéme général de la nature. Nous ne nous conduifons fur terre que par fa loi. Quand nous faifons même un faux pas, nous la fuivons comme malgré nous. M. *Défaguliers* a éxaminé l'art des Danfeurs de corde par les loix de l'*Equilibre.* (*Cours de Phyfique expér. Tome I.*) On feroit tenté de croi- re que le balancier dont ils font chargés, eft un embarras qui ne fert qu'à les faire briller davantage dans ce chemin étroit. Avec un peu de réflexion, on juge que ce balancier leur aide beaucoup à les foutenir fur la corde, en les faifant *graviter* davantage fur elle. Et par le fecours de l'*Equilibre*, on comprend comment le balancier facilite & aide leur mouvement. Convainquons nous de cette vérité, trop agréable par le fond, pour ne pas mériter notre attention. La Fig. 208 (Plan. XXXIX.) répréfente un

Danfeur de corde. Il tient en main un balancier BB, oblique à la ligne horizontale *b b*, parce qu'il marche fur la corde. Afin de connoître l'ufage de ce balancier, tirons fa ligne G G, qui paffe par le centre de gravité du Danfeur. Or cette ligne fort de la corde en quelque fituation que foit cet homme, ou du moins lorfqu'il commence à marcher. Autant cette ligne s'écarte de la corde, autant l'homme tend à tomber du côté de cet écart, qui eft ici du côté où fa jambe eft levée. Pour remettre l'*Equilibre*, le Danfeur baiffe le balancier du côté oppofé, jufqu'à ce que le centre de gravité de fon corps & du balancier pris enfemble, foit dans la ligne du pied, qui porte fur la corde. Ainfi le point D, fection actuelle du balancier BB avec la ligne horizontale *b b*, eft dans la ligne E E au tour de laquelle le Danfeur étant en *Equilibre*, fe trouve parfaitement bien appuié.

L'Art de la danfe eft encore fondé fur l'*Equilibre*. Les graces qu'on remarque dans une perfonne qui danfe bien un ménuet, qui bat un entrechat, qui fait un pas de fiffone &c. ne font que l'effet d'un jufte *Equilibre* foutenu dans tous ces mouvemens. Auffi remarque-t-on qu'on doit baiffer un bras, quand on leve un pied, & que quand on tombe après un entrechat, on doit lever le bras oppofé au pied, qui fe trouve droit alors. Cela peut fe juftifier en confultant les régles que les maîtres à danfer apprennent; & (pour citer un ouvrage où elles foient par écrit), en parcourant celles que donne M. *Rameau* dans un livre intitulé *Le maître à danfer.*

EQUIMULTIPLES. Nombres dont les foufmultiples font compris un nombre égal de fois dans chaque nombre. Les nombres 12 & 6 font *Equimultiples*; parce que leurs foufmultiples, ou les petits nombres, qui méfurent chacun d'eux en particulier, favoir 4 & 2, font contenus trois fois dans chacun.

EQUINOMES. On donne en Géométrie ce nom aux angles & aux côtés de deux figures qui fe fuivent dans toutes les deux dans le même ordre. Dans les deux triangles A B A, (Planche VI. Figure 209.) & *a* B *a*, on nomme *Equinomes* non-feulement les angles A A B & *a a* B; mais encore les côtés A B & *a* B, parce qu'ils font dans le même ordre dans les deux figures.

EQUINOXES. Tems, auquel le foleil fe trouve dans l'équateur, & où le jour & la nuit font deux parties égales du jour aftronomique. Ce tems arrive deux fois dans l'année. Lorfque le foleil atteint le point du belier, où le printems commence, l'*E*-

quinoxe eſt nommée *Equinoxe vernale* ou *Equinoxe du printems*. Elle eſt dite *automnale*, quand le ſoleil entre dans la balance, & c'eſt alors qu'arrive l'automne.

On a trouvé par obſervation aſtronomique, que les *points Equinoctiaux* réculent tous les ans de 5 ſecondes. Et on a réconnu, que l'intervalle des tems entre l'*Equinoxe* du printems & celui de l'automne eſt d'environ 8 ou 9 jours plus long que l'eſpace compris entre l'*Equinoxe* d'automne & celui du printems. Cela vient de la poſition du perihelie de la terre proche le ſolſtice d'hyver. On détermine le tems des *Equinoxes* par les obſervations & la régle ſuivantes.

1°. Déterminés l'élevation de l'équateur (*V.* ELEVAT.) 2°. Obſervez les hauteurs méridiennes le plus près des *Equinoxes*, & ſi cela ſe peut, celles qui les ont précédées & ſuivies. 3°. Corrigez ces hauteurs par la réfraction & la parallaxe. 4°. Prenez leur différence qui méſure le mouvement du ſoleil en déclinaiſon compris entre ces obſervations. 5°. Prenez la différence entre la hauteur de l'équateur du lieu où vous obſervez & la hauteur méridienne du centre du ſoleil au tems de la premiere obſervation. 6°. Faites cette régle : *La différence entre les hauteurs méridiennes véritables du centre du ſoleil, obſervées près l'*Equinoxe*, eſt à celle qu'on a trouvée entre la hauteur de l'équateur & celle du centre du ſoleil, au tems de la premiere obſervation, comme l'intervalle du tems qui s'eſt écoulé entre ces obſervations, eſt à l'intervalle entre le tems de la premiere obſervation & celui où le ſoleil eſt arrivé à l'*Equinoxe*. Ce tems étant ajouté à la premiere obſervation donne le tems vrai de l'*Equinoxe* véritable, que l'on réduit au tems moien par la table de l'équation de tems (*Voïez* TEMS.)

La plus ancienne obſervation ſur les *Equinoxes*, dont on ait connoiſſance, eſt celle que fit *Hypparque* l'an 146 avant JESUS-CHRIST. Cet *Equinoxe* arriva le 27 du mois de *Mekir* de la troiſiéme année de la 3ᵉ période de *Calippus*. Les Chronologiſtes la rapportent au 24 mars de l'année ci-deſſus.

Après *Hypparque*, *Ptolomée*, *Albategnius*, *Regiomontanus*, *Waltherus*, *Copernic*, *Tycho*, *Riccioli*, *Caſſini*, ont déterminé les *Equinoxes* chacun d'une maniere différente. On trouve le réſultat de leurs obſervations dans les *Elemens d'aſtronomie* de M. *De Caſſini*. Là ſont rapportées toutes les *Equinoxes* qui ont été obſervées à Paris depuis 1672 juſques à 1739. Il en a même formé une table où l'on voit que l'*Equinoxe* du printems

arriva en 1672 le 19 Mars 7 heures 41' ; & en 1739 le 20 Mars 13 heures, 51'. A l'égard de l'*Equinoxe* de l'automne, celle de ce tems-là n'eſt point marquée. Mais on voit que l'*Equinoxe* de 1682 arriva le 22 Septembre, 6 heures, 34'. & celui de 1738 le 22 de ce mois, 19 heures, 21'.

E R E

ERE. Terme dont on commence à compter les années. Ce commencement étant arbitraire, on ne doit pas s'étonner que les peuples de l'antiquité ne ſe ſoient pas ſervis des mêmes termes d'années, ni qu'ils s'en ſervent encore. Tels ſont la création du monde, de laquelle les Juifs & les Ruſſiens comptent leurs années, la fondation de Rome, de laquelle les Juifs comptoient autrefois ; les inſtitutions des olympiades, où commençoient les Grecs ; les années Nabonaſſariennes de *Nabonaſſar* premier Roi de Babylone, *Ere* des Babyloniens ; les années *Yerdegerdiennes*, dernier Roi de Perſe, celles des Perſans ; la fuite de *Mahomet* de la Mecque, celle des Turcs ; & la naiſſance de J. C. l'*Ere* des Chrétiens. Les premiers Chrétiens comptoient de *Diocletien* ; & ils nommoient leur *Ere* la *Diocletienne*, ou l'*Ere des Martyrs*, dont ſe ſervent encore aujourd'hui les Mores, & qu'ils alleguent dans le compte de leurs fêtes ſous le titre d'*année de grace*.

Toutes ces *Eres* ont été réduites d'après certains caracteres, aux années de la période Julienne, quoique ces réductions aient ſouffert quelques contradictions. Voici l'ordre & comment on les compte communement.

Ere de la Naiſſance de JESUS - CHRIST. Mois de Septembre de l'année 4713 (de la période Julienne.) *Ere des Martirs* ou des Ethiopiens, 17 Septembre, année 4997. *Ere Judaique* 7 Octobre an. 953. *Ere de la création du monde* (ſelon *Scaliger*) 26 Octobre an. 764. *Ere de la fondation de Rome*, 21 Avril an. 3961. *Ere Grecque* ou *Ere des Olympiades*, dans l'automne de l'an. 3938. *Ere de Nabonaſſar* 26 Février an. 3967. *Ere Yerdegerde* 16 Juin an. 5345. Et enfin *Ere des Turcs* 16 Juillet an. 5335.

Rien n'a été jamais mieux imaginé que cette réduction des *Eres* à la période Julienne. Par ce moïen on change fort aiſément l'an d'une *Ere* dans celui d'une autre, par cette régle. 1°. *Ajoutez l'année où l'on veut ramener une* Ere *quelconque à* l'Ere *de la période Julienne de la Naiſſance de* JESUS-CHRIST. 2°. *De cette ſomme ôtez les années de l'Ere de tel peuple qu'il vous plaira. Le reſte eſt l'année de l'Ere de ces peuples.*

Ainſi

Ainsi l'*Ere des Turcs* étant proposée à réduire à l'année présente, il faut ajouter 1750 à 4713, nombre des années que nous comptons, & de la somme 6463 ôter 5335, *Ere* des Turcs. Le reste 1127 est l'an de leur *Ere*, qu'ils ont commencé le 16 Juillet. Comme *Ere* est, parmi les Chronologistes, synonime avec époque, je renvoïe à l'article d'Epoque, pour un plus grand détail sur celui-ci.

E R I

RIDAN. Constellation méridionale au-dessous de la baleine & du centaure, à la droite de l'orion. Je donne le nombre des étoiles dont cette constellation est composée à l'article de constellation (*Voïez* ce mot). *Heziode* raconte, que ce fleuve a été mis parmi les astres, parce que Jupiter y avoit précipité *Phaëton* d'un coup de foudre, attendu, qu'il n'avoit pas sçu mener le chariot de son pere, & qu'il avoit approché le soleil si près de la terre, qu'il avoit mis le feu par-tout. *Bayer* dans son *Uranometrie* table M m, & *Hévélius*, dans son *Firmamentum Sobiescianum*, figure P p, donnent la figure de l'*Éridan*. *Schickard* substitue à cette constellation le ruisseau de *Kidron*; *Schiller* le passage des Israelites par la mer rouge; *Sturtsdorffer* le *Jordan*, & *Weigel* les armes des villes impériales libres. La constellation de l'*Eridan* est encore connue sous le nom d'*Achanar*, *Flumen*, *Fluvius*, *Gyon*, *Gyphon*, *Nahar*, *Nar*, *Nylus*, *Oceanus*, *Padus*.

ERIGONE. Nom qu'on donne quelque fois à toute la constellation de la Vierge, mais qui communement n'en signifie que l'épi. (*Voïez* EPI DE LA VIERGE.)

E S C

ESCALADE. Assaut, qu'on donne brusquement avec des échelles à une ville qu'on veut surprendre. Cette espece d'attaque se fait sans aucune forme, sans remuer la terre & sans élever aucun ouvrage, qui puisse mettre les assaillans à couvert des coups de l'ennemi. La meilleure maniere d'éviter l'*Escalade*, ou de la rendre très-dangéreuse, c'est de tenir des Gardes dans les dehors & dans l'intérieur des places; parce que l'ennemi ne se hazarde jamais à faire de semblables entreprises, quand on a l'œil sur sa conduite. Dans le cas, où l'on ne peut pas prévoir à tout, & qu'on est surpris, alors on a des fourches, pour les renverser. On se sert aussi de feux d'artifices, tels que des lances à feu, des grenades, des tisons en-

Tome I.

flâmés, le tout afin de l'inquiéter, de lui nuire & de le culbuter.

ESCARPE. Terme de fortification. C'est le talus extérieur ou la pente du revêtement d'un rampart vers le fossé de la campagne.

E S P

ESPACE. Ce terme est trop général, pour pouvoir être compris dans une seule définition. Quand on considere l'*Espace* quant à la longueur qu'il y a entre deux objets, *Espace* est la mêmechose que distance. (*Voïez* DISTANCE) Le considere-t'on par rapport à sa longueur, & à sa largeur; c'est une surface, & si l'on entend par *Espace* les trois dimentions, je veux dire la longueur, la largeur & la profondeur, on l'appelle *Capacité*. Cependant pour fixer la signification de ce terme dans son sens propre, l'*Espace* est synonime avec distance, en considerant ce terme en quelque sens que ce soit. De-là il suit, qu'on doit distinguer l'*Espace* en absolu & rélatif. L'*Espace absolu*, pris dans sa propre nature & sans avoir égard à rien d'extérieur, reste toujours le même & est immobile. L'*Espace rélatif* est cette mesure du premier *Espace*, que nous définissons par la position rélativement aux corps qui y sont. Par exemple l'*Espace rélatif* en grandeur & en figure, est toujours le même que l'*Espace absolu*, mais il n'est pas nécessaire qu'il soit le même numériquement.

Tout ceci est peut-être un peu trop Méthaphysique, pour un Dictionnaire de Mathématique; mais la Métaphysique n'est point étrangete aux mécaniques. Justifions cette assertion; & définissons l'*Espace* suivant cette partie des Mathématiques, en disant, que c'est une ligne droite parcourue, tant par le poids que par la puissance en mouvement. La raison des *Espaces* de cette sorte, dépend uniquement de la proportion de la distance du poids, ou de la puissance du point d'appui, ou ce qui revient au même, de la ligne de repos. Soit A le poids; (Plan. XXXIX. Figure 250.) B la puissance, & C le point d'appui. Le poids A étant élevé par la puissance jusques en *d*, alors *a d* est l'*Espace* du poids, & *b e* l'*Espace* de la puissance. Celle-ci étant éloignée trois fois plus du point d'appui que la puissance, son *Espace* est triple de l'autre. On conçoît par-là la connexion étroite qu'il y a entre les trois points principaux de la mécanique, savoir puissance, poids & tems, connexion qui est telle qu'on n'a jamais pû l'alterer. La voici: autant la puissance est augmentée par une machine, autant demande-t'elle d'*Espace* ou de tems. Aïant élevé, par exemple, avec une machine un poids dans le tems de deux minutes ; si l'on emploie une machine, au moïen de laquelle le même poids soit mû par la moitié de la puissance, on trouvera, que cette puissance ne pourra élever ce poids à la même hauteur, que dans le tems de 4 minutes, ou autrement qu'en parcourant un *Espace* double.

ESPECES. Ce terme signifie en Algébre les lettres, les signes, les marques ou les symboless qui réprésentent les quantités dans une équation, ou dans une démonstration quelconque. Cette maniere si courte & si commode de caractériser les quantités, fut introduite par *Viete* en 1590 ; & on doit à cette invention la perfection actuelle de l'Algébre. M. *Stone* croit que ce qui a déterminé *Viete* à donner le nom d'*Espece* aux lettres de l'alphabet, dont on fait usage en Algébre, c'est la conduite que tiennent les Avocats quand ils veulent decider des cas de jurisprudence, sous des noms empruntés. Ils désignent dans un démêlé ou un fait litigieux les parties contendantes par A, C. Ces lettres réprésentent toute sorte de personnes indifféremment ; & ils les appellent des *Especes*. Ainsi, comme les lettres de l'alphabet peuvent également réprésenter des quantités & des personnes, *Viete* s'en est servi, pour exprimer les symboles, les signes, en un mot les caracteres de l'Algébre.

ESPLANADE. Terme de fortification. C'est le nom de l'espace vuide qui est entre le glacis d'une citadelle & les premieres maisons de la ville. On entendoit autrefois par ce mot la contrescarpe.

E S S

ESSIÉU DANS LA ROUE (*Axis in peritrochio*). Nom que donnent les mécaniciens à la seconde machine simple. Elle est composée d'une poutre cilindrique, qui en est l'axe. Cet axe est posé horizontalement & soutenu à chaque extrêmité par une piece de bois. Vers l'une de ces extrêmités est une espece de tambour ou de roue, que les Latins appellent *Peritrochium*, à la circonférence de laquelle sont plusieurs trous destinés à recevoir des chevilles, ou des leviers. Je donne la figure, l'usage & les proportions de cette machine, à l'article de roue. (*Voïez* ROUE DANS SON ESSIEU.)

E S T

ESTIME. Terme de pilotage. Jugement qu'on

porte du chemin d'un Vaisseau. *V.* SILLAGE.

ETE'. Terme d'Astronomie. Saison de l'année, qui commence lorsque la hauteur méridienne du soleil est la plus grande, & qui finit lorsque cette hauteur est moïenne entre la plus grande & la plus petite. C'est en ce tems que le soleil donne la plus forte chaleur ; parce qu'il est plus proche alors que dans tout autre tems, & que ses raïons ne tombent pas si obliquement. Tous les peuples qui habitent les zones tempérée & glaciale-Nord, ont l'*Eté* quand le soleil est dans le tropique du cancer, ceux des zones temperée & glaciale Sud, lorsque cet astre est dans le tropique du capricorne. A l'égard des peuples de la zone torride ils ont l'été quand le soleil est à leur zenith. On peut voir là-dessus le Livre de *Varennius*, intitulé : *Geographia generalis*, *L. II. Ch.* 29.

E T E

ETENDUE. Les Géometres entendent par ce mot *longueur*, *largeur* & *profondeur* ; & les Physiciens concluent de là que l'*Etendue* forme l'essence des corps & qu'elle en est inséparable ; c'est du moins le sentiment de *Descartes*, sentiment dont il est très-permis de s'écarter. On conçoit qu'il peut y avoir des espaces sans corps. Que dis-je, on le conçoit ! L'opinion contraire est tout-à-fait inconcevable. Expliquons-nous : *Descartes* entend-il (comme ses Disciples le font entendre) que l'*Etendue* est essentielle & inséparable des corps, c'est-à-dire, que là où il n'y a point de corps, il n'y a point d'*Etendue*, assurément *Descartes* a tort. Car quelque favorable que soit ce sentiment à son systême du Plein, il n'est pas moins absurde. Et ce qui est exactement vrai, c'est qu'on se représente plus facilement une *Etendue* sans corps qu'une *Etendue* (prise dans le sens le plus vaste) avec un corps. L'idée d'un *Espace* suffit pour me faire conclure une *Etendue* & cette idée est très-simple. Si au contraire *Descartes* veut seulement qu'il ne puisse pas y avoir de corps sans *Etendue*, *Descartes* a raison, sauf la décision du Lecteur. *V.* CORPS.

E T H

ETHER. Fluide diaphane très-subtil qui environne la terre ; remplit les espaces où les astres font leur cours ; pénetre & s'insinue par-tout avec facilité, & se laisse traverser sans presque aucune résistance.

E T O

ETOILES. Corps lumineux par eux-mêmes placés dans le Firmament, & qui gardent toujours toujours une même diſtance ou une même ſituation à leur égard. Les Aſtronomes diviſent les *Etoiles* en ſix claſſes, parce qu'on en voit de ſix différentes grandeurs. (*Voïez* GRANDEUR.) Et ſur cela on demande ſi les *Etoiles* ſont réellement de différentes grandeurs, ou ſi elles paroiſſent telles, parce qu'elles ſont inégalement éloignées de nous. Il n'y a pas d'apparence qu'on puiſſe attribuer cette variété à un plus grand éloignement (*Exiſtence de Dieu.*) Il eſt bien plus naturel de penſer que les unes ſont plus petites que les autres. Véritablement on peut objecter à ce ſentiment, que cela étant la grandeur des *Etoiles* devroit toujours être la même. Or il eſt certain que la grandeur de quelques *Etoiles* a changé & qu'elles ſont devenues plus petites. (*Gregori Aſtr. Lib. II. Sect. 30.*) Comment ce changement a-t-il pû ſe faire? Les *Etoiles* perdroient-elles de leur ſubſtance? Se cacheroient-elles dans l'immenſité du Firmament? Tout cela me paroît bien forcé. D'autre part, ſi elles paroiſſent actuellement plus petites par rapport à leur diſtance, il faut donc que ces diſtances aïent changé, & que ces *Etoiles* ſe ſoient éloignées de nous. Convenons que cette opinion ne vaut pas mieux que l'autre, & que le plus court eſt d'avouer ingénuement que nous ignorons pourquoi les *Etoiles* ſont de différentes grandeurs. Tâchons de connoître plus particuliérement ces aſtres. Peut-être que cette connoiſſance ſervira à un Lecteur intelligent à débrouiller la cauſe de cette différence de grandeurs.

2. Preſque tous les Aſtronomes avouent que la diſtance de la terre aux *Etoiles* eſt ſi grande, qu'il n'eſt pas poſſible de la déterminer même par approximation. La raiſon ſur laquelle on ſe fonde pour juger de cette diſtance, eſt que le diametre de la terre eſt à celui d'une *Etoile*, comme la parallaxe horiſontale eſt à ſon diametre apparent. Or l'expérience apprend que la terre, & même le diametre de ſon orbe, ne doit être conſidéré que comme un point par rapport à la diſtance des *Etoiles*. Ainſi la terre eſt trop petite pour produire une parallaxe. Malgré cela, les meilleurs teleſcopes ne repréſentent les *Etoiles* que comme des points Mathématiques; elles n'ont donc point de diametre apparent. Ainſi ne pouvant obſerver leur parallaxe ni le diametre apparent, il eſt impoſſible que nous en déterminions la diſtance. (*Exiſtence de Dieu*, page 480. ou *Obſervations curieuſes ſur toutes les parties de la Phyſique.*)

En ſuppoſant qu'une *Etoile* de la premiere grandeur, comme celle du grand Chien appellée *Syrius*, eſt auſſi grande que le ſoleil, M. *Hughens* conclud, que la diſtance qu'il y a entre les *Etoiles* & la terre eſt 27, 664 fois plus grande que celle qui eſt entre le ſoleil & la terre, & pour fixer cette diſtance il ajoute, que cette derniere eſt de plus de 12,000 diametres terreſtres. (*Hugenii Opera. Coſmothereos.*) Cela poſé, M. *Niewentit* aïant démontré qu'il faudroit 26 ans pour qu'un boulet de canon paſſât d'ici au ſoleil, en conſervant la même viteſſe qu'il auroit en ſortant du canon, il lui faudroit pour arriver aux *Etoiles* fixes 25 fois 27, 664, ou près de ſept cens mille ans; & à un vaiſſeau qui feroit 50 mille par jour il faudroit 30, 430, 400 ans. Que l'imagination conclue de-là la vaſte étendue de l'Univers; j'avoue que la mienne ſe perd dans la contemplation de la grandeur des Cieux. *Riccioli* dans ſon *Almageſt. nov. Liv. VI. Ch.* 7. rapporte les ſentimens différens des Aſtronomes ſur cette diſtance, ſentimens qui ne ſont fondés que ſur des conjectures.

3. Les *Etoiles* étant infiniment plus éloignées du Soleil que Saturne, & leur lumiere étant néanmoins beaucoup plus forte que celle de cette planete, on en conclud qu'elles ne la tirent pas du ſoleil; mais qu'elles ont leur lumiere propre, & que par conſéquent elles ſont des ſoleils elles-mêmes. Auſſi on conjecture qu'elles ont, comme le ſoleil, des planetes qui tournent autour d'elles. *Jordan Brunus* eſt l'Aſtronome le plus zelé pour ce ſentiment, & celui qui l'a auſſi preſenté ſous un plus beau jour.

4. En comparant les anciennes obſervations avec les modernes, on trouve que la latitude des *Etoiles* eſt invariable; que leur longitude augmente de plus en plus & qu'elles paroiſſent avoir un mouvement parallele à l'écliptique d'Occident à l'Orient. *Hypparque* avoit déja ſoupçonné ce mouvement en comparant ſes Obſervations avec celles d'*Ariſtille* & de *Tymocharide*. (*Ptolomée Almageſt. Liv. VII. Ch.* 1.) & *Ptolomée* l'a démontré d'une maniere très-évidente. Il a reconnu que les *Etoiles* avançoient d'un dégré en 100 ans. On a depuis déterminé ce mouvement avec beaucoup plus d'exactitude. *Albategnius* (*De ſcientia ſtellarum*) le trouve d'un dégré dans 66 ans. *Ulugh Beigh* (*Præfat. ad Tabulas Aſtronomicas*) compte 70 ans pour un dégré. *Tycho* l'eſtime dans 100 ans d'1°, 25′; *Copernic* d'1°, 23′, 40″, 12‴; *Flamſteed* & *Riccioli* d'1°, 23′, 20″;

Bouillaud d'1°, 24', 54", & *Hévélius* d'1°, 24', 46", 50". Sur tout cela on peut compter 50" pour un an, & par conséquent avec *Ulugh Beigh* un dégré pour 70 ans. M. *Bradley* a encore découvert un mouvement, mais qui n'est qu'apparent. (*Voïez* ABERRATION.)

5. On dit communément que le nombre des *Etoiles* est innombrable. C'est le sentiment de *Jordanus Brunus*. Cependant *Hypparque* n'en compte que vingt mille six. *Hévélius* en trouve mille huit cens quatre-vingt-huit, parmi lesquelles 905 étoient connues des Anciens, 350 ont été découvertes par M. *Halley* dans la partie méridionale des Cieux, & 633 qu'il dit avoir observées. (*Voïez Grcgori Aftr. Ph. Lib. II. Sect. 9.*)

Afin de savoir à quoi s'en tenir là-dessus, & pour connoître la position des *Etoiles* dans le Firmament, les Astronomes en ont fait des *Catalogues*. Par *Catalogue* on entend un dénombrement des *Etoiles* où l'on marque leur grandeur apparente, la longitude & la latitude de chacune, & par conséquent leur lieu dans le Firmament, & souvent leur ascension droite & leur déclinaison. *Hypparque* est le premier qui a entrepris cet Ouvrage environ 140 ans avant JESUS-CHRIST, quoique *Tymocharis* & *Ariftille* eussent fait plusieurs observations avant lui. *Ptolomée* (140 ans après JESUS-CHRIST) s'étant apperçû que la longitude des *Etoiles* varioit tandis que la latitude restoit immobile, réduisit les longitudes à son siécle gardant toujours le *Catalogue* d'*Hypparque*, qu'il insera dans son *Almagefte, Liv. VIII.*

Ch. 5. *Albategnius* Syrien fit de même que *Ptolomée*. Il réduisit le catalogue d'*Hypparque* à son siécle en l'an 880, & l'insera dans son Livre de *Scientia Stellarum*. En 1437 *Ulugh-Beigh*, petit-fils du grand *Tamerlan* aïant observé de nouveau les *Etoiles*, en fit un catalogue que *Thomas Hyde* a traduit en latin. Le quatriéme, qui a composé un catalogue de ses propres Observations est *Tycho Brahé*, dans le même-tems que *Ch. Rothman* & *Juft Byrge*, Astronomes de *Guillaume Landgrave* de Hesse, avoient fini leurs Observations sur les *Etoiles*; observations ausquelles on avoit emploié plus de 30 ans à Caffel. Ce Catalogue, qui est composé de 777 *Etoiles* pour l'année 1600, (*Voïez* ses *Progymnafm Aftronom. inftauratæ, ann.* 1610) a été prolongé jusques à 1163 *Etoiles* par *Kepler*, (*Voïez* ses *Tables Rudolphiennes.*) Le nouveau Catalogue du Pere *Noel* mérite encore d'être cité. On le trouve dans ses *Obfervations Mathématiques & Phyfiques*. Mais le travail le plus recommandable en ce genre est celui de M. *Hévélius* tiré de ses propres observations, & dans lequel il a déterminé la longitude & la latitude, de même que l'ascension droite & la déclinaison de 1888 *Etoiles*.

Comme la connoissance des principales *Etoiles* est liée avec la partie aftronomique de cet Ouvrage, je crois devoir en donner ici la liste avec leur caractere & leur grandeur, afin d'éviter d'avoir recours aux Éphémerides, & qu'on ait dans un même livre les secours qui sont nécessaires.

TABLE *des principales Etoiles, leurs noms, leur grandeur, & leur caractere suivant BAYER.*

Noms des Etoiles, leur marque, & leur grandeur.			Noms des Etoiles, leur marque, & leur grandeur.		
Algenib Pegaſi	γ	2.	1ʳᵉ de la q. de la g. Ourſe.	ε	3.
Poitrine de Caſſiopée	α	3.	Aîle de la Vierge.	ε	3.
Queue de la Baleine	ζ	2.	Epy de la Vierge	α	1.
Etoile Polaire,	α	2.	2ᵈᵉ de la q. de la g. Ourſe.	ζ	2.
Ceinture de Caſſiopée	γ	3.	3ᵐᵉ de la q. de la g. Ourſe.	η	2.
Ceinture d'Andromede	ζ	2.	*Arcturus*	α	1.
Oreille du Bélier	γ	4.	Baſſin auſtral de la ♎.	α	2.
Corne précedente du ♈	ζ	3.	Epaule de la petite Ourſe.	ζ	2.
Pied d'Andr. *Alam.*	γ	2.	Baſſin boréal de la ♎.	ζ	2.
Corne ſuivante du ♈	α	3.	Ciaire de la Couronne.	α	2.
Mach. de la Baleine	α	2.	Luiſ. au col du Serpent.	α	2.
Tête de Meduſe, *Algol*	ζ	2.	Boréal au front du ♏.	ζ	2.
Luiſante de Perſée	α	2.	Cœur du ♏ *Antares.*	α	1.
Oeil du ♉ *Aldebar.*	α	1.	Genou du Serpentaire.	ζ	3.
La Chevre, *Capella.*	α	1.	Tête d'Hercule	α	3.
Pied d'Orion, *Rigel.*	ζ	1.	Tête du Serpentaire.	α	2.
Corne boreal du ♉	ζ	2.	Prec. de la tête du Drag.	ζ	3.
Epaule oc. d'Orion	γ	2.	Epaule du Serpentaire.	ζ	3.
La 1ʳᵉ du Baud. d'Orion.	δ	2.	Luiſ. de la tête du Drag.	γ	3.
La 2ᵈᵉ	ε	2.	Arc auſtral du ♐.	ε	3.
La 3ᵐᵉ	ζ	2.	Luiſant de la Lyre *Wega.*	α	1.
Epaule d'Auriga	ζ	2.	Epaule ſuivante du ♐.	σ	3.
Epaule or. d'Orion	α	1.	Claire de l'Aigle	α	2.
Pied luiſant des ♊	γ	2.	Corne ſuivante du ♑.	ζ	2.
Grand Chien, *Sirius.*	α	1.	Queue du Cygne	α	2.
Tête boreal des ♊	α	2.	Epaule précedente du ♒.	ζ	3.
Petit Chien, *Procyon.*	α	2.	Bouche de Pegaſe	ε	3.
Tête auſtrale des ♊	ζ	2.	La ſuivante à la queue ♑.	δ	3.
Cœur de l'Hydre	α	2.	*Scheat.* ♒.	δ	3.
Cœur du ♌ *Regulus.*	α	1.	Poiſſons auſtr. *Fomahan.*	α	1.
De la grande Ourſe	ζ	2.	*Scheat Pegaſi.*	ζ	2.
De la grande Ourſe	α	2.	*Markab. Pegaſi.*	α	1.
Queue du Lion	ζ	2.	Tête d'Andromede	α	2.
Cuiſſe de la grande Ourſe.	γ	2.	Luiſant de la ch. de Caſ.	ζ	2.
De la grande Ourſe	δ	3.			

ÉTOILE POLAIRE. Derniere *Etoile* dans la queue de la petite ourſe, la plus proche du pole boréal. Cette *Etoile* eſt d'une ſi grande utilité, à cauſe de ſa proximité du pole, aux Navigateurs & aux Aſtronomes, que j'ai cru devoir en faire un article particulier. *Tycho Brahé* prétend, d'après ſes propres Obſervations, que cette *Etoile* s'approche tous les ans de 20″ du Pole-Nord. Si cela eſt, en 2103 elle n'en ſera éloignée que de 7 minutes. Mais y parviendra-t-elle ? *Riccioli* dit que non. Il ſoutient qu'elle s'en éloignera de nouveau. Cet Auteur penſe, qui plus eſt, qu'aucune *Etoile* n'a jamais été dans le Pole ; & qu'aucune *Etoile* n'y entrera ja-mais, quelque puiſſe être la durée du monde. (*Almageſt. Ch.* 19.) Cette *Etoile* ſert principalement pour connoître l'élevation du pole ou la latitude. (*Voiez* LATITUDE.)

Eudoxe & *Hypparque* donnent le nom d'*Etoile polaire* à l'autre *Etoile* de la ſeconde grandeur ſur l'épaule de la petite Ourſe, parce que cette *Etoile* étoit de leur tems la plus proche du pole, comme le démontrent *Pytheas*, *Hypparque de Rhodes*, *Hypparque de Bithynie*, *Strabon*, *Marinus Tyrius*, *Ptolomée* & *Riccioli*. Les Arabes nomment l'*Etoile polaire*, *Alrucaba*, *Ruecabach* & *Tramentana*.

ETOILE DU JOUR. Nom qu'on donne à la planete de *Vénus*, lorfqu'elle va devant le foleil, c'eft-à-dire, lorfqu'elle paroît fur l'horifon avant le lever du foleil. Les Latins l'appellent *Phofphorus, Lucifer, Stella matutina*.

ETOILE NEBULEUSE. *Etoile* qui reffemble à une tache claire & à une efpece de petite nuée. Telle eft l'*Etoile* qu'on découvre fur l'eftomach de l'Ecreviffe, celle qui eft dans l'aiguille du Scorpion, celle qu'on voit dans l'œil du Sagittaire, &c. En fe fervant de telefcopes, on voit que ces *Etoiles* font compofées de plufieurs autres, qu'on ne fauroit difcerner avec les yeux nuds. *Galilée* a obfervé 36 *Etoiles* dans la feule *nébuleufe* de l'Ecreviffe.

ETOILES ERRANTES. *Voïez* PLANETE.

ETOILES INFORMES. On nommoit ainfi autrefois les *Etoiles* qui n'étoient point réduites dans une certaine figure, & qui ne faifoient point partie d'une conftellation.

ETOILES BEIBENIENNES. Nom en général des principales *Etoiles*, & fur-tout de celles de la premiere grandeur dans chaque conftellation. *Hermes* a fait fur ces *Etoiles* un Traité particulier qu'on trouve dans *Juftini fpeculum Aftrologicum*, à la fin de fon Commentaire fur le Livre de *Jean facro de Bofco de Sphæra*.

ETOILE TOMBANTE. Météore qui paroît dans le printems & dans l'automne en globe de feu; qui répand une lumiere fort claire & qui roule dans l'atmofphere de la terre. On lui donne le nom d'*Etoile tombante*, parce qu'elle fe précipite fur la terre en forme d'étoile. Lorfqu'on trouve l'endroit où elle eft tombée, on remarque que la matiere qui refte encore eft vifqueufe comme de la colle. La couleur de cette matiere eft jaunâtre, & tout ce qui environne cette matiere fe trouve confumé.

On imite l'*Etoile tombante* en mêlant enfemble du canfre, du nitre, avec du limon; & on l'arrofe avec de l'eau-de-vie. Lorfqu'on a formé ce mêlange, on y met le feu & on le jette en l'air. Alors la lumiere que répand cette boule en tombant, eft femblable à celle de l'*Etoile tombante*; & à l'endroit de fa chute on trouve le même effet & la même matiere qu'on voit à ce météore.

Après cette expérience, il eft facile d'expliquer ce qui forme une *Etoile tombante*. Il y a fans doute du canfre dans l'air ainfi que du nitre & du limon fort délié, d'où il fe forme une pareille compofition. Mais comment s'enflame-t-elle cette compofition? *Voïez* ECLAIR.

ETOILE, FORT A ETOILES. Ouvrage de Fortification. C'eft un fort de camp, compofé d'angles faillans & rentrans, comme font ceux des tenailles fans aucun flanc, ce qui leur donne la figure d'une étoile pentagone ou exagone (*Voïez* FORT A ETOILES.) Il y a auffi des *Forts à demi étoiles* qu'on met devant les demi-lunes pour les couvrir, & qu'on appelle par cette raifon *Têtes de pont*.

ETOUPE. Terme de Pyrotechnie. Corde préparée d'une façon particuliere, dont on fe fert pour allumer les feux d'artifice, principalement ceux qui ne doivent prendre feu qu'après un certain tems. Les meilleures *Etoupes* font celles-ci. Faites cuire de l'étoupe dans du falpêtre; arrofez-la avec de l'eau-de-vie mêlée de poudre écrafée; & tortillez-là. Vous aurez une bonne *Etoupe*. *Simienowick* dans fon *Artillerie, Part. I.* donne une autre maniere de faire ces compofitions pyrotechniques.

E T U

ETUI DE MATHEMATIQUE. Boete dans laquelle on peut mettre commodément & porter fur foi les inftrumens les plus néceffaires dans la pratique de la Géometrie. Elle doit contenir un bon compas ordinaire, un compas à plufieurs pointes, un rapporteur bien divifé en fes dégrés, un tire-ligne, une équerre. Le nombre de ces inftrumens n'eft pas fixé; on peut en mettre davantage fuivant le befoin qu'on en a. La grandeur des *Etuis de Mathématique* eft ordinairement de 6, de 4 & de 2 pouces. La Figure 210 (Planche IX.) repréfente cet *Etui* ouvert.

E V E

EVECTION ou LIBRATION. On ajoute *de la lune*, car on entend par ce mot une inégalité dans le mouvement de cette planete feulement. La lune étant aux quadratures ou proche des quadratures, ne fe trouve point dans une ligne tirée par le centre de la terre au foleil, ainfi qu'elle y eft aux fyzygies, c'eft-à-dire, dans fa conjonction & fon oppofition: mais elle fait un angle avec cette ligne d'environ 2°, 51'. Développons ce mouvement, difons mieux, cette inégalité de mouvement.

Il n'y a que le mouvement de la lune autour de fon axe qui foit uniforme. Cette révolution s'acheve précifément dans le même tems que la lune emploïe à tourner autour de la terre. C'eft ce qui fait que la lune nous montre prefque toujours la même face. Mais cette égalité & le mouvement inégal de la lune dans fon ellipfe, produifent un balancement apparent de cette planete sur son axe, quelquefois d'Orient à l'Occident, & quelquefois d'Occident à l'Orient. Quelques parties du limbe oriental de la lune se cachent & reparoissent successivement. Et c'est de-là que vient justement l'*Evection de la lune*.

E U G

EUGONIUS. Les anciens Géometres appelloient ainsi une figure qui avoit un ou plusieurs angles droits, ou qui en avoit en effet autant qu'il étoit possible.

EUGRAMMUS ou EUTHYGRAMMUS. Nom que les anciens Géometres donnoient à une figure qui étoit toute renfermée dans des lignes droites.

E V O

EVOLUTE. *Voïez* DEVELOPPE'E.

EVOLUTION. Nom que quelques Géometres donnent à l'extraction des racines des puissances quelconques. *Voïez* EXTRACTION.

E U R

EUROAUSTER. C'est le nom du vent du Sud-Est, que quelques-uns appellent *Notapeliotes*, & *Vitruve, Eurus*.

EURUS ou VULTURNUS. Nom du vent Est-Sud-Est.

EURYTHMIE. Terme d'Architecture civile. C'est l'exacte proportion qui regne entre toutes les parties d'un bâtiment. Exemple. La porte d'une maison étant au milieu, & les fenêtres étant en même nombre & à même distance, l'*Eurythmie* y regne.

E U S

EUSTYLE. *Vitruve* appelle ainsi l'un des cinq entre-colonnes. Les distances des colonnes sont dans celle-ci de 4 modules ou de deux diametres & un quart.

E U T

EUTHYMETRIE. Nom que quelques Géométres donnent à cette partie de la Géometrie qui regarde simplement les lignes.

E X A

EXAEDRE ou HEXAEDRE. Corps régulier qu'on nomme autrement *Cube*. (*Voïez* CUBE.) *Platon*, en comparant les cinq corps réguliers aux coprs simples du monde, compare ce corps à la terre.

EXAGONE. *Voïez* HEXAGONE.

EXALTATION. Terme d'Astrologie. Signe céleste dans lequel une planete a sa plus grande vertu. Ainsi ♄ est dans son *Exalta-*tion dans la ♎; ♃ dans le ♋; ♂ dans le ♐; ♀ dans les ♓; ☿ dans la ♍; le ☉ dans le ♈; la ☽ dans le ♉.

E X C

EXCENTRICITE'. Terme d'Astronomie. Ligne tirée du foïer au centre de l'orbite des planetes. Soit (.Planche XIV. Figure 212.) A P B l'orbe elliptique d'une planete, S le foïer. La ligne C S est ce qu'on appelle *Excentricité*. On voit différentes manieres de trouver cette *Excentricité* dans *Riccioli Almagest. novum , Liv. III. Ch. 24. Liv. IV. Ch. 25. Liv. VII. Sect. I. Ch. 8. & Sect. III. Ch. 10. Stecle* détermina géometriquement l'*Excentricité*, en suivant non la théorie de *Kepler*, mais celle de *Steclus Wardus* (*Astronomia Carolina*.)

EXCENTRICITÉ. C'est dans l'ancienne Astronomie une ligne droite tirée du centre de l'excentrique du soleil ou d'une planete au centre de la terre.

EXCENTRIQUE. Terme d'Astronomie. *Kepler* appelle ainsi un cercle décrit autour de l'axe elliptique d'une planete. (*Voïez Epitome Astronom. Copernic. L. V.*) Ce cercle sert pour déterminer l'*Anomalie de l'Excentrique*, & pour trouver les *Anomalies moïennes*.

EXCENTRIQUE. Dans le systême de *Ptolomée*, c'est un cercle dont le centre est hors du centre de la terre; & dans lequel se meut le centre du soleil ou le cercle d'une planete.

Cet Astronome explique par l'*Excentrique* comment une planete, change continuellement sa distance de la terre, & pourquoi elle paroît se mouvoir tantôt vite, & tantôt lentement; mais avec peu de succès. *Ptolomée* reconnut que l'*Excentrique* ne pouvoit servir tout au plus qu'à rendre raison des mouvemens du soleil. Pour les planetes, il falloit imaginer d'autres cercles, & *Ptolomée* les imagina. (*V.* SYSTEME DU MONDE.) (*Voïez Purbach. Theor. Plan. & Wurstis in quæst. Purbach.*)

EXCE'S. Terme d'ancienne Astronomie. Arc de l'écliptique, qui donne la différence entre les équations de l'épicycle dans la distance moïenne de la terre, & les équations de la plus grande distance, ou entre les équations de l'épicycle dans la distance moïenne de la terre, & celle de la plus petite distance: ce qui forme deux *Excès*. Le premier est l'*Excès éloigné*; le second, l'*Excès prochain*. (*Voïez Moestelin Epitom. Astronom. L. IV.*)

EXCETRA. Nom que quelques Astronomes donnent à la constellation qu'on appelle l'Hydre. *Voïez* HYDRE.

EXE

EXEGETIQUE ou RHETIQUE. L'art de trouver la racine, en nombres ou en lignes, d'une équation donnée. (*Voïez* EXTRACTION.)

EXH

EXHALAISON. On appelle ainsi en Physique tout ce que la chaleur fait élever en général de la surface de la terre, comme les vapeurs, les brouillards, &c. Cependant à proprement parler, les *Exhalaisons* sont composées des parties subtiles de toute sorte de corps tant solides que fluides, qui ne sont ni aqueuses ni humides. Ce qui fait qu'on ne restraint pas là ce terme, c'est que les vapeurs sont toujours confondues avec les *Exhalaisons*.

EXHAUSTION. On sous-entend *Méthode d'.* C'est en effet une méthode de prouver l'égalité de deux quantités en réduisant à l'absurde ceux qui la nient. A cette fin, on suppose que si l'une étoit plus grande ou plus petite qu'un autre, il s'ensuivroit une absurdité. Cette méthode est due à *Euclide*, du moins est-ce de lui que nous la tenons. Elle est fondée sur la première proposition du Livre 10 de ses Elémens, & elle a été mise en usage par *Archimede*, & par plusieurs anciens Géometres. M. *Maclaurin* s'en est servi pour démontrer en toute rigueur la théorie des fluxions, (*Voïez* son *Traité des Fluxions.*)

EXP

EXPOSANT. Nombre ou quantité, qui exprime la puissance à laquelle une quantité est élevée. Ainsi 2, 3, 4, 5, &c. sont des *Exposans* de la 2e, 3e, 4e, 5e puissance, &c. Dans cette expression a^3, la quantité a est élevée à la troisième puissance ; & le nombre 3 est l'exposant. Dans celle-ci $\overline{a+b}^{\,n+1}$ $n+1$ est l'*Exposant* qui exprime la puissance à laquelle $a+b$ est élevée. Les connoissances suivantes renferment toute la théorie des *Exposans*.

1°. Si l'on a une suite de nombres géometriquement proportionnels, comme 1, x^1, x^2, x^3, x^4, x^5, x^6, &c. leurs *Exposans* seront en proportion arithmétique, ainsi qu'on le voit dans la suite des nombres 0, 1, 2, 3, 4, 5, 6, &c.

2°. Si les quantités géometriquement proportionnelles sont en fractions, comme $\frac{1}{x}$, $\frac{1}{x^2}$, $\frac{1}{x^3}$, $\frac{1}{x^4}$, $\frac{1}{x^5}$, $\frac{1}{x^6}$ alors les *Exposans* seront les nombres négatifs -1 -2 -3 -4 -5 -6, &c. Car si l'on suppose $x=2$, on aura $\frac{1}{x}=\frac{1}{2}$, $\frac{1}{x x}=\frac{1}{4}$ &c $\frac{1}{x^3}=\frac{1}{8}$, &c.

Ou si l'on veut exprimer la serie ou la suite géometrique par le moïen des *Exposans*, elle se produira sous cette forme, x^{-1}, x^{-2}, &c. Pareillement l'*Exposant* de $\sqrt{}\,x=x^{\frac{1}{2}}$, parce que $\sqrt{}\,x$ est un moïen géometrique entre 1 & x, de même que $\frac{1}{2}$ est moïen arithmétique entre 0 & 1. L'*Exposant* de $\sqrt[3]{}\,x$ $=\frac{1}{3}$; parce que $\sqrt[3]{}\,x$ est le premier de deux moïens proportionnels entre 1 & x, comme $\frac{1}{3}$ est le premier de deux moïens arithmétiques proportionnels entre 0 & 1. M. *Stone*, qui établit ces regles des *Exposans* dans son *Dictionnaire de Mathématique*, prouve ainsi celle-ci. Puisque 1, x, x^2, x^3, sont continuellement proportionnels, leurs racines cubiques (ou toute autre racine quelconque) seront aussi en proportion continue, c'est-à-dire, que $\sqrt[3]{}\,1$, $\sqrt[3]{}\,x$, $\sqrt[3]{}\,x^2$, $\sqrt[3]{}\,x^3$. A-t-on 1, x, x^2, x^3, x^4, x^5, &c ? les racines cinquiémes de ces quantités seront $\sqrt[5]{}\,1$, $\sqrt[5]{}\,x$, $\sqrt[5]{}\,x^2$, $\sqrt[5]{}\,x^3$, $\sqrt[5]{}\,x^4$, $\sqrt[5]{}\,x^5$, &c. Par la même raison l'*Exposant* de $\sqrt[5]{}\,x^4=\frac{4}{5}$. Dans tout cela il y a deux choses à observer :

La première est de placer toujours l'*Exposant* au-dessus de celui du radical. Ainsi dans les fractions l'*Exposant* de $\frac{1}{x}=-1$; celui de $\frac{1}{\sqrt{}\,x^3}=-\frac{3}{2}$; celui de $\frac{1}{\sqrt{}\,x^5}=-\frac{5}{3}$; celui de $\frac{1}{\sqrt{}\,x^7}=-\frac{7}{2}$, &c,

La seconde est, que $\sqrt{}\,x$ & $x^{\frac{1}{2}}$; ou $\sqrt[3]{}\,x$ & $x^{\frac{1}{3}}$; ou $\sqrt[4]{}\,x$ & $x^{\frac{1}{4}}$ sont des expressions équivalentes. De même $\frac{1}{x^2}$ & x^{-2} ; $\frac{1}{x^3}$ & x^{-3} sont des expressions équivalentes.

2. 1°. Les quantités m, n, étant des *Exposans* quelconques, le produit a^m par a^n $= a^{m+n}$. Car par la définition des *Exposans*, a multiplié par m, par 3, par exemple, est le produit de la quantité a multipliée trois fois par elle-même. Par la même raison $a^m \times a^n$ égale la quantité a multipliée par $m+n$ deux fois par elle-même. Donc $a^3 \times a^2 = a^5$, Donc $a^m \times a^n = a^{m+n}$.

3. 2°.

2°. La quantité a^{mn} est égale à la puissance n de la quantité a^m, ou à la puissance m de la quantité a.

3°. Toute quantité a élevée à la puissance o égale l'unité : c'est-à-dire, $a^\circ = 1$. Je n'ai pas démontré les autres propositions, parce qu'elles est fort aisées, & qu'outre cela ce n'est pas dans un Ouvrage comme celui-ci qu'on doit les chercher. Mais je ne puis me dispenser de démontrer cette derniere, tant par sa singularité, que par l'usage que nous en ferons ci-après. Par le Problême précédent $\dfrac{a^m}{a^n} = a^{m-n}$. On l'a vû. Supposons $m = n$.

Donc $\dfrac{a^m}{a^m} = a^\circ$. Mais $\dfrac{a^m}{a^m} = 1$. Donc $a^\circ = 1$.

4. J'ai déja dit que si l'on suppose une progression géométrique, dont le premier terme soit l'unité ; le second une quantité quelconque a ; les *Exposans* de chaque quantité formeront une progression arithmétique. En voici la raison.

EXEMPLE.

Progression géométrique , $\div\div$ 1, a, a^2, a^3, a^4, a^5, a^6, a^7, &c.
Progression arithmétique , $\div$ 0, 1, 2, 3, 4, 5, 6, 7, &c.

Démonstration. L'*Exposant* de l'unité est toujours o : je viens de le prouver. Or l'*Exposant* de a est 1 ; car $\div$ a, a^2, a^3. Donc en nommant m l'*Exposant* de a, on aura $a^{m+3} = a^4$. Donc $m+3 = 4$. Et pour derniere conclusion $m = 4 - 3 = 1$.

Progression géométrique , $\div$ 1 $\dfrac{1}{a}$, $\dfrac{1}{a^2}$, $\dfrac{1}{a^3}$, $\dfrac{1}{a^4}$, $\dfrac{1}{a^5}$, $\dfrac{1}{a^6}$, &c.

Progression arithmétique , $\div$ 0 — 1 — 2 — 3 — 4 — 5 — 6.

Démonstration. La progression géométrique se réduit à celle-ci, $\div$ 1, a^{-1}, a^{-2}, a^{-3}, a^{-4}, a^{-5}, &c. Donc les *Exposans* sont $\div$ 0 — 1 — 2 — 3 — 4 — 5, &c.

De-là il suit, qu'on peut exprimer ces deux progressions géometriques & arithméques en cette maniere $\div$ 1, a, $a^{\pm 1}$, $a^{\pm 2}$, $a^{\pm 3}$, $a^{\pm 4}$, &c. $\div$ 0, ± 1, ± 2, ± 3, ± 4, &c. Par où l'on voit, 1°. que pour multiplier deux termes quelconques de la progression géométrique $a^{\pm 2}$ par exemple, par $a^{\pm 3}$, il faut ajouter ensemble leurs *Exposans*. Donc la somme ± 5 sera l'*Exposant* ou le logarithme du produit $a^{\pm 2}$ par $a^{\pm 3}$, 2°. que pour diviser un terme de la progression géométrique ; par exemple , a^5 par a^2, il suffit de soustraire l'*Exposant* ou le logarithme du diviseur de l'*Exposant*, ou le logarithme du dividende : ce qui donne le logarithme a^3.

Sans anticiper sur l'article des logarithmes, il est bon de remarquer que cela démontre l'usage de la table des logarithmes par la multiplication & la division. Car dans cette table l'on a imaginé des nombres, qui sont les *Exposans* de tous les nombres ordinaires depuis 1 jusques à 10000 : ensorte que le logarihme de l'unité étant zero , celui de 10 a été supposé 1, 000, 000 ; celui de 100 doit donc être 2, 000, 0000, & ainsi des autres tels qu'on les trouve. (*Voïez* LOGARITHMES,)

Si l'on continue la progression géométrique au-dessus de l'unité, & la progression arithmétique au-dessus de zero, les termes de celle-ci seront les *Exposans* de ceux auxquels ils répondent sous l'autre, comme dans cet exemple ,

Progression géométrique , $\div$ 1 $\dfrac{1}{a^2}$, $\dfrac{1}{a^3}$, $\dfrac{1}{a^4}$, $\dfrac{1}{a^5}$, $\dfrac{1}{a^6}$, &c.

Progression arithmétique , — 2 — 3 — 4 — 5 — 6.

5. *Descartes* est le premier qui a marqué les dignités des quantités par les *Exposans*. Il les exprimoit en nombres, ausquels on a substitué plus généralement des lettres à la place qui représentoient ces nombres. MM. *Leibnitz* & *Newton* ont ensuite introduit les *Exposans indéterminés*. Les *Exposans* se marquent par une petite lettre, qu'on met à la droite au-dessus de la lettre qui marque la racine ou la quantité même, comme, par exemple , a^m, y^n, &c. Ces *Exposans* sont d'une grande utilité dans la géometrie sublime , parce que par leurs moïens non-seulement on resoud avec facilité l'algorithme des irrationnels , mais encore on parvient à resoudre une infinité de Problêmes.

EXPOSANT D'UNE RAISON. Nombre qu'on trouve en divisant le terme de l'antécedent. Dans la raison 24 : 6 , le nombre 4 est l'*Exposant*. M. *Wolf*, dans ses *Elementa Matheseos*, ne se sert de l'*Exposant d'une raison* que dans l'arithmétique, où il démontre les propriétés des raisons, selon la maniere des Anciens.

EXT

EXTERMINATION. L'art de faire évanouir d'une équation , une quantité inconnue. *Voïez* EQUATION.

EXTRACTION DE RACINE. L'art de trouver la racine d'un nombre ou d'une quantité quelconque. *Voïez* RACINE.

EXTRACTION DE RACINE D'UNE ÉQUATION. Terme d'Algébre. L'art de dégager une équation du signe radical. (*Voïez* EQUATION & APPROXIMATION.) Les Arabes, de qui nous tenons l'algébre, n'ont sçu extraire les racines que des équations quarrées. *Scipio Ferreus* est le premier qui a enseigné la maniere d'extraire les cubiques, & *Louis Ferrare* les biquarrées. *Ougtred* (*Keyto Mathematico*) & *Viete*, ont ensuite proposé une méthode pour extraire la racine d'une équation aussi près que l'on veut; (*De numerosa potestatum purarum atque affectarum resolutione.*) *Ozanam* a rendu cette méthode très-facile, (*Nouveaux Elémens d'Algébre, Liv. II.*) Mais en ce genre rien n'est comparable à la fameuse regle qu'à inventé M. *Newton* (*De Quadraturis curvarum*, voïez aussi *Wallis Op. Mathem. Vol. II.*) de laquelle *Raphson* a tiré plusieurs régles particulieres (*Analysis Æquationum universalis.*) Les Géometres estiment encore la regle générale de M. *Halley* publiée dans les *Transactions Philosophiques* N° 210, sur cet article; ce que renferme le Livre de M. *Colsons* (*Commentarii upon sir Isaac Newton Fluxions*)

EXTRAMONDANAIRE. Epithete qu'on donne à l'espace infini & parfaitement vuide imaginé au-delà des limites de l'Univers. Les Philosophes veulent que cet espace existe, & qu'il ne puisse pas y avoir rien du tout au-delà de ces limites. A ce sujet ils font cette question fort singuliere. Ils supposent qu'un homme placé à l'extrémité de ces limites, allonge son bras, & ils demandent où sera alors les bras de cet homme. Assurément il est quelque part. Or cette part est l'espace *Extramondanaire*. Donc cette espace existe. Voici la réponse à ce sophisme. 1°. Puisqu'on nie un espace au-delà de l'Univers, il est impossible qu'un homme puisse sortir son bras au-delà de ses limites, à moins que Dieu ne créât un espace pour le mettre. Cet espace absolument nié, l'argument est anéanti. Mais un pareil espace existe-t-il ou peut-il exister? Tout est-il fini, passé les bornes de ce grand tout? Est-il possible que l'Univers soit dans rien? Voilà de quoi exercer les plus savans Scolastiques. J'avoue que ces questions sont trop futiles pour mériter l'attention d'autres personnes.

EXTREMES. En Arithmetique, on nomme ainsi l'antécedent du premier terme, & le conséquent du second terme d'une proportion. Si l'on a 4 : 2 :: 6 : 3, l'antécedent 4 & le conséquent 3 sont les *Extremes*. On prouve que dans toute proportion le produit des *Extremes* est égal au produit des moïens. (*Voïez* PROPORTION.)

En ajoutant deux épithetes à *Extremes*, ce mot devient un terme de Géométrie. On dit *Extremes conjoints* & *Extremes disjoints*. Les premiers sont, dans un triangle sphérique rectangle, deux parties circulaires, qui touchent ou qui suivent immédiatement la partie moïenne. Et les *Extremes disjoints*, deux parties circulaires, éloignées de la partie que l'on a prise pour moïenne.

F.

F A Ç

AÇADE. Terme d'Architecture civile. Partie extérieure d'un bâtiment. On doit, autant qu'on peut, y conserver la symetrie. Les ornemens ordinaires de l'Architecture tels que les moulures, les plintes, &c. la décorent. On l'enrichit en y mettant des statues, des bas-reliefs, des trophées, &c. & on la rend élegante en y supprimant tous les ordres.

FACE. Nom qu'on donne en Fortification aux deux lignes extérieures qui forment la pointe d'un bastion. (*Voïez* BASTION.) Ces lignes sont les parties les moins fortes d'une forteresse. Aussi les ennemis y forment presque toujours leurs attaques, pour s'y loger & pour y monter à l'assaut. Quoique ces parties ne servent point de défense à aucune autre du rempart de la Place, elles servent néanmoins comme de contre-batteries aux batteries des assiégeans.

On appelle encore *Face* le front d'une Place, cette partie qui se présente à la vûe en dehors, lorsqu'on est situé entre deux bastions. La *Face* est composée d'une courtine, des deux flancs élevés sur cette courtine, & des deux *Faces* qui sont jointes à ce flanc, ou autrement de deux demi-bastions & d'une courtine.

FACE PROLONGE'E. C'est en Fortification la partie de la ligne de défense rasante, comprise entre l'angle de l'épaule & la courtine.

FACTEUR. Nom qu'on donne dans la multiplication au multiplicande & au multiplicateur, parce qu'ils constituent le produit.

F A L

FALQUE'E. Terme d'Astronomie. Epithete qu'on donne à une planete, lorsque sa partie éclairée paroît en forme de faulx ou de faucille; ce qui arrive quand elle va de la *conjonction* à l'*opposition*, ou (par rapport à la lune) de la *nouvelle lune* à la *pleine lune*.

Dans un mouvement contraire la partie éclairée se montre sous la forme d'une bosse, & la partie obscure sous celle d'une faulx.

F A S

FASCE. On appelle ainsi en Architecture un membre plat qui a peu de largeur & beaucoup de saillie.

FASCINES. Fagots composés de branches d'arbre, dont on fait usage dans l'attaque des Places, pour former les parapets des tranchées & pour combler les fossés. Leur diametre est ordinairement d'un pied, & leur longueur depuis 4 jusques à 6. On trempe quelquefois les *Fascines* dans de la poix ou du goudron fondu, & en y mettant le feu, elles servent à brûler les logemens, ou les autres ouvrages de l'ennemi.

F A V

FAVONIUS. Nom du vent d'Ouest.

FAUSSE-BRAYE. Enceinte ou élevation de terre, qui regne tout autour de l'escarpe, c'est-à-dire, sur le bord du fossé du côté de la Place. En y comprenant le parapet, la *Fausse-braye* a ordinairement 6 toises. Ces sortes d'ouvrages se tracent en tirant en dehors du principal trait de la fortification une ligne à la distance de 8 toises ; savoir, 5 pour le terrein & 3 pour le parapet. Quand une *Fausse-braye* est bien construite, sa face est vûe de son flanc & de celui de la Place.

Les Hollandois regardent les *Fausses-brayes* comme la partie principale d'une forteresse. Les Allemands les estiment, sur-tout lorsqu'elles sont séparées du rempart, afin que les ruines qui s'éboulent lors de l'attaque, ne les comblent point. On appelle ces *Fausses-brayes* des *Fausses-brayes détachées*. M. de *Coehorn* les recommande dans sa maniere de fortifier. La raison qu'il en donne, c'est que l'ennemi étant arrivé jusques au fossé sec y trouve la meilleure défense qu'on puisse lui opposer. D'autres Auteurs veulent qu'on ne

place la *Fauſſe-braye* que devant les courtines, parce que ſon feu raſant la contreſcarpe, devient très-dangereux quand l'aſſiégeant veut s'en rendre maître. Car c'eſt là
ſon principal uſage. Tel eſt ſon beau côté.
Mais lorſqu'on fait réflexion que le débris
du rempart, s'il n'a point de revêtement,
doit beaucoup incommoder ceux qui ſont
dans la *Fauſſe-braye*; que les batteries à ricochet, celles du chemin couvert, les
enfilent de revers & de plongée, & enfin
qu'on y fait pleuvoir fort aiſément des bombes & des pierres qui délogent bien vîte
l'aſſiégé; on convient avec M. *De Vauban*,
& avec tous les François, que les tenailles
& les contregardes, qui ne ſont point ex-
poſées à tant d'incommodités, ſont préférables.

FAUSSE-POSITION. On ſous-entend REGLE.
C'eſt une regle d'Arithmétique par laquelle
on reſoud une queſtion, en ſe ſervant des
nombres quelconques qui répondent à la
queſtion, & ont entr'eux la proportion que
cette même proportion exige. On diſtingue
la regle de *Fauſſe poſition* en ſimple & en
compoſée.

La regle de *Fauſſe poſition ſimple* eſt celle
où l'on opere en diviſant des nombres en
parties proportionnelles à des nombres ſuppoſés; telles ſont les opérations qu'on doit
faire. 1°. Imaginez des nombres à volonté,
qui ſoient entr'eux comme le demande la
condition du Problême propoſé. 2°. Voïez
s'ils renferment la condition du Problême.
3°. Cherchez le rapport que vous trouverez
entre la fauſſe concluſion & la *Fauſſe poſition*.
Ce rapport ſera égal à celui qui regne entre
le nombre donné & le nombre cherché. Un
exemple fera connoître tout l'artifice de cette
regle.

Trouver quatre nombres qui ſoient tels
que le ſecond ſoit double du premier; le
troiſiéme triple du ſecond & le quatriéme
quatruple du premier, & dont la ſomme
ſoit 52. Sans s'arrêter à la ſomme on prend
quatre nombres à volonté qui ſoient entre
eux dans la proportion donnée, comme ceux-
ci 1, pour le premier; 2 pour le ſecond,
double d'1; 6 pour le troiſiéme, qui doit
être triple du ſecond, & 4 pour le quatriéme quatruple du premier. Or la ſomme de
ces quatre nombres eſt 13, & ſuivant le Problême elle doit être 52. Voilà donc une
Fauſſe poſition. Je diviſe 52 en parties
proportionnelles de 13, en faiſant autant de regles de trois qu'il y a de nombres. Et le Problême eſt réſolu. Voici ces
regles.

| 13 : 52 : : 1 : 4 premier nombre. |
| 13 : 52 : : 2 : 8 ſecond nombre. |
| 13 : 52 : : 6 : 24 troiſiéme nombre. |
| 13 : 52 : : 4 : 16 quatriéme nombre. |
| ſommes 13 \| 52 |

2. Dans la regle de *Fauſſe poſition compoſée*,
on fait deux *Fauſſes poſitions* en opérant ainſi:
La ſomme de trois nombres fait 60. Le ſecond de ces nombres eſt double du premier,
& le troiſiéme eſt quatre fois plus grand que
le premier & le ſecond joints enſemble.
Pour trouver ces nombres, je ſuppoſe que
le premier eſt 2. Ainſi le ſecond, qui doit
être double du premier, ſera 4; & le troiſiéme, quatruple de la ſomme qui eſt 6,
ſera 24. Mais la ſomme de ces trois nombres 2, 4 & 24 n'eſt que 30; & ceux qu'on
demande doivent faire 60. Donc ces nombres ne répondent pas à la queſtion & la
ſuppoſition eſt fauſſe. Cependant on l'écrit
2 + 4 + 6 = 60 — 30. (On fait uſage des
ſignes ou caracteres d'algébre en Arithmétique, parce qu'ils abregent les expreſ-
ſions.)

Cette *Fauſſe poſition* écrite, on en fait
une autre telle que celle-ci, 3 le premier nombre, 6 le ſecond, & 36 le troiſiéme, dont
la ſomme eſt 45. Cette ſuppoſition eſt encore fauſſe. Il s'en faut 15 que la ſomme demandée ne ſoit complette. On a donc 3 + 6
+ 36 = 60 — 15. Seconde équation.

Moïennant ces deux équations on répond
à la queſtion, en les travaillant ainſi. 1°.
Multipliez la premiere équation par la différence de la ſeconde. 2°. Multipliez la
ſeconde équation par la différence de la
premiere. 3°. Retranchez la plus petite de
ces équations de la plus grande. 4°. Rédui-
ſez l'équation à de plus ſimples termes en la
diviſant par la plus grande différence moins
la plus petite. La derniere équation qui viendra renfermera les nombres cherchés.

Le Lecteur par l'application de ces regles
achevera la ſolution du Problême. Si j'en
ſuis cru, il ne la finira pas. A-t-il compris
la routine miſerable de la regle de *Fauſſe
poſition*? En voilà aſſez. En général tout
ce qui eſt tatonnement eſt ſi humiliant pour
l'eſprit humain, qu'on doit fuir toutes
ces méthodes qu'on propoſe afin de parvenir à une découverte. On réſout ces
problêmes avec beaucoup moins de travail & plus de facilité par le ſecours de
l'algébre. Ce qui ſe fait ici par un aveugle circuit ſe trouve en deux coups de
plume par l'art des équations. (*Voïez*
EQUATION.)

FAUTEUIL SUSPENDU. M. *Erchard Weigel* nomme ainsi une machine par laquelle un homme peut commodément monter & descendre, principalement dans une maison d'un étage à l'autre, sans avoir besoin d'escaliers. C'est une chaise disposée de façon qu'elle peut se mouvoir par un contrepoids dans une niche de trois pieds de large faite dans le mur, & où l'on se monte & se descend soi-même. Ce contre-poids doit être proportionné à la pésanteur ordinaire d'un homme, qui met la machine en mouvement. La chose se conçoit toute seule. Si cependant on veut un guide dans la construction de cette machine, on le trouvera dans le *Prodromus Architecturæ Goldmanianæ de Sturm.* & dans le *Theatrum Machinarum de Léopold, Ch. XII.*

FEL

FELDGESTANGE. Je nomme ainsi après M. *Wolf* une machine qui sert à élever l'eau d'un puits profond quelque éloigné que l'on en soit. Cette machine est composée d'une roue verticale A, (Figure 253. Planhce XLI.) avec une manivelle C, à laquelle est un bras B d'un balancier B M N G, construit en forme d'échelle, & suspendu par échelons dans des especes d'essieux K, K, K, &c. que portent des pieds P, P, P, &c. Cette roue est mue ordinairement par un courant, quand on en a un, ou par quelqu'autre agent. En tournant tantôt elle tire le balancier & tantôt le pousse, suivant que la manivelle avance ou recule. Quand elle tire, le bras G N avance & l'autre recule. C'est tout le contraire quand elle pousse. Voilà tout le mouvement de la machine. Afin d'en tirer parti, on attache aux extrémités M N de ce balancier une croix, dont deux bras sont attachés au piston de deux pompes placées dans le puits, d'où l'on veut faire monter l'eau. Or on comprend, par le mouvement de ce balancier, comment les pistons sont élevés & abaissés successivement. On conçoit donc (si l'on fait ce que c'est qu'une pompe, (*Voïez* POMPE) comment cette machine fait monter l'eau, de quelque endroit qu'on veuille la tirer, puisqu'on peut prolonger autant qu'on veut ce balancier. C'est ainsi qu'on conduit cette machine par dessus des montagnes & des vallées, & même autour & à travers des montagnes & qu'on éleve les eaux. Toute l'attention que demande la justesse de cette machine est, que les bras soient assez bien tendus, & que les chevilles aïent assez de jeu pour que le frottement soit moindre qu'il est possible. On voit une belle application du *Feldgestange* dans la fameuse Machine de Marly.

FER

FER-A-CHEVAL. Ouvrage de Fortification. Rempart élevé en forme de parapet, formé tantôt en demi-cercle, tantôt en ellipse, qui sert à couvrir une porte, un passage, & à renforcer une défense. On voit en la figure 300. (Planche XLVII.) un de ces Ouvrages qui ne mérite pas une plus grande attention.

FERMENTATION. Terme de Physique. Mouvement intérieur des principes qui composent un corps. Il y a des corps qui *fermentent* tout seuls, tels que le vin, le cidre, la bierre; d'autres qui *fermentent* étant mêlés, la pierre de chaux & l'eau, le sel armoniac mêlé aussi avec l'eau, &c. On distingue deux sortes de *Fermentations*, des froides & des chaudes. Les premieres sont rares. Ces épithetes parlent assez sans qu'il soit nécessaire d'en donner une définition particuliere. Des expériences sur ces sortes de *Fermentations* les mettent dans tout leur jour.

Expérience premiere. Mêlez de l'eau commune & du sel armoniac en même quantité. Ce mêlange *fermentera* avec bruit; & si l'on y plonge un thermometre l'esprit de vin descendra. C'est une *Fermentation froide.*

Expérience II. Mêlez de l'huile de vitriol avec de l'huile de thérébentine; ces liqueurs s'échauffent & *fermentent* avec une espece de fureur.

Expérience III. Si sur quelques grains de poudre à canon on mêle un peu d'esprit de vin & d'huile de vitriol avec une once de chaux vive, on aura une *Fermentation* bouillante, un feu merveilleux.

Expérience IV. Une once de chaux vive, un peu de camphre écrasé, quelques grains de poudre à canon étant mêlés avec l'huile de vitriol, *fermentent*, s'enflâment, & le camphre brille assez long-tems.

Expérience V. Une dragme d'étain projettée sur l'esprit de vin cause une *Fermentation* terrible. Elle donne une chaleur de 46 dégrés ½ à 50. Une fumée épaisse s'éleve en une quantité prodigieuse. L'étain est transformé dans un moment en une poussiere blanche, seche, très-fine & qui ressemble à de la chaux d'étain.

Expérience VI. L'huile de sassafras avec autant d'esprit de nitre, produisent une effervence accompagnée de fumée & de chaleur.

Expérience VII. L'esprit de nitre de M.

Geoffroi (on fait cet esprit de nitre, en distillant au feu de reverbere deux livres de nitre avec une livre d'huile de vitriol) mêlé avec de l'huile de thérebentine, ou avec d'autres huiles essentielles des plantes, s'enflâme.

Expérience VIII. Sur l'huile de thérebentine & l'huile de romarin, aïant versé un peu d'huile de vitriol, ces liqueurs fermentent & s'enflâment.

Expérience IX. Deux dragmes de sel armoniac, projettées sur trois dragmes d'huile de vitriol, produisent une grande effervence, beaucoup de fumées âcres & si chaudes, qu'elles font monter un thermometre placé au-dessus d'elles à dix dégrés, tandis que le même thermometre plongé dans le mêlange, baisse de 60 à 48. Cette *Fermentation* dissout la plus grande partie du sel. Lorsqu'on jette de l'eau, pendant l'effervence, sur ces matieres, le thermometre remonte à l'instant, & le froid qui s'étoit produit, se change subitement en chaud.

Cette *Fermentation* est si singuliere, que M. *Muschenbrock*, à qui on la doit, l'a repetée dans le vuide. Aïant suspendu dans le récipient un thermometre à 5 ou 6 lignes au-dessus de l'écume que devoit produire le mêlange, il plaça un autre thermometre dans le vaisseau même où étoit une dragme de sel armoniac, après avoir suspendu au-dessus de ce vaisseau une phiole mobile, qui contenoit trois dragmes d'huile de vitriol. M. *Muschenbroeck* tira ensuite l'air du récipient avec soin, & laissa le tout dans cette situation pendant une heure, afin que le dégré de chaleur fut le même. Au bout de ce tems, il versa de l'huile de vitriol sur le sel armoniac. A l'instant une grande effervence se manifesta, qui produisit beaucoup de vapeurs. Ces vapeurs remplirent le récipient de telle façon, qu'on avoit de la peine à distinguer les dégrés du thermometre ; mais cette grande obscurité ne dura qu'une minute.

Le thermometre placé dans le mélange, baissa de 67 à 46 dégrés dans une minute, & il remonta après. Quand celui-ci étoit à 58, l'autre étoit à 69 ; à 60, celui-ci à 69 $\frac{1}{4}$. Deux minutes après, le thermometre placé dans le mêlange, étoit à 68 & l'autre à 70. La minute suivante, les deux thermometres étoient à 70 ; mais dans une minute le thermometre placé dans le mêlange étoit à 72, tandis que l'autre restoit à 70. Enfin au bout d'un quart d'heure le premier monta à 74, quoique la *Fermentation* eût cessé, & le second ne quitta pas le dégré 70e. Cette *Fermentation* dura environ 20 minutes,

(*Addimenta ad tentamina experimentorum naturalium, captorum in Academia del cimento.*). De cette derniere expérience M. *Hales* conclud que la chaleur des vapeurs s'augmente beaucoup par l'action & la réaction de l'air. Ce Savant Physicien a fait sur les *Fermentations* des observations très-utiles dans sa *Statique des végétaux.*

2. Voilà des effets admirables, dont il n'est pas aisé de rendre raison. Dans les tems de ténébres on disoit, qu'il y a dans les parties des corps qui *fermentent* une certaine antipathie, une inimitié. Ainsi lorsque ces parties se joignent elles cherchent à se détruire. Telle est la cause de la *Fermentation.*

A ce systême fou, en succeda un comiquement ridicule. Il y a, dit-on, dans chaque corps ou dans chaque partie des corps de petits hommes, des Pigmées, ennemis les uns des autres. Si soit avec le tems ou par quelque mêlange, ces Messieurs se rencontrent, la guerre se livre, & leur combat produit l'ébullition & la *Fermentation.*

La premiere hypothese sensée sur cette qualité des corps est celle-ci. La matiere subtile qui est dans l'air, à force de traverser les corps, en détache les sels & les met en mouvement. Ces sels, par leurs parties tranchantes, divisent, subtilisent le reste de la matiere, & y forment une *Fermentation.*

Le sentiment le plus général là-dessus est, que les corps sont composés de deux parties, dont l'une a beaucoup de solidité & plusieurs angles aigus : c'est l'*Acide* ; l'autre plusieurs pores grands & ouverts, c'est l'*Alkali*. Quand ces corps se mêlent ensemble, les pointes des acides ne manquent pas de s'insinuer dans les pores des alkalis, & d'en boucher quelques-uns. Ces pores étant bouchés, la matiere étherée, qui passe par les pores des alkalis, trouve moins de liberté à la superficie que vers le milieu. Donc elle doit faire effort, pour se faire jour à travers tous ces obstacles, & par une suite nécessaire déranger les petites molecules & les agiter de toutes parts, jusques à ce que les passages soient entierement libres dans la masse de la liqueur.

Enfin, M. *Bernoulli* peu satisfait de tous ces systêmes, en a imaginé un autre qui est le dernier que je connoisse. Il suppose, comme dans le précédent, deux parties dans un corps. Les unes ont la figure d'un tetraëdre, comme le represente la figure 255. (Planche XXII.) & les autres celle d'une étoile. La premiere de ces parties est nommée *agissante* & l'autre *patiente*, M. *Bernoulli* suppose encore un air condensé dans chaque partie ou dans chaque corps. Après cela cet illustre Mathématicien établit son système. Si deux corps, dont une des parties est agissante & l'autre patiente se mêlent, les premieres s'insinueront dans les autres comme des coins, & les diviseront par leur propre poids. A peine cette division est faite que l'air qui étoit enfermé sort comme un furieux de la prison où il étoit détenu ; se dilate ; occupe un plus grand espace & se manifeste à la superficie de la liqueur par un nombre infini de bulles. Tel est l'effet de la *Fermentation*.)

M. *Bernoulli* tache de soutenir ce système par plusieurs raisonnemens ausquels il faut avoir recours pour le gouter. (*Bernoulli Opera*, Tom. I. *Dissertatio de Effervescentia & Fermentatione*.

Les Médecins prétendent que la digestion des alimens dans l'estomach se fait par la *Fermentation*, & cela par la limphe, la bile, & le sel volatil des alimens. Selon qu'une de ces matieres domine, la digestion se fait avec plus ou moins de facilité, & nous nous en trouvons bien ou mal.

FET

FETES MOBILES. On appelle ainsi en terme de Chronologie Ecclésiastique, les Fêtes qui précédent ou qui suivent celle de Pâques, & qui sont dirigées par elle. Ainsi quand on connoît cette derniere Fête, les *Fêtes mobiles* sont déterminées. Pour avoir cette premiere connoissance & de-là la seconde, *Voïez* CALENDRIER.

FEU

FEU. L'un des quatre Elémens qui est chaud & sec. (Ac. Fr.) Cette définition ne donne guéres une idée du défini. En voici d'autres sur lesquelles le Lecteur pourra fixer son choix, supposé qu'il s'en trouve quelqu'une qui puisse le satisfaire.

Selon *Lactance*, le P. *Casat*, & *Pourchot*, le *Feu* est la lumiere. Et qu'est-ce que la lumiere ? c'est le *Feu*. Voilà ce qu'on appelle définir une chose par une chose non définie. Le second sentiment est qu'il n'y a point de *Feu*, & que tout est *Feu*. Expliquons-nous. Le *Feu* n'est que la matiere divisée en de particules infiniment petites. Ainsi toutes les particules de la matiere, de quelque nature qu'elles soient, peuvent se changer en *Feu*, pourvû qu'elles puissent recevoir assez de mouvement, ou qu'elles puissent être divisées en des particules assez petites. Ce mouvement est occasionné, selon *Descartes*, par la matiere du premier élé-

ment. C'est de son opinion, dont je parle, pour m'en rapprocher davantage je dois dire, que le *Feu*, suivant ce Physicien, n'est que le résultat du mouvement & de l'arrangement ; que toute matiere, réduite en matiere subtile par le frottement, peut devenir ce corps de *Feu*, & que cette matiere subtile, qu'il appelle son premier élement, est le *Feu* même. Quoique *Newton* ne se soit pas absolument expliqué sur la nature du *Feu*, & qu'il soit presqu'en tout opposé à *Descartes*, il paroit cependant dans son *Optique* qu'il ne s'écarte pas de son sentiment. (*Voïez* son *Optique* seconde Edition.)

M. *Niewentit* croit que le *Feu* est un fluide particulier comme l'eau, l'air, qui de même que ceux-ci s'attache à plusieurs corps. Le *Feu*, suivant cet Auteur, a & conserve toujours sa propre essence, quoiqu'il ne brûle pas toujours. Pourquoi ? C'est que toutes les matieres ne sont pas combustibles. Une preuve, ajoute-t-il, que le *Feu* est un être propre, c'est que nous voions que toutes les parties de l'air en général n'entretiennent pas le *Feu*, & qu'il a des alimens particuliers. Il combat l'hypothese précédente par ces raisons. S'il ne falloit qu'un mouvement très-rapide pour réduire tous les corps en *Feu*, par quelle raison l'eau devient-elle plus froide au lieu de s'échauffer ? On pourroit répondre à cela qu'elle est incombustible.

Une autre opinion, qui a beaucoup de Partisans, est celle de M. *Boherhave*. Deux des plus célébres sont le fameux M. de *Voltaire*, & l'illustre Madame la Marquise du *Châtelet*. Dans leurs Ouvrages qui ont été présentés à l'Académie des Sciences, pour concourir au Prix de ladite Académie, sur la nature & la propagation du *Feu*, (*Voïez Dissertation sur la nature & la propagation du Feu*, & *Essai sur la nature & la propagation du Feu*. Ces Pieces sont jointes avec celles qui ont remporté le Prix sur cette matiere,) elle est exposée, soutenue, autant qu'elle peut l'être. De plusieurs preuves qu'établit Madame du *Châtelet*, elle conclud, que le *Feu* est un être d'une nature mitoïenne, qui n'est ni esprit, ni matiere, ni espace.

Newton conjecture que le *Feu* est un corps échauffé à tel point, qu'il jette de la lumiere en abondance ; car un fer rouge & brûlant n'est autre chose que du *Feu*. Et qu'est-ce qu'un charbon ardent, si ce n'est du bois rouge & brûlant ? (*Traité d'Optique* quest. 9.) *Voïez* encore FLAMME.

» Le *Feu*, disent d'autres Physiciens, est » un corps composé de matiere subtile & » de particules grossieres agitées par la ma- » tiere subtile, & en tout sens d'un mou-

» vement rapide & en tout sens, d'un mou-
» vement de centre de vibration «. (*Voïez*
les *Entretiens Physiques* par le P. *Regnault*,
Tome I. & le *Cours de Physique* d'*Har-
foeker.*)

Je terminerai ces définitions par les sentimens des trois Auteurs qui ont partagé le
Prix de l'Académie sur la nature du *Feu*.

Dans l'Ouvrage de M. *Euler* on lit, que
le *Feu* n'est autre chose que l'explosion d'une
matiere parfaitement élastique, infiniment
plus subtile que l'air, & distincte de l'éther.
Afin qu'un agent ou une force puisse exciter
le *Feu*, il faut qu'elle soit telle qu'elle puisse
faire faire éruption à ces particules (*Dissertatio de igne in qua natura & proprietates ex-
plicantur, A Leonardo Eulero.*) Il est dit
dans la seconde piece que le *Feu* est un mixte
composé de sels volatils ou essentiels de soufre, d'air, de matiere éthérée, communément mêlé d'autres substances héterogenes,
de parties aqueuses, terrestres, métalliques,
& dont les parties désunies sont dans un
grand mouvement de tourbillon. L'Auteur
de ce système (le P. *Lozeran de Fiesc* Jésuite,)
fait voir que là où ces matieres se trouvent
il y a du *Feu*. 1°. De la limaille de fer & de
soufre en poudre étant mêlée avec de l'eau
(à égale quantité) fermente & s'enflamme;
parce qu'il y a dans ce mêlange (qu'on fait
en pâte) du soufre, des sels vitrioliques, de
l'air, de la matiere éthérée, des parties
aqueuses, & des parties terrestres. 2°. Un
mêlange de l'huile essentielle de plantes aromatiques avec de l'esprit de nitre bien pur
s'échauffe & s'enflamme. Il se trouve encore
là des sels de nitre & des soufres de plantes
aromatiques, du flegme avec beaucoup d'air
& de matiere éthérée. 3°. Du charbon pul-
vérisé, jetté dans un creuzet où on a fait fondre du salpêtre, produit une grande flamme
avec une détonation. Avant qu'on y jette du
charbon, le salpêtre ne donne point de
flamme. Le charbon seul ne donne qu'une
petite flamme bleue. Le mêlange de l'un &
de l'autre donne une grande flamme. On reconnoît encore ; 1°. que dans tous les *Feux*
on trouve des sels, des soufres, de l'air,
& de la matiere éthérée mêlés ensemble ;
2°. que par-tout où l'on trouve ce mêlange
on trouve du *Feu* ; 3° que là où quelqu'une de
ces sustances manque il n'y a point de *Feu*.
Donc le *Feu* n'est qu'un mixte, composé
de sels essentiels, ou de sels volatils, de
soufre, d'air, & de matiere éthérée. (*Voïez*
l'Ouvrage ci-dessus indiqué.)

M. le Comte de *Crequi*, troisiéme Auteur
dont l'Ouvrage a été couronné, veut que le
Feu » ne soit autre chose que la dissolution

» des corps par un agent invisible, qui est
» le double cours & qui communique son
» mouvement lorsqu'il y a obstruction à la
» pénétrabilité diametrale & reciproque de
» deux courans «. (*Explication de la nature
du Feu & de sa propagation.*)

Il y a dans la plupart de ces définitions
quelque chose de vrai. Mais où est-il ce vrai?
C'est une question à laquelle je ne repon-
drai surement pas, & à laquelle on ne satisfera pas de long-tems si l'on ne s'attache
pas à poursuivre le *Feu*, par de nouvelles
expériences. Une théorie du *Feu*, où seront
développées les propriétés de cet élement
pourra aider ceux qui voudront entreprendre
ce travail. C'est autant dans cette vûe que
j'entreprends de faire connoître les principales de ces propriétés, que pour remplir le plan
de cet Ouvrage. Voïons comment le *Feu* se
développe.

2. 1°. Le *Feu* se manifeste par le frottement.
Un fusil d'acier frotté contre une pierre fait
naître des étincelles, qui reçues sur du linge
desseché l'embrasent. Qu'on prenne deux
morceaux de bois, dont l'un, qui est plat, est
percé d'un petit trou ; qu'on aiguise l'autre
à la mesure de ce trou & qu'on l'y place. En
roulant ce dernier bâton entre les mains,
comme quand on fait du chocolat, le frottement violent de la surface convexe du bois
pointu, contre la concave du bois percé,
fait d'abord de la fumée à laquelle le *Feu*
succede. (Cette maniere d'allumer du bois
est des Orientaux.) Deux morceaux de bois
de *Bambou* (bois des Indes) frottés tout
uniment l'un contre l'autre donnent du *Feu*,
&c. 2°. La fermentation donne aussi du *Feu*.
(*Voïez* FERMENTATION.) Et 3°. cet élément se manifeste par la réunion des raïons
du soleil avec un miroir ardent. (*Voïez* MI-
ROIR ARDENT.)

Après avoir ainsi donné naissance au *Feu*,
on reconnoît qu'il s'attache à tous les corps,
pourvû que ces corps renferment en eux
quelques-unes des matieres dont j'ai parlé ci-
devant, je veux dire du nitre, du soufre, &c.

Outre ces alimens l'air est le premier mobile. Si l'air ne circule pas dans ces parties
enflammées, elles dégenerent bien-tôt en
charbon & s'éteignent insensiblement. Aussi
pour étendre sa propagation on pousse avec
des soufflets l'air, qui par son élasticité, ranime l'embrasement & le met en possession
d'une plus grande quantité de matiere. De-
là il suit que pour entretenir du *Feu* il faut
trois choses. 1°. Des matieres ignées ; 2° un
corps ; 3° de l'air. Quand on manque de
l'une de ces trois choses le *Feu* disparoît,

3. C'est beaucoup de pouvoir donner l'être

lu *Feu* & de le conferver : mais il eft quelquefois bien important de le favoir éteindre. Par ce que j'ai dit tout à l'heure, on juge aifément qu'il n'y a qu'à fupprimer l'un de ces trois agens, qu'on vient de voir; ce qui fe fait en arrêtant la circulation de l'air. Quand le *Feu* prend à une cave, on n'a qu'à boucher tous les foupiraux : il eft bien-tôt éteint. Le *Feu* eft-il à une cheminée ? un drap mouillé étendu devant la cheminée, ou une botte de foin mouillée placée dans le tuïau, prévient l'incendie. Qu'on tire encore un coup de fufil dans le tuïau, afin de caufer une grande commotion & une dilatation à l'air; le *Feu* difparoît fur le champ, pourvû que le coup ait été affez violent, pour fuffoquer en quelque forte la circulation de cet élément. Sur ce principe, les Allemands ont imaginé un moïen affuré d'éteindre le *Feu* dans les incendies. Ce moïen paffa en France pendant quelque tems pour un fecret extraordinaire. Meffieurs de l'Académie Roïale des Sciences furent invités à être témoins de l'expérience, qui fut faite dans une cave & dans une efpece de baraque, bâtie à l'avant-cour des Invalides.

La baraque étoit conftruite fur un plan quarré, dont chaque côté avoit environ 18 pieds. Sa hauteur étoit de 10 pieds; & la flamme étoit répandue de tous côtés dans la cave & dans cette efpece de maifon. Les Allemands fe préfenterent, & diffiperent tout à coup ce grand embrafement.

Dans un baril plein d'eau environ de 22 pouces de hauteur & de 13 pouces de diametre, étoit fufpendu au milieu une boete de fer blanc cilindrique de 4 pouces de diametre, contenant deux livres de poudre à canon. La boete étoit terminée par un long col qui alloit traverfer un des fonds du baril. Une fufée, enfermée dans ce long col, portoit le *Feu* de dehors en dedans. Aïant allumé la fufée, on pouffa le baril auffi avant dans l'incendie qu'il fut poffible. Bien-tôt la boete & le baril creverent, & la flamme s'éteignit tout à coup. Pourquoi ? Parce que la circulation de l'air fut interrompue. Car la poudre allumée aïant brifé la boete; défoncé le baril; fait fauter les cercles, & lancé de toutes parts une infinité de jets d'eau, comprima à la ronde l'air circonvoifin; refferra la flamme de l'incendie par fa preffion; la détacha & lui fit quitter prife. L'eau difperfée fur cette flamme acheva de l'étouffer. En humectant les corps combuftibles elle défunit le cours des matieres ignées qui les dévoroient. Il y a plus : comme elle prend la place de ces parties, elle empêche l'air de les pénétrer. (*Voïez* les *Mémoires de l'Académie*, ann. 1722.)

On prétend qu'il y a un animal appellé *Salamandre*, qui ne craint pas le *Feu*. Pendant long-tems on a douté du fait, qui véritablement eft incroïable. Cependant quand on fait de quelle façon cette bête fe garantit de l'ardeur de cet élément, on eft plus crédule. M. *Stenon*, grand anatomifte, a rapporté l'expérience qu'avoit fait le Chevalier *Corvini* fur ce fujet, dans le *Journal des Savans* de 1667, mois d'Avril. Une Salamandre qu'on difoit apportée des Indes lui fut préfentée. Il la jetta dans un grand brafier. L'animal s'enfla d'abord, & vomit une matiere liquide, dont elle éteignit les charbons circonvoifins. Par ce moïen elle fe garantit du *Feu*, en éteignant avec la même matiere les charbons lorfqu'ils fe rallumoient. On affure qu'elle fe tint ainfi au milieu du *Feu* pendant deux heures & qu'elle vécut encore neuf mois après.

4. Créer un élément & l'anéantir, en quelque forte quand on veut, font deux actions qui paroiffent excéder les forces humaines. Cependant on vient de voir avec quelle facilité nous pouvons donner naiffance au *Feu*, le conferver & le détruire. Refte encore à favoir en tirer parti en ménageant la matiere qu'il confume.

C'eft ici l'art de donner beaucoup de chaleur avec peu de *Feu*; d'accroître l'ardeur de cet élément, & de fe rendre maître de fes raïons pour les ramener à tel ou tel ufage. Là-deffus les Phyficiens ne fe font pas affez exercés à mon gré. On fe contente de fe chauffer en faifant grand *Feu*, fans s'embarraffer fi un moindre *Feu* ne produiroit pas le même effet. Il femble qu'on appréhende de fe jouer avec cet élément. Les Savans, comme les Financiers, ont le même foïer; & l'on voit peu de *Feux philofophiques*, où regne une fage œconomie, que le Philofophe doit toujours rechercher, même au milieu d'une grande opulence. Le feul Ouvrage où j'ai vû manier le *Feu* avec art, eft celui de M. *Gauger* intitulé : *La Mécanique du Feu, ou l'art d'en augmenter les effets & d'en diminuer la dépenfe*. C'eft un excellent Livre où l'on trouve des réflexions, des expériences & des raifonnemens tout-à-fait utiles.

Après avoir établi plufieurs principes tirés de la Dioptrique, ce Phyficien prouve qu'on peut échauffer une chambre en trois manieres. 1°. Par les raïons directs du *Feu*; 2°. par les raïons réflechis; 3°. par une efpece de tranfpiration, en tranfmettant la chaleur à travers quelque corps folide dans lequel il eſt enfermé. De ces trois façons M. *Gauger* a épuiſé les deux premieres. Celles-ci deman-dent un *Feu* à l'air & par conſéquent des cheminées propres à réunir les raïons directs, & à ramaſſer & renvoïer efficacement les réflechis. La derniere façon dépend de la conſtruction des Poeles, dont tout l'artifice conſiſte à faire circuler le *Feu* dans leur in-térieur en y faiſant différentes cellules. Pour les cheminées M. *Gauger* déſapprouve hautement la conſtruction de celles qui ſont en uſage. Il donne de nouvelles regles par leſquelles non-ſeulement on échauffe une grande chambre avec peu de *Feu*, & même une ſeconde; mais encore 1° on augmente & on diminue la chaleur, ſans augmenter ni diminuer le *Feu*; 2° on fait venir con-tinuellement un air chaud juſques à ſoi quel-qu'éloigné qu'on ſoit du *Feu*; de maniere qu'on peut, étant aſſis dans le coin d'une chambre, être auſſi bien chauffé que ceux qui ſont tout proche de la cheminée; 3° on baſſine & on chauffe ſon lit dans le tems même qu'on eſt couché; 4° on reſpire un air nouveau, & à tel dégré de chaleur que l'on veut; 5° on conſerve la chaleur dans une chambre pendant la nuit après que le *Feu* eſt éteint; 6° on ne reſſent jamais de fumée; enfin 7°, on éteint ſeul & en un moment le *Feu* qui auroit pris dans le tuïau de la che-minée. Je ſupprime bien d'autres utilités qu'ont les cheminées de M. *Gauger*. Je m'at-tache aux eſſentielles, & je ſuis perſuadé qu'elles piquent la curioſité du Lecteur. Je dis plus, qu'elles l'étonnent. En effet, tant de merveilles paroiſſent un peu forcées. Pour moi, lorſque je lus ces avantages, j'eus de la peine à me perſuader que M. *Gauger* tînt tout ce qu'il promettoit. Ceux, qui n'auront pas lu ſon Ouvrage, feront aſſurément dans le même cas. Raſſurons-les; & en faveur d'une nouveauté ſi importante, & du bien public donnons une idée de ces cheminées.

A voir le détail précédent, on croiroit volontiers qu'il eſt queſtion ici d'un grand attirail & d'une conſtruction extrêmement compliquée. Déſabuſons-nous. Une chambre diviſée par languettes, couverte d'une plaque de tole ou de cuivre courbée, & diſpoſée d'une maniere qui n'a rien que d'agréable à la vûe; une petite trape au milieu du foïer & une autre dans le haut du tuïau. Tel eſt tout l'artifice des nouvelles cheminées. La figure que j'en donne ici (Planche XXVIII. Figure 254.) offre aux yeux ces parties, qu'une legere explication fera ſuffiſamment con-noître.

A Q E D c'eſt la chambre dont je viens de parler, c'eſt-à-dire, faite au fond de la cheminée, dans laquelle ſont des languet-tes L, L, L, L en haut & en bas, qui la di-viſent en de petites cellules. Un tuïau eſt pratiqué dans le jambage G, communiquant dans ce vuide d'un côté, & dans une cour ou à la rue de l'autre. Cela ſe couvre par une plaque de tole ou de cuivre; elle forme un contour parabolique déterminé par la ligne B C E, qui fait le fond de l'âtre & qui doit être parabolique. Cet âtre eſt l'eſpace B T E C, au milieu duquel eſt une trape T, dont je parlerai en ſon lieu. Avant que d'aller plus loin, faiſons du *Feu* à notre cheminée, & voïons l'uſage des cellules.

1°. Lorſque l'air renfermé derriere la cheminée eſt échauffé par le *Feu* de l'âtre, il ſe dilate & forme un vuide, qui attire, ou que vient remplir l'air de dehors qui paſſe par le tuïau K. Il entre dans ces cellules; y circule, comme on le voit dans la figure; paſſe dans le chambranle D E, qui eſt per-cé en F, & ſe répand dans la chambre. Or l'air n'a pas pû faire tout ce chemin ſans s'échauffer. Il ſort donc chaud par l'ouverture F, & échauffe par conſéquent la chambre. En adaptant à ce trou un tuïau, on conduira cet air chaud dans un lit pour le baſſiner, ou dans tel autre endroit que l'on voudra. Et voilà l'uſage de la chambre & des cellules.

Mais cet uſage a-t-il les avantages qu'on lui donne? Pluſieurs perſonnes, frappées de cette utilité, ont fait conſtruire de pareilles cheminées, & ne ſe ſont point apperçues que cet air chaud ſe manifeſtât au dehors. Pour-quoi cela? c'eſt qu'un air dilaté par la cha-leur perd ſon reſſort, & dès lors n'a plus de mouvement. Un air n'eſt vif & animé qu'au-tant qu'il eſt frais & élaſtique. Sans cette qualité il eſt comme mort: grande rarefac-tion, mais point de mouvement. Et quand il y en auroit, l'air, par la violente dilatation cauſée par le *Feu*, eſt en ſi petite quantité qu'on ne doit point s'en appercevoir.

2°. Le même tuïau K eſt continué dans le chambranle A B ſuivant la direction G B T; autre tuïau qui communique dans la trape. Cette trape eſt un trou fait en trapeze pra-tiqué au milieu de l'âtre, qu'on ferme avec une porte de tole, qui s'ouvre en dehors au moïen de deux eſpeces de gonds dans leſquels elle tourne. L'air de dehors vient dans cette trape, comme il entre dans ces cellules, & forme en ſortant un ſouffle qui donne ſur les charbons, & qui les allume quelque peu embraſés qu'ils ſoient. Cette trape doit donc allumer aiſément & promptement le *Feu*,

& empêcher par-là la fumée. C'eſt auſſi là tout ſon uſage. Cette trape, appellée *Souf-flet*, parce qu'elle en fait l'office, eſt de l'in-vention de M. *Perrault*. (*Voïez l'Architectu-re de Vitruve.*)

3°. Voilà un avantage bien grand des nouvelles cheminées. En voici un au-tre qui ne lui cede en rien. J'ai dit que la tole devoit former une ſurface parabo-lique, & lorſque je l'ai dit j'avois mes rai-ſons. Il s'agit maintenant de rendre les raïons réfléchis du *Feu*, dont il a été queſ-tion plus haut, auſſi efficaces qu'ils peuvent l'être. La parabole produit cet effet. Il eſt démontré que tous les raïons qui partent du foïer d'une parabole & qui tombent ſur ſes côtés, ſe réfléchiſſent parallelement à ſon axe. Ainſi tous les *raïons du Feu* ſeront réfléchis dans la chambre. Il n'en faut pas davantage pour en tirer tout l'effet qu'il peut produire.

J'ai promis un troiſiéme avantage & mê-me un quatriéme des nouvelles cheminées : c'eſt de les empêcher de fumer, & de pou-voir éteindre promptement le *Feu* qui ſe ſeroit emparé du tuïau. Ceci ne regarde plus la partie de la cheminée qui eſt dans la cham-bre. C'eſt au tuïau ſeul qu'il faut s'adreſ-ſer ; & c'eſt là que nous allons fixer notre attention.

4°. Sans nous arrêter à la méthode de *Paduanus*, qui veut ſe garantir de la fumée en mettant au haut du tuïau des demi quarts de ſpheres en forme de demi chaudrons, qu'il appelle des *Tabourins*, qui dirigés là par une girouette tournent toujours du côté du vent, & l'empêchent d'entrer dans le tuïau ; à celle de *Serlio*, de *de Lorme* & de *Deſcartes*, dont le principe eſt de couvrir les chemi-nées en chapiteaux, en laiſſant des ouver-tures aux côtés ; à l'uſage des petites tours quarrées appellées *Carmelites*, ſuſpendues aux côtés des cheminées qu'on ouvre par-deſſus & par-deſſous, afin que le vent, ve-nant à s'engouffrer d'un côté, aide la fumée à en ſortir par le côté oppoſé ; ni enfin à ce conſeil vague de *de Lorme*, de les tourner comme il faut : nous ſuivrons une meilleure route. C'eſt celle de M. *Gauger*. Au haut du tuïau de la cheminée il place une eſpece de baſcule, diſpoſée de maniere que la cheminée ſoit toujours couverte par-deſſus, & fermée du côté que vient le vent par le moïen de l'un des deux fils d'archal qui ſer-vent à l'abaiſſer ou à l'élever du côté qu'il eſt néceſſaire. Quoique cette façon ſoit pré-férable aux autres, elle eſt cependant ſu-jette à bien des inconvéniens. M. *Gauger* ne le diſſimule pas. D'où il faut conclure

que l'art eſt ici en défaut, & que l'homme eſt né pour ſouffrir des déſordres (ſi l'on peut parler ainſi) de la nature. Au reſte la baſcule de M. *Gauger* a un avantage qui lui eſt particulier : c'eſt qu'en la fermant on éteint le *Feu* noutri par la ſuïe de la che-minée.

M. *Gauger* ne s'étoit pas borné, lorſqu'il travailloit ſur le *Feu*, à la perfection des cheminées. Les poeles fixerent auſſi ſon at-tention. Voici la conſtruction qu'il en preſ-crit.

La figure 302 (Planc. XXVIII.) repréſente le nouveau poele. Il ne differe des poeles ordinaires qu'en ce qu'on adapte, outre le tuïau ordinaire, un tuïau ON MFG, appliqué ſur les quatre faces, & qui l'entou-re en faiſant une révolution ſur ſon extérieur depuis M juſques en G, ſuivant une cer-taine inclinaiſon. Ce tuïau eſt ouvert en G. La partie ſupérieure du tuïau ſcellée dans le mur, le traverſe & communique en plein air par un entonnoir O.

Le poele ainſi conſtruit a ces avantages. Lorſque le *Feu* y eſt allumé l'air entre par l'ouverture extérieure de l'entonnoir & deſ-cend par le tuïau ON M. Cet air ſe trou-vant forcé de circuler autour du poele, s'é-chauffe, ſort par l'ouverture D, & vient échauffer l'air de l'appartement où le poele eſt placé. Une ouverture pratiquée dans le mur, donne iſſue à cet air qui s'échappe. L'air extérieur vient le remplacer : ce qui forme une circulation d'un nouvel air tou-jours ſain & toujours agréable.

M. *Gauger* content de cette conſtruction, prétend qu'avec la même mécanique, un même poele peut échauffer deux apparte-mens à la fois. Mais il convient que cet avan-tage n'eſt pas bien conſidérable. Auſſi s'en tient-il au premier, en ajoutant que des poe-les tels que le ſien, placés de diſtance en diſtance dans les ſales d'Hôpitaux qui ſe-roient bien fermées, y pourroient toujours fournir un nouvel air qui deviendroit ſain pour les malades, (*Voïez* les *Machines & in-ventions approuvées par l'Académie*, par M. *Gallon*, *Tome IV. page* 15.) Tout cela eſt ingénieux. Mais cette circulation eſt ici une pure hypotheſe comme aux cheminées.

5. Il eſt tems de faire connoître l'origine du *Feu*, autant que cet origine eſt connue. C'eſt par-là que je terminerai cet article.

Les hommes dans les premiers tems de la création de l'Univers, vivoient ſelon *Vitru-ve*, comme des bêtes feroces. Ils habitoient triſtement dans des cavernes (*Voïez* Archi-tecture civile); ſe craignoient les uns les autres & ſe faiſoient une guerre continuelle. Un jour il arriva que par un vent fort véhément les branches des arbres d'une forêt s'étant violemment frottées les unes contre les autres, elles produifirent du *Feu*. Ce *Feu* fit du progrès dans cette forêt & l'embrafa. Les premiers qui s'en apperçurent en furent effraïés. Ils s'enfuirent. Quelques jours après la violence du *Feu* aïant diminué par la confommation des arbres, on devint plus hardi, & on s'approcha de l'incendie. Rien ne parut funefte dans cette approche. Une douce & agréable impreffion annonça un effet merveilleux de la part de cet élement, qui avoit d'abord caufé tant d'épouvante. La renommée publia bien-tôt cette découverte. Et chacun à l'envi les uns des autres voulut en être témoin. On vint de toutes parts au lieu de l'incendie. On mit les armes bas, dans la vûe de prendre des mefures pour conferver un être qui diminuoit toujours faute d'alimens. Des liaifons fe formerent, & on vit pour la premiere fois un reglement. Celui-ci donna lieu à d'autres, qui diffiperent les mœurs farouches & barbares dont le cœur humain étoient auparavant infecté. C'eft donc au *Feu*, dit *Vitruve*, qu'on doit les premiers rudimens d'un fage gouvernement. (*Architecture*, *L. I. Ch.* 1.) Comme je ne garantis pas cette hiftoire, je ne réponds pas de cette conféquence.

FEU D'ARTIFICE. Repréfentation d'une ou de plufieurs figures compofées de toutes fortes de feux qui forment un fpectacle agréable. C'eft ordinairement pour des couronnemens des Rois, des jours de naiffance de quelque perfonne chere à un Etat, des victoires, des levées des fiéges, des réjouiffances publiques, des fêtes de paix, & des fêtes galantes particulieres qu'on en fait. On comprend bien que ces circonftances déterminent l'ordonnance des *Feux d'artifice*. Auffi dans la difpofition des *Feux*, il ne fuffit pas de favoir préparer & arranger avec de juftes proportions toutes fortes de feux, comme des fufées, des balles à feu, des roues à feu, des foleils, &c. Pour former un fpectacle brillant, il faut encore divifer & ordonner, felon les regles d'Architecture, un bâtiment qui forme le corps d'artifice rapporté à la fête pour lequel il eft élevé, en caracterifant cette fête par des ornemens hiftoriques enrichis de devifes & d'emblêmes. Tout cela fait voir que l'art de la conftruction des *Feux d'artifice* dépend du goût. Mais n'y a-t-il pas quelques regles qui puiffent diriger dans cette conftruction? *Simienowicz* en a donné plufieurs, entre lefquelles il préfere celle-ci : c'eft qu'il n'y ait aucune *particule dedans ni fur le bâtiment*

deftiné à porter tout l'artifice, *qui ne foit occupée de quelque Feu artificiel ; afin qu'aucune* de fes parties, n'en foit dépourvue. Le but de cela eft de faire paroître ces parties & d'avoir un feu fucceffif & continuel.

Il faut avouer que ce précepte eft beau & bon : mais il eft dangereux. *Simienowicz* ne le diffimule pas. Il dit lui-même, pour en avertir le Lecteur, qu'il a vû plufieurs *Feux d'artifice* compofés fuivant cette méthode, dont le fuccès n'a pas été heureux. La plupart s'embrâferent tout à coup, brûlerent une partie des Artificiers, & eftropierent un grand nombre des Spectateurs.

Ces inconvéniens ont fait rejetter, comme de raifon, cette trop belle maniere de *Simienowicz*. Et tout de fuite on a pris une route tout-à-fait oppofée. J'ai dit autre part que l'homme donne volontiers dans des excès. En voici une autre preuve. Bien loin de raffembler les artifices, on les difperfe jufques hors du théâtre. Entre ces deux extrêmes il y a un milieu à prendre, & ce milieu doit être dicté par le goût & le genie. Une chofe effentielle eft cependant à obferver : c'eft de difpofer les artifices de maniere que leurs effets produifent une grande variété de fpectacle, & tout au moins trois fcenes différentes.

A l'exemple de M. *Frezier*, je ne propoferai point ici des idées de variations d'arrangemens & de fucceffions d'artifices. Seulement je me contenterai de décrire quelque beau *Feu d'artifice* qui pourra donner une idée de plufieurs autres en le décompofant, & celle d'un grand fpectacle fi on veut le confiderer en total. Parmi tous les *Feux* qu'on a exécutés à l'occafion des dernieres fêtes de la Paix, il y en a peu qui n'aient fixé mon attention. Celui que j'ai vû à Paris faifoit honneur à ceux qui l'avoient ordonné & aux Artificiers qui l'avoient conduit. Comme les Auteurs du *Mercure* de France en ont fait une mention honorable dans cet Ouvrage périodique, il eft affez connu. Il n'en eft pas de même du magnifique *Feu d'artifice* qui fut tiré à la Haye le 13 Juin 1749. Auffi m'attacherai-je à le décrire. La variété des artifices dont il étoit enrichi, offre un riche affemblage des plus belles compofitions. L'art de ce *Feu d'artifice* décele bien la grande joïe qu'ont reffenti les Hollandois de la conclufion de la Paix générale.

Trois mille huit cens cinquante pieux enfoncés à 18 pieds de profondeur dans le vivier de la Haye foutenoient un théâtre, dont la largeur de droite à gauche étoit de 330 pieds & la profondeur de 111. Au milieu de ce théâtre étoit élevé fur dix grandes colonnes le Temple de la Paix, large de 18 pieds, long de 53, & haut de 100. Ce Temple étoit orné de colonnes, de statues, de tableaux, d'inscriptions, de bas relief, &c. A droite & à gauche, des portiques ou colonnades formoient deux allées composées chacune de 20 colonnes, entourées de festons & remplies d'artifices depuis les bases jusques aux chapiteaux. Deux pavillons, qui terminoient les portiques, étoient également ornés. Ces pavillons étoient surmontés de pyramides garnies de quantité de balons, Quatre cens quatre-vingt lumieres, sur le devant desquelles paroissoit un cadran, éclairoient ces pavillons ausquels étoient suspendus dix grands lustres dorés. Tout l'édifice étoit marbré de différentes couleurs ; & les ornemens étoient relevés en or.

Au sommet du Temple une figure représentant la Renommée étoit assise sur un nuage. Sa main droite portoit un glaive nud, & elle tenoit sept fleches de la main gauche. Un soleil de feu formoit une gloire brillante autour de la tête de cette figure. Douze belles statues représentant le Secret, la Religion, la Liberté, la Force, l'Equité, la Vertu, la haute Naissance, les Sciences, les Arts, la Prospérité & la Gratitude, avec leurs attributs & les inscriptions relatives au sujet, distribués autour de ce Temple, caracterisoient les douceurs & les compagnes de la Paix, comme aussi la Politique & la puissance des Provinces Unies. Enfin pour donner le dernier trait de l'imagination du Peintre & de l'Architecte, on avoit orné la face de cet édifice de plusieurs tableaux allégoriques illuminés, & on avoit marbré tout l'édifice de différentes couleurs relevées par des filets d'or. Plusieurs artifices étant dispersées dans la plate forme, qui étoit entourée d'une balustrade composée de 600 balustres garnis d'un grand nombre de balons, le signal fut donné par une girandole composée de 600 fusées.

A l'instant les aiguilles des cadrans, qui étoient aux faces de chaque pyramide, tournerent & embraserent le cadran. Après leur révolution, des soleils de 15 pieds de diametre parurent sur les autres faces, & du sommet de ces pyramides partirent différens artifices, qui avoient été enfermés dans des vases dorés. Tandis qu'un feu rouge (contrasté par des lampions de différentes couleurs, portés par des chandeliers que tenoient des groupes d'enfans reposés sur des piedestaux) qui regnoit autour de la balustrade éclairoit la plate forme, des Lions couchés vomissoient feu & flames. Des moulinets ou roues à feu tournant en trois sens différens

& opposés formoient parmi ces lumieres colorées un éclat brillant. Et différens pétards, pots à feu & serpentaux, qui se déchargeoient dans le vivier, interrompoient cette agréable clarté, & la rendoient moins uniforme ou plus saillante. Une cascade de feu tomboit par dégrés dans le vivier. Trois fontaines de feu, élevées en pyramide au milieu de ce vivier chacune à trois bassins, du centre desquelles partoit un gros jet de feu, qui s'épanchoit d'un bassin à l'autre jusques dans le vivier ; deux autres grandes fontaines jettant des balons attiroient le regard des Spectateurs, lorsque parurent trois rangs de grosses fusées rangées autour du Théâtre qui prirent feu successivement, croisées tout à coup dans l'air où elles planoient, par de grandes boules remplies de toutes sortes d'artifices. Ces boules partoient de quatre cens petits mortiers de 8 à 16 livres. Le spectacle soutenu par diverses girandoles, dont les moindres étoient composées de 200 fusées, & les plus fortes de 600, fut terminé par 15 mille fusées & quelques autres artifices à peu près de même genre. Ce magnifique *Feu d'artifice* dura une heure & demi. (M. *Frezier* a décrit dans son *Traité des Feux d'artifices*, III. *Part.* les beaux feux qui furent exécutés à Paris & à Versailles à l'occasion de la Paix de 1739, & à celle du Mariage de Madame Premiere de France.)

2. C'est aux feux de joie qu'on doit la naissance des *Feux d'artifice*. Il faut donc remonter à l'origine de ces premiers pour avoir celle de ceux-ci. M. *Frezier*, qui a composé un discours sur cette origine, croit que le premier feu qui fut allumé pour une réjouissance, est celui qu'ordonna *Mardonius* lorsqu'il eut pris Athenes. Ce feu ne fut pas même petit. Il occupoit plus de 30 lieues, commençant à Athenes & finissant à Sardis. Mais étoit-ce là véritablement ce que nous appellons *Feu de joie* ? Si cela n'est pas, il faut rapprocher cette origine & consulter l'Histoire Romaine. On y trouve un modéle parfait des feux de joie. Le voici.

Après la conquête de la Macédoine, *Paul Emile* fit inviter les Princes de toute la Grece à une magnifique fête qu'il donna, dont les préparatifs durerent une année. Le tems étant venu, *Paul Emile* regala splendidement les Princes & les Grands ; réjouit le peuple par des spectacles, & se disposa à allumer un grand bucher dressé avec art, & composé des débris de toutes sortes d'armes & des dépouilles des vaincus. Il s'avança avec un flambeau allumé & mit le feu au bucher. Ensuite des Officiers Généraux de l'armée en firent autant chacun devant soi.

Aux feux de joïe fuccederent les illuminations, qu'on confidera d'abord comme un feu de joïe dont on prolongeoit la durée ; je dis fuccederent, parce que je prends l'origine de ces feux dans les tems les plus reculés ; dans ces tems, où comme nous l'apprenons de *Properce*, *Ovide* & *Horace*, l'on allumoit un bucher proprement arrangé & orné de fleurs, auquel on joignoit encore des parfums, en action de graces de quelque heureux évenement. Les Egyptiens font les premiers qui y ont donné lieu. Il étoit chez eux une fête appellée la *Fête des Lampes* qu'on célébroit ainfi dans toute l'Egypte & particulierement à Saip. Les Habitans étoient obligés d'allumer des lampes fur les fenêtres de leurs maifons, en aufli grande quantité que la faculté de chaque particulier pouvoit le permettre.

Les Egyptiens furent imités par les Grecs & les Romains, & d'une façon aufli générale. Ils allumoient une infinité de lampes à l'honneur de *Minerve*, de *Vulcain*, & de *Promethée*, en action de graces de ce qu'ils leur devoient ; à la premiere de ces divinités, l'huile ; l'invention des lampes à la feconde ; & le Feu à la troifiéme.

Les fêtes de *Bacchus* appellées *Lamptericæ*, étoient aufli célébrées par des illuminations qu'on égaïoit par du vin qui étoit diftribué aux paffans.

M. *Frezier*, à qui je dois ces traits hiftoriques, ajoute qu'il étoit une illumination folemnelle de cinq en cinq ans à l'honneur de *Februa* mere de *Mars*. Dans cette fête les Citoïens étoient obligés de tenir des flambeaux de cire allumés devant leurs portes, pour engager cette Déeffe à obtenir de fon fils la victoire fur les ennemis du Peuple Romain.

Voilà l'origine des feux de réjouiffance fans ornemens. Mais qui eft-ce qui a donné lieu aux décorations de ces feux ? On croit que c'eft aux édifices que les Grecs & les Romains élevoient pour les fpectacles qu'on les doit. M. *Frezier* n'y regarde pas de fi près. Il tient cette origine fort vague. Tout naturellement il penfe qu'on a voulu imiter par les décorations la magnificence avec laquelle ces Peuples ornoient leurs Cirques, leurs Hippodromes, leurs Théâtres & leurs Amphitéâtres. Sa premiere preuve eft qu'avant l'invention de la poudre, il y avoit des feux artificiels expofés fur des décorations de planches peintes, & qui avoient du mouvement par le moïen des machines, fuivant la defcription qu'en a donné *Claudien*. La feconde eft tirée des tournois & des carroufels qui fuccederent aux fpectacles & aux jeux ufités chez les

Anciens aux jours de grandes fêtes dans leur cirque. Comme ils élevoient là des obélifques, des ftatues & des décorations, on a imité ces ufages en élevant dans les places deftinées aux tournois & aux caroufels, qui tenoient lieu des cirques, des tours, des châteaux, des temples, des arcs de triomphe, des pavillons, des colonnes, des pyramides, des fontaines & des ftatues, au milieu & dans les angles des *Lices*. Ces édifices n'aïant d'autre utilité que d'embellir ces lieux, y fervirent dans la fuite à l'arrangement des illuminations ; jufques à ce que l'invention de la poudre à canon donna lieu à de plus beaux feux de joïe, ou pour mieux dire, à de beaux *Feux d'artifice*, dont il eft tems de fixer l'origine.

Quand on confidere que la poudre à canon fait tout le fond des *Feux d'artifice*, on n'héfite pas de fixer l'origine de ces feux à l'époque de l'invention de la poudre. Mais quelque bien fondée que paroiffe cette origine, elle n'en eft pas moins fauffe. Bien long tems avant la découverte de la poudre on faifoit des *Feux d'artifice* compofés de ferpentaux, de girandoles & même des efpeces de fufées volantes. *Philoftrate* raconte que dans le tems d'*Alexandre* le Grand, une Ville, voifine du fleuve Hyphefis près de l'Inde, paffoit pour imprenable & fes Habitans pour des parens des Dieux, parce qu'ils lançoient des foudres & des éclairs fur leurs ennemis. *Claudien*, dans la defcription qu'il fait des fêtes données au Public fous le Confulat de *Théodofe*, huit cens ans avant l'invention de la poudre, s'explique plus clairement. Après avoir parlé des machines & des décorations peintes qu'on avoit élevées dans le cirque, il dit, qu'on voïoit des feux qui couroient en ferpentant par-deffus les planches peintes fans les brûler ni les endommager, & qui formoient par des tours & des détours différentes circonvolutions en forme de cercle ou globe de feu. La chofe eft fi extraordinaire, que je crois devoir pour la fatisfaction du Lecteur & pour ma propre juftification, rapporter ici les propres termes de *Claudien*.

Varios effingat mulciber orbes
Per tabulas impune vagus, pictæque citato
Ludant igne trabes, & non permiffa morari
Fida per innocuas errent incendia turres.

Comment a-t-on pû faire de pareils *Feux d'artifice* fans connoître les effets du mélange du falpêtre, du foufre, du charbon, ou de quelqu'autre matiere équivalente ? M. *Frezier*, qui a fort fouhaité de pouffer jufques là fes recherches, avoue qu'il n'y comprend rien. Sur ce pied là les Anciens pourroient bien nous avoir dévancé dans plus d'une découverte. Quoiqu'il en soit, *Vanoccio*, Italien, qui a écrit sur l'Artillerie en 1572, fait honneur aux Florentins & aux Siennois de l'invention des *Feux d'artifice* sur des théâtres de bois, décorés de statues & de peintures, & élevés jusqu'à 71 pieds. Il ajoute qu'ils les illuminoient afin qu'on les distinguât de loin, & que les statues jettoient du feu par la bouche & par les yeux. Ces feux se faisoient annuellement à la fête de Saint Jean & à celle de l'Assomption. Cet usage qui passa de Florence à Rome, s'étendit aux fêtes de saint Pierre & saint Paul, & aux réjouissances des créations des Papes.

Quelque brillans que fussent alors en Italie les *Feux d'artifice*, ceux, qu'on faisoit en Espagne & en Flandres il y a environ 130 ans, n'étoient au rapport de *Diego Ufano* que des feux de joie fort simples, composés de quelques girandoles & autres artifices, accompagnés de quelques poteaux garnis de linges gaudronnés qui composoient l'illumination.

Les admirateurs des *Feux d'artifices* de la Comédie Italienne seront sans doute étonnés que je les ai oubliée dans cet article. Ce n'est point ici un oubli, car les feux qu'on exécute dans des lieux enfermés & couverts, ne s'appellent point *Feux d'artifice*. Leur nom est *Spectacle pyrique*. Voïez donc ce terme. MM. *Simienowitz*, *Belidor*, *S. Remi*, *Ufano*, *P. d'O*, & *Frezier*, ont écrit sur les *Feux d'artifice*.

FEU FOLLET. Certain météore qui paroît principalement dans les nuits de l'été, & en général dans des cimetieres, des prairies, des marais ou des fondrieres. Ce météore est formé par une substance visqueuse & grasse qui, s'allumant dans l'air, produit une flamme legere dans l'obscurité, sans avoir cependant aucune chaleur sensible; d'où l'on conclud que ce n'est qu'un phosphore. On le voit voltiger souvent près des rivieres, des haïes, &c. parce qu'il regne presque toujours dans ces endroits un flux d'air.

Il est des païs où l'on croit que ces petites flammes sont de malins esprits qui ont le pouvoir de courir, en conservant toute leur méchanceté & leur malice. Ces esprits exercent leur méchanceté sur les Voïageurs, en les éclairant : ils les conduisent dans des chemins détournés, & souvent dans des précipices.

D'autres personnes, aussi imbécilles que celles-là, s'imaginent que ces flammes s'approchent quand on leur fait signe, & qu'elles se retirent si l'on fait des imprécations.

On donne encore le nom de *Feu follet* à une petite flamme que l'on voit quelquefois sur la tête des enfans, sur les cheveux des hommes, & sur la criniere des chevaux lorsqu'on les peigne. C'est une espece de phosphore produit par les exhalaisons du corps, & qui s'attache aux cheveux à cause de leur onctuosité.

Les Anciens regardoient ce feu comme un feu sacré, qui étoit d'un bon augure sur la tête d'un enfant. *Virgile* apprend qu'*Anchise* regarda comme un présage heureux le *Feu follet* qui parut sur la tête d'*Ascanius* son petit-fils. (*Virg. Æneid. L. II.*) Et la mere de *Tarquin* l'ancien, pensa de même à l'égard de celui que l'on vit sur la tête de *Servius Tullius*.

FEU S. ELME. *Voïez* CASTOR & POLLUX.

FEVRIER. Nom du deuxiéme mois de notre année. Il a 28 jours dans les années communes, & 29 dans les bissextiles. Le soleil entre dans le signe des poissons le 18 de ce mois.

FIB

FIBRES. Terme de Physique. Petits filets ou filamens, dont on suppose que les corps élastiques sont composés. Leur élasticité consiste dans la puissance qu'elles ont d'être étendues ou allongées, & de revenir à leur premiere longueur lorsque la cause de leur allongement cesse de subsister. Cela est bientôt dit. Mais en quoi consiste cette puissance ? Les *Fibres* ont-elles intrinsequement une force élastique ? Non. A moins qu'on ne les étende avec un certain effort elle ne se manifeste guéres. Et quand on étend une *Fibre* avec une trop grande force, elle perd son élasticité.

La nature des *Fibres* est telle, qu'il est bien difficile d'en déterminer les allongemens ou les efforts. Cependant les Physiciens sont venus à bout d'acquérir les connoissances suivantes.

1°. Les moindres allongemens des mêmes *Fibres* sont l'un à l'autre (à peu près) comme les forces qui allongent ces *Fibres*. C'est pourquoi dans les moindres inflexions d'une corde ordinaire de musique ou d'un fil d'archal, la fleche augmente & diminue dans le même rapport que la corde est flechie.

2°. Dans les cordes de même espece, de même épaisseur, & qui sont également tendues, mais dont les longueurs sont différentes, les allongemens produits par des poids égaux, ajoutés à la force qui les tendoit déja, sont l'un à l'autre comme les longueurs des cordes.

3°. Si les forces qui tendent les *Fibres* sont égales, & que ces *Fibres* soient flechies

par des cordes égales, les flèches feront
auffi égales, quelque différence qu'il y ait
dans leur épaiffeur.

4°. L'allongement d'une *Fibre*, étendue
de quelque maniere que ce foit, fuit la proportion de la force allongeante.

5°. L'allongement d'une *Fibre* par une
certaine force fe fait fuivant cette proportion. Dans les cordes de même efpece, de même groffeur & également tendues, mais de
différentes longueurs, les allongemens qui
proviennent des poids égaux qu'on y a ajoutés, font entre eux comme les longueurs des
cordes.

6°. Les allongemens des *Fibres* de même
efpece, & de même groffeur, font en raifon
compofée de leur longueur & des poids qui
les allongent.

7°. Enfin les forces, qui allongent également les *Fibres* égales en longueur, ne font
pas entre elles comme les quantités de matiere dans les *Fibres*.

Par ces regles on voit combien la confidération des *Fibres* eft néceffaire dans la
Phyfique. Ajoutons à ce point de vue général deux utilités particulieres. C'eft que la
théorie des *Fibres* eft celle de la mécanique
du corps humain, & la bafe de l'art de la
corderie. Je vais expofer fuccintement cette
premiere vérité. La feconde étant plus analogue à la Phyfique, je la développerai avec
plus d'étendue.

2. Notre corps eft divifé en parties fluides &
en parties folides. Celles-ci font compofées
de *Fibres*. Les membranes, par exemple,
ne font autre chofe que des plans formés
par des *Fibres*. Ces plans forment d'abord
des pellicules extrêmement fines, dans lefquelles il n'y a que des *Fibres*. De ces pellicules repliées fe forment les vaiffeaux capillaires. Des vaiffeaux capillaires naiffent de
nouveaux plans membraneux, qui prennent
le nom de *tuniques* dans les vaiffeaux, d'*en-
veloppes* lorfqu'elles couvrent quelque partie, &c. Pour m'expliquer en moins de
mots, toutes les parties du corps, où il paroît
quelque mouvement, ont des *Fibres* ner-
veufes, qui, venant à s'allonger ou à fe raccourcir, produifent le mouvement de ces parties. Ces *Fibres* font réunies enfemble en un
corps ferme où elles font arrangées & féparées. Elles embraffent circulairement les
parties qu'elles meuvent, & leur mouvement eft appellé *compreffif* par les Anato-
miftes. Lorfque quelque partie de notre
corps eft mue, les *Fibres* s'allongent, & par
leur vertu élaftique fe remettent ou tâchent
de fe remettre dans leur état naturel. Plus
cette vertu eft grande, plus nos forces le

font auffi. J'ajoute que cette élafticité doit
être accompagnée d'une foupleffe; & je
conclud de cette addition, que cette foupleffe eft fur-tout néceffaire dans les *Fibres*
qui compofent les mufcles du cerveau pour
étendre ou faciliter & notre intelligence &
notre imagination. Car ces mufcles reglent
les mouvemens de la connoiffance fenfitive,
& font excités par quelque paffion. C'eft
dans les Traités d'Anatomie qu'il faut pui-
fer une plus grande connoiffance des *Fibres*
dans le corps de l'homme; & fur-tout dans
le Traité *De motu animalium spontaneo* de
Borelli. Je dois faire voir maintenant que la
théorie des *Fibres* eft la bafe de l'art de la
Corderie.

3. Pour faire une corde on joint des fils de
chanvre enfemble en les tordant afin qu'ils
s'entrelacent les uns dans les autres. Par ce
tortillement les *Fibres* du chanvre fe courbent; & voilà à l'inftant toute leur élafticité
en jeu. Toutes ces *Fibres*, ainfi courbées &
preffées les unes contre les autres, tendent
à fe redreffer, en formant un nombre infini
de petits refforts, qui fe pouffent mutuellement & qui travaillent à reprendre leur premiere fituation. Dès les premiers tours de
ces fils, cet effort fe manifefte. On fent qu'ils
veulent tourner dans la main en un fens oppofé à celui du rouet. Leur effort redouble
à mefure que le tortillement augmente. Bien-
tôt une feule main ne peut fuffire pour les
retenir. On eft obligé d'emprunter le fecours de l'autre. Et quelque grand que foit
l'effort avec lequel on réfifte au tortillement,
l'élafticité augmente au point qu'on eft obligé
de lâcher prife. A l'inftant les *Fibres* de ces
fils fe débandent avec une impétuofité fi
prodigieufe, que malheur à quiconque fe
trouve à leur paffage. Il n'eft point de coup
de fouet fi terrible.

L'élafticité des *Fibres* travaille donc à dé-
funir les fils de chanvre, dont une corde eft
compofée. Le foin du Cordier eft d'empêcher
ce mauvais effet. Si l'on pouvoit éviter ce
tortillement, l'élafticité n'auroit plus lieu.
Mais comment réuniroit-on autrement tous
ces petits brins de chanvre pour compofer
un fil d'une certaine longueur? N'y auroit-il
pas d'autre moïen de comprimer & de ref-
ferrer ces petits filamens, qui étant branchus
& aïant une fuperficie inégale & raboteufe
s'engrainent & s'engagent tellement les uns
dans les autres, qu'on les romproit plutôt
que de les féparer? Cette ftructure de ces
petits filamens fembleroit devoir fournir un
autre moïen pour leur réunion. M. *Mufchenbroeck*, après y avoir mûrement penfé, a
imaginé trois façons de faire des cordes,

où

où il évite le tortillement. Les voici.

La premiere idée de ce Physicien célebre, fut de former une corde en étendant plusieurs brins, & même plusieurs fils parallelement les uns contre les autres. Ces fils, il les lia avec un autre fil qu'il roula autour d'eux. Et moiennant cela la corde fut faite.

Cette construction offrit d'abord deux grands inconvéniens. Le premier, que le fil entourant étoit exposé à de violens frottemens. Le second, que la durée de la corde dépendoit de celle de ce fil. Ainsi lorsque ce fil auroit été usé, les brins ou les fils qu'il unissoit se seroient sur le champ éparpillés.

Ce mauvais succès reconnu, M. *Muschenbroeck* eut une autre idée. La maniere dont on ourdit la toile le lui fournit. Après avoir rangé les fils parallelement les uns à côté des autres, il les unit & les retint ensemble au moïen d'un autre fil qu'il entrelassa dans les fils, pour en former un espece de tissu. Il ne résultat pas de là une corde, mais un grand ruban de chanvre.

L'objection que l'on fait à cette construction est fondée sur la connoissance propre de la force de la corde. Or cette force dépend des premiers fils étendus selon leur longueur. Donc celui qui entrelasse est à cette fin inutile. Il y a plus : lorsque celui-là vient à rompre, tout est perdu, & voilà la corde à sa fin.

La troisiéme idée de M. *Muschenbroeck* est plus heureuse que les deux autres. Il fait des cordes de la même façon que les femmes tressent leurs cheveux : je veux dire, que pour avoir une corde il forme une espece de cadenette ; ce qui se fait en entrelassant trois fils.

M. *Duhamel* a éprouvé ces cordes, & l'expérience lui a appris qu'elles sont très supérieures à celles qui sont tortillées. Mais il trouve qu'elles ont un défaut bien plus considérable que celui du tortillement. Les fils ainsi entrelassés, laissent de grands intervalles qui forment des trous profonds dans l'intérieur de la corde. Ces trous rendent sa superficie très-inégale & raboteuse, par conséquent peu propre à passer dans des poulies ; elle est exposée en outre à de furieux frottemens.

De ces essais il faut conclure que le tortillement est nécessaire pour la construction des fils. Ce qu'il y a de mieux à faire, c'est de déterminer le dégré de tortillement nécessaire pour une bonne corde. On dit communément qu'un fil est assez tors lorsqu'en tirant une corde les filamens se rompent au lieu de se séparer. Cela est bien général. Un fil trop tortillé fera le même effet. Et si l'on

a passé le dégré précis du tortillement, la corde sera défectueuse, parce que l'élasticité des *Fibres* aura plus de jeu.

Afin de nuire à cette force des *Fibres*, M. *Duhamel* en oppose une autre entierement antagoniste à celle-ci. Ainsi si l'on ne peut précisément connoître le point où un tortillement plus grand est nuisible, on est du moins assuré que cette force antagoniste empêche l'effet de l'élasticité des *Fibres*. Or cette force se manifeste en tordant la corde en un sens opposé au tortillement des fils. Supposé, par exemple, que les fils aïent été tortillés de droite à gauche, la corde doit l'être de gauche à droite. Et autant ils ont été tortillés dans ce premier sens, autant la corde doit être tortillée dans l'autre. D'où il suit, que les fils travaillant d'un côté, la corde travaille de l'autre, & tout se trouve compensé. Voilà peut-être le vrai secret de l'art de faire des cordes. (*Voiez* le *Traité de la fabrique des manœuvres pour les Vaisseaux, ou l'art de la Corderie perfectionné*, par M. *Duhamel*.)

F I C

FICHANT. Terme de Fortification. Epithete qu'on donne au flanc d'un bastion d'une construction particuliere. *Voïez* FLANC FICHANT.

FICHANTE. On distingue ainsi une *ligne de défense* tirée de la face d'un bastion, & qui va se terminer dans la courtine. Cette défense suppose un second flanc, c'est-à-dire, une partie de la courtine d'où se tirent les coups qui entrent dans la face opposée qu'on veut défendre.

F I G

FIGURE'. Cette épithete se joint au mot *Nombre*, pour exprimer des nombres qui peuvent représenter quelque figure géométrique par rapport à laquelle on les considere. Ainsi les *nombres triangulaires*, les *pentagonaux*, les *pyramidaux* &c. sont des *nombres Figurés*. (*Voïez* chacun de ces nombres à l'article qui leur est propre.)

FIGURE. Terme de Géometrie. Espace terminé par des lignes droites, des courbes, ou une seule ligne courbe. Car une ligne courbe peut renfermer un espace ; au lieu qu'il faut au moins trois lignes pour terminer un espace avec des lignes droites. Il y a trois sortes de *Figures* ; des *rectilignes*, des *curvilignes*, & des *mixtes*. Les premieres sont formées par des lignes droites, les secondes par des courbes, & les troisiémes par des lignes droites & courbes. Si dans les premieres tous les côtés qui la renferment sont d'égale longueur, la

Figure est appellée *Figure équilaterale.* Deux ou plusieurs *Figures* étant comparées entre elles, & étant trouvées telles que chaque côté équinome de l'une soit égal en particulier à chaque côté équinome de l'autre, les *Figures* sont égales entre elles.

On appelle *triangles* les *Figures* qui ont trois côtés ; *quarrés, parallelograme & trapeze,* (*Voïez* chacun de ces mots) celles qui en ont quatre ; & on donne le nom de *poligone* en général à celles qui en ont davantage. (*Voïez* POLIGONE.)

Jusqu'ici les *Figures* n'ont été considérées que par leurs côtés. Les Géometres examinent aussi les angles que ces côtés forment. Ils appellent *Figures équiangles* celles qui ont tous leurs angles égaux , & *Figures équiangles entre elles*, celles qui étant comparées entre elles ont les angles équinomes égaux.

On distingue encore les *Figures* en *regulieres* & *irregulieres.* Celles là sont telles quand les côtés & les angles sont égaux , & celles-ci, quand il y a inégalité entre les côtés & les angles.

Quatre sortes de *Figures* attirent encore l'attention des Géometres : ce sont les *Figures égales* , les *Figures semblables* , les *Figures circonscrites* , & les *Figures inscriptibles.* Comme ces quatre sortes de *Figures* sont d'une grande considération, j'en ai fait quatre articles particuliers, afin de les mettre plus à découvert.

Je dis donc , pour terminer cet article général du mot *Figure*, qu'on se sert de ce terme afin d'indiquer non-seulement les aires planes , mais encore la surface d'un corps, en nommant les premieres des *Figures superficielles* , (*V.* SUPERFICIE & SURFACE), & les secondes des *Figures solides.* (*Voïez* SOLIDE.) J'avertis que quand on parle simplement d'une *Figure*, on entend une *Figure plane.*

Euclide a démontré dans ses *Elémens* que les *Figures* peuvent être augmentées & diminuées. Et *Euclide* a été suivi par presque tous les Mathématiciens qui ont écrit sur la Géométrie, tels que *Malezieu, Arnaud, Ozanam, &c. Appollone* donne particulierement le nom de *Figure* au rectangle fait de l'axe déterminé & du parametre. A l'article de COURBE, je traite des *Figures curvilignes.*

FIGURES ÉGALES. Figures dont les aires sont égales, soit qu'elles soient semblables ou non.

FIGURES SEMBLABLES. Figures dont les côtés qui les terminent sont en même proportion. On ne peut guéres développer cette définition qu'en distinguant les *Figures sembla-*bles rectilignes des *Figures semblables curvilignes.*

Les *Figures rectilignes* sont *semblables*, lorsque leurs angles équinomes sont égaux, & que leurs côtés équinomes sont proportionnels. Comme toutes les *Figures rectilignes semblables* peuvent se diviser en triangles , toute la théorie de ces *Figures* dépend de celle des triangles (*Voïez* TRIANGLES SEMBLABLES, à l'article de TRIANGLE.) Lorsqu'on peut inscrire ou circonscrire des *Figures rectilignes semblables* autour de *Figures curvilignes*, ces *Figures* sont *semblables.* Tous les cercles sont des *Figures semblables.* M. *Wolf* a démontré les caracteres des *Figures curvilignes semblables* par la définition générale de la ressemblance. (*Acta eruditorum, ann.* 1715.) *Voïez* RESSEMBLANCE.

FIGURE CIRCONSCRITE. *Figure* qu'on décrit autour d'une autre, en sorte qu'étant rectiligne elle touche la curviligne par tous ses côtés , & qu'étant curviligne & l'autre rectiligne, ou toutes deux rectilignes, la circonscrite passe par les angles de l'autre. Exemple (Planche I. Figure 257.) Le triangle A B D est circonscrit au cercle C ; parce que ces trois côtés A B, B D, & D A touchent le cercle C. De même le cercle C (Planche I. Figure 256.) est circonscrit à l'exagone A B D E F G, parce qu'il passe par tous ses angles. Enfin le quarré E F G H. (Planche I. Figure 258.) est une *Figure circonscrite* autour du quarré A B C D. Toutes les *Figures* rectilignes regulieres ont la propriété de pouvoir être circonscrites au cercle. (*Euclide Elémens , L. V.*)

FIGURE INSCRIPTIBLE. *Figure* qui peut être circonscrite par une autre de telle sorte qu'elle touche la *Figure* circonscrite en tous ses angles, ou si elle est un cercle qu'elle touche tous les côtés de la circonscrite. Tels sont le cercle C (Pl. I. Figures 257, 256, 258) l'exagone A B C D E F & le quarré A B C D. Les *Figures rectilignes régulieres* sont inscriptibles au cercle. (*V.* les *Elémens d'Euclide , L. V.*)

FIGURES ISOPERIMETRES. *Voïez* ISOPERIMETRES.

F I L

FILET. Terme d'Architecture civile. Petite moulure quarrée, qui accompagne ou qui couronne une plus grande.

F I R

FIRMAMENT. C'est la voute azurée qui paroît au-dessus de nos têtes, & où il semble que les étoiles soient attachées. Dans l'idée où l'on étoit anciennement que le ciel con-

tiſtoit en huit ſpheres cryſtallines renfermées les unes dans les autres, & auſquelles
les étoiles étoient fixées, on donnoit le nom
de *Firmament* à la huitiéme, à laquelle on
croïoit que les étoiles fixes étoient attachées.

F L A

FLAMBEAUX ou FLAMMES. Nom que quelques Aſtronomes donnent à ces parties du
ſoleil, qui ſont plus brillantes que les autres, & qu'on voit à ſa marge, comme il
paroît dans le ſoleil dépeint par pluſieurs
Auteurs tels que *Zahn*, dans ſon *Œconomia
mundi mirabilis*, *pag.* 62. *Kirker* & *Scheiner*
dans leurs Ouvrages. (*Voïez* SOLEIL.)

Hevelius prétend avoir vû le 20 Juillet
1634 un de ces *Flambeaux* qui occupoit le
tiers du diametre du ſoleil. (*Voïez* ſa *Selenographie* dans les *Prolegomenes*, *pag.* 87.) Dans
ſon *Appendix ad Selenographiam*, *pag.* 505
où cette prétention eſt expoſée, il tâche de
prouver que les taches du ſoleil ſe changent
ſouvent en *Flambeaux*; mais que rarement
les *Flambeaux* ſe changent en taches. M.
Hughens au contraire ſoutient qu'il n'eſt rien
de plus clair que le ſoleil, & qu'il n'y a jamais remarqué des *Flambeaux*, (*Coſmotheor.
L. H. pag.* 107.) Seulement il avoue avoir
vû aſſez ſouvent dans les parties nébuleuſes
de cet aſtre des parties plus claires que les
taches même. Au reſte il attribue le peu
d'égalité qu'on obſerve quelquefois dans
la marge du ſoleil, aux mouvemens des vapeurs dans notre atmoſphere. Et la plupart
des Aſtronomes modernes ſont de cet avis.

FLAMME. Terme de Phyſique. M. *Newton* appelle ainſi une vapeur, une fumée, ou une
exhalaiſon qui eſt échauffée juſques à être
ardente, c'eſt-à-dire, qui a contracté un tel
dégré de chaleur, qu'elle en eſt toute brillante de lumiere. Ce grand Phyſicien (M.
Newton) donne ceci bien moins comme une
explication que comme une conjecture, fondée ſur ce que les corps ne ſont point enflammés, ſans jetter quantité de fumée; &
que cette fumée brûle dans la *Flamme*. Le
feu folet eſt, ſelon lui, une vapeur qui brille
ſans chaleur. Et il penſe qu'il y a la même
différence entre cette vapeur & la *Flamme*,
qu'entre du bois pourri qui luit ſans chaleur & des charbons ardens. Lorſqu'on diſ-
tile des eſprits ardens & qu'on ôte le chapi-
piteau de l'alambic, la vapeur, qui ſort par
le haut de l'alambic, prend feu à l'approche
d'une chandelle & ſe change en *Flamme*.
Cette *Flamme* ſe répand le long de la vapeur depuis la chandelle juſques à l'alambic.
Certains corps échauffés par le mouvement

& la fermentation, jettent quantité de fumée lorſque la chaleur eſt conſidérable. Ces
corps exhalent-ils un plus grand volume de
fumée, & cette fumée eſt-elle aſſez violente?
cette fumée brille & ſe change en *Flamme*.
Reprenons cette génération de la *Flamme*.

Le premier effet, que manifeſte un bois
qu'on veut échauffer, c'eſt de jetter d'abord
une *Flamme* mince & legere & qui picote
les yeux, n'étant formée que d'eau & d'un
eſprit acide. A peine commence-t-il à acquérir un plus grand degré de chaleur qu'il
découle des deux bouts du bois une eau fort
acide. La fumée devient alors plus épaiſſe,
plus brune, plus acide; & elle eſt compoſée du reſte de l'eau, de l'eſprit acide, &
d'un peu d'huile. Le bois devenant encore
plus chaud ſe noircit, & voilà une fumée
épaiſſe, noire, formée de parties oleagineu-
ſes, qui ſont épaiſſes, noires, auſquelles il
ne manque que d'être plus volatiles pour
devenir *Flamme*. Enfin, peu de tems après
le feu s'augmentant, la fumée épaiſſe s'enflamme; ce qui la diminue ſi fort tout à coup
qu'on diroit qu'elle ceſſe entierement. De
cette analyſe M. *Muſchenbroeck* conclud,
que la *Flamme* eſt formée de l'huile noire
& épaiſſe qui ſert de nourriture au feu.
Pour mieux connoître ce qui conſtitue la
Flamme on a fait les expériences ſuivantes.

Expérience I. Soufflez une chandelle,
elle fumera. Approchez de la fumée une
autre chandelle, cette fumée ſe convertira
en *Flamme* & rallumera la chandelle, qui
peut être éloignée de 6 à 8 pouces.

Expérience II. Joignez quatre chandelles
enſemble pour former une plus groſſe *Flamme*. Faites paſſer cette *Flamme* par un tuïau
d'environ un pied de long, dont l'extrémité
inférieure ſoit plus ouverte que la ſupérieure,
en forme de cone tronqué. La *Flamme* monte au-deſſus du tuïau; en ſorte que ſa longueur au-deſſus eſt preſque la même que
celle de la *Flamme*, lorſqu'on en retire le
tuïau.

Expérience III. Verſez dans un vaſe de
cuivre d'environ 3 pouces de diametre &
2 de hauteur; verſez, dis-je, dans ce vaſe
de l'eſprit de vin juſques à la hauteur environ de 9 lignes. Mettez ce vaſe ſur le feu, &
enflammez l'eſprit de vin. Aïant enſuite une
bougie fixément attachée dans une bobeche,
allumez la, & plongez-en la *Flamme* dans
l'eſprit de vin. Alors la *Flamme* ſe dilate &
monte beaucoup plus haut qu'elle n'étoit
auparavant.

Expérience IV. Prenez une cloche de
verre de la grandeur de 95 pouces cilindriques, & qui ſoit ouverte des deux côtés.

Posez la sur une table de bois de chêne. Que l'ouverture supérieure du verre ait un diametre de 2 pouces. Couvrez cette ouverture avec une plaque de plomb, dans laquelle vous puissiez faire des ouvertures de diverses grandeurs à l'aide d'un espece de fermoir.

Maintenant découvrez la partie supérieure du verre, en ôtant le couvercle, & mettez dedans une chandelle de suif allumée, dont le diametre soit d'un demi pouce. La chandelle continue de brûler comme si elle étoit en plein air. Placez le couvercle du verre en laissant une ouverture de $\frac{2}{5}$ d'un pouce quarré, la chandelle continuera de brûler; mais sa *Flamme* deviendra sombre. Aïant réduit l'ouverture à $\frac{3}{10}$ d'un pouce quarré, la *Flamme* s'éteint en une minute. Lorsque l'ouverture est de $\frac{2}{5}$ d'un pouce quarré, la *Flamme* devient plus petite, elle est fort sombre, & le suif peut à peine se fondre & monter dans la méche.

La *Flamme* d'une bougie assez mince, qui ne fume que peu, brûle lorsqu'on a fait l'ouverture d'un demi pouce quarré. Elle diminue aussi-tôt que l'ouverture est plus petite, & s'éteint promptement si elle est de $\frac{7}{20}$ d'un pouce quarré.

Allumez une méche fort mince dans une petite lampe, qui contienne de l'alkool de vin. Laissez une ouverture de $\frac{3}{4}$ d'un pouce quarré. La *Flamme* ne dure que deux minutes, & s'éteint ensuite. Mais lorsqu'on a élevé la méche un peu plus haut, afin de rendre la *Flamme* plus grande, elle ne dure que 10 secondes.

Expérience V. Prenez un canon de fusil ouvert de chaque côté. Faites-le passer par l'ouverture supérieure d'un grand verre presque jusques au fond. Allumez dans le verre une chandelle, & tirez doucement l'air de ce verre avec la machine pneumatique, pour qu'il entre continuellement un nouvel air dans le verre par le canon du fusil. Comme il entreroit trop promptement, & qu'il souffleroit la chandelle, si l'on ne mettoit un obstacle à son impétuosité; tendez trois ou quatre fils de cotons sur l'ouverture supérieure du canon. Alors la *Flamme* s'éteint dans l'espace de quelques minutes.

Après ou même avant ces expériences, voici les observations qu'on a faites sur la *Flamme*.

3. 1°. Les métaux en fusion ne jettent point de *Flamme*, faute d'une fumée abondante, excepté le zain qui exhale quantité de fumée & qui par cela même s'enflamme.

2°. Tous les corps qui s'enflamment comme l'huile, le suif, la cire, le bois, les charbons de terre, la poix, le soufre, sont consumés par leur *Flamme*, & se dissipent en une fumée ardente. Dès que la *Flamme* est éteinte, elle devient fort épaisse & visible, & répand quelquefois une odeur très-forte. Mais dans la *Flamme* elle perd son odeur en brûlant.

3°. Selon la nature de la fumée, la *Flamme* est de differentes couleurs; celle du soufre est bleue; celle du cuivre dissous par du sublimé est verte; celle du suif jaune, & celle du camphre blanche.

4°. Chaque *Flamme* est entourée de son atmosphere, dont les parties sont sur-tout aqueuses, & repoussées au milieu de la *Flamme* en haut par l'action du feu. Et cet atmosphere s'étend d'autant plus autour de la *Flamme*, que la nourriture du feu est aqueuse. L'atmosphere se manifeste visiblement lorsqu'on approche deux chandelles allumées; car on remarque qu'elles s'opposent à cette réunion, leurs parties se mouvant d'un mouvement contraire, savoir du milieu de la *Flamme* en dehors. On reconnoît encore cet atmosphere en tenant derriere la *Flamme* un miroir ardent concave, & en faisant en sorte que l'on puisse appercevoir l'image de la *Flamme* sur une muraille blanche.

5°. La forme de la *Flamme* est celle d'un cone, dont la base repose sur le corps allumé. A l'endroit où la *Flamme* repose sur sa nourriture, elle est composée d'un plus grand nombre de parties qu'ailleurs, & elle en écarte de chaque point de sa circonférence une très-grande quantité qu'elle ne cesse de repousser en dehors.

6°. Lorsqu'une chandelle ou une lampe commencent à brûler, la *Flamme* est alors plus petite, qu'après qu'elles ont brûlé quelque tems, parce qu'il n'y a d'abord qu'une très-petite quantité de suif ou d'huile qui soit chaude. La *Flamme* n'a donc que très-peu de parties qui puissent lui servir de nourriture. Mais la *Flamme* devient plus ample aussi-tôt que les parties du suif s'échauffent en plus grande quantité, & qu'elles montent dans le coton après avoir été fondues. Je dis qu'elles montent, & on va voir comment.

7°. Lorsque les parties d'huile ou de suif sont assez subtilisées dans la *Flamme* pour s'échapper, le coton, qui étant un peu tordu forme comme des tuïaux capillaires, se trouve vuide, puisque l'air est chassé par le feu de la *Flamme*. La pésanteur de l'atmosphere agit donc sur le suif ou l'huile, & l'oblige de remplir le vuide du coton. Leurs parties sont alors en proïe à la *Flamme* qui agit sur elles; les subdivise jusques à les consumer comme les précédentes. Cette succession n'est pas uniforme ; parce que les parties du suif & de l'huile ne sont pas d'un poids égal. Quand la *Flamme* reçoit beaucoup d'huile ou de suif elle est plus grande. Elle l'est moins quand le contraire arrive. Ces variations produisent une agitation continuelle dans la *Flamme*, qui fatigue beaucoup la vûe. Celle de la chandelle est plus dangereuse, parce qu'elle se tourmente davantage que celle d'une lampe ; les parties du suif étant moins uniformes & moins égales en elles-mêmes que celles de l'huile.

8°. La *Flamme* échauffe d'abord extrêmement le suif ou l'huile qui monte dans la méche. Si cette méche est fort allongée & élevée dans la *Flamme*, les parties huileuses sont converties en étincelles avant que d'arriver au haut de la méche. C'est pourquoi on remarque que quand la partie supérieure de la méche vient à manquer d'huile ou de suif, elle ne jette qu'une *Flamme* sombre & obscure. Dans cet état les parties solides paroissent sous la forme de cendres ardentes : elles blanchissent ; elles sont consumées sensiblement par la *Flamme* qui les rend si déliées qu'elles se détachent.

9°. La plus grande chaleur de la *Flamme* n'est ni à sa base, ni à son sommet, ni à son milieu. Où est-elle ? Lorsqu'on considere attentivement la *Flamme* d'une chandelle ou d'une lampe, on s'apperçoit que la partie la plus basse est la plus sombre, que la partie suivante est plus claire, & qu'elle forme en haut comme une voute. C'est cette voute, qui est l'endroit le plus chaud de la *Flamme*. Au-dessus d'elle paroît le sommet qui est la partie la plus sombre & la moins chaude de toute la *Flamme*.

10. La *Flamme* échauffe d'autant plus les corps, qu'elle est plus pure & qu'elle vient d'une nourriture homogene dans toutes ses parties, & qui ne jette aucune fumée visqueuse. Voilà pourquoi la *Flamme* de l'alkool échauffe plus les corps qu'elle environne qu'aucune autre *Flamme*. Celle des huiles, de suif, de graisse, de poix, de résine, &c. s'attache au corps & est un obstacle à l'action du feu, qui ne peut agir sur lui avec toute sa force.

11°. Lorsqu'une *Flamme* se trouve entourée d'une autre *Flamme*, on remarque en elles deux fluides, dont l'un flote au milieu de l'autre. Ainsi, de même que dans les fluides, celui qui nage au milieu d'un autre, prend la figure d'une boule, la *Flamme* entourée d'une autre *Flamme*, devient sphérique.

4°. Par toutes ces expériences, toutes ces observations, on peut conclure que la *Flamme* est formée par le mouvement des parties oleagineuses des matieres inflammables, entretenu par une circulation continuelle de l'air dans elle. Il semble donc que l'air est le soutien de la *Flamme*. Cependant on fait de la *Flamme* sans air. Lorsqu'on met le feu à du *minium* dans le vuide par le moïen d'un verre ardent, il s'enflamme & brise tout ce qu'il rencontre. Si l'on verse dans le vuide du plus fort esprit de nitre sur de l'huile de carvi elle prend feu ; s'enflamme & met tout en pieces.

Voilà donc des corps qui s'enflamment sans air. D'où cela vient-il, demande M. *Muschenbroeck* ? Il conjecture que la chose dépend de la structure particuliere des parties qu'on n'a pas encore examinée avec assez d'exactitude. Sur un fait si extraordinaire ou si inattendu, ce Savant n'ose hazarder aucune explication. Plus sagement il se contente de faire plusieurs questions en forme de doutes, dont la solution doit conduire à la connoissance qui fait ici le sujet de notre surprise.

Newton (*Traité d'Optique*, *Quest. X.*) *S'Gravesande* (*Physic. Element. Tom. I.*) *Hales* (*Statique des végétaux*) *Muschenbroeck* (*Essay de Physique*, *Tom. I.* pag. 490 & *suiv.*) ont analysé particulierement cette production du feu que nous venons de voir : je veux dire la *Flamme*.

FLANC. Partie d'un bastion comprise entre sa face & la courtine. Le *Flanc* défend la face & la courtine du bastion opposé. (*Voïez* BASTION.)

FLANC OBLIQUE. Partie de la courtine d'où l'on peut voir & défendre la face du bastion opposé. Ou autrement le *Flanc oblique* est la distance qu'il y a entre l'extrémité de la ligne de défense rasante, & celle de la ligne de défense fichante. Ce *Flanc* s'appelle aussi *second Flanc*, & *Flanc de courtine*.

FLANC FICHANT. *Flanc* d'où les coups ou les boulets de canon vont donner dans la face du bastion opposé.

FLANC RASANT. Point d'où commence la ligne de défense, en sorte que les coups, partans de ce point, c'est-à-dire, de l'intersection du *Flanc* & de la courtine, peuvent raser la face du bastion voisin : ce qui arrive quand il n'est pas possible de découvrir la face à moins qu'on ne soit sur le *Flanc*.

FLANC RETIRÉ, BAS OU COUVERT. Partie d'un *Flanc* cachée par l'autre partie qu'on appelle *orillon* quand elle est ronde. (*Voïez* BASTION A ORILLON.)

FLANCS SIMPLES. Ce sont des lignes qui vont

de l'angle de l'épaule à la courtine, & qui fervent principalement à la défenfe du foffé & du corps de la Place.

FLANQUANTE. Terme de Fortification. Epithete qu'on donne à la ligne de défenfe, qui, étant tirée d'un certain point de fa courtine, va rafer la face du baftion oppofé. Lorfqu'il n'y a point de fecond flanc le point d'où cette ligne fe tire en eft l'angle même, & alors elle a 620 toifes, & n'eft point accompagnée d'une ligne fichante.

FLANQUER. C'eft en terme de Fortification, difpofer une Place par la diftribution des ouvrages qui l'entourent, foit baftions ou autres femblables, de façon qu'il n'y ait aucune de fes parties qui ne foit défendue. Toute fortification, qui n'a qu'une défenfe directe ou de front, c'eft-à-dire, dont les parties ne font pas plus avancées les unes que les autres eft fort défectueufe. Pour la rendre complette, il faut qu'une partie en *Flanque* toujours une autre. C'eft pourquoi dans un ouvrage de Fortification, la courtine eft l'endroit le plus fort, parce qu'elle eft *Flanquée* par les deux flancs qui font à fes extrémités.

FLE

FLEAU. Terme de Mécanique. Morceau de fer poli, qui a une aiguille au milieu, & qui eft percé aux deux extrémités. C'eft la partie de la balance qui fert à foulever les baffins.

FLECHE. C'eft ainfi que quelques Géometres appellent le finus verfe d'un arc. (*Voïez* SINUS VERSE.) Des Mathématiciens penfent que ce nom vient de ce que cette partie du raion eft difpofée comme un dard ou une fleche fur la corde de l'arc.

FLECHE. (*Sagitta*) Conftellation boréale dans la voie lactée près de l'aîle de l'aigle au-deffous de la lyre & de la tête du cygne. On y compte 8 étoiles de la quatriéme, cinquiéme & fixiéme grandeur. *Hevelius* a marqué les longitudes & les latitudes de ces étoiles, (*Prodromus Aftronomicus*, pag. 299.) & il a repréfenté la figure de cette conftellation dans fon *Firmamentum Sobiefcianum* fig. L, de même que *Bayer* dans fon *Uranometria*, Planche P.

Si l'on en croit les Poetes, la *Fleche* a été placée dans les cieux, parce qu'*Hercule* tua avec cette arme, par ordre de *Jupiter*, le vautour qui mangeoit le foïe de *Promethée*. *Schiller* la prend pour la lance dont on ouvrit le côté de JESUS-CHRIST fur la croix. Et *Schickard* en fait la *Fleche* de *Jonathan*. On donne encore à la conftellation de la *Fleche* les noms fuivans : *Alhance*, *Arundo*, *Canna*, *Dæmon*, *Feluco*, *Fofforium*, *Jaculum*,

Mufator, *Obelus*, *Orfercalim*, *Telum*, *Demo Meridianus*, *Vectis*, *Virgula jacens.*

FLECHE. (*Jaculum*) Étoile de la feconde grandeur qu'on découvre dans la pointe de la *Fleche* près du Sagittaire.

FLECHE. Ouvrage de Fortification qu'on place au pied du glacis devant l'angle faillant de la contrefcarpe, & qui eft joint avec la ligne de communication au chemin couvert. Cet ouvrage eft d'une grande utilité, parce qu'il oblige l'ennemi de fe bien couvrir & de faire une attaque particuliere pour le prendre. Il n'eft jamais feul. On en met à tous les angles faillans de la contrefcarpe, & on le nomme auffi *Bonette.*

FLECHE. Machine ancienne d'artillerie compofée de plufieurs planches liées par des barreaux & des anneaux, longue ordinairement de 24 ou 30 pieds, haute de 3 pieds, épaiffe de 2 pouces ou environ, & fupportée par deux roues placées au milieu. Elle eft armée à une de fes extrémités d'un fer pointu, & large de 4 ou 5 pieds par l'autre. Son ufage étoit de porter les pétards contre les portes d'une ville. On pouffoit cette machine contre les portes par la pointe qui s'engageoit dans le bois de la porte ou dans ceux du pont levis, s'il s'en trouvoit de levé. Là on s'affuroit de cette pofition en chargeant cette pointe qui auroit pû être contre-balancée par l'autre partie de la *Fleche*. Au moïen de cette machine on appliquoit un pétard contre le pont levis, auquel on mettoit le feu ou par une fufée, ou par une traînée de poudre faite tout au long de la machine.

FLECHE. En terme de pilotage, c'eft le plus grand des bâtons de l'arbalètre, inftrument dont on fe fert pour prendre la hauteur des aftres en mer. (*Voïez* ARBALETRE.)

FLEUVE. C'eft le nom en général d'une conftellation. Il y en a trois, la conftellation de l'*Eridan* dans la partie méridionale du ciel, le *Jordan* & le *Tigre* dans la partie feptentrionale.

FLU

FLU, FLUENTE. M. *Newton* nomme ainfi des quantités qu'il confidere comme augmentées graduellement & indéfiniment. Il les repréfente par les dernieres lettres de l'alphabet x, y, z. *Voïez* FLUXIONS.

FLUIDE. Corps dont les parties cedent à une force quelconque qu'on leur imprime, & qui fe meuvent facilement entre elles, en cédant à cette force. C'eft la définition qu'a adoptée M. *Newton* de ce terme (*Philofoph. nat. Princ. Math. L. 2.*) De toutes celles qu'on a données, je la crois la plus jufte & la plus simple, & c'est une bonne raison pour que je l'aie préferée à une infinité d'autres. On croit que les parties d'un *Fluide* ont une figure sphérique; 1° parce que tous les corps qui ont cette figure roulent & glissent sous les autres; 2° parce qu'on voit cette figure dans les parties d'un *Fluide* grossier à l'aide d'un microscope. Avec cet instrument, M. *Derham* a trouvé que la figure sous laquelle paroissent les vapeurs, sont de petits globules sphériques qui auroient pû former de petites goutes.

2. On distingue le *Fluide* en deux classes, en *Fluide liquide* & en *Fluide sec*. Le premier tel que l'eau, le vin, l'huile, &c. se met toujours de niveau à l'horison. Le second reste dans le même état où on le laisse, & il ne le quitte que par une impulsion. Dans ces deux especes de *Fluides*, il faut pour qu'un corps soit tel que ses parties se séparent non-seulement les unes des autres, mais aussi qu'elles soient mues par la moindre puissance, dont l'action soit peu supérieure à celle de leur propre poids. Un corps solide deviendra donc *Fluide* si ses parties sont divisées au point qu'elles n'aient nulle connexion, nul rapport entre elles.

Il n'est point de corps solide qu'on ne puisse réduire en un corps *Fluide*. L'étain distilé avec du mercure sublimé, se convertit en un esprit humide & fumant. M. *Homberg* assure que tous les métaux broïés pendant long-tems avec de l'eau se dissolvent enfin dans ce liquide. L'or même, ce métal si pur & si inaltérable par sa nature, n'est pas à l'épreuve de cette transformation; & s'il ne faut que de l'or potable pour avoir la clef de la Médecine universelle, M. *Langelot* en a trouvé le secret, & il ne tient qu'à nous de nous rendre aussi immortels, que la nature de notre individu peut le permettre. Il fit piler de l'or pendant six mois dans un mortier de porphyre. Les coups accumulés, qui tomberent sur ce métal, en désunirent si bien les parties qu'il se changea en eau.

Si les corps solides deviennent *Fluides*, à plus forte raison les *Fluides* épais doivent acquérir cette nature. La distillation seule augmente la fluidité. La cire distillée donne un peu d'eau acide, ensuite une huile épaisse. Après une seconde distillation, cette huile se change en une huile fine & liquide; & cette liquidité augmente jusques à devenir spiritueuse par des distillations réitérées.

3. Autre transformation & sujet d'admiration & d'examen. De même que les solides deviennent *Fluides*, les *Fluides* deviennent solides. L'eau se change en glace (*Voïez* CONGELLATION.) *Vigenere* le Chimiste,

& le Physicien *Boile*, en la distillant cent fois dans la retorte, la changent en terre. (*Voïez* EAU.) M. *Plot* change l'eau de Stafford en sable par la coction, après l'avoir filtrée à travers un linge plié en quatre doubles. L'alkool de vin, mêlé avec l'esprit le plus fin se coagule sur le champ & devient dur comme de la corne. Enfin, pour dernier trait, un caillou réduit en poudre & mis en fusion dans un creuset, avec de la potasse & du nitre devient une poudre, un *Fluide sec*. Ce *Fluide* se change en eau, & dans la suite des tems, cette eau devient pierre. (*Voïez* encore COAGULATION.)

4. La nature du *Fluide* étant développée, je dois exposer sa théorie, je veux dire, les loix qu'il observe dans son équilibre, dans sa pression & dans la résistance des corps qui s'y meuvent. Il ne s'agira ici que des *Fluides liquides* : il n'y a rien dire sur les autres.

1°. Les *Fluides* conviennent avec les corps solides, parce qu'ils ont comme eux des particules pésantes, & que leur pésanteur est proportionnelle à leur quantité de matiere, quelque position qu'on leur donne.

2°. Si l'on met un *Fluide* dans un vase afin de l'empêcher de couler, sa surface se mettra de niveau ou parallelement à l'horison, pourvû qu'on ne la presse pas pardessus ou qu'on la presse également.

3°. Les parties inférieures des *Fluides* sont pressées par les supérieures. Cette pression est proportionnelle à la hauteur du *Fluide* au-dessus de ces parties pressées.

4°. La pression sur les parties inférieures occasionnée par la pésanteur du *Fluide* supérieur agit également en tous sens.

5°. Quand les *Fluides* de différente pésanteur sont contenus dans un même vase, le plus pésant occupe le lieu le plus bas, & il est pressé par les plus legers, à proportion de leur hauteur.

6°. Le fond & les côtés d'un vase qui contient un *Fluide*, sont pressés par les parties du *Fluide* qui les touchent immédiatement; & cette action croît à proportion de la hauteur du *Fluide*.

7°. La vitesse d'un *Fluide*, à une certaine profondeur, est la même que celle qui seroit acquise par un corps, en tombant d'une hauteur égale à cette profondeur.

8°. La résistance de l'air produit un effet très sensible sur les mouvemens des *Fluides*. Dans les petites élévations, les différences de ces hauteurs à celles qui auroient lieu dans le vüide, sont en raison du quarré de la hauteur du *Fluide* au-dessus de l'orifice par lequel ils s'écoulent.

9°. Il y a une certaine mesure que l'on

F L U

doit donner aux orifices afin que le *Fluide* qui en jaillit s'éleve à la plus grande hauteur qu'il est possible. (*Voïez* JET.)

10°. Un *Fluide* jaillissant dans l'axe de son mouvement, va à la plus grande distance qu'il est possible.

11°. Les quarrés des quantités de *Fluide* qui s'écoulent, sont dans la raison des hauteurs du *Fluide* au-dessus de l'orifice.

12°. Si un *Fluide*, sort d'un vase cilindrique par des orifices égaux, & s'il sort aussi d'un autre vase de même hauteur (que l'on remplit continuellement à mesure que le *Fluide* s'en écoule pour le tenir toujours à la même hauteur,) pendant le tems que le cilindre est à se vuider, il s'échappe deux fois plus de *Fluide* de l'autre vase que du cilindre.

13°. Un *Fluide* s'éleve toujours à la même hauteur dans les branches d'un tuïau recourbé, soit que ces branches soient égales ou inégales, droites ou obliques.

14°. Lorsqu'on remplit un vase quelconque d'un *Fluide*, & qu'on pese ce *Fluide*, faisant la même expérience avec d'autres *Fluides*, on trouve que leurs poids sont comme leurs densités.

15°. Quand un solide est plongé dans un *Fluide*, il est pressé de tous côtés par ce *Fluide*. Et cette pression augmente à proportion de la hauteur du *Fluide* qui est au-dessus du solide. Les corps sont-ils plongés à une grande profondeur ? ils sont également pressés de tous côtés.

16°. En plongeant dans un *Fluide* un corps d'une pésanteur spécifique plus grande que celle du *Fluide*, ce corps y descend. Mais si ce corps est spécifiquement plus leger, il monte à la surface du *Fluide*. Ainsi un corps d'une même pésanteur spécifique que le *Fluide* où il est plongé, se tient sur ce *Fluide* en quelque endroit qu'on le place.

17°. Tous les solides ou corps égaux, quoique de différente pésanteur spécifique, perdent des parties égales de leur poids quand ils sont plongés dans le même *Fluide*.

18°. Quand on plonge dans le même *Fluide* des corps égaux, les poids qu'ils y perdent, sont en raison de leur volume, quelque différentes que soient les densités des corps.

19°. Les parties des corps qui nagent sur la surface d'un même *Fluide*, sont l'une à l'autre comme le poids de ces corps. Si l'on met sur ces corps différens poids, les parties qui s'enfoncent dans le *Fluide* sont entr'elles comme ces poids.

20°. Tous les corps mus dans un *Fluide* éprouvent une résistance. Cette résistance vient de deux causes. La premiere, est la cohé-

sion des parties du *Fluide*. La seconde, est l'inertie ou l'inactivité de la matiere. Le retardement ou la résistance qui provient de la cohésion des parties, est comme la vitesse elle-même. Celle qui vient de l'inertie de la matiere, est comme la densité du *Fluide* quand ce corps se meut avec la même vitesse dans des *Fluides* différens.

21°. Quand le même corps se meut dans le même *Fluide*, la résistance augmente comme le quarré de la vitesse.

22°. A l'exception des *Fluides* gluans ou visqueux, la résistance qui vient de la cohésion des parties dans les *Fluides* n'est pas sensible ; & on ne considere que la résistance.

23°. Les retardemens des mouvemens quelconques d'un corps dans un *Fluide* sont :

1. Comme les quarrés des vitesses.

2. Comme les densités des *Fluides* dans lesquels les corps se meuvent.

3. Comme les surfaces des corps.

4. Comme les densités des corps.

24°. La résistance d'un corps mu dans la direction de son axe, quel qu'il soit, est égale au poids d'un cilindre du *Fluide*, qui auroit pour base celle du corps, & pour hauteur celle qu'il lui auroit fallu pour acquérir la vitesse avec laquelle il est choqué, ou il choque ce *Fluide*. Je dis l'un ou l'autre : car il est indifférent de considerer le mouvement du *Fluide* contre un corps, ou celui du corps contre ce *Fluide*. De maniere qu'on peut attribuer la vitesse d'un corps dans un *Fluide* à la vitesse avec laquelle ce *Fluide* s'échappe, où à celle qui détermine le mouvement du corps. Ou enfin, on est libre de leur attribuer à chacun une partie de la vitesse respective avec laquelle le corps reçoit ou donne l'impulsion à ce *Fluide*.

25°. Les impulsions d'un *Fluide*, contre une même surface, sont en raison doublée des sinus des angles d'incidence, ou comme le quarré de ces sinus.

FLUX & REFLUX. C'est le nom qu'on donne à un certain mouvement de la mer par lequel ses eaux s'élevent vers ses bords & s'en retirent successivement. Aux côtes de France on observe que les eaux de l'Océan paroissent à certain tems prendre leur cours du Midi au Septentrion. Ce mouvement dure environ 6 heures pendant lesquelles la mer s'enfle peu à peu ; s'éleve contre les côtes, & entre même dans les bayes des rivieres, dont elle contraint les eaux de retourner vers leur source. C'est ce qu'on appelle le *Flux de la mer*.

Six heures après que ce *Flux* a duré, la mer paroît demeurer dans un même état pendant près d'un quart d'heure. Ensuite elle prend fon cours du Septentrion au Midi, dans l'espace de six heures, pendant lesquelles fes eaux baiffent contre les côtes, & celle des rivieres reprennent leur cours ordinaire. Ce mouvement eft ce qu'on appelle fon *Reflux*. Il eft fuivi d'une efpece de repos de la durée d'un quart d'heure ou environ. A ce repos fuccede un *Flux & un reflux* comme auparavant.

Ainfi la mer hauffe & baiffe deux fois par jour. Mais ce mouvement n'arrive pas précifément à la même heure, parce qu'il fe paffe plus de 12 heures d'un *Flux* à l'autre. On obferve que le *Flux* de la mer retarde tous les jours d'environ 50 minutes. En fuppofant donc qu'en un certain jour le *Flux* commence à midi, il recommencera le lendemain 50 minutes plus tard. On fait encore fur le *Flux & reflux* les remarques fuivantes.

1°. Dans l'efpace d'un jour lunaire, c'eft-à-dire, dans l'intervalle du tems écoulé depuis l'inftant où la lune fe trouve au méridien d'un certain lieu, jufques à ce qu'elle revienne à ce même méridien, la mer monte deux fois & defcend deux fois.

2°. En un lieu déterminé l'eau y eft à fa plus grande élévation deux ou trois heures après que la lune a paffé par le méridien de ce lieu ou par le méridien oppofé.

3°. Il s'en faut environ 50 minutes que la lune paffe tous les jours dans le méridien à la même heure à laquelle elle y avoit paffé le jour précédent. De cette conformité du mouvement de la mer avec celui de la lune, on conclud que la mer hauffe autant de fois que cette planete fe trouve dans le méridien tant deffus que deffous l'horifon.

4°. L'élévation des eaux qui fe fait du côté de la lune furpaffe un peu celle qui fe fait du côté oppofé.

5°. Le *Flux & reflux* diminue à mefure qu'on avance vers les poles.

6°. Dans les fyzygies la mer eft dans fon plus grand dégré d'élévation, & elle monte moins haut dans les quadratures.

7°. Tandis que la lune paffe des fyzygies aux quadratures, les élévations journalieres diminuent continuellement. Au contraire elles augmentent quand la lune va des quadratures aux fyzygies. Outre cela les élévations font plus grandes dans la nouvelle lune, & celles qui fe fuivent dans ce même jour, different plus entr'elles que celles de la pleine lune.

8°. La plus grande élévation des eaux, & par conféquent leur plus grand abaiffement, n'arrive que deux ou trois jours après la nouvelle & la pleine lune.

9°. Lorfque le foleil & la lune s'écartent du plan de l'équateur, l'agitation diminue & devient toujours moindre, à mefure que la déclinaifon de ces aftres devient plus grande.

10°. Dans les fyzygies proche les équinoxes, le *Flux & reflux* eft plus grand.

11°. Quand la diftance du foleil eft la plus petite & que cet aftre eft dans les fignes méridionaux, on obferve les plus grands *Flux & reflux* équinoctiaux, c'eft-à-dire, ceux qui précédent l'équinoxe du printems & ceux qui arrivent après l'équinoxe d'automne. Cela n'eft pourtant pas général; parce qu'il peut furvenir quelque variation occafionnée (à ce qu'on croit) par la fituation de l'orbite, & par la diftance de la fyzygie à l'équinoxe.

12°. Dans les endroits éloignés de l'équateur, les élévations des eaux, qui arrivent le même jour, font inégales.

13°. Tant que la lune eft du même côté de l'équateur dans un lieu déterminé, on obferve que l'élévation de l'eau eft chaque jour à fon plus grand dégré, après que la lune a paffé le méridien du lieu.

14°. Si l'équateur fe trouve entre la lune & le lieu, l'eau montera à fon plus grand dégré d'élévation, & chaque jour la plus grande élévation de la mer arrivera après que la lune aura paffé le méridien oppofé.

15°. Le *Flux & reflux* eft plus grand en hiver qu'en été.

16°. Les *Flux & reflux* font plus grands en été le foir que le matin. Au contraire, en hyver ils font plus grands le matin que le foir.

17°. A nos côtes les *Flux & reflux* ne s'élevent pas plus tard quand la lune eft dans le tropique du capricorne, que quand elle eft dans le tropique du cancer.

18°. La mer Méditerranée ne paroît pas s'enfler fi ce n'eft à Venife & aux autres lieux circonvoifins. Par tout ailleurs on n'obferve qu'un fimple mouvement des eaux qui gliffent le long des côtes. La mer Baltique, le Pont Euxin, ou la mer Majeure, & la mer Morte de l'Afie n'ont aucun *Flux* ni *reflux*.

Voilà un mouvement de la mer bien étonnant. Quelle en eft la caufe? Il y a longtems que les Phyficiens fe font fait à euxmêmes cette queftion, & qu'ils ont cherché à y répondre. Y ont-ils répondu? c'eft ce dont on va juger par l'expofition des explications qu'on a données de ce mouvement.

1. Je ne connois point d'explication plus ancienne que celle de *Léonard Leffius*. Il prétend qu'un Ange agite la mer & caufe par conféquent le *Flux & reflux*. Ce fentiment eft fi clair qu'il peut bien fe paffer d'un commentaire.

2. La seconde hypothese, que quelques Auteurs, *Dechalles* entr'autres, attribuent à *Platon*, & qui n'est surement pas de lui, à en juger par les écrits de ce savant homme, est que la terre est un grand animal. Lorsqu'il respire, il lui arrive la même chose qu'aux autres animaux. Quelque ridicule que soit ce sentiment, on a encore bien voulu y faire des objections. Si la mer étoit un animal son fond devroit s'élever comme sa superficie; ce qu'on n'a pas encore remarqué. En second lieu, la respiration d'un animal se fait en même-tems dans toutes ses parties. Or l'histoire des *marées* ou du *Flux & reflux* de la mer nous apprend qu'ils n'arrivent pas en même-tems par-tout; mais successivement suivant le mouvement de la lune.

3. La véritable opinion de *Platon* est, qu'il y a au centre de la terre des abîmes d'eau, qui de tems en tems se jettent dans la mer. Ce système est fondé sur ce dégorgement des rivieres dans cette vaste étendue d'eau, & sur différentes bouches d'abîmes qu'on y remarque. Mais tout cela n'est nullement fondé. Le P. *Fournier* oppose à cette explication ce dilême. Ou ces abîmes & ces rivieres coulent toujours, ou ils cessent quelquefois. S'ils coulent toujours, quelle est la cause de ces vicissitudes de l'eau: je veux dire de toutes les variations du *Flux & du reflux*? Si au contraire leur cours est interrompu, on demande la cause de cette interruption. D'ailleurs, si ces bouches étoient cause du *Flux*, elles le produiroient dans tous les endroits où on les trouve, & où la plupart des grands fleuves se dégorgent. Il y auroit donc un *Flux* dans les petites mers : c'est justement ce qu'on ne remarque pas. (*Hydrograph. L. IX.*)

4. Après *Platon*, on a voulu se persuader que la nature de l'eau produisoit le *Flux & reflux*, & que comme la bile corrompue dans le corps humain produit la fiévre tierce, la mer avoit aussi ses accès. Cette idée, qui a été adoptée par le P. *Fournier*, est trop originale pour n'être pas connue. Afin de faire mieux sentir ce parallele, je m'en vais prendre le ton de Médecin, & expliquer la cause de la fiévre.

La fiévre est occasionnée par une certaine disposition de quelque partie du corps humain. Cette disposition consiste en un amas d'une humeur qui se forme en levain, lequel aidé de quelque agent extérieur, s'échauffe, se cuit, se pourrit, s'enfle, & coulant par le sang l'enflamme. La matiere, cause de cette inflammation, étant consumée, le sang s'en dégage, s'épure, & l'accès de fiévre finit.

Il semble après cela, que la fiévre ne devroit plus reprendre. Mais il reste encore un levain ou certaines mauvaises dispositions, au lieu où le sang s'est la premiere fois corrompu. Ainsi celui qui s'y rassemble & qui y arrive de nouveau, se gâte & se corrompt derechef; & s'étant meuri au bout d'un certain tems, il vient à couler dans le cœur & y cause les mêmes symptômes. De là il suit, que la fiévre est quarte quand la portion du sang, qui croupit & qui cause la fiévre, a besoin de trois jours pour se meurir & devenir capable de couler avec le reste du sang; qu'elle est tierce quand il lui en faut trois; continue lorsqu'elle coule continuellement; & enfin continue avec redoublement, quand la matiere corrompue a tellement gâté le sang, que le tems compris entre l'écoulement de la premiere & celui de la seconde ne suffit pas, pour que ce sang s'en purifie & s'en dégage.

Cela posé, on fait voir que le *Flux & le reflux* n'est autre chose qu'une fiévre. Et voici comment.

La lune étant froide & humide cause la génération de la plupart des choses qui s'enflent, se remplissent de suc & de seve, & se dilatent plus ou moins selon qu'elles participent des influences de cette planete; influences d'autant plus efficaces qu'elle reçoit & renvoïe plus de raïons du soleil, ou plus de vertus sur la terre. D'un autre côté, le sol de la mer doit fournir quantité d'exhalaisons & de vapeurs, parce qu'il est à présumer que la terre qui est au fond de la mer, est de même nature que celle qu'on trouve dans les mines, où après avoir passé 80 ou 100 brasses (mesure de cinq pieds) on ressent une chaleur si grande, qu'il n'est pas possible à ceux qui y travaillent, de la supporter plus de trois heures.

Ces deux causes admises on explique ainsi le *Flux & le reflux* de la mer. La lune en se mouvant autour de la mer lui communique par tout des influences qui pénetrent jusques à son fond. Là se joignant avec la chaleur naturelle de la terre, elle en tire des exhalaisons & des vapeurs visqueuses, qui peu à peu s'élevent, se ramassent, s'échauffent, forment un levain, par lequel la mer est gonflée ou élevée en forme de bouillon. Ce gonflement produit une tumeur dont l'éminence est bien au-dessus du niveau ordinaire. A un certain point d'élévation & de séjour cette tumeur creve, & est obligée de se décharger sur les parties les plus basses, & pousse ses eaux jusques à une circonférence, plus chargée d'eau aux parties prochaines qu'aux plus éloignées. Donc à mesure que la lune s'approche des havres, le *Flux* doit aller en croissant.

Dans tout cela il faut y faire entrer la nature des vapeurs, qui pouvant être différente selon le fond, doivent s'échauffer plus ou moins tôt. Voilà pourquoi les *Flux* ne font pas femblables dans tous les hâvres. Le tems que ces vapeurs mettent à monter & à s'élever affez haut & à fe pourrir pour s'écrouler, eft celui qui donne l'intervalle des *Flux & reflux*, comme l'on a vû pour les accès de fiévres. Et parce qu'il y a des humeurs d'une telle nature, qu'elles caufent des fiévres, qui ont des redoublemens, de même il fe trouve des vapeurs dans la mer qui caufent le *Flux* trois fois par jour, comme on l'obferve en quelques havres.

Enfin tout ce parallele eft foutenu par les mauvaifes odeurs qu'exhale la prétendue corruption de ces vapeurs, comme celle des humeurs de la fiévre. Cette odeur fe fait fentir fur-tout à Venife. On prétend même qu'elle caufe beaucoup de maladies, & qu'il meurt plus de perfonnes dans le *reflux* que dans tout autre tems. Le préjugé des Marins a même été fi grand, qu'il a fallu les tirer d'erreur par des témoignages & des obfervations non fufpectes.

Je ne formerai point d'objections contre ce fyftême. D'abord qu'on admet les influences de la lune, il n'y a rien à dire. Aujourd'hui on ne penfe pas que cette planete produife tant d'effets, & il n'en faut pas davantage pour détruire l'origine de cette tumeur prétendue de la mer.

5. J'attribue à *Roger Bacon* le cinquiéme fentiment du *Flux & reflux* de la mer. Ce Phyficien croit que le *Flux & reflux* n'eft autre chofe que le bouillonnement de la mer produit par la lumiere de la lune, qui, frappant l'hémifphere de la terre & de l'eau, fur lequel elle eft, produit immédiatement en ce lieu le bouillonnement ou le *Flux & reflux* de la mer.

6. Au hazard de m'écarter de l'ordre Chronologique, puifqu'il s'agit toujours ici d'une tumeur de la mer ou d'un bouillonnement, je dois expofer une caufe affez ingénieufe de cette tumeur. C'eft toujours à la lune que l'on en veut. Cette planete, dit-on, étant en quelque méridien & frappant par fes raïons la quatriéme partie de l'Océan, communique fa principale vertu au point qui répond à l'extrémité de l'axe de la pyramide radieufe où eft la principale tumeur de l'eau. Cette tumeur fe répand enfuite jufques à 45 dégrés de part & d'autre en rond. En même tems qu'elle fe meut, elle caufe le *Flux*

en cette partie, tandis qu'elle produit un mouvement contraire & le *reflux* en la partie voifine. Celle-ci en fe mouvant en rond produit un mouvement contraire au fien en la troifiéme partie de l'hémifphere, femblable à celui de la premiere partie. Par la même raifon, la quatriéme partie fera mue comme la premiere. D'où il fuit, que quoique la lune ne produife cette tumeur qu'en la partie de l'hémifphere fur lequel elle eft, toutefois cette planete occafionne un *reflux* en la partie prochaine; & ce *reflux* caufe le mouvement ou le *Flux* qui fe fait en même-tems en la partie diametralement oppofée. Je ne connois point l'Auteur de cette explication: mais je fais que *Bartholomeus Crefcentius* en fait beaucoup de cas & qu'il l'a adoptée.

7. Une opinion auffi gratuite que celles-là, je veux dire auffi dénuée de fondemens, eft celle où l'on prétend que la mer voulant s'unir avec l'eau, qui en eft féparée par les terres, s'avance vers les bords, de même que le fer s'approche de l'aiman pour fe joindre avec lui. Cette hypothefe ramene bien le *Flux*. Mais comment le *reflux* vient-il? Pourquoi l'eau fe retire-t-elle? C'eft là ce qu'on ne dit pas.

8. Laiffant toutes ces tumeurs & toutes ces hypothefes, *Poffidonius* prétend que le mouvement de l'Océan eft le même que le mouvement des corps céleftes, & qu'il y a dans la mer un mouvement journalier deux fois par jour; l'un en montant, l'autre en defcendant; un mouvement qui fuit la révolution des mois lunaires, & qui fe remarque par les différentes hauteurs des marées, & un mouvement annuel qui rend le *Flux & le reflux* plus grand vers le folftice d'été. Mais tous ces mouvemens font imaginaires. D'ailleurs il eft faux que les marées foient plus grandes vers les folftices que vers les équinoxes.

9. Après avoir reconnu que les plus grands *Flux & reflux* arrivent dans les équinoxes fur-tout celui d'automne, & les plus petites dans les folftices, contre le fentiment de *Poffidonius*, *Pline* prétend que le foleil & la lune font la caufe du *Flux & reflux*. Lorfque la lune eft feptentrionale & plus éloignée de la terre, les marées font plus petites felon lui, que lorfqu'elle eft méridionale, & qu'elle agit de plus près. Il ajoute, que dans l'efpace de huit années, après cent révolutions de la lune, on obferve les mêmes principes & les mêmes augmentations des marées. Enfin tous ces changemens n'arrivent point dans les tems qu'on vient de marquer, parce que l'effet des chofes qui fe

paſſent dans le ciel, ne peuvent ſe faire ſentir ſur la terre auſſi-tôt qu'on les apperçoit à la vûe.

Quoique ce ſentiment ſoit plus conforme aux obſervations, en ce que les grandes marées ſont dans les équinoxes & les petites dans les ſolſtices ; la cauſe du *Flux & reflux* n'eſt pas pour cela mieux développée, ou , ſi l'on veut, mieux connue. Il y a plus : il n'eſt pas vrai que les *Flux* ſoient plus grands dans l'équinoxe d'automne que dans celui du printems.

10. Le premier, qui ait raiſonné avec connoiſſance de cauſe ſur le *Flux & le reflux*, c'eſt *Galilée*. Ce grand homme croit que le mouvement que la terre fait autour de ſon axe en 24 heures, pendant qu'elle eſt entraînée en même-tems autour du ſoleil dans l'eſpace d'une année, eſt ſuffiſant pour rendre raiſon du *Flux & du reflux* de la mer. Telle eſt ſa penſée.

Les deux mouvemens de la terre, dont je parle, & qu'on reconnoît univerſellement ne peuvent avoir lieu, ſi l'on ne ſuppoſe dans la ſurface de la terre des dégrés différens de viteſſe , puiſque l'hémiſphere expoſé au ſoleil, eſt emporté de deux ſens différens par les deux révolutions de la terre autour du ſoleil & autour de ſon axe. Au contraire, l'hémiſphere oppoſé n'eſt emporté par ces deux révolutions que du même ſens. De là naît un mouvement compoſé, dont la viteſſe eſt plus grande que dans le cas précédent. Les parties de la ſurface de la terre , étant donc mues, tantôt plus lentement, tantôt plus vite dans l'eſpace de 24 heures ; les eaux de la mer ne peuvent par conſéquent ſuivre exactement le mouvement de la ſurface de la terre. Elles ſont donc obligées de fluer & de refluer dans l'eſpace d'un jour, comme l'eau d'un vaiſſeau qui ſeroit emporté d'un côté avec un certain dégré de viteſſe reflueroit du côté oppoſé, & retourneroit enſuite vers l'autre bord , lorſque cette viteſſe viendroit à ſe rallentir conſidérablement. Donc il doit y avoir un *Flux & reflux* dans 24 heures. Mais pourquoi 6 heures d'accélération dans ce mouvement de la mer ? C'eſt que, dit *Galilée*, la différente direction de ſes côtes interrompant ſon mouvement, ce *Flux* peut accélérer de 2, 3, 4, 5, à 6 heures.

A l'égard des marées qui ſuivent les périodes des mois lunaires, l'inégalité du mouvement de la terre les produit. Pour rendre raiſon de cette inégalité de mouvement, *Galilée* ſuppoſe que la force émanée du ſoleil, meut avec plus de viteſſe les corps qui ſont proches que ceux qui ſont plus éloi-

gnés. La conſéquence que l'on tire de là, eſt que la lune doit avoir plus de viteſſe dans ſa conjonction que dans ſon oppoſition. Or cette inégalité du mouvement de la lune ſe fait ſentir à la terre, & rend auſſi ſon mouvement inégal.

Enfin, l'inégalité du *Flux & reflux* dans le cours de l'année, comme dans les ſolſtices & les équinoxes provient, ſelon cette théorie, de la différence qui réſulte de la compoſition du mouvement annuel & du mouvement diurne, ſuivant les différentes ſituations de la terre ſur l'écliptique. Et pour derniere conclusion, le mouvement annuel & journalier de la terre étant la premiere & la principale cauſe de toutes les marées, le ſoleil & la lune n'y entrent que par accident.

La premiere fois que je lus cette explication, je la trouvai ſi naturelle qu'elle me ſéduiſit. Je ne diſſimule pas que l'étude que je fis pour l'accommoder aux obſervations, malgré ce qu'on avoit objecté , ne me fit point de peine. Mais il fallut convenir que la terre n'a point ces différens dégrés de viteſſe que *Galilée* lui attribue dans les nouvelles & dans les pleines lunes. Ce n'eſt-pas tout. L'expérience apprend que les marées qui arrivent dans les conjonctions, ne ſont pas différentes de celles qu'on obſerve dans ſes oppoſitions, & que celles des quadratures ne ſont point uniformes comme il s'enſuit de ce ſyſtême. Puiſque la vérité m'oblige de tout dire , le mouvement journalier de la terre ſe faiſant dans la même direction que le mouvement annuel, il ſemble qu'alors la compoſition de ces deux mouvemens devroit cauſer des marées plus grandes que dans les équinoxes : ce qui eſt faux, &c.

11. Après *Galilée*, *Kepler* a publié ſon ſyſtême ſur le *Flux & reflux*. Il l'attribue au ſoleil & à la lune , qui attirent les eaux de la mer par une vertu à peu près ſemblable à celle de l'aiman. Par économie des matieres je n'expoſerai pas ici ce ſyſtême. *Newton* l'aïant adopté & développé autant qu'il peut l'être, je le ferai connoître en analyſant celui de ce Phyſicien Anglois.

12. *Deſcartes* , voulant ramener la cauſe de tous les effets de la nature à ſon ſyſtême du monde, a mis les tourbillons à contribution pour expliquer le *Flux & reflux* de la mer. Il ſuppoſe qu'un tourbillon de matiere ſubtile, qui entoure la terre, la preſſe également de tous côtés, & l'oblige de reſter dans ſon centre. C'eſt dans ce tourbillon auquel *Deſcartes* donne une figure elliptique que nage la lune. De façon que dans les quadratures , cette planete ſe trouve dans le

grand axe de cette ellipse, & dans le petit lorsqu'elle est pleine ou nouvelle. Autre supposition. La terre roule de la même maniere que ce tourbillon autour de son axe, décrivant des cercles paralleles à l'équateur, pendant que la lune parcourt le plan de l'écliptique.

En faveur du grand *Descartes*, qui mérite bien à tous égards quelque prédilection, & pour éviter des reproches de ses Partisans, (qui sont en grand nombre) sur cette exposition, je vais emprunter le secours de la figure, très-utile pour faciliter l'intelligence de son explication.

La matiere éthérée, qui roule autour de la terre, rencontrant la lune en A (Planche XVI. Figure 262.) fait effort sur cette planete & sur la partie de la terre qui lui est opposée. Ainsi l'eau, qui se trouve au-dessous de la lune vers le point B, étant plus pressée que les autres eaux, les pousse & les fait élever de tous côtés. Par cette impression la terre placée au centre du tourbillon, le quitte & descend tant soit peu : ce qui cause que les parties opposées de la matiere éthérée y font aussi quelque impression. Et comme la terre roule en 24 heures, le point qui étoit en B, passe en E. Ainsi l'abbaissement de l'eau & son élévation parcourent toute sa surface. Mais aussi la lune avance depuis le point A vers le point H. C'est pourquoi cette période ne s'acheve pas précisément en 24 heures. Or la lune étant plus éloignée dans les quadratures se trouvant en H ou G, la matiere éthérée passe alors librement & ne fait point d'impression sensible contre la terre. Le *Flux & reflux* ne doit donc pas avoir lieu pendant ce tems-là. Enfin lorsque la lune est très éloignée du plan de l'équinoxe dans les solstices, la pression que cause la matiere éthérée, ne se faisant que de biais ou obliquement, n'a pas tant de force & ne cause pas un si grand *Flux*.

Avouons-le sans partialité : voilà un système, ou si le mot de système fait peine, disons une explication également simple & ingénieuse. Mais convenons aussi avec la même sincérité, qu'il est susceptible de plus d'une objection. Et d'abord on peut dire que la matiere éthérée est si liquide, qu'elle ne fait aucune impression sensible sur les corps qu'elle rencontre, ou que si elle en fait, la lune doit s'en ressentir. Elle devroit donc augmenter en vitesse jusques à ce que cette matiere lui eût communiqué un mouvement égal au sien. Dans ce cas il faudroit que toute pression cessât. En second lieu, il est des pleines & des nouvelles lunes où cette planete est autant éloignée de la terre que dans quel-

ques quadratures. Ainsi ce n'est pas les conjonctions de la lune que le *Flux & reflux* devroit suivre ; puisqu'il n'y en auroit point alors. En voilà assez pour faire voir l'insuffisance de cette explication.

13. Dans le siécle passé, celui-là fut sans doute bien hardi, qui le premier osa exposer un système sur le *Flux & reflux*, sur le débris de celui du grand *Descartes*. Le P. *Fabri* ne craignit cependant point d'en produire un nouveau. Après maintes suppositions, moins nécessaires pour l'intelligence de son explication que pour son établissement ; ce Physicien prétend que quand la lune passe par notre méridien, une partie de l'air, qui est au-dessous d'elle, ne pese plus contre la terre, mais bien contre la lune, selon cette regle générale, que l'air est un milieu commun qui pese sur le globe le plus proche. Donc l'eau n'est pas alors si pressée en cet endroit. Et comme elle est également pressée par-tout ailleurs, elle doit s'élever nécessairement. Voilà donc la premiere période qui suit le mouvement de la lune. Pour la seconde, le P. *Fabri* suppose que les corps spongieux ont plus d'eau aux pleines lunes. D'où il conclud, que dans ce tems l'air est plus humide & acquiert par-là plus de poids ; presse avec plus de force, & produit ainsi les plus grandes marées. Cet Auteur tâche ensuite d'ajuster les autres circonstances à son explication & d'en rendre raison. Mais en vérité, cette supposition rend ce système si mince, que je ne crois pas devoir la pousser plus loin.

14. Je le dis hautement : A peu près par les mêmes raisons, je ne parlerai pas du système d'*Isaac Vossius*, qui attribue la cause du *Flux & reflux* à la chaleur du soleil ; de celui de *Théodore Moret*, qui l'explique, ce *Flux*, par la vertu magnetique de la lune ; ni de celui du P. *Deschalles*, dont le sentiment est, que la fermentation cause le *Flux & reflux*. Je crois devoir terminer cet article par deux explications célebres, celle de *Newton* & de M. *Grante* ; quand je m'exposerois à encourir le mécontentement de ceux que je passe sous silence.

15. Aiant admis comme *Kepler*, que la lune attire les eaux de la mer plus ou moins directement, selon sa situation, plus ou moins fortement selon sa distance, *Newton* dit que leur pésanteur vers la terre doit diminuer lorsqu'elles répondent directement à cette planete. Il faut donc pour qu'il y ait équilibre dans toutes les parties de la mer, que les eaux s'élevent sous la lune afin que l'excès de pésanteur des collatérales soit compensé par la plus grande hauteur de ces mêmes

eaux sous la lune. La même raison veut que les eaux s'élevent dans le point correspondant de l'hémisphere opposée ; car ces eaux seront moins attirées par la lune que ne le sera le centre de la terre à cause de leur plus grande distance. Elles serontdonc d'autant soustraites à l'action de la terre & peseront d'autant moins sur elle. Il faudra par conséquent qu'elles s'élevent par l'action des eaux collatérales, dont la pésanteur est augmentée. D'où il suit, qu'il se formera sur la terre deux promontoires d'eau, l'un du côté de la lune, l'autre du côté opposé : ce qui donnera à la mer à peu près la figure d'un sphéroïde allongé, dont le grand axe passera par le centre de la lune & de la terre.

Cette conséquence est prise par *Newton* pour une vérité réelle, établie même pour un premier principe. Le système de *Copernic* posé, dès que la terre viendra à tourner sur son centre, les lieux des deux promontoires seront forcés de s'écarter du méridien où se trouve la lune, & après environ 6 heures, ils se trouveront en quadrature avec elle, c'est-à-dire, à 90 dégrés de distance de cette planete. La pésanteur des eaux, qui couvrent ces points, sera alors nécessairement augmentée par l'action de la lune : elles s'applatiront. Ainsi dans l'espace d'un jour lunaire, plus grand de 50 minutes que le jour naturel, les eaux de la mer doivent s'élever deux fois & s'abaisser deux fois, dans tous les lieux de la terre. Et voilà la cause générale du *Flux & reflux* de la mer.

Maintenant les eaux gonflées sous la lune vont bièn-tôt s'en écarter par le mouvement diurne, mais elles s'en écartent moins que les lieux de la terre ausquels elles répondent. Semblables à la terre, qui passe de la conjonction au premier quartier, ces eaux seront retardées par l'action de la lune, étant contraintes de refluer un peu vers cette planete, sous laquelle le grand axe du sphéroïde tâche toujours de se placer. Or pendant ce tems, le mouvement des eaux qui viennent de la deuxiéme quadrature est acceleré. Il y a donc entre la conjonction & la premiere quadrature, entre l'opposition & la deuxiéme quadrature, deux mouvemens contraires dans les eaux de la mer, qui doivent augmenter considerablement les deux promontoires formés par la lune ; ensorte que le plus haut point de leur élevation n'arrive que quelque tems après. C'est donc une conséquence nécessaire que la plus haute élevation de la mer ne s'accorde pas avec le moment même du passage de la lune par le méridien, mais environ 3 heures après. C'est ainsi que la

plus grande chaleur des jours d'été ne se fait point sentir précisément à midi, & qu'on ne l'éprouve qu'à 3 heures ou environ.

Jusqu'ici la lune seule a agi. L'action du soleil ne doit pas êtrè omise. Si le système de *Newton* ne permet pas cette abstraction, les autres circonstances du *Flux & reflux* ne peuvent s'en passer. Le soleil diminuant les eaux qui lui répondent directement, & augmentant le poids de celles qui sont en quadrature, il doit aussi faire gonfler les eaux de la mer, & avoir part aux marées. A en juger par la masse de cet astre, on croiroit presque que son action sur les eaux doit être terrible. On croiroit mal. La force de la lune est ici bien supérieure à celle du soleil. Pourquoi ? Dans l'hémisphere dirigé vers le soleil les eaux sont plus attirées que le centre de la terre, & dans l'hémisphere opposé elles le sont moins. En faisant attention que le raïon de la terre est insensible par rapport à la grande distance du soleil, on conviendra sans peine que les eaux qui sont sous cet astre, ne doivent être guéres plus attirées vers lui que le centre de la terre, & que les eaux qui sont dans l'hémisphere opposé ne le doivent être guéres moins que ce centre. Il n'en est pas de même eu égard à la lune. Le raïon de la terre étant fort comparable à sa distance, cette planete doit attirer les eaux qui lui répondent beaucoup plus que le centre de la terre, & l'attirer ce centre encore davantage que les eaux de l'hémisphere opposé. D'où on est forcé de conclure que la lune doit, nonobstant la grandeur du soleil, avoir plus de part aux marées que cet astre.

Cette vérité reconnue, lorsque la lune est en conjonction ou en opposition avec le soleil, son action concourt avec celle de cet astre. Dans ce tems l'élevation des eaux est fort grande, parce qu'elle est produite par la somme de deux forces. Mais quand la lune est en quadrature le soleil abbaisse les eaux, là où la lune les éleve, & il les éleve où la lune les abbaisse. Le *Flux* étant causé par la différence de ces deux forces, il doit être moindre lorsque la lune est dans les quartiers que quand elle est dans les syzigies. Les marées décroîtront donc continuellement depuis les nouvelles & pleines lunes jusques aux quadratures, & augmenteront au contraire depuis les quadratures jusques aux nouvelles & pleines lunes. C'est pourquoi des nouvelles & des pleines lunes aux quadratures, les marées du matin sont plus grandes que celles du soir, & des quadratures aux nouvelles & pleines lunes, les marées du soir sont plus grandes que celles du matin,

Si dans la nouvelle lune les marées font plus grandes, & que celles qui se suivent dans un même jour, different plus entre elles que dans la pleine lune, toutes choses supposées égales, c'est qu'en général le raïon de la terre étant plus petit par rapport à la distance du centre de la terre à l'astre qui attire, que par rapport à la distance de ce même astre à la surface de la terre, les eaux s'élevent toujours un peu plus du côté de l'astre que dans l'hémisphere opposé. D'où il suit, que dans la nouvelle lune où le soleil & la lune font d'un même côté, les marées feront dans l'hémisphere tourné vers la lune plus grandes que dans la pleine lune, où le soleil est d'un côté & la lune de l'autre. Mais aussi on observera plus de différence entre les deux marées du même jour dans la nouvelle que dans la pleine lune; parce que la cause qui dans la nouvelle lune rend l'élévation des eaux sous la lune & sous le soleil plus grande que dans la pleine lune, diminue davantage l'élévation de l'hémisphere opposé.

Malgré tous ces mouvemens, que font faire à la mer le soleil & la lune, l'eau qui a de l'inertie ne perd pas tout d'un coup la vitesse qu'elle a reçue. Forcée de plus en plus à mesure que la lune s'approche de la conjonction, elle continue de s'élever en vertu de toutes ces forces après la conjonction. C'est ce qui fait qu'elle monte plus haut le jour même de la nouvelle lune. Ainsi la plus haute marée n'arrive & ne doit arriver que deux ou trois jours après la nouvelle lune par la même raison, que le plus grand froid & le plus grand chaud ne se font sentir que long-tems après les solstices. Voilà encore pourquoi la marée la plus basse n'arrive pas le jour même de la quadrature, mais le premier ou le second jour suivant.

Quiconque admettra le principe de l'attraction de *Newton*, conviendra que jamais explication sur le *Flux & reflux* n'a mieux embrassé toutes les variations de ce singulier mouvement de la mer. Je n'en ai pas cependant développé toute la richesse. Moins les eaux de la mer pesent, plus les promontoires d'où naissent le *Flux & reflux* doivent s'élever. Or aux nouvelles & pleines lunes des équinoxes, le soleil & la lune font dans le plan de l'équateur, où la pésanteur des eaux de la mer est la plus petite qu'il soit possible. Donc les plus grandes marées doivent arriver aux nouvelles & pleines lunes des équinoxes, & les moindres aux quadratures. Parce que dans les nouvelles & pleines lunes des équinoxes, nous sommes également proche du soleil & de la lune, soit que ces

deux astres soient au-dessus ou au-dessous de l'horison, les marées du soir doivent toujours être égales à celles du matin. C'est ce qui arrive en effet. (*Philosoph. naturalis princip. Mathemat.* & *Institutions Newtoniennes*, par M. *Sigorgne*, Tom. I.)

Tel est le systême fameux du grand *Newton*. Après avoir fait des remarques sur les autres explications que j'ai exposées, il seroit naturel que je dise ce qu'on pense de cette derniere. Abstraction faite du principe d'attraction, tout est admirable. Ceux qui refusent ou qui ne veulent pas reconnoître ce systême, se retranchent là. C'est donc à ce principe, au systême général du célebre Philosophe Anglois qu'il faut recourir pour voir ce qu'on y a objecté. (*Voïez* ATTRACTION & SYSTEME.) Je suppléerai à cette discussion par l'évaluation des forces avec lesquelles le soleil & la lune agitent la mer, pour produire les effets que nous venons de voir.

M. *s'Gravesande* démontre; 1°. que *toute la mutation dans la pésanteur, provenant du soleil, est à la pésanteur même comme* 1 *est à* 12868560; 2°. que *la force médiocre du soleil pour agiter la mer est à la force médiocre de la lune pour le même sujet comme* 1 *est à* 44815; & enfin 3°, que *la force de la lune est à la même force de la pésanteur comme* 1 *est à* 2871485. D'où l'on conclud, que *l'action du soleil change la hauteur de la mer de près de* 12 *pieds*; que *l'action de la lune la change de* 7, 88 *pieds*, & que par *les deux actions jointes ensemble, l'agitation médiocre est d'environ* 10 *pieds*. (*Elemens de Physique, L. VI.*)

16. Cet article me paroît si long, que si je n'avois pas promis le systême de M. *Grante d'Yverk*, je finirois ici ma carriere. Aussi je l'exposerai le plus succinctement qu'il me sera possible. Cet Auteur prétend que le poids des eaux en est toujours la cause. L'eau de la mer, dit-il, tend par sa propre pésanteur à s'approcher du centre commun des graves; & par le soulevement de la terre, produit par l'action de la lune, il arrive que les eaux, en s'approchant de ce centre, peuvent couler sans obstacle tantôt vers les poles, & tantôt revenir vers l'équateur sur les trois quarts de la surface de la terre privés de la présence de la lune. Dans le quart, par exemple, de la terre diamétralement opposé à la lune, les eaux qui se trouvent à l'équateur (point de la terre le plus éloigné du centre commun des graves) pouvant s'approcher du centre des graves en coulant vers les poles, & ne trouvant pas de la résistance du côté de ces poles, doivent réellement

venir vers eux en obéissant à leur propre pésanteur. Ainsi ces eaux rouleront vers les bords
sous le méridien.

A l'égard du *Flux* des eaux qui se trouvent dans le quart de la terre, opposé directement à la lune, l'action de la planete,
suffisante pour soulever la terre du centre
commun des graves & pour tenir son centre
de gravité, malgré son poids énorme, toujours hors de ce centre ou point d'équilibre,
suffira aussi pour creuser les eaux & pour les
pousser des deux côtés vers les bords, en leur
faisant suivre des arcs égaux du méridien.

Cela posé, dans le tems qu'il y aura *Flux*
dans les deux parties de la terre, dont nous
venons de parler, le *reflux* devra se faire
aux deux autres parties qui leur sont collatérales ; parce que ces deux parties de la
terre ne répondent pas directement à la lune,
& ne lui sont pas diametralement opposées.
Il y a plus. Les eaux qui ont coulé de l'é-
quateur vers les poles, pendant qu'il y avoit
Flux dans ces deux parties de la terre, se
trouvent en plus grande quantité, & par
conséquent plus élevées vers les bords que
vers l'équateur. Elle doivent donc par leur
propre poids & par leur force centrifuge
revenir des bords de l'équateur, ou ce qui
est la même chose, produire le *reflux*.

En voilà assez pour avoir une idée de ce
système. C'est au Livre qu'il faut recourir si
l'on veut le concilier avec les différentes variations de la mer ci-devant exposées. On
voit bien que toute cette explication est fondée sur ces trois points ; 1° sur le mouvement diurne de la terre autour d'elle-même ;
2°. sur le poids de l'eau, 3° sur un soulevement de la terre par l'action ou le poids de
la lune ; de sorte que son centre de gravité se
trouve toujours au-delà du centre de son
tourbillon, vis-à-vis le centre de gravité
de la lune. Les deux premieres causes sont
admises de tous les Physiciens. M. *Grante*
s'est chargé de la troisième dans sa *Nouvelle
Théorie des mouvemens de la terre & de la
lune, dans laquelle l'Auteur établit, selon les
loix de la Mécanique un nouveau mouvement
de la terre ; d'où il tire d'une maniere claire
& démonstrative la cause du Flux & reflux de
la mer.* C'est le titre de son Ouvrage que j'ai
donné en entier pour faire connoître les
vûes particulieres de l'Auteur. M. *Daniel
Bernoulli* a composé une savante Dissertation sur le *Flux & reflux* de la mer, selon les
principes de *Newton*, qui a été couronnée
par l'Académie Roïale des Sciences de Paris.
Le P. *Moret* & le P. *Bouhours* (dans ses *Entretiens d'Ariste & d'Eugene*) ont donné l'histoire de ce mouvement de la mer.

FLUXIONS. Nom que donne M. *Newton* à
des quantités mathématiques produites par
un mouvement continuel. Telle est la ligne
considérée comme produite par le mouvement d'un point ; la surface par le mouvement d'une ligne ; le solide par celui d'une
surface ; les angles par le mouvement circulaire de leurs côtés ; le tems par un écoulement continuel, &c. C'est ainsi que les
Anciens nous ont fait envisager l'origine
des rectangles, en faisant mouvoir une ligne
droite autour d'une autre immobile ; un cercle, en faisant mouvoir une même ligne autour d'un point ; une sphere par le mouvement d'un cercle autour de son diametre,
&c. En remarquant que les quantités
qui croissent ainsi, sont produites en tems
égaux, & deviennent plus grandes ou plus petites à mesure qu'elles ont crû avec plus ou
moins de vitesse, M. *Newton* a donné une
méthode pour déterminer les quantités produites par les vitesses des mouvemens divers
avec lesquels elles croissent, ou des accroissemens qu'elles acquierent. Ces vitesses, M.
Newton les nomma *Fluxions* & ces quantités
Fluentes ; & il parvint ainsi insensiblement en
1665 & 1666 à la *Méthode des Fluxions*. Afin
de connoître le rapport des *Fluxions* qui
sont en premiere raison des accroissemens
naissans, le grand Mathématicien, d'après
lequel je parle, les représente par des lignes qui lui sont proportionnelles. Quoi
de plus propre pour rendre sensibles des vérités si méthaphysiques !

Supposons que les aires A B C, A B D G
(Planche VI, Figure 260.) sont produites
par le mouvement uniforme des ordonnées
B C, B D, sur la base A B. Les *Fluxions* de
ces aires seront entre elles comme les ordonnées B C, B D, géneratrices des deux aires,
& pourront être représentées par les mêmes
ordonnées ; parce que le rapport des ordonnées entre elles, est le rapport des accroissemens naissans des deux aires.

Autre exemple. Qu'on fasse mouvoir l'ordonnée B C, ensorte que de sa place B C,
elle passe à une nouvelle place quelconque
b c ; qu'on acheve le parallelograme B C E *b*,
& qu'on mene la droite V T H qui touche
la courbe en C, rencontrant en T & V les
droites *b c* & B H prolongées. Dans ce cas
les accroissemens de l'abscisse A B de l'ordonnée B C & de la courbe A C *c*, nouvellement produits par le mouvement de l'ordonnée, seront B *b*, E *c* & C *c* ; & les côtés du triangle C E T seront entre eux dans
la premiere raison de ces accroissemens naissans. Donc les *Fluxions* des quantités A B,
B C, & A C, c'est-à-dire de l'abscisse, de
l'ordonnée

l'ordonnée & de la courbe, font entre elles comme les côtés du triangle C E T, & pourront être repréfentées par les droites C E, E T, C T, dont ce triangle eft formé, ou ce qui revient au même, par les côtés du triangle V B C femblable au premier. (*Voïez Le Traité de la Quadrature des courbes* de *Newton*, & fur-tout le premier Tome du favant *Traité des Fluxions* de M. *Maclaurin*, où l'on trouvera cette matiere de façon à ne rien laiffer à defirer.)

2. La *Méthode des Fluxions* étant ainfi expofée, M. *Stewart*, qui a commenté le Traité de la Quadrature de *Newton*, la réduit à deux problèmes qui renferment toute cette Méthode. 1°. *Les* fluentes *étant données trouver les* Fluxions. 2°. *Les* Fluxions *étant données trouver les* fluentes. Or ces deux problêmes reviennent à ceux-ci. 1°. *La longueur de l'efpace parcouru par un corps en mouvement étant donnée continuellement, ou pour tous les tems, trouver la viteffe du mouvement dans un tems propofé.* 2°. *La* viteffe *étant donnée dans tous les tems, trouver la longueur de l'efpace parcouru dans un tems propofé.* Le premier de ces problèmes renferme la méthode directe des *Fluxions*, & le fecond la méthode inverfe.

J'ai promis dans le *Profpectus* de cet Ouvrage la Métaphyfique ou la théorie générale de la *Méthode des Fluxions*. Pour fatisfaire à mon engagement, je vais donner des notions préliminaires au développement de ces deux problèmes, & qui répandront un grand jour fur tout le fondement de la *Méthode* dont il s'agit ici.

1°. Les *Fluxions des quantités Fluentes* n'étant que les viteffes avec lefquelles on les fuppofe fluer, ou par lefquelles elles font produites, on ne doit jamais confiderer abfolument en elle-même la *Fluxion* d'une quantité variable; mais relativement à la *Fluxion* de quelqu'autre quantité fluente de la même efpece. De forte que quand on parle de la *Fluxion* d'une quantité, on fuppofe toujours une relation à la *Fluxion* de quelqu'autre quantité, avec laquelle on comprend qu'elle eft comparée. Dans cette comparaifon il eft admis qu'une des quantités fluentes flue uniformément. Sa *Fluxion* étant donc conftante & invariable, eft regardée comme un étalon ou une mefure à laquelle on rapporte les *Fluxions* des autres quantités.

2°. Si la *Fluxion* d'une quantité *Fluente* ou la viteffe de fon écoulement varie continuellement, c'eft-à-dire, fi elle eft continuellement accélérée, ou retardée continuellement, la *Fluxion* dans chaque endroit ou dans chaque inftant de ce tems, fera différente de la

Fluxion dans un autre endroit, ou dans un autre inftant du tems. Car de quelque façon qu'elle varie continuellement en croiffant ou en décroiffant, par la fuppofition même, elle doit avoir différentes valeurs en chaque endroit différent ou dans chaque différent inftant du tems, autrement elle ne varieroit pas continuellement. M. *Stewart* éclaircit ceci par un exemple de la chute d'un corps. La viteffe avec laquelle un corps tombe dans un inftant du tems, pendant fa chute, eft différente de la viteffe qu'il a dans un autre inftant. Et c'eft toujours la même chofe, foit que le mouvement foit uniformément acceleré ou retardé, foit qu'il foit acceleré ou retardé felon une autre loi quelconque.

3°. Lorfqu'une quantité variable ou fluente flue uniformément, en forte qu'elle acquiert des incrémens égaux en tems égaux, fa *Fluxion* ou viteffe étant conftante & invariable, elle doit être la même dans chaque point & dans chaque tems. Ainfi elle ne peut pas avoir de *Fluxion* ou de mouvement, puifque la *Fluxion* ne peut convenir qu'à ce qui eft variable, c'eft-à-dire, à ce qui paffe d'une valeur à l'autre. Dans ce cas, il n'y a point de *Fluxion de Fluxion*, ou de *feconde Fluxion* de la quantité fluente.

4°. Mais fi une quantité fluente ne flue pas uniformément, & qu'elle foit continuellement accelerée ou retardée, fa *Fluxion* ou viteffe, étant différente en différens tems, eft elle-même une quantité variable indéterminée ou fluente, & par conféquent fufceptible de *Fluxion*. C'eft ce qu'on appelle *Fluxion de Fluxion*, ou *feconde Fluxion* de la premiere quantité fluente.

5°. En fuppofant cette derniere ou *feconde Fluxion* conftante & invariable, il n'y a point de troifième *Fluxion*. Eft-elle variable ou inconftante? Cette *Fluxion* variable ou cette viteffe peut être confiderée comme une quantité fluente, & par conféquent comme auffi capable de *Fluxion* que toute autre quantité. Cette *Fluxion* eft la feconde *Fluxion* de la premiere *Fluxion*, & *troifième Fluxion* de la premiere quantité fluente.

C'eft ainfi qu'on monte aux ordres fupérieurs des *Fluxions* fans bornes. La raifon de tout cela eft bien fimple. Puifque la *Fluxion* d'une quantité fluente n'eft qu'une viteffe, & que la viteffe n'eft elle-même qu'une quantité, elle peut être, je dis plus, elle doit être regardée comme une quantité fluente, ou autrement comme aïant une *Fluxion*, qui exprime le changement plus prompt ou plus lent, par lequel cette viteffe flue ou change. Enfin, pour le dire en deux mots, rien de plus naturel que de prendre la vitesse d'une vitesse, & en langage *Leib-nitien*, de prendre la différence d'une diffé rence. (*Voïez* DIFFERENCE.)

3. Je ne prétens pas par ce ton affirmatif convaincre le Lecteur, comme on dit *in verba magistri*. La vérité de l'histoire m'o- blige d'avouer que la chose n'est pas aisée à concevoir, & d'ajouter que ç'a été ici le point principal qui a fourni tant d'écrits contre la *Méthode des Fluxions*, par lesquels on a pré- tendu, que cette méthode est pleine de mys- stere & fondée sur de faux raisonnemens. Parmi ces écrits, on distingue sur-tout une Lettre intitulée l'*Analyste*. Lettre où la ma- tiere est discutée d'une façon si captieuse, que des Géometres du premier ordre crai- gnirent qu'elle ne portât atteinte à la vérité du calcul de *Newton*. M. *Maclaurin* crut qu'on ne devoit pas différer d'éclaircir les doutes qu'elle pouvoit faire naître & d'éta- blir le calcul des *Fluxions* sur des fondemens solides capables de convaincre les plus opiniâ- tres. Il publia deux volumes *in-quarto* que j'ai déja conseillé de consulter, & que je ne saurois assez recommander, dans lesquels ce calcul est démontré à la maniere des An- ciens, par les regles les plus rigoureuses de la Géometrie. Dans le Tome I. de ce savant Traité, il fait voir, il prouve, & il démontre sans réplique que la premiere *Fluxion* étant produite en conséquence du mouvement par lequel un solide flue au terme où son côté devient égal à son axe, en le supposant con- tinué uniformément pendant ce tems-là; la seconde est produite en conséquence de l'ac- célération de ce mouvement, en le suppo- sant continué uniformément depuis le même terme & pendant le même tems; la troisié- me est produite en conséquence de l'accélé- ration continuelle & uniforme de cette accé- lération. M. *Maclaurin* page 87, distingue ces *Fluxions* l'une de l'autre. Personne n'a donné une idée plus nette de ces distinctions que M. *Stewart* dans son beau Commentaire de la quadrature des courbes. Telle est sa pensée, ou tel est son raisonnement.

La *Fluxion* d'une quantité variable ou fluente étant la vitesse avec laquelle elle flue ou change par accroissement ou dimi- nution, selon qu'elle augmente ou qu'elle diminue continuellement, la maniere la plus aisée & la plus naturelle de représenter une *Fluxion*, est d'emploïer des quantités où l'on puisse appliquer l'espace comme on l'a vû. Cela posé, la vitesse avec laquelle une quantité géométrique flue en augmentant ou diminuant, renferme dans sa notion le tems & l'espace par où l'on peut la mésurer & la déterminer. Ainsi lorsqu'une quantité varia-

ble ou fluente est une ligne, on la regarde comme engendrée ou produite par le mou- vement ou l'écoulement d'un point. Alors la *Fluxion* d'une ligne fluente se mesure plus naturellement par la longueur que le point mouvant peut parcourir dans un certain tems donné, en supposant que la vitesse avec la- quelle le point se meut, continue d'être in- variablement la même, (pendant le tems donné) qu'elle étoit dans l'instant & dans le lieu particulier où l'on considere la *Fluxion* dont il est question.

Si la quantité fluente est une surface, on la suppose produite par le mouvement con- tinuel d'une ligne, & la *Fluxion* d'un espace superficiel, dans un endroit ou dans un in- stant de tems durant l'écoulement, se me- sure naturellement par la quantité de l'espa- ce superficiel qui seroit décrit dans un cer- tain tems donné, en supposant que la ligne génératrice, continuant d'être invariablement la même, est conduite le long d'une autre ligne par un mouvement uniforme, & qu'elle décrit par ce moïen un espace qui croît uni- formément & précisément aussi vite pendant tout le tems donné, que l'espace superficiel croît dans cet endroit ou dans cet instant de tems.

Enfin si la quantité fluente est un solide, on la suppose produite par le mouvement d'une figure plane; & la *Fluxion* du solide dans chaque tems, ou dans chaque place, se mesure naturellement par la quantité de l'espace solide qui seroit parcouru par la figure génératrice, continuant invariable- ment d'être la même, & se mouvant le long d'une ligne droite par un mouvement uni- forme; en sorte qu'elle fasse croître l'espace solide, pendant tout le tems donné, préci- sément aussi vite que la quantité fluente croît dans cet endroit particulier ou dans cet in- stant de tems, lorsqu'on cherche sa *Fluxion*.

Voilà toute la quintessence méthaphysi- que qu'on peut tirer de la *Méthode des Flu- xions*. On voit bien que ce n'est ici qu'une expansion du principe général d'après lequel *Newton* a travaillé. Comme pour rendre tout cela plus sensible il faut recourir à des figures, de même on doit s'en servir pour expliquer tout ce qui concerne les différens ordres des *Fluxions*. Les figu- res sont encore nécessaires pour soulager l'imagination, qui sans cela, risqueroit beau- coup de s'égarer. Cependant en suivant & en décomposant toute cette génération avec ordre, on concevra l'origine des *Fluxions* de différens genres. (*Comment. de la Quadra- ture des courbes* de *Newton*, par *Stewart* en Anglois.) [Le P. *Pezenas*, à qui on doit la traduction du *Traité des Fluxions*, travaille à celle de ce Commentaire; & il est à desirer, pour le bien public, qu'elle paroisse bien-tôt.]

4. N'induisons pas le Lecteur en erreur. Dans la théorie générale des *Fluxions*, on s'attache bien moins à examiner des quantités comme produites par le mouvement, & les vitesses de ces mouvemens, ou à considerer les premieres ou dernieres vitesses de leurs incremens ou décremens; qu'à fixer les raisons respectives selon lesquelles elles croissent & décroissent lorsqu'on les suppose varier ensemble, pour pouvoir, par ce moïen, découvrir les propriétés de ces quantités même. Ainsi en comparant les vitesses des points, qui sont supposés produire des lignes, en même-tems on voit si une ligne croit en plus grande ou en plus petite raison qu'une autre ligne, & en quelle proportion. Il en est de même de toutes les autres quantités, qui variant ensemble, sont toujours en même proportion que ces lignes. Aussi M. *Maclaurin* appelle *Fluxion* des quantités, » toutes les » mesures de leurs rapports respectifs d'ac-» croissement ou de décroissement, pendant » qu'elles varient ou fluent ensemble «.

5. Ces précautions prises, il est tems de passer à la partie algébrique de la Méthode que j'expose, & à la solution des deux problêmes dont j'ai parlé §. 2. de cet article. A cette fin, *Newton* exprime les quantités fluentes par les dernieres lettres de l'alphabet z, y, x, v, & leurs *Fluxions* ou accroissemens, ou les vitesses avec lesquelles elles croissent, par les mêmes lettres surmontées d'un point pour les premieres *Fluxions*; de deux pour les secondes; trois pour les troisiémes; quatre pour les quatriémes, &c. Les premieres quantités $\dot{z}, \dot{y}, \dot{x}, \dot{v}$, sont les premieres *Fluxions* de z, y, x, v; celles-ci $\ddot{z}, \ddot{y}, \ddot{x}, \ddot{v}$, les secondes; $\dddot{z}, \dddot{y}, \dddot{x}, \dddot{v}$, les troisiémes; & $\ddddot{z}, \ddddot{y}, \ddddot{x}, \ddddot{v}$, les quatriémes, &c.

Les quantités fluentes peuvent être aussi considérées comme les *Fluxions* de certaines autres quantités. On les indique ainsi : $\overset{\scriptscriptstyle\mathrm{I}}{z}, \overset{\scriptscriptstyle\mathrm{I}}{y}, \overset{\scriptscriptstyle\mathrm{I}}{x}, \overset{\scriptscriptstyle\mathrm{I}}{v}$, &c. celles-ci comme les *Fluxions* d'autres quantités désignées de la sorte $\overset{\scriptscriptstyle\mathrm{II}}{z}, \overset{\scriptscriptstyle\mathrm{II}}{y}, \overset{\scriptscriptstyle\mathrm{II}}{x}, \overset{\scriptscriptstyle\mathrm{II}}{v}$; ces dernieres comme les *Fluxions* de ces quantités $\overset{\scriptscriptstyle\mathrm{III}}{z}, \overset{\scriptscriptstyle\mathrm{III}}{y}, \overset{\scriptscriptstyle\mathrm{III}}{x}, \overset{\scriptscriptstyle\mathrm{III}}{v}$, &c. On a donc dans les caracteres suivans, $\overset{\scriptscriptstyle\mathrm{III}}{z}, \overset{\scriptscriptstyle\mathrm{II}}{z}, \overset{\scriptscriptstyle\mathrm{I}}{z}, z, \dot{z}, \ddot{z}, \dddot{z}$, &c. l'expression d'une suite de quantités, dont chacune est

la *Fluxion* de la précédente, & dont chacune aussi est la fluente de cellequi la suit. Ceci s'applique tout naturellement à ces series

$$\overset{\scriptscriptstyle\mathrm{III}}{\overline{\sqrt{a z - z z}}}, \ \overset{\scriptscriptstyle\mathrm{II}}{\overline{\sqrt{a z - z z}}}, \ \overset{\scriptscriptstyle\mathrm{I}}{\overline{\sqrt{a z - z z}}},$$

$$\overline{\sqrt{a z - z z}}^{\cdot}, \ \overline{\sqrt{a z - z z}}^{\cdot\cdot}, \ \overline{\sqrt{a z - z z}}^{\cdot\cdot\cdot}, \text{ &c.}$$

& à ces autres,

$$\frac{\overset{\scriptscriptstyle\mathrm{III}}{\overline{a z + z^2}}}{\overline{a - z}}, \ \frac{\overset{\scriptscriptstyle\mathrm{II}}{\overline{a z + z^2}}}{\overline{a - z}}, \ \frac{\overset{\scriptscriptstyle\mathrm{I}}{\overline{a z + z^2}}}{\overline{a - z}},$$

$$\frac{\overline{a z + z^2}}{\overline{a - z}}^{\cdot}, \ \frac{\overline{a z + z^2}}{\overline{a - z}}^{\cdot\cdot}, \ \frac{\overline{a z + z^2}}{\overline{a - z}}^{\cdot\cdot\cdot}, \text{ &c.}$$

Dans tout cela, il est bon d'avertir que le symbole $\dot{x}$ exprime en général la *Fluxion* de x, sans déterminer si cette *Fluxion* est positive ou négative, c'est-à-dire, si elle doit croître ou décroître; & que les quantités invariables ou les constantes, celles qui n'ont point de *Fluxions*, sont représentées par les premieres lettres de l'alphabet a, b, c, &c. comme dans le calcul différentiel de *Leibnitz*. Maintenant pour développer la méthode directe & inverse des *Fluxions*, c'est-à-dire, la solution de ces deux problêmes; *les* fluentes *étant données trouver les* Fluxions, & *les* Fluxions *étant données trouver les* fluentes, telles sont les regles.

1°. Lorsqu'une fluente est simple dans chaque terme d'une quantité composée, on trouve la *Fluxion* de cette quantité en ajoutant les *Fluxions* de chaque terme ou en plaçant un point sur chaque fluente. Ainsi la *Fluxion* de $x + y - z$ est $\dot{x} + \dot{y} - \dot{z}$; celle de $a x + b y - c z$ est $a \dot{x} + b \dot{y} - c \dot{z}$, &c. Cette regle est fondée sur ce théorème : *Lorsque l'espace parcouru par un mouvement est toujours égal à la somme des espaces parcourus dans le même tems par d'autres mouvemens, la vitesse du premier mouvement est toujours égale à la somme des vitesses des autres mouvemens.* Et pour soulager l'imagination par une figure, on démontre que *la* Fluxion *d'un parallelograme quelconque* a x *d'une hauteur invariable* a, *est toujours mesurée par un parallelograme de même hauteur décrit sur une ligne droite qui mesure la* Fluxion *de sa base.* (*Voïez* le Tome I. du *Traité des Fluxions de Maclaurin*, *Art.* 36, 41 & 78.)

2°. La *Fluxion* du produit de deux fluentes est la somme de plusieurs produits, où la *Fluxion* de chaque facteur est multipliée par l'autre facteur. Ainsi la *Fluxion* de $a x y$ est $\dot{x} y a + \dot{y} x a$.

Ce théorème appuïe cette regle : *La* Fluxion *d'un rectangle est exactement mesurée par la somme des* Fluxions, *lorsque ces* Fluxions *croissent ou décroissent ensemble; c'est-à-dire, sont positives ou négatives;* mais elles le font par leur diffé-rence lorſqu'une décroît ou eſt négative, pen-dant que l'autre croît, ou eſt poſitive. (Art. 99. du Tome I. ci-devant cité.)

En voilà aſſez pour donner une idée de la maniere dont on démontre la méthode di-recte des *Fluxions* en la décompoſant par dégrés. Comme ces regles font les mêmes que celles du calcul différentiel, celui-ci n'étant que celui-là ſous un autre nom ; & que ce premier calcul eſt plus ſuivi & plus facile, je renvoïe à l'article du CALCUL DIFFERENTIEL.

6. Dans la *Méthode inverſe des Fluxions*, il s'agit de trouver la fluente lorſque la *Flu-xion* eſt donnée. Ses regles ſont tirées de celles de la méthode directe, comme celles de la diviſion & de l'extraction des racines en Algébre ſont déduites de celles de la multiplication & de la formation des puiſſances. C'eſt ici le calcul intégral dont on trouvera les regles à ſon article. (*Voïez* CALCUL INTEGRAL.) A l'égard de l'hiſtoire de la méthode des *Fluxions*, *Voïez* CALCUL DES INFINIMENT PETITS.

F O I

FOIER. Terme de Géométrie. Point de l'axe où l'ordonnée eſt égale au parametre.

Trois courbes ont un *Foïer*, ſavoir l'ellip-ſe, la parabole & les hyperboles oppoſées, parce que des miroirs formés ſur ces cour-bes ont leur *Foïer.* (*Voïez* FOÏER terme d'Op-tique.) Les *Foïers* de l'ellipſe ſont deux points dans ſon grand axe, également éloi-gnés de ſon centre, & tellement ſitués qu'en tirant deux lignes droites d'un même point de la circonférence, la ſomme de ces deux lignes droites eſt toujours égale au plus grand axe. D'où il ſuit, qu'on trouve les *Foïers* d'une ellipſe, en prenant avec un compas la moitié du grand axe, & en décri-vant des extrémités du petit axe des arcs qui coupent le grand axe. Les points d'in-terſection ſont les *Foïers* (*Voïez* ELLIPSE.)

Un point pris dans l'axe d'une parabole éloignée du ſommet d'une quantité égale à la quatriéme partie de ſon parametre, eſt ce qu'on appelle ſon *Foïer.*

Les *Foïers* des hyperboles oppoſées ſont des points dans l'axe principal de ces hyper-boles, tels que deux lignes quelconques ti-rées de ce *Foïer* à un point de l'une des hy-perboles, auront toujours une différence égale à l'axe principal. (*Voïez* HYPERBOLE.)

C'eſt de la proportion du grand axe de l'ellipſe à la diſtance des *Foïers* que dépend la forme de l'ellipſe, c'eſt-à-dire, qu'elle eſt

plus ou moins ovale. De même celle de l'axe déterminé ou tranſverſal de deux hyperbo-les oppoſées, & la diſtance de leurs *Foïers* détermine l'eſpece des hyperboles. Lorſque la proportion ne change pas, & qu'on aug-mente ou qu'on diminue ces lignes à l'infini, on a une infinité d'hyperboles de même eſ-pece plus grandes ou plus petites.

Après *Apollone Pergée*, tous les Géome-tres qui ont écrit ſur les ſections coniques, ont donné la méthode de trouver le *Foïer* dans les ſections coniques. Mais M. *Tſchirn-hauſen* s'eſt diſtingué à cet égard dans un Livre ſingulier intitulé *Medicina Mentis*, où il enſeigne à décrire les courbes par leurs *Foïers :* je dis les courbes, car on en donne à d'autres que les ſections coniques.

FOÏER. Terme d'Optique. C'eſt le point de convergence ou de concours des raïons ré-fractés ou reflechis par des ſubſtances refrin-gentes ou refléchiſſantes. Ainſi il y a deux ſortes de *Foïers*, des *Foïers par réfraction*, & des *Foïers par reflexion.* Ces *Foïers* ſont encore différens ſuivant la qualité & la for-me des corps qui refractent les raïons ou qui les refléchiſſent.

1°. Dans un verre plan convexe les raïons paralleles viennent ſe réunir ſur l'axe ; de façon que la diſtance du *Foïer* au pole du verre eſt égale à peu près au raïon de la convexité, lorſque le ſegment n'eſt que de 30 dégrés.

2°. Dans les verres doublement convexes & d'un même raïon, ſi le ſegment n'excede pas 30 dégrés, le *Foïer* eſt éloigné du pole du verre à une diſtance à peu près égale au raïon de la convexité.

3°. Les verres convexes d'un côté & plans de l'autre, qui reçoivent des raïons de lu-miere, ſoit du côté plan, ſoit du côté con-vexe, doivent ſe réunir à un point tel que la diſtance du centre du verre ſoit au raïon comme le ſinus de l'angle d'incidence eſt au ſinus de l'angle, qui eſt la différence entre l'angle d'incidence & l'angle de réfraction, c'eſt-à-dire, comme 17 à 6. Mais ces raïons tombant obliquement ſur le côté plan ou convexe ſe rompent encore en ſe détour-nant de la perpendiculaire, de telle ſorte que le ſinus de l'angle de réfraction, ſoit à celui d'incidence comme 11 à 17 (*Voïez* REFRACTION) & vont former le *Foïer* qui eſt au premier point de réunion, comme le ſinus de réfraction au ſinus de l'angle d'in-cidence. Pour éclaircir ceci il faudroit des exemples & des figures, & entrer dans un détail fort vaſte, qui ſuppoſeroit encore qu'on a d'autres connoiſſances. Je me contente de donner ici en général la théorie des *Foïers*, si l'on peut parler ainsi , en ajoutant la regle générale que donne le P. *Cherubin* dans sa *Dioptrique oculaire , seconde Partie , page 61.* pour les verres doublement convexes, d'une convexité égale ou inégale. Telle est la regle qu'il prescrit : *La somme de deux demi-diametres des deux égales ou inégales convexités , ajoutées ensemble , est au demi-diametre de la convexité , qui reçoit les raïons paralleles, comme le double de l'autre diametre est à la distance du* Foïer *depuis le verre convexe donné.*

Je joins à tout cela trois observations. La premiere est, que les raïons d'un point d'un objet visible ont leur *Foïer* d'autant plus proche du verre convexe sphérique, qu'il en est éloigné , & d'autant plus loin qu'il en est proche.

La seconde, que les raïons qui tombent plus près de l'axe d'un verre quelconque, ne sont pas si-tôt réunis que ceux qui tombent à une plus grande distance. Et la distance du *Foïer* dans un verre plan convexe ne sera pas si grande , quand son côté convexe sera tourné vers l'objet, que si l'on y tournoit le côté opposé.

Enfin la troisiéme observation est , que lorsqu'on regarde un objet avec un verre plan convexe, le côté convexe doit être tourné du côté en dehors.

2. Jusqu'ici il n'a été question que de verres convexes. Dans les concaves la réfraction de la lumiere est bien différente. Il seroit bien difficile qu'on eut une idée de ce *Foïer*, si l'on ne connoissoit la route de la lumiere. La voici.

Supposons que A B C (Planche XXIV. Figure 259.) soit la concavité d'un verre, D E son axe ; F G un raïon de lumiere qui tombe sur le verre, parallelement à l'axe D E, & D le centre de l'arc A B C. Après que le raïon F G a pénétré le verre au point de son émersion G , il n'ira pas directement en H ; mais il sera réfracté en s'écartant de la perpendiculaire D G au verre, & deviendra , par exemple, le raïon G K. Ce raïon G K étant prolongé en ligne droite, en sorte qu'il coupe l'axe en E , ce point E sera le *Foïer* du verre. M. *Molineux* l'appelle *Foïer virtuel* ou point de divergence.

Cela posé, on trouve que ,

1°. Dans les verres concaves, quand un raïon tombe de l'air parallelement à l'axe, le *Foïer virtuel* est par la premiere réfraction à la distance d'un diametre & demi de la concavité.

2°. Dans les verres plan-concaves quand les raïons se réunissent à l'axe, le *Foïer virtuel* est à une distance du verre égale au diametre de la concavité. Le raïon de la con-

cavité est à la distance du *Foïer virtuel* , comme 107 : 193.

3°. Dans les verres doublement concaves & de même raïon , les raïons paralleles ont leur *Foïer virtuel* à une distance égale au raïon de la concavité.

4°. Lorsque les concavités sont égales ou inégales, on détermine toujours le *Foïer virtuel* ou le point de divergence des raïons paralleles par cette regle : *La somme des raïons des deux concavités est au raïon de l'une des concavités , comme le double du raïon de l'autre concavité est à la distance du Foïer virtuel.*

5°. Dans les verres concaves, où le raïon incident qui converge est plus éloigné du verre que le *Foïer virtuel* des raïons paralleles, on trouve ainsi le *Foïer virtuel* de ce raïon : *La différence entre la distance de ce point au verre, & celle du* Foïer virtuel *au même verre est à la distance du* Foïer virtuel *, comme la distance du point de convergence au verre est à la distance du* Foïer virtuel *de ce raïon convergent.*

6°. Dans les verres concaves, si le point auquel le raïon incident converge est plus proche du verre que le *Foïer virtuel* des raïons paralleles , on trouve par cette proportion l'endroit où ce raïon croise l'axe : *L'excès par lequel la distance du* Foïer virtuel *au verre, surpasse la distance du point à celui de convergence au même verre , est au* Foïer virtuel *comme la distance de ce point de convergence au verre est à la distance du point où ce raïon croise.*

3. Une seule regle suffit pour trouver les *Foïers* des menisques , je veux dire des verres convexes d'un côté & concaves de l'autre , & cette regle est cette simple analogie : *Comme la différence des raïons de la convexité & de la concavité est au raïon de la concavité, ainsi le diametre de la convexité est à la distance du* Foïer.

Foïer imaginaire. C'est le point où les raïons se seroient réunis s'ils eussent pû continuer leur route dans le même milieu, où celui dont les raïons divergens prolongés en ligne droite seroient venus. Par exemple, si les raïons divergens A D (Pl. XXVI. Fig. 261.) A C, A B, qui viennent du point lumineux A, tombent d'un milieu plus rare X sur la surface d'un milieu plus dense Z , ils se rompront en s'approchant de la perpendiculaire parallele à A D, & après s'être rompus, ils continueront leur route selon les lignes droites B E, C G, D H. En prolongeant en haut les raïons rompus jusques à ce qu'ils se réunissent , leur point de réunion est ce qu'on appelle le *Foïer imaginaire.*

Ce point est à une plus grande distance de la surface C D, que le point lumineux A, dont ils partent. Or on démontre que *la distance A D du point A est à D O (distance du Foïer imaginaire à la surface plane S D) comme la cotangente de l'angle d'incidence est à la cotangente du sinus de réfraction, ou comme le sinus de réfraction est au sinus de l'angle d'incidence.*

Cette regle demande une petite restriction : c'est que si l'on suppose la distance C D fort petite, les lignes droites A D, O C, ne differeront pas sensiblement de A D, O D, que l'on pourra prendre par conséquent pour A D, O C. Donc (en ce cas) A D *est à* O D, *comme le sinus de l'angle de réfraction est au sinus de l'angle d'incidence.*

Foïer. Terme de Catoptrique. Point de réunion des raïons refléchis. Des raïons paralleles au diametre d'un cercle tombant sur le concave de ce cercle, ont leur *Foïer* au quart de ce diametre. Si c'est dans l'intérieur de la parabole parallelement à son axe, leur *Foïer* est sur un point de l'axe éloigné du sommet du quart du parametre. Dans l'ellipse, les raïons qui vont d'un des *Foïers* de cette courbe à la circonférence, se réflechissent dans l'autre *Foïer*. Ainsi ces deux *Foïers* le font l'un de l'autre. A l'égard de l'hyperbole le *Foïer* des raïons qui tombent sur le concave de cette courbe est à son *Foïer* propre (*Voïez* ci-devant Foïer. Terme de Géomettrie.)

On suppose ici que les raïons sont paralleles à l'axe. Sans cette condition les regles n'ont pas lieu. Plus l'angle que forme les raïons avec l'axe est grand ou petit, & plus ou moins proche est le *Foïer* du miroir. Aussi c'est de l'amplitude de cet arc que dépend la distance du *Foïer* déterminé toujours par cette loi invariable de la catoptrique que l'angle de réflexion est égal à l'angle d'incidence. M. *Weidler* démontre que dans les miroirs sphériques concaves, les raïons formant un arc de 60° avec l'axe se réunissent par réflexion sur le même axe; en sorte que le *Foïer* est distant du miroir moins de la moitié du raïon. (*Institutiones Mathematicæ.*) Et M. *Stone* dans son *nouveau Dictionnaire de Mathématique*, établit à ce sujet un calcul fort curieux.

Si l'on a, dit-il, un miroir ardent d'un pied de diametre, tous les raïons du soleil qui tomberont sur l'aire d'un cercle, dont le diametre soit de 12 pouces, se trouveront réunis par le moïen de ce verre dans l'étendue de la huitiéme partie d'un pouce. En ce cas les aires des deux cercles seront l'un à l'autre comme 9216 à 1. Donc la chaleur

du plus petit sera à la chaleur du plus grand réciproquement, comme 9216 est à 1. Ainsi la chaleur au *Foïer* surpassera alors 9216 fois la chaleur commune du soleil. Et l'effet produit par ce *Foïer*, sera aussi grand que celui des raïons directs du soleil sur un corps qui seroit placé à une distance du soleil, égale à une quatre-vingt-sixiéme partie de la distance de la terre au soleil.

Les premiers (*Euclide*) qui ont cherché les *Foïers* par réfraction les plaçoient au centre du miroir. Tous ceux qui ont écrit sur l'Optique depuis les Anciens, ont dévoilé cette erreur. M. *Ditton* a déterminé les *Foïers* par le moïen de l'Algébre ; (*Acta erudit.* de l'an 1707 page 139.) Et M. *Carré* a appliqué la regle particuliere qu'il a donnée, à toutes sortes de miroirs concaves, dans les *Mémoires de l'Académie des Sciences* de Paris. M. *Halley* aïant publié une regle par la même voie que M. *Ditton*, pour trouver tous les *Foïers* des verres sphériques (*Transact. Philosoph.* N°. 205, page 690. & *Acta eruditorum suppl.* page 333.) M. *Guinée* a rendu cette regle générale pour toutes sortes de verres, dans les *Mémoires de l'Académie.*

FOIS. Terme d'Arithmétique, dont on se sert pour marquer par-là & par un nombre qu'on y ajoute, la réitération ou la composition réitérée d'une quantité. Ainsi lorsqu'une quantité est double d'une autre, on dit, que celle-ci est contenue deux *Fois*, si elle est triple elle y est contenue trois *Fois*, &c.

Dans la naissance de l'Arithmétique ce terme étoit d'un grand usage, & il falloit être bien attentif pour ne pas s'y méprendre, sur-tout lorsqu'il s'agissoit de prononcer duement un nombre fort grand ; car il falloit toujours l'exprimer au septiéme chiffre. Par exemple, le nombre 3, 692, 581, 470 se prononçoit de cette maniere : *Trois mille mille* Fois *mille, six cent quatre-vingt-douze* Fois *mille, cinq cens quatre-vingt-un mille quatre cens soixante & dix* ; au lieu de dire (comme on le prononce aujourd'hui) *Trois mille six cens quatre-vingt-douze millions, cinq cens quatre-vingt-un mille quatre cens soixante & dix.*

F O M

FOMAHANT ou FOMAHAUT. Etoile de la premiere grandeur à l'extrémité de l'eau que le verseau répand. Quelques Astronomes l'appellent encore *Museau de poisson*, en la donnant au poisson Austral, qui boit l'eau que donne le verseau.

F O N

FONCTION. Terme d'Algébre. C'est une

quantité composée de quelque maniere que ce soit de deux quantités. Lorsque l'une de ces quantités est variable & l'autre constante, la *Fonction* l'est alors d'une quantité variable.

Une *Fonction* quelconque d'une quantité déterminée a & d'une indéterminée x, étant telle que a & x fassent le même nombre de dimensions dans chaque terme, si l'on prend ensuite une autre déterminée A & une autre indéterminée X, proportionnelles aux premieres a & x, c'est-à-dire, que $a : A :: x : X$, & que l'on forme de a & de x une nouvelle *Fonction* pareille à celle qu'on a formée : ces deux *Fonctions* & les autres de cette espece sont des *Fonctions semblables*. Ainsi $a^3 + f a a x + g a a x + b x^3$, & $A^3 + f A A X + g A X X + h X^3$ sont des *Fonctions semblables*.

Lorsqu'on multiplie ces *Fonctions* par $d x$ & $d X$; & qu'on les suppose intégrées par le signe S, elles sont nommées *Fonctions semblables transcendantes*, & on a cette proportion : $S(a d x : \sqrt{a a - x x}) :: S(A d X : \sqrt{A A - X X})$.

2. Les *Fonctions semblables* soit algébriques soit transcendantes, sont estimées être d'une telle ou telle dimension, dont l'exposant est le nombre qui reste quand on retranche l'exposant des termes du dénominateur de l'exposant des termes du numérateur, en comptant $d x$ ou $d X$ pour une dimension ; & s'il y a des signes radicaux en divisant l'exposant des termes par l'exposant du signe. Cette quantité, par exemple, $\sqrt{a^3 + x^4}$ est réputée de deux dimensions. Celle-ci $a + x : (a x x + f \sqrt{a^4 + x^6})$ a pour dimension $1 - 3 = -2$. Cette autre, $S a d x : \sqrt{a a - x x}$ n'est que d'une dimension, parce que $a d x$ est de deux dimensions & $\sqrt{a a x}$ d'une. De façon que l'exposant de cette *Fonction* $S A d x : \sqrt{a a - x x}$ a pour exposant $2 - 1 = 1$. Enfin $a^3 + f a x x : g a x x + h x^3$ & $S a x d x : f \sqrt{a^3 + g x^3}$ n'ont aucune dimension ; parce que $3 - 3 = 0$.

M. *Bernoulli*, à qui l'on doit ces connoissances des *Fonctions*, démontre, que toutes les *Fonctions semblables* soit transcendantes, soit algébriques, sont entr'elles comme les quantités semblables a & A ou x & X, élevées au même exposant que ces *Fonctions*. D'où il suit, que les *Fonctions semblables*, qui n'ont aucune dimension, sont égales. (*Bernoulli Opera*, Tom. III. No. CXXXIX.)

FOND DU VASE. Etoile de la quatrième grandeur qui est au fond du vase. On l'appelle encore *Alches*, *Alhes*, ou *Alkes*.

FONDEMENT. Terme d'Architecture civile. C'est la partie principale d'un bâtiment, qu'on éleve souvent du dedans du terrein jusques à une certaine hauteur au-dessus de l'horison. Comme cette partie soutient tout le poids du bâtiment, elle demande aussi beaucoup de solidité. L'expérience fait voir que si les fondemens d'un bâtiment ne sont pas forts, adieu l'édifice. Il seroit bien à desirer qu'on pût donner des regles Mathématiques pour déterminer la masse d'un *Fondement* suivant l'épaisseur & l'élévation du mur qu'on doit y élever. Mais il y a tant de circonstances qui alterent entierement les regles qu'on pourroit donner, que la pratique seule doit diriger l'Architecte dans cette sorte d'ouvrage. En effet, quand on pourroit connoître le poids du bâtiment, le terrein, sur lequel on bâtit, n'étant presque jamais le même, demande encore une grande attention, & la nature de ce terrein varie à l'infini. Ce sont là les deux mobiles de la construction des *Fondemens*. Que les Architectes parlent & instruisent le public des instructions qu'ils ont retirées de l'expérience. Il ne me convient pas de rien déterminer à peu près là-dessus. Seulement je dirai que quand le terrein est mouvant, marécageux ou inondé, on y enfonce des pilotis, ou l'on met une grille qui assure le *Fondement*. Lorsqu'on trouve des sources ou du sable, on en empêche l'écoulement par une espece de claïes, dont on remplit les interstices avec du charbon, de la laine, des poils, des cailloux & avec d'autres matieres qui résistent à l'humidité sans pourrir. Sur un terrein limoneux & argilleux, on peut se contenter de mettre une simple grille de solives croisées.

Les personnes, qui, sur cette matiere, sont curieuses d'en savoir davantage, consulteront l'*Architecture* de *Vitruve*, L. I. Ch. 5. & L. III. Ch. 3 ; le *Theatrum Machinarum Hydrotechnicarum* de *Léopold*, §. 190 jusques à 232, & le *Theatrum pontificale* du même Auteur, Ch. XI.

Les *Fondemens* pour la construction des ouvrages hydrauliques tels que les moulins demandent des regles particulieres. Voici celles que prescrit *L. C. Sturm*. dans son *Architecture parfaite des Moulins*, Ch. 2.

Il veut qu'on enfonce une longue suite de pilotis aux deux rivages près de l'endroit où l'on peut arrêter & lâcher l'eau, & où on la conduit sur le moulin pour l'empêcher de s'écarter. Derriere les pilotis, qui doivent avoir 7 à 8 pouces d'épaisseur, & environ-

15 à 16 de large, il enfonce de gros piliers affez élevés pour que les planches, qui arrêtent l'eau, puiffent monter & defcendre dans des créneaux. On coupe enfuite les pilotis fur lefquels on étend un bois fort qu'on affermit en même-tems entre les piles, & qui avec fa furface eft au niveau du fond du canal.

Vers le réfervoir à travers de la digue, des pilotis font enfoncés à 3, 3½, à 4 pieds de diftance les uns des autres, fuivant que le courant de l'eau eft rapide, en proportionnant leur longueur à la qualité du fond. Le rang extrême de ces pilotis, étant coupé environ à deux pieds plus bas que ne doit être le fond du canal, eft deftiné à porter des folives, & fur l'autre rang, tenu à la hauteur des folives, on place des traverfines qu'on charge de folives, chargées elles-mêmes d'autres pieces le tout deftiné à porter de grandes poutres pour former les parois du canal. Enfin on cloue fur les poutres, & des deux côtés aux parois, des planches bien jointes enduites d'étoupes & de goudron, & couvertes fur les jointures de linteaux.

FONTAINE. Amas d'eau vive fortant de terre, reçu par un baffin naturel ou artificiel. Quoique le mot de *Fontaine* ne foit pas un terme de Phyfique encore moins de Mathématique, cependant l'origine des *Fontaines* étant un problème qui a exercé prefque tous les Phyficiens, leur opinion doit être détaillée dans un Ouvrage où j'ai promis de difcuter le fentiment des plus célebres Auteurs fur chaque matiere.

Le premier, qui a effaïé fes forces fur la folution de ce problème, eft *Platon*. Après avoir fuppofé la terre divifée en deux parties, une qu'il appelle haute & l'autre baffe, ce Phyficien prétend qu'il y a dans cette derniere partie plufieurs concavités circulaires, célles-ci grandes & profondes, celles-là petites & peu creufées. Ces cavités font pleines d'une certaine quantité d'eau, foit froide foit chaude, & fourniffent ainfi de l'eau aux *Fontaines*. Par un mouvement de balancement attribué à la terre, l'eau contenue dans les grandes concavités s'épanche dans les petites, qui ne pouvant la contenir entierement, la laiffe échapper par différentes forties : c'eft ce qui forme les *Fontaines*.

Comme les *Fontaines* tariroient après que cette eau feroit répandue fur la furface de la terre, *Platon* fuppofe une grande ouverture à la terre, ouverture nommée par les Poetes & fur-tout par *Homere* le *Tartare*, dans laquelle tous les fleuves viennent fe

rendre. Mais qui eft-ce qui les détermine à fe décharger ainfi dans le tartare ? C'eft que les eaux des fleuves & des rivieres n'ont ni fonds ni fondement : premiere caufe de leur flotation & en haut & en bas. En fecond lieu, elles y font pouffées par l'air & le vent, & par une refpiration continuelle de l'air qu'attribue *Platon* à cet élement, femblable à celle des animaux. Enfin lorfque ces eaux en coulant s'arrêtent en différens lieux, elles forment des lacs, des mers, des fleuves & des *Fontaines*, d'où elles fe rendent au tartare par divers chemins. (*Voïez* le *Dialogue de Phædon*, par *Platon*.)

2. Le fentiment de *Platon* fur l'origine des *Fontaines* étoit trop ridicule, fi l'on peut donner cette épithete à l'idée de cet homme, plus grand Philofophe que bon Phyficien, pour faire fortune ; il échoua en quelque maniere en naiffant. *Ariftote* fon difciple en fentit toute la foibleffe, & comprit en même-tems toute la difficulté de cette queftion. Auffi ne propofa-t-il que des conjectures. La premiere eft, que les pluïes de l'hyver, s'étant amaffées dans la terre en quelques endroits fpacieux font élevées par les raïons du foleil, jufques au fommet des montagnes, d'où elles fortent par les ouvertures des fources qui forment les *Fontaines*, toujours plus fortes en hyver qu'en été, & quelquefois arides dans ce tems, fuivant la capacité de ces réfervoirs fouterrains.

Cette explication n'eft pas celle qu'adopte *Ariftote* ; car il l'improuve entierement. Si l'eau, dit-il, que les *Fontaines* & les rivieres rendent pendant une année étoit ramaffée, elle formeroit un volume plus grand en quantité & en maffe que toute la terre. Content de cette objection, *Ariftote* fe perfuade que cette premiere conjecture n'eft point admiffible. Il propofe donc celle-ci. Les *Fontaines* font produites de l'air condenfé & réfolu en eau dans les cavernes de la terre par le froid continuel qu'*Ariftote* y fuppofe. Et comme les vapeurs qu'attire le foleil fe convertiffent en humidité, dont les parties fe joignant les unes aux autres, font des goutes d'eau qui tombent en pluïe, de même les vapeurs de la terre, pouvant être réfolues en humidité par le froid, font des goutes d'eau qui s'uniffent enfemble, coulent enfuite & deviennent des *Fontaines*. La preuve que donne *Ariftote* de fon explication, eft qu'il y a des *Fontaines* au pied de toutes les montagnes, d'autant plus groffes que les montagnes font grandes. Charmé de cette idée, il fe donne la peine (pour l'appuïer) de faire une énumeration affez

particuliere

particuliere des plus grands fleuves qui y prennent naissance.

Tous les Physiciens, qui ont examiné le sentiment d'*Aristote* depuis *Bodin, Cardan, Scaliger, Agricola, Valerius,* &c. jusques à *Perrault*, ont traité cette conversion d'air en eau de chimere, en ajoutant que tout l'air de l'atmosphere étant converti en eau, ne suffiroit pas à entretenir les *Fontaines*, & par conséquent les rivieres, une journée seulement. Pour se réjouir sans doute, *Scaliger* en a fait le calcul. Il prétend que dix parties d'air suffiroient à peine à en faire une d'eau. La terre ne pourroit donc contenir cet air que dans le cas où elle seroit dix fois plus grande qu'elle n'est. Il est aisé de conclure de là que la remarque que fait *Aristote*, qu'il y a des *Fontaines* au pied de presque toutes les montagnes, est un effet bien éloigné de la cause qu'il lui attribue.

Diogene de Laërce rapporte qu'*Epicure*, après *Aristote*, pense que les *Fontaines* peuvent dépendre de deux causes ; ou de ce que les eaux coulant continuellement s'assemblent en quelque lieu, d'où elles se dégorgent sur la surface de la terre, ou de ce ce qu'il y a en cet endroit une assez grande quantité d'eau ramassée pour donner de l'eau aux *Fontaines*.

4. On lit dans le Livre VIIIe de l'*Architecture de Vitruve*, que les *Fontaines* proviennent des eaux de la pluïe & de la neige de l'hyver, qui traversant la terre & s'arrêtant aux lieux solides & non spongieux, viennent à couler par les sources. A l'égard des *Fontaines* qu'on voit au pied des montagnes, elles sont causées par les neiges, qui ne fondant là que peu à peu s'écoulent insensiblement par les veines de la terre : d'où étant parvenues au pied de ces montagnes elles s'y transforment en *Fontaines*.

M. *Perrault* forme à cette explication deux objections. La premiere, est contre la supposition que les eaux de la pluïe pénétrent la terre, supposition absolument fausse & démentie par l'expérience. La seconde, est sur la quantité de ces mêmes eaux de pluïe que M. *Perrault* ne croit pas suffisante pour fournir aux écoulemens continuels des *Fontaines*.

5. Si l'ordre chronologique que M. *Perrault* suit dans sa Dissertation sur l'origine des *Fontaines* ; si cet ordre, dis - je, est vrai, *Seneque* est le cinquiéme Physicien qui a parlé de la matiere dont j'entretiens le Lecteur. Improuvant le sentiment de ceux qui croïent que l'eau des pluïes & des neiges soit le principe & l'origine des *Fontaines*, il aime mieux penser qu'il y a dans la terre de grandes cavités où l'air se convertit en eau. Comment ? C'est que, dit-il, tout air renfermé sans mouvement, sans agitation, en un mot oisif, pour me servir de son expression, se convertit en eau. Voilà pourquoi, selon lui, les caves & les lieux inhabités ou entierement fermés sont humides. En faut-il davantage pour donner naissance au cours continuel des *Fontaines* ? Non répond *Seneque*. Et tout de suite pour prévenir l'objection de *Scaliger* qu'on a vûe ci-devant, il ajoute que la terre se change aussi en eau ; & que les vapeurs qu'elle exhale, s'épaississant à cause qu'elle les rend dans un air renfermé & contraint, se changent en eau.

Toutes ces transformations sont bien gratuites. *Seneque* n'en convient pas tout à-fait. Si on l'en croit, toutes choses se font de toutes choses. L'air se fait de l'eau, & le feu de l'air : pourquoi la terre ne se feroit-elle pas de l'eau ? Car si la terre se peut changer en quelque chose ce doit être en eau. Ce Physicien se débat beaucoup pour prouver cette transformation. Mais laissons-là ces débats, bons pour le tems où *Seneque* vivoit. On est à présent bien revenu de ces anciennes maximes, que l'air, l'eau, le feu sont des changemens l'un de l'autre. Aussi dit-on que *Seneque* déclame plutôt qu'il ne prouve.

6. *Pline*, qui a observé si curieusement la nature, attribue l'origine des *Fontaines* à l'élevation des eaux au haut des montagnes, & il donne deux causes de cette élevation. L'une est le vent qui pousse l'eau, l'autre le poids de la terre, qui agissant sur l'eau la fait aussi monter.

Une opinion aussi dénuée de fondemens, a cependant des sectateurs. *Valerius* l'a adoptée, en ajoutant que l'eau étant ainsi poussée jusques au haut des montagnes, y est retenue dans de grands réservoirs. Il faut convenir que ce système a quelque chose de séduisant par rapport à la pésanteur de la terre, à laquelle *Thalès* a le premier fait attention ; il a été suivi par *Bodin* & *Scaliger*. Mais comment prouver que la terre pese plutôt sur l'eau, que l'eau sur la terre ? Tout cela encore une fois est fort liberalement imaginé.

7. Quoique saint *Thomas* & les Philosophes de Conimbre soient des Auteurs célebres, je ne parlerai pas cependant de leur sentiment, qui n'est point assez saillant pour tenir ici une place. Car soutenir que toute la terre est pénétrée d'eau par le moïen des ouvertures qui y sont, & qu'elle est attirée au sommet des montagnes par la force & la vertu des astres ; c'est admettre des chimeres sans avoir le mérite de la nouveauté. Aussi

je remplirai cet article du système singulier de *Scaliger*.

Suivant ce célebre Auteur la terre étoit au commencement du monde toute ronde, couverte & environnée d'eau par-tout également & l'eau environnée d'air. Les lieux où étoient ces élemens étoient leurs lieux propres. Les choses ainsi placées, Dieu creusa, dit-il, la terre pour y faire revenir la mer, & de ce qu'il en ôta il en fit des montagnes. Or comme dans ces montagnes, il y avoit des cavités & des cavernes, l'eau, qui auparavant environnoit la terre par-tout, fut contrainte de s'élever sur ces montagnes, tant pour leur faire place que pour reprendre son état naturel. Malgré ses efforts, se trouvant arrêtée & élevée au-dessus de son propre lieu, elle commença à peser sur la terre, & à se faire jour par ce même poids au travers les ouvertures & les canaux qui se présenterent; fit couler par ce même poids les sources à l'embouchure desquelles elle étoit parvenue, & finalement forma les *Fontaines*.

L'exposition de ce système peut bien suppléer à des réflexions. Il faut le regarder comme une idée spirituelle & s'en tenir là.

8. Après avoir détaillé & refuté les sentimens précédens sur le sujet qui nous occupe, *Cardan* en fait un composé, & si j'ose trancher le mo t, un pot pourri, en disant que les *Fontaines* viennent de toutes ces causes ensemble. Il ajoute pourtant que l'eau des pluïes les augmentent; que les rosées du matin en été, & les bruines en hyver y contribuent aussi; & il donne pour preuve une remarque qui est vraie : c'est que les sources sont plus foibles le soir que le matin, différence très-sensible au printems & dans l'automne.

Cette explication, toute générale qu'elle est, a été adoptée avec quelques petites restrictions, additions & corrections, par *Jacques W. Dobrzenzki de Nigro Ponte*, Bohémien, (*De la Philosophie touchant le génie des Fontaines*, imprimé à *Ferrare* en 1657.)

9. J'ai vû peu de systèmes plus embrouillés que celui que M. de *Vallemont* expose sur l'origine des *Fontaines* dans ses *Principes inouis de Physique*. Il entre dans un détail si grand qu'on est tout étourdi, quand on en voit les conséquences. Il commence à considerer la terre telle qu'elle est, dit-il, avec un ton philosophique, c'est-à-dire, ici noire, là grise, ailleurs couverte de prairies & de terres labourables, & la décompose avec ces regards en autant d'aspects qu'elle en offre, ou peut en offrir aux yeux du Physicien.

Tout cela ainsi diversifié & si différent n'est pas, selon M. *Vallemont*, l'élement de la terre, mais ses productions. Ce n'est pas un petit ouvrage que de démêler cet élement. Ici ce Physicien creuse profondément dans la terre, & après avoir trouvé beaucoup de tartre, puis du sable, ensuite des pierres, il parvient enfin avec un grand travail à un sable pur & net, qui n'a aucune qualité. Arrivé là, voilà, dit-il, le fond de la nature; voilà l'élément propre de la terre, la vraie terre, exempte de tous changemens; un crible merveilleux, un filtre admirable, par lequel la nature coule & passe les trésors inépuisables de ses claires & nettes eaux pour l'usage de l'Univers.

L'éloge de ce sable n'est pas fini. Une vertu, que M. *Vallemont* lui attribue, le lui rend plus cher ou plus précieux que l'or même. Cette vertu qu'il qualifie de vivifiante pour les eaux, est telle que les eaux s'y arrêtent, & qu'elles y sont affranchies des loix de situation haute ou basse. En sorte qu'elles ont un mouvement indifférent pour toutes les parties de ce sable; ce qu'elles perdent aussi-tôt qu'elles en sont sorties. Alors elles sont obligées de couler, jusques à ce qu'elles se soient rendues dans la mer où elles demeurent en repos. Cette vertu supposée, l'eau monte sans autre agent. En descendant elle forme les *Fontaines*, aux endroits où se trouve le sable & d'où elle s'échappe.

Comme les *Fontaines*, les rivieres, &c. tariroient bien-tôt si cette eau venue dans la mer n'en sortoit, M. *Vallemont* veut qu'elle en pénétre le fond, pour regagner le sable pur & pour remplir la place de celle qui en est sortie. En se filtrant elle perd toute sa salure & son amertume, & reprend dans le sable vivifiant la même qualité qu'elle avoit déja.

M. *Perrault* dit, que M. *Gassendi* a eu la même pensée que M. de *Vallemont*, quand au fond; car pour tout le détail on sait qu'il n'appartient qu'à ce dernier Physicien de donner l'essort à son imagination pour tous les systêmes occultes.

10. Il y a peu de choses à dire sur le sentiment de *Lydiat* Académicien Anglois. Il attribue tout uniment l'origine des *Fontaines* aux eaux de la mer qui se filtrent par divers canaux, veines & ouvertures qui sont sous la terre. Il s'appuïe là-dessus sur ces paroles du sage dans l'Ecriture sainte : *Les Fleuves* (ou les Fontaines) *viennent de la mer & y reviennent*. Quant à la maniere dont l'eau parvient au sommet des montagnes, c'est à la chaleur, selon lui, qu'il faut s'en prendre, non pas à la chaleur du soleil, comme le veut *Aristote*, encore moins à la

chaleur propre que la terre a , si l'on en croit *Baldus* ; mais au feu souterrain qui fait élever l'eau en vapeurs au sommet des montagnes ; comme on la voit monter par un feu artificiel aux alembics. (*Voïez* son *Traité sur l'origine des Fontaines* imprimé à Londres en 1605.) *Daviti* dans sa *Description du monde* , adopte à peu de choses près cette explication.

11. On trouve dans les *Principes de la Philosophie* de *Descartes* une explication du sujet dont il s'agit ici , qui ne differe du précédent que par la façon dont les eaux s'élevent au sommet des montagnes. Au commencement du monde la matiere s'étant rompue & fracassée, il resta dans la terre de larges ouvertures par lesquelles il retourne toujours autant d'eau de la mer vers le pied des montagnes, qu'il en sort par les sources situées sur ces mêmes montagnes. De ces eaux il n'y a que les parties d'eau douce qui puissent monter en haut à cause qu'elles sont déliées & flexibles, & les parties du sel demeurent en bas à cause qu'elles sont roides & dures, & qu'elles ne peuvent pas être changées facilement en vapeur , ni passer en aucune maniere par les conduits obliques de la terre. C'est ainsi que le grand Philosophe François explique comment les eaux des *Fontaines* sont douces quoiqu'elles viennent de la mer.

22. Le douziéme systême est celui de *Papin*, & rien n'est si singulier. Lorsque Dieu créa le monde, il créa aussi un esprit que M. *Papin* appelle *concretif*, d'une nature moïenne entre la céleste & l'élémentaire. Les corps qui sont pénétrés de cet esprit, reçoivent du ciel & des élémens les qualités destructives & conservatrices de leur être, & sont maintenus en leur forme particuliere, solidité & consistence, c'est-à-dire, en une union trèsétroite avec les substances hérérogenes dont ils sont composés. Ils prennent ainsi une forme sphérique. L'eau de la mer par conséquent, se trouvant resserrée par la force de cet *esprit concretif*, se gonfle, & éleve les eaux à son milieu beaucoup au-dessus des plus hautes montagnes, quoique ses bords soient de niveau avec la rondeur de la terre.

Cela posé , il est facile, ajoute M. *Papin*, à ces eaux ainsi élevées d'en faire monter d'autres jusques-là par les canaux souterrains, les sables & les terres par où elles passent. Ces eaux se dessalent par cette percolation, & perdent leur esprit concretif. Alors n'étant plus retenues elles s'épanchent & forment des *Fontaines*.

Il faut voir comment l'eau regagne cette propriété dans le Traité *De l'origine des sources tant des fleuves, des Fontaines,* &c. par M. *Papin*. Car pour moi, je respecte trop le Lecteur pour le conduire jusques-là. Afin de ne pas abuser de sa patience & de terminer ce détail purement curieux, je renvoie pour les sentimens de *Gassendi*, de *Duhamel*, du P. *Schot*, de *Rohault*, du P. *François*, de *Palissy*, à leurs Traités sur cette matiere ; savoir aux *Commentaires sur le dixiéme Livre de Diogene Laërce* ; à la *Méteorologie d'Epicure* de M. *Duhamel* ; à l'*Anatomie Physique hydrostatique des Fontaines & des rivieres* du P. *Schot* ; au *Traité de Physique* de *Rohault, Tome II* ; à la *Science des Eaux* du P. *François* & enfin au *Traité des Fontaines* de *Palissy* ; & je terminerai cet article par les sentimens les plus accrédités , ceux qui fondés sur l'expérience, peuvent être utiles dans la connoissance de la nature.

13. MM. *Perrault* & *Mariotte*, rapportent l'origine des *Fontaines* aux pluïes. Ils prétendent que les eaux de pluïe pénétrent dans la terre, jusques à ce qu'elles rencontrent le tuf ou la terre glaise, qui sont des fonds assez solides, pour les soutenir & les arrêter. Elles sont donc obligées de couler sur ces fonds en suivant leur pente, & cela jusques à ce qu'elles trouvent sur la surface de la terre une ouverture par où elles s'échappent. Voilà justement ce qu'on appelle une source.

Comme les pluïes pénétrent lentement la terre , elles peuvent entretenir long-tems l'écoulement continuel des *Fontaines* & des rivieres. Et quand celles-ci sont hautes elles poussent dans les terres des eaux qui y redescendent, lorsque cette hauteur est diminuée. Par-là , elles contribuent à les entretenir malgré de longues sécheresses.

Mais pourquoi les sources naissent elles ordinairement au pied des montagnes ? C'est que les montagnes , disent nos Auteurs, ramassent plus d'eaux & leur donnent plus de pente vers un même côté. A l'égard des sources qui viennent dans des lieux plus élevés , elles tirent leur origine de quelque lieu supérieur. (*Œuvres de Physique & de Mécanique*, par M. *Perrault*, *Tome II. Œuvres de Mariotte* , & *Histoire de l'Académie* 1703.)

Voilà ce qu'on appelle de la Physique & du raisonnement. Si cette explication n'est pas vraïe, il faut convenir qu'elle est trèsvrai-semblable. Aussi a-t-elle beaucoup de Partisans : elle a aussi des Critiques. Car quelle est l'opinion qui en soit à couvert ? M. *Plot*, Sécretaire de la Société Roïale de Londres, attaqua ce systême en 1685, & M. de la *Hire* de l'Académie Roïale des

Sciences en 1703. Ecoutons les raifons de l'un & de l'autre.

Le premier, aïant calculé combien il faudroit de tonneaux d'eau pour fournir pendant un an une fource d'une once qui couleroit fans ceffe dans la mer, compare ce calcul avec celui des eaux qu'un grand fleuve porte fans ceffe dans cette vafte étendue d'eau; & conclud qu'il s'en faut bien que les pluïes puiffent fournir la quantité d'eau néceffaire pour cela. Il y a plus. Suivant les obfervations faites à l'Obfervatoire de Paris, fur la quantité d'eau de pluïe qui tombe tous les ans, il ne tombe, années moïennes, que 19 à 20 pouces d'eau. Or quoique cette quantité d'eau foit fort confidérable, il ne paroît pas qu'elle puiffe fuffire à fournir continuellement tant de fleuves, de ruiffeaux, de *Fontaines*, &c. D'ailleurs, combien de païs où il y a beaucoup de fources, quoique les pluïes y foient rares, & d'autres au contraire où l'on trouve peu de fources quoiqu'il y pleuve beaucoup. On pourroit bien répondre à cela, que cette inégalité fait précifément la forte compenfation, & que là où l'eau ne peut s'épancher, elle fe répand dans des endroits où le ciel en fournit moins & s'y décharge. Mais on ajoute; 1°. que fi les fources étoient entretenues par les pluïes, elles devroient être plus ou moins abondantes, à proportion que les années font plus ou moins pluvieufes, ce qui n'arrive cependant pas fenfiblement; 2°. qu'on ne devroit pas trouver des fources d'eau falée, qui annoncent une autre origine que les eaux de la pluïe; 3°. que certaines *Fontaines* fuivent les loix du flux & du reflux, loix qui n'ont aucune connexion avec les eaux de la pluïe, &c. (*Acta erudit.* 1685, *pag.* 535.)

L'objection que fait M. de la *Hire* au fyftême commun de MM. *Mariotte* & *Perrault*, eft plus forte que celles que M. *Plot* lui oppofe. Il l'attaque par l'endroit effentiel. La penfée où l'on eft dans ce fyftême, que les eaux de la pluïe pénétrent jufques au tuf ou la terre glaife, eft, felon M. de la *Hire*, une penfée tout-à-fait fauffe. C'eft d'après l'expérience qu'il parle. Les eaux, bien loin de parvenir à la terre glaife, ne traverfent pas feulement 16 pouces; encore eft-ce beaucoup. Dans une terre chargée d'herbes & de plantes, à peine les eaux de pluïe fuffifent-elles à les nourrir. Pour favoir combien une plante peut confumer d'eau, il mit deux feuilles de figuier dans une phiole pleine d'eau; & en cinq heures & demi, l'eau de la phiole diminua d'une 64ᵉ partie que les feuilles avoient tirée, & que le foleil & l'air avoient fait enfuite évaporer. Qu'on juge

par-là de la quantité d'eau que tout le figuier eût tirée en un jour, & par conféquent quelle prodigieufe quantité d'eau fe dépenfe à l'entretien des plantes.

On voit après cela fi les eaux de la pluïe font bien emploïées. M. de la *Hire* conjecture même, que pour furvenir à ce befoin, les pluïes font plus abondantes en été, & que les trois mois de Juin, Juillet & Août en fourniffent communément autant que le refte de l'année; & il ajoute, pour furcroît, que fi l'humidité naturelle de la terre, les rofées & les brouillards ne fe joignoient point aux eaux de pluïe, il feroit bien difficile que les plantes puffent fubfifter. Comment donc, conclud ce Phyficien, pourroient-elles produire des *Fontaines*? On a beau dire que l'eau peut pénétrer dans un endroit fabloneux & produire une *Fontaine* ou une riviere. Cela peut arriver fans doute à quelques parties de la terre, foit. En concluera-t-on de ce cas particulier une théorie générale de l'origine des *Fontaines*? Il feroit ridicule de le penfer. (*Mém. de l'Acad.* 1703.)

14. Le dernier fyftême eft du célébre M. *Halley*. Les eaux de la mer, dit-il, ne diminuent jamais fenfiblement, malgré la grande quantité de vapeurs qui en fortent, & n'augmentent point quoique tous les fleuves de la terre s'y déchargent. Comment cela fe peut-il? C'eft, dit-il, qu'il fe fait une circulation perpétuelle des eaux de la mer par les vapeurs qui s'en exhalent. Ces vapeurs forment les fleuves par les fources qu'elles produifent, principalement fur le haut des montagnes où elles retombent; & après avoir ainfi arrofé les terres, retournent à la mer d'où elles étoient forties. Sauf le refpect que je dois au grand *Halley*, bien digne de l'épithete que je lui donne, en fuppofant que les vapeurs fuffent fuffifantes pour entretenir toutes les *Fontaines*, tous les fleuves, toutes les rivieres, &c. que ces fleuves & ces rivieres ne font grands que lorfqu'ils parcourent un long terrain, parce qu'ils font groffis & entretenus d'une infinité de petits ruiffeaux; & enfin que l'Auteur de la nature n'a placé de fi vaftes montagnes au milieu du continent, qu'afin qu'elles ferviffent comme d'alembics pour diftiller les vapeurs, & fournir aux hommes & aux bêtes des eaux douces, on fera en droit de demander à M. *Halley* comme à MM. *Perrault* & *Mariotte*, de quelle maniere les eaux pénétrent dans la terre. Ces vapeurs ont fans contredit bien moins de force que les pluïes, & les pluïes ne pénétrent qu'à 16 pouces dans la terre la plus mouvante. (*Tranfact. Philofoph.* 1692.)

Fontaine. Terme de Physique. Réservoir d'où l'eau jaillit par des tuïaux. L'art offre à cette fin trois moïens ; par la propre chute de l'eau, par la compression de l'air, & par sa dilatation. Développons ces moïens qui ont tant exercé les Savans, ausquels on est redevable d'inventions extrémement curieuses.

1. Rien n'est plus aisé que de faire des *Fontaines* par la chute de l'eau. Les loix de l'hydraulique apprennent que l'eau monte à la même hauteur d'où elle est descendue. (*Voïez* HYDRAULIQUE.) Si on laisse donc tomber de l'eau de quelque vase dans un tuïau quelconque, l'eau jaillira à la même hauteur de sa chute. Et voilà une *Fontaine.* Un jet d'eau est une *Fontaine* (*Voïez* JET.) Sur quoi il faut remarquer que suivant la situation du tuïau par lequel l'eau s'élance, la *Fontaine* est plus ou moins oblique à l'horison. Cela s'entend assez. Il n'y a pas de science à faire de ces *Fontaines.* L'art consiste à les rendre agréables & divertissantes, sauf les utilités que chacun en particulier peut en retirer, & cet art a fourni les deux *Fontaines* suivantes, pour ne parler ici que des plus jolies.

1°. Comme le principe de ces *Fontaines* est celui qu'on vient de voir, je ne présente dans la Figure 269. (Planche XXIX.) que la *Fontaine* même, & non la cause de son réjaillissement : je veux dire le bassin ou le réservoir & le jet. Sur le tuïau T on place ordinairement une sphere, & pour rendre la chose plus agréable un oiseau O, dont l'intérieur est creux & d'une matiere assez legere pour que son poids ne forme pas un obstacle insurmontable au jet qui en doit sortir. Alors le jet en s'élevant avec force, pousse l'oiseau suivant sa direction. Celui-ci parvenu à sa plus grande élévation retombe & affaisse par sa chute le jet. Après ce choc le jet reprend sa premiere vigueur, & fait sauter l'oiseau comme la premiere fois, qui retombe, &c. Cela se continue tant que la *Fontaine* dure & offre par conséquent le spectacle agréable du vol d'un oiseau.

2°. La seconde *Fontaine* peut se deviner par la Figure 270. (Planche XXIX.) Aïant arrêté sur le tuïau T, par où l'eau doit sortir, une boule qui lui ferme presque l'issue, si on laisse aller l'eau de l'endroit de sa chute elle écumera en sortant, & tombera en flocon comme si elle étoit de la neige. Ce qui formera une *Fontaine neigeante,* si on peut parler ainsi : c'est là tout ce qui la distingue.

M. *Wolf* a donné dans ses *Elemens d'Hydraulique,* (*Wolfii Elementa Matheseos univ. Tom. II. Elementa hydraulicæ*) la description de quelques autres *Fontaines* fondées sur le même principe que les précédentes, mais dont l'effet est varié. L'une au moïen d'une demi-sphere percée d'une infinité de petits trous, & placée sur le tuïau du jet forme une espece de pluïe. Une autre, couverte de deux demi-spheres qui se joignent obliquement, forme une nappe d'eau. Enfin la troisiéme représente une petite maison au milieu de laquelle la *Fontaine* paroît. On pourroit en augmenter encore le nombre si on le vouloit. Ces sortes de divertissemens se multipliant à l'infini ; & suivant le gout particulier de chacun, c'est à l'imagination à à en faire les frais. Je ne dois ici l'aider, que quand les choses ne sont point assez développées par elles-mêmes. Cette sorte raison m'oblige de passer aux autres especes de *Fontaines* plus dignes de l'attention du Physicien.

2. De toutes les *Fontaines* artificielles, celle de *Heron* est peut-être la plus ancienne. Elle agit par la compression de l'air. Depuis ce Physicien, il n'est aucun Savant sur l'Hydraulique dont elle n'ait mérité l'estime. Presque tous l'ont décrite & en ont donné la même figure. M. l'Abbé *Nollet* l'a représentée sous une forme plus particuliere & plus galante. Pour moi je me borne à la simplicité, & à ce qui offre aux yeux plutôt le mécanisme de la machine que la machine même.

Sur une sphere de verre AB (Planche XXIX. Figure 271.) ou de métal ; car je ne choisis le verre que pour être témoin de ce qui se passe dans l'intérieur de la *Fontaine* ; sur une sphere, dis-je, de verre repose un bassin EE, au fond duquel sont adaptés trois tuïaux qui passent dans cette sphere. Le premier y entre aussi avant qu'il est possible, pourvu qu'il ne touche pas. Des deux autres *r, v,* l'un se termine à l'entrée d'une seconde sphere de verre CD, & l'autre *v,* s'y enfonce entierement sans la toucher.

Pour mettre cette *Fontaine* en jeu, on emplit le bassin d'eau jusques aux trois quarts de la sphere par le tuïau *tt* qui est ouvert de part & d'autre. Ensuite on met de l'eau dans le bassin EE pour remplir le tuïau *vv* ouvert par les deux bouts comme le précédent. Cette eau se décharge dans la sphere CD, & chasse l'air dont elle est remplie pour en occuper la place. Celui-ci s'échappe par le tuïau *rr,* & déploïant son ressort sur la surface de l'eau qui est dans la sphere AB, l'oblige de réjaillir par l'ajutage *i.* On vuide l'eau en ouvrant un robinet qu'on fait au fond de la sphere ou du globe CD. C'est ainsi qu'on construit la fameuse *Fontaine* de *Heron,* & qu'on opere pour la faire jouer.

Le P. *Schot* dans son Livre intitulé: *Mecanica hydraulico-pneumatica*, *Part. II. Claff.* 1. parle d'une *Fontaine* qui donne quatre liqueurs différentes. Il croit qu'elle agit par la compreffion de l'air comme celle de *Heron* : mais il avoue qu'il ne l'entend guéres, & qu'il a vu peu de machines hydrauliques dont l'explication fût plus difficile, à caufe des différens vafes, réfervoirs, canaux, trous, robinets, &c. dont elle eft compofée ; *ob variam*, (dit-il, page 214) *vaforum, receptaculorum, canalium, foraminum, epiftomiorum, obturamentorum, fuppelleĉtilem intricatam, &c.* Véritablement la figure feule fait peur. Quelle confufion de pieces ! quel embarras ! J'avoue que quoique je l'aie étudiée avec toute l'attention poffible, je n'ai pas été plus heureux que le P. *Schot* ; & j'ai reconnu trop tard que cet Auteur avoit raifon. Cependant le but de cette *Fontaine* offrant un fpeĉtacle curieux, j'ai été fâché de ne pouvoir en faire un cadeau au Lecteur. C'eft ce qui m'a engagé à chercher ou à la deviner, ou à en-imaginer une qui produifit le même effet. Je crois avoir réuffi dans l'un de ces deux projets : dans le fecond ; car ma *Fontaine* eft trop fimple pour avoir rien de commun avec l'autre. Voici ce que c'eft.

Je divife le vafe A B fphérique de la figure précédente (Planche XXIX. Figure 272.) en trois A, B, C, dans lefquels entrent trois branches d'un ajutage I, qui font les mêmes tuïaux que le tuïau *t*, (Plan. XXIX. Figure 271.) Chacun de ces trois vafes contient des liqueurs différentes. Le premier B eft rempli aux trois quarts d'eau ; le fecond A de vin, & le troifiéme C de quelqu'autre liqueur telle que du cidre ou de la bierre.

Trois tuïaux montans C D, P H, A K, garnis d'un robinet K, H, D, percés de part & d'autre paffent dans un vafe S, S, par une extrémité, & entrent chacun dans les trois autres A, B, C, comme le tuïau *r r* figure 271. Enfin un quatriéme tuïau E F eft adapté au fond du baffin M M, de même que le tuïau *v v* (Planche XXIX. Figure 271.)

Les chofes ainfi difpofées, fi l'on verfe de l'eau dans le baffin M M, pour remplir le tuïau E F, l'eau en remontant dans le vafe S S y comprimera l'air. Alors on ouvre l'un des robinets K, par exemple, lorfqu'on veut du vin. L'air s'échappe par ce tuïau ; monte dans le vafe A ; exerce fon reffort fur la furface du vin, & expulfe le vin par l'ajutage I. Ainfi en verfant de l'eau on a une *Fontaine* de vin. On en auroit eu une de bierre fi l'on eût ouvert le robinet D, &c.

Puifqu'il s'agit ici de transformer l'eau en vin, je crois devoir expofer une forte de *Fontaine* où cette transformation eft plus palpable. C'eft une cruche dans laquelle on met de l'eau & qui donne du vin. On l'appelle à caufe de cet avantage la *cruche de Cana*, parce que Jesus-Christ changea l'eau en vin à ces nôces où cette derniere liqueur manquoit. Sa conftruĉtion eft telle.

1°. La cruche C C (Planche XXIX. Figure 273.) a fon col divifé en deux par une féparation A B inclinée du côté de l'anfe, & arrêtée là par une charniere, par le moïen de laquelle on l'ouvre & on la ferme.

2°. De ce même côté eft une foupape *i*, qui s'ouvre en dedans quand elle eft preffée, & qui fe ferme lorfque la preffion ceffe. A cette foupape répond un tuïau B K, qui va jufques au fond de la cruche fans la toucher.

3°. Une cloifon divife la cruche en deux parties, & fous cette cloifon paffe un tuïau *t 2 t* ouvert de deux côtés.

4°. Enfin un robinet R plongé jufques en F, étant adapté à l'autre côté de l'anfe, on a une cruche qui donne du vin, lorfqu'on la remplit d'eau.

Pour voir cet effet, on remplit la moitié F O de la cruche jufques au robinet ; on verfe de l'eau dans la cruche, & autant on met de l'eau, autant il fort du vin. En effet, l'eau tombant fur la cloifon A B, tombe fur la foupape *i*, l'ouvre & coule par le tuïau *i* K. Elle monte dans la partie *i* K : en chaffe l'air qui s'échappe par l'extrémité 3 du tuïau recourbé *t 2 t*, cet air fort par l'autre extrémité dans l'endroit où eft le vin ; déploïe fon reffort fur la furface, & oblige le vin de fortir par le robinet R lorfqu'on l'ouvre.

2. Je ne fais pas fi les *Fontaines* par la dilatation de l'air, font plus anciennes que les précédentes. On lit dans l'*Œdipe Egyptien* de *Kirker*, Tom. II. Part. 2. *Claff.* 8. *Chap.* 3. que parmi les différentes pieces curieufes, dont les Egyptiens ornoient leur Temple, on diftinguoit fur-tout une grande Mere des Dieux placée fur un autel, avec de groffes mammelles qui donnoient du lait lorfqu'on allumoit des chandelles qu'on avoit mifes à fes côtés. Plufieurs croïoient que la chofe étoit furnaturelle. Les Prêtres mêmes de ce tems là n'oublioient rien pour entretenir le peuple dans cette folle penfée, en cachant avec foin la conftruĉtion de leur *Fontaine*, & la raifon de fon effet. Voici ce que c'étoit.

Une figure M, qui étoit la *Mere nourrice des Dieux* (Planche XXX. Figure 274.) étoit élevée fur un baffin B B, foutenu par un cilindre creux S, qui repofoit fur un

tambour P P. Aux points diamétralement opposés de ce tambour étoient arrêtées quatre
colonnes K, B, B, K, qui portoient une
demi-sphere de métal C, dont le fond étoit
concentrique à la surface extérieure, ce qui
formoit une cavité. Là passoit un tuïau
C D S, caché dans la colonne K D & qui
aboutissoit dans le cilindre aux deux tiers de
sa hauteur. Du fond presque de ce cilindre
partoit un tuïau V T, qui se divisoit en plusieurs branches à la poitrine de la statue M,
afin de fournir à ses mammelles.

On attachoit des bras aux colonnes munis
de grosses chandelles, qu'on allumoit lorsqu'on vouloit avoir du lait de la *Mere nourrice*; lait, qu'on avoit mis dans le cilindre
S T, jusques à la surface T au-dessous de
l'ouverture du tuïau S. Lorsque la chaleur
commençoit à se faire sentir dans la cavité
de la demi-sphere C, l'air se rarefioit;
s'étendoit dans le tuïau C D S, & compri-
moit celui qui étoit dans le cilindre. Celui-ci
agissoit sur la surface T du lait, & l'obli-
geoit de se dérober à sa pression. Il montoit
donc dans le tuïau V T, & venoit sortir,
au moïen des différentes branches de ce tuïau,
par les mammelles de la *Mere des Dieux*.

C'est ainsi qu'on peut faire une *Fontaine*
qui joue par la rarefaction de l'air débarras-
sée de la statue qu'on voit ici, en mettant
à la place un simple ajutage par lequel l'eau
sorte. L'inspection de la figure 275. (Planche XXX.) doit suppléer au raisonnement.
Il suffit d'en voir la disposition pour en concevoir la structure, & d'avoir compris la
raison par laquelle l'autre agit, pour savoir
de quelle façon la chaleur des chandelles
produit le jet qu'on voit ici. M. l'Abbé
Nollet au lieu de faire usage de chandelles,
dilate l'air avec de l'eau bouillante qu'il met
dans la caisse d'où il doit être chassé. En se
servant de cette eau, avec un seul vase il
fait une *Fontaine*; (*Leçons de Physique expérimentale, Tome III.*) & la chose est bien
simple.

Aïant disposé un globe de métal un peu
fort, comme on le voit par la figure 276.
(Planche XXX.) rempli le globe d'eau jusques aux trois quarts, & fermé l'ajutage E
par un robinet, on trempe le globe dans un
vase V contenant de l'eau bouillante. Alors
la chaleur rarefie l'air qui occupe l'espace
vuide du globe. Cet air, en voulant s'étendre presse l'eau, & l'oblige à partir par l'a-
jutage E, qu'il faut ouvrir peu de tems après
avoir plongé le globe dans l'eau.

Lorsqu'on veut avoir une *Fontaine* de
feu on met dans le globe de l'esprit de
vin au lieu de l'eau, & on expose une

bougie allumée au jet qui en sort.

3. Je terminerai cet article par la description de deux *Fontaines* particulieres. L'une
est la célebre *Fontaine* de *Kirker*. La seconde
est la fameuse *Fontaine intermittente* ou de
commandement. Il s'agit dans celle-là d'une
Fontaine qui part de la gueule d'un serpent,
& dont l'eau qui en sort est vuidée en même-
tems par un oiseau qui semble la boire. Dans
l'autre, l'eau coule par intervalle.

On voit dans la Planche XXX. Figure
277. la premiere de ces *Fontaines*, non pas
telle que l'a dépeinte *Kirker*, parce qu'elle
ne me paroît pas trop agréable pour être co-
piée, mais telle à peu de chose près que l'a
dessinée M. *Wolf.* (*Elementa matheseos universæ, Tom. III.*) C'est une *Fontaine* ordinaire de compression, à laquelle on a ajouté
un siphon S K T, qui passe dans le corps
d'un oiseau de bois, appuïé sur l'anse A d'un
vase S M divisé par une cloison S N, en deux
parties égales. A ce vase en est joint un autre M P. Un tuïau P adapté au fond du
premier vase, entre dans le second. Il est
garni d'un robinet qui sort hors du vase.
Deux tuïaux passent dans la partie M du
vase S M, dont l'un aboutit à l'ajutage de
la *Fontaine*, comme à la *Fontaine* de compression.

Aïant mis de l'eau dans le bassin B &
dans le vase M S, & rempli le siphon renfermé dans le corps de l'oiseau; si l'on tourne le robinet du tuïau P, l'eau coulera dans
le vase M P, comprimera l'air qui s'échappera par le tuïau O, pour agir sur la surface de l'eau, qui jaillira bien-tôt par l'ajutage
i. L'eau, en tombant dans le bassin B, montera dans le siphon T K S, suivant la propriété des siphons (*Voïez* SIPHON.) Ainsi
tant qu'il y aura de l'eau dans la partie O du
vase M S, la *Fontaine* durera; & autant elle
en donnera, autant l'oiseau en boira.

La *Fontaine intermittente* donne de l'eau
par intervalle. Il faut pour cela que le vase
d'où doit tomber l'eau, ait de l'air par reprises. A cette fin, on passe dans ce vase
aux trois quarts plein un tuïau qui aboutit
dans le fond du bassin. Ce tuïau est bouché
lorsque l'eau du bassin entre par son ouverture inférieure & y empêche le passage de
l'air. Dans l'instant la *Fontaine* cesse. Ce
n'est qu'après que l'eau étant écoulée du vase,
laisse l'ouverture du tuïau libre, qu'elle re-
paroît.

Les personnes, qui veulent donner un air
mistérieux à cette *Fontaine*, remarquent le
tems où le tuïau est prêt à être bouché par
l'eau du bassin, & lui commandent alors
de cesser; & elle cesse en effet. S'apperçoi-

vent-elles que le tuïau eſt prêt à être dégagé de l'eau ? elles lui ordonnent de couler & elle coule. C'eſt ainſi qu'on en impoſe à ceux qui ne connoiſſent point la conſtruction & le mécaniſme de cette *Fontaine*, & qu'on ſoutient qu'elle n'agit que quand on le lui ordonne. Auſſi eſt-elle appellée *Fontaine de commandement*.

Quoiqu'on trouve dans preſque-tous les Livres de Phyſique la figure de cette *Fontaine*, je n'ai pas cru néanmoins devoir l'omettre dans cet Ouvrage, par ſa ſingularité. Pour y ajouter quelque choſe qui la diſtingue des autres, j'ai joint deux tuïaux F E, C D, dans le vaſe ſphérique M N (Planche XXX. Figure 278.) où eſt l'eau, & je l'ai partagé en deux par une cloiſon. Ces deux tuïaux ſont chacun munis d'un robinet R & S, qui ſortent du vaſe M N, & ſont diviſés au fond du baſſin par une ſéparation.

On commence à faire jouer cette *Fontaine* en ouvrant un robinet; le robinet S, par exemple; auſſi-tôt l'air paſſe par le tuïau dans la partie C N du vaſe M N, preſſe l'eau qui y eſt contenue, & l'oblige de couler par l'ajutage *i*. L'eau en tombant dans le baſſin B B s'eleve, & parvenant à la hauteur du tuïau C D le bouche. L'air intérieur ceſſe donc de preſſer. L'air extérieur agit ſur l'ajutage *i*; met obſtacle à l'écoulement de l'eau, & la *Fontaine* ceſſe.

Sans perdre de tems, j'ouvre le robinet R pour faire couler l'eau de la partie F R par l'ajutage K. Cette eau parvenue à l'ouverture E du tuïau E F, la *Fontaine* ceſſe. Pendant ce tems, le tuïau C D (ſi les deux tuïaux E D ſont duement proportionnés) eſt dégagé, la *Fontaine* recommence par l'ajutage I. Ainſi on a deux *Fontaines* qui coulent ſucceſſivement ſans diſcontinuer; ce qui forme un ſpectacle plus agréable que celui de voir couler de l'eau pendant un tems, & de la voir ceſſer tout à coup. Telle eſt ma nouvelle *Fontaine intermittente*.

F O R

FORCE. On donne ce nom en général en Mécanique à tout ce qui eſt capable de faire un effort. Un corps qui preſſe fait un effort; cette preſſion eſt donc une *Force*. Un corps qu'on laiſſe tomber ſur un autre fait auſſi un effort. C'eſt encore une *Force*. Mais celle-ci eſt elle la même que celle-là ? On l'a cru pendant long-tems, & peut-être le croit-on encore aujourd'hui. Examinons cette queſtion.

Dans la *Force* d'un corps, il n'y a évidemment que deux cauſes qui puiſſent la produire; 1° ſa maſſe; 2° ſa viteſſe. Plus

un corps a de maſſe, plus il eſt peſant, & plus eſt grand ſon effort, & par conſéquent la *Force*. Si ce corps eſt mu, ſa viteſſe eſt une *Force*, parce que l'obſtacle contre lequel il agit ne reſiſte pas ſeulement à ſa maſſe, mais à ſon mouvement avec lequel il auroit porté ſon poids plus loin. De façon qu'un obſtacle qui auroit reſiſté à l'effort dès la naiſſance, pour ainſi parler, de ſon mouvement, a dû être bien plus conſidérable que celui qui ſe ſeroit rencontré où le poids ſeul auroit agi. Or en quelle raiſon le premier obſtacle doit-il être plus grand que le deuxiéme ? C'eſt, ſi je ne me trompe, à ce point où ſe réduit toute l'eſtimation des *Forces*.

L'effort que le corps fait par ſon poids ſeul eſt appellé *Force morte*, & celui qui provient de ſon mouvement, *Force vive*. On doit cette diſtinction à M. *Leibnitz*. Maintenant quelle eſt la meſure des *Forces mortes* & des *Forces vives* ?

2. Je l'ai dit: la *Force morte* conſiſte en une ſimple preſſion. Un corps péſant ſoutenu par une table fait un effort continuel pour deſcendre & pour pouſſer cette table. Cet effort eſt proportionnel à ſa maſſe. La maſſe d'un corps étant double d'une autre, la *Force morte* ſera double; parce que ce corps aura deux fois plus de matiere, & ſera par conſéquent deux fois plus péſant; donc ſa preſſion ſera double.

Tous les Mécaniciens prétendent que la *Force morte* eſt compoſée de la maſſe par la viteſſe, c'eſt-à-dire, par le dégré de viteſſe infiniment petit qu'abſorbe la réſiſtance de l'obſtacle. Cependant il ſemble que ce dégré de viteſſe eſt plutôt une diſpoſition du corps au mouvement qu'une viteſſe réelle. Car enfin un corps qui preſſe tend bien à ſe mouvoir, c'eſt-à-dire, eſt bien en mouvement en puiſſance, mais nullement en effet. On a beau dire que quelque petite que ſoit la viteſſe qui répond à chaque effort particulier, elle n'en eſt pas moins réelle; puiſqu'elle eſt l'élément d'une viteſſe réelle & déterminable. J'aimerois autant ſoutenir que la partie infiniment petite d'une courbe eſt une courbe même; puiſqu'elle eſt l'élément d'une courbe véritable. En vérité c'eſt paſſer les bornes de la préciſion en fait de Mécanique, que d'admettre de pareils êtres. Ces ſubtilités, ſi l'on n'y prend garde, pourroient bien nous ramener à ces labirinthes ſcholaſtiques dont on a eu tant de peine à ſortir.

Quoiqu'il en ſoit, la *Force morte* eſt proportionnelle à la maſſe. La *Force morte* d'un corps double, triple, quatruple d'un autre, eſt double, triple, quatruple de celle de ce dernier.

dernier. Voilà un fait conſtant. Qu'on multiplie tant qu'on voudra ces *Forces* ou les maſſes de ces corps par leur viteſſe infiniment petite, la raiſon de leur effort ne ſera pas plus grande. Telle eſt la vraïe eſtime des *Forces mortes*. Il n'eſt pas auſſi aiſé de connoître la meſure des *Forces vives*.

Par *Force vive* on entend la *Force* d'un corps en mouvement. Cette *Force*, comme je l'ai déja dit, eſt d'autant plus grande que ſa maſſe, ſon mouvement, ou ſa viteſſe ſont plus grands : mais en quelle proportion de ce mouvement ou de cette viteſſe ? Eſt-ce en raiſon ſimple ? Non, dit M. *Leibnitz*. Eſt-ce comme le quarré de la viteſſe ? c'eſt le ſentiment de cet Auteur. Car M. *Leibnitz* eſt le premier qui a ſoutenu que la *Force* d'un corps eſt proportionnelle au produit de la maſſe par le quarré de la viteſſe. Autrefois, & juſques à lui, on avoit cru cette *Force* proportionnelle à la ſimple viteſſe ; & comme cette opinion étoit ancienne, la ſienne ne fut pas bien reçue. En Angleterre on la mépriſa. On s'attacha même dans un recueil de Lettres de M. *Clarke* & de M. *Leibnitz* (imprimées deux fois de ſuite avec des notes) à la tourner en ridicule. Les François écouterent les raiſons de M. *Leibnitz* & les réfuterent. La mort de ce grand homme termina ce débat.

Tout étoit tranquille là-deſſus. L'idée de M. *Leibnitz* étoit preſque oubliée, & la regle, que les *Forces* ſont proportionnelles aux viteſſes, avoit repris le deſſus & étoit preſque généralement ſuivie, lorſque M. *Bernoulli* renouvella la guerre, & rappella les principes de M. *Leibnitz*. L'Académie Roïale des Sciences de Paris aïant donné en 1724 (environ 28 ans après la mort de M. *Leibnitz*) pour ſujet du prix qu'elle diſtribue toutes les années, « de déterminer quel- » les ſont les loix ſuivant leſquelles un » corps parfaitement dur, mis en mouvement » en meut un autre de même nature, ſoit » en repos ſoit en mouvement « la queſtion des *Forces vives* y fut agitée. M. *Maclaurin* & le P. *Mazieres*, Prêtre de l'Oratoire, les refuterent & ils furent couronnés. M. *Bernoulli* les adopta ; & il mérita des éloges. En conſéquence de ces éloges, l'Académie fit imprimer le Diſcours qu'il avoit compoſé à ce ſujet. A peine parut-il, qu'au nom de M. *Bernoulli*, les partiſans de M. *Leibnitz* ſe reveillerent. Saiſis par la force des preuves du Mathématicien de Bâle, ils étudierent de nouveau la queſtion & ſe rangerent ſous ſon drapeau. Sans prévention, il faut avouer que M. *Bernoulli* préſenta le ſentiment de M. *Leibnitz* d'une façon bien ſéduiſante. On vit

le moment où l'ancienne opinion perdoit tout crédit, ſi l'on n'oppoſoit d'autres preuves à celles de M. *Bernoulli*.

Dans cette vûe, M. de *Mairan* fit imprimer en 1728 un Mémoire parmi ceux de l'Académie de cette année, où la queſtion étoit traitée avec beaucoup de ſoin & de ſagacité, & où la diſtinction des *Forces mortes* & des *Forces vives* étoit comme démontrée inutile par rapport au moins à la meſure. La balance, qui avoit preſque panché du côté des *Forces vives*, paroiſſoit vouloir reprendre ſon équilibre ſi l'on ne s'oppoſoit à ſon rétabliſſement. Elle fut arrêtée en France par une Dame illuſtre par ſon goût & ſon érudition.

Madame la Marquiſe du *Châtelet* (c'eſt le nom de cette Dame) aïant décoré une Maiſon de campagne d'une maniere toute philoſophique, y attira les Savans les plus diſtingués, & y forma une école Leibnitienne. Dans cette galante retraite on agita, comme de raiſon, la fameuſe queſtion des *Forces vives*. Là nâquit un Ouvrage, fruit des conférences qu'on y tenoit, qui parut ſous ce titre : *Inſtitutions de Phyſique* ; dans lequel le Diſcours de M. *Bernoulli*, fortifié par de nouvelles preuves, de raiſonnemens captieux, étoit rélevé au préjudice du Mémoire de M. de *Mairan*. Ce Phyſicien célebre crut devoir ſoutenir ſon ſentiment pour les ſeuls intérêts de la vérité. Il fit imprimer une Lettre intitulée : *Lettre de M. de* Mairan, *Sécretaire perpétuel de l'Académie Roïale des Sciences, à Madame* * * *, *ſur la queſtion des* Forces vives, *en réponſe aux objections qu'elle lui a faites ſur ce ſujet dans ſes* Inſtitutions de Phyſique. Et Madame la Marquiſe du *Châtelet* y répondit.

Pendant qu'on agitoit ainſi à Paris cette queſtion, MM. *Hauzen* & *Jurin* ſe rangeoient du côté de M. de *Mairan* ; M. s'*Gravefande* & M. *Herman* étoient du parti contraire, & MM. *Wolf* & *Camus* cherchoient en quelque ſorte à concilier les eſprits. Enfin, quoiqu'un ſavant Géometre (M. d'*Alembert*) ait voulu prouver en 1743, que la queſtion des *Forces vives* n'étoit qu'une pure queſtion de mots, les Journaux publics de cette année (1750) nous apprennent qu'il y a des Partiſans des *Forces vives* en Italie, & que ces *Forces* ſont abſolues & ont plus de droit qu'on ne penſe.

4. Voilà toute l'hiſtoire de la queſtion des *Forces*. Que doit-on penſer de leur meſure ? Il eſt ſans doute étonnant qu'on ait tant travaillé à perfectionner la Mécanique, qui eſt proprement la ſcience du mouvement des corps, & qu'on ne ſe ſoit point attaché à

connoître l'effet de ce mouvement. De tout
tems on croïoit que la *Force* des corps étoit
proportionnelle à la vitesse, sans y avoir fait
trop attention. Aïant reconnu qu'un corps
qui avoit plus de vitesse, avoit aussi plus de
Force, on en avoit conclu que la *Force*
augmentoit comme la vitesse. On se fondoit
bien moins sur les preuves qu'on pouvoit en
donner, que sur la chose même posée comme
une loi, & peut-être comme un axiome de Mécanique. M. *Trabaud*, dans ses *Principes sur
le mouvement & l'équilibre*, *page* 40, donne
une démonstration sur cette ancienne mesure
de la *Force* des corps, qui en vérité laisse
bien loin le sujet dont il s'agit, en supposant pour reçu ce qui est précisément en
question. M. de *Mairan* est le premier qui
ait examiné la chose avec méthode, & qui
ait donné les raisons les plus palpables pour
confirmer l'opinion de la mesure de la *Force*
des corps proportionnelle à la vitesse. On
va juger de ses raisons, & de celles qu'on
lui a opposées, par l'exposé que j'en vais
faire, avec le plus d'ordre & le plus de soin
qu'il me sera possible, pour savoir, une fois
pour toutes, ce qu'on doit penser sur le sujet qui nous occupe.

5. La *Force* d'un corps en mouvement peut
provenir d'un mouvement uniforme, accéleré, ou retardé. S'il est uniforme ; il est certain que la *Force* est exprimée par le produit
de la masse par la vitesse. Car, par où mesurer
une *Force*, dit M. de *Mairan*, si ce n'est par
ses effets ? Or les effets ne sont ici que des
espaces parcourus en tems égaux, selon la
propriété des mouvemens uniformes; & la
vitesse elle-même n'est autre chose que l'espace divisé par le tems. Donc les *Forces* sont
proportionnelles à la simple vitesse.

Jusques-là, il n'y a point de dispute. Le
vrai nœud de la difficulté, c'est lorsqu'on
touche aux mouvemens accélerés & retardés.
Qu'on dise tant qu'on voudra que puisque
tout mouvement se réduit à un mouvement
uniforme, cette démonstration doit être con-
cluante pour la mesure générale des corps :
on sera toujours bien reçu à nier que dans
les déplacemens de matiere, on puisse, par
voïe d'hypothese ou de supposition, réduire
le mouvement accéleré ou retardé en uniforme. On doit donc examiner la *Force* des
corps dans les mouvemens accelerés.

6. A cette fin, M. de *Mairan* avertit & prouve; 1°, que ce ne sont point les espaces
parcourus par le corps dans le mouvement
retardé, qui donnent la mesure de la *Force*
motrice; mais bien les espaces non parcourus, & qui l'auroient été par le mouvement
uniforme à chaque instant ; 2°, que les es-

paces non parcourus sont en raison de la
simple vitesse; & 3°, par conséquent que
les espaces qui répondent à une *Force* motrice retardée ou décroissante, en tant qu'elle
se consume dans son action, sont toujours
proportionnels à cette *Force* & à la vitesse
du mobile, tant dans le mouvement retardé
que dans le mouvement uniforme. Une des
grandes preuves que donne M. de *Mairan* est
celle-ci.

Un corps, qu'on laisse tomber d'une hauteur comme 4, qui a acquis 2 de vitesse en
tombant, parcoureroit en remontant par un
mouvement uniforme, & avec cette vitesse
2 un espace 4 dans la premiere seconde.
Mais la pésanteur qui le retire en bas, lui
faisant perdre dans cette premiere seconde
1 de *Force* & 1 de vitesse, il ne parcourt
que 3 dans la premiere seconde. De même
dans la deuxiéme seconde, où il lui reste
encore 1 de vitesse & 1 de *Force*, & où il
parcoureroit 2 par un mouvemeut uniforme,
il ne parcourt qu'1, parce que la pésauteur
lui fait encore perdre 1. Quelles sont donc
les pertes de ce corps ? 1 dans la premiere
seconde & 1 dans la deuxiéme. Ce corps
qui avoit 2 de vitesse, a donc perdu 2 de
Force. Ses *Forces* étoient donc comme les
vitesses.

De l'analogie qui regne entre les mouvemens en général, soit accélerés, soit retardés, ou uniformes, M. de *Mairan* conclud,
que puisqu'en tout mouvement de quelque
espece, qu'il puisse être retardé, accéleré, ou
uniforme, les effets quelconques, qui répondent à la *Force* motrice, qui se consume, ou
qui se déploïe, ou qui demeure constante,
& qui la mesurent, sont toujours entr'eux
comme la *Force*, ou comme la vitesse dont
elle résulte.

Dans le mouvement retardé, quand la
Force décroît, quand de finie elle devient infiniment petite ou nulle. Les espaces, les efforts & les effets quelconques
relatifs à son décroissement en un instant
quelconque, ou dans toute sa durée, sont
toujours proportionnels à elle-même & à la
vitesse dont elle résulte, soit en partie soit
en somme.

Dans le mouvement accéleré, quand la
Force croît, quand d'infiniment petite elle
devient finie ou même infinie, dans une
durée infinie, ses accroissemens qui répondent ce qu'elle devient, & à ce qu'elle est
à chaque instant, lui sont toujours de même
proportionnels & à la vitesse dont elle résulte. En sorte que comme elle est infiniment petite dans sa naissance, elle n'est que ce
que sont ses accroissemens, & elle n'a d'au-

tre quantité ou d'autre mesure que leur somme.

A l'égard du mouvement uniforme, comme il est supposé égal à lui-même à chaque instant & qu'il ne périt point, il ne peut indiquer la mesure qui le produit, que par des effets, des espaces relatifs à une certaine partie de son action ou de sa durée. En cela, il est encore parfaitement analogue au mouvement retardé, c'est-à-dire, qu'à quelque instant qu'on le considere, la *Force* motrice & ses effets, les espaces parcourus, &c. sont proportionnels à la vitesse actuelle. En le considerant dans sa durée infinie, si on le compare au mouvement accéleré qu'on peut aussi concevoir d'une durée infinie, quoique fini dans ses commencemens, l'analogie se trouvera encore parfaite.

De là il suit, selon M. de *Mairan*, que sous quelque aspect qu'on considere le mouvement, & par quelques effets que se manifeste la *Force* qui le produit, soit qu'on la mesure & qu'on l'estime en total ou par parties dans ses dépérissemens, & quelle qu'en soit la durée, on ne la trouve jamais que proportionnelle à sa vitesse. C'est la derniere conclusion de cet illustre Physicien. (*Mémoires de l'Académie de 1728.*)

M. *Jurin* appuïe cette maniere de mesurer les *Forces* par ce raisonnement. Il suppose un corps placé sur un plan mobile que l'on fait mouvoir en ligne droite avec une vitesse quelconque 1. Il est certain qu'un corps posé sur ce plan, & dont on suppose que la masse est 1, acquiert la vitesse 1, & par conséquent la *Force* 1, par le mouvement du plan.

M. *Jurin* suppose ensuite qu'un ressort, capable de donner à ce même corps la vitesse 1, soit assujetti sur ce plan & vienne à se détendre & à pousser ce corps selon la même direction dans laquelle il se meut déja avec le plan. Ce ressort en se détendant, communiquera un dégré de vitesse à ce corps, & par conséquent 1 de *Force*. Or quelle sera la *Force* totale de ce corps? Elle sera 2, tandis que sa vitesse sera aussi deux. Donc les *Forces* sont comme les vitesses.

Voilà les preuves les plus puissantes, qui aïent paru en faveur de la *Force* des corps proportionnelle à la vitesse. Ajoutons que M. *Newton* étoit de ce sentiment, car l'autorité de ce grand homme vaut presque une démonstration. Voïons maintenant sur quoi on se fonde pour vouloir que cette *Force* soit proportionnelle à son quarré.

7. J'ai dit que M. *Leibnitz* a avancé le premier (*Acta erudit. ann.* 1686.) que la *Force* des corps en mouvement est proportionnelle

au quarré de sa vitesse. La considération du mouvement accéleré donna l'être à cette nouvelle opinion. Tout corps qui tombe, dit ce fameux Mathématicien, acquiert en tombant des dégrés de vitesses qui sont comme les tems, tandis que les hauteurs & les espaces parcourus sont comme les quarrés des tems & des vitesses. Or les *Forces* des corps en mouvement se mesurent par l'espace parcouru, & cet espace est comme le quarré de la vitesse. Donc les *Forces* des corps en mouvement sont comme le quarré des vitesses.

Une expérience vient à l'appui de cet argument. On prend des boules de même grosseur & de différens poids. On les laisse tomber sur de l'argile ou sur du suif, de hauteurs qui sont entre elles comme leur poids. Les boules font toujours sur l'argile des impressions & des enfoncemens parfaitement égaux. Or si les *Forces* étoient comme les vitesses qui ne sont que les racines des hauteurs, elles ne donneroient point de produits égaux. En multipliant au contraire les masses par leurs hauteurs, ou ce qui est la même chose, par le quarré de la vitesse, les produits sont égaux, comme ces enfoncemens & ces déplacemens de matiere. D'où l'on conclud que les *Forces*, qui les produisent ces déplacemens, sont comme le quarré des vitesses.

Le même effet arrive quand on ne se sert que d'une seule boule. Les enfoncemens inégaux sont toujours en raison des hauteurs ou des quarrés des vitesses acquises. On éprouve aussi cet effet envers les corps élastiques, en laissant tomber une boule d'ivoire ou d'acier sur une table de marbre couverte d'un peu de poussiere, ou enduite d'une légere couche de cire ou de suif. (*Discours sur les loix de la communication du mouvement. Bernoulli Opera, Tom. III.*) On lit dans le Tome I. de l'Académie de Petersbourg une preuve bien forte en faveur des *Forces vives*. Qu'une boule A, qui a 1 de masse, par exemple, & 2 de vitesse frappe successivement sur un plan horisontal, supposé parfaitement poli, une boule B en repos qui a 3 de masse, & une boule C qui a 1 de masse. Le corps A donnera 1 dégré de vitesse à la boule B dont la masse est 3, & il donnera le dégré de vitesse qui lui reste à la boule C qu'il rencontre ensuite, & dont la masse est 1, c'est-à-dire, égale à la sienne. Ainsi ce corps A aïant alors perdu toute sa vitesse restera en repos.

Maintenant on demande quelle est la *Force* des corps B & C ausquels A a communiqué toute sa *Force* & toute sa vitesse? La masse du corps B étant 3 & sa vitesse 1, fa *Force* fera certainement 3. Le corps C, dont la viteffe eft 1 & la maffe 1, aura auffi 1 de *Force*. Donc le corps A aura communiqué la *Force* 3 au corps B, & la *Force* 1 au corps C. Donc le corps A avec 2 de viteffe a donné 4 de *Force*. Donc les *Forces* des corps en mouvement font proportionnelles au quarré de la viteffe.

Madame la Marquife du *Châtelet* prétend prouver cette doctrine par un raifonnement affez fingulier, & qui, quoiqu'un peu forcé par rapport à la queftion, mérite par fa fimplicité d'être connu. Elle fuppofe que deux Voïageurs marchent également vite ; que l'un marche pendant une heure & fait une lieue, & l'autre pendant deux heures & fait deux lieues. Il eft évident que le fecond a fait le double du chemin que le premier : d'où l'on conclud, que la *Force* qu'il a emploïé à faire deux lieues, eft double de celle que le premier a emploïé pour faire une lieue. Suppofons maintenant qu'un troifiéme Voïageur faffe ces deux lieues en une heure, c'eft-à-dire, qu'il marche avec une viteffe double. Dans ce cas, le troifiéme Voïageur, qui fait deux lieues dans une heure, emploie deux fois autant de *Force* que celui qui fait ces deux lieues en deux heures ; car on fait que plus un Courier doit marcher vite & faire le même chemin en moins de tems, plus il lui faut de *Force*. Mais puifque le troifiéme Voïageur emploïe plus de *Force* que le fecond, & que le fecond en emploïe deux fois plus que le premier, n'eft-il pas clair que le Voïageur qui marche avec une double viteffe pendant le même tems, en emploïe quatre fois plus? Donc les *Forces* que ces Voïageurs ont dépenfées, font comme les quarrés des viteffes. (*Inftitutions de Phyfique*, *Chap. XXI.*)

On pourroit répondre à cet argument qu'on abufe ici du mot de *Force*, s'il devoit être pris dans toute rigueur. Autre eft la *Force* d'un corps par fon choc & la *Force* d'un homme. Auffi doit-on le regarder comme un moïen ingénieux pour développer la queftion des *Forces vives* aux perfonnes à qui cette queftion n'eft point familiere.

Voilà bien des preuves de part & d'autre. Le pas eft gliffant pour fe déterminer. Avant que de hafarder ce que je penfe fur un fujet auffi délicat, je dois au Lecteur la maniere claire dont M. d'*Alembert* le traite. C'eft un morceau de Mécanique dirigé par la Logique la plus faine & la plus éclairée.

Quand on parle de la *Force* des corps en mouvement, ou l'on n'attache point d'idée nette à ce mot, ou l'on ne peut entendre en général que la propriété qu'ont les corps qui fe meuvent, de vaincre les obftacles qu'ils rencontrent ou de leur réfifter. Ce n'eft donc ni par l'efpace qu'un corps parcourt uniformement, ni par le tems qu'il emploïe à le parcourir, ni par la confidération fimple, unique & abftraite de fa maffe & de fa viteffe, qu'on doit eftimer immédiatement la *Force* : c'eft uniquement par les obftacles qu'un corps rencontre, & par la réfiftance que lui font ces obftacles. Plus l'obftacle qu'un corps peut vaincre, ou auquel il peut réfifter, eft confidérable, plus fa *Force* eft grande.

Cela pofé, il eft clair qu'on peut oppofer au mouvement des corps trois fortes d'obftacles ; ou des obftacles invincibles qui anéantiffent tout-à-fait fon mouvement quel qu'il puiffe être ; ou des obftacles qui n'aient précifément que la réfiftance néceffaire pour anéantir le mouvement du corps, ou qui l'anéantiffent dans un inftant : c'eft le cas de l'équilibre ; ou enfin des obftacles qui anéantiffent le mouvement peu à peu : c'eft le cas du mouvement retardé. Comme les obftacles infurmontables anéantiffent également toutes fortes de mouvemens, ils ne peuvent faire connoître la *Force*. Ce n'eft donc pas là, conclud M. d'*Alembert*, qu'on doit en chercher la mefure. Or tout le monde convient qu'il y a équilibre entre deux corps quand les produits de leur maffe par la viteffe avec laquelle ils tendent à fe mouvoir, font égaux de part & d'autre. Donc, dans l'équilibre, le produit de la maffe par la viteffe peut repréfenter la *Force*.

Tout le monde convient auffi que dans le cas du mouvement retardé, le nombre des obftacles vaincus eft comme le quarré de de la viteffe ; enforte qu'un corps, qui a fermé un reffort, par exemple, avec une certaine viteffe, pourra avec une viteffe double fermer ou tout à la fois, ou fucceffivement, non pas deux, mais quatre refforts femblables au premier, neuf avec une viteffe triple, &c. D'où l'on tire cette conféquence : La *Force* des corps qui fe meuvent actuellement, eft en général comme le produit de la maffe par le quarré de la viteffe. Malgré cette conféquence, la queftion des *Forces vives* n'eft pas pour cela décidée. On peut encore exprimer cette *Force* par le produit de la maffe par la viteffe.

Afin de faire voir que le produit de la maffe par la viteffe peut avoir lieu, non-feulement dans le cas de l'équilibre, mais auffi dans le cas du mouvement retardé, il faut mefurer la *Force* non par la quantité abfolue des obftacles, mais par la fomme abfolue de ces mêmes obftacles. Car cette fomme eft proportionnelle à la quantité de mouvement, puisque la quantité de mouvement que le corps perd à chaque inftant, eft proportionnelle au produit de la réfiftance par la durée infiniment petite de l'inftant, & que la fomme de ces produits eft évidemment la réfiftance totale. Toute la difficulté fe réduit donc à favoir fi on doit mefurer la *Force* par la quantité abfolue des obftacles, ou par la fomme de leur réfiftance. M. d'*Alembert* préfere à la mefurer de cette derniere maniere ; parce qu'un obftacle n'étant tel qu'en tant qu'il réfifte, la fomme des réfiftances doit être l'obftacle vaincu. M. d'*Alembert* y trouve encore cet avantage : c'eft qu'en mefurant ainfi la *Force* des corps, on a une mefure commune pour l'équilibre & pour le mouvement retardé. Au refte, ce Géometre laiffe chacun le maître de fe décider là-deffus. (*Traité de Dynamique*, voïez la Préface, page XVII. & fuiv.) Et voilà donc la queftion réduite à une queftion de mots.

Sur tout cela, s'il y a quelqu'équivoque, c'eft fans doute fur le mot de viteffe. Celui de *Force* ne peut faire aucune difficulté. *Force* eft l'expreffion d'un effort ou d'un effet capable de furmonter tel ou tel obftacle. Une *Force* eft double d'une autre quand elle produit un double effet, quand elle vainc une réfiftance double d'une autre. L'idée qu'on a de ce mot eft fi nette qu'il feroit inutile de s'y arrêter. Il n'en eft pas de même de celui de viteffe. Par viteffe on entend bien en général un mouvement plus ou moins grand. Telle eft l'idée que l'on s'en forme. Mais cette idée eft-elle bien précife ? Prenons la chofe même.

Un corps va d'autant plus *vite* qu'un autre, qu'il parcourt un même efpace, ou pour parler plus rigoureufement, une même étendue en moins de tems, ou une plus grande étendue dans le même tems. Le tems & l'efpace, voilà ce qui compofe la viteffe de l'aveu de tous les Mécaniciens. La viteffe, dit M. de *Mairan*, (*Lettre de M. de Mairan* Sécretaire Perpetuel de l'Académie Roïale des Sciences, &c. *à Madame *** fur la queftion des Forces vives, pag* 37.) n'eft autre chofe qu'une dénomination de l'efpace parcouru divifé par le tems emploïé à le parcourir. Je vais plus loin, & je dis : La viteffe eft l'efpace ou l'étendue plus ou moins grande que parcourt un corps. Moïennant quoi le tems n'y eft pour rien. En effet, fi on fuppofe une étendue infinie, ou pour nous borner, une étendue affez confidérable pour ne pas nuire au mouvement d'un corps quel qu'il foit, il eft certain que la viteffe d'un corps fera d'autant plus grande

que celle d'un autre, qu'il parcourra une plus grande partie de cette étendue par un mouvement retardé, puifqu'il ne s'agit ici que du terme, en quelque forte, de ce mouvement. Le corps A aura été mu avec une double viteffe du corps B, fi ce corps A a parcouru une étendue double de celle du corps B. Cela eft clair. L'étendue ou l'efpace eft donc tout l'effet de la viteffe, cette étendue la mefurant & la déterminant. Je prends acte de cette conféquence.

Maintenant, fuppofons qu'un corps mu avec une viteffe capable de lui faire parcourir 100 toifes, terme abfolu de tout fon mouvement, rencontre d'abord un obftacle dans l'inftant de fa courfe, & que cet obftacle levé, on le faffe mouvoir une feconde fois avec la même viteffe, & qu'il rencontre à cette reprife un obftacle au milieu de fa courfe, c'eft-à-dire, à 50 toifes. Je fuppofe un obftacle infurmontable. Je demande l'expreffion de la *Force* particuliere à ce corps dans ces deux cas. Après les notions qu'on doit avoir actuellement du mot de viteffe, il femble que la réponfe à cette queftion eft fort fimple. Le premier obftacle aura abforbé 100 toifes d'étendue, & le fecond 50. D'où je conclud que l'effort du corps fur le premier obftacle eft double de fon effort fur le fecond. Ainfi fi l'étendue exprime la viteffe, comme je crois l'avoir expofé de la maniere la plus évidente, la *Force* des corps eft proportionnelle à la viteffe.

Leibnitz (le titre de fon écrit eft, *Brevis demonftratio memorabilis & aliorum*, Acta erudit. 1686. &c.) *Bernoulli* (*Difcours fur les loix de la communication du mouvement ;*) de *Mairan* (*Differtation fur l'eftimation & la mefure des Forces motrices ;*) *Hauzen* (*De viribus motricibus ;*) *Jurin* (*Tranfactions Philofoph. Mem. de l'Acad.* 1728 ;) *Herman* (*Comment. Acad. Scient. Petropolit.*) *s'Gravefande* (*Elemens de Phyfique, Tom. I,*) *Bulfinger* (*Comment. Acad. Scient. Petopol.*) *Poleni* (*Tractatus de Caftellis ;*) Madame la Marquife du *Châtelet* (*Inftitutions de Phyfique*) & l'Abbé *Deidier* (*Réfutation des Forces vives. Mécanique générale, &c.*) font les plus célèbres Phyficiens qui ont écrit fur les *Forces vives.*

8.   Quelque foit le parti que l'on prenne là-deffus, il eft un principe qu'on ne peut refufer : c'eft celui de la CONSERVATION DES FORCES VIVES ; principe généralement reçu. Une *Force vive* (prife dans le fens le plus général) eft une *Force* qui ne fauroit périr fans fe transmettre dans l'effet qu'elle a produit. D'où il fuit, que cette *Force* eft toujours confervée, de façon que fa valeur, qui

resîdoit avant l'action dans un ou plusieurs corps, se trouve après l'action dans un ou plusieurs corps. C'est là en quoi consiste la *conservation des Forces vives*. Pour donner une idée plus nette de cette *conservation*, M. *d'Alembert* la reduit aux deux principes suivans.

Si des corps agissent les uns sur les autres, soit en se tirant par des fils ou des verges inflexibles, soit en se poussant, pourvu qu'ils soient à ressort parfait dans ce dernier cas, la somme des produits des masses, par les quarrés des vitesses, fait toujours une quantité constante. Et si les corps sont animés par des puissances quelconques, la somme des produits des masses par les quarrés des vitesses à chaque instant est égale à la somme des produits des masses par les quarrés des vitesses initiales, plus les quarrés des vitesses que les corps auroient acquis, si, étant animés par les mêmes puissances, ils s'étoient mus librement chacun sur la ligne qu'il a décrit. C'est dans ces principes que consiste la *conservation des Forces vives*. (*Tr. de Dyn. p.*169) M. *Hughens* est le premier qui en ait fait voir l'usage, pour résoudre avec facilité des problèmes de Dynamique ; & M. *Dan. Bernoulli* le premier qui en a déduit les loix du mouvement des fluides. Dans le projet qu'il a publié de son Hydrodynamique dans le Tome II. des Mémoires de l'Académie de Petersbourg, il donne pour preuve de cette *conservation* à l'égard des fluides, qu'un fluide est un amas de corpuscules élastiques qui se pressent les uns les autres, & que la *conservation des Forces vives* aïant lieu dans le choc d'un système de corps de cette espece, elle devoit être admise à l'égard de ces corpuscules.

Quoique l'Hydrodynamique de M. *Daniel Bernoulli* soit un chef-d'œuvre en son genre, (le titre de cet Ouvrage est : *Hydrodynamica ; sive de viribus & motibus fluidorum*) il faut convenir toutefois de la foiblesse de cette preuve. Il est bien des cas où le principe de la *conservation des Forces vives*, ne peut avoir lieu dans les fluides. C'est même cette raison qui a obligé M. *Jean Bernoulli* son pere, à composer une nouvelle Théorie sur le mouvement des fluides, imprimée dans le IVe Tome de ses Œuvres & intitulée : *Hydraulica nunc primum detecta ac demonstrata directè ex fundamentis purè mecanicis.* Mais cet Ouvrage a souffert des critiques, dont je parlerai à l'article de l'Hydraulique. Je dirai seulement à celui-ci que le sentiment de M. *d'Alembert* là-dessus est, que la *conservation des Forces vives* a lieu dans le mouvement des fluides comme dans celui des solides, (*Voïez* le *Traité de*

l'équilibre & du mouvement des fluides.) On trouve dans les Œuvres de M. *Bernoulli* différens morceaux sur la *conservation des Forces vives* qui méritent d'être lus & étudiés, (*Bernoulli Opera*, Tom. *I, III, & IV.*) Et dans les derniers volumes des *Mémoires de l'Académie* de Berlin, un Ecrit curieux de M. *Daniel Bernoulli*.

FORCES CENTRALES. Nom qu'on donne en général à des *Forces* par lesquelles les corps dans leurs mouvemens, sont ou poussés toujours plus loin d'un certain point, ou toujours poussés vers un tel point ; de maniere qu'ils ne peuvent pas continuer leur mouvement rectiligne ; mais qu'ils sont forcés de décrire une ligne courbe. Une pierre qu'on fait tourner dans une fronde, un gobelet plein d'eau mu dans un cercle de tonneau, sont retenus par les *Forces centrales.* Deux causes concourent à produire cet effet. L'une est la *Force* avec laquelle les corps tendent à s'éloigner du centre de leur mouvement qu'on appelle *Force centrifuge* (*Voïez* ci-après.) L'autre est cette *Force* qui anime un corps, pour le faire tomber au centre de ce mouvement. C'est la *Force centripete*, (*Voïez* FORCE CENTRIPETE.) Comme de la connoissance de ces deux *Forces* dépend la théorie des *Forces centrales*, je me propose de la développer quand j'aurai fait connoître les autres.

FORCE CENTRIFUGE. *Force* par laquelle un corps qui se meut autour d'un centre, tend à s'écarter de ce même centre. Cette tendance est toujours selon une tangente à la courbe qu'il parcourt, parce qu'on tend toujours, en le mouvant, à le jetter suivant cette direction, dans quelque point de la courbe que le corps se trouve.

On croiroit volontiers que cette *Force* est d'autant plus grande, que la distance du corps au centre de rotation l'est elle-même ; puisque cette distance exprime d'abord la vitesse. Elle n'en est cependant pas la mesure. Il est évident qu'un corps pourroit être mu plus vite avec la même distance. Quelle est donc cette mesure, disons mieux, l'expression de cette *Force* ? Parce qu'un corps qui sortiroit de la courbe de son mouvement, s'échapperoit par une tangente de cette courbe, la distance de la secante à la courbe, ou la secante de l'arc parcouru, dont on a retranché le raïon, est l'expression de cette *Force*. Cette vérité reconnue, on a tiré de la théorie de la *Force centrifuge* les connoissances suivantes,

1°. Les *Forces centrifuges* de deux corps qui se meuvent avec la même vitesse, à une distance égale du centre, sont entr'elles comme la masse des corps.

On
dif-
For-
liés,
) Et
de
de

en
orps
tou-
cou-
iere
ou-
for-
erre
un
de
les.
ef-
orps
ou-
ôïez
ani-
en-
tri-
me
dé-
me
fait

un
end
en-
la
end
ant
e la

eft
du
ne ;
la
re.
mu
eft
ref-
qui
nt,
our-
ou
re-
ette
de
oif-

rps
une
om-

2°. Les *Forces centrifuges* des corps égaux mus à la même diſtance du centre, dans les mêmes tems périodiques (on appelle ainſi le tems pendant lequel un corps mu autour d'un centre fait une révolution entiere) & à des diſtances différentes du centre, ſont comme les diſtances du centre.

3°. Si les deux corps ſont entr'eux en raiſon inverſe des diſtances, les *Forces centrifuges* ſont égales.

4°. Si des corps égaux ſont mus à la même diſtance du centre avec des viteſſes différentes, les *Forces centrifuges* de ces corps ſont comme le quarré de ces viteſſes.

5°. Les corps ſont-ils inégaux ? leur *Force centrifuge* eſt en même raiſon compoſée des inégalités & des quarrés des viteſſes.

6°. Les deux corps étant ſuppoſés égaux, leur tems périodique & leur diſtance du centre ſont-elles inégales ? Les *Forces centrifuges* ſont entr'elles en raiſon compoſée des diſtances au centre de rotation, & du quarré des tems périodiques.

7°. Si en ſuppoſant les corps égaux, le quarré des tems périodiques eſt comme les cubes des diſtances, les *Forces centrifuges* ſeront entr'elles comme le cube des diſtances.

J'ajoute à ces propoſitions générales les théorêmes particuliers qu'a démontré M. *Hughens*.

8°. Si deux corps égaux parcourent dans des tems égaux des circonférences égales, les *Forces centrifuges* ſeront entr'elles comme les circonférences des cercles.

9°. Quand deux corps égaux parcourent des circonférences égales avec des viteſſes inégales, les *Forces centrifuges* ſont en raiſon doublée ou comme le quarré des viteſſes.

10°. Lorſque deux mobiles égaux ſont mus dans des cercles inégaux avec la même viteſſe, leur *Force centrifuge* eſt dans la raiſon contraire des diametres, c'eſt-à-dire, que cette *Force* eſt plus grande dans le petit cercle que dans l'autre.

11°. Enfin, ſi deux corps qui ſe meuvent dans des circonférences inégales, ont leur *Force centrifuge* égale, le tems périodique dans la plus grande circonférence, ſera au tems périodique dans la moindre, en raiſon ſoudoublée, ou comme la racine des diametres.

2. M. *Hughens* eſt le premier qui a conſideré la *Force centrifuge*. Il en expoſa d'abord la nature ſimplement ſans démonſtration dans un Ouvrage fameux intitulé : *Horologium oſcillatorium*. Examinant avec plus d'attention cette *Force* il en développa les principes, & forma un petit Traité dont le titre eſt :

De vi centrifuga, où ſont démontrés les théorêmes précédens. (*Chriſt. Hugenii Opera poſthuma.*)

FORCE CENTRIPETE. *Force* par laquelle un corps en mouvement tend toujours vers le centre de ce mouvement. C'eſt par cette *Force* qu'un corps eſt retenu dans la courbe, & qu'il réſiſte à la tendance ſuivant la tangente de la force centrifuge. De ce qu'un corps dans un mouvement de rotation ſuit la courbe autour de laquelle il ſe meut, il ſuit que la *Force centripete* eſt égale à la force centrifuge. Ainſi tout ce que j'ai dit de celle - ci s'applique tout naturellement à la *Force centripete*. Pour ſe former cependant une idée claire de la nature de cette force, on peut s'imaginer le mouvement d'une planete autour du ſoleil dans une ellipſe.

Soit (Planche XII. Figure 279.) le ſoleil en S & la planete en P. S'il n'y avoit rien dans la direction de cette planete, elle avanceroit dans la ligne droite P R, en s'éloignant de plus en plus de cet aſtre par la force centrifuge à ſon égard. Mais au lieu que la planete agitée par cette force devroit être en T elle eſt en M. Il faut donc qu'il y ait une autre force qui l'ait repouſſée du mouvement rectiligne de T vers le ſoleil S. C'eſt cette force qu'on appelle *Force centripete*.

Le premier qui a examiné avec attention cette *Force* eſt le grand *Newton*. On trouve dans les *Mémoires de l'Académie* de Paris, différens écrits de M. *Varignon* ſur cette *Force* ; dans les Œuvres de *Bernoulli* pluſieurs belles propoſitions, & dans la *Phoronomie* de M. *Herman* des réflexions très - curieuſes pour les Mécaniciens.

2. Je ne parlerai point ici de la cauſe de la *Force centripete*. Ce ſeroit anticiper ſur l'article de la péſanteur, & je n'ai garde de croiſer les matieres. Je renvoie donc au mot PESANTEUR. Je dirai ſeulement ici par rapport à la partie aſtronomique, à laquelle je vais appliquer cette *Force*, que *Deſcartes* l'explique en ſuppoſant autour de notre globe un tourbillon de matiere ſubtile, dont la viteſſe eſt fort grande. Cette matiere, à cauſe de ſon mouvement, a ſelon lui beaucoup de force centrifuge, qui ſurpaſſe les autres corps qu'elle rencontre comme flotans. Ceux-ci ſont donc obligés de lui ceder à tous les inſtans juſques à ce qu'ils ſoient arrivés dans l'endroit le plus bas, c'eſt-à-dire, au centre du mouvement. Et là-deſſus M. de *Molieres* prouve que la force centrifuge dans un tourbillon ſphérique ſe transforme ſans ceſſe en *Force centripete*, dont la direction eſt du centre vers tous les points de la ſuperficie. L'expérience de ce Phyſicien eſt trop curieuſe

pour être omife dans un Ouvrage où je me fais une loi d'offrir au Lecteur les obfervations les plus importantes.

Aïant préparé un globe de verre d'environ 9 pouces de diametre, M. de *Molieres* en boucha l'orifice de maniere qu'il pût l'ouvrir & le fermer, fans qu'étant rempli d'eau & circulant fur fon axe l'eau s'en échappât. Par ce moïen, il avoit la liberté de ne laiffer dans le globe que la quantité d'air qui lui plaifoit. Un bouchon de cuivre à vis, une rouelle de cuir humectée d'huile & pofée entre le bouchon & l'écrou; enfin, une plaque de cuivre maftiquée dans le point diametralement oppofé à celui du bouchon, lui procurerent ce précieux avantage.

Le globe fut fufpendu entre deux fortes pointes d'acier trempé, dont l'une étoit contigue à l'une des poupées du rouet, après l'avoir rempli d'eau à la réferve d'une bulle d'air d'environ 2 lignes de diametre. Enfin il ajufta autour du bouchon une poulie de bois adhérente au globe, où paffoit une corde, qui, entourant la roue du rouet, fervoit à faire tourner le globe fur fon axe.

Le tout ainfi difpofé, on mit le globe en mouvement. A l'inftant la bulle d'air, qui en occupoit le zenith, fe divifa dans le premier mouvement en plufieurs autres, & qui vinrent fe réunir à l'extrémité de l'axe la plus élevée fur l'horifon. La bulle ainfi formée de nouveau fe foutenoit là, tant que le mouvement circulaire de la maffe de l'eau, dominoit celui que l'eau acqueroit par fon moïen. Mais aïant continué de mouvoir le globe fur fon axe, jufques à ce que l'eau, qui y étoit contenue, eut acquis un mouvement circulaire qui lui fut propre, M. de *Molieres* ne donna à la furface du verre, que le mouvement néceffaire pour entretenir celui de l'eau qu'auroit pû détruire la péfanteur. Alors la bulle d'air, malgré fa tendance qui la portoit vers le pole le plus élevé fur l'horifon, vint fe placer au centre du globe, & y demeura tout le tems qu'on continua à entretenir l'eau dans le mouvement circulaire qu'elle avoit acquis. Lorfqu'on communiquoit au verre un mouvement plus rapide, & que ce mouvement dominoit beaucoup celui que l'eau avoit pu acquerir, la bulle retournoit à l'endroit d'où elle étoit venue, Et dès que le mouvement circulaire de l'eau redevenoit dominant, la bulle revenoit fur le champ au centre. Enfin, à mefure qu'on augmentoit le mouvement de la fuperficie du verre, la bulle d'air s'éloignoit du centre & s'approchoit du pole le plus voifin. Plaçoit-on cette bulle dans un point donné de l'axe? Elle s'approchoit du pole,

felon qu'on augmentoit & qu'on diminuoit le mouvement de la fuperficie du verre. Ainfi on la retenoit dans un point donné de l'axe auffi long-tems que l'on vouloit.

Si tandis que la bulle étoit au pole on abbaiffoit doucement, le globe, (dans cette expérience la bulle avoit plus de 2 lignes de diametre) à peine l'axe du globe étoit horifontal, que la bulle fe portoit au centre fous la forme d'un fphéroïde allongé par les poles, ou d'un cilindre, qui avoit fes bafes arrondies, dont l'axe horifontal étoit d'autant plus long, & le vertical d'autant plus court, que le mouvement circulaire étoit grand.

De tout cela, M. de *Molieres* conclud que quand un globe de matiere fluide, tournant fur un de fes diametres, a acquis un mouvement circulaire qui le transforme en tourbillon fphérique, (abftraction faite des empêchemens accidentels) la force centrifuge fe tranforme en force *Force centripete*, dont la direction eft du centre vers tous les points de la fuperficie. *Mémoires de l'Académie Roïale des Sciences de 1728. Principes du fyftéme des petits tourbillons*, par M. l'Abbé de *Launai*, page 391. [M. l'Abbé *Nollet* a attaqué cette expérience dans fes *Leçons de Phyfique experimentale*, Tom. II.]

3. J'ai dit que la force centrifuge & la *Force centripete* étoient défignées fous le nom de *Forces centrales*, & j'ai renvoïé ici la théorie de ces *Forces*. Pour développer cette théorie, je poferai les principes démontrés fur le rapport de ces *Forces*.

1°. Quand les quantités de matiere dans les corps mus en rond & les diftances du centre font égales, les *Forces centrales* font en raifon inverfe des quarrés des tems périodiques.

2°. Quand les quantités de matiere font égales, on détermine le rapport qui eft entre les *Forces centrales*, en divifant les diftances par les quarrés des tems périodiques.

3°. Et de quelque maniere que les *Forces centrales* different entr'elles, elles font en raifon compofée de la raifon des quantités de matiere dans les corps qui tournent, de celles des diftances du centre, & de la raifon inverfe des quarrés des tems périodiques.

De la raifon de ces rapports naiffent les différentes courbes que peut décrire un mobile en proïe à ces *Forces*. Quand les forces centrales ne changent point pendant le mouvement d'un corps, la révolution de ce corps eft parfaitement circulaire. Si les forces centrales varient pendant la révolution, elles décrivent une *Force* relative aux changemens de leurs rapports. Quand ces rapports, après avoir

avoir été changés par la révolution, se rétabliſſent dans leur premier état avant qu'elle ſoit entierement finie, la courbe que décrira le mobile telle qu'elle puiſſe être, rentrera ſur elle-même, & elle ſera conſtamment la même dans toutes les révolutions, pourvu que ces rapports varient toujours de la même maniere à chaque révolution. Mais lorſque ces rapports ne ſe rétabliſſent pas & que la *Force centripete*, par exemple, eſt plus foible au commencement de la ſeconde révolution, qu'elle n'étoit au commencement de la premiere la courbe n'eſt point rentrante ; & le mobile, en s'éloignant du centre du mouvement, décrit des ſpires plus ou moins réguliers, ſelon le progrès de la force centrifuge, ſur celui de la *Force centripete*. Un corps décrit une ellipſe ſi la *Force centripete* croît dans l'éloignement du centre, & eſt par tout en raiſon de la diſtance de ce centre, qui dans ce cas eſt coïncident avec le centre de l'ellipſe. La *Force centripete* ſuit alors la raiſon inverſe du quarré de la diſtance.

On peut être témoin de ces différens changemens de courbe, ſuivant les rapports des forces centrales par une expérience fort ſimple. L'on prend un fil ; on le plie ſur lui-même, & on joint les deux bouts enſemble par un nœud. Ce fil étant retenu d'une part à une épingle fixée perpendiculairement à quelque plan, on le tend avec le bout d'un craïon. On a par ce moïen les forces centratrales repréſentées. Le craïon eſt le mobile. L'effort, que l'on fait pour tenir le fil tendu exprime la force centrifuge, & la diſtance qui ſe trouve entre l'épingle & le craïon, repréſente la *Force centripete*.

Maintenant, ſi l'on promene le craïon ſur le plan autour de l'épingle, en tenant toujours le fil à une diſtance égale, la ligne de révolution ſera un cercle. Si pendant qu'on promene le craïon, on diminue la diſtance qui eſt entre l'un & l'autre, en faiſant faire au fil un triangle ; la ligne de révolution ſera une courbe, dont la nature dépendra des proportions qui ſe trouveront actuellement entre les dégrés de raccourciſſement du fil & de leur durée. De cette façon il ſera aiſé de faire décrire au craïon, qui eſt ici le mobile, telle courbe qu'on voudra.

Pour exécuter tous ces mouvemens, M. *s'Graveſande* a imaginé une machine qu'il appelle *Machine des Forces centrales*, & qu'il décrit dans ſes Elémens de Phyſique, (*Phyſices Elementa Mathem. L. I.*) par laquelle on fait décrire au corps une courbe donnée, en établiſſant les rapports des forces centrales relatifs à cette courbe. M. l'Abbé *Nollet*

a ſimplifié cette machine. En faiſant uſage de celle qu'on trouve dans le Tome II. de ſes *Leçons de Phyſique expérimentale*, on voit que la force centrifuge tend toujours le fil autant qu'il peut l'être. Mais dans le mouvement, ſa diſtance diminue & augmente ſucceſſivement & régulierement, comme celle du craïon dont j'ai parlé ci-deſſus. C'eſt ce qui fait que ſa révolution eſt la même que celle du craïon. Et comme les circonſtances demeurent ici les mêmes, pendant les révolutions ſuivantes, le mobile ſe meût & continue à ſe mouvoir dans une ellipſe.

Je ne donnerai point la deſcription de cette machine, parce que quelque ingénieuſe qu'elle ſoit, elle ne ſatisfait point encore à la théorie des forces centrales. Ici tout eſt aſſujetti. Les foïers de l'ellipſe ſont-déterminés, & le mobile eſt retenu autour de ces foïers. De façon que par la révolution que fait faire au corps le mouvement d'une roue ſur ſon axe, ce corps eſt forcé de parcourir la courbe ſelon la nature de laquelle on l'a diſpoſé. Je regarde ces ſortes de machines bien moins comme des *Machines de Forces centrales* que comme des compas propres à toutes ſortes de courbes, conſtruits ſelon la théorie de ces *Forces*. Il eſt vrai qu'elles ſervent bien à faire connoître leur rapport. Mais encore une fois, je crois qu'on doit enviſager tout autrement une vraïe *Machine de Forces centrales*. Je voudrois voir dans ces machines un corps en proïe à la force centrifuge, & déterminé par la *Force centripete* à quitter de lui-même la tendance à cette premiere *Force* pour ſuivre une courbe relative à l'excès de la force centrifuge ſur la *Force centripete*. La choſe ſeroit bien ſatisfaiſante, ſi elle pouvoit être miſe en œuvre. On démontreroit clairement aux yeux, par le ſecours de cette machine, la théorie du ſyſtême de *Newton*, & ce ne ſeroit pas là un de ſes moindres avantages. En attendant, appliquons la théorie des forces centrales à ce ſyſtême. C'eſt le plus bel uſage qu'on ait encore fait de ces *Forces*.

4. Les corps céleſtes ſont en proïe aux forces centrales. Leur force centrifuge tend à les écarter du centre de leur mouvement, & leur *Force centripete*, à les en approcher. De ces deux *Forces* ou de ces deux mouvemens oppoſés naît un mouvement compoſé, qui porte le corps dans une direction moïenne entre celle des deux autres mouvemens. Cette direction eſt à chaque inſtant la diagonale d'un petit parallelograme rectangle, dont les côtés ſont formés par la direction particuliere aux deux mouvemens ; & cette diagonale eſt l'élément d'une courbe que dé-

crivent les corps céleftes dans une entiere révolution. Pour connoître la nature de cette courbe ou autrement le rapport de fes axes, il faut connoître le tems des révolutions. Or pour en venir là, on démontre en premier lieu :

Que les forces centrales, qui animent une planete, variant en raifon réciproque du raïon vecteur, c'eft-à-dire, du quarré de la diftance de la planete au point où réfide la *Force centripete*, ce point doit être le foïer d'une ellipfe que la planete doit parcourir.

Les planetes tournant chacune dans une ellipfe particuliere en vertu d'une *Force centripete*, qui eft toujours réciproquement comme le quarré de la diftance de chaque planete à un foïer commun à toutes ces ellipfes, & dans lequel réfide la *Force centripete*, on démontre en fecond lieu les théorêmes fuivans :

1°. Les aires des fecteurs décrites en même-tems, font entr'elles comme la racine quarrée du parametre du grand axe de l'ellipfe.

2° La viteffe de chaque planete dans fon ellipfe eft comme la racine quarrée du parametre du grand axe, divifée par la perpendiculaire tirée du foïer fur la tangente au point où eft la planete.

3°. L'aire entiere de chaque ellipfe eft en raifon compofée de la racine quarrée du grand axe & du tems de la révolution de la planete.

Et 4°. le tems de la révolution périodique de chaque planete eft comme la racine quarrée du cube du grand axe de fon ellipfe.

De là il fuit, que fi la courbe que décrit la planete, étoit un cercle au lieu d'une ellipfe, le tems de la révolution autour de fon centre, feroit comme la racine quarrée du cube du raïon ; & que les tems des révolutions étant connus, on en peut déduire les rapports des grands axes de chacune des ellipfes qu'elles décrivent. Aïant donc déterminé par obfervation les dimenfions de chaque ellipfe, on peut les rapporter toutes à une même mefure. (*Voïez* les *Leçons Elémentaires d'Aftronomie Géométrique & Phyfique*. Par M. l'Abbé de la *Caille*, articles *X. & XII.*) Et c'eft là la feconde loi de *Kepler*, (*Voïez* ATTRACTION.) Appliquons ceci à un exemple.

Le grand axe de l'ellipfe de la terre étant fuppofé de 20000 parties égales, faites cette regle de proportion : 365 jours, 6 heures, 9', 15", tems de la révolution de la terre (on admet ici le fyftême de *Copernic*,) font à 87 jours, 23 heures, 15', 22", comme 2828427, racine quarrée de 8000000000000, cube de

20000, font à 681204, racine quarrée de 464039000000, cube du grand axe de l'ellipfe de Mercure, dont la racine cubique eft 7742.

Pour déterminer le petit axe de cette ellipfe, il faut faire cette contre-regle : comme 2022552, grand axe du corps de Mercure : Ainfi le petit axe (du corps de cette planete) exprimé par ce nombre 1977699, eft à 7570, petit axe. En faifant les mêmes calculs pour les autres planetes, on trouve les dimenfions des axes de leur ellipfe qui font tels: Grand axe de l'ellipfe de Mercure 7742; petit axe 7570. Grand axe de Venus 14472, petit axe 14471 ½. Grand axe de Mars 30474, petit axe 30342. Grand axe de Jupiter 104020, petit axe 103899. Grand axe de Saturne 190758, petit axe 190448. M. l'Abbé de la *Caille* a donné une table étendue où fe trouvent calculés felon ce principe les diametres des planetes, vus du foleil dans les diftances moïennes, les rapports des diametres véritables de leur furface, de leur groffeur, &c. *Voïez* l'Ouvrage de cet Auteur cité ci-deffus.

FORCE D'INERTIE. Propriété qu'ont les corps de refter dans l'état où ils font. Ainfi un corps doit refter en repos jufques à ce qu'une caufe étrangere l'en tire, parce qu'un corps ne peut fe déterminer de lui-même au mouvement. Un corps mis en mouvement par quelque caufe que ce puiffe être, ne peut ni accelerer ni retarder ce mouvement, & perfiftera dans cet état de mouvement, tant qu'il ne rencontrera point d'obftacle. D'où il fuit, que l'état de repos ou de mouvement eft indifférent au corps, & qu'il y a une *Force* qui le maintient dans l'un de ces états où il fe trouve. *Kepler* eft le premier qui a établi la *Force d'inertie* dans les corps, & *Newton*, le premier qui ait fait fentir combien il importoit de la faire entrer dans la confidération des corps. Aujourd'hui tous les Mécaniciens l'adoptent. Peut-être on demandera en quoi confifte cette *Force* ? Eft-elle effentielle à la matiere ? Eft-ce un Etre? ou une propriété particuliere des corps ? Ce n'eft point du Géometre qu'il faut attendre une réponfe. Ceci paffe fes notions, & ne peut regarder que le Métaphyficien. Or le Méthaphyficien prétend qu'elle n'eft qu'une idée confufe comme celle du mouvement. Cela n'empêche pas que les Mathématiciens ne s'en fervent dans la Mécanique, parce qu'il importe peu, difent-ils, en quoi cette *Force* confifte, pourvû qu'on fache certainement que les corps ont une telle propriété, à laquelle il faut faire attention. Mais l'ont-ils ? J'avoue que cette queftion m'a embarrassé pendant long-tems. Je craignois qu'on enveloppât l'action de la gravité sous un nom fort inutile, & que par conséquent la *Force d'inertie* ne fût que la pésanteur. Tant que je considerois un corps dans le plein, ou tendant au centre des graves, il me paroissoit que cette *Force* n'étoit que la pésanteur elle-même. Mon sentiment étoit bien différent lorsque je transportois ce corps dans le vuide ou dans le fluide divisible, dans lequel nagent les corps célestes. Par quelle raison alors un corps en mouvement changera-t-il son état? Qui est-ce qui rallentira son mouvement? Et si rien ne fait obstacle à ce même mouvement, puisqu'il n'y a ici ni résistance de la part du fluide, ni tendance du côté du corps, il doit rester dans l'état où il est, & actuellement dans celui de mouvement. A moins qu'on ne dise qu'il est impossible qu'un corps n'ait une tendance à quelque endroit, parce qu'autrement il cesseroit d'être pesant, je ne vois pas comment répondre à cela. A la vérité cette objection est forte. Cependant je conçois fort bien la gravité dans un corps sans d'autre tendance que celle des parties du corps au centre même de ce corps. Notre premier raisonnement conserve par ce moïen toute sa force. Rien ne peut rallentir le mouvement d'un corps dans la supposition que nous avons faite; à plus forte raison rien ne le tirera du repos s'il y est. Un corps persiste donc dans l'état où il se trouve. Cela est incontestable. Or cette *Force* par laquelle il persiste dans cet état est la *Force d'inertie.* Voilà une vérité d'après laquelle on doit partir, sans s'embarrasser de son origine. C'est en se bornant là que plusieurs Newtoniens & entr'autres s'*Gravesande* & *Euler* l'ont considérée comme le premier principe de tous les phénomenes. M. *Euler* sur-tout a établi sur la *Force d'inertie* un système qui gagnera à être connu.

En 1746 l'Académie Roïale de Berlin proposa pour sujet du Prix de l'année 1747, l'examen de l'hypothese des monades, dans lequel on découvrit l'insuffisance de ces principes pour rendre raison des phénomenes de l'Univers. M. *Euler* composa pour ce Prix un Ecrit intitulé : *Considérations sur les élemens des corps*, imprimé d'abord en Allemand, & ensuite traduit en François par M. *Formey*, Sécretaire perpétuel de l'Académie de Berlin. Dans cet Ecrit, après avoir banni les monades ou êtres simples, il établit la *Force d'inertie*, par laquelle il prétend expliquer tous les changemens qui arrivent dans le monde corporel. La *Force d'inertie*, selon ce grand Mathématicien, est

une propriété aussi générale des corps que l'étendue, parce que sans cette *Force* un corps, dit-il, cesseroit entierement d'être corps. Mais cette *Force*, ajoute M. *Euler*, destinée à produire des changemens perpétuels dans les corps, est directement contradictoire à l'essence du corps, & ne sauroit lui être attribuée en aucune maniere. Pourquoi? parce que deux contradictoires ne sauroient co-exister. Un corps ne sauroit être doué tout à la fois de la *Force* de conserver son état & de celle de le changer. Il faut donc, conclud M. *Euler*, établir deux classes toutes particulieres & entierement différentes d'Etres qui existent dans l'Univers. L'une renferme les choses corporelles, dont l'essence consiste dans la force de conserver immuablement leur état; & l'autre comprend les ames & les esprits qui possedent la force de changer leur état.

Ce système étoit trop nouveau dans le tems où il parut, pour ne pas trouver des contradicteurs. On l'attaqua ; & M. *Formey* est parmi les adversaires de M. *Euler*, un de ceux qui s'est le plus distingué. Il le regarde comme chimerique, & s'attache à prouver la nécessité des êtres simples, ou monanades. (*Voïez* MONADES.) Toute cette querelle est imprimée sous ce titre : *Recherches sur les Elemens de la matiere*, sans nom d'Imprimeur ni de lieu.

FORCE ÉLASTIQUE. C'est la *Force* qu'a un corps de se redresser lorsqu'il a été comprimé, ou autrement, qui résiste à la compression, & qui tend à rétablir un corps dans son premier état. On se sert principalement de ce terme dans l'Aerometrie, parce que cette *Force* est une des principales propriétés de l'air. Plus l'air est comprimé, plus sa *Force élastique* augmente : elle diminue au contraire à mesure que l'air est raréfié. On doit la connoissance de cette propriété de l'air à *Otto-Guerick.* (*Voïez* AIR.)

FORMULE. Expression qui renferme une regle générale pour la solution d'un problême, de façon qu'avec quelque substitution on l'applique à tous les cas compris dans la condition du problême.

L'usage des *Formules* est très-fréquent & très-commode dans l'analyse algébrique par la facilité qu'elles apportent à ses opérations. On s'en sert avec succès, principalement pour élever une expression à une puissance quelconque, & pour intégrer certaines formes de différentielles qu'il seroit difficile de réduire d'une autre maniere. Je me bornerai à indiquer ces deux cas où les *Formules* font des merveilles, & à en donner des exemples.

Si l'on propose une grandeur $a+b$ qu'il faille élever à une puissance dont l'exposant est désigné par le nombre m, entier ou rompu, positif ou négatif, on conclut en partie par des raisons démonstratives, en partie par une induction qui n'a jamais été contredite dans aucun cas, que cette puissance est l'expression suivante :

$$a^m + m \times a^{m-1}b + m \times \frac{m-1}{2} \times a^{m-2}b^2 + m \times \frac{m-1}{2} \times \frac{m-2}{3} a^{m-3}b^3 +$$
$$m \times \frac{m-1}{2} \times \frac{m-2}{3} \times \frac{m-3}{4} a^{m-4}b^4 \ \&c.$$

Rien n'est plus aisé que d'appercevoir la loi de la progression de cette *Formule* dont on peut se servir également pour extraire une racine quelconque de la grandeur $a+b$; car extraire la racine quarrée de $a+b$, n'est autre chose que l'élever à la puissance $\frac{1}{2}$. De sorte que si $a+b$ représente une puissance m de quelque autre grandeur, pour en tirer la racine, il n'y aura qu'à l'élever à la puissance $\frac{1}{m}$, en mettant dans la *Formule* précédente au lieu de m, le nombre representé par $\frac{1}{m}$, & on aura la valeur de cette puissance.

On doit aussi remarquer que lorsque l'exposant m de la puissance $\overline{a+b}^m$, est un nombre entier, la suite de termes de la *Formule* exposée ci-dessus se terminera, parce qu'il arrivera que dans quelque numerateur des coefficiens de la grandeur qui entre dans chaque terme, on trouvera enfin m moins un nombre entier égal à m ; ce qui étant $= 0$ détruira ce terme & tous les suivans par une raison semblable. Mais lorsque m sera un nombre rompu, alors la valeur de $\overline{a+b}^m$ développée sera composée d'une infinité de termes, parce que jamais une fraction moins un nombre entier ne deviendra égale à 0. C'est là la derniere ressource dans une infinité de cas de l'algébre, où l'on est obligé de réduire des expressions irrationnelles (telles que sont toutes les puissances de $a+b$, dont l'exposant m est rompu,) à une valeur rationnelle qui les rende susceptibles des opérations, dont elles seroient incapables sous cette autre forme. Je vais éclaircir ceci par quelques exemples.

On propose de trouver la racine quarrée de $rr - xx$, c'est-à-dire, d'élever $rr - xx$ à la puissance $\frac{1}{2}$. En comparant chaque valeur de l'expression $\overline{rr - xx}^{\frac{1}{2}}$ avec celle de $\overline{a+b}^m$, on trouvera que $m = \frac{1}{2}$, $rr = a$, $xx = b$. Il faudra donc à la place de m a & b dans la *Formule*, mettre $\frac{1}{2}$, rr, $-xx$, & l'on aura pour premier terme.

$$a^m = rr^{\frac{1}{2}} = r. +$$
$$+ m \times a^{m-1}b = \frac{1}{2} rr^{\frac{1}{2}-1} \times - xx = - \frac{1}{2}\frac{xx}{r} \text{ ; parce que } rr^{\frac{1}{2}-1} = rr^{-\frac{1}{2}} = \frac{1}{r}.$$
$$+ m \times \frac{m-1}{2} \times a^{m-2}b^2 = \frac{1}{2} \times \frac{1}{2} rr^{-\frac{3}{2}}, x^4 = - \frac{1}{8}\frac{x^4}{r^3} = \frac{1}{2\times4}\frac{x^4}{r^3}. +$$
$$+ m \times \frac{m-1}{2} \times \frac{m-2}{3} a^{m-3}x^3 = \times - \frac{}{4} x - 6 rr^{-\frac{5}{2}} + x^6 = \frac{-3}{2\times4\times6\times r^5}. +$$
$$+ m \times \frac{m-1}{2} \times \frac{m-2}{3} \times \frac{m-3}{4} a^{m-4}b^4 = \frac{1}{2} \times - \frac{1}{4} \times - \frac{3}{6} \times - \frac{5}{8} rr^{-\frac{7}{2}} x^8 =$$
$$= - \frac{1\times3\times5\times x^8}{2\times4\times6\times8\times r^7} \text{ ; ce qui suffit pour faire connoître la loi de la progression. On aura donc}$$
$$rr - xx^{\frac{1}{2}} = r - \frac{1}{2}\frac{x^2}{r} - \frac{1}{2\times4}\frac{x^4}{r3} - \frac{1\times3}{2\times4\times6\times5}\frac{x^6}{} - \frac{1\times3\times5}{2\times4\times6\times8}\frac{x^8}{r7} - \frac{1\times3\times7}{2\times4\times6\times8\times10\times r^9}\frac{x^{10}}{},$$

&c.

Cette expression sert à trouver par approximation la racine d'un nombre qui n'est pas quarré, comme 24. Car prenant pour rr un nombre quarré 25, dont on ôtera 24 pour avoir leur différence 1, qui sera xx.

Et la racine quarrée de 24 sera $5 - \frac{1}{2\times5} -$
$$\frac{1}{8\times125} - \frac{1}{16\times3225} = 5 - \frac{1}{10} - \frac{1}{1000} -$$

$\frac{1}{50000}$, ce qui exprimé en fractions décimales par $5, 00000 - 0, 10000 - 0, 00100 - 0, 00002$, fait $4, \frac{89898}{1,00000}$ qu'on trouve tout de même en extraïant la racine de 24 à la maniere ordinaire. Cette methode est quelquefois très-courte, & lorsque rr est considérablement plus grand que xx, les 2 ou 3 premiers termes suffisent pour trouver la racine avec exactitude.

L'exemple que nous venons de voir d'une extraction de racine quarrée, quelque beau qu'il soit, ne fait sentir qu'imparfaitement l'utilité de cette méthode, & par conséquent des *Formules*.

Lorsqu'il s'agit d'extraire une racine plus composée, comme une racine 4.e ou 5.e, ou plus élevée encore, c'est presque la seule qu'on puisse emploïer, les méthodes ordinaires devenant extrêmement embarrassées & compliquées, au lieu que celle-ci ne l'est guéres plus que dans le cas précédent.

Il est visible que l'on peut se servir de la même *Formule* de $\overline{a+b}^m = a^m + m\,a^{m-1} b + m \times \frac{m-1}{2} \times a^{m-2} b^2$, &c. pour développer la valeur d'une fraction comme $\frac{c}{r+z}$: car cette expression n'est autre que $c \times \overline{r+z}^{-1}$, c'est-à-dire, que $-1 = m$, $r = a$, $z = b$. C'est pourquoi l'on a en substituant dans la *Formule* générale ces valeurs de m, a, b; on a, dis-je,

$$a^m = a^{-1} = \frac{1}{a}.$$

$$+\, m \times a^{m-1} b = -1 \times r^{-2} \times z = -\frac{z}{r^2}$$

$$+\, m \times \frac{m-1}{2} \times a^{m-2} b^2 = -1 \times -1 \times {}^{-3} \times r z^2 = \frac{z^2}{r^3}.$$

$$+\, m \times \frac{m-1}{2} \times \frac{m-2}{3} \times r^{m-3} b^3 = -1 \times -1 \times -1 \times r^{-4} \times z^3 = -\frac{z^3}{r^4}.$$

L'expression $c \times \overline{r+z}^{-1}$ se réduit donc à $\dfrac{c}{r} - \dfrac{cz}{r^2} + \dfrac{cz^2}{r^3} - \dfrac{cz^3}{r^4} + \dfrac{cz^4}{r^5}$.

Au reste ce développement d'une fraction, dont le dominateur contient une grandeur inconnue, est très-commun dans le calcul intégral qui ne sauroit procéder sans cette opération préliminaire dans une infinité de cas. Cette *Formule* est exposée à l'article Approximation appliquée à desnombres. Mais comme elle n'est point expliquée & qu'elle est d'un grand usage, quelques Géometres ont souhaité que j'en fisse mention, & j'ai choisi cet article pour les satisfaire. Après avoir donné des exemples de l'usage de la *Formule* qui représente toutes les puissances en général, il nous reste à en donner quelques-unes d'intégrations.

Qu'on propose l'expression différentielle $\overline{a+cz^n}^m \times b z^{rn-1} dz$, son intégrale est exprimée, quelle que soit la valeur de m, n, par l'une de ces trois *Formules* :

$$\frac{bx}{nc^r} \times \frac{x^{r-1}}{m+r} - \frac{\overline{r-1} \times a x^{r-2}}{m+r-1} + \frac{\overline{r-1} \times \overline{r-2} \times a^2 x^{r-3}}{2,\ m+r-2}$$

$$- \frac{\overline{r-1} \times \overline{r-2} \times \overline{r-3} \times a^3 x^{r-4}}{z\ \ 3 \times m+r-3},\ \text{&c.}$$

Il faut remarquer au reste que $x = \overline{a-cz^n}$

& que toutes les fois que r sera un nombre entier, & que $m+r$ ne sera pas un nombre entier positif moindre que r, cette suite se terminera; parce que $r -$ quelque nombre de la progression naturelle deviendra $= 0$, & que par conséquent ce terme & tous les suivans deviendront nuls. J'ai ajouté la condition que $m+r$ ne fût pas un nombre entier positif moindre que r, parce que dans ce cas, $m+r$ moins un nombre de la progression naturelle, deviendroit $= 0$; ce qui rendroit infini le terme où il se trouveroit, & feroit en quelque sorte échouer l'artifice de cette *Formule*.

La seconde *Formule* de $S. \overline{a+cz^n}^m, b z^{rn-1} dz$ est $\dfrac{b \times \overline{a+cz^n}^{m+1}}{S\,n\,c}$

$$\times z^{rn-n} - \frac{\overline{r-1}\,a^{rn-2n}}{S-1 \times c} + \frac{\overline{r-1}\,\overline{r-2}\,a^2 z^{rn-3n}}{S-1,\ S-2 \times c^2},\ \text{&c.}$$

dans laquelle $S = m+r$. Et l'on apperçoit aisément qu'elle se terminera dans les mêmes cas que la précédente.

La troisiéme *Formule* de la même intégrale est $\overline{a + c\zeta^n}^{\,m+r} \times b\zeta^{rn} \times \dfrac{1}{rna}$

$$1 - \frac{\overline{S+1} \times c\zeta^n}{\overline{r+1} \times a} + \frac{\overline{S+1} \times \overline{S+2} \times c^2\zeta^{2n}}{\overline{r+1} \times \overline{r+2} \times a^2} - \frac{\overline{S+1} \times \overline{S+2} \times \overline{S+3} \times c^3\zeta^{3n}}{\overline{r+1} \times \overline{r+2} \times \overline{r+3} \times a^3}, \&c.$$

$S + 1$, de même que dans la 2e *Formule*, $= m + r$. Cette suite se terminera toutes les fois que S ou $m + r$ sera un nombre négatif entier, & que r ne sera pas un nombre negatif entier moindre que S.

Voici quelques exemples de l'usage de ces *Formules*. On demande l'intégrale de $\dfrac{\zeta\, d\zeta}{\sqrt{rr + \zeta\zeta}}$. On a en comparant cette expression avec $\overline{a + c\zeta^n}^{\,m} \times b\zeta^{rn-1}\, d\zeta$; on a, dis-je, $rr = a$, $c = 1$, $b = 1$, $n = 2$, $m - 1 = rn - 1 = 1$, $rn = 2$, $r = 1$. Mettant donc ces valeurs dans l'une des trois *Formules*, par exemple, dans la premiere, x étant supposé $= rr + \zeta\zeta$, l'on trouve $\dfrac{1}{2} \dfrac{x^{\frac{1}{2}}}{\frac{1}{2}} = \sqrt{rr + \zeta\zeta}$. En effet, la

différentielle de $\sqrt{rr + \zeta\zeta} = \dfrac{\zeta\, d\zeta}{\sqrt{rr + \zeta\zeta}}$. Ce qui démontre en quelque sorte la certitude de la *Formule*.

S est négatif) $\dfrac{\overline{a - f\zeta^n}^{\frac{3}{2}} \times \overline{\zeta - \frac{7}{2}n}}{-\frac{7}{2}na} \times \dfrac{1 + 2f\zeta^n}{-\frac{5}{2}a} + \dfrac{2f^2\zeta^{2n}}{-\frac{5}{2} \times -\frac{3}{2}a^2} =$

$= -\overline{a - f\zeta^n}^{\frac{3}{2}} \times \dfrac{30a^2 + 24af\zeta^n + 16f^2\zeta^{2n}}{105\, na^3\zeta\frac{7}{2}n}.$

On veut trouver l'intégrale de $\dfrac{b\zeta^{3n-1}\, d\zeta}{\overline{a + f\zeta^n}^{\frac{1}{2}}}$, Cette expression, comparée avec $\overline{a + c\zeta^n}^{\,m}$

$$\frac{b}{nf^3} \times \frac{x^{\frac{5}{2}}}{\frac{5}{2}} - \frac{2ax^{\frac{3}{2}}}{\frac{3}{2}} + \frac{a^2 x^{\frac{1}{2}}}{\frac{1}{2}} = \frac{b \times^{\frac{1}{2}}}{nf^3} \times \frac{2x^2}{5} - \frac{ax}{3} + \frac{2a^2}{ }$$

Mais comme dans cette *Formule* $x = a + f\zeta^n$; il faut substituer dans l'inté-

$\dfrac{b \times \overline{a + f\zeta^n}^{\frac{1}{2}}}{nf^3} \times \frac{1}{3} \overline{aa + 2af\zeta^n + f^2\zeta^{2n}} - \dfrac{a\overline{a - af\zeta^n}}{3} + 2a^2 =$

$\times 6f^2\zeta^{2n} + 7af\zeta^n + 31a^2.$

M. *Newton* (*De Quadraturis curvarum* ;) M. *Côtes* (*De Harmonia Mensurarum* ;) M. *Stone* (*Le Calcul intégral*, &c.) M. *Simpson* (*The Doctrine and application of Fluxions* ;) D. *Wanmesley* (*Réduction du Calcul intégral aux logarithmes*, &c.) ont donné des *Formules* pour trouver l'intégrale des différentielles.

Si on eût comparé les différentielles proposées avec la deuxiéme *Formule*, on auroit eu les mêmes valeurs de m, n, r, &c. Et $S = m + 1 = \frac{1}{2}$, qui, étant substituées à leur place, auroient réduit cette *Formule* à $\overline{rr + \zeta\zeta}^{\frac{1}{2}} \times \zeta^0 = \sqrt{rr + \zeta\zeta}$. Enfin la même forme de différentielle étant comparée avec la troisiéme *Formule*, on auroit eu une valeur composée d'un nombre infini de termes, qui auroient été une série pouvant être exprimée en termes finis. Convaincu qu'on ne sauroit se rendre trop familier l'usage de ces expressions générales, je crois devoir ajouter encore quelques exemples.

Soit proposé de trouver l'intégrale de $\overline{a - f\zeta^n}^{\frac{1}{2}} \times \zeta^{-\frac{7}{2}n-1}\, d\zeta$. Si l'on compare cette expression avec $\overline{a + c\zeta^n}^{\,m} \times b\zeta^{rn-1}\, d\zeta$ on aura $a = a$; $f = c$; $m = \frac{1}{2}$; $r = -\frac{7}{2}$; $b = 1$; $S = -3$; ce qui donne pour intégrale (à l'aide de la troisiéme *Formule* dont nous nous servons, parce que S est négatif)

$b\zeta^{rn-1}\, d\zeta$, donnera $a = a$, $f = c$, $r = 3$, $m = d - \frac{1}{2}$, $m + r = \frac{5}{2}$; & ces valeurs étant mises dans la premiere *Formule* donnent pour l'intégrale cherchée,

grale trouvée cette valeur de x, & on aura à sa place,

$\dfrac{a\overline{a - af\zeta^n}}{3} + 2a^2 = \dfrac{b \times \overline{a + f\zeta^n}^{\frac{1}{2}}}{nf^3} \times$

FORT. Nom qu'on donne en général dans l'Architecture Militaire à une Place d'une petite étendue, que la nature ou l'art a fortifiée. Quoiqu'on ne puisse pas déterminer cette sorte d'ouvrage, qui dépend & de sa situation, & de son usage pour la défense d'un passage, d'une riviere, d'une Place, &c. on distingue trois especes de *Forts*, le

Fort roïal, le *Fort à étoile*, & *les Forts de campagne*.

FORT ROÏAL. C'eſt un *Fort* qui n'a de particulier que la longueur de ſa ligne de défenſe qui eſt de 26 toiſes.

FORT A ÉTOILE. Redoute compoſée d'angles ſaillans & rentrans, & qui a depuis 5 juſques à 8 pointes. Sa conſtruction la plus générale eſt telle: 1°. Faites un exagone. 2°. Diviſez un de ſes côtés en quatre parties. 3°. Sur le milieu D de ce côté (Planche XLV. Figure 281.) élevez la perpendiculaire D A, égale à une de ces quatre parties, de D en A. 4°. Du point A tirez les faces A C, A B. En faiſant la même opération ſur les autres côtés on acheve le *Fort à étoile*, tel qu'il paroît par la figure.

FORT DE CAMPAGNE. C'eſt en général une Place renfermée entre des parapets faits de de terre, qui forment pluſieurs angles, ſoit irréguliers, ſoit réguliers. Dans ce dernier cas, ils ont 4, 5 ou 6 baſtions. Quelques-uns n'ont même que 3 demi-baſtions. Examinons cette ſorte d'ouvrages ſuivant ces différentes dimentions.

1. Les *Forts de campagne* compoſés de demi-baſtions ſont appellés *Forts triangulaires*. En effet, ce ſont des triangles fortifiés, ſoit que ces triangles ſoient équilateraux ou iſoſcelles. Quels qu'ils ſoient, pour en avoir la conſtruction. 1°. Diviſez le côté du triangle en trois parties égales. 2° Prenez une de ces parties pour les capitales & pour les gorges. 3°. Elevez les flancs à angles droits ſur les côtés, dont la longueur ſoit égale à la moitié de la gorge. 4° Enfin, de cette extrêmité du flanc, & de celle de la capitale tirez la face, & le triangle ſera fortifié. La choſe eſt trop ſimple, & les figures 282, 283, 290 (Planches XLIV & XLVII.) en diſent aſſez pour expliquer cette conſtruction.

2. Les ſeconds *Forts de campagne* ſont quarrés avec des demi-baſtions. Les côtés de ces ſortes de *Forts* peuvent avoir depuis 100 juſques à 200 pieds. On prend un tiers de ce côté pour les capitales & pour les gorges. On éleve le flanc à angles droits ſur le côté de ce poligone, & on ne lui donne que la moitié de la gorge ou de la capitale, c'eſt à dire, la ſixiéme partie du côté du quarré. Telles ſont en peu de mots les regles de la conſtruction de cet ouvrage. Je ſens bien qu'elles ne ſont point aſſez débrouillées, pour qu'on pût les appliquer à la pratique. Auſſi je crois devoir entrer là-deſſus dans un plus grand détail.

Aïant inſcrit dans un cercle un quarré; 1°. Diviſez chaque côté A B, BD, &c.

(Planche L. Fig. 291.) en deux parties égales au point F. 2°. Tirez du centre E par ce point une ligne indéfinie E F. 3°. De ce même centre menez à chaque angle du quarré les lignes E A, E B, &c. 4°. Diviſez le côté A B en 8 parties égales. 5°. Portez une de ces parties de F en G, & menez de ce dernier point les lignes B G, A G. La même opération étant repetée ſur les autres perpendiculaires aux côtés du quarré, on a les lignes de défenſe,

Cela fait, il faut diviſer (6°) un autre côté du quarré en 7 parties égales; (7°) porter deux de ces parties ſur chaque ligne de défenſe de A en K & de B en L. (Les faces des baſtions qui doivent fortifier ce quarré, ſeront déterminées;) (8°) prendre la diſtance K L, & la porter ſur les lignes de défenſe de K en H & de L en I; (9°) tirer la ligne I K qui ſera la courtine & les lignes K I & L H qui ſeront les flancs.

On conſtruira de la même maniere les autres baſtions, & le quarré ſera, moïennant cela, fortifié. La figure 293 (Planche L.) repréſente une autre maniere de fortifier un quarré.

3. Les quarrés longs ou les rectangles fortifiés ſont encore des *Forts de campagne*. On voit en la figure 292. (Planche L.) un de ces quarrés fortifiés par cette conſtruction. 1°. Diviſez le petit côté du rectangle en 5 parties. 2°. Prenez-en une partie pour la demi-gorge des baſtions & trois de ces parties pour la capitale. 3°. Faites aux points des demi-gorges les angles du flanc de 98 degrés. 4°. Tirez le flanc que déterminera la rencontre de la ligne de défenſe; & tirez les faces de l'extrêmité des flancs juſques aux pointes des capitales.

On ajoute au milieu des grands côtés un baſtion plat A ou une demi-redoute B, à laquelle on donne autant de capitale que de gorge, & dont chaque côté eſt double d'une demi-gorge des baſtions.

Les autres *Forts de campagne* ſont des redoutes plates. On en diſtingue de trois ſortes; de petites, de moïennes & de grandes. Les petites ſont propres à ſervir de corps de garde dans les tranchées. On leur donne la forme d'un quarré, dont le côté contient 20 à 30 pieds. Le côté des moïennes redoutes eſt depuis 30 juſques à 50 pieds; & celui des grandes depuis 60 juſques à 80.

Le profil, c'eſt-à-dire, la ligne qui marque la hauteur, l'épaiſſeur & la largeur des différentes parties de ces ouvrages n'a point de regle fixe, non plus que la profondeur & la largeur de leur foſſé. Car lorſqu'on s'en ſert dans les approches, la largeur du parapet

en bas peut avoir 7 ou 8 pieds ; sa hauteur
du côté de la tranchée, 6 & 5 par dehors. Le
fossé ou la tranchée a 8 ou 10 pieds de hauteur & quelquefois 12.

A l'égard des talus on les proportionne
à la nature du terrein. Leur largeur est quelquefois de 14 à 20 pieds par en bas, & leur
hauteur de 7, 8 ou 9 pieds. Ils ont souvent
deux ou trois marches, afin qu'on puisse s'élever jusques au parapet. Pour le fossé, sa largeur
est de 16 à 24 pieds & sa profondeur de 5 à 6.

Il est des cas où l'on donne aux *Forts de
campagne* de petits remparts & des parapets
à l'épreuve du canon, avec un fossé large de
50 à 60 pieds : c'est lorsqu'on destine ces
Forts à la défense des passages ou des rivieres
importantes, sur-tout quand on veut que
cette fortification soit durable. M. de *Clairac* a
écrit *ex professo* sur cette sorte de Fortification
dans son Livre intitulé l'*Ingenieur de campag.*

FORTERESSE, C'est le nom qu'on donne à
une Place tellement construite, qu'un petit
nombre de personnes peuvent se défendre
contre un beaucoup plus grand, ou du moins
lui opposer une vigoureuse résistance. (*Voïez*
FORTIFICATION.)

FORTIFICATION. L'art de renfermer une
Place pour qu'un petit nombre d'hommes
puisse résister à un plus grand, & l'oblige
au moins, s'il s'en rend maître, à y emploïer un tems considérable. Il y a deux sortes de *Fortification*, la *Fortification réguliere* & la *Fortification irréguliere*. La premiere est celle où les côtés & les angles correspondans, qui la composent, sont égaux.
Ici on est maître du terrain, & l'art peut être
richement mis en œuvre. Cet avantage n'est
point dans la *Fortification irréguliere*. L'épithete la caractérise assez. La Place fortifiée
a une forme irréguliere, & les ouvrages qui
la défendent, sont par conséquent irréguliers & construits suivant les lieux & les circonstances. Dans l'une & l'autre *Fortification* on doit observer les maximes suivantes, qui sont comme des axiomes de l'art
de fortifier.

1°. Toutes les parties d'une Place doivent être flanquées, c'est-à-dire, défendues
réciproquement ; en sorte que l'assiégeant ne
puisse pas s'y loger sans être découvert de
quelque endroit d'où l'on puisse l'inquiéter,
soit de front, en flanc ou de revers.

2°. Une *Fortification* doit commander
dans la campagne, tout autour d'elle, à la
portée du canon. Ainsi les dehors doivent
être plus bas que le corps de la *Fortification*.

3°. Les ouvrages qui sont les plus éloignés
du centre de la Place fortifiée, doivent toujours être découverts par ceux qui sont plus

proches & y communiquer.

4°. Les parties qui flanquent ne doivent être
vues que de celles qu'elles doivent flanquer.

5°. Les parties qui flanquent, doivent
regarder le plus qu'il est possible celles qui
sont flanquées.

6°. Les plus grands flancs & les plus grandes demi-gorges, relativement aux autres
parties de la *Fortification* sont toujours plus
avantageuses ; parce que l'on a plus de place
pour s'y retrancher, & que l'on y peut construire des flancs retirés, qui augmentent
considérablement la force d'une Place. D'ailleurs, plus le flanc est grand, plus il contient
de canons & d'artillerie.

7°. La ligne de défense ne doit jamais excéder la portée du mousquet, qui est environ depuis 110 jusques à 140 toises.

8°. Plus est grand l'angle formé par le
poligone extérieur & par la face, plus aussi
est grande la défense de la Place.

9°. Plus l'angle au centre est aigu, plus
aussi la Place est forte, aïant alors un plus
grand nombre de côtés.

10°. Dans une *Fortification réguliere*, la
face ne doit jamais être plus petite que la
moitié de la courtine. Et les faces du bastion
doivent être défendues par tous les coups
qui partent du flanc opposé.

11°. Les parties exposées aux batteries
des assiégeans, doivent être assez fortes pour
pouvoir soutenir leurs attaques.

12°. Une Place doit être également forte
par-tout. Autrement l'assiégeant s'attacheroit
à l'endroit le plus foible, par où il se rendroit
bientôt maître de la Place.

13°. Dans les grandes *Fortifications*, où il
est nécessaire de faire souvent des sorties,
des retraites, & de fournir ou de recevoir
des secours, les fossés secs sont préférables
aux fossés pleins d'eau. Mais dans les petites
Fortifications les fossés d'eau sont les meilleurs, sur-tout quand il n'est pas possible de
les saigner ; parce qu'alors on n'a pas besoin
de faire des sorties, & qu'on peut se passer
de secours.

Tout l'art de fortifier consiste à faire usage de ces maximes, ou du moins à les accorder autant qu'il est possible. Dans ce dernier
cas, c'est une affaire de genie. Avant que
d'exposer les opinions, ou pour mieux dire
les systêmes des plus célebres Auteurs, pour
parvenir à cette fin, je crois devoir offrir au
Lecteur une *Fortification* accompagnée de
tous les ouvrages extérieurs qu'on a imaginés,
sans vouloir prétendre autre chose, que de
faire voir leur disposition à une Place, &
non leurs avantages, qui seroient contradictoires, étant ainsi accumulés, (*Voïez* la
Planche

Planche XLVIII. Figure 288. & pour l'explication des différentes parties, celle de ces mêmes parties à leur article particulier.)

A	Plan de la Place.		
B	Bastions à flancs	}	*Voïez* BASTION.
b	Bastions à orillons	}	
C	Courtines		*Voïez* COURTINE.
D	Demi-lune	}	*Voïez* DEMI-LUNE.
E	Demi-lune à flancs	}	
T	Tenaille	}	*Voïez* TENAILLE.
P	Ouvrage à tenaille	}	
Q	Ouvrage à corne		*Voïez* CORNE.
R	Ouvrage à couronne		*Voïez* COURONNE.
S	Bonnet à Prêtre		*Voïez* BONNET A PRETRE.
M	Contre-garde		*Voïez* CONTREGARDE.
O	Lunette		*Voïez* LUNETTE.
F	Fossé		*Voïez* FOSSE'.
c	Chemin couvert		*Voïez* CHEMIN COUVERT.
G	Glacis		*Voïez* GLACIS.
m	Cavalier		*Voïez* CAVALIER.
d	Place d'arme		*Voïez* PLACE D'ARME.
T	Traverse		*Voïez* TRAVERSE.

Aïant ainsi exposé les parties & les ouvrages de la *Fortification*, je dois analyser les systêmes qu'on a imaginés pour la perfection de cet art. Renvoiant pour leur origine aux articles ARCHITECTURE MILITAIRE, & BASTION, je fixerai leur époque au premier modele de son rafinement qui est la ciradelle d'Anvers, bâtie en 1566 sous les ordres & sous la direction du Duc d'*Albe*. On pense même que les augmentations qu'on a faites depuis ce tems, ne font que des applications de la théorie qu'on mettoit alors en pratique. Quoiqu'il en soit, voïons comment on doit décider en général du mérite d'un systême.

3. Le raisonnement & l'expérience ont appris (& on en peut juger par l'application des maximes précédentes) que les flancs font la principale défense d'une Place. Un systême est d'autant meilleur qu'il préserve mieux les flancs des efforts redoublés de l'assiégeant. De-là ont pris naissance les bastions à orillon, les demi-lunes placées à la pointe des bastions & les contre-gardes.

L'orillon, aussi ancien que le bastion, met à couvert les pieces d'artillerie que les assiégeans démonteroient. Autrefois on tiroit de plus grands services de l'orillon. Les assiégés pour résister aux ennemis qui étoient parvenus à se loger sur la bréche, pratiquoient derriere elle un retranchement. Ceux-ci étoient obligés de se loger sur les ruines & sur les débris, pour pouvoir battre ce retranchement. Et c'est alors que les orillons étoient d'un grand secours.

On protege bien mieux les flancs par les ravelins & les demi-lunes qu'on place devant les courtines contre toutes les batteries en général, mais sur-tout contre les batteries croisées. Les assiégeans font ici obligés d'élever leurs batteries sur la partie de la contrescarpe opposée au flanc, & de s'exposer par-là au feu de l'assiégé. C'est-là le bel endroit de ces ouvrages. Ils resserrent bien à la vérité les batteries des assiégeans en un lieu ; mais ils ne parent point aux contrebatteries qui trouvent plus d'une place. Voilà pourquoi on a inventé des démi-lunes devant les pointes des bastions, afin d'incommoder avec plus de succès les batteries de l'ennemi. Ce fut dans la vûe de couvrir encore mieux les flancs qu'on imagina dans la suite des contre-gardes. Rien de mieux trouvé que cet ouvrage ; parce que 1°, l'Assiégeant ne peut démolir le flanc sans qu'il place sa contre-batterie sur la contre-garde, ce qui est très-difficile ; 2°, qu'il démolisse une partie de la contre-garde, afin que la batterie sur la contrescarpe puisse découvrir le flanc ; travail fort ennuïant, & extrêmement dangereux. (*Voïez* la Préface du Traité d'Artillerie de M. *Robins* intitulé : *New Principes of Gunnery, containing the rules of the force of Gun-Powder.* Enfin le vrai art de la *Fortification* consiste à couvrir le flanc, car plus il est couvert, plus l'ennemi est obligé de s'exposer. Tout ce qu'on a imaginé pour perfectionner cet art tend-là. On lit dans les Mémoires de *Montecuculli* (*Mémorie del General principe di Montecuculli*) les efforts que ce célebre Auteur a faits à cette fin. Il propose une ligne qui traverse le

Tome I.

foſſé & qu'il conduit depuis la pointe du baſtion juſques à la pointe oppoſée de la contreſcarpe. Et il prétend que cette ligne eſt capable de défenſe, & empêche le flanc d'être vû par les batteries placées ſur la contreſcarpe. Juſqu'ici on a négligé cette ligne. A-t-on eu raiſon? L'examen des ſyſtêmes de *Fortification* pourra mettre le Lecteur en état de répondre à cette importante queſtion. Quand je dis les ſyſtêmes, je ne prétends pas paſſer ici en revue tous ceux qu'on a propoſés. C'eſt aux plus célébres que j'en veux. Les autres n'ont nul droit ſur notre attention, à laquelle tout homme ſage doit des ménagemens.

4. Systême d'*Errard* de Bar-le-Duc. La regle générale, qu'on établit d'abord dans ce ſyſtême, eſt de faire le flanc perpendiculaire à la face depuis le quarré juſques à l'octogone & perpendiculaire à la courtine à tous les autres poligones. Cette regle admiſe, *Errard* procede ainſi à la conſtruction de la *Fortification* d'une Place.

1°. Aïant décrit le poligone propoſé à fortifier, cette Auteur mene du centre du poligone aux angles qui le terminent des lignes *i* A, *i* G, &c. (Planche XLIX. Figure 284.) 2°. Sur un de ces raïons il tire une ligne formant avec lui un angle de 45° pour tous les poligones qui ne ſont ni quarrés, ni pentagones; car dans les premiers cet angle doit être de 30° & de 40° dans les ſeconds. 3°. Il diviſe cet angle en deux également par une ligne A E 4°. Il fait A B égal à la troiſiéme partie de A G, & abbaiſſe du point B la perpendiculaire B E ſur la ligne de défenſe B C, qui eſt terminée par la ligne indéfinie. Ainſi il a le flanc B E & la face B A. En faiſant la même conſtruction ſur l'autre angle G du poligone, comme on a un point E on a un point C. Ces deux points ſont les deux extrêmités de la courtine qu'on mene parallelement au côté du poligone.

A l'égard du foſſé, *Errard* tire de chaque angle de l'épaule des lignes paralleles aux lignes de défenſe; & pour le rempart, il fait ſa longueur égale à la longueur du flanc.

Voilà la premiere conſtruction en forme qui a paru. Juſques-là on n'avoit preſenté des moïens de fortifier que par détail. Et *Errard* eſt le premier qui ait formé de ces moïens une regle générale, ou un ſiſtême entier de *Fortification*. Comme le premier, il eſt naturel qu'il ait donné dans bien des écarts. Telle eſt la nature de l'eſprit humain. Il prend toujours à gauche lorſqu'il s'agit de défricher une matiere; & ce n'eſt malheureuſement qu'après avoir païé un tribut à l'erreur

qu'il découvre la vérité. Auſſi *Errard* s'eſt furieuſement trompé dans ſa conſtruction. Son ſyſtême n'eſt pas ſupportable. On a beau dire qu'en faiſant le flanc perpendiculaire ſur les défenſes, on donne aux baſtions beaucoup de capacité; que les ſoldats, qui combattent ſur les flancs inclinés, ſont moins découverts que les autres; qu'ils battent de revers ceux qui viennent attaquer les portes; qu'il augmente beaucoup la grandeur des faces; & enfin que l'artillerie, logée dans les cazemates, faites dans des flancs ainſi inclinés, ſont à couvert des batteries aſſaillantes: foibles raiſons. Je n'attaque ce ſyſtême que par un ſeul endroit qui détruira tous les avantages qu'on prétend en retirer: c'eſt que pour pouvoir ſe défendre, les flancs doivent contenir un plus grand nombre de canons, & ſur-tout regarder plus directement la contreſcarpe & le foſſé. Ici l'aſſiégeant parvient ſans beaucoup de riſque & en peu de tems ſur la contreſcarpe, & y dreſſe de violentes batteries, qui le rendent bien-tôt maître de la Place.

Quoiqu'on ait attribué de tout tems ce ſyſtême à *Errard*, cependant M. *Robins* prétend qu'il eſt du Comte de *Lynar.* (*Voïez* le Traité ſur l'Artillerie cité ci-deſſus.)

Systême Hollandois. On diviſe ce ſyſtême en deux, en ancien & en moderne. Dans le premier, comme celui de *Fritach*, les flancs ſont perpendiculaires ſur la courtine: ils ſont ſoutenus d'un ſecond flanc, & le rempart de la Place eſt entouré ou défendu par des demi-lunes, des ravelins, des ouvrages à corne, à couronne, &c. Pour le ſyſtême nouveau, c'eſt celui de *Coehorn* que j'explique en ſon lieu. Bornons-nous ici à l'ancien.

Sous le ſyſtême ancien, j'entends ceux de *Marolois*, *Fritach*, *Dogens*, *Stevin*, qui ont tous rapport les uns aux autres. Ainſi on peut regarder la conſtruction ſuivante, comme une conſtruction générale, applicable à tel ſyſtême particulier des Auteurs Hollandois qu'on voudra.

1°. La ligne indéfinie A B étant menée faites à l'extrêmité A de cette ligne (Planche XLIX. Figure 285.) un angle B A C égal à la moitié de l'angle du poligone; 2°. Diviſez cet angle par la ligne A O; & menez une ligne A D, qui faſſe avec celle-ci un angle de 7° ½. 3°. Portez ſur la ligne A D 48 toiſes du point A. On aura la ligne A E, qui ſera la face du baſtion. 4°. Une ligne E G indéfinie étant menée perpendiculairement au côté extérieur, faites à ce point E un angle D E G de 50 dégrés. 5°. Tirez du point où le raïon eſt coupé, la ligne D G parallele au côté extérieur. Cette ligne déterminera le flanc E G. Aïant en dernier lieu porté de G 71 toises sur une ligne parallele au côté extérieur, la courtine sera déterminée. Faisant la même construction sur l'autre extrémité de la courtine, on aura la capitale B C & le centre C du poligone.

Cette construction est générale pour tous les poligones jusqu'à l'endécagone inclusivement. Pour le dodecagone, il suffit que l'angle B A C soit égal à l'angle de la moitié du poligone, & de faire l'angle C A E de 45°, afin d'éviter que l'angle flanqué ne devienne obtus ainsi qu'il le deviendroit en effet.

Les reflexions que j'ai faites sur le systême d'*Errard*, m'aïant conduit plus loin que je n'aurois cru, je les supprimerai sur ce systême & à l'égard des suivans. Une autre raison m'oblige d'en agir ainsi. Outre que tout le monde sait que ces systêmes ne sont point conformes aux principes de la *Fortification*, c'est que je laisse de quoi s'exercer dans l'application de ces principes & jouir de soi-même du plaisir de confirmer théoriquement ce que la pratique a fait connoître. Je passe donc au systême Italien.

SYSTEME ITALIEN. Sans faire attention à l'angle flanqué, on commence dans ce systême à donner au côté intérieur du poligone 160 toises & 30 à chaque demi-gorge, à l'extrêmité de laquelle sont les flancs, chacun aussi de 30 toises. On donne à chaque second flanc la huitiéme partie de la courtine. Et on tire les lignes de défense qui déterminent les flancs. Cette construction est si simple qu'elle peut bien se passer de figure. Ajoutons que les Italiens mettent au milieu de chaque courtine des cavaliers éloignés du parapet de 30 pieds ou environ. Ces cavaliers ont la figure d'un rectangle qui contient trois pieces de canon sur le grand côté pour battre la campagne, & deux sur le petit pour battre les bastions, quand l'ennemi y a fait breche.

Je ne parlerai point des cazemates qu'on pratique dans les bastions, parce que ces sortes d'ouvrages ne tiennent point essentiellement à ce qu'on appelle un systême de *Fortification*. Celui-ci (auquel on reproche une défense trop oblique des faces par les flancs) que les Italiens ont adopté, est de *Sardis*. C'est le seul auteur de cette Nation qui se soit principalement distingué dans l'art de la *Fortification*.

SYSTEME ESPAGNOL. On donne dans ce systême la sixiéme partie du côté intérieur du poligone aux demi-gorges. Les flancs y sont égaux aux demi-gorges, & on les éleve perpendiculairement à la courtine. A l'égard des autres lignes elles sont déterminées par les lignes de défense rasante, prises depuis la capitale du bastion jusqu'à la rencontre des flancs. Les Espagnols ne pensent pas que l'angle flanqué obtus soit défectueux, & rebutent entierement le second flanc. Cela seul suffit pour faire juger de la valeur de ce systême.

Les Italiens & les Espagnols ont une autre méthode de fortifier qu'ils appellent l'*Ordre renforcé*. Le côté intérieur du poligone a dans cet ordre 160 toises, & il est divisé en 8 parties égales. De ces parties, les demi-gorges en ont une; les courtines deux. Les flancs sont perpendiculaires au côté intérieur. Les flancs retirés sont paralleles aux flancs du bastion; & la courtine étant menée par l'extrêmité de ces flancs, on tire de la courtine les lignes de défense qui donnent les faces depuis le flanc du bastion jusqu'à sa capitale. Il est aisé de juger par cette grande obliquité des défenses que les Italiens & les Espagnols ne sont pas plus heureux dans ce rafinement qu'à leur premier systême.

SYSTEME *du Chevalier de Ville*. Quelques Ingénieurs appellent ce systême le *Trait composé*, parce qu'il est composé des systêmes Italien & Espagnol. Il donne aux demi-gorges & aux flancs la sixiéme partie de la courtine, & détermine les faces par les lignes de défense pour le quarré & le pentagone; & par la corde d'un quart de cercle décrit du point où une ligne menée d'un flanc à l'autre & la capitale se coupent, pour les autres poligones.

Parmi les objections qu'on fait à ce systême, la principale est que les flancs sont trop petits, & que le fossé n'est point entierement défendu.

SYSTEME *du Chevalier de Saint Julien.* Cet Auteur a deux méthodes, dont la fin est également louable : c'est de diminuer la dépense que demandent les *Fortifications* précedentes & d'augmenter la force. Voici comment.

Pour la premiere, il donne au côté A B 240 toises; (Planche XLIX. Figure 286.) divise cette ligne en deux également au point C, & il éleve une perpendiculaire C i de 24 toises, c'est-à-dire, égale à la dixiéme partie du côté extérieur. Par le point i il tire les lignes de défense & les prolonge de i en L, & de i en H de 70 toises. Aïant mené la ligne H L, qui est la courtine, & tiré du milieu O de cette courtine aux points A & B des lignes, il porte sur ces lignes 48 toises, qui valent la cinquiéme partie du côté extérieur pour avoir les faces du baſtion, & mene les flancs de la courtine à l'extrêmité de ces faces.

La ſeconde méthode, ou leſecond ſyſtême du Chevalier de *Saint-Julien*, eſt rencherie ſur la premiere, auſſi vaut-elle mieux. Cet Ingénieur donne 180 toiſes au côté extérieur A B; (Planche XLIX. Figure 287.) fait la perpendiculaire C *i* de 45; tire les lignes de défenſe A L, B H de 120 toiſes, ſur leſquelles il porte 60 toiſes pour les faces A S, B R; faiſant les lignes R T, S O de 30 toiſes, il a deux points T & O par où il mene la courtine. Comme cet Auteur ajoute un tenaillon devant la courtine, il tire à cette ligne une parallele qui devient la courtine de ce tenaillon. Aïant enſuite mené de ces extrêmités deux lignes T R, O S, il tire des points R & S des lignes S Q, R P paralleles au côté extérieur A B. Il fait enſuite un foſſé de 8 toiſes X R; ce qui donne les faces X V des baſtions & les flancs T X. Enfin M. de *Saint-Julien* mene les flancs du tenaillon.

On n'attend pas de moi que j'entre dans tout le détail du reſte du ſyſtême, c'eſt-à-dire, de la largeur du foſſé, de la place de de la demi-lune, & des autres ouvrages extérieurs. Ce ſont ici des accompagnemens qui ne tiennent point à l'eſſentiel de ce ſyſtême, qui a bien des avantages & bien des défauts. Car ſi le tenaillon eſt capable d'une bonne défenſe par la longueur de ſes flancs, il faut avouer auſſi que l'angle de l'avant-baſtion eſt trop aigu, & celui du baſtion principal trop obtus, &c.

SYSTEME *de Pagan*. Ce ſyſtême eſt diviſé en trois; en grand, en moïen & en petit : mais l'un revient à l'autre. Pour en juger, il ſuffira de décrire le grand ſyſtême.

1°. Diviſez le côté A B (Planche XLIX. Figure 289.) en 200 toiſes. 2°. Diviſez ce côté en deux également au point C, par la perpendiculaire C O. 3°. Sur cette ligne prenez la partie C D de 30 toiſes, & tirez par ce point les lignes de défenſe A D, B D. Du point B portez 60 toiſes ſur cette ligne. C'eſt la face. 4°. Abbaiſſez de ce point ſur la ligne de défenſe B H une perpendiculaire. Cette ligne eſt le flanc du baſtion.

La même opération étant répetée de l'autre côté du poligone, on aura l'autre baſtion, & par conſéquent les points F & H par leſquels on mene la courtine F H.

M. *de Pagan* conſtruit de la même maniere le ſyſtême moïen, ou comme on l'appelle, la *Fortification moïenne*. Toute la différence conſiſte en ce que le côté extérieur eſt de 180 toiſes & la face de 55.

Pour la petite *Fortification* M. de *Pagan* donne 160 toiſes au côté extérieur, 50 à la face, & à la perpendiculaire 25.

Il n'y a point de ſyſtême auquel les Franҫois aïent fait plus d'accueil qu'à celui-ci. Il fut ſur tout fort applaudi à Paris lorſqu'il fut publié en 1645. Cela n'empêche pas que les flancs retirés ne ſoient trop courts, trop étroits, & trop ſerrés.

SYSTEME *du Maréchal de Vauban*. Je m'étendrai ſur ce ſyſtême, parce que c'eſt ici principalement que ceux qui ignorent la *Fortification* doivent apprendre à la tracer, & que le ſyſtême de M. de *Vauban* eſt le ſeul qu'on doive ſuivre dans cette conſtruction. Cet habile Ingénieur diviſe la *Fortification* en grande, moïenne & petite. Chacune de ces *Fortifications* a des dimenſions particulieres. En ſuivant celles de la moïenne, elle ſervira de modele aux deux autres; & au moïen d'une table que je donnerai ci-après, il ſera aiſé d'y ramener ces derniers.

M. de *Vauban* veut qu'on commence à faire une échelle de 180 toiſes du côté même du poligone qu'il veut fortifier. Après cela, il preſcrit ces regles. Je ſuppoſe qu'on ait tracé le poligone & que le côté A B en ſoit un côté. Je dis :

1°. Diviſez ce côté A B en deux également au point C. 2°. Tirez de ce point au centre O (Planche XLIX. Figure 294.) du poligone la ligne O C. (Cette ligne ſera perpendiculaire au côté du poligone, comme on le démontre en Géometrie.) 3°. Prenez la ſixiéme partie du côté A B, & portez-là au point C. On aura la ligne C D que M. de *Vauban* appelle la *perpendiculaire*, & qui eſt égale à la huitiéme partie du côté extérieur pour le quarré, à la ſeptiéme pour un pentagone, & à la ſixiéme aux exagones, eptagones, octogones, &c. 4°. Tirez par le point D des extrêmités A & B les lignes de défenſe indéfinies A D F, B D E indéfinies.

5°. Diviſez maintenant le côté du poligone en 7 parties égales, & portez-en deux ſur les lignes des points A & B. Vous aurez les faces A *i*, B L des baſtions. Prenant la diſtance *i* L, portez la ſur les lignes de défenſe des points *i* & L, pour avoir deux autres points F & E, par leſquels on menera les flancs F L & E *i*. Enfin la ligne E F, qu'on tirera des points E & F, ſera la courtine.

Je ne m'arrêterai pas à la conſtruction des ouvrages extérieurs dont M. de *Vauban* ſe ſert pour défendre le corps de la Place, tels que les tenailles, les caponieres, les demi-lunes, les ouvrages à corne, les ouvrages à couronne, &c. parce que j'ai cru qu'ils ſonvenoient à chaque article de ces ouvrages. C'eſt donc à TENAILLE, CAPONIÈRE, DEMI-LUNE, CORNE, COURONNE, &c. qu'il faut recourir. A l'égard de leur choix & de leur diſtribution, les maximes de la *Fortification* qu'on a vues ci-devant, dirigées par les circonſtances, la ſituation du lieu, &c. en un mot déterminées par le genie ſont les regles qu'on doit ſuivre. J'ajoute ſeulement, pour former la *Fortification* préſente, qu'on trace le chemin couvert A parallele & diſtant de la contreſcarpe de 5 toiſes, qui doit regner autour de la Pla-

ce & des dehors. A tous les angles rentrans on fait des places d'armes, dont chaque demi-gorge *b d* eſt de 10 toiſes, & chaque face *d e* de 12. On trace enſuite le glacis large de 15 ou 20 pieds, dont la hauteur du côté du chemin couvert eſt de 6 pieds & va en pente vers la campagne.

Telle eſt la premiere maniere de fortifier de M. de *Vauban*. J'ai prévenu que c'eſt la moïenne *Fortification* que j'ai ſuivie, & j'ai promis une table pour y ramener *ſa grande Fortification & ſa petite.* C'eſt ici le lieu de placer cette Table.

	PETITE FORTIFICATION.				MOÏENNE.		GRANDE.	
Côté des Poligones.	140	150	160,	170	180	190	200	260
Perpendiculaires.	20	25	25	28	30	30	25	22
Faces des Baſtions.	40	45	45	48	50	52	55	60
Flancs.	16	18	20	22	24	24	24	24
Capitales des demi-lunes	45	50	50	52	55	55	60	50

Cet article commence à être trop long pour qu'il me ſoit permis de faire ſentir la ſupériorité de ce ſyſtème ſur les autres, ainſi que ſa bonté intrinſeque. Je ſuis forcé de renvoïer aux Auteurs où ce ſujet eſt expoſé, & ſur-tout au *Parfait Ingénieur François* de M. l'Abbé *Deidier,* qui s'y eſt principalement attaché. Je paſſe donc au nouveau ſyſtème de M. de *Vauban.*

Nouveau Syſtême du Maréchal *de Vauban.* Il n'en eſt pas de l'Architecture Militaire comme de l'Architecture Civile, où les regles ſont invariablement ſuivies. Tel ſyſtème de *Fortification* ſera bon en lui-même, qui deviendra défectueux dans l'uſage qu'on voudra en faire dans telle ou telle Place. Cette vérité, M. de *Vauban* la reconnut bien lorſqu'il fut queſtion de fortifier Béfort. Les commandemens, dont cette Place étoit environnée, excluoient toute défenſe des baſtions ordinaires qui auroient été enfilés de tous côtés, malgré les traverſes qu'on auroit pû y mettre, & les diverſes rechutes que l'on fait pour ſe parer du commandement. Dans cette ſituation, M. de *Vauban* donna l'eſſort à ſon génie, le mit en œuvre, & inventa de petits baſtions voutés à l'épreuve de la bombe. D'où a pris naiſſance le nouveau ſyſtème de *Fortification,* dont je vais expliquer la conſtruction. (Pl. L. Fig. 295.)

Le côté A B du poligone étant donné, qui eſt 130 toiſes, par exemple, d'étendue; 1°. Prenez A M & B K pour la demi-gorge du baſtion, de 4 toiſes 2 pieds (on la prendroit de 6, ſi le côté du poligone avoit 130 toiſes, & des autres à proportion.) 2°. Elevez ſur les points K & M deux perpendiculaires, dont la longueur K F & M N ſoit de 6 toiſes. Ces perpendiculaires ſont les flancs. 3°. Des points N & G tirez la ligne N T perpendiculaire à la capitale A G. 4°. Faites T G égal à T N, & menez la ligne G N, vous aurez les faces. Répetant la même opération de l'autre côté B du poligone, on aura le même baſtion, que M. de *Vauban* appelle *Tour baſtionnée.*

L'illuſtre Ingénieur qui preſcrit ainſi la conſtruction de ces tours, les couvre de contre-gardes pour leſquelles il donne ces regles.

1°. Portez du point A, ſur le côté du poligone A B la quatriéme partie de ce côté. 2°. Elevez la perpendiculaire C H. 3°. Des angles F, N, des tours baſtionnées menez la ligne F N: on aura le point H, & par la même opération le point O de l'autre côté. 4°. Par ce point faites paſſer du point K une ligne que vous prolongerez juſques à ce qu'elle rencontre la capitale A L au point L, & tirez une pareille ligne du point M. 5°.

Aïant fait C δ, & D V d'une toife, pour l'obliquité des flancs des contre-gardes, on aura les flancs H Q, O P déterminés, qui détermineront eux-mêmes les faces Q L & P R. Enfin tirez H X de 10 toifes, fuivant la direction H G, & prolongez les faces des tours, comme on les voit par les lignes ponctuées G Z, G Z, on aura la longueur du raïon de l'arc Z Y Z, qui donnera la largeur du foffé.

M. l'Abbé *Deidier* fait remarquer fix avantages confidérables dans cette maniere de fortifier. 1°. Les dehors de la Ville, tels que la contregarde, la demi-lune, &c. qu'on pourroit ajouter, fe défendent mutuellement les uns les autres, & n'ont pas befoin du fecours de la Place, qu'on peut par-conféquent cacher aux batteries de l'ennemi. 2°. Les contre-gardes, occupant la place & en aïant les propriétés, font capables des mêmes défenfes. 3°. Les tours ne peuvent être battues de la campagne ni d'aucun endroit que du fommet des contre-gardes, ni leurs flancs que du flanc des contre-gardes oppofées, où l'affiégeant ne peut parvenir fans s'expofer à être battu par le flanc de l'autre. 4°. Les tours ne craignent ni les ricochets, ni les bombes, tant parce qu'elles font cachées à l'ennemi qu'à caufe de leur petiteffe. 5°. La breche faite aux faces ou aux flancs de ces tours n'eft jamais que très-petite, & ne peut par conféquent faire qu'une très-petite ouverture à la Place. 6°. Enfin, outre les batteries baffes, on peut faire encore dans ces fouterrains des caves très-bonnes & des magafins à poudre très-fûrs.

Il y a cependant une objection qu'on fait à ce fyftême, qui mérite attention. C'eft qu'il eft difpendieux à caufe des revêtemens. M. de *Vauban*, qui l'a compris, a voulu y remedier. A cette fin, il a imaginé un troifiéme fyftême qu'il a tiré du fecond. Celui-ci a été mis à exécution au Neuf-Brifach, & il eft appellé par fon Auteur *l'ordre renforcé.* Voici une idée ou plutôt un précis de fa conftruction.

Syftéme du Neuf-Brifach. Je fuppofe le côté extérieur A B du poligone (Planche L. Figure 296.) de 180 toifes, comme l'eft celui du Neuf-Brifach. 1°. Abbaiffez fur le milieu C de ce côté une perpendiculaire C D égale à fa fixiéme partie A B. 2°. Par le point D menez des points A & B les lignes B D, A D, que vous prolongerez indéfiniment. 3°. Portez fur ces mêmes points A & B 60 toifes : vous aurez les faces A E, B F. 4°. Faites du point D les lignes D G, D H de 31 toifes, & des points H, G tirez aux

extrêmités F & E des faces les lignes H F, G E, fur lefquelles vous porterez 22 toifes : vous aurez les flancs des contre-gardes. 5°. Aïant tiré la ligne G H, portez du milieu *i* de cette ligne fur la ligne prolongée C D 9 toifes, & menez par le point K, où je fuppofe que ces 9 toifes font terminées, menez, dis-je, une ligne K M parallele au côté A B. Cette ligne coupera le raïon du poligone en un point quelconque R. Ce point fera le centre des tours baftionnées, qu'on conftruira en donnant à leur demigorge R M 7 toifes fur laquelle on élevera une perpendiculaire au point M de 5 toifes qu'on prolongera de 4½. Cette ligne extérieurement eft le flanc de la tour.

Pour la conftruction propre de la Place, portez 5 toifes de K en N, & tirez de ce point N la ligne N M. Le point M, où elle coupera la ligne E H prolongée, déterminera la face M P du baftion. La même lig N L étant menée de l'autre côté, on aura le flanc P Q, & en tirant la ligne Q Q la courtine brifée. Enfin on déterminera les faces des tours baftionnées par la ligne qu'on menera du point P au point Z où les flancs de 5 toifes font terminés : ce qui donne la face T Z.

Le foffé fe trace de l'angle flanqué T ou S, de l'intervalle de 10 toifes. Le refte s'acheve de la même maniere que dans le fyftême précédent, avec cette différence feulement qu'on porte pour finir la contre-garde 10 toifes de G en *i*.

3. Par les avantages du fyftême précedent de M. de *Vauban*, on peut juger de ceux que celui-ci renferme. Malgré tout cela il a été attaqué par un grand nombre d'Auteurs. L'envie de faire un fyftême & de contredire un grand homme, peut-être auffi le defir de perfectionner l'art de la *Fortification*, l'ont emporté fur la juftice qu'on doit à cette fameufe méthode. C'eft ce qui a donné lieu à une infinité de fyftêmes, dont je me contenterai de faire connoître les Auteurs, renvoïant à leurs Ouvrages particuliers, & furtout au *Parfait Ingenieur François* de M. l'Abbé *Deidier*, qui les a analyfé avec beaucoup de précifion. *Bombelle*, *Blondel*, quatre méthodes anonymes ; *Donato Rofetti*, (*Fortificatione à Rovefcio*) (Fortification à rebours ;) le Baron de *Coehorn* (trois fyftêmes ;) *Scheiter*, le Baron de *Ruffenftein*, *Sturmius* & *Rimpler.* Tous ces Auteurs ont écrit fur la *Fortification* pour établir leur fyftême. Ceux qui fe font bornés à écrire fur cet art, font *Mallet*, *Wermuller*, *Dogens*, *De la Vergne*, *Ozanam*, *Rofetti*, l'Abbé *Dufai*, *Belidor*, l'Abbé *Deidier*, & le *Blond.* Mon deffein étoit de terminer ici cet arti-

cle ; mais aïant appris que M. *Muller*, Professeur d'Artillerie & de Fortification, venoit de publier un Traité de *Fortification* en Anglois, dans lequel il exposoit les trois systêmes de M. *Belidor*, j'ai cru devoir en faire mention. Ces systêmes n'étant connus en France que par ce que l'Auteur en a dit verbalement, on sera sans doute charmé de les voir en notre langue, à la suite des autres systêmes que je viens de détailler.

Premier Systeme de M. *Belidor*. On propose un octogone regulier, dont la figure (Planche LI. Figure 310.) represente une partie ; le côté extérieur A B est supposé de 200 toises ; la perpendiculaire C D, qui détermine la position des faces & des lignes de défense est de 50 ; les faces A E, B *f* sont de 70 ; les flancs *f a*, E *g* se trouvent suivant la méthode ordinaire de M. de *Vauban*, qui consiste à faire la base d'un triangle isoscele, dont les lignes E *f*, E *a* sont les côtés.

Pour tracer le nouveau front de *Fortification*, qui doit se présenter à l'ennemi, déja maître du corps du bastion, on se sert de la ligne *a b* par laquelle sont jointes les extrémités des flancs comme d'un côté extérieur, sur le milieu duquel on éleve la perpendiculaire *c d* de 13 toises. Les faces sont de 22 & les parties *d f* des lignes de défense qui servent à déterminer la position des flancs de 14 toises ; le fossé sec devant ce front est de 10 toises de largeur aux points A, B, & la contrescarpe prolongée s'aligne à l'angle de l'épaule.

On décrit les retranchemens H de la maniere suivante. On prend dans la face de la partie *f h* de 15 toises, & du point *h* & de celui qui lui répond sur l'autre face du même bastion, on tire aux points *b*, *a* des lignes qui déterminent la situation des faces *h* K qu'on fait de 25 toises. Les orillons K *l* sont de 8 toises. On retire les flancs *m n* de la longueur de 8 toises. On donne au fossé sec qui environne ces retranchemens 8 toises de largeur proche le parapet du bastion, & sa contrescarpe est dirigée à l'angle de l'épaule.

L'angle saillant de la redoute B est marqué par l'intersection des lignes *h k* prolongées, & les faces se terminent sur celles des demibastions intérieurs à trois toises de l'angle de l'épaule. Le fossé de cette redoute a 3 toises de largeur. Ces redoutes consistent en des murs de pierre de 7 pieds d'épaisseur avec des embrasures pratiquées dans les faces.

Second Systeme de M. *Belidor*. La figure 311. (Planche LI.) qui represente ce systême, fait encore partie d'un octogone regulier dont le côté extérieur est de 200

toises ; la perpendiculaire C D de 55 ; les faces A E, B *f* de 70 comme dans le premier. M. *Belidor* a déterminé la position des flancs, suivant la méthode de M. de *Vauban* que j'ai rappellée ci-devant.

Il prend la ligne *a b* qui passe par les extrêmités des flancs pour le côté extérieur d'une *Fortification*, dont voici la construction. On donne à la perpendiculaire *c d* 5 toises ; aux faces des bastions 24, & l'on a les flancs en faisant en sorte qu'ils soient les cordes des arcs décrits des angles de l'épaule opposée.

Ce poligone intérieur n'est autre chose qu'une forte muraille derriere la courtine de laquelle, à 18 pieds de distance, s'éleve un parapet ou épaulement de 3 toises d'épaisseur. Et dans les bastions on construit des cavaliers dont les fronts circulaires sont décrits d'un raïon de 23 ou 24 toises. Les flancs sont longs de 7 toises & les gorges de 32.

Les tenailles ou cornes de bélier touchent les lignes de défense à la distance de 3 toises des angles de l'épaule, & sont décrites de maniere qu'elles rencontrent les autres au même point que la contrescarpe du fossé intérieur. La ligne extérieure de la courtine qui joint les tenailles, est éloignée de 9 toises de ce même fossé.

A l'égard du côté intérieur *h k* des retranchemens pratiqués dans les bastions détachés, on tire de deux points sur ses faces éloignées, des angles de l'épaule de 20 toises : la perpendiculaire *m n* de 17, les faces *h l* de 20 ; la corde sur laquelle l'orillon est décrit de 5 toises, comme la quantité dont les flancs sont retirés. Ces flancs & orillons sont construits suivant la méthode de M. de *Vauban*.

La courtine circulaire & la partie arrondie du fossé qui est derriere sont décrites d'un centre distant de 25 toises des points *a*, *b*. Le grand fossé a 20 toises de largeur devant les angles saillans des bastions : on le suppose sec, & afin de communiquer de la courtine au ravelin, M. *Belidor* fait une caponiere de 18 ou 20 pieds de largeur, dont les parapets se terminent de part & d'autre en glacis ou en talus.

La capitale du ravelin *g* est de 66 toises ; celle de la redoute P de 30. Les faces du ravelin Q s'alignent avec celles des retranchemens du dedans des bastions, & celles de la redoute avec les angles de l'épaule des mêmes bastions. Les batteries du ravelin sont retirées de 8 toises derriere les faces. Le fossé du ravelin est de 12 toises, & celui de la redoute de 7. L'un & l'autre sont paralleles aux faces.

Enfin, les demi-gorges des lunettes R, S

ont 25 toifes, & les faces font perpendiculaires à celles du ravelin. Un foffé de 8 toifes de longueur les entoure. On retire les batteries S en même nombre de toifes; on leur en donne 15 toifes de longueur, & on laiffe 6 toifes pour le chemin couvert. Le refte fe finit fuivant la méthode accoutumée.

TROISIÉME SYSTEME de M. *Belidor.* Il s'agit encore ici d'un octogone régulier dont le côté extérieur eft de 200 toifes, la perpendiculaire (Planche LI. Figure 312.) C D de 40, les faces A E, B *f* de 55. La ligne D *r* entre l'interfection des lignes de défenfe & le point où la courtine eft brifée eft de 30, & la longueur de cette brifure *r n* de 25. L'orillon E de 9, faifant partie d'un flanc trouvé fuivant la méthode de M. de *Vauban.* Les flancs retirés de 8 toifes font des arcs de 60°. On charge les lignes extérieures de tenailles à 13 toifes les unes des autres; & les paffages à leurs extrémités font de 3 toifes. On décrit la plus avancée, qui eft auffi la plus baffe, d'un raïon de 30 toifes, L'autre lui eft concentrique.

Le centre R de l'arc K L eft diftant de 18 toifes de l'angle rentrant de la contrefcarpe, & la corde K L eft de 44 toifes, de même que l'autre face de la lunette. Le raïon R K eft de 88. La batterie H eft retirée de 10 toifes,

On fait la redoute *m* d'un bon mur de pierre percé de beaucoup d'embrafures avec un foffé de 2 toifes devant elle. Le foffé de devant les lunettes eft de 12 toifes aux angles faillans, & fa contrefcarpe eft dirigée aux extrémités des faces oppofées.

La capitale du ravelin W a 45 toifes; les demi-gorges 31; les flancs 9 toifes, & ils font dirigés aux angles de l'épaule des baftions. Le foffé qui environne ce ravelin eft de 10 toifes, & le chemin couvert de 6.

Devant les angles faillans des baftions les glacis font de 15 toifes de largeur, les demi-gorges des places d'armes X de 26 toifes, & celles des redoutes ou des murailles de pierres, qui font au-dedans des premières de 20. A compter de la pointe du glacis T elles font paralleles aux demi-gorges oppofées.

M. *Belidor* ajoute à tout cela les redoutes S pratiquées dans les lunettes formées d'un mur de pierre de 3 ou 4 pieds d'épaiffeur & percé de quantité d'embrafures avec un foffé au-devant. Les dimenfions des fleches & des redoutes détachées font les mêmes que dans la méthode ou fyftème de M. de *Vauban.* Les fleches ont feulement des flancs paralleles au paffage de 10 toifes de longueur,

Tel font les trois fyftêmes de M. *Belidor.* Le premier a l'avantage de tous ceux qui ont des baftions détachés. Les retranchemens qui y font pratiqués font de bonne défenfe. Il en eft de même du fecond dont les ouvrages extérieurs paroiffent très-bien difpofés. On fouhaiteroit dans le premier que les flancs des baftions fuffent un peu plus grands, & que le foffé principal fût un peu moins large, ainfi que celui qui eft devant le front intérieur qu'on croiroit fuffifant de 4 toifes; ce qui augmenteroit d'autant les flancs du baftion. Pour le fecond, il paroît qu'il auroit été plus avantageux que le parapet qui eft derriere la muraille du corps de la Place fût joint, de fimples murailles étant trop expofées à être ruinées dans bien peu de tems. C'eft le défaut des rédoutes *m* du troifiéme fyftème. Ces redoutes répondroient peu aux intentions de l'Inventeur, & feroient bien-tôt détruites fans un parapet de 15 ou 18 pieds de largeur. Les contregardes feroient même plus avantageufes devant les baftions que devant les glacis T où elles font expofées à être emportées l'épée à la main.

Malgré tout cela convenons que les tenailles ou cornes de bélier font parfaitement bien imaginées & qu'elles font de beaucoup préferables aux tenailles ordinaires ; les premieres n'étant point expofées à être enfilées d'aucune part. Et n'oublions pas d'obferver que les redoutes S, X, font fans contredit très-bonnes, & qu'elles ajoutent beaucoup de force à ces endroits par la retraite qu'elles affurent aux Troupes qui les défendent.

FOS

FOSSE'. Terme de Fortification. Efpace creufé autour d'une Place, afin qu'elle foit fufceptible d'une meilleure défenfe. La longueur & la largeur du *Foffé* dépend de la nature du terrein, qui entoure la Place fortifiée ; un terrein marécageux demandant un autre *Foffé* qu'un terrein plein de roc. Mais à moins de cas extraordinaire on fait communément les *Foffés* de 18 à 20 toifes de large, & profonds de 15 à 25 pieds. C'eft une grande queftion parmi les Ingénieurs de favoir fi le *Foffé* doit être fec ou plein d'eau. On donne de fortes raifons pour & contre. Pour moi je penfe, comme je l'ai déja dit à l'article de la Fortification (treiziéme maxime) que les *Foffés fecs* font préferables aux *Foffés pleins d'eau* dans les grandes Places, & que ces derniers valent mieux que les *Foffés fecs* dans les petites,

Tout l'art de faire des *Foffés* confifte à les bien flanquer, & à leur donner affez de
largeur

largeur pour qu'un arbre, une échelle, &c. puissent atteindre d'un bord à l'autre bord. Quand le *Fossé* est sec, ou lorsqu'il n'y a que très-peu d'eau, on fait communément un petit *Fossé* appellé *cuvette* ou *cunette*, qui regne tout le long du milieu du grand *Fossé*. Quelquefois on revêt l'escarpe & la contrescarpe d'une muraille de maçonnerie, qui va en talus, & alors on appelle le *Fossé*, *Fossé revêtu*.

2. Le passage du *Fossé* dans un siége, est un passage bien dangereux, & qui demande des attentions. Pour le *Fossé* sec, lorsque la profondeur est grande, comme de 18, 20, 25 à 30 pieds, on commence l'ouverture dès le milieu du glacis, & on passe en galerie de Mineur par dessous le logement de la contrescarpe & le chemin couvert, afin de sortir à peu près aussi bas que le fond du *Fossé*, comme on le voit en la Figure 297. (Planche L.) Si le *Fossé* n'est profond que de 12 à 15 pieds, on passe au travers du parapet du chemin couvert, aïant soin de blinder la descente & de s'enfoncer 4 ou 5 pieds au-dessous de la banquette, prolongeant la rampe en arriere autant qu'il est nécessaire pour en adoucir la pente. Le reste se conduit en rampe & à sape découverte, sur tout le travers du chemin couvert, se prolongeant le long des traverses, jusques sur le bord du *Fossé*. Parvenu là, on travaille à l'approfondissement de la descente, autant qu'il est nécessaire, réglant le fond en marche d'escalier.

La descente du *Fossé* est plus facile lorsqu'il est plein d'eau, dont la superficie ou le niveau n'est élevé que de 3, 4 ou 5 pieds du bord, parce qu'on n'a pas beaucoup à descendre. Il est vrai qu'il faut y faire un pont. A cette fin, on s'épaule le plus qu'on peut du côté des flancs, & on marche en galerie, composée de fascines, soutenues par de fortes blindes, plantées de part & d'autre à 5 ou 6 pieds de distance, & croisées par d'autres blindes. Cette galerie se charge de deux ou trois lits de fascines arrangées de façon qu'il n'y reste pas du jour.

F O U

FOUGADE ou FOUGASSE. On appelle ainsi en Fortification une petite chambre de mines de 8 à 10 pieds de profondeur, & large de 10 à 12 qu'on pratique sous le glacis, le chemin couvert, & autres ouvrages qu'on est obligé d'abandonner à l'assiégeant, & qu'on fait jouer quand celui-ci s'en est emparé.

FOUDRE. Flamme brillante qui éclate tout à coup, & qui s'élance dans l'air avec beaucoup

de violence & de rapidité. Son mouvement a toutes sortes de figures, décrivant quelquefois une ligne courbe ou plusieurs qui vont en serpentant & qui forment des angles entr'elles. On croit que la matiere principale qui forme la *Foudre*, est composée de soufre, parce que les endroits qu'elle frappe répandent ordinairement une odeur de soufre brûlé. A cette matiere se joignent d'autres exhalaisons, qui, venant à prendre feu, produisent le coup qu'on entend. On lit dans les *Mémoires de l'Académie Roïale des Sciences de* 1707 une maniere fort naturelle d'imiter la *Foudre*. On met dans un matras une once & demi de sel marin ou de l'huile de vitriol délaïé avec de l'eau; & après y avoir jetté de la limaille de fer, on secoue tout ce mêlange afin qu'il puisse se dissoudre. En même-tems on bouche le matras. L'aïant ensuite r'ouvert, on presente une bougie allumée à son embouchure. Les parties volatiles, qui en sortent, s'enflamment sur le champ, & la flamme circule & pénetre jusques au fond de la liqueur en faisant une fulmination violente & éclatante. La *Foudre* est suivie du tonnerre. *Voïez* TONNERRE.

F R A

FRACTION. Terme d'Arithmétique. Division qui n'est qu'indiquée. C'est la définition la plus précise qu'on puisse donner de ce mot. Pour en avoir cependant une plus étendue, & qui en donne une idée plus satisfaisante, je dis que *Fraction* est un nombre, qui est à l'unité, comme une partie au tout, c'est-à-dire, qu'en divisant l'unité ou le tout en quelques parties égales il en naît une *Fraction*. Supposons que l'unité ou le tout soit un écu. En le divisant en 6 parties égales, & voulant indiquer qu'on prend cinq de ces parties, on prononce cinq sixiémes qui est 5 divisé par 6, qui est le quotient. Or ce quotient s'exprime en écrivant le dividende au-dessus du diviseur avec une petite ligne interposée. Par exemple, pour exprimer le quotient de 2 divisé par 3, on écrit $\frac{2}{3}$: ce qui signifie *deux tiers*, parce que 2 contient 3 deux tiers de fois, & que le produit du diviseur 3 par le quotient $\frac{2}{3}$ est égal au dividende 2. Ainsi *a* divisé par *b* est une *Fraction* qui marque qu'il faut diviser *a* par *b*. Le dividende se nomme *numérateur* & le diviseur *dénominateur*. Dans toute *Fraction* le numérateur est au dénominateur, comme la *Fraction* elle-même est au tout dont elle est la *Fraction*. D'où il suit, qu'il peut y avoir une infinité de *Fractions* de même valeur, puisque l'on peut trouver une infinité de nombres, qui auront entr'eux le même rapport.

1°. Quand le numérateur est moindre que le dénominateur, la *Fraction* est plus petite que le tout ou l'unité. Et c'est ce qu'on appelle proprement *Fraction*.

2°. Lorsque le numérateur est égal au dénominateur, ou plus grand que le dénominateur, c'est une *Fraction improprement dite*, puisqu'elle est égale au tout ou plus grande que le tout. Ainsi $\frac{4}{4} = 1$, & $\frac{5}{4} = 1$ & $\frac{1}{4}$.

3°. Les *Fractions* sont simples ou composées.

Les *Fractions simples* sont celles qui n'ont qu'un numérateur ou qu'un dénominateur, & les *Fractions composées*, appellées aussi *Fractions de Fraction*, celles qui sont composées de plusieurs numérateurs & dénominateurs, comme la moitié des *Fractions* de $\frac{1}{4}$, de $\frac{1}{6}$, de $\frac{4}{5}$, &c. qui sont toujours liées ensemble par la particule *de*.

4°. Toutes les *Fractions*, dont les numérateurs & les dénominateurs sont proportionnels, sont égales entr'elles. Telles sont les *Fractions* $\frac{2}{3}$, $\frac{20}{30}$, $\frac{14}{21}$, &c.

Voilà les regles générales pour la théorie des *Fractions*. Examinons celles qu'on doit suivre dans les opérations de ces mêmes *Fractions*.

Regle premiere. Réduction des *Fractions* à de moindres termes. Réduire une *Fraction* à de moindres termes, c'est l'exprimer par des lettres ou des nombres plus simples. Pour y parvenir, il faut diviser le numérateur & le dénominateur par la même quantité s'il est possible. Ainsi on réduit en moindres termes la *Fraction* $\frac{abc}{bcd}$ en divisant par bc le numérateur & le dénominateur : ce qui donne une *Fraction* plus simple $\frac{a}{d}$ & qui est équivalente à la premiere. Car a contient autant de fois d que $2a$ contient $2d$, que $3a$ contient $3d$; ainsi de tout autre nombre. Donc a contient autant de fois d que bca contient bcd. D'où il suit que le quotient de a par d, est égal à celui de bca par bcd : donc les *Fractions* $\frac{abc}{bcd}$, $\frac{a}{d}$ sont égales. C'est de la même maniere que $\frac{8}{16}$ se réduit à $\frac{1}{2}$, en divisant le numérateur & le dénominateur par 8. En effet, 8 contient 16 où est contenu dans 16 autant de fois que 1 contient 2 ou est contenu dans 2.

Regle deuxième. Réduction des *Fractions* à même dénomination. Il s'agit ici de faire

ensorte que les *Fractions* aient un même dénominateur, sans changer les valeurs, & c'est à quoi l'on parvient en multipliant le numérateur & le dénominateur de chaque *Fraction* par les dénominateurs de toutes les autres. Les *Fractions* $\frac{a}{b}$, $\frac{c}{d}$ étant proposées à réduire à même dénomination, on multiplie a & b par d, pour avoir la *Fraction* $\frac{ad}{bd}$. Or je dis, que ces *Fractions* qui ont évidemment le même dénominateur, sont égales aux deux premieres $\frac{a}{b}$, $\frac{c}{d}$, & je le prouve.

Par la premiere regle $\frac{ad}{bd} = \frac{a}{b}$ & $\frac{bc}{bd} = \frac{c}{d}$. Donc les *Fractions* réduites ont la même valeur qu'elles avoient auparavant, & cela par la même raison.

Lorsqu'on veut réduire plusieurs *Fractions* $\frac{a}{b}$, $\frac{c}{d}$, $\frac{f}{g}$, $\frac{h}{l}$, il faut multiplier le numérateur & le dénominateur de chacune par tous les autres dénominateurs. Ainsi la premiere $\frac{a}{b}$ sera $= \frac{adgl}{bdgl}$, la seconde $\frac{c}{d}$ sera $= \frac{cbgl}{dbgl}$, la troisiéme $\frac{f}{g}$ sera $= \frac{fbdl}{gbdl}$, la quatriéme $\frac{h}{l} = \frac{hbdg}{lbdg}$, &c. $\frac{2}{3}$ & $\frac{3}{4}$ se reduisent de la même maniere à $\frac{8}{12}$ & $\frac{9}{12}$.

Troisiéme regle. Addition & soustraction des *Fractions*. Si les *Fractions* ont différens dénominateurs on les reduit d'abord à une même dénomination. Ont-elles le même dénominateur ? on ajoute ou l'on soustrait leurs numérateurs, & l'on met au-dessous de la somme ou de la différence des numérateurs le dénominateur commun. Avant donc que d'ajouter les deux *Fractions* $\frac{2}{3}$ & $\frac{3}{4}$ on les reduit à $\frac{8}{12}$ & $\frac{9}{12}$. Cela fait, on additionne 8 & 9 ce qui donne $\frac{17}{12}$ pour l'addition de ces deux *Fractions*. La somme de $\frac{a}{d}$ & $\frac{c}{b}$ est $\frac{a+c}{d+b}$.

On soustrait ces *Fractions* l'une de l'autre en ôtant 8 de 9, & l'on a $\frac{1}{12}$. La différence de $\frac{a}{d}$ & $\frac{c}{b}$ est $\frac{a-c}{d-b}$.

La preuve de ces deux opérations est toute simple. Diviser a par d, & ensuite c par b c'est la même chose que si l'on divisoit tout d'un coup $a+c$ par db. Donc $\frac{a}{d} + \frac{c}{d} =$

$= \dfrac{a + c}{d + b}$. Par la même raison $\dfrac{a}{d} - \dfrac{c}{b} = \dfrac{a - c}{d - b}$.

Quatriéme regle. Multiplication des *Fractions.* Multipliez les numérateurs par les numérateurs & les dénominateurs par les dénominateurs. Le produit de $\dfrac{a}{b}$ par $\dfrac{c}{d}$ est $\dfrac{a\,c}{b\,d}$; celui de $\frac{2}{3}$ par $\frac{3}{4}$ est $\frac{6}{12}$.

Pour rendre raison de cette opération, je nomme m le quotient de a par b, & n celui de c par d. Donc $\dfrac{a}{b} = m$ & $\dfrac{c}{d} = n$. Mais le produit du diviseur par le quotient est égal au dividende. Donc $a = b\,m$ & $c = d\,n$. Ces deux *Fractions* se reduisent par conséquent à ces deux $\dfrac{m\,b}{b}$, $\dfrac{n\,d}{d}$. Or $\dfrac{m\,b\,n\,d}{b\,d} = m\,n$ (par la premiere regle.) Donc en multipliant ensemble les numérateurs $m\,b$, & $n\,d$, & les deux dénominateurs $b\,d$ on a le produit $m\,n$ des *Fractions.*

Cinquiéme regle. Division des *Fractions.* On donne pour exemple la *Fraction* $\dfrac{a}{b}$ à diviser par une autre $\dfrac{c}{d}$. 1°. Multipliez le numérateur du dividende par le dénominateur du diviseur. Vous aurez le numérateur du quotient. 2°. Multipliez le dénominateur b du dividende par le numérateur du diviseur. Vous aurez le dénominateur $b\,c$ du quotient. Donc le quotient de $\dfrac{a}{b}$ par $\dfrac{c}{d}$ est $\dfrac{a\,d}{b\,c}$. Prouvons cette conséquence.

Ces deux *Fractions* sont, par la regle précédente, $\dfrac{m\,b}{b} = \dfrac{n\,d}{d} = m\,n$. Or en multipliant $m\,b$ par d, & b par $n\,d$, on a $\dfrac{m\,b\,d}{n\,b\,d}$ égale par la premiere regle $\dfrac{m}{n}$. Donc en multipliant ainsi on divise la *Fraction* $\dfrac{m\,b}{b}$ par la *Fraction* $\dfrac{n\,d}{d}$,

Sixiéme regle. Opération sur les *Fractions* & les nombres entiers. Il est question de reduire par cette opération les nombres entiers en *Fractions*; ce qui se fait en leur donnant l'unité pour dénominateur, car $\frac{a}{1} = a$,

Après quoi on les ajoute, on les souftrait, on les multiplie & on les divise comme les *Fractions* ordinaires. Supposé qu'on veuille souftraire a de $\dfrac{b}{c}$, on reduit a en même *Fraction* que $b\,c$, & on écrit $\dfrac{a\,c - b}{c}$. Pour la multiplication, le produit d'un entier d ou $\dfrac{d}{1}$ par $\dfrac{a}{b}$ est $\dfrac{a\,d}{b}$; & celui de la *Fraction* $\dfrac{a}{b}$ par son dénominateur b est $\dfrac{a\,b}{b} = a$. A l'égard de la division, le quotient de a par $\dfrac{b}{c}$ est $\dfrac{a\,c}{b}$. Et ainsi des autres.

Je ne citerai point d'Auteurs sur les *Fractions*, parce que la plûpart des Arithméticiens qui en ont traité, ont écrit sur l'arithmétique en général. Je renvoie à l'article de l'Arithmétique pour le nom des Auteurs sur celui des *Fractions.*

FRACTIONS SEMBLABLES. *Fractions*, dont le numérateur a la même raison que le dénominateur. Telles sont les *Fractions* $\frac{25}{125}$ & $\frac{5}{25}$ ou $\frac{2}{6}$ & $\frac{4}{8}$.

FRACTION DÉCIMALE. *Fraction* prise d'un tout, qui est divisé de 10 en 10. Ou autrement la *Fraction décimale* est celle qui a pour dénominateur 10, ou 100, ou 1000, jusques à 10000, comme les *Fractions* suivantes 1 | 10e, 1 | 100e, 1 | 1000e, &c. On distingue les nombres qui expriment les entiers de ceux qui expriment la *Fraction décimale* par le moïen d'un point, d'une virgule, ou même d'une ligne, qui les sépare. Ainsi le nombre 454. 248 marque quatre cens cinquante-quatre unités avec 2 dixaines quatre centiémes, & 8 milliémes de l'unité. Et celui-ci 0. 048 marque quatre centiémes & 8 milliémes de l'unité, &c.

Lorsqu'on a des *Fractions* qu'on veut exprimer en *Fractions décimales*, on les sépare en deux nombres entiers par le moïen d'un point que l'on met à main gauche avant le numérateur sans écrire le dénominateur. Ainsi 1. 5 signifie 1. 5 | 10e. 2. 46 signifie 2. 45 | 100e. 0. 125 signifie 1. 25 | 1000e, &c. Le dénominateur, qui est sous-entendu, doit avoir autant de zero qu'il y a de figures dans le numérateur. Le dénominateur de 0. 3965 est 10000 & cette *Fraction* est $\frac{3965}{10000}$. Le dénominateur de 0 étant 10000 cette *Fraction* se reduit à $\frac{1}{10000}$, parce qu'il y a trois figures après la *Fraction.*

En voilà aftez pour donner une idée des

Fractions décimales. Voici les regles du calcul de ces *Fractions.*

Regle premiere. Réduire les *Fractions décimales* en *Fractions* ordinaires. Joignez un ou plusieurs zeros au numérateur & divisez le tout par le dénominateur, jusques à ce qu'il ne reste rien, ou que ce reste ne soit presque rien. Soit par exemple, la *Fraction* $\frac{5}{8}$ proposée à réduire en *Fractions décimales.* Ajoutez à 5 un o & divisez par 8. Le quotient de 50 par 8 est 6 & il reste 2. Ajoutez un o à ce 2 & divisez encore par 8. Le quotient est 2 & il reste 4. Opérant de même sur ce 4, on a pour dernier reste 5. D'où l'on conclud que $\frac{5}{8}$ se réduit à 0. 625 ou à $\frac{625}{1000}$. Je vais rendre l'exemple plus sensible.

Je suppose qu'on a à réduire les milles en *Fractions décimales* d'une lieue. Comme un mille est le $\frac{1}{3}$ d'une lieue, je joins un o à 1 & je divise par 3 : le quotient est 3 & il reste 1. Cette opération repetée il reste toujours 1. Ce qui apprend qu'un mille 3333, &c. donne une lieue, c'est-à-dire $\frac{3333}{10000}$, &c. *Fraction* qui n'est point exacte, mais qui peut approcher à l'infini, en repetant autant qu'on le juge à propos le quotient 3, qui revient toujours. C'est ainsi qu'on réduit les pieds, pouces, & lignes en *Fractions décimales* ; les deniers en *Fractions décimales* de la livre, &c.

Regle deuxiéme. Addition & soustraction des *Fractions décimales.* Ces deux opérations se font ici comme dans les nombres ordinaires, en plaçant le 10e sous le 10e, le 100e sous le 100e, le 1000e sous le 1000e, &c. Un exemple de chacune de ces regles suffira pour faire connoître la maniere de placer ces nombres.

Addition des Fractions décimales.

```
642 . 954
 41 . 0341
202 . 47
```
somme   885 . 4581

Soustraction des Fractions décimales.

```
346 . 5003
 23 . 078
```
reste   323 . 4223

Regle troisiéme. Multiplication & division des *Fractions décimales.*

Une seule exception entre la multiplication & la division des nombres entiers, & la multiplication & la division des *Fractions décimales* y apporte une différence : c'est que le produit dans la multiplication doit avoir autant de figures décimales, qu'il y en a dans le multiplicateur & dans le multiplié pris ensemble. Quand il arrive que le produit ne porte pas assez de figures pour faire la séparation *décimale,* on ajoute à main gauche autant de zeros qu'il en est nécessaire, pour placer le point ou la virgule, laissant à droite le nombre requis de figures. Et à l'égard de la division, le quotient doit contenir autant de figures qu'il en reste, lorsqu'on a soustrait le nombre de celle du diviseur, du nombre de celle du dividende, comme on le verra dans les exemples suivans.

Exemples de la Multiplication des Fractions décimales.

```
 50 . 19
  2 . 75
----------
250 . 95
3512  3
10038
```
Produit de 1380.0 125 quatre fig. décimales.

Second exemple de la Multiplication.

Voici un cas particulier. On demande le produit de 362. 421 par 12. 01. Il y a ici 5 *Fractions décimales* 3 dans le multiplicateur & deux dans le multiplié. Le produit doit donc être de 5 *Fractions décimales.*

```
362 . 421
 12.01
----------
362421
724842
362421
----------
4452 . 67621
```

On peut négliger les deux dernieres décimales; qui ne font ici que des $\frac{21}{100000}$e.

Exemple de la division des Fractions décimales.

On observera ici, comme je l'ai dit, la regle ordinaire de la division avec la restriction dont j'ai averti, ajoutant seulement autant de zeros au dividende qu'il est nécessaire pour la division sans reste, s'il est possible : ce qui ne change point la valeur du quotient. Ce nombre 3. 5218 est donné à diviser par 46. 1. Comme cette opération ne laisse pas d'avoir quelque difficulté, je la ferai avec le Lecteur, afin d'en faciliter l'exécution. Nous pouvons augmenter le dividende de deux, trois, &c. zeros. Bornons-nous à deux. Nous aurons donc pour dividende 3. 521800, dont le quotient par le 46. 1. sera 0. 07639 en coupant cinq figures, parce qu'il y en a six dans le dividende & une dans le diviseur. C'est ainsi qu'on trouve les quotients 2. 75 du nombre 137. 995 divisé par 50. 18; parce qu'en joignant un zero au dividende, pour avoir la division sans reste, on a quatre *Fractions décimales* au dividende & deux au diviseur; d'où l'on en a deux au quotient.

Regle quatriéme. Extraction des racines quarrées des *Fractions décimales.* On fait usage ici de la méthode ordinaire pour extraire la racine quarrée des nombres, en observant seulement 1°, que de même qu'on partage les nombres entiers de deux en deux figures par des points ou par des lignes en commençant par l'unité, il faut par la même raison commencer toujours ce partage dans les nombres décimaux par le point ou par la virgule qui sépare les nombres entiers des *Fractions décimales.* 2°. Comme chaque tranche ou séparation dans les nombres entiers donne une figure dans la racine, ainsi chaque tranche dans les *Fractions décimales* donne une *Fraction décimale* dans la racine. Et lorsque le nombre des figures en *Fractions décimales* n'est pas assez grand pour avoir la racine quarrée aussi exacte qu'on le souhaite, on y joint autant de fois de zeros qu'on veut avoir de *Fractions décimales.*

Exemple de l'extraction de la racine quarrée des Fractions decimales.

Ce nombre 329. 76 est donné : on en demande la racine. 1°. Séparez ce nombre en trois tranches en cette maniere 3 | 29 | 76 |. 2° Commencez par le point qui sépare les *Fractions* des nombres entiers, & faites l'opération comme à l'ordinaire. Lorsqu'on veut avoir la racine quarrée jusques aux milliémes, on joint quatre zeros aux deux *Fractions décimales* 76. Ainsi dans cet exemple la racine du nombre proposé est 18. 159. (On en trouvera plusieurs exemples dans le savant Ouvrage de *Newton*, intitulé : *Arithmetica universalis*, ou dans la traduction qu'a donné le P. *Pezenas* du morceau qui y est inseré sur les *Fractions décimales*. Voïez *sa nouvelle méthode pour le jaugeage des segmens des tonneaux, page 49.*)

Regle cinquiéme. Extraction de la racine cubique des *Fractions décimales.* Cette opération est longue. Pour en donner cependant les regles, je vais les exposer le plus briévement qu'il me sera possible. J'ajouterai un exemple à ces regles, & je renverrai aux Livres cités ci-dessus pour une plus grande explication.

1°. Partagez le nombre proposé de 3 en 3 figures, en commençant par les unités de la droite à la gauche, comme pour la racine quarrée.

2°. Ecrivez dans le quotient la racine du plus grand cube contenu dans la premiere tranche à gauche, & ôtez ce cube de cette tranche. Divisez le reste augmenté de la premiere figure de la seconde tranche, par le triple quarré du quotient trouvé, sans s'embarrasser du restant de la division. On aura la figure suivante du quotient.

3°. Cubez les deux figures trouvées. Otez ce cube des deux premieres tranches entieres & continuez de même la division. S'il reste quelque chose, on joindra ce reste à la premiere figure de la troisiéme tranche; & le divisant par le triple quarré des deux figures trouvées, comme on l'a fait pour avoir la seconde figure, on aura la troisiéme figure.

4°. Cubez les trois figures trouvées, en suivant toujours la même regle, jusques à ce que vous aïez autant de figures au quotient ou à la racine qu'on a de tranches dans le nombre cubique proposé. Mais si avant que d'avoir trouvé autant de figures l'extraction étoit achévée, en sorte qu'il ne restât du cube proposé que des zeros, on mettroit en ce cas autant de zeros au bout de la racine trouvée qu'il y manque de figures, afin d'en avoir le même nombre qu'il y a de tranches dans le cube donné.

Exemple de l'extraction cubique des Fractions décimales.

CUBE.

Diviseurs 1 | 331. | 205 | 3. | RACINE.
3 | 11. 0005.
363000000   0 3   premier reste
            1 331   cube de 11
                0. 2053000000 second reste.
            1 331. 18150 & 5125

               23791749875 dern. reste.

Il y a encore bien des choses à dire sur les *Fractions décimales* pour la longueur de leur calcul, principalement à l'égard des quarrés & des cubes des nombres décimaux. Il faut lire là-dessus la *Maniere d'abreger considérablement le calcul des Fractions décimales, sans* diminuer *sensiblement l'exactitude de ce calcul* , dans l'ouvrage cité ci-dessus du P. *Pezenas* page 52.

Les anciens Géometres se servoient d'une entre-mesure, dans les mesures des surfaces & de deux dans celles des corps. Les Modernes ont retenu les divisions vulgaires en perches, pieds, pouces, lignes, &c. Mais aïant abandonné les entre-mesures, ils comptent pour chaque division, qui fait le tout deux chifres dans la mesure des surfaces, & trois dans celle des corps. Par conséquent dans la mesure des surfaces la *Fraction décimale* $\frac{9}{100}$ est autant que 9 pieds quarrés , & dans la mesure des corps $\frac{9}{1000}$, est autant que 9 pieds cubiques. C'est de là que les *Fractions décimales* ont pris naissance. *Voïez* pour l'histoire de des *Fractions* , ARITHMETIQUE DECIMALE.

FRACTION DE FRACTION. Quantité qui nait quand on considere une *Fraction* comme un tout , & qu'on le divise en quelques parties égales , dont on énonce ensuite quelques-unes

FRACTION IMPROPRE. C'est ainsi que les Arithméticiens appellent une *Fraction* qui fait un tout ou plus qu'un tout. $\frac{4}{4}$, par exemple, est un tout ; $\frac{4}{4}$ est un tout, & $\frac{3}{4}$ ou $\frac{1}{2}$, &c. Ces *Fractions* sont des *Fractions impropres.*

FRACTION SEXAGESIMALE. *Fraction* dont le dénominateur croît en raison sexcuple. Le numérateur étant 1 les *Fractions sexagésimales* sont ainsi exprimées $\frac{1}{60}$, $\frac{1}{3600}$, $\frac{1}{216000}$, &c. On les appelle aussi des *Minuties Physiques* , & on les distingue suivant leur classe. Par exemple , la partie sexagésimale d'un entier est dite une *minutie* , ou un *scrupule premier*; la partie sexagésimale d'une minutie premiere , un *scrupule second* ; celle d'un scrupule second , un *scrupule troisiéme* , &c. Ces *Fractions* s'ajoutent & se soustraïent comme les nombres ordinaires. Mais pour la multiplication, on suit les regles des *Fractions décimales* , avec cette seule différence , qu'on retranche de la moindre quantité autant de sexagésimales que l'on peut , & qu'on ajoute à la plus grande autant d'unités qu'on a retranché de sexagésimales. La regle des *Fractions décimales* a encore lieu pour la division des *Fractions sexagésimales* , en aïant égard à un petit changement qu'il seroit difficile de rendre sensible sans exemple.

Ces *Fractions* aïant été jusques ici plus curieuses qu'utiles , je ne m'y arrêterai pas. Les personnes , qui voudront s'en instruire plus particulierement , & qui auront quelques vûes particulieres, doivent consulter le premier Tome du Cours de Mathématique de *Wolf. Voïez* encore ARITHMETIQUE SEXAGESIMALE.

FRACTIONS SUIVANTES OU CONTINUES. On nomme ainsi des *Fractions* qui sont telles que le dénominateur, au lieu d'être un nombre entier comme dans les *Fractions* ordinaires, est composé d'un entier & d'une *Fraction*, dont le dénominateur lui-même est composé de nouveau d'un entier & d'une *Fraction* , soit que cette composition soit continuée à l'infini, ou qu'elle ne le soit pas. Telles sont les *Fractions* suivantes.

$$a + \cfrac{1}{b + \cfrac{1}{c + \cfrac{1}{d}}} \qquad A + \cfrac{a}{B + \cfrac{b}{C + \cfrac{c}{D}}} \&c. \qquad 1 + \cfrac{1}{2 + \cfrac{1}{3 + \cfrac{1}{4 + \cfrac{1}{5 + \cfrac{1}{6}}}}} \&c.$$

Milord *Brouncher* paroît être le premier qui ait emploïé une expression de cette forme. Il s'en servit pour déterminer l'aire du cercle qu'il démontra être au quarré du diametre, comme 1 à

$$+ \cfrac{1}{2 + \cfrac{9}{2 + \cfrac{25}{2}}} \&c.$$

(*Wallis Opera* , *Tom. I.*)

Depuis ce tems-là, ces sortes de *Fractions* étoient , ce semble , tombées dans l'oubli, & personne n'en avoit fait usage. M. *Euler* vient de les faire connoître en exposant leur théorie & leur usage dans son savant Ouvrage intitulé : *Introd. in anal. infinit.* Et c'est d'après ce célébre Auteur que je vais donner un précis de ce que ces *Fractions* ont de remarquable & d'utile,

2. Dans la seconde *Fraction* de celles', que nous avons proposées pour exemple , & que nous choisissons ici , parce qu'elle est la plus générale , on remarque d'abord que suivant qu'on la prolonge plus ou moins au-delà de son premier terme on a :

$$A = A$$

$$A + \frac{a}{B} = \frac{AB + a}{B}$$

$$A + \cfrac{a}{B + \cfrac{b}{c}} = \frac{ABC + Ab + aC}{Bc + b}$$

$$A + \cfrac{a}{B + \cfrac{b}{C + \cfrac{c}{D}}} = \frac{ABCD + ADb + aCD + ABC + ac}{BCD + Bc + bD.}$$

Ce qui fait voir comment on change une *Fraction suivante* en une *Fraction* ordinaire qui lui soit égale jusques à un certain terme. À cette fin, on multiplie le numérateur de la *Fraction* précédente par le nouveau dénominateur, & on ajoute à ce produit celui du numérateur de la *Fraction* qui précéde celle-ci, multipliée par le nouveau numérateur. Cette somme est le numérateur de la *Fraction* ordinaire cherchée. Pour le dénominateur il sera égal à la somme des produits du dénominateur de la *Fraction* précédente par le nouveau dénominateur de la *Fraction* suivante, & du dénominateur de la *Fraction* qui précédoit celle-là par le nouveau numérateur. C'est ce qu'il est aisé d'appercevoir dans la *Fraction* ordinaire qui est égale à la *Fraction suivante*

$$A + \cfrac{a}{B + \cfrac{b}{C + \cfrac{c}{D}}}.$$

Car son numérateur est égal à $\overline{AB\,c + Ab + a\,C} \times D + \overline{AB + a} \times c$, Et le dénominateur est égal à $\overline{BC + b} \times D + B \times c$.

Il faut bien remarquer là-dessus que la *Fraction* $A + \frac{a}{B}$ est plus grande que la valeur totale de la *Fraction suivante*. En effet, a doit être divisé non par B seul, mais par B plus quelque grandeur. Mais la *Fraction*

$$A + \cfrac{a}{B + \cfrac{b}{c}}$$

est moindre que toute la *Fraction suivante*, parce $B + \frac{b}{c}$ est plus grand que le reste de la *Fraction*, & par conséquent

$$\cfrac{a}{B + \cfrac{b}{c}}$$

est moindre qu'il ne faut. Cela fait voir que suivant qu'on somme un plus ou moins grand nombre de termes, on a alternativement une valeur plus grande ou moindre que la vraie valeur de la *Fraction suivante*, quoique de plus en plus approchante.

3. On peut aussi transformer une *Fraction* ordinaire en *Fraction continue*. Soit par exemple, la *Fraction* $\frac{A}{B}$ dans laquelle le dénominateur est moindre que le numérateur. La division de A par B étant faite, si elle n'est pas exacte, soit le quotient a & le reste c. La valeur de $\frac{A}{B}$ sera donc $a + \frac{C}{B}$. Que $\frac{B}{C}$ soit $= b + \frac{D}{C}$, & $\frac{C}{D} = c + \frac{E}{D}$ & $\frac{D}{E} = d + \frac{G}{E}$, & ainsi de suite. Tant que la division ne sera point complette & exacte, on aura $\frac{C}{B} = \cfrac{1}{b + \cfrac{D}{C}}$ & par une raison semblable $\frac{D}{C} = \cfrac{1}{c + \cfrac{E}{F}}$ & $\frac{E}{F} = \cfrac{1}{d + \cfrac{G}{H}}$. Donc A sera

$$\frac{A}{B} = a + \cfrac{1}{b + \cfrac{1}{c + \cfrac{1}{d}}},$$

&c. Ce qui se terminera lorsque la division continuelle indiquée dans cet exemple, se terminera elle-même. Exemple, Si $\frac{D}{E}$ étoit précisément d, la *Fraction suivante* ci-dessus n'iroit pas au-delà de $\frac{1}{d}$.

4 Appliquons cette regle à un exemple en nombre. Soit la *Fraction* $\frac{1461}{59}$ à réduire en *Fraction suivante*. Le premier quotient de 1461 divisé par 59 est 24, & il reste 45. Le quotient de 59 par 5 est 1, & il reste 14. Le quotient de 45 par 14 est 3, & le reste est 3. Le quotient de 14 par 3 est 4, & le reste 2; celui de 3 par 2 est 1, reste 1; celui celui de 2 par 1 est 2, & reste 0. Les valeurs 24, 1, 3, 4, 1, 2, répondent aux let-

a, b, c, d, e, f, de la *Fraction* littérale $a + \dfrac{1}{b}$ &c. ainsi $\frac{1461}{59} = 24 + \cfrac{1}{1 + \cfrac{1}{3 + \cfrac{1}{4 + \cfrac{1}{1 + \cfrac{1}{2.}}}}}$

M. *Euler* a appliqué cette théorie des *Fractions continues* ou *suivantes* à la solution d'un problème très-intéressant & très-difficile : le voici. Etant donnée une *Fraction* exprimée par un très-grand nombre, telle que celle-ci : 3. 1415926535, &c. qui exprime la raison de la circonférence d'un cercle à son diametre, on propose de réduire cette *Fraction* en des *Fractions* plus simples, qui approchent de si près de sa valeur qu'il soit impossible d'en trouver de plus exactes, à moins d'emploïer des nombres plus grands. Pour résoudre cette question, on réduit 3. 141592, &c. en *Fraction suivante*, selon la méthode précédente ; en cherchant les quotients a, b, c, d, &c. qui sont 3, 7, 15, 1, 292, . &c. c'est-à-dire, que

$$3.141592, \&c. = 3 + \cfrac{1}{7 + \cfrac{1}{15 + \cfrac{1}{1 + \cfrac{1}{292, \&c.}}}}$$

dont les valeurs, suivant qu'on prendra un plus grand nombre de termes, seront 3. $\frac{22}{7}$, $\frac{333}{106}$, $\frac{355}{113}$, $\frac{103993}{33102}$, &c. qui sont les valeurs les plus exactes qu'on puisse trouver sans emploïer de plus grands nombres.

M. *Euler* fait voir comment toute *Fraction suivante* se peut transformer en suite composée de termes alternativement positifs & négatifs, *& vice versâ*, & de quelle maniere toute suite de cette forme se peut changer en *Fraction continue*. Il les a aussi appliquées à l'approximation des racines des nombres qui n'en ont point d'exactes. Je suis sincerement fâché de ne pouvoir entrer dans tous ces détails très curieux, mais trop longs, pour n'être pas obligé de renvoïer à l'Ouvrage ci-devant cité de M. *Euler*.

FRAIZES. On nomme ainsi en Fortification des pieux que l'on plante dans la partie extérieure des remparts de terre, vis-à-vis le pied du parapet. Ils font longs de 8 à 9 pieds ; fort proches les uns des autres ; enfoncés à peu près de la moitié dans le rempart, & présentent leurs pointes un peu inclinées vers la campagne ou le fossé. Les

Fraizes servent à empêcher l'escalade & la désertion.

F R E

FREDON. Terme de Musique. L'art de composer à différentes parties. (*Voïez* COMPOSITION) On distingue trois fortes de *Fredons*, le double, le figuré, & le plein.

Le *double Fredon* a lieu quand la composition est telle que le dessus peut devenir la basse & réciproquement la basse le dessus.

On appelle *Fredon figuré* une composition où l'on fait entrer des dissonances ainsi que des accords avec toute la variété des points, des figures, des syncopes, avec toute la diversité des mesures, & tout ce qui est capable d'orner la composition.

Le *Fredon plein* est le fondement d'une composition de Musique. Il consiste dans la maniere ordinaire de placer les cordes.

F R I

FRISE. Terme d'Architecture civile. Grande face plate, qui sépare l'architrave & la corniche. C'est une partie de l'entablement qui en occupe le milieu. Elle est ornée de compartimens dans l'ordre Toscan, de triglyphes dans le dorique, & de beaux ouvrages de sculpture dans l'Ionique & le Corinthien.

Sturmius, pour rendre la *Frise* plus riche, la garnit de mutules dans tous les ordres ; en sorte que chaque ordre garde néanmoins sa propriété particuliere & une parfaite différence des autres. (*Maniere de bâtir toutes sortes ds bâtimens de parade.*) Cependant plusieurs Architectes aiment mieux laisser la *Frise* toute unie. Pour l'ornement des *Frises* des ordres superieurs, rien de plus beau à voir que les modeles que donne *Desgodetz* dans ses *Edifices antiques de Rome*, & *Daviler* dans son *Cours d'Architecture*. Les Romains avoient coutume d'orner la *Frise* de plusieurs figures de bêtes ; & c'est de-là que *Vitruve* lui donne le nom de *Zophore* du mot grec *Zoophoros*, porte-animal. Le mot de *Frise* vient du latin *Phrygio*, brodeur ; parce que cette partie de l'entablement est souvent ornée de sculpture en bas-relief qui imitent la broderie.

F R O

FROID. Terme de Physique. L'une des premieres qualités qui se font sentir dans les corps. Mais qu'est-ce que le *Froid* ? Rien, répondent les Physiciens, du moins rien de réel. C'est la privation du feu. Tout corps est *Froid* lorsque le feu s'en échappe. S'il n'y avoit

avoit ni soleil, ni feu, ni mouvement dans la nature, toutes les choses, suivant M. *Mariotte*, demeureroient sans lumiere & sans chaleur, & alors il y auroit de la neige & de la glace véritablement froides. C'est ce qui fait dire à ce Physicien que la neige, la glace & en général tous les corps sont chauds, quoiqu'ils nous paroissent froids. (*Œuvres de Mariotte. Essai sur le chaud & le froid.*)

Autre question : qui est-ce qui chasse le feu? *Gassendi, Boile, La Hire, Ramazzini*, &c. prétendent que ce sont certaines parties frigorifiques qui prennent sa place. Cette réponse peu satisfaisante n'est point du goût de M. *Muschenbroeck*. Pour qu'un corps soit *Froid*, dit ce Physicien célebre. il suffit que le feu qui s'y trouve, en sorte sans qu'il soit besoin que quelqu'autre corps vienne prendre sa place. On pourroit demander ce qui oblige le feu de sortir, & qu'est-ce que le feu tant recherché & si peu connu ? Mais j'aime mieux indiquer les moïens de refroidir les corps, c'est-à-dire, substituer des faits à des conjectures.

Lorsqu'on mêle avec de l'eau des sels alkalis, volatils, tels que le nitre, le sel polycrête, le vitriol, le sel gemme, le sel marin, l'alun, le sel armoniac, &c. on *refroidit* l'eau extraordinairement. On excite de même un grand *Froid*, quand on incorpore avec de la neige ou de la glace, les sels précédens, ou le sel de tartre, de la potasse, le sucre de saturne. De tous ces *Froids* artificiels il n'en est point de plus terrible que celui qui survient lorsqu'on verse sur de la glace de l'esprit de nitre. Selon les expériences de M. *Muschenbroeck*, le *Froid* est de 72 dégrés au-dessous de la marque qui indique le commencement de la gelée sur le thermometre de *Farenheit*. On lit dans le premier Volume de l'*Essai de Physique*, page 501, & dans l'*Histoire de l'Académie Roïale des Sciences*, ann. 1700, 1705, différentes manieres d'exciter le *Froid* dans les corps.

Il paroît que la qualité des corps dont il s'agit ici, procede uniquement des petites molecules insensibles d'un corps quelconque, qui sont parvenues à un dégré d'agitation moindre que celui des parties insensibles de l'organe du toucher. Seroit-ce en conséquence de cet effet que nous dirions qu'un corps est *Froid*? Je serois fort de cet avis.

Cependant cela est fort général. Quand on considere attentivement les effets du *Froid*, on trouve cette raison tout-à-fait limitée à quelques cas particuliers. Le *Froid* est une chose plus sérieuse & plus profonde qu'on ne l'a cru jusques ici. Ecoutons le récit que

fait de ses effets M. *Ellis* dans son *Voïage de la Baye de Hudson*, effets qui laissent bien loin toutes ces conjectures. Telle en est la relation.

Après avoir parlé en général des précautions qu'on prit pour le préparer à passer l'hiver, il dit : » La quantité du bois que » nous mettions dans notre poele, étoit en- » viron la charge d'un cheval. Ce poele, » qui étoit bâti de briques avoit six pieds » de long sur trois de large, & deux de » haut. Quand le bois étoit à peu près con- » sumé, nous secouions les cendres, nous » ôtions les tisons, & nous bouchions la » cheminée par en haut; ce qui nous don- » noit ordinairement une chaleur étouffante » accompagnée d'une odeur sulfureuse, & » malgré la rigueur du tems, nous étions » souvent en sueur dans notre maison. La » différence de la chaleur de dedans au » *Froid* du dehors, étoit si considérable, » que ceux qui avoient resté dehors pen- » dant quelque tems, tomboient évanouis » en rentrant dans la maison & restoient » pendant quelques minutes sans donner » aucun signe de vie. Aussi-tôt qu'on ou- » vroit la porte ou une fenêtre, l'air froid » du dehors se jettoit en dedans avec beau- » coup de force & changeoit les vapeurs des » appartemens en une petite neige mince. » La chaleur énorme qu'il faisoit en de- » dans, ne suffisoit pas pour garantir nos » fenêtres & les murs de la maison de nei- » ge & de glace. Les couvertures des lits » étoient ordinairement gelées les matins. » Elles tenoient au mur qu'elles touchoient, » & nous trouvions notre haleine con- » solidée en forme de gelée blanche sur nos » draps.

» Le feu du poele n'étoit pas si-tôt éteint » que nous sentions toute la rigueur de la » saison, & à mesure que la maison se re- » froidissoit, le suc du bois de charpente, » qui s'étoit dégelé par la grande chaleur, » se geloit de nouveau; & le bois se fen- » doit par la force de la gelée avec un bruit » continuel & souvent aussi fort que celui » d'un coup de fusil. Il n'y a point de fluide » (continue M. *Ellis*) qui étant exposé au » *Froid*, puisse y resister sans se geler. La » saumure la plus forte, l'eau-de-vie & » même l'esprit de vin se gelent; ce dernier » cependant ne se consolide pas en masse, » mais il est réduit à peu près à la con- » sistance que prend l'huile, lorsque le » tems est entre le temperé & la gelée. » Toutes les liqueurs moins fortes devien- » nent solides en se gelant, & rompent » tous les vaisseaux qui les renferment, soit

» de bois, d'étain, ou même de cuivre. La
» glace des riviéres qui nous environnoient
» avoit au-delà de huit pieds d'épaisseur,
» & étoit couverte de trois pieds de neige;
» mais l'une & l'autre étoient beaucoup
» plus épaisses dans d'autres endroits. Nous
» n'avions point de peine à conserver,
» même sans sel, toutes sortes de provisions,
» comme des bêtes fauves, des lapins, des
» perdrix, des faisans, des poissons, &c.
» Car tous ces animaux étoient gelés aussi-
» tôt qu'ils étoient morts, & ils restoient
» dans cet état depuis le mois d'Octobre
» jusques au mois d'Avril, qu'ils commen-
» çoient à se dégeler & à devenir sujets à se
» gâter.

» Les lapins, les liévres & les perdrix,
» qui sont ordinairement bruns ou gris en
» esté, deviennent blancs en hiver. «

M. *Ellis* ajoute ailleurs, que quand on
touche pendant ces grands *Froids* du fer ou
tout autre corps solide & uni, les doigts y
tiennent sur le champ par la force de la
gelée; & si en buvant on touche le verre avec
la langue ou les lévres, on en emporte souvent la peau en retirant le verre. Un homme
de la suite du Voïageur qui nous raconte
ces effets terribles du *Froid*, portant
une bouteille de liqueur de la maison à
sa cabanne, sans bouchon, voulut y suppléer, en y mettant son doigt, qu'il enfon-
ça dans le col de la bouteille; mais il se
repentit bien-tôt d'avoir pris cette précaution. Son doigt se gela de telle sorte qu'il
ne lui fut pas possible de le retirer. Il fallut
même, selon le rapport du Voïageur, en
sacrifier un morceau pour le tirer d'affaire.
C'est encore une chose étonnante que le
dégré de *Froid* qu'acquiérent tous les corps
solides tels que le verre, le fer, la glace.
Ils resistent aux effets de la plus grande chaleur, & cela même par un tems assez considérable. M. *Ellis* aïant porté dans la maison
une hache qui avoit resté exposée au *Froid* du
dehors, la mit à six pouces d'un grand feu
& jetta de l'eau dessus. Cette eau se forma
sur le champ en gâteau de glace, & resta en
cet état pendant quelque tems. (*Voïage de
la Baye de Hudson, Tome II. page* 81, 83,
& suiv. par M. *Henri Ellis.*)

Qu'on juge après cette exposition, si la
raison qu'on a donnée de la cause du *Froid*
est satisfaisante. On a bien raison de penser
que le *Froid* n'est que la négation du chaud:
mais on n'exprime qu'imparfaitement la
chose. J'ose dire & croire maintenant que
ce que nous appellons *Froid* est une disposition d'un corps à coïncider dans toutes ses
parties. Le feu qui est entr'elles empêche cet

effet. Plus cet élement diminue plus grand
est cette disposition, parce que l'obstacle que
les parties ont à vaincre, pour se reunir, est
moins grand. L'eau ne se gele que parce
que le feu renfermé entre ses parties se dissipe. En un mot, sans le feu tous les corps
se réuniroient, & ne formeroient avec la
terre qu'un seul tout. Peut-être que cette aptitude, cette propriété, ou ce qu'on appelle
le *Froid* contre-balancée par le feu, tantôt plus tantôt moins est le ressort de toute
la nature, le mobile, & l'agent de ce qui
est universellement sur & dans l'habitation
des hommes. Quand le triste & fameux *Heraclite* faisoit le feu, le principe de toutes
choses, il pouvoit bien avoir ses raisons.
J'aurois bien les miennes aussi sur ce que
j'avance, s'il m'étoit permis de les exposer
dans un Ouvrage où mes idées ne doivent
être que des accessoires aux vérités que j'a-
nalyse.

FRONT. C'est en Perspective la projection
ortographique d'un objet sur un plan parallele.

FRONT. On appelle ainsi en Fortification la
partie d'une Place comprise entre les deux
angles flanqués de deux bastions voisins,
c'est-à-dire, la courtine, les deux flancs qui
sont élevés sur cette courtine, & les deux
faces des bastions qui tiennent à ces flancs.

FRONTEAU DE MIRE. Terme d'Artillerie. Instrument nécessaire pour pointer juste un canon.
Comme le canon est plus gros vers la culasse
que vers la bouche, & qu'il fait un espece de
cone tronqué, la ligne que l'on imagine passer
par le milieu de son ame, n'est pas parallele
à la partie supérieure du canon : c'est pourquoi si l'on allignoit le canon, suivant le
prolongement de cette partie, le boulet porteroit plus haut que le point d'alignement.
Pour éviter cet inconvénient, on adapte, sur
l'extrêmité de la volée, une piece de bois
concave dans sa partie inférieure, de maniere qu'elle puisse être comme *achevalée* sur
l'extrêmité de la volée, & que sa hauteur ou
sa partie superieure réponde à la quantité
d'épaisseur que le métal de la culasse a de
plus que celui de la volée. Et c'est cette piece qu'on appelle *Fronteau de mire.* Elle sert,
comme on voit, à faire porter le boulet dans
l'endroit desiré. Car par son moïen la ligne
de mire est parallele à la ligne que l'on imagine passer au milieu de l'ame du canon,
c'est-à-dire, à celle que doit décrire le boulet, supposant qu'il suive la direction de
cette ligne qui est droite. Ainsi allignant la
partie supérieure de la culasse & celle du
Fronteau de mire avec un point quelconque,
le boulet chassé dans cette direction sera

porté vers ce point , plus bas du demi-diametre de la culaffe. Si l'on alligne donc le
canon à un point plus élevé de la quantité
de ce demi-diametre , le boulet frappera dans
le point où on veut le faire porter.

FRONTON. Partie ou membre d'Architecture
civile , qui fert d'ornement fur les portes ,
les fenêtres , les niches , &c. & dont la forme eft celle d'un triangle & quelquefois celle
d'un demi-cercle. Outre l'ornement on a en
vûe de garantir ces parties de la plûie , du
moins en apparence. C'eft pour cette raifon
qu'on rejette à bon droit les *Frontons* percés
à jour , ou dont la figure eft contre la nature des toîts. Par la même raifon encore
Vitruve & *Goldman* après lui , n'y fouffrent
point de modillons ni de denticules ; parce
qu'ils reprefentent des têtes de poutres qu'on
ne met pas fur les chevrons d'appui d'un
toît tel qu'un *Fronton*. Or les toîts étant
tantôt plus tantôt moins élevés felon les
climats , on obferve cette même différence à
l'égard des *Frontons*. Auffi ne les voïoit-
on en Grece que fort peu inclinés , parce
que les plûies y font peu abondantes , au lieu
qu'ils l'étoient beaucoup chez les Romains
qui en étoient fort incommodés.

Scamozzi , *Liv. VI. Ch.* 12. donne à la
hauteur du *Fronton* ⅔ de la faillie de toute
la corniche , comme on le voit au portail
du Panthéon à Rome. *Blondel* , dans fon
Cours d'Architecture, Part. II. Liv. VII. Ch.
2. donne à cette proportion la préférence
fur toutes les autres. *Goldman* éleve fur une
diftance de cinq colonnes un *Fronton* de la
hauteur de 5 modules dans l'ordre Tofcan ;
de 6 dans le Dorique , dans l'Ionique &
dans le Romain , & de 7 dans le Corinthien.
On fe fert pour ces *Frontons* de corniches
de tous les ordres.

La maniere de deffiner un *Fronton* eft trop
dépendante de la pratique de l'Architecture
pour m'y arrêter. On doit recourir pour
cela aux Traités ordinaires d'Architecture ,
tels que le *Cours d'Architecture* de *Daviler* ,
celui de *Blondel* , *Vignole*. J'ajouterai feulement ici qu'on laiffe le plan du *Fronton*
vuide. J'appelle *plan du Fronton* cet efpace
plat qui eft compris entre fes moulures. Ordinairement on deffine au milieu de cet efpace un ovale décoré de feftons & de guir-
landes. Suivant les circonftances on y deffine en bas-relief des armes , des trophées ,
&c. qui conviennent à la nature du bâtiment. Lorfque le plan du *Fronton* n'eft pas
fort élevé , on y grave fouvent des infcrip-
tions.

FROTTEMENT. C'eft ainfi qu'on appelle en
Méchanique la réfiftance mutuelle que deux
corps éprouvent lorfqu'on veut les faire
glifler l'un fur l'autre. Cette réfiftance provient des parties dont les furfaces des corps
font hériffées , quoique fouvent elles ne
foient point fenfibles. Si ces parties font
dures , fans pouvoir être ni ufées , ni brifées
telles que font celles du bois , du cuivre , du
fer , qu'on emploie ordinairement dans les
machines , il faut néceffairement pour dégager deux furfaces l'une fur l'autre , en élever
tant foit peu une en la faifant glifler. D'où il
fuit que la difficulté qu'on trouvera à la
mouvoir , fera proportionnelle au poids dont
elle fera chargée , & non à l'étendue des
furfaces. Ainfi en fuppofant le corps comprimant divifé en deux parties égales dans
fa longueur , & que l'on applique l'une de
fes moitiés fur l'autre , la compreffion fera
toujours la même , quoique la bafe ne foit
que la moitié de ce qu'elle étoit ; parce que
chacune des parties égales de la furface comprimée , fera chargée d'un poids double de
celui dont elle étoit preffée auparavant.

2. Pour trouver la réfiftance qui naît du *Frottement* , nous fuppoferons que les furfaces
qui fe touchent font toutes hériffées de
petites demi - fpheres oppofées & égales
entr'elles. Cette figure étant moïenne
entre toutes celles des petites parties qui
compofent les différentes furfaces , on ne
doit pas douter que la réfiftance ne foit la
même que fi leur grain avoit effectivement
cette figure. Cela pofé , en faifant glifler
un corps fur un autre , toutes les particules
de la bafe du premier feront réduites à une
feule demi-fphere D F E (Plan. XXXIX.
Figure 298.) foutenue par trois autres ap-
partenantes au corps inférieur. La demi-
fphere D F E eft donc engagée dans le vuide
des trois autres qu'elle touche , chacune en
un point où elle tend à les écarter felon une
direction qui joint leurs centres comme
A B.

Maintenant fi la demi-fphere fupérieure
eft tirée par une puiffance R , felon la direction horifontale A R , elle doit ceffer de
preffer la demi-fphere C , & fon mouvement
fe fera felon G F R. De maniere qu'en abbaiffant la ligne verticale A G , & achevant
le parallelograme A G R I , le mouvement de
la puiffance fera R I , R G. Et la puiffance R
fera à la péfanteur A G de la demi-fphere ,
comme A R eft à R I , ou comme A R : A G
ou :: A F : G F , ou :: A L : L B ; parceque
les 3 triangles rectangles A R G , A G F , A L B
font femblables. Il s'agit de connoître le raport
de A L à A B , pour determiner le *Frottement*.

A cette fin , il faut confidérer que les lignes
qui joignent le centre des trois demi fphe-

res inférieures avec celui de la demi-sphere supérieure, forment un retraedre, qui a pour base la perpendiculaire A L, & dont tous les côtés sont égaux au diametre de l'une de ces spheres. Or les triangles M N O (Plan. XXXIX. Fig. 299.) A M O, A N O, A M N, étant égaux entre eux, on sait que L B est le tiers de N B ou de A B. Donc connoissant les deux côtés A B, L B du triangle rectangle, on trouvera aisément le troisiéme A L. Car faisant L B $=$ 1, A B sera $=$ 3, dont le quarré est 9. Par conséquent le quarré de A L sera $=$ 8 : donc A L : L B :: $\sqrt{8}$: 1, ou presque comme 3 est à 1.

De cette démonstration, il est aisé de conclure que dans la pratique on pourra considerer la puissance R comme le tiers de la pésanteur qui produit le *Frottement*, d'autant plus qu'il arrive rarement que le *Frottement* qui se rencontre dans les machines, soit tout-à-fait aussi grand que nous le supposons ici; parce qu'on a soin de bien polir les surfaces qui se touchent & de les enduire de vieux oing, pour en rendre le mouvement plus doux; ce qui fait que les parties dont elles sont hérissées, ne s'engrainent pas si avant. Et notre démonstration est encore appuiée par un grand nombre d'expériences que M. *Amontons* a faites sur le *Frottement*, dont le résultat est, que cette résistance est à peu près le tiers de la pésanteur du corps qu'il faut mouvoir, lorsque les surfaces qui se touchent sont enduites de vieux oing.

3. La pésanteur d'un seul corps peut produire plusieurs *Frottemens*. Si un plan est pressé entre deux autres, la puissance qui le tirera, éprouvera de la part du *Frottement* une double résistance, parce qu'elle ne le peut tirer sans surmonter le *Frottement* de la surface supérieure contre l'inférieure du plan d'en haut, & sans surmonter le *Frottement* de la surface inferieure contre la supérieure du plan d'en bas. Or ce second *Frottement* est entierement égal au premier. Donc cette puissance sera égale aux $\frac{2}{3}$ de la pésanteur du plan supérieur, qui est l'unique cause des *Frottemens*.

4. Si une surface est poussée perpendiculairement par une autre, ce *Frottement* sera encore le tiers de la pésanteur, puisque la pression fait ici le même effet que la pésanteur d'une surface horisontale qui en presse une autre. Ainsi la difficulté qu'on éprouve à élever une vanne qui soutient l'eau d'une écluse, ne vient pas seulement du poids de de la vanne, mais principalement de la poussée de l'eau contre cette vanne : ce qui produit le *Frottement* de la vanne contre les coulisses.

5. Le *Frottement* étant ainsi connu, il semble qu'il est aisé de trouver tout l'effet d'une machine en augmentant la puissance d'un tiers, suivant la résistance de ce *Frottement*. Mais par ce surcroit d'effort, le *Frottement* augmente; & c'est une chose tout à la fois & curieuse & utile que le calcul de cet accroissement.

Si l'on a un cilindre posé horisontalement sur deux palliers taillés en portion de cercle, & qu'une puissance éleve un poids selon une direction verticale, qui fait plusieurs tours sur le cilindre pour le contraindre à tourner dans les deux palliers: il est certain que dans l'état d'équilibre, la puissance seroit égale au poids, s'il n'y avoit point de *Frottement*. Par conséquent si le poids est d'une livre, l'appui sera chargé de deux, & le *Frottement* du cilindre étant le tiers de la pression, il faudra ajouter $\frac{2}{3}$ à la puissance, parce que le bras du lévier de la surface qui frotte est égal à celui de la puissance. Mais la puissance étant ainsi augmentée, la pression du cilindre contre l'appui le sera aussi, & causera un surcroît de *Frottement* égal au tiers de cette augmentation, c'est-à-dire $\frac{2}{9}$ Et cette nouvelle augmentation causera un nouveau *Frottement* qui sera de $\frac{2}{27}$, ainsi de suite en prenant le $\frac{1}{3}$ du $\frac{1}{3}$ jusques à zero. Ce qui forme une progression géométrique, dont les termes vont en décroissant jusques à zero, & où la somme de tous les termes, qui suivent le premier, est précisément égale à la moitié du premier terme, qui est ici 2. Il faut donc que cette puissance, pour être en équilibre avec le *Frottement* seul, soit égale à la moitié de la pression que l'appui soutient, lorsque son action est jointe à celle du poids pour en augmenter la pression, & que leurs directions sont paralleles. Appliquons ceci à un exemple sensible. Le *Frottement* étant le plus grand obstacle dans l'exécution des machines; je ne saurois assez m'attacher à en rendre la théorie familiere, afin de vaincre cet obstacle, autant qu'il peut l'être, & de mettre en état ceux qui ont du goût pour les Mécaniques de le mettre à exécution.

Aux extrêmités d'une balance A B (Plan. XXXIX. Figure 300.) dont l'essieu est dans le milieu représenté par un cercle E H G, posé sur un appui I K, sont suspendus deux poids de 100 livres. La pésanteur de la balance étant de 20 livres, l'appui I K sera chargé de 120 livres. Si l'on vouloit que l'un de ces poids emportât l'autre pour vaincre le *Frottement* de l'essieu contre l'appui, il faudroit ajouter un nouveau poids L à l'un des bras de la balance. En suspendant ce nouveau à l'extrêmité G du raïon C G de l'eſſieu, il faudroit qu'il fût égal à la moitié de la preſſion, c'eſt-à-dire de 60 livres, parce que le bras du lévier C G, à l'autre extrêmité duquel eſt appliqué le poids L, eſt égal au lévier C H, à l'extrêmité duquel ſe fait le *Frottement*. Mais applique-t-on un poids M à l'extrêmité B de la balance ? alors il faudra qu'il y ait même raiſon du poids M au poids L, que du bras du lévier C G ou C H au bras C B. Ainſi ſuppoſant C H d'un pouce, & C B de 100, on aura M : L : : 1 : 100, ou M : 60 : : 1 : 100. aiuſi M ſera donc de $\frac{6}{10}$.

Si les bras de la balance étoient inégaux, les poids ſuſpendus à leurs extrêmités le ſeroient auſſi. Dans ce cas, la puiſſance qui doit ſurmonter le *Frottement*, ſera toujours à la moitié de la charge que l'appui ſoutient, comme le raïon de l'eſſieu eſt à la diſtance de cette puiſſance au centre de l'eſſieu. Et tout ceci s'applique de ſoi-même aux poulies, où les *Frottemens* ſont d'autant moindres, que le diametre des poulies ſont grandes & celui de leur eſſieu petit.

On voit auſſi par-là quel avantage on tire des roues pour les voitures. Car les animaux qui tirent un chariot ſur un chemin horiſontal & uni, n'ont d'autre obſtacle à ſurmonter que le *Frottement* des moïeux contre leur eſſieu, qui eſt égal au tiers du poids. Donc ſi les roues étoient égales, la puiſſance ſeroit au tiers du poids comme le raïon de l'eſſieu eſt au raïon de la roue ; puiſqu'on peut regarder le raïon de la roue qui eſt perpendiculaire à l'horiſon, comme un lévier de la ſeconde eſpece, qui a ſon point d'appui au centre de l'eſſieu. La puiſſance appliquée à l'autre extrêmité & le poids à celle du raïon du moïeu, expriment la viteſſe des points qui frottent, & le raïon de la roue celle de la puiſſance.

Il reſteroit bien des réflexions à faire ſur le *Frottement* des roues des voitures, & bien des connoiſſances à mettre à profit de cette théorie. La matiere eſt trop vaſte, je veux dire trop riche, pour être ici reſſerrée. Il faut conſulter pour cela deux livres eſtimés : le premier, le *Traité des Forces mouvantes*, par M. *de Camus*, Gentilhomme Lorrain ; le ſecond, le *Cours de Phyſique expérimentale*, par le Docteur *Deſaguliers*, imprimé à Paris chez *Jombert*.

6. Pour finir cette théorie du *Frottement*, je vais faire voir la maniere de calculer le *Frottement* qui ſe fait par la rencontre des dènts des roues & des fuſeaux des lanternes.

Soit A B (Plan. XXXIX. Figure 360.) un lévier horiſontal, dont le point d'appui eſt en B, aïant un poids P ſuſpendu en E. Soit un ſecond lévier F C, parallèle au précédent, & dans le même plan vertical, aïant ſon point d'appui en G. A l'extrêmité F eſt une puiſſance, qui agit ſelon la direction F I, perpendiculaire au lévier, pour ſoutenir en équilibre le poids C, qu'il faut réduire au poids D en le multipliant par le bras du lévier E B, & diviſant le produit par l'autre bras B D.

Suppoſons maintenant que la ligne D K, perpendiculaire à A B, exprime le poids P, réduit au poids D. Faiſant D L égal au tiers de D K, cette ligne D L marquera la force de la puiſſance qui agit de D en L, pour ſurmonter le *Frottement* du poids. Enfin, achevant le parallélograme K L, la diagonale M D repréſentera la réſiſtance cauſée par le poids K D & le *Frottement* L D, lorſqu'ils agiſſent enſemble, & que cette diagonale ſe trouve perpendiculaire au lévier F G C. Si l'on prend donc le côté D K pour ſinus total, M K ſera la tangente de l'angle M D K & M D en ſera la ſécante. Mais M K eſt le tiers de D K. Donc en prenant le tiers de 100000 (qui eſt le ſinus total) on aura 33333 pour la tangente de cet angle, qui répond à 18°, 26'. Donc la ſécante M D eſt de 105408. Donc le poids P, réduit en D & répréſenté par K D, eſt à la réſiſtance que la puiſſance F doit ſurmonter, pour vaincre l'action de ce poids jointe au *Frottement*, comme 100000 eſt à 105408, ou à peu près comme 18 à 19. Il eſt vrai que cet effort ne ſe fera que dans le moment où la diagonale M D ſera perpendiculaire à G C ; mais il faut toujours que la puiſſance ſoit capable de ſurmonter la réſiſtance de ce moment qui eſt celui de ſon plus grand effet. D'où il ſuit, que la puiſſance ne peut jamais être exprimée par un nombre plus grand que 19, en exprimant le poids par 18.

Pour appliquer tout cela aux roues & aux lanternes, on réduit le poids P (Pl. XXXIX. Fig. 361.) au point D en le multipliant par le lévier B E, & diviſant le produit par l'autre bras B D. On trouve par cette opération que la puiſſance F eſt au poids P, comme 19 B E × G D eſt à 18 B D × G K. Quand il y a deux roues & deux lanternes, il faut conſidérer que ſi la puiſſance étoit appliquée au point K de la ſeconde lanterne, on auroit

$$K = \frac{19 \times P \times B E \times G D}{18 \times B D \times G K},$$

qui eſt l'action de la dent K contre le fuſeau qu'elle pouſſe. Mais pour avoir égard au *Frottement* qui ſe fait au point K, on doit multiplier le produit par $\frac{19}{18}$; (*Voïez* encore ſur cette matiere les articles de POULIE & de ROUE.)

On conclud de tout cela, que quand il y a deux roues & deux lanternes, par conséquent deux *Frottemens*, il faut multiplier le poids par le quarré de $\frac{19}{18}$, qui est à peu près $\frac{5}{4}$, pour avoir la puissance. S'il y avoit trois roues & trois lanternes, il faudroit le multiplier par le cube de $\frac{19}{18}$ ou par $\frac{3}{2}$, d'où l'on tire cette regle générale :

Lorsqu'une puissance éleve un poids par le moïen de plusieurs roues & lanternes, il faut pour vaincre le *Frottement* & connoître la puissance, multiplier le poids par $\frac{19}{18}$ élevé au dégré qui auroit pour exposant autant d'unités que la machine comprend de lanternes, & faire le reste du calcul suivant les regles ordinaires de la Mécanique. Par conséquent si la puissance est donnée on trouvera le poids en le multipliant par $\frac{18}{19}$ élevé au dégré qui aura pour exposant autant de dégrés que la machine comprend de lanternes.

Terminons cette théorie par la solution élegante d'un Problême sur le centre du *Frottement* par M. *Montucla*, cité plusieurs fois dans cet Ouvrage, & à qui on doit des recherches curieuses, dont il a bien voulu me faire part. C'est l'Auteur lui-même (M. *Montucla*) qui va parler. Il appelle *centre de Frottement* le point de la surface frottante où tout le poids qui presse sur cette surface ramassée, occasionneroit la même résistance.

On demande d'abord ce point suivant tous les cas où une surface d'une figure quelconque tournant à l'entour d'un point fixe, sera chargée par des poids distribués sur les parties de cette surface d'une maniere quelconque.

[Pour parvenir à la solution de ce Problême, je commence à remarquer que le même poids étant à diverses distances du centre autour duquel se fait le mouvement de la surface frottante, occasionne des résistances qui sont comme les quarrés de cette distance. Car soit la ligne ou le rectangle d'une largeur infiniment petite A B (Plan. XXXIX. Figure 350.) qui soit chargé à ses points C, D, de deux poids égaux. Il est évident par la façon dont on conçoit la cause de la résistance que produit le *Frottement*, que le poids c aura à parcourir un chemin qui sera à celui que parcourra le poids D dans le même tems comme AC, AD, c'est-à-dire, que le poids c aura à surmonter un nombre d'inégalités qui est à la quantité de celles qui se rencontrent à surmonter au poids D, comme AC, AD. Les poids C & D doivent donc être regardés comme deux résistances qui sont entr'elles comme AC, AD, & qui à l'aide des bras de lévier AC, AD, s'opposent au mouvement d'une puissance

appliquée à un bras de lévier constant pour faire tourner la ligne A B. Donc l'effort des poids C & D sont comme les quarrés des distances AC, AD du point A, centre de mouvement de la ligne A B.

Si les poids C, D sont inégaux, il est visible que les résistances qu'ils occasionneront seront en raison composée de ces poids & des quarrés de leurs distances.

De-là je conclus que pour trouver le point où les poids C & D ensemble, devroient être appliqués pour y occasionner la même résistance qu'étant placés aux points C, D, il faut multiplier chaque poids par le quarré de sa distance au centre de mouvement, & diviser la somme de ces produits par la somme des poids : le quotient sera le quarré du *centre de Frottement* cherché. Car si l'on conçoit les poids C & D appliqués à un point f, il est clair par ce que nous avons démontré ci-devant que la résistance qu'ils opposent au mouvement de la puissance qui tend à le faire tourner autour du point A, est à celle qu'opposent les poids C, D, dans les distances AC, AD, comme $\overline{C + D} \times \overline{AF^2}$ à $C \times AC^2 + D \times AD^2$. Donc si ces deux résistances sont égales, comme elles doivent l'être par la nature du centre de *Frottement*,

$$\text{on aura } AF^2 = \frac{C \times AC^2 + D \times AD^2}{A + D}.$$

D'où je conclus que de quelque nombre de poids que soit chargée la ligne A B, pour avoir le centre de *Frottement* il faudra multiplier chaque poids par le quarré de sa distance au centre du mouvement ; diviser la somme de ses produits par la somme des poids, & enfin tirer la racine quarrée du quotient : ce sera la distance cherchée.

Soit, par exemple, la ligne $AB = a$, chargée par un poids P uniformement distribué suivant sa longueur. Que A C soit égal à x. Or $a : x :: p$ est au poids dont est chargée la partie A C qui est par conséquent $\frac{px}{a}$ & $\frac{p\,dx}{a}$ le petit poids dont $\frac{c}{\overline{A\ C\ B}}$ est chargée la partie infiniment petite ou le point C ; donc $\frac{px^2\,dx}{a}$ exprime la résistance au mouvement donné par ce poids $\frac{px}{a}$ & $S\frac{px^2\,dx}{a}$ ou $\frac{px^3}{3a}$, la somme des résistances produites par tous les poids égaux distribués sur A C. Cette intégrale divisée par $\frac{px}{a}$, somme de tous ces poids est x^3, dont la racine quarrée est $x\sqrt{\tfrac{1}{3}}$ pour la distance du *centre de Frottement* de la partie AC. Donc AC ou x devenant a B ou a, on aura pour la distance du *centre de Frottement* total $a\sqrt{\tfrac{1}{3}} = \tfrac{4}{7}$ à peu près.

Supposons à présent un cercle tournant autour de son centre est chargé d'un poids uniformement distribué sur sa surface. Que A B (Plan. XXXIX. Fig. 351.) soit $= a$, AC $= x$. $aa : xx :: p$ au poids dont est chargé le cercle dont A C est le raïon qui sera par conséquent $\dfrac{pxx}{aa}$, dont la différence $\dfrac{2pxdx}{aa}$ est le poids dont est chargée la couronne circulaire dont du est la largeur. Donc $\dfrac{2px^3dx}{a^2}$ est la résistance occasionnée par ce poids, & S $2px^3dx$ ou $\dfrac{px^4}{2aa}$ la somme de ces résistances, qui divisée par la somme des poids sur cette partie $\dfrac{pxx}{aa}$ donne $\dfrac{x^2}{2}$ dont la racine quarrée $x\sqrt{\tfrac{1}{2}}$ est la distance du *centre de Frottement*, qui devient $a\sqrt{\tfrac{1}{2}}$ ou bien près de $\tfrac{5}{7}a$ pour le cercle entier dont A B est le raïon.]

Ce dernier Problême est très-utile dans la Mécanique pour déterminer la quantité de l'augmentation de force qu'il faut donner à une puissance qui fait tourner un arbre vertical, afin qu'elle soit en état de surmonter la résistance qu'oppose le *Frottement* des pivots. Car concevant le poids qui charge ce pivot appliqué aux $\tfrac{2}{3}$ de son raïon, le produit du $\tfrac{1}{3}$ de ce poids par ce bras de lévier étant divisé par le bras de lévier de la puissance, donnera la quantité de force dont il faut l'augmenter pour la rendre capable de surmonter la résistance du *Frottement*.

M. *Montucla* croit inutile de faire l'application du principe général à d'autres cas qu'aux précédens. Ce seroit, dit-il, une pure curiosité géométrique ; & un Mathématicien qui a assez de lumieres pour rendre ses vûes & ses connoissances utiles, est peu flaté de l'agréable.

Le premier qui a examiné la théorie des *Frottemens* d'une façon solide est le célebre *Leibnitz* (*Miscellanea Berolinensia*, page 307.) & M. *Amontons* le premier qui a fait sur les *Frottemens* des expériences, (*Mémoires de l'Académie des Sciences* 1699.) d'après lesquelles il a établi la regle générale que le *Frottement* est toujours au poids comme 1 est à 3. M. *Perrault* a proposé dans son Commentaire sur *Vitruve*, , & dans ses *Œuvres des Machines* sans *Frottemens*, sur quoi il faut lire les réflexions du Docteur *Desaguliers*. (*Cours de Physique expérimentale*, Tom. I.) Enfin, MM. *Romer* & de la *Hire* ont démontré dans différens Mémoires de l'Académie des Sciences, qu'il falloit tailler les dents des roues en épicicloïdes, afin qu'elles éprouvassent la moindre résistance qu'il est possible. *Sturm*, *Camus*, *Léopold*, *Desaguliers*, dont j'ai cité les Ouvrages, ont fait (sur-tout *Desaguliers*) différentes expériences très-curieuses & très-utiles, avec des machines rudes & raboteuses pour connoître le *Frottement* des traîneaux sur le pavé. Et M. *Muschenbroeck* en a fait qui sont encore d'un grand prix, pour savoir le *Frottement* des machines bien travaillées, & par conséquent afin de connoître le moindre *Frottement* possible, quelque peine qu'on puisse se donner, pour polir les surfaces des machines. (*Essai de Physique*, Tome I. Ch. IX.) A cette fin, cet illustre Auteur a inventé une machine qu'il appelle *Tribometre*, par laquelle il connoît le *Frottement* des deux bassinets, suivant qu'on les a graissés ou non. (*Voïez* la page 179 *Essai de Physique*, Tome I.) On trouve dans le premier Tome des *Leçons de Physique expérimentale* de M. l'Abbé *Nollet*, la description d'un instrument qui rend sensible la deperdition du mouvement par la résistance du *Frottement*.

FUG

FUGUE. Terme de Musique. Répétition d'un chant par une ou plusieurs parties qui semblent courir après une premiere par laquelle le chant a commencé. C'est ici une simple *Fugue*. Elle est double quand la premiere partie propose un sujet, & que la seconde au lieu de le repeter, en propose un autre tout différent.

FUN

FUNICULAIRE. Instrument de Mécanique inventé par MM. *Perrault* & *Varignon*, pour connoître la proportion d'une puissance appliquée à la circonférence d'une roue à celle du poids suspendu à son essieu. Cet instrument est sujet à quantité d'inconvéniens, dont j'ai cru devoir avertir ceux qui sur les noms célebres de MM. *Perrault* & *Varignon*, voudroient en faire usage. Et pour justifier mon avertissement, je renvoie au Mémoire de M. *Desaguliers*, inseré dans les *Transactions Philosophiques*, N° 412, ce qui me dispense d'entrer dans un plus grand détail.

F U S

FUSAROLE. C'eſt en Architecture un petit membre rond taillé en forme de collier, qui a des grains en ovale ſous l'ove ou le quart de rond des chapiteaux dorique, ionique & compoſite.

FUSEAU. Eſpece de loſange terminé par deux lignes courbes, qui fait partie d'un globe. Ces deux lignes courbes qui le terminent ſont des méridiens. On ſe ſert de *Fuſeaux* pour couvrir les globes céleſtes & terreſtres des cartes qui appartiennent à leur conſtruction, (*Voiez* GLOBE CELESTE & TERRESTRE,) c'eſt-à-dire, qu'on coupe en *Fuſeau* ces cartes, qui avec cette forme s'ajuſtent parfaitement bien ſur les globes.

La plus ancienne conſtruction que l'on connoiſſe pour deſſiner les *Fuſeaux*, eſt celle que preſcrit M. *Wolf* dans ſon Cours de Mathématique. On mene une ligne égale à la circonférence du globe ſur lequel le *Fuſeau* doit être placé; on diviſe cette ligne en 11 parties, & de l'intervalle de 10 parties, on décrit de chaque diviſion des arcs qui ſe coupent mutuellement. Ce qui forme des *Fuſeaux* qu'on ajuſte comme il convient ſur le globe, (*Ch. Wolfii Elementa matheſeos univerſæ*, Tom. III, pag. 396.) Mais ces *Fuſeaux* ſont très mauvais & s'ajuſtent mal ou point du tout. C'eſt par cette raiſon que je n'acheve pas de décrire leur conſtruction que j'avois commencée. M. *Bion*, dans ſon Traité de l'*Uſage des Globes*, L, III. pag. 261. cinquiéme édition, en donne une qui vaut mieux & à laquelle je m'arrêterai.

2. 1°. Tirez la droite A C égale au demi-diametre du globe propoſé (Planche XVIII. Figure 301.) 2°. Du point A comme centre décrivez le quart de cercle A B C, 3°. Diviſez le en trois parties égales aux points D & E. 4°. Tirez la ligne C D, qui ſera la corde de 30 dégrés. 5°. Diviſez l'arc C D en deux également au point, & tirez la corde C D. Cette corde ſera pour la demi-largeur d'un *Fuſeau*; & la corde de 30 dégrés ſera pour la demi longueur du même *Fuſeau*, parce qu'en collant le *Fuſeau* ſur le globe le papier s'étend aſſez en longueur & largeur pour que la corde de 15 dégrés, priſe deux fois, couvre entierement l'arc qui fait la douziéme partie du globe; & que la corde de 30 dégrés priſe trois fois, couvre le quart du même globe; le papier, à cauſe de la figure du *Fuſeau*, s'étendant un peu plus en longueur qu'en largeur.

C'eſt pourquoi, aïant tiré pour la largeur du *Fuſeau* la droite C F N égale à deux fois la corde de 15 dégrés, 6°. Elevez ſur le point du milieu F la perpendiculaire F 9, égale à trois fois la corde de 30 dégrés. 7°. Du point F, comme centre, décrivez le demi-cercle C H N. 8°. Diviſez la ligne F 9 en 9 parties égales, & par les points de diviſion 1, 2, 3, 4, 5, 6, 7, &c. tirez autant de lignes paralleles & égales au demi-diametre du cercle C F N. 9°. Diviſez auſſi chaque quart de cercle C H & H N en 9 parties égales, c'eſt-à-dire, de 10 en 10 dégrés. 10°. Menez par chaque point de diviſion autant de paralleles à F 9, comme G L, M O, &c. qui rencontrant les autres paralleles à C F N, donneront par leurs interſections les points L, O, &c. par où l'on tracera à la main les lignes courbes L O D 9, N L G 9, qui formeront la démi-circonference des *Fuſeaux*. En diviſant & le demi-cercle C H N & la ligne F 9 en plus de parties, la rencontre d'un plus grand nombre de paralleles donnera une courbe plus facile à tracer.

M. *Bion* décrit ſur les *Fuſeaux* les arcs qui font partie des cercles paralleles à l'équateur, de 10 en 10 dégrés, en diviſant en 9 parties égales chacune des lignes courbes, qui font la circonference du demi *Fuſeau*; de telle ſorte que la ligne du milieu F 9 étant auſſi diviſée en 9 parties égales, on aura trois points de chacun de ces arcs, par le moïen deſquels on pourra trouver leur centre & les décrire. On peut les trouver encore plus élegamment par les tangentes, comme on le voit dans le Traité de M. *Bion* cité ci-deſſus.

Les méridiens ſe tracent en diviſant chaque *Fuſeau* en trois, & en faiſant paſſer par les points de diviſion des lignes courbes.

À l'égard de l'écliptique, il faut diviſer de 10 en 10 dégrés un des demi méridiens qui font la circonference du *Fuſeau*, tel que celui, par exemple, qui rencontre l'équateur au point où il eſt coupé par l'écliptique; prendre, ſur le méridien diviſé, 12°, 16', pour marquer ſur l'autre circonférence du même *Fuſeau* au point K la déclinaiſon de l'écliptique, qui coupe le 30e méridien où eſt environ le dégré du ſcorpion, prendre enſuite 20, 28', pour marquer ſur le ſecond *Fuſeau* au point R, la déclinaiſon du dégré de l'écliptique qui coupe le 60e méridien, où ſe trouve à peu près le troiſiéme du ſagitaire; & enfin prendre 23°, 30' pour la plus grande déclinaiſon de l'écliptique qui rencontre la circonference du troiſiéme *Fuſeau* au point S. Tirant par ces points des lignes qui traverſent ces trois *Fuſeaux*, on aura un quart de l'écliptique, dont les trois autres

tres quarts se traceront de même sur les trois autres *Fuseaux*.

3. Quoique cette maniere de construire les *Fuseaux* soit bien supérieure à la précédente, & qu'on puisse en faire usage, cependant les courbes, qu'il faut tracer à la main, laissent encore quelque variété sur la justesse des *Fuseaux*, outre que cette construction est longue. Ces deux raisons avoient engagé feu M. de *Gamaches*, Auteur du *Traité de Jaugeage* (*Voïez* JAUGEAGE) si estimé, à fonder cette construction sur une théorie plus solide, & dont la pratique fût plus aisée. Ce fut même à la sollicitation du sieur *Baradelle*, Ingénieur du Roi pour les instrumens de Mathématique, que ce savant homme a travaillé, & c'est d'après les calculs, que M. *Baradelle* en a eu, & qu'il m'a généreusement communiqué pour l'amour du bien public, que je parle. Ces calculs sont des Tables où l'on trouve les dimensions d'un *Fuseau* d'un raïon déterminé. Sur quels fondemens ces tables sont-elles construites ? C'est ce dont je ne puis rendre exactement raison. Seulement je sais, que l'axe du *Fuseau* est divisé en 90 parties égales, & que par chacune de ces parties, M. de *Gamaches* a calculé la diminution de l'ordonnée à cet axe, jusques au pole où le *Fuseau* doit aboutir. Cette table n'est pas générale. Il faut que le diametre du globe soit déterminé. Celle que j'ai en main est pour une sphere de 2 pouces 3 lignes de raïon ; & rien n'est plus agréable que la construction d'un *Fuseau* pour une telle sphere, en faisant usage de cette table.

L'axe du *Fuseau* étant déterminé, comme on l'a vû, on commence donc à diviser cet axe en 90 parties, & pour la premiere ordonnée la table marque 3 pouces, 5 lignes, 11 points & $\frac{1}{11}$ de points. Pour la seconde, qui est à la 89° partie, on trouve dans la table 3 p. 5 l. 5 p. $\frac{6}{11}$ de points. Enfin jusques à la premiere partie qui est au pole, l'ordonnée est dans la table de 5 points $\frac{7}{11}$ de points. La longueur des ordonnées ainsi marquée, on tire par leurs extrêmités avec une regle, des lignes qui forment une courbe qui contente la vûe, & il en résulte un *Fuseau* qui s'ajuste admirablement sur un globe.

Si ce que j'ai dit sur cette construction pouvoit suffire pour que quelqu'un en trouvât le principe, mes vûes en la détaillant seroient remplies, & le public gagneroit assurément. Supposé que dans un tems plus favorable je développe ce principe, je me hâterai de le publier, & de calculer des

tables, pour des globes de différentes grandeurs, qui puissent conduire surement les Ingénieurs pour les instrumens de Mathématique. Ces tables manquent pour la perfection de la construction des globes. Heureux celui qui les mettra au jour !

FUSEAU MATHEMATIQUE. Solide formé par deux cônes joints par la base, dont la propriété est de monter sur un plan incliné quand il est livré à lui-même. Pour être témoin d'un effet si extraordinaire, il faut préparer un plan incliné A B C, (Planche IX. Figure 302.) dont la hauteur soit moindre que le raïon du *Fuseau mathématique* D E. Si l'on pose sur l'angle B de ce plan, le *Fuseau* qui incline en B, il montera par son propre poids le long des côtés B A, C A. Pourquoi ? Voilà une espece de phénomene bien surprenant, mais dont le merveilleux disparoît quand on fait attention que le centre de pésanteur du *Fuseau* s'abbaisse dès qu'il est placé sur la pointe de l'angle A B C, formé par le plan. En effet, par l'écart des jambes du plan, le *Fuseau* glisse sur ces bords par son propre poids, est appuïé sur des parties plus proches de la pointe du cone, & par conséquent tombe en montant, puisque son appui s'abbaisse à mesure qu'il avance. C'est ce qui l'oblige à rouler jusques à son dernier affaissement, c'est-à-dire, jusques à ce que son centre de gravité soit parvenu au point le plus bas qu'il est possible. Ainsi le *Fuseau* tombe de tout son raïon plus élevé que le plan sur l'horison. Au lieu de monter il descend donc, & cela d'autant plus vite que la hauteur de son centre de gravité est supérieure à celle du plan.

FUSE'E. Piece de feu d'artifice composée de différentes matieres combustibles renfermées dans un tuïau cilindrique, & qui l'élevent dans dans les airs lorsqu'elles sont enflammées. Ces matieres sont en général de la poudre à canon, du salpêtre & du charbon, & le tuïau qui les contient, est un canon de carton formé autour d'un moule, étranglé d'abord par une extrêmité pour y mettre ces matieres, & par l'autre, en y laissant un petit trou lorsqu'on les y a entassées. La Figure 303. (Plan. XLIV.) représente la *Fusée* vuide, ou simplement le canon prêt à être chargé, & la figure 390. (même Planche) la fait voir toute chargée. Il y a trois sortes de *Fusées*, des petites, des moïennes & des grandes. Les premieres sont de 13 lignes de diametre ; les secondes de 17, & les troisièmes de 20. C'est une grande question parmi les Artificiers que celle de savoir si la même composition peut servir à ces différentes *Fusées*, ou si chacune d'elles ne demande pas une composition particuliere. Il semble qu'on devroit se déterminer pour cette derniere opinion. Car la composition qui convient aux petites *Fusées* doit être trop violente pour les grosses ; parce que le feu augmentant, consume une plus grande quantité de matiere dans un tuïau large que dans un plus étroit. Ainsi le spectacle dont on doit jouir, sera trop court dans les grosses *Fusées* ; & de-là nul ou peu d'avantage à en faire de grosses. Tel a toujours été la pensée des Auteurs qui ont écrit sur les Feux d'artifices, comme *Hanzelet*, *Henrion*, *Ozanam*, *Simienowitz*, &c. Cependant M. *Waren* & *P. d'O*... prétendent que c'est-là une vieille erreur. Si on les en croit, la composition doit être une : c'est-à-dire que la même dont on se sert pour les petites *Fusées*, on doit s'en servir pour les grandes, en donnant aux cartouches un sixiéme d'épaisseur du diametre du moule. Par-là elles sont en état de résister (quelque grand que soit leur diametre) à la même composition qui a la force d'enlever une petite *Fusée*. D'où il suit, que toute *Fusée* qui monte sans crever est également belle. (*Essai sur les Feux d'Artifice*, par M. *P. d'O. Chap. IV.*) Sans s'inscrire en faux contre cette conclusion, M. *Frezier* forme plusieurs objections contre ce systême. Et après bien des raisonnemens soutenus par des expériences, cet Auteur veut qu'on diminue la force de la composition dans le rapport de la pésanteur dont cette diminution a déchargé la *Fusée*, de la hauteur sextuple de son diametre, conformément à l'ancien axiome des Artificiers : *Rochetæ quo majores fuerint, lentiori onerentur materiâ, quo autem minore, fortiori.* Encore cette regle n'est pas tellement générale que l'on doive absolument s'y assujettir. C'est ici un fait de Physique, & dans la Physique, il faut que le raisonnement se prête à l'expérience. Sur tout cela, il vaux mieux pencher du côté d'un peu d'excès de force que de trop de foiblesse de composition.

Il ne s'agit donc plus que de faire connoître les matieres qui donnent plus ou moins de force, & de prescrire les regles de la composition. La poudre donne de la vivacité à la *Fusée*, & le charbon fait de bois tendre tel que le saule (que les Artificiers nomment *Aigremore*) la rallentit. Voilà les deux extrêmes. Pour avoir des compositions de différens dégrés de force, on peut se conformer à celles-ci.

Composition legere des Fusées *volantes.*

	Livre.	Once.	Gros.
Salpêtre	1	0	0
Aigremore	0	7	4
Soufre	0	4	0

Composition plus vive.

	Livre.	Once.	Gros.
Salpêtre	1	1	0
Aigremore	0	8	0
Soufre	0	3	0

Troisiéme composition plus forte.

	Livre.	Once.	Gros.
Salpêtre	1	4	0
Aigremore	0	8	0
Souffre	0	2	0

Ces compositions sont de M. *P. d'O*, dans lesquelles la poudre n'est point emploïée. Par rapport à cette attention œconomique, j'ajouterai à ces compositions la *composition unique* de M. *Waren*, où il n'oublie pas la poudre.

Composition unique de M. Waren.

	Onces.	Gros.
Salpêtre	16	0
Aigremore	6	
Soufre	4	0
Poudre	2 ou 3 onces.	

Laquelle de ces compositions est préférable ? Cette question a toujours embarrassé les Artificiers ; parce qu'en fait de composition d'artifice rien n'est plus varié. Telle composition *réussira* à merveille aujourd'hui qui n'aura pas le même succès un autre jour. L'état de l'air y influe beaucoup. Aussi voit-on souvent des effets admirables dans des essais, & un spectacle peu brillant, quand on met ces essais à exécution. C'est pourquoi l'expérience actuelle doit être la regle qu'un Artificier doit suivre.

2. La composition ainsi faite & le canon préparé on charge les *Fusées*. A cette fin, après avoir pesé & tamisé chaque matiere en particulier ; savoir, la poudre, le salpêtre & le souffre, par un tamis de soie moïennement fin, & le charbon à travers un tamis plus grossier, on les mêle ensemble, en les tamisant avec un tamis de crin deux ou trois fois. Aïant ensuite placé le canon sur un billot

bien uni, on y verse la composition à plusieurs reprises, en l'entassant à chaque reprise avec une baguette, sur laquelle on frappe quelques petits coups de maillet. Plus les *Fusées* sont grosses, & plus ces coups doivent augmenter & en nombre & en force. Cette augmentation est même si considérable, qu'il faut charger les *Fusées* de trois pouces, & par conséquent celles d'un plus grand diametre sous un mouton, aucun homme n'étant assez fort pour remuer le maillet nécessaire pour cela. (*V.* MOUTON.)

Pendant qu'on frappe ainsi pour entasser la poudre, le canon de la *Fusée* est enfermé dans un moule qui le tient ferme contre l'effort de l'entassement. La *Fusée* chargée, il faut la tirer de ce moule, & cette opération n'est point du tout aisée. On en prévient les accidens en polissant bien intérieurement le moule, & en le frottant de savon. Moïennant cette précaution, il est facile de faire sortir la *Fusée* en la poussant avec la baguette du massif. Pendant qu'on pousse on appuïe le bord du moule sur le coin du billot, ou mieux encore on le tient ferme dans un établi.

Il ne reste plus qu'à couronner la *Fusée* d'un autre canon qu'on appelle *pot*, & à le couvrir d'un cône ou cornet de papier nommé *chapiteau*; ensuite on l'amorce, c'est-à-dire, on met sur la composition de la poudre pilée & délaïée avec de l'eau pour en faire une pâte. Enfin on attache au corps de la *Fusée* une baguette faite d'un bois leger, tel que le coudre, le saule, l'orme & l'ozier, qu'on fait préparer par un Menuisier pour les grosses *Fusées*. Cette baguette sert à maintenir la *Fusée* droite (en contre-balançant sa pésanteur) contre laquelle le feu agit par l'un des bouts qui doit être toujours tourné en bas, & l'oblige à garder cette situation. Les dimensions qu'on donne pour les baguettes sont telles. La longueur de la baguette doit avoir au moins neuf fois la longueur de la *Fusée*, non compris la garniture; & la partie de la baguette, où l'on attache la *Fusée*, qui est la plus grosse, ne doit avoir qu'un demi-diametre extérieur de cette piece d'artifice. La Figure 391. (Planche XLIV.) represente une *Fusée* toute garnie prête à être enflammée.

2. Jusqu'ici j'ai distingué les *Fusées* en *grosses, petites* & *moïennes*. Cette distinction suffit pour en faire connoître l'espece. Les Artificiers les caractérisent sous des noms qu'on ne doit point ignorer lorsqu'on veut parler de cette partie de leur art. Ces noms sont *Fusées de caisse*, *Fusées de partement*, *grosses*

de partement, *Marquise*, *Double marquise.* Les premieres de ces *Fusées* sont les plus petites. Ordinairement les *Fusées de caisse* n'ont que 9 lignes de diametre; celles de *partement* 14 lignes; les *grosses de partement* 15 lignes, les *Marquises* 17, & les *Doubles marquises* 19. Ces regles, qui sont celles que prescrit M. *De Saint-Remi*, ne sont pas si essentielles qu'on ne puisse s'y soustraire. M. *P. d'O.* en prescrit d'autres qui sont bien différentes. Il donne aux *Fusées de partement* 8 lignes, 10 à celles de *Double partement*, 12 lignes aux *Marquises*, &c. Et dans le fond on peut s'écarter de celles-ci comme M. *P. d'O.* s'est écarté de celles-là.

3. Quand on sait faire une *Fusée*, il n'est pas difficile de varier les effets, que suivant telle ou telle composition elles peuvent produire. Comme cette composition peut être combinée & diversifiée à l'infini, on peut en composer d'une infinité d'especes. Pour mettre des bornes à ce grand nombre, & à cet article, sans oublier l'essentiel de ces variétés, j'ai fait un choix des plus brillantes, qui serviront de fondement pour la composition des autres.

Fusée ÉCLATANTE ou simplement l'ÉCLATANTE. C'est une *Fusée* chargée de poussier mêlé du tiers ou du quart de son poids de limaille de fer ou d'acier un peu fine. L'effet de cette *Fusée* est de jetter un feu fort brillant. On donne à l'épaisseur de son canon ou cartouche une épaisseur double de l'ordinaire, parce que cette composition est extrèmement vive.

FLAMBOÏANTE. On prend pour faire cette *Fusée* 1 livre de salpêtre; 8 onces de soufre & 4 onces de poussier qu'on délaïe avec de l'eau. On trempe ensuite dans cette pâte ainsi liquefiée des étoupes, & après les avoir fait sécher, on les poudre d'un peu de poussier, & on en couvre une grosse *Fusée*, en laissant passer l'étoupe au-dessous de la gorge pour faire une continuité de feu avec la queue. Le tout se lie avec un fil de fer. Cette *Fusée* ressemble à une comete, & sa flamme est fort agréable.

FULMINANTE. Cette *Fusée* imite l'éclair & le tonnerre. On imite l'éclair en remplissant le pot de la *Fusée*, à moitié de sa hauteur ordinaire, d'une composition faite avec du salpêtre, du poussier, & de la résine bien pulverisée, tamisée & dosée en parties égales, je veux dire autant de l'une que de l'autre. On couvre cette matiere dans le canon sans la fouler. Voilà pour l'éclair. A l'égard du tonnerre, on attache au-dessus du pot ou sous les anses de ce pot, deux sauciſſons qui ſont des eſpeces de pétards. (*Voïez* PETARD.) Et afin d'imiter les coups éclatans qui précedent le départ de la foudre, on attache le long de la baguette des petits ſauciſſons diſpoſés parallelement en travers, & qui ſe communiquent par une étoupille. Enfin, on jette le feu alternativement de la droite à la gauche par ſecouſſes, en penchant à chaque charge de matiere pour y mettre une pincée de poudre grenée.

FUSÉE A ÉCRITURE. Il s'agit ici de faire porter à une *Fuſée* des caracteres de feu. A cette fin, on découpe dans une bande de carton dont la forme eſt un parallelograme, on découpe, dis - je, les lettres qui doivent compoſer le mot qu'on veut écrire. Ce carton ſe borde avec des baleines, & après avoir enveloppé les lettres d'étoupes de lin trempées dans de l'eau-de-vie chaude, où l'on a fait diſſoudre du camphre & de la gomme, on les ſoupoudre de pouſſier mêlé d'un peu de ſoufre. La bande entiere de carton avec des baleines, ſe cloue ſur le bord de la baguette qui déborde la *Fuſée* ; on la roule autour d'elle, & on la maintient dans cet état de contraction, en l'attachant par le milieu avec une étoupille prompte, qui reçoit le feu de la gorge de la *Fuſée* par une étoupille lente de communication, compoſée de deux onces de ſoufre ſur une livre de pouſſier.

Lorſqu'on a enflammé la *Fuſée*, le feu ſe communique à une étoupille lente à la moitié de ſon vol. Alors les baleines collées au carton, ſe déploïent, & on voit monter en l'air des caracteres de feu, qui expriment le mot qu'on a écrit. On peut par le même expédient repréſenter des armes, des chifres, ou tel autre deſſein qu'on ſouhaite.

FUSÉE A SOLEIL FIXE. On adapte ici à une *Fuſée* ordinaire un ſoleil, c'eſt-à-dire un cercle de bois garni de jets de feu d'une compoſition brillante, dont le poids n'excede pas celui de la *Fuſée* entiere. Ces jets communiquent par une étoupille qui les entoure. Une autre étoupille lente communique de la gorge de la *Fuſée* à l'un des jets. Cette derniere communication eſt ajuſtée de ſorte que la *Fuſée* a fait la moitié de ſon vol lorſque le feu prend au ſoleil. Ceci s'attache à la baguette de la *Fuſée* ou au corps même.

Je renvoïe pour l'origine des *Fuſées* ſimples à l'article des FEUX DE JOÏE. Pour les *Fuſées* compoſées, c'eſt à M. *P. d'O.* qu'on les doit, du moins la plus grande partie.

FUSÉE. Terme d'Horlogerie. Partie d'une montre autour de laquelle tourne la chaîne ou la corde qui fait bander le reſſort. Sa figure eſt conique, & on la cannele ſpiralement dans le ſens de ſa baſe, pour retenir la chaîne. L'uſage de la *Fuſée* eſt de moderer le développement de cette chaîne par l'action du reſſort. Lorſqu'on a monté une montre, ſon reſſort ſe trouve comprimé autant qu'il peut l'être. Alors il agit avec toute la vivacité de ſon action. A meſure que la chaîne paſſe de la *Fuſée* ſur le tambour, dans lequel le reſſort eſt enfermé, ce reſſort ſe débande & ſa force diminue. Sa traction eſt donc moins violente. Si l'on ne remedioit pas à cette inégalité d'action, le mouvement de la montre ſeroit extrêmement prompt immédiatement après qu'elle auroit été montée, & ce mouvement déviendroit fort lent, ce qui cauſeroit un mouvement très-irrégulier. Comme une montre n'eſt bonne qu'autant que cette irrégularité n'a pas lieu ; on a cherché à tailler la *Fuſée*, de façon que le reſſort eût plus de force à proportion de ſon débandement. C'eſt la propriété qu'on a reconnue dans la figure conique, dont le diametre augmente en approchant de ſa baſe, & par conſéquent à meſure que la chaîne ſe détortille. Or ce diametre étant un lévier par lequel le reſſort agit, pour détailler la chaîne, il eſt évident que ce diametre étant extrêmement court à la pointe de la *Fuſée*, il ne doit aider que bien peu la force du reſſort. Au contraire, cette force diminuant, la corde ſe trouve ſur un plus grand diametre, & par conſéquent appliquée à un plus grand lévier, elle acquiett donc, de la part de la *Fuſée*, ce qu'elle perd du côté du reſſort. Par ce moïen les puiſſances étant en raiſon réciproque des diſtances, depuis l'appui juſques à l'endroit où elles ſont appliquées, elles doivent agir avec une force égale. Je ſuppoſe ici que la groſſeur de la *Fuſée* eſt tellement proportionnée au reſſort, que l'accroiſſement de force de ſa part ſoit en même raiſon que la diminution de force du reſſort. Quelques grands Géometres, tels que MM. *Varignon* & de la *Hire* ont recherché quelle devoit être à cette fin la vraie figure de la *Fuſée*, & on a trouvé, que cette figure ne devoit pas être tout-à-fait celle du cone, mais qu'elle devoit être un peu creuſe vers le milieu. Pour être ſûr ſi cette figure eſt la véritable, il faudroit connoître la force du reſſort & de ſon décroiſſement dans ſa détention. L'expérience ſeule peut nous procurer cette connoiſſance. Ainſi la Géometrie, ou pour mieux dire, la Mécanique, doit lui être ſoumiſe. Auſſi M. *Sulli* (*Regle artificielle du tems*, *page* 20.) & M. de la *Hire* , (*Traité de Mécanique* , *page* 237.) conviennent-ils qu'on ne doit pas attendre que l'exécution puisse répondre aux régles que la Mécanique prescrit , & qu'on ne doit les chercher que par l'expérience. La figure 304. (Planche XL. représente la *Fusée* avec sa chaîne , & le ressort qui agit pour la détortiller.

Quoique l'invention de la *Fusée* soit une découverte toute neuve, cependant l'histoire ne fait pas mention de cette partie d'une montre , en parlant du ressort qui en est l'occasion. On sait que M. *Hook* fit le premier usage du ressort dans les montres vers l'an 1658, Doit-on en conclure qu'on lui est redevable de la *Fusée* ? *Voïez* MONTRE. M. *Thiout* a décrit dans son Traité *de l'Horlogerie* , *Tome I. page* 66 & *suivantes* , différentes machines pour tailler les *Fusées*.

FUST. Terme d'Architecture civile. C'est le tronc ou le vif d'une colonne , c'est-à-dire, la partie comprise entre sa base & son chapiteau. *Vitruve* l'appelle *Scapus*. M. *Perrault* croit que le mot de *Fust* vient du latin *Fustis* , qui signifie un bâton. En effet, , le *Fust* de la colonne ressemble à un gros bâton.

G.

G A B

ABION. Terme de Fortification. Espece de panier sans fond fait de branches menues, aussi large en haut qu'en bas, & d'environ 2 pieds de diametre, & 2 pieds ½ de hauteur. On le remplit de terre ou de sable en prenant garde qu'il n'y entre point de pierres de quelque grandeur considérable. Les *Gabions* servent sur les ouvrages principaux, sur les batteries, dans les grands fossés, &c. où il y a quelque breche, & où il est nécessaire de se mettre à couvert de l'artillerie. On les emploïe encore pour former des parapets aux lignes d'approche quand il faut conduire une tranchée ou des attaques dans un terrein pierreux, plein de rocs, &c. ou lorsqu'on est obligé d'avancer les ouvrages avec beaucoup de vigueur. On s'en sert aussi pour faire des logemens dans les postes, & en général pour mettre à couvert certains endroits des coups de l'ennemi. Ceux à qui les *Gabions* nuisent, s'en débarrassent en y mettant le feu avec des fagots trempés dans de la poix ou du goudron. M. *De la Vergne* a écrit un Traité particulier sur les *Gabions*.

G A L

GALLERIE. Les Ingénieurs donnent ce nom à une allée ou tranchée couverte, dont les côtés sont à l'épreuve du mousquet. On les forme ordinairement par un double rang de planches, fortifiées de plaques de fer, qu'on couvre avec de la terre ou du gazon, pour qu'elles résistent mieux aux feux d'artifice que les Assiégés pourroient jetter dessus. Ces *Galleries* sont fort usitées dans le passage du fossé, après qu'on l'a rempli ou comblé de fascines ou d'autres matériaux ; & sur-tout quand on se propose d'attacher le mineur en toute sureté à la face d'un bastion, lorsqu'on a démonté l'artillerie du flanc opposé.

GALLERIE est encore un terme parmi les Mineurs. Ici il signifie un petit conduit ou chemin souterrain que l'on pratique pour parvenir jusques sous les endroits que l'on veut faire sauter par la mine. Ses dimensions sont pour la hauteur 3 pieds ½, & pour la largeur 2 pieds ½. (*Voïez* les *Mémoires pour l'attaque d'une Place* par *Goulon*, & le *Traité* de M. de *Vauban*.)

Dans les contremines on entend par *Gallerie* des canaux souterrains, pratiqués dans les ouvrages de la Place, & dans les environs, pour aller au-devant du Mineur ennemi.

G A R

GARDE-CHAINE. Partie d'une montre, dont l'usage consiste à empêcher qu'en montant une montre on n'en casse la chaîne.

G A U

GAUDRON DE BALLE A FEU. M. *Wolf* nomme ainsi dans son *Dictionnaire de Mathématique* une composition dont on se sert pour les balles à feu, afin que les éclats qu'on y fait entrer soient allumés à propos, & que la boule ne s'éteigne pas avant le tems. Plusieurs Savans qui ont écrit sur les feux d'artifice, ont prescrit différentes compositions, parmi lesquelles celle-ci est préférable. Avec 48 livres de poudre broïée finement, on mêle 32 livres de salpêtre, 16 livres de soufre, 4 livres de colophone, 2 livres de limaille de fer, 2 livres de sciure de bois (qu'on fait cuire dans une lessive de salpêtre, & qu'on fait ensuite sécher) & 1 livre de charbon. Cette composition forme un feu prompt, vif, & donne de grandes flammes, & des étincelles brillantes qui éloignent vigoureusement ceux qui voudroient s'en approcher. C'est tout l'effet qu'on peut en attendre. (*Voïez* le *Grand art de l'Artillerie* de *Simienowitz*, Part. I. & *l'Artillerie* de *Buchner*, Part. I.)

G A Z

GAZONS. Quoique ce terme soit un terme de Jardinage, l'usage qu'on en fait en fortification, peut le faire regarder comme un d'Architecture militaire. Dans cette vûe, je dis que par *Gazons*, les Ingénieurs entendent des morceaux de terre de pré, dont la base a 15 ou 16 pieds de long ou de queue, sur 6 de large, & d'environ 3 pouces d'épaisseur. Le *Gazon* doit être coupé de façon que son profil, pris suivant sa longueur, soit un triangle rectangle. On doit le couper, pour qu'il soit bon, dans un terrein gras qui produise beaucoup d'herbes. On s'en sert pour en revêtir le talus extérieur & intérieur du fossé & des autres ouvrages en les mettant les uns sur les autres; en les fixant, tant aux extrêmités qu'au milieu avec des chevilles de bois, & en les appliquant bien également. Cet ouvrage doit se faire dans le printems ou dans l'automne, & non dans les grandes chaleurs.

G E M

GEMEAUX. Troisiéme constellation du zodiaque, dont la troisiéme partie de l'écliptique porte le nom. On trouvera à l'article de CONSTELLATION le nombre des étoiles qui composent les *Gemeaux*. *Hévélius* a marqué la longitude & la latitude de ces étoiles pour 1700, dans son *Prodromus Astronomiæ*, & il a donné la figure de la constellation entiere dans son *Firmamentum Sobiescianum*, figure D *d*, de même que *Bayer* dans son *Uranometrie*, figure Z.

Les Poetes prétendent que les *Gemeaux* répréséntés par deux enfans, sont les fils de *Jupiter* qu'il avoit eus de *Leda*. Parce que ces enfans s'aimoient tendrement, on les transporta dans le ciel. *Schiller* donne à cette constellation le nom de *Saint Jacques le grand*, & *Schickard* celui de *Jacob & d'Esaü*. De la tête des *Gemeaux*, *Weigel* forme les armes des Jésuites I. H. S. de leurs pieds l'une des couronnes de l'aigle à deux têtes, & de leurs corps les armes de Lorraine. Cette constellation est appellée par différens Astronomes, *Amphion & Zethus*, *Apollon & Hercule*, *Castor & Pollux*, *Triptoleme & Jason*, *Abrachaleus*, *Aphellan* ou *Avellar*, *Dioscuri*, *Duo Pavones*, *Ledæi Juvenes*, *Ledæum sidus*, *Samothraces*, *Tindaridæ*.

G E N

GENERATION. Les Géometres font usage de ce mot, pour exprimer la formation d'un plan, ou d'un solide quelconque par le mouvement ou la circonvolution de quelque ligne ou de quelque surface. Dans cette considération, la ligne ou la surface est appellée génératrice, (*Voïez* GENERATRICE) & l'on nomme directrice la ligne le long de laquelle se fait le mouvement.

GENERATRICE. On donne cette épithete à une ligne, à une figure, à une surface dont la circonvolution produit un plan ou un solide quelconque. Ainsi une ligne qui se meut parallelement à elle-même, de quelque maniere que ce soit, engendre un parallélograme. Si elle se meut autour d'un point, dans un même plan, & que l'une de ses extrémités soit attachée à ce point, elle engendre un cercle. La révolution entiere d'un cercle qui roule sur une ligne droite, produit une cicloïde. La sphere est formée par la circonvolution d'un demi-cercle autour de son diametre, &c.

GENOU. Terme de Mathématique. C'est la partie supérieure du pied d'un instrument, sur laquelle l'instrument même repose. Elle est composée d'un globe de cuivre enfermé dans un demi globe concave, où ce globe est mobile en tous sens, soit verticalement, soit horisontalement. On met des *Genoux* à des graphometres, à des lunettes à reflexion, &c. (*Voïez* pour la figure du *Genou*, GRAPHOMETRE.) Les premiers *Genoux* qui parurent avoient deux charnieres, par le moïen desquelles on plaçoit un instrument ou horisontalement ou verticalement sans aucun milieu : ce qui en rendoit l'usage trop borné.

GENOUILLIERE. *Voïez* GENOU.

GENRE DES COURBES. Egalité de dimensions dans les équations qui déterminent la nature des lignes. Par exemple, dans le cercle $y^2 = ax - x^2$ (*Voïez* CERCLE,) & dans la parabole $y^2 = ax$, (*Voïez* PARABOLE.) ces deux équations n'aïant que deux dimensions, les cercles & les paraboles sont d'un même genre. *Descartes* est le premier qui a distingué les courbes en *Genres*, & qui les a définies par des équations algébriques. Une courbe est du *premier Genre*, lorsque son équation a deux dimensions, comme $y^2 = ax$; du *second Genre* quand elle en a trois, comme $y^3 = a^2 x$; du *quatriéme Genre*, si elle en a cinq; telle est l'équation $y^5 = a^4 x$, &c. Les *Genres* prennent souvent leur qualité de la plus grande dignité que l'équation contient. Ainsi le premier *Genre* est appelé quelquefois *Genre quarré*; le second, *Genre cubique*; le troisiéme, *Biquarré*, &c.

G E O

GEOCENTRIQUE. Terme d'Astronomie. Epithete qu'on donne à une planete ou à un orbe qui a la terre pour son centre, ou qui a le même centre que la terre.

On appelle aussi latitude *Geocentrique* d'une planete, l'angle formé par la ligne qui joint cette planete à la terre, & par la ligne tirée perpendiculairement au plan de l'écliptique.

Le mot *Geocentrique* caracterise encore le lieu d'une planete, ou le point de l'écliptique auquel on rapporte cette planete vûe de la terre.

GEODESIE. L'art de diviser les champs. C'est une partie de la Géometrie qui a la même origine. Toute figure rectiligne peut se diviser en parallelogrames & en triangles. Tout parallelograme est double d'un triangle, puisqu'il est composé de deux triangles joints par un côté. Rien de plus simple en Geometrie que la *Geodesie*. Les yeux font la moitié du travail sur le papier, quand il s'agit d'y diviser une figure. Sur un terrein, on plante à chaque coin des piquets, & par le secours d'une équerre d'Arpenteur ou d'un Graphometre, on éleve aux côtés qui sont terminés par ces coins, des perpendiculaires. Cette opération donne des rectangles dans le terrein, autant qu'il peut y en avoir & le reste se resout en triangles. Par exemple, le terrein (Planche V I. Figure 400.) étant donné, tirez de chaque angle les lignes C D, E D, G H. Le terrein sera divisé en 4, qui sont régulieres ou irrégulieres. Seulement il paroît qu'on a deux triangles, un trapeze & une espece de parallelograme. Pour le trapeze on peut le diviser en 2 triangles par la diagonale G H. A l'égard de l'espace EDHG on éleve sur un des côtés des perpendiculaires & sur les deux autres une seconde, & on aura un parallelograme rectangle & 3 triangles. Plus simplement, on pourra diviser cet espace en 2 triangles par une ligne qu'on menera d'un angle à l'autre.

Par cette liberté, il est aisé de voir que la *Geodesie* est un art plutôt de choix que de regle. Chaque Géometre divise un champ à sa maniere. Pourvu qu'il soit réduit en des figures régulieres il est bien divisé. Cependant le bon sens veut que moins il y a de divisions dans un champ & mieux il est divisé; parce que comme la fin de la *Geodesie* est de distribuer un champ de façon qu'on puisse mesurer l'aire des figures dont il est composé, il est évident que cette opération sera d'autant plus prompte qu'il y aura moins de divisions.

GEODETIQUE. On appelle ainsi en Arithmétique des nombres considerés relativement aux noms & aux dénominations vulgaires, par lesquelles on connoît généralement, ou par lesquelles on divise en particulier, l'argent, les poids, les mesures, &c. selon les loix & les coutumes des différentes Nations.

GEOMETRIE. Ce mot, pris suivant son étimologie, signifie l'art de mesurer les terreins; & suivant son étendue, *Géometrie* est la science des rapports de tout ce qui est susceptible d'augmentation & de diminution. Dans ce sens, les lignes, les surfaces, les solides, les tems, les vitesses, &c. sont soumises à la *Géometrie*.

On croit que cette science a pris naissance en Egypte. Telle est l'histoire ou la fable qu'on en fait. Le Nil couvre régulierement les campagnes d'Egypte toutes les années. Le limon qu'il dépose cache les bornes des champs, & empêche qu'on ne les reconnoisse. Le terrein d'un particulier se confond avec celui d'un autre. Lorsque les biens ne furent plus en commun, & que l'esprit de cupidité s'empara des hommes, cette confusion causa de grands débats. Autant de partages autant de mécontens. Celui-ci se plaignoit d'être lezé dans la distribution, & celui-là faisoit envers le même ce reproche. Pour terminer ces différens, on s'appliquoit à la considération de la figure des champs de chacun en particulier, & on cherchoit à en déterminer l'étendue & à en lever le plan, afin d'être en état d'assigner leurs justes dimensions quand elles viendroient à être troublées. De cette spéculation mercenaire, l'esprit s'éleva bientôt à des connoissances qu'il ne cherchoit point, & jetta les premiers fondemens de la *Géometrie*. Si cette origine est mal établie, il faut convenir que nous ne la connoissons pas. Le P. *Preslet* croit que les Egyptiens l'apprirent d'*Abraham*. De qui la tenoit *Abraham* ? c'est ce qu'on ignore. Il est certain que *Thalès* de Milet apporta d'Egypte en Grece la *Géometrie*, que les Prêtres de Memphis lui avoient appris. Mais ce n'étoit qu'une *Géometrie* usuelle & de pratique. *Thalès* alla bien-tôt plus loin que ses maîtres. En génie supérieur, il médita sur les principes de cette science, & découvrit des propositions importantes, qui sont dans *Euclide* les 5e, 15e, 25e du premier Livre de ses Elémens, & la 31e du troisiéme. Selon toutes les apparences ces propositions donnerent naissance à plusieurs autres; car les vérités géometriques se tiennent toutes par la main. *Proclus* assure nommément que la maniere dont *Thalès* mesura les pyramides (*Voïez* ALTIMETRIE) donna lieu à la quatriéme proposition du VIe Livre.

Dans le tems que *Thalès* développoit en quelque sorte le germe de la *Géometrie*, le grand

grand *Pythagore* avançoit en âge à Samos. Jeune encore, un de ſes oncles l'envoïa à *Thalès* qui étoit alors dans l'Aſie mineure. Les leçons de cet habile Maître eurent tant de ſuccès, que *Pythagore* devint bien-tôt maître à ſon tour. Ses rapides progrès ef-fraïerent *Thalès*. Il lui conſeilla d'aller étu-dier ſous les Prêtres de Memphis à qui *Thalès* faiſoit l'honneur de les croire plus ſavans que lui dans la *Géometrie*.

Pythagore alla donc en Egypte, où il ne trouva pas ce qu'il chetchoit, c'eſt-à-dire des Géometres. Il eut recours à ſes propres lu-mieres, & ſe livrant entierement à ſon gé-nie, il découvrit deux grandes propoſitions; la premiere eſt la 32e, & la ſeconde la 47e du Livre I. des Elémens d'*Euclide*. La 47e ſur-tout eſt la plus belle ſans contredit qu'on ait découvert juſques à préſent. *Pythagore*, qui n'étoit pas Géometre à demi, en ſentit toute l'étendue, & ſacrifia cent bœufs aux Dieux pour leur en rendre des actions de grace. (*Voïez* TRIANGLE RECTANGLE).

Les découvertes qu'il fit & celles qu'il ra-maſſa, le mirent en état de faire un corps de ſcience géometrique. Il crut qu'on pouvoit préſenter la *Géometrie* comme telle au Pu-blic, & qu'il étoit tems de l'en inſtruire. Dans cette penſée, il ouvrit le premier une Ecole de *Géométrie*. Quoique ce Philoſophe ne ſe ſoit pas borné à l'étude de la *Géometrie*, & qu'il ſe ſoit appliqué à des merveilles ſans nombre d'un autre genre, tels que la théorie des nombres, celle des ſons, &c. Se-lon le compte que le plan de cet Ouvrage me met à portée d'en rendre, cependant la *Géometrie* avoit toute ſa tendreſſe; & la qualité de Géometre étoit celle qui le flatoit le plus. Dans les médailles, où l'on a con-ſervé l'image de ce grand homme, il eſt toujours repréſenté occupé à l'étude de la ſcience dont je fais l'hiſtoire. Au revers de celle qui fut frappée à l'honneur de *Commode*, on voit *Pythagore* tenant en main cette ba-guette, dont les premiers Géometres ſe ſer-voient pour tracer leurs figures ſur le ſable.

Les beautés de la *Géometrie* furent expo-ſées avec tant de force par *Pythagore*, que cette ſcience devint en grande vénération. On la regardoit comme l'étude véritable de l'homme, parce que c'étoit celle de la véri-té. L'hiſtoire nous apprend que le Philoſo-phe *Ariſtippe* aïant fait naufrage dans une Iſle inconnue où perſonne n'oſoit ſe riſquer, apperçut ſur le ſable des figures de *Géometrie*. Tranſporté de joïe, il s'écria: raſſurez-vous, j'apperçois *des traces d'hommes; Veſtigia hominum agnoſco*.

Juſques-là on ſe contenta de n'apprendre la

Tome I.

Géométrie que verbalement. *Hippocrate de Scio*, après avoir enrichi cette ſcience par la découverte de la quadrature de la lunule (*Voïez* LUNULE,) & reconnu qu'on pouvoit doubler le cube par le moïen de deux moïennes proportionnelles entre deux lignes données, écrivit des *Elémens de Géo-metrie*. A ſon exemple, *Démocrite* étroite-ment lié avec ce Philoſophe & les Diſciples de *Pythagore*, écrivit de l'attouchement du cercle de la ſphere, des lignes irrationnel-les, des ſolides & des nombres géométri-ques. Jamais ſiécle n'a été plus floriſſant pour la *Géometrie* que celui d'*Hippocrate*. *Platon*, fameux Philoſophe, qualifié du titre de Prince de la Secte Académique, & ci-devant diſciple d'*Hippocrate*, fut tellement épris des vérités de la *Géometrie*, qu'aïant ouvert une Ecole de Philoſophie, il n'y reçut aucun diſ-ciple qu'il n'eut étudié cette ſcience. Un écrit placé ſur la porte de cette Ecole, an-nonçoit en ces termes cette regle judicieuſe: *Que ceux qui ignorent la* GEOMETRIE *n'en-trent point ici.* Là il expoſoit tous les jours de nouvelles propoſitions; & recevoit les difficultés qu'on lui faiſoit pour y ſatisfaire. Parmi ces difficultés une queſtion nous a été conſervée particulierement: c'eſt celle de doubler l'autel d'*Apollon*, dont les Habi-tans de l'Iſle de *Délos* lui demanderent la ſolution. *Platon* pâlit à la vûe de ce pro-blême. Se méfiant de ſes forces, il renvoïa ces Habitans à *Euclide*. Il ne laiſſa pas que de s'y appliquer, & trouva deux moïennes proportionnelles par le moïen deſquelles il fit voir qu'on pouvoit doubler l'autel d'*A-pollon* qui étoit un cube. Comme cette in-vention eſt d'*Hippocrate*, on a refuſé à *Pla-ton* l'honneur dont il ſe flattoit par cette ſolution.

J'ai dit que ce Philoſophe renvoïa les Ha-bitans de Delos à *Euclide*, & cela ſuppoſe qu'il vivoit alors comme il exiſtoit en effet. Mais avant que de parler de ce pere de la *Géometrie*, l'ordre chronologique veut que j'expoſe les découvertes qu'on faiſoit dans ce tems, & qui précéderent celles d'*Euclide*.

On prétend qu'après *Platon*, *Léon*, diſ-ciple du Géometre *Neoclis*, qui n'eſt con-nu que par ſon diſciple, on prétend; dis-je, que *Léon* trouva la maniere de diſtinguer un Problême ſoluble de celui qui ne peut ſe reſoudre, & qu'il écrivit après *Hippocrate* des *Elémens de Géometrie* beaucoup plus exactement que n'avoit fait ce Géometre. Vint enſuite *Architas de Tarente*, qui don-na une méthode de trouver deux moïennes proportionnelles. Et ſi l'ordre chronologi-que que je ſuis, ſur la foi des plus célébres

Hiſtoriens, ne m'induit point en erreur, à ces découvertes ſucceda celle de la théorie des cones, & celle de la réſolution & des lieux ſolides par *Ariſtée*, tandis que *Géminus* approfondiſſoit les fondemens de la *Géometrie* & l'enrichiſſoit. Portant ſes vûes ſur l'état actuel de cette ſcience, ce Géometre diſtingua d'abord trois ſortes de lignes, la droite, la circulaire, & la ſpirale cilindrique. En ſecond lieu, il enſeigna la généra-tion des conchoïdes & des ciſſoïdes; démon-tra plus uniment que *Thalès* la 5e propoſi-tion des *Elémens d'Euclide*, en faiſant voir que les lignes droites égales tirées d'un point ſur une ligne ſimilaire font à la baſe des angles égaux; & écrivit 6 livres *des narra-tions Géometriques*, livres qui ne ſont point parvenus juſqu'à nous. Enfin parut le fa-meux *Euclide* natif de Mégare, ſuivant quelques Hiſtoriens, & d'Alexandrie ſi l'on en croit l'Auteur de l'extrait de l'*Hiſtoire critique de la Philoſophie*, &c. par M. *Deſ-landes* (imprimée dans les *Jugemens ſur quelques Ouvrages nouveaux* de M. l'Abbé *Desfontaines*, pendant la maladie dont ce Journaliſte eſt mort.) Il ſemble que ce der-nier ſentiment doit l'emporter ſur l'autre; parce que celui-là forme un anachroniſme con-ſidérable. Ce qui peut avoir contribué à tromper ces Hiſtoriens, c'eſt qu'il y a eu à Megare un *Euclide*, mais qui n'étoit, ſelon *Diogene de Laerce*, nullement Géometre. (*Voïez* l'*Hiſtoire Critique de la Philoſ.* pat M. *Deslandes.*) Quoiqu'il en ſoit, *Euclide* après avoir découvert les 5 livres des *Ele-mens de Géometrie*, établit les principes de cette ſcience auſquels on n'a rien ajouté de-puis. *Pappus* dit, que cet homme immortel a écrit de la réſolution des parallalogiſmes; qu'il a compoſé 2 livres des lieux à la ſur-perficie; 4 des coniques & 3 de poriſmes; & il ajoute triſtement que ces ouvrages ſont perdus. Par la rigueur avec laquelle ces Elé-mens ſont démontrés, on peut juger de la ſolidité de ces productions & de la gran-deur de la perte qu'on a faite.

Je regarde le tems où ces Elemens pa-rurent, comme le premier âge de la *Géome-trie*. Je commence le ſecond à *Archimede*, qui fut précédé par *Theophraſte*, diſciple d'*Ariſtote*, (on doit à *Theophraſte* 4 livres, *Hiſtoriarum Geometricarum*, & un *De lineis individuis. Diogen. de Laerce.*) & par *Eraſ-totene*, Auteur du Méſolabe, machine in-ventée pour doubler le cube. C'étoit un ter-rible homme qu'*Archimede*. Il compoſa un Traité de la ſphere, un du cilindre, un de la quadrature de la parabole, & deux livres des équiponderans. Après lui *Appollonius*, ſur-

nommé le grand Géometre, publia 8 livres ſur les cones, où il démontra leurs propriétés; écrivit après cela de la ſection déterminée, de la ſection de la proportion, de la ſection de l'eſpace, des inclinations, des attouchemens, des lieux plans; & compoſa 2 livres des rai-ſons doublées *de Cochlea*.

Les Géometres qui écrivirent après *Ap-pollonius*, ne publierent rien de remarqua-ble. La *Géometrie* ſe développoit, s'éclairciſ-ſoit, augmentoit de tems en tems de quel-ques nouvelles vérités; mais elle ne chan-geoit pas de face. C'étoit ſur le même ton qu'on travailloit, & à le bien prendre, on n'étoit pas encore fort loin de la *Géometrie* élementaire. La naiſſance du grand *Deſcartes* termina ce ſecond âge. Appliquant l'algé-bre à la *Géometrie* élementaire, il dépouilla la *Géometrie compoſée*, dont les bornes ont été fixées par M M. *Newton* & *Leibnitz*. La découverte que ces deux ſavans ont fait du calcul des infiniment petits, (*Voïez* CALCUL DES INFINIMENT PETITS,) les a mis en état de la porter à ſon dégré de perfec-tion. Ils ont été même plus loin par ſon moïen. Un calcul auſſi ſublime devoit éle-ver naturellement à un dégré tranſcendant. C'eſt ce qui a donné lieu à appeller ainſi les découvertes géometriques qui en ont ré-ſulté.

Pour donner une idée de ces trois ſortes de *Géometrie*, je crois devoir les examiner ſéparément. J'y joindrai deux autres articles pour faire connoître l'application de la *Géo-metrie* à la pratique, ſous les noms qu'on leur a donné.

GEOMETRIE ÉLEMENTAIRE. C'eſt la ſcience des lignes droites, du cercle, & des figures & des corps qui en ſont formés. On y traite premierement des lignes, enſuite des ſur-faces, & en dernier lieu des corps. Parce que chaque eſpece a ſa meſure particuliere; on explique en même-tems la nature des meſures, & on apprend à les appliquer à l'uſage d'après des principes inconteſtables. Auſſi quelques Géometres l'appellent, par rapport à cela, *Archimetrie*, *Megothologie*, *Metrologie* & *Pantometrie*.

Euclide eſt le premier qui a établi la *Géometrie élementaire*. Dans les 6 premiers Livres de ſes Elemens, il traite des lignes & des ſurfaces, & dans le onziéme & le douziéme de la nature des corps. Peu d'Ou-vrages ont eu tant de Commentateurs que ce-lui-ci. *Oronce Finée* (en 1550;) *Jacques Pel-letier* (en 1557;) *Nicolas Tartaglia* (en 1560;) *François Fluſſates Candalla* (en 1578;) *Clavius* (en 1578,) &c. ont pu-blié différens Commentaires. Mais la meilleure édition, qui a paru des Elémens d'*Euclide*, est celle d'*Isaac Barrow*, & les meilleurs élemens de *Géometrie élémentaire* (pour les Savans) ceux d'*André Taquet*, intitulés : *Elementa Geometriæ planæ & solidæ.* Aujourd'hui les Elemens les plus estimés (pour les Commençans) sont les *Elemens d'Euclide*, de *Deschalles*, corrigés par *Ozanam*; ceux de M. *Arnaud*, qui a suivi la méthode scholastique; ceux du P. *Bern. Lami*; de M. *Malezieu*, & de M. *Clairaut.* Ce sont des *Elemens de Géometrie* bien simples que ceux de ce dernier Mathématicien. Les principes de cette Science y sont développés par la même méthode qui vrai-semblablement leur a donné naissance. L'esprit est conduit des objets les plus simples & les plus naturels à ceux qui le sont moins, suivant les progrès des connoissances. On n'apprend rien que ce qu'on eût souhaité d'apprendre. Ce qu'une vérité semble annoncer à l'esprit pour celle qui la doit suivre, est justement placé suivant son ordre dans les *Elemens de Géometrie* de M. *Clairaut.* Et cette méthode est assurément la vraie pour faire gouter une science; pour en rendre l'étude agréable & intéressante, & pour en accélerer les progrès autant qu'il est possible. Après ces Elemens, je ne trouve rien de mieux que les *Elemens d'Euclide*, édités par le P. *Deschalles*, revus, & corrigés par M. *Ozanam*, où tout est démontré de la derniere rigueur. C'est-là qu'on peut s'aguerrir aux preuves géométriques qui sont une, & ausquelles le plus opiniâtre est forcé de rendre les armes avant même que d'en faire usage.

Geometrie composée. Science des lignes courbes & des corps qu'elles produisent. *Appollone de Perge* peut être regardé comme l'Auteur de cette *Géometrie*, par son Livre des coniques. Après les Ouvrages d'*Appollone*, parurent les Sections du cilindre de *Sérene*, les sphériques de *Théodose*, les Traités des conoïdes, des sphéroïdes, & de la quadrature de la Parabole d'*Archimede*. Ce sont là les Auteurs anciens. Les modernes sont *Gregoire de Saint-Vincent*, *Viviani*, *Fermat*, *Isaac-Barrow*, *De la Hire*, le Marquis de l'*Hôpital*. Ces deux derniers Auteurs ont publié les meilleurs Ouvrages sur la *Géometrie composée.* Je veux parler ici de leur *Traité des sections coniques*; car ce ne sont que ces lignes ou celles de même genre qui sont l'objet de la *Géometrie composée*; & sur ce pied-là elle doit à *Descartes* la perfection où elle est parvenue. (*Voïez* COURBE.)

Geometrie sublime ou transcendante. On décore de cette épithete la *Géometrie* nou-velle de M M. *Leibnitz & Newton*, à laquelle ils ont donné naissance par la découverte du calcul des infiniment petits. (*Voïez* Calcul des infiniment petits, & FLUXIONS.)

Geometrie pratique. Application de la Géometrie aux usages ausquels elle est destinée. C'est l'art de décrire, de calculer, de diviser, de mesurer les lignes, les surfaces, & les corps, tant sur le papier que sur la terre.

On divise la *Géometrie pratique* en Altimetrie, Longimetrie, Planimetrie, Géodesie, & Stereometrie. (*Voïez* ALTIMETRIE, LONGIMETRIE, PLANIMETRIE, GEODESIE & STEREOMETRIE.) *Mallet*, *Clermont*, *Ozanam*, *Daudet*, *Schewenter*, ont publié les meilleurs Traités de *Géometrie pratique* qui aïent encore paru. La plus ancienne opération sur cette *Géometrie*, est la mesure des pyramides par *Thalès.* (*Voïez* ALTIMETRIE.)

Geometrie souterraine. Géometrie pratique appliquée à la mesure de tous les bâtimens, des mines, des souterrains, des creux, &c. selon leurs angles, leurs directions & leurs différentes déclinaisons, afin de découvrir l'intérieur des mines. Cette science fut gardée long-tems comme un sécret par les Géometres mineurs, qui se croïoient de grands Docteurs, lorsqu'ils avoient dessiné le fond d'une mine. Ce secret a été précieusement conservé jusques à l'an 1574, tems auquel il n'avoit encore paru aucun écrit sur ce sujet. *Erasme Reinold*, Médecin à Saalfeld, fils du célebre *Erasme Reinold*, Mathématicien à Wittemberg, Auteur des *Tables Pruteniques*, est le premier qui a dévoilé au Public la *Géometrie souterraine* dans un Livre intitulé (à ce qu'on dit) *Institutions de la Géometrie souterraine.* Quoiqu'il y ait eu deux éditions de cet Ouvrage, il est extrêmement rare & presque inconnu. Dans la pensée qu'il étoit perdu, *Nicolas Voigtel* publia en 1686 un Traité de la *Géometrie souterraine*, dans lequel il s'attribue sans façon l'honneur d'avoir écrit le premier sur cette matiere. Son Livre est bien superieur à celui d'*Erasme Reinold*, & on en a publié une nouvelle édition en 1714. Cela n'empêche pas qu'il ne soit très-confus, mal digeré, & chargé de quantité de termes de l'art des Mineurs, qui en rendent la lecture extrêmement pénible à ceux-même à qui ces termes sont le plus familiers. C'est par cette raison, que M. *Weidler* a mis au jour nouveau Traité de *Géometrie souterraine*, composé selon la méthode des Mathématiciens, qui est un Ouvrage très-estimable. Il est intitulé : *Institutiones Geometriæ subterraneæ*, in-4°. 1726.

J'ai décrit dans ce Dictionnaire les principaux instrumens nécessaires dans la Géometrie qui nous occupe. Je renvoïe pour les autres, je veux dire les instrumens propres du Mineur à l'article d'*Instrumens de Géometrie souterraine* du *Dictionnaire de la nature de l'art & des mines*. Et je conseille aux personnes que la *Géometrie souterraine* peut intéresser la *Relation des Mines* de *Lœhneys*, & l'Instruction sur les mines d'*Abraham à Schonberg*.

2. Après toutes ces divisions on peut juger de quelle étendue est la *Géometrie* & de son utilité. Les avantages qu'on en retire dans les arts, quelque grands qu'ils soient, ne sont point comparables à ceux qu'ils procurent à l'esprit de ceux qui s'y appliquent. On lit dans tous les Ouvrages sensés des éloges à cet égard. *Adolescentibus eorumque ætati,* dit Platon, (apud *Theonem Smyrneum*) *conveniunt disciplinæ Mathematicæ, quæ animum præparant & defecant.* Suivant Mélanchton (*in Prolegom.*) *si qui non toto se huic studio debent, tamen his ad judicia formanda opus est cognitione elementorum Geometriæ.* Et *Quintilien* dit (Lib. I. Cap. XVI.) *in Geometria partem fatentur esse utilem in teneris ætatibus : agitari namque animos atque acui ingenia, & celeritatem perspiciendi venire inde concedunt.* Enfin comme la *Géometrie* est la base des Mathématiques, elle participe à toutes les richesses que cette science procure aux hommes. (*Voïez* MATHEMATIQUE.) Qui croiroit maintenant que la *Géometrie* doit sa naissance à l'avarice, & que toutes les sciences & les arts la doivent au vice, comme on a osé le publier depuis peu ?

Cependant sous prétexte de prêcher la vertu, de vouloir épurer les mœurs, on a la témérité de crier à la proscription des sciences & de ceux qui les cultivent. Une imagination impetueuse est emploïée à soutenir ces frivoles maximes ; que dis-je frivoles ! ces pernicieuses maximes. On sacrifie à l'oisiveté, à la paresse, & on souffle dans tous les cœurs l'esprit de désunion. Si le sujet pouvoit me le permettre, je ferois volontiers ici un écart tant je suis touché pour l'honneur de l'humanité de voir applaudir à des sentimens si deshonorans. Et je demanderois d'abord : Qu'est-ce que la *Vertu* ? Est-ce l'oisiveté, qui est la mere des vices ? Est-ce cette fureur que la méchanceté suscite parmi les hommes pour se détruire ? ou enfin la vertu est-elle l'art d'aggrandir injustement un bien ou un Etat ? Qu'on définisse la vertu, qu'on fonde le cœur humain, & on verra que les sciences en général, & que la *Géometrie* en

particulier, si nécessaire dans les sciences, peuvent seuls y ramener. En effet, elles ouvrent l'esprit ; épurent la raison ; rectifient le jugement, & fournissent à chacun mille moïens de se rendre utiles aux autres & à soi-même. Arrêtons - nous là. Dans le Discours préliminaire qui est à la tête de cet Ouvrage, la chose pourra être mise dans un plus grand jour. On trouvera encore des réflexions là dessus au mot MATHEMATIQUE.

GIN

GINBAT. Nom du neuviéme mois de l'année chez les Ethiopiens. Il commence le 26 Avril suivant le Calendrier Julien.

GIR

GIRANDOLE. On donne ce nom à tout artifice qui tourne sur son centre. Ainsi des fusées arrangées autour d'une roue, parfaitement bien suspendue dans son aissieu, font une *Girandole*. Cette roue doit être d'un bois leger & formée en poligone, afin de pouvoir y attacher les fusées. On arrange les fusées sur les jantes de la roue, qui forment des côtés de poligone, la tête de l'une contre la gorge de l'autre. De cette façon, lorsque la premiere finit, elle donne feu à la suivante ; celle-ci à la troisiéme, &c. & cela par une communication de feu bien assurée, soit en faisant usage d'étoupilles couvertes de gros papier, qui empêche qu'elles ne s'enflamment trop tôt, soit en se servant de porte-feux en cartouches. Toutes les fusées étant liées par les deux bouts sur les jantes, on les couvre de gros papier collé, tant pour les assujettir que pour empêcher les étincelles de feu, qui suivent le contour de la roue en tournant, de s'insinuer dans les intervalles des porte-feux des têtes & des gorges.

Suivant la figure qu'on donne à la roue, ou pour mieux parler au poligone, qui forme la *Girandole*, il en résulte différentes figures représentées par les fusées enflammées. 1°. Une fusée attachée à la jante d'une roue tournant avec vitesse sur son centre, dont la direction est tangente à la roue, donne des étincelles, qui en sortant se disposent en une espece de cercle de feu. 2°. Si cette direction est perpendiculaire au plan de la roue, le jet est un cilindre de feu. 3°. Quand la direction de la fusée est inclinée vers l'axe de la roue, on voit un cone fermé en feu, supposé que ses étincelles s'étendent jusques à la prolongation de l'axe. 4°. Panche-t-elle en dehors cette direction, & le jet pousse-t-il son feu de bas en haut ? c'est un cone tronqué renversé.

Mais si au lieu de fusées on enveloppe la roue de fil de fer garni d'étoupes imbues de compositions lentes, on aura pendant la rotation une sphere de feu. Une ellipse ajustée de même produit par une vive circonvolution autour de son grand axe, l'apparence d'un sphéroïde allongé. L'ellipse est applati quand la rotation se fait autour du petit axe. Enfin, on peut varier toutes ces apparences en donnant à la forme de la *Girandole* telle figure que l'on veut.

G L A

GLACIS. Terme de Fortification. Elevation de terre d'environ 6 pieds de hauteur, qui sert de parapet au chemin couvert, & qui forme une pente douce & insensible terminée dans la campagne à 20 ou 25 toises, où elle se perd du côté extérieur du parapet.

G L O

GLOBE. Solide produit par la révolution d'un demi-cercle autour de son diametre. C'est la même chose qu'une sphere, (*Voïez* SPHERE.)

Quand on a peint sur la surface d'un *Globe* les images des constellations & des étoiles fixes, avec les cercles de la sphere, on l'appelle *Globe céleste.* (*Voïez* GLOBE CELESTE.) Mais quand on a tracé sur sa surface toutes les parties de la terre & de la mer comme sur une Mappe-monde, & qu'on les y a placées dans leur ordre & selon leur situation naturelle, on lui donne le nom de *Globe terrestre.* (*Voïez* GLOBE TERRESTRE.)

GLOBE CELESTE. Sphere formée de cuivre, de laiton, ou de carton, sur le plan de laquelle sont représentées toutes les étoiles fixes dans des distances proportionnelles à leur situation dans le ciel, avec les cercles de la sphere. Voici comment on construit cette sphere, c'est-à-dire, un *Globe céleste.*

1°. Dans deux points d'un *Globe* diamétralement opposés soit passé & fixé un axe. Ces points seront les poles du monde, & cet axe l'axe du monde.

2°. Préparez un cercle de cuivre (ou de carton, si le *Globe céleste*, qu'on veut construire est petit) (Planche XVIII. Figure 305. A B C D, & divisez-le en 4 parties égales, A C, C E, B D, A D, dont chacune soit partagée en 90 dégrés. Passez dans les points A, B du cercle l'axe du *Globe*, en sorte qu'il y tourne librement. Ce cercle est le méridien du *Globe*.

3°. Aïant placé un stile en C portant un craïon également distant des deux poles, faites tourner le *Globe*. Ce stile trace l'équateur,

auquel on donne quelque largeur pour le diviser plus aisément en 360°.

4°. Comme les tropiques sont distans de l'équateur de 23°, 30', & que les cercles polaires sont éloignés d'autant des poles du monde, on place le même stile à ces points sur le méridien & on tourne le *Globe* sur son axe. Par ce mouvement de rotation le stile décrit les tropiques & les cercles polaires.

Pour l'écliptique, il faut démonter le *Globe* & le suspendre sur les poles de cette ligne, qui sont à 23°, 30' du pole, & le tracer avec le stile comme les autres cercles. Quoique cette ligne soit sans largeur, on lui en donne une comme à l'équateur, afin que les divisions qu'on y fait soient plus sensibles. Les Ingénieurs pour les instrumens de Mathématique font ces divisions sur des fuseaux qu'ils font graver, & qu'ils collent proprement sur le *Globe*. (*Voïez* FUSEAU.)

Le *Globe* étant ainsi divisé, on le suspend sur le méridien par les poles du monde, comme auparavant, & on y dessine les constellations avec le nombre des étoiles qui les composent, qu'on distingue suivant leur grandeur (*Voïez* GRANDEUR,) en les plaçant selon leur longitude & leur latitude, si l'on veut avoir leur vrai lieu par rapport à l'écliptique, ou suivant leur ascension droite & leur déclinaison, si on veut l'avoir par rapport à l'équateur. Mais soit qu'on procede d'une façon ou de l'autre, on aura toujours leur vraie position sur le *Globe*.

Lorsqu'on veut rendre le *Globe* utilement beau, on le colore d'un bleu clair. Sur ce bleu on peint la figure de chaque constellation, en suivant les Cartes du P. *Pardies*, ou l'Uranometrie de *Bayer*, d'une couleur plus foncée pour les faire sortir du fond. Enfin, les étoiles étant relevées en or, & les cercles, c'est-à-dire, l'équateur, les tropiques, &c. étant distingués en argent, le *Globe* est achevé, & il ne s'agit plus que de le suspendre.

A cette fin, on pose sur quatre piliers un grand cercle de bois (Planche XVIII. Figure 401.) A L B dans lequel on fait des entailles A, B, diametralement opposées. C'est dans ces entailles que passe le méridien dans lequel le *Globe* est arrêté. Un appui P posé au milieu du fond qui lie ces piliers & qui les maintient, reçoit le méridien par-dessous. Il y repose de maniere qu'on peut le faire tourner aussi facilement qu'on veut, & mettre le pole du *Globe* à la hauteur convenable du cercle A L B. Ce cercle représente l'horison. C'est pourquoi les piliers doivent l'élever assez haut & l'appui doit être assez bas, pour qu'il coupe le méridien en deux parties égales. On trace sur sa largeur 4 couronnes, dont la premiere est divisée en 360°. Sur la seconde sont dessinés les caracteres des mois. La troisiéme offre les noms des mois qui repondent à ces caracteres; & les vents, leurs différens noms, &c. se trouvent peints sur la quatriéme.

Il ne reste plus qu'à placer sur cet horison une boussole enchassée dans son épaisseur, ou au pied du *Globe*; attacher un cercle horaire de cuivre sur le méridien, au centre duquel passe l'axe du pole arctique; diviser ce cercle horaire en 12 parties; mettre une aiguille ou un index dans l'axe qui réponde sur les divisions du cercle horaire; & enfin, ajouter (Planche XVIII. Fig. 306.) un quart de cercle H mobile sur le méridien, de façon qu'on puisse l'y placer suivant l'usage qu'on en doit faire. Cela fait, le *Globe céleste* est entierement construit. Tels en sont les usages.

USAGE I. *L'élevation du pole d'un endroit & le lieu du soleil dans l'écliptique étant donnés, trouver la situation & la disposition du Globe, en sorte qu'il présente l'état du ciel, & que les étoiles du firmament correspondent exactement à celles qui sont actuellement dans l'hémisphere de cet endroit, pour qu'on puisse les reconnoître.*

1°. Elevez le méridien sur l'horison jusques à ce que l'arc intercepté entre le pole & l'horison soit égal à l'élevation du pole de l'endroit.

2°. Par le secours d'une boussole, orientez le *Globe* suivant les quatre parties du monde, afin que le méridien soit sous le méridien de l'endroit où l'on est.

3°. Amenez sous le méridien le dégré de l'écliptique, dans lequel le soleil se trouve, & le style horaire à l'heure du midi; heure où l'on suppose que le soleil est précisément dans ce dégré.

De cette façon le *Globe* sera parfaitement situé suivant l'état du ciel à midi. Si on le tourne jusques à ce que l'index horaire marque l'heure présente dans un autre tems, le *Globe* sera bien disposé pour toutes les heures du jour; & on reconnoîtra aisément par les étoiles du *Globe*, celles du ciel qui lui correspondront alors, en procédant de cette maniere.

1°. Observez dans le ciel la premiere étoile que vous connoîtrez. L'étoile polaire, qui est à l'extrêmité de la queue de la petite Ourse, est si remarquable, qu'il suffit de jetter les yeux du côté du pole-nord pour l'appercevoir.

[*Nota.* Pour reconnoître aisément cette étoile, il faut fixer les yeux au ciel dans la partie septentrionale, ou du côté du Nord, & chercher dans cette partie un arrangement de sept étoiles que le vulgaire nomme le *Chariot*, & en terme d'Astronomie la *Grande-Ourse*. De ces étoiles quatre font une espece de quarré, & représentent comme les quatre pattes de l'animal, & les trois autres la queue. Cette constellation connue, l'on tire une ligne des deux premieres étoiles, qui forment le quarré jusqu'à ce qu'elle rencontre une étoile brillante de la seconde grandeur. Ce sera la queue de la petite-Ourse, que l'on nomme *Etoile polaire*,& qui n'est éloignée du pole que de 2° ½. La petite-Ourse est une constellation semblable à la premiere. *V*.CARTE.]

2° De cette étoile reconnue sur le *Globe*, on passe aux étoiles les plus brillantes qu'on voit dans le ciel, & on les rapporte de même sur ce *Globe*.

3°. C'est ainsi qu'on parvient des étoiles connues aux inconnues, à la connoissance générale des étoiles du Firmament, sur-tout si on les compare avec la hauteur de celles du *Globe*, par le moïen du cercle vertical que l'on attache au *Globe*, afin de savoir par cette hauteur si les deux étoiles, qu'on trouve dans le Firmament & sur le *Globe*, sont les mêmes.

USAGE II. *Trouver l'ascension droite & la déclinaison d'une étoile.*

1°. Amenez l'étoile proposée sous le méridien du *Globe*, qui représente le cercle de déclinaison.

2°. Comptez les dégrés compris depuis le point du méridien, où il est coupé par l'équateur, jusques au centre de l'étoile proposée. Le nombre de ces dégrés exprime la déclinaison. Celle d'Aldebaran, ou l'œil du Taureau, est de 16 dégrés.

Pour l'ascension droite, remarquez les dégrés de l'équateur coupés par le méridien de cuivre qui se rapporte avec l'étoile. Ce dégrés en est l'ascension droite. Elle est ici de 64 dégrés.

USAGE III. *Trouver la longitude & la latitude d'une étoile.*

1°. Appliquez le centre du quart de cercle vertical au pole de l'écliptique, dans le même hémisphere où l'étoile proposée se trouve, & tournez-le jusques à ce qu'il tombe sur le centre de l'étoile.

2°. Remarquez le dégré de l'écliptique, sur lequel se trouve alors le quart de cercle vertical. Ce dégré est la longitude de l'étoile. On en trouve la latitude, en comptant les dégrés du quart de cercle renfermés entre l'écliptique & le centre de l'étoile. Leur nombre est celui de la latitude.

Il sera aisé de reconnoître par ces deux opérations les étoiles, qui ont la même longitude & la même latitude. C'est ainsi qu'on trouve la longitude de l'étoile de la Chévre (laquelle est de 78 dégrés, & sa latitude de 22.)

USAGE IV. *Trouver l'ascension & la descension oblique d'une étoile.*

1°. Faites tourner le *Globe* jusqu'à ce que l'étoile soit dans l'horison du côté de l'Orient.

2°. Remarquez le dégré de l'équateur qui se leve avec elle. Ce dégré sera celui de l'ascension oblique. On trouvera celle d'Aldebaran de 48 dégrés.

Pour la descension oblique.

1°. Transportez la même étoile en l'horison, du côté de l'Occident.

2°. Remarquez le dégré de l'équateur qui descend avec elle. Ce dégré est celui de la descension oblique de cette étoile. Celle de l'étoile proposée (Aldebaran) sera de 95 dégrés.

USAGE V. *Trouver en quel lieu une étoile arrive au méridien.*

1°. Mettez le dégré de l'écliptique, où se trouve le soleil le jour qu'on fait cette recherche, mettez, dis-je, ce dégré sous le méridien & le style horaire sur 12 heures.

2°. Tournez le *Globe* jusques à ce que l'étoile proposée soit sous le méridien.

L'heure que marquera alors le style, sera celle du passage de cette étoile par ce cercle. On reconnoîtra par cet usage, que le 27 Septembre le soleil étant au quatriéme dégré de la balance, l'épi de la Vierge passe environ à 11 heures par le méridien.

Si l'on compte les dégrés compris depuis l'horison, en commençant du Sud, jusques à l'étoile, on aura sa hauteur méridienne. Celle de l'étoile proposée dans cet exemple, se trouvera de 31 dégrés.

USAGE VI. *Trouver en quel tems une étoile se leve & se couche avec le soleil.*

1°. Amenez l'étoile sous l'horison du côté de l'Orient, & remarquez quel dégré de l'écliptique se leve avec la même étoile.

2°. Cherchez le jour du mois qui répond sur l'horison à ce dégré de l'écliptique. Ce jour sera celui où l'étoile se levera avec le soleil; & c'est ainsi qu'on verra qu'*Arcturus* se levera avec cet astre le 28 du mois d'Août.

Pour savoir en quel tems se couche la même étoile avec le soleil, il faut faire la même opération du côté de l'Occident, qui donnera le 28 d'Octobre pour ce tems.

On trouve, par cet usage, le tems du lever & du coucher cosmique des étoiles; puisque les étoiles qui se levent avec le soleil se levent cosmiquement, & que toutes les étoiles, qui sont dans l'horison occidental, se couchent cosmiquement.

USAGE VII. *Trouver les étoiles, qui se levent & se couchent avec le soleil, le jour étant donné.*

1°. Cherchez le lieu du soleil dans l'écliptique au jour proposé.

2°. Mettez ce dégré, ou lieu du soleil, en l'horison du côté de l'Est, & remarquez les étoiles qui se levent. Ce seront celles qui se leveront avec le soleil. On connoît par cet usage que le 5 du mois d'Avril, entr'autres étoiles remarquables, les Pléïades se levent avec le soleil.

Cette opération, faite du côté de l'Occident, découvre les étoiles qui se couchent avec cet astre. Dans l'exemple cité, c'est-à-dire, le 5 d'Avril, on trouvera que l'étoile du scorpion & l'épi de la Vierge, se couchent avec le soleil.

Cet usage donne le lever & le coucher achronique des étoiles; car une étoile est dite se lever ou se coucher achroniquement, quand elle se leve ou se couche en même tems que le soleil.

USAGE VIII. *Trouver l'amplitude occidentale ou orientale d'une étoile.*

L'opération qu'on doit faire est très-simple. On pose l'étoile à l'horison oriental ou occidental; & le nombre des dégrés compris entre le point de l'Orient ou de l'Occident équinoxial & l'étoile, est l'amplitude orientale ou occidentale. Cet usage donne un dégré pour l'amplitude orientale & occidentale de l'étoile du milieu de la ceinture d'Orion.

USAGE IX. *Trouver l'heure du lever ou du coucher d'une étoile.*

1°. Mettez le lieu du soleil sous le méridien, & le style sur midi.

2°. Tournez le *Globe* jusques à ce que l'étoile soit dans l'horison oriental pour l'heure du lever, & dans l'occidental pour celle du coucher. Le style horaire marquera l'heure cherchée.

On fait la même opération pour les planetes. Par cet usage on connoît les étoiles qui ne se levent & ne se couchent jamais,

en remarquant celles qui paſſent au point de
ſection de l'horiſon & du méridien, là où ſe
terminent les dégrés de l'élevation du pole
lors de la révolution du *Globe.* Car les étoiles qui, pendant la révolution du *Globe,* ſe
trouveront entre le pole arctique & l'horiſon, ne ſe coucheront jamais. Les autres,
compriſes entre le pole antarctique & l'horiſon, ne ſe leveront point.

Les premieres étoiles, pour le dire en paſſant, ſont appellés, en terme d'Aſtronomie,
de perpétuelle apparition, & les ſecondes *de
perpétuelle occultation.* Le 11 Avril, Procion,
qui eſt dans le petit Chien, ſe levera à 9
heures 30 minutes, & ſe couchera à 10 heures 30 minutes.

Il ſera aiſé de trouver par cet uſage l'heure
à laquelle l'étoile ſe ſera couchée ou levée
après telle autre qu'on voudra, en comparant
les deux tems.

Usage X. *Une heure étant donnée, &
deux étoiles déſignées, trouver à quelle latitude
elles ſe rencontrent en un même vertical.*

1°. Poſez le lieu du ſoleil ſous le méridien,
& le ſtyle horaire ſur douze heures.

2°. Tournez le *Globe* juſques à ce que le
ſtyle horaire ſoit ſur l'heure donnée.

3°. Faites mouvoir le haut du cercle vertical le long du méridien, juſques à ce que
les étoiles déſignées ſe rencontrent ſous la
circonférence graduée du vertical, ſoit du
côté de l'Orient ou de celui de l'Occident.
Alors l'extrêmité ſupérieure de ce cercle marquera ſur le méridien le dégré de latitude
propoſé à connoître.

4°. Elevez le pole du *Globe* à la hauteur
que la latitude du lieu le demande. Le *Globe*
ſera diſpoſé ſelon les lieux où les deux étoiles propoſées paroiſſent être à un même vertical à l'heure donnée.

Usage XI. *Trouver la latitude d'un lieu
par deux étoiles qui ſe levent ou ſe couchent en
même-tems en ce lieu.*

Diſpoſez le *Globe* en élevant ou en abbaiſ-
ſant ſon pole de façon que les deux Etoiles
ſoient dans l'horiſon, ſoit du côté de l'O-
rient, ſoit du côté de l'Occident, & qu'elles
ſe levent ou ſe couchent enſemble. Le pole
du *Globe* ſera alors élevé ſelon la latitude du
lieu. Le lever dans un même tems de Procion
& de l'étoile de la ſeconde grandeur du
Chien des Chaſſeurs (conſtellation nouvelle
formée par *Hevelius*) donnent 19 dégrés de
latitude.

Usage XII. *Sachant l'heure du lever ou
du coucher d'une étoile, trouver le lieu du
ſoleil.*

1°. Elevez le *Globe* ſur l'horiſon ſelon la
latitude du lieu où l'on eſt.

2°. Poſez l'étoile en l'horiſon du côté de
l'Eſt pour le lever, & de celui de l'Oueſt pour
le coucher.

3°. Mettez le ſtyle horaire ſur l'heure du
lever ou du coucher de l'étoile.

4°. Tournez le *Globe* juſqu'à ce que le
ſtyle ſoit ſur midi. Le dégré de l'écliptique,
qui ſera dans le méridien, ſera le lieu du
ſoleil. Par l'uſage IX, Procion ſe leve à 9
heures 30 minutes le 11 Avril, & on trouve
que le ſoleil eſt alors dans le 20e dégré du
Taureau.

Usage XIII. *Trouver l'heure par le moïen
de deux étoiles obſervées dans le même vertical.*

1°. Tournez le *Globe* de côté & d'autre,
ſoit vers l'Orient ou vers l'Occident, en
ſorte que les deux étoiles ſe rencontrent ſous
le même vertical.

2° Remarquez quel dégré de l'équateur
eſt ſous le méridien. On trouvera le nombre
des dégrés, qui eſt celui de l'aſcenſion droite
du milieu du ciel.

3°. Otez de ce nombre 90 dégrés. Le reſte
ſera la diſtance du ſoleil au méridien. Ces
dégrés étant réduits en heures & en minutes
en les diviſant par 15, on aura l'heure re-
quiſe.

Aiant obſervé ſous un même vertical &
l'étoile de l'Aigle, qui eſt de la premiere
grandeur, & l'étoile du molet de la jambe
d'Hercule, qui eſt de la troiſiéme, on trouve
que le dégré du *Globe,* qui eſt ſous le méridien, eſt le 216e dégré. De ce nombre aïant
ſouſtrait 90, vient 126 dégrés, leſquels étant
diviſés par 15, pour les réduire en heures,
donnent 8 heures 4 minutes & 4 ſecondes.

Usage XIV. *Trouver le tems du lever &
du coucher héliaque des planetes en un lieu
donné.*

1°. Elevez le *Globe* ſelon la latitude du
lieu.

2°. Poſez la planete en l'horiſon oriental,
ſi l'on veut d'abord connoître le lever.

3°. Le *Globe* demeurant ferme, transportez le quart de cercle vertical vers l'Occident.

4°. Cherchez l'arc de viſion convenable à
la grandeur de la planete (*Voïez* Arc de
vision) propoſée, & tournez le cercle vertical de côté & d'autre, juſques à ce que
quelque dégré de l'écliptique ſe rencontre ſous
le dégré du même cercle vertical, qui termine l'arc de viſion de la planete. Remarquez ce dégré.

5°. Prenez

5°. Prenez le dégré oppofé. Le jour du mois qui lui convient, fera celui du lever apparent de la planete, & le tems qu'elle commence à être vûe, étant hors des raïons du foleil. On fait la même opération pour le coucher héliaque des planetes.

5. Quand on fait pratiquer ces ufages *du Globe célefte*, on en trouve aifément plufieurs autres qui dépendent de ceux-ci & qu'il eft à propos de livrer à la fagacité des jeunes Aftronomes entre les mains defquels ce Dictionnaire peut tomber. M. *Bion*, qui eft entré à cet égard dans un détail fcrupuleux, a ajouté la maniere de fe fervir du *Globe*, pour faire de fort mauvais cadrans. La chofe eft cependant curieufe, & on doit favoir gré à M. *Bion* de l'avoir fait connoître. (*Ufage des Globes*, *Sect. III.* pag. 306, Edit. V.) Mais je néglige ici toutes les curiofités qui n'ont aucune utilité. Et j'avertis ceux qui ont de vieux *Globes célefes*, ou qui voudroient en acheter de tels, que comme la longitude des étoiles fixes varie de la valeur d'un dégré en 72 ans, on ne doit pas compter entierement fur leur exactitude. Il eft vrai que l'erreur que cette différence pourroit caufer dans 100 ans, n'eft pas fort fenfible, comme le demontre M. *Wolf*. (*Elem. Matheseos universæ. Elementa aftronomiæ*, § §. 297.) *Weigel* cependant veut qu'on remedie à cette variation en appliquant fur le *Globe* un écliptique mobile de laiton, en forte qu'on puiffe l'avancer felon le befoin. Ce *Globe*, fur lequel on ne trace point d'écliptique, fert dans tous les tems. Auffi M. *Weigel* l'appelle *Globe perpétuel*.

Cet Auteur a conftruit à Rofenbourg en 1696, par ordre de *Chrétien V.* Roi de Dannemarck, un *Globe* dont la circonférence a 32 pieds. Ce *Globe*, qui repréfente les armes du Roi, tourne en 24 heures moïennant une horloge à pendule. On dit que le Roi s'eft trouvé dans fon intérieur accompagné de 30 perfonnes. Un autre *Globe* bien beau eft celui qu'on voïoit autrefois à Gottorp, & que le Czar *Pierre I.* a fait porter à Saint-Petersbourg. Il repréfente en dedans le ciel & au dehors la terre. Son diametre eft de 11 pieds, & il foutient fous un axe d'environ 2 pouces ½ diametre une table pour onze perfonnes. On commença à travailler à fa conftruction en 1654 & il fut achevé en 1664. Il étoit fufpendu dans un endroit expofé à un courant d'eau qui le faifoit tourner, felon le mouvement premier & fecond, autour de ceux qui étoient affis dedans. *Ad. Olearius* en fait une defcription très-exacte dans fa *Chronique de Holftein*, *Liv. XII. Ch.* 23.

Le plus grand *Globe célefte* qu'on ait au-

Tome I,

jourd'hui eft celui que fit le P. *Coronelli*, par ordre du Cardinal d'*Eftrées*, qu'on a vû dans un des Pavillons du Jardin du Château de Marly, & qui eft actuellement dans la Bibliotheque du Roi. On le commença en 1683, & il fut placé en 1704. Son diametre eft de 12 pieds, & par conféquent fa circonférence de 37 pieds 8 pouces ½. Le méridien & l'horifon font de bronze, & ils font foutenus par 8 colonnes de même métal. Le méridien eft encore porté fur deux pieds de bronze enrichis de tous les ornemens qui y ont rapport. Entre les quatre confoles, qui forment les pieds du méridien eft placée une grande bouffole. On voit fur la furface du *Globe* toutes les étoiles fixes qui font vifibles à la vûe fimple, & les conftellations qui les comprennent, fuivant les anciens Aftronomes & fuivant les modernes, avec la route que quelques cometes ont tenue. Le lieu des planetes y eft marqué par le tems de la naiffance de *Louis XIV*, auquel ce *Globe* eft dédié. Il eft peint en bleu. Les étoiles & les principaux cercles, dont la matiere eft de bronze furdoré, font en relief. Des cadres, ménagés en quelques endroits de ce *Globe*, renferment des remarques curieufes fur les nouvelles conftellations & fur l'obliquité de l'écliptique. Et une couliffe portant l'image du foleil de la grandeur dont il paroît étant vû de la terre, eft ajoutée fur la ligne écliptique. Par ce moïen le foleil peut fe placer dans tous les endroits du Firmament où il eft dans le cours d'une année : avantage infiniment précieux pour reconnoître le mouvement de cet aftre, & pour voir comment il s'approche & s'éloigne des étoiles fixes qui fe rencontrent en fon chemin. (*Voïez* les *Nouvelles de la République des Lettres du mois de Novembre* 1686. Et la *Defcription & l'explication des Globes qui font placés dans les Pavillons du Château de Marly*, par M. de la *Hire.*)

4. Quoique quelques Auteurs aïent prétendu que le *Globe célefte* foit une invention due aux anciens aftronomes de la Grece, parce que *Thalès* a divifé le premier la fphere, (*Voïez* SPHERE) on peut toutefois affurer que cette prétention n'eft nullement fondée. Pour conftruire un *Globe célefte* il a fallu connoître l'état propre du Ciel. Or *Hypparque* eft le premier qui en a fait une diftribution exacte, & *Hypparque* ne vivoit que 130 ans avant JESUS-CHRIST. Il rédigea alors toutes les étoiles, fuivant leur vrai lieu, dans le Firmament, par rapport à des cercles qui font marqués fur le *Globe*, & à des points diamétralement oppofés, qui font les poles du monde. On pourroit donc conclure que

c'eſt à *Hypparque* qu'on doit cette ſorte d'inſtrument d'Aſtronomie. Mais qui le premier a conſtruit un *Globe céleſte* en forme ? c'eſt ſur quoi l'hiſtoire ne dit rien de clair, ou du moins c'eſt ce que je n'ai pû découvrir. Car pour le dire en paſſant, je ne prétends pas rendre les Hiſtoriens reſponſables des origines que j'ignore. Quelque grande que ſoit la peine que j'ai priſe, je veux partager le reproche qu'on pourroit leur en faire & m'en charger tout-à-fait, ſi quelqu'un eſt plus heureux que moi dans ces recherches. *Bion* (*De l'uſage des Globes*) & *Bleau*, (*Inſtitutio de uſu Globorum*) ſont les plus célèbres Auteurs ſur le ſujet que je viens de diſcuter.

GLOBE TERRESTRE. Sphere formée de bois, de laiton ou de carton, ſur laquelle ſont deſſinés & les cercles de la ſphere qu'on imagine ſur le plan de la terre, (*Voïez* SPHERE) & les principaux lieux des quatre parties du monde, dans les diſtances qui leur conviennent. La conſtruction de ce *Globe*, quand à la forme & aux cercles qui le diviſent eſt la même que celle des *Globes céleſtes*. On fait des fuſeaux, (*Voïez* FUSEAU) qu'on colle ſur une boule, ou de bois, ou de carton, ou de cuivre, & on décrit ſur cette boule, appellée ſphere en terme de Géometrie, on décrit, dis-je, l'équateur, les tropiques, les cercles polaires, de la même maniere qu'on les a tracés ſur le *Globe* céleſte. L'équateur étant diviſé en ſes 360 dégrés, on fait paſſer par chaque point de diviſion des lignes qui vont ſe couper & ſe réunir aux poles. Ces ſections des fuſeaux ſont des méridiens. Ainſi il ne s'agit que de diviſer un de ces fuſeaux en autant de dégrés de l'équateur qu'il en renferme, & de répéter la même opération à chaque fuſeau. Par les latitudes on trace pluſieurs cercles paralleles à l'équateur. On finit le *Globe terreſtre*, en deſſinant à différens endroits quelques roſes de vent, (*Voïez* ROSE DE VENTS.) & en le ſuſpendant comme le *Globe* céleſte (Planche XVIII. Figure 307.)

Le reſte de la conſtruction eſt une affaire de pure Géographie. On marque ſur la ſurface du *Globe* ainſi diviſé, les Villes, les Villages, les forêts, les montagnes, les Ports de Mer, le contour des Provinces, ſuivant leur longitude & leur latitude, que l'on connoît par des Cartes exactes, ou par de bons Mémoires de Voïageurs, ou enfin par des obſervations. (*Voïez* la *Géographie Mathématique* de *L. C. Sturm.*) Le *Globe terreſtre* ſert à reconnoître aiſément toutes les parties de la terre, & à apprendre avec facilité tout ce qu'on démontre en Géogra-

phie, comme on va le voir dans les uſages ſuivans.

USAGE I. *Trouver la ſituation d'un lieu de la terre à l'égard d'un lieu particulier.*

1°. Le *Globe* étant diſpoſé ſelon les quatre points cardinaux, (*Voïez*, pour cette diſpoſition, celle du *Globe* céleſte), attachez au zénith le quart de cercle vertical, dont j'ai parlé à l'article du *Globe* céleſte, pour ſervir de cercle de poſition.

2°. Dirigez le cercle vertical vers quelqu'un des vents, qui ſont peints & écrits ſur l'horiſon.

La ſituation des lieux, qui ſont ſous le cercle vertical, ſera ainſi connue par rapport à celle de tout autre lieu qu'on voudra, en aïant ſoin de placer ce lieu au zénith du *Globe*.

C'eſt ainſi qu'on trouve que l'Allemagne, la Tranſilvanie, la Moldavie ſont à l'Orient de Paris ; & l'Angleterre, le Canada à l'Occident.

USAGE II. *Trouver la longitude & la latitude d'un lieu ; les Périœciens, Antœciens, & Antipodes de ce lieu.*

1°. Amenez le lieu ſous le méridien. L'arc compris entre ce lieu & l'équateur, ſera ſa latitude. L'arc de l'équateur, compris entre le premier méridien & le méridien du *Globe*, actuellement le méridien du lieu, ſera ſa longitude.

2°. Comptez de l'autre côté de l'équateur, par rapport au lieu, autant de dégrés ſur le méridien qu'on en a compté pour ſa latitude, le point où ſe termine ce nombre, répondra au lieu des Antœciens.

3°. Pour les Périœciens, le lieu donné étant toujours ſous le méridien, remarquez le lieu qui eſt ſous le méridien à l'endroit du zénith, c'eſt-à-dire, qui a la même latitude que Paris, de l'autre côté du pôle : c'eſt celui des Périœciens.

4°. On trouve les Antipodes, en comptant ſur le méridien, de l'autre côté de l'équateur, le même nombre de dégrés qu'on en compte pour la latitude du lieu, de façon que ſi l'on met le lieu dans l'horiſon, le point qui ſe trouvera de l'autre côté du méridien dans l'horiſon, marquera les Antipodes de ce lieu.

Paris étant placé ſous l'horiſon, on trouve 49° de latitude, 20° de longitude, en prenant le premier méridien à l'Iſle de Fer ; les Antœciens, les Habitans du Port Saint-Julien dans la Terre Magellanique. Le lieu des Périœciens n'eſt point habité. Et la nouvelle Zelande eſt aux Antipodes.

Par cet uſage, on découvre pluſieurs propriétés des Antipodes, des Antœciens, & des Périœciens. Tous les lieux qui sont sous le méridien du *Globe*, ont le même méridien. Les Antipodes, qui répondent à ces lieux, ont midi, quand il est ailleurs minuit, en comptant selon un ordre renversé ou contraire. Enfin on remarque que tous les lieux qui passent par le dégré du méridien des Antœciens, ont tous les jours de l'année égaux aux nuits des lieux donnés.

Usage III. *L'heure étant donnée en un lieu, trouver celle qu'il est en un autre lieu quelconque proposé.*

1°. Posez le lieu où l'heure est donnée, & le style horaire sur cette heure donnée.

2°. Tournez le *Globe*, jusques à ce que le lieu proposé vienne sous le méridien, en aïant attention de tourner le *Globe* du côté l'Occident, si ce lieu est oriental ; & de l'Orient, s'il est occidental. L'heure que marquera alors le style horaire, sera celle qu'il est en ce lieu. On connoît ainsi qu'il est une heure à Vienne, lorsqu'il est midi à Paris.

Usage IV. *Un lieu étant donné dans la zone torride, trouver deux jours de l'année où le soleil lui soit vertical.*

1°. Amenez le lieu donné sous le méridien, & remarquez le dégré de ce cercle qui lui répond.

2°. Aïant fait tourner le *Globe* autour de son axe, observez les deux points de l'écliptique qui passent par ce dégré.

3°. Cherchez par l'Usage II de la sphere, les jours que le soleil se trouve dans ces points. C'est dans ces jours que le soleil est vertical au lieu donné. (*Voïez* SPHERE.)

Aïant remarqué que Quito est sous l'équateur, cet usage fait voir que le soleil est vertical à ce lieu lorsqu'il est dans le signe du bélier & dans celui de la balance; c'est-à-dire, dans les équinoxes du printems & d'automne.

Usage V. *Trouver les lieux de la zone torride, ausquels le soleil est vertical à un jour donné.*

1°. Cherchez le lieu du soleil au jour donné par l'Usage IIe de la Sphere.

2°. Amenez sous le méridien le dégré de l'écliptique, où cet astre se trouve.

3°. Remarquez les lieux de la terre qui passent par ce point du méridien pendant la rotation du *Globe*. Ces lieux sont ceux qu'on demande.

Usage VI. *Déterminer le lieu de la terre*

auquel le soleil est vertical à quelque heure donnée du jour.

1°. Aïant trouvé comme auparavant le lieu du soleil pour le jour donné, amenez-le sous le méridien.

2°. Mettez le style horaire sur 12 heures, & remarquez le point du méridien qui répond à ce lieu.

3°. Si l'heure donnée est avant midi, ôtez-la de 12 heures ; & tournez le *Globe* vers l'Ouest, jusqu'à ce que le style horaire marque l'heure qui vient de cette soustraction. Le lieu qu'on cherche, sera alors sous le dégré du méridien qu'on avoit ci-devant remarqué. Lorsque l'heure donnée est après midi, il faut tourner le *Globe* vers l'Est, jusques à ce que le style horaire marque l'heure donnée comme auparavant.

Aïant choisi Saint-Domingue, qui est à 18 dégrés de latitude, & l'heure proposée étant 4 heures du matin, on trouvera que le soleil sera alors vertical dans l'Arabie heureuse.

Usage VII. *Trouver le jour & l'heure au lieu où l'on est, lorsque le soleil est perpendiculaire sur un endroit donné de la zone torride.*

1°. Mettez le lieu donné de la zone torride, où le soleil est vertical, sous le même méridien. La latitude de ce lieu sera la déclinaison du soleil.

2°. Aïant placé le style horaire sur midi, tournez le *Globe* vers l'Orient jusques à ce que le lieu où l'on est soit sous le méridien. L'heure que marquera alors le style, sera celle de ce lieu, lorsqu'il est midi à celui de la zone torride, où le soleil est vertical. Quand le soleil est vertical à Pondicheri à midi, il est ainsi 7 heures à Paris le premier de Mai, & 5 heures, quand il l'est à Lima.

Usage VIII. *Un jour étant déterminé à un lieu, trouver le point du Globe où le soleil est vertical à quelque heure donnée en un lieu proposé de la zone torride.*

1°. Mettez ce lieu sous le méridien, & le style sur l'heure proposée du matin ou du soir.

2°. Après avoir trouvé la déclinaison du soleil du jour où l'on est (*Voïez* les Usages de la Sphere) tournez le *Globe*, jusques à ce que le style soit sur midi.

3°. Comptez sur le méridien les dégrés de la déclinaison du soleil, & remarquez à la fin du compte le point du *Globe* qui est sous le méridien. C'est celui de la surface de la terre auquel le soleil est perpendicure. On trouvera que le soleil est vertical à Saint-Domingue le 12 de Mai, lorsqu'il est 5 heures à Paris.

Usage IX. *L'heure du lever du soleil étant donnée en un lieu, trouver tous les lieux de la terre qui voient cet astre se lever & se coucher.*

1°. Par l'usage précédent, cherchez le point de la terre où le soleil est perpendiculaire au jour proposé.

2°. Mettez ce point au zénith du *Globe*. En cette disposition, tous les lieux de la terre qui sont dans l'horison occidental, sont ceux où le soleil se couche. Et l'hémisphère représente tous les lieux que le soleil éclaire en même tems, & qui jouissent de la clarté du jour. Lorsqu'on sait l'heure du lever du soleil à quelque heure du jour, on désigne en un lieu particulier, par cet usage, tous les lieux de la terre qui ont alors midi. Car aïant trouvé ceux où le soleil se leve en même tems qu'il se couche en quelque lieu particulier, si l'on regarde sous le méridien, on y verra tous les lieux de la terre qui ont midi en ce tems.

Usage X. *Un lieu étant donné dans la zone glaciale, trouver les jours de l'année ausquels le soleil ne se couche point dans ce lieu, & ceux ausquels il ne se leve point.*

1°. Comptez autant de dégrés dessus le méridien, depuis l'équateur de l'autre côté du lieu, & dessus l'équateur de l'autre côté du pole, qu'il y en a du lieu donné au pole, distance qui est le complement de la latitude.

2°. Aïant fait tourner le *Globe*, remarquez les points de l'écliptique qui passent par l'un & l'autre points observés sur le méridien. On connoîtra ainsi les arcs que la terre parcourt par son mouvement propre, pendant lequel le soleil ne se leve & ne se couche point.

Marquez ces points : ce sont les lieux du soleil non levant & non couchant.

Maintenant si l'on cherche, comme l'on a vû ci-devant, les jours de l'année, ausquels le soleil est en ces lieux, ce tems sera celui qu'on demande, & qui satisfera à la solution du problème. On trouve qu'à Kola en Laponie, le soleil ne se couche point le 5 de Juin, & qu'il ne se leve point le 9 Janvier.

Usage XI. *Trouver l'élévation du pole ou la latitude d'un lieu, le jour, ainsi que l'heure de son commencement & celle de sa fin, étant donnés.*

1°. Cherchez le lieu du soleil le jour proposé, & amenez ce lieu sous le méridien.

2°. Placez le style horaire sur midi.

3°. Faites tourner le *Globe* de maniere que le style horaire montre l'heure ou du lever ou du coucher du soleil.

4°. Elevez ou abaissez le pole sur l'horison, jusques à ce que le lieu du soleil soit dans le point de l'Orient ou dans celui de l'Occident de l'horison. Cette élévation sera celle du lieu.

Aïant fait l'opération à Paris le 8 Octobre, jour où le soleil est dans le 15 dégré de la balance, & ce dégré étant amené à l'horison, le pole se trouve élevé à 49 dégrés, valeur de la latitude de Paris.

Usage XII. *La déclinaison d'une étoile étant donnée, trouver les lieux de la terre ausquels elle est verticale.*

1°. Comptez autant de degrés sur le méridien du côté de l'équateur où est la déclinaison de l'étoile, que cette déclinaison en renferme.

2°. Aïant fait tourner le *Globe*, les lieux demandés passeront par le dernier point de l'axe marqué sur le méridien, point qui répond au lieu de l'étoile.

Usage XIII. *A un jour donné connoître l'heure du lever du soleil, & le commencement du crepuscule à un lieu proposé.*

1°. Comptez les dégrés de l'équateur qui sont élevés sur l'horison jusques au méridien du lieu proposé, le *Globe* étant disposé suivant la latitude de ce lieu.

2°. Divisez le nombre des dégrés par 15 pour les réduire en heures.

3°. Ajoutez l'heure trouvée par cette réduction à l'heure du lever équinoxial du soleil, c'est-à-dire à 6 heures. La somme sera l'heure.

On demande l'heure du lever du soleil à Paris le 10 de Novembre, le nombre des degrés de l'équateur élevé sur l'horison est 20, qui étant divisé par 15, donne une heure 20 minutes. Ajoutant cette heure à 6 la somme est 7 heures & 20 minutes, tems du lever du soleil le 10 Novembre.

Pour trouver l'heure du commencement du crepuscule du lever du soleil. 1°. Mettez le style horaire sur l'heure. 2°. Amenez Paris (ou tout autre lieu, si tout autre lieu avoit fait le sujet de l'opération) à l'extrémité du quart de hauteur, 18 dégrés au-dessous de l'horison, & cela en faisant tourner le *Globe*. L'index marquera sur le cercle horaire 5 heures & demie pour le commencement du crépuscule au jour proposé.

3. Le *Globe terrestre* dont on vient de voir les usages, est suivant le système de *Ptolo-*

mée. On en conftruit fuivant celui de *Copernic.* A cette fin , on ajufte un demi-cercle de cuivre , qui coule librement autour du méridien au moïen d'une chape , à laquelle eft attachée une petite boule dorée repréfentant le foleil. Ce demi cercle , qui eft un double vertical , eft divifé en deux fois 90°. Sur un côté de ce demi cercle on écrit *vertical oriental* , & de l'autre *vertical occidental.* Du côté du pole arctique eft un cadran à l'ordinaire ; mais on y compte les heures d'Occident en Orient ; parce que dans le fyftème de *Copernic* , c'eft à la terre qu'on attribue le mouvement.

4. Le *Globe* ainfi monté eft bien moins utile que curieux. Il a cependant trois ou quatre ufages particuliers par rapport à fa conftruction , qu'on peut voir dans le *Traité de l'ufage des Globes* par *Bion.*

L'origine du *Globe terreftre* n'eft pas plus connue que celle du *Globe* célefte. On fait qui le premier mit au jour une Mappemonde. Mais qui colla cette Mappemonde fur une fphere ou boule , pour en faire un *Globe terreftre* ? C'eft ce qu'on ignore. C'eft donc à l'origine de la Mappemonde qu'il faut rapporter celle du *Globe* , comme nous avons rapporté celle du *Globe* céleftes à l'origine des Cartes céleftes , ou des Tables de la fituation du Firmament. *Anaximandre* , fucceffeur de *Thalès* à l'Ecole de *Milet* , fut le premier qui ofa, fuivant *Strabon* , dreffer une table Géographique. Et à peu près dans le même tems , *Hecatée* , Milefien , publia un Traité curieux fur la même matiere , où il marqua la fituation des fleuves & des montagnes. Ces deux productions fe perfectionnerent par la fuite , & dans le tems de *Socrate* on vit des tables générales qui repréfentoient le monde en raccourci , c'eft-à-dire des Mappemondes. On raconte que *Socrate* dans le deffein de mortifier le jeune *Alcibiade* , extrêmement glorieux de fes nombreux héritages , le mena devant une de ces Mappemondes , & le pria de lui montrer où étoit l'Attique , & dans l'Attique où étoient fes terres. *Alcibiade* après avoir longtems cherché , avoua que de fi petits objets ne méritoient point d'être inferés dans une Mappemonde. Eh! de quoi donc vous glorifiez-vous ? s'écria le Philofophe. *Bleau*, *Bion* & *Varenius* (dans fa Géographie) font les Auteurs qu'on peut confulter fur le *Globe terreftre.*

GLOBE GNOMONIQUE. Cadran folaire qui a la forme d'un *Globe.* C'eft le cadran le plus fimple & le plus naturel. Il s'agit ici de repréfenter la terre telle qu'elle eft éclairée par le foleil à l'endroit où l'on eft. Le *Globe* par fa forme la repréfente déja. En fituant

ce *Globe* felon l'élevation du pole du lieu, il fera éclairé fuivant l'afpect de ce lieu par rapport au foleil. Enfin fi l'on trace fur ce corps les mêmes cercles qui divifent la terre , & qu'on ajufte un ftile pour marquer le mouvement de cet aftre , le *Globe gnomonique* fera conftruit (Planche XVIII. Figure 309.). A cette fin , 1°. Décrivez un cercle A Z B N , avec un compas fphérique, qui divife le *Globe* en deux hémifpheres. 2°. Divifez ce cercle en deux points Z , N, également oppofés , ces points feront le premier le zenith ; le fecond le nadir ; repofez le *Globe* par ce point fur fon pied. 3°. A 90 dégrés du zenith de part & d'autre, faites paffer un cercle A E B qui fe coupe à angles droits avec le méridien, pour avoir l'horifon. 4°. Comptez depuis l'horifon du point B le nombre des dégrés de l'élévation du pole, & faites paffer par ce point C , & par le centre du *Globe* , un axe qui repréfentera l'axe du monde, & par conféquent les points C & D en feront les poles. 5°. Aïant compté du point Z le nombre de dégrés qui font le complement de l'élévation du pole, c'eft-à-dire , 90° depuis le pole , faites paffer un cercle par ce point : ce fera l'équateur ; & fi l'on trace à 23° ½ deux cercles , on aura les tropiques. 6°. Enfin divifez l'équateur Q Q en 4 parties égales & chacune de ces parties en 6 , & marquez fur ces divifions les 24 heures , comme on le voit en la figure. Pour les demi heures ou les quarts d'heures, fubdivifez chaque efpace en 2 ou en 4.

Le *Globe gnomonique* ainfi conftruit , on en fait ufage en l'orientant de façon que le pole réponde au pole du monde, & qu'il foit dans la méridienne du lieu. Lorfque le foleil l'éclaire , l'ombre du *Globe* même fait connoître l'heure ; parce que l'ombre & la lumiere occupant chacun la moitié de la convexité du *Globe* comme fur le *Globe* de la terre , & la ligne de leur féparation étant une circonférence de grand cercle , elle doit marquer l'heure fur deux points diametralement oppofés. On peut encore connoître l'heure par l'ombre des deux bouts de l'axe en marquant les heures fur les cercles polaires qu'on trace à la diftance du 23° ½ du pole. Le premier de ces cercles fert à connoître l'heure pendant l'été , le fecond pendant l'hyver.

Le *Globe gnomonique* n'a pas le feul avantage de marquer les heures. Quand on y deffine les différens païs qui font fur la furface de la terre , comme dans le *Globe* terreftre (*Voïez* GLOBE TERRESTRE ,) on a le plaifir de voir à chaque moment par la moitié éclairée du *Globe*, quels font les endroits qui font éclairés du foleil, & ceux qui font dans l'obfcurité.

On attribue l'invention de ce cadran au P. *Kirker*. Le P. *Quenet* Benedictin en a fait un de marbre, ajufté fur un cilindre gnomonique, c'eft-à-dire, où des courbes reprefentent les paralleles des lignes & des heures. M. *Ozanam* en a donné la defcription dans fes *Récréations Mathématiques*, *Tome II.*

GLOBAIRE. On a donné depuis peu ce nom à une repréfentation de la furface, ou de quelque partie de la furface du globe terreftre, fur un plan où les paralleles des latitudes font prefque des cercles concentriques, & où les méridiens font des courbes ainfi que les lignes de rumb. Cette efpece de Carte a cet avantage, que les diftances, entre les endroits qui font fur le même rumb, fe mefurent par la même échelle de parties égales, & que la diftance de deux endroits quelconques fur l'arc d'un grand cercle, eft repréfentée dans cette efpece de carte par une ligne droite.

Quelques Savans fouhaiteroient fort que l'on conftruifit les Mappemondes conformément à cette projection. Mais pour les Cartes Marines, ils préferent la conftruction de *Mercator*. Les méridiens, les paralleles, les lignes de rumb étant toutes des courbes fur la Carte *Globaire*, & des lignes droites fur celle de *Mercator*, il eft bien plus aifé de conftruire cette derniere ; parce que l'on trace beaucoup plus commodément & plus correctement des lignes droites que des courbes, fur-tout des courbes telles que font les lignes de rumb fur la Carte *Globaire*.

On doit cette Carte à *Ptolomée*, qui l'explique dans fa Géographie.

G N O

GNOMON. C'eft le nom qu'on donne en Arithmétique aux termes d'une progreffion arithmétique de l'addition defquels fe forment les nombres poligones. Par exemple, en additionnant dans une progreffion 1, 2, 3, 4, 5, 6, &c., deux, trois, quatre, cinq, fix, &c. de ces termes, forment les nombres triangulaires 1, 3, 6, 10, 15, 21, &c. Et c'eft à l'égard de ceux-ci qu'on nomme les premiers *Gnomons*.

GNOMON. Terme de Géometrie. Figure compofée de deux complemens, & de l'un des complemens autour de la diagonale. Ainfi les parties ABDEFC (Planche I, Figure 402,) forment ce qu'on appelle un *Gnomon*.

GNOMON. Les Aftronomes appellent ainfi une forte d'inftrument dont on fe fert pour méfurer les hauteurs du foleil & des étoiles. Il ne confifte qu'en une perche élevée perpendiculairement & qui jette fon ombre fur une plaine. On fe fert encore à fa place d'une muraille perpendiculaire, au haut de laquelle on fixe une lame percée d'un trou extrêmement étroit. Leur ufage eft d'avoir le paffage jufte du foleil par le méridien. (*Voïez* MERIDIENNE.) Les plus grands, & par conféquent les plus célebres *Gnomons* font ceux d'*Ulugh-Beigh*, qui en a eu de 180 pieds ; celui d'*Ignace Dante* de 67 pieds ; celui de M. de *Caffini* de 20 pieds, & celui du P. *Henri* à Breflau, de 35.

GNOMON. On fe fert encore en Gnomonique de ce terme pour exprimer le ftile d'un cadran quelconque, dont l'ombre fait connoître l'heure. Le *Gnomon* repréfente toujours l'axe du monde.

GNOMON. Dans la Géometrie fouterraine c'eft le nom d'un inftrument avec lequel on peut examiner & porter au jour le montant, la pente & la direction des creux des mines. Il eft compofé de deux pieces de bois A F & G H, d'environ 1 pied de long, & jointes enfemble par une vis F (Planche X. Figure 308.) Au-deffus font deux dioptres B, C, & au-deffous une corde L K I D, parallele à la ligne fur laquelle les dioptres font élevés. On applique l'inftrument fur un pied par l'ouverture H. Aïant fufpendu fur la corde I K un demi-cercle, on découvre les creux des mines en élevant ou en abbaiffant la partie A F, felon l'occurrence. Lorfqu'on veut trouver la direction des creux & des veines, on fufpend une bouffole à la même corde. On peut voir fur ce *Gnomon* la *Géometrie fouterraine de Voigtel*, *Part. III.* & *Weidleri*, *Inftit. Geometriæ fubterraneæ, p.* 18.

GNOMONIQUE. L'art de tracer fur un plan la projection des cercles de la fphere, & d'y placer un ftile, de maniere que fon ombre tombe fur quelques-unes des lignes qui les repréfentent, afin qu'elle faffe connoître le cercle horaire dans lequel le foleil fe trouve. Cette projection fe nomme *Cadran folaire*. J'enfeigne à l'article des Cadrans (*Voïez* CADRAN) les regles qu'on doit fuivre pour le conftruire fuivant les différentes fituations des furfaces fur lefquelles on veut le tracer ; & je me borne aux regles particulieres de chaque cadran. C'eft ici le lieu de faire mention des regles générales, je veux dire de celles qui ne dépendent ni de la connoiffance de la fituation du plan, ni de fon inclinaifon, ni de la latitude du lieu où l'on veut le décrire. Toutes ces connoiffances font un peu ferviles, & il eft beau de s'en affranchir. Dans cette vûe, M. de la *Hire* a trouvé cette méthode univerfelle pour faire des cadrans fur toute fortes de furfaces, fans aucune connoiffance préliminaire.

Un ftile courbe A S (Planche XX. Figure 312.) étant fiché dans un plan par l'extrêmité, marquez fur ce plan les deux points d'ombre D. & E les plus diftans l'un de l'autre qu'il fera poffible, & tracez de ces points deux courbes fuivant ce principe.

1°. Sur un plan quelconque faites l'angle *d s g* égal à l'angle de la déclinaifon du foleil le jour que l'ombre a été obfervée. 2°. Du point d'ombre D décrivez un cercle L M, & tirez plufieurs raïons D L, D M. 3°. Faites *s d* égal à la diftance S D du point du ftile S à ce point d'ombre D. 4°. Du point *d* comme centre foit décrit le cercle *l m*, égal au cercle L M. 5°. Aïant tranfporté la diftance S L en *s l* par le point *l*, où cette diftance rencontrera le cercle *l m*, menez *d l* qui rencontrera *s g* (ci devant indéfinie) en *g*, & tranfportez *d g* en D G fur le cadran. 6°. Prenant de même *s m* & plufieurs autres raïons, faites paffer par ces raïons la ligne courbe G F, ligne qui fera d'autant plus jufte que ces raïons feront en plus grande quantité.

La même courbe étant tracée au point d'ombre E, on mene aux deux courbes une commune tangente R T. Cette ligne fera l'équinoxiale. Sur le milieu de cette ligne on élevera une perpendiculaire P V, qui eft la méridienne du plan. Ces deux lignes tirées, le cadran eft déterminé, & le refte de fa conftruction eft facile quand on a lû avec attention les regles ordinaires des cadrans à l'article de cet Horloge folaire (*Voïez* CADRAN.)

2. La feconde regle générale de *Gnomonique* eft bien moins utile pour procéder aux opérations de cette fcience que pour les vérifier. Il s'agit ici de la conftruction des cadrans par le calcul des angles. Or voici la regle fur laquelle ce calcul eft fondé. Dans les cadrans horifontaux on détermine l'angle que fait chaque ligne horaire avec la méridienne, par le moïen de l'analogie fuivante.

Comme le finus total
Au finus de l'élévation du pole ;
Ainfi la tangente de l'angle horaire
dans le cadran équinoxial
A la tangente de l'angle horaire correfpondant dans le cadran horifontal.

Cette regle eft une fuite naturelle de la maniere dont on fait les divifions horaires fur la ligne équinoxiale. (*Voïez* CADRAN.)

Si l'on a conçu la raifon de cette opération, on verra aifément que les diftances A B A D, A E, (Planche XX. Figure 350.) font les tangentes des angles horaires A H B, A H D, & qu'ils font faits, non au centre du cadran, mais au centre du cercle qui repréfente l'équateur, dont le raïon eft A H ou A G. Or il y a même raifon de C A à AH, ou A G que du finus total à celui de l'élévation du pole ; parce que l'angle G C A eft égal à l'élévation du pole ; & il y a même raifon de la tangente de l'angle A H B à celle de l'angle A C B, que de C A à H A: Il y a donc même proportion de la tangente de l'angle horaire fur le plan de l'équateur à l'angle horaire correfpondant fur le plan du cadran horifontal, que du finus total au finus de l'élévation du pole.

Il eft aifé d'appliquer cette regle aux cadrans verticaux méridionaux, en prenant à la place de la hauteur du pole du lieu, fon complement, & en faifant la même analogie ; car un cadran vertical méridional d'un lieu, eft le même qu'un horifontal décrit pour une hauteur du pole complement de celle de ce lieu.

Dans les cadrans inclinés fans déclinaifon, on fe fervira de l'angle de l'élévation du pole fur ce plan, parce qu'un pareil cadran eft précifément le même que celui d'un lieu qui auroit la même élévation que ce plan. On pourroit aifément étendre cette maniere de décrire les cadrans folaires à toute forte de plan quelle que fût leur inclinaifon & leur déclinaifon. (*V.* l'*Horographia trigonometrica* de *Bernard Imber* imprimée en 1718, Prague; la *Gnomonique d'Ozanam*, & le *Traité de Gnomonique* de M. *Deparcieux*.)

C'eft ainfi qu'on a calculé la Table fuivante, où l'on trouve les arcs horaires de quart d'heure en quart d'heure pour chaque dégré de latitude, exprimés en dégrés & minutes de dégrés. L'ufage de cette Table eft tel. Aïant tracé la méridienne comme on a vû ci-devant, (*Voïez* auffi MERIDIENNE.) connoiffant l'élévation du pole, cherchez le chifre qui dans la Table exprime cette élévation, & faites faire à la méridienne les angles horaires marqués pour cette élévation. Exemple. On veut faire à Paris un cadran. La latitude de cette Ville eft de 49 dégrés. Ce nombre cherché dans la Table indique que l'angle que doit faire la ligne horaire avec la méridienne pour midi ¼ eft 2 dégrés 50 minutes, pour la demi 5 dégrés 40 minutes, pour les ¾ 8 dégrés 40 minutes, & pour I & XI, 11 dégrés 26 minutes : ainfi des autres heures.

TABLE DES ANGLES HORAIRES POUR CHAQUE DEGRÉ
DE LATITUDE.

*La première colonne marque les heures & parties d'heures. Les * désignent les demi-heures ; le rang qui suit & celui qui précède sont pour les quart-d'heures.*

HAUTEURS DU POLE.

	1	2	3	4	5	6	7	8	9	10	11	12	13	14	15
	D. M.	D. M.	D. M.	D. M.	D. M.	D. M.	D. M.	D. M.	D. M.	D. M.	D. M.	D. M.	D. M.	D. M.	D. M.
	0. 4	0. 8	0. 12	0. 16	0. 20	0. 24	0. 28	0. 31	0. 36	0. 39	0. 44	0. 47	0. 51	0. 55	0. 59
*	0. 8	0. 16	0. 24	0. 32	0. 39	0. 47	0. 55	1. 3	1. 11	1. 19	1. 26	1. 34	1. 42	1. 49	1. 57
	0. 12	0. 24	0. 36	0. 48	1. 0	1. 11	1. 23	1. 35	1. 47	1. 59	2. 10	2. 22	2. 34	2. 45	2. 57
I. XI.	0. 16	0. 32	0. 48	1. 4	1. 20	1. 36	1. 52	2. 8	2. 24	2. 40	2. 55	3. 11	3. 27	3. 43	3. 58
	0. 20	0. 41	1. 1	1. 21	1. 42	2. 2	2. 22	2. 42	3. 2	3. 22	3. 43	4. 2	4. 22	4. 41	5. 1
*	0. 25	0. 50	1. 15	1. 39	2. 4	2. 29	2. 53	3. 18	3. 42	4. 7	4. 31	4. 55	5. 20	5. 43	6. 7
	0. 30	0. 59	1. 29	1. 58	2. 27	2. 57	3. 26	3. 55	4. 25	4. 54	5. 23	5. 51	6. 20	6. 48	7. 17
II. X.	0. 35	1. 9	1. 44	2. 19	2. 52	3. 27	4. 1	4. 36	5. 10	5. 44	6. 17	6. 51	7. 24	7. 57	8. 30
	0. 40	1. 20	2. 0	2. 40	3. 20	4. 0	4. 39	5. 19	5. 58	6. 37	7. 16	7. 55	8. 33	9. 11	9. 48
*	0. 46	1. 32	2. 18	3. 4	3. 49	4. 35	5. 20	6. 6	6. 51	7. 35	8. 20	9. 4	9. 48	10. 31	11. 14
	0. 53	1. 45	2. 38	3. 30	4. 22	5. 14	6. 6	6. 57	7. 49	8. 40	9. 30	10. 20	11. 10	11. 59	12. 48
III. IX.	1. 0	2. 0	3. 0	3. 59	4. 59	5. 58	6. 57	7. 55	8. 54	9. 51	10. 48	11. 45	12. 41	13. 36	14. 31
	1. 9	2. 17	3. 25	4. 33	5. 41	6. 48	7. 54	9. 1	10. 7	11. 12	12. 16	13. 20	14. 23	15. 26	16. 26
*	1. 18	2. 36	3. 54	5. 11	6. 29	7. 45	9. 1	10. 17	11. 31	12. 45	13. 58	15. 10	16. 20	17. 30	18. 39
	1. 30	2. 59	4. 29	5. 58	7. 26	8. 54	10. 20	11. 46	13. 11	14. 34	15. 56	17. 17	18. 37	19. 55	21. 10
IV. VIII.	1. 44	3. 28	5. 11	6. 53	8. 35	10. 16	11. 55	13. 33	15. 10	16. 44	18. 17	19. 48	21. 17	22. 32	24. 9
	2. 2	4. 3	6. 3	8. 3	10. 1	11. 58	13. 53	15. 46	17. 36	19. 24	21. 9	22. 52	24. 31	26. 8	27. 42
*	2. 25	4. 49	7. 12	9. 34	11. 53	14. 10	16. 24	18. 24	20. 42	22. 45	24. 44	26. 39	28. 30	30. 17	32. 0
	2. 56	5. 51	8. 46	11. 37	14. 24	17. 7	19. 45	22. 17	24. 44	27. 6	29. 21	31. 29	33. 32	35. 29	37. 19
V. VII.	3. 44	7. 25	11. 3	14. 36	18. 1	21. 19	24. 28	27. 27	30. 17	32. 57	35. 27	37. 49	40. 2	42. 4	44. 0
	5. 1	9. 57	14. 44	19. 20	23. 40	27. 43	31. 30	34. 59	38. 11	41. 7	43. 48	46. 16	48. 31	50. 34	52. 27
*	7. 33	14. 51	21. 41	27. 55	33. 30	38. 27	42. 47	46. 35	49. 55	52. 50	55. 24	57. 39	59. 39	61. 27	63. 2
	14. 55	18. 2	38. 36	46. 47	53. 3	57. 55	61. 44	64. 47	67. 17	69. 19	71. 2	72. 41	73. 46	74. 50	75. 48
VI.	90. 0	90. 0	90. 0	90. 0	90. 0	90. 0	90. 0	90. 0	90. 0	90. 0	90. 0	90. 0	90. 0	90. 0	90. 0

HAUTEURS DU POLE.

	16	17	18	19	20	21	22	23	24	25	26	27	28	29	30
	D. M.	D. M.	D. M.	D. M.	D. M.	D. M.	D. M.	D. M.	D. M.	D. M.	D. M.	D. M.	D. M.	D. M.	D. M.
	1. 2	1. 6	1. 9	1. 13	1. 17	1. 21	1. 25	1. 28	1. 32	1. 35	1. 39	1. 42	1. 46	1. 49	1. 53
*	1. 2	1. 6	1. 9	1. 13	1. 17	1. 21	1. 25	1. 28	1. 32	1. 35	1. 39	1. 42	1. 46	1. 49	1. 53
	3. 8	3. 20	3. 31	3. 42	3. 54	4. 5	4. 16	4. 27	4. 38	4. 48	4. 59	5. 10	5. 20	5. 31	5. 41
I. XI.	4. 14	4. 29	4. 44	4. 59	5. 16	5. 29	5. 46	5. 59	6. 13	6. 28	6. 42	6. 56	7. 14	7. 28	7. 38
	6. 31	5. 40	7. 18	7. 41	8. 4	8. 27	8. 49	9. 12	9. 34	9. 56	10. 17	10. 39	11. 0	11. 21	11. 42
*	6. 31	6. 54	7. 18	7. 41	8. 4	8. 27	8. 49	9. 12	9. 34	9. 56	10. 17	10. 39	11. 0	11. 21	11. 42
	7. 42	8. 12	8. 40	9. 7	9. 34	10. 2	10. 28	10. 54	11. 20	11. 46	12. 12	12. 37	13. 2	13. 27	13. 50
II. X.	9. 3	9. 35	10. 11	10. 39	11. 10	11. 41	12. 13	12. 43	13. 13	13. 43	14. 11	14. 44	15. 10	15. 38	16. 6
	10. 26	11. 3	11. 40	12. 16	12. 52	13. 25	14. 2	14. 38	15. 12	15. 46	16. 19	16. 53	17. 25	17. 57	18. 28
*	11. 57	12. 38	13. 20	14. 2	14. 43	15. 23	16. 2	16. 41	17. 20	17. 58	18. 35	19. 12	19. 49	20. 24	20. 59
	13. 36	14. 23	15. 10	15. 56	16. 42	17. 27	18. 11	18. 55	19. 38	20. 20	21. 2	21. 42	22. 23	23. 2	23. 41
III. IX.	15. 25	16. 18	17. 10	18. 2	18. 53	19. 43	20. 32	21. 20	22. 8	22. 54	23. 40	24. 25	25. 9	25. 52	26. 34
	17. 27	18. 26	19. 25	20. 22	21. 18	22. 14	23. 8	24. 1	24. 55	25. 43	26. 34	27. 22	28. 10	28. 56	29. 41
*	19. 46	20. 52	21. 56	23. 0	24. 1	25. 2	26. 1	26. 59	27. 56	28. 48	29. 44	30. 37	31. 28	32. 17	33. 5
	22. 25	23. 38	24. 49	25. 59	27. 7	28. 16	29. 17	30. 19	31. 20	32. 19	33. 16	34. 12	35. 5	35. 58	36. 48
IV. VIII.	25. 31	26. 51	28. 9	29. 25	30. 39	31. 50	33. 3	34. 5	35. 10	36. 12	37. 13	38. 11	39. 7	40. 1	40. 54
	29. 12	30. 40	32. 4	33. 26	34. 44	36. 0	37. 13	38. 24	39. 31	40. 36	41. 38	42. 38	43. 35	44. 33	45. 24
*	33. 38	35. 13	36. 43	38. 10	39. 33	40. 52	42. 7	43. 20	44. 28	45. 31	46. 37	47. 37	48. 35	49. 29	50. 22
	39. 5	40. 44	42. 19	43. 48	45. 13	46. 33	47. 49	49. 1	50. 9	51. 14	52. 14	53. 13	54. 8	55. 0	55. 50
V. VII.	45. 46	47. 29	49. 4	50. 32	51. 55	53. 13	54. 26	55. 34	56. 37	57. 37	58. 34	59. 27	60. 17	61. 4	61. 49
	54. 11	55. 46	57. 14	58. 35	59. 49	60. 58	62. 2	63. 1	63. 56	64. 48	65. 36	66. 20	67. 4	67. 42	68. 18
*	64. 28	65. 45	66. 55	67. 59	68. 57	69. 50	70. 38	71. 23	72. 4	72. 42	73. 17	73. 50	74. 20	74. 48	75. 15
	76. 37	77. 22	78. 2	78. 37	79. 9	79. 38	80. 18	80. 29	80. 51	81. 11	81. 30	81. 47	82. 3	82. 18	82. 32
VI.	90. 0	90. 0	90. 0	90. 0	90. 0	90. 0	90. 0	90. 0	90. 0	90. 0	90. 0	90. 0	90. 0	90. 0	90. 0

HAUTEURS DU POLE.

	31 D. M.	32 D. M.	33 D. M.	34 D. M.	35 D. M.	36 D. M.	37 D. M.	38 D. M.	39 D. M.	40 D. M.	41 D. M.	42 D. M.	43 D. M.	44 D. M.	45 D. M.
	1.56	1.59	2.3	2.6	2.9	2.12	2.16	2.19	2.22	2.25	2.28	2.31	2.34	2.36	2.39
*	3.53	4.0	4.7	4.14	4.20	4.26	4.32	4.38	4.44	4.50	4.56	5.2	5.8	5.14	5.20
	5.51	6.1	6.11	6.21	6.32	6.40	6.50	6.59	7.8	7.17	7.26	7.35	7.43	7.52	8.0
I. XI.	7.52	8.5	8.18	8.31	8.44	8.57	9.10	9.22	9.34	9.47	9.58	10.7	10.21	10.33	10.44
	9.55	10.12	10.28	10.45	11.1	11.18	11.33	11.48	12.4	12.19	12.33	12.48	13.2	13.16	13.30
*	12.3	12.23	12.42	13.2	13.22	13.41	14.0	14.18	14.37	14.54	15.13	15.29	15.46	16.3	16.20
	14.15	14.39	15.2	15.25	15.48	16.10	16.32	16.53	17.14	17.35	17.56	18.16	18.35	18.55	19.13
II. X.	16.34	17.1	17.28	17.54	18.19	18.45	19.9	19.34	19.58	20.21	20.45	21.7	21.29	21.51	22.12
	19.0	19.30	20.0	20.29	20.57	21.26	21.54	22.21	22.49	23.15	23.41	24.6	24.30	24.54	25.17
*	21.34	22.9	22.40	23.14	23.45	24.16	24.47	25.17	25.46	26.15	26.43	27.11	27.37	28.4	28.25
	24.19	24.56	25.31	26.7	26.42	27.16	27.49	28.22	28.54	29.25	29.55	30.24	30.53	31.21	31.48
III. IX.	27.5	27.55	28.34	29.13	29.50	30.27	31.2	31.37	32.11	32.44	33.16	33.47	34.18	34.47	35.16
	30.25	31.9	31.51	32.31	33.11	33.50	34.27	35.4	35.40	36.14	36.48	37.21	37.51	38.23	38.53
*	33.52	34.58	35.22	36.5	36.47	37.27	38.6	38.44	39.21	39.57	40.32	41.5	41.38	42.9	42.40
	37.37	38.25	39.11	39.55	40.39	41.20	42.0	42.40	43.17	43.53	44.29	44.58	45.35	46.7	46.37
IV. VIII.	41.44	42.3	43.20	44.5	44.49	45.31	46.11	46.50	47.28	48.4	48.39	49.13	49.46	50.16	50.46
	46.15	47.3	47.50	48.35	49.19	50.0	50.40	51.18	51.55	52.30	53.4	53.37	54.8	54.37	55.7
*	51.4	51.59	52.45	53.28	54.0	54.50	55.28	56.4	56.39	57.12	57.44	58.14	58.44	59.19	59.38
	56.37	57.21	58.4	58.44	59.23	60.0	60.34	61.8	61.39	62.10	62.39	63.6	63.32	63.57	64.21
V. VII.	62.31	63.10	63.48	64.24	64.58	65.30	66.0	66.29	66.56	67.21	67.47	68.11	68.33	68.54	69.15
	68.53	69.25	69.56	70.25	70.53	71.18	71.43	72.7	72.28	72.48	73.8	73.27	73.44	74.1	74.17
*	75.40	76.3	76.25	76.45	77.4	77.22	77.40	77.56	78.11	78.25	78.39	78.52	79.4	79.16	79.28
	82.45	82.57	83.8	83.19	83.29	83.33	83.47	83.55	84.3	84.11	84.18	84.24	84.31	84.37	84.42
VI.	90.0	90.0	90.0	90.0	90.0	90.0	90.0	90.0	90.0	90.0	90.0	90.0	90.0	90.0	90.0

HAUTEURS DU POLE.

	46 D. M.	47 D. M.	48 D. M.	49 D. M.	50 D. M.	51 D. M.	52 D. M.	53 D. M.	54 D. M.	55 D. M.	56 D. M.	57 D. M.	58 D. M.	59 D. M.	60 D. M.
	2.42	2.45	2.47	2.50	2.52	2.55	2.57	3.0	3.2	3.4	3.7	3.9	3.11	3.13	3.15
*	5.25	5.30	5.35	5.40	5.45	5.50	5.55	6.0	6.5	6.9	6.14	6.18	6.25	6.30	6.34
	8.9	8.17	8.25	8.32	8.40	8.47	8.54	9.1	9.8	9.15	9.22	9.28	9.34	9.40	9.46
I. XI.	10.55	11.6	11.16	11.26	11.36	11.46	11.56	12.5	12.12	12.23	12.32	12.40	12.48	12.56	13.4
	13.44	13.56	14.9	14.22	14.35	14.47	14.59	15.10	15.21	15.33	15.45	15.53	16.3	16.13	16.23
*	16.35	16.51	17.6	17.22	17.37	17.51	18.5	18.18	18.31	18.45	18.58	19.12	19.22	19.33	19.44
	19.32	19.46	20.8	20.25	20.41	21.0	21.15	21.30	21.45	22.0	22.14	22.28	22.42	22.55	23.8
II. X.	22.33	22.53	23.13	23.33	23.52	24.10	24.28	24.45	25.2	25.19	25.35	25.50	26.5	26.20	26.34
	25.40	26.3	26.24	26.45	27.6	27.26	27.46	28.5	28.24	28.42	28.59	29.16	29.32	29.48	30.3
*	28.54	29.18	29.42	30.4	30.27	30.48	31.10	31.30	31.50	32.9	32.28	32.46	33.3	33.20	33.36
	32.9	32.41	33.7	33.30	33.54	34.17	34.39	35.0	35.21	35.42	36.1	36.20	36.38	36.56	37.13
III. IX.	35.44	36.11	36.37	37.3	37.27	37.51	38.14	38.37	38.58	39.19	39.40	39.59	40.18	40.36	40.54
	39.22	39.50	40.17	40.43	41.8	41.33	41.56	42.19	42.42	43.3	43.23	43.43	44.2	44.21	44.38
*	43.9	43.37	44.5	44.31	44.57	45.22	45.46	46.9	46.30	46.52	47.13	47.33	47.52	48.10	48.28
	47.7	47.35	48.3	48.29	48.54	49.19	49.42	50.5	50.27	50.48	51.8	51.28	51.46	52.4	52.21
IV. VIII.	51.15	51.43	52.9	52.35	53.0	53.23	53.46	54.8	54.29	54.49	55.9	55.27	55.45	56.2	56.18
	55.34	56.0	56.26	56.50	57.14	57.36	57.58	58.18	58.38	58.57	59.15	59.33	59.49	60.5	60.10
*	60.4	60.29	60.52	61.14	61.36	61.56	62.16	62.35	62.53	63.11	63.27	63.43	63.58	64.13	64.26
	64.44	65.6	65.27	65.47	66.6	66.24	66.42	66.58	67.14	67.29	67.44	67.58	68.11	68.24	68.36
V. VII.	69.36	69.53	70.10	70.27	70.43	70.59	71.13	71.27	71.41	71.53	72.5	72.17	72.28	72.38	72.48
	74.33	74.47	75.1	75.14	75.27	75.39	75.50	76.1	76.11	76.21	76.31	76.39	76.48	76.56	77.4
*	79.38	79.48	79.57	80.6	80.19	80.23	80.31	80.38	80.45	80.52	80.59	81.6	81.11	81.16	81.21
	84.48	84.53	84.57	85.2	85.7	85.11	85.15	85.19	85.22	85.25	85.29	85.32	85.35	85.38	85.40
VI.	90.0	90.0	90.0	90.0	90.0	90.0	90.0	90.0	90.0	90.0	90.0	90.0	90.0	90.0	90.0

HAUTEURS DU POLE.

	61	62	63	64	65	66	67	68	69	70	71	72	73	74	75
	D. M.	D. M.	D. M.	D. M.	D. M.	D. M.	D. M.	D. M.	D. M.	D. M.	D. M.	D. M.	D. M.	D. M.	D. M.
*	3.17	3.19	3.21	3.23	3.24	3.26	3.27	3.28	3.30	3.31	3.33	3.34	3.35	3.36	3.37
	6.38	6.42	6.45	6.48	6.51	6.54	6.57	7.0	7.3	7.6	7.8	7.10	7.11	7.13	7.15
	9.52	9.58	10.3	10.8	10.13	10.18	10.23	10.27	10.31	10.35	10.39	10.43	10.46	10.50	10.53
I. XI.	13.12	13.20	13.26	13.33	13.40	13.46	13.52	13.57	14.3	14.8	14.13	14.18	14.23	14.27	14.31
	16.32	16.42	16.50	16.58	17.6	17.14	17.21	17.28	17.35	17.42	17.48	17.54	17.59	18.4	18.9
*	19.55	20.7	20.15	20.25	20.35	20.44	20.52	21.0	21.8	21.16	21.23	21.29	21.36	21.43	21.49
	23.20	23.32	23.43	23.54	24.5	24.15	24.24	24.34	24.43	24.52	25.0	25.8	25.16	25.22	25.28
II. X.	26.47	27.2	27.13	27.25	27.37	27.48	27.59	28.10	28.19	28.29	28.38	28.46	28.54	29.2	29.9
	30.18	30.34	30.46	30.59	31.12	31.24	31.35	31.46	31.57	32.7	32.17	32.26	32.34	32.42	32.50
*	33.52	34.7	34.22	34.35	34.49	35.2	35.14	35.26	35.37	35.47	35.58	36.7	36.16	36.25	36.33
	37.29	37.47	38.0	38.15	38.29	38.42	38.55	39.5	39.18	39.29	39.39	39.50	39.59	40.8	40.16
III. IX.	41.10	41.29	41.42	41.57	42.11	42.25	42.39	42.50	43.2	43.13	43.23	43.33	43.43	43.52	44.0
	44.55	45.14	45.27	45.42	45.56	46.10	46.23	46.36	46.47	46.59	47.9	47.20	47.29	47.37	47.48
*	48.44	49.1	49.16	49.31	49.45	49.58	50.11	50.23	50.35	50.46	50.56	51.6	51.16	51.24	51.32
	52.37	52.52	53.8	53.20	53.36	53.49	54.1	54.13	54.24	54.35	54.45	54.55	55.4	55.12	55.20
IV. VIII.	56.34	56.49	57.3	57.17	57.30	57.42	57.55	58.5	58.16	58.26	58.36	58.44	58.53	59.1	59.8
	60.35	60.49	61.2	61.15	61.27	61.38	61.49	61.59	62.9	62.19	62.27	62.36	62.45	62.50	62.57
*	64.39	64.52	65.5	65.15	65.26	65.37	65.46	65.55	66.4	66.13	66.21	66.28	66.35	66.41	66.47
	68.47	68.58	69.9	69.19	69.28	69.37	69.45	69.53	70.1	70.8	70.15	70.21	70.27	70.33	70.38
V. VII.	72.58	73.7	73.16	73.24	73.32	73.39	73.46	73.53	73.59	74.5	74.11	74.16	74.21	74.25	74.30
	77.11	77.18	77.25	77.31	77.37	77.43	77.49	77.54	77.58	78.3	78.7	78.11	78.15	78.18	78.22
*	81.16	81.31	81.36	81.40	81.44	81.48	81.52	81.55	81.58	82.1	82.4	82.7	82.10	82.12	82.14
	85.43	85.45	85.47	85.50	85.52	85.54	85.55	85.57	85.59	86.0	86.2	86.3	86.5	86.6	86.7
VI.	90.0	90.0	90.0	90.0	90.0	90.0	90.0	90.0	90.0	90.0	90.0	90.0	90.0	90.0	90.0

HAUTEURS DU POLE.

	76	77	78	79	80	81	82	83	84	85	86	87	88	89	90
	D. M.	D. M.	D. M.	D. M.	D. M.	D. M.	D. M.	D. M.	D. M.	D. M.	D. M.	D. M.	D. M.	D. M.	D. M.
*	3.38	3.39	3.40	3.41	3.42	3.42	3.43	3.44	3.44	3.45	3.45	3.45	3.45	3.45	3.45
	7.17	7.18	7.20	7.22	7.23	7.25	7.26	7.27	7.28	7.29	7.29	7.30	7.30	7.30	7.30
	10.55	10.58	11.1	11.5	11.6	11.7	11.9	11.10	11.12	11.13	11.13	11.14	11.15	11.15	11.15
I. XI.	14.35	14.38	14.42	14.44	14.47	14.49	14.52	14.54	14.55	14.57	14.58	14.59	15.0	15.0	15.0
	18.14	18.18	18.22	18.24	18.26	18.32	18.35	18.37	18.39	18.41	18.42	18.43	18.44	18.45	18.45
*	21.54	21.59	22.3	22.7	22.11	22.15	22.18	22.21	22.23	22.25	22.27	22.28	22.29	22.30	22.30
	25.34	25.40	25.45	25.50	25.54	25.58	26.2	26.5	26.7	26.10	26.12	26.13	26.14	26.15	26.15
II. X.	29.15	29.21	29.27	29.33	29.37	29.42	29.45	29.49	29.52	29.54	29.56	29.58	29.59	30.0	30.0
	32.57	33.4	33.10	33.16	33.21	33.25	33.29	33.33	33.36	33.39	33.41	33.43	33.44	33.45	33.45
*	36.40	36.47	36.53	36.59	37.5	37.10	37.14	37.18	37.21	37.24	37.26	37.28	37.29	37.30	37.30
	40.24	40.31	40.37	40.43	40.49	40.54	40.58	41.2	41.5	41.8	41.11	41.13	41.14	41.15	41.15
III. IX.	44.8	44.15	44.22	44.28	44.34	44.39	44.44	44.47	44.51	44.53	44.56	44.58	44.59	45.0	45.0
	47.53	48.1	48.8	48.13	48.19	48.24	48.28	48.33	48.36	48.39	48.41	48.43	48.44	48.45	48.45
*	51.40	51.46	51.53	51.59	52.4	52.9	52.14	52.17	52.21	52.24	52.26	52.28	52.29	52.30	52.30
	55.27	55.34	55.40	55.45	55.51	55.55	55.59	56.3	56.6	56.9	56.11	56.13	56.14	56.15	56.15
IV. VIII.	59.13	59.21	59.27	59.32	59.37	59.41	59.46	59.49	59.52	59.54	59.56	59.58	59.59	60.0	60.0
	63.4	63.9	63.15	63.20	63.24	63.28	63.32	63.35	63.37	63.40	63.42	63.43	63.44	63.45	63.45
	66.53	66.58	67.3	67.7	67.11	67.15	67.18	67.21	67.23	67.25	67.27	67.28	67.29	67.30	67.30
*	70.43	70.47	70.52	70.56	70.59	71.2	71.5	71.7	71.9	71.11	71.12	71.13	71.14	71.15	71.15
V. VII.	74.34	74.37	74.41	74.44	74.47	74.49	74.52	74.53	74.55	74.56	74.57	74.58	74.59	75.0	75.0
	78.25	78.28	78.30	78.33	78.35	78.37	78.39	78.40	78.42	78.43	78.44	78.44	78.45	78.45	78.45
*	82.16	82.18	82.20	82.22	82.23	82.24	82.26	82.27	82.28	82.28	82.29	82.30	82.30	82.30	82.30
	86.8	86.9	86.10	86.11	86.12	86.12	86.13	86.13	86.14	86.14	86.14	86.15	86.15	86.15	86.15
VI.	90.0	90.0	90.0	90.0	90.0	90.0	90.0	90.0	90.0	90.0	90.0	90.0	90.0	90.0	90.0

3. Je joints ici la construction & l'usage d'un Instrument très-ingénieux pour faire des cadrans solaires, inventé par M. l'Abbé *Duguiby*, de la Société Roïale de Lyon. Mon dessein étoit d'abord de le décrire à l'article SCIATERE : mais je l'ai trouvé si different des Sciateres ordinaires, que je n'ai pas voulu le confondre avec eux ; & cet article m'a paru plus convenable.

Cet Instrument est composé de trois parties principales. La premiere, qui en est la base, est une piece de bois A B C D (Planche XLVI. Figure 149.) d'un pied, ou un pied ½ de longueur sur six pouces ou environ de largeur, & de quatre ou cinq lignes d'épaisseur. Cette piece est ouverte ou fendue dans le milieu à une petite distance d'un de ses bords ; ce qui est marqué dans la figure par l'ouverture M G Y Z, entaillée à coulisse dans l'épaisseur du bois. On peut introduire dans cette ouverture une espece de regle N O taillée à queue d'aronde qui peut y avancer & reculer. Cette régle porte une baguette P q d'un pied ou environ de hauteur. Elle est élevée sur un genou P g ; & ce genou est arrêté sur un morceau de bois pointu par un de ses bouts qu'on fait entrer dans un trou en P, pratiqué à une des extrêmités de la regle en coulisse N O. La baguette, outre le mouvement que lui communique la regle à coulisse, en avançant ou reculant sur la grande piece de bois horisontale A B C D, peut encore, par le moïen du genou mobile, communiquer au chassis P Q R S les différentes dispositions & situations de tous les plans verticaux, en le tenant parallele à ces plans. Ce même chassis peut être incliné de la maniere qu'on voudra, pour imiter les differentes dispositions des plans inclinés, au Midi, au Nord, à l'Orient, & à l'Occident.

Quant à la forme de ce chassis, il doit être quarré-long, & composé de quatre litaux de deux lignes ou environ d'épaisseur. Deux de ces litaux sont fendus au milieu & dans l'épaisseur du bois, afin de pouvoir l'abbaisser ou l'élever à volonté & selon les différens besoins.

La troisiéme piece de ce même instrument est un plan circulaire *e f c* de six pouces ou environ de diametre divisé en dégrés. Au centre de ce plan est attaché un pied ou soutien qui se termine en pointe. Ce pied est introduit dans une petite ouverture I, pratiquée assez près d'un des bouts A B de la grande piece A B C D. Au centre E de ce même plan circulaire, est arrêtée une regle L Y qui doit avoir en longueur tout au moins la distance I Y, qui se trouve depuis le pied

du plan circulaire jusqu'à l'autre extrêmité de la planche.

Il faut outre cela pour la perfection de cet instrument, & pour l'emploïer à tous les usages auxquels il est destiné ; il faut, dis-je, attacher autour du pied de la genouilliere P g sur la regle mobile N O un cercle divisé en dégrés, comme aussi une aiguille P au pied de la même genouilliere. Ce cercle servira à connoître dans les différentes opérations, au moïen de l'aiguille susdite, les dégrés de déclinaison. Et par le secours du demi-cercle X X divisé & attaché vers l'un des bords de la planchette & du perpendiculaire O O, on connoîtra tous les degrés d'inclinaison d'un plan proposé.

La derniere chose nécessaire pour construire un cadran avec cet instrument est un cadran équinoxial, (*Voïez* CADRAN) qui doit être taillé, pour une plus grande facilité, en quadrilatere. Ce cadran est destiné pour être placé perpendiculairement sur le stile, soit qu'on veuille trouver sur le plan horisontal les points des heures, ou qu'on cherche à les marquer dans toutes les especes de verticaux : ce qui est exprimé sur la figure par les chifres 6 12, 6 12, qui donnent sa situation, afin de trouver sur le chassis un cadran vertical déclinant ; cette situation étant nécessaire pour trouver sur ces sortes de plans les différens points des heures. On doit attacher au centre de ce cadran un filet qui servira à trouver les points des heures, en le faisant passer sur chaque ligne horaire & en le prolongeant jusques à la rencontre du plan.

Usage de cet instrument.

Les difficultés qu'on doit résoudre lorsqu'il s'agit des cadrans solaires consistent à trouver ; 1°, l'élevation du pole pour le plan proposé ; 2°, le centre du cadran ; 3°, les points par où les lignes des heures doivent passer ; 4°, la déclinaison, ou l'inclinaison du plan, afin de placer le stile, qui doit suivre cette déclinaison ou inclinaison, en faisant dans les cadrans déclinans & inclinés, un angle avec la méridienne qui exprime cette déclinaison & cette inclinaison. On peut satisfaire à toutes ces difficultés au moïen de ce nouveau sciatere.

1°. L'élévation du pole se trouve par le secours d'une regle mobile autour d'un quart de cercle. Car tandis que la regle est fixe autour du plan circulaire *e f c*, elle fait avec la ligne horisontale un angle plus ou moins aigu, & la quantité de cet angle se trouve marquée sur le plan circulaire par le moïen de deux aiguilles, dont l'une est fixe au centre L, & posée sur la ligne horisontale L H. La seconde est mobile autour du même centre L, parce qu'elle suit le mouvement du plan circulaire & de la regle.

2°. Le bout de la regle Y, ou plutôt la pointe qui lui est attachée, marque sur le chassis le centre du cadran. Mais afin que cette regle, dont la longueur est égale au plan horisontal, & qui représente d'abord la sphere parallele, puisse dans la suite, à mesure que l'angle d'élévation ou de complement de l'élévation du pole devient plus ou moins ouvert, toucher le chassis opposé en quelque point, ce chassis P R Q S est passé dans une petite regle qui lui laisse la liberté d'être élevé ou abbaissé. Il peut également se mouvoir en avançant ou en reculant sur une coulisse pratiquée, comme je l'ai dit, dans l'épaisseur du plan horisontal; ce qui sert à décrire toutes sortes de cadrans verticaux méridionaux, pour toutes les élevations du pole.

La même regle mobile marque également le centre des cadrans déclinans. Son éloignement ou sa distance de la ligne à plomb, qui est celle du midi, sert aussi à faire connoître la déclinaison du plan, laquelle déclinaison sera encore mieux désignée par l'aiguille P, attachée au pied du genou, au centre du cercle m, n. L'angle d'inclinaison se trouve sur le demi-cercle X X, au moïen du perpendicule O O, attaché à l'un des bouts du chassis.

On comprend aisément qu'il faut placer la base de l'instrument au pied du mur sur lequel on veut construire le cadran, en sorte que le côté perpendiculaire à la coulisse, lui soit appliqué. Dans cet état, on fera mouvoir le chassis, & on le placera exactement parallele au mur.

Cette premiere opération faite, on peut venir à la seconde dans le cabinet. Elle consiste à attacher sur le chassis une feuille de papier, sur laquelle on tracera le cadran par le secours des differentes pieces de l'instrument dont les usages ont déja été expliqués. Il ne reste plus pour tracer le cadran sur le mur, qu'à y appliquer la feuille de papier qui indiquera la soustilaire & le centre du stile qu'on placera à la maniere ordinaire, suivant l'angle d'inclinaison & de déclinaison qui aura été trouvé; & du centre du stile conduisant une regle sur les lignes des heures marquées sur le papier, on aura sur le mur les différens points des heures.

4. La voix générale sur l'origine de la *Gnomonique*, est que cette science est due à *Anaximenes*, disciple d'*Anaximandre*, & que ce Philosophe fit à Lacedemone le premier cadran qu'on ait vû. (*Pline*, *Hist. nat. L. VI. Ch.* 48.) Cela est bien-tôt dit. Cependant on lit dans *Isaïe*, *Chap. XXXVIII.* ℣. 8. un passage qui prouve clairement que la *Gnomonique* étoit connue bien avant *Anaximenes*, car il ne vivoit que vers le tems du Prophéte *Daniel*, tems fort postérieur à celui du Prophéte *Isaïe*. Les termes de ce passage sont trop remarquables pour être omis : les voici. Dieu dit à *Isaïe* » Je ferai retourner » l'ombre des lignes par lesquelles elle étoit » descendue en l'horloge d'*Achaz* au so- » leil dix lignes en arriere. Et le soleil » retourna de dix lignes par les degrés par » lesquels il étoit descendu «. Quelques Auteurs ont voulu donner une description de ce cadran, tirée des mémoires de leur imagination. Mais comme ces sortes de descriptions ne sont pas reçues en Mathématique, on ne doit pas leur en tenir compte. C'est donc au cadran d'*Anaximenes* qu'il faut revenir, pour avoir un point fixe, & c'est à ce Philosophe que nous devons rendre hommage pour la découverte de la *Gnomonique*.

Le premier cadran qui parut à Rome fut tracé par *Papyrius Cursor* dans le Temple de *Quirinus* vers l'an 447 de la fondation de cette Ville. Ce cadran fut reconnu très-mauvais. Environ 30 ans après *Marcus Valerius Messala* en apporta un autre de Sicile, & le plaça sur un pilier proche du *Rostrens*. Mais ce cadran qui n'étoit pas fait pour la latitude de Rome, ne fut pas dans ce païs meilleur que le précédent. Enfin quelques années après on parvint à en construire un qui fut un peu plus exact. Par ce trait historique, il est facile de juger que la *Gnomonique* ne se développoit qu'à tâtons. Chacun faisoit des cadrans suivant la methode qu'il se faisoit lui-même, soutenu peut-être par les principes d'*Anaximenes*. *Eudoxe*, Gnidien, inventa une sorte de cadran solaire, dans lequel les lignes horaires & les arcs des signes s'entrecoupoient comme une toile d'araignée ; & il l'appella, à cause de cette similitude, *Arachnen*. Dans ce tems *Aristarque*, Samien, décrivit en la superficie concave d'un hémisphere un cadran qu'il nomma *Scaphe*. *Apollonius* de Perge imagina une autre sorte de cadran, auquel il donna le nom de *Pharetra*. Et *Vitruve* Véronois, Architecte habile, fut le premier qui enseigna la maniere de faire des cadrans par le moïen de l'analemme.

Les Auteurs, qui vivoient avant JESUS-CHRIST, avançoient par leurs cadrans particuliers la perfection de la *Gnomonique*. Pour

ca-
VI.
lant
un
no-
me-
Pro-
lui
age
les
ner
toit
fo-
leil
par
ues
tion
leur
def-
ati-
pte.
qu'il
&
dre
mo-

fut
de
de
nau-
rius
&
ens.
la
païs
ques
un
ifto-
mo-
cun
qu'il
par
Gni-
ire,
des
d'a-
cette
ftar-
con-
om-
une
a le
Ar-
igna
oïen

sus-
parti-
Pour

l'accelerer, il falloit recueillir les méthodes de chacun d'eux en particulier, ou du moins les principes généraux de cette science découverts jufques à ce jour. Le venerable *Bede* eft le premier qui a publié ces principes (ou du moins il paffe pour le plus ancien Auteur que nous connoiffions fur la *Gnomonique.*) Vinrent enfuite, *Andreas Schexerus, J. Baptifta Benedictus, Chriftophorus Clavius, Adrianus Metius, Welper,* le P. de la *Magdeleine, Jean Peterfon, George Michael, Ulricus Muller, Picart, Henricus Coetfius, Salomon de Caux,* le P. *Gafton Pardies, Bernard Grulou, Ozanam, De la Hire,* & M. *Déparcieux.*

GORGE. Terme de Mécanique. C'eft dans une pompe foulante le tuïau courbe, joint d'un bout au barillet, de l'autre au tuïau montant, & qui ne fert que pour donner de la communication à ces deux parties effentielles.

Gorge. Nom qu'on donne en Architecture civile, au premier membre du chapiteau qui fuit immédiatement le rondeau du vif de la colonne, & qui a la même faillie. Ce membre ne fe voit à découvert que dans les deux premiers ordres, le Tofcan & le Dorique. A l'Ionique il n'en paroît qu'une partie, la plus grande portion étant couverte par les volutes.

Gorge. On appelle ainfi en Fortification l'entrée d'un baftion, c'eft-à-dire, le prolongement des courtines depuis l'angle du flanc jufques au centre du baftion, où elles fe rencontrent. Si le baftion eft plat, la *Gorge* eft une ligne droite comprife entre les flancs.

La demi-lune a auffi une *Gorge:* c'eft l'efpace compris entre les extrémités des deux faces du côté de la Place. En général *Gorge* eft l'entrée de la plate-forme d'un ouvrage quelconque. Dans les dehors c'eft l'intervalle entre les aîles qui aboutiffent fur le bord du grand foffé. Sur quoi il eft bon d'obferver que toutes les *Gorges* n'ont point de parapets, parce que s'il y en avoit quelqu'un, les affiégeans, lorfqu'ils fe feroient emparé de quelque ouvrage, s'y mettroient à couvert des coups de la Place. Auffi ne les fortifie-t-on qu'avec des paliffades pour empêcher les furprifes.

GORGONE. Les Aftronomes emploïent ce terme pour défigner les étoiles qui compofent la conftellation de Médufe; & en y ajoutant la diftinction de premiere, feconde, &c. ils caractérifent chaque étoile en particulier.

Gorgone premiere. Etoile claire de la troifiéme grandeur dans la tête de Médufe, on l'appelle encore *Tête de Médufe, Algol, Lucida Medufæ.*

Gorgone feconde. Etoile de la quatriéme grandeur dans l'œil de Médufe. Quelques Aftronomes la nomment *Œil de Médufe.*

Gorgone troifiéme. Etoile de la quatriéme grandeur fur le nez de Médufe.

Gorgone quatriéme. Etoile de la cinquiéme grandeur fur la joue de Médufe.

GOU

GOUVERNAIL. Terme d'Architecture navale. Piece de bois plus large par le bas que par le haut, qui avance de quelques pieds fur l'étambot du Vaiffeau, & qui fert à fa manœuvre. Elle eft fufpendue par plufieurs crochets dans de fortes bandes de fer, qui font à l'étambot, & qui ont des yeux qu'on appelle gonds & rofettes. Au haut du *Gouvernail* on applique une longue barre qu'on appelle le *Timon*, qui traverfe horifontalement la chambre du Canonier, & qui eft parallele à fon foliveau. L'extrêmité du timon eft enchaffée avec fon pivot dans une entaille où elle eft mobile. Un bâton, qui defcend de la dunette perpendiculairement en traverfant la cajute, eft attachée au timon. On l'appelle la *manivelle du Gouvernail.* C'eft par elle qu'on fait mouvoir le *Gouvernail*, dont l'ufage eft de faire virer le Vaiffeau.

On prétend que la maniere dont le poiffon fe gouverne avec fa queue, a donné lieu à la découverte du *Gouvernail.* Mais cette prétention n'eft qu'une conjecture. Et conjecture pour conjecture, je croirois plutôt que l'invention de la rame, bien antérieure à celle du *Gouvernail*, a fourni celle du *Gouvernail (Voïez* RAME.) Prefque tous les Auteurs fur l'Architecture navale, ont effaïé de déterminer les proportions du *Gouvernail*, relativement & aux vaiffeaux & à des idées pratiques deftituées de tout fondement. *Furtenbach* plus hardi, a porté fes vûes aux proportions du *Gouvernail* pour toutes fortes de Vaiffeaux (*V.* Architecture navale.) Comme de pareilles idées feroient fort déplacées dans un Dictionnaire de Mathématique, je n'ai garde d'en rendre compte. Des réflexions mefurées fur la maniere dont le *Gouvernail* agit, & fur fa force, feront mieux connoître ce qu'on doit penfer de fes proportions que le détail qu'on en a donné. (*Voïez* le *Dictionnaire de Marine* au mot *Gouvernail.*)

2. *Ariftote* eft le premier qui a examiné la force du *Gouvernail*, & il l'a confideré comme un lévier du premier genre. La mer, felon lui, eft le poids, la main du Pilote la puiffance, & le vaiffeau le point d'appui. Content de cette explication *Ariftote* a cru

avoit rendu raifon de la force du *Gouvernail.*
Ce Phyficien s'eft cependant trompé, de l'a-
veu même de fes Commentateurs. Parmi
l'un de ceux-là, *Blancanus* foutient affirmati-
ment qu'il a tort. Il veut bien que la force
du *Gouvernail* provienne de celle du lévier ;
mais il refufe de prendre la mer pour le
poids. Il trouve plus naturel de la regarder
comme le point d'appui, & de prendre le
navire pour poids ; puifque c'eft le navire
qu'il faut mouvoir.

Le P. *Fournier,* après avoir improuvé hautement ces deux manieres d'expliquer la
force du *Gouvernail,* confidere deux caufes
dans fon action. La premiere vient du lévier que forme le *Gouvernail* avec la barre
à laquelle le Timonier ou le *Gouverneur,* en
terme de Marine, eft appliqué. Le point
d'appui eft l'étambot, qui féparant le lévier en deux bras, en fait un lévier de la
premiere efpece. L'un de ces bras eft la barre, appellée timon, & l'autre la largeur du
Gouvernail, A l'égard du poids il eft dans
l'eau. De-là il fuit, que plus la longueur
de la barre excede la largeur du *Gou-*
vernail, plus la force du timonier eft augmentée, & par conféquent plus grand
eft l'effet du *Gouvernail.* La feconde caufe
qu'admet le P. *Fournier* dans l'action de
cette partie importante du navire, dépend
du choc de l'eau contre le *Gouvernail.* Dans
cette confidération le point d'appui fe trouve
dans l'eau. De la ftabilité plus ou moins grande de ce point d'appui dépend la force du
Gouvernail.

Il y a dans ce fentiment deux explications
pour une, & qui ne font pas fort claires.
Le P. *Defchalles* voulant fimplifier davantage
la chofe, n'attribue la force du *Gouvernail*
qu'à l'impulfion de l'eau, fans confiderer
même l'action du timonier. D'où il conclud,
qu'un vaiffeau qui va plus vite, obéit plus
promptement au mouvement du *Gouvernail.*

4. Jufques-là les raifonnemens des Mathématiciens, n'avoient pas beaucoup éclairé fur la
force du *Gouvernail,* ni fur la façon dont
cette forte de machine devoit être fituée,
pour faire le plus grand effort poffible. Après
que le P. *Pardies* eut appliqué la Mécanique
à la manœuvre des vaiffeaux, le Chevalier
Renau, Ingénieur en chef de la Marine,
aïant eu occafion d'examiner les idées de ce
favant Jéfuite, crut que la matiere étoit fufceptible d'une plus grande étendue. Il com-
pofa une théorie de la manœuvre dans laquelle il infera un chapitre fur la maniere
dont le *Gouvernail* agit, & fur l'angle qu'il
doit faire avec la quille du vaiffeau, *pour*
prendre vent devant ou vent arriere, le plus

promptement qu'il eft poffible, (*Voïez* la *Théo-*
rie de la Manœuvre , Ch. VII.) A cette fin
laiffant là & le timon & le timonier, il fixa
fon attention au choc de l'eau fur le *Gouver-*
nail, & à l'action du *Gouvernail* fur le corps
du vaiffeau. Et voici comment. Soit A B la
quille d'un vaiffeau (Planche XLI. Figure
314.) B D le *Gouvernail* dans une fituation
quelconque. Quoique cette piece de bois
foit frappée en tous les points, on peut fuppofer l'effort de l'eau réuni au point D.
Ainfi la ligne felon laquelle le *Gouvernail*
fera pouffé, fera la ligne B perpendiculaire
au *Gouvernail* B D. En prolongeant la quille
A B jufques en M, le finus de l'angle d'incidence D M B de la ligne D M exprimera la
force de l'impulfion du *Gouvernail* contre la
quille ; & cette force augmentera felon la
grandeur du finus de cet angle. L'impreffion
de l'eau contre le *Gouvernail,* croîtra
felon les loix de l'impulfion des fluides en
raifon doublée du finus des angles d'incidence. Puifque ces deux effets font toute
l'expreffion de la force du *Gouvernail,* leur
produit exprimera la force abfolue du *Gou-*
vernail contre la quille. Ce produit eft formé par le quarré du finus de l'angle d'incidence de l'eau fur le *Gouvernail,* multiplié
par le finus de la ligne d'effort de cette partie du vaiffeau fur la quille.

Cela pofé, le Chevalier *Renau* a penfé
que de tous ces produits il devoit y en avoir
un plus grand que tout autre, & qui devoit
fixer néceffairement la fituation la plus avantageufe du *Gouvernail.* Comparant deux fituations, il a formé une équation dont la
réfolution a donné pour l'angle le plus avantageux du *Gouvernail* 54°, 44'. Cette vérité
a été reconnue par le P. *Hofte,* MM. *Hughens,*
Bernoulli & *Pitot.* C'eft donc au Chevalier
Renau qu'on doit la meilleure fituation du
Gouvernail, fituation qu'il vouloit révoquer dans la difpute qu'il eut avec M. *Hu-*
ghens touchant fa théorie de la manœuvre,
(*Voïez* DERIVE & MANŒUVRE.)

Pour rendre cette démonftration fenfible
aux Marins, peu verfés dans les calculs algébriques, j'en ai publié une dans ma *Nou-*
velle théorie de la Manœuvre à la portée des
Pilotes, où je n'emploïe qu'un calcul d'a-
rithmétique. (*Voïez* le Chap. IV.) On fait
faire au *Gouvernail* l'angle de 54 dégrés 44
minutes, en mettant un taquet à ce nombre du cercle qui foutient la barre du *Gou-*
vernail, afin que la barre du *Gouvernail* foit
toujours arrêtée par cette marque.

5. Dans toute cette difcuffion, on a bien
moins vû la force du *Gouvernail* que ce qui
la conftitue. On eft toujours en droit de de-

mander comment un petit morceau de bois fait mouvoir une masse aussi lourde que celle d'un vaisseau, dont le poids est souvent de plus d'un million de livres. La réponse à cette question est fort simple. Quand le vaisseau, sille, l'impulsion du vent sur les voiles & celle de l'eau sur le vaisseau, sont en équilibre autour du point par lequel le navire sille, & s'y contrebalancent exactement. Or par équilibre on entend égalité de force, & on comprend que la moindre inégalité le détruit. C'est ce qu'on fait en faisant mouvoir le *Gouvernail*. L'effort actuel de l'eau sur la poupe est plus grand que celui de l'eau sur la proue. L'équilibre est donc rompu. Donc le navire doit tourner jusques à ce qu'il soit en équilibre sur un autre point. Je suppose ici que le navire cingle de côté. Car si le vaisseau faisoit route avec un vent arriere, il seroit impossible que le *Gouvernail* pût lui faire changer de situation, parce que l'équilibre existe de côté & d'autre sur la quille, & non sur le côté du vaisseau où le *Gouvernail* peut agir.

GRA

GRAIN. Quelques Géometres font usage de ce terme, pour exprimer une certaine partie d'un tout. C'est dans la mesure des longueurs la dixiéme partie d'un pouce, la centieme d'un pied & la milliéme d'une perche. On caractérise ainsi cette mesure (''' ou ('. Dans la mesure des surfaces, *Grain* est la centiéme partie d'un pouce quarré, & la mille fois milliéme d'une perche quarrée. Son caractere est ici (VI □ ou (6 □. Dans la mesure des solides *Grain* est la milliéme partie d'un pouce cubique; la mille fois milliéme d'un pied cubique, & la cent mille fois milliéme d'une perche cubique. Le caractere de cette mesure est la figure d'un cube précedé du chifre IX ou 9.

Cette maniere d'exprimer la valeur d'un *Grain* étant trop longue, les mêmes, qui en ont fait usage, l'ont simplifiée. Ils mettent deux chifres dans la classe des pieds, des pouces, des *Grains*, &c. & trois dans la mesure des solides. Alors ils prennent le caractere (''' pour les *Grains* dans toutes les trois dimensions, en ajoutant à ce caractere celui de la dimension même, pour connoître par-là si l'on doit couper 1, 2 ou 3 chifres de la droite à la gauche, pour les classes des pieds, des pouces, &c.

Après avoir cherché long-tems & l'utilité de cette mesure & son auteur, je n'ai pû découvrir ni l'une ni l'autre.

GRAIN DE PAVOT. Expression de la plus petite mesure dont on ait jamais fait usage en Géometrie. On la doit à *Archimede*. Il l'éta-

blir pour exprimer plus d'unités qu'il n'en peut être contenu dans la somme des grains de sable qui rempliroient l'espace compris entre la terre & le ciel ou le firmament. Il compte 10000 grains de sable pour un *Grain de pavot*, dont le diametre pris 5 fois égale la longueur d'un *grain d'orge*. Ce grain d'orge est la seconde mesure qu'*Archimede* établit. C'est une chose à voir que l'usage que ce grand homme fait de ces mesures. Rien ne manifeste un esprit plus vaste & plus hardi. (*Voïez* ARITHMETIQUE ARENAIRE.)

Le Livre qu'il a composé à ce sujet est intitulé, *Arenarius*. Il a été traduit du Grec avec les autres Ouvrages d'*Archimede* par *J. Chr. Sturm*, & publié avec ses notes à Nuremberg en l'année 1667.

GRANDEUR. Plusieurs Géometres donnent ce nom à tout ce qui est susceptible d'augmentation & de diminution. Et le P. *Lami* en a fait le sujet d'un Livre intitulé : *Traité de la Grandeur en général, qui comprend l'Arithmétique, l'Algébre & l'Analyse.* Cependant on emploïe plus volontiers le mot de Quantité, pour exprimer ce qu'on entend par *Grandeur*, parce que le mot de Quantité ne signifie que cela en Mathématique, (*Voïez* QUANTITE.) & que celui de *Grandeur* a une plus grande étendue. On s'en sert mieux en Astronomie & en Perspective, comme on va voir.

GRANDEUR. Les Astronomes distinguent par ce mot les étoiles de différentes especes. Ils appellent les plus apparentes, *Etoiles de la premiere Grandeur*, celles qui sont moindres, *Etoiles de la seconde Grandeur* : ainsi de suite jusques à la cinquiéme. On les reconnoît sur les globes célestes sous cette forme, la premiere étoile 1 est de la premiere *Grandeur*, la 2 de seconde, &c. (Plan. XIII. Fig. 400.)

Il y en a qui admettent des étoiles de la sixiéme *Grandeur*; mais ils ne les caractérisent pas.

GRANDEUR APPARENTE. Terme d'Optique. C'est l'angle sous lequel un objet est vû.

GRAPHOMETRE. Instrument de Mathématique composé d'un demi-cercle A B C (Planche XI. Figure 315.) & d'une alidade D E mobile autour du centre C. Ce demi-cercle est garni de deux pinnules P, P, & soutenu sur un pied P par le moïen d'un genou G. De toutes ces pieces le demi-cercle, l'alidade, & le genou sont de cuivre jaune bien poli ; & le *Graphometre* est ainsi essentiellement construit. Pour le rendre plus utile, on attache au milieu du demi-cercle une boussole qui sert à orienter les plans qu'on veut lever, car cet instrument eſt emploïé à cette fin (*Voïez* PLAN.) Quelquefois auſſi on ſubſtitue à l'alidade une lunette garnie de deux verres, & qui a une ſoïe très-fine tendue au foïer du verre objeſtif, qui ſupplée aux pinnules.

On ſe ſert du *Graphometre* pour meſurer les angles. Dans toutes les opérations de la Géometrie pratique, où cette meſure eſt néceſſaire, on a donc beſoin de cet inſtrument : ce qui en rend l'uſage extrêmement étendu. Outre l'utilité dont il eſt pour lever les plans, il eſt encore d'une néceſſité indiſpenſable pour meſurer les hauteurs, ſoit acceſſibles ſoit inacceſſibles. (*Voïez* ALTIMETRIE.) Il eſt ſans doute fâcheux qu'on ignore le nom de celui qui a inventé un inſtrument auſſi utile. Peut-être que ſa ſimplicité, à laquelle on eſt aſſez injuſte pour n'accorder que de l'indifférence, a nui à ſa gloire. Seulement on ſait que le terme de *Graphometre* vient de deux mots grecs, dont l'un ſignifie *j'écris* & l'autre *meſure*.

GRAVITATION. Preſſion ou effort qu'un corps exerce ſur un autre corps qui ſe trouve au-deſſous de lui. Suivant M. *Newton* tous les corps *gravitent* mutuellement l'un ſur l'autre, & cette *Gravitation* eſt proportionnelle à la quantité de matiere qu'ils contiennent. A des diſtances égales la *Gravitation* eſt en raiſon inverſe du quarré de la diſtance. Ainſi le ſoleil & les planetes *gravitent* mutuellement l'un ſur l'autre ; les ſatellites de Jupiter ſur Jupiter, Jupiter ſur ſes ſatellites ; les ſatellites de Saturne ſur Saturne, & Saturne ſur eux ; la Lune ſur la terre, & la terre ſur la Lune, &c. Cette *Gravitation* réciproque des corps eſt connue plus particulierement ſous le nom d'attraſtion. (*Voïez* ATTRACTION,) Pour expliquer cette *Gravitation* des corps, M. *Newton* admet un milieu ſubtil, comme pluſieurs Phyſiciens le reconnoiſſent, pour la cauſe de la péſanteur, (*Voïez* PESANTEUR) dont il prouve ainſi l'exiſtence.

1°. Si après avoir ſuſpendu deux petits thermometres dans deux larges & longs vaſes de verre cilindriques, dont l'un eſt vuide d'air, de ſorte que ces thermometres ne toûchent point les vaſes, & qu'on les tranſporte enſuite tous deux d'un lieu froid dans un lieu chaud, la liqueur du thermometre qui eſt dans le vuide, montera autant & preſqu'auſſi-tôt que celle du thermometre qui eſt dans l'air. Et ſi l'on rapporte les deux vaſes dans le lieu froid, la liqueur du thermometre qui eſt dans le vuide deſcendra en un tems très-peu different de celui que l'autre y emploiera. Cette expérience faite, M. *Newton* en conclud que la chaleur d'un lieu chaud, eſt communiquée à

travers le vuide, par les vibrations d'un milieu beaucoup plus ſubtil que l'air, qui réſiſte aux efforts de la machine pneumatique. Ce ſont les vibrations de ce milieu qui contribuent à la véhémence & à la durée de la chaleur des corps. Les corps chauds ne communiquent, ſelon M. *Newton*, leur chaleur aux corps froids contigus, que par les vibrations de ce milieu propagées des corps chauds dans les corps froids. Il eſt exceſſivement plus rare, plus ſubtil, plus élaſtique & plus actif que l'air. Il pénetre tous les corps, & eſt par ſa force élaſtique répandu dans tous les lieux. Mais il eſt plus rare dans le ſoleil, les étoiles, les planetes, les cometes, que dans les eſpaces vuides qui ſont entre ces corps là. Et comme en paſſant de ces corps dans des eſpaces vuides fort éloignés, il devient continuellement plus denſe, c'eſt juſtement là la cauſe de la *Gravitation* réciproque de ces vaſtes corps & de celle de leurs parties vers les corps mêmes ; chaque corps tâchant de paſſer des parties les plus denſes du milieu vers les plus rares. Car ſi le milieu, dit M. *Newton*, eſt plus rare au-dedans du corps du ſoleil qu'à ſa ſurface ; & plus rare à ſa ſurface qu'à un centiéme de pouce de ſon corps, & plus rare là qu'à un cinquantiéme de pouce de ſon corps ; & plus rare à ce cinquantiéme de pouce que dans l'orbe de Saturne ; pourquoi l'accroiſſement de denſité s'arrêteroit-il en aucun endroit ? Il eſt bien plus naturel qu'il augmente à toute les diſtances, depuis le ſoleil juſques à Saturne & au-delà. Et quoique cet accroiſſement de denſité puiſſe être exceſſivement grand à de grandes diſtances, cependant ſi la force élaſtique de ce milieu eſt exceſſivement grande, elle peut néanmoins ſuffire à pouſſer les corps des parties les plus denſes de ce milieu, vers les parties les plus rares, avec toute cette puiſſance qu'on appelle *Gravité*. Or que la force de ce milieu ſoit exceſſivement grande, c'eſt ce qu'on peut inferer de la viteſſe de ſes vibrations. Le ſon parcourt environ 1140 pieds en une ſeconde (*V.* SON), & environ 100 milles dans 7 ou 8 minutes. La lumiere eſt tranſmiſe du ſoleil juſques à nous, environ dans 7 ou 8 minutes, c'eſt-à-dire, qu'elle parcourt une diſtance d'environ 70000000 milles, en ſuppoſant que la parallaxe du ſoleil ſoit de 20 ſecondes. (*Voïez* LUMIERE.)

Cela poſé, afin que les vibrations de ce milieu puiſſent produire les accès alternatifs de facile tranſmiſſion & de facile reflexion, elles doivent être plus promptes que le ſon. Donc la force élaſtique de ce milieu doit être à proportion de ſa denſité plus de 700000 x 700000, c'eſt-à-dire, plus de 490000000000

49000000000 fois plus grande que n'est la force élastique de l'air, à proportion de sa densité ; car les vibrations des milieux élastiques sont en raison soudoublée des élasticités & des raretés des milieux prises ensemble.

Cette théorie n'est pas encore entierement développée. Reste à écarter la resistance du milieu pour que la *Gravitation* ait tout son effet. Or comme la *Gravitation* est plus grande dans les surfaces des petites planetes que dans les surfaces des grandes, à proportion de leur masse ; que les petits corps sont beaucoup plus agités par l'attraction électrique que les plus grands ; de même la petitesse des raïons de lumiere peut extrêmement contribuer à la puissance de l'agent par lequel ces raïons sont rompus. Ainsi si l'on suppose que l'éther soit composé, comme notre air, de particules qui tâchent à s'écarter les unes des autres, & que ces particules soient excessivement plus petites que celles de l'air ou même que celles de la lumiere, l'excessive petitesse de ces particules peut contribuer à la grandeur de la force par laquelle ces particules peuvent s'écarter les unes des autres, & par-là rendre ce milieu excessivement rare & plus élastique que l'air ; par conséquent excessivement plus capable de presser les corps grossiers par l'effort qu'il fait pour se dilater. Les planetes, les cometes, & tous les corps célestes peuvent donc se mouvoir librement dans ce milieu, & y trouver moins de résistance que dans aucun fluide. Il y a plus. La resistance de ce milieu doit être si petite, qu'elle ne soit d'aucune consideration. Cet éther étant, comme on a vû, 700000 plus élastique que l'air, & 700000 fois plus rare, sa résistance sera plus de 6000000 fois moindre que celle de l'eau. Or une telle résistance ne peut causer une alteration sensible dans le mouvement des corps célestes.

Sur toute cette théorie s'il y avoit une objection à faire, ce seroit de savoir comment ce milieu peut être si rare. M. *Newton* convient que cette grande *rarité* n'est pas géometriquement démontrée. Mais il ne voit pas qu'on doive la rejetter parce qu'on ne la connoît pas. Combien d'effets connus, dont la cause est ignorée ? A ceux qui font cette objection M. *Newton* demande comment dans les parties superieures de l'atmosphere, l'air peut être plus de mille fois, cent mille fois plus rare que l'air ; comment la friction peut faire évaporer d'un corps électrique une exhalaison si rare & si subtile (quoique si puissante) qu'elle ne cause aucune diminution sensible dans le poids du corps élec-

Tome I.

trique ; & que cependant dans une sphere de plus de deux pieds de diametre, elle soit pourtant capable d'exciter & d'élever une feuille de cuivre ou d'or à plus d'un pied de distance du corps électrique ? Il demande encore comment la matiere magnetique peut être si rare & si subtile, que sortant d'un aiman elle passe au travers d'une plaque de verre sans aucune resistance ou diminution de ses forces, & si puissante cependant qu'elle fasse tourner une aiguille aimantée au-delà du verre ? Quiconque n'est pas en état de satisfaire à ces questions ne doit pas être admis à rejetter (conclud M. *Newton*) la grande rarité de l'éther.

GRAVITE'. Force par laquelle les corps sont portés ou tendent vers le centre de la terre. (*Voïez* PESANTEUR.) Après ce renvoi il ne me reste rien à dire à cet article. Cependant une proposition soutenue par quelques Savans me paroît si singuliere, que je crois devoir en faire mention : c'est que les corps qui tombent par la force de la *Gravité*, accelerent avec plus de difficulté leur mouvement qu'ils ne le retardent quand ils sont poussés en haut.

Voici comment on prétend prouver une chose si surprenante. Lorsqu'un corps commence à tomber, la cause de la *Gravité* agissant sur lui, le tire du repos pour le mettre en mouvement, & lui donne, par exemple, un dégré de vitesse. Pour donner un second degré de vitesse au corps qui est actuellement en mouvement, la cause de la *Gravité* doit être portée après le corps avec la même vitesse qui est dans le corps en mouvement : autrement le corps n'en recevroit aucune impression. On rend ceci sensible par cet exemple. Un homme, dit-on, qui veut pousser une bale avec la main & qui lui donne un dégré de vitesse, ne peut pas la pousser encore dans la même direction, à moins que quelque puissance ne pousse cet homme en avant aussi vite que la bale. Ainsi la bale qui se meut étant en repos par rapport à l'homme, celui-ci peut la frapper de nouveau, & lui ajouter autant de vitesse qu'il lui en a donné d'abord. Mais lorsqu'un corps est poussé en haut, il rencontre continuellement la cause de la *Gravité* qui détruit par degrés son mouvement, & qui n'a pas besoin d'autre secours pour la mettre en état d'agir sur le corps qu'elle rencontre continuellement jusques à ce que tout son mouvement soit détruit.

Cet argument est fort spécieux, & il est difficile d'y répondre d'une maniere satisfaisante. M. *Désaguliers*, qui l'a examiné de près, convient que la chose seroit vraie, si la cause de la *Gravité* étoit une impulsion. Ce n'est qu'en considérant la *Gravité* abstractivement qu'il prétend en découvrir l'illusion. Tel est son raisonnement. Si un corps étant en repos est supposé recevoir en A (Plan. XXXV. Fig. 319) une impulsion de la cause de la *Gravité*, en sorte qu'il soit mis en mouvement avec un dégré de vitesse en E, cette cause qui produit le choc en A doit être portée vers B : autrement elle ne l'accelereroit pas. Cela seroit exactement vrai si l'action de la *Gravité* étoit un choc. Mais puisque la *Gravité* existe en B, ou C, ou D comme en A, il n'est pas nécessaire de la porter en B, ensuite en C, en D, &c. pour vaincre le corps & lui donner un nouveau mouvement. Car si on laisse partir le corps du point B, ou du point C, ou du point D au lieu du point A, il commencera à descendre avec la même vitesse que s'il étoit parti du point A. Et si l'on considere la *Gravité* comme agissant en A, ou en B, ou en C, ou en D, elle donnera le même degré de vitesse au corps vers le bas dans chacun de ses points, soit que ce corps contienne une petite ou une grande quantité de matiere, soit qu'il ait dans ce tems-là une vitesse en bas ou en haut dans une direction quelconque, ou qu'il n'ait point du tout de vitesse; c'est-à-dire, soit que ce corps soit en repos ou qu'il ait quelque dégré de mouvement. D'où M. *Desaguliers* conclud qu'un corps poussé par la *Gravité* est précisément retardé ou acceleré avec la même facilité, (*Cours de Physique expérimentale*, *Tom. II. pag. 101.* de la traduction Françoise.)

2. Après avoir démontré que *l'action d'un corps spherique, dont toutes les parties également éloignées du centre sont homogènes, & qui est composé de particules vers lesquelles il y a une gravitation qui décroit en s'éloignant de chacune d'elles, en raison inverse du quarré de la distance; que cette action, dis-je, est dirigée vers le centre du corps, & diminue en s'éloignant de ce centre dans cette même raison inverse du quarré de la distance,* (de sorte que le corps agit, comme si toute la matiere dont il est composé étoit réunie dans le centre) après avoir démontré cette vérité, M. *s'Gravesande* tire les corollaires suivans, qui sont autant de loix de la *Gravité*.

1°. A la superficie des corps dans lesquels une matiere homogene est placée à d'égales distances du centre, les *Gravités* sont en raison directe des quantités de ma-

tiere dans les corps & en raison inverse des quarrés des diametres.

2°. A la superficie des corps spheriques homogenes & égaux, les *Gravités* sont comme les densités des corps.

3°. A la superficie des corps spheriques, inégaux, homogenes & de la même densité, les *Gravités* sont en raison inverse des quarrés des diametres. Et les distances aïant entre elles cette même raison, les *Gravités* sont aussi directement comme les cubes des diametres.

D'où l'on conclud que *si les densités & les diametres different, les* Gravités *dans les superficies seront en raison composée des densités & des diametres.* Ainsi en divisant la *Gravité* dans la superficie par le diametre on a la densité qui suit, par conséquent la raison directe de la *Gravité* dans la superficie & la raison inverse du diametre.

M. *s'Gravesande* prouve encore dans le même endroit d'où j'ai puisé ces connoissances, (*Elemens de Physique in-4°. Tom. II. pag. 384.* de la traduction françoise), qu'un corps placé dans une sphere homogene, creuse & par tout de même épaisseur, n'a en quelque endroit qu'on le place aucune *Gravité*; parce que les *Gravités* opposées se détruisent réciproquement, Une consequence suit de là : c'est que dans une sphere homogene, un corps en s'approchant du centre, gravite vers ce centre par la seule action d'une sphere dont le raïon désigne la distance où le corps se trouve du centre: *Gravité*, qui décroit en approchant du centre en même raison que la distance du centre.

Enfin, terminons cet article par deux vérités importantes sur la *Gravité*, & qu'on doit à l'illustre Auteur qui a développé les précédentes. La premiere, est que la distance restant la même, la vitesse avec laquelle un corps est transporté par la *Gravité*, dépend de la quantité de matiere dans le corps qui attire. La seconde, est que la vitesse ne change point quelle que soit la masse du corps qui gravite.

GRAVITÉ SPECIFIQUE. C'est la gravité relative de deux corps. C'est-à-dire, qu'un corps a une *Gravité specifique* plus grande qu'un autre corps, lorsqu'il contient plus de matiere qu'un autre sous le même volume, (*Voïez* DENSITE'.)

G R E

GREGEOIS. On sous-entend FEU. Sorte de goudron qui s'attache extraordinairement, & qui ne peut être éteint ni par le vent, ni par l'eau. *Simienowitz* décrit dans son Traité d'Artillerie quelques compositions dont on forme ce feu. La plus générale est 2 parties de soufre; ½ partie de cambouis, & une partie de poudre. Dans les siéges on fait une boule de cette composition qu'on jette avec un mortier.

GRU

GRUE. Constellation méridionale près de l'Indien au-dessus du Poisson austral, qui n'est point visible dans notre hemisphere. Quelques Astronomes y comptent 13 étoiles. (*Voïez* CONSTELLATION.) *Hevelius* a représenté la figure de cette constellation dans son *Firmamentum Sobiescianum*, & il a rangé les étoiles d'après les observations de M. *Halley* dans son *Prodrom. Astronom.* pag. 317. Le P. *Noel* a observé de nouveau cette constellation, & en a fait part au Public dans ses *Observations Mathématiques & Physiques, faites aux Indes & dans la Chine*.

GRUE. Machine qui sert à élever les matériaux emploiés à l'édification d'un bâtiment, & à charger & décharger les Vaisseaux.

Il n'y a point de regles déterminées pour la construction des *Grues*. On en voit toujours de quelque nouvelle espece. Les pieces essentielles de cette machine sont; 1°. le pied A (Planche XLII. Figure 311.) qu'on fait communément de bois, mais qui peut être un bâtiment entier, dont le dessus du toît est mobile, comme on le pratique dans les grandes Villes marchandes; 2°, le bec ou le *Rancher* B, qui est une poutre forte soutenue obliquement par le moïen de differentes pieces de bois; 3°, des poulies & des cables qui sont tirés, soit avec des vindas, soit avec une roue R, autour de laquelle s'entortille une extrêmité du cable. L'autre extrêmité passe à la derniere poulie attachée

à l'extrêmité du rancher. C'est à celle-ci qu'on attache le poids P qu'on veut élever, & qu'on éleve en effet en tournant la roue. On dispose la machine, autant qu'on peut, selon l'usage qu'on en doit faire, & principalement selon les poids que l'on doit élever. Ce qui en fait varier la construction quant à la disposition des parties. On en augmente la force en emploïant au lieu d'un vindas ou d'une roue, un cric, qui engraine dans une roue dentée. M. *Padmore* est le premier qui ait construit ainsi des *Grues*. MM. *Désaguliers* (*Cours de Physique expérimentale*, *Vol. I.*) & *Muschenbroeck*, (*Essai de Physique*, *Vol. I.*) ont donné la description d'une de ces *Grues*. La roue & son cric sont placés dans une espece de tambour ouvert de tous côtés. Ce tambour dans lequel est arrêté le rancher tourne aisément autour d'une colonne qui sert de pied à la machine. De façon que par le mouvement du tambour on dirige le bec de la *Grue* du côté que l'on veut.

M. *Perrault* a décrit dans son Commentaire de l'*Architecture de Vitruve pag.* 174 une *Grue* de son invention, qui quoique differente des autres, n'a pas été cependant encore en usage; elle est soutenue toutefois par des remarques utiles. On trouve sur-tout plusieurs de ces remarques dans le *Theatrum Machinarum* de *Léopold*.

GUE

GUEULE DROITE. Terme d'Architecture civile. *Voïez* CYMAISE.

GUERITE. Terme de Fortification. Petite tour de bois ou de pierre placée ordinairement à la pointe du bastion ou aux angles de l'épaule. Son usage est de contenir une Sentineile qui observe ce qui se passe dans le fossé, & qui est chargée de veiller à tout ce qui pourroit faire découvrir une surprise.

FIN DU PREMIER TOME.

R
R
G
fig.

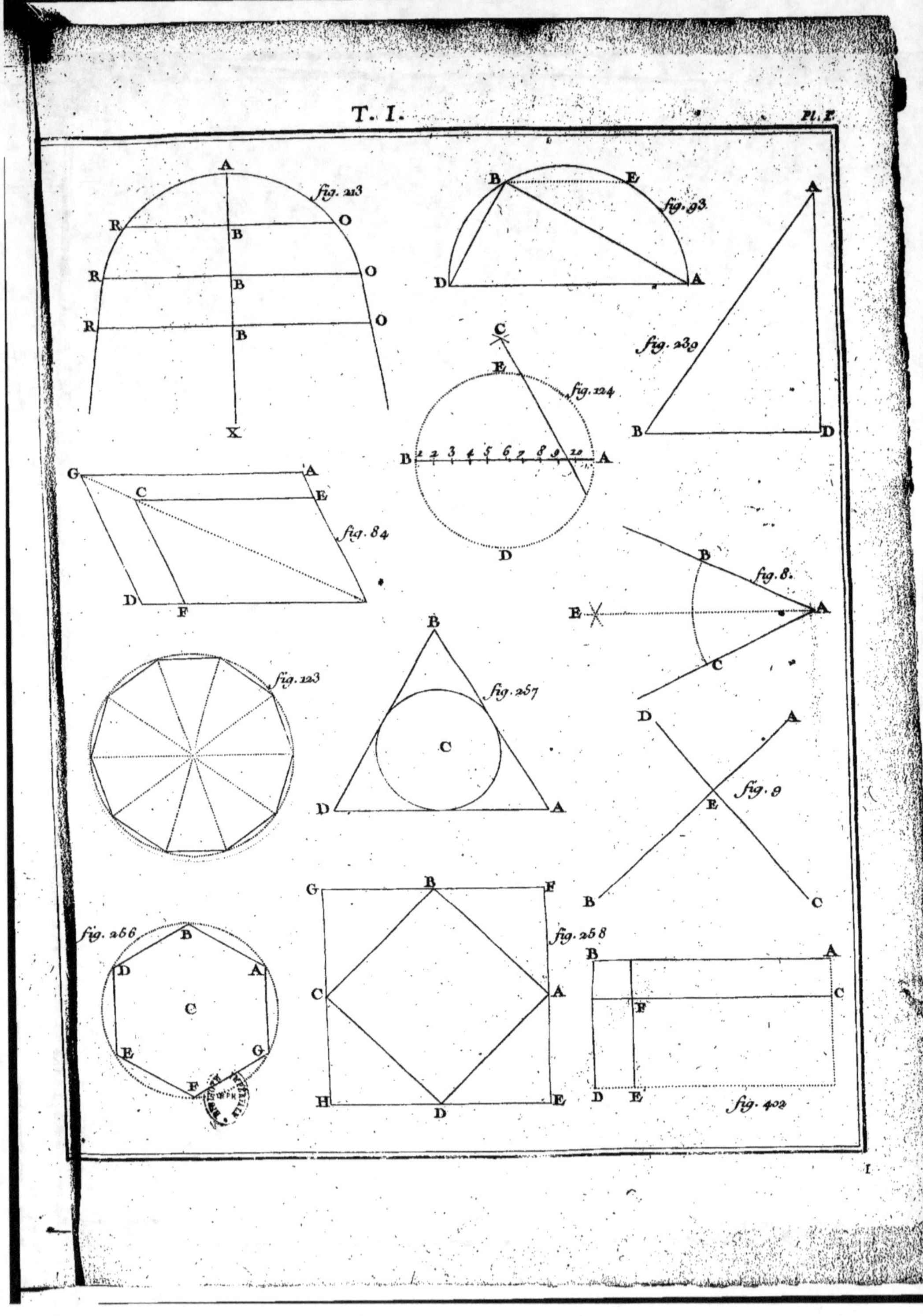
Pl. I.
fig. 213
fig. 93.
fig. 239
fig. 124
fig. 84
fig. 8.
fig. 123
fig. 257
fig. 9
fig. 266
fig. 258
fig. 402

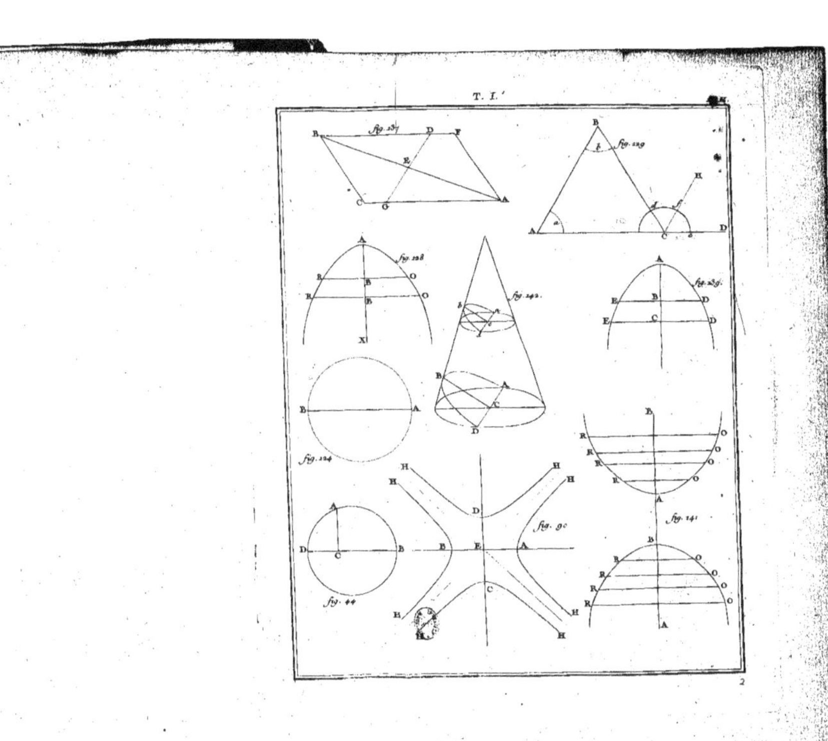
fig. 137
fig. 129
fig. 138
fig. 142
fig. 239
fig. 124
fig. 44
fig. 90
fig. 241

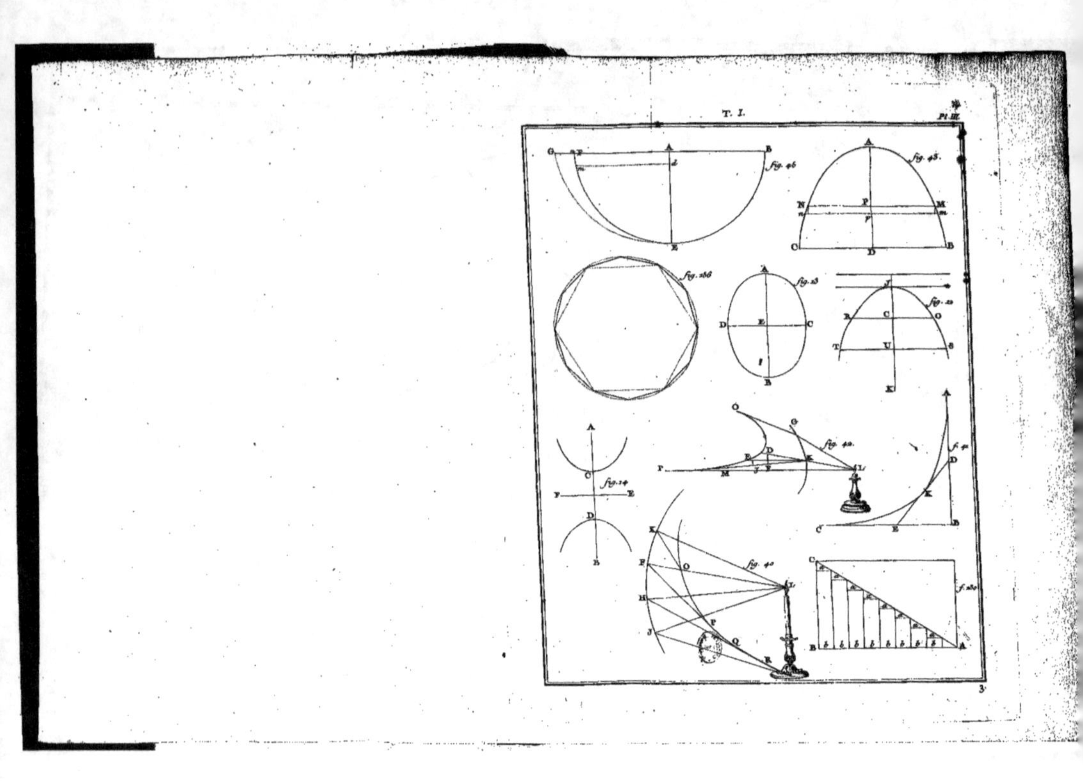
Pl. III.
fig. 46.
fig. 45.
fig. 156.
fig. 43.
fig. 42.
fig. 44.
fig. 40.
fig. 41.
fig. 49.
fig. 39.
3

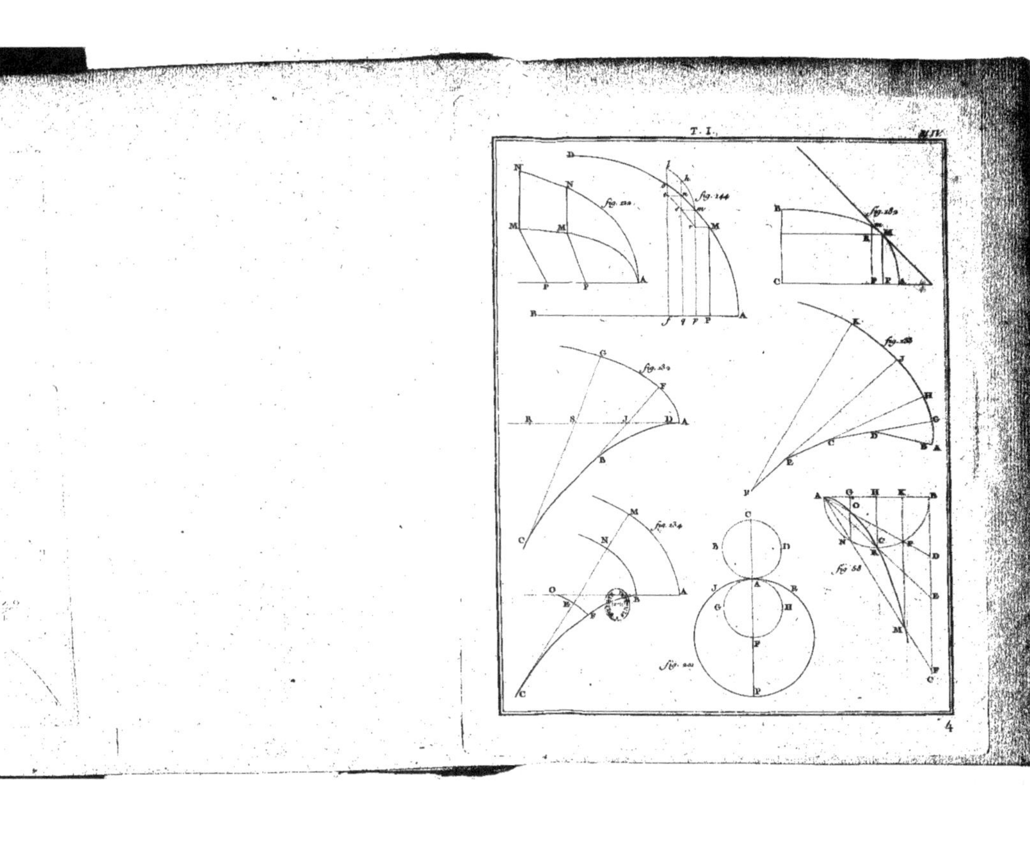
fig. 222
fig. 244
fig. 282
fig. 232
fig. 233
fig. 234
fig. 53
fig. 221

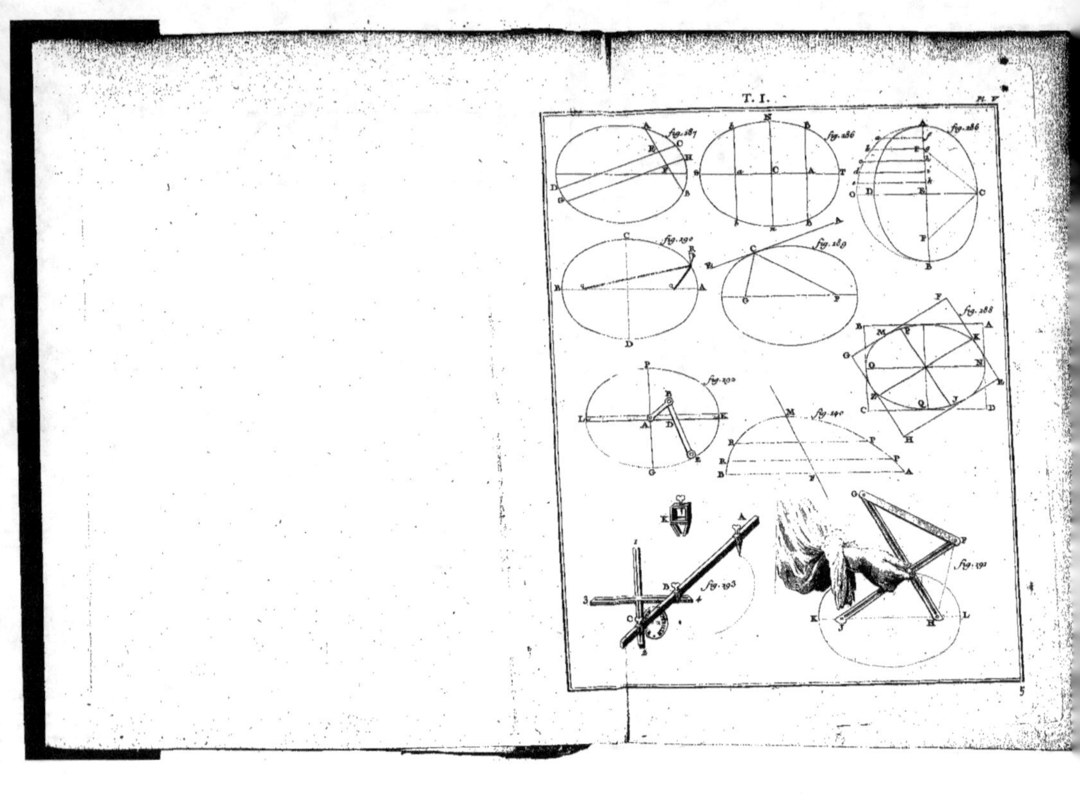
Pl. V
fig. 187
fig. 186
fig. 185
fig. 190
fig. 189
fig. 188
fig. 192
fig. 194
fig. 191
fig. 193
5

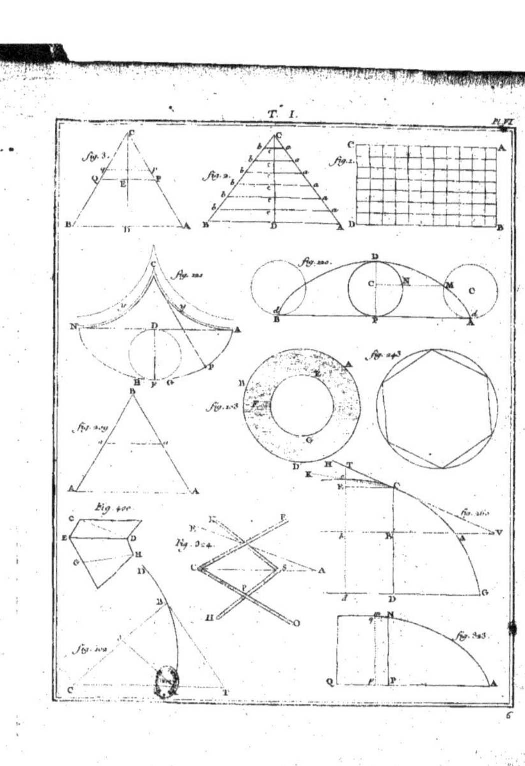

Fig. 3.
Fig. 2.
Fig. 1.
Fig. 221.
Fig. 220.
Fig. 229.
Fig. 223.
Fig. 222.
Fig. 400.
Fig. 224.
Fig. 260.
Fig. 403.
Fig. 402.

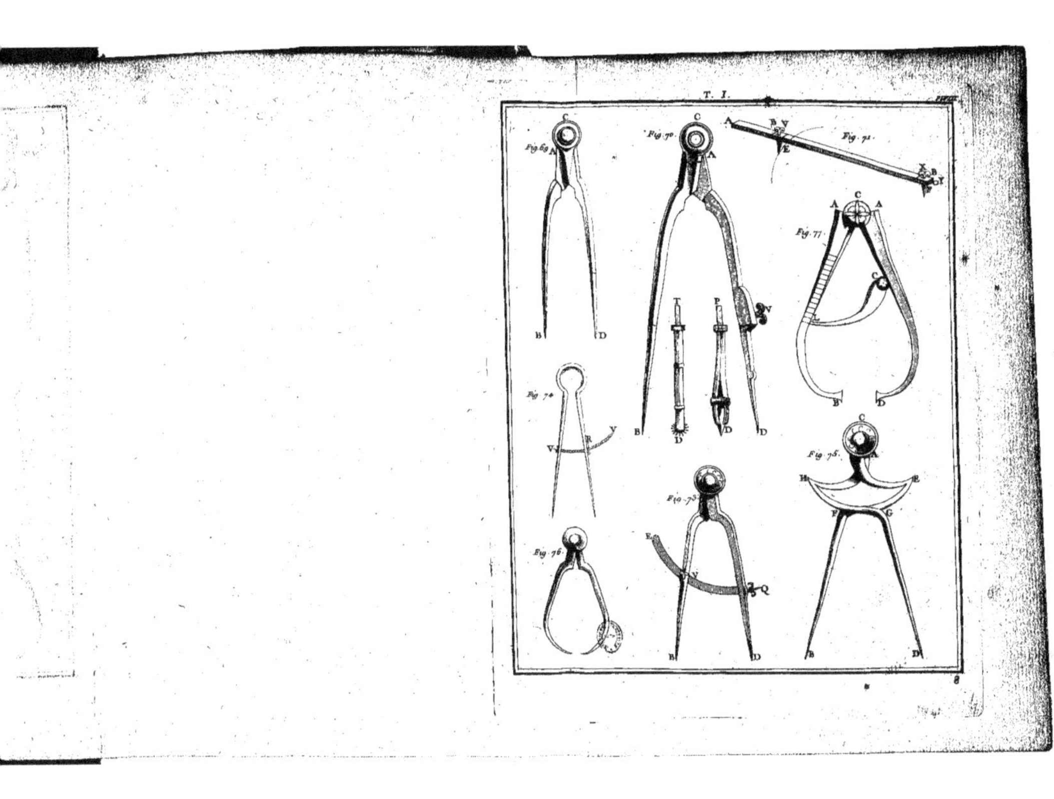
Fig. 69.
Fig. 70.
Fig. 71.
Fig. 77.
Fig. 74.
Fig. 75.
Fig. 73.
Fig. 76.

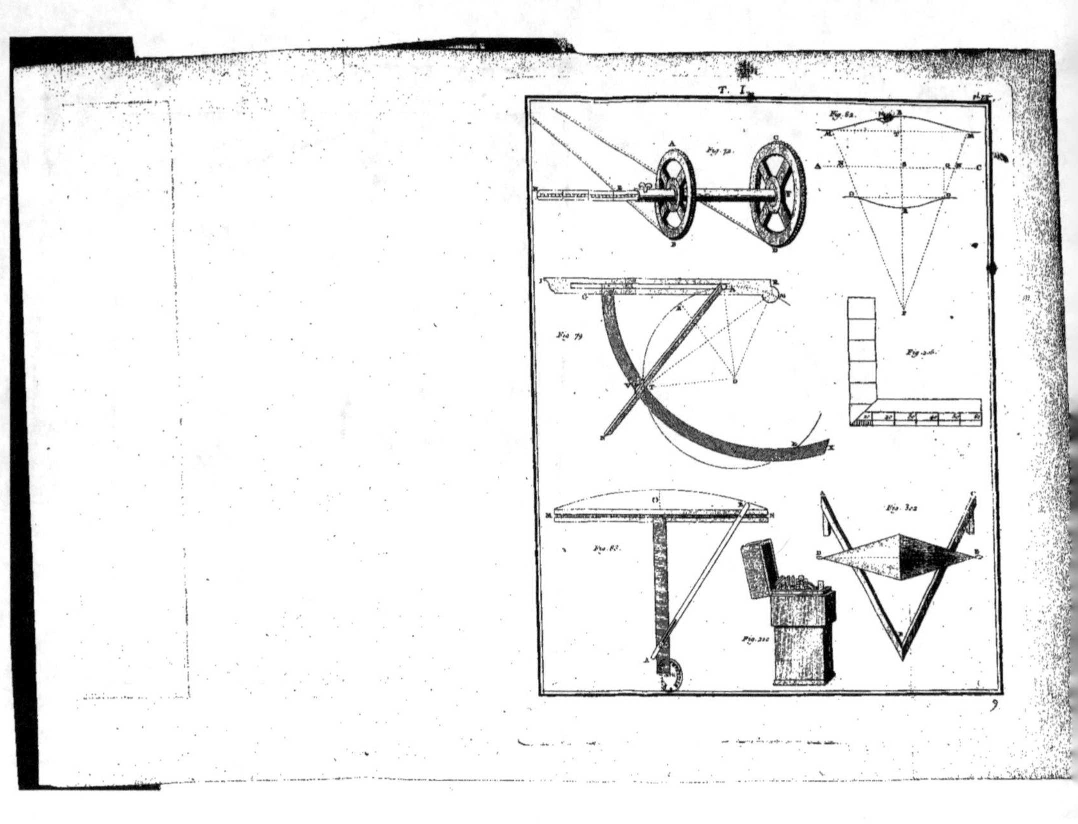

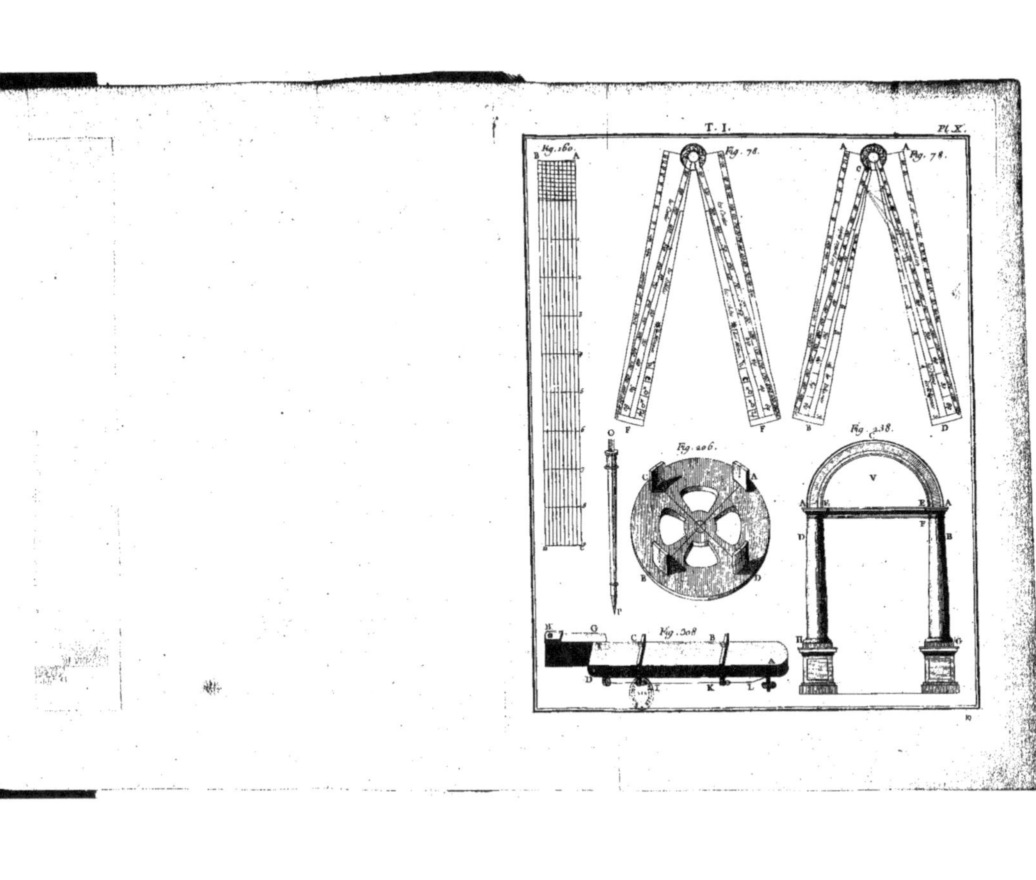

T. I.
Pl. X.
Fig. 160.
Fig. 76.
Fig. 78.
Fig. 206.
Fig. 238.
Fig. 308.

T. I.
Pl. XI.
Fig. 5.
Fig. 6.

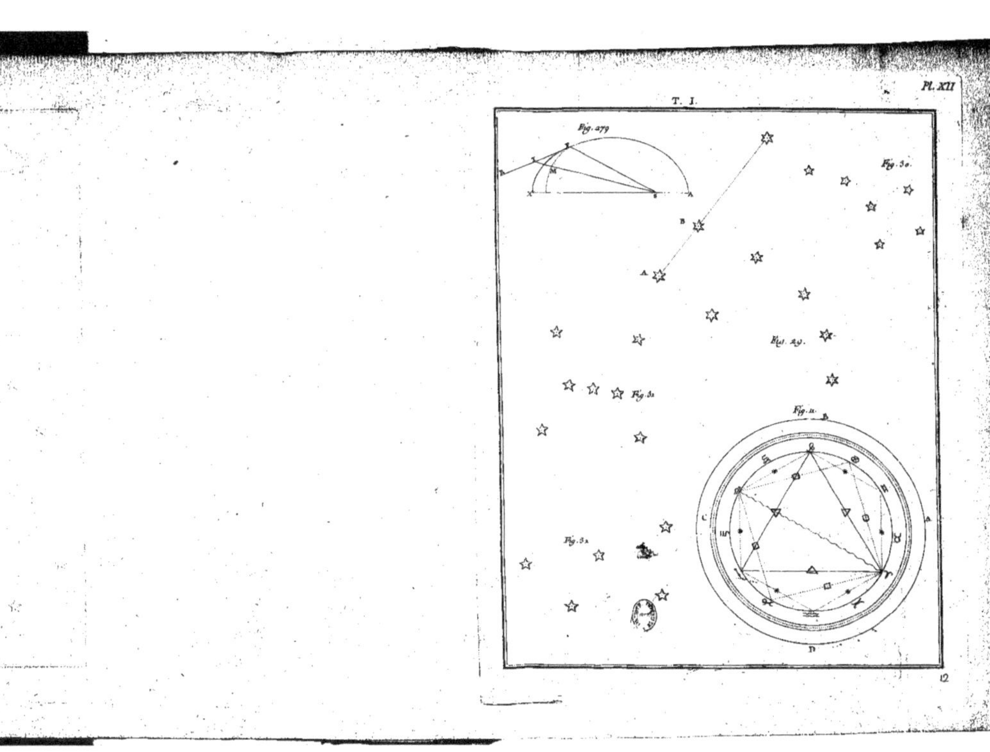
Fig. 279
Fig. 30.
Fig. 28.
Fig. 31.
Fig. 32.
Fig. 33.

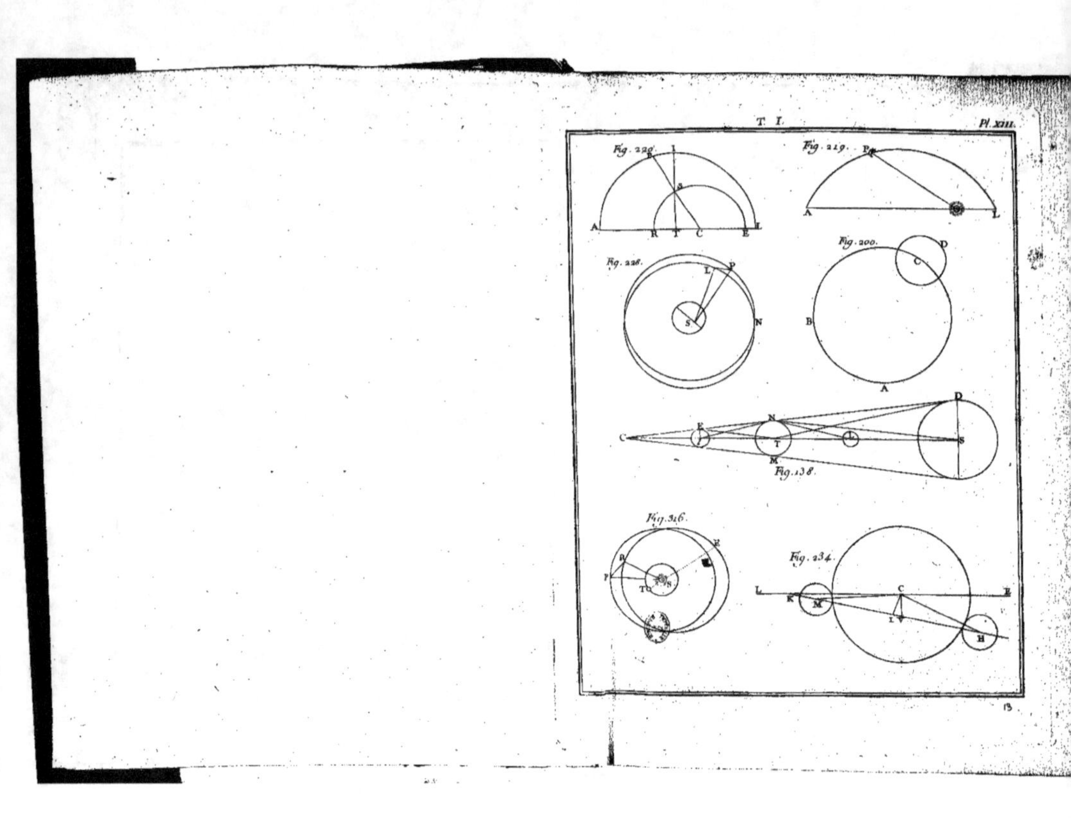
T. I.
Pl. XIII.
Fig. 229.
Fig. 219.
Fig. 228.
Fig. 200.
Fig. 138.
Fig. 316.
Fig. 234.

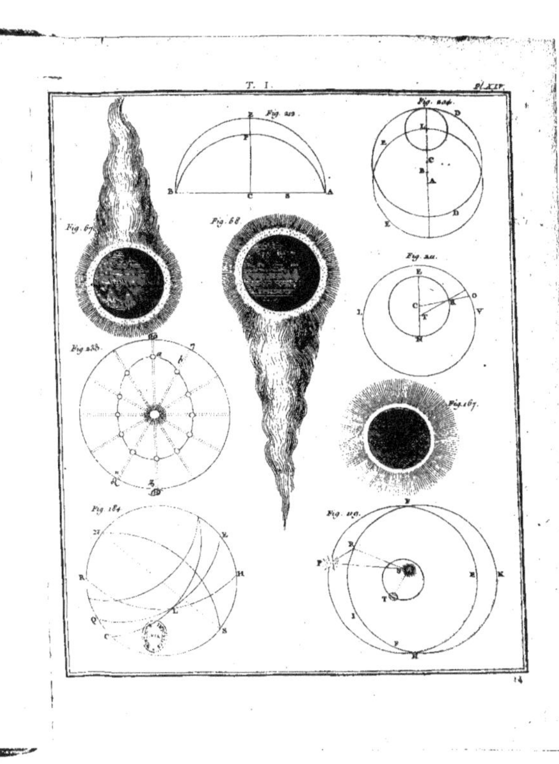
Fig. 223.
Fig. 224.
Fig. 67.
Fig. 68.
Fig. 222.
Fig. 233.
Fig. 167.
Fig. 184.
Fig. 110.

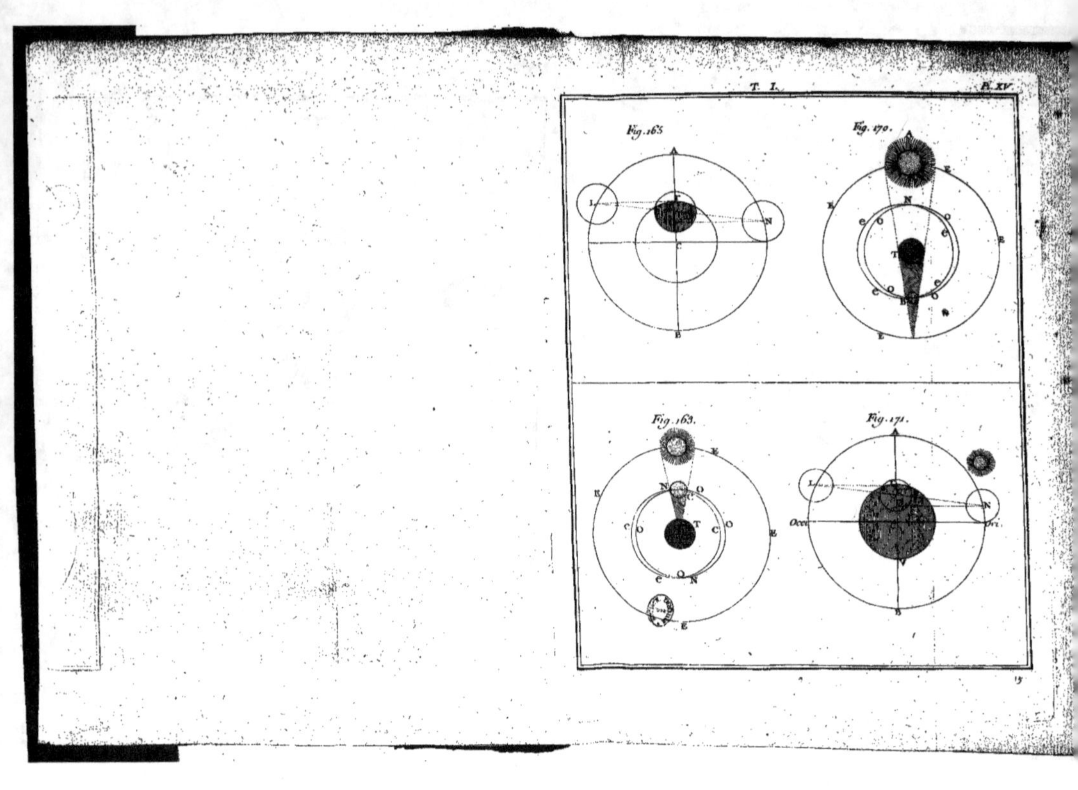
Fig.168.
Fig.170.
Fig.169.
Fig.171.
L
N
C
T
B
O
E
R
Occi.
Ori.

T. I.
Pl. XVI.
Fig. 165.
Fig. 164.
Fig. 166.
Fig. 167.
16

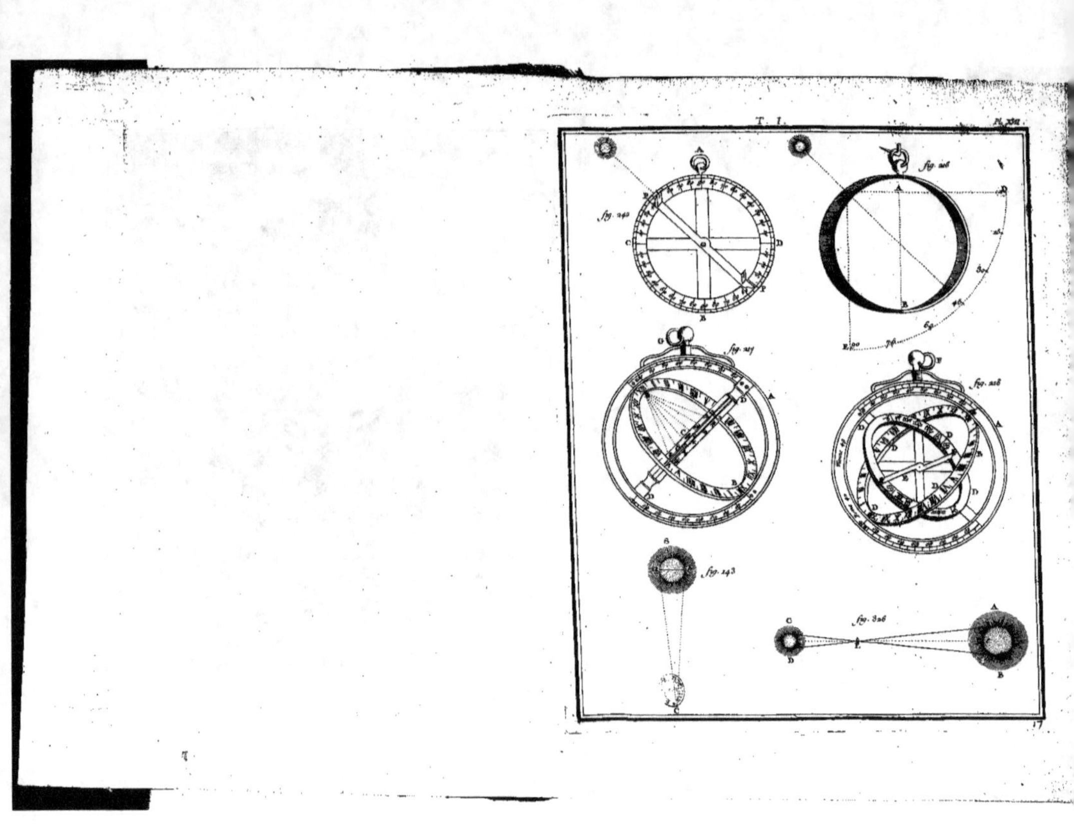

fig. 242
fig. 246
C
D
B
fig. 247
fig. 248
fig. 243
fig. 326

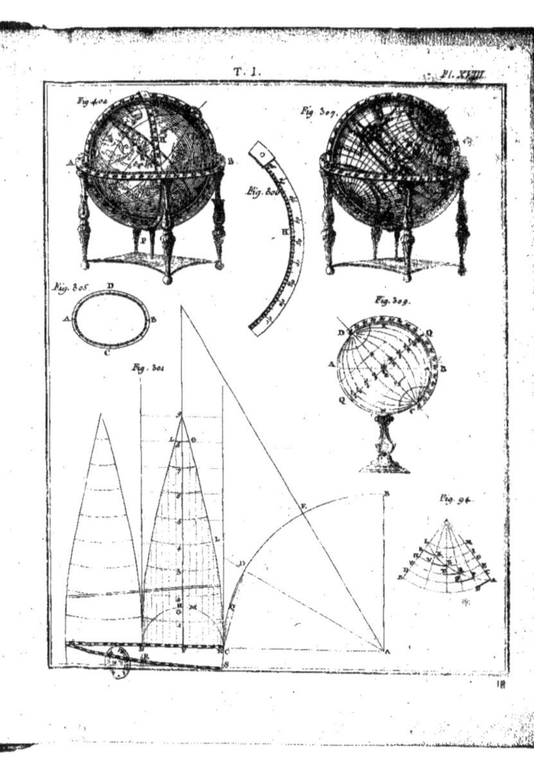
Fig. 408.
A
B
F
G
Fig. 307.
Fig. 308.
O
H
Fig. 305.
D
A
B
C
Fig. 309.
D
Q
A
B
C
Fig. 301.
Fig. 94.
18

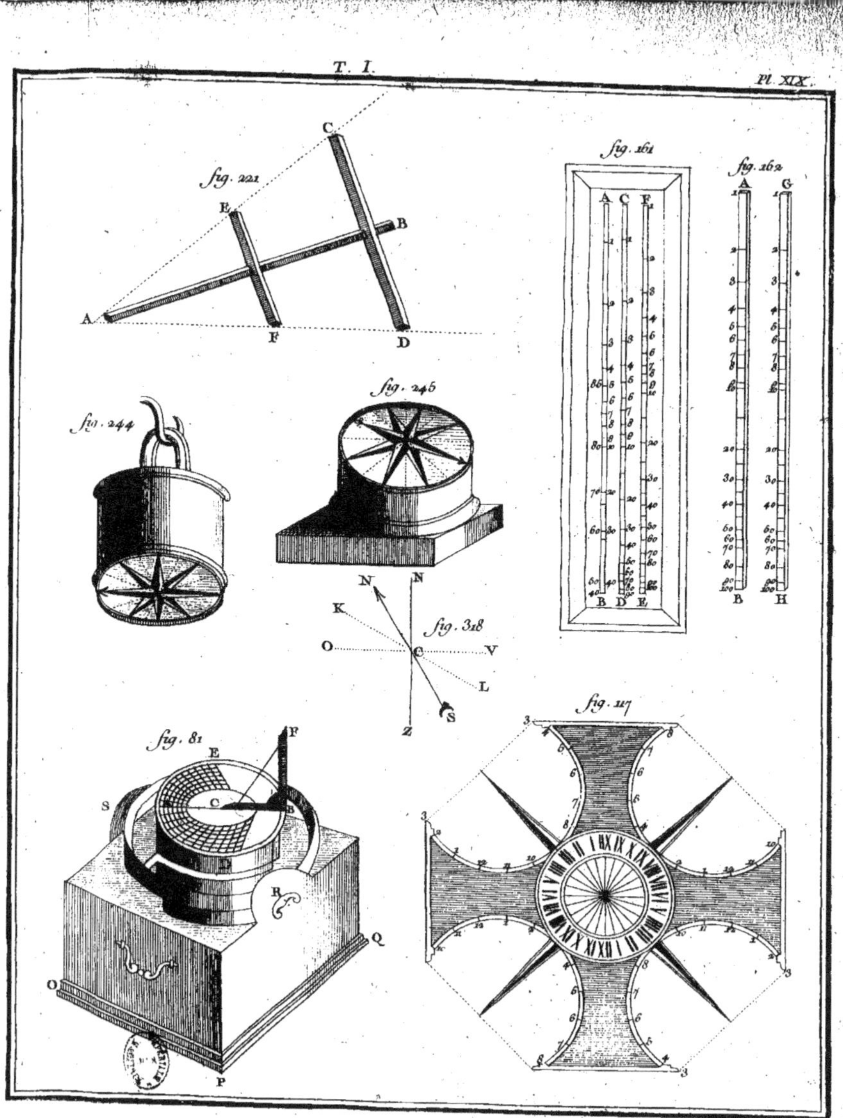

fig. 221
fig. 161
fig. 162
fig. 244
fig. 245
fig. 318
fig. 81
fig. 117

T. I.
Planche XX.
Fig. 24.
Fig. 26.
Fig. 27.
Fig. 116.
Fig. 25.
Fig. 312.
Fig. 311.
Fig. 350.
20

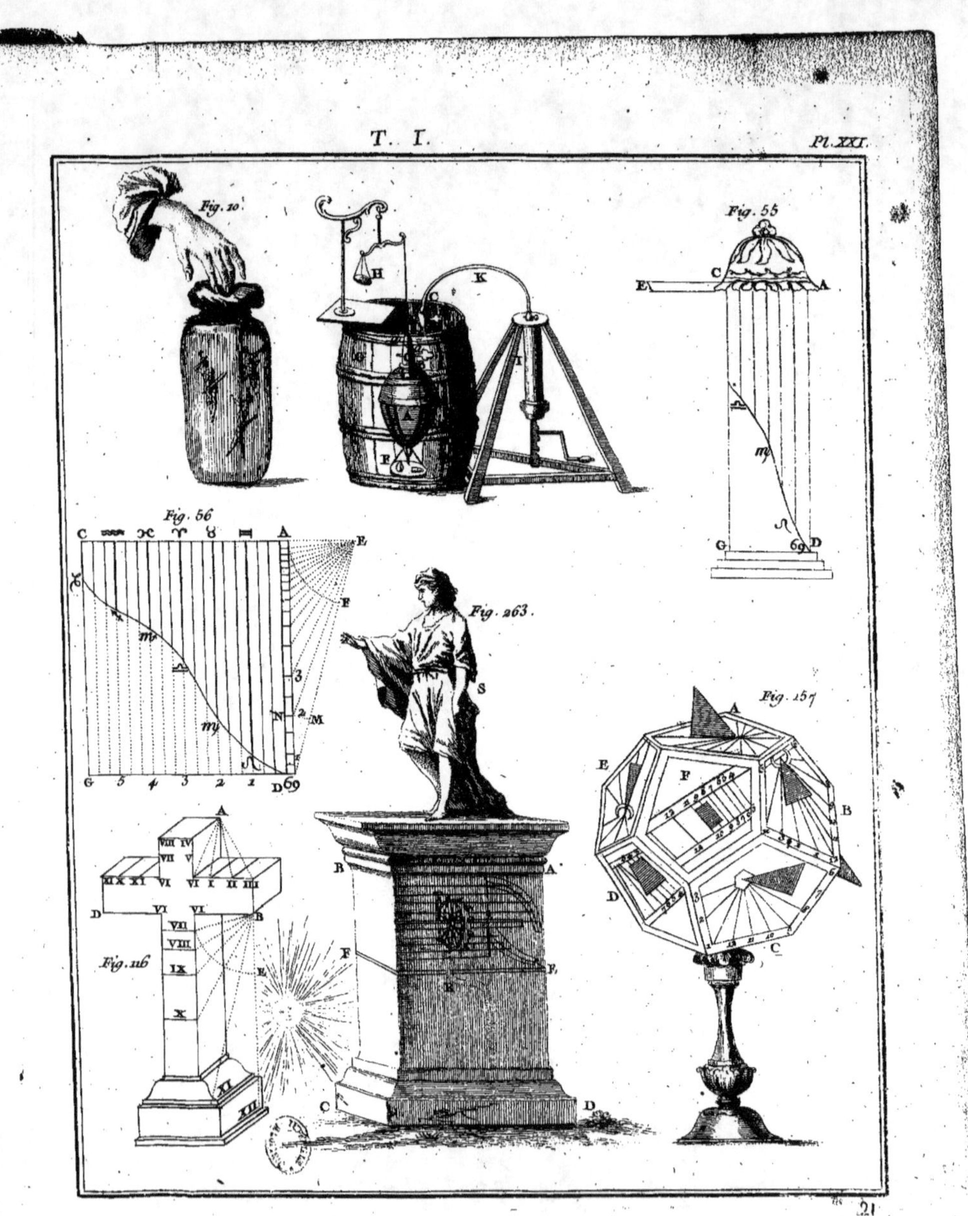

Fig. 10
Fig. 55
Fig. 56
Fig. 263
Fig. 157
Fig. 116

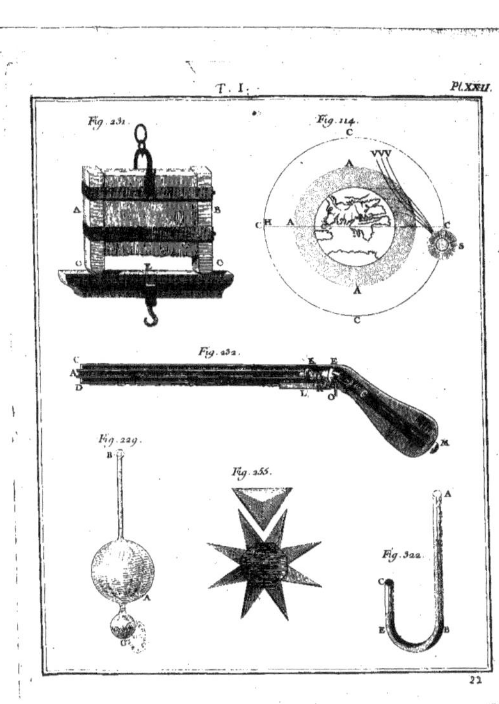
Fig. 231.
Fig. 114.
Fig. 232.
Fig. 229.
Fig. 255.
Fig. 322.

Fig. 48.
C B
B
A
C
D
Fig. 95.
Fig. 46.
T
S
Fig. 47.
A
B

Fig. 96. 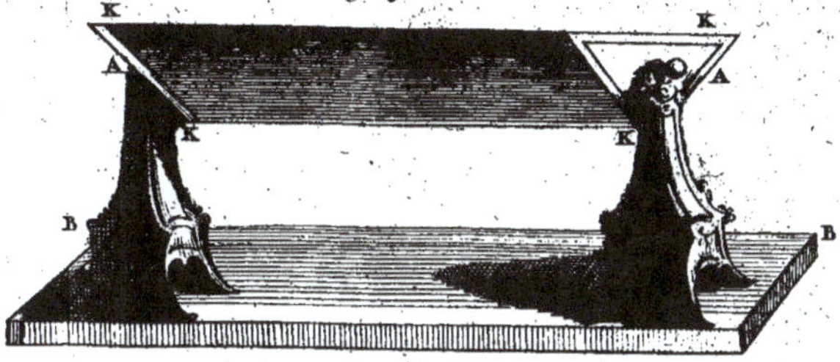
K
A
K
K
B
B
Fig. 259. 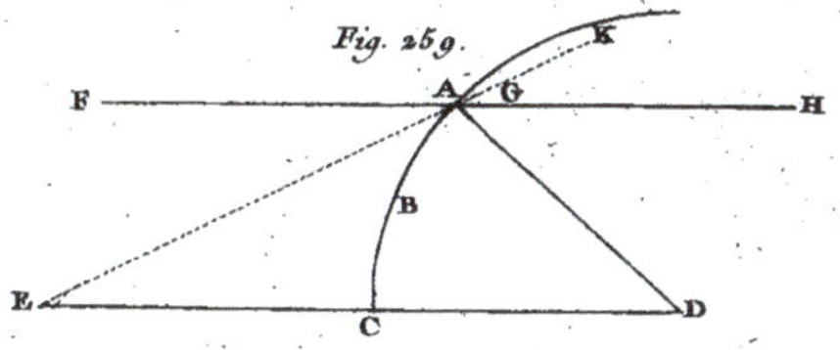
F
A G
H
K
B
E
C
D
A
G
E
B
Fig. 152.
D
F 1 2 3 4 5 6
C
Fig. 320. 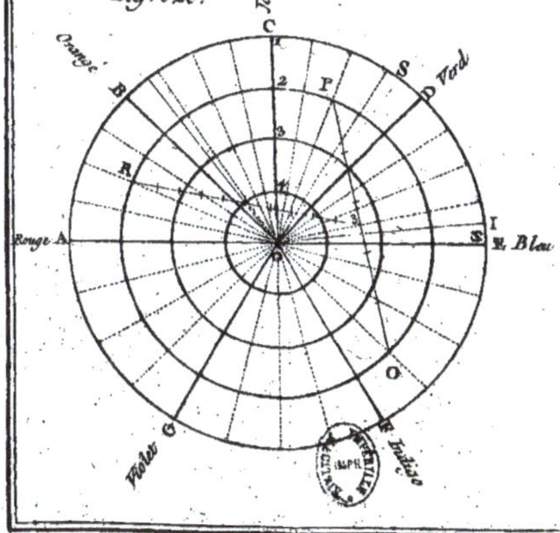
Jaune
C
Orange
S
Vol
P
R
Rouge
S Bleu
I
Violet G
Indigo
O
Fig. 153.
F
D
A
B
c
f
g
E
C

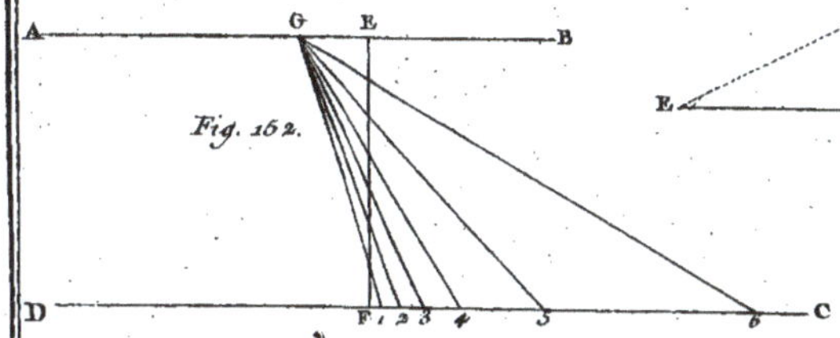

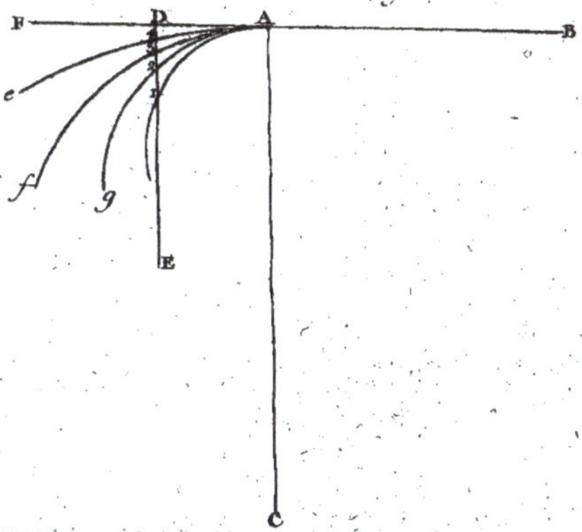

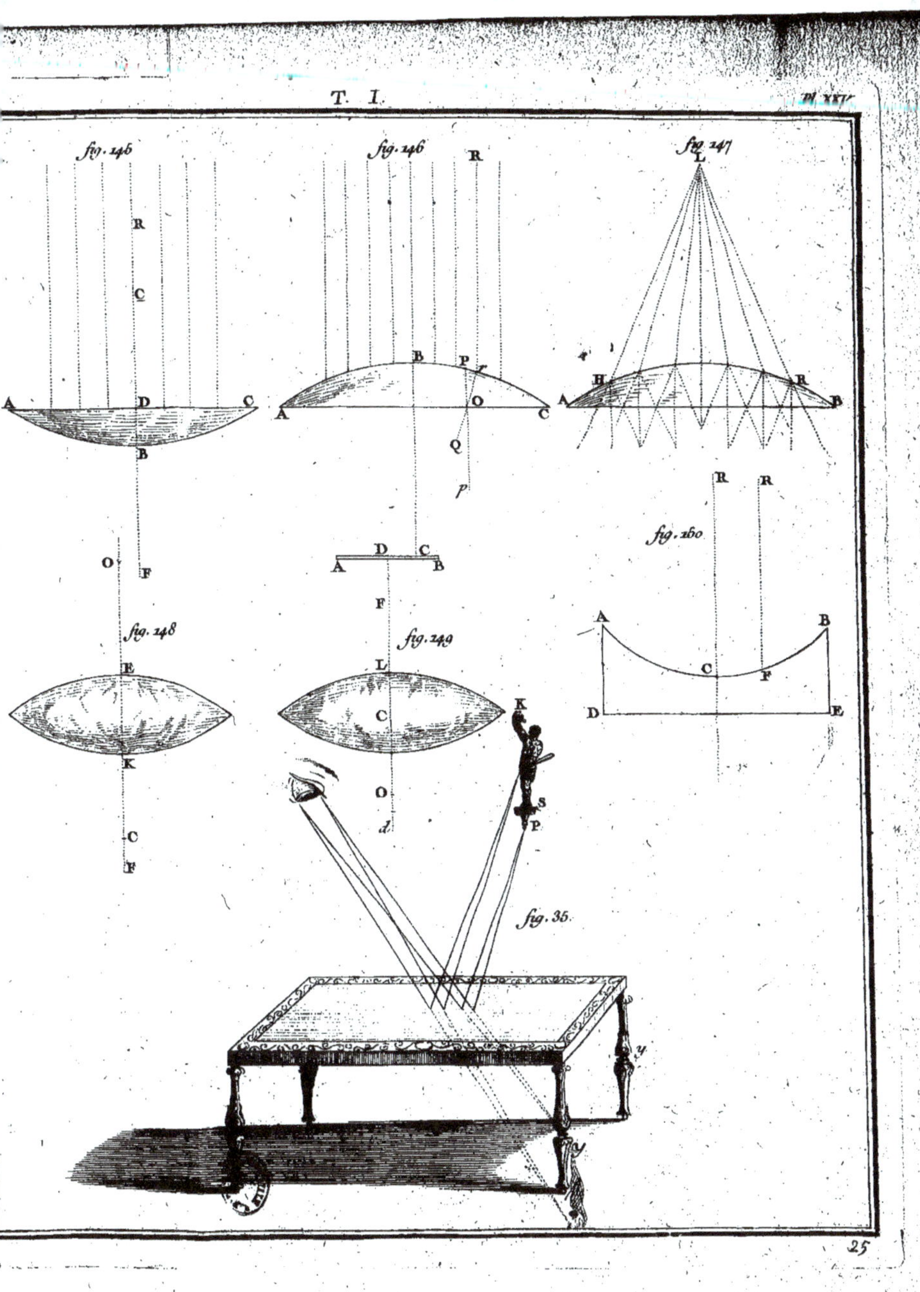

fig. 145
fig. 146
fig. 147
R
L
A D C
A B O C
H R B
B
R R
Q
fig. 150
P
O F
A D C B
A B
F
fig. 148
fig. 149
L
E
C
C B
K
O
S
K
A C F B
P
C
D E
F
fig. 35
Pl. XXIV
25

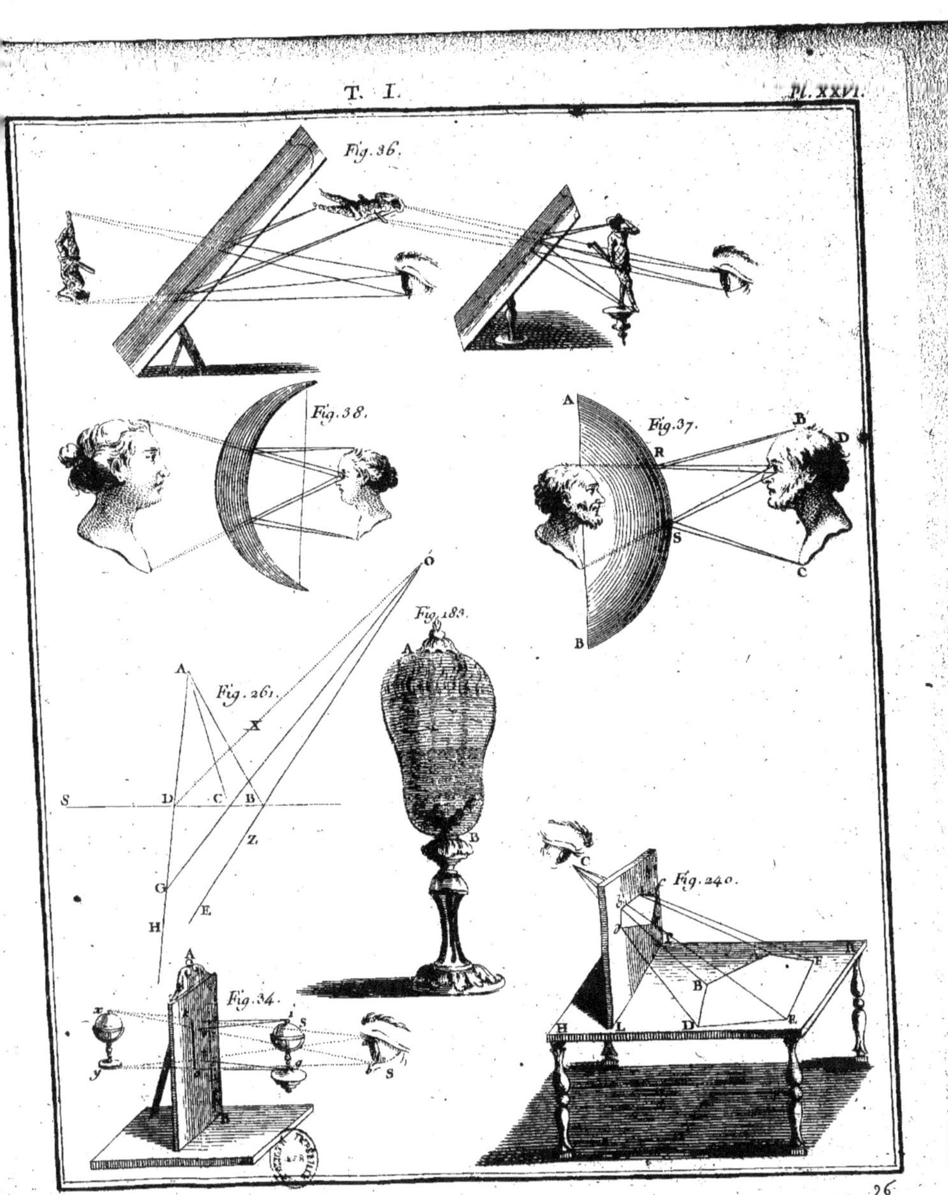

Fig. 36.
Fig. 38.
Fig. 37.
A
B
D
R
S
B
C
Fig. 183.
A
B
o
A
Fig. 261.
X
S
D
C
B
Z
G
E
H
A
Fig. 240.
C
B
E
A
H
L
D
E
A
Fig. 34.
x
s
y
S

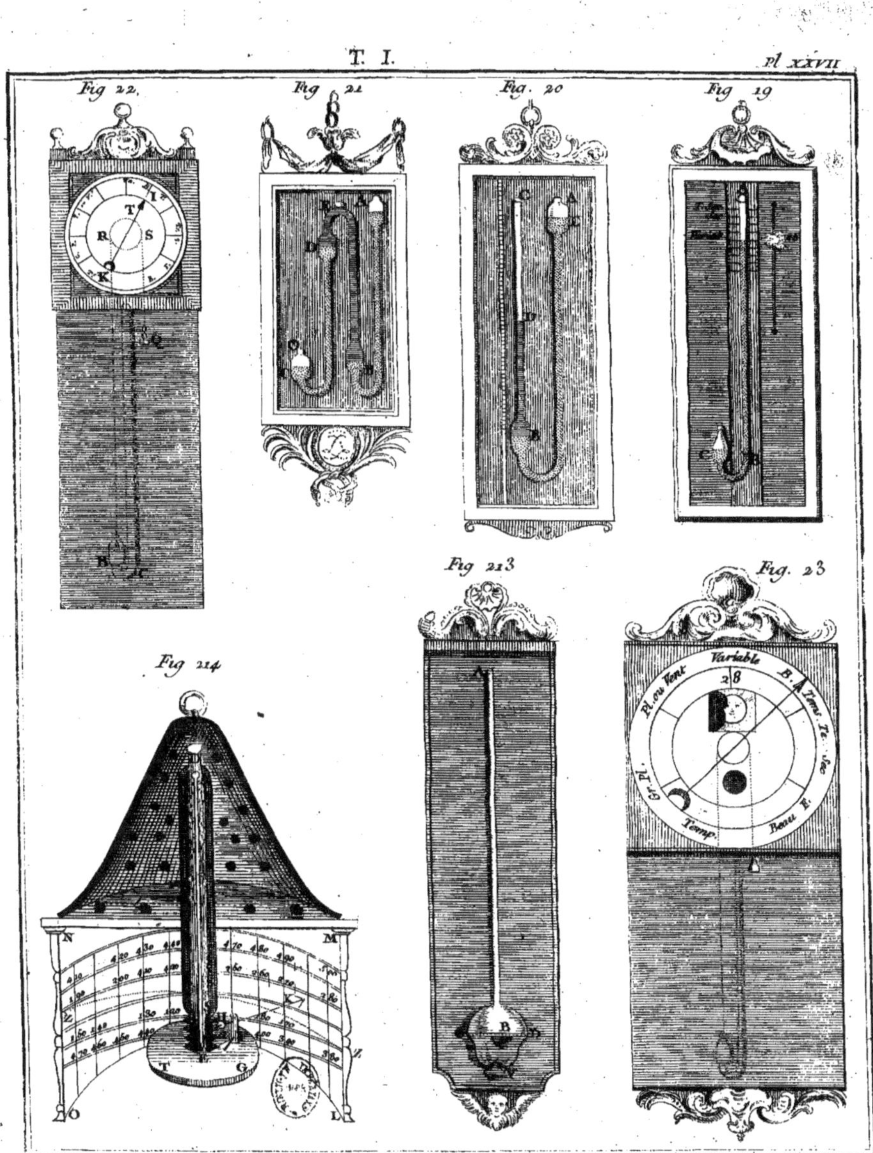

Fig. 22.
Fig. 21
Fig. 20
Fig. 19
Fig. 213
Fig. 23
Fig. 214
Pl. ou Vent
Variable
B. A Tems Ta. ble.
Gr. Pl.
Temp.
Beau F.

O
S
P
N
C
B
D
G
E
A
R
F
H
K
G
T
Fig. 302
Fig. 215
Fig. 246
G
H
A
D
X
S
Z
Y
Fig. 254

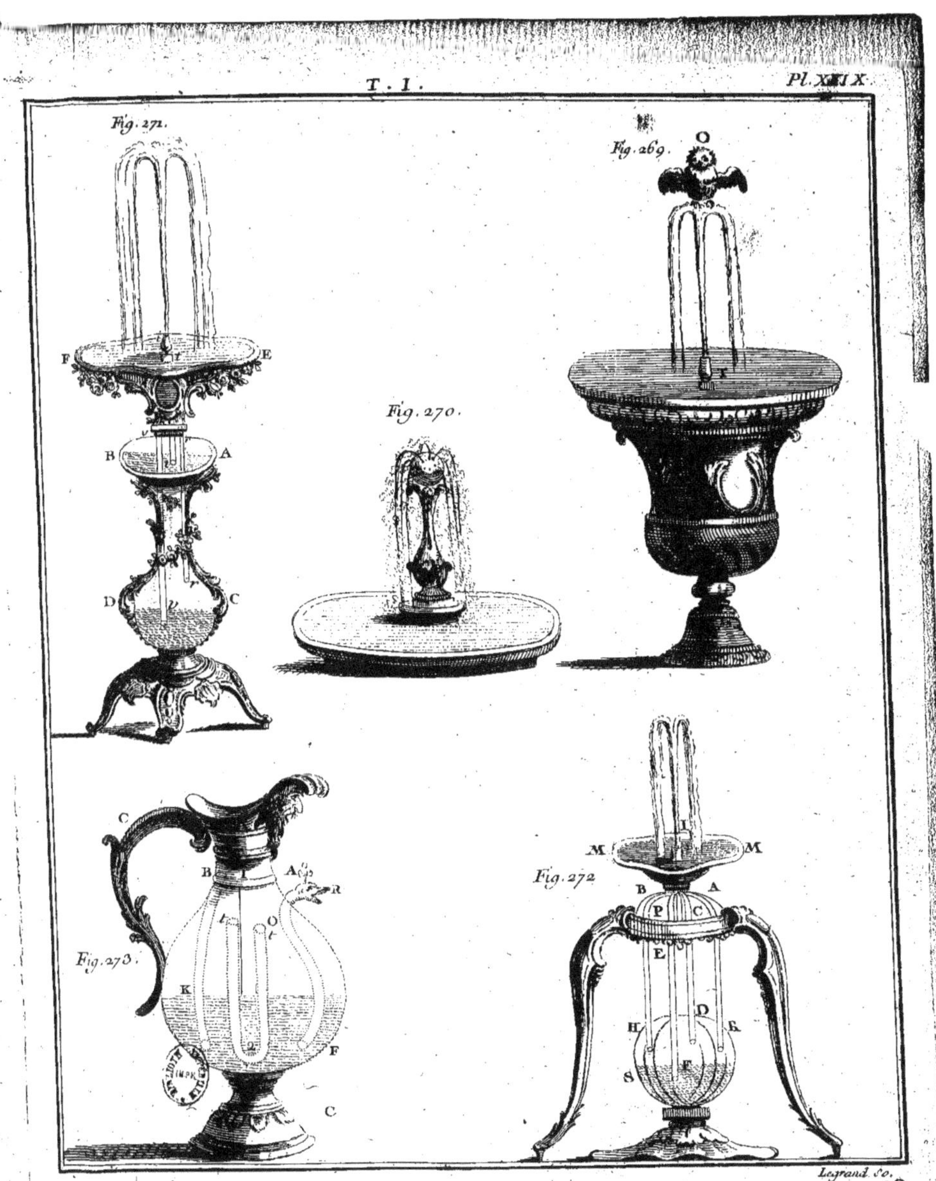

Fig. 271.
Fig. 269.
O
F E
B A
D C
Fig. 270.
F
Fig. 272.
M M
I
B A
P C
E
H D
S F
Fig. 273.
C
B A
R
K O
F
C
IMPR.

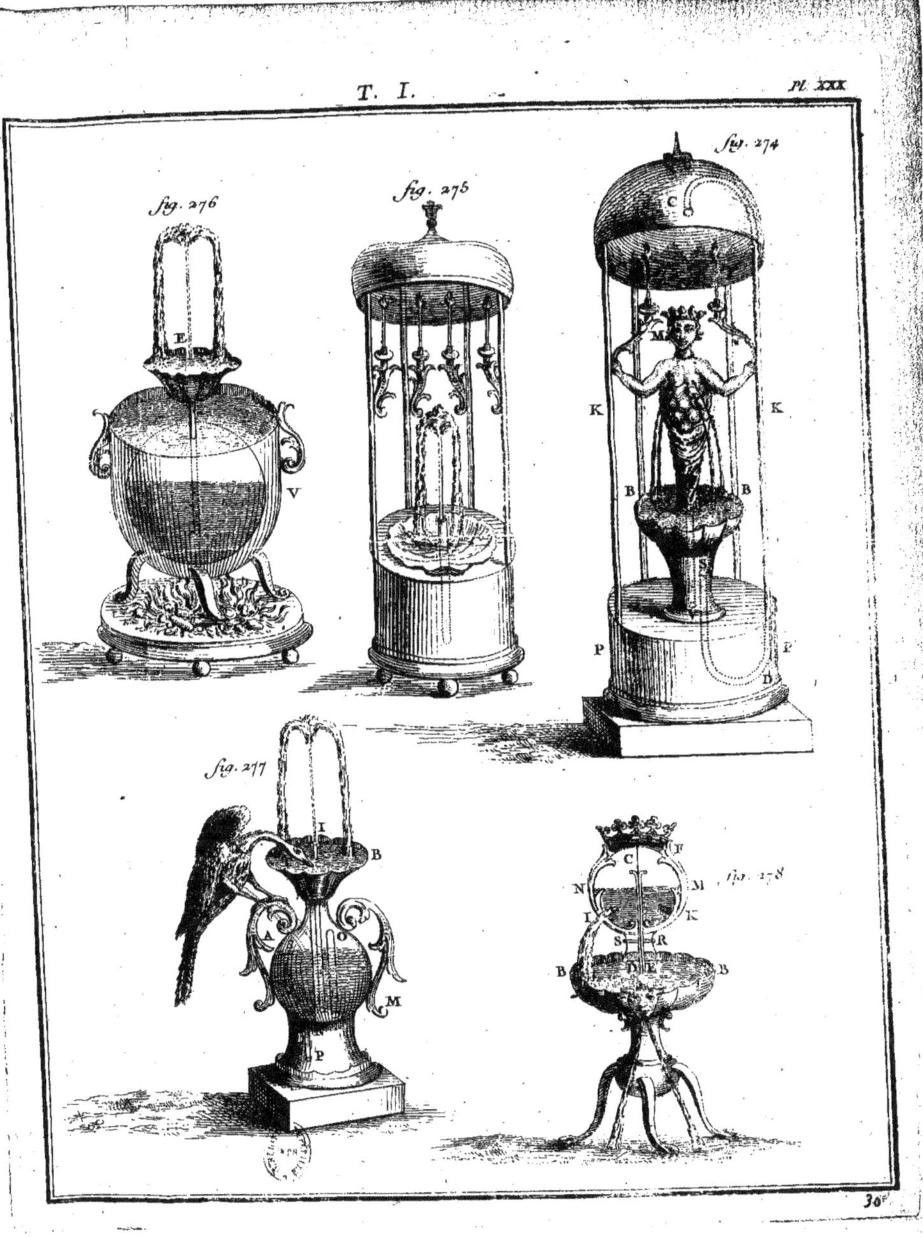
fig. 276
fig. 275
fig. 274
E
V
C
M
K K
B B
P P
D
fig. 277
I
B
A
O
M
P
fig. 278
C
F
N M
L K
S R
B D E B

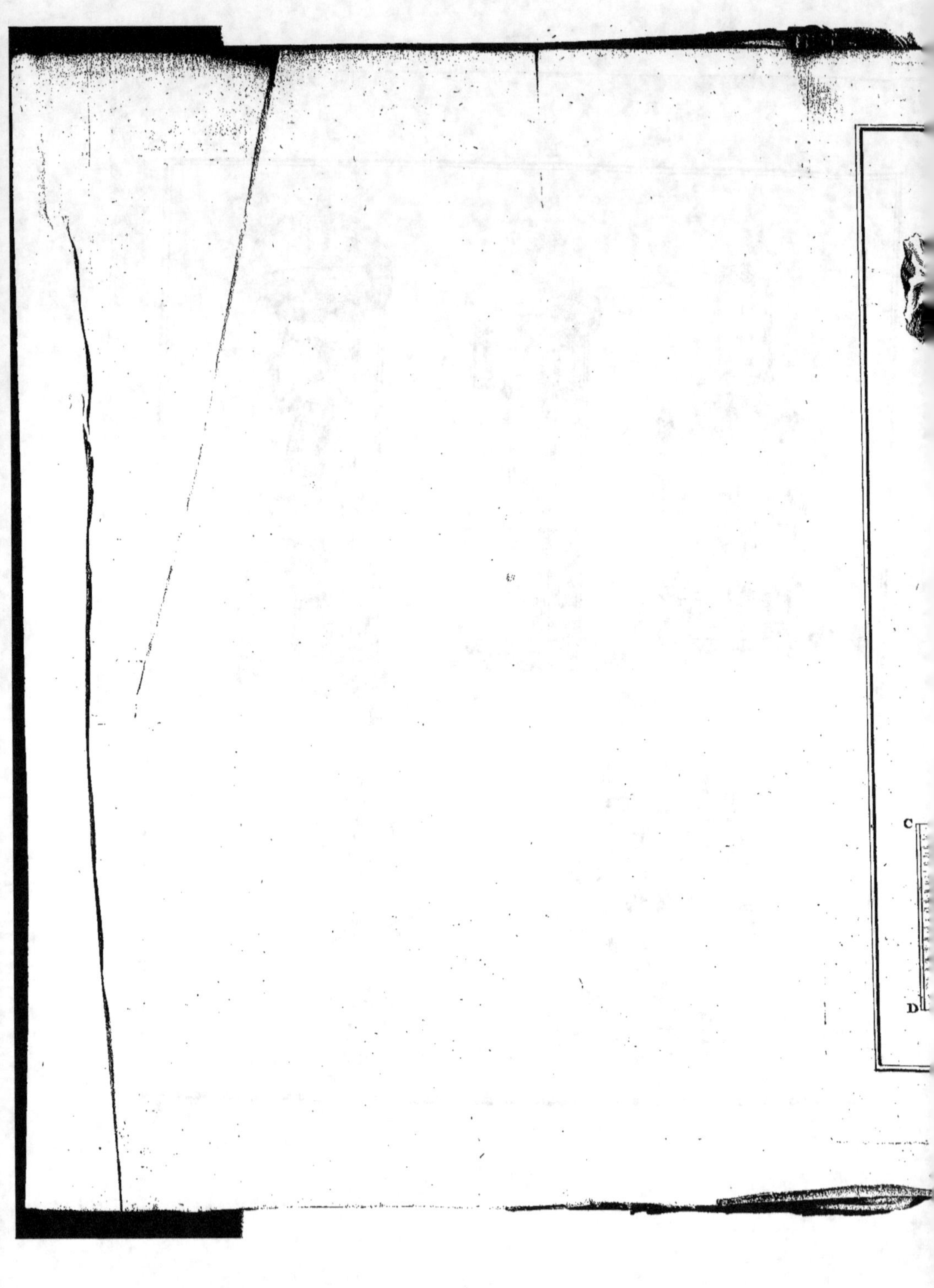

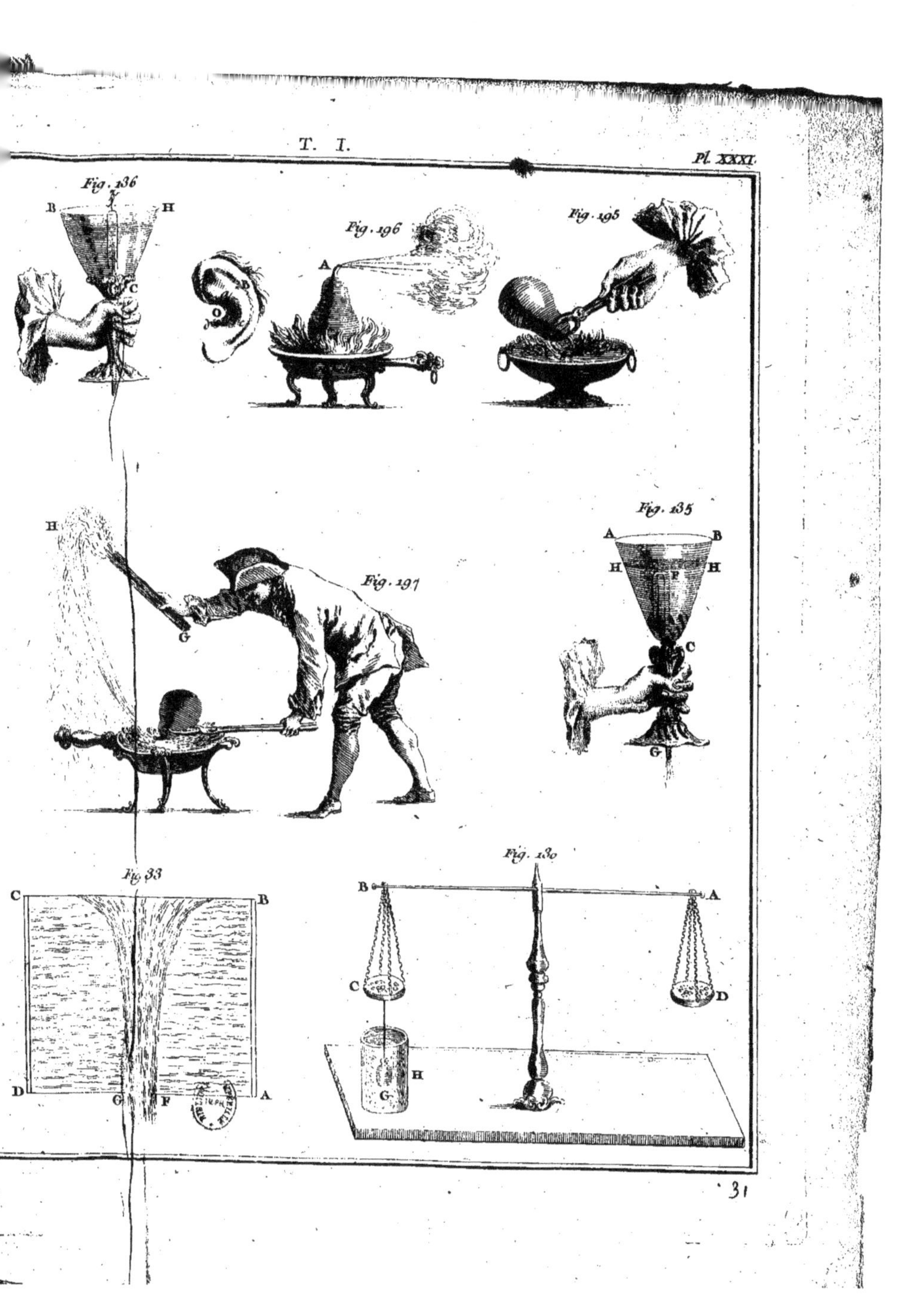
Fig. 136
B
H
C
Fig. 196
A
B
O
Fig. 195
Fig. 135
A
B
H
F
H
C
G
H
Fig. 197
G
Fig. 33
C
B
D
G
F
A
Fig. 130
B
A
C
D
H
G

Fig. 174.
S
S
B
A
Fig. 172.
Fig. 175.
Fig. 173.
C
N
B
A
Q
G

Fig. 233.
Fig. 181.

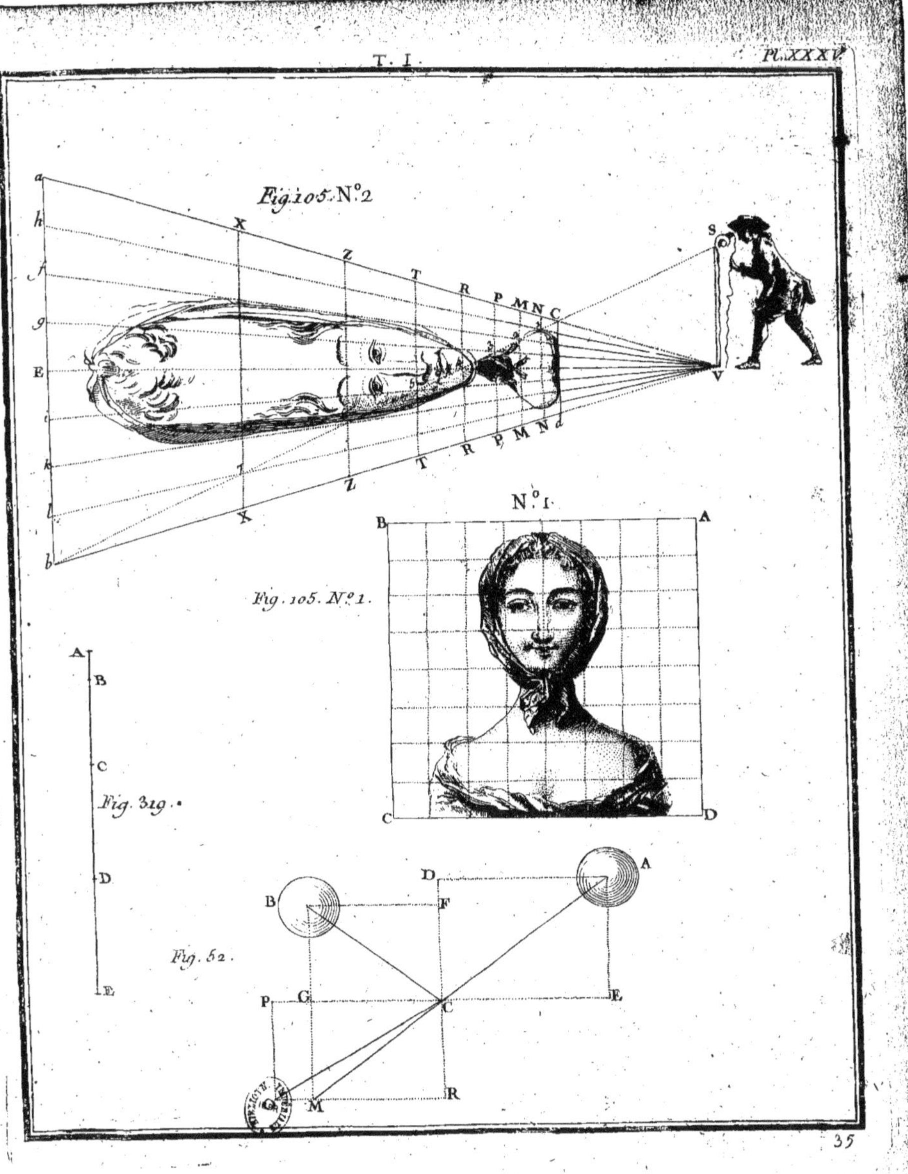
Fig. 105. N.º 2
Fig. 105. N.º 1.
N.º 1.
Fig. 319.
Fig. 52.

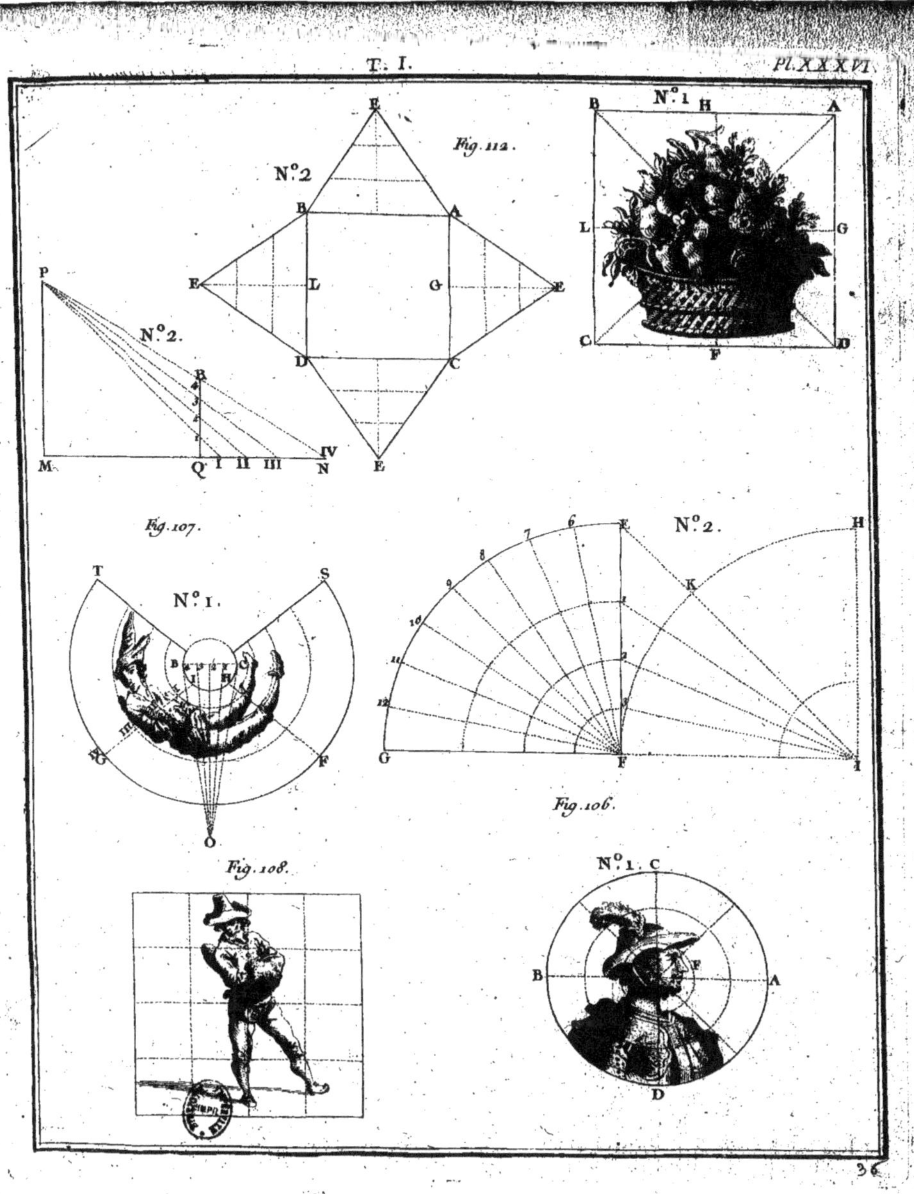
Fig. 112.
N.º 2
N.º 2
Fig. 107.
N.º 1.
N.º 2.
Fig. 106.
Fig. 108.
N.º 1.
N.º 1.
36

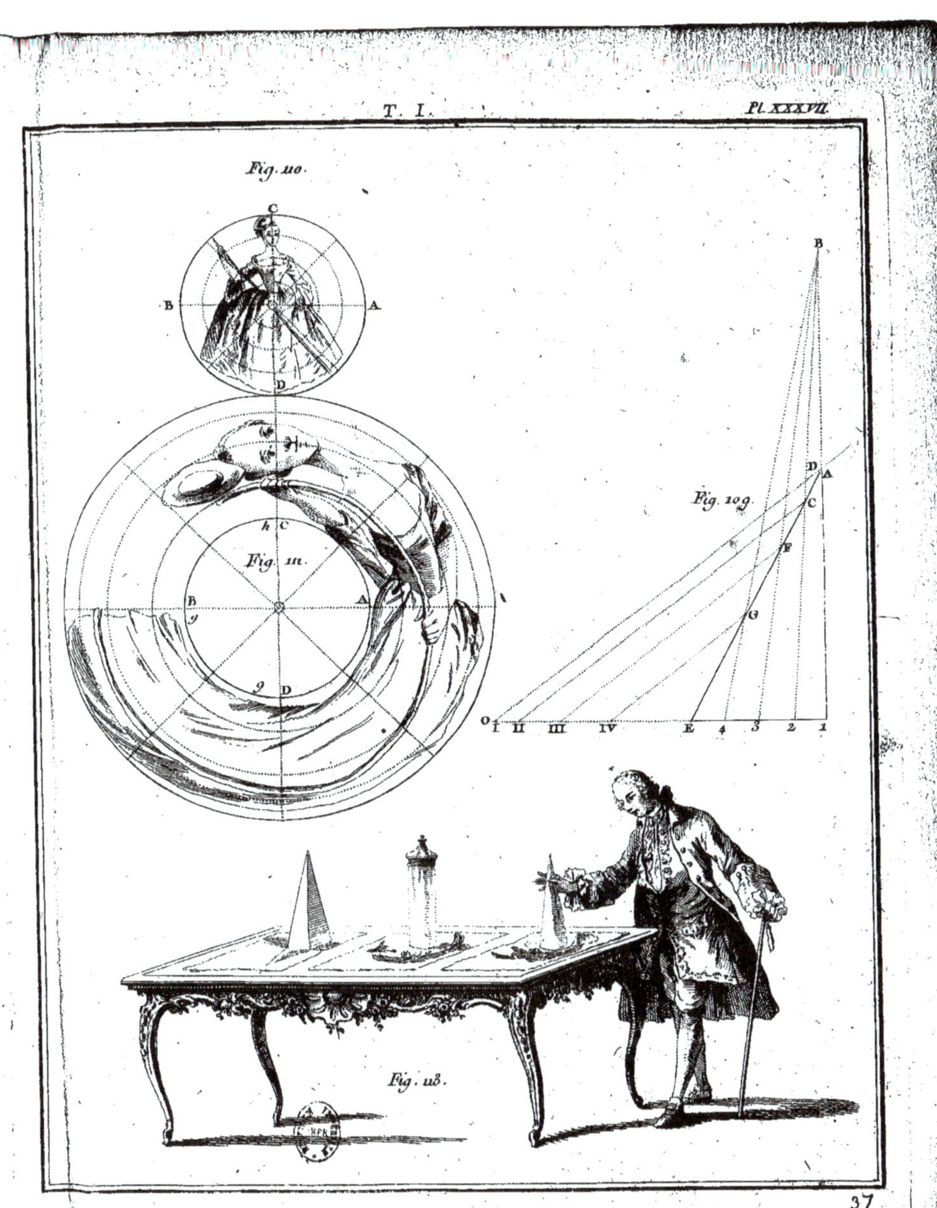
Fig. 110.
C
B   A
D
Fig. 111.
h C
B   A
9
9 D
Fig. 109.
B
D A
C
F
G
O
I II III   IV   E   4 3 2 1
Fig. 113.

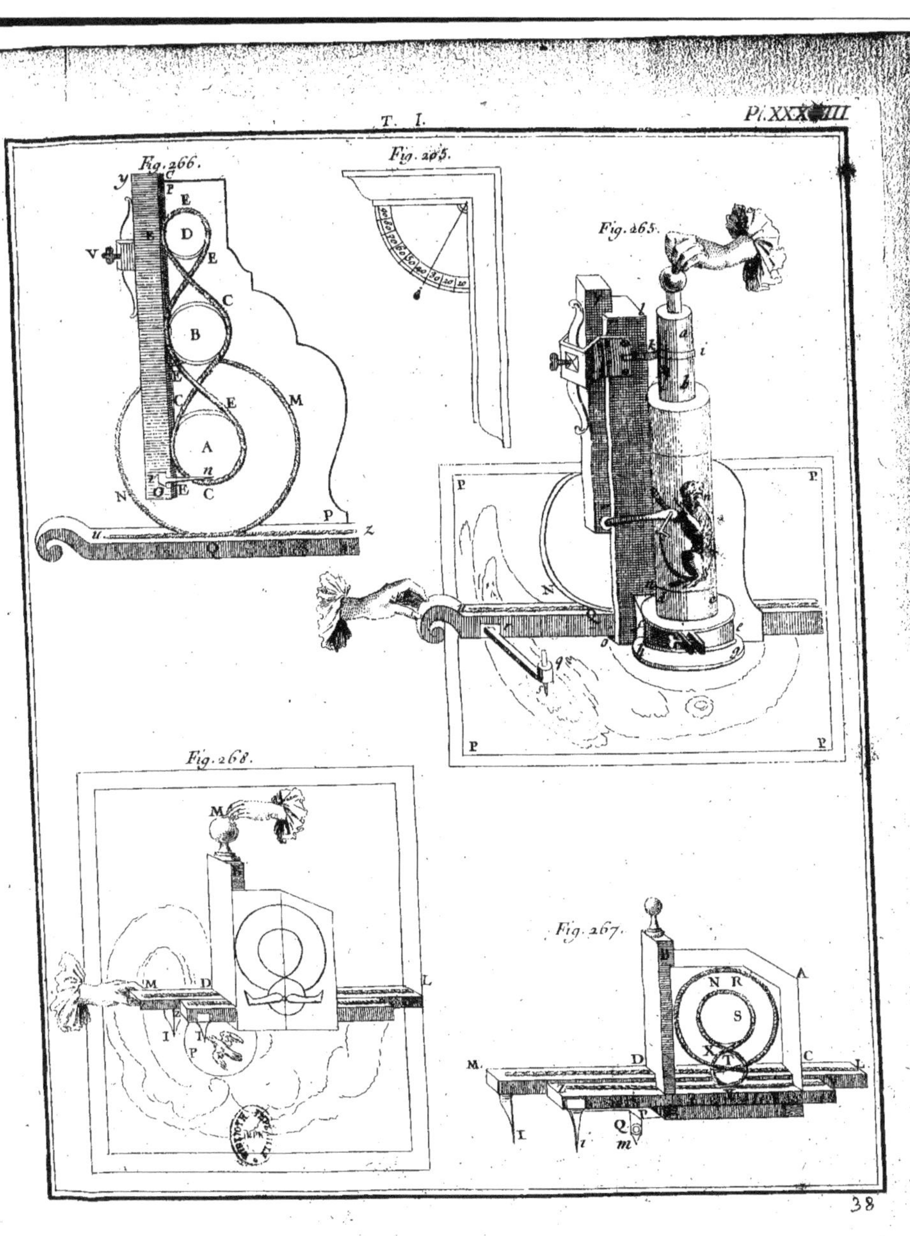

Fig. 266.
Fig. 265.
Fig. 265.
Fig. 268.
Fig. 267.

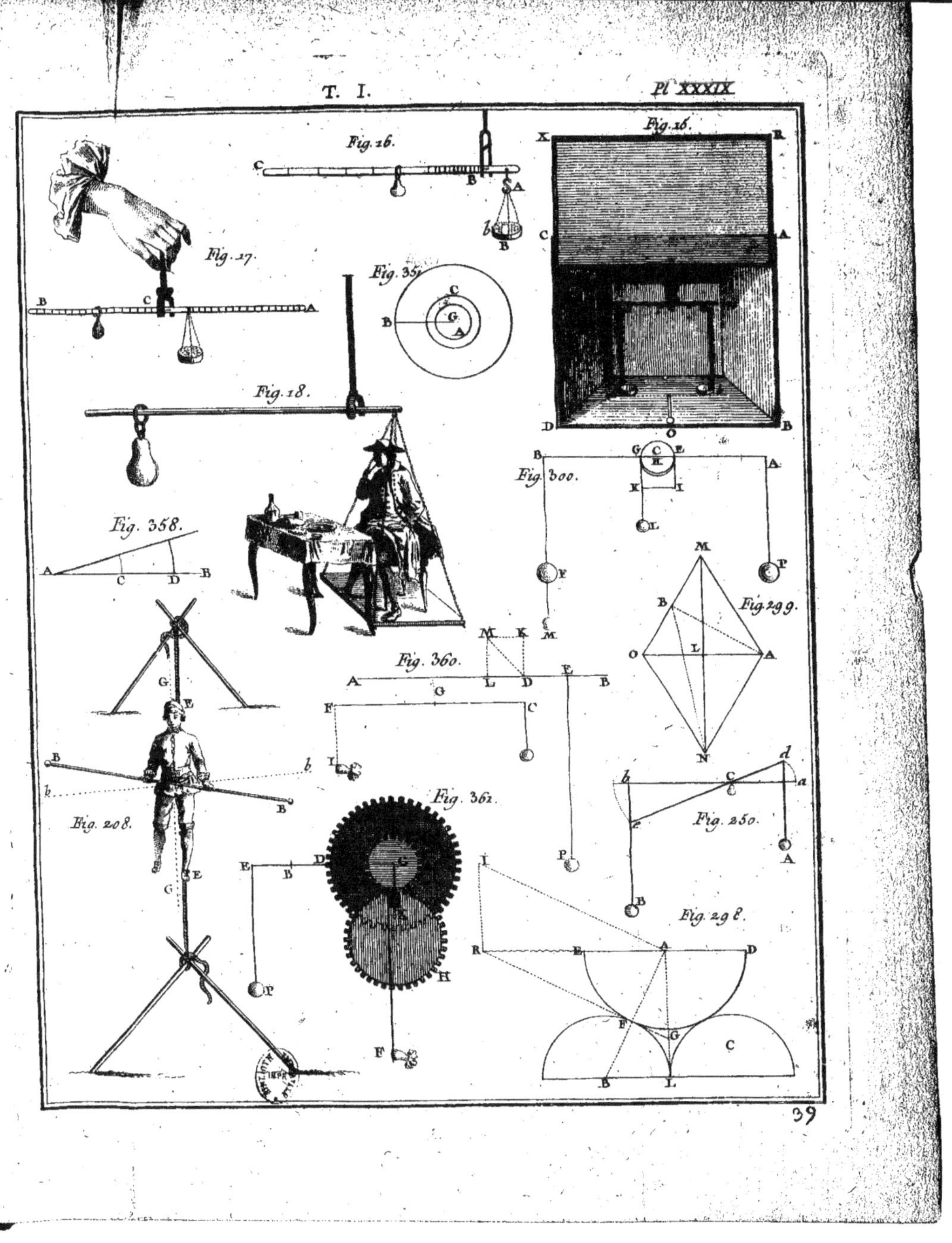
Fig. 16.
Fig. 16.
Fig. 17.
Fig. 35.
Fig. 18.
Fig. 358.
Fig. 300.
Fig. 299.
Fig. 360.
Fig. 250.
Fig. 208.
Fig. 361.
Fig. 298.

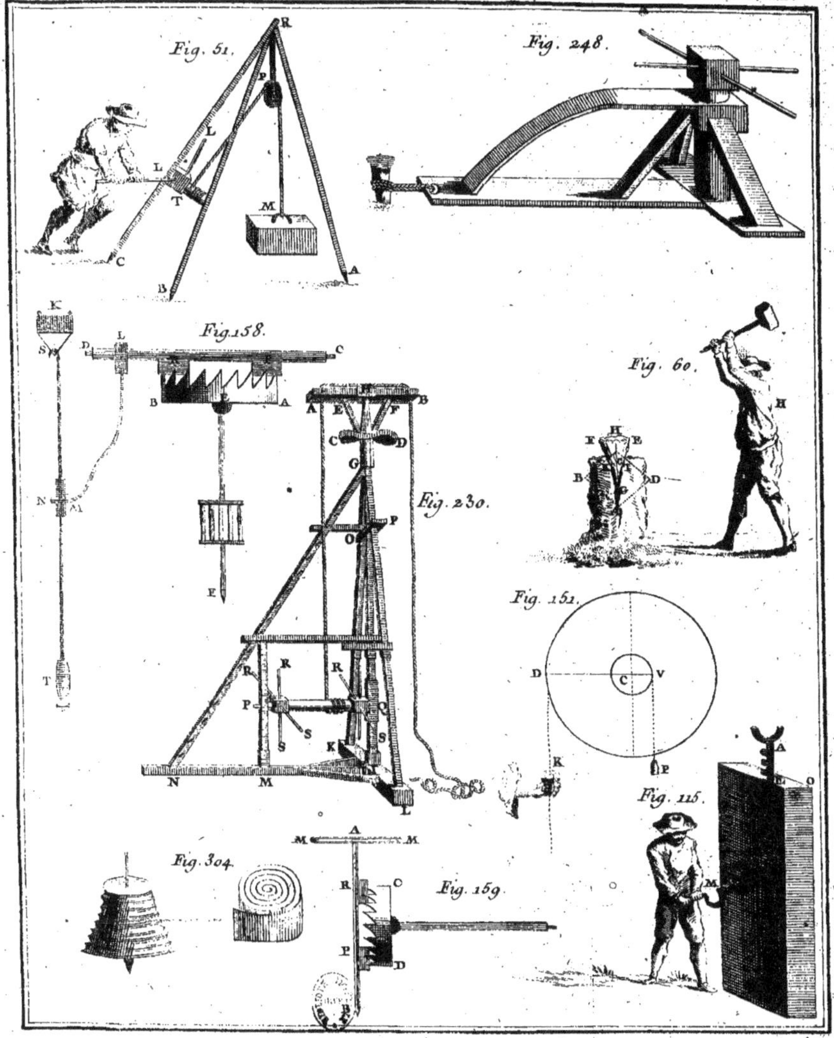

Fig. 51.
Fig. 248.
Fig. 158.
Fig. 60.
Fig. 230.
Fig. 151.
Fig. 115.
Fig. 304.
Fig. 159.

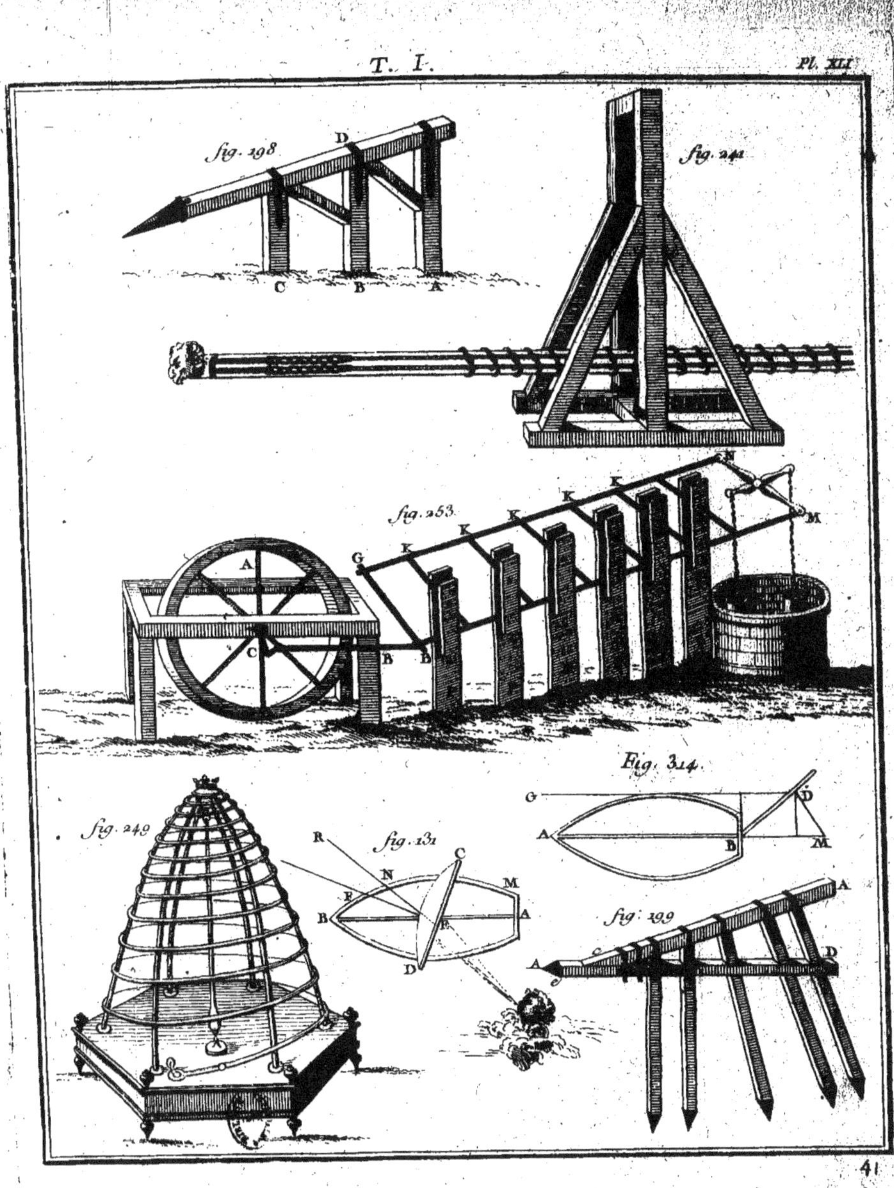

fig. 298
D
C B A
fig. 241
fig. 253
K K K K
G
A
C
B B
N
M
Fig. 314
G
A
B
D
M
fig. 249
R
N
F
B
fig. 131
C
M
E
A
D
fig. 199
A
A
C
D

T. I.
Pl. XLII.
Fig. 50.
Fig. 49.
H
L
F
D
B
n
m
O
Fig. 311.
Fig. 250.
42

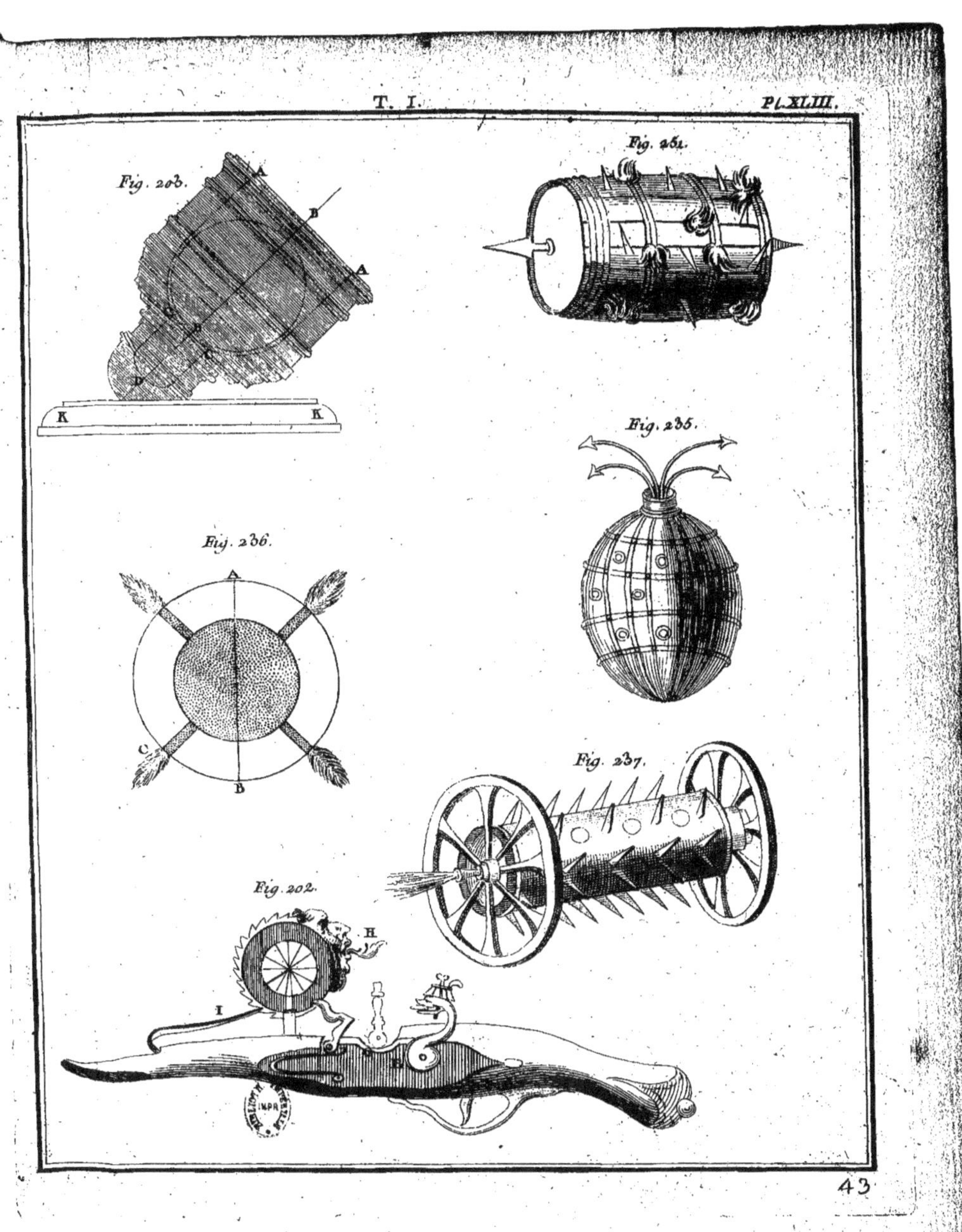

Fig. 203.
Fig. 231.
Fig. 235.
Fig. 236.
Fig. 237.
Fig. 202.

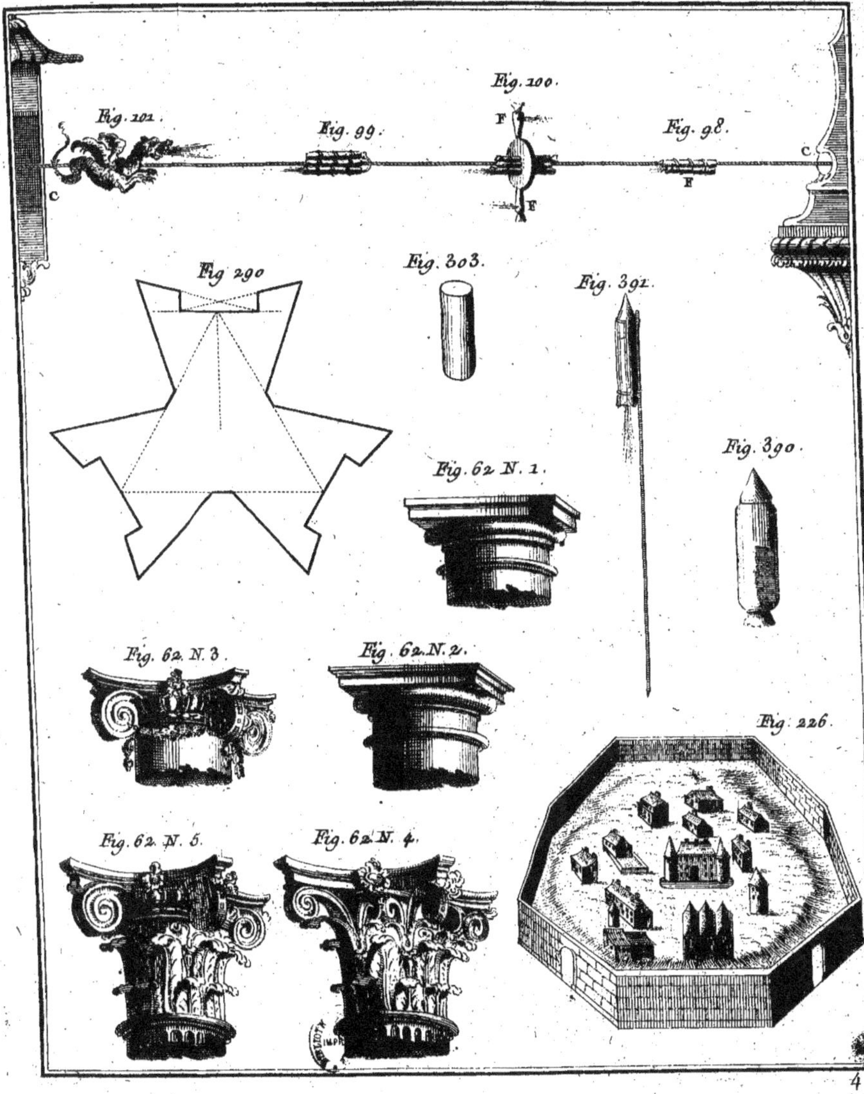

T. I.
Pl. XLIV.
Fig. 101.
Fig. 99.
Fig. 100.
F
F
C
Fig. 98.
F
C
Fig. 290.
Fig. 303.
Fig. 391.
Fig. 390.
Fig. 62 N. 1.
Fig. 62. N. 3.
Fig. 62. N. 2.
Fig. 226.
Fig. 62. N. 5.
Fig. 62 N. 4.
44

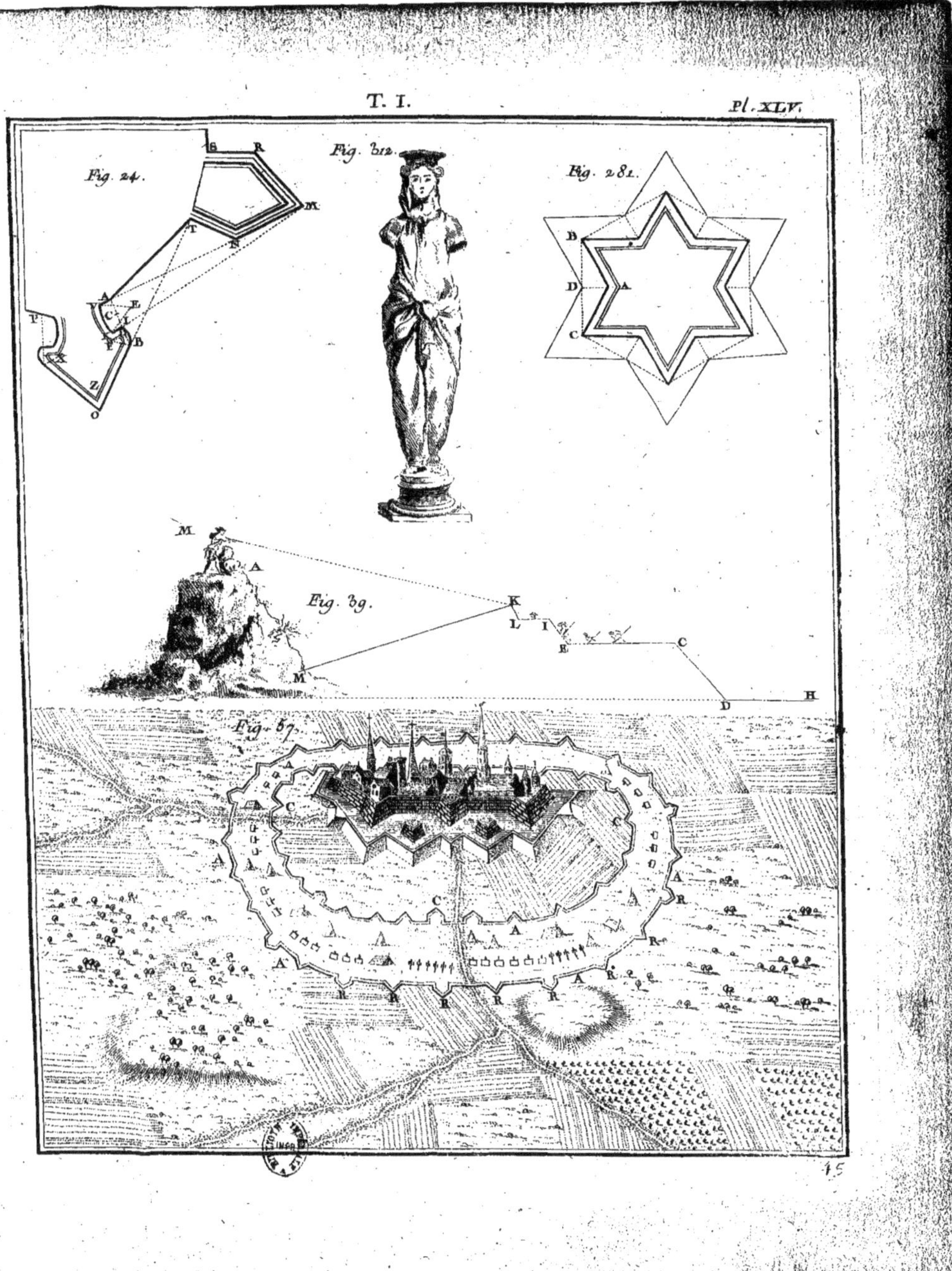
Fig. 24.
Fig. 312.
Fig. 281.
Fig. 39.
Fig. 57.

Fig. 104.
Fig. 92. 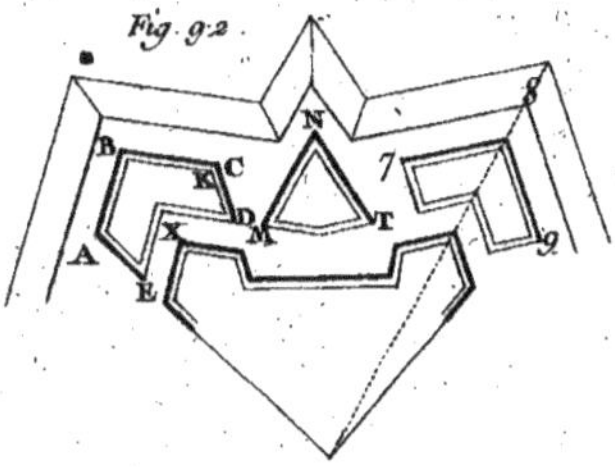
Fig. 126. 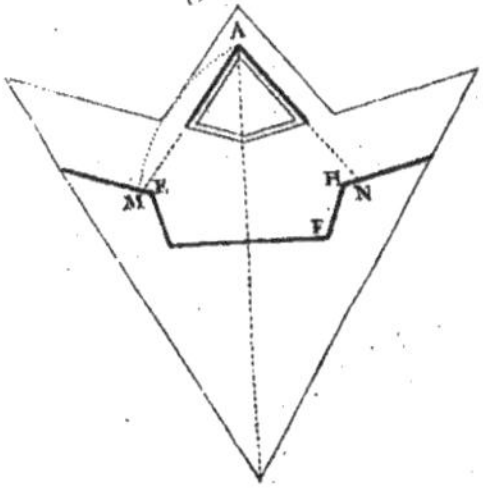
Fig. 127. 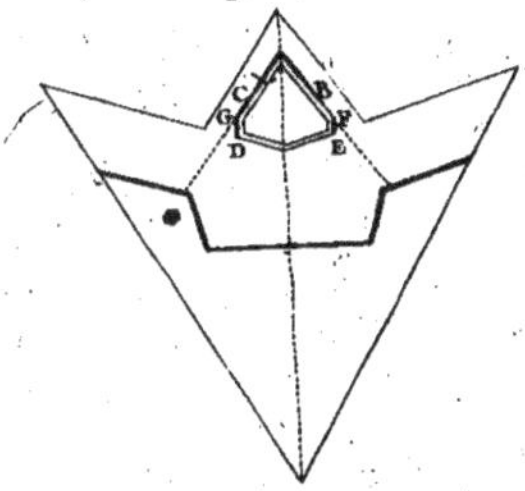
Fig. 149.

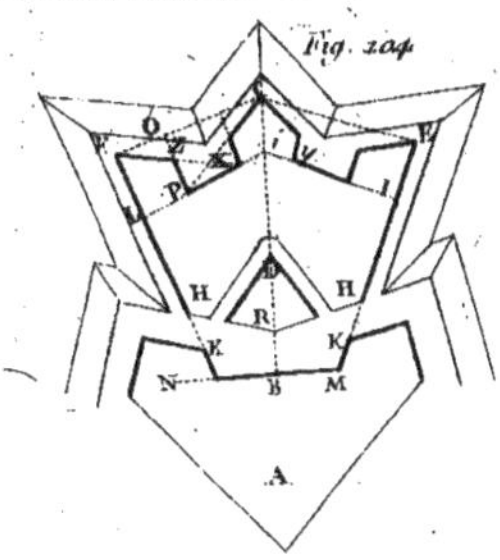

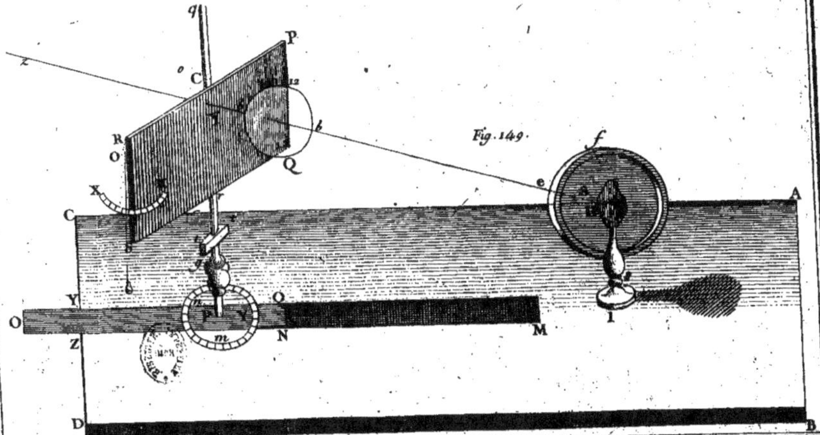

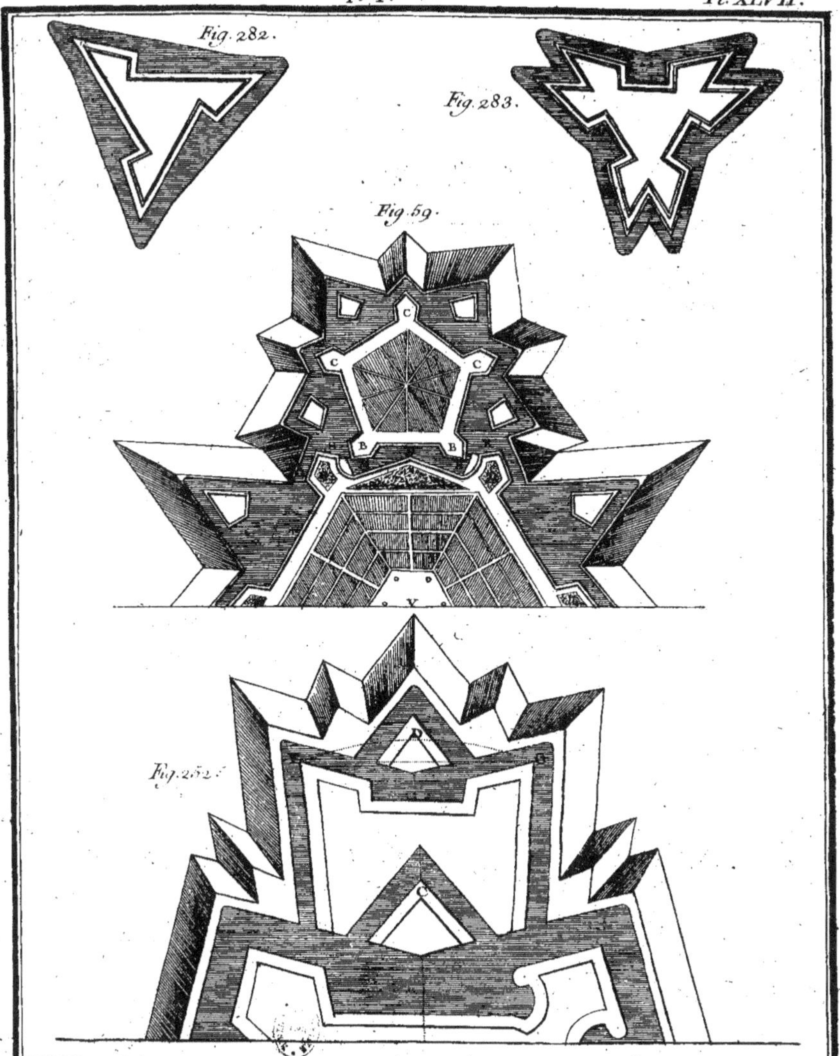
Fig. 282.
Fig. 283.
Fig. 59.
C
C
C
B
B
Fig. 252.

Fig. 222.
Fig. 223.
Fig. 288.
Fig. 224.
Fig. 227.

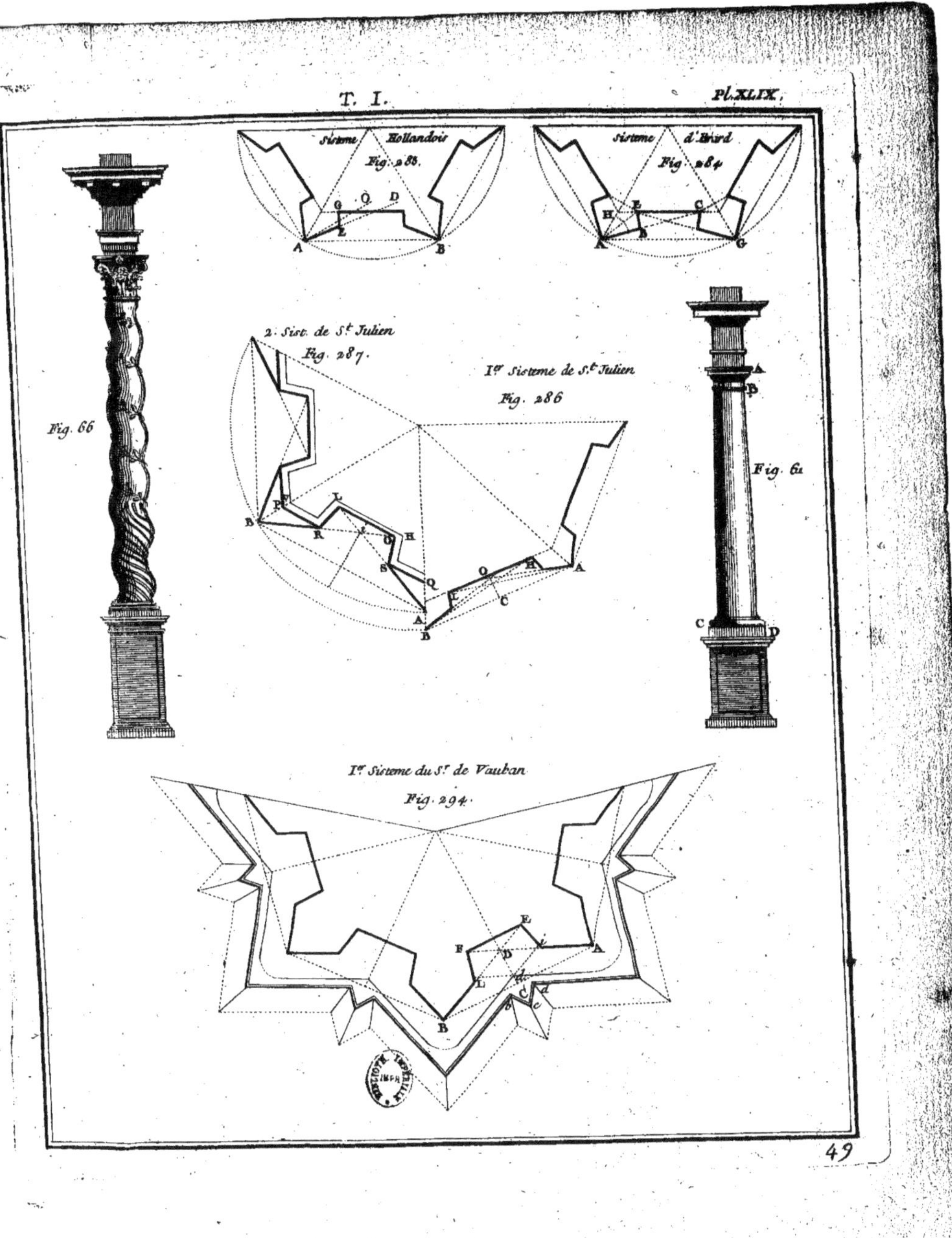
Sisteme Hollandois
Fig. 283.
G   O   D
A   B
Sisteme d'Erard
Fig. 284.
H   Z   C
A   G
Fig. 66
2. Sist. de St Julien
Fig. 287.
Ir. Sisteme de St Julien
Fig. 286
Fig. 61
Ir. Sisteme du Sr de Vauban
Fig. 294.

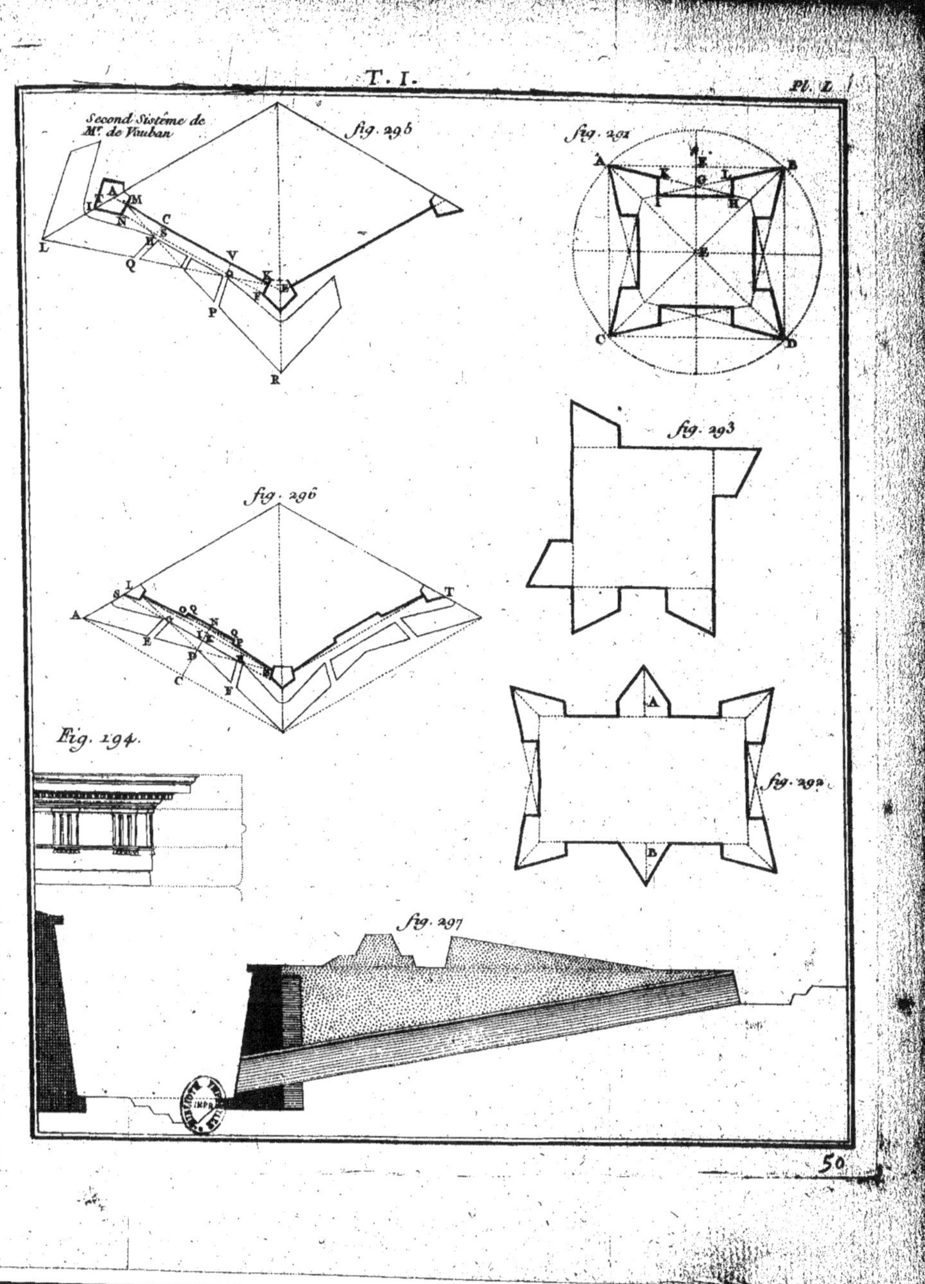
Second Sistême de
Mr. de Vauban
fig. 295
fig. 291
fig. 293
fig. 296
fig. 292
Fig. 194.
fig. 297

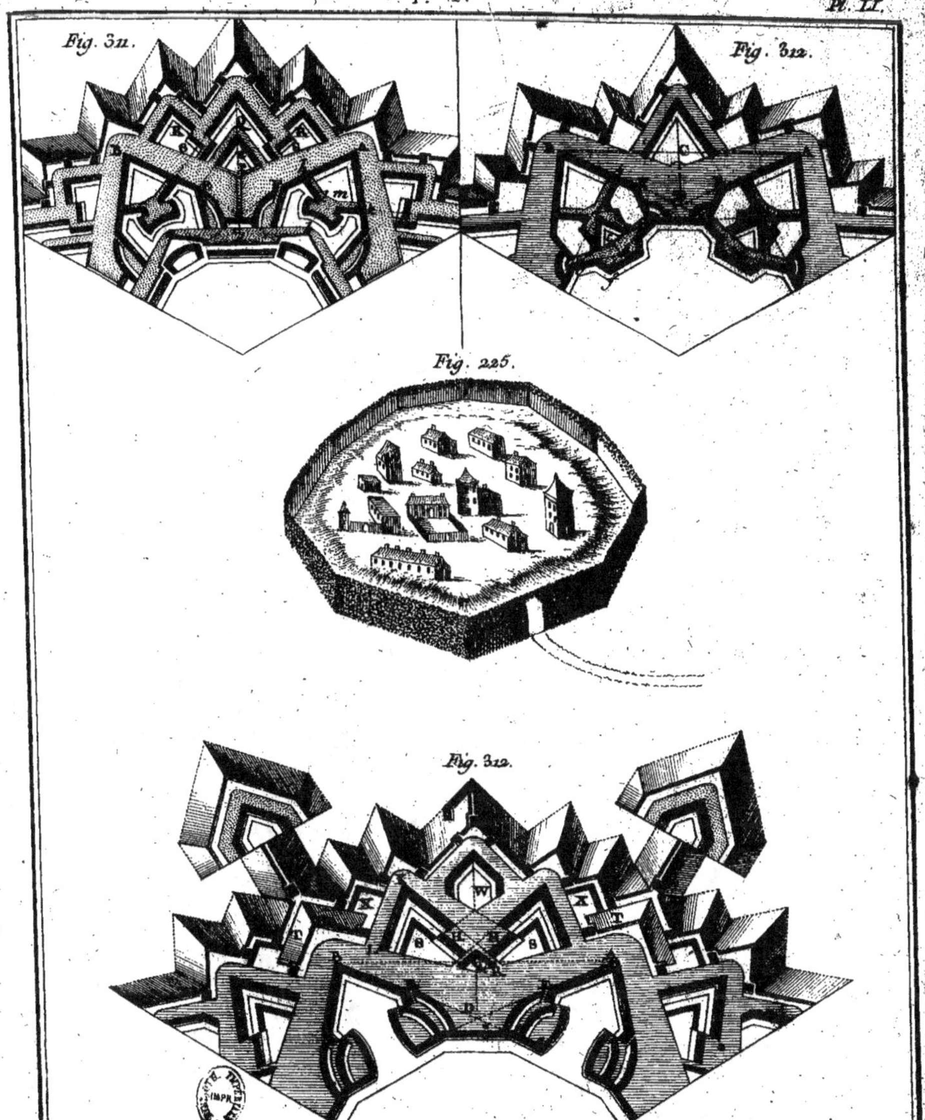

Fig. 311.
Fig. 312.
Fig. 225.
Fig. 312.

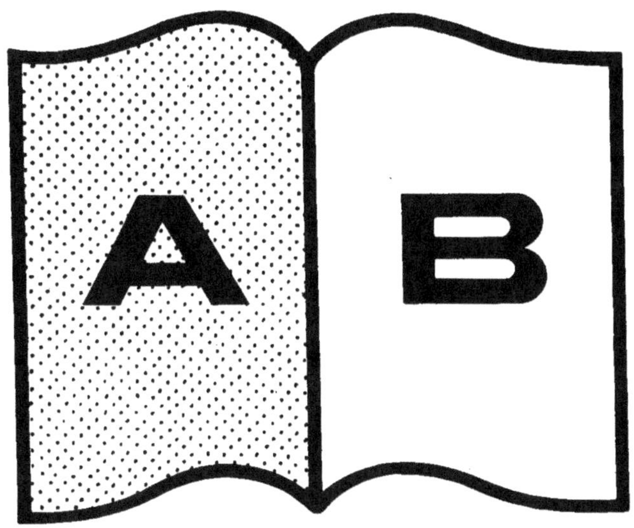

Contraste insuffisant

NF Z 43-120-14